1682
J.B. METZLER

Johann S. Ach / Dagmar Borchers (Hg.)

Handbuch Tierethik

Grundlagen – Kontexte – Perspektiven

J. B. Metzler Verlag

Die Herausgeber

Johann S. Ach ist Geschäftsführer und wissenschaftlicher Leiter des Centrums für Bioethik an der Universität Münster.
Dagmar Borchers ist Professorin für Angewandte Philosophie an der Universität Bremen.

Bibliografische Information der Deutschen Nationalbibliothek
Die Deutsche Nationalbibliothek verzeichnet diese Publikation in der Deutschen Nationalbibliografie; detaillierte bibliografische Daten sind im Internet über http://dnb.d-nb.de abrufbar.

ISBN 978-3-476-02582-1
ISBN 978-3-476-05402-9 (eBook)

J. B. Metzler ist ein Imprint der eingetragenen Gesellschaft Springer-Verlag GmbH, DE und ist ein Teil von Springer Nature
www.metzlerverlag.de
info@metzlerverlag.de

Einbandgestaltung: Finken & Bumiller, Stuttgart
(Foto: akg-images)

J. B. Metzler, Stuttgart

Inhalt

VI Perspektiven

Vorwort

Die Beziehung zwischen Mensch und Tier ist seit der Antike immer wieder auch Gegenstand philosophischen und ethischen Nachdenkens gewesen. Als eigenständige philosophische Bereichsethik ist die moderne Tierethik aber erst in den 1970er Jahren des 20. Jh. entstanden. Seit einigen Jahren gehört sie zum festen Kanon der sogenannten angewandten Ethiken oder Bereichsethiken und präsentiert sich zugleich als äußerst dynamisches und vielfältiges Themenfeld. Initialzündungen für die moderne tierethische Diskussion waren eine Reihe von Publikationen, die in den 70er und frühen 80er Jahren erschienen sind, darunter insbesondere Peter Singers einflussreiches Buch *Animal Liberation* (1975) und Tom Regans *The Case for Animal Rights* (1983). Im Zentrum der tierethischen Diskussion standen von Beginn an die Frage nach dem moralischen Status von nicht-menschlichen Tieren und die Beschäftigung mit den vielfältigen ethischen Fragen, die sich aus dem Umgang des Menschen mit Tieren ergeben.

Die philosophischen Grundlagen der Tierethik und der Tierphilosophie sind seither intensiv diskutiert, zentrale Begriffe und Argumente der Tierethik einer eingehenden Analyse und Kritik unterzogen worden. Insgesamt lässt sich konstatieren, dass das thematische Spektrum der Anwendungsdiskurse in der Tierethik mit den Jahren immer breiter und differenzierter geworden ist. Das Anliegen dieses Handbuches, einen einführenden Überblick über die wichtigsten Begriffe, Konzeptionen, Themen- und Problemfelder der Tierethik zu geben, erweist sich vor diesem Hintergrund als ein durchaus ambitioniertes Unternehmen.

Wir beginnen im ersten Kapitel mit einer Darstellung der Geschichte der Tierethik von der Antike bis zur Gegenwart. In den tierethischen Debatten der Gegenwart wird das Augenmerk vornehmlich auf die Diskussionen der letzten vierzig oder fünfzig Jahre gelegt; man ist aber in den meisten tierethischen Publikationen tendenziell geneigt, den ›Beginn‹ der Tierethik bei Jeremy Benthams berühmten Zitat auszumachen, in dem er die Leidensfähigkeit von Tieren zum entscheidenden Kriterium der moralischen Relevanz erklärt hatte. Insofern freuen wir uns, dass wir in diesem Kapitel die Entwicklung der Tierethik von der Antike bis in die Gegenwart mit ihren wichtigsten Beiträgen vorstellen und nachzeichnen können. Dabei spielen, wie man hier auch sehen kann, die religiösen Schriften ebenfalls eine nicht unerhebliche Rolle – haben sie doch de facto einen großen Einfluss darauf gehabt, wie der Mensch seine (moralische) Haltung Tieren gegenüber bestimmt hat.

Das zweite Kapitel enthält eine Zusammenstellung der philosophischen Grundlagen der Tierethik und der Tierphilosophie. Dieses Kapitel nimmt gewissermaßen die Tiere mit ihren vielfältigen Fähigkeiten in den Blick. In den einzelnen Beiträgen wird deutlich, welcher Stellenwert Fähigkeiten und Eigenschaften wie Bewusstsein, sozialem Verhalten, Sprach- und Denkfähigkeit aus tierethischer Perspektive zukommt, inwiefern man in der Tierphilosophie und -ethik geneigt ist, Tieren Interessen zuzuschreiben usw. und welche Fragestellungen und Diskussionen sich jeweils zu diesen Aspekten ergeben haben. Ebenso wie der Interessenbegriff hat die Empfindungsfähigkeit in normativer Hinsicht einen besonderen Stellenwert in der Geschichte der Tierethik erhalten, ist sie doch der Ausgangspunkt für den Pathozentrismus, der die gegenwärtige Tierethik entscheidend geprägt hat. Zusammen mit dem Anthropozentrismus und dem Biozentrismus, die im vierten Kapitel vorgestellt werden, sind dann jene drei zentralen Argumentationsstrategien versammelt, die die Diskussion um den moralischen Status von Tieren wesentlich ausmachen.

Im Detail wird diese Diskussion natürlich maßgeblich davon bestimmt, welche Moraltheorie man zugrunde legt. So folgt im dritten Kapitel eine Übersicht über die bedeutendsten Theorien der Tierethik und eine Einführung in jene zentralen Begriffe und Argumente der Tierethik, die in der kritischen Auseinandersetzung der Theorien untereinander in Hinblick auf tierethische Fragestellungen eine Rolle spielen.

Wir haben die unterschiedlichen Konzeptionen gewissermaßen ›in der Reihenfolge ihres Auftretens‹ in der Tierethik angeordnet, die man natürlich auch anders sehen könnte.

Die Beiträge des vierten Kapitels gehen genauer auf jene Grundbegriffe ein, die in der tierethischen Debatte von den Beteiligten immer wieder verwendet werden – der moralische Status, oder der Speziesismus sowie der Begriff der Person seien hier stellvertretend genannt. Diese Konzepte stehen zugleich auch für eigene Fragestellungen und Themenbereiche innerhalb der Tierethik, die zum Teil sehr kontrovers diskutiert werden. In diesem Kapitel finden sich aber auch wichtige Argumente, die in tierethischen Debatten immer wieder erwähnt werden, wie etwa das Argument der Grenzfälle oder das Verrohungsargument.

Das fünfte Kapitel nimmt dann die verschiedenen Anwendungsfelder in den Blick. Gerade in den letzten Jahren hat sich das Themenspektrum der Tierethik enorm erweitert – wenn auch der moralische Status von Tieren nach wie vor mit neuen Argumenten diskutiert wird, so lässt sich doch auch klar feststellen, dass Haltungs- und Nutzungskontexte eine breite Vielfalt innerhalb der Tierethik ausmachen. Neben der Nutztierhaltung geht es hier u. a. um Tiere als Heim- und Begleittiere, Tiere im Zoo und im Zirkus, um die Jagd und den Sport, um das Klonen von Tieren, Enhancement bei Tieren und Euthanasie.

Die Strahlkraft, die die Tierethik in den zurückliegenden Jahren auch auf andere Disziplinen und Kontexte gehabt hat und noch immer hat, ist Gegenstand des abschließenden sechsten Kapitels. Wir haben hier versucht, jene Themen zusammenzustellen, die erst seit relativ kurzer Zeit in den Fokus der Tierethik gerückt sind und sie perspektivisch sicherlich noch länger beschäftigen werden. Einige der hier angeführten Themen und Fragestellungen beschreiben auch politische Bewegungen, die für die akademische Tierethik von inhaltlicher und gesellschaftspolitischer Relevanz sind und ihr neue Impulse gegeben haben.

Mit dem *Handbuch Tierethik* unternehmen wir damit insgesamt den Versuch, nicht nur einen Überblick über den gegenwärtigen Diskussionsstand, sondern auch einen fundierten Einblick in aktuelle Diskussionen und Kontroversen der Tierethik als einer der ›ältesten‹ der verschiedenen Bereichsethiken vorzulegen. Die einzelnen Beiträge beleuchten und ergänzen sich wechselseitig, und es wäre schön, wenn sie nicht nur einzeln in ihrer Substanz überzeugen könnten, sondern darüber hinaus auch in ihren wechselseitigen Bezügen einen vielfältigen und anregenden Einblick in inhaltliche Zusammenhänge und Argumentationsverläufe ergeben würden. Das Handbuch Tierethik ergänzt auf diese Weise andere Handbücher wie beispielsweise das *Handbuch Angewandte Ethik* oder das *Handbuch Bioethik.*

Unser großer Dank gilt zunächst den Autorinnen und Autoren, ohne deren Engagement es dieses Handbuch nicht geben würde. Wenn das Handbuch seine Funktion erfüllt, ist dies vor allem auch ihr Verdienst. Zu Dank verpflichtet sind wir den Autorinnen und Autoren aber auch für die Geduld und die Freundlichkeit, die sie uns entgegengebracht haben, und mit der sie auf unsere Wünsche und Kommentare reagiert haben. Ein besonderer Dank gebührt darüber hinaus Marie Amelung, die durch ihre unermüdliche und akribische Arbeit dafür gesorgt hat, dass das Handbuch sehr viel weniger Fehler enthält, als dies ansonsten der Fall gewesen wäre. Last but not least wollen wir uns bei Franziska Remeika und Ferdinand Pöhlmann bedanken, die das Handbuch von Seiten des Verlags betreut haben. Franziska Remeika hat das Projekt von Anfang an interessiert und mit großem Nachdruck begleitet und uns mit Geduld und Zuversicht, über die eine oder andere Durststrecke hinweggeholfen. Ferdinand Pöhlmann hat uns mit großer Freundlichkeit und Geduld bei der Endredaktion unterstützt. Wir freuen uns, dieses Handbuch nunmehr den Leserinnen und Lesern ans Herz legen zu können und hoffen, dass es sich als ein konstruktiver Beitrag zum philosophisch so vielfältigen und tiefgründigen Themenfeld der Tierethik erweisen kann.

Münster und Bremen im Juli 2018
Johann S. Ach und Dagmar Borchers

I Geschichte der Tierethik

1 Antike

Bevor man sich der antiken Tierethik aus einer moralphilosophischen Perspektive zuwenden kann, sollte man sich einige allgemeine kulturhistorische Fakten vor Augen führen. Die Art und Weise, wie Tiere in der Antike im allgemeinen Bewusstsein betrachtet wurden und wie man sie faktisch im Alltag behandelt hat, divergiert ganz erheblich von unseren eigenen landläufigen Auffassungen (dazu umfassend der Sammelband Alexandridis/Wild/Winkler-Horacek 2008; eine Übersicht wichtiger Quellentexte bietet zudem Newmyer 2011).

Grundlegend für die antike Sicht ist zunächst der mythisch-religiöse Blick auf Tiere: Figuren der Mythen- und Götterwelt weisen häufig Tierattribute oder (gemischte) Körperteile von Tieren auf, darunter die berühmten Sphingen, Chimären und Kentauren, die Hydra, zudem Apollon mit dem Delfin, Asklepios mit der Schlange oder Athena mit der Eule. Götter können als Tiere in Erscheinung treten wie etwa Zeus als Stier oder Schwan. In diesem mythologischen Zusammenhang (der bis hin zur literarischen Tierfabel und zu Aristophanes' Komödien reicht) erscheinen Tiere besonders als Symbole für göttliche Weisheit, Kraft, Heilung oder Fruchtbarkeit. Ein mythisch-religiöses Motiv ist überdies das der Mensch-Tier-Verwandlung: Menschen können durch magischen Zauber in Tiere verwandelt werden, wie Apuleius dies in seinem Roman *Der goldene Esel* (*Metamorphosen*) thematisiert. Eigentümlich für die Antike ist sodann die sakrale Praxis des Tieropfers: Götterrituale wurden meist durch eine (möglichst großzügig bemessene) Tötung von Tieren flankiert; als Opfertiere dienten bevorzugt Ochsen, Ziegen, Schafe, Schweine und Geflügel. Ob diese Praxis ethisch akzeptabel ist, bildete ein kontroverses Thema der antiken Philosophie und Literatur. Und schließlich ist ein weiterer spezifisch antiker Punkt der Gebrauch von Tieren, besonders Raubtieren, zu Kampfzwecken in der Arena.

Ansonsten lassen sich in der tierethischen Diskussion des Altertums all jene grundlegenden Themen wiederfinden, die auch für die moderne Tierethik von Bedeutung sind: also Fragen der Angemessenheit oder Unangemessenheit der Tierschlachtung oder Tierhaltung zur menschlichen Ernährung, solche der Nutzung von Tieren zu Zwecken der Arbeit sowie Fragen der Legitimität oder Illegitimität der Tierhetze oder der Jagd nach Wildtieren und Fischen. In der philosophischen Debatte um die Natur der Tiere tauchen ebenfalls alle wichtigen Aspekte der modernen Diskussion auf: Fragen der Tierintelligenz, des Tierverhaltens sowie der tierischen Lebensformen, der Tierkommunikation, der Mensch-Tier-Differenz und ihrer Tragweite sowie Fragen der ›Verwandtschaft‹ und der ›Freundschaft‹ zwischen Tier und Mensch.

1.1 Die Vorsokratische Periode

Die Mensch-Tier-Abgrenzungsdebatte verläuft in der Antike so, dass die Mehrzahl der älteren Quellentexte aus Literatur und Philosophie den Tieren eine gewisse wahrnehmungsbasierte Erkenntnisfähigkeit zusprechen. Das hat allerdings auch damit zu tun, dass Wahrnehmen und Denken bei den meisten vorsokratischen Autoren nicht voneinander unterschieden werden. Erst bei Alkmaion von Kroton im späten 6. Jahrhundert v. Chr. findet man die Behauptung, nur Menschen seien vernünftig, Tiere hingegen nähmen lediglich wahr, seien aber unvernünftig (Diels-Kranz 24B1a). Eine Speziesismus-Kritik mag man bei dem Vorsokratiker Xenophanes sehen, wenn er den Anthropomorphismus in der Religion mit der Bemerkung zurückweist: Könnten Rinder, Pferde und Löwen Götterbilder herstellen, dann, so Xenophanes, würden sie rinds-, pferde- und löwengestaltige Götterfiguren erschaffen (Diels-Kranz 21B16). Diskutiert wurde seit der vorsokratischen Periode auch das Recht zur Schlachtung von Tieren zu Opferzwecken. Nicht wenige Stimmen wenden sich gegen die Praxis des sakralen Tieropfers. Die wohl älteste einschlägige Formulierung (6. Jh. v. Chr.) liegt in Empedokles' Forderung nach einem strikten Verbot vor (DK 31B128 und 137). Man muss allerdings sehen, dass Empedokles im Hintergrund an die Reinkarnationstheorie denkt, so dass mit dem Verbot der Tierschlachtung in Wahrheit transmigrierte menschliche Seelen geschützt werden sollen. Interessant an Empedokles' Verbot der Schlachtung zu Opferzwecken ist,

J. B. Metzler © Springer-Verlag GmbH Deutschland, ein Teil von Springer Nature, 2018
J. S. Ach / D. Borchers (Hg.), *Handbuch Tierethik*, https://doi.org/10.1007/978-3-476-05402-9_1

dass er meint, die Tötung von Tieren sei im Sinn eines universalen Naturrechts (*nomimon*) unerlaubt, obwohl sie nach der Rechtslage aller antiker Gemeinschaften gestattet ist. Empedokles formuliert seine Zurückweisung der Tierschlachtung also auf der Basis einer naturrechtlichen Idee von Tierethik (Burnyeat 1994). Pythagoras soll ebenfalls einen auf der Reinkarnationsidee beruhenden Vegetarismus verteidigt haben.

Platon

Platon präsentiert Tiere als kognitiv und moralisch defizitäre Menschen. In seiner (allerdings als Mythos gekennzeichneten) Entstehungsgeschichte von Mensch und Tier (*Timaios* 90e–92c) lässt er die verschiedenen Klassen von Tieren, nämlich die Vögel (Lufttiere), die Landtiere und die Wassertiere, aus minderveranlagten Menschen hervorgehen, deren Seelen aufgrund von Fehlverhalten herabgestuft werden (dazu auch *Phaidon* und *Politeia* X). Im *Timaios* scheint Platon der ersten Gruppe, die er als ›leichtgläubig‹ charakterisiert, zwar kein ›Wissen‹, aber immerhin ›zutreffende Meinungen‹ zuzugestehen, die auf Augenschein beruhen. Die Gruppe der Landtiere leitet er davon her, dass Menschen besonders »den Seelenteilen im Bereich der Brust« gefolgt seien; ihr Grad an Unvernunft ist damit noch größer als im Fall der Vögel. Die Wassertiere schließlich seien fast vollkommen unvernünftige Menschen gewesen, die die Götter nicht einmal mehr der Atemluft für würdig befunden und ins Wasser verbannt hätten. Platons Theorie, wonach Tiere in unterschiedlichen Graden degenerierte Menschenseelen sind, hat einerseits die tierethische Implikation, dass Tiere inferior sind und gemäß der göttlichen Strafabsicht instrumentalisiert werden dürfen, beinhaltet aber andererseits auch die Warnung davor, dass menschliche Akteure durch Missbrauch oder Brutalität an ihnen schuldig werden können – und dann selbst deren Schicksal erleiden müssten. Darüber hinaus benutzt Platon Tiermotive in seinen Schriften in einer so ausgedehnten Form, dass man ihm auch deshalb eine Mensch-Tier-Kontinuitätsthese zuschreiben kann (Bell/Nass 2015).

Aristoteles

Anders als Platon stützt sich Aristoteles in seiner Sicht der Tiere auf eine breite empirische Basis; Aristoteles kann geradezu als Erfinder der wissenschaftlichen Biologie und der Zoologie gelten. Die Schrift *Historia animalium* (›Tierkunde‹) ist sogar die umfangreichste im aristotelischen Corpus überhaupt; sie enthält eine breite Phänomenologie und Klassifikation der Tierwelt. Hinzu kommen u. a. die Schriften *De generatione animalium*, *De partibus animalium*, *De incessu animalium* und *De motu animalium*, aber auch Aristoteles' wahrnehmungstheoretische und psychologische Werke. Entsprechend komplex ist Aristoteles' Bild; es kann in tierethischer Hinsicht unterschiedlich gelesen werden. Folgt man der vorherrschenden Lesart, so hat er den Tieren vernünftige Fähigkeiten dezidiert aberkannt (Sorabji 1993, Kap. 1). Aristoteles wäre damit so etwas wie der theoretische Ausgangspunkt einer Verhängnisgeschichte (»a crisis was provoked when Aristotle denied reason to animals«, Sorabji 1993, 25). Für diese Sicht spricht, dass Aristoteles die Idee einer *scala naturae* entwickelt, die Menschen und Tiere in ein hierarchisches Verhältnis zueinander setzt. Zudem formuliert er den naturteleologischen Grundsatz, wonach nichts in der Natur zwecklos gestaltet sei, weswegen die »Pflanzen um der Tiere willen da sind und die Tiere um der Menschen willen, die zahmen zum Gebrauch und zur Ernährung, von den wilden, wenn nicht alle, so doch die meisten zur Ernährung und zu sonstigem Nutzen, sofern Kleider und andere Ausrüstungsgegenstände aus ihnen verfertigt werden« (*Politik* I.8, 1256b15–22).

Eine andere (sachlich vorziehenswerte) Lesart besteht allerdings darin, anzunehmen, dass innerhalb der vielen divergierenden Äußerungen des Aristoteles denen ein größeres Gewicht zukommt, die eine Kontinuität zwischen Mensch und Tier betonen. Sie stützt sich u. a. auf die aristotelische Äußerung, wonach »die Andersartigkeit [scil. zwischen uns und anderen Tieren] nicht einen Unterschied dem Wesen nach ausmacht, sondern nach dem Mehr oder Weniger« (*Historia animalium* VIII.1). Gary Steiner (2008) weist etwa darauf hin, dass Aristoteles Tieren mitunter außergewöhnliche kognitive Leistungen zuspricht, die er mit Ausdrücken charakterisiert, die sonst Menschen vorbehalten sind: Dies betrifft besonders Wahrnehmung, Kognition, sensomotorische Fähigkeiten, Begehren und Streben. Zwar meint Aristoteles tatsächlich, Tiere seien weder zum Erlangen von Wissen noch zum Bilden von Meinungen fähig. Die Selbsterhaltung gelinge ihnen aber aufgrund ihres Wahrnehmungsvermögens; aus wiederholten Wahrnehmungen entstehe bei Tieren durch ihr Erinnerungsvermögen eine Erfahrung (*empeiria*: *Analytika posteriora* 99b35–100a6). Hieraus folgt nicht, dass Aristoteles ihnen damit lediglich Vorstellungen oder auch einfache Begriffe einräumen würde. Zahlreiche Tiere besitzen nach Aristoteles vielmehr Gedächtnis (*anamnêsis*), nämlich in dem Sinn, dass sie etwas bereits Wahrgenommenes wiedererkennen können, wenn auch nicht so, dass sie sich in Abwesenheit des betreffenden Gegenstands auf diesen beziehen können; denn dies setze die Fähigkeit voraus, sich eine Meinung zu bilden; allerdings vermögen sich Tiere nach Aristoteles nicht meinungsbasiert auf die Zukunft zu beziehen (*De memoria* 449b10 f.). Interessanterweise setzt Aristoteles an den meisten einschlägigen Stellen, an denen er die Tierkognition als defizitär beschreibt, die Vermögen von Tieren mit denen von Kindern gleich und identifiziert ihre seelischen Leistungen einmal sogar explizit (*Historia Animalium* 588b30 f.). Dies zeigt, dass sie keineswegs radikal von erwachsenen Menschen verschieden sind. Wenn Aristoteles also in *Nikomachische Ethik* III sagt, Tiere handelten nicht aufgrund von vernünftiger Überlegung (*bouleusis*) und besäßen keine innere Einstellung der Wahl (*prohairesis*), sie hätten zwar affektive Zustände wie Zorn oder Lust, aber keine Klugheit (*phronêsis*: zumindest im strikten Wortsinn, vernünftiges Wahlverhalten), so will er lediglich ausdrücken, dass sie ebenso wie Kinder keine vollständig rationalen Lebewesen sind. Da Kinder zu Erwachsenen jedoch in einem Kontinuitätsverhältnis stehen, kann man dasselbe auch für die Mensch-Tier-Relation annehmen.

Wie wir von Porphyrios wissen, nahm Theophrast, der Schüler des Aristoteles, die Existenz von Tierrechten an. Er vertrat einer Theorie natürlicher Zueignung, die die unmittelbare Verwandtschaft von Mensch und Tier betonte. Dabei setzt Theophrast den Akzent nicht, wie er sagt, auf die Ähnlichkeit unserer Haut, Muskeln oder Körperflüssigkeiten; es geht ihm vielmehr um seelische Parallelphänomene wie Begierden (*epithymiai*), Zornausbrüche (*orgai*), Überlegungen (*logismoi*) und Wahrnehmungen (*aisthêseis*), die wir mit den Tieren teilen (*De abstinentia* III.25). Tiere verdienen demnach Gerechtigkeit ebenso wie Menschen auf der Basis ihrer psychischen Eigenschaften und kognitiven Fähigkeiten (Sorabji 1993, 156).

Die Stoa

Als die klarsten Gegner von Tierintelligenz und die pointiertesten Vertreter einer Mensch-Tier-Abgrenzung gelten gewöhnlich die Stoiker, die Vernunftbesitz am Kriterium des syntaktisch strukturierten Sprachvermögens festmachen (dazu etwa Chrysipp: *Stoicorum Veterum Fragmenta* II.230,25). Zunächst betonen allerdings auch die Stoiker die Mensch-Tier-Kontinuität, nämlich in ihrer *oikeiôsis*-Theorie: Zueignung (*oikeiôsis*) steht in der Philosophie der Stoa für eine biologische, psychologische und moralphilosophische Konzeption, nach der die Tendenz zur Selbsterhaltung den primären natürlichen Impuls jedes Lebewesens bildet; speziell beim Menschen schließt sich als zweite Stufe eine rationale Selbstaffirmation sowie eine vernünftige Akzeptanz aller anderen Menschen an. Aber auch Tiere bewahren ihr Leben von Geburt an gemäß dem Selbsterhaltungstrieb, und leben impulsgesteuert auf jeweils artgemäße Weise. Auf dieser Basis erkennen die Stoiker Tieren zwar Wahrnehmung (*aisthêsis*) und Impuls (*hormê*) zu, nicht aber Vernunft (*logos*) (Diogenes Laertios VII.85). Die göttliche Vorsehung hat dabei die Tiere genau so ausgestattet, dass sie nicht aussterben (Cicero, *De natura deorum* II.121–130). Tiere können allerdings nur nach starren Verhaltensmustern, nicht reflektiertermaßen, ihre Lebensbedürfnisse erfüllen. Menschen unterscheiden sich in mindestens sechs Hinsichten von Tieren (dazu Dierauer 1977, 224–238): (a) Sie besitzen Gotteserkenntnis und verehren die Götter; (b) sie wissen von Vergangenem und Künftigem und kennen kausale Zusammenhänge; (c) sie können frei urteilen und handeln; (d) sie haben die Wahl zwischen Tugend und Schlechtigkeit; (e) sie haben Affekte (und können sich von ihnen befreien); und (f) sie verfügen über Sprache. Nach stoischer Auffassung existieren Tiere im teleologischen Gewebe der Welt um der Menschen willen; Menschen nehmen eine privilegierte Stellung unter den Naturwesen ein. Dem widerspricht allerdings Seneca, der einmal darauf hinweist, dass selbst für Menschen unnütze Tiere keineswegs defizitär ausgestattet und ihrer Umwelt nicht unangepasst sind (*Epistula* 121.24). Jedenfalls lehnen die Stoiker die Vorstellung ab, Mensch und Tier stünden in einer Rechtsgemeinschaft zueinander; entsprechend haben Tiere keine Rechte (Cicero, *De finibus* III.67).

Plutarch

Der Mittelplatoniker Plutarch vertritt in seinem Dialog *De sollertia animalium* (›Über die Gewandtheit der Tiere‹) die Auffassung, die Intelligenz der Tiere sei nicht grundsätzlich von der der Menschen verschieden; als Beispiele für Tierintelligenz (und Tiermoral) werden die Treue von Hunden und die Lernfähigkeit von Elefanten genannt, der soziale Zusammenhalt und die Brutpflege, die Kenntnis von Heilmethoden und die Antizipation von Witterungsumschlägen. Die Gesprächsteilnehmer werfen daher die Frage auf, ob man Tiere töten dürfe. Plutarchs Vorschlag besteht darin, nur die Tötung von feindlichen oder schädlichen Tieren zu erlauben; ansonsten dürften Tiere allenfalls gezähmt und als Nutztiere verwendet werden. Verboten werden das Schlachten von Tieren, die Jagd, das Fischen sowie der Tierkampf in der Arena. In der Abhandlung *De esu carnium* (›Über das Essen von Fleisch‹) untersagt Plutarch das Schlachten und Verzehren von Tieren nicht nur unter Verweis auf die Reinkarnation menschlicher Seelen in Tierkörpern, sondern auch unter Verweis auf ihre entwickelte Kognitivität. Er behauptet zudem, der Mensch sei nicht als Fleisch-, sondern als Pflanzenesser geschaffen. Außerdem stehe der geringfügige Nutzen des fleischverzehrenden Menschen in einem Missverhältnis zum Leid der Tiere: »Für ein kleines Stückchen Fleisch rauben wir den Tieren die Seele, nehmen ihnen die Sonne, das Licht, die Lebenszeit, wozu sie doch von Natur aus geschaffen sind. Welche Mahlzeit, für die ein beseeltes Wesen getötet wird, kommt nicht teuer zu stehen? Betrachten wir denn die Seele als geringen Preis? Ich will jetzt gar nicht behaupten, die Seele könne die der Mutter, des Vaters, eines Freundes oder des Kindes sein, wie Empedokles erklärte; ich denke nur daran, dass sie Wahrnehmung besitzt, Sehen und Hören, dass ihr Vorstellung und Verstand zu eigen sind, was jedes Lebewesen von der Natur erhalten hat, um das jeweils Nützliche aufsuchen und das Schädliche meiden zu können« (994e, 997d–e; zit. nach Giebel 2003, 203).

Ein kurioses Stück Mensch-Tier-Vergleich verbindet Plutarch mit der Kirke-Episode im X. Buch der homerischen *Odyssee*: Odysseus möchte dort seine in Schweine verwandelten Gefährten in menschliche Gestalt zurückverwandeln lassen. Plutarch lässt nun in seinem Dialog *Gryllos* oder *Über den Vernunftgebrauch der unvernünftigen Tiere* das Schwein Gryllos auftreten, das im Gespräch mit Odysseus die moralische und hedonische Überlegenheit der tierischen Lebensform im Vergleich zu der der Menschen preist. Tiere seien häufig tapferer, mäßiger, loyaler und weniger brutal als Menschen und doch ebenso klug. Und sie hätten mehr Freude am Leben (bei bescheideneren Genüssen). Odysseus' Argument, Tiere hätten keinen Bezug zur Götterverehrung kontert Gryllos, indem er auf das religiöse Desinteresse vieler Menschen verweist.

Die Neuplatoniker

Eine große Bedeutung besitzt der Vegetarismus für die Lebenspraxis und die Theorie der Neuplatoniker. Von Plotin wird berichtet, er habe keine medizinischen Behandlungen an sich zugelassen, die auf Tierprodukten beruhten – zumal er Tierprodukte nicht einmal als Nahrungsmittel akzeptiert habe (*Vita Plotini* 2.1–5); offenbar war Plotin Veganer. Porphyrios argumentiert in seinem Traktat *De abstinentia* (›Über die Enthaltung‹) zugunsten einer ›pythagoreischen Lebensform‹. Dazu gehöre, dass Tiere nicht als Gebrauchsgegenstände betrachtet werden dürften. Er wendet sich gegen die sakrale Praxis des Tieropfers (Buch II) und gegen Tierhatz, insbesondere aber gegen den Fleischverzehr. Pythagoras soll nach Porphyrios die Lebensregel gegeben haben, wonach man »keiner wohlgezüchteten, fruchtreichen Pflanze – und schon gar nicht erst einem Tier, soweit es dem Menschengeschlecht gegenüber nicht schädlich geartet sei – Zerstörung oder Beschädigung zufügen« dürfe (*Vita Pythagorae* 39). Nach Porphyrios muss man (einigen) Tieren entwickelte kognitive Fähigkeiten und damit Vernunft zuschreiben; da aber alle Vernunftwesen einander Gerechtigkeiten schuldeten, bestehe eine Gerechtigkeitspflicht auch gegenüber Tieren (*De abstinentia* III).

1.2 Frühchristliche Autoren

Augustinus

Vom christlichen Kirchenvater Augustinus besitzen wir zahlreiche Stellungsnahmen zur Mensch-Tier-Abgrenzungsdebatte sowie zur Tierethik. Grundsätzlich sieht er Tiere als Gottes Geschöpfe innerhalb einer Stufenordnung (*scala naturae*) an, welche auf jedem Niveau göttlich intendiert sei; daher seien alle Tiere grundsätzlich schön und bejahenswert (*De civitate dei* VIII.6). Auch Augustinus wendet sich gegen die Idee eines Vernunftbesitzes von Tieren (*De Genesi ad litteram* VII.9,11). Menschen und Tiere besäßen zahlreiche gemeinsame Merkmale, darunter viele physiologische Parallelen sowie eine ›fühlende Seele‹ (*anima sentiens*), die Augustinus als ›irrational‹ beschreibt und die solche Vermögen einschließt wie das Gedächtnis, den Nachahmungstrieb, das Streben nach Zuträglichem und das Meiden von Abträglichem, den Selbsterhaltungstrieb sowie das Streben nach Ruhe und Frieden (Baltes/Lau 1986). Tiere sind nach Augustinus vormoralisch: Sie haben keine Affekte, keine verfehlte *libido*, und sie können nicht schlecht handeln (*Contra Iulianum* IV.35,74). Dass Tiere damit auf einer Stufe unterhalb der des Menschen stehen, macht sie nicht wertlos – nicht einmal die den Menschen schädlichen oder feindlichen Lebewesen (*De Genesi adversus Manichaeos* I.25 f.). Dennoch sind Tiere innerhalb der teleologischen Ordnung der Welt dazu geschaffen, den Menschen zu dienen; deswegen sei es verfehlt, das biblische Tötungsverbot (›Du sollst nicht töten!‹) auf Tiere zu übertragen (*De civitate dei* I.20). Tiere dürfen gemäß ihrer schöpfungstheologischen Zweckbestimmung instrumentalisiert werden.

Arnobius

Dagegen lässt der spätantike christliche Autor Arnobius (*Adversus Nationes* 7.9) einen Ochsen eine fiktive Rede halten, in der dieser die Praxis des sakralen Tieropfers attackiert – wobei er die Mensch-Tier-Abgrenzung grundsätzlich in Frage stellt. Der Ochse bezweifelt die Rechtfertigung der Tierschlachtung, die auf die angebliche Minderwertigkeit und Vernunftlosigkeit der Tiere gegenüber den Menschen rekurriert, mit den Worten: »Hat nicht dieselbe Natur auch mich aus denselben Elementen hervorgebracht und ausgerüstet? Ist es nicht ein und derselbe Hauch, der sie und mich belebt? Atme und sehe ich nicht in ganz ähnlicher Weise, treffen mich nicht dieselben Sinneseindrücke? Sie [die Menschen] haben eine Leber, eine Lunge, ein Herz, Eingeweide, einen Magen: Ist nicht auch mir dieselbe Anzahl von Körperteilen gegeben? Sie lieben ihre Nachfahren und kommen zusammen, um Kinder zu zeugen: Kümmere nicht auch ich mich um die Beschaffung von Nachkommenschaft und hege sie zärtlich, wenn sie geboren ist? Aber ja, sie sind vernunftbegabt und geben artikulierte Laute von sich! Und woher wollen sie wissen, ob nicht auch ich meine Handlungen entsprechend meiner Planung ausführe und die Stimme, die ich hervorbringe, nicht die Worte meiner Art sind, und nur von unsereinem verstanden werden?« (zit. nach Smolak 2008, 214). Der Ochse geht sogar noch einen Schritt weiter und klagt die Menschen für die zahllosen moralischen Übel an, die sie fortwährend begehen, während sich die Tiere moralisch integer verhielten.

Auf eine ganze literarische Tradition dieses Motivs in der Antike macht Kurt Smolak (2008) aufmerksam. Im 3. Jahrhundert v. Chr. ist es Aratos von Soloi in den *Phainomena*, der die Praxis der Tierschlachtung im Fall von Arbeitstieren (hier eines Pflugochsen) mit der moralischen Degeneration der gegenwärtigen Menschen (›im Metallzeitalter‹) in Zusammenhang bringt; insbesondere ein Scholion zum Aratos-Text tadelt die Freveltat, »die in früheren Zeiten unmöglich gewesen wäre«, mit scharfen Worten (Smolak 208, 206). Dasselbe Motiv findet sich in den *Georgica* des Vergil: Auch er charakterisiert den moralischen Verfall der Menschheit im gegenwärtigen Zeitalter – dem des Jupiter – dadurch, dass jetzt auch Pflugochsen geschlachtet würden (*Georgica* 2,173). Auch Ovid lässt Pythagoras in den *Metamorphosen* mit dem Vorwurf auftreten, im Zeitalter des Jupiter würden – unfrommerweise – sogar Arbeitstiere geschlachtet (15,120). Valerius Maximus und Plinius erzählen eine Anekdote, nach der ein Mann »in alter Zeit« vor Gericht gebracht und verurteilt worden sei, weil er einen als Zugtier dienenden Ochsen geschlachtet habe, um die kulinarischen Luxuswünsche seines jugendlichen Geliebten zu erfüllen (Valerius Maximus: *Facta et dicta memorabilia* 8,1; *Damnationes* 8; Plinius: *Naturalis historia* 8,180).

1.3 Tierkunde

Eine große Bedeutung für das Allgemeinwissen über Tiere in der Spätantike und das menschliche Verhalten ihnen gegenüber besaß das tierkundliche Werk *Physiologos*, dessen Entstehung auf das 2. Jahrhundert zurückgeht, das jedoch von christlichen Autoren der Spätantike überarbeitet wurde. Der *Physiologos* präsentiert zoologisches Wissen, aber auch Fabelmaterial, in Verbindung mit einer schöpfungstheologisch-teleologischen Deutung zur Rolle von verschiedenen Tierarten, deren Beitrag zur göttlichen Weltordnung thematisiert wird. Seine Wirkung dieses Werks auf die Tierethik der byzantinischen, arabischen und westlich-lateinischen Tradition des Mittelalters (einschließlich der frühen Neuzeit) ist beträchtlich.

Literatur

Alexandridis, Annetta/Wild, Markus/Winkler-Horacek, Lorenz (Hg.): *Mensch und Tier in der Antike. Grenzziehung und Grenzüberschreitung.* Wiesbaden 2008.

Baltes, Matthias/Lau, Dieter: Animal. In: Cornelius Mayer (Hg.): *Augustinus-Lexikon*, Bd. 1. Basel/Stuttgart 1986, 356–374.

Bell, Jeremy/Naas, Michael (Hg.): *Plato's Animals. Gadflies, Horses, Swans, and Other Philosophical Beasts.* Bloomington 2015.

Burnyeat, Myles: Did the Ancient Greeks Have the Concept of Human Rights? In: *Polis 13* (1994), 1–11.

Cassin, Barbara/Labarrière, Jean-Louis (Hg.): *L'animal dans l'antiquité.* Paris 1997.

Clark, Stephen R. L.: Animals in Classical and Late Antique

Philosophy. In: Tom L. Beauchamp/Raymond G. Frey (Hg.): *The Oxford Handbook of Animal Ethics*. Oxford 2011, 35–60.

Dierauer, Urs: *Tier und Mensch im Denken der Antike. Studien zur Tierpsychologie, Anthropologie und Ethik*. Amsterdam 1977.

Dolgert, Stefan: Sacrificing Justice. Suffering Animals, the Oresteia, and the Masks of Consent. In: *Political Theory* 40/3 (2012), 263–289.

Giebel, Marion: *Tiere in der Antike. Von Fabelwesen, Opfertieren und treuen Begleitern*. Darmstadt 2003.

Guerrini, Anita: *Experimenting with Humans and Animals: From Galen to Animal Rights*. Baltimore 2003.

Haussleiter, Johannes: *Der Vegetarismus in der Antike*. Berlin 1935.

Newmyer, Stephen T.: *Animals, Rights, and Reason in Plutarch and Modern Ethics*. London 2005.

Newmyer, Stephen T.: *Animals in Greek and Roman Thought. A Sourcebook*. London/New York 2011.

Osborne, Catherine: *Dumb Beasts and Dead Philosophers: Humanity and the Humane in Ancient Philosophy and Literature*. Oxford 2007.

Sorabji, Richard: *Animal Minds & Human Morals. The Origins of the Western Debate*. London 1993.

Smolak, Kurt: Das Opfertier als Ankläger. In: Alexandridis, Annetta/Wild, Markus/Winkler-Horacek, Lorenz (Hg.): *Mensch und Tier in der Antike. Grenzziehung und Grenzüberschreitung*. Wiesbaden 2008, 205–215.

Steiner, Gary: *Anthropocentrism and Its Discontents. The Moral Status of Animals in the History of Western Philosophy*. Pittsburgh 2010.

Christoph Horn

2 Mittelalter

2.1 Hintergründe des mittelalterlichen Diskurses über Tiere

Die Menschen des Mittelalters hatten auf vielfältige Weise alltäglichen Umgang mit Tieren. Tiere kamen in der Landwirtschaft zum Einsatz, dienten als Transportmittel, Nahrungsmittel- und Rohstofflieferanten (Dinzelbacher 2000, 181–211; Obermaier 2009, 3–8; Salisbury 2011, 10–60). Im wissenschaftlichen Kontext ist grundsätzlich zwischen einem religiösen und einem nicht (ausschließlich) religiösen Interesse zu unterscheiden. Wie schon in der (Spät-)Antike wurden Tiere einerseits als christliche Symbole gedeutet sowie als Beweise für die Größe und Weisheit Gottes angesehen (Beullens 2007; Page 2007; s. Kap. 1). Andererseits nahm im lateinischen Westen insbesondere im 12. und 13. Jahrhundert das (natur-)philosophische Interesse an ihnen zu. Vermittelt war dies zum einen durch Übersetzungen vor allem der zoologischen Schriften von Aristoteles (Steel/Guldentops/Beullens 1999; Perfetti 2004), zum anderen durch die Rezeption der islamischen Psychologie, insbesondere von Avicenna (Hasse 2000).

Gerade in den weit verbreiteten Tierbüchern und Enzyklopädien vermischten sich oftmals religiöse und nichtreligiöse Zugangsweisen (Voisenet 2000; Hünemörder 2003; Clark 2006; Pastoureau 2013, 80–103). In (natur-)philosophischen, aber auch in theologischen Texten wurden besonders der metaphysische Status und die kognitiven Fähigkeiten von Tieren diskutiert (De Leemans/Klemm 2007; Köhler 2000, 2008–2014; Adamson 2018; Toivanen 2018). Dies geschah vor allem, um wesentliche Unterschiede und Gemeinsamkeiten zwischen Menschen und Tieren herauszuarbeiten. Zugleich bildete diese Diskussion die Grundlage für tierethische Argumente und Positionen.

2.2 Metaphysischer Status von Tieren

Mittelalterliche Autoren bedienten sich für die metaphysische Einordnung der Tiere sowohl der biblischen Idee einer von Gott gegebenen Schöpfungsordnung als auch des von Aristoteles inspirierten und mit neuplatonischen Elementen angereicherten Konzepts einer Stufenleiter der Natur (*scala naturae*) (Lovejoy 1936, v. a. 24–98). Dem biblischen Schöpfungsbericht zufolge ist allein der Mensch nach dem Bilde Gottes geschaffen (Baranzke 2002, 82–88). Zudem hat er einen Herrschaftsauftrag über die anderen Lebewesen erhalten. Dies wurde jedoch nicht im Sinne einer Aufforderung zur generellen Ausbeutung und Abwertung von Tieren verstanden (Cohen 1992), denn Tiere sind ebenso wie andere Lebewesen Geschöpfe Gottes. Dadurch kommt ihnen insofern ein nicht nur instrumenteller Wert zu, als ›sie alle in ihrer Gattung schön sind‹, wie Augustinus von Hippo (354–430) (1998, 92) es ausdrückt. Selbst Tiere, die dem Menschen gefährlich werden können oder lästig sind, haben eine Existenzberechtigung, betont u. a. auch Honorius Augustodunensis (ca. 1080–1150/51) (1954, 373).

Nach aristotelischer Vorstellung besitzen Tiere genauso wie andere Lebewesen eine Seele. Die Position, sie seien unbeseelt, findet sich im Mittelalter – wenn überhaupt – nur im Volksglauben, wie Adelard von Bath (ca. 1080–1152) (1998, 112) und Roger Bacon (ca. 1214/20–92) (1911, 283) anmerken. Als beseelte Wesen stehen sie in (psychologischer) Kontinuität mit Pflanzen und Menschen (Matthews 1978). Mit den Pflanzen haben sie die für Ernährung, Wachstum und Fortpflanzung zuständige vegetative Seele gemein. Mit dem Menschen teilen sie die Seele für die sinnliche Wahrnehmung. Als Sinneswesen wird auch der Mensch zu den Tieren gerechnet. Was ihn jedoch von anderen Tieren unterscheidet, ist der Besitz einer unsterblichen Vernunft- und Verstandesseele.

Zwar teilten nicht alle Autoren die Ansicht, nur dieser Seele käme Unsterblichkeit zu, so z. B. Johannes Scotus Eriugena (ca. 815–877) (1994, 411–415), Adelard von Bath (1998, 118), Nikolaus Cusanus (1401–1464) (Dohm 2013) und einige islamische Philosophen und Theologen (Kruk 1995, 31; Druart 2016, 73). Zudem wurden Tieren vielfach kognitive Fähigkeiten wie Urteilsvermögen und Schlussfähigkeit zugestanden, die an die rationalen Fähigkeiten des Menschen heranreichen (Nitschke 1967; Sobol 1993; Perler 2006; Roling 2011 und 2013; Köhler 2014; Oelze 2018). Dennoch galt allein der Mensch als vernunftbegabtes Tier (*animal rationale*). Diese Prämisse beeinflusste maßgeblich die Beurteilung des moralischen Status nichtmenschlicher Tiere.

2.3 Moralischer Status von Tieren

Tiere als moralische Objekte

Mit Blick auf Tiere als moralische Objekte wurde vor allem die Frage der Rechtmäßigkeit ihrer Tötung diskutiert. Zwar standen die christlichen Autoren des

J. S. Ach / D. Borchers (Hg.), *Handbuch Tierethik*, https://doi.org/10.1007/978-3-476-05402-9_2

Mittelalters generell unter dem Einfluss der Abkehr vom Tieropfer (Gilhus 2006, 114–182), doch folgte daraus kein generelles Tötungsverbot. Vielmehr wurde die Position, das natürliche, d. h. das von Gott gegebene Gesetz untersage sowohl die Tötung vernunftbegabter als auch vernunftloser Tiere, vom Pariser Bischof Étienne Tempier im Jahr 1277 als falsch verurteilt (Flasch 1989, 116 f.). Schon Augustinus (2007, 38 f.) hatte in *De civitate Dei* erklärt, das fünfte Gebot beziehe sich nicht auf die Tötung nichtmenschlicher Tiere, denn andernfalls müsste man auch andere Lebewesen, also Pflanzen, verschonen. Dieses Argument erklärt sich vor allem aus seiner Ablehnung manichäischer Speisegebote (Perlo 2013, 88). Gestützt sieht er seine Position zudem erstens durch die Arationalität der Tiere (vgl. auch Clark 1998), zweitens durch die von Gott gegebene Ordnung der Natur, nach der Tiere dem Menschen unterstellt sind.

Auch Thomas von Aquin (1225–1274) bekräftigt u. a. in der *Summa theologiae* und der *Summa contra gentiles* die Rechtmäßigkeit der Tiertötung (Werner 1988; Barad 1995, 133–150). Wie Augustinus verweist auch er zunächst auf die Naturordnung. Des Weiteren betont er, allein der Mensch sei nach Gottes Bild geschaffen, was sich in den kognitiven Fähigkeiten zeige. Auch wenn bei manchen Tieren durchaus von einer gewissen Klugheit (*prudentia*) mit Blick auf einzelne Verhaltensweisen gesprochen werden könne, handele es sich dabei nicht um die universale Klugheit, die dem Menschen gegeben sei. Folglich dürfen Tiere, insbesondere wilde, vom Menschen getötet werden (Thomas von Aquin 1941, 7. Bd., 119–123; vgl. auch ders. 2001, 3. Bd., 83). Auch für die Tötung domestizierter Tiere bedarf es nur insofern einer rechtlichen Erlaubnis, als damit Schaden vom jeweiligen Besitzer abgewendet wird. Um das Tier selbst geht es ausdrücklich nicht, wie Thomas (1953, 18. Bd., 159 f.) betont.

Nichtsdestotrotz schließt er sich dem jüdischen Gebot an, wonach Tiere nicht grausam behandelt werden dürfen. Dies geschehe zwar nicht um des Tieres willen, sondern vor allem um den Menschen von Grausamkeit im Allgemeinen abzuhalten (Thomas von Aquin 1977, 13. Bd., 364). Dennoch hat Thomas, das betont auch Preece (2002, 82), keineswegs »das theoretische Fundament für Tiermisshandlungen« im Mittelalter gelegt, wie von Kompatscher/Classen/Dinzelbacher (2010, 8) behauptet. Vielmehr sagt er, die von Tieren empfundenen Schmerzen könnten beim Menschen wenigstens auf emotionaler Ebene Mitleid hervorrufen (Thomas von Aquin 1977, 13. Bd., 374 f.; vgl. auch Barad 1995, 142). Schließlich haben auch Tiere nach mittelalterlicher Auffassung Gefühle (Köhler 2014, 659–687) und diese können vom Menschen wahrgenommen werden. Von Freundschaft zwischen Menschen und Tieren kann seiner Meinung nach jedoch lediglich in einem übertragenen Sinne die Rede sein. Ausschlaggebend ist hier erneut die fehlende Vernunft der Tiere (Thomas von Aquin 1959, Bd. 17A, 90–93).

Ähnlich äußert sich auch Petrus Johannis Olivi (1248–1298). In seinem Sentenzenkommentar erklärt er, lediglich vernunftbegabte Wesen könnten sich einander mit freundschaftlicher Liebe begegnen. Es bedürfe dafür eines freien Willens, der vernunftlosen Tieren fehle (Petrus Johannis Olivi 2006, 61). Daher könnten sie auch uns gegenüber keine freundschaftlichen Gefühle im eigentlichen Sinne entwickeln (ebd., 85).

Anders schien Franz von Assisi (1181/82–1226) über die Möglichkeit der Freundschaft zwischen Mensch und Tier zu denken. So wird er gerne als Beispiel für einen mittelalterlichen Denker angeführt, der eine besonders enge Beziehung zu Tieren pflegte und sogar Predigten vor ihnen hielt. Allerdings beruht dies größtenteils auf Erzählungen anderer (Preece 2002, 84 f.), vor allem von Bonaventura (Linzey/Regan 1989, 28–34). Zudem ist auch Franziskus nicht so weit gegangen, auf die Tötung und den Verzehr von Tieren zu verzichten, wie z. B. Rotzetter (2010, 71–73) hervorhebt.

Generell kam Argumenten für eine fleischlose Ernährung, wie sie sich in der Antike z. B. bei Plutarch und Porphyrius finden, im Mittelalter kein Einfluss zu (s. Kap. 60). Dies hängt jedoch zunächst weniger mit den Ansichten über den metaphysischen Status der Tiere als vielmehr mit dem Fehlen der entsprechenden antiken Quellen im lateinischen Westen zusammen. Ihre Argumente für Vegetarismus fanden somit keinen Eingang in die mittelalterliche Debatte. Allgemein anerkannt war jedoch die u. a. von Honorius Augustodunensis (1954, 376) erwähnte und auf Gen. 1,29 zurückgehende Auffassung, dass die Menschen im vorsintflutlichen Zeitalter fleischlos lebten. Fleischverzehr wurde somit als Folge der Sündhaftigkeit des Menschen angesehen. Die Notwendigkeit, Fleisch zu essen, begründet etwa Alkuin (735–804) (1863, 531 f.) mit der großflächigen Vernichtung pflanzlicher Nahrung durch die Sintflut. Isidor von Sevilla (ca. 560–636) (1989, 49 f.) erklärt, der vorsintflutliche Vegetarismus würde am Ende der Zeiten wieder hergestellt werden. Für die Sanktionierung von Fleischverzehr in der Gegenwart sieht er vor allem die Vermeidung eines luxuriösen Lebensstils als entscheidendes Argument. Ähnlich wurden auch Speisegebote in Ordensgemeinschaften begründet (Lutterbach 1999).

Tiere als moralische Subjekte

Die meisten (spät-)mittelalterlichen Denker stimmten dem Grundsatz des Johannes von Damaskus (ca. 675–749) (1955, 153) zu, wonach Tiere weniger aktive Subjekte als vielmehr passive Objekte sind: sie handeln nicht, sondern werden behandelt. Dennoch gab es durchaus Diskussionen über Tiere als moralische Subjekte. Als offensichtlichstes Beispiel wird in der heutigen Forschung meist das Phänomen der Tierstrafen und -prozesse angeführt, in denen sowohl Haustiere als auch diverse Schädlinge von weltlichen und kirchlichen Gerichten verurteilt wurden. Laut Schuhmann (2009) belegt dies, dass man sie als schuldfähige Subjekte oder Personen betrachtete. Preece (2002, 64 f.) und Salisbury (2011, 108–115) führen die Prozesse zudem als Beweis für eine ab dem 12. Jahrhundert zunehmende Auflösung der üblichen Mensch-Tier-Differenz an. Fischer (2005) und ihm folgend auch Dinzelbacher (2006, 132–156) argumentieren hingegen, dass Tiere zwar im rechtlichen Sinne wie Personen behandelt wurden, jedoch nicht, weil man sie für rationale, schuldfähige Akteure hielt, sondern allein, um soziale Kontrolle über sie auszuüben bzw. die gottgegebene Ordnung wiederherzustellen (vgl. auch Sorabji 1993, 116).

In den Texten mittelalterlicher Philosophen findet sich jedenfalls kein Hinweis darauf, dass Tiere für schuldfähig gehalten wurden (Dinzelbacher 2006, 137; Obermaier 2009, 9; Miller 2012, 21). So erklärt Thomas von Aquin (2013, 213), die Verurteilung eines Tiers diene allein der Bestrafung seines Besitzers. Das Tier selbst habe weder Vernunft noch einen freien Willen und könne somit nicht zur Verantwortung gezogen werden. Auch Petrus Johannis Olivi (2006, 57) ist dieser Meinung und ergänzt, eine Strafe, die auf das Tier abziele, sei sinnlos, weil Tieren ebenso wie geistig eingeschränkten Menschen das Verständnis der Strafe abgehe.

Trotz ihres Mangels an Vernunft erwägt Albertus Magnus (ca. 1200–1280) in seinen Kommentaren zu Aristoteles' zoologischen Traktaten zumindest insofern eine Nähe der Tiere zu moralischen Subjekten, als er ihnen eine gewisse Tugendhaftigkeit unterstellt (Nitschke 1967, 255). Zwar könne bei ihnen weder von einer wirklichen Lebensführung noch von einer Ethik die Rede sein, so Albertus Magnus (1999, Bd. 1, 64–66). Nichtsdestotrotz zeigten verschiedene ihrer Verhaltensweisen, dass sie eine ›natürliche Neigung zu etwas der Tugend Ähnlichem‹ (*inclinatio naturae ad virtutis similitudinem*) besitzen. Anders als der Mensch agierten sie jedoch nicht um der Verfolgung des Glücks willen, sondern rein instinktgetrieben. Daher kann hier laut Albertus Magnus (1955, 90) nur von einer ›Nachahmung der menschlichen Sitten‹ (*imitatio morum*) die Rede sein.

Tiere als moralische Vorbilder

Schon in der Bibel werden Tieren teilweise Tugenden zugeschrieben. Somit verwundert es nicht, dass sie vor allem in den spätantiken und mittelalterlichen Bibelkommentaren, aber auch in Bestiarien und Enzyklopädien als moralische Vorbilder auftauchen (Salisbury 2011, 81–107). Basilius von Caesarea (ca. 330–379) (1925, 131, 143–146) und Johannes Scotus Eriugena (1984, 414) etwa zählen etliche Beispiele ›natürlicher Tugenden‹ (*virtutes naturales*) im Tierreich auf, darunter den Fleiß der Ameise, die Elternliebe der Störche, die Treue des Hundes und die Keuschheit der Taube. Freilich unterstellen sie nicht, dass diesem tugendhaften Verhalten eine vernunftgeleitete, willentliche Entscheidung zugrunde liegt. Gerade deshalb jedoch taugen ihrer Meinung nach die Tiere als Vorbilder für den Menschen. Sie führen vor Augen, wie sehr die Tugendhaftigkeit bereits in der Natur angelegt ist. Selbst wenn der Mensch also durch seinen Vernunftbesitz anderen Tieren kognitiv überlegen sein mag – in moralischer Hinsicht ist er es dieser Auffassung nach jedenfalls nicht durchweg.

2.4 Zusammenfassung

Anders als heute stellte die Tierethik im Mittelalter keinen eigenständigen Zweig der philosophischen Ethik dar. Auch wurden in dieser Zeit keine eigenständigen Abhandlungen zu tierethischen Fragen und Problemen verfasst. Gleichwohl lässt sich zwischen dem 5. und 15. Jahrhundert eine ganze Reihe von Diskussionen finden, die dem Gebiet der Tierethik zugeordnet werden können. So wurde etwa die Frage der Rechte und Pflichten gegenüber Tieren ebenso diskutiert wie die Frage des Mitleids oder der Freundschaft zwischen Mensch und Tier. Somit behandelten mittelalterliche Autoren ähnlich wie Autoren der Gegenwart seit Regan (1983, 151–156) Tiere nicht nur als moralische Objekte, sondern auch als moralische Subjekte, teilweise sogar als Vorbilder.

Primärtexte

Albertus Magnus: *Quaestiones super De animalibus* (Opera omnia XII). Hg. von Ephrem Filthaut. Münster 1955.

Albertus Magnus: *On Animals. A Medieval Summa Zoologica.* 2 Bde. Übers. von Irven M. Resnick/Kenneth F. Kitchell. Baltimore 1999.

Alkuin: *Interrogationes et Responsiones in Genesin.* Hg. von Jacques-Paul Migne. Paris 1863 (= PL 100).

Augustinus von Hippo: *De Genesi contra Manicheos* (Opera X). Hg. von Dorothea Weber. Wien 1998 (= CSEL 191).

Augustinus von Hippo: *Vom Gottesstaat (De civitate Dei).* Übers. von Wilhelm Thimme. München 2007.

Basilius von Caesarea: *Ausgewählte Homilien und Predigten* (Ausgewählte Schriften II). Übers. von Anton Stegmann. München 1925.

Bath, Adelard von: *Conversations with his Nephew. On the Same and the Different, Questions on Natural Science and On Birds.* Hg. von Charles Burnett. Cambridge 1998.

Honorius Augustodunensis: *L'Elucidarium et les lucidaires. Contribution, par l'histoire d'un texte, à l'histoire des croyances religieuses en France au moyen âge.* Hg. von Yves Lefèvre. Paris 1954.

Isidor von Sevilla: *De ecclesiasticis officiis.* Hg. von Christopher M. Lawson. Turnholt 1989 (= CCSL 113).

Johannes Scotus Eriugena: *Über die Einteilung der Natur.* Übers. von Ludwig Noack. Hamburg 1984.

Johannes von Damaskus: *De fide orthodoxa.* Hg. von Eloi M. Buytaert. St. Bonaventure, N. Y. 1955.

Petrus Johannis Olivi: *Über die menschliche Freiheit.* Übers. von Peter Nickl. Freiburg 2006.

Roger Bacon: *Communia naturalium, Liber I, Pars III–IV* (Opera hactenus inedita III). Hg. von Robert Steele. Oxford 1911.

Thomas von Aquin: *Summa theologica.* 36 Bde. (Die dt. Thomas-Ausgabe). Graz u. a. 1933–1993.

Thomas von Aquin: *Summa contra gentiles.* 4 Bde. Hg. von Karl Albert et al. Darmstadt 2001.

Thomas von Aquin: *Über die Wahrheit. De veritate. Teilband 5.* Übers. von Tilman A. Ramelow. Hamburg 2013.

Sekundärliteratur

Adamson, Peter: Human and Animal Nature in the Philosophy of the Islamic World. In: G. Fay Edwards/Peter Adamson (Hg.): *Animals. A History.* Oxford 2018, 91–113.

Barad, Judith A.: *Aquinas on the Nature and Treatment of Animals.* San Francisco 1995.

Baranzke, Heike: *Würde der Kreatur? Die Idee der Würde im Horizont der Bioethik.* Würzburg 2002.

Beullens, Pieter: Like a Book Written by God's Finger: Animals Showing the Path toward God. In: Brigitte Resl (Hg.): *A Cultural History of Animals in the Medieval Age.* Oxford/New York 2007, 127–151.

Clark, Gillian: The Fathers and the Animals. The Rule of Reason? In: Andrew Linzey/Dorothy Yamamoto (Hg.): *Animals on the Agenda. Questions about Animals for Theology and Ethics.* London 1998, 67–79.

Clark, Willene B.: *A Medieval Book of Beasts. The Second-Family Bestiary: Commentary, Art, Text and Translation.* Woodbridge 2006.

Cohen, Jeremy: *›Be Fertile and Increase, Fill the Earth and Master It‹. The Ancient and Medieval Career of a Biblical Text.* Ithaca/London 1992.

De Leemans, Pieter/Klemm, Matthew: Animals and Anthropology in Medieval Philosophy. In: Brigitte Resl (Hg.): *A Cultural History of Animals in the Medieval Age.* Oxford/New York 2007, 153–77.

Dinzelbacher, Peter: Mittelalter. In: Ders. (Hg.): *Mensch und Tier in der Geschichte Europas.* Stuttgart 2000, 181–292.

Dinzelbacher, Peter: *Das fremde Mittelalter. Gottesurteil und Tierprozess.* Essen 2006.

Dohm, Burkhard: Die Unsterblichkeit der Tierseele im Denken des Nicolaus Cusanus. In: Cecilia Muratori (Hg.): *The Animal Soul and the Human Mind. Renaissance Debates.* Pisa/Rome. 2013, 27–44.

Druart, Thérèse-Anne: Logic and Language. In: Richard C. Taylor/Luis Xavier López-Farjeat (Hg.): *The Routledge Companion to Islamic Philosophy.* New York/Oxford 2016, 69–81.

Fischer, Michael: *Tierstrafen und Tierprozesse. Zur sozialen Konstruktion von Rechtssubjekten.* Münster 2005.

Flasch, Kurt: *Aufklärung im Mittelalter? Die Verurteilung von 1277. Das Dokument des Bischofs von Paris.* Mainz 1989.

Gilhus, Ingvild S.: *Animals, Gods and Humans. Changing Attitudes to Animals in Greek, Roman, and Early Christian Ideas.* London/New York 2006.

Hasse, Dag N.: *Avicenna's* De anima *in the Latin West. The Formation of a Peripatetic Philosophy of the Soul 1160–1300.* London/Turin 2000.

Hünemörder, Christian: Traditionelle Naturkunde, realistische Naturbeobachtung und theologische Naturdeutung in Enzyklopädien des Hohen Mittelalters. In: Peter Dilg (Hg.): *Natur im Mittelalter. Konzeptionen – Erfahrungen – Wirkungen.* Berlin 2003, 124–135.

Köhler, Theodor W.: *Grundlagen des philosophisch-anthropologischen Diskurses im dreizehnten Jahrhundert. Die Erkenntnisbemühung um den Menschen im zeitgenössischen Verständnis.* Leiden/Boston/Köln 2000.

Köhler, Theodor W.: *Homo animal nobilissimum. Konturen des spezifisch Menschlichen in der naturphilosophischen Aristoteleskommentierung des dreizehnten Jahrhunderts.* 2 Bde. Leiden/Boston 2008–2014.

Kompatscher, Gabriela/Classen, Albrecht/Dinzelbacher, Peter (Hg.): *Tiere als Freunde im Mittelalter. Eine Anthologie.* Badenweiler 2010.

Kruk, Remke: Traditional Islamic Views of Apes and Monkeys. In: Raymond Corbey/Bert Theunissen (Hg.): *Ape, Man, Apeman. Changing Views Since 1600.* Leiden 1995, 29–42.

Linzey, Andrew/Regan, Tom (Hg.): *Animals and Christianity. A Book of Readings.* London 1989.

Lovejoy, Arthur O.: *The Great Chain of Being. A Study of the History of an Idea.* Cambridge, Mass./London 1936.

Lutterbach, Hubertus: Der Fleischverzicht im Christentum. In: *Saeculum* 50/2 (1999), 177–210.

Matthews, Gareth B.: Animals and the Unity of Psychology. In: *Philosophy* 53/206 (1978), 437–454.

Miller, Daniel: *Animal Ethics and Theology. The Lens of the Good Samaritan.* New York 2012.

Nitschke, August: Verhalten und Bewegung der Tiere nach

frühen christlichen Lehren. In: *Studium Generale* 4/20 (1967), 235–262.
Obermaier, Sabine: Tiere und Fabelwesen im Mittelalter. Einführung und Überblick. In: Dies. (Hg.): *Tiere und Fabelwesen im Mittelalter*. Berlin/New York 2009, 1–25.
Oelze, Anselm: *Animal Rationality. Later Medieval Theories 1250–1350*. Leiden/Boston 2018.
Page, Sophie: Good Creation and Demonic Illusions. In: Brigitte Resl (Hg.): *A Cultural History of Animals in the Medieval Age*. Oxford/New York 2007, 27–57.
Pastoureau, Michel: *Das mittelalterliche Bestiarium*. Darmstadt 2013 (frz. 2011).
Perfetti, Stefano: I libri De animalibus di Aristotele e i saperi sugli animali nel XIII secolo. In: Chiara Crisciani/Roberto Lambertini/Romana Martorelli (Hg.): *Parva naturalia. Saperi medievali, natura e vita*. Pisa 2004, 143–170.
Perler, Dominik: Intentionality and Action. Medieval Discussions on the Cognitive Capacities of Animals. In: Maria C. Pacheco/José F. Meirinhos (Hg.), *Intellect et imagination dans la Philosophie Médiévale I*. Turnhout 2006, 72–98.
Perlo, Katherine W.: *Kinship and Killing. The Animal in World Religions*. New York/Chichester 2013.
Preece, Rod: *Awe for the Tiger, Love for the Lamb. A Chronicle of Sensibility to Animals*. New York/London 2002.
Regan, Tom: *The Case for Animal Rights*. Berkeley 1983.
Roling, Bernd: Syllogismus brutorum: Die Diskussion der animalischen Rationalität bei Albertus Magnus und ihre Rezeption im Mittelalter und in der Frühen Neuzeit. In: *Recherches de Théologie et Philosophie médiévales* 78/1 (2011), 221–275.
Roling, Bernd: Die Geometrie der Bienenwabe: Albertus Magnus, Karl von Baer und die Debatte über das Vorstellungsvermögen und die Seele der Insekten zwischen Mittelalter und Neuzeit. In: *Recherches de Théologie et Philosophie médiévales* 80/2 (2013), 401–504.
Rotzetter, Anton: Tiere – unsere Brüder und Schwestern. Die Tiere und ihre Wertschätzung nach den Schriften des Franz von Assisi. In: Rainer Hagencord (Hg.): *Wenn sich Tiere in der Theologie tummeln. Ansätze einer theologischen Zoologie*. Regensburg 2010, 57–74.
Salisbury, Joyce E.: *The Beast Within. Animals in the Middle Ages*. New York/London ²2011.
Schuhmann, Eva: ›Tiere sind keine Sachen‹ – Zur Personifizierung von Tieren im mittelalterlichen Recht. In: Bernd Herrmann (Hg.): *Beiträge zum Göttinger Umwelthistorischen Kolloquium 2008–2009*. Göttingen 2009, 181–207.
Sobol, Peter G.: The Shadow of Reason: Explanations of Intelligent Animal Behaviour in the Thirteenth Century. In: Joyce E. Salisbury (Hg.): *The Medieval World of Nature. A Book of Essays*. New York/London 1993, 109–128.
Sorabji, Richard: *Animal Minds and Human Morals. The Origins of the Western Debate*. London 1993.
Steel, Carlos G./Guldentops, Guy/Beullens Pieter (Hg.): *Aristotle's Animals in the Middle Ages and Renaissance*. Leuven 1999.
Toivanen, Juhana: Marking the Boundaries: Animals in Medieval Latin Philosophy. In: G. Fay Edwards/Peter Adamson (Hg.): *Animals. A History*. Oxford 2018, 121–150.
Voisenet, Jacques: *Bêtes et hommes dans le monde médiéval. Le bestiaire des clercs du Ve au XIIe siècle*. Turnhout 2000.
Werner, Hans-Joachim: Vom Umgang mit den Geschöpfen – Welches ist die ethische Einschätzung des Tieres bei Thomas von Aquin? In: Albert Zimmermann/Clemens Kopp (Hg.): *Thomas von Aquin. Werk und Wirkung im Licht neuerer Forschungen*. Berlin/New York 1988, 211–232.

Anselm Oelze

3 Neuzeit

Die ›Wiedergeburt‹ des Interesses am Kosmos, an der Rolle des Menschen, vor allem des Individuums, die Reformation und die humanistische Neubesinnung auf die Antike (s. Kap. 1), auch die Tierkunde, bilden den inspirierenden Hintergrund für Denker und Forscher der frühen Neuzeit, die das Verhältnis des Menschen zum ›Tier‹ und dessen ›Seele‹ neu reflektieren, und zwar jenseits des scholastischen Konzepts einer »anima sensitiva« (Ingensiep/Baranzke 2008). Montaigne gibt in seinen *Essays* (1580) erste wirkmächtige ethische Impulse, indem er das individuelle Tier in den Blick nimmt. Aber auch die reformatorische Theologie fordert neu heraus, über das Leiden der Kreaturen Gottes nachzudenken (s. Kap. 23). Individualismus und Humanismus, Wissenschaft und Theologie bereiten der neuzeitlichen Tierethik in Europa den Weg und begleiten sie weit über Darwins Zeiten hinaus. Dieser historische Gang seit den Anfängen der Neuzeit führt über allgemeine und spezielle tierethische Diskurse in der angelsächsischen und deutschen philosophischen Aufklärung (Bentham, Kant, Schopenhauer u. a.) bis zu heute aktuellen Kernpositionen und tangiert heterogene Praktiken und Probleme im konkreten Tierschutz.

3.1 Tierethik in der frühen Neuzeit

Bereits Humanisten wie Erasmus von Rotterdam im *Lob der Torheit* (1511) brandmarken menschliche Entartungen in der Tierjagd (s. Kap. 41), ebenso sieht Thomas Morus in *Utopia* (1516) die Jagd als unwürdiges Geschäft an. Michel de Montaigne würzt seine *Essays* (1580) mit vielfältiger Kritik an menschlicher Arroganz gegenüber Tieren bekanntlich mit feinsinnigen Beobachtungen, gerade auch zum Seelenleben etablierter Haustiere: »Wer weiß, wenn ich mit meiner Katze spiele, ob sie sich die Zeit nicht mehr mit mir vertreibt, als ich mir dieselbe mit ihr vertreibe?« (zit. nach Linnemann 2000, 52 f.). Das neue erhobene humanistische Lob der Tiervernunft bei Montaigne oder Hieronymus Rorarius dient gleichfalls der Infragestellung des menschlichen Herrschaftsanspruchs über das Tier in der Praxis und zugleich der Relativierung des Anthropozentrismus (s. Kap. 24) in der Theorie. Dies sind erste Anzeichen, dass das Tier für kritische bürgerliche, geistliche oder adelige Intellektuelle erneut zum Problem wird. Antike Philosophen wie Pythagoras, Plutarch oder Porphyrios werden zu intellektuellen Vorbildern bei der Tierschonung, aber auch manche Reformatoren besinnen sich neu auf Reinheit, Unschuld und Barmherzigkeit im Denken und Verhalten gegenüber Tieren. ›Das Tier‹ wird zum Gegenstand erneuter naturphilosophischer und ethischer Reflexion über das Verhältnis zwischen Mensch und Tier.

Im 17. Jahrhundert nimmt diese neue Sensibilität dem Tier gegenüber zu und wird praktisch, auch herausgefordert durch wissenschaftliche Tierversuche und die Methode der Vivisektion (Maehle 1992). Eine theoretische Herausforderung im neuen naturphilosophischen Diskurs über das Tier stellt insbesondere die cartesianische Automatentheorie dar, wonach Tiere ohne immaterielle Seele und Gefühl quasi nur als materielle ›Maschinen‹ positioniert werden. In der praktischen Staatsphilosophie sieht Thomas Hobbes die Gewaltherrschaft des Menschen über das Tier im Naturzustand legitimiert und wirft damit indirekt die Frage nach der Art der Rechte von Tier und Mensch auf. Theologen wie Jean Darmanson sehen eine neue Legitimation der Grausamkeit der Menschen gegenüber Tieren durch Gott, da er sie gerechterweise als seelenlose Automaten erschaffen habe (1684). Vielfältig ist die Opposition in dieser komplexen Tierseelendebatte, die über Leibniz' Monadenlehre weit ins 18. Jahrhundert hineinreicht und sich in Gelehrtendiskursen niederschlägt, z. B. in Johann Heinrich Winklers Sammlung von Abhandlungen *Philosophische Untersuchungen von dem Seyn und Wesen der Seelen der Thiere* (1742–1743, 1745) (Ingensiep 1996). Weitere theologische Strömungen sind wirkmächtig. Christliche Formen der Heilsfindung und Friedensutopie schließen nun mehr die Tierschonung und den Vegetarismus ein, wie bei Thomas Tryon (1634–1703). Bekannt ist bereits seit der Antike das Theorem, Tiermord führe am Ende zu Menschenmord. Im Christentum tritt hinzu, das gemäß wahrem christlichen Ethos auch Barmherzigkeit und Mitleid gegenüber Tieren geboten sei, so bei John Wesley (1703–1791), dem Begründer des Methodismus. In der Rechtsphilosophie reflektieren Christian Thomasius und Samuel Pufendorf antike, theologische und vernunftrechtliche Überlegungen, die zwar einerseits die Tiertötung legitimieren, aber andererseits das Verrohungsargument ›in Ansehung der Tiere‹ zunehmend rational fundieren (s. Kap. 36). Für beide, Thomasius und Pufendorf, ist die Vernunftfähigkeit die Eintrittskarte in die Rechtsgemeinschaft, weshalb vernunftfähige Menschen auch keine Rechtspflichten gegen vernunftlose Tiere haben sollen (s. Kap. 14). Außerhalb der *socialitas* der Menschen besteht gar kein *ius*, aber es gibt auch immer noch Pflichten des Men-

J. S. Ach / D. Borchers (Hg.), *Handbuch Tierethik*, https://doi.org/10.1007/978-3-476-05402-9_3

schen gegen Gott: »Gebrauche die Creaturen nicht zur Unehre des Schoepffers [sic]. Denn wenn sie also gebraucht werden / leufft [sic]solches wider den innerlichen Gottesdienst / welcher der Grund aller natürlichen Gesetze ist« (Thomasius 1709, 251). Eine echte Gewissenspflicht als indirekte Vernunftpflicht gegen sich selbst gebietet die Tierschonung und verbietet Grausamkeit gegenüber Tieren, damit der Mensch nicht verrohe; dies ist aber von einer erzwingbaren Rechtspflicht gegen Tiere streng zu unterscheiden. Eigentliche Tierschutzgesetze etablieren sich erst viel später. Aber im Verlaufe der Aufklärung wird dieser doppelte Gewissensdienst an Gott und der Vernunft ›in Ansehung der Tiere‹ weiter geklärt und säkularisiert, vor allem bei Kant.

3.2 Tierethik der Aufklärung

Immanuel Kant

Eine spezielle Spur führt von den Rechtsphilosophen Pufendorf und Thomasius über den Philosophen Johann Georg Heinrich Feder (1740–1821), einem Gegner Kants, zu Kants berühmten, nicht selten missgedeuteten § 17 in dessen Tugendlehre (Kant 1797): Das dort genannte Verrohungsargument war nicht neu und spielte für Kant nur eine pädagogische Rolle (Baranzke 2002, 2016; s. Kap. 36). Doch ethisch systematisch betrachtet wird erst durch Kant eine rein rationale Grundlage für Pflichten ›in Ansehung‹ von Tieren als vollkommene Pflichten gegen sich selbst gelegt (s. Kap. 15). Wer diese als Pflichten gegen Gott oder gegen Tiere interpretiert, obliegt nach Kant einer »Amphibolie der moralischen Reflexionsbegriffe: das, was Pflicht des Menschen gegen sich selbst ist, für Pflicht gegen Andere zu halten« (1797, 106). Man verwechselt schlicht die Verpflichtungsgründe, so Kant. So sprach Feder in seinen Grundätzen der Tugendlehre noch von »Pflichten und Rechten der Menschen in Ansehung der Geschöpfe Gottes« (1789, 168; Feder 1792). Kant kritisiert nicht nur die theoretische Grundlegung, sondern auch die Praxis der Vivisektion und fordert Dankbarkeit gegenüber Nutztieren; alles »gehört **indirect** zur Pflicht des Menschen, nämlich **in Ansehung** dieser Thiere, **direct** aber betrachtet ist sie immer nur Pflicht des Menschen **gegen** sich selbst« (1797, 108). Daher kommt bei Kant eine fortschreitende neuzeitliche Säkularisierung des Gewissens mit einer rationalen Verankerung der Pflicht im ethischen Akteur ›in Ansehung‹ der Tiere zum Abschluss. Dies hatte Auswirkungen auf die deutsche Tierschutzbewegung, denn Kants Rechtfertigung des Tierschutzes wird im Verlaufe des 19. Jahrhunderts zum gängigen Argument im Recht sowie in Tierschutzvereinen: »Auch Kant stimmt den Ideen des Thierschutzes bei«, heißt es daher in einer Festgabe zum 50-jährigen Bestehen des Dresdener Tierschutzvereines, die ausdrücklich auf § 17 der Tugendlehre verweist (Schaefer 1889, 15), und Ignaz Bregenzer hält fest: »Dieser blendende Einfall hat unverkennbar weitgehenden Einfluß auf die modernen Thierquälereigesetze geübt, namentlich hinsichtlich der systematischen Stellung des Delikts« (1894, 200), ferner Theodor Hans Juchem: »Das Tier wird nicht um seiner selbst willen, sondern um des Menschen willen geschützt. Aber gerade deshalb mußte die Auffassung Kants Erfolg haben und dem Tierschutzgedanken zum Durchbruch verhelfen. [...] Durch Kant fand der Gedanke, daß die Tierquälerei die Moral auch im Verhältnis zu anderen Menschen schwäche, allgemeine Verbreitung« (1940, 32). Was wenig bekannt ist: Gerade Kant lieferte eine rationale Basis für den praktischen Tierschutz und das Recht, was nach Schopenhauer, aber auch heute polemisch als ›anthropozentrisch‹ diskreditiert wird.

Die philosophische Tierethik im engeren Sinn ist vor allem ein Kind des aufgeklärten 18. Jahrhunderts, wobei die Alltagsgeschichte, die um sich greifende Naturgeschichte der Tiere, ferner die Tierseelenphilosophie, und schließlich im 19. Jahrhundert das Rechtswesen und eine sich ausweitende »praktische Thierpsychologie« hinzukommen (Scheitlin 1840, 284–311). Im deutschen Sprachraum eröffnet die philosophische Debatte der Mainzer Philosoph Wilhelm Dietler (gest. 1797) mit seiner Monografie über die zu *Gerechtigkeit gegen Thiere* (1787/1997); gefolgt vom dänischen Theologen und Philosophen Lauritz Smith (gest. 1794), der in Göttingen studierte und mit seinen Schriften *Ueber die Natur und Bestimmung der Thiere wie auch von den Pflichten der Menschen gegen die Thiere* (1790) hervortrat. Smith untermauert sein tierethisches Anliegen mit Wissen über das Tierleben im Kontext der Physikotheologie (Reimarus) und Naturgeschichte der Tiere (Buffon), wonach das höhere Tier über Urteils- und Schlussvermögen, »Selbstbewußtseyn« (1793, 198) und ein »Gefühl von seiner persönlichen Identität« (ebd., 200) verfüge. Gegen die herkömmliche Ansicht, Tiere existierten um des Menschen willen, reklamiert Smith eine geschöpfliche »Würde« (ebd., 327); jedes Tier sei um seiner selbst willen und um des Genusses seines Daseinsglückes da (ebd., 328), was die »absolute« Würde der Tiere ausmache (Baranzke 2002; s. Kap. 29). Konkrete Tierrechte werden eklektisch und quasinaturrechtlich, d. h. eudaimonistisch, theologisch und naturteleologisch, fundiert; sie münden für Smith in einen ausführlichen und pragmatischen Pflichtenkatalog für Menschen. Demnach besitze der Mensch z. B. kein Recht, die Tierentwicklung zu stören oder Tiere zu töten – außer zum Wohle des Menschen –, aber grausame Vivisektionen zu Forschungszwecken seien verboten.

Wilhelm Dietler

Die Monografie des Philosophen Wilhelm Dietler (1787/1997) liefert weitere Einblicke in Argumente und Motive der Tierethik der Aufklärungszeit, wobei die Kritik der Anthropozentrik (s. Kap. 24), die Rolle von Vernunft und der Menschenwürde sowie protoökologisches und protoethologisches Wissen über die Natur und die Tiere subversiv eingesetzt werden: Ein Recht auf menschliche Tiernutzung und Tiertötung zwecks Ernährung gesteht Dietler zu – solange es der Glücksmaximierung und dem Gleichgewicht im Naturganzen dient. Den legitimen Rechten des Menschen stehen aber legitime Pflichten gegen Tiere gegenüber, die je nach Kontext physikotheologisch, theologisch oder rational begründet werden. Ein Fehlen von Vernunft bei Tieren ist z. B. für Dietler kein Argument, da dann auch unmündige Kinder ja keine Rechte hätten. Tierrechte begründen für Dietler vielmehr Unterlassungspflichten, verbieten z. B. willkürliche Tötung, Grausamkeit oder naturwidrige Zumutungen bei der Indienstnahme von Tieren. Tiere seien glücksbedürftige ›Mitgeschöpfe‹ und ›Brüder‹ des Menschen (inspiriert durch Herder). Dietler sieht daher den Anspruch begründet, »dass andere Menschen, dass Thiere Rechte, du Pflichten gegen sie habest: denn aus welchem Grund wolltest du andern absprechen was du dir nicht willst absprechen lassen?« (1787/1997, 38). In der Praxis wendet sich Dietler emphatisch gegen die Parforce-Jagd, die Tierhetze mit Hunden und auch gegen den Missbrauch von Nutz- und Haustieren. Der Mensch sei zwar durch die Vernunft überlegen, doch gebiete sie, sich dem Tier gegenüber nicht als tyrannischer Herrscher aufzuspielen, sondern vielmehr wie Gott in der Welt, ein weiser Lenker und Verbreiter von Glückseligkeit zu sein. Bereits in seiner *Skizze der Philosophie* (1786) wird bei Dietler auch Kant erwähnt und seine anthropologische Grundüberzeugung formuliert: »Je näher wir äußere empfindende Wesen mit uns verbunden, gleichsam als Theile unserer **Ich** ansehen, desto mehr Antheil nehmen wir an ihrem Zustande. Dieser Theilnehmungstrieb heißt **Mitgefühl** (Si[sic]mpathie.)« (1786, 38 § 154). Dietlers Schrift *Vorbereitung zur Vernunftwissenschaft* (1. Bd. 1789) thematisiert ebenfalls philosophische Grundfragen im Vorfeld des praktischen Verhältnisses zum Tier: »Sind die Tiere wesentlich oder nur stufenweise vom Menschen verschieden? pflegt man zu fragen. Haben sie Vernunft oder nicht? Haben sie Sprache oder nicht? Sind sie perfektibel?« (1789, 211).

Dieser Solitär aus den Anfängen der deutschen Aufklärungstierethik blieb im philosophischen Hauptstrom weitgehend unbeachtet, zeigt aber Nachwirkungen in Tierschutzschriften. In der Tierschutzpraxis fanden bald engagierte Schutzschriften Beachtung wie *Das thierische Elend* (1789) von Christian Gotthelf Schmeiser oder *Menschenstolz und Thierqualen. Eine Verteidigung der seufzenden Creatur vor dem Richterstuhle der Menschlichkeit* (1799) von Johann Friedrich Volckmann oder *Die Leiden der Thiere* (1808) von Johann Ludwig Wilhelm Scherer. Um 1800 verstärken sich diese theologischen, pädagogischen und philanthropischen bzw. tierethischen Impulse zum angewandten Tierschutz. Erste öffentlichkeitswirksame Aufrufe zum konkreten Tierschutz erfolgten schließlich im württembergischen Pietismus durch Christian Adam Dann (1822, 1832) und Albert Knapp (1838) – sie initiierten die Gründung von Tierschutzvereinen in Deutschland (Jung 2002).

3.3 Tierethik der angelsächsischen Aufklärung: Jeremy Bentham

Als häufig zitierter Startpunkt für eine neue, utilitaristisch begründete Tierethik und insbesondere für die angelsächsische Tierschutzbewegung und politische Gesetzgebung wird Jeremy Benthams (1748–1832) berühmte Fußnote in *An Introduction to the Principles of Morals and Legislation* (1780, 1789/1948) angesehen. Bentham betrachtet hier die Interessen niederer Tiere in Analogie zur Sklavenbefreiung, sieht Tiere in der Gesetzgebung vernachlässigt und prophezeit: »The day may come, when the rest of the animal creation may acquire those rights which never could have been withholden from them but by the hand of tyranny«. Wenig später folgt die berühmte Anmerkung: »the question is not, Can they *reason*? nor, Can they *talk*? but, Can they *suffer*?« (1948, 412). Benthams beiläufiges Diktum erscheint heutigen Epigonen als Abkehr vom anthropozentrischen Rationalismus in der Ethik und in der Rechtstheorie sowie als kritische Überwindung klassischer philosophischer Tierrechtshürden wie Vernunft und Sprache sowie des seit der antiken Rechtstheorie bestehenden Person-Sache-Dualismus und der Rechte-Pflichten-Symmetrie als notwendige Bedingungen für eine elementare Rechtsgleichheit von Mensch und Tier.

Bentham tritt aber an dieser Stelle nicht für radikale Tierrechte ein, denn Tiernutzung und Tiertötung zwecks Ernährung sind durchaus erlaubt. Bentham geht es wie anderen Aufklärern vor allem um die alltägliche Tierquälerei, die seit Hogarths berühmten *Cruelty*-Bildzyklus von 1751 bei allen vernünftigen Bürgern Abscheu erzeugen sollte. Deren pädagogische Botschaft war das Verrohungsargument (s. Kap. 36). Ein jugendlicher Tierquäler wird am Ende zum brutalen Menschenmörder, der seine gerechte Todesstrafe erhält und dessen Leichnam einer öffentlichen anatomischen Sektion dient, wobei ein Hund dessen Eingeweide frisst. Bentham kritisiert aber offen und klar die theoretischen Grenzlinien und Kriterien, die vermeintlich gegen eine Einbeziehung von Tieren ins Recht sprechen. Denn nicht die Hautfarbe oder das Aussehen, die Sprache oder die Vernunft zählen, sondern allein, dass es sich bei Tieren um empfindungsfähige Lebewesen handelt; dies sei ein hinreichender Grund für deren Schutzrechte im Gesetzeswerk (s. Kap. 5). Diese angelsächsische Spur führt in der Tat zum ersten britischen Tierschutzgesetz, dem »Cruel Treatment of Cattle Act« (1822). Über John Stuart Mill, der lieber ein unzufriedener Sokrates als ein glückliches Schwein sein wollte, der 1846 einen Pferdequäler anprangerte und 1848 strenge gesetzliche Schutzgründe für Kinder auch auf Tiere übertragen sehen wollte (Linnemann 2000, 186 ff.), führt diese Spur zur radikaleren angelsächsischen Tierrechtsbewegung von Henry Salts *Animal's Rights* (1892) und bis in die Gegenwart zum pathozentrischen Präferenz-Utilitarismus Peter Singers (Flury 1999; s. Kap. 13). Vor dem oben erwähnten Hintergrund seiner Zeit ist Bentham also kein revolutionärer Tierethiker, hat aber wichtige philosophische Denkanstöße gegeben. Doch in der pädagogischen Alltags- und Rechtspraxis der Tierschonung führt Benthams Glücksutilitarismus nicht weiter als Kants rationalistische Deontologie.

Der frühe angelsächsische Spezialdiskurs über Tierethik, praktischen Tierschutz und die rechte Ernährungsform ist zudem weit komplexer – er nimmt die gängige Kritik der Anthropozentrik auf und verbindet sie mit theologischen, physikotheologischen, kulturkritischen, naturalistischen und literarischen Ansätzen. Die tieferen Wurzeln liegen im Puritanismus und in der neuen »modern sensibility« für Natur und das Tier (Thomas 1983). Exemplarisch als wichtige öffentliche Vertreter wären zu nennen Humphrey Primatt (1725–1780), Soame Jenyns (1704–1787) und John Oswald (1730–1793) sowie Thomas Young (1772–1835).

Der Geistliche Primatt fordert in seiner Schutzschrift von 1776 *The Duty of Mercy and the Sin of Cruelty to Brute Animals* (1992, dt. 1778) zwar Barmherzigkeit, lässt aber Tiertötung zu Nahrungszwecken zu. Argumentativ folgt er »Grundsätzen der natürlichen Religion, der Gerechtigkeit, der Ehre und der Menschlichkeit« (Primatt 1778, 51) und erstreckt die ›Goldene Regel‹ auf Tiere. Der Publizist Jenyns kritisiert als Christ *Cruelty to Inferior Animals* (1782), während der Republikaner und Humanist Oswald durch den indischen Brahmanismus und durch die Französische Revolution zur Schrift *The Cry of Nature* (1791) inspiriert wird. Oswald setzt radikal auf Mitgefühl und lehnt daher animalische Nahrung aus tierethischen Gründen ab. In seinem *Essay on Humanity to Animals* (1798) beklagt Young zwar grausame Tierbehandlung bei der Jagd oder im Sport, erlaubt aber wissenschaftliche Vivisektionen.

3.4 Tierethik im 19. Jahrhundert

Im ersten Drittel des 19. Jahrhunderts treten Joseph Ritson (1802) und Percy Shelley (1813) sowie Lewis Gomperz (1824) als Verteidiger vegetarischer Lebensformen auf. Ritsons *Essay on the Abstinence from Animal Food as Moral Duty* (1802) schließt an Rousseaus Idee des Naturzustandes an. Er geht davon aus, dass der Mensch von Natur aus ein Affe und Früchteesser gewesen sei, ein Gedanke, den auch Shelley in seinen *Notes to Queen Mab* (1813) aufnimmt. Im Vergleich mit der Ernährungsweise der Menschenaffen kündigt sich zudem eine neue naturalistische Begründungstrategie für eine ethisch begründetet Ernährungsform an, die später mit Darwins Evolutionstheorie untermauert wird und bis heute nachwirkt. Am Jahrhundertende agiert der erwähnte Henry S. Salt (1851–1939) als eminent radikaler Tierethiker in seinen *Animal's Rights* (1892), auf Deutsch erschienen als *Die Rechte der Tiere* (1907). Salt ist Mitbegründer einer Humanitarian League (1891), wonach es »ungerecht ist, irgendeinem empfindenden Wesen vermeidlichen Schmerz zuzufügen« (Salt 1907, V; Flury 1999). Im Verlaufe des 19. Jahrhunderts verbinden sich auch im deutschen Sprachraum Tierethik, Vegetarianismus, Antivivisektionsbewegung, Lebensreform sowie soziale und Emanzipationsbewegungen. Seit 1900 wird diese radikale Tierrechts- und Tierschutzbewegung in vielen Schriften von Magnus Schwantje (1877–1959) repräsentiert.

Eine besondere Rolle spielt in der deutschen Philosophie Arthur Schopenhauer (1788–1860), der den Tieren über seine Willensmetaphysik einen wirkmächtigen Eingang in die Ethik verschaffte und dessen teils polemische – antikantische und antijüdische – tierethische Überlegungen in die Gründungszeit der deutschen Tierschutzvereine fallen (Brumme 2001). Radikale Tierschützer wie Magnus Schwantje (1919), der Kulturphilosoph Albert Schweitzer (1923), ferner aktuell Ursula Wolf (1990) oder Jean-Claude Wolf (1998) haben Gedanken von Schopenhauer aufgenommen.

In Schopenhauers Naturphilosophie tritt die Bedeutung des Intellekts zugunsten eines allgegenwärtigen Lebenswillens zurück, der Mensch und Tier, auch in ethischer Hinsicht, verbindet. Schon in seinem Hauptwerk *Die Welt als Wille und Vorstellung* (1819, 3. Aufl. 1859) ist es »jener Wille zum Leben, welcher das Wesen jeglichen Dinges ausmacht und in Allem lebt, ja, daß dieses sich sogar auf die Thiere und die Ganze Natur erstreckt, daher wird er auch kein Thier quälen« (1. Bd. 4. Buch § 66). In der ungekrönten *Preisschrift über die Grundlage der Moral* (1840) formuliert Schopenhauer seinen Ansatz aus und weist drastisch die bisherigen vermeintlich jüdisch-christlichen, cartesianischen oder kantischen Lehren ab, nach denen »gegen Thiere« aufgrund des fehlenden Selbstbewusstseins keine Pflichten existierten. Der tierische »Egoismus« bezeuge, »wie sehr die Thiere sich ihres Ichs, der Welt oder dem Nicht-Ich gegenüber, bewußt sind. Wenn so ein Kartesianer sich zwischen den Klauen eines Tigers befände, würde der aufs deutlichste inne werden, welchen scharfen Unterschied ein solcher zwischen seinem Ich und Nicht-Ich setzt« (§ 19,7). Doch bezüglich der Vernunft bleibt Schopenhauer auf kantischen und anthropozentrischen Wegen, denn das Tier besitze nur Verstand, der Mensch dagegen ein begriffliches Abstraktionsvermögen und die Sprache. Infolge ihres geringeren Erkenntnisvermögens leiden Tiere daher auch weniger, da sie sich nicht den Tod als solchen vorstellen können. Doch die Wesensidentität mit dem Tier und die pessimistische buddhistische Leidensmetaphysik, wonach alles Leben Leiden ist, schlagen bei Schopenhauer ethische Brücken: Sie fundieren das existentielle Mitleid gegenüber Tieren und jede Abscheu gegen Tierquälerei (s. Kap. 17, 20).

Schopenhauer kritisiert auch die seinerzeit in Deutschland aufkommenden Tierschutzgesellschaften, die in ihrer Argumentation immer noch dem Nützlichkeits- und Verrohungsargument folgen. Bei aller Polemik gegen Kant und gegen das Juden- und Christentum und trotz seiner emphatischen Fürsprache für ein Rechtsverhältnis zwischen Mensch und Tier führt Schopenhauers vergleichende Leidensabwägung am Ende nicht dazu, den alltäglichen Tiergebrauch und das Fleischessen abzulehnen, »da in der Natur die Fähigkeit zum Leiden gleichen Schritt hält mit der Intelligenz; weshalb der Mensch durch die Entbehrung der thierischen Nahrung, zumal im Norden, mehr leiden würde, als das Thier durch einen schnellen und stets unvorhergesehenen Tod, welchen man jedoch mittelst Chloroform noch mehr erleichtern sollte« (ebd.). Die Vivisektion sei dagegen nur bei weniger leidenden niederen Tieren erlaubt.

Schopenhauers tierethische Ansätze beeinflussen Zeitgenossen wie Richard Wagner und erreichen um 1900 radikale Tierethiker (Schwantje 1919) und den späteren Kulturphilosophen Albert Schweitzer (1923), dessen Leitgedanke der ›Ehrfurcht vor dem Leben‹ u. a. Schopenhauers intuitiver und tätiger Mitleidsethik folgt. Kants tugendethische Impulse über indirekte Vernunftpflichten wirken ebenso weiter, weniger dagegen romantische, panentheistische Konzepte in der Rechtsphilosophie des Philosophen Karl Christian Friedrich Krause (Ingensiep 2001). Klare tierethische Gegenpositionen formulieren die Philosophen Friedrich Nietzsche und Eduard von Hartmann, welche die Prinzipien ›Mitleid‹ und ›Gerechtigkeit‹ mit Bezug auf Tiere grundsätzlich in Frage stellen. Den Stand der »Thier-Ethik« am Jahrhundertende liefert Ignaz Bregenzer (1894). Manche Argumentationsstrategien gegen eine Tierethik denunzieren den aufkommenden Vegetarismus als pathologische Sentimentalität und bestätigen herrschende Ressentiments. Als einer der wenigen deutschen bekannten Philosophen verkörpert der Ästhetiker und Schriftsteller Friedrich Theodor Vischer (1807–1887) im 19. Jahrhundert die bildungsbürgerliche Palette eines aufgeklärten Engagements für die Tiere (Ingensiep 2011). Einerseits besteht eine gewisse Offenheit für eine »Thier-Ethik« (Bregenzer 1894) auf der Grundlage einer neuen, evolutionären Weltanschauung im Geiste Darwins oder Spencers, andererseits findet diese Konzeption bei konservativen katholischen Denkern klare Ablehnung (Cathrein 1895).

Im frühen 20. Jahrhundert werden ältere – noch von Kant oder Schopenhauer inspirierte Gedanken –

zu einer neuen kulturphilosophischen Kritik der bisherigen anthropozentrischen Tierethik bzw. zu einer kritischen Neubesinnung auf Tierrechte transformiert - wirkmächtig artikuliert bei Albert Schweitzer bzw. bei Leonard Nelson.

Literatur

Baranzke, Heike: *Würde der Kreatur? Die Idee der Würde im Horizont der Bioethik.* Würzburg 2002.

Baranzke, Heike: Do Animals have a Moral Right to Life? Bioethical Challenges to Kant's indirect Duty Debate and the Question of Animal Killing. In: Franck L. B. Meijboom/Elsbeth N. Stassen (Hg.): *The end of animal life: a start for ethical debate.* Wageningen 2016, 61–77.

Bentham, Jeremy: *An Introduction to the Principles of Morals and Legislation* [gedr. 1780, veröff. 1789]. Oxford 1948.

Bregenzer, Ignaz: *Thier-Ethik.* Bamberg 1894.

Brumme, Martin Fritz: Zwischen philosophischer Ethik und Kulturpessimismus. Über Schopenhauer und heutige Redeweisen vom Tierschutz. In: Manuel Schneider (Hg.): *Den Tieren gerecht werden. Zur Ethik und Kultur der Mensch-Tier-Beziehung.* Witzenhausen 2001, 104–122.

Cathrein, Victor: Thierschutz und Humanität. In: *Stimmen aus Maria-Laach* 48 (1895), 163–177.

Dietler, Wilhelm: *Gerechtigkeit gegen Thiere* [1787]. Bad Nauheim 1997.

Feder, Johann Georg Heinrich: *Grundlehren zur Kenntnis des Menschlichen Willens und der natürlichen Gesetze des Rechtverhaltens.* Göttingen ^{3}1789.

Feder, Johann Georg Heinrich: Über die Rechte des Menschen in Ansehung der unvernünftigen Thiere. In: *Neues Hannoversches Magazin* 2 (1792), 945–960.

Flury, Andreas: *Der moralische Status der Tiere. Henry Salt, Peter Singer und Tom Regan.* Freiburg 1999.

Gomperz, Lewis: *Moral Inquiries into the Situation of Man and of Brutes* [1824]. Hg. von Peter Singer. Sussex 1992.

Ingensiep, Hans Werner: Tierseele und tierethische Argumentationen in der deutschen philosophischen Literatur des 18. Jahrhunderts. In: *Internationale Zeitschrift für Geschichte und Ethik der Naturwissenschaften, Technik und Medizin (NTM)* N. S. 4/2 (1996), 103–118.

Ingensiep, Hans Werner: Zur Lage der Tierseele und Tierethik im Deutschland des 19. Jahrhunderts. In: Friedrich Niewöhner/Seban Jean-Loup (Hg.): *Die Seele der Tiere.* Wiesbaden 2001, 283–331.

Ingensiep, Hans Werner/Baranzke, Heike: *Das Tier.* Stuttgart 2008.

Ingensiep, Hans Werner: Friedrich Theodor Vischer – auch ein bürgerlicher Tierschützer. In: Barbara Potthast/Alexander Reck (Hg.): *F. T. Vischer. Leben – Werk – Wirkung.* Heidelberg 2011, 79–98.

Juchem, Theodor Hans.: *Die Entwicklung des Tierschutzes von der Mitte des 18. Jahrhunderts bis zum Reichsstrafgesetzbuch von 1871.* Diss. Köln 1940.

Jung, Martin H. (Hg.): *Christian Adam Dann, Albert Knapp. Wider die Tierquälerei. Frühe Aufrufe zum Tierschutz aus dem württembergischen Pietismus.* Leipzig 2002.

Kant, Immanuel: *Metaphysische Anfangsgründe der Tugendlehre.* Königsberg 1797.

Kant, Immanuel: *Metaphysik der Sitten.* Akademie-Ausgabe Bd. VI. Berlin 1968.

Linnemann, Manuela (Hg.): *Brüder Bestien Automaten.* Erlangen 2000.

Maehle, A.-H.: *Kritik und Verteidigung des Tierversuchs. Die Anfänge der Diskussion im 17. und 18. Jahrhundert.* Stuttgart 1992.

Primatt, Humphrey: *The Duty of Mercy.* Hg. von Richard Ryder. Sussex 1992. Dt.: *Ueber Barmherzigkeit und Grausamkeit gegen die thierische Schoepfung.* Johann Jacob Gebauer. Halle 1778.

Salt, Henry S.: *Die Rechte der Tiere.* Übers. von G. Krüger. Berlin 1907 (engl. 1892).

Schaefer, Gustav: *Die geschichtliche Entwicklung des Tierschutzes.* Dresden 1889.

Scheitlin, Peter: *Versuch einer vollständigen Thierseelenkunde,* Bd. 1 Stuttgart 1840.

Schopenhauer, Arthur: *Preisschrift über die Grundlage der Moral.* Hamburg 1840.

Schwantje, Magnus: *Schopenhauers Ansichten von der Tierseele und vom Tierschutz.* Berlin 1919.

Schweitzer, Albert: *Kultur und Ethik. Kulturphilosophie.* Zweiter Teil. München ^{4}1923.

Smith, Lauritz: *Ueber die Natur und Bestimmung der Thiere wie auch von den Pflichten der Menschen gegen die Thiere.* Kopenhagen 1790 und 1793 (dän. 1789).

Thomas, Keith: *Man and the Natural World.* New York 1983.

Thomasius, Christian: *Von der Göttlichen Rechtsgelehrtheit.* Dt. von Ephraim Gerhards. Halle 1709.

Wolf, Jean-Claude: Willensmetaphysik und Tierethik. Abhandlungen zur Tierethik. In: *Schopenhauer-Jahrbuch* 79 (1998), 85–100.

Wolf, Ursula: *Das Tier in der Moral.* Frankfurt a. M. 1990.

Hans Werner Ingensiep

4 Gegenwart

Die Beziehung zwischen Mensch und Tier sowie die vielfältigen ethischen Fragen, die sich aus dem Umgang des Menschen mit Tieren ergeben, sind seit der Antike immer wieder auch Gegenstand philosophischen und ethischen Nachdenkens gewesen (s. Kap. 1–3). Als eigenständige philosophische Bereichsethik ist die moderne Tierethik aber erst in den 1970er Jahren des 20. Jahrhunderts entstanden. Meilensteine waren das 1971 von Stanley Godlovitsch, Rosalind Godlovitsch und John Harris herausgegebene Buch *Animals, Men, and Morals. An Enquiry into the Maltreatment of Non-Humans* und insbesondere das 1975 erschienene Buch *Animal Liberation* (dt. 1996) von Peter Singer. 1976 erschien der von Tom Regan und Peter Singer gemeinsam herausgegebene Band *Animal Rights and Human Obligations*, 1979 folgten Peter Singers einflussreiches Buch *Practical Ethics* (dt. [3]2013), 1984 Tom Regans Buch *The Case for Animal Rights*. In Folge der von diesen Publikationen entfachten Debatte hat die tierethische Diskussion in den zurückliegenden Jahren eine beachtliche Ausdifferenzierung erfahren. Die Geschichte der Tierethik seit den 1970er Jahren ist zum einen durch eine Pluralisierung der theoretischen und methodischen Zugänge gekennzeichnet, zum anderen durch eine erhebliche Erweiterung des thematischen Spektrums. Inzwischen liegt eine Reihe von Sammelbänden und Einführungen vor, die einen Überblick über die neuere tierethische Debatte geben (Armstrong/Botzler 2008; Beauchamp/Frey 2011; Bode 2018; Grimm/Wild 2016; Schmitz 2014; Wolf 2008).

4.1 Peter Singer und Tom Regan

Peter Singer hatte in seinem 1975 erstmals erschienenen Buch *Animal Liberation* Tierversuche und Fleischkonsum als die beiden Hauptformen des ›Speziesismus‹ angeprangert. Im Zentrum der Überlegungen von Singer stand dabei insbesondere das millionenfache Leid, das Tieren, die zu Nahrungszwecken in ›Tierfabriken‹ gezüchtet und gehalten werden, Tag für Tag zugefügt wird (Singer 1996, insbes. Kap. 3). Für Peter Singer ist die Fähigkeit zur Schmerzempfindung bzw. die Leidensfähigkeit das Einschlusskriterium, das darüber entscheidet, ob ein Lebewesen einen intrinsischen moralischen Status besitzt (s. Kap. 5, 31). Die Zugehörigkeit zur moralischen Gemeinschaft kann, wie Singer in Anschluss an Jeremy Bentham behauptet, weder an der Zugehörigkeit zu einer bestimmten Spezies noch an Eigenschaften oder Fähigkeiten wie Sprachfähigkeit, Rationalität oder Autonomie usw. festgemacht werden. (Schmerz-)Empfindungsfähigkeit ist Singer zufolge die Grundvoraussetzung dafür, dass ein Lebewesen Interessen (zumindest Interessen in einem moralisch relevanten Sinn) haben kann, da nur ein empfindungsfähiges Wesen durch die Art und Weise, wie es behandelt wird, subjektiv betroffen sein kann. Vor diesem Hintergrund fordert Singer eine konsequente Erweiterung des Prinzips der Gleichheit über die menschliche Spezies hinaus auch auf Tiere. Das für die präferenz-utilitaristische Ethikkonzeption Singers zentrale »Prinzip der gleichen Interessenabwägung« fordert entsprechend, »dass wir in unseren moralischen Überlegungen den ähnlichen Interessen all derer, die von unseren Handlungen betroffen sind, gleiches Gewicht geben« (Singer 2013, 52). Singers präferenz-utilitaristisches Argument hat offenkundig weitreichende Folgen für den Umgang mit Tieren, verlangt aber keine Gleichbehandlung und lässt auch Interessen- bzw. Güterabwägungen (*trade offs*) zu, solange dabei den ähnlichen Interessen all derer, die von einer Handlung betroffen sind, gleiches Gewicht gegeben wird. Für Singer (wie auch für viele andere Vertreterinnen und Vertreter einer egalitären Position in der Tierethik) ist die unterschiedliche Gewichtung von menschlichen Interessen einerseits und tierlichen Interessen andererseits Ausdruck einer Haltung des ›Speziesismus‹. Der Ausdruck ›Speziesismus‹ wurde von Richard D. Ryder (1989) in die Diskussion eingeführt. Man versteht darunter die bevorzugende Behandlung von Mitgliedern einer bestimmten Spezies, insbesondere von Menschen, gegenüber den Mitgliedern anderer Spezies aufgrund ihrer Spezies-Zugehörigkeit (s. Kap. 33).

Tom Regan teilt zwar die egalitaristische Grundintuition des präferenz-utilitaristischen Arguments von Peter Singer. Die Gleichheit, die der Utilitarismus fordert, ist seiner Auffassung nach aber nicht die Form von Gleichheit, »die ein Fürsprecher der Tier- und Menschenrechte im Sinn haben sollte« (Regan 1997, 38). Das begründet er damit, dass der Utilitarismus den Gedanken der »inhärenten Gleichwertigkeit« von Lebewesen nicht akzeptiere und stattdessen zulasse, dass das Glück von Individuen gegebenenfalls zugunsten von interindividuellen Nutzenkalkülen »geopfert« werden könne. Regan stellt der utilitaristischen Auffassung vor diesem Hintergrund einen Rechte-Ansatz entgegen, dem zufolge alle Lebewesen, die einen »inhärenten Wert« besitzen, das gleiche

J. S. Ach / D. Borchers (Hg.), *Handbuch Tierethik*, https://doi.org/10.1007/978-3-476-05402-9_4

Recht darauf haben, mit Respekt behandelt zu werden bzw. auf eine Weise behandelt zu werden, die sie nicht auf den Status von Ressourcen für andere reduziert. »Empfindende Subjekte eines Lebens« (*experiencing subjects of a life*) haben für Regan einen moralischen Anspruch auf Respektierung ihres gleichartigen inhärenten Wertes (*respect principle*) und – davon abgeleitet – darauf, nicht geschädigt zu werden (*harm principle*) (Reagan 1984). Regan vertritt vor dem Hintergrund seines Rechte-Ansatzes die Auffassung, dass »empfindende Subjekte eines Lebens« moralische Ansprüche besitzen, die nicht durch Zweck- und Nutzenargumente eingeschränkt werden dürfen, und dass jede Form einer interindividuellen Interessen- oder Güterabwägung daher abzulehnen sei. Der inhärente Wert von Tieren verbietet seiner Auffassung nach deren Instrumentalisierung selbst in solchen Fällen, in denen die fraglichen Handlungen nicht mit Schmerzen oder Leiden für diese verbunden sind.

Auch wenn sich der präferenz-utilitaristische Ansatz von Peter Singer und der teilweise an das Würde-Argument von Kant erinnernde Rechte-Ansatz von Tom Regan in vielerlei Hinsicht, nicht zuletzt auch mit Blick auf die Konsequenzen für den Umgang mit Tieren, unterscheiden, teilen sie doch eine Reihe von Einsichten: Beide, sowohl Singer als auch Regan, vertreten die Auffassung, dass über den moralischen Status eines Tieres weder dessen Spezieszugehörigkeit noch die Beziehung entscheidet, in der es zum Menschen steht, sondern allein dessen Interessen bzw. Fähigkeiten. Beide vertreten vor diesem Hintergrund einen kompromisslosen Egalitarismus in der Tierethik. Sie teilen darüber hinaus die Überzeugung, dass der Umgang mit Tieren ein Thema von elementarer philosophischer Bedeutung ist. Beide sind – wenn auch aus unterschiedlichen Gründen – der Auffassung, dass ein tierethischer Egalitarismus unvermeidbar ist, wenn man zentrale ethische Einsichten und Prinzipien konsequent zu Ende denkt. Für Singer ist eine Erweiterung des Prinzips der Gleichheit über die menschliche Spezies hinaus nur um den Preis der Inkonsequenz bzw. der Willkür vermeidbar; für Regan liefert die »Theorie, die die Rechte der Tiere rational begründet, [...] auch die Grundlage für die Rechte der Menschen« (Regan 1997, 44).

Singer und Regan haben mit ihren Überlegungen zur Tierethik eine ebenso nachhaltige wie umfangreiche Debatte ausgelöst. Neben kritischen Stellungnahmen, die sich insbesondere gegen den von Singer und Regan vertretenen Egalitarismus wenden oder die Idee eines ethisch begründeten Tierschutzes sogar gänzlich zurückweisen, teilen andere zwar die grundlegende Intention der ›klassischen‹ Positionen, nicht aber deren theoretische und methodologische Annahmen. Das Spektrum der tierethischen Positionen hat sich auf diese Weise erheblich erweitert; und, damit zusammenhängend, auch das Spektrum der Anwendungsdiskurse.

4.2 Kritik der Tierethik

Insbesondere von Autorinnen und Autoren, die einem kontraktualistischen Ethikmodell verpflichtet sind, ist die Idee einer eigenständigen Tierethik zurückgewiesen worden (Carruthers 1992). Für Vertragstheorien ist es schwierig, nichtmenschliche Tiere in die moralische Gemeinschaft zu integrieren, weil die Berücksichtigung der Interessen von Tieren aufgrund der fundamentalen Machtasymmetrie zwischen Menschen und nichtmenschlichen Tieren nicht im Interesse aller Vertragspartner ist. Tiere kommen, wie man mit Norbert Hoerster pointiert sagen kann, nicht als potentielle Vergelter in Frage (Hoerster 2004, 56). Da Menschen keinen eigeninteressierten Grund dafür haben, Kooperationsbeziehungen zu nichtmenschlichen Lebewesen einzugehen, entzöge die Forderung nach einer Einbeziehung von Tieren in die Sphäre der Gerechtigkeit vertragstheoretischen Ansätzen daher die Motivationsquelle. Schon John Rawls hatte es zu einem besonderen Vorzug seiner Theorie erklärt, dass sie »die kennzeichnenden Eigenschaften einer Naturrechtstheorie« besitze. Dazu zählt für ihn neben dem besonderen Gewicht, das Rechte in der Theorie der Gerechtigkeit als Fairness haben, die Tatsache, dass »diese Rechte in erster Linie Menschen zukommen« (Rawls 1993, 549). Manche Autorinnen und Autoren haben vor diesem Hintergrund die Strategie einer ›indirekten‹ Einbeziehung nichtmenschlicher Tiere vorgeschlagen (Rowlands 2009). Diesem Vorschlag zufolge lassen sich moralische Verpflichtungen kontraktualistisch zwar nicht gegenüber, wohl aber in Bezug auf Tiere begründen, falls es gelingt zu zeigen, dass die moralische Berücksichtigung von Tieren im Interesse der menschlichen Vertragspartner ist. Eine naheliegende Option bestünde beispielsweise darin, Tiere als Eigentum zu betrachten und tierethische Normen über den Umweg von Eigentumsrechten zu begründen. Eine weitere Strategie könnte darin bestehen, die Interessen von Tieren als Gegenstand eines berechtigten öffentlichen Interesses zu behandeln. Beide Vorschläge werden, wie Peter Carruthers zeigt, letzten Endes jedoch den Überzeugungen des Common Sense kaum gerecht (Carruthers 1992). Andere Autorinnen und Autoren haben demgegenüber die Auffassung vertreten, dass Tiere zwar einen gewissen Schutz verdienen, den tierethischen Egalitarismus von Singer oder Regan aber mit dem Argument zurückgewiesen, dass es nicht möglich sei, Tieren Interessen zuzuschreiben (Frey 1980) oder dass es nicht sinnvoll sei, das Konzept moralischer Rechte auf Tiere zu übertragen (Cohen 2001).

4.3 Die »zweite Generation«

Zahlreiche Autorinnen und Autoren der »zweiten Generation« (DeGrazia 1996, 7) teilen zwar die grundlegenden Intentionen der ›klassischen‹ Positionen, kritisieren aber deren einseitige Vernunft-Zentriertheit, deren Vernachlässigung der Vielfalt von Mensch-Tier-Interaktionen oder deren unpolitischen Moralismus.

Mitleid, Emotionen, Tugenden. Vertreterinnen und Vertreter von Mitgefühlsethiken und mitleidsethischer Ethikkonzeptionen halten zwar wie die Vertreter der ›klassischen‹ Positionen Empfindungs- bzw. Leidensfähigkeit für das Einschlusskriterium, das über die Zugehörigkeit zur moralischen Gemeinschaft entscheidet (s. Kap. 5). Sie beziehen sich dabei aber weniger auf Bentham als auf Schopenhauer, für den »das Mitleid, welches das fremde Wohl will« neben dem Egoismus und der Bosheit zu den drei »Haupt- und Grundtriebfedern« menschlichen Handelns gehört (Schopenhauer 1988, 566). Josephine Donovan beispielsweise hat vor diesem Hintergrund und unter anderem Gedanken der *care ethics* aufnehmend für eine »praktikable Ethik für die Behandlung von Tieren« plädiert, die ihre Grundlage im Mitgefühl findet und in einer »leidenschaftlichen Sorge um das Wohlergehen der Tiere« (Donovan 2008, 120). Donovan versteht Mitleid dabei als eine komplexe emotionale und intellektuelle Leistung. Tugendethische Ansätze ergänzen diesen Gedanken um die beiden Einsichten, dass Mitgefühl oder Mitleid zu einer dauerhaften Haltung ausgebildet werden müssen, sollen sie eine verlässliche Grundlage moralischen Handelns darstellen, und dass es besser sei, »wenn praktisches ethisches Denken sich in Begriffen der Tugendregeln vollzieht, anstatt von der Richtigkeit bestimmter moralischer Regeln oder eines bestimmten Prinzips auszugehen« (Hursthouse 2008, 122).

Relationismus. Viele Autorinnen und Autoren haben die ›klassischen‹ Positionen darüber hinaus dahingehend kritisiert, dass diese die mannigfaltigen Formen der Mensch-Tier-Beziehung nicht ausreichend berücksichtigen würden, und plädieren stattdessen für einen moralischen Relationismus (Palmer 2010). Unterscheiden kann man zwischen starken und schwachen Varianten des Relationismus. Vertreterinnen und Vertreter der ersten Variante sind der Auffassung, dass (Interaktions-)Beziehungen moralische Pflichten konstituieren. Es komme in der Tierethik darauf an, so beispielsweise Mary Midgley, die vielen verschiedenen Arten von Ansprüchen und Bindungen im Blick zu behalten und zu berücksichtigen, die im Umgang mit Tieren eine Rolle spielen. Eine einfache Formel zur Bestimmung des Vorrangs unter diesen verschiedenen Arten von Ansprüchen könne es, wie Midgley meint, nicht geben. Vielmehr müsse jede »Kultur und jedes Individuum [...] einen Orientierungsplan, ein ziemlich komplexes Prinzipiensystem ausarbeiten, um diese Arten von Ansprüchen untereinander in Beziehung zu setzen« (Midgley 2008, 159). Midgley hält vor diesem Hintergrund den tierethischen Egalitarismus von Singer oder Regan für wenig überzeugend. »Bei uns ebenso wie bei anderen Lebewesen«, so Midgley, »scheint in der Tat eine tiefe emotionale Neigung vorhanden zu sein, zuerst denjenigen um uns herum Beachtung zu schenken, die denen ähneln, die uns aufzogen, und andere weitaus weniger zu beachten« (Midgley 2008, 162 f.). Diese »natürliche Vorliebe für die eigene Spezies« sei freilich keineswegs »so stark, einfach und ausschließend«, dass sie einen absoluten Ausschluss anderer Spezies rechtfertige. Vertreterinnen und Vertreter der schwachen Variante des Relationismus verstehen spezifische Verpflichtungen, die sich aus Interaktionsbeziehungen ergeben, als eine Art von *add on*-Verpflichtungen. Für Ursula Wolf beispielsweise implizieren verschiedene Formen der Mensch-Tier-Beziehung verschiedene Handlungsanforderungen an moralische Akteure. Wolle man bestimmen, welche konkreten Pflichten wir gegenüber Tieren haben, müsse man zunächst verschiedene Formen der Mensch-Tier-Beziehung unterscheiden. Für grundlegend hält Wolf dabei zunächst die Unterscheidung zwischen der Beziehung des Menschen zu Tieren, die in der menschlichen Gemeinschaft leben, einerseits, und der Beziehung des Menschen zu Tieren in der Natur andererseits (Wolf 2012, 94 ff.). Zu ersterer Gruppe gehören tierliche Gefährten ebenso wie Nutztiere. In der zweiten Gruppe lassen sich die verschiedenen Beziehungsformen danach unterscheiden, ob es sich um einseitige Beziehungen handelt, in denen die eine Spezies die andere nutzt bzw. umgekehrt die eine für die andere eine Bedrohung darstellt, um wechselseitige Beziehungen der Konkurrenz oder Kooperation, oder um eine bloße Form der Koexistenz ohne Berührung (Wolf 2012, 98). Nutztieren gegenüber bestehen Wolf zufolge zum einen negative Pflichten, die sich allen empfindungsfähigen oder fühlenden Lebewesen gegenüber begründen lassen, und die gewissermaßen zum Kern der Moral gehören. Diese verbieten es, das Wohlbefinden von Tieren durch Leidenszufügung und Einschränkung der Betätigungsmöglichkeiten zu gefährden. Darüber hinaus lassen sich gegenüber Nutztieren aber auch Fürsorgepflichten begründen; also solche Pflichten, »die gegen alle abhängigen fühlenden Wesen gelten« (Wolf 2012, 97): »Gegen Tiere, die wir in der Gesellschaft nutzen, haben wir nicht nur negative Pflichten der Nicht-Zufügung von Leiden, sondern auch Fürsorgepflichten. Genauer hat der Halter des Tiers die Verpflichtung, für es zu sorgen; er ist, wie man auch sagen könnte, für dieses Tier verantwortlich. [...] Verantwortung haben wir für diejenigen fühlenden Tiere, die faktisch in unserer Obhut sind und die nicht in der Lage sind, für sich selbst zu sorgen« (Wolf 2012, 98).

Herrschafts- und Machtkritik. Insbesondere von Autorinnen und Autoren, deren Denken durch den Poststrukturalismus oder den Feminismus geprägt ist, ist das Wissenschafts- und Rationalitätsverständnis, das den ›klassischen‹ Positionen zugrunde liegt, kritisiert worden. So ist behauptet worden, dass die ›klassischen‹ Positionen den Dualismus der Grenzziehung zwischen Mensch und Tier nicht überwunden hätten (Mütherich 2014). Von Seiten feministischer Autorinnen ist beklagt worden, dass die konzeptionelle Verbindung zwischen der Unterdrückung von Frauen und der Ausbeutung der Natur bzw. von Tieren in den ›klassischen‹ Positionen der Tierethik ignoriert worden sei (Adams/Gruen 2014). Aus Sicht beider Positionen muss die Tierethik machtförmige soziale Beziehungen und Ausgrenzungs- und Ausbeutungsmechanismen sichtbar machen und kritisieren (s. Kap. 20). Mit den sogenannten Human Animal Studies verbindet diese Ansätze, dass neben der philosophischen Ethik eine Reihe weiterer Disziplinen (Sozial- und Kulturwissenschaften, Geschichtswissenschaften etc.) in den Diskurs über die Mensch-Tier-Beziehung einbezogen werden (Kompatscher/Spannring/Schachinger 2017; s. Kap. 54).

4.4 Politische Theorie der Tierrechte

Der Versuch, Einsichten der politischen Philosophie für die tierethische und tierrechtliche Diskussion fruchtbar zu machen, befindet sich derzeit noch in den Anfängen (Garner/O'Sullivan 2016). Insbesondere Martha Nussbaum (2010), Alasdaire Cochrane (2010), Robert Garner (2013), und Sue Donaldson und Will Kymlicka (2013) haben sich in jüngerer Zeit aber – auf unterschiedliche Weise – für eine Politische Theorie der Tierrechte stark gemacht (skeptisch: Ach 2016). Diese soll die Frage des Umgangs mit nichtmenschlichen Tieren als eine Frage von *Tierrechten* konzipieren und wesentlich als eine Frage der *sozialen Gerechtigkeit* thematisieren, die die konkreten Beziehungen, Kooperationsverhältnisse und institutionellen Arrangements, in denen nichtmenschliche Tiere leben (müssen), normativ in den Blick nimmt.

Politische Theorien der Tierrechte haben in den Augen ihrer Proponentinnen und Proponenten eine Reihe von Vorzügen gegenüber der herkömmlichen Art und Weise, tierethische und tierrechtliche Perspektiven zu formulieren. Erstens sei eine politische Theorie der Tierrechte besser als ihre Alternativen in der Lage, der Vielfalt der verschiedenartigen Lebewesen Rechnung zu tragen; und sie sei insbesondere besser als ihre Alternativen dazu geeignet, die vielfältigen Beziehungen zu thematisieren, die es zwischen den verschiedenen Lebewesen und insbesondere zwischen menschlichen und nichtmenschlichen Lebewesen gibt. Zweitens könne eine politische Theorie der Tierrechte als eine Erweiterung bereits bestehender Gerechtigkeitsvorstellungen und -ansprüche über die Grenze der Spezies hinaus konzipiert werden. Sie sei damit in hohem Maße anschlussfähig an andere Gerechtigkeitsdebatten (Nussbaum 2010, 444). Drittens entgehe eine politische Theorie der Tierrechte der Gefahr, dass die Ansprüche nichtmenschlicher Lebewesen als bloße Appelle an Barmherzigkeit, Mitleid oder Menschlichkeit gegenüber nichtmenschlichen Lebewesen missverstanden würden, die letztlich folgenlos bleiben müssten. Und viertens schließlich begreife eine politische Theorie der Tierrechte gerechtigkeitsbasierte Ansprüche von Tieren als Ansprüche, die von Staats wegen durchgesetzt werden müssen. Tiere »brauchen« Gerechtigkeit, so beispielsweise Robert Garner, weil dies die Aussicht auf die staatliche Durchsetzung tierlicher Ansprüche erhöhe: »a just state of affairs is one that the state ought, and is likely, to seek to enforce« (Garner 2013, 2).

4.5 Ausblick

Das theoretische und methodische Repertoire der Tierethik hat seit den 1970er Jahren eine erhebliche Ausdifferenzierung erfahren. Im Zuge dessen wurden nicht nur die theoretischen Hintergrundannahmen der ›klassischen‹ Positionen in Frage gestellt, sondern teilweise auch zentrale Begriffe und Leitgedanken wie der Begriff des ›moralischen Status‹ oder die Idee des ›Spezies-Egalitarismus‹. Darüber hinaus sind auch die philosophischen Grundlagen der Tierethik und Tierphilosophie intensiv diskutiert worden. Dazu gehören beispielsweise die Fragen, ob (zumindest einige) nichtmenschliche Tiere denken, handeln oder sprechen können und Emotionen haben. Bedingt durch neue theoretische Perspektiven und Zugänge, vor allem aber aufgrund des zunehmenden Wissens über die Bedürfnisse von Tieren und angesichts praktischer Erfordernisse hat sich auch das thematische Spektrum der Tierethik über die Fragen der Nutztierhaltung und der tierexperimentellen Forschung hinaus erheblich erweitert. Hierzu gehören nicht nur die Haltung von Tieren im Zoo oder ihre Nutzung im Sport und als Begleittiere, sondern beispielsweise auch die ethischen Implikationen der Anwendung neuer technischer Verfahren in der Tierzucht (s. Kap. 37, 42). Dabei spielen zunehmend auch solche Fragen und Probleme eine Rolle, bei denen, wie beispielsweise in der Wildtierethik, die anthropogene Leidzufügung nicht im Zentrum steht (s. Kap. 48). Schließlich strahlt die tierethische Diskussion auch in andere Kontexte aus, wie man nicht zuletzt an den Debatten über die normativen Grundlagen des Rechts (s. Kap. 52, 58) oder auch des Artenschutzes (s. Kap. 52) sowie an den vielfältigen Debatten rund um die sogenannten Human Animal Studies (s. Kap. 54) ablesen kann. Die zentrale Auseinandersetzung in – und mit – der Tierethik dreht sich aber weiterhin um die bereits von den Autoren der ›klassischen‹ Position aufgeworfenen Frage, ob die Tierethik im Kern Fähigkeiten- und Interessen-orientiert und spezies-egalitaristisch sein sollte oder nicht.

Literatur

Ach, Johann S.: Gerechtigkeit für Tiere? Skeptische Anfragen an einen *political turn* in der Tierethik. In: *Rechtswissenschaft* 3 (2016), 468–488.

Adams, Carol J./Gruen, Lori (Hg.): *Ecofeminism: Feminist Intersections with Other Animals on the Earth*. New York 2014.

Armstrong, Susan J./Botzler, Richard G. (Hg.): *The Animal Ethics Reader*. London/New York [2]2008.

Beauchamp, Tom L./Frey, Raymond G. (Hg.): *The Oxford Handbook of Animal Ethics*. Oxford 2011.

Bode, Philipp: *Einführung in die Tierethik*. Wien/Köln/Weimar 2018.

Carruthers, Peter: *The Animal Issue: Moral Theory in Practice*. Cambridge 1992.

Cochrane, Alasdaire: *An Introduction to Animals and Political Theory*. Basingstoke 2010.

Cohen, Carl: Why Animals Do Not Have Rights. In: Carl Cohen/Tom Regan: *The Animal Rights Debate*. Lanham 2001, 27–40.

DeGrazia, David: *Taking Animals Seriously. Mental Life and Moral Status*. Cambridge 1996.

Donaldson, Sue/Kymlicka, Will: *Zoopolis. Eine politische Theorie der Tierrechte*. Berlin 2013 (engl. 2011).

Donovan, Josephine: Aufmerksamkeit für das Leiden. Mitgefühl als Grundlage der moralischen Behandlung von Tieren. In: Ursula Wolf (Hg.): *Texte zur Tierethik*. Stuttgart 2008, 105–120.

Frey, Raymond G.: *Interests and Rights*. Oxford 1980.

Garner, Robert: *A Theory of Justice for Animals. Animal Rights in a Nonideal World*. Oxford 2013.

Garner, Robert/O'Sullivan, Siobhan (Hg.): *The Political Turn in Animal Ethics*. Lanham 2016.

Godlovitsch, Stanley/Godlovitsch, Rosalind/Harris, John (Hg.): *Animals, Men, and Morals. An Enquiry into the Maltreatment of Non-Humans*. London 1971.

Grimm, Herwig/Wild, Markus: *Tierethik zur Einführung*. Hamburg 2016.

Hoerster, Norbert: *Haben Tiere eine Würde*. München 2004.

Hursthouse, Roselind: Die Anwendung der Tugendethik auf unsere Behandlung der anderen Tiere. In: Ursula Wolf (Hg.): *Texte zur Tierethik*. Stuttgart 2008, 121–131.

Kompatscher, Gabriela/Spannring, Reingard/Schachinger, Karin: *Human-Animal-Studies*. Münster/New York 2017.

Midgley, Mary: Die Begrenztheit der Konkurrenz und die Relevanz der Spezieszugehörigkeit. In: Ursula Wolf (Hg.): *Texte zur Tierethik*. Stuttgart 2008, 150–163.

Mütherich, Birgit: Die soziale Konstruktion des Anderen: zur soziologischen Frage nach dem Tier. In: Friederike Schmitz (Hg.): *Tierethik. Grundlagentexte*. Berlin 2014, 445–477.

Nussbaum, Martha: *Die Grenzen der Gerechtigkeit. Behinderung, Nationalität und Spezieszugehörigkeit*. Frankfurt a. M. 2010 (engl. 2006).

Palmer, Clare: *Animal Ethics in Context*. New York 2010.

Rawls, John: *Eine Theorie der Gerechtigkeit*. Frankfurt a. M. [7]1993 (engl. 1971).

Regan, Tom/Singer, Peter (Hg.): *Animal Rights and Human Obligations*. Englewood Cliffs 1976.

Regan, Tom: *The Case for Animal Rights*. London/New York 1984.

Regan, Tom: Wie man Rechte für Tiere begründet. In: Angelika Krebs (Hg.): *Naturethik. Grundtexte der gegenwärtigen tier- und ökoethischen Diskussion*. Frankfurt a. M. 1997, 47–75.

Rowlands, Mark: *Animal Rights. Moral Theory and Practice*. New York 2009.

Ryder, Richard: *Animal revolution: Changing Attitudes Towards Speciesism*. Oxford 1989.

Schmitz, Friederike (Hg.): *Tierethik. Grundlagentexte*. Berlin 2014.
Schopenhauer, Arthur: *Preisschrift über die Grundlagen der Moral* [1840]. Zürich 1988.
Singer, Peter: *Animal Liberation. Die Befreiung der Tiere*. Reinbek bei Hamburg 1996 (engl. 1975).
Singer, Peter: *Praktische Ethik*. Stuttgart [3]2013 (engl. 1979).
Wolf, Ursula (Hg.): *Texte zur Tierethik*. Stuttgart 2008.
Wolf, Ursula: *Ethik der Mensch-Tier-Beziehung*. Frankfurt a. M. 2012.

Johann S. Ach

II Philosophische Grundlagen der Tierethik

5 Empfindungsfähigkeit

Beinahe alle Ansätze in der Ethik stimmen heute darin überein, dass der Mensch moralische Verpflichtungen gegenüber empfindungsfähigen oder schmerzempfindungsfähigen Tieren hat. Die verschiedenen tierethischen Ansätze und Positionen unterscheiden sich zwar hinsichtlich der Begründung der moralischen Verpflichtung gegenüber Tieren. Sie ziehen auch unterschiedliche Schlussfolgerungen hinsichtlich der konkreten moralischen Pflichten, die sie für begründbar halten. Dass empfindungsfähige oder schmerzempfindungsfähige Tiere um ihrer selbst willen Berücksichtigung finden müssen, ist in der tierethischen Diskussion aber wenig bestritten. Diese Berücksichtigung schließt nach überwiegender Auffassung neben der negativen Verpflichtung, Tieren keine (unnötigen) Schmerzen, Leiden oder Schäden zuzufügen, auch positive Pflichten ein, insbesondere eine Pflicht zur Fürsorge und zur Förderung des Wohls von empfindungsfähigen Tieren. Der moralische Unwert einer Zufügung von Leiden oder Schmerzen lässt sich offenbar aus den unterschiedlichsten Moralkonzeptionen herleiten und ist insbesondere mit den grundlegenden moralischen Prinzipien der Schadensvermeidung (*non-maleficence*) und des Wohltuns (*beneficence*) gut vereinbar.

Auch im deutschen Tierschutzgesetz stellt die Rücksichtnahme auf mögliche Schmerzen oder Leiden von Tieren einen zentralen Gesichtspunkt hinsichtlich der Begrenzung menschlicher Interessen im Umgang mit Tieren dar. Dass das Tierschutzgesetz im Wesentlichen Wirbeltiere und Kopffüßer schützt, lässt sich offenbar so verstehen, dass damit solche Lebewesen vor einem unbeschränkten Zugriff durch den Menschen rechtlich geschützt werden sollen, die zur Schmerzempfindung fähig sind. Der Vermeidung von Schmerzen und Leiden kommt dabei gegenüber anderen Gesichtspunkten wie denen der Schädigung oder der Tötung von Tieren vorrangige Bedeutung zu. Die normativen Regelungen des Tierschutzgesetzes sind allerdings unterschiedlichsten Begründungssträngen verpflichtet (Nida-Rümelin/von der Pfordten 1996). Ob sich im Tierschutzgesetz neben anthropozentrischen Überlegungen auch genuin nicht-anthropozentrisch begründete Normen finden, ist Gegenstand einer kontroversen Debatte (s. Kap. 56, 58).

5.1 Begriffliche Fragen

Für ein angemessenes Verständnis ethischer Theorien, die mit Blick auf die Frage nach dem moralischen Status einer Entität auf dessen Empfindungsfähigkeit rekurrieren oder zumindest der Auffassung sind, dass die Empfindungsfähigkeit einer Entität für die Frage, wie man mit ihr umgehen soll, eine gewisse Rolle spielt, ist es erforderlich, eine Reihe von Begriffen zu unterscheiden (s. Kap. 31). Begriffliche Klärungen sind darüber hinaus auch eine (wenn auch längst nicht die einzige) Voraussetzung dafür, entscheiden zu können, ob eine bestimmte Entität das fragliche Vermögen besitzt oder nicht.

Nozizeption. Von Nozizeption spricht man, wenn im zentralen Nervensystem (ZNS) einer Entität Signale ankommen, die von spezialisierten sensorischen zellulären Rezeptoren, sogenannten Nozirezeptoren, hervorgerufen werden und Informationen über Gewebeschäden übermitteln. Auch wenn die Nozizeption – zumindest beim Menschen – häufig mit Schmerzempfindung einhergeht, muss sie als solche keinen bewussten Zustand darstellen. Für die ethische Diskussion ist das von Bedeutung, weil der Umstand, dass eine Entität auf Reize, zum Beispiel Berührungsreize, reagiert, als solcher nicht bedeutet, dass sie auch über bewusste Zustände oder Empfindungsfähigkeit verfügt.

Bewusstsein. Bewusstsein kann man solchen Entitäten zuschreiben, die sich in einem bewussten Zustand befinden können oder die bewusste Erfahrungen machen können (s. Kap. 6). Diese Begriffe sind selbst wiederum notorisch umstritten. Eine vielzitierte Formulierung von Thomas Nagel aufgreifend kann man eine bewusste Erfahrung aber einen Zustand einer Entität nennen, in dem zu sein sich für die Entität irgendwie anfühlt. »Grundsätzlich hat ein Organismus bewusste mentale Zustände dann und nur dann, wenn es irgendwie ist, dieser Organismus zu *sein* – wenn es irgendwie *für* diesen Organismus ist« (Nagel 2016, 9). Bewusstsein muss von Selbstbewusstsein unterschieden werden. Mit Letzterem ist das Bewusstsein gemeint, das eine Entität von sich selbst und von

J. S. Ach / D. Borchers (Hg.), *Handbuch Tierethik*, https://doi.org/10.1007/978-3-476-05402-9_5

ihren Eigenschaften hat. Zu diesen Eigenschaften kann auch gehören, dass sie bewusste Zustände hat. Selbstbewusstsein ist aber keine Voraussetzung dafür, dass eine Entität über bewusste Zustände und damit über Bewusstsein verfügen kann (Glock 2013, 123). Bewusstsein können mithin auch Entitäten besitzen, die nicht über Selbstbewusstsein verfügen.

Schmerz. Unter Schmerz versteht man üblicherweise ein unangenehmes Sinnes- oder Gefühlserlebnis, das typischerweise mit einer tatsächlichen oder potentiellen Gewebeschädigung einhergeht. Schmerz hat normalerweise sowohl eine sensorische als auch eine affektive Dimension. In der Literatur werden vor diesem Hintergrund zwei Schmerzmodelle diskutiert: Dem *sensation model* zufolge ist Schmerz eine Art von Empfindung, die als solche noch keine affektive Dimension aufweist. Schmerz wird zwar häufig von aversiven Haltungen begleitet. Die sensorische und die affektive Dimension lassen sich dieser Auffassung zufolge aber unterscheiden. Entsprechend kann dieser Konzeption zufolge ein und dieselbe Schmerzempfindung von einer Entität je nach Kontext als unangenehm oder als angenehm bewertet werden. Das *attitude model* dagegen identifiziert Schmerz mit der aversiven Antwort. Unter Schmerz ist diesem Modell zufolge jede Empfindung zu verstehen, die als (mehr als minimal bzw. als über eine bloße Missempfindung hinaus) unangenehm empfunden wird. Erst die aversive Antwort macht die sensorische Empfindung zu einer Schmerzempfindung (DeGrazia 1996, 106; Sumner 1999, 92).

Leiden. Als Leiden schließlich kann man einen erheblich unangenehmen Zustand bezeichnen, der mit Schmerz, Trauer, Angst und vergleichbaren negativen Empfindungen assoziiert ist. Je nachdem, ob man dem *sensation model* oder dem *attitude model* folgt, wird man entweder der Auffassung sein, dass Leiden eine Form von Schmerz und negativem Stress ist, oder glauben, dass Leidenszustände von Schmerz und negativem Stress hervorgebracht werden (DeGrazia 1996, 116).

Nach derzeitigem Kenntnisstand insbesondere der Verhaltensforschung, der Sinnes- und der Neurophysiologie verfügen alle Wirbeltiere, aber auch einige Wirbellose über – unterschiedlich komplexe – Formen von Empfindungs-, Schmerzempfindungs- oder Leidensfähigkeit (DeGrazia 1996). »Convergent evidence indicates«, so zusammenfassend *The Cambridge Declaration on Consciousness*, »that non-human animals have the neuroanatomical, neurochemical, and neurophysiological substrates of conscious states along with the capacity to exhibit intentional behaviors. Consequently, the weight of evidence indicates that humans are not unique in possessing the neurological substrates that generate consciousness. Nonhuman animals, including all mammals and birds, and many other creatures, including octopuses, also possess these neurological substrates« (Low et al. 2012).

5.2 Ethische Diskussion

Ein Bezug auf die Empfindungs-, Schmerzempfindungs- oder Leidensfähigkeit von Tieren lässt sich in einer Vielzahl von tierethischen Positionen ausmachen. Dies gilt nicht nur für *sentientistische oder pathozentrische Ansätze* in der Ethik, also solche Ansätze, die alle empfindungsfähigen oder schmerzempfindungsfähigen Lebewesen für moralisch berücksichtigenswert halten, sondern – mit Einschränkungen – auch für anthropozentrische, biozentrische und physiozentrische Ansätze.

Anthropozentrische Ansätze räumen zwar im Prinzip nur Menschen einen intrinsischen Wert und damit eine intrinsische moralische Schutzwürdigkeit ein; anthropozentrische Ansätze können die Empfindungs- oder Leidensfähigkeit von Tieren aber zumindest ›indirekt‹ für moralisch bedeutsam halten. So hat beispielsweise Kant die Auffassung vertreten, dass eine Pflicht zur Rücksichtnahme auf Schmerzen oder Leiden von Tieren als eine Pflicht des Menschen gegen sich selbst ausgewiesen werden könne (s. Kap. 36). *Biozentrische Ansätze* schreiben über den Kreis der empfindungsfähigen Lebewesen hinaus allen lebenden Wesen einen eigenständigen Wert zu (s. Kap. 27). Auch wenn die Empfindungs- oder Schmerzempfindungsfähigkeit eines Wesens dieser Auffassung zufolge keine notwendige Bedingung für deren moralische Berücksichtigungswürdigkeit ist, schließt dies selbstredend nicht aus, dass sie in solchen Theorien – zumindest – im Hinblick auf die Differenzierung moralischer Pflichten eine Rolle spielt. *Physiozentrische Ansätze* schließlich erkennen auch der unbelebten Natur und Naturbestandteilen einen eigenen Wert zu und halten entweder alle (oder zumindest bestimmte) Naturgegenstände (individualistischer Physiozentrismus) oder – in einer holistischen Variante – die ganze belebte und unbelebte Natur (Holismus) für moralisch um ihrer selbst willen berücksichtigenswert. Innerhalb solcher evaluativer Gesamtvorstellungen bietet unter anderem die traditionelle Vorstellung einer *scala naturae* einen Ansatzpunkt für die Verortung der moralischen Bedeutsamkeit der Empfindungs- oder Leidensfähigkeit von Lebewesen (Kallhoff/Siep 2003; Siep 2004, 270 f.).

Die Bedeutung der Empfindungs-, Schmerzempfindungs- oder Leidensfähigkeit lässt sich also offenbar vor dem Hintergrund unterschiedlichster axiologischer Vorannahmen und Moralkonzeptionen begründen. Die verschiedenen tierethischen Ansätze unterscheiden sich unter anderem aber darin, wie genau sie den Zusammenhang von Empfindungs-, Schmerzempfindungs- oder Leidensfähigkeit und moralischer Berücksichtigung konzeptualisieren, und ob sie aus der Tatsache, dass (einige) Menschen und (einige) nichtmenschliche Tiere das Vermögen der Empfindungs-, Schmerzempfindungs- oder Leidensfähigkeit teilen, egalitäre Konsequenzen für die Tierethik ziehen oder nicht.

Handlungsmotiv oder Grundvoraussetzung

Ethischen Theorien, die mit Blick auf die moralische Berücksichtigung von Tieren auf deren Empfindungs-, Schmerzempfindungs- oder Leidensfähigkeit Bezug nehmen, stehen grundsätzlich zwei Strategien zur Verfügung. Die eine Strategie besteht in der Behauptung, Empfindungs-, Schmerzempfindungs- oder Leidensfähigkeit stelle ein unmittelbares Handlungsmotiv dar, Entitäten, die über dieses Vermögen verfügen, moralisch zu berücksichtigen; die andere Strategie sieht in der Empfindungs-, Schmerzempfindungs- oder Leidensfähigkeit einer Entität eine Grundvoraussetzung dafür, dass sie ein Gegenstand moralischer Berücksichtigung sein kann. Beide Strategien werden in der tierethischen Literatur verfolgt.

Die erste Strategie findet sich insbesondere in solchen Theorieangeboten, die mitleid-, mitgefühls- oder fürsorgeethisch argumentieren (s. Kap. 17). Bereits für Arthur Schopenhauer gehörte Mitleid – neben dem Egoismus und der Bosheit – zu den drei »Haupt- und Grundtriebfedern« menschlichen Handelns. Moralischen Wert haben für ihn allein Handlungen, die dem Mitleid entspringen, also solche Handlungen, bei denen das Wohl und Wehe eines anderen direkt zum eigenen *Handlungsmotiv* werden, der »Andere *der letzte Zweck* meines Willens wird, ganz so wie sonst ich selbst es bin« (Schopenhauer 1988, 564). Ursula Wolf, deren Konzeption eines »universalisierten Mitleids« zumindest teilweise in der Tradition Schopenhauers steht, bringt diesen Gedanken folgendermaßen zum Ausdruck: »Wie sich im Leiden an der Verhinderung des eigenen Wohls ein positiver affektiver Bezug auf das eigene Leben zeigt, so liegt im negativen Affekt des Mitleids zugleich ein positiver affektiver Bezug auf das Wohl eines anderen« (Wolf 1997, 62). In der modernen Tierethik ist diese Antwortstrategie unter anderen beispielsweise von »Mitgefühlstheoretikerinnen« wie Josephine Donovan aufgenommen worden (Donovan 2008).

Die Idee, dass die Empfindungs-, Schmerzempfindungs- oder Leidensfähigkeit einer Entität einen direkten Grund für deren moralische Berücksichtigung darstellt, lässt sich aber auch in der utilitaristischen Theorietradition nachweisen. So nennt Jeremy Bentham die Leidensfähigkeit in seinem Werk *Introduction to the Principles of Morals and Legislation* (1789/1823) als *das* relevante Kriterium für eine direkte moralische Berücksichtigungswürdigkeit: »Der Tag mag kommen, an dem die übrigen Geschöpfe jene Rechte erlangen werden, die man ihnen nur mit tyrannischer Hand vorenthalten konnte. Die Franzosen haben bereits entdeckt, dass die Schwärze der Haut kein Grund dafür ist, jemanden schutzlos der Laune eines Peinigers auszuliefern. Es mag der Tag kommen, da man erkennt, dass die Zahl der Beine, der Haarwuchs oder das Ende des *os sacrum* gleichermaßen unzureichende Gründe sind, ein fühlendes Wesen dem selben Schicksal zu überlassen. Was sonst ist es, das hier die unüberwindliche Trennlinie ziehen sollte? Ist es die Fähigkeit zu denken, oder vielleicht die Fähigkeit zu sprechen? Aber ein ausgewachsenes Pferd oder ein Hund sind unvergleichlich vernünftigere und mitteilsamere Lebewesen als ein Kind, das erst einen Tag, eine Woche oder selbst einen Monat alt ist. Doch selbst vorausgesetzt, sie wären anders, was würde es ausmachen? Die Frage ist nicht: können sie *denken*? oder: können sie *sprechen*?, sondern *können sie leiden*?« (zit. nach Singer 2013, 100 f.) Einen naturalistischen Fehlschluss, der solchen Positionen manchmal zum Vorwurf gemacht worden ist, begehen sie insofern nicht, als sie Schmerzen und Leid als solche als Übel charakterisieren.

Die zweite Strategie geht davon aus, dass die Empfindungs-, Schmerzempfindungs- oder Leidensfähigkeit einer Entität eine *Grundvoraussetzung* dafür ist, dass sie ein Gegenstand moralischer Berücksichtigung sein kann. Diese Strategie wird insbesondere von interessenorientierten Ansätzen in der Tierethik verfolgt (s. Kap. 7). Besonders deutlich wird dies am »Interessen-Prinzip«, das Joel Feinberg in einem berühmten Aufsatz »Die Rechte der Tiere und zukünftiger Generationen« als Antwort auf die Frage formuliert hat, welche Wesen sinnvollerweise als Träger von moralischen Rechten gelten können: »Zu den Wesen, denen man Rechte zusprechen kann, gehören genau jene, die Interessen haben (oder haben können)« (Feinberg 1980, 151). Feinberg begründet dieses Prinzip damit, (i) dass nur solche Wesen in ihren Ansprüchen vertreten werden könnten, die Interessen haben, und (ii) dass man nur zugunsten solcher Wesen handeln könne, die Interessen haben. Das wirft die weitere Frage auf, welchen Wesen man sinnvoller Weise Interessen zuschreiben kann. Feinbergs Antwort auf diese Frage lautet, dass es sich dabei um Wesen handelt, die, anders als bloße Dinge, Strebungen kennen: »Ohne Bewusstsein, Erwartungen, Überzeugungen, Strebungen, Ziele oder Zwecke kann kein Wesen Interessen haben, beim Fehlen jeglicher Interessen kann man ihm nichts Gutes tun; und wenn man ihm nichts Gutes tun kann, ist es kein möglicher Träger von Rechten« (Feinberg 1980, 166). Auch wenn Feinberg an dieser Stelle eine sehr heterogene Gruppe von Fähigkeiten nennt, die Interessen zugrunde liegen sollen, ist deutlich, dass die Rede von Rechten seiner Auffassung nach einen Sentientismus impliziert (Rippe 2008, 164).

Für Peter Singer, um ein weiteres prominentes Beispiel zu nennen, ist die Fähigkeit zu leiden und Glück zu empfinden die Grundvoraussetzung dafür, dass man einem Wesen Interessen zuschreiben kann. Ausgangspunkt der Überlegungen von Singer ist das »Prinzip der gleichen Interessenabwägung«: »Das Wesentliche am Prinzip der gleichen Interessenabwägung besteht darin, dass wir in unseren moralischen Überlegungen den ähnlichen Interessen all derer, die von unseren Handlungen betroffen sind, gleiches Gewicht geben« (Singer 2013, 52). Dieses Prinzip, von dem er behauptet, es verfüge über eine ausreichend hohe Ausgangsplausibilität, führt auch ihn zu der Frage, welchen Entitäten man Interessen in sinnvoller Weise zuschreiben kann und welche Entitäten mithin zur moralischen Gemeinschaft gezählt werden müssen. Zur Beantwortung dieser Frage greift Singer auf Bentham zurück, mit dem er die Auffassung teilt, dass Leidensfähigkeit die »unüberwindliche Trennlinie« sei, an der sich entscheidet, ob ein Wesen um seiner selbst willen moralisch berücksichtigt werden muss oder nicht. »Ist ein Wesen nicht leidensfähig oder nicht fähig, Freude oder Glück zu erfahren, dann gibt es nichts zu berücksichtigen. Deshalb ist die Grenze der Empfindungsfähigkeit [...] die einzig vertretbare Grenze für die Rücksichtnahme auf die Interessen anderer« (Singer 2013, 101 f.).

Egalitäre und non-egalitäre Varianten des Sentientismus

Die Auffassung, dass Empfindungs-, Schmerzempfindungs- oder Leidensfähigkeit mit Blick auf die moralische Berücksichtigung von Tieren bedeutsam ist, wird in verschieden starken Varianten vertreten. Unterscheiden lassen sich insbesondere egalitäre und non-egalitäre Ansätze.

Egalitäre Ansätze. Viele Tierethikerinnen und Tierethiker ziehen aus der Beobachtung, dass der Mensch das Vermögen der Empfindungs-, Schmerzempfindungs- oder Leidensfähigkeit mit anderen Lebewesen teilt, den Schluss, dass eine ungleiche Berücksichtigung der Güter, Interessen oder Rechte von menschlichen und nicht-menschlichen empfindungsfähigen Lebewesen nicht gerechtfertigt werden könne, und plädieren stattdessen für ein striktes Prinzip der Gleichberücksichtigung. Beispiele für solcherart *egalitäre Ansätze* sind so unterschiedliche Ansätze wie das mitleidsethische Argument von Ursula Wolf, das kantische Argument von Christine Korsgaard, das präferenz-utilitaristische Argument von Peter Singer oder das abolitionistische Argument von Gary Francione und Anna Charlton.

Ursula Wolf plädiert für eine »Konzeption eines universalisierten Mitleids«. Eine solche Konzeption impliziere im Unterschied zu traditionellen Moralbegründungen, die den gleichen Wert von Personen ins Zentrum gestellt hätten, eine Ausdehnung auch auf Tiere. Denn Tiere seien zwar keine Personen, aber »sie sind Wesen, die leiden können« (Wolf 1997, 63). In kritischer Auseinandersetzung mit Kant gelangt auch Christine Korsgaard zu der Überzeugung, dass der Umstand, dass empfindungsfähige Tiere Lebewesen sind, »*für die* etwas gut oder schlecht sein kann«, den entscheidenden Grund für ihre moralische Berücksichtigung darstellt. »Als Tiere sind wir Wesen, für die Dinge gut oder schlecht sein können: das ist einfach eine natürliche Tatsache. Wenn wir beanspruchen, als Zwecke an sich behandelt zu werden, verleihen wir dieser Tatsache normative Bedeutung. Wir geben das Gesetz, dass diejenigen Dinge, die gut oder schlecht für Wesen sind, für die Dinge gut oder schlecht sein können – das heißt für Tiere – als *objektiv und normativ gut oder schlecht* behandelt werden sollten. Anders gesagt, wir geben das Gesetz, dass Tiere als Zwecke an sich zu behandeln sind. Deshalb haben wir Pflichten gegenüber den anderen Tieren« (Korsgaard 2014, 282 f.). Weder für Wolf noch für

Korsgaard folgt hieraus, dass man gegenüber nichtmenschlichen Tieren die gleichen Verpflichtungen hat wie gegenüber menschlichen Personen; wohl aber Verpflichtungen, die sich dem selben Verpflichtungsgrund verdanken.

Vor dem Hintergrund des Prinzips der gleichen Interessenberücksichtigung stellt auch Peter Singer fest, dass es keinen Grund gebe, der es rechtfertige, die Interessen (empfindungsfähiger) tierlicher und (empfindungsfähiger) menschlicher Lebewesen nicht in gleicher Weise zu berücksichtigen. »Interesse ist Interesse, wessen Interesse es auch immer sein mag« (Singer 1994, 39). Schließlich vertreten auch eine Reihe von Vertreterinnen und Vertretern von Tierrechtstheorien die Auffassung, dass es nicht irgendwelche ›höheren‹ Fähigkeiten sind, die – wie es beispielsweise in der Theorie von Tom Regan der Fall ist (Regan 1984) – ein Lebewesen mit unveräußerlichen Rechten ausstatten, sondern die Tatsache, dass ein Wesen empfindungsfähig ist, über Bewusstsein verfügt oder Interessen besitzt. Francione und Charlton bringen diese Auffassung in ihren »Prinzipien des Abolitionismus« folgendermaßen auf den Punkt: »Sentience is subjective awareness; there is someone who perceives and experiences the world. A sentient being has interests; that is, preferences, wants, or desires. If a being is sentient, then that is necessary and sufficient for the being to have the right not to be used as a means to human ends. The recognition of this right imposes on humans the moral obligation not to use that being as a resource. It is not necessary for a sentient being to have humanlike cognitive characteristics in order to be accorded the right not to be used as property« (Francione/Charlton 2015, 9).

Non-egalitäre Ansätze. Non-egalitäre Ansätze, die Empfindungs-, Schmerzempfindungs- oder Leidensfähigkeit mit Blick auf die moralische Berücksichtigung von Tieren bedeutsam halten, können entweder bestreiten, dass Empfindungs-, Schmerzempfindungs- oder Leidensfähigkeit bei menschlichen und tierlichen Lebewesen die gleiche Bedeutung haben, oder behaupten, dass neben der Empfindungs-, Schmerzempfindungs- oder Leidensfähigkeit eines Lebewesens weitere Fähigkeiten oder Aspekte bedeutsam sind, über die nicht-menschliche Lebewesen nicht verfügen. Ein Beispiel für die erste Strategie findet man bei Günther Patzig. Patzig geht davon aus, dass »Tiere einen prima-facie-Anspruch an uns haben, daß ihr vitales Bedürfnis, möglichst schmerz- und angstfrei zu existieren, respektiert wird und daß uns aus diesem Anspruch moralische Verpflichtungen hinsichtlich unseres Verhaltens gegenüber den Tieren erwachsen« (Patzig 1993, 155). Patzig hält deshalb jede willkürliche Zufügung von Schmerzen für moralisch verboten. Für Patzig folgt daraus aber nicht, dass Menschen und Tiere gleich behandelt oder ihre Interessen, Güter oder Rechte in gleicher Weise berücksichtigt werden müssten. Der Grund dafür besteht Patzig zufolge in einer qualitativen Differenz menschlicher Lebens- und Schmerzfähigkeit gegenüber dem entsprechenden Potential bei den nichtmenschlichen Lebewesen: »Menschliche Leidensfähigkeit ist angesichts des Selbstbewusstseins und des Resonanzbodens von Erinnerung und Zukunftserwartung in ihrer Qualität von der Leidensfähigkeit der Tiere verschieden. Nur der Mensch hat ein Bewußtsein der ständigen Bedrohung seines Lebens durch den Tod, nur er hat ein kulturell vermitteltes Interesse an einem sinnvollen Lebensganzen, einem Plan, der seine gesamte Biographie umfassen kann« (Patzig 1993, 155).

Die zweite Strategie verfolgen zahlreiche multikriterielle Ansätze in der Tierethik, die neben den Vermögen der Empfindungs-, Schmerzempfindungs- oder Leidensfähigkeit weitere Vermögen oder Fähigkeiten im Hinblick auf die *moral considerability* oder die *moral significance* eines Lebewesens für bedeutsam halten, oder die neben der Empfindungs-, Schmerzempfindungs- oder Leidensfähigkeit eines Lebewesens beispielsweise dessen Interaktionsbeziehungen mit dem Menschen für moralisch relevant halten. Ein Beispiel für diese Strategie findet man bei Otfried Höffe. Höffe zufolge verdienen schmerz- und leidensfähige Tiere Berücksichtigung. Mitleid begründet für Höffe jedoch keinen Rechtsschutz. Dieser lässt sich Höffes Auffassung nach vielmehr nur dann und insofern begründen, dass sich Gerechtigkeitspflichten begründen lassen. Eben deshalb müsse man die Art der Mensch-Tier-Beziehung berücksichtigen: »Nach dem Prinzip Mitleid verdienen alle schmerz- und leidensfähigen Tiere dieselbe Zuwendung; sie haben aber kein Recht darauf. Nach dem Gedanken der Gerechtigkeit gibt es unterschiedliche Stufen der Verantwortung und zumindest ansatzweise auch Rechte« (Höffe 1993, 228). Kritikerinnen und Kritiker non-egalitärer Positionen in der Tierethik sind demgegenüber typischer Weise der Auffassung, dass der Verweis auf ›höhere‹ kognitive Fähigkeiten (Selbstbewusstsein, Sprache, Handlungsfähigkeit etc.) oder spezifische Interaktionsbeziehungen zwar im Hinblick auf die moralisch geforderte Behandlung von Tieren relevant sein mag, eine ungleiche Berücksichtigung aber nicht rechtfertigen kann.

5.3 Ausblick

Die Einsicht, dass empfindungsfähige Tiere Lebewesen sind, deren Wohlergehen berücksichtigt werden muss, ist auch über die Grenzen des wissenschaftlichen Diskurses hinaus inzwischen kaum noch strittig. Auf politischer und rechtlicher Ebene hat sie in zahlreichen Stellungnahmen, Dokumenten, Vertrags- und Regelwerken ihren Niederschlag gefunden. So heißt es, um ein beliebiges Beispiel zu nennen, in Artikel 13 des Vertrags über die Arbeitsweise der Europäischen Union: »Bei der Festlegung und Durchführung der Politik der Union in den Bereichen Landwirtschaft, Fischerei, Verkehr, Binnenmarkt, Forschung, technologische Entwicklung und Raumfahrt tragen die Union und die Mitgliedstaaten den Erfordernissen des Wohlergehens der Tiere als fühlende Wesen in vollem Umfang Rechnung« (Europäische Union 2009). Diese gewachsene Aufmerksamkeit und der offenbar generell bestehende Konsens, wonach (zumindest empfindungs- bzw. leidensfähige) Tiere moralisch berücksichtigt werden müssen, hat jedoch bislang »in der Praxis nur begrenzte Auswirkungen« (Wolf 2012, 12). Faktisch, so Ursula Wolf weiter, »werden Tiere nach wie vor in großem Stil für menschliche Zwecke genutzt und dabei häufig schwerem Leiden ausgesetzt.« Es existiert eine »Diskrepanz zwischen dem propagierten moralischen Standpunkt und der Praxis.« Manche sehen hier ein Problem in der tierethischen Diskussion selbst. Sie fragen sich, ob – neben anderen Gründen – möglichweise auch die Art und Weise der Konzeptionalisierung und Thematisierung der tierethischen Perspektive für die beobachtete Diskrepanz mitverantwortlich sein könnte, und kritisieren in diesem Zusammenhang eine Vernachlässigung der Motivationsfrage durch die herkömmliche Tierethik. Nicht abstrakte Theorie, sondern Empathie und Mitleid mit der geschundenen Kreatur könnten die Menschen dazu bewegen, so beispielsweise Ursula Wolf, ihre Praxis des Umgangs mit nichtmenschlichen Tieren zu ändern. Denn wenn »verständlich werden soll, wie Individuen sich moralische Normen als Teil ihrer persönlichen Lebensausrichtung zu eigen machen können, muss eine positive Motivation durch Affekte wie Mitleid, Liebe oder Sorge hinzukommen, also Affekte, zu deren Gehalt es gehört, dass einem am Wohl anderer Lebewesen liegt« (Wolf 2012, 15).

Literatur

DeGrazia, David: *Taking Animals Seriously. Mental Life and Moral Status*. Cambridge 1996.
Donovan, Josephine: Aufmerksamkeit für das Leiden. Mitgefühl als Grundlage der moralischen Behandlung von Tieren. In: Ursula Wolf (Hg.): *Texte zur Tierethik*. Stuttgart 2008, 105–120.
Feinberg, Joel: Die Rechte der Tiere und zukünftiger Generationen. In: Dieter Birnbacher (Hg.): *Ökologie und Ethik*. Stuttgart 1980, 140–179.
Europäische Union: Vertrag über die Arbeitsweise der Europäischen Union. 2009. In: http://www.aeuv.de (8.2.2018).
Francione, Gary L./Charlton, Anna: *Animal Rights. The Abolitionist Approach*. o. O. 2015.
Glock, Hans-Johann: Mental Capacities and Animal Ethics. In: Klaus Petrus/Markus Wild (Hg.): *Animal Minds & Animal Ethics. Connecting Two Seperate Fields*. Bielefeld 2013, 113–146.
Höffe, Otfried: *Moral als Preis der Moderne. Ein Versuch über Wissenschaft, Technik und Umwelt*. Frankfurt a. M. 1993.
Kallhoff, Angelika/Siep, Ludwig: Tierethik. In: Marcus Düwell/Klaus Steigleder (Hg.): *Bioethik. Eine Einführung*. Frankfurt a. M. 2003, 413–421.
Korsgaard, Christine: Mit Tieren interagieren: Ein kantischer Ansatz. In: Friederike Schmitz (Hg.): *Tierethik. Grundlagentexte*. Frankfurt a. M. 2014, 243–286.
Low, Philipp et al.: The Cambridge Declaration on Consciousness. 2012. In: http://fcmconference.org/img/CambridgeDeclarationOnConsciousness.pdf (8.2.2018).
Nagel, Thomas: *What Is It Like to Be a Bat? / Wie ist es, eine Fledermaus zu sein?* Stuttgart 2016.
Nida-Rümelin, Julian/von der Pfordten, Dietmar: Tierethik II: Zu den ethischen Grundlagen des Deutschen Tierschutzgesetzes. In: Julian Nida-Rümelin (Hg.): *Angewandte Ethik. Die Bereichsethiken und ihre theoretische Fundierung. Ein Handbuch*. Stuttgart 1996, 484–509.
Patzig, Günther: Der wissenschaftliche Tierversuch unter ethischen Aspekten. In: Günther Patzig (Hg.): *Gesammelte Schriften II: Angewandte Ethik*. Göttingen 1993, 144–161.
Regan, Tom: *The Case for animal Rights*. London 1984.
Rippe, Klaus Peter: *Ethik im außerhumanen Bereich*. Paderborn 2008.
Schopenhauer, Arthur: *Preisschrift über die Grundlagen der Moral* [1840]. Zürich 1988.
Siep, Ludwig: *Konkrete Ethik*. Frankfurt a. M. 2004.
Singer, Peter: *Praktische Ethik*. Stuttgart 1994, ^{3}2013 (engl. 1979).
Sumner, L. Wayne: *Welfare, Happiness and Ethics*. Oxford University Press 1999.
Wolf, Ursula: Haben wir moralische Verpflichtungen gegen Tiere? In: Angelika Krebs (Hg.): *Naturethik. Grundtexte der gegenwärtigen tier- und ökoethischen Diskussion*. Frankfurt a. M. 1997, 47–75.
Wolf, Ursula: *Ethik der Mensch-Tier-Beziehung*. Frankfurt a. M. 2012.

Johann S. Ach

6 Bewusstsein

Der Ausdruck ›Bewusstsein‹ hat viele Bedeutungen. Zu den wichtigen Bedeutungsfacetten gehören: wach sein, auf etwas aufmerksam sein, etwas mit Absicht tun, sich seiner selbst bewusst sein, eine Empfindung verspüren. Daraus ergibt sich folgende Unterteilung (Wild 2012):

1. Vigilanzbewusstsein (Wachsein)
2. Kognitives Bewusstsein (die Aufmerksamkeit auf etwas richten)
3. Handlungsbewusstsein (etwas mit Absicht tun)
4. Selbstbewusstsein (sich seiner Zustände oder seiner selbst bewusst sein)
5. Phänomenales Bewusstsein (fühlen, empfinden, spüren usw.)

Menschen verfügen über alle sechs Arten Bewusstsein. Es ist eine offene Frage, ob dies auch auf Tiere zutrifft. Bei Säugern und Vögeln scheint es nahe zu liegen, dass sie über Bewusstsein im Sinne von (1), (2) und (5) verfügen. Offen bleibt, ob bestimmte Vögel oder Säugetiere etwas mit Absicht tun können und ob sie über Selbstbewusstsein im Sinne eines Zugangs zu den eignen psychischen Zuständen verfügen. Es gibt bei Menschenaffen, Walen oder Rabenvögeln deutliche Hinweise darauf, dass sie in der Kommunikation bestimmte Absichten mitteilen wollen und möchten, dass die Rezipienten diese Absichten richtig verstehen (Townsend 2016). Bei Delfinen finden sich Hinweise aus dem Bereich der Forschung zur ›Metakognition‹, die besagen, dass bestimmte Tiere Zugang zu ihren psychischen Zuständen haben und dies in der Entscheidungsfindung miteinbeziehen (Smith et al. 2009). Verlässt man diese beiden Tierklassen wird einiges unklar. Bei Fischen oder Insekten etwa stellt sich die Frage, inwiefern sie überhaupt über einen Schlaf-Wach-Zyklus verfügen. Man kann durchaus die Auffassung vertreten, dass die Unterscheidung von Schlaf- und Wachphasen eine Voraussetzung dafür ist, bei einem Tier überhaupt von Bewusstsein zu sprechen, denn die Fähigkeit aufzuwachen scheint die basalste Form von Bewusstsein zu sein.

Im Hinblick auf das kognitive Bewusstsein geht es darum, die Aufmerksamkeit auf Objekte und Eigenschaften dieser Objekte in der Außenwelt zu richten. Manche Philosophinnen und Philosophen bestreiten, dass sprachunfähige Tiere dies können, allerdings sind solche Argumente weitgehend mit Skepsis aufgenommen worden (s. Kap. 8). Dennoch kann man fragen, wozu ein Tier in der Lage sein muss, um Objekte in seiner Umwelt nicht nur aufzuspüren, sondern auch zu repräsentieren. Ein Vorschlag lautet, dass der Wahrnehmungsapparat des Tiers über Konstanzmechanismen verfügen muss (Burge 2010). Visuelle Konstanzmechanismen sorgen dafür, dass Größe, Form, Distanz, Farbe und Helligkeit eines Objekts trotz wechselnder Bedingungen gleich erscheinen. Ein Lebewesen, das mithilfe von Konstanzmechanismen Objekte und deren Eigenschaften verfolgt, kann seine Aufmerksamkeit auf Objekte lenken. Wie es scheint, sind bereits Springspinnen (*Salticidae*) dazu in der Lage.

Das phänomenale Bewusstsein umfasst Zustände, die »sich auf bestimmte Weise anfühlen« (Nagel 1984). Geruch und Farbe von Zitronen, Klänge, Schreck, Wut, Freude, hoffen, wünschen, Erleichterung, Anspannung und Schmerz fühlen sich auf bestimmte Weise an. Phänomenal bewusste Zustände umfassen zumindest die vier Gruppen der sinnlichen Wahrnehmungen, der Körperempfindungen, der Emotionen und der Stimmungen.

Da Argumente in der Tierethik in der Regel Annahmen über den ›Geist der Tiere‹ voraussetzen, also Annahmen darüber, dass (zumindest einige) Tiere Lust und Schmerz empfinden können, Wünsche und Interessen haben, über Bewusstsein oder sogar Selbstbewusstsein verfügen (s. Kap. 7), haben die Antworten auf die Fragen nach dem Tierbewusstsein, und danach, welche Tiere über welche Formen von Bewusstsein verfügen, auch für die tierethischen Debatten weitreichende Folgen.

6.1 Geschichte der wissenschaftlichen Erforschung des Tierbewusstseins

Die wissenschaftliche Erforschung des Bewusstseins bei nicht-menschlichen Tieren galt im 20. Jahrhundert weitgehend als problematisch. Dies hat damit zu tun, dass die vorherrschenden Methoden zur Erforschung von Tierverhalten wie Behaviorismus, Ethologie oder Verhaltensökologie sich in ausdrücklicher Abgrenzung gegen die Tierpsychologie des 19. Jahrhundert etablierten.

Tierpsychologie. Der Tierpsychologie wurde vorgeworfen, dass ihre Aussagen auf Anekdoten beruhen, zum Anthropomorphismus neigen und sich auf Introspektion verlassen. Als Inbegriff dieser Zugangsweise gilt der britische Psychologe George Romanes. Romanes schlägt vor, dass man in einem ersten Schritt ein Tierverhalten beobachten oder sich auf Beobachtungen zuverlässiger Informanten stützen soll. Im zwei-

J. S. Ach / D. Borchers (Hg.), *Handbuch Tierethik*, https://doi.org/10.1007/978-3-476-05402-9_6

ten Schritt wird die Introspektion zu Rate gezogen, wobei die Frage im Vordergrund steht, welche psychischen Prozesse bei mir, dem Beobachter, mit einem solchen Verhalten einhergehen würden. Schließlich soll die introspektiv gewonnene Erkenntnis auf das Tierverhalten übertragen und dieses mithilfe eines Analogieschlusses durch dieselben psychischen Prozess erklärt werden, die bei der Beobachterin bzw. beim Beobachter am Werk sind.

Bereits der erste Schritt steckt voller Probleme. Die Beobachtung einer tierlichen Verhaltensweise kann nur anekdotisch sein, solange sie nicht mit der Häufigkeit dieser Verhaltensweise bei dieser Art von Tieren abgeglichen werden kann und solange nicht ausreichend Kenntnisse über die Vorgeschichte des beobachteten Einzeltiers sowie über die betreffende Tierart zur Verfügung stehen. Ausgehend von Einzelbeobachtungen können nur Anekdoten gewonnen werden, in denen das Verhalten des Tieres bereits in der Beschreibung unbedacht anthropomorphisiert wird. Anthropomorphisierende Anekdoten müssen sowohl die Häufigkeit der Verhaltensweise als auch die Vorgeschichte des betreffenden Tieres ignorieren und können so keine Grundlage für Schlüsse auf psychische Fähigkeiten bei einem Tier liefern. Ebenfalls problematisch ist der zweite Schritt, da die Introspektion zahlreichen Verzerrungen ausgesetzt ist und keine zuverlässige Grundlage für die Gewinnung empirisch belastbarer Erkenntnisse liefert. Endlich ist der Analogieschluss aufgrund der dürftigen Datenbasis fragwürdig, nicht nur, weil der Forscherin oder dem Forscher nur Anekdoten zur Verfügung stehen, sondern auch deswegen, weil die introspektiv gewonnene Evidenzbasis zu schmal ist, da sie genau auf einem einzigen Fall beruht, nämlich dem Fall der Forscherin oder des Forschers selbst. Analogieschlüsse, die von einem Einzelfall als Evidenzbasis ausgehen, führen zu keinen belastbaren Konklusionen.

Weder Romanes, noch seinem Vorbild Charles Darwin, der bei der Zuschreibung von Emotionen gegenüber Tieren ebenfalls durchaus großzügig war, standen systematisch und quantitativ belastbare Datenmengen zur Verfügung, so dass sie auf glaubwürdige Anekdoten und Einzelbeobachtungen angewiesen waren. Zugute halten kann man Romanes auch, dass er zumindest einen systematischen Weg in das Bewusstsein nicht-menschlicher Tiere gesucht und die Evolution psychischer Fähigkeiten im Tierreich zu verstehen sich bemüht hat. Das berühmte Diagramm in Romanes Buch *Mental Evolution in Man* (1888) zeigt – ganz in der Tradition der Stufenleiter der Natur – die Entwicklung psychischer Fähigkeiten vom Einzeller bis zum Menschen, wobei Romanes zwischen der Entwicklung emotionaler und intellektueller Fähigkeiten unterscheidet. Die basalsten Emotionen sieht Romanes in Furcht und Überraschung, welche er bereits auf der Stufe von Insekten ansiedelt; Eifersucht und Zorn findet er bei Fischen; Scham und Reue schließlich auf der höchsten tierlichen Stufe, nämlich bei Affen und Hunden.

Auf der niedrigsten Stufe der intellektuellen Evolution, bei Insekten, Ringwürmern, Stachelhäutern und Hohltieren, finden sich Romanes zufolge die Fähigkeit, das gesamte Nervensystem der Umwelt anzupassen, die Fähigkeit Lust und Unlust zu empfinden, die Fähigkeit Erinnerungen aufzubauen und die Fähigkeit mit primären (d. h. natürlich selektierten, nicht durch Lernen erworbenen) Instinkten zu reagieren. Diese vier Fähigkeiten bezeichnet Romanes als ›Bewusstsein‹. Zum Bewusstsein darf man auch Furcht und Überraschung zählen. Es ist beachtlich, dass sich Romanes darum bemüht hat, dem vieldeutigen Ausdruck ›Bewusstsein‹ einen klaren Sinn zu verleihen. Weiterhin ist beachtlich, dass er unter ›Bewusstsein‹ keineswegs eine avancierte psychische Fähigkeit im Sinne des Selbstbewusstseins versteht, sondern ganz im Gegenteil eine Menge basaler psychischer Fähigkeiten. Das Bewusstsein liegt allen höheren psychischen Fähigkeiten zugrunde. Schließlich ist beachtenswert, dass Romanes das Vorliegen von Bewusstsein an physiologische Prozesse bindet, wie die Fähigkeit, das gesamte Nervensystem der Umwelt anzupassen, ohne damit eine Reduktion des Bewusstseins auf diese physiologischen Prozesse für erforderlich zu halten.

Klassische Ethologie. Trotz dieser Einsichten ist es nicht verwunderlich, dass Romanes spekulativer und methodisch fragwürdiger Tierpsychologie große Skepsis entgegengebracht worden ist. Dass beispielsweise der Hund bei Romanes so hoch rangiert, ist weniger Ausdruck vergleichbarer Fähigkeiten von Affen und Hunden, als vielmehr Resultat der zahlreichen anthropomorphisierenden Anekdoten über Hunde, die Darwin und Romanes zur Verfügung standen. Behaviorismus, Ethologie und Verhaltensökologie haben sich im 20. Jahrhundert von den tierpsychologischen Spekulationen abgewandt, weil sie ihnen methodisch nicht fundiert und die Schlüsse deshalb nicht gerechtfertigt erschienen. Dies ist wissenschaftstheoretisch nachvollziehbar.

Paradigmatisch für die skeptische Haltung zur Erforschung des Tierbewusstseins steht einer der Pioniere der Ethologie, Konrad Lorenz. Lorenz argumentiert, dass sich der Erforschung des subjektiven Erlebens erstens massive methodische Hindernisse in den Weg stellen und dass zweitens eine solche Erforschung der Lösung des Leib-Seele-Problems vorausgehen müsste (Lorenz 1963). Sowohl das epistemologische Problem des Zugangs zur tierlichen Subjektivität als auch das metaphysische Problem des Verhältnisses von Körper und Geist hält Lorenz für nicht lösbar.

Kognitive Ethologie. Der klassischen Ethologie von Lorenz und Nikolaas Tinbergen folgte die kognitive Ethologie. Dem Begründer der kognitiven Ethologie Donald R. Griffin ging es in erster Linie darum, sich wieder dem im 20. Jahrhundert sträflich vernachlässigten Studium des tierlichen Bewusstseins zuzuwenden. Er wünschte sich ein »Fenster zum Tierbewusstsein« und vertrat die Auffassung, dass die Kommunikation zwischen Tieren dieses Fenster öffnen könnte (Griffin 1976). Trotz der erstaunlichen Erfolge der kognitiven Ethologie hat sich Griffins Wunsch nicht erfüllt.

Ein Standardwerk definiert Kognition als Mechanismen, durch welche Tiere Informationen aus ihrer Umwelt aufnehmen, verarbeiten, speichern; wobei diese Mechanismen Wahrnehmung, Lernen, Erinnerung und Entscheidungsfindung einschließen (Shettleworth 1998, 5). Bemerkenswert ist, dass diese Definition der Kognition den Ausdruck ›Bewusstsein‹ ganz bewusst meidet. Prinzipiell könne man nämlich drei Haltungen gegenüber der Frage nach dem Tierbewusstsein einnehmen: (i) Kein Tier verfügt in einem interessanten Sinn über Bewusstsein. (ii) Vielleicht haben einige Tiere Bewusstsein, doch weil ›Bewusstsein‹ sich auf subjektive Zustände bezieht, die nur sprachlich zum Ausdruck gebracht werden können, kann Tierbewusstsein kein Forschungsthema sein. (iii) Einige Tiere verfügen offensichtlich über Bewusstsein und die Forschung sollte sich um ein besseres Verständnis dieses Phänomens bemühen.

Die meisten Ethologinnen und Ethologen scheinen (ii) zu akzeptieren. Sie trennen deshalb scharf Kognition von Bewusstsein, wobei das zweite Phänomen aufgrund seiner subjektiven Natur im Unterschied zum ersten Phänomen epistemologisch prinzipiell nicht zugänglich sei. Metaphysisch erscheint es sogar plausibel, dass sich alles komplexe tierliche Verhalten allein unter Rückgriff auf Kognition erklären und verstehen lässt. Somit wäre das Bewusstsein lediglich ein Epiphänomen, das einige kognitive Prozesse zwar begleiten mag, so wie Dampf die Fahrt einer Lokomotive begleitet; es wäre aber kein kausaler Faktor in der Erklärung von Tierverhalten. Tatsächlich kann der Epiphänomenalismus in Bezug auf das Bewusstsein als inoffizielle Doktrin der kognitiven Ethologie betrachtet werden. Bereits Tinbergen hat davor gewarnt, dass die Zuschreibung von kausalen Rollen an objektiv nicht beobachtbare Zustände wie Bewusstsein oder Empfindungen häufig zu falschen Schlüssen verleite (Tinbergen 1951, 4).

Anhängerinnen und Anhänger der Position (i) definieren ›Bewusstsein‹ in der Regel als die Fähigkeit zu den eigenen Zuständen des Wissens und des Meinens explizit Zugang zu haben und zu wissen, was man weiß. In einer solchen Definition wird Bewusstsein mit Selbstbewusstsein im Sinne eines Zugangs zu den eigenen psychischen Zuständen gleichgesetzt. Nach allem, was wir wissen, verfügen nicht-menschliche Tiere kaum über diese Fähigkeit. Also haben sie dieser Auffassung zufolge auch kein Bewusstsein. Dieser Schluss folgt allerdings nur, wenn man Bewusstsein mit Selbstbewusstsein identifiziert oder zumindest begrifflich davon abhängig macht.

6.2 Neurobiologie und der Begriff eines neuronalen Korrelats von Bewusstsein

Trotz dieser eher pessimistischen Geschichte darf man heute sagen, dass die Zeichen für die Erforschung des Tierbewusstseins gut stehen. Dies hat damit zu tun, dass seine Erforschung nach dem langen Umweg über Behaviorismus, Ethologie und Ökologie mit der Neurobiologie wieder zu den Grundeinsichten von Romanes zurückgefunden hat. Dieser definierte, wie angedeutet, den Begriff des Bewusstseins mithilfe bestimmter Kriterien, betrachtete Bewusstsein als eine basale Kategorie und band das Bewusstsein an physiologische Prozesse, ohne sie mit diesen zu identifizieren. Dies bedeutet, dass das Tierbewusstsein keineswegs epistemologisch verschlossen bleiben muss, da man Kriterien für Bewusstsein angeben kann, dass Bewusstsein als basale psychische Fähigkeit verstanden werden sollte und nicht als höherstufige Fähigkeit und dass das Leib-Seele-Problem nicht gelöst sein muss, bevor man endlich forschen darf.

Die heutige Neurobiologie operiert nicht mehr ohne Weiteres mit der zweifelhaften metaphysischen These, dass Bewusstseinszustände identisch mit neurologischen Zuständen sind oder dass es Epiphänomene sind; sie operiert stattdessen mit dem Begriff des ›neuronalen Korrelats von Bewusstsein‹. Ein neuronales Korrelat von Bewusstsein kann als eine Menge neuronaler Ereignisse definiert werden, die in ausreichender Weise mit dem Auftreten einer besonderen bewussten Empfindung systematisch korreliert sind oder – stärker formuliert – kausal ausreichend dafür sind, dass eine bewusste Empfindung auftritt (Chalmers 2004). So scheint beispielsweise das Areal V1 im visuellen Kortex des Menschen ein Korrelat für bewusste visuelle Wahrnehmungen zu sein. Vögel verfügen über keinen visuellen Kortex, weil Vögel aber offensichtlich sehen können, darf man vermuten, dass sie über ein anderes neuronales Korrelat für Seherlebnisse verfügen. Metaphysisch gesprochen bedeutet dies, dass die Fähigkeit, bewusste visuelle Wahrnehmungen zu haben, in unterschiedlichen neuronalen Strukturen realisiert werden kann, ebenso wie die Fähigkeit mit Flossen zu schwimmen nicht nur in Tieren mit Knochenfischskelet realisiert ist, sondern auch in Knorpelfischen (Hai), Vögeln (Pinguin) und Säugetieren (Delfin). Dies wird in der Philosophie des Geistes als ›multiple Realisierung‹ bezeichnet (Putnam 1967). Die multiple Realisierung ist der Hauptgrund, warum eine Identifikation von bewussten Zuständen mit bestimmten neurologischen Zuständen fragwürdig scheint.

Ausdruck dieser optimistischen Tendenz in der Erforschung des tierlichen Bewusstseins ist die *Cambridge Declaration of Consciousness*, die am 7. Juli 2012 von einer Gruppe renommierter Neurowissenschaftlerinnen und Naturwissenschaftler unterzeichnet worden ist (Low 2012). Die Deklaration hebt hervor, dass wir aufgrund neuer Methoden und Technologien mehr über die neuronalen Korrelate des Bewusstseins von Mensch und Tier wissen, dass sich diese Korrelate keineswegs auf den Kortex beschränken, sondern subkortikale Netzwerke einschließen, dass Vögel in Verhalten, Neurophysiologie und Neuroanatomie einen verblüffenden Fall einer parallelen Evolution des Bewusstseins darstellen, dass halluzinogene und pharmazeutische Präparate vergleichbare Effekte auf das Bewusstsein von Menschen und Tieren haben und dass insbesondere die Erforschung von Emotionen das ›Fenster zum Tierbewusstsein‹ aufstoßen kann. Die Deklaration hält also fest, dass das Fehlen des Neokortex – der heilige Gral der Intelligenz – Organismen nicht aus der Klasse von Wesen ausschließt, die Bewusstsein haben. Die verfügbaren Evidenzen weisen vielmehr darauf hin, dass nicht-menschliche Tiere über die erforderlichen Korrelate für Bewusstsein verfügen ebenso wie über entsprechende Verhaltensweisen. Zu diesen Tieren gehören Säugetiere und Vögel, vermutlich auch viele andere Lebewesen, wie etwa der Oktopus (Godfrey-Smith 2016).

6.3 Schmerz bei Fischen

Schmerz ist ein bewusster, unangenehmer und lokalisierbarer Zustand, der anzeigt, dass ein Tier eine Verletzung erlitten hat, die ihm schaden könnte (Molony/Kent 1997). Peter Bateson (1991) hat den folgenden Kriterienkatalog für Schmerz vorgeschlagen: (i) Vorhandensein von spezialisierten Schmerzzellen (Nozizeptoren), (ii) Nervenpfade von diesen Zellen zum Gehirn, (iii) Verarbeitung der Schmerzreize in höheren Hirnarealen, (iv) Vorhandensein von endogenen Opioiden, (v) positive Reaktionen auf Schmerzmittel, (vi) Physiologische und behaviorale Reaktionen auf Schmerzreize, (vii) Erlernen von Vermeidungsverhalten und Störung normaler Verhaltensroutinen. Finden sich diese Kriterien bei einem Tier, darf man aus der Analogie zu Menschen schließen, dass es Schmerz empfindet.

In den zurückliegenden Jahren hat sich unser Bild des Fisches stark verändert. Fische gelten heute nicht länger als Wesen mit angeborenen Verhaltensroutinen, sondern erweisen sich als lernfähige Wesen, die zu anspruchsvollen kognitiven Leistungen imstande sind. Forschungen zur Anatomie und Physiologie der Knochenfische – wie Forelle, Lachs, Zebrafisch, Goldfisch – haben in den letzten rund 15 Jahren im Hinblick auf Schmerzen das folgende Bild ergeben: Fische verfügen über ein nozizeptives System, d. h. ein System zur Entdeckung und neuronalen Kodierung noxischer (schädigender) Reize. Sie reagieren auf Verletzungen mit vegetativen Reaktionen (Entzündungen, kardiovaskuläre Veränderungen, erhöhte Atemfrequenz, verminderter Appetit). Sie fliehen reflexartig vor noxischen Reizen und lernen schnell, noxische Reize zu vermeiden. Sie zeigen bei Verletzungen abnormes Verhalten (Schaukeln im Wasser, Rubbeln der geschädigten Partien am Boden, zucken mit dem verletzten Schwanz). Sie suspendieren ihr normales Verhalten und sie sprechen behavioral und motivational auf Schmerzmittel an. Offenbar erfüllen Fische die vorgeschlagenen Kriterien für Schmerzempfinden (Wild 2012).

Gegen den Schluss, dass Fische Schmerzen empfinden können, ist eingewendet worden, dass das Hirn der Fische sich vom menschlichen Hirn zu sehr unterscheide. Insbesondere verfügten Fische über keinen komplex strukturierten Neokortex. Und folglich, so das Argument, erlebten Fische keinen Schmerz. Dieses Argument übersieht freilich die Möglichkeit einer multiplen Realisierung. Es ist wahrscheinlich, dass sich im Laufe der Evolution bei Mensch und Forelle unterschiedliche Hirnareale so entwickelt haben, dass sie die Grundlage für Schmerzerlebnisse abgeben können. Ein weiterer Einwand lautet, dass es kein phänomenales Bewusstsein ohne Selbstbewusstsein geben könne. Da Fische kein Selbstbewusstsein haben, so das Argument, empfinden sie auch keine Schmerzen.

Im Hinblick auf das tierliche Bewusstsein ist es generell wichtig zu fragen, ob die unterschiedlichen Bewusstseinsarten letztlich vom Selbstbewusstsein abhängen. Philosophen von John Locke bis Daniel Dennett haben diese Auffassung vertreten. Es handelt sich dabei um sogenannte Bewusstseinstheorien zweiter Ordnung (Dennett 1994). Solche Theorien besagen, dass ein psychischer Zustand erster Ordnung nur bewusst sein kann, wenn es einen Zustand höherer Ordnung gibt, der Bewusstsein von diesem Zustand erster Ordnung hat. Nun mag es zunächst zwar ganz überzeugend klingen, dass man sich eines Zustands bewusst sein muss, damit er überhaupt ein bewusster Zustand sein kann. Diese Überlegung ist jedoch problematisch. Sie verwechselt ›Bewusstsein von X‹ mit dem ›Bewusstsein davon, dass man Bewusstsein von X hat‹. Vor dem Hintergrund dieser Unterscheidung kann man durchaus sagen, dass ein Tier Bewusstsein von X haben kann, ohne dass es sich dessen bewusst sein müsste, dass es Bewusstsein von X hat. Deshalb vertreten Bewusstseinstheorien erster Ordnung die Auffassung, dass ein Zustand A dann bewusst ist, wenn ein Tier mit seiner Hilfe auf etwas in der Umwelt oder in seinem Körper aufmerksam wird, und dass es dazu einen Zustand B geben muss, der das Tier auf den Zustand A aufmerksam macht (Tye 1998). Auch wenn Fische kein Selbstbewusstsein haben, können sie daher durchaus Schmerzen bewusst empfinden.

6.4 Fazit

Die Erforschung des Tierbewusstseins war im 20. Jahrhundert erheblichen wissenschaftlichen Vorbehalten ausgesetzt. Während die Behauptung, dass beispielsweise Forellen Schmerzen empfinden können, Mitte des 20. Jahrhundert vermutlich noch der Lächerlichkeit Preis gegeben worden wäre, und noch vor 15 Jahren starker wissenschaftlicher Skepsis ausgesetzt gewesen wäre, hat sich die Beweislast mittlerweile geradezu umgedreht. So wurde zum Beispiel der Artikel eines Fischschmerzskeptikers im Online-Journal *Animal Sentience* mit einer derartigen Fülle von überzeugenden Gegenargumenten beantwortet, dass sich die skeptische Position nicht mehr halten lässt (Key 2016). Heute ist die Lage so, dass man mit Blick auf Wirbeltiere sagen darf, dass sie Schmerz empfinden können (Sneddon et al. 2014). Auch die Evidenz für Kraken, Tintenfische, Krebse oder Krabben verdichtet sich.

Mit Bewusstseinstheorien erster Ordnung verfügen wir über eine philosophische Theorie des Bewusstseins, die solche empirischen Forschungen sinnvoll in einen generellen theoretischen Rahmen einordnen kann. Insbesondere kann man überzeugend argumentieren, dass vor diesem Hintergrund die Zuschreibung bewusster Zustände vielen Tieren gegenüber wenn auch nicht strikt bewiesen werden kann, so doch rational akzeptierbar ist (Tye 2017). Es scheint so zu sein, dass wir damit begonnen haben, die epistemologischen und metaphysischen Probleme bezüglich des Bewusstseins, die Lorenz und andere zum Agnostizismus verleitet hatten, einer wissenschaftlichen Behandlung zuzuführen.

Freilich bleibt nach wie vor vieles im Dunkeln; insbesondere sind die in der Forschung verwendeten Begriffe und Methoden weiter unscharf und ungenau. Dass in diesem Beitrag der Schmerz als Paradigma für das phänomenale Bewusstsein gewählt wurde, hat gute Gründe. Schmerz ist ein klares Beispiel für phänomenales Bewusstsein, hat ein deutliches Verhaltensprofil und ist ethisch relevant. Dies sollte aber nicht darüber hinwegtäuschen, dass Schmerzen nur ein kleiner Ausschnitt aus dem reichen Spektrum des bewussten Erlebens sind. Nach wie vor fehlen belastbare Forschungsprogramme, die es erlauben würden, dem sinnlichen Erleben der Umwelt bei Tieren, ihrer Emotionalität oder tierlichen Stimmungen näher zu kommen. Auch scheinen die Forschungsprogramme zum Selbstbewusstsein bei Tieren seit einigen Jahren aufgrund methodischer Hindernisse nicht recht vom Fleck zu kommen.

Aber auch im Hinblick auf den Schmerz stellen sich verschiedene Fragen, die es zu unterscheiden gilt. So gibt es einen Unterschied zwischen der Frage, ob ein Tier einen phänomenal bewussten Zustand hat, und der Frage, wie es sich für das Tier anfühlt, diesen Zustand zu haben (Allen 2004). Wenn wir herausfinden, dass ein Tier Schmerz empfindet, bedeutet dies nicht, dass wir auch schon wissen, wie sich dies für das Tier anfühlt. Umgekehrt gilt aber auch: Aus dem Umstand, dass wir nicht wissen, wie sich Schmerz für ein Tier anfühlt, folgt nicht, dass wir nicht wissen können, ob es Schmerz fühlt. Von den Fragen des Nachweises eines phänomenal bewussten Zustands und der Qualität eines solchen Zustandes muss man die Frage nach der Intensität des Erlebens unterscheiden. So weisen

z. B. einige Verhaltensweisen bei Fischen darauf hin, dass ihnen bestimmte Arten von Schmerzen nicht sehr viel auszumachen scheinen.

Schließlich kann man die erkenntnistheoretischen Voraussetzungen in Zweifel ziehen, die in diesem Beitrag in Anschlag gebracht worden sind. Im Wesentlichen verlässt sich der Artikel auf die naturwissenschaftliche Erforschung des Tierbewusstseins, und zwar so, dass tierliche Bewusstseinszustände als Korrelate von neuronalen Prozessen verstanden werden, die wir mithilfe von bestimmten Kriterien erschließen. Dagegen kann man einwenden, dass Tiere innerhalb der Naturwissenschaft als Objekte konstruiert werden, und dass damit die genuine subjektive Natur des Bewusstseins unzugänglich bleiben muss. Dem ist entgegenzuhalten, dass dies im Hinblick auf die Qualität phänomenal bewusster Zustände zutreffen mag, nicht aber auf die Fragen des Nachweises und der Intensität solcher Zustände. Weiter kann man vor dem Hintergrund der ›Philosophie der Verkörperung‹ einwenden, dass bewusste Zustände eben nicht nur im Gehirn, sondern im gesamten Körper realisiert seien, und dass wir deshalb das erkenntnistheoretische Paradigma eines *indirekten*, über Verhaltenskriterien erschlossenen Zugangs zum Bewusstsein durch das phänomenologische Paradigma eines *direkten* Zugangs zum verkörperten Erleben ersetzen sollten. Das mag sein. Bislang sind solche Vorschläge jedoch noch nicht ausreichend präzisiert worden, um als veritable Alternative gelten zu können.

Literatur

Allen, Collin: Animal pain. In: *Noûs* 38 (2004), 617–643.

Bateson, Peter: Assessment of pain in animals. In: *Animal Behaviour* 42 (1991), 827–839.

Burge, Tyler: *Origins of Objectivity*. Oxford 2010.

Chalmers, David: What is a neural correlate of consciousness? In: Thomas Metzinger (Hg.): *Neural Correlates of Consciousness. Empirical and Conceptual Questions*. Cambridge, Mass. 2004, 17–40.

Dennett, Daniel: *Philosophie des menschlichen Bewusstseins*. München 1994 (engl. 1991).

Godfrey-Smith, Peter: *Other Minds. The Octopus, the Sea, and the Deep Origins of Consciousness*. New York 2016.

Griffin, Donald R: *The Question of Animal Awareness: Evolutionary Continuity of Mental Experience*. Los Altos 1976.

Key, Brian: Why fish do not feel pain. In: *Animal Sentience* 1/3 (2016), http://animalstudiesrepository.org/animsent/vol1/iss3/1/ (29.10.2017).

Lorenz, Konrad: Haben Tiere ein subjektives Erleben? In: *Jahrbuch der Technischen Hochschule München* (1963), 57–68.

Low, Phillip: *The Cambridge Declaration on Consciousness* (Jaak Panksepp, Diana Reiss, David Edelman, Bruno Van Swinderen, Christof Koch). 2012. In: http://fcmconference.org/img/CambridgeDeclarationOnConsciousness.pdf (29.10.2017).

Molony, V./Kent, J. E.: Assessment of acute pain in farm animals using behavioural and physiological measurements. In: *Journal of Animal Science* 75 (1997), 266–272.

Nagel, Thomas: Wie ist es, eine Fledermaus zu sein? In: Ders.: *Über das Leben, die Seele und den Tod*. Berlin 1984, 185–199 (engl. 1974).

Putnam, Hilary: Psychological predicates. In: W. H. Capitan/D. D. Merrill (Hg.): *Art, Mind, and Religion*. Pittsburgh 1967, 37–48.

Romanes, George. *Mental Evolution in Man*. London 1888.

Shettleworth, Sarah J: *Cognition, Evolution, and Behavior*. New York 1998.

Smith, J. David et al.: Animal metacognition: Problems and prospects. In: *Comparative Cognition and Behavior Reviews* 4 (2009), 40–53. DOI: 10.3819/ccbr.2009.40004.

Sneddon Lynn et al.: Defining and assessing animal pain. In: *Animal Behaviour* 97 (2014), 201–212.

Tinbergen, Nikolaas: *The Study of Instinct*. Oxford 1951.

Townsend, Simone et al: Exorcising Grice's ghost: an empirical approach to studying intentional communication in animals. In: *Biological Review* (2016). DOI:10.1111/brv.12289.

Tye, Michael: Das Problem primitiver Bewusstseinsformen. Haben Bienen Empfindungen? In: Frank Esken/Dieter Heckmann (Hg.): *Bewusstsein und Repräsentation*. Paderborn 1998, 91–122.

Tye, Michael: *Tense Bees and Shell-Shocked Crabs. Are Animals Conscious?* Oxford 2017.

Wild, Markus: *Fisch. Kognition, Bewusstsein und Schmerz. Eine philosophische Perspektive*. Bern 2012.

Markus Wild

7 Interessen

Der Begriff ›Interesse‹ spielt in der Ethik und auch in der Tierethik eine prominente Rolle. Dies gilt in besonderer Weise für sogenannte interessenorientierte Moralkonzeptionen wie z. B. den Kontraktualismus, den Utilitarismus oder auch verschiedene Varianten von Rechtstheorien, die im Schutz bzw. in der Förderung der Interessen der von einer Handlung Betroffenen die zentrale Funktion der Moral sehen (s. Kap. 13–14, 16). Auch andere Moralkonzeptionen nehmen aber in der Regel in der einen oder anderen Weise auf die Interessen von Handlungsadressatinnen und Handlungsadressaten Bezug.

Ob und in welcher Weise man auch die Interessen nichtmenschlicher Wesen moralisch berücksichtigen kann bzw. muss, hängt davon ab, (1) welche Kriterien man für die Zuschreibung von Interessen (in einem moralisch relevanten Sinn) für begründbar hält, (2) welchen systematischen Status man dem Bezug auf Interessen zuschreibt, und (3) ob man eine gleiche Berücksichtigung der Interessen aller von einer Handlung Betroffenen für geboten oder Differenzierungen hinsichtlich der Interessen verschiedener Interessenträgerinnen und -träger für möglich und gerechtfertigt hält.

7.1 Kriterien der Zuschreibung von Interessen

Mit der Behauptung, dass eine Entität E ein Interesse an X hat, kann zweierlei gemeint sein: Gemeint sein kann zum einen, (a) dass E ein Interesse an X hat, oder aber, (b) dass X in Es Interesse ist. Mit Regan kann man von *preference interests* einerseits und *welfare interests* andererseits sprechen (Regan 1984, 87). Die Zuschreibungsbedingungen für *preference interests* und *welfare interests* unterscheiden sich: Damit E ein Interesse an X haben kann, muss E dazu fähig sein, Bedürfnisse, Wünsche oder Präferenzen zu haben. Damit X im Interesse von E sein kann, ist es (lediglich) erforderlich, dass X einen positiven Effekt auf das Wohlergehen von E haben kann (s. Kap. 34).

Für Vertreterinnen und Vertreter *subjektiver* Wohlergehenstheorien, die behaupten, dass sich Urteile über das Wohlergehen eines Lebewesens irreduzibel auf eine Einstellung des Lebewesens beziehen, um dessen Leben es geht, hängen die beiden Bedeutungen eng miteinander zusammen. Für sie hängt die Möglichkeit der Zuschreibung von Interessen in beiden Fällen davon ab, dass die fragliche Entität zumindest bewusstseinsfähig ist (s. Kap. 5). Vertreterinnen und Vertreter *objektiver* Theorien des Wohlergehens wie z. B. Taylor (1986) oder Johnson (1991) sind auf diese Behauptung dagegen nicht festgelegt und können auch Entitäten, die nicht über Bewusstsein verfügen, Interessen (im Sinne von *welfare interests*) zuschreiben.

Taylor beispielsweise behauptet, dass man sowohl Organismen als auch Artenpopulationen und Gemeinschaften von Lebewesen ein eigenes Wohl zusprechen könne. Während das Wohl oder Wohlergehen eines individuellen nichtmenschlichen Organismus daran gemessen werden könne, ob er stark und gesund sei bzw. seine biologischen Kräfte vollständig entfalten könne, bestehe das Wohl einer Population oder einer Gemeinschaft von Individuen darin, »dass sich eine Population oder Gemeinschaft von Generation zu Generation als ein kohärentes System genetisch und ökologisch verwandter Organismen erhält, deren durchschnittliches Wohl sich auf einer für die gegebene Umwelt optimalen Stufe befindet« (Taylor 1997, 114).

Die Behauptung, dass Arten oder Gemeinschaften von Lebewesen ein eigenes Wohl besäßen, setzt Taylor zufolge voraus, dass man im Interesse eines Lebewesens handeln könne, ohne dass »das fragliche Lebewesen selbst ein Interesse dafür in dem Sinne aufbringen muss, dass es den Wunsch hegt, wir mögen dieses oder jenes tun oder nicht tun. Es kann sogar sein, dass es der Tatsache überhaupt nicht gewahr wird, dass in seinem Leben vorteilhafte oder nachteilige Ereignisse stattfinden« (Taylor 1997, 114).

Ob man (zumindest einigen) Tieren sinnvoll *preference interests* zuschreiben kann, hängt davon ab, an welche Voraussetzungen man das Haben von Wünschen oder Präferenzen knüpft. Während manche Vertreterinnen und Vertreter der ›Interessen-These‹ wie z. B. Singer (u. a. mit Bezug auf Bentham) davon ausgehen, dass Empfindungsfähigkeit (*sentience*) hinreichend ist, damit man einer Entität Interessen sinnvoll zuschreiben kann (Singer 2013, 101), und Empfindungsfähigkeit daher zum Einschlusskriterium für die Mitgliedschaft in der moralischen Gemeinschaft erklären, ist von anderen bestritten worden, dass man Tieren Wünsche oder Präferenzen und entsprechend Interessen in einem moralisch relevanten Sinn zuschreiben kann. Frey beispielsweise ist der Auffassung, dass nur solche Wesen Wünsche oder Präferenzen haben können, die Überzeugungen haben können (Frey 1980). Damit eine Entität Überzeugungen haben, also glauben könne, dass ein bestimmter Satz wahr ist, müsse sie über spezifische lin-

J. S. Ach / D. Borchers (Hg.), *Handbuch Tierethik*, https://doi.org/10.1007/978-3-476-05402-9_7

guistische Kompetenzen verfügen bzw. eine Sprache haben. Da Tiere nicht sprachbegabt seien, so Frey, könne man ihnen folglich keine Wünsche oder Präferenzen und entsprechend auch keine Interessen zuschreiben (s. Kap. 8). »Wenn Etwas-Glauben im Fürwahr-Halten eines bestimmten Aussagensatzes besteht, dann kann kein Wesen, dem Sprache fehlt, Überzeugungen haben; und ohne Überzeugungen kann kein Wesen Wünsche haben. Und eben dies ist der Fall bei Tieren, so behaupte ich; und wenn ich recht habe, dann haben Tiere keine Interessen« (Frey 1997, 84). Die ›Interessen-These‹ vorausgesetzt bedeutet dies, dass Tiere auch nicht über einen eigenen moralischen Status verfügen (s. Kap. 31). Von Kritikerinnen und Kritikern ist insbesondere Freys Behauptung, eine Überzeugung zu haben bedeute, eine Proposition für wahr zu halten, zurückgewiesen worden (DeGrazia 1996).

7.2 Interessenorientierte Moralkonzeptionen und Interessen-Prinzip

Interessenorientierte Moralkonzeptionen halten im Unterschied zu konkurrierenden Auffassungen den Schutz bzw. die Förderung von Interessen für die grundlegende Funktion der Moral. Sie unterscheiden sich jedoch im Hinblick auf den systematischen Ort, den der Bezug auf die Interessen von Interessenträgern im Rahmen der Theorie einnimmt. Während manche Theorien, wie vor allem kontraktualistische Theorien, der Auffassung sind, dass die Interessen von Interessenträgern für diese ein *Motiv* dafür darstellen, bestimmten Normen zuzustimmen, sind andere demgegenüber der Auffassung, dass Interessen der *Grund* normativer Ansprüche sind.

Schwierigkeiten bereitet eine Einbeziehung von Tieren in die moralische Gemeinschaft vor allem solchen Ethiktheorien, die Moral als eine soziale Institution verstehen, die den Zweck hat, die Interaktion zwischen Menschen zu regeln bzw. deren Kooperation zu ermöglichen, und die moralische Normen oder Regeln im Wesentlichen als Ergebnis einer wechselseitigen Übereinkunft ansehen. Die Einbeziehung von Tieren ist für solche Ansätze schwierig, weil die Forderung nach einer Berücksichtigung der Interessen nichtmenschlicher Lebewesen solchen Ethiktheorien die Motivationsquelle zu entziehen droht (Carruthers 1992), insofern Tiere »in aller Regel *nicht* in der Position potentieller Vergelter« sind (Hoerster 2004, 56) und die Einbeziehung ihrer Interessen aufgrund einer grundlegenden Machtasymmetrie gerade nicht im Interesse aller ist.

Für Hoerster folgt hieraus aber nicht, dass es keinerlei Motive für den Schutz von Tieren gebe. Dies liegt für Hoerster daran, dass Menschen nicht nur egoistische, sondern auch altruistische Interessen haben können. Im Unterschied zu egoistischen zielen altruistische Interessen nicht auf das eigene Wohl des Interessenträgers, sondern auf das Wohl bzw. die Interessen eines anderen. Solche altruistischen Interessen können wir, wie Hoerster meint, gegenüber anderen Menschen im Nahbereich, anderen Menschen im Fernbereich – und eben auch gegenüber Tieren haben. Wenn überhaupt, dann lasse sich eine moralische Rücksichtnahme auf Tiere, »allein auf existente altruistische Interessen am Wohl der Tiere stützen« (Hoerster 2004, 62). Tatsächlich, so Hoerster weiter, gibt es in unserer Gesellschaft einen Konsens in wesentlichen Fragen des Tierschutzes. Die meisten Menschen haben altruistische Interessen, die sie dazu motivieren, moralischen Normen für den Tierschutz zuzustimmen. Eine »gute Chance auf eine weitgehende Zustimmung« und damit auch eine Chance für eine hinreichende intersubjektive Begründung sieht Hoerster für das folgende Prinzip: »Tiere dürfen dann nicht gequält werden, wenn das Tierinteresse an Schmerzfreiheit offenbar von größerem Gewicht als das durch die Verletzung geförderte Menscheninteresse ist« (Hoerster 2004, 82 f.).

Vertreterinnen und Vertreter anderer Varianten interessenorientierter Moralkonzeptionen halten demgegenüber ein *Interessen-Prinzip* für plausibel und begründbar. Bereits Nelson hatte die These formuliert, der zufolge »Subjekte von Rechten« alle jene Wesen sind, »die Interessen haben, Subjekte von Pflichten dagegen alle die, die darüber hinaus der Einsicht in die Anforderungen der Pflicht fähig sind« (Nelson 1970, § 65). Feinberg zufolge bringt das Interessen-Prinzip eine begriffsanalytische These zum Ausdruck: »Zu den Wesen, denen man Rechte zuschreiben *kann*, gehören genau jene, die Interessen haben (oder haben können)« (Feinberg 1980, 151). Während Nelson und Feinberg zunächst also nur behaupten, dass man Interessensubjekten moralische Ansprüche sinnvoll zuschreiben kann, verstehen andere Moralkonzeptionen das Interessen-Prinzip von vorneherein als normative These (vgl. dazu auch Ach 1999, 48 ff.). Das von Singer in die Diskussion eingeführte »Prinzip der gleichen Interessenabwägung« beispielsweise »besteht darin, dass wir in unseren moralischen Überlegungen den ähnlichen Interessen all derer, die von unseren Handlungen betroffen sind, gleiches Gewicht geben« (Singer 2013, 52). Vor dem Hintergrund solcher Varianten einer interessenorientierten Moralkonzeption gibt es daher keinen Grund, der es rechtfertigen könnte, die Interessen (empfindungsfähiger) tierlicher und (empfindungsfähiger) menschlicher Lebewesen nicht zu berücksichtigen.

7.3 Tierethik und Interessenberücksichtigung

Interessenorientierte Moralkonzeptionen, die ein Interessen-Prinzip für plausibel und begründbar halten, unterscheiden sich darin, ob überhaupt, und wenn ja, in welcher Weise sie die Interessen nichtmenschlicher Tiere berücksichtigen.

Keine Berücksichtigung. Gegen die Möglichkeit einer Berücksichtigung tierlicher Interessen ist u. a. eingewandt worden, dass wir aufgrund einer essentiellen Differenz zwischen Menschen und Tieren prinzipiell nicht wissen könnten, welche Interessen auf Seiten der Tiere auf dem Spiel stehen, und eine Berücksichtigung der Interessen von Tieren entsprechend nicht sinnvoll möglich sei. Dieser Einwand ist allerdings wenig plausibel. Denn selbst wenn man zugesteht, dass es eine qualitative Differenz menschlicher Lebens- und Schmerzfähigkeit gegenüber dem entsprechenden Potential bei den nichtmenschlichen Lebewesen gibt, folgt daraus nicht, dass wir überhaupt keine Kenntnis von den Wünschen oder Interessen von Tieren haben könnten.

Hierarchische Varianten. Vertreterinnen und Vertreter *hierarchischer* Varianten interessenorientierter Ansätze sind der Auffassung, dass sich eine ungleiche Berücksichtigung menschlicher und tierlicher Interessen rechtfertigen lasse, und begründen eine Privilegierung menschlicher Interessen gegenüber tierlichen Interessen z. B. damit, dass menschliche Lebewesen über eine ungleich größere Bandbreite bzw. andere Arten an Interessen verfügen als nichtmenschliche Lebewesen (Varner 1998).

Auch Lawrence Becker ist der Auffassung, dass es eine strukturelle Differenz zwischen Menschen und Tieren gebe, die eine ungleiche Berücksichtigung ihrer Interessen rechtfertige. Die Interessen von Tieren müssen, wie Becker meint, zwar bei der moralischen Entscheidungsfindung berücksichtigt werden. Sein Argument sei insofern »keine Verteidigung der Tierquälerei, die man in der Massentierhaltung und in vielen wissenschaftlichen Versuchen vorfindet.« Allerdings gebe es Gründe für die These, dass »menschliche Interessen den moralischen Vorrang vor vergleichbaren tierlichen Interessen haben« (Becker 2008, 132). Sein – tugendethisch ausgerichtetes – Argument »ist in groben Zügen schlicht folgendes: Es gibt bestimmte Charaktereigenschaften, die Menschen haben sollten – Eigenschaften, die das Wesen moralischer Vortrefflichkeit oder Tugend ausmachen. Manche dieser Eigenschaften ordnen die Präferenzen nach der ›sozialen Distanz‹ – das heißt, sie geben den Interessen derjenigen Wesen, die uns in den sozialen Beziehungen ›näher‹ stehen, den Vorrang vor den Interessen derjenigen, die ›weiter weg‹ sind. Tiere sind normalerweise ›weiter weg‹ von uns als Menschen. Wenn man also die Ansicht vertritt, dass Menschen die für Tugend konstitutiven Eigenschaften besitzen sollten, dann vertritt man folglich die Ansicht, dass Menschen (normalerweise) die Interessen von Mitgliedern der eigenen Spezies vorrangig behandeln sollten« (Becker 2008, 132).

Egalitäre Varianten. Die Vertreterinnen und Vertreter *egalitärer* Varianten sind demgegenüber der Auffassung, dass es keine Gründe gebe, die eine ungleiche Berücksichtigung menschlicher und tierlicher Interessen begründen könnten. So fordert z. B. Peter Singer, dass das Gleichheitsprinzip über die menschliche Spezies hinaus auf alle empfindungsfähigen Tiere Anwendung finden müsse, und dass den ähnlichen Interessen all derer, die von einer Handlung betroffen sind, gleiches Gewicht gegeben werden müsse. »Das Prinzip der gleichen Interessenabwägung verbietet es, unsere Bereitschaft, die Interessen anderer Personen abzuwägen, von ihren Fähigkeiten oder anderen Merkmalen abhängig zu machen, außer dem einen: eben dass sie Interessen haben« (Singer 2013, 54). Singers präferenz-utilitaristisches Argument hat offenkundig weitreichende Folgen für den Umgang mit Tieren, verlangt aber keine Gleichbehandlung und lässt auch Interessen bzw. Güterabwägungen (*trade offs*) zu, solange den ähnlichen Interessen all derer, die von einer Handlung betroffen sind, dabei gleiches Gewicht gegeben wird.

7.4 Fazit

Wer den Schutz oder die Förderung der Interessen der Betroffenen als eine oder sogar als die zentrale Funktion der Moral begreift, sieht sich einer Reihe von Anschlussfragen gegenüber. Die Behauptung, dass die Interessen von nichtmenschlichen Tieren auf eine bestimmte Weise berücksichtigt werden müssen, wirft die Frage auf, welche Interessen Tiere haben. Diese

Frage hat eine konzeptionelle ebenso wie eine empirische Seite: Zu fragen ist einerseits nach den Zuschreibungsbedingungen für bestimmte Interessen. Dies gilt beispielsweise für die Frage nach auf die Zukunft bezogenen Interessen oder ein mögliches Interesse am Weiterleben, das von manchen als eine Voraussetzung für die Zuerkennung eines Rechts auf Leben angesehen wird (vgl. dazu beispielsweise die Diskussion bei Bradley 2016; s. Kap. 35). Zu fragen ist andererseits nach Methoden, mit Hilfe derer man die Präferenzen oder Interessen von Tieren bestimmen und ggf. in ihrer Stärke messen kann (s. Kap. 26). Letzteres ist erforderlich, wenn man – intra- oder interindividuelle – Interessen-Vergleiche vornehmen will, die darüber Aufschluss geben, welche von zwei Situationen ein Tier präferiert, oder die es ermöglichen, Entscheidungen für solche Situationen zu treffen, in denen mehr als ein Individuum betroffen ist. Im ersten Fall wäre beispielsweise an den Vergleich von Haltungsbedingungen zu denken (Spaltboden oder Einstreuboden), im letzteren Fall an Szenarien wie beispielsweise die Seuchenbekämpfung.

Literatur

Ach, Johann S.: *Warum man Lassie nicht quälen darf. Tierversuche und moralischer Individualismus.* Erlangen 1999.
Becker, Lawrence C.: Der Vorrang menschlicher Interessen. In: Ursula Wolf (Hg.): *Texte zur Tierethik.* Stuttgart 2008, 132–149.
Bradley, Ben: Is Death Bad for a Cow? In: Tatjana Višak/Robert Garner (Hg.): *The Ethics of Killing Animals.* Oxford 2016, 51–64.
Carruthers, Peter: *The Animal Issue.* Cambridge 1992.
DeGrazia, David: *Taking Animals Seriously.* Cambridge 1996.
Feinberg, Joel: Die Rechte der Tiere und zukünftiger Generationen. In: Dieter Birnbacher (Hg.): *Ökologie und Ethik.* Stuttgart 1980, 140–179.
Frey, Raymond G.: *Interests and Rights.* Oxford 1980.
Frey, Raymond G.: Rechte, Interessen, Wünsche und Überzeugungen. In: Angelika Krebs (Hg.): *Naturethik. Grundtexte der gegenwärtigen tier- und ökoethischen Diskussion.* Frankfurt a. M. 1997, 76–91.
Hoerster, Norbert: *Haben Tiere eine Würde?* München 2004.
Johnson, Lawrence E.: A *Morally Deep World.* Cambridge 1991.
Nelson, Leonard (1970): *System der philosophischen Rechtslehre und Politik. Gesammelte Schriften,* Bd. 3. Hamburg ^{3}1970.
Regan, Tom: *The Case for Animal Rights.* London/New York 1984.
Singer, Peter: *Praktische Ethik.* Stuttgart 2011, ^{3}2013 (engl. 1979).
Taylor, Paul W.: *Respect for Nature.* Princeton, N. J. 1986.
Taylor, Paul W.: Die Ethik der Achtung gegenüber die Natur. In: Angelika Krebs (Hg.): *Naturethik. Grundtexte der gegenwärtigen tier- und ökoethischen Diskussion.* Frankfurt a. M. 1997, 111–143.
Varner, Gary E.: *In Nature's Interest?* New York/Oxford 1998.

Johann S. Ach

8 Sprache

Bei Diskussionen um den kognitiven Status von Tieren findet die Frage, ob Tiere über Sprache verfügen, besondere Beachtung. Das hat einen einfachen Grund: Sprachfähigkeit wird seit jeher als zumindest hinreichende Bedingung für Denken verstanden. Lässt sich zeigen, dass ein Tier über Sprache verfügt, dann hat man auch gezeigt, dass es ein denkendes Wesen ist. Insofern ist es nicht verwunderlich, dass die empirische Forschung zur Sprachfähigkeit von Tieren einen regelrechten Boom erlebt hat. So wird z. B. untersucht, ob Tiere über die Fähigkeit der Referenz verfügen, ob sie also Signale für die Bezugnahme auf Gegenstände verwenden und auch verstehen können. Die Herausforderung hierbei ist, eine plausible Abgrenzung zu einer reinen Reiz-Reaktion vorzunehmen. Aus diesem Grund wird nach einer gewissen Flexibilität sowohl im Äußerungs- als auch im Reaktionsverhalten gesucht. Wie es aussieht, sind einige Tiere zu referentieller Kommunikation in der Lage, z. B. Vervet-Affen, die je nach Fressfeind sowohl unterschiedliche Alarmrufe äußern als auch unterschiedliche Reaktionen hierauf zeigen, aber auch Schimpansen, Hühner und Delphine.

Eine interessantere Frage ist allerdings, ob diese Tiere ihre Signale auch absichtsvoll benutzen, schließlich birgt Sprache nicht nur *semantische*, sondern auch *pragmatische* Aspekte. Der pragmatische Aspekt der absichtsvollen Signalverwendung zeigt sich besonders dann, wenn das Signal zu kommunikativen Zwecken gebraucht wird, wenn z. B. ein Tier seinen Signalgebrauch von der jeweiligen Zuhörerschaft abhängig macht, wie dies bei Hähnen der Fall zu sein scheint, die Alarmrufe signifikant häufiger ausstoßen, wenn sie nicht allein sind, sondern sich Hennen in der Nähe befinden. Hier scheint Flexibilität und Kontrolle im Signalgebrauch deutlich zu werden. Auch andere Tiere scheinen zu flexiblem Signalgebrauch in der Lage zu sein, Schimpansen z. B. oder Orang Utans.

Neben dem semantischen und dem pragmatischen hat Sprache jedoch auch einen *syntaktischen* Aspekt. Auch diesen sollen einige Tiere beherrschen können. So können Japanische Kohlmeisen über zehn verschiedene Noten je nach kommunikativem Zweck unterschiedlich miteinander kombinieren. Auch bei Campbell-Meerkatzen hat man syntaktische Fähigkeiten beobachtet.

Warum aber gilt Sprache eigentlich als notwendige Voraussetzung für das Denken? Hierauf hat es in der Philosophie verschiedene Antworten gegeben. Drei der prominentesten werden im Folgenden vorgestellt.

8.1 Sprache, Denken und Kreativität: Descartes

Kreativer Umgang mit Sprache als Zeichen für die Fähigkeit zu denken

René Descartes ist der Auffassung, dass die Seele der Sitz der geistigen Fähigkeiten und ausschließlich auf diese zu begrenzen sei. Ein schwerwiegender Schritt, denn er zieht eine vollständige Abtrennung des Lebendigen von der Seele nach sich. Als rein geistiges Phänomen konnte diese nun nicht mehr die Vermögen von Lebewesen zu leben, sich zu ernähren, zu wachsen, sich fortzupflanzen usw., erklären. Lebendiges brauchte ein anderes Erklärungsprinzip. Descartes zufolge besteht es in Mechanik (1996, 46). Körper, sowohl menschliche als auch die von Tieren, funktionieren wie komplizierte Maschinen bzw. Automaten und lassen sich daher vollständig naturwissenschaftlich erklären.

Diese in der Tat moderne Auffassung muss sich nun einer Frage stellen, die aktueller nicht sein könnte. Wenn die Körper aller Lebewesen nach rein mechanischen Gesetzen funktionieren, dann ist es selbstverständlich nicht ausgeschlossen, solche Körper künstlich nachzubauen. Wir brauchen nur die entsprechende Technologie. Wie aber unterscheiden wir dann einen echten Menschen von einer nachgebauten Menschenmaschine? Wie ein Tier von einer nachgebauten Tiermaschine? Bei Tieren hält Descartes diese Frage für nicht beantwortbar. »Wenn es Maschinen mit den Organen und der Gestalt eines Affen oder eines anderen vernunftlosen Tieres gäbe, so hätten wir gar kein Mittel, das uns nur den geringsten Unterschied erkennen ließe zwischen dem Mechanismus dieser Maschinen und dem Lebensprinzip dieser Tiere« (ebd., 56). Warum? Nun, Descartes hat die Antwort gerade gegeben: Weil sie vernunftlos sind. Vernunft ist ein Zeichen, um zumindest richtige Menschen von Automaten, die so aussehen wie Menschen, zu unterscheiden.

Nun handelt es sich bei Vernunft nicht um einen Gegenstand, auf den man zeigen könnte wie auf einen Stuhl. Vernunft – bei Descartes nichts anderes als die Fähigkeit zu denken –, ist eine Fähigkeit, über die Wesen verfügen können oder – wie im Fall von Automaten – auch nicht. Wie lässt sich aber erkennen, ob ein Wesen vernunftbegabt ist, ob es denken kann? Descartes gibt uns zwei Hinweise: Sprache und Han-

J. S. Ach / D. Borchers (Hg.), *Handbuch Tierethik*, https://doi.org/10.1007/978-3-476-05402-9_8

deln. Ein denkendes Wesen muss ihm zufolge sprechen und handeln können (ebd., 56 f.; s. Kap. 10, 30).

In Bezug auf die Sprachfähigkeit schreibt Descartes: »Es ist nämlich eine wirklich bemerkenswerte Tatsache, daß es keine so stumpfsinnigen und dummen Menschen gibt, nicht einmal Geisteskranke ausgenommen, die nicht fähig wären, verschiedene Wörter miteinander zu verbinden und daraus Aussagen zu bilden, mit denen sie ihre Gedanken zu verstehen geben. Im Gegensatz dazu gibt es kein anderes Lebewesen, sei es auch noch so vollkommen und von Natur aus noch so begünstigt, das Ähnliches tun könnte« (ebd., 57). Es ist offensichtlich, dass es nicht das Aussprechen von Wörtern und Sätzen ist, das Menschen als denkfähige Wesen auszeichnet und sie von Automaten unterscheidet. Schließlich lassen sich durchaus Maschinen konstruieren, die ganze Sätze und Satzkombinationen äußern. In der Natur finden sich Vögel wie Papageien oder auch Elstern, denen man das Äußern von Worten und Sätzen ebenfalls beibringen kann. Und auch bei Taubstummen würde selbstverständlich niemand auf die Idee kommen, es könnte sich um Automaten handeln, nur weil sie keine Wörter oder Sätze äußern. Descartes geht es auch nicht um das einfache Äußern von Sätzen. Ihm geht es um das kreative Bilden von Zeichenkombinationen, um den kreativen Umgang mit Sprache, zu dem Menschen fähig sind. Automaten scheinen Gelerntes nur wiederholen zu können. Menschen jedoch können gelernte Worte unterschiedlich miteinander verbinden und auf diese Weise neue Sätze bilden. Und in Bezug auf Taubstumme meint Descartes, dass sie in der Regel selbst Zeichen erfinden, mit denen sie sich verständlich machen. Worum es Descartes also geht beim Sprachvermögen, ist Kreativität – und zwar Kreativität im Zeichengebrauch.

Ganz ähnlich ist es beim zweiten Test, dem Handlungsvermögen. Eine Maschine ist an bestimmte Bewegungsmuster gebunden, nämlich die, für die sie gebaut wurde. Ein Mensch hingegen ist in der Lage, intelligente und das heißt, unterschiedlichen und neuen Situationen angepasste Handlungen zu vollziehen. Auch hier ist das Merkmal Kreativität. Descartes möchte also nicht bestimmte Handlungen herausgreifen, um deren besonders gute Ausübung als ein Merkmal von Vernunft auszuzeichnen. Ganz im Gegenteil. Die meisten von uns gebauten Maschinen können die Zwecke, für die sie konstruiert wurden, viel besser erfüllen als wir. Aber sie können eben *nur* das und nur nach einem bestimmten, festgelegten Schema.

Menschen sind also keine Automaten, weil sie zu Kreativität in sprachlichen und anderen Handlungen in der Lage sind. Wie steht es nun mit Tieren? Für Descartes war die Sache eindeutig: Tiere bestehen weder den Sprach- noch den Handlungstest. Aus diesem Grund handelt es sich bei ihnen um Wesen, deren Funktionsweise rein mechanisch erklärbar ist, so dass es durchaus möglich ist, Tiermaschinen zu konstruieren, die sich nicht mehr von echten Tieren unterscheiden lassen.

Einwände und Kritik

Es sind einige Einwände, die hiergegen erhoben wurden. Einer der wichtigsten lautet, Descartes zeige lediglich, dass Sprache hinreichend für Denken ist (z. B. Cottingham 1997). So erlaubt die reale Verschiedenheit von Körper und Geist Wesen, die über keinen Körper verfügen, die also weder Zeichen noch andere raumzeitliche Gegenstände kreativ gebrauchen bzw. manipulieren können. Trotzdem können sie denken. Und auch unter nicht-dualistischen Voraussetzungen könnte wenigstens der kreative Zeichengebrauch nur ein Anzeichen von Denken sein. Denn Sprachgebrauch soll deshalb ein Zeichen von Denken sein, weil er notwendig kreativ ist. Nicht Sprache, sondern Kreativität zeichnet Wesen also als geistige aus. Und Kreativität in nicht-sprachlichen Handlungen mag durchaus möglich sein. Vielleicht denken also nicht nur Sprecher.

Aber selbst wenn Denken notwendig sprachlich sein sollte, muss das nicht heißen, dass kein Tier denken kann. Denn auch wenn sich herausstellen sollte, dass kein Tier über eine natürliche Sprache verfügt, so könnte es sein, dass das Medium, in dem Tiere denken, sprachlich ist. Das heißt, es könnte sein, dass Tiere über eine Sprache des Geistes verfügen. Diese These vertreten die kognitiven Ethologen Dorothy Cheney und Robert Seyfarth im Fall von Pavianen (Cheney/Seyfarth 2007).

8.2 Tiere und eine Sprache des Geistes: Cheyney und Seyfarth

Relevante Eigenschaften der Sprachfähigkeit

Cheney und Seyfarth haben Paviane in freier Wildbahn untersucht. Neben vielen außergewöhnlichen Fähigkeiten verfügen Paviane über ein Vermögen, das sie für Cheney und Seyfarth besonders macht. Diese Tiere sind nämlich in der Lage, sehr komplexe soziale Strukturen zu erkennen. Jedes Pavianrudel besteht aus rund achtzig Mitgliedern. Während die Männchen des

Rudels ihren Rang häufig wechseln, bilden die Weibchen eine sehr stabile Dominanzstruktur. Ihr sozialer Rang ist dabei durch zwei Faktoren bestimmt: (1) die (matrilineare) Familienzugehörigkeit; (2) die Geburtsreihenfolge innerhalb einer Familie. Ein Großteil der sozialen Interaktion findet in vokalisierter Form statt durch Versöhnungs- oder Drohgrunzer etwa oder durch Bellen bei Furcht. Interessant ist nun, dass die Rufe von außer Sichtweite befindlichen Rudelmitgliedern Auswirkungen auf das Verhalten der anderen haben. So demonstriert ein Pavian einer Familie höheren Ranges dem neben ihm sitzenden Artgenossen seine Dominanz, wenn beide zuvor einen Konflikt zwischen ihren Verwandten gehört haben. Auch zeigen sich Paviane überrascht bei (künstlich erzeugten) Rufen, die ihren Rangerwartungen widersprechen. Besonders auffällig ist, dass die Effekte eines Konfliktes davon abhängen, ob die Konfliktteilnehmer verwandt sind oder nicht. Während eine mögliche Rangänderung im Verwandtschaftsfall nur die beiden Kontrahenten betrifft, hat sie im anderen Fall Auswirkungen auf die gesamte Rangordnung der Familie des unterlegenen Tieres.

Cheney und Seyfarth schließen aus diesen und anderen Beobachtungen, dass zwar nicht die Rufe selbst, wohl aber die Form der damit ausgedrückten Gedanken sprachlich ist. Sie identifizieren sechs Eigenschaften: »First, knowledge is *representational*, and highly specific [...] Second, social knowledge is based on properties that have *discrete values* [...] Third, animals combine these discrete-valued traits to create a representation of social relations that is *hierarchically structured* [...] Fourth, social knowledge is *rule-governed and open-ended* [...] Fifth, knowledge is *propositional* [...] Sixth, knowledge is *independent of sensory modality*« (ebd., 268 f.). Diese Eigenschaften zeigen, so Cheney und Seyfarth, dass Paviane eine Sprache des Geistes haben.

Die Idee einer Sprache des Geistes gibt es seit der Antike. Ein klassisches Argument für deren Existenz findet sich bei Jerry Fodor, einem der stärksten zeitgenössischen Vertreter und lautet zusammengefasst so (Fodor 1981): Denken ist produktiv, systematisch und inferentiell kohärent. Es ist produktiv, weil endliche Wesen, ausgestattet mit endlichem Denkmaterial, unbestimmt viele Gedanken bilden und verstehen können. Es ist systematisch, weil jeder, der »Nikolaj mag Noel« auch »Noel mag Nikolaj« denken kann. Und es ist inferentiell kohärent, weil jeder Denkende aus Gedanken wie »Es ist verboten, Nikolaj oder Noel zu hauen« schließen kann, dass es verboten ist, Noel zu hauen. Hieraus ergibt sich dreierlei. (1) Gedanken sind aus Teilen mit eigenständiger Bedeutung nach Verknüpfungsregeln zusammengesetzt. (2) Diese Teile erscheinen mit derselben Bedeutung in verschiedenen Gedanken. (3) Die Bedeutung eines Gedankens hängt von der Bedeutung seiner Bestandteile ab. Gedanken sind also Zusammensetzungen von semantischen Teilen nach syntaktischen Regeln. Das heißt, sie sind kompositional. Und das wiederum bedeutet, so Fodor, dass Gedanken notwendigerweise sprachlich sind.

Warum aber soll diese Sprache eine des Geistes sein? Fodor führt u. a. folgende Gründe an (ebd., 191–193): (1) Überzeugungen und gesprochene Sätze haben unterschiedliche Identitätsbedingungen, denn dieselbe Überzeugung ist auf verschiedene Weise ausdrückbar. (2) Der Satz »*X* glaubt, dass es regnet« kann wahr sein, auch wenn *X* kein Deutsch spricht, ja sogar wenn *X* gar keine Sprache spricht. (3) Es gibt Überzeugungen, die sich nicht ausdrücken lassen, und es gibt Sprachen, die nicht wörtlich ineinander übersetzbar sind. Denken und das Ausdrücken von Gedanken sind also zwei verschiedene Dinge. Dennoch ist Denken notwendig kompositional. Also muss es sprachlich sein.

Kritik

Gegen die Idee einer Sprache des Geistes wurden viele Einwände erhoben. Zwei sollen im Folgenden exemplarisch anhand der von Cheney und Seyfarth angeführten Eigenschaften von Pavian-Gedanken vorgestellt werden.

Eigenschaft eins, die *Repräsentationalität* von Gedanken, besagte, dass Pavian-Gedanken von etwas handeln, dass sie also einen Inhalt haben. Das ist in der Tat eines der wichtigsten Merkmale von Gedanken. Wenn man denkt, dann denkt man immer etwas. Nun handelt es sich bei der These, dass Denken sprachlich ist, um eine These über die Form von Gedanken, darüber also, *wie* der Gehalt des Gedankens repräsentiert ist. Hier gibt es jedoch mehrere Möglichkeiten. So könnten Gedanken bildhaft sein, wie bspw. Barsalou (1999) und Prinz (2002) meinen, sie könnten die Form von Landkarten, »mental maps« haben (Braddon-Mitchell/Jackson 2007) oder sie könnten in Diagramm-Systemen wie Venn-oder Baum-Diagrammen realisiert sein (Camp 2009). Ein erster Einwand lautet also, dass die Repräsentationalität von Gedanken nur impliziert, dass deren Gehalt in irgendeiner Form repräsentiert ist, nicht jedoch in welcher.

Dieser Einwand trifft auch die sechste der von Cheney und Seyfarth genannten Eigenschaften der *Unabhängigkeit von Sinnesmodalitäten*. Auch sie ließe sich anders als durch sprachliche Form realisieren. So könnte *C*s Gedanke an die Bedrohung von *B* durch *A* durch ein Bild des Kampfes repräsentiert sein, obwohl *C* lediglich Rufsequenzen vernommen hat.

Die fünfte Eigenschaft, die *Propositionalität* von Pavian-Gedanken, erläutern Cheney und Seyfarth folgendermaßen: Paviane repräsentieren in ihrem Geist – wenn auch eingeschränkt – individuelle Rudelmitglieder und einzelne Handlungen wie Droh-Grunzer und Schreie in Form von Begriffen, die sie je nach Bedarf unterschiedlich miteinander kombinieren, um einzelnen Rudelmitgliedern Eigenschaften bzw. Verhalten zuzuschreiben. Propositionalität meint also die Strukturiertheit von Gedanken in Subjekt und Prädikat. Das heißt allerdings nichts anderes, als dass Pavian-Gedanken sprachlich sein sollen. Genau das soll doch aber erst gezeigt werden. Dem zweiten Einwand zufolge argumentieren Vertreter eine Sprache des Geistes also zirkulär (Camp 2009).

Kommen wir zu den Eigenschaften zwei und vier: Pavian-Gedanken haben diskrete Werte und ihre Bildung ist regel-geleitet und offen. Die diskrete Wertigkeit von Pavian-Gedanken zeigt sich für Cheney und Seyfarth z. B. daran, dass Paviane Einzelmitglieder ihres Rudels anhand von deren Rufen identifizieren und diese Rufe gleichzeitig kategorisieren, als Hannahs Drohgrunzer bspw. oder als Shashes Furchtgebell. Dies geschieht nach bestimmten Regeln wie der Berücksichtigung der je aktuellen Dominanz-Hierarchie im Rudel. Und schließlich ist diese regelgeleitete Identifizierung und Kategorisierung von Rufenden und der jeweiligen Rufart prinzipiell erweiterbar, da neue Individuen der Gruppe hinzugefügt oder aus ihr eliminiert werden können, ohne dass sich die zugrundeliegende Struktur verändert. Cheney und Seyfarth schließen hieraus, »that these simple sequences are similar in at least one respect to the words in a sentence: they are compositional« (ebd., 266). Hier haben wir es mit einer Variante von Fodors Argument zu tun: Pavian-Denken ist kompositional, also ist es sprachlich. Dieser Schluss ist jedoch ebenfalls nicht zwingend. Auch andere Repräsentationsformen ermöglichen Kompositionalität (Camp 2009, 115–117). Diagramm-Systeme wie Venn-Diagramme z. B. Gleiches gilt für Landkarten. Auch sie bestehen aus diskreten Elementen, die sich auf verschiedene Arten nach einer Regel kombinieren lassen und so eine Bandbreite verschiedener Tatsachen repräsentieren können. Dieselbe Herausforderung stellt sich der dritten Eigenschaft, der hierarchischen Anordnung von Pavian-Gedanken. Sicher, Sprachen können Strukturen potentiell unendlicher Tiefe erzeugen, aber auch hier gilt: Hierarchiedarstellungen sind nicht notwendig an Sprache gebunden. Venn-Diagramme oder die taxonomischen Bäume Linnés leisten das auch (ebd., 118).

Die hier vorgestellten zwei Einwände gegen das Argument für die Notwendigkeit einer Mentalsprache lauten also, dass dieses Argument entweder zirkulär ist, dann nämlich, wenn Gedanken von Beginn an sprachliche Eigenschaften zuschrieben werden, oder dass Alternativen denkbar sind. Der zweite Einwand ist möglich, weil es sich bei dem Argument für eine Mentalsprache nicht um ein begriffliches handelt. Vielmehr ist es ein Schluss auf die beste Erklärung. Es herauszufordern kann also darin bestehen, die Prämissen zu akzeptieren, jedoch bessere Erklärungen für sie anzubieten. Allerdings ist es nicht leicht, eine Entscheidung für oder gegen die eine oder andere Repräsentationsform zu fällen. Orientiert man sich nämlich am Prinzip der Sparsamkeit, so stellt sich die Frage, was sparsamer ist: Pavianen nicht-sprachliche Denkmedien zu unterstellen, da sie Dinge, die durch sprachliche Strukturen ermöglicht werden, wie z. B. Werkzeuggebrauch, nicht beherrschen; oder ihnen eine Mentalsprache zu unterstellen, da man andernfalls davon ausgehen muss, dass sie, je nach Gehalt, in verschiedenen Medien denken. Schließlich unterliegen Landkarten, Diagrammsysteme oder taxonomische Bäume erheblichen Einschränkungen hinsichtlich des von ihnen repräsentierbaren Gehalts. Landkarten z. B. können nur räumliche Beziehungen darstellen, während taxonomische Bäume genau das nicht können. Allein Sprache nutzt Referenz- und Kombinationsprinzipien, die abstrakt genug sind, um den Gehalt nicht einzuschränken.

Allerdings könnte es sein, dass die Frage, in welchem Medium sprachlose Tiere wohl denken mögen, ganz und gar unnötig ist, dann nämlich, wenn sich herausstellen sollte, dass natürliche Sprache nicht lediglich eine hinreichende, sondern in der Tat eine notwendige Bedingung für Denken ist. Auch wenn diese sogenannte ›Lingualismus-These‹ in der zeitgenössischen Philosophie des Geistes nicht mehr viele Anhänger hat, lohnt sich dennoch ein Blick auf sie.

8.3 Überzeugung, Begriff und Sprache: Davidson

Eines der bekanntesten Argumente für den *Lingualismus* stammt von Donald Davidson und lautet kurzgefasst so: Um eine Überzeugung haben zu können, muss man wissen, was Überzeugungen sind, wobei

Überzeugungen Dinge sind, die einen Gehalt haben und wahr oder falsch sein können. Die Natur von Überzeugungen kann man jedoch nur kennen, wenn man Sprecher einer natürlichen Sprache ist (Davidson 2005).

Die Grundidee des Lingualismus

Das interaktive Dreieck. Betrachten wir zunächst folgende Situation: Wesen nehmen Ähnlichkeiten wahr und reagieren darauf. Eine Maus nimmt Ähnlichkeiten wahr, wenn sie Katzen sieht und reagiert hierauf mit Flucht. Ein Hund nimmt Ähnlichkeiten wahr, wenn er das Klingen eines Glöckchens hört, dem Füttern folgt und reagiert hierauf mit Speichelproduktion. Solche diskriminativen Mechanismen sind angeboren. Sie machen reaktives Lernverhalten wie Flucht möglich. Die Frage ist allerdings, worauf genau die Maus und der Hund reagieren. Auf Katzen bzw. Glöckchen oder auf Reizungen der Retina bzw. des Trommelfells? Davidson ist der Ansicht, dass diese Frage keine Antwort hat, solange ein Wesen allein ist. Solange sie allein sind, haben die Reaktionen von Maus oder Hund keine klare Ursache – weder aus der Perspektive eines Beobachters noch aus ihrer eigenen. Um die Ursache der Reaktionen bestimmen zu können, braucht es nämlich ein zweites, dem ersten hinlänglich ähnliches Wesen, das mit diesem in Bezug auf einen gemeinsamen Gegenstand interagiert. Zwei Wesen müssen also zusammen mit einem Gegenstand ein interaktives Dreieck bilden. Erst auf diese Weise wird das Objekt der Reaktionen bestimmt – und zwar als den beiden Wesen nächste gemeinsame Ursache. Das bedeutet zweierlei: zum einen, das Objekt der Reaktionen ist distal, nicht proximal, und zum anderen, das Objekt der Reaktionen ist sozial.

Wissen über den relevanten Stimulus. Aber noch handelt es sich bei diesem sogenannten Triangulationsszenario, bestehend aus zwei Wesen, die aufeinander und ein ihnen gemeinsames Objekt reagieren, um eine nicht-kognitive Situation. Denn auch wenn die Objekte ihrer Reaktionen einander ähneln, so wissen beide Wesen nicht um diese Ähnlichkeiten. Damit die Ähnlichkeiten solche für die Wesen sind, müssen diese nämlich über Begriffe verfügen, mit denen sie Dinge allererst als ähnlich klassifizieren. Nun ist Begriffsbesitz aber nichts anderes als Denken. Das heißt, die Frage »Was ist nötig, damit die wahrgenommenen Ähnlichkeiten solche für ein Wesen sind?« ist gleichbedeutend mit der Frage »Was ist nötig, damit der relevante Stimulus der Gehalt von Gedanken sein kann?«. Und die Antwort auf beide Fragen lautet natürlich, dass ein Wesen eben wissen muss, dass ein bestimmter Gegenstand der relevante Stimulus ist. Oder anders: es muss wissen, dass es die gerade wahrgenommene Katze ist, die in ihm einen Katzengedanken verursacht.

Sprache als notwendige Bedingung für Gedanken. Nun haben wir gesehen, dass es sich bei dem relevanten Stimulus für nicht-kognitive Reaktionen um die den zwei Wesen nächste gemeinsame Ursache handelt. Das heißt aber, um zu *wissen*, dass ein bestimmter Gegenstand der relevante Stimulus ist, muss ein Wesen *Wissen* von der triangulären Situation haben, deren Teil es ist. Es muss wissen, dass ein Gegenstand die Ursache / der Gehalt sowohl seines Gedankens als auch des Gedankens des anderen Wesens ist. Erst dann ist der Gegenstand als Gehalt von Gedanken bestimmt. Erst dann ist die Reaktion also kognitiv. Dieses Wissen von der triangulären Situation ist nun, so Davidson, allein durch Kommunikation möglich. »For two people to know of each other that they are so related, that their thoughts are so related, requires that they be in communication. Each of them must speak to the other and be understood by the other« (Davidson 2001, 121). Wesen müssen also miteinander sprechen, damit der jeweilige Gehalt einer von Gedanken sein kann. Und da es Gedanken ohne Gehalt nicht gibt, müssen Wesen miteinander sprechen, um überhaupt Gedanken zu haben.

Die Relevanz von Fehlern. Wesen müssen wissen, wie sich der Gehalt von Gedanken bestimmt, um überhaupt Gedanken haben zu können. Nun sollten Wesen aber auch wissen, dass Gedanken wahr oder falsch sein können. Wie ist das möglich? Es ist möglich, so Davidson, weil Wesen als Teile triangulärer Szenarien Erfahrungen abweichender Reaktionen machen können. Nur durch solche Erfahrungen entsteht Raum für Fehler. Es geht nicht darum, dass Triangulation erklärt, wo die Norm für die Bestimmung möglicher Fehler liegt. Vielmehr geht es darum, so etwas wie eine Norm überhaupt möglich zu machen. Und eine Norm wird möglich, wenn Gegenstände als Ursachen von Gedanken bestimmbar sind, wenn also zwei Wesen kommunikativ aufeinander und einen gemeinsamen Gegenstand reagieren.

Kritik

Sprache bzw. Kommunikation ist also nötig, weil nur sie Wissen um die Natur von Überzeugungen ermöglicht. Und dieses Wissen ist nötig, weil Überzeugungen nur so überhaupt einen Gehalt haben und wahrheitsfähig sein können. Nun klingt es prima facie nicht sehr plausibel, wissen zu müssen, was Überzeugungen sind, um überhaupt Überzeugungen haben zu können. Gegen dieses Argument sind entsprechend verschiedene Einwände erhoben worden. Prominent sind folgende zwei: (1) Davidson argumentiert zirkulär (Lepore/Ludwig 2005). (2) Es gibt ein empirisches Gegenbeispiel (Glüer/Pagin 2003).

Dem Zirkularitätseinwand zufolge setzt Davidson begriffliche Fähigkeiten voraus, um das Haben begrifflicher Fähigkeiten zu erklären. Schließlich soll es Sprache sein, die erklärt, wie es wahrheitsfähige Gedanken mit einem Gehalt geben kann. Ob einen dieser Einwand überzeugt, hängt davon ab, ob man der Ansicht ist, intentionale Phänomene wie das Haben von Gedanken lassen sich vollständig, das heißt, ohne Informationsverlust nicht-intentional bestimmen. Davidson meint das nicht, sondern hält es vielmehr für unumgänglich, bei der Erklärung von Intentionalität intentionales Vokabular zu benutzen. Positionen, deren Ziel eine Naturalisierung des Geistes ist, bestreiten jedoch genau diese Unumgänglichkeit. Für sie ist der Zirkularitätseinwand darum ein ernst zu nehmender Einwand.

Als empirisches Gegenbeispiel werden Personen mit Autismus angeführt, genauer Personen mit solchen Graden von Autismus, die es zwar erlauben zu sprechen, die jedoch die Fähigkeit, Überzeugungen höherer Ordnung zu bilden, ganz oder vollständig einschränken. Sollte es tatsächlich solche Grade von Autismus geben – und dies scheint möglich zu sein, denn das teilweise oder vollständige Fehlen einer Theorie des Geistes gilt als wesentliches Merkmal jeder Form von Autismus – dann wäre dies in der Tat ein starkes Gegenargument. Es würde nämlich die von Davidson behauptete notwendige Verbindung von Denken, Sprachfähigkeit und dem Besitz des Begriffs der Überzeugung auflösen, da sich Letzterer offenbar nicht gleichzeitig mit der Fähigkeit zu sprechen und damit mit der Fähigkeit zu denken herausbildet.

Sollten sich die gegen Davidson erhobenen Einwände als richtig herausstellen, so scheint eine Untersuchung der Sprachfähigkeit von Tieren nicht mehr nötig zu sein – jedenfalls nicht, wenn sie allein dem Zweck dient, kognitive Fähigkeiten bei Tieren nachzuweisen. Denken könnte sich schließlich auch anders als sprachlich manifestieren – im Handeln zum Beispiel.

8.4 Ausblick

Auch wenn es in der Debatte um den kognitiven Status von Tieren derzeit eine Minderheit ist, die die Ansicht vertritt, Sprachfähigkeit sei notwendig für Denken, so findet doch weiterhin eine Auseinandersetzung mit den einschlägigen Argumenten für diese Position statt. Aus gutem Grund. Denn wenn man wissen will, ob und wenn ja was Tiere denken können, so kommt man nicht umhin, eine Position hinsichtlich dessen zu entwickeln, was man unter dem Begriff ›Denken‹ verstehen möchte. Wie in diesem Text deutlich geworden ist, beteiligen sich Vertreter der Lingualismusthese an der Beantwortung eben dieser Frage: Was ist Denken? Und auch wenn es unwahrscheinlich sein mag, dass sich demnächst wieder eine Mehrheit für den Lingualismus findet, so bleibt es für alle, die sich mit dem kognitiven Status von Tieren befassen, entscheidend, notwendige und hinreichende Bedingungen für das Denken zu formulieren. Ist Denken kreativ? Ist es kompositional? Verfügt ein Denker notwendig über den Begriff von Denken? Beantwortet man alle oder auch nur einige dieser Fragen positiv und ist dennoch kein Vertreter des Lingualismus, dann gilt es zu zeigen, wie diese Eigenschaften anders als in einem sprachlichen Medium realisiert sein können.

Literatur

Camp, Elizabeth: A language of baboon thought? In: Robert W. Lurz (Hg.): *The Philosophy of Animal Minds*. Cambridge 2009, 108–128.

Cheney, Dorothy/Seyfarth, Robert: *Baboon Metaphysics. The Evolution of a Social Mind*. Chicago/London 2007.

Cottingham, John: ›The only sure sign ...‹: Thought and language in Descartes. In: *Royal Institute of Philosophy Supplement* 42 (1997), 29–50.

Davidson, Donald: Rationale Lebewesen. In: Dominik Perler/Markus Wild (Hg.): *Der Geist der Tiere. Philosophische Texte zu einer aktuellen Diskussion*. Frankfurt a. M. 2005, 117–132 (engl. 1982).

Davidson, Donald: The second person. In: Ders.: *Subjective, Intersubjective, Objective*. Oxford 2001, 107–123.

Descartes, René: *Diskurs über die Methode*. Hamburg 1996 (frz. 1637).

Fodor, Jerry: Propositional Attitudes. In: Ders.: *RePresentations. Philosophical Essays on the Foundations of Cognitive Science*. Cambridge, Mass. 1981, 177–203.

Glüer, Kathrin/Pagin, Peter: Meaning Theory and Autistic Speakers. In: *Mind and Language* 18 (2003), 23–51.

Janik, V. M. et al.: Signature Whistle Shape Conveys Identity Information to Bottlenose Dolphins. In: *Proceedings of the National Academy of Sciences* 103 (2005), 8293–8297.

Lepore, Ernest/Ludwig, Kirk: *Donald Davidson. Meaning, Truth, Language and Reality*. Oxford 2005.

McAnich, Andrew et al.: Animal Communication and neo-

expressivism. In: Robert W. Lurz (Hg.): *The Philosophy of Animal Minds*. Cambridge 2009, 128–145.
Ouattara, Karim et al.: Campbell's-Monkeys concatenate vocalizations into context-specific call-sequences. In: *Proceedings of the National Academy of Sciences* 106 (2009), 22026–22031.
Slocombe, K. E./Zuberbühler, Klaus: Functionally Referential Communication in a Chimpanzee. In: *Current Biology* 15 (2005), 1779–1784.
Stegmann, Ulrich: *Animal Communication Theory. Information and Influence*. Cambridge, Mass./London 2013.

Sarah Tietz

9 Denken

Seit Descartes gilt Denken (*cogitare*) nicht nur als das Vermögen, welches Menschen vor Tieren auszeichnet, sondern auch (im Gegensatz zur Aristotelischen Tradition), als das Merkmal, welches den Bereich des Psychischen bzw. Mentalen von dem des bloß Materiellen unterscheidet. Die Cartesianische Auffassung des Denkens ist allerdings sehr umfassend, da sie außer intellektuellen Fähigkeiten auch Empfindung, Wahrnehmung, Einbildungskraft und Wünsche einschließt. Der etablierte Begriff – sowohl in der Umgangssprache als auch in den Wissenschaften – ist jedoch differenzierter und fällt nicht mit dem des Mentalen oder Geistigen zusammen. Zuerst ist Denken als *kognitive* Fähigkeit, d. h. eine Fähigkeit zur Gewinnung von Wissen und Information, von *konativen* oder affektiven Fähigkeiten wie Wünschen und Emotionen zu unterscheiden, d. h. Fähigkeiten des *Verlangens und der Betroffenheit*. Sodann ist Denken im Gegensatz zu nicht-gerichteten Empfindungen und Stimmungen *intentional*, d. h. es hat einen bestimmten Gegenstand bzw. Inhalt. Man denkt *etwas*. Allerdings ist ›Denken‹ »ein weitverzweigter Begriff« (Wittgenstein 1984, § 218). Man muss mindestens vier Fälle unterscheiden:

a) *an etwas denken*, z. B. an die Pralinenschachtel vor meiner Nase;
b) *denken (wahrnehmen/glauben), dass…*;
c) sich etwas *ausdenken*, z. B., wie die Schachtel geöffnet werden kann, um an ihren Inhalt heranzukommen;
d) über ein Problem *nachdenken*, im elaboriertesten Fall dadurch, dass man theoretische oder praktische Schlüsse zieht.

Tiere können ihre Aufmerksamkeit einem Gegenstand oder Ereignis widmen. Fraglich ist allenfalls, an welche Art von Dinge Vertreter welcher Tierarten denken können. Traditionell galt als ausgemacht, dass Tiere ganz im ›Hier und Jetzt‹ leben, d. h. nicht an Dinge jenseits ihres unmittelbaren Wahrnehmungshorizonts denken können. Neuere Studien legen aber nahe, dass intelligente Tiere aus verschiedenen Taxa an vergangene bzw. zukünftige Ereignisse denken können. So wissen Häher, wie lange es her ist, dass sie Vorräte verstaut haben (Clayton/Griffiths/Dickinson 2000). Und Menschenaffen treffen aufgrund zuvor gemachter Erfahrungen *Vorkehrungen* für die Zukunft (Mulcahy/Call 2006). Inwiefern es sich dabei um episodische Erinnerung bzw. *Vorausplanung* handelt, ist allerdings diskussionsbedürftig.

9.1 Überzeugungen, Begriffe und Sprache

Selbst unter denen, die Tieren affektive (Emotionen) und nicht-intentionale (Empfindungen, Stimmungen) mentale Zustände zugestehen, erheben sich gewichtige Stimmen gegen die Annahme, sie seien zu einer ›höheren‹ mentalen Leistung wie Denken fähig (Dummett 1993; McDowell 1996; Brandt 2009). Bedenken erheben sich sogar gegen die scheinbar unverfängliche Idee, Tiere könnten denken – wahrnehmen, glauben, wissen – dass etwas der Fall ist. Davidson illustriert die Schwierigkeit durch ein Beispiel von Malcolm: »Nehmen wir einmal an, unser Hund jage die Nachbarskatze. Diese rast mit Volldampf auf eine Eiche zu, schwenkt aber im letzten Moment plötzlich ab und verschwindet auf einem nahen Ahorn. Der Hund sieht dieses Manöver nicht und stellt sich, bei der Eiche angekommen, auf die Hinterbeine, kratzt mit den Pfoten am Stamm, als wolle er hochklettern, und bellt aufgeregt zu den Ästen hoch. Wir, die wir die Episode vom Fenster aus beobachten, sagen: ›Er denkt, die Katze sei diese Eiche hoch geklettert‹« (Malcolm 2005, 86).

Laut Malcolm haben wir mit dieser Behauptung Recht, und Davidson gesteht zu, dass solche Zuschreibungen zur Erklärung und Vorhersage tierischen Verhaltens nützlich sein können. Dennoch kann Davidson zufolge Malcolms Hund streng genommen gar nichts glauben. Wie andere Skeptiker verfolgt Davidson dabei folgenden Gedankengang (Davidson 1997; Dummett 1993, Kap. 12–13):

Begriffsthese	Denken-dass setzt Begriffsbesitz voraus
Sprachthese	Begriffsbesitz setzt Sprache voraus.
Lingualistische Konklusion	Denken-dass setzt Sprache voraus
Sprachlosigkeitsthese	Tiere besitzen keine Sprache
Differentialistische Konklusion	Tiere können nicht denken-dass

Die Begriffsthese ist plausibel, sofern man Überzeugungen als Beziehungen zwischen einem Subjekt *S* und einem propositionalen Gehalt – dass *p* – auffasst, einer abstrakten Entität, die ihrerseits aus Bausteinen – Begriffen wie ›Katze‹ – besteht. Unter dieser Voraussetzung kann *S* nicht denken, dass *p*, ohne über die begrifflichen Komponenten von *p* zu verfügen. Ein Einwand gegen die Begriffsthese postu-

J. S. Ach / D. Borchers (Hg.), *Handbuch Tierethik*, https://doi.org/10.1007/978-3-476-05402-9_9

liert für Überzeugungen bei Tieren *nicht-propositionale/-begriffliche Gehalte* (Bermúdez/Cahen 2012). Ein radikalerer Einwand besagt, dass die Rede von einem ›Gehalt‹ (ob begrifflich oder nicht) eine Verdinglichung ist (Glock 2013). Das Baustein-Modell transponiert die Teil/Ganzes-Relation von der raumzeitlichen auf die abstrakte Ebene, auf die sie nicht anwendbar ist. Bereits die Annahme, Überzeugungen seien Relationen zwischen einem Subjekt *S* und einem abstrakten oder psychischen Gegenstand, kann angezweifelt werden. Obwohl dass-Sätze in Sätzen der Form ›*S* denkt, dass *p*‹ grammatisch als Akkusativobjekte fungieren, beziehen sie sich ebenso wenig auf echte Gegenstände wie der Quantor ›nichts‹ in ›*S* begehrt nichts‹. Bei Überzeugungen und Wünschen handelt es sich *nicht* um Relationen, sondern um *dispositionale Eigenschaften*: Das Subjekt *S* kann Überzeugungen haben, wenn es Dinge wissen und sich irren kann; *S* kann Wünsche und Absichten haben, wenn es sich in zielgerichteter und intelligenter Weise verhalten kann. Die Sätze, die wir bei der Zuschreibung von Gedanken benutzen, weisen sprachliche Bausteine auf; dennoch basieren diese Zuschreibungen – auch an menschliche Subjekte – nicht auf der Zuschreibung entsprechender Komponenten. Stattdessen basieren sie darauf, dass *S* bestimmte *Fähigkeiten* besitzt. Diese aber manifestieren sich in Verhaltensweisen, Körperhaltungen und Gesichtsausdrücken, welche höhere Lebewesen mit uns gemein haben.

Ein Argument zugunsten der Begriffsthese besagt, dass *S* nur dann Überzeugungen haben kann, wenn *S* über den Begriff der *objektiven Wahrheit* verfügt (Davidson 2005). Es geht von der Feststellung aus, dass Überzeugungen wesentlich wahr oder falsch sind. Entsprechend soll gelten, dass *S* nur dann glauben kann, dass *p*, wenn *S* sich darin auch *irren* kann. Das wiederum soll nur dann möglich sein, wenn *S* seine eigene Überzeugung, dass *p*, *als falsch* klassifizieren kann und daher über das Begriffspaar *wahr/falsch* verfügt. Aber *S* kann einen Irrtum nicht nur dadurch manifestieren, dass es sich auf *seine eigene Überzeugung* bezieht, sondern auch dadurch, dass es bei gleichbleibenden Zielen sein Verhalten *gegenüber der Umwelt* ändert, nach Maßgabe von Wahrnehmungsinformationen. Bei Arten, deren Mimik und Körperhaltungen den unseren gleicht (Menschenaffen) bzw. uns vertraut ist (Hunde), können wir Irrtum zusätzlich noch über nicht-sprachliche Reaktionen diagnostizieren, z. B. Zögern, Erstaunen und Enttäuschung.

9.2 Begriffe und Sprache

Die Plausibilität der Sprachthese hängt davon ab, wie man Begriffsbesitz auffasst. Einer Position gemäß besitzt ein Subjekt *S* genau dann den Begriff *F*, wenn es *F*s von anderen Dingen unterscheiden kann (Dupré 2002, Kap. 10). Das impliziert, dass Tiere Begriffe haben können. Sowohl im Labor als auch in freier Wildbahn unterscheiden sie eine Vielzahl von Farben, Geschmacksrichtungen, Tönen, Formen, Materialien, Mengen, Lebewesen etc. Außerdem sind viele dieser Unterscheidungen nicht angeboren, sondern erlernt. Einer anspruchsvolleren Auffassung gemäß muss *S* nicht nur *F*s von anderen Dingen unterscheiden, sondern »etwas *als F* erkennen« können (Allen/Hauser 1996). Dieser Vorschlag kann wie folgt präzisiert werden. *S* reagiert nicht nur unterschiedlich auf *x*, je nachdem ob *x F* ist oder nicht, sondern *S* klassifiziert *x* als (nicht-)*F*, d. h. *S* entscheidet auf absichtliche und *bedachte* Weise zwischen verschiedenen Optionen: Ist *x F* oder nicht-*F* (Glock 2010)? Selbst nach dieser Auffassung besitzen manche Tiere Begriffe. Schimpansen unterscheiden auf absichtliche und bedachte Weise zwischen Nahrungsmitteln und Werkzeugen (Tomasello/Call 1997). Das heißt, ihre Unterscheidungen sind intelligent (flexibel statt mechanisch) und zum Teil vorausplanend (beruhen nicht auf *trial and error*).

Schließlich kann man darauf bestehen, dass *S* nur dann über Begriffe verfügt, wenn *S* aus der Tatsache, dass *x F* ist, auch Schlüsse ziehen kann. Selbst diese anspruchsvolle Konzeption von Begriffen schließt Tiere nicht unbedingt aus. Es gilt u. a. die antike Geschichte des ›Jagdhundes von Chrysippus‹ zu bedenken (Sorabji 1994, 26). Bei der Verfolgung einer Beute, deren Geruchsspur er verloren hat, gelangt dieser Hund an eine Kreuzung; er schnüffelt nach links, schnüffelt geradeaus und folgt dann dem Weg nach rechts – *ohne* zuvor zu schnüffeln. Empirische Studien legen nahe, dass ein solches Verhalten bei Hunden bestenfalls antrainiert sein könnte. Aber es besteht kein Anlass zu bestreiten, dass es bei einem nicht-sprachlichen Wesen *kohärent denkbar* ist. In diesem Fall wäre die beste Erklärung, dass *S* sich auf einen disjunktiven Schluss stützt (›*p* oder *q* oder *r*; weder *p* noch *q*; also *r*‹). Man mag bereitwillig zugestehen, dass tierische Subjekte nicht stillschweigend Schlussprinzipien konsultieren. Aber selbst das intelligente Verhalten von Menschen beruht selten auf solchen expliziten Prozeduren (Ryle 1986, Kap. 2).

Es bleibt mindestens ein Problem: Da die Möglichkeit fehlt, einen solchen impliziten Schluss sprachlich auszudrücken, müssen wir fragen, was im tierischen Verhalten denn dem ›also‹ des sprachlichen Schließens entspricht. Auf diese Frage mag es für Hunde keine Antwort geben. Aber bei Menschenaffen gibt es ein Analogon zum ›also‹, wenngleich ein schwaches. Wenn sie mit bestimmten Aufgaben konfrontiert sind, werden sie manchmal still, schneiden Grimassen und gestikulieren; u. a. kratzen sie sich am Kopf, ähnlich wie Menschen in einer solchen Situation. Folgt dieser Phase dann eine erneuerte und erfolgreiche Aktivität, kann man von dem Punkt sprechen, an dem ›der Groschen fällt‹. Selbst wenn dies bei Menschenaffen eine anthropomorphe Interpretation wäre, so können wir uns doch leicht einen nicht-sprachlichen Hominen – z. B. *Homo erectus* – vorstellen, dessen Gesichtszüge und Gesten den unseren so nahe stehen, dass sie eine solche Beschreibung geradezu erzwingen. Es gibt also keinen zwingenden Grund für die Annahme, Subjekte ohne Sprache könnten prinzipiell keine Schlüsse ziehen (aber vgl. Papineau 2005). Inwiefern manche Primaten und Meeressäuger tatsächlich dazu in der Lage sind, ist Gegenstand laufender Forschungen (Newen/Bartels 2007; Bermúdez 2003; Allen 2006).

9.3 Holismus, Intensionalität und Unterbestimmtheit

Ein Einwand gegen begriffliche Überzeugungen und Wünsche bei Tieren betrifft deren ›intrinsisch holistischen Charakter‹: »eine einzige Einstellung zu haben heißt, eine umfassende Anzahl zu haben« (Davidson 2005, 118). Da zumindest einige Elemente dieser Gesamtmenge jenseits der Grenzen des für Tiere Erfassbaren liegen, können diese demzufolge noch nicht einmal die einfachen Überzeugungen haben, die wir ihnen in Alltag und Kognitionswissenschaften zubilligen. Allerdings laufen die holistischen Einwände Gefahr, entweder zu stark zu sein, da sie auch plausible Fälle menschlichen Denkens ausschließen, oder zu schwach, um alle Formen tierischen Denkens auszuschließen. Das Netz, zu dem die Überzeugungen eines Tieres gehören, muss sich nicht so weit erstrecken wie das der menschlichen Gedanken. Welche Art von Netz notwendig ist, hängt von der Überzeugung und vom Subjekt ab (Glock 2005, 182–185).

Es gibt auch ein positives Argument für intentionale Zustände bei Tieren, nämlich, dass manche nicht nur Gegenstände, sondern auch *Tatsachen wahrnehmen* können und daher denken können, dass *p* (Glock 2013). In diesem Fall stünde das lingualistische Argument vor einem Dilemma. *Entweder* besitzen alle zur Tatsachenwahrnehmung befähigten Wesen auch Begriffe, dann ist die Sprachthese falsch, weil sie alle Begriffe haben; *oder* aber die Begriffsthese geht in die Irre, weil denken-dass auch ohne Urteile und Begriffe möglich ist.

Überzeugungszuschreibungen an Menschen schaffen *intensionale* Kontexte: Wenn wir innerhalb des Inhaltssatzes ›dass *p*‹ Termini mit demselben Bezugsobjekt füreinander einsetzen, kann dies von einer wahren zu einer falschen Zuschreibung führen (z. B., ›*S* glaubt, dass Brandt Deutscher war‹ zu ›*S* glaubt, dass Frahm Deutscher war‹). Dagegen führen solche Substitutionen im Fall von Tieren oft von Zuschreibungen, die wir allgemein für wahr halten, zu solchen, die absurd scheinen. Ein Hund kann wissen, dass sein Herr an der Tür ist. Aber wie soll er wissen können, dass der Bankpräsident an der Tür ist? (Davidson 2005). Es gibt jedoch ein nicht-sprachliches Analogon zu Intensionalität. Tiere können Gegenstände natürlich nicht ›unter einer Beschreibung‹ kennen, wohl aber *an bestimmten Merkmalen*. Und dann lässt sich der Fall, in dem sie Letztere als Merkmale ein und desselben Gegenstandes behandeln, von denjenigen unterscheiden, in denen sie es nicht tun. Der Hund reagiert auf eine Weise auf eine Person mit lauten Schritten, auf eine andere auf seinen Herrn, da er nicht bemerkt hat, dass die Person mit den schweren Schritten sein Herr ist. In diesem Fall kann er glauben, dass eine Person mit schweren Schritten an der Tür ist, ohne zu glauben, dass sein Herr an der Tür ist.

Dennoch bleibt die Zuschreibung von intentionalen Zuständen an Tiere *unterbestimmt* (Stich 1979). Wir können hier keine Unterschiede diagnostizieren, die sich nur durch sprachliche Äußerungen manifestieren können. Trotzdem macht es Sinn, Tieren intentionale Zustände *einfacher Art* zuschreiben, nämlich solche, die sich durch nicht-sprachliches Verhalten differenzieren lassen. Dies betrifft beide Parameter, die Art von Zustand (glauben, wünschen, etc.) und die Art von ›Inhalt‹. Man kann z. B. zugestehen, dass ein Hund *wissen*, *glauben* oder *sehen* kann, dass *p*, aber bestreiten, dass er *hoffen* kann, dass *p*. Und wie Wittgenstein (1953, II.i) anmerkt, kann ein Hund glauben, sein Herr sei an der Tür, aber nicht, sein Herr werde übermorgen kommen. Ebenso ist die Aussage ›Der Hund glaubt, dass der Bankpräsident an der Tür ist‹ nicht unentscheidbar, sondern schlichtweg falsch; denn aus der Lebensweise von Hunden ergibt sich eindeutig, dass sie nicht über institutionelle Begriffe wie

›Bank‹ oder ›Präsident‹ verfügen. Und schließlich versprechen neuere ethologische Methoden, z. B. die Untersuchung von *cognitive bias* (Haselton/Nettle/Andrews 2005), zusätzliche Grundlagen für weitere Präzisierungen des Gehalts von tierischen Überzeugungen und Wünschen.

9.4 Fazit

Was bleibt von der lingualistischen Behauptung, die Fähigkeit zu Denken verlange die Fähigkeit zur Sprache? Was *Intentionalität* anbelangt, besteht das Problem weniger darin, dass es ein nicht-sprachliches Analogon grundsätzlich nicht geben kann, sondern vielmehr darin, dass die Unterscheidungen, die sich ohne Sprache ausdrücken lassen, sehr beschränkt sind. Dieselbe Konsequenz ergibt sich aus einem moderaten Holismus. Ein komplexes Netz, das hochdifferenzierte Gedanken und Begriffe beinhaltet, bleibt das Vorrecht von Sprachbenutzern. Allerdings eröffnet die Zurückweisung des Baukasten-Modells die Option, intentionale Verben wie ›glaubt‹, ›möchte‹ oder ›beabsichtig‹ auf Tiere anzuwenden, ohne ihnen damit Begriffe zu unterstellen. Und schließlich hängt der Besitz von Begriffen nicht einfach davon ab, ob ein Wesen sprachbegabt ist, sondern davon, inwiefern seine Unterscheidungen absichtlich, besonnen und regelgeleitet sind.

Solche Überlegungen sprechen für eine gemäßigte Position, der zufolge Tiere *einfache* Gedanken haben können. Aber sie sprechen zugleich für die Idee, dass der Besitz dieser Gedanken auf *etwas Einfacheres hinausläuft* als beim Menschen. Bei Tieren findet sich höchstens ein Abklatsch an Intentionalität. Insofern tierisches Denken vorbegrifflich ist, beschränkt es sich nicht nur auf wahrnehmbare Phänomene in der unmittelbaren Umgebung, es fehlen ihm auch die begrifflichen Verknüpfungen, die für den menschlichen Fall charakteristisch sind. Dass ein nichtbegriffliches Subjekt *S* glaubt, *x* sei *F*, heißt z. B. nicht, *S* könne entsprechende Schlüsse ziehen. Selbst wenn manche Tiere Begriffe haben können, sind diese grob gesprochen beschränkt auf Wahrnehmungsbegriffe. Zudem können Tiere von den beiden Kriterien, die wir normalerweise bei der Zuschreibung von Begriffen verwenden, nur eines erfüllen. Sie können Klassifikationsprinzipien *anwenden*, aber diese nicht *erklären*. In der Tat scheinen diese Beschränkungen miteinander verknüpft zu sein. Ein Schimpanse kann zwischen seinem Wärter und anderen Menschen genauso absichtsvoll unterscheiden wie zwischen roten und schwarzen Krabbeltieren. Aber wir zögern mit dem Begriff des Wärters eher als mit dem von rot, da es hier so viel mehr zu erklären gibt. Dies wiederum hängt mit dem Umstand zusammen, dass die Gedanken von Tieren ein viel kleineres Netzwerk formen. Es fehlt das reichhaltige Umfeld an kognitiven und konativen Phänomenen, das bei sprachlichen Lebewesen zur Verfügung steht.

Folglich sind die Zuschreibungen von einfachen Gedanken an Tiere weder intensional, noch begrifflich, noch holistisch in genau der Art und Weise, wie es Zuschreibungen an Menschen sind. Tieren Gedanken zuzuschreiben ist so ähnlich, wie wenn man Zahlen nur dazu verwenden würde, um die Mitglieder einer Fußballmannschaft zu unterscheiden. Diese Zahlen stehen in komplexen Relationen numerischer Ordnung und Differenz, welche aber in diesem Zusammenhang einfach ignoriert werden. Hier kommt es einzig darauf an, dass jedem Spieler ein-eindeutig eine Nummer zugeordnet werden kann. Gedankenzuschreibungen an Tiere verwenden einen *reichhaltigen* Begriffsapparat auf einem Gebiet, auf dem viele logische Beziehungen, die diesen Apparat kennzeichnen, *nicht einschlägig* sind. Dennoch zerbricht die Analogie an einem entscheidenden Punkt. Die Zuschreibung von Gedanken an Tiere ist nicht einfach die eingeschränkte Anwendung einer reichhaltigen Technik. Denn diese Technik dreht sich um einen Kern von Fällen, in denen wir Lebewesen Überzeugungen, Wissen, Wünsche und Absichten unterstellen, weil sie bestimmte Bedürfnisse haben, ihre Umgebung wahrnehmen und handelnd auf sie Einfluss nehmen können. Dieses biologische Fundament des Denkens wird von Mensch und Tier geteilt.

Für die Tierethik ergeben sich folgende Konsequenzen: Man kann zumindest intelligenten Tieren nicht nur Empfindungen zuschreiben, sondern auch Überzeugungen und Wünsche. Nun ist es moralisch geboten, die Wünsche eines Subjekts zu berücksichtigen, d. h. deren Erfüllung zu betreiben bzw. zumindest nicht zu frustrieren. Deshalb ergeben sich daraus *pro tanto* Verpflichtungen (Verbote und Gebote) unser Verhalten gegenüber solchen Tieren betreffend. Außerdem sind Überzeugungen und Wünsche eine Voraussetzung für Interessen, die wiederum eine eigenständige moralische Relevanz besitzen (s. Kap. 7). Andererseits hängen die ethischen Konsequenzen im Einzelfall davon ab, was genau Tiere wünschen bzw. glauben. Aber hierbei ergeben sich ganz grundlegende Unbestimmtheiten und Unwägbarkeiten, die über vergleichbare Schwierigkeiten bei Menschen hinausgehen. Und schließlich ist das, was selbst intelligente Tiere glauben und wünschen können, vergleichsweise beschränkt. Welche Konsequenzen diese Einschränkungen für den Status und die Reichweite unserer moralischen Verpflichtungen Tieren gegenüber haben, ist jedoch in erster Linie eine Frage für die Tierethik.

Literatur

Allen, Colin: Transitive inference in animals. Reasoning or conditioned associations? In: Susan Hurley/Matthew Nudds (Hg.): *Rational Animals?* Oxford 2006, 175–185.

Allen, Colin/Hauser, Marc David: Concept attribution in nonhuman animals. Theoretical and methodological problems in ascribing complex mental processes. In: Marx Bekoff/Dale Jamieson (Hg.): *Readings in Animal Cognition*. Cambridge, Mass. 1996, 47–62.

Bermúdez, José: *Thinking without Words*. Oxford 2003.

Bermúdez, José/Cahen, Arnon: Nonconceptual mental content. In: Edward N. Zalta (Hg.): *The Stanford Encyclopedia of Philosophy* (Spring 2012 Edition), http://plato.stanford.edu/archives/spr2012/entries/content-nonconceptual/ (1.10.2016).

Brandt, Reinhard: *Können Tiere denken?* Frankfurt a. M. 2009.

Clayton, Nicola/Griffiths, Daniel/Dickinson, Anthony: Declarative and episodic-like memory in animals. Personal musings of a scrub jay or when did I hide that worm over there? In: Cecilia Heyes/Ludwig Huber (Hg.): *The Evolution of Cognition*. Cambridge, Mass. 2000, 273–288.

Davidson, Donald: Rationale Lebewesen. In: Dominik Perler/Markus Wild (Hg.): *Der Geist der Tiere*. Frankfurt a. M. 2005, 117–131 (engl. 1982).

Davidson, Donald: Seeing through language. In: John Preston (Hg.): *Thought and Language. Proceedings of the Royal Institute of Philosophy Conference*. Cambridge 1997, 15–27.

Dummett, Michael: *Origins of Analytical Philosophy*. London 1993.

Dupré, John: *Humans and Other Animals*. Oxford, New York 2002.

Glock, Hans-Johann: Begriffliche Probleme und das Problem des Begrifflichen. In: Dominik Perler/Markus Wild (Hg.): *Der Geist der Tiere*. Frankfurt a. M. 2005, 153–187.

Glock, Hans-Johann: Can animals judge? In: *Dialectica* 64 (2010), 11–33.

Glock, Hans-Johann: Mental capacities and animal ethics. In: Klaus Petrus/Markus Wild (Hg.): *Animal Ethics and Animal Minds*. Bielefeld 2013, 113–146.

Haselton, Martie G./Nettle, Daniel/Andrews, Paul W.: The evolution of cognitive bias. In: David M. Buss (Hg.): *The handbook of evolutionary psychology*. Hoboken, N. J. 2005, 724–746.

Malcolm, Norman: Gedankenlose Tiere. In: Dominik Perler/Markus Wild (Hg.): *Der Geist der Tiere*. Frankfurt a. M. 2005, 77–94.

McDowell, John: *Mind and World*. Cambridge, Mass. 1996.

Mulcahy, Nicholas/Call, Josep: Apes save tools for future use. In: *Science* 312 (2006), 1038–1040.

Newen, Albert/Bartels, Andreas: Animal minds and the possession of concepts. In: *Philosophical Psychology* 20 (2007), 283–308.

Papineau, David: Die Evolution des Zweck-Mittel Denkens. In: Dominik Perler/Markus Wild (Hg.): *Der Geist der Tiere*. Frankfurt a. M. 2005, 244–291.

Ryle, Gilbert: *Der Begriff des Geistes*. Stuttgart 1986 (engl. 1949).

Sorabji, Richard: *Animal Minds and Human Morals*. London 1994.

Stich, Stephen: Do Animals Have Beliefs? In: *Australasian Journal of Philosophy* 57 (1979), 15–28.

Tomasello, Michael/Call, Josep: *Primate Cognition*. Oxford, New York 1997.

Wittgenstein, Ludwig: *Philosophische Untersuchungen*. Oxford 1953.

Wittgenstein, Ludwig: *Bemerkungen über die Philosophie der Psychologie*, Bd. 2. In: *Werkausgabe*, Bd. 7. Frankfurt a. M. 1984.

Hans-Johann Glock

10 Handeln

Folgt man der Auffassung von René Descartes, dann lassen sich denkende Wesen an zwei Fähigkeiten erkennen: der Fähigkeit zu sprechen und der Fähigkeit zu handeln. Während es immer umstritten war, ob Denken notwendig an den Besitz einer Sprache geknüpft ist, herrscht weitestgehend Konsens bezüglich des Handelns. Ob ein Wesen denken kann, zeigt sich an seinem Verhalten. Lässt sich dieses Verhalten als eine Handlung beschreiben, dann kann man auch annehmen, dass es denkt. Allerdings gibt es in der Philosophie unterschiedliche Theorien dazu, was eine Handlung ist. Entsprechend vielfältig fallen auch die Antworten auf die Frage aus, ob es Tiere gibt, die handeln. Im Folgenden werden neben der sogenannten Standard-Konzeption verschiedene Handlungstheorien vorgestellt und gezeigt, inwieweit Tiere diesen Theorien zufolge als Akteure verstanden werden. Die Antworten auf die Frage, ob und inwiefern Tiere als Akteure betrachtet werden können, die zielgerichtet handeln, kann u. U. relevant sein für die tierethische Frage nach dem moralischen Status von Tieren (s. Kap. 31).

10.1 Die Standardkonzeption der Handlung: Anscombe und Davidson

Intentionalität

Intentionalität. Einer Konzeption zufolge, die heute als die Standard-Konzeption gilt, werden Handlungen durch Intentionalität bestimmt. Prominent wurde diese Konzeption durch Elizabeth Anscombe (1957) und Donald Davidson (1963). Beide vertreten die These, dass es die Intentionalität einer Handlung ist, die diese erklärt. Das heißt, der Begriff der intentionalen Handlung ist basaler als der Begriff der Handlung.

Nicht-intentionale Handlungen. Dadurch ist nicht ausgeschlossen, dass es auch nicht-intentionale Handlungen gibt, jedoch nur im Kontext intentionaler Handlungen. Damit etwas eine Handlung ist, muss Intentionalität im Spiel sein. Eine Handlung muss also, so kann man in einer ersten Annäherung sagen, auf eine Absicht oder eine Überzeugung des Akteurs zurückgeführt werden können. Wenn z. B. jemand absichtlich das Licht anmacht und dadurch, ohne es zu wissen, einen Dieb alarmiert, dann ist allein das Anschalten des Lichtes eine intentionale Handlung. Gesteht man die Möglichkeit nicht-intentionaler Handlungen zu, dann wäre das Alarmieren des Diebes eine solche. Sie geht jedoch aus einer intentionalen Handlung, dem Anschalten des Lichtes, hervor und ist insofern von dieser abhängig. Handlung verlangt der Standard-Konzeption zufolge also immer Intentionalität.

Gründe, Wünsche und Überzeugungen. Was heißt es aber genau, intentional zu handeln? Anscombe und Davidson vertreten im Anschluss an Aristoteles die These, dass es Gründe sind, die die Intentionalität einer Handlung erklären. Es gibt, so die These, eine enge Verbindung zwischen einer intentionalen Handlung und einer Handlung aus Gründen. Die Frage ist also, was eine Handlung aus Gründen auszeichnet. Ein typisches Beispiel für eine einfache Handlung ist das Schließen eines Fensters. Damit wir der Standard-Konzeption zufolge sagen können, dass es sich bei dem Akt des Fensterschließens um eine intentionale Handlung handelt, muss der Handelnde auf jeden Fall in folgenden Zuständen gewesen sein: Er muss zum einen den *Wunsch* verspürt haben, das Fenster zu schließen, und zum anderen muss er die *Überzeugung* gehabt haben, dass er dieses Fenster schließen kann. Beides zusammen muss zur Handlung des Fensterschließens geführt haben. Eine Handlung aus Gründen ist also eine solche, die durch einen praktischen Syllogismus, bestehend aus Obersatz, Untersatz und Konklusion, erklärt werden kann. Dabei entspricht Davidson zufolge der Obersatz dem Wunsch des Handelnden und der Untersatz einer Überzeugung. Aus Gründen und damit intentional zu handeln heißt also, von Wünschen und Überzeugungen geleitet zu sein. Jemand tut *X*, weil er den Wunsch hat, *Z* herbeizuführen und die Überzeugung, dass er *Z* nur erreichen kann, wenn er *X* tut (auch: von Wright 1974; 93; Beckermann, 1979; 448). Ein handelndes Wesen ist darum ein solches, das über Wünsche und Überzeugungen verfügt. Sie erklären sein Handeln.

Nach Davidson ist es in der Tat wichtig, im Plural von Wünschen und Überzeugungen zu sprechen, über die ein Wesen verfügen muss, um Handlungen vollziehen zu können. Ein Wesen, das handeln kann, verfügt nie über nur einen Wunsch und nur eine Überzeugung. Der Grund liegt im holistischen Charakter von mentalen Zuständen (Davidson 2005). Ein Beispiel: Unser Hund jagt die Nachbarskatze. Diese flüchtet auf einen nahestehenden Baum. Unser Hund bleibt am Fuße des Baumes stehen, kratzt mit den Pfoten am Stamm und bellt zur Katze hinauf. Wenn wir nun sagen wollen, das Kratzen des Hundes am Stamm erkläre sich durch den Wunsch, die Katze zu fangen und durch die Überzeugung, dass die Katze auf dem Baum ist, dann verpflichten wir uns Davidson zufolge

J. S. Ach / D. Borchers (Hg.), *Handbuch Tierethik*, https://doi.org/10.1007/978-3-476-05402-9_10

darauf, dem Hund gleichzeitig viele weitere Gedanken zu unterstellen, die mit dem Wunsch und der Überzeugung in einem rationalen Zusammenhang stehen. Das liegt daran, dass man, nur um den Wunsch zu haben, die Katze zu fangen, wissen muss, was Katzen sind. Dass sie vier Beine haben, z. B. und einen Schwanz. Außerdem muss man ein Verständnis davon haben, was es heißt, jemanden einzufangen, dass man ihn hierfür – als Hund – beißen und mit dem Maul festhalten muss. Das Gleiche gilt für die Überzeugung, dass die Katze auf dem Baum ist. Auch hierfür ist es nötig, über weitere Annahmen, die Katzen und Bäume betreffen, zu verfügen.

Nun kann es natürlich sein, dass Hunde Katzen nicht als vierbeinige Tiere mit einem Schwanz, sondern als kratzende Fellwesen wahrnehmen, oder dass Bäume für sie Markierplätze sind. Das spielt für den Holismus jedoch keine Rolle. Unabhängig davon, wie einem denkenden Wesen die Gegenstände in der Welt gegeben sind, das Wesen muss bezüglich dieser Gegenstände viele, miteinander zusammenhängende Überzeugungen und Wünsche haben. Und da sich intentionale Handlungen durch Wünsche und Überzeugungen erklären, folgt daraus, dass ein zu Handlungen fähiges Wesen ein zu komplexen Handlungen fähiges Wesen sein muss. Gegeben diese Ansprüche, scheint es Tieren nicht möglich zu sein, zu handeln. Für Davidson ist die Sache auch klar: Tiere sind keine Akteure.

Kritische Einwände und Entgegnungen

Verkörperte Routinen. Gegen diese Handlungstheorie sind nun einige Einwände erhoben worden. So wird vor allem bestritten, dass intentionale Handlungen die grundlegenden Handlungsformen sein sollen. Sogenannte ›Verkörperungsansätze‹ (Dreyfus 2002; Chemero 2009) machen z. B. darauf aufmerksam, dass Menschen in den meisten Fällen nicht bewusst wünschend, nachdenkend und planend Fenster öffnen oder andere Tätigkeiten vollziehen. Die Fähigkeit, mit verschiedenen Menschen und Umständen umzugehen und auf die jeweiligen Ansprüche einer Situation zu reagieren, ist vielmehr verkörpert. Sie wird zumeist ohne Anstrengung und dennoch der Situation angemessen realisiert. Ein Rekurs auf Wünsche und Überzeugungen ist für die Erklärung solcher Handlungen nicht nötig. Insofern ist es durchaus möglich – und angesichts ihres Erfolges beim Navigieren durch die Welt – auch angemessen, davon auszugehen, dass auch Tiere handeln können.

Die Unverzichtbarkeit von Wünschen und Absichten. Der Standard-Theoretiker reagiert hierauf zumeist damit, dass er einerseits zugibt, dass die meisten menschlichen Handlungen in der Tat ohne eine explizite Ausbildung von Wünschen und Überzeugungen vollzogen werden. Andererseits weist er aber darauf hin, dass er die Existenz nicht-intentionaler Handlungen gar nicht bestreitet. Sie hängen jedoch von der Existenz intentionaler Handlungen ab. Und dies gilt auch für das sogenannte *skilled coping.* Auch Handlungen wie zum Beispiel das Öffnen von Fenstern und andere Arten erfolgreichen Navigierens durch die Welt finden, wenn sie nicht lediglich als Verhalten klassifiziert werden sollen, nicht in einem intentionalen Vakuum statt. Sie sind vielmehr ebenfalls abhängig von Wünschen und Überzeugungen in Bezug auf Fenster und andere Dinge – auch wenn diese dem Akteur in dem jeweiligen Moment nicht bewusst sind (Clark/Toribio 1994).

Minimale Handlungen. Ein weiteres Handlungsmodell ist die sogenannte ›minimale Handlung‹ (Barandiaran et al. 2009). Ihr zufolge ist ein Wesen dann ein Akteur, wenn es sich um eine von der Umwelt unterscheidbare Einheit handelt, die etwas von allein tut, das einem Ziel oder einer Norm entspricht. Und dieses Ziel muss kein Wunsch sein. Es kann allein im Fortbestand der eigenen Existenz, im Überleben bestehen. Minimale Handlungen werden diesem Ansatz zufolge durch eine adaptive Regulierung der Verbindung des Akteurs zu seiner Umwelt bestimmt (Varela/Maturana 1974). Zu minimalen Handlungen sind entsprechend (fast) alle Lebewesen fähig, auch Bakterien.

Erklärungskraft minimaler Handlungen. Auch diesem Handlungsmodell kann der Standard-Theoretiker entgegnen, dass seine Theorie minimale Handlungen nicht ausschließt. Die Frage, die sich bei diesem Modell allerdings stellt, ist, inwiefern es einen Beitrag zur Beantwortung der Frage liefert, was das geplante Öffnen eines Fensters zu einer Handlung macht. Denn selbst wenn man zugesteht, dass Fähigkeiten wie geplantes Fensteröffnen adaptive Regulierungen der Verbindung des Handelnden mit seiner Umwelt sind, so scheint es doch nicht Adaptation zu sein, die die jeweilige Handlung erklärt.

Alle drei bisher vorgestellten Handlungstheorien können in gewisser Weise als Extrempositionen bezeichnet werden, da sie den Fokus auf mentale Zustände entweder sehr stark oder aber sehr schwach bzw. gar nicht legen. Es gibt jedoch auch Positionen dazwischen. Zwei davon sollen im Folgenden vorgestellt werden. Jede von ihnen gesteht Tieren die

Möglichkeit zu handeln zu. Uneinigkeit herrscht allerdings bezüglich der hierfür benötigten Kompetenzen.

10.2 Minimale Rationalität: Dretske

Zwei Beispiele: Der Thermostat und der Vogel

Anders als Anscombe und Davidson geht Fred Dretske davon aus, dass es Handlungen gibt, die keine Rationalität im normativen Sinn verlangen (Dretske 2005). Sie verlangen weder, dass etwas aus guten Gründen getan wird, noch, dass der Handelnde seine Handlung begründen können muss. Alles, was für eine solche Handlung nötig ist, ist, was Dretske ›minimale Rationalität‹ nennt. Minimale Rationalität kommt zum Ausdruck, wenn ein Verhalten durch Gedanken erklärt und gesteuert ist. Was damit gemeint ist, erklärt Dretske an zwei Beispielen:

Der Thermostat. Ein Thermostat legt folgendes typisches Verhalten an den Tag. Er schaltet die Heizung ein und aus. Indem er dies tut, hält er die Raumtemperatur konstant. Gelenkt wird er von einem inneren Element, ein im Thermostat befindlicher Bimetallstreifen. Dieser Bimetallstreifen hat zwei Funktionen: Zum einen ist er ein Thermometer, das die Raumtemperatur anzeigt, da sich bei Temperaturveränderungen die Krümmung des Bimetallstreifens ändert. Zum anderen ist er ein elektrischer Schalter, denn bei sinkender Temperatur krümmt sich der Bimetallstreifen und berührt ab einem gewissen Grad einen elektrischen Kontakt, der den Stromkreis zur Heizung schließt, die nun warm wird. Der Bimetallstreifen repräsentiert also etwas, die Temperatur des Raumes. Und diese Repräsentation kontrolliert das Thermostatverhalten, sein Ein- und Ausschalten der Heizung.

Der Vogel. Ein Vogel hat einen Monarch-Schmetterling (*Danaus plexxipus*) gefangen und verschluckt. Kurz darauf erbricht der Vogel den Schmetterling wieder. Monarch-Schmetterlinge sind nämlich giftig und rufen Erbrechen hervor, da sie sich als Larven von giftiger Wolfsmilch ernähren. Später erblickt derselbe Vogel einen anderen Schmetterling, einen Eisvogel (*Limenitis archippus*). Dieser Schmetterling hat eine dem Monarch-Schmetterling sehr ähnliche Flügelzeichnung. Anders als der Monarch ist der Eisvogel jedoch nicht giftig. Der Vogel versucht dieses Mal nicht, den Schmetterling zu fangen. Stattdessen fliegt er davon.

Dretske über minimale Rationalität. Dretske ist nun der Ansicht, dass wir es im Fall des Vogels mit minimaler Rationalität, mit einer Handlung also, zu tun haben. Warum? In beiden Fällen haben wir es mit einer internen Repräsentation zu tun, die etwas bedeutet. Beim Vogel bedeutet sie: giftiger Schmetterling, beim Thermostat: Raumtemperatur. Und in beiden Fällen lenkt bzw. kontrolliert die jeweilige Repräsentation das Verhalten. Der Unterschied scheint lediglich darin zu bestehen, dass wir es beim Vogel mit einer erworbenen Repräsentation zu tun haben. Er hat gelernt, Schmetterlinge mit einer bestimmten Flügelmusterung von anderen zu unterscheiden. Das kann jedoch nicht der Grund sein, warum der Vogel minimal rational ist. Schließlich findet sich Lernverhalten selbst bei so simplen Organismen wie Seehasen (*Aplysia californica*). Seehasen sind Meeresnacktschnecken, die über einen Siphon verfügen, der sich am Ende einer Schutzmembran befindet, die die Atmungsorgane des Tieres bedeckt. Wird der Siphon berührt, ziehen sich die Atmungsorgane zurück. Das ist ein Schutzreflex des Seehasen. Dieser kann nun verändert werden. Wird ein taktiler Reiz häufig genug wiederholt, dann ziehen sich die Atmungsorgane nicht mehr zurück. Der Reiz wird ignoriert. Das Tier hat gelernt.

Irrtum und Denken. Es ist auch nicht das Lernen allein, das das Verhalten des Vogels für Dretske zu einer Handlung macht. Entscheidend ist, dass der Vogel den Eisvogel als Monarchen fehl-repräsentiert. Er irrt sich also. Das scheint tatsächlich entscheidend. Denn es ist ein notwendiges Merkmal von Denken, dass es semantisch evaluierbar ist. Gedanken oder besser Überzeugungen sind entweder wahr oder falsch. Daraus folgt eine weitere Eigenschaft: Überzeugungen sind in gewisser Hinsicht situationsunabhängig. Damit ist gemeint, dass sie auch dann bestehen, wenn sie eine Situation, auf die sie sich beziehen, z. B. falsch repräsentieren. Denker können sich irren. Und der Vogel irrt sich: Eisvögel sind essbar. Anders der Thermostat. Er kann sich nicht irren. Wenn der in ihm befindliche Bimetallstreifen die Temperatur nicht korrekt anzeigt, wenn er also nicht den entsprechenden Grad der Krümmung aufweist, dann ist er schlicht kaputt. Aber er ist kaputt allein im Sinne einer Funktion, die ihm von uns zugeschrieben wurde. Der kaputte Bimetallstreifen kovariiert jedoch weiterhin verlässlich mit seiner Umwelt, er trägt also weiterhin Informationen. Und dies führt auch weiterhin zu einer entsprechenden Änderung im Thermostat. Keine dieser Informationen bedeutet jedoch etwas für das Thermostat. Und genau hier liegt für Dretske der Grund, warum der Bimetallstreifen seine Umwelt nicht in Form von Gedanken repräsentiert.

Repräsentationen erklären Verhalten. Der entscheidende Unterschied zwischen Thermostat und Vogel ist also nicht, dass bei Letzterem eine erlernte innere Repräsentation ein Verhalten hervorruft. Der entscheidende Unterschied ist, dass im Fall des Vogels die Tatsache, dass die innere Repräsentation eine Bedeutung hat, dessen Verhalten erklärt. Es ist, so Dretske, die Bedeutung, die die kausale Rolle erklärt (Dretske 2005, 216). Aus diesem Grund haben wir es bei dem Vogel mit einem Akteur zu tun, wenn auch nur mit einem minimal rationalen.

Kritische Überlegungen

Korrektur von Irrtümern als Kennzeichen von Gedanken. Ob man mit dieser Einschätzung einverstanden ist, hängt davon ab, wie hoch man den Maßstab für das Vorhandensein von Gedanken ansetzt. Wir haben gesehen, dass es der Irrtum des Vogels ist, der zeigen soll, dass die Bedeutung der erworbenen, inneren Repräsentation des Vogels dessen Verhalten erklärt. Denn durch den Irrtum kommt ein entscheidendes Merkmal von Gedanken zum Ausdruck: ihre Situationsunabhängigkeit. Gedanken über die Welt können unabhängig von deren tatsächlichem Zustand gehabt werden. Aus dieser Situationsunabhängigkeit folgt nun allerdings noch eine weitere Bedingung für Gedanken: Sie lassen sich ändern. Im Fall irrtümlicher Gedanken heißt dies, dass sie sich korrigieren lassen. Das Erlernte, dass Schmetterlinge mit einer dem Monarchen ähnlichen Flügelmusterung giftig sind, müsste der Vogel also ebenfalls wieder ändern können. Er müsste seinen Irrtum korrigieren können. Das scheint jedoch nicht der Fall zu sein. Hält man Korrekturverhalten darum für konstitutiv für das Haben von Gedanken, dann hat der Vogel keine (Allen 2005, 196). Er wäre in diesem Fall auch kein Akteur.

Quasi-Prädikate. Philosophen wie Quine (1960), Dummett (1993) oder Tugendhat (1976) würden aus eben diesem Grund bestreiten, dass wir es überhaupt mit einem Irrtum zu tun hatten, als der Vogel vor dem essbaren Eisvogel weggeflogen ist. Sie würden das Vogelverhalten zwar ebenfalls für anspruchsvoller halten als dasjenige des Thermostates, schließlich wurde es erworben. Dennoch wäre es keine Handlung, da hier nur eine Vorform von Gedanken an den Tag gelegt wird. Tugendhat zufolge verfügt der Vogel lediglich über Quasi-Prädikate. Quasi-Prädikate haben folgende Merkmale: Sie sind vollständig wahrnehmungsbzw. kontextgebunden. Die Situationen, in denen sie verwendet werden, sind notwendigerweise von derselben Art wie die, in denen sie erworben wurden. Des Weiteren handelt es sich bei Quasi-Prädikaten um selbständige Einheiten, die in vielen Fällen gleichzeitig sowohl indikativischen als auch imperativischen Charakter haben. Entscheidend ist für Tugendhat das letzte Merkmal: eine Unterscheidung von richtigem und falschem Gebrauch ist im Fall von Quasi-Prädikaten unmöglich (Tugendhat 1976, 208–213; 446).

Es mag verwundern, dass der Vogel nur über Quasi-Prädikate verfügen soll. Schließlich zeigte sich laut Dretske im – irrtümlichen – Vogelverhalten doch Situationsunabhängigkeit, während für Quasi-Prädikate das Gegenteil gilt. Tugendhat würde jedoch auch die Situationsungebundenheit im Fall des Vogels bestreiten. Der Grund ist die zuletzt genannte Bedingung – die fehlende Unterscheidungsmöglichkeit von richtigem und falschem Gebrauch. Natürlich können wir als Beobachter sagen, der Vogel repräsentiere den Eisvogel als Monarch falsch. Aber der Vogel kann dies ganz offensichtlich nicht aus seiner eigenen Perspektive, andernfalls wäre er zu abweichendem Verhalten wie Korrektur fähig. Er nimmt die Schmetterlinge nicht als Gegenstände mit verschiedenen Merkmalen wahr. Für ihn wird bei der Wahrnehmung beider Schmetterlinge jeweils dasselbe Merkmal repräsentiert: M-artige Flügelmusterung. Und solche Repräsentationen bewirken in ihm ein Vermeidungsverhalten. Keine Handlung also, sondern ausschließlich eine Reaktion auf denselben Reiz.

10.3 Situations-Wünsche: Bermúdez

Tugendhat geht nicht davon aus, dass wir bei Tieren Verhalten finden werden, aus dem mehr als unstrukturierte, infallible Situationsgebundheit hervorgeht. Der Grund dafür ist Tugendhat zufolge die Sprachunfähigkeit von Tieren. José L. Bermúdez ist anderer Ansicht: Er geht davon aus, dass sich bei bestimmtem Tierverhalten strukturierte Gedanken ausmachen lassen, die uns entsprechend berechtigen, von Handlungen zu sprechen.

Bermúdez unterscheidet zwei Varianten motivationaler Zustände: Ziel-Wünsche und Situations-Wünsche (Bermúdez 2003, 48).

Ziel-Wünsche und Situations-Wünsche. Ziel-Wünsche richten sich auf ein bestimmtes Objekt, Situations-Wünsche auf einen Zustand. Sätze, in denen solche Wünsche ausgedrückt werden, haben einmal die Form »W wünscht –« ein anderes Mal die Form »W wünscht, dass –.« Im ersten Fall wird der Satz durch den Namen für einen Gegenstand oder einen Stoff (z. B. »Futter«) komplettiert, während dies im zweiten

Fall durch einen ›dass‹-Satz geschieht. Ziel-Wünsche sind also basaler als Situations-Wünsche. Ein Beispiel: Sowohl die Amerikanische Meise als auch die Sumpfmeise sind in der Lage, eine erheblich hohe Anzahl von Samen an einer Menge verschiedener Plätze zu verstecken, um sie nach langer Zeit wieder zu finden. Bermúdez zufolge handelt es sich hier um ein Verhalten, das die Kombination eines Motivationszustandes mit der Erinnerung an einen bestimmten Futterort *O* und den Weg dorthin verlangt. Das Verhalten der Meisen erfordert nämlich nicht, dass sie den Wunsch nach dem Futter, das an Ort *O* ist, haben. Es reicht, ihnen einfach einen Wunsch nach Futter zuzuschreiben. Darum ist es auch nicht nötig, bei den Meisen den Wunsch nach speziellem Futter oder nach einem speziellen Futterort zu vermuten, denn sie machen keinen Unterschied zwischen den einzelnen Futterplätzen. Sie halten den einzelnen Futterplatz also nicht als Gegenstand aus verschiedenen Perspektiven fest.

Anders sieht es jedoch im Fall von Situations-Wünschen aus. Sie sind Komplexe wie Fakten oder Zustände, wie eben, dass ein Gegenstand g Eigenschaft *E* hat oder in bestimmten Relationen *R* steht. Wie lässt sich nun feststellen, ob ein Wesen einen Situationswunsch hat? Ein Beispiel, so Bermúdez, sind Handlungen nach Zielen, die nicht direkt wahrnehmbar sind, wie bei ausgefeilten Formen von Werkzeugentwicklung. In der Wildnis lebende Schimpansen stellen zwei verschiedene Arten von Stäben für unterschiedliche Zwecke her (Byrne 1995). Mit dem einen Stab fischen sie Termiten aus ihren Nestern, mit dem anderen Ameisen. Beide Stäbe werden aus unterschiedlichem Material hergestellt und unterscheiden sich erheblich in ihrem Aussehen. Während Stäbe, mit denen die Schimpansen in Ameisennester stechen, extrem lang und wenig flexibel sind, sind Stäbe für Termitennester kurz und meist aus Wein- oder anderen ähnlich biegbaren Zweigen gefertigt. Letzte haben auch angebissene Enden. Beide Werkzeuge sind also ziemlich spezialisiert. Außerdem werden sie geraume Zeit vor ihrem Einsatz und in einiger Distanz zu den Nestern hergestellt.

Handeln aufgrund von Situations-Wünschen. Haben wir hier einen Fall von Handeln? Und reicht die Tatsache, dass die Nester bei der Werkzeugherstellung nicht wahrgenommen werden, hierfür aus? Vermutlich reicht sie nicht, denn es gibt Fälle, in denen das Wunschobjekt nicht direkt wahrnehmbar ist, und die dennoch nur einfache Ziel-Wünsche sind. Das haben wir anhand des Versteck-Verhaltens der Meise gesehen. Auch die Wahrnehmung funktionaler Eigenschaften von Gegenständen muss kein Fall von Situations-Wünschen sein, wie Marc Hauser anhand von Lisztaffen gezeigt hat (Hauser 1997). Den Affen wurde die Wahlmöglichkeit zwischen zwei verschiedenen Werkzeugen geboten. Jedes der Werkzeuge war jeweils für Futtergewinnung nutzbar. Es handelte sich um gehstockähnliche Gegenstände mit Haken an den Enden, die sich jedoch in verschiedenerlei Hinsicht unterschieden. So hatten die Affen einmal die Wahl zwischen einem Stock, bei dem das Futter an dessen Hakeninnenseite positioniert war, und einem Stock, bei dem es an der Außenseite des Hakens war, dabei ist das Futter im zweiten Fall schwerer zugänglich als im ersten. Die Affen lernten schnell, denjenigen Stock zu wählen, der ihnen eine größere Futtergelegenheit darbot. Dieses Wahlmuster wurde nun beibehalten, als die Stöcke systematisch sowohl in ihren funktionalen als auch in ihren nicht-funktionalen Eigenschaften variiert wurden, wobei funktionale Eigenschaften hier natürlich solche sind, die Einfluss auf die Futtergewinnung haben. Es zeigte sich, dass die Affen solche Stöcke bevorzugten, die lediglich in nicht-funktionalen Eigenschaften, wie Farbe oder Maserung, verändert wurden, im Gegensatz zu Stöcken mit veränderten Form- oder Größeneigenschaften. Lisztaffen benutzen keine Werkzeuge in der freien Wildbahn. Es sieht jedoch so aus, als wäre es in diesem Experiment gelungen, sie für funktionale Eigenschaften empfänglich zu machen – und zwar ohne, dass ihnen ein inferentieller Prozess unterstellt werden muss, bei dem von Stockeigenschaften auf die Tauglichkeit der jeweiligen Stöcke für Futtergewinnung geschlossen wird. Die Wahrnehmung der funktionalen bzw. nicht-funktionalen Eigenschaften ist für die Lisztaffen nichts anderes als die Wahrnehmung eines tauglichen oder eben untauglichen Stockes.

Kommen wir zurück zu den Schimpansen. Falls die Werkzeugherstellung der Schimpansen also ein Fall von Handeln sein sollte, dann nicht allein deshalb, weil die Schimpansen beim Herstellungsprozess die Termiten- und Ameisennester nicht wahrnehmen. Dennoch gibt es gute Gründe anzunehmen, dass die Werkzeugherstellung auf Basis eines Situations-Wunsches erfolgt. Der Grund ist, dass die Schimpansen anders als die Lisztaffen ihre Werkzeuge selbst herstellen. Damit reagieren sie nicht einfach nur auf funktionale Eigenschaften, sondern fertigen Gegenstände mit solchen Eigenschaften gezielt an. Sie müssen also nicht nur funktionale Eigenschaften wahrnehmen können, sondern ein Wissen davon haben, auf welche Weise und an welchen Gegenständen sie sich realisieren lassen.

Diskussion. Es sieht also so aus, als wären dies tatsächlich Handlungen, die von Situations-Wünschen geleitet werden. Die Schimpansen scheinen nämlich offensichtlich Überlegungen anzustellen, die die Frage beantworten, was der Fall sein muss, damit Ameisen (Termiten) aus ihren Nestern gefischt werden können. Sie antizipieren damit einen Zustand, eine Situation und richten ihren Wunsch also nicht einfach auf einen bestimmten Gegenstand. »It looks very much as if psychological explanations of the behavior of nonlinguistic creatures will at least sometimes have to approximate to standard belief-desire explanations by including the ascription of an instrumental belief and/or the assumption that nonlinguistic creatures engage in inferences about what is not immediately present« (Bermúdez 2003, 56).

Aristoteles und Davidson würden selbstverständlich weiterhin bestreiten, dass Schimpansen Akteure sein können: Sie sprechen nicht. Auch wenn das richtig ist, so stellt sich dennoch die Frage, welche andere Erklärung man dafür anbieten kann, dass Schimpansen Gegenstände mit funktionalen Eigenschaften nicht einfach aussuchen, sondern Gegenstände mit solchen Eigenschaften gezielt herstellen, um auf diese Weise ihr eigentliches Ziel zu erreichen – an Ameisen bzw. Termiten zu gelangen. Sobald man das Verhalten von diesem Ziel her erklärt, scheint es jedenfalls schwierig zu sein, auf die Rede von Wünschen und Überzeugungen zu verzichten.

10.4 Ausblick

Die Beantwortung der Frage, ob Tiere handeln können, hängt ganz entscheidend von der jeweils zugrunde gelegten Handlungstheorie ab. Es erstaunt darum auch nicht, dass kognitive Ethologen, vergleichende Psychologen und Philosophen seit geraumer Zeit in interdisziplinärer Zusammenarbeit untersuchen, welche Verhaltenskomplexe gegebenenfalls als Handlung zu interpretieren sind. Ein berühmtes Beispiel ist die gemeinsame Untersuchung des Verhaltens von Vervet-Affen in der Wildnis durch den Philosophen Daniel Dennett und die Primatologen Dorothy Cheney und Robert Seyfarth (Dennett 1988). Solche Kooperationen sind für alle Beteiligten – auch die Philosophen – von großem Vorteil; u. a. deshalb, weil alle von der Philosophie untersuchten Begriffe in gewisser Weise operationalisierbar sein müssen. Das heißt, ihre Anwendungsbedingungen müssen angegeben werden können. Im Fall des Handlungsbegriffs braucht es entsprechend eine genaue Beschreibung von Natur und Umwelt derjenigen Lebewesen, die man ggf. als Akteure bezeichnen möchte. Der aktuelle Trend zur Zusammenarbeit mit anderen Disziplinen ist also auch in der Philosophie keine zufällig aufgetretene Modeerscheinung, sondern eine Notwendigkeit, die sich bereits in der Interdisziplinarität von Fragestellungen wie »Sind Tiere Akteure?« zeigt. Man kann daher davon ausgehen, dass der Trend zu einer tierphilosophischen Forschung, die eng mit empirisch arbeitenden Disziplinen kooperiert, anhalten wird.

Literatur

Allen, Collin: Tierbegriffe neu betrachtet. Ein empirischer Ansatz. In: Dominik Perler/Markus Wild (Hg.): *Der Geist der Tiere*. Frankfurt a. M. 2005, 191–201.

Anscombe, G. E. M.: *Intention*. Oxford 1957.

Barandiaran, Xabier et al.: Defining Agency. Individuality, Normativity, Asymmetry, and Spatio-Temporality in Action. In: *Adaptive Behavior* 5/17 (2009), 367–386.

Beckermann, Ansgar: Intentionale versus kausale Handlungserklärungen: zur logischen Struktur intentionaler Erklärungen. In: Hans Lenk (Hg.): *Handlungstheorien interdisziplinär: Handlungserklärungen und philosophische Handlungsinterpretation*, Halbbd. 2 (*Kritische Information* 63). München 1979, 445–490.

Bermúdez, José L.: *Thinking without words*. Oxford 2003.

Byrne, Richard: *The Thinking Ape*. Oxford 1995.

Chemero, Anthony: *Radical Embodied Cognitive Science*. Cambridge, Mass. 2009

Clark, Andy/Toribio, Josefa: Doing without Representing? In: *Synthese* 3/101 (1994), 401–431.

Clarke, Randolph: Skilled Activity and the Causal Theory of Action. In: *Philosophy and Phenomenological Research* 3/80 (2010), 523–550.

Davidson, Donald: Handlungen, Gründe, Ursachen. In: *Handlung und Ereignis*. Frankfurt a. M. 1990, 19–43 (engl. 1963).

Davidson, Donald: Rationale Lebewesen. In: Dominik Perler/Markus Wild (Hg.): *Der Geist der Tiere. Philosophische Texte zu einer aktuellen Diskussion*. Frankfurt a. M. (2005), 117–132 (engl. 1982).

Dennett, Daniel: Out of the Armchain and into the field. In: *Poetics Today* 9/1 (1988), 205–221.

Dretske, Fred: Minimale Rationalität. In: Dominik Perler/Markus Wild (Hg.): *Der Geist der Tiere. Philosophische Texte zu einer aktuellen Diskussion*. Frankfurt a. M. 2005, 213–223.

Dreyfus, Hubert: Intelligence Without Representation – Merleau-Ponty's Critique of Mental Representation. In: *Phenomenology and the Cognitive Sciences* 1/4 (2002), 367–383.

Dummett, Michael: *Origins of Analytical Philosophy*. London 1993.

Enç, Berent: *How We Act. Causes, Reasons, and Intentions*. Oxford 2003.

Fox, Elizabeth et al.: Intelligent Tool Use in Wild Sumatran Orangutans. In: Sue Taylor Parker et al. (Hg.): *The Menta-*

lities of Gorillas and Orangutans. Comparative Perspectives. Cambridge, Mass. 1999, 99–116.
Hauser, Marc: Artifactual kinds and functional design features: What a primate understands without language. In: *Cognition* 64 (1997), 285–308.
Mele, Alfred R.: *Motivation and Agency*. Oxford 2003.
Quine, W. V. O.: *Wort und Gegenstand.* Stuttgart 1980 (engl. 1960).
Tugendhat, Ernst: *Vorlesungen zur Einführung in die sprachanalytische Philosophie.* Frankfurt a M. 1976.
Varela, Francisco/Maturana, Humberto et al.: Autopoiesis. The Organization of Living Systems, its Characterization and a Model. In: *Biosystems* 4/5 (1974), 187–196.
Von Wright, Georg Henrik: *Explanation and Understanding.* Ithaca/New York 1971; dt. *Erklären und Verstehen.* Frankfurt a. M. 1974.

Sarah Tietz

11 Emotionen

Die Frage nach der Empfindungsfähigkeit von Tieren und die Frage, ob Tiere Gefühle haben, werden seit mehr als 2000 Jahren kontrovers diskutiert. Während Philosophen wie Aristoteles, Thomas von Aquin oder René Descartes Tieren die Empfindungsfähigkeit absprachen und Zweifel daran hegten, dass Tiere ein Bewusstsein haben, waren andere wie beispielsweise Plutarch, Leonardo da Vinci oder Shakespeare davon überzeugt, dass Tiere sehr wohl Gefühle haben und zum Beispiel leiden können.

Im 19. Jahrhundert wurde die Frage der Emotionen von Tieren rege diskutiert. Von Jeremy Bentham, dem Begründer des klassischen Utilitarismus, stammt die Feststellung: »The question is not, Can they reason?, nor Can they talk? but, Can they suffer?« (zit. nach Duncan 2006; s. Kap. 13). Der englische Veterinär William Youatt schrieb im Jahre 1839 bezüglich der Empfindungsfähigkeit von Mensch und Tier: »[...] the difference between them in one of the most essential of all points, is in degree, and not in kind« (zit. nach Duncan 2006). 1872 publizierte Darwin sein Buch *The Expression of the Emotions in Man and Animals*, in dem er die Ansicht vertrat, Emotionen seien durch das Wirken der natürlichen Selektion als Anpassung an den jeweiligen Lebensraum entstanden und daher angeboren. Zudem war er der Meinung, einige Tierarten besäßen vergleichbare Emotionen wie Menschen. Sein Buch, wenngleich ein Bestseller, wurde in der Wissenschaft jedoch kaum akzeptiert und geriet schnell wieder in Vergessenheit.

Im 20. Jahrhundert prägte – vor allem im nordamerikanischen Raum – der Behaviorismus das wissenschaftliche Denken. Die mit den Namen Watson und Skinner verbundene Forschungsrichtung stellte simple Reiz-Reaktions-Schemata in den Vordergrund und lehnte die Erforschung ›innerer Zustände‹ grundsätzlich ab. Auch die Begründer der klassischen Ethologie, die Nobelpreisträger Lorenz, Tinbergen und von Frisch, verwendeten den Emotionsbegriff in ihren wissenschaftlichen Publikationen nicht. Erst Bücher wie *The question of animal awareness* von Donald Griffin (1976), *Animal Suffering* (Dawkins, 1980) oder *Stress and Animal Welfare* (Broom/Johnson 1993) führten wieder zunehmend zu einem Nachdenken über die Empfindungsfähigkeit und das Wohlbefinden von Tieren.

Mittlerweile ist die Vermeidung von Leiden, Schmerzen, Schäden, Angst und/oder Stress das zentrale Kriterium auch für den Tierschutz geworden. Gleichzeitig hat die Erfassung und Beurteilung positiver und negativer Emotionen bei Tieren in der tierschutzorientierten Grundlagenforschung und der angewandten Ethologie wissenschaftliche Relevanz gewonnen. Ziel dieser Forschung ist u. a. die Entwicklung von Messmethoden, mit denen Emotionen bei Tieren zuverlässig diagnostiziert werden können.

11.1 Der Emotionsbegriff beim Menschen: Was sind Emotionen?

Eine eindeutige und allgemeingültige Definition des Emotionsbegriffs existiert bisher selbst im Humanbereich nicht. Der Befund von Fehr und Russel trifft im Wesentlichen auch heute noch zu: »Everyone knows what an emotion is [...] until one is asked to give a definition« (Fehr/Russell 1984). Die Wissenschaft stützt sich stattdessen eher auf Arbeitsdefinitionen, die das Phänomen der Emotionen beschreiben, ohne es jedoch im eigentlichen Sinne zu definieren. Emotionen sind demnach Reaktionsmuster, welche durch spezifische Reize, Situationen und/oder Umweltereignisse ausgelöst werden. Sie helfen nicht nur bei der Bewertung von Umweltreizen oder -ereignissen, sondern bereiten den Organismus auch physiologisch und psychologisch auf entsprechende Handlungen vor. Sie dienen damit als Schnittstelle zwischen der Umwelt und dem Organismus und ermöglichen die Kommunikation von Zuständen und Intentionen. Emotionen werden aber nicht nur erlebt, sondern auch von bestimmten Ausdrucksphänomenen begleitet. Sie beinhalten sowohl kognitive und motivationale als auch Handlungskomponenten und sind daher als vielschichtige Prozesse zu verstehen (Hamm 2006).

Ähnlich schwierig wie die Suche nach einer umfassenden Definition gestaltet sich der Versuch, Emotionen zu klassifizieren. Da dies selbst in den Humanwissenschaften nicht einheitlich gelingt, ist eine Übertragung des Konzepts auf Tiere beim heutigen Stand der Forschung sehr schwierig. Vor diesem Hintergrund können bei Tieren gegenwärtig vor allem Aussagen über positive und negative affektive Zustände gemacht, aber nicht verlässlich zwischen spezifischen Emotionen differenziert werden (Fraser 2009). Eine Ausnahme stellen die Emotionen Furcht und Angst dar, bei denen verhaltensneurowissenschaftliche Untersuchungen Ähnlichkeiten zwischen Mensch und Tier bis hin zu zellulären und molekularen Prozessen zeigen (Wotjak/Pape 2013).

J. B. Metzler © Springer-Verlag GmbH Deutschland, ein Teil von Springer Nature, 2018
J. S. Ach / D. Borchers (Hg.), *Handbuch Tierethik*, https://doi.org/10.1007/978-3-476-05402-9_11

11.2 Funktion und Evolution von Emotionen

Wie alle Merkmale, seien es ethologische, physiologische oder anatomische, die sich im Laufe der Evolution durchsetzen konnten, haben auch Emotionen einen Vorteil für das Individuum. Mit Hilfe von Emotionen können Individuen adäquat auf Umweltreize reagieren und ermöglichen damit eine optimale Anpassung an die Umwelt. In gefährlichen Umwelten kann es beispielsweise überlebenswichtig sein, ein ängstliches Verhaltensprofil auszubilden. Zum Beispiel kann es in Gegenwart von Prädatoren mitunter hochadaptiv sein, sich vorsichtig und ängstlich zu verhalten (Heiming/Sachser 2010). Weiterhin sind Emotionen notwendig um mit Artgenossen interagieren bzw. soziale Interaktionen koordinieren zu können. So können Individuen durch Mimik oder Ausdruckshaltungen ihren Interaktionspartnern mitteilen, ob sie fliehen, kämpfen oder spielen werden. Schließlich können Emotionen nützliche Konsequenzen für das Individuum und seine sozialen Beziehungen haben: Sozialpartner können in belastenden Situationen Unterstützung leisten, indem durch ihre Anwesenheit physiologische Stressreaktionen gedämpft werden. Beim Menschen wird diskutiert, dass Emotionen wie Liebe und Lust erforderlich sind, um soziale Bindungen aufbauen zu können. Andere Emotionen wie Sympathie und Eifersucht dagegen sind notwendig, um die Bindungen aufrechterhalten bzw. schützen zu können (Keltner/Kring 1998). Bei Tierarten, die ebenfalls soziale Bindungen ausbilden, könnten Emotionen eine ähnliche Funktion haben (s. Kap. 12). Prinzipiell scheint es so zu sein, dass Situationen, die mit positiven affektiven Zuständen assoziiert sind, immer wieder aufgesucht werden, während Situationen, die mit negativen affektiven Zuständen verbunden sind, eher vermieden werden. Letztlich steigert ein solches Verhaltensmuster die Überlebenswahrscheinlichkeit und führt zu einer Maximierung der darwinschen Fitness.

Dies bedeutet aber auch, dass sich je nach den Umweltbedingungen, unter denen eine Art evolvierte, unterschiedliche Emotionen entwickelt haben könnten. So sind Fledermäuse an den Luftraum, Maulwürfe an ein Leben unter der Erde und Wale an ein solches im Wasser angepasst. Wenn Emotionen dazu beitragen, sich optimal an die entsprechenden Lebensräume anzupassen, ergibt sich die Frage, ob diese Tiere dieselben Emotionen haben wie Menschen. Möglicherweise gibt es bei bestimmten Tierarten Emotionen, die wir nicht kennen, da sie für den Lebensraum des Menschen und seine Lebensweise nicht notwendig sind. Genauso könnte es sein, dass Emotionen, die Menschen entwickelt haben, für einige Tierarten nicht wichtig sind und daher bei ihnen nicht evolvierten. Auch wenn es also vielfältige Ähnlichkeiten zwischen Emotionen bei Menschen und Tieren geben mag, ist nicht davon auszugehen, dass dies automatisch für alle Emotionen in gleicher Weise zutrifft. Im Übrigen müssen nicht Tiere aller systematischer Gruppen Emotionen entwickelt haben: Während bei Wirbeltieren, Zehnfußkrebsen und einigen Kopffüßern wie dem Oktopus allgemein davon ausgegangen wird, dass sie über Emotionen verfügen, wird dies etwa bei Insekten, Schwämmen oder Plattwürmern in der Regel verneint.

11.3 Methoden der Emotionsforschung beim Tier

Verhaltensbiologie und Veterinärmedizin sehen sich zunehmend mit der Aufgabe konfrontiert, wissenschaftlich begründete Aussagen zur Erheblichkeit von Schmerzen und Leiden bei Tieren zu machen. Dabei stellt sich insbesondere das Problem, dass es sich bei Schmerzen und Leiden (auch) um subjektive Empfindungen handelt, die mit naturwissenschaftlichen Methoden nicht direkt erfasst werden können. Schmerz ist eine Beeinträchtigung des Wohlbefindens und wird von der *International Association for the Study of Pain* als »eine unangenehme sensorische und gefühlsmäßige Erfahrung, die mit akuter oder potentieller Gewebeschädigung einhergeht oder in Form solcher Schädigung beschrieben wird« definiert (IASP Task force of taxonomy 1994).

Analogieschluss. Die Diagnose von Schmerz bei Tieren basiert auf bestimmten Indikatoren wie beispielsweise einer Gewebeschädigung oder Schmerzäußerungen. Diese Indikatoren können allerdings nur in Analogie mit ähnlichen Symptomen beim Menschen mit den entsprechenden negativen gefühlsmäßigen Erfahrungen in Verbindung gebracht werden. Auch Leiden (d. h. erhebliche Beeinträchtigungen des Wohlbefindens, insbesondere Angst, Furcht und Stress) sind nicht direkt messbar. Aussagen über Emotionen bei Tieren können folglich nur indirekt über Analogieschlüsse gemacht werden. Solche Analogien sind jedoch umso schwerer zu ziehen, je größer die Unterschiede zwischen einer Tierart und dem Menschen sind. Bei einem Schimpansen beispielsweise gelingt dies offenbar besser als bei einem Regenwurm. Analogieschlüsse bergen aber auch Gefahren. So kommt es leicht dazu, die Bedeutung der menschlichen Mimik oder der menschlichen Ausdruckshaltung auf ähnliche Mimiken oder Ausdruckshaltungen uns nah verwandter Arten zu übertragen. Ein Schimpanse, der die Mimik menschlichen Lachens zeigt, freut sich jedoch nicht; seine Mimik ist vielmehr Ausdruck dafür, dass ihn die aktuelle Situation beängstigt. Delphine sehen immer gut gelaunt aus und scheinen ständig zu lachen. Dies ist allerdings auf die fehlende Gesichtsmuskulatur und die Form ihres Unterkiefers zurückzuführen. Die Tiere scheinen daher auch in Situationen, in denen sie eigentlich Stress oder Angst empfinden, zu lachen. Diese Beispiele machen deutlich, dass Analogien zwar in einigen Situationen und mit hoher Plausibilität auf Schmerzen oder Leiden von Tieren schließen lassen; dies bedeutet aber nicht, dass auch der Umkehrschluss richtig wäre, denn Schmerzen oder Leiden von Tieren lassen sich unter Rückgriff auf Analogien nicht in allen Fällen sicher ausschließen. Um Fehlinterpretationen zu vermeiden, ist es daher ausgesprochen wichtig, zusätzlich geeignete ethologische und physiologische Korrelate für Emotionen zu validieren.

Physiologische und ethologische Korrelate für Emotionen bei Tieren

Emotionen sind vielschichtig und beinhalten neben der subjektiven Empfindung zugleich auch Komponenten, die sich im Verhalten und/oder in der Physiologie äußern. Die Emotion der Furcht beispielsweise wird einerseits von einem subjektiven Gefühl des Grauens begleitet, andererseits geht sie mit bestimmten physiologischen Prozessen wie zum Beispiel der Erhöhung der Herzschlagrate und/oder spezifischen Verhaltensreaktionen, wie beispielsweise einer Fluchtreaktion, einher (Paul et al. 2005). Veränderungen von Emotionen korrelieren häufig mit Veränderungen von Stresshormonen (z. B. Cortisol), Neurohormonen (z. B. Oxytocin), der Herzfrequenz und Hautleitfähigkeit oder des Körpergewichts. Diese Parameter sind zwar gut mit naturwissenschaftlichen Methoden quantifizierbar. Auf der Ebene der Interpretation treten jedoch häufig Probleme auf. So können physiologische Korrelate nicht nur in Abhängigkeit von der Valenz (angenehm bis unangenehm), sondern auch in Abhängigkeit von der Intensität affektiver Erregung (hoch bis niedrig) sehr stark variieren. Ein Anstieg der Stresshormonkonzentrationen ist beispielsweise sowohl bei der Niederlage in einem Kampf (unangenehm), als auch bei sexueller Aktivität (angenehm) zu beobachten. Zudem gibt es Hinweise darauf, dass physiologische Reaktionen auch ohne Veränderungen des subjektiven Empfindens auftreten können, und dass nicht alle subjektiven Empfindungen mit physiologisch messbaren Veränderungen einhergehen (Paul et al. 2005). Vor diesem Hintergrund ist es wichtig, neben physiologischen Korrelaten zugleich auch das Spontanverhalten der Tiere zu erfassen (beispielsweise Häufigkeiten, mit denen gespielt wird, Lautäußerungen wie lach-ähnliche Vokalisationen im Ultraschallbereich bei Ratten (Panksepp 2005), Körperhaltungen, Veränderungen im Gesichtsausdruck oder das Aufsuchen bzw. Vermeiden spezifischer Situationen).

Zusätzlich zu diesen Parametern auf Ebene des Spontanverhaltens, kann der emotionale Zustand von Tieren auch systematisch in einer Testumgebung untersucht werden. Weit verbreitet in der versuchstierkundlichen Forschung sind in diesem Zusammenhang befindensrelevante Kurztests wie das *Elevated Plus Maze*, der *Open Field Test* oder der *Dark Light Test*. Mit Hilfe dieser Tests kann das angstähnliche Verhalten von Labortieren untersucht werden. Das *Elevated Plus Maze* und der *Open Field Test* konnten für Mäuse und Ratten sogar pharmakologisch validiert werden (z. B. Pellow et al. 1985). Demnach führt die Gabe von anxiogenen Substanzen zu einer Steigerung angstähnlichen Verhaltens, während die Applikation von Anxiolytika zu einer Reduktion des angstähnlichen Verhaltens führt.

Darüber hinaus ist es mit Hilfe von Präferenztests möglich, Tiere zu ›befragen‹, welche Situation sie bevorzugen (z. B. Sachser 1998). Den Tieren wird dabei die Möglichkeit gegeben zwischen mindestens zwei Alternativen zu wählen. Anhand von Beobachtungen können dann Präferenzen für bestimmte Alternativen identifiziert werden. Die Nachfrageuntersuchung, die ursprünglich aus dem Bereich der Mikroökonomie stammt, geht noch etwas weiter und beruht auf dem Prinzip, die Tiere für den Zugang zu einer bestimmten Ressource arbeiten zu lassen. Dies ist ein Maß für den ›Preis‹, den Tiere bereit sind zu zahlen, um eine bestimmte Ressource zu erhalten. Bei Nerzen beispielsweise konnte gezeigt werden, dass die Tiere bereit sind, einen hohen ›Preis‹ für den Zugang zu einem Wasserbecken zu zahlen. Falls dieser Zugang verhindert wird, zeigen die Tiere eine hohe endokrine Stressreaktivität (Mason et al. 2001). Es bleibt allerdings unklar, ob die Nachfrage nach einer Ressource (= wollen) mit dem subjektiven Empfinden (= mögen) übereinstimmt (Würbel 2010).

Kognitive Indikatoren für Emotionen

Jüngere Forschungen in der Humanpsychologie haben gezeigt, dass Emotionen neben den geschilderten Komponenten (subjektive Empfindung, Physiologie und Verhalten) eine vierte, kognitive Komponente beinhalten. Die alltägliche Erfahrung zeigt, dass Emotionen nicht nur das Wohlbefinden, sondern auch die geistige und körperliche Leistungsfähigkeit erheblich beeinflussen können. Fühlen wir uns schlecht, so scheint uns nichts zu gelingen. Umgekehrt denken und handeln wir unter dem Einfluss positiver Gefühle üblicherweise klarer und entschlossener. Eine Vielzahl an Studien belegt, dass sich unterschiedliche Emotionen modulierend auf Aufmerksamkeitsprozesse, Erinnerungsvermögen und die Bewertung mehrdeutiger Reize oder Situationen auswirken. Emotional geladene Ereignisse werden beispielsweise besonders gut in Erinnerung behalten, während traumatische Erinnerungen auch gänzlich verblassen können (Lerner/Keltner 2000; Schwarz 2000). Und auch was Individuen in bestimmten Situationen wahrnehmen oder wie sie es bewerten, hängt maßgeblich von emotionalen Färbungen ab (Stimmungskongruenz). Versuchspersonen in positiver Stimmung produzieren beim freien Assoziieren zum Beispiel häufiger positive Worte (Isen et al. 1978), Personen in negativer Stimmung schätzen ihre eigenen Qualitäten als negativer (Wright/Mischel 1982) und die Wahrscheinlichkeit zukünftiger Katastrophen als höher ein (Johnson/Tversky 1983). Darüber hinaus ist auch bekannt, dass die Bewertung ambivalenter Reize in Abhängigkeit von der emotionalen Grundstimmung variiert und damit das aktuelle Wohlbefinden spiegelt (»Ist das Glas halb voll oder halb leer?«). So neigen traurige oder depressive Menschen dazu, ambivalente Reize oder Situationen eher pessimistisch zu bewerten und negative Reize häufiger als positive Reize wahrzunehmen (Gotlib/Joormann 2010). Für sie ist das Glas, metaphorisch gesprochen, also ›halb leer‹.

Seit einigen Jahren werden diese Kenntnisse in der verhaltensbiologischen Forschung eingesetzt, um Emotionen bei Tieren zu quantifizieren. In einer wegweisenden Studie mit Laborratten gelang es einem britischen Forscherteam ein Testverfahren für Tiere zu etablieren und zu zeigen, dass chronisch gestresste Tiere ambivalente Reize deutlich pessimistischer bewerten als nicht gestresste Tiere (Harding et al. 2004). In einem solchen Testverfahren werden Tiere zunächst darauf trainiert, zwischen zwei Stimuli zu unterscheiden und unterschiedlich auf sie zu reagieren (Diskriminationstest). Beispielsweise lernen Tiere, zwischen zwei visuellen Stimuli je nach Präsentationsort auf einem Bildschirm zu unterscheiden: Bei der Präsentation eines Balkens am oberen Bildschirmrand (= positiver Stimulus) müsste das Tier den Bildschirm auf der rechten Seite berühren, um eine Futterbelohnung zu bekommen. Bei der Präsentation des Balkens am unteren Bildschirmrand (= negativer Stimulus) müsste das Tier jedoch mit einer Verhaltensantwort auf der linken Seite reagieren, um eine milde Bestrafung (z. B. ein lautes Geräusch) zu vermeiden. Im zweiten Schritt wird ihnen ein ambiger Stimulus präsentiert, der sich genau zwischen den ursprünglich präsentierten Stimuli befindet. Im Falle unseres Beispiels könnte es sich um einen Balken handeln, der genau in der Mitte des Bildschirms angeordnet wäre. Je nachdem, welche Verhaltensantwort die Tiere auf diesen Stimulus geben, spiegelt dies entweder die Erwartung einer Belohnung oder einer Bestrafung wider. In Analogie zu traurigen oder depressiven Menschen erlaubt eine pessimistische Bewertung nun den Rückschluss auf eine negative Grundstimmung, während eine optimistische Bewertung ein Hinweis auf eine positive Grundstimmung ist. Mittels solcher Testverfahren können Tiere systematisch ›befragt‹ werden wie verschiedene Haltungsbedingungen oder unterschiedliche (soziale) Erfahrungen ihre Sichtweise auf die Welt beeinflussen (Sachser/Richter 2015). Tests für kognitive Verzerrungen sind daher eine Art ›Schlüsselloch‹, durch das ein bisher unerreichter Einblick in das emotionale Erleben von Tieren erreicht werden kann (Würbel 2007; 2010)

11.4 Emotionen bei Mensch und Tier

Alle diejenigen Gehirnstrukturen und biochemischen Prozesse, die für die Produktion von Emotionen beim Menschen verantwortlich sind, sind zumindest bei anderen Säugetieren, oft aber auch bei allen Wirbeltieren, ebenfalls vorhanden. Beispielsweise besitzen Säugetiere (inklusive des Menschen), Vögel und Reptilien das sogenannte limbische System. Dabei handelt es sich um eine Reihe von verschiedenen Kerngebieten im Gehirn, die sich wie ein Saum um Basalganglien und Thalamus ziehen. Im limbischen System werden Verhaltensweisen mit affektiven Komponenten belegt.

Dieses Gehirnareal ist somit für Emotionen wie Wut, Freude und Trauer verantwortlich. Zudem besitzen alle Vertebraten ähnliche schmerzempfindliche Nervenzellen, die auf schädliche Reize reagieren. Das heißt, Wirbeltiere besitzen freie Nervenendigungen für die Aufnahme von Schmerzreizen sowie alle für die Weiterleitung von Schmerz bekannten Neurotransmitter und entsprechende zentralnervöse Strukturen. Letztendlich reagieren Wirbeltiere auch auf schmerzhemmende Substanzen. Bei Wirbeltieren sind daher zumindest die neuronalen Voraussetzungen gegeben, um ähnliche Emotionen empfinden zu können wie Menschen. Welche Qualität diese Emotionen bei Tieren aber haben und wie psychisches Leid individuell erlebt wird, darüber lässt sich zum jetzigen Zeitpunkt nur spekulieren. Wenn beispielsweise ein Hund nach seinem verstorbenen Besitzer sucht, nicht mehr frisst oder nicht mehr spielt, wirkt das – zumindest auf den ersten Blick – wie ein Trauern um den Besitzer. Auch Erzählungen über trauernde Elefanten, eifersüchtige Schimpansen oder empathische Ratten sprechen dafür, dass Tiere ein ähnliches emotionales Erleben haben wie Menschen. Fraglich ist jedoch, was davon mit naturwissenschaftlichen Methoden belegbar ist und einer naturwissenschaftlichen Überprüfung standhält.

Wie dargestellt, können vielfältige Indikatoren dazu genutzt werden, um Rückschlüsse auf Emotionen bei Tieren zu ziehen. So lassen sich beispielsweise die Reaktionen auf den Verlust eines Partners bei Mensch und Tier mittels physiologischer Stressreaktionen objektiv und reproduzierbar ermitteln. Diese Stressreaktionen sehen sehr ähnlich aus: Während solch einer belastenden Situation werden verstärkt Stresshormone ausgeschüttet. Interessant ist dabei auch, dass offensichtlich dieselben sozialen Faktoren und Situationen, die für den Menschen belastend sein können, dies in derselben Art und Weise auch bei anderen Säugetieren sein können. So ist beispielsweise eine stabile soziale Umwelt für das Wohlergehen sowohl von Menschen als auch Tieren förderlich, während eine instabile soziale Umwelt zu starken Stressreaktionen und zu erhöhter Krankheitsanfälligkeit führt (Sachser et al. 1998).

Ähnlichkeiten zwischen Mensch und Tier finden sich jedoch nicht nur bezüglich physiologischer Stressreaktionen in belastenden Situationen. Zum Beispiel kann die Bindung an einen Sozialpartner oder eine soziale Gruppe bei Mensch und Tier eine stressreduzierende Wirkung haben (Hennessy et al. 2009; Kaiser et al. 2003). Wird einem Totenkopfäffchen, das sich im Gruppenverband befindet, eine Schlangenattrappe gezeigt, so wird keine hormonelle Stressreaktion ausgelöst. Wenn es jedoch alleine ist, reagiert es mit einem starken Anstieg der Cortisolkonzentrationen. Und auch Affenkinder, die sich allein in einer unbekannten Situation befinden, zeigen einen deutlich höheren Anstieg der Cortisolwerte als wenn sie sich dort zusammen mit ihrer Mutter befinden. Bei einigen Arten ist solch ein stressreduzierender Effekt auch bei erwachsenen Tieren bekannt: Ähnlich wie bei den Affenkindern zeigen beispielsweise adulte männliche Hausmeerschweinchen, die aus einer großen gemischtgeschlechtlichen Gruppe von Artgenossen herausgenommen und allein in ein fremdes Gehege eingesetzt werden, einen Anstieg der Cortisolkonzentrationen im Blut um etwa 100 Prozent. Diese Stressantwort des Männchens kann durch die Anwesenheit eines Weibchens jedoch stark reduziert werden. Dies ist aber nur möglich, wenn das Männchen zu diesem Weibchen eine Bindung ausgebildet hat. Fremde oder bekannte Weibchen, zu denen keine Bindungen aufgebaut wurden, können die Stressreaktion des Männchens nicht dämpfen (Sachser et al. 1998).

11.5 Fazit

In den Humanwissenschaften wird häufig zwischen Emotionen und Gefühlen unterschieden, wobei Gefühle als bewusste Emotionen definiert werden. Aus Sicht der Verhaltensbiologie ist es unbestritten, dass Tiere, insbesondere Säugetiere, Emotionen aufweisen. Ob diese jedoch auch von Tieren bewusst erlebt werden, es sich somit also um Gefühle handelt, ist nicht klar. Um diese Frage zu beantworten, muss zunächst geklärt werden, ob Tiere ein Ich-Bewusstsein haben. Da dies zum heutigen Stand der Wissenschaft zumindest bei Menschenaffen, Delfinen, Elefanten oder Rabenvögeln vorstellbar ist, sollte davon ausgegangen werden, dass ein bewusstes Erleben von Emotionen auch bei Vertretern einzelner Spezies vorkommen kann (s. Kap. 6).

Aus verhaltensbiologischer Sicht evolvierten Emotionen durch das Wirken der natürlichen Selektion und stellen Anpassungen an die soziale und nicht-sozialen Umwelt dar. Trotz vieler Ähnlichkeiten, die wir Menschen bezüglich unserer Emotionen mit den (anderen Säuge-)Tieren haben, ist es deshalb durchaus möglich, dass Tiere aufgrund unterschiedlicher Lebensräume und -verläufe ein völlig anderes Spektrum an Emotionen aufweisen. Nur wenn dies berücksichtigt wird, ist es möglich, den Tieren gerecht zu werden und einen effektiven Tierschutz zu betreiben (s. Kap. 26).

Literatur

Broom, Donald M./Johnson, Ken G.: *Stress and Animal Welfare.* London 1993.

Dawkins, Marian S.: *Animal Suffering. The Science of Animal Welfare.* London 1980.

Duncan, Ian J. H.: The changing concept of animal sentience. In: *Applied Animal Behaviour Science* 100 (2006), 11–19.

Fehr, Beverley/Russell, James A.: Concept of emotion viewed from a prototype perspective. In: *Journal of Experimental Social Psychology* 113 (1984), 464–486.

Fraser, David: Assessing animal welfare: different philosophies, different scientific approaches. In: *Zoo Biology* 28 (2009), 507–528.

Gotlib, Ian H./Joormann, Jutta: Cognition and depression: Current status and future directions. In: *Annual Review of Clinical Psychology* 6 (2010), 285–312.

Griffin, Donald: *The question of animal awareness.* New York 1976.

Hamm, Alfons O.: Psychologie der Emotionen. In: Hans-Otto Karnath/Peter Tier (Hg.): *Neuropsychologie.* 2. aktualisierte und erw. Ausgabe. Heidelberg 2006.

Harding, Emma J./Paul, Elizabeth S./Mendl, Michael: Animal behaviour: Cognitive bias and affective state. In: *Nature* 427 (2004), 312.

Heiming, Rebecca S./Sachser, Norbert: Consequences of serotonin transporter genotype and early adversity on behavioral profile – pathology or adaptation? In: *Frontiers in Neuroscience* 4 (2010), 187.

Hennessy, Michael B./Kaiser, Sylvia/Sachser, Norbert: Social buffering of the stress response: diversity, mechanisms, and functions. In: *Frontiers in Neuroendocrinology* 30 (2009), 470–482.

IASP Task Force on Taxonomy: *Classification of Chronic Pain, Second Edition. Part III: Pain Terms, A Current List with Definitions and Notes on Usage.* Hg. von H. Merskey und N. Bogduk. Seattle 1994.

Isen, Alice/Shalker, Thomas/Clark, Margaret/Karp, Lynn: Affect, accessibility of material in memory, and behavior: a cognitive loop? In: *Journal of Personality and Social Psychology* 36 (1978), 1–12.

Johnson, Eric J./Tversky, Amos: Affect, generalization, and the perception of risk. In: *Journal of Personality and Social Psychology* 45 (1983), 20–31.

Kaiser, Sylvia/Kirtzeck, Melanie/Hornschuh, Gudrun/Sachser, Norbert: Sex specific difference in social support – a study in female guinea pigs. In: *Physiology and Behavior* 79 (2003), 297–303.

Keltner, Dacher/Kring, Ann M.: Emotion, social function, and psychobathology. In: *Review of General Psychology* 2 (1998), 320–342.

Lerner, Jennifer S./Keltner, Dacher: Beyond valence: toward a model of emotion-specific influences on judgement and choice. In: *Cognition and Emotion* 14 (2000), 473–493.

Mason, Georgia/Cooper, Jonathan/Clarebrough, Catherine: Frustrations of fur-farmed mink. In: *Nature* 410 (2001), 35–36.

Paul, Elizabeth S./Harding, Emma J./Mendl, Michael: Measuring emotional processes in animals: the utility of a cognitive approach. *Neuroscience and Biobehavioral Review* 29 (2005), 469–491.

Panksepp, Jaak: Beyond a joke: from animal laughter to human joy? In: *Science* 308 (2005), 62–63.

Pellow, Sharon/Chopin, Philippe/File, Sandra E./Briley, Mike: Validation of open: closed arm entries in an elevated plus-maze as a measure of anxiety in the rat. In: *Journal of Neuroscience Methods* 14 (1985), 149–167.

Sachser, Norbert: Was bringen Präferenztests? In: *Aktuelle Arbeiten zur artgemäßen Tierhaltung 1997* (KTBL Schrift 380). Darmstadt 1998, 9–20.

Sachser, Norbert/Dürschlag, Matthias/Hirzel, Daniela: Social relationships and the management of stress. In: *Psychoneuroendocrinology* 23 (1998), 891–904.

Sachser, Norbert/Richter, S. Helene: Animals can tell us more. In: *Behavioral and Brain Sciences* 38 (2015), 44–45.

Schwarz, Norbert: Emotion, cognition and decision making. In: *Cognition and Emotion* 14 (2000), 433–440.

Wotjak, Carsten T./Pape, Hans-Christian: Neuronale Schaltkreise von Furchtgedächtnis und Furchtextinktion. In: *Neuroforum* 3/13 (2013), 92–102.

Wright, Jack/Mischel, Walter: Influence of affect on cognitive social learning person variables. In: *Journal of Personality and Social Psychology* 43 (1982), 901–914.

Würbel, Hanno: Biologische Grundlagen zum ethischen Tierschutz. In: IAT Heidelberg (Hg.): *Tierrechte – eine interdisziplinäre Herausforderung.* Erlangen 2007, 11–30.

Würbel, Hanno: Kognition und Emotion bei Tieren. In: *Tierschutz, Anspruch – Verantwortung – Realität.* Tagungsband 1. Tagung der Plattform Österreichische TierärztInnen für Tierschutz. Wien 2010, 9–14.

Sophie Helene Richter / Norbert Sachser / Sylvia Kaiser

12 Tiere als soziale Wesen

Die meisten Tiere unterhalten soziale Beziehungen, aber nicht alle Tiere sind soziale Tiere. Soziale Tiere interagieren jenseits der Reproduktion auf vielfältige Weise mit ihren Artgenossen (und mit anderen Arten). Manche soziale Tiere leben in dauerhaften Gemeinschaften, wobei einige dieser Tiere komplexe und dynamische Gemeinschaften bilden. In sogenannten ›Fission-fusion-Gemeinschaften‹ wechseln Größe und Zusammensetzung der Gruppen je nach Tätigkeit. So trennen sich die Tiere zur Nahrungssuche oder sind in Kleingruppen unterwegs (*fission*), um z. B. für den Schlaf wieder zusammenzukommen (*fusion*). Bei Elefanten, Affen, Delfinen und Raubtieren können Individuen zeitlich stabile soziale Beziehungen unterhalten, obwohl sie in Fission-fusion-Gemeinschaften leben. So leben Bechsteinfledermäuse (*Myotis bechsteinii*) in solchen Gesellschaften und unterhalten stabile individuelle Beziehungen unabhängig von Alter, Größe, Reproduktionserfolg und Verwandtschaftsgrad; in großen Fledermauskolonien können sich stabile Untergruppen bilden, wobei der zeitlich stabile Kontakt zwischen diesen Untergruppen durch ältere Fledermäuse hergestellt wird (Kerth et al. 2011). Wie können soziale Verhaltensmuster wie die Bildung von Fission-fusion-Gemeinschaften bzw. zeitlich stabile Relationen zwischen Individuen biologisch erklärt werden? Offenbar hat das Leben in Gruppen ökologische Vorteile, indem es z. B. das Risiko verringert zur Raubtierbeute zu werden. Allerdings hat die Bildung von Gruppen auch soziale Vorteile, indem sie zum Beispiel die Möglichkeit für Reproduktion erhöht.

12.1 Soziobiologie, Verhaltensökologie und Ethologie

Soziobiologie und Verhaltensökologie erklären solche sozialen Verhaltensmuster im Rahmen der Evolutionstheorie. Der Ausdruck ›Soziobiologie‹ wurde von E. O. Wilson zur Bezeichnung der systematischen Erforschung der biologischen Grundlagen des Sozialverhaltens eingeführt (Wilson 1975). Häufig wird dieser Ausdruck nur als Bezeichnung für eine reduktionistische Theorie des menschlichen Sozialverhaltens verstanden. Er umfasst allerdings auch die biologische Erklärung tierlichen Sozialverhaltens. Das Sozialverhalten ist auch im Fokus der Verhaltensökologie (Krebs/Davies 1996). Beide Disziplinen untersuchen Merkmale des Sozialverhaltens mithilfe adaptationistischer Methoden der Evolutionstheorie. Eine Adaptation (Anpassung) ist ein Merkmal, das durch natürliche Selektion entstanden ist. Entsprechende Methoden betrachten soziale Merkmale als Anpassung an den Selektionsdruck der physischen und/oder sozialen Umwelt. Solche Methoden werden z. B. durch Optimalitätsmodelle oder durch die Spieltheorie zur Verfügung gestellt. Das Augenmerk der Soziobiologie bzw. Verhaltensökologie gilt dabei in erster Linie der evolutionären Funktion eines Verhaltensmusters, wobei Fragen nach dem Beitrag zur Fitness im Vordergrund stehen. Daran kann kritisiert werden, dass für die Erklärung eines Verhaltens Fragen nach der Entwicklung und der proximalen Verursachung (etwa durch neuronale oder psychische Prozesse) nicht vernachlässigt werden dürfen (Griffiths 2008).

Eine Vorläuferin ist die klassische Ethologie, die sich nicht ausgearbeiteter evolutionsbiologischer Modelle bediente, aber größeres Interesse für Fragen der Entwicklung und proximalen Verursachung zeigte. Als Beispiel mag die sogenannte Prägung dienen, wie sie Konrad Lorenz an Graugänsen untersucht hat. Das erste, was Gänseküken nach dem Ausschlüpfen normalerweise begegnet, ist ein Elterntier. Allerdings akzeptieren sie in dieser Phase das erste bewegte Objekt als Elterntier und folgen ihm. Dies nannte Lorenz ›Prägung‹. Unter Umständen kann das Elterntier durch eine bewegte Flasche oder einen bärtigen Verhaltensforscher ersetzt werden. Bei der Prägung handelt es sich offenkundig um einen angeborenen Mechanismus. Man kann eine interne proximale Ursache für dieses Sozialverhalten erkennen (die Wahrnehmung des Kükens), die Anpassungsvorteile eruieren (das Küken begibt sich unter den Schutz des Elterntiers), die individuelle (ontogenetische) Entwicklung beobachten und auch nach der Phylogenese des Verhaltens fragen. Die klassische Ethologie interessiert sich also für vier unterschiedliche Erklärungsebenen. Sie fragt erstens nach internen proximalen Ursachen, zweitens nach den evolutionären Anpassungsvorteilen, drittens nach der ontogenetischen und viertens nach der phylogenetischen Entwicklung eines Verhaltens (Tinbergen 1963).

Die unterschiedlichen Studien zum Sozialleben der Tiere versammelte der Zoologe Adolf Portmann auf systematische Weise in *Das Tier als soziales Wesen* (Portmann 1953). Dabei vertrat Portmann die These, dass die Sozialformen der Tiere durch erbliche Mutationen umgebaut und durch genetische Dispositionen vererbt werden. Die menschlichen Sozialformen hingegen werden durch Entschlüsse und historische Wen-

J. B. Metzler © Springer-Verlag GmbH Deutschland, ein Teil von Springer Nature, 2018
J. S. Ach / D. Borchers (Hg.), *Handbuch Tierethik*, https://doi.org/10.1007/978-3-476-05402-9_12

dungen laufend verändert. Was dabei an Erbanalgen mitspiele, sei stets unausgeprägt und offen für Veränderungen. Allerdings benutzte Portmann auch den Begriff der ›Innerlichkeit‹, den er Jakob von Uexküll entlehnt hatte. In seinen Schriften zur biologischen Umweltlehre hatte Uexküll eine Unterscheidung zwischen ›Merkwelt‹, ›Wirkwelt‹ und ›Innenwelt‹ eingeführt, wobei die Innenwelt alle durch die Umwelt bewirkten Veränderungen im Nervensystems eines Tiers umfasst (Uexküll 1909). Ebenso bezeichnet Portmann als ›Innerlichkeit‹ den weiten Bereich der zielgerichteten Aktivität über einfache Empfindungen, den Fähigkeiten der Wahrnehmung und Erinnerung bis hin zu komplexen kognitiven Tätigkeiten. Die Funktion dieses Begriffs besteht darin, einen Platzhalter für Forschungen in diesem Bereich offen zu halten.

Offenbar sah Portmann noch keine Möglichkeit diese ›Innerlichkeit‹ von Tieren mit ihrem Sozialleben in Verbindung zu bringen. Tatsächlich wurde in der ersten Hälfte des 20. Jahrhunderts die Intelligenz von Tieren im Hinblick auf ihre Fähigkeit betrachtet, die physische Umwelt durch den Gebrauch von Werkzeugen zu manipulieren oder sich räumlich in ihr zu orientieren. Zwei klassische Beispiele mögen dies veranschaulichen. Der Psychologe Wolfgang Köhler untersuchte kurz vor dem Ersten Weltkrieg die Intelligenz von Menschenaffen (Köhler 1921). Er konnte zeigen, dass Schimpansen in der Lage sind, Stangen und Kisten auf neue Art und Weise zu benutzen, um an Nahrung zu gelangen, die ohne Hilfsmittel für sie unerreichbar gewesen wäre. Amerikanische Psychologen wie Edward Thorndike, John Watson oder Edward Tolman untersuchten das Verhalten von Ratten und anderen Säugetieren in Labyrinthen. Tolman formulierte aufgrund des Orientierungsverhaltens von Ratten in Labyrinthen die Hypothese, dass sich diese Tiere mithilfe mentaler Karten orientieren, wobei er insbesondere die Fähigkeit, Abkürzungen zu nehmen, als Beleg betrachtete (Tolman 1948). Dabei stand weder die Frage im Vordergrund, was der evolutionäre Überlebenswert dieser Intelligenzleistungen sein könnte noch die Frage, ob es eine Verbindung kognitiver Leistungen zum sozialen Leben der Tiere geben könnte.

12.2 Die These der sozialen Intelligenz

1976 stellte der Psychologe Nicholas Humphrey in »The social function of intellect« die Frage, worin die biologische Funktion der Intelligenz bestehen könnte. Sollte sie in der Entdeckung neuer Möglichkeiten bestehen, die physische Umwelt zu manipulieren? Tatsächlich zeigen Affen in Gefangenschaft unter Versuchsbedingungen ein hohes Maß an physikalischer Intelligenz, nur scheint es für diesen Einsatz der Primatenintelligenz kein Äquivalent in ihren natürlichen Lebensbedingungen zu geben. Allerdings, so Humphrey, leben diese intelligenten Tiere in Gemeinschaften. Könnte es nicht sein, dass die Funktion der Intelligenz eine soziale ist? Diese Form der Intelligenz verglich Humphrey mit dem Schachspiel, in dem jeder Zug die Relationen und somit die Optionen der Spielfiguren verändert. Ebenso wirken sich z. B. Veränderungen in der sozialen Hierarchie auf die Mitglieder einer Gruppe aus. Die Anforderungen des Lebens in Sozialverbänden hat womöglich den Selektionsdruck für kognitive Fähigkeiten erhöht, die nicht primär dazu dienen, sich in einer physischen, sondern in einer komplexen sozialen Umwelt durchsetzen zu können. Damit war die Hypothese der sozialen Intelligenz geboren.

Analog zur physischen Intelligenz kann die soziale Intelligenz als Fähigkeit definiert werden, den sozialen Raum zu manipulieren und im sozialen Raum zu navigieren. Die These der sozialen Intelligenz wurde als These des sozialen Gehirns formuliert. Vereinfacht gesagt behauptet diese These, dass die relativ großen Gehirne und die damit einhergehende hohe Intelligenz vor allem bei Primaten (einschließlich des Menschen) eine Folge des sozialen Zusammenlebens und der damit verbundenen Ressourcenkonkurrenz sei (Byrne/Whiten 1988; Dunbar 1998). Damit einher geht die Fähigkeit aus sozialen Interaktionen zu lernen, stabile soziale Bindungen einzugehen. Obschon die Forschung zu Primaten in diesem Bereich überwiegt (Fischer 2012), konnte die These der sozialen Intelligenz auch auf andere Wirbeltiere angewandt werden. Allerdings können Beispiele wie die bereits erwähnten Fledermäuse auch Zweifel wecken, ob die Beziehung zwischen sozialer Komplexität und sozialer Intelligenz tatsächlich so eng ist wie angenommen (Holekamp 2007). Die These der sozialen Intelligenz gehört zu den fruchtbarsten Theorien innerhalb der Verhaltensforschung, sie hat in den letzten drei Jahrzehnten zahlreiche interessante Forschungsprogramme motiviert, die hier kurz dargestellt werden sollen.

Theorie des Geistes. Humphrey (1976) hat vorgeschlagen, dass es für die soziale Navigation nützlich sein könnte, wenn Tiere nicht nur auf Verhaltensmuster bei ihren Sozialpartner angewiesen sind, sondern auch Wissen über Wahrnehmungen, Emotionen, Absichten, Wissen und Überzeugungen bei Artgenossen besitzen. Zur Bezeichnung dieser Fähigkeit hat sich der Ausdruck ›Theory of Mind‹ eingebürgert (Premack/Woodruff 1978). Eine Theorie des Geistes besteht in der Fähigkeit, das Verhalten anderer aufgrund der Zuschreibung geistiger Zustände wie über Wahrnehmungen, Emotionen, Absichten, Wissen und Überzeugungen vorauszusehen. Der Umstand, dass es sich um die Fähigkeit einer Voraussage aufgrund nicht direkt beobachtbarer Variablen handelt, erklärt, warum diese Fähigkeit als ›Theorie‹ bezeichnet wird. Diese Fähigkeit ist bei Menschen vorhanden und für unser soziales Leben von großer Bedeutung. Bei Kindern wird die Fähigkeit, anderen Überzeugungen zuzuschreiben, mittels des sogenannten ›False-belief-Tests‹ untersucht. Die klassische Studie dazu stellt die These auf, dass Kinder ungefähr ab dem vierten Lebensjahr in der Lage sind, anderen falsche Überzeugungen zuzuschreiben (Wimmer/Perner 1983). Allerdings verlangt der klassische Test, dass Kinder sich verbal zu einer Geschichte äußern, was Thesenbildungen über vorsprachliche Kleinkinder und über Tiere erschwert. Nichtverbale Versuchsanordnungen insbesondere mit vorsprachlichen Kleinkindern und mit Menschenaffen haben gezeigt, dass sich unter dem Begriff ›Theorie des Geistes‹ eine Vielzahl von Fähigkeiten verbirgt, die getrennt untersucht werden müssen (Andrews 2012). Dabei zeigt sich, dass Menschenaffen in der Lage sind zu verstehen, was andere sehen und wissen und welche Absichten sie verfolgen (Call/Tomasello 2008). Die Frage, ob Tiere Artgenossen falsche Überzeugungen zuschreiben, ist vor große methodische Herausforderungen gestellt; allerdings werden dazu neue Versuchsanordnungen entworfen, die neue Ergebnisse erwarten lassen (Lurz 2011; Karg 2015). Auch Rabenvögel scheinen über Elemente einer Theorie des Geistes zu verfügen (Emery/Clayton 2004; Bugnyar et al. 2016). Andere Autoren vermuten, dass sich sparsamere Erklärungen finden lassen, als eine Theorie des Geistes, welche die Fähigkeiten dieser Tiere erklären könnte (Fletcher/Carruthers 2013).

Kommunikation. Alle Tiere kommunizieren mit Artgenossen und über die Artgrenzen hinweg. Es liegt auf der Hand, dass der Kommunikation in sozialen Kontexten ein besonderer Wert zukommt. Kommunikativen Signalen kommt dabei nicht nur ein expressiver Wert zu (sie drücken nicht nur die affektive Befindlichkeit aus), sondern auch ein referenzieller Wert. Denn einige Signale beziehen sich auf Kategorien in der Umwelt. Alarmrufe sind das bekannteste Beispiel. Solche Signale sind referenziell, wenn sie mit bestimmten Klassen von Dingen – wie z. B. ›Gefahr von oben‹ oder ›Adler‹ – korreliert sind (Marler et al. 1992). Die bekannteste Untersuchung dazu gilt den Alarmrufen von Grünen Meerkatzen (Cheney/Seyfarth 1994). Futterrufe von Schimpansen enthalten nicht nur Informationen über das Vorhandensein von Futter, sondern auch über den Ort und die Qualität der Nahrung (Slocombe/Zuberbühler 2006). Referenzielle Signale erfüllen eine soziale Funktion und zeigen, dass Tiere in der Lage sind, Zeichen zu bilden, die Ähnlichkeiten zu menschlichen Begriffen haben. Allerdings zeigt die referenzielle Kommunikation noch nicht, dass Tiere auch die Absicht haben, anderen etwas mitzuteilen. Anders formuliert: Gibt es bei Tieren auch intentionale Kommunikation? Es existiert eine ganze Reihe von Belegen, die zeigt, dass insbesondere Menschenaffen in der Lage sind, Laute und vor allem Gesten in sozialen Kontexten flexibel einzusetzen (Townsend et al. 2016). Dabei achten diese Tiere auf sozialen Status, Wissensstand und Aufmerksamkeit der Rezipienten, sie versuchen die Aufmerksamkeit der Rezipienten zu erlangen, sie passen ihr Kommunikationsverhalten an, wenn die Botschaft nur teilweise oder nicht verstanden wird. Offenbar verfolgen sie in der Kommunikation bestimmte Absichten und bemühen sich darum, dass diese Absichten verstanden werden. Auch Affen, Raben und Elefanten nutzen referenzielle Gesten auf flexible Weise.

Kultur. Trotz kritischer Stimmen (Galef 1992) hat sich die Forschung zu Kultur bei Tieren etabliert (Leland/Galef 2009; Rendell/Whitehead 2014). Wesentlich ist die Erkenntnis, dass Verhaltensweisen bei Tieren nicht nur genetisch von Generation zu Generation vererbt werden, sondern auch mittels sozialer Transmissionsmechanismen. Zweitens hat sich gezeigt, dass unterschiedliche Populationen derselben Art unterschiedliche Verhaltensweisen intergenerationell weitergeben. So verfügen z. B. Schimpansengemeinschaften über unterschiedliche Traditionen des Werkzeuggebrauchs, der Nahrungsbearbeitung, der sozialen Interaktion wie des *grooming* (›Lausen‹).

Zu den sozialen Transmissionsmechanismen solcher innerartlich differenzierter Fähigkeiten gehören z. B. die Nachahmung von Verhaltensabläufen (Imitation) und die Nachahmung des Resultats eines Verhaltens (Emulation). Dabei scheinen Schimpansen sowohl auf die physischen als auch auf die psychischen Ereignisse zu achten, die mit einer Verhaltensweise verbunden sind, die sie erlernen. Je nach Zählung können bei Schimpansen bis zu 60 solcher tradierter Verhaltensweisen nachgewiesen werden (Whiten et al.

1999). Solche sozial weitervererbten Verhaltensweisen werden als ›Traditionen‹ bezeichnet (Avital/Jablonka 2001). Zusammen bilden solche Traditionen die Kultur einer Art. Im Unterschied zu Menschen scheinen Schimpansen Verhaltensweisen nicht durch Zeigen oder aktiven Unterricht weiterzugeben, allerdings existieren Untersuchungen zum aktiven Unterricht bei anderen Affenarten. Im Unterschied zu Menschen sind sowohl Imitation als auch Gruppenkonformität bei Schimpansen nur schwach ausgeprägt. Als ein entscheidender Unterschied zwischen Kultur bei Tieren und bei Menschen wird der Umstand erachtet, dass es nur bei Menschen eine kumulative kulturelle Entwicklung gibt. Während bei Schimpansen etwa die Bearbeitung und Nutzung von Ästen für das Termitenfischen tradiert wird, tradieren Menschen Werkzeuge, die laufend verbessert werden, und sie entwickeln Werkzeuge, um Werkzeuge herzustellen. Für solch kumulativen Werkzeuggebrauch gibt es bei Krähen und Schimpansen Hinweise (Hund/Gray 2003; Sanz et al. 2009).

12.3 Moral bei Tieren?

Ein relativ neues Forschungsfeld befasst sich mit der Moral bei Tieren im Hinblick auf die soziale Kognition. Verfügen Tiere über eine eigenständige Form der Moral? Alasdair MacIntyre (2001) vertritt die Ansicht, dass sich etwa bei Delfinen Verhaltensweisen finden, die man als artspezifische Tugenden verstehen kann. Mark Rowlands (2012) hat argumentiert, dass man Tiere als moralische Subjekte verstehen kann, weil sie über moralische Emotionen verfügen, die für sie implizite Gründe für moralisches Verhalten darstellen. Im Unterschied dazu sind Menschen moralische Akteure, die explizite Einsicht in ihre moralischen Beweggründe haben und so auch zur Verantwortung für ihr Verhalten gezogen werden können. Oder finden sich bei Tieren, insbesondere bei Menschenaffen, Vorformen der Moral wie Altruismus, Reziprozität, Empathie und Sanktionsverhalten? Frans de Waal (2006) argumentiert, dass diese sozialen Fähigkeiten auch für die menschliche Moral grundlegend sind und dass sie sich bei Menschaffen finden lassen.

12.4 Fazit und Ausblick

Die These der sozialen Intelligenz hat sich als fruchtbar erwiesen für Forschungsprogramme, die zeigen können, dass Tiere über Elemente einer Theorie des Geistes verfügen, dass sie referenziell und intentional kommunizieren sowie Traditionen und Kulturen entwickeln. Dabei handelt es sich nicht um Untersuchungen, die primär individuelle Fähigkeiten von Tieren betreffen, wie im Falle der physischen Intelligenz, sondern um kollektive Leistungen, die Tiere als soziale Wesen erbringen. Da das Erkenntnisinteresse dieser Forschung durch die Frage nach der Evolution der Hominiden geleitet ist, konzentriert sich ein großer Teil der Forschung auf Menschenaffen. Allerdings werden im Sinne einer komparativen Psychologie immer Studien zu Rabenvögeln, Walen oder Elefanten unternommen. Es steht zu erwarten, dass sich auch bei vielen Tierarten ausserhalb der Primaten weitere stabile Forschungsresultate im Bereich der sozialen Kognition ergeben werden.

Die sozialen Fähigkeiten von Tieren reißen Grenzzäune ein, die zwischen Mensch und Tier errichtet worden sind. Es gibt nicht-menschliche Tiere, die psychische Zustände anderer erkennen können, die intentional kommunizieren, die Traditionen sozial weiterreichen, Kulturen ausbilden und vielleicht über eine Moral verfügen. Müsste man solchen Tieren – Menschenaffen, Raben, Walen, Elefanten – nicht den moralischen Status zugestehen, den wir Menschen zugestehen? Tatsächlich haben Ethiker und Ethikerinnen argumentiert, dass man solche Tiere aufgrund ihrer Fähigkeit als personenähnliche Wesen behandeln sollten (Varner 2012; Benz-Schwarzburg 2012).

Literatur

Townsend, Simon et al: Exorcising Grice's ghost: an empirical approach to studying intentional communication in animals. In: *Biological Review* (2016). DOI: 10.1111/brv.12289.

Andrews, Kristin: *Do Ape Read Minds? Toward a New Folk Psychology.* Cambridge 2012.

Avital, Eytan/Jablonka, Eva: *Animal traditions: Behavioural inheritance in evolution.* Cambridge 2001.

Benz-Schwatzburg, Judith: *Sozio-kognitive Fähigkeiten bei Tieren und ihre Relevanz für Tierethik und Tierschutz.* Erlangen 2012.

Bugnyar, Thomas et al: Ravens attribute visual access to unseen competitors. In: *Nature Communications* 7 (2016), 10506.

Byrne, Richard/Whiten, Andrew: *Machiavellian intelligence: Social expertise and the evolution of intellect in monkeys, apes, and humans.* Oxford 1988.

Call, Josep/Tomasello, Michael: Does the chimpanzee have a theory of mind? In: *Trends in Cognitive Science* 125 (2008), 187–192.

Cheney, Dorothey/Seyfarth, Richard: *Wie Affen die Welt sehen.* München 1994 (engl. 1990).

de Waal, Frans: *Primaten und Philosophen. Wie die Evolution die Moral hervorbrachte.* München 2008 (engl. 2006).

Dunbar, Robin. The Social Brain Hypothesis. In: *Evolutionary Anthropology* 6 (1998), 178–190.

Emery, Nathan J./Clayton, Nichola S: Western Scrub-Jays (*Aphelocoma Californica*) Use Cognitive Strategies to Protect Their Caches from Thieving Conspecifics. In: *Animal Cognition* 7 (2004), 37–43.

Fischer, Juli: *Affengesellschaft.* Berlin 2012.

Fletcher, Logan/Carruthers, Peter: Behavior-reading vs. mentalizing in animals. In: J. Metcalfe/H. S. Terrace (Hg.): *Agency and Joint Attention.* Oxford 2013, 82–99.

Galef, Bennett: The question of animal culture. In: *Human Nature* 3/2 (1992), 157–178.

Griffiths, Paul: Ethology, Sociobiology and Evolutionary Psychology. In: S. Sarkar/A. Plutyinski (Hg.): *Blackwell's Companion to Philosophy of Biology.* Oxford 2008, 393–414.

Holekamp, Kay: Questioning the social intelligence hypothesis. In: *Trends Cognitive Science* 11/2 (2007), 65–69.

Humphrey, Nicholas: The social function of intellect. In: P. P. G. Bateson/R. A. Hinde (Hg.): *Growing Points in Ethology.* Cambridge 1976, 303–317.

Hunt, Gavin/Gray, Russell: Diversification and cumulative evolution in New Caledonian crow tool manufacture. In: *Proceedings of the Royal Society of London* B 270 (2003), 867–874.

Karg, K., et al.: The goggles experiment: can chimpanzees use self-experience to infer what a competitor can see? In: *Animal Behaviour* 105 (2015), 211–221.

Kerth, Gerald et al.: Bats are able to maintain long-term social relationships despite the high fission–fusion dynamics of their groups. In: *Proceedings oft he Royal Society* B 278 (2011), 2761–2767.

Köhler, Wolfgang: *Intelligenzprüfung an Menschenaffen.* Berlin 1921.

Krebs, John/Davies, Nicholas: *Einführung in die Verhaltensökologie.* Berlin/Wien 1996 (engl. 1993).

Laland, Kevin/Galef, Bennett (Hg.): *The Question of Animal Culture.* Cambridge/London 2009.

Lurz, Robert: Belief attribution in animals: On how to move forward conceptually and empirically. In: *Review of Philosophy and Psychology* 2/1 (2011), 19–59.

MacIntyre, Alasdair: *Die Anerkennung der Abhängigkeit.* Hamburg 2001 (engl. 1999).

Marler, Peter et al: Animal Signals: Motivational, Referential, or Both? In: H. Papouse et al. (Hg.): *Nonverbal Vocal Communication: Comparative and Developmental Approaches.* Cambridge 1992, 66–86.

Portmann, Adolf: *Das Tier als soziales Wesen.* Basel 1953.

Premack, D./Woodruff, G.: Does the Chimpanzee have a Theory of Mind? In: *Behavioral and Brian Sciences* 1 (1978), 515–526.

Rendell, Luke/Whitehead, Hal: *The Cultural Lives of Whales and Dolphins.* Chicago 2014.

Rowlands, Mark: *Can Animals Be Moral?* Oxford 2012.

Sanz, Crickett et al.: Design complexity in termite-fishing tools of chimpanzees. In: *Biology Letters* 5 (2009), 293–296.

Slocombe, Catherine E./Zuberbühler, Klaus: Food-Associated Calls in Chimpanzees: Responses to Food Types or Food Preferences? In: *Animal Behaviour* 72 (2006), 989–999.

Tinbergen, Nikolaas: On aims and methods in ethology. In: *Zeitschrift für Tierpsychologie* 20 (1963), 410–433.

Tolman, Edward: Cognitive Maps in Rats and Men. In: *Psychological Review* 55 (1948), 189–208.

Uexküll, Jakob von: *Umwelt und Innenwelt der Tiere.* Berlin 1909.

Varner, Gary: *Personhood, Ethics, and Animal Cognition.* New York 2012.

Whiten, Andrew et al: Cultures in chimpanzees. In: *Nature* 399 (1999), 682–685.

Wilson, E. O.: *Sociobiology.* Cambridge 1975.

Wimmer, Heinz/Perner, Josef: Beliefs About Beliefs: Representation and Constraining Function of Wrong Beliefs in Young Children's Understanding of Deception. In: *Cognition* 13 (1993), 103–128.

Markus Wild

III Theorien der Tierethik

13 Utilitarismus

Der Utilitarismus ist die am weitesten ausgearbeitete und – u. a. auch deshalb – seit etwa einem Jahrhundert international meistdiskutierte Variante einer konsequenzialistischen Ethik, d. h. einer Ethik, nach der die moralische Richtigkeit und Falschheit von Handlungen (und Unterlassungen) ausschließlich von ihren (wahrscheinlichen) Folgen abhängt. Handlungsbeurteilungen sind danach zweiteilig. Zunächst sind die (wahrscheinlichen) Folgen axiologisch oder werttheoretisch, d. h. danach zu beurteilen, wie weit sie als gut oder schlecht, wünschenswert oder vermeidenswert zu bewerten sind; sodann ist die Handlung normativ oder deontisch danach zu beurteilen, wie weit sie auf dem Hintergrund der Folgenbewertung als moralisch geboten, erlaubt oder verboten gelten muss.

Der Utilitarismus hat nicht nur für der Entstehung der modernen Tierschutzbewegung eine wichtige Rolle gespielt (s. Kap. I), sondern ist auch heute noch eine der bedeutenden Theoriealternativen in der Tierethik. Für Peter Singer, neben Tom Regen einem der Begründer der modernen Tierethik, ist die Fähigkeit zur Schmerzempfindung das Einschlusskriterium, das darüber entscheidet, ob ein Lebewesen einen intrinsischen moralischen Status besitzt. Die Zugehörigkeit zur moralischen Gemeinschaft kann, wie Singer in Anschluss an Jeremy Bentham behauptet, weder an die Zugehörigkeit zu einer bestimmten biologischen Spezies noch an Fähigkeiten wie Sprachfähigkeit, Rationalität, Autonomie oder Moralfähigkeit gebunden werden. Vor diesem Hintergrund forderte Singer eine konsequente Erweiterung des Prinzips der Gleichheit über die menschliche Spezies hinaus auf Tiere. Das für die präferenz-utilitaristische Ethikkonzeption Singers zentrale »Prinzip der gleichen Berücksichtigung von Interessen« (Singer 1997, 19) fordert entsprechend, »dass unsere Rücksicht auf andere nicht davon abhängen darf, was sie sind oder welche Fähigkeiten sie haben« (Singer 2013, 99).

In der Ethik der Gegenwart stellt sich der Utilitarismus als eine verzweigte ›Familie‹ verwandter Ansätze dar, denen zwar ein gewisser Theoriekern gemeinsam ist, die aber ansonsten gravierende Unterschiede aufweisen, die sich auch auf die Tierethik auswirken.

13.1 Kurzcharakteristik

Wie die Kantische Ethik ist der Utilitarismus eine strikt universalistische Ethik. Sie fordert, dass das moralische Urteil mit maximaler Unparteilichkeit getroffen wird, also ohne Berücksichtigung besonderer Sympathien und Loyalitäten und dass die (wahrscheinlichen) Folgen für sämtliche von der Handlung Betroffenen unabhängig von Status, Reputation oder Verdienst und unabhängig von der zeitlichen Nähe oder Ferne berücksichtigt werden (Bentham: »Everyone to count for one and nobody for more than one«). Die nicht beabsichtigten Nebenfolgen erhalten dabei, soweit sie voraussehbar sind, dasselbe moralische Gewicht wie die beabsichtigten Folgen.

Die Unterscheidungsmerkmale des Utilitarismus innerhalb der konsequenzialistischen Ethik sind seine monistische und summative Axiologie. *Monistisch* ist der Utilitarismus, indem er die Handlungsfolgen ausschließlich danach bewertet, wie weit der durch sie verwirklichte ›Nutzen‹ den ›Schaden‹ überwiegt, wobei ›Nutzen‹ als subjektives Wohlbefinden bzw. Wunscherfüllung und ›Schaden‹ als subjektives Missempfinden bzw. Frustration von Wünschen verstanden wird. *Summativ* heißt, dass die Summe des Nutzens und Schadens aller Betroffenen ausschlaggebend ist, mit der Folge, dass, solange keine Alternativen verfügbar sind, u. U. auch die Schadenszufügung bei einigen wenigen durch eine überproportionale Nutzensteigerung bei anderen utilitaristisch gerechtfertigt sein kann. Moderne Weiterentwicklungen des Utilitarismus wie der *Prioritarismus* (Parfit 1997, 213 ff.) mildern diese Konsequenz ab, indem sie Schädigungen und Nutzenzuwächse auf niedrigen Nutzenniveaus axiologisch stärker gewichten als Nutzensteigerungen auf höheren Nutzenniveaus. Leidvermeidung hat danach Priorität gegenüber der Steigerung von Wohlbefinden. In der Bioethik weicht der Utilitarismus von verbreiteten alltagsmoralischen Überzeugungen vor allem dadurch ab, dass er das menschliche Leben – anders als die von Menschen empfundene Lebens*qualität* – nicht als eigenständiges (intrinsisches), sondern stets nur als indirekt wertvolles (extrinsisches) Gut anerkennt, mit der Konsequenz, dass das *Leben* empfindungsunfähiger menschlicher Embryonen weniger Gewicht hat als das *Er-leben* empfindungsfähiger Tiere.

J. B. Metzler © Springer-Verlag GmbH Deutschland, ein Teil von Springer Nature, 2018
J. S. Ach / D. Borchers (Hg.), *Handbuch Tierethik*, https://doi.org/10.1007/978-3-476-05402-9_13

13.2 Wesentliche Vertreter und Hauptwerke

Entstanden ist der Utilitarismus in der Periode der Aufklärung. Jeremy Bentham, der als Begründer gilt, übernahm die Formel vom ›größten Glück der größten Zahl‹ (dem ›Nützlichkeitsprinzip‹) von dem französischen Aufklärer Helvétius. Utilitaristische Denkweisen finden sich allerdings ebenso bei anderen Moralphilosophen (Hutcheson, Hume) und Theologen (Paley) des 18. Jahrhunderts. Von Anfang an betätigten sich die Utilitaristen überwiegend zugleich als Gesellschaftskritiker und Reformer. Bentham übte scharfe Kritik an dem zu seiner Zeit geltenden Strafrecht. John Stuart Mill kritisierte die politischen Privilegien der Aristokratie und der Kirche und trat für die Gleichberechtigung der Frauen ein. Dass viele wichtige Vertreter des Utilitarismus (etwa Bentham, James Mill, John Stuart Mill, Sidgwick, Harsanyi) zugleich Wirtschaftswissenschaftler waren, entspricht dem rational-kalkulatorischen Grundzug des Utilitarismus. Das Programm Benthams, den Nutzengehalt auch nicht-wirtschaftlicher Güter in einem ›Glückskalkül‹ (*felicific calculus*) quasi ›auf Heller und Pfennig‹ zu berechnen, ist von ihm allerdings nicht konkret ausgearbeitet und erst in der späteren Wohlfahrtsökonomik (Pigou 1920; vgl. Bohnen 1964) wiederaufgenommen worden.

Die Geschichte des Utilitarismus ist ein Prozess zunehmender Ausdifferenzierung, Erweiterung und Annäherung an Common-sense-Auffassungen. In der Axiologie traten neben die ›klassische‹ Interpretation des Nutzens als rein quantitativ (Bentham) bzw. qualitativ (Mill) bestimmtes Wohlbefinden (*pleasure*) die Neuinterpretationen des Nutzens als Wunscherfüllung (Präferenz-Utilitarismus; Harsanyi 1982; Singer 2013; Wessels 2011) bzw. als reflexive Selbstbewertung (Haslett 1990). Noch weitergehende Revisionen der klassischen Form sind der *negative Utilitarismus* (Smart 1958), der ausschließlich die Vermeidung von Übel zum Ziel erklärt, und der *Gerechtigkeitsutilitarismus* (Trapp 1988; vgl. Gesang 1998), nach dem sich der Wert einer gesellschaftlichen Güterverteilung nicht mehr nur nach der Nutzensumme, sondern u. a. auch nach der Gleichheit der Nutzenverteilung sowie der Entsprechung zwischen Nutzenniveau und (seinerseits utilitaristisch definiertem) moralischen Verdienst bestimmt. Auch die normativen Grundlagen blieben nicht unverändert. Die ursprüngliche (Benthamsche) Form des Utilitarismus entsprach dem, was heute ›Nutzensummen-Utilitarismus‹ genannt wird: Sie zielt auf die Maximierung der Gesamtsumme des Nutzens (bzw. der Differenz zwischen Nutzen und Schaden) aller betroffenen Individuen. Demgegenüber zielt der ›Durchschnittsnutzen-Utilitarismus‹ auf die Maximierung des *durchschnittlichen* Nutzens aller Betroffenen (Mill, Harsanyi). Eine weitere einflussreiche Variante ist der Regel- bzw. der indirekte Utilitarismus, nach dem die Folgenbewertung statt auf einzelne Handlungen primär auf Handlungsregeln anzuwenden ist (Smart 2009; Hare 1992). Hare zufolge hat das Prinzip der Nutzenmaximierung seine legitime Funktion ausschließlich auf der ›kritischen‹ Ebene, auf der die in der moralischen Praxis zur Anwendung kommenden ›intuitiven‹ Prinzipien daraufhin überprüft werden, wie weit sie unter den für durchschnittliche Akteure typischen kognitiven und affektiven Beschränkungen das gesellschaftliche Optimum realisieren.

Auf die Tierethik wirken sich einige der Unterschiede zwischen den verschiedenen Versionen des Utilitarismus deutlich spürbar aus. Da nach der Nutzensummen-Variante (*total view*) die Anzahl der leidensfähigen Individuen wesentlich in die Bestimmung des Nutzenmaximums eingeht, liefert diese Variante sehr viel weniger Gründe für den Vegetarismus (s. Kap. 60) als die Durchschnittsnutzen-Variante. Leslie Stephen prägte das Diktum, »das Schwein habe ein stärkeres Interesse an der Nachfrage nach Speck als irgend jemand sonst« (Singer 2013, 193). Infolge der stark zunehmenden Nutzung von Tieren durch den Menschen lebt heute eine bedeutend größere Zahl bewusstseinsfähiger Tiere, als ohne sie leben würde. Nur weil ein großer Teil von ihnen für den Menschen attraktiv ist, ist der gegenwärtige Bestand an Säugetieren auf der Erde größer als je zuvor. Sofern sie unter Bedingungen gehalten werden, die ihren natürlichen Bedürfnissen entgegenkommen, haben diese Tiere ein insgesamt behagliches Leben: Sie haben weniger Feinde, vor denen sie sich ängstigen müssen, sie leiden weniger Hunger, bleiben stärker vom Stress der Futtersuche verschont und werden medizinisch versorgt. Auch der Tod im Schlachthof – oder unter Narkose im Tierversuch – dürfte für viele von ihnen leichter sein als der Tod in freier Wildbahn für ihre wildlebenden Verwandten. Demgegenüber wird der Durchschnittsnutzen-Utilitarist dem Vegetarismus sehr viel mehr abgewinnen können, da die Zahl der Tiere für ihn nicht ins Gewicht fällt. Der Zuwachs an leidensfähigen Tieren beruht seit längerem allein auf der Vermehrung von Nutztieren. Von diesen sind jedoch viele zu einem Leben unter den überwiegend tierquälerischen Bedingungen der Intensivhaltung verurteilt.

13.3 Der Beitrag des Utilitarismus zur Tierethik

Der Utilitarismus gehört von seiner Axiologie her zum Typ der *pathozentrischen* Ethik. Nicht die Gattungszugehörigkeit, sondern die Fähigkeit zu Wohl- und Missbefinden entscheidet über die Aufnahme in den Kreis der (direkt) Betroffenen. Menschliches und tierisches Wohlbefinden und Leiden sind danach gleichermaßen ethisch beachtlich und dürfen lediglich nach der möglicherweise unterschiedlichen Fähigkeit, Wohlbefinden und Leiden zu empfinden, abgestuft werden. Seit dem vielzitierten Satz Benthams: »The question is not, Can they *reason*? nor, Can they *talk*? but, Can they *suffer*?« (Bentham 1789, 311) gehört die Leidensminderung bei leidensfähigen Tieren – zusammen mit der Leidensminderung bei Menschen – zu den ethischen und politischen Kernanliegen des Utilitarismus. Vollständig neu war Benthams Appell allerdings nicht. Dass es für das moralische Verbot der Tierquälerei auf die Empfindungsfähigkeit und nicht – wie Descartes gemeint hatte – auf die Vernunft- oder Sprachfähigkeit ankommt, hatten zuvor bereits Rousseau (1973, 72) und Voltaire (1967, 50 ff.) vertreten. Dass 1822 mit dem ›Martin's Act‹ in England das erste Tierschutzgesetz der Welt erlassen wurde, geht wohl nicht zuletzt auf die ›sentimentale‹, das Gefühlsleben in den Mittelpunkt stellende britische Moralphilosophie des 18. Jahrhunderts zurück, aus der der Utilitarismus entstand. Einen noch größeren Einfluss auf die Tierschutzbewegung dürfte in der zweiten Hälfte des 19. Jahrhunderts allerdings – auch in England – Schopenhauers *Preisschrift zur Grundlage der Moral* (1840) gehabt haben, die sich ebenfalls der Tradition der Gefühlethik zurechnen lässt. So beruft sich der englische Tierrechtler Henry S. Salt in seiner Kampfschrift *Animals' rights considered in relation to social progress* von 1892 an herausgehobener Stelle nicht auf den Utilitarismus, sondern auf die Kernthesen von Schopenhauers Tierethik (Salt 1902, 11 ff.).

Aufgrund seiner pathozentrischen Ausrichtung und des Vorrangs der Leidensminderung verfügt der Utilitarismus über keine direkten Argumente gegen die Tötung (s. Kap. 35) von empfindungsfähigen Tieren. Soweit dem Utilitarismus nahestehende Autorinnen und Autoren eine vegetarische Ernährungsweise befürworten oder fordern, begründen sie diese weniger mit Bedenken gegen die Tiertötung als solche als mit den vielfach tierquälerischen Zucht- und Haltungsbedingungen vor der Schlachtung und dem durch die Fleischproduktion bedingten verschwenderischen Umgang mit pflanzlichen Nahrungsmittelressourcen, die andernfalls wirksamer zur Bekämpfung des Welthungers eingesetzt werden könnten. Die für die sogenannten ›Tierrechtler‹ (s. Kap. 14) wie Regan (1983) oder Francione (2009) charakteristischen Forderungen nach der Etablierung eines Lebensrechts von Tieren bzw. eines Verbots der Instrumentalisierung von Tieren zu menschlichen Zwecken wird von Utilitaristen in der Regel ebenso wenig unterstützt wie von der dem negativen Utilitarismus verwandten Schopenhauerschen Mitleidsethik (Birnbacher 2011; s. Kap. 17). Ein kategorisches Verbot der Tiertötung wäre insbesondere unvereinbar mit dem für den Utilitarismus – wie für alle aggregativen konsequenzialistischen Ethiken – charakteristischen ›Paradox der Ersetzbarkeit‹: Da Individuen für eine aggregative Wertlehre stets nur als Träger von Wert fungieren und nicht als eigenständige Werte, macht es – gleichgültig, ob es sich um einen subjektiven Wert wie Glück oder Zufriedenheit oder einen objektiven wie Leben oder Vielfalt handelt – keinen Unterschied, ob dieser Wert in diesem oder einem anderen Individuum realisiert ist. Indirekte Gründe sprechen gegen die Tötung von Tieren aus utilitaristischer Sicht allerdings dann, wenn Tiere durch die Tötung oder die Vorbereitungen dazu geängstigt werden oder in anderer Weise unter der Tötung physisch oder psychisch leiden. So ist etwa von den hochsensiblen, aber als Nahrungsmittel unverändert geschätzten Schweinen bekannt, dass sie vor der Schlachtung in panische Todesangst geraten. Darüber hinaus sind die Auswirkungen der Tiertötung auf Dritte zu berücksichtigen. Viele Tiere leiden unter dem Verlust Nahestehender nicht viel anders als Menschen. Bei den meisten Säugetierarten werden ausgeprägte Trauerreaktionen bei Verwandten und Sippenangehörigen beobachtet. Auch wenn diese Nebenwirkungen aus Sicht des Utilitarismus für sich genommen kein kategorisches Tötungsverbot begründen, erhöhen sie doch die Begründunglast für das gegenwärtige Ausmaß, in dem höhere Säugetiere zur Fleischproduktion herangezogen werden.

Ein strenges, wenn auch nicht absolutes Verbot der Tiertötung lässt sich nach Auffassung vieler Utilitaristen ausschließlich für hochentwickelte Tiere wie Menschenaffen und Meeressäuger begründen, von denen zu vermuten ist, dass sie über Selbstbewusstsein verfügen und ihren eigenen Tod (und den Tod anderer) denken und in ähnlicher Weise wie Menschen fürchten können (Birnbacher 2008). Menschenaffen beherrschen Werkzeugherstellung und komplexe Formen des Werkzeuggebrauchs, verfügen über Empathie und

Altruismus und zeigen Verhaltensweisen, die darauf schließen lassen, dass sie Artgenossen innere Vorgänge zuschreiben. Selbstbewusstsein ist eng verknüpft mit der Fähigkeit, in die Zukunft zu blicken und sich selbst als separates Wesen mit einer begrenzten Lebensdauer zu denken. Auch die Tatsache, dass einige in der Zeichensprache ausgebildete Schimpansen und Orang-Utans erfolgreich den Gebrauch von sprachlichen Zeichen zur Selbstreferenz erlernt haben, macht es wahrscheinlich, dass zumindest Menschenaffen zu einem Selbstbewusstsein, wie wir es von über zweijährigen Menschenkindern kennen, fähig sind. Delfine scheinen sogar differenzieren zu können zwischen falschen Annahmen anderer, indem sie falsche Überzeugungen ihres Trainers anders kommentieren als richtige (Yeates 2014, 496). Einige Utilitaristen – neuerdings auch Peter Singer (Singer 2013, 218) – gehen allerdings davon aus, dass ein entsprechendes Bewusstseinsniveau außer Menschenaffen sehr vielen weiteren Säugetierspezies zugeschrieben werden kann.

Ähnliches wie für die Tiertötung gilt aus Sicht des Utilitarismus auch für die *Schädigung* von Tieren, etwa die aus Nutzungsinteressen vorgenommenen oder in Kauf genommenen Funktionsbeeinträchtigungen. Während zahlreiche Tierschutzgesetze Schädigungen von Tieren zumindest in ihren Präambeln (wenn auch nicht in der praktischen Anwendung) Leidenszufügungen gleichstellen, sind für den Utilitaristen Schädigungen bei Tieren, etwa das Kastrieren in der Tierzucht oder das Kupieren von Schwänzen aus ästhetischen Gründen keine intrinsischen Übel, solange sie kein subjektives Leiden nach sich ziehen oder dies so geringfügig ist, dass es durch den Nutzen der Praxis mehr als kompensiert wird. Weder die körperliche Integrität des tierischen Individuums noch die Integrität der Gattung (im Sinne eines Verbots züchterischer Veränderungen) ist für den Utilitaristen sakrosankt. Allerdings wird er ›Qualzüchtungen‹, bei denen Tiere auf Nutzungs- oder ästhetische Merkmale gezüchtet werden, die schwere Leiden mit sich bringen, ebenso ablehnen wie genetische Veränderungen von Tieren, die ihnen zu Forschungszwecken schwere Erkrankungen anzüchten, die sich u. a. in Verhaltensweisen manifestieren, die unmissverständlich auf subjektives Leiden verweisen (s. Kap. 47).

Im Gegensatz zur Tötung und Schädigung ist nach utilitaristischen Kriterien eine Leidenszufügung bei Tieren grundsätzlich ethisch problematisch. Sie kann allerdings durch einen dadurch erreichbaren größeren Nutzen rechtfertigbar sein. Bei der Abwägung müssen allerdings die indirekten Folgen mitberücksichtigt werden, auf der einen Seite etwa das Leiden nahestehender Tiere, auf der anderen – etwa bei wissenschaftlichen Tierversuchen (s. Kap. 46) – die Vorteile aus der Verfügbarkeit verbesserter medizinischer Möglichkeiten, vermehrter Sicherheit im Umgang mit chemischen Substanzen und eines vertieften Verständnisses natürlicher Prozesse. Neben der Leidenszufügung ist für den Utilitarismus aber auch das Leiden-Lassen ethisch problematisch. Zu den Charakteristika des Utilitarismus gehört, dass er im Gegensatz zur Alltagsmoral keinen grundlegenden wertmäßigen Unterschied zwischen *zugefügtem* Leiden und *zugelassenem* Leiden anerkennt, d. h. die (negative) Verantwortung für die Folgen von *Unterlassungen* der (positiven) Verantwortung für die Folgen *aktiven Handelns* im Grundsatz gleichstellt und allenfalls durch Gesichtspunkte der moralischen Überforderung (Gesang 2003, Kap. 3) einschränkt. Utilitaristisch motivierte Bestrebungen nach (individuenbezogenem) Tierschutz geraten damit leicht in Konflikt mit den Forderungen des (art- bzw. populationsbezogenen) Naturschutzes und entsprechenden Eingriffsverboten insbesondere bei Wildtieren (Hargrove 1992; Gorke 2015).

13.4 Tierrechte

Es hat sich eingebürgert, einen utilitaristisch inspirierten Tierschutz mit der Zuschreibung von *Rechten* an Tiere, wie er für den sogenannten ›Tierrechte-Ansatz‹ charakteristisch ist, für unvereinbar zu halten. Eine solche Unvereinbarkeit besteht jedoch nicht. Die Zuschreibung von Rechten lässt sich sowohl für Menschen (Brandt 1984) als auch für Tiere im Rahmen des Utilitarismus begründen. Da die Zuweisung von Rechten eine besondere Emphase beinhaltet und Rechten lediglich in besonderem Maße vordringliche (›vollkommene‹) Pflichten entsprechen, können diese allerdings nur für elementare und unverzichtbare Güter gelten. Zu diesen gehört nach utilitaristischer Auffassung das Recht auf Leidensminimierung. Der Utilitarist wird Tieren allerdings weder ein Recht auf Nicht-Schädigung (sofern sich diese nicht oder nur minimal auf das subjektive Empfinden auswirken) noch ein dem Tötungsverbot entsprechendes (schwaches) Lebensrecht zusprechen. Auf der Grundlage seiner werttheoretischen Prämissen sind damit lediglich diejenigen ›Freiheiten‹ als Rechte begründbar, die der britische *Farm Animal Welfare Council* in seiner Liste der »fünf Freiheiten« zusammengestellt hat:

1. Freedom from hunger and thirst
2. Freedom from discomfort
3. Freedom from pain, injury or disease
4. Freedom to express normal behaviour
5. Freedom from fear and distress.

(Farm Animal Welfare Council 2012)

Die – allerdings nicht immer eindeutigen und in ihrer Interpretation umstrittenen – Ergebnisse tierethologischer Beobachtungen sprechen allerdings dafür, zumindest Menschenaffen und Meeressäugern weitergehende Rechte zuzuschreiben als anderen Säugetieren, insbesondere die vom Great Ape Project (Cavalieri/Singer 1994) geforderten Rechte auf Leben, körperliche Integrität und Freiheit (s. Kap. 53).

13.5 Offene Fragen

Offene Fragen nach den Konsequenzen des Utilitarismus für das Mensch-Tier-Verhältnis stellen sich insbesondere im Zusammenhang mit den Schwierigkeiten, den genauen Geltungsbereich des Gebots der Leidensminimierung anhand objektiver Indikatoren festzulegen. Es stellen sich insbesondere zwei Fragen: (1) Welche Tiere sind leidensfähig? Denn nicht alle empfindungsfähigen Tiere sind *eo ipso* auch leidensfähig. (2) Wie und wie intensiv leiden leidensfähige Tiere unter bestimmten Formen menschlicher Behandlung? Beide Fragen lassen sich wegen der engen Grenzen, die der Erkenntnis des Fremdpsychischen gesetzt sind, nur mit erheblichen Unsicherheiten und unter Zuhilfenahme nicht streng utilitaristisch begründbarer risikoethischer Prinzipien (wie ›im Zweifel für den Äußerungsunfähigen‹) beantworten. Umstritten ist, wie weit Leidensfähigkeit von der Fähigkeit zu Selbstbewusstsein und Sprache abhängt. Während einige dem Utilitarismus nahestehende Autoren dazu neigen, die Leidensfähigkeit – wie schon Descartes – an die Sprachfähigkeit zu binden (z. B. Fox 2012, 207 ff.) argumentieren andere, dass gerade Tiere, die nicht verstehen, was mit ihnen geschieht, Angst und Schmerz – vergleichbar menschlichen Kleinkindern – stärker ausgesetzt sind als menschliche Erwachsene. Im ›unteren‹ Bereich der Wirbeltiere, insbesondere bei Fischen, sowie bei den von ihren kognitiven Fähigkeiten her weit entwickelten Kopffüßern ist kontrovers, ob sie überhaupt über phänomenales Bewusstsein verfügen. Aus utilitaristischer Sicht hätte eine bejahende Antwort auf die Frage »Do fish feel pain?« (Braithwaite 2010) weitreichende Konsequenzen für den Umgang mit Fischen – vom Sportangeln bis zum Fischfang im industriellen Maßstab, bei dem der größte Teil der Fische einen längerdauernden Erstickungstod erleidet (s. Kap. 6).

Literatur

Bentham, Jeremy: *An introduction to the principles of morals and legislation* (1789). New York 1948.

Birnbacher, Dieter: Lässt sich die Tötung von Tieren rechtfertigen? In: Ursula Wolf (Hg.): *Texte zur Tierethik*. Stuttgart 2008, 212–231.

Birnbacher, Dieter: Schopenhauer. In: Tina-Louisa Eissa/Stefan Lorenz Sorgner (Hg.): *Geschichte der Bioethik. Eine Einführung*. Paderborn 2011, 197–212.

Bohnen, Alfred: *Die utilitaristische Ethik als Grundlage der modernen Wohlfahrtsökonomik*. Göttingen 1964.

Braithwaite, Victoria: *Do fish feel pain?* Oxford 2010.

Brandt, Richard B.: Utilitarianism and moral rights. In: *Canadian Journal of Philosophy* 14 (1984), 1–19.

Cavalieri, Paola/Peter Singer (Hg.): *Menschenrechte für die Großen Menschenaffen*. München 1994 (engl. 1993).

Farm Animal Welfare Council 2012: *Five freedoms*. In: http://www.fawc.org.uk/freedoms.htm. (9.12.2015).

Fox, Warwick: Forms of harm and our obligations to humans and other animals. In: Evangelos D. Protopapadakis (Hg.): *Animal ethics. Past and present perspectives*. Berlin 2012, 179–221.

Francione, Gary L.: Empfindungsfähigkeit ernst genommen. In: Friederike Schmitz (Hg.): *Tierethik*. Berlin 2014, 153–175.

Gesang, Bernward (Hg.): *Gerechtigkeitsutilitarismus*. Paderborn 1998.

Gesang, Bernward: *Eine Verteidigung des Utilitarismus*. Stuttgart 2003.

Gorke, Martin: Artenschutz und Tierschutz: Gegner oder Verbündete? In: *Tierethik* 7/2 (2015), 23–45.

Hare, Richard M.: *Moralisches Denken: seine Ebenen, seine Methoden, sein Witz*. Frankfurt a. M. 1992 (engl. 1981).

Hargrove, Eugene C. (Hg.): *The animal rights/environmental ethics debate*. Albany New York 1992.

Harsanyi, John C.: Morality and the theory of rational behaviour. In: Amartya Sen/Bernard Williams (Hg.): *Utilitarianism and beyond*. Cambridge/Paris 1982, 39–62.

Haslett, D. W.: What is utility? In: *Economics and Philosophy* 6 (1990), 65–94.

Mill, John Stuart: *Utilitarianism/Der Utilitarismus* (1861). Stuttgart 2006.

Parfit, Derek: Equality and priority. In: *Ratio* 10 (1997), 202–221.

Pigou, Arthur C.: *The Economics of Welfare*. London 1920.

Regan, Tom: *The case for animal rights*. London 1983.

Rousseau, Jean-Jacques: Über den Ursprung der Ungleichheit unter den Menschen (1755). In: Ders.: *Schriften zur Kulturkritik*. Hamburg 1973, 77–318.

Salt, Henry S.: *Die Rechte der Tiere*. Berlin 1902 (engl. 1892)

Sidgwick, Henry: *The methods of ethics*. London [7]1907.

Singer, Peter: Alle Tiere sind gleich. In: Angelika Krebs (Hg.): *Naturethik. Grundtexte der gegenwärtigen tier- und ökoethischen Diskussion*. Frankfurt a. M. 1997, 13–32 (engl. 1976).

Singer, Peter: *Praktische Ethik*. Stuttgart ³2013 (engl. 2011).
Smart, J. J. C.: Extremer und eingeschränkter Utilitarismus. In: Otfried Höffe (Hg.): *Einführung in die utilitaristische Ethik. Klassische und zeitgenössische Texte*. Tübingen 2009, 167–182.
Smart, R. N.: Negative utilitarianism. In: *Mind* 67 (1958), 542–543.
Voltaire: *Dictionnaire philosophique* (1764). Paris 1967.
Wessels, Ulla: *Das Gute*. Frankfurt a. M. 2011.
Yeates, James: Whale killers and whale rights. The future of the international regulation of whaling. In: *Environmental Ethics* 36 (2014), 489–583.

Dieter Birnbacher

14 Rechte-Ansatz

Der Tierrechte-Ansatz stellt den Anspruch des Menschen auf Nutzung von Tieren prinzipiell in Frage (s. Kap. 28). Der Grund besteht darin, dass durch den Gebrauch von Tieren zu menschlichen Zwecken typischerweise deren Rechte verletzt werden. Um welche Rechte es sich dabei handelt und welche Tiere sie allenfalls besitzen, ist Teil anhaltender Diskussionen sowohl in der Tierethik als auch innerhalb der Tierrechtsbewegung.

14.1 Positionen und politische Bewegungen

›Tierschutz‹ vs. ›Tierrechte‹

Was in der breiten Öffentlichkeit kaum eine Rolle spielt, ist sowohl in der akademischen wie auch aktivistischen Szene durchaus bedeutsam, nämlich die begriffliche Abgrenzung zwischen ›Tierrechten‹ und ›Tierschutz‹ auf der einen, und ›Tierrechten‹ und ›Tierbefreiung‹ auf der anderen Seite (Petrus 2013, 30 ff.).

Was die erste Unterscheidung angeht, besteht der zentrale Unterschied darin, dass der Nutzungsanspruch des Menschen auf Tiere von Tierrechtsvertretern grundlegend in Frage gestellt wird, während er im Tierschutz z. B. durch Gesetze bloß eingeschränkt werden soll (s. Kap. 58). Das betrifft vor allem die beiden klassischen Formen von Tierschutz, den anthropozentrischen (s. Kap. 24) sowie ethischen Tierschutz (s. Kap. 34). Gemäß Ersterem haben Menschen bloß indirekte Pflichten gegenüber Tieren. So dürfen wir z. B. keine Tiere quälen, weil wir dadurch das Eigentum des Anderen schädigen oder dessen ästhetisches Empfinden stören. Mit anderen Worten sind unsere Pflichten gegenüber Tieren letztlich den Menschen selber geschuldet. Im Gegensatz dazu stellt der ethische Tierschutz das Tier ›um seiner selbst willen‹ ins Zentrum. Der Mensch ist ihm gegenüber also direkt verpflichtet, und zwar deshalb, weil es sich dabei um ein Lebewesen handelt, das fähig ist, Freuden zu erleben und Schmerzen zu erleiden. Tatsächlich ist gerade der ethische Tierschutz stark an der Empfindungsfähigkeit von Tieren ausgerichtet und damit dem Grundsatz verpflichtet, dass es moralisch unzulässig ist, Tiere über das erforderliche Maß hinaus leiden zu lassen (s. Kap. 5). Allerdings wird bisweilen kritisiert, dass im Prinzip alles, was dem Menschen zum ökonomischen Vorteil gereicht, als ›erforderlich‹ durchgeht. Vorbehalte dieser Art führen letztlich auf die grundsätzliche Kritik, dass selbst der ethische Tierschutz den menschlichen Nutzungsanspruch auf Tiere aufrechterhält oder allenfalls einschränkt, nicht aber fundamental hinterfragt. Es geht demnach bloß darum, *wie* wir mit Tieren, die wir für unsere Zwecke gebrauchen, umgehen sollten, und nicht um die Frage, *ob* wir sie überhaupt nutzen dürfen. Genau darin besteht, wie schon gesagt, einer der wichtigen Differenzen zwischen Tierschutz und Tierrechte-Positionen.

Allerdings hat sich in den vergangenen Jahren eine Version von Tierschutz herausgebildet – es ist vom ›Neuen Tierschutz‹ (*new welfarism*) die Rede –, der in bestimmter Hinsicht zwischen dem traditionellen Tierschutz und dem Tierrechte-Ansatz angesiedelt ist (Francione 1996). Dieser Neue Tierschutz ist dadurch charakterisiert, dass er mit dem Ziel der Tierrechtsbewegung sympathisiert und also ebenfalls die Abschaffung der Tiernutzung anstrebt. Für die Vertreter des Neuen Tierschutzes lässt sich dieses Ziel aber nur erreichen, indem man – wie das der traditionelle Tierschutz vorsieht – die bestehende Tiernutzung schrittweise reformiert (Balluch 2009). Dass diese Zwischenschritte tatsächlich in Richtung Abschaffung der Tierausbeutung zielen, wird von vielen Tierrechtlern jedoch bestritten. Ihrer Ansicht nach würden sich die meisten reformistischen Forderungen wie z. B. nach einer ›artgerechten‹ Tierhaltung oder ›humanen‹ Tötung für die Tierindustrie *de facto* als ökonomisch rentabel erweisen (z. B. weniger Tierarztkosten, effizientere Schlachtmethoden, besseres Image). Zudem würden solche Reformen den Menschen ein gutes Gewissen bescheren und sie so in ihrem Konsumverhalten bestärken (Francione 1996, Kap. 5). Dahinter steht ein grundsätzlicher Vorbehalt gegenüber dem Neuen Tierschutz. Er besteht darin, dass mit einer schrittweisen Reformierung der bestehenden Tierausbeutung der Eigentumsstatus der Tiere nicht aufgehoben, sondern im Gegenteil zementiert wird. Solange Tiere aber als Eigentum behandelt würden – so die Kritik –, weise nichts darauf hin, dass sich an der Tierausbeutung als System grundsätzlich etwas ändere (Francione 1996, Kap. 4).

›Tierrechte‹ vs. ›Tierbefreiung‹

Was die Unterscheidung zwischen ›Tierrechten‹ und ›Tierbefreiung‹ angeht, ist die Sache weniger klar. Das hat auch damit zu tun, dass die Vertreter des philosophischen Konzepts der Tierbefreiung die Instrumentalisierung und Verdinglichung nicht-menschlicher Tiere ebenfalls komplett ablehnen. Im Unterschied

J. B. Metzler © Springer-Verlag GmbH Deutschland, ein Teil von Springer Nature, 2018
J. S. Ach / D. Borchers (Hg.), *Handbuch Tierethik*, https://doi.org/10.1007/978-3-476-05402-9_14

zur Tierrechtsbewegung stehen die Anhänger der Tierbefreiungsbewegung jedoch der Rechtsidee skeptisch gegenüber. Sie sehen darin ein unzulässiges Machtinstrument, das Herrschaftsverhältnisse wie z. B. die Tierausbeutung nur weiter zementiert (Benton 1993, Teil 3). Folgerichtig werden von den Tierbefreiern im Rahmen eines bürgerlichen Staates keine Rechte eingefordert. Vielmehr geht es ihnen darum, diesen Rahmen selber zu hinterfragen bzw. aufzuheben, um neue Bedingungen für eine wahrhaft befreite Gesellschaft zu festzulegen, in der freilich auch die Ausbeutung nicht-menschlicher Tiere abgeschafft werden muss (Rude 2013). Tatsächlich besteht zwischen der Tierrechts- und der Tierbefreiungsbewegung wohl genau darin der entscheidende Unterschied: Während die Tierbefreiungsbewegung in unserem hierarchischen Gesellschaftssystem die Basis der Unterdrückung der Tiere sieht, die es zu überwinden gilt, ist die Tierrechtsbewegung darum bemüht, innerhalb des bestehenden Systems für Tiere Grundrechte einzuklagen (s. Kap. 22). Vor diesem Hintergrund wird auch klar, dass der Begriff ›Tierbefreiung‹ hier mehr meint als bloß wörtlich die Befreiung von Tieren z. B. aus Mastanlagen oder Versuchslabors. Vielmehr steht dahinter die kritische Analyse der gesellschaftlichen Bedingungen, welche die systematische Unterdrückung, Verdinglichung und Ausbeutung *aller* Tiere überhaupt erst ermöglichen und begünstigen.

14.2 Welche Rechte?

Typen von Rechten

Hinsichtlich der Frage nun, um welche Typen von Rechten es im Rahmen der Verleihung von Tierrechten geht, sind wenigstens drei Unterscheidungen von Bedeutung:

Erstens kann zwischen *moralischen* und *juridischen* Rechten unterschieden werden. Während juridische Rechte vom Staat geschaffen und von ihm z. B. durch den Erlass neuer Gesetze wieder aufgehoben werden dürfen, können moralische Rechte vom Staat höchstens verletzt werden. Diese Rechte werden Lebewesen von der Gesellschaft aufgrund gewisser Eigenschaften, Fähigkeiten oder Bedürfnisse verliehen. Dabei ist man sich weitgehend darin einig, dass Empfindungsfähigkeit unabdingbar ist, um einem Lebewesen Rechte zuzuschreiben. Besonders in der Tierethik sind primär moralische Ansprüche gemeint, wenn von Tierrechten die Rede ist. Allerdings gibt es auch Positionen, denen zufolge die Verleihung von moralischen Rechten nur dann Sinn ergibt, wenn diese auch gesetzlich verankert und damit einklagbar sind (z. B. Francione 2000; s. Kap. 56).

Zweitens ist zwischen *positiven* und *negativen* Rechten zu unterscheiden. Hinter einem positiven Recht steht der Anspruch auf Beistand bzw. Hilfeleistung. Ein Beispiel dafür ist das Recht auf Schutz der Würde (s. Kap. 29). Negative Rechte von Lebewesen bestehen dagegen im Anspruch darauf, deren Wohlergehen nicht zu beeinträchtigen. Dazu zählt z. B. das Recht, nicht (unnötig) leiden zu müssen (s. u.).

Von Bedeutung ist drittens die Unterscheidung zwischen *Rechten* und *Pflichten*. Zwar gibt es Fälle, in denen einer Pflicht nicht immer auch ein Recht entspricht. Beispielsweise mag jemand dazu verpflichtet sein, einem anderen gegenüber Milde zu walten, doch hat dieses Lebewesen weder einen moralischen noch juridischen Anspruch auf Milde. Typischerweise ist es aber so, dass die Rechte des eines (in diesem Fall: von Tieren) die Pflichten eines anderen (von Menschen) implizieren. Diese Pflichten können insofern indirekter Art sein, als sie letztlich gar nicht den Tieren selbst, sondern bloß anderen Menschen geschuldet sind – wie das etwa der anthropozentrische Tierschutz behauptet (s. o.). Das ist dann der Fall, wenn wir Tiere nur deshalb nicht quälen dürfen, weil wir damit zur Verrohung der menschlichen Sittlichkeit beitragen. Wenn es um Tierrechte in einem moralischen Sinne geht, sind jedoch fast ausnahmslos direkte Pflichten gemeint, also solche, die den Tieren selbst gelten. Im Falle von positiven Tierrechten hätten Menschen entsprechend positive Pflichten, d. h. Handlungs- oder Hilfspflichten. Sie bestehen darin, etwas Bestimmtes zu tun, wie z. B. ein Tier mit Nahrung zu versorgen, ihm Unterkunft zu gewähren oder es im Falle einer Erkrankung zu pflegen. Dagegen haben Menschen Unterlassungspflichten, falls Tiere negative Rechte besitzen. Sie bestehen darin, etwas Bestimmtes nicht zu tun, wie z. B. ein Tier nicht in seiner Freiheit einzuschränken.

Negative Rechte für Tiere

Viele Tierethiker sind der Meinung, positive Pflichten seien anspruchsvoller als negative, da Letztere von uns ja bloß verlangen, etwas zu unterlassen. Das dürfte einer der Gründe sein, weshalb in klassischen Tierrechte-Ansätzen fast überwiegend von negativen Rechten die Rede ist, also von solchen, die seitens des Menschen mit Unterlassungspflichten einhergehen. Allerdings könnte das auch strategisch motiviert sein. Falls negative Pflichten zumutbar(er) sind und damit weniger leicht zurückgewiesen werden können, mag es tatsächlich klüger sein, (zunächst) für negative anstatt (bereits) für positive Tierrechte zu votieren. Ein anderes Motiv, ausschließlich für negative Tierrechte zu plädieren, könnte ideologischer Art sein. Viele dezidierte Tierrechtler – darunter vor allem Abolitionisten (wie Regan 1983 oder Francione 1996; s. u.) – sehen namentlich in der Domestikation etwas inhärent Ausbeuterisches und haben daher kein Interesse, unsere Beziehung etwa zu Nutztieren mittels positiver Rechte bzw. Pflichten neu zu gestalten und damit weiter aufrechtzuerhalten. Ihrer Ansicht nach muss die Abschaffung der Nutztierhaltung in letzter Konsequenz zur Aufhebung dieser Beziehungen führen, indem z. B. Zuchtprogramme eingestellt und also keine solche Tiere mehr in die Welt gesetzt werden – ein Ansatz, der jedoch auch scharf kritisiert wird (z. B. Donaldson/Kymlicka 2013, 31 ff.; s. Kap. 22).

Die Begründung von Rechten

Wie angedeutet, wird die Diskussion über Tierrechte nach wie vor von der Frage dominiert, wie sich *moralische* Rechte für Tiere begründen lassen. Sie hängt auch davon ab, welche Merkmale von Lebewesen als moralisch relevant ausgezeichnet werden. Je nach dem werden ihnen unterschiedliche Rechte zugestanden. Ein Beispiel dafür ist das Recht auf Freiheit. So sind einige Tierethiker der Meinung, nur jene Wesen könnten dieses Recht haben, für die Freiheit nicht bloß einen instrumentellen Wert besitzt, sondern *an sich* wertvoll ist. Hierzu aber müssten sie in der Lage sein, ein selbstbestimmtes, autonomes Leben zu führen (Cochrane 2009). Ein ähnliches Argument findet sich in der Debatte über das Recht auf Leben. Viele Ethiker vertreten die Ansicht, dass nur jene empfindungsfähigen Wesen über dieses Recht verfügen dürfen, die auch ein Interesse am Weiterleben haben. Um aber ein Überlebensinteresse zu besitzen, müssten sie über die Empfindungsfähigkeit hinaus weitere kognitive Merkmale aufweisen wie Selbstbewusstsein oder die Fähigkeit, Wünsche bezüglich der eigenen Zukunft zu hegen. Während für diese Wesen – Peter Singer (2013, 145 ff., 160 ff.) nennt sie ›Personen‹ – ein Tötungsverbot gilt, wirft die Tötung von ›bloß‹ empfindungsfähigen Tieren *per se* kein moralisches Problem auf (s. Kap. 32). Wenngleich sie (möglicherweise) ein Recht darauf haben, nicht (unnötig) leiden zu müssen, besitzen sie doch kein Recht auf Leben und können deshalb (schmerzfrei) getötet werden, sofern dies zum Nutzen des Menschen ist (s. Kap. 35).

Hierarchische vs. egalitaristische Ansätze

Diskussionen wie diese verweisen auf zwei grundlegend verschiedene Positionen: Auf der einen Seite gibt es *hierarchische* Ansätze, denen zufolge nicht alle Tiere gleich viel zählen und daher auch nicht über dieselben Rechte verfügen. So sind nach obiger Auffassung Tiere, die über Selbst- oder Zukunftsbewusstsein besitzen, moralisch stärker zu berücksichtigen als ›bloß‹ empfindungsfähige Wesen. Dabei zeigt sich diese bevorzugte Berücksichtigung gerade darin, dass sie über das Recht auf Unversehrtheit hinaus noch ein Recht auf Leben besitzen. Demgegenüber zählen gemäß *egalitaristischen* Positionen alle Tiere gleich viel und besitzen demnach auch alle dieselben Rechte. So ist Tom Regan (1983, Kap. 7.4) der Überzeugung, dass alle Lebewesen, die über Eigenwert verfügen und damit für sich genommen wertvoll sind, ihn in gleicher Weise besitzen. In eine ähnliche Richtung zielt Gary Francione (2000), dem zufolge Empfindungsfähigkeit ausreicht, um einem Lebewesen Rechte einzuräumen. Dazu gehört nach Francione auch das Recht auf Leben, zumal Empfindungsfähigkeit ein Mittel zum Zweck sei und dieser Zweck darin bestehe, am Leben zu bleiben.

Typischerweise votieren Egalitaristen für basale Rechte, die offenbar in Kraft sein müssen, damit z. B. ein Recht auf Unversehrtheit, Freiheit oder Leben überhaupt Sinn ergibt. Für Regan (1983, Kap. 7.8) besteht dieses basale Recht im Anspruch, nicht auf eine »Ressource für andere« reduziert bzw. mit Respekt behandelt zu werden, und für Francione (2000, Kap. 3) besteht es im Recht, nicht jemandes Eigentum zu sein. Hier wie dort haben diese egalitaristischen Tierrechte-Positionen erhebliche Konsequenzen für unseren Umgang mit Tieren. Tatsächlich setzen sich viele Egalitaristen für die totale Abschaffung der (industriellen) Tiernutzung ein und vertreten damit einen strikt abolitionistischen Standpunkt (s. Kap. 31).

14.3 Kritik am Rechte-Ansatz

Haben Tiere Rechte?

Tierrechte-Positionen sind alles andere als unumstritten. Von religiösen Einwänden einmal abgesehen, die auf obskure Wesensunterschiede zwischen Menschen und Tieren abstellen wie z. B. Gottes Ebenbildlichkeit, gibt es Vorbehalte, die sich bereits aufgrund konkurrierender Ethik-Konzeptionen ergeben.

So können Vertreter des *Utilitarismus* mit der Rede von ›Rechten‹ bekanntlich nur wenig anfangen. Für sie zählt nämlich nicht der Schutz (des Eigenwerts) eines Individuums, sondern die Befriedigung von dessen Interessen, und zwar hinsichtlich der Maximierung des Gesamtnutzens (s. Kap. 13). Das sieht auch Peter Singer so, der ein Verfechter des Gleichheitsprinzips ist und mitunter sogar als ›Vater der Tierrechtsbewegung‹ bezeichnet wird – und das, obschon er den Begriff des moralischen Rechts außer in einem rhetorischen oder appellativen Sinne (wie z. B. beim Great Ape Project) für »wenig hilfreich oder sinnvoll« hält (Singer 2013, 153; s. Kap. 53).

Kritik an Tierrechten gibt es auch von Seiten der *Vertragstheorie* (Carruthers 1992; s. Kap. 16). So wird immer wieder betont, dass Rechte weder gott- noch naturgegeben sind, sondern das Resultat von Verhandlungen und Verträgen. Deshalb könnten nur Wesen Rechte besitzen, die auch fähig seien, an solchen Verträgen teilzuhaben; dazu aber seien Tiere schlicht nicht in der Lage (kritisch Rowlands 2009). In eine ähnliche Richtung zielt die These, dass nur jene Wesen Rechte besitzen dürfen, die auch Pflichten haben können, was auf Tiere aber anscheinend nicht zutrifft (Scruton 1996, 67).

Rechte und moralischer Status

Argumenten wie diesen ist gemeinsam, dass sie auf einen grundlegenden Unterschied zwischen uns Menschen und anderen Tieren verweisen, der offenbar darüber entscheiden soll, wer in den Genuss von (moralischen oder gar juridischen) Rechten kommt. Dabei wird übersehen, dass die Speziesgrenze viel offener ist als dies unterstellt wird. So gibt es Mitglieder der Spezies *Homo sapiens* wie z. B. Säuglinge, schwerstbehinderte oder demenzkranke Menschen, die genauso wenig in der Lage sind, an Verträgen zu partizipieren oder moralische Verpflichtungen zu übernehmen wie z. B. Hühner oder Schweine. Und doch werden ihnen grundlegende Rechte (üblicherweise) nicht vorenthalten (s. Kap. 25).

Ein Grund besteht darin, dass hier sinnvollerweise zwischen ›moralischen Akteuren‹ (*moral agents*) und ›moralischen Empfängern‹ (*moral patients*) unterschieden wird (s. Kap. 30). Obschon nur Erstere in der Lage sind, an Verträgen teilzuhaben, können sie doch Verpflichtungen eingehen, die auch moralischen Empfänger zugutekommen bzw. sie können für diese stellvertretend Rechte erkämpfen und aushandeln. Nach Ansicht vieler Tierrechtsphilosophen gibt es keinen Grund, diese Unterscheidung zwischen *moral agents* und *moral patients* zwar bei Säuglingen oder schwerstbehinderten Menschen gelten zu lassen, nicht aber bei empfindungsfähigen Tieren (z. B. Regan 1983, 151 ff.). Die einzige Rechtfertigung dafür besteht in der schieren Behauptung, dass es sich im einen Fall um Mitglieder der Spezies *Homo sapiens* handelt, wohingegen es im anderen Fall eben ›bloß‹ Tiere sind – eine Position, die sich bekanntlich der Gefahr eines sehr kruden, unqualifizierten Speziesismus aussetzt (s. Kap. 33).

Gleiche Rechte für alle Tiere?

Daneben gibt es Vorbehalte, die nicht die Frage betreffen, ob Tiere überhaupt Rechte haben können, sondern die Plausibilität von egalitaristischen Positionen anzweifeln. So vertreten einige Tierethiker die Ansicht, dass wir mit domestizierten Tieren und Wildtieren unterschiedliche Beziehungen pflegen und mithin auch unterschiedliche Verpflichtungen hätten (Callicott 1989, Kap. 3).

Was domestizierte Tiere wie Nutz- und Heimtiere angeht – so die These –, haben wir sie durch Domestizierung von uns abhängig gemacht, weshalb sie häufig gar nicht mehr in der Lage sind, für sich selber zu sorgen. Daher haben wir ihnen gegenüber nicht bloß die negative Pflicht, deren Wohlergehen nicht zu beeinträchtigen, sondern auch eine positive Pflicht zur Fürsorge (Wolf 2007). Im Falle landwirtschaftlicher Nutztiere mag diese Pflicht z. B. darin bestehen, sie ihnen Unterkunft zu gewähren. Gegenüber Heimtieren bestehen darüber hinaus womöglich noch spezielle Verpflichtungen, die sich aus unserer besonderen Nähe zu ihnen ergeben. Sie bestehen z. B. darin, auf die Bedürfnisse des eigenen Hundes zu achten, ihn zu loben, mit ihm zu spielen oder ihn zu streicheln. Geht es um wildlebende Tiere, sieht die Situation im Urteil der meisten Autoren anders aus. Gerade klassische Tierethiker gehen davon aus, dass Wildtiere für sich selbst sorgen können und im Normalfall also eine Einmischung seitens des Menschen weder notwendig noch erwünscht sei. Damit bestehe unsere einzige – nämlich negative – Pflicht darin, sie »in Ruhe zu lassen« (Singer 1975, 251; Regan 1983, 357). Auch wenn man (anders als z. B. Horta 2010) weitreichende Interventionen zum Zwecke der Minimierung des Leids wildlebender Tiere ablehnt, heißt das noch lange nicht, dass man sie sich selbst überlassen sollte. Neben der positiven Pflicht zur Hilfe in akuten Notsituationen – so etwa, wenn Tiere auf dünnem Eis einbrechen und zu ertrinken drohen –, kann man sich durchaus Formen der Intervention vorstellen, die darauf angelegt sind, die Souveränität wildlebender Tiere zu gewährleisten, indem man ihre Lebensräume schützt und so ihre Unabhängigkeit sicherstellt (dazu Donaldson/Kymlicka 2013, 397 ff.; s. Kap. 48).

Intrinsische Merkmale oder Beziehungen?

Falls Tiere überhaupt moralische Rechte beanspruchen dürfen, so deshalb, weil sie gewisse intrinsische Eigenschaften wie z. B. Empfindungsfähigkeit, Rationalität oder Selbstbewusstsein besitzen. Diese Merkmale lassen sich begrifflich sowie empirisch leidlich klar umschreiben und zuordnen, weshalb die Verleihung des moralischen Status an die entsprechenden Wesen idealerweise unparteiisch und völlig rational erfolgen kann – und im Übrigen auch sollte. So jedenfalls sieht das die klassische Tierethik.

Diese Position ist aber umstritten. So wurde eingewandt, dass die moralische Bewertung unseres Umgangs mit Tieren nicht allein von rationalen Argumenten oder empirischen Studien etwa über den Geist der Tiere abhängen dürfe. Die Fixierung auf Rationalität wird gerade aus feministischer Seite als Ausdruck eines männlich geprägten Welt- und Wissenschaftsbildes betrachtet, welches immer wieder als ausgrenzendes Kriterium gedient habe, unter dem auch Frauen leiden (Donovan 2007). Dieser Auffassung stellen die Feministinnen eine auf moralischen Gefühlen wie Empathie oder Mitleid basierende Fürsorge-Ethik (care ethics) gegenüber. Tierethiker wie Peter Singer (1979/2013, 133 f.) sehen das freilich anders: »Ethik fordert von uns [...], die moralischen Ansprüche derer, die von unseren Handlungen betroffen sind, zu einem gewissen Grad unabhängig von unseren Gefühlen ihnen gegenüber abzuschätzen«. Hier schwingt offenbar die Unterstellung mit, dass moralische Gefühle nur punktuell auftreten, von Person zu Person verschieden stark ausgeprägt sind, von unzähligen situativen Faktoren beeinflusst werden und also keine zuverlässigen Ratgeber für moralisches Handeln sind. Allerdings wird kaum jemand behaupten, moralisches Handeln bestehe darin, sich vom momentanen, faktischen Auftreten moralischer Gefühle leiten zu lassen. Auch trifft es nicht zu, dass der Rekurs auf unsere Beziehungen zu Tieren zwangsläufig auf eine psychologisierende und damit womöglich willkürliche Theorie des moralischen Umgangs mit ihnen führt. Ein Beispiel dafür ist das Projekt »Zoopolis« von Sue Donaldson und Will Kymlicka (2013) (s. Kap. 22). Sie sind ebenfalls überzeugt, dass unsere Beziehungen zu Tieren moralisch relevant sind, und zwar je nach Kategorie, der sie angehören (s. o.). Allerdings denken sie nicht, dass sie sich angemessen in Begriffen der Nähe oder Verwandtschaft (Midgley 1983) beschreiben lassen. Stattdessen schlagen sie vor, diese Beziehungen mit Hilfe politischer Theorien zu analysieren. Konkret sind sie der Meinung, man müsse domestizierte Tiere als Mitglieder einer von uns geteilten Gesellschaft und damit als Träger von Bürgerrechten – also gewissermaßen als Staatsbürger – behandeln. Dagegen sollten wir wildlebende Tiere als Wesen anerkennen, die auf ihrem Territorium eigene souveräne Gemeinschaften bilden. Wieder andere Tiere – nämlich ›Grenzgängertiere‹ wie Spatzen, Tauben oder Eichhörnchen – seien zwar nicht domestiziert; und doch würden sie unter uns leben (z. B. in Städten), ohne damit schon Bürgerrechte in Anspruch nehmen zu dürfen, weshalb sie Migranten oder Einwohnern ähneln.

Alles in allem laufen derlei Überlegungen darauf hinaus, ein differenzierteres Bild von ›dem Tier‹ zu zeichnen, als es in vielen tierethischen und tierrechtlichen Positionen auftaucht. Tiere sind eben keine »undifferenzierte Masse« (Burgess-Jackson 1998, 159). Deshalb kann man auch gar nicht fordern, dass sich die Verpflichtungen, die man gegenüber diesem oder jenem Tier hat, auf alle Tiere übertragen lassen. Zuweilen wird daher auch angezweifelt, ob es angesichts der Vielfalt unserer Beziehungen zu Tieren überhaupt Sinn ergibt, von Pflichten oder Rechten zu reden, die »uneingeschränkt« gelten (Palmer 1995, 7).

14.4 Ausblick

Nicht zuletzt werden Tierrechte-Konzeptionen auch deshalb kritisiert, weil sie angeblich zu viel verlangen und daher unrealistisch seien (z. B. Francione/Garner 2010, 104). Dieser Vorbehalt trifft vor allem den Abolitionismus, der von den Menschen auf individueller Ebene einen ethischen Veganismus fordert und auf gesellschaftspolitischer Ebene für die totale Abschaffung jeder Form von Tiernutzung plädiert (Francione 1996, Kap. 7). Als realistische Alternative wird eine »Politik der kleinen Schritte« empfohlen, die u. a. darin besteht, gegenwärtige Praktiken der Tiernutzung stetig zu reformieren und sich so der Abschaffung der Tierausbeutung anzunähern. Dass dieser ›Neue Tierschutz‹ (*new welfarism*) erfolgversprechend ist, wird von den Abolitionisten schon deswegen bestritten, weil er sich der Mittel des traditionellen Tierschutzes bedient, der z. B. den tierlichen Eigentumsstatus gar nicht in Frage stellt und auch sonst keine Grundrechte für Tiere fordert (s. o.).

Allerdings ist der Neue Tierschutz nicht die einzige, derzeit realistische Alternative zu einer idealen Tierrechte-Position. Eine andere besteht darin, sich auf den Grundsatz der Vermeidung *unnötigen* Tierleids zu berufen (dazu Petrus 2015). Dieses Prinzip wird weitherum anerkannt, es ist sowohl im Tierschutz wie auch in Tierrechte-Positionen gut verankert und läuft letztlich darauf hinaus, jede Form der Nutzung und Tötung von Tieren zu menschlichen Zwecken als ›unnötig‹ und damit moralisch unzulässig auszuweisen, die aufgrund verfügbarer Alternativen vermeidbar ist. Gerade in Wohlstandsländern dürfte dies der überwiegende Teil der Tierausbeutung zum Zwecke der menschlichen Ernährung, Bekleidung, Unterhaltung und auch Forschung betreffen. Zudem spricht nichts dagegen, den moralischen Anspruch der Tiere, nicht (unnötig) leiden zu müssen, durch ein Recht auf Nicht-Beeinträchtigung tierlichen Wohlergehens abzusichern (dazu Garner 2013, Kap. 8).

Literatur

Balluch, Martin: *Widerstand in der Demokratie*. Wien 2009.
Benton, Ted: *Natural Relations*. London 1993.
Burgess-Jackson, Keith: Doing Right by our Animal Companions. In: *Journal of Ethics* 2 (1998), 159–185.
Callicott, Baird J.: *In Defense of the Land Ethic*. Albany 1989.
Carruthers, Peter: *The Animal Issue*. Cambridge 1992.
Cochrane, Alasdair: Do Animals Have an Interest in Liberty? In: *Political Studies* 57 (2009), 660–679.
Donaldson, Sue/Kymlicka, Will: *Zoopolis* [2011]. Berlin 2013.
Donovan, Josephine: Animal Rights and Feminist Theory. In: Dies./Carol J. Adams (Hg.): *The Feminist Care Tradition in Animal Ethics*. New York 2007, 58–86.
Francione, Gary L.: *Rain Without Thunder*. Philadelphia 1996.
Francione, Gary L.: *Introduction to Animal Rights*. Philadelphia 2000.
Francione, Gary L./Garner, Robert: *The Animals Rights Debate*. New York 2010.
Garner, Robert: *A Theory of Justice for Animals*. Oxford 2013.
Horta, Oscar: The Ethics of the Ecology of Fear Against the Nonspeciesist Paradigm. In: *Between the Species* 10 (2010), 163–187.
Midgley, Mary: *Animals and Why They Matter*. London 1983.
Palmer, Clare: *Animal Liberation, Environmental Ethics and Domestication*. Oxford 1995.
Petrus, Klaus: *Tierrechtsbewegung*. Münster 2013.
Petrus, Klaus: Das unnötige Leid der Tiere. In: *Tierethik* 7 (2015), 123–131.
Regan, Tom: *The Case for Animal Rights*. Berkeley 1983.
Rowlands, Mark: *Animal Rights*. Hampshire 2009.
Rude, Matthias: *Antispeziesismus*. Stuttgart 2013.
Scruton, Roger: *Animal Rights and Wrongs*. London 1996.
Singer, Peter: *Animal Liberation*. New York Times 1975.
Singer, Peter: *Praktische Ethik*. Stuttgart 2013 (engl. 1979).
Wolf, Ursula: Die Mensch-Tier-Beziehung und ihre Ethik. In: Dies. (Hg.): *Tierethik*. Stuttgart 2007, 170–192.

Klaus Petrus

15 Kantische Ansätze

Die Kantische Ethik spielt in der aktuellen tierethischen Debatte eine eher sekundäre Rolle. Kants Ethik wird oft als negatives Beispiel einer Moralkonzeption genannt, die eine Begründung direkter, strenger Verpflichtungen gegenüber Tieren nicht ermögliche, da für Kant die Vernunftfähigkeit die einzige Eigenschaft sei, aufgrund derer ein Wesen moralische Rücksicht verdiene. Dass Kant Tierechte grundsätzlich ablehnt und die Möglichkeit von direkten Pflichten gegenüber Tieren bestreitet, scheint dazu zu führen, dass der Umgang des Menschen mit Tieren aus der Moral herausfällt (Wood 1998, 190; Skidmore 2001, 557–558; Timmermann 2005, 134–136; Breitenbach 2009, 204–205; Wolf 2012, 39–44). Elisabeth Pybus und Alexander Broadie beispielsweise haben Kants Ablehnung des moralischen Status von Tieren für einen guten Grund gehalten, die gesamte rationalistische Ethik Kants zu verwerfen (Pybus/Broadie 1974, 375; vgl. auch Regan 1976).

Der Mensch als ein Vernunftwesen ist nach Kant »Zweck an sich«. Aufgrund seiner auf Vernunftfähigkeit beruhenden moralischen Autonomie kommt ihm eine Würde bzw. ein unbedingter Wert zu, der die Achtung aller anderen Vernunftwesen verdient (*Grundlegung zur Metaphysik der Sitten*, GMS, AA 04: 428.07–429.13). Tiere – als nicht-vernünftige Wesen – finden in der Kantischen Moralphilosophie in Hinsicht auf die Zusprechung eines moralischen Status oder einer moralischen Würde keine Beachtung (s. Kap. 31, 29). Pflichten können Menschen für Kant nur gegen andere Menschen oder gegen sich selbst haben.

Tiere werden von Kant aus dem Bereich der ethischen Reflexion aber dennoch nicht ausgeschlossen. Kant zufolge soll beispielsweise die Tötung von Tieren möglichst schnell und schmerzlos geschehen. Tiere dürfen zwar für anstrengende Arbeiten verwendet werden, der Mensch schuldet ihnen aber »Dankbarkeit für lang geleistete Dienste«. Die »martervollen physischen Versuche zum bloßen Behuf der Spekulation«, die zur Erreichung des wissenschaftlichen Zwecks nicht notwendig seien, hält Kant für abscheulich (*Tugendlehre*, TL, AA 06: 443.16–25). Für Kant handelt es sich hierbei freilich nicht um direkte Pflichten des Menschen gegenüber Tieren, sondern um indirekte Pflichten »in Ansehung« der Tiere, die eigentlich immer nur *Pflichten des Menschen gegen sich selbst* sind (TL, AA 06: 443.23–25). Die grausame Behandlung von Tieren habe nämlich, so Kant, schwerwiegende Folgen für den Menschen selbst: Indem der Mensch Tiere schlecht behandelt, stumpft sein »Mitgefühl an ihrem Leiden« ab. Er schwächt damit »eine der Moralität im Verhältnisse zu anderen Menschen sehr diensame natürliche Anlage«, die sogar »nach und nach« ausgetilgt werden könne (TL, AA 06: 443.10–16). Dieses Argument Kants wird oft – etwas unpräzise – als ›Verrohungsargument‹ bezeichnet (vgl. z. B. Wood 1998, 201 f.; Timmermann 2005, 133; kritisch: Baranzke 2005; s. Kap. 36).

In der tierethischen Debatte lassen sich bewahrende Interpretationen des Ansatzes von Kant, die an dessen grundlegenden Einsichten festhalten sollen, von adaptiven Ansätzen unterscheiden, die die Notwendigkeit sehen, Kants Position in wesentlichen Hinsichten zu modifizieren oder zu korrigieren.

15.1 Bewahrende Interpretationen

Einige Autorinnen und Autoren weisen darauf hin, dass Kants Argumente in der tierethischen Diskussion generell bagatellisiert und nicht selten missverstanden werden (Denis 2000; Baranzke 2004; 2005; Kain 2012, 232 sowie Höffe 1993, 214–216). Sie unternehmen den Versuch, die Kantische Lehre auf eine Weise zu rekonstruieren, die zeigen soll, dass Kants Behauptung, der Mensch habe indirekte Pflichten ›in Ansehung‹ der Tiere, für die tierethische Debatte mehr leisten könne, als gewöhnlich angenommen werde. Es handelt sich hierbei also um Versuche einer »konservativen« Interpretation (Denis 2000: 405) der Kantischen These über die Natur der Pflichten des Menschen in Bezug auf Tiere, die nicht darauf abzielen, den Kantischen Ansatz zu verbessern, sondern diesen lediglich aufzuklären, um auf diese Weise sein Potential zu entfalten (vgl. hierzu O'Hagan 2009).

Lara Denis zeigt, dass Kants Indirekte Pflichten-Argument durchaus eine Begründung von rigorosen tierethischen Normen ermöglicht (Denis 2000; vgl. auch Peonidis 2012; Ergsson 1997 lehnt auf Basis des Kantischen Arguments Mastproduktion und Massentierhaltung ab und plädiert für eine vegetarische Lebensweise). Denis hebt insbesondere den streng verpflichtenden Charakter von Kants indirekten Pflichten ›in Ansehung der Tiere‹ als *vollkommener* Pflichten des Menschen gegen sich selbst hervor (Denis 2000; vgl. auch O'Hagan 2009, 537–541; zur Frage, ob es sich bei den indirekten Pflichten in Bezug auf Tiere um vollkommene oder unvollkommene Pflichten handelt vgl. auch Paul Guyer 1993; Denis 2000, 421 f.; Ludwig 2008, XIX–XX). Sie macht

J. S. Ach / D. Borchers (Hg.), *Handbuch Tierethik*, https://doi.org/10.1007/978-3-476-05402-9_15

zudem darauf aufmerksam, dass sich Kants System der menschlichen Verpflichtungen gegenüber Tieren als ausgesprochen artikuliert erweist: Neben den *vollkommenen* Pflichten des Menschen gegen sich selbst, von denen Kant in der *Tugendlehre* spricht, gebe es bei Kant auch einige tierethische Pflichten, die auf *unvollkommene* Pflichten gegen andere zurückzuführen seien, etwa Liebes- und Dankbarkeitspflichten (Denis 2000, 408–410).

Die Bedeutung tierethischen Verpflichtungen als vollkommener Pflichten des Menschen gegen sich selbst wird auch von Baranzke hervorgehoben. Dass Kant Tiere nicht herabwürdigen wollte, zeige zunächst bereits die Tatsache, dass er »der Angelegenheit [...] den ausgezeichneten Ort der vollkommenen Pflichten gegen sich selbst eingeräumt« habe (Baranzke 2005, 346 f.). Tiere seien dem Menschen in biologischer und psychologischer Hinsicht prinzipiell ähnlich; sie unterscheiden sich, wie Baranzke feststellt, aber insofern grundlegend vom Menschen, als sie keine moralische Fähigkeit besitzen. Eine Fähigkeit, die für Kant nicht empirischer Natur ist. Aus eben diesem Grund haben die nicht-verpflichtungsfähigen Tiere für Kant nicht den moralischen Status ihrer Verpflichtungspartner (der Menschen), sondern den von Verantwortungsobjekten (Baranzke 2005, 352). Die »Grundlegung einer symmetrischen personenzentrierten Ethik gegenseitiger Achtung zwischen vernünftigen Naturwesen, die Träger von Pflichten und Rechten sind«, führe zu einer »asymmetrischen Verantwortungsethik ›in Ansehung‹ jener Weltstücke, die nicht als Träger von Rechten und Pflichten anzusehen sind« (Baranzke 2005, 348). Kant mache damit, so Baranzke, auf überzeugende Weise deutlich, wie eine strikte moralische Berücksichtigung von moralunfähigen Wesen begründet werden könne (Baranzke 2005, 347, 358 f.).

15.2 Adaptive Interpretationen

Die meisten Autorinnen und Autoren, die Kantische bzw. von Kant inspirierte Ansätze vertreten, sind demgegenüber der Ansicht, dass die Kantische Theorie einiger »Korrekturen« bedürfe, um aus ihr eine kohärente und strenge Tierethik gewinnen zu können (vgl. Kain 2012, 228–233). Als problematisch wird vor allem Kants Überzeugung angesehen, der zufolge es keine direkten Verpflichtungen des Menschen gegenüber Tieren geben könne. Auf unterschiedliche Weisen argumentieren diese Autorinnen und Autoren daher für eine Korrektur des Kantischen Ansatzes, die eine *direkte* moralische Berücksichtigung von Tieren auf Grundlage von Kants Theorie ermöglichen soll.

Folgt man Pybus und Broadie, dann kann man den Ansatz Kants ›retten‹, indem man bestreitet, dass Pflichten notwendigerweise Pflichten gegen ein Objekt seien. Wir können, wie die beiden Autoren argumentieren, die Pflicht haben, ein Objekt auf eine bestimmte Weise zu behandeln, ohne dass dies gleichbedeutend damit wäre, dass wir eine Pflicht gegen dieses Objekt haben. Dies liege daran, dass Pflichten wesentlich als Verpflichtungen dazu verstanden werden könnten, eine bestimmte Handlung hervorzubringen. Auf diese Weise lassen sich, wie die Pybus und Brodie glauben, die Schwierigkeiten des Kantischen Arguments ausräumen, die aus der nicht-rationalen Natur des Tiers erwachsen, und direkte tierethische Pflichten begründen (Pybus/Broadie 1981, 63–66).

Bereits seit den 1990er Jahren beschäftigt sich Christine Korsgaard mit dem Thema des moralischen Status der Tiere. Sie vertritt die These einer internen Normativität des Schmerzes, und argumentiert aufgrund der Schmerzerfahrung, die Menschen mit den Tieren teilen, für deren moralischen Status (Korsgaard 1996; kritisch: Wood 1998; Skidmore 2001; Timmermann 2005). In neueren Arbeiten vertritt Korsgaard die These, dass Kants Argumente, auch wenn er Tiere prinzipiell aus der moralischen Gemeinschaft ausschließt, gleichwohl den Grund unserer moralischen Verpflichtung Tieren gegenüber enthalten (Korsgaard 2012; 2005; 2011). Der Grund dafür, dass Menschen Pflichten gegen andere Tiere haben, liegt für Korsgaard darin, dass ihrer Auffassung nach auch Tiere ›Zwecke an sich‹ sind. Dass Menschen sich als ›Zwecke an sich‹ betrachten, liegt, folgt man Korsgaard, daran, dass sie die Zwecke, die sie verfolgen, als *unbedingt gut* ansehen. Die ursprüngliche Entscheidung über seine Handlungszwecke treffe der Mensch aber in Hinblick darauf, was *gut für ihn* sei. Nur danach betrachte er seine Handlungsoption als Gesetz, d. h. als unbedingt gut. Zwar könnten nur rationale Wesen die praktische Annahme formulieren, dass ihre Zwecke an sich gut sind. Gut oder schlecht können Dinge aber nicht nur für rationale Wesen, sondern für alle empfindungsfähigen Wesen. Wenn Menschen daher Zwecke verfolgen, als ob sie unbedingt gut wären, legen sie sich insofern, so das Argument von Korsgaard, immer schon auf ein Prinzip fest, demzufolge alle Wesen, für die Dinge gut oder schlecht sein können, ›Zwecke an sich‹ sind. Die Analyse rationaler Handlungswahlen und deren Voraussetzungen wird so zum Argument dafür, dass auch Tiere – als Wesen mit Interessen – als ›Zwecke an sich‹ angesehen werden können (Korsgaard 2005; 2008; 2009; 2011; 2012; ähnlich Henning 2016, 134–138; kritisch O'Hagan 2009, 551–553; O'Neil 1998, 222 f.; Rollin 2005, 116 f.; Timmermann 2005, 137 f.).

Korsgaard argumentiert darüber hinaus auch dafür, dass Kants Theorie nicht nur eine Begründung von *moralischen Ansprüchen* der Tiere, sondern auch von *Tierrechten* ermögliche (Korsgaard 2012). Sie geht dabei von der Annahme Kants aus, dass der Boden ein gemeinsamer Besitz sei – für Kant die Voraussetzung des Sachenrechts (*Rechtslehre*, RL, AA 06: 260.33–261.8 und 06: 262.17–34; vgl. Grünewald 1988, 102–105). Menschen haben sich, wie Kant ausführt, in dieser Welt einfach vorgefunden; um ihr Überleben zu sichern haben sie keine andere Möglichkeit, als die sie umgebenden natürlichen Ressourcen zu verbrauchen. Korsgaard entwickelt diesen Gedanken weiter und argumentiert, dass, da die Menschen nicht die einzigen Wesen seien, die sich, auf sich selbst gestellt, in der Welt vorfanden, die Menschen die Erde und ihre Ressourcen gemeinsam mit allen anderen (auch nicht-rationalen) Tieren besitzen. Tiere dürften daher nicht als etwas betrachtet werden, das man besitzen könne; sondern als Wesen, die die Erde gemeinsam mit dem Menschen besitzen. Tieren müssen daher, so Korsgaard, Rechte gewährt werden (Korsgaard 2012, 23–25).

Für Allen Wood sind die Argumente, die Kant bezüglich unserer Pflichten ›in Ansehung der Tiere‹ vorlegt, deshalb nicht zufriedenstellend, weil Kant die ganze nicht-rationale Natur als ein bloßes Mittel betrachte, das einen bloß extrinsischen bzw. instrumentellen Wert besitze. Eine überzeugende Tierethik dagegen müsse das Wohlbefinden (auch) der nicht-rationalen Wesen um ihrer selbst willen wertschätzen (Wood 1998; Wood bezieht sich auf Regan 1983, 174–185). Wood zufolge liegt das Problem entsprechend nicht im Logozentrismus der Kantischen Theorie, sondern im ›personification principle‹ Kants. Dabei handelt es sich um die (Kantische) Idee, dass die Menschheit bzw. die vernünftige Natur moralische Forderungen nur gegenüber Wesen stellt, die Vernunft besitzen, d. h. nur gegenüber Personen (s. Kap. 32). Für Kant seien Pflichten aus diesem Grund grundsätzlich Pflichten gegen andere Personen (Wood 1998, 196 f.; vgl. dazu auch Potter 2005; O'Neil 1998; Timmermann 2005, 132; O'Hagan 2009, 544–548). Wood ist nun der Auffassung, dass eine logozentrische Ethik nicht unbedingt auf das ›personification principle‹ festgelegt ist. Achtung der vernünftigen Natur als ›Zweck an sich‹ bedeute, dass wir uns auch gegenüber nicht-vernünftigen Wesen mit Respekt verhalten sollen, wenn sie das »richtige Verhältnis zur vernünftigen Natur« aufweisen (Wood 1998, 197). Nicht-vernünftige Wesen, die nur potentiell eine vernünftige Natur besitzen, die eine solche in der Vergangenheit besessen haben, oder die nur Fragmente bzw. Voraussetzungen von ihr besitzen, müssen, wie Wood glaubt, aufgrund ihres Verhältnisses zur vernünftigen Natur mit Respekt behandelt werden. Nicht-menschliche Tiere besitzen Wood zufolge zwar nicht die Vernunft des Menschen, jedoch Fragmente davon. Sie besitzen Fähigkeiten, die wir als ›Infrastrukturen (*infrastructures*) der vernünftigen Natur‹ schätzen können. Die Wünsche von Tieren zu frustrieren oder ihnen bewusst und willentlich Leid zuzufügen sei insofern gleichbedeutend damit, jenen Teil der Vernunft zu verachten, den sie mit dem Menschen gemeinsam haben (Wood 1998; vgl. hierzu auch O'Neil 1998, 220–224; O'Hagan 2009, 547 f.).

Jens Timmermann schlägt einen sowohl gegenüber Kants als auch gegenüber Korsgaard alternativen Ansatz vor, der eine Pflicht, Tiere gut zu behandeln, begründen soll (Timmermann 2005). Wenn es moralisch falsch ist, Tieren Leid zuzufügen, muss es nach Timmermann unmittelbar um der Tiere willen falsch sein, und nicht, wie Kant in seinen Augen vorschlägt, weil man von der eigenen praktischen Rationalität schlecht Gebrauch mache (Timmermann 2005, 134, vgl. hierzu Baranzkes Analyse von Kants anticartesianischer Auffassung der Tiere: Baranzke 2005, 350–354). Timmermann steht dem Kantischen Konzept indirekter Pflichten grundsätzlich kritisch gegenüber. Da das von der gebotenen bzw. verbotenen Handlung betroffene Objekt keinen moralischen Wert besitze, gebe es streng genommen keine echte Pflicht, die Handlung durchzuführen. So ist eine indirekte Pflicht nach Timmermann genau genommen keine *echte* Pflicht, sondern nur ein zufälliges Mittel zur Erfüllung einer Pflicht (Timmermann 2005, 131 f.; kritisch: Grünewald 1988, 98 f.; O'Neil 1998, 223–226; Baranzke 2005, 344–350). Anders als Korsgaard hält Timmermann Kants Vorstellung, dass Tiere *keine* Zwecke an sich und deshalb keine Mitglieder der moralischen Gemeinschaft sein können, aber für richtig. Gleichwohl verdienen sie seiner Meinung nach – gegen Kant – *direkte* moralische Berücksichtigung (Timmermann 2005, 136–138). Timmermann übernimmt Kants Vorstellung, dass alle Pflichten – sowohl Pflichten gegen sich selbst als auch Pflichten gegen andere – formal Pflichten gegen sich selbst sind. Es sei ein Missbrauch der eigenen rationalen Fähigkeiten, wenn man andere rationale Wesen schlecht behandele. Auch Pflichten gegen Tiere sind für Timmermann daher, formal betrachtet, Pflichten des Menschen gegen sich selbst. Da aber Tiere, ebenso wie Menschen, großes Interesse an einem schmerzfreien Leben haben, sei es moralisch abscheulich, Tieren Schmerzen zuzufügen. Tiere zu misshandeln sei widersprüchlich, weil sich kein rationales Wesen für die Zulässigkeit von Tiermisshandlung entscheiden würde, wenn es sich vorstellen würde, seine rationalen Fähigkeiten zu verlieren. So betrachtet seien tierethische Verpflichtungen nicht bloß die zufälligen Folgen direkter Pflichten – i. e. indirekte Pflichten –, sondern echte, direkte Pflichten gegenüber Tieren. Tiere verdienen somit direkte moralische Berücksichtigung, auch wenn die Pflicht, sie gut zu behandeln, eine Pflicht des Menschen gegen sich selbst ist (Timmermann 2005, 139–141; vgl. auch O'Hagan 2009, 541–544).

Einen weiteren Versuch, die tierethischen Pflichten, die Kant formuliert, als direkte Verpflichtungen gegen Tiere umzuinterpretieren, hat Svoboda vorgelegt, der vorschlägt, Kants Auffassung zu korrigieren und tierethische Verpflichtungen als Teil der direkten Pflicht des Menschen gegen sich selbst zu verstehen, die eigene moralische Vollkommenheit zu fördern (Svoboda 2014, 315–317).

Einen Versuch, für eine direkte moralische Berücksichtigung von Tieren und der gesamten Naturwelt zu argumentieren, unternimmt auch Angela Breitenbach. Ihr Vorschlag zielt darauf ab, die Dichotomie bezüglich der Natur zu überwinden, die einerseits auf ihren instrumentellen Nutzen für den Menschen reduziert werde, andererseits aber einen vom Menschen unabhängigen Wert besitzen soll. Ihr systematischer Ausgangspunkt ist dabei Kants teleologisches Naturverständnis aus der *Kritik der Urteilskraft*, das die theoretisch erkennbare, kausal bestimmte Natur mit der freien, praktischen Vernunftfähigkeit in Verbindung setzt (Breitenbach 2009, 211). Kants teleologisches Naturverständnis (KdU 05:374.21–26 und 05:376.09–14) ermögliche eine »analogische Übertragung unserer Verpflichtung gegenüber dem Menschen auf die lebendige Natur«. Dies rechtfertige zwar den Schluss, »dass wir der Natur nach der Analogie mit der freien Vernunftfähigkeit als einem Zweck an sich, und folglich als einem Objekt moralischer Verpflichtung begegnen müssen«, begründe aber keinen vom Menschen unabhängigen Wert der Natur und der nicht-rationalen Tiere (Breitenbach 2009, 213). Gleichwohl könne dieser »*moralische* Biozentrismus [...] die Natur – abhängig von der analogischen Betrachtung des Menschen – als einen Träger moralischer Werte geltend machen« (Breitenbach 2009, 217 f.).

Den angedeuteten, auf einer Korrektur des kantischen Ansatzes beruhenden Vorschlägen kommt zweifellos der Verdienst zu, Kants Ethik in der heutigen tierethischen Debatte positive Aufmerksamkeit verschafft zu haben. Allerdings machen die Vertreterinnen und Vertreter dieser Vorschläge nicht immer deutlich, dass sie eine vom Ansatz Kants in wesentlichen Elementen unterschiedene Theorie entwickeln. Die meisten Autorinnen und Autoren operieren mit einem Begriff von praktischer Rationalität und von moralisch relevanten Fähigkeiten, der sich von der Kantischen Vorstellung in wesentlichen Hinsichten unterscheidet. So ist beispielsweise Korsgaards Deutung des Tiers als eines ›Zwecks an sich‹ aus kantischer Perspektive kaum haltbar. Denn ›Zweck an sich‹ ist nach Kant der Mensch nicht nur als *vernünftiges* Wesen – d. h. als Wesen, das über die intellektuelle Fähigkeit verfügt, Prinzipien und Gesetze im Hinblick auf die Zwecke, die es erreichen will, selbst zu formulieren (i. e. technische und pragmatische Imperative zu bilden); ›Zweck an sich‹ ist der Mensch vielmehr vor allem als moralisches *Vernunft*wesen, d. h. als Wesen, das der moralischen Zurechnung fähig ist (*Religion innerhalb der Grenzen der bloßen Vernunft*, RGV, AA 06: 26.08–11).

Die Frage, ob ihre Vorschläge tatsächlich noch als Kantische Ansätze gelten können oder besser als von Kant inspirierte, vom Kantischen Ansatz aber in wesentlichen Hinsichten abweichende, Theorie angesehen werden müssen, lässt sich auch an die Interpretationen von Wood und Timmermann stellen. Wood und auch Timmermann scheinen davon auszugehen, dass die Gemeinsamkeiten zwischen menschlichen und tierischen Fähigkeiten bloß extensiver bzw. quantitativer Natur seien (vgl. dazu auch Rocha 2015, 318–325). Von der Kantischen Unterscheidung zwischen vernünftigen Wesen und Vernunftwesen ausgehend, ist es aber durchaus fraglich, ob man Fragmente oder ›Infrastrukturen‹ der Vernunft besitzen kann (Wood 1998, 200) bzw. ob die moralisch relevanten Fähigkeiten eines Menschen zu denen eines Tiers verringert werden können (Timmermann 2005, 140; O'Hagan 2009, 543 f.; vgl. dazu auch die von Baranzke hervorgehobene Unterscheidung zwischen relativer Spontaneität biologischer Lebensäußerungen und positiver moralischer Freiheit der Vernunftwesen: Baranzke 2005, 351 f., 356).

15.3 Ausblick

Soll das kantische Argument in der gegenwärtigen tierethischen Debatte eine Rolle spielen, müssen sowohl die bewahrenden als auch Timmermanns und Svobodas adaptiven Interpretationen eine Antwort auf die Frage geben, ob und wie Pflichten des Menschen gegen sich selbst begründet werden können. Für Kant war die Existenz solcher Pflichten nicht nur unproblematisch, sondern sogar zentral für die Morallehre (TL, AA 06: 417.25–418.03; vgl. Denis 1997, 332–335; Schönecker 2010, 242–244). In der gegenwärtigen moralphilosophischen Debatte ist die Frage, ob sich Pflichten des Menschen gegen sich selbst begründen lassen, dagegen umstritten. Timmermann, Denis, Baranzke und andere haben vor diesem Hintergrund auf unterschiedliche Weise dafür argumentiert, dass ohne den Begriff einer Pflicht des Menschen gegen sich selbst, grundlegende Eigenschaften der Moral, etwa deren Kategorizität, und zentrale Begriffe der Moral, etwa der Begriff der Autonomie, nicht verständlich gemacht werden können (Timmermann 2006; 523–527; Denis 1997, 338–344; 2001, 219–232; Baranzke 2005, 347, 358).

Literatur

Baranzke, Heike: *Würde der Kreatur? Die Idee der Würde im Horizont der Bioethik*. Würzburg 2002.

Baranzke, Heike: Does Beast Suffering Count For Kant? A Contextual Examination of § 17 in The Doctrine of Virtue. In: *Essays in Philosophy. A Biannual Journal* 2 (2004), 1–9, http://commons.pacificu.edu/eip/vol5/iss2/4/.

Baranzke, Heike: Tierethik, Tiernatur und Moralanthropologie im Kontext von § 17, Tugendlehre. In: *Kant-Studien* 96 (2005), 336–363.

Basaglia, Federica: La ricezione dell'argomento kantiano per i doveri indiretti relativi agli animali nel dibattito contemporaneo. In: *I Castelli di Yale* 2 (2016), Bd. IV, 15–41.

Basaglia, Federica: Kants Definition von Begehrungsvermögen und sein Verständnis vom tierethischen Leben. In: *Internationales Jahrbuch des Deutschen Idealismus/International Yearbook of German Idealism* (Begehren/Desire), 13 (2015). Hg. von Dina Emundts und Sally Sedwick. Berlin/Boston, 39–58.

Breitenbach, Angela: *Die Analogie von Vernunft und Natur: eine Umweltphilosophie nach Kant*. Berlin 2009.

Broadie, Alexander/Pybus, Elisabeth M.: Kant's Treatment of Animals. In: *Philosophy* 49 (1974), 375–383.

Broadie, Alexander/Pybus, Elisabeth M.: Kant and the Maltreatment of Animals. In: *Philosophy* 53 (1978), 560–561.

Broadie, Alexander/Pybus, Elisabeth M.: Kant and Direct Duties. In: *Dialogue. Canadian Philosophical Review* 20 (1981), 60–67.

Denis, Lara: Kant's Ethics and Duties to Oneself. In: *Pacific Philosophical Quarterly* 78 (1997), 321–348.

Denis, Lara: Kant's Conception of Duties regarding Animals: Reconstruction and Reconsideration. In: *History of Philosophy Quarterly* 17 (2000), 405–423.

Denis, Lara: *Moral Self-regarded. Duties to Oneself in Kant's Moral Theory*. New York 2001.

Egonsson, Dag: Kant's Vegetarianism. In: *The Journal of Value Inquiry* 31 (1997), 473–483.

Giordanetti, Piero: Etica deontologica e animalità. In: M. Mazzocut-Mis/G. Mormino (Hg.): *Essere animale. Atti del Convegno »Animalità. Etica ed estetica animale«*. Mailand 2012, 47–84.

Grünewald, Bernward: Natur und praktische Vernunft. In: H. W. Ingensiep/G. Altner (Hg.): *Mensch, Umwelt und Philosophie*. Bonn 1988, 95–106.

Guyer, Paul: Duties regarding nature. In: P. Guyer: *Kant and the experience of freedom. Essays on aesthetics and morality*. Cambridge 1993, 304–334.

Henning, Tim: *Kants Ethik. Eine Einführung*. Stuttgart 2016.

Höffe, Otfried: *Moral als Preis der Moderne. Ein Versuch über Wissenschaft, Technik und Umwelt*. Frankfurt a. M. 1993.

Kain, Patrick: Duties Regarding Animals. In: L. Denis (Hg.): *Kant's Metaphysics of Morals*. Cambridge 2012, 210–233.

Kant, Immanuel: *Gesammelte Schriften*. Hg. von der Königlich Preussischen Akademie der Wissenschaften/von der Deutschen/Göttinger Akademie der Wissenschaften, Berlin/Leipzig 1900 ff./Berlin 1967 ff.

Korsgaard, Christine: The Origin of Value and the Scope of Obligation. In: C. Korsgaard/O. O'Neil (Hg.): *The Source of Normativity*. Cambridge 1996, 131–166.

Korsgaard, Christine: Fellow Creatures: Kantian Ethics and Our Duties to Animals (Tanner Lecture on Human Values delivered at the University of Michigan, February 6, 2004). In: *The Tanner Lectures on Human Values*. Salt Lake City/Utah, 25 (2005), 77–110.

Korsgaard, Christine: Interacting with Animals: A Kantian Account. In: T. Beauchamp/R. G. Frey (Hg.): *The Oxford Handbook of Animal Ethics*. Oxford 2011, 91–118.

Korsgaard, Christine: A Kantian Case for Animal Rights. In: M. Michel/D. Kühne/J. Hänni (Hg.): *Animal Law – Tier und Recht. Development and Perspective in the 21. Century*. Zürich/St. Gallen 2012, 3–23.

Korsgaard, Christine: Kantian Ethics, Animals, and the Law. In: *Oxford Juornal of Legal Studies* 33 (2013), 629–648.

Ludwig, Bernd: Einleitung. In: B. Ludwig (Hg.): *Immanuel Kant. Metaphysische Anfangsgründe der Tugendlehre*. Hamburg 2008, XIII–XXVIII.

O'Hagan, Emer: Animals, Agency, and Obligation in Kantian Ethics. In: *Social Theory and Practice* 35 (2009), 531–554.

O'Neil, Onora: Necessary Anthropocentrism and Contingent Speciesism. In: Proceedings of the Aristotelian Society, Supplementary Volume LXXII (1998), 211–228.

Peonidis, Filimon: Kants not so Bad Specisism. In: E. D. Protopapadakis (Hg.): *Animal Ethics. Past and Present Perspectives*. Berlin 2012, 141–150.

Potter, Nelson: Kant on Duties to Animals. In: *Jahrbuch für Recht und Ethik/Annual Review of Law and Ethics* 13 (2005), Philosophia Practica Universalis: Festschrift für Joachim Hruschka zum 70. Geburtstag, 299–311.

Regan, Tom: Pybus and Broadie on Kant. In: *Philosophy* 51 (1976), 471 – 472.
Regan, Tom: *The Case for Animal Rights.* London 1983.
Rocha, James: Kantian Respect for Minimally Rational Animals. In: *Social Theory and Practice* 41 (2015), 309–327.
Rollin, Bernard E.: Reasonable Partiality and Animal Ethics. In: *Ethical Theory and Moral Practice* 8 (2005), 105–121.
Schönecker, Dieter: Kant über die Möglichkeit von Pflichten gegen sich selbst (Tugendlehre §§ 1–3). In: H. Busche/ A. Schmitt (Hg.): *Kant als Bezugspunkt philosophischen Denkens.* Würzburg 2010, 235–260.
Skidmore, James: Duties to Animals: The Failure of Kant's Moral Theorie. In: *The Journal of Value Inquiry* 35 (2001), 541–559.
Svoboda, Toby: A Reconsideration of Indirect Duties regarding Non-human Organisms. In: *Ethical Theory and Moral Practice: An International Forum* 17 (2014), 311–323.
Timmermann, Jens: When the Tail Wags the Dog: Animal Welfare and Indirect Duties in Kantian Ethics. In: *Kantian Review* 10 (2005), 128–149.
Timmermann, Jens: Kantian Duties to the Self. Explained and Defended. In: *Philosophy* 317 (2006), 505–530.
Wood, Allen W.: Kant on Duties Regarding Nonrational Nature. In: *Proceedings of the Aristotelian Society,* Supplementary Volume LXXII (1998), 189–228.
Wolf, Ursula: *Ethik der Tier-Mensch-Beziehung.* Frankfurt a. M. 2012.

Federica Basaglia

16 Gerechtigkeitstheorien

In der tierethischen Debatte spielen Argumente und Konzeptionen, die den Umgang des Menschen mit Tieren als ein Thema der Gerechtigkeit begreifen, bislang eher eine untergeordnete Rolle. Dies liegt insbesondere daran, dass Gerechtigkeit von vielen als ein Thema zwischenmenschlicher Beziehungen angesehen wird. Dafür werden hauptsächlich zwei Gründe genannt (Garner 2013, 2043): Zum einen wird behauptet, eine Inklusion von Tieren in eine Theorie der Gerechtigkeit sei schwierig, da diese es vorrangig mit dem Problem der gerechten Verteilung von Gütern zu tun habe. Während diesem Einwand damit begegnet werden kann, dass eine angemessene Theorie der Gerechtigkeit nicht nur die Verteilung von (materiellen) Vorteilen und Lasten zum Gegenstand hat, sondern auch die Allokation von Grundgütern, Rechten oder Freiheiten berücksichtigen sollte, und insofern im Prinzip auch auf Tiere Anwendung finden kann, wiegt der zweite Einwand schwerer. Dieser lautet, dass Gerechtigkeit nur unter Gleichrangigen möglich sei. Da Tieren jedoch moralische Akteur-Eigenschaften nicht sinnvoll zugeschrieben werden könnten, so das Argument, weil sie beispielsweise weder als Autoren von Regeln oder Normen in Frage kämen noch diesen zustimmen könnten, könne es auch keine Gerechtigkeitspflichten gegenüber Tieren geben.

Vertreterinnen und Vertreter von Gerechtigkeitsansätzen in der Tierethik haben demgegenüber betont, dass diese aus verschiedenen Gründen anderen Moralkonzeptionen wie zum Beispiel dem Utilitarismus überlegen und insofern auch in der Tierethik von großer Bedeutung seien. Sie heben in diesem Zusammenhang insbesondere hervor, dass die Formulierung von normativen Ansprüchen von Tieren als Rechte es verhindere, die Forderung nach einem angemessenen Umgang mit Tieren als Ausdruck moralischer Sentimentalität misszuverstehen, verweisen auf den in Gerechtigkeitstheorien üblicherweise betonten Schutz von Individuen, deren normative Ansprüche nicht gegen einen möglichen sozialen Nutzen aufgewogen werden dürften, und betonen die Anschlussfähigkeit einer Rechtetheorie an den politischen und vor allem an den rechtlichen Diskurs, was die Chance auf eine gesellschaftliche Durchsetzung tierethischer Forderungen wesentlich erhöhe.

16.1 Streitfragen und Positionen

In der tierethischen Diskussion spielen insbesondere vier Varianten von Gerechtigkeitstheorien eine Rolle: Neben (1) kontraktualistischen Ansätzen (2) der von Martha Nussbaum und anderen ausgearbeitete Fähigkeitenansatz (*capabilities approach*), sowie (3) verschiedene Varianten eines Rechte-Ansatzes. Relevant und einschlägig sind darüber hinaus Positionen, die versuchen, Gerechtigkeit für Tiere jenseits von Rechten einzufordern und die dabei versuchen, den Gerechtigkeitsbegriff neu zu denken (4).

Kontraktualismus

Schwierigkeiten bereitet eine Einbeziehung nichtmenschlicher Tiere in die moralische Gemeinschaft solchen Ethiktheorien, die, wie der Kontraktualismus, Moral als eine soziale Institution verstehen, die den Zweck hat, die Interaktion zwischen Menschen zu erleichtern bzw. deren Kooperation zu ermöglichen, und die moralische Normen oder Regeln als Ergebnis einer wechselseitigen Übereinkunft ansehen. Dies gilt insbesondere für jene kontraktualistischen Ansätze, die, in der Tradition des Hobbesschen Sozialvertrages, moralische Normen als durch eine Übereinkunft eigen-interessierter Entscheider begründet ansehen (*contractarianism*). Die Einbeziehung von Tieren ist für solche Ansätze schwierig, weil die Forderung nach einer Berücksichtigung der Interessen nichtmenschlicher Lebewesen solchen Ethiktheorien insofern die Motivationsquelle zu entziehen droht (Carruthers 1992), als die Einbeziehung der Interessen von Tieren aufgrund einer grundlegenden Machtasymmetrie gerade nicht im Interesse aller Vertragspartner ist.

Aber auch für solche kontraktualistischen Ansätze, die die Geltung bestimmter moralischer Prinzipien (Fairness, Gleichheit) voraussetzen (*contractualism*), ist die Inklusion von nichtmenschlichen Tieren, wie das Beispiel der Rawlsschen *Theorie der Gerechtigkeit* (1993) zeigt, zumindest problematisch. Rawls geht davon aus, dass es sich bei den Parteien im Urzustand um »Gleiche« handelt, um »moralische Subjekte«, d. h. »Wesen mit einer Vorstellung von ihrem Wohl und einem Gerechtigkeitssinn«, die die Fähigkeit besitzen, die »jeweils festgelegten Grundsätze zu verstehen und nach ihnen zu handeln« (Rawls 1993, 36 f.). Da nichtmenschliche Tiere diese Voraussetzungen nicht erfüllen, fallen sie für Rawls aus dem Gegenstandsbereich der Theorie der Gerechtigkeit heraus. Diese befasst sich vielmehr »nur mit unseren Bezie-

J. S. Ach / D. Borchers (Hg.), *Handbuch Tierethik*, https://doi.org/10.1007/978-3-476-05402-9_16

hungen zu anderen Menschen, nicht aber zu Tieren oder zur übrigen Natur« (Rawls 1993, 34). Auf das Problem, dass die genannten Voraussetzungen auch bestimmte menschliche Lebewesen (sog. *marginal cases*) aus dem Geltungsbereich der Theorie der Gerechtigkeit ausschließen, reagiert Rawls, indem er – zumindest teilweise – die Ausgangsbedingungen im Hinblick auf diese ›Spezialfälle‹ modifiziert.

Aus kontraktualistischer Perspektive kann man auf diesen – eher ernüchternden – Befund auf dreierlei Weise reagieren:

Eine *erste Option* besteht in einer ›indirekten‹ Inklusion nichtmenschlicher Tiere – sie ist von verschiedenen Tierethikerinnen und Tierethikern vorgeschlagen worden. Diesem Ansatz zufolge lassen sich nicht *gegenüber* Tieren, wohl aber *in Bezug auf* Tiere Gerechtigkeitspflichten begründen. Tierschutz, so lautet die Kernthese indirekter Ansätze, liegt im Interesse des Menschen; moralische Verpflichtungen in Bezug auf Tiere bestehen (nur) insofern, als sie sich auf menschliche Interessen zurückführen lassen (Hoerster 2004).

Gegen die Idee, dass Menschen sich in der Verhandlungssituation für nicht-rationale Akteure einsetzen, etwa bei Rawls hinter dem Schleier des Nichtwissens, führt Carruthers allerdings mehrere Argumente mit unterschiedlicher Überzeugungskraft an (Carruthers 1992). Sein zentrales Argument gegen diese Art einer kontraktualistischen Herleitung von moralischen Rechten von Tieren lautet, dass diese Erweiterung der kontraktualistischen Verhandlungssituation »in keiner Weise die Common-Sense-Einstellung zu Tieren ergäbe. Im Gegenteil: Sie würde dazu führen, dass Tieren gleiche Rechte wie Menschen verliehen würden, entsprechend ihren unterschiedlichen Bedürfnissen und Fähigkeiten. [...] Aber die Vorstellung, dass Tieren der gleiche Status verliehen werden sollte wie uns, ist zu extrem, als dass wir sie zu akzeptieren bereit sein sollten« (ebd., 79 f.). Entgegen seinen Absichten hat Carruthers mit dieser Überlegung aber vor allem gezeigt, welche argumentativen Spielräume eine kontraktualistische Moraltheorie möglicherweise in Hinblick auf den moralischen Status von Tieren bieten könnte – genau das macht sie für jene Tierethikerinnen und Tierethiker interessant, die einen ›starken‹ moralischen Status von Tieren begründen möchten.

Zu diesen Tierethikern zählt auch Klaus Peter Rippe: Er vertritt die These, »dass auch in einer Vertragstheorie moralische Pflichten gegenüber nicht-menschlichen Tieren begründet werden können« (Rippe 2008, 266). Hintergrund ist seine Überzeugung, es sei im Interesse rationaler Akteure, »dass sich Schutzpflichten und Hilfsgebote nicht nur auf moralfähige Wesen beschränken. Personen haben sogar ein besonderes Interesse, dass moralische Normen sie gerade in jenen Fällen schützen, in denen sie sich nicht selbst schützen können; und dies gilt zu keinem Zeitpunkt mehr, als wenn sie nicht handlungsfähig sind. [...] Nur eine solche Moral liegt im wohlverstandenen Eigeninteresse, welche auch nicht-rationalfähige Wesen schützt« (ebd., 265). Um diese These Schritt für Schritt zu begründen, entwickelt er das »Gedankenexperiment von der verlorenen Welt«, in dem sechs Personen mit unterschiedlichen Überzeugungen und persönlichen Anliegen auf einem Riff gestrandet sind und sich nun auf die Modalitäten ihres Zusammenlebens einigen müssen. Resultat dieser Einigung ist schließlich, dass auch Kinder bzw. Säuglinge, Behinderte, Alte und Tiere moralischen Schutz genießen und ihnen gegenüber Hilfspflichten bestehen (ebd., Kap. 12).

Eine *zweite Option* findet sich bei Rawls selbst, der auf den »beschränkten Anwendungsbereich der Gerechtigkeit« (Rawls 1993, 34) verweist und auf eine »umfassendere Theorie« (Rawls 1993, 556), deren Teil die Gerechtigkeitstheorie sei. Im Rahmen dieser – von Rawls selbst freilich nicht ausgearbeiteten – Theorie bestehe eine »Pflicht des Mitleids und der Menschlichkeit« gegenüber Tieren. Es sei aber nicht erforderlich, gegenüber solchen Wesen, denen die Fähigkeit zu einem Gerechtigkeitssinn abgehe, »strenge Gerechtigkeit« zu üben (Rawls 1993, 556). Wenn überhaupt, dann lassen sich, so scheint es, mit Rawls allerdings nur relativ schwache Pflichten gegenüber Tieren begründen.

Eine *dritte Antwortoption* besteht schließlich darin, den ›Schleier des Nichtwissens‹ (*veil of ignorance*), hinter dem die Parteien in der Rawlsschen Theorie über die Gerechtigkeitsprinzipien entscheiden, die das gesellschaftliche Zusammenleben regieren sollen, gewissermaßen ›dichter‹ zu machen, so dass die Parteien im Urzustand neben anderen ihrer ›wesentlichen Eigenschaften‹ (soziale Stellung, Geschlechtszugehörigkeit etc.) auch ihre Spezieszugehörigkeit nicht kennen (Rowland 2002). Ob diese Strategie aussichtsreich ist oder vielmehr daran scheitert, dass der Ausschluss von Tieren bei Rawls theoriestrategisch bereits ›vorher‹ stattfindet, also bereits bei der Formulierung der Eintrittsbedingungen in den Urzustand (*original position*), und nicht erst durch dessen konkrete Ausgestaltung, wird kontrovers diskutiert (Garner 2013, 31 ff.).

In einer gewissen ›Nachbarschaft‹ zu kontraktualistischen Positionen argumentiert Otfried Höffe (Höffe 1993), auch wenn er selbst keinen vertragstheoretischen Ansatz vertritt, insofern, als auch bei ihm der Gesichtspunkt der Reziprozität eine entscheidende Rolle spielt. Gerechtigkeit sei keinesfalls nur unter gleichrangigen Wesen geboten. Entscheidend sei vielmehr die Wechselseitigkeit einer Beziehung: »Gerechtigkeit ist eine Pflicht der Wechselseitigkeit« (Höffe 1993, 226.). Die heute zu konstatierende intensive Form der Wechselseitigkeit der Mensch-Tier-Beziehung habe sich im Verlauf ihrer Jahrtausende andauernden Beziehungen entwickelt: Während die frühe Jägerkultur durch den Kampf um Leben und Tod zwischen Mensch und Tier gekennzeichnet war, bei dem die Chancen und Risiken etwa gleich verteilt waren, habe sich spätestens seit der Phase der Domestizierung der Tiere durch den Menschen der Beginn einer zunehmenden Wechselseitigkeit ergeben: »Da er domestizierte Tiere von sich abhängig gemacht hat, trägt der Mensch gegen sie eine größere Verantwortung als gegen wildlebende, und innerhalb der Domestikation trägt er gegen Tiere im eigenen Oikos mehr Verantwortung als gegen die von außerhalb. Allerdings besteht auch gegen wildlebende Tiere eine Gerechtigkeitsverpflichtung, denn eine Zivilisation, die ihnen den natürlichen Lebensraum mehr und mehr einschränkt, macht sich alle Tiere zumindest indirekt abhängig« (ebd., 232.). Diese enge, durch wechselseitigen Nutzen gekennzeichnete Verbindung zwischen Mensch und Tier und die Abhängigkeit der Tiere vom Menschen sind Höffe zufolge der Hintergrund für berechtigte Forderungen nach Gerechtigkeitsprinzipien Tieren gegenüber, die allerdings keine elementaren Rechte auf Leben und Unversehrtheit beinhalten.

Der Fähigkeitenansatz

Anders als für Rawls ist der Umgang des Menschen mit nichtmenschlichen Tieren für Martha Nussbaum eine Frage der Gerechtigkeit, und damit eine Frage jenseits von »Mitleid und Menschlichkeit« (Nussbaum 2010, 456; s. Kap. 19). Ausgangspunkt der Überlegungen von Nussbaum ist dabei die – an Rawls orientierte – gerechtigkeitstheoretische These, wonach Gerechtigkeit darin besteht, jene Fähigkeiten eines Lebewesens zu schützen bzw. zu fördern, die dieses in die Lage versetzen, ein gutes Leben zu führen. Da auch (viele) nichtmenschliche Tiere Wesen sind, von deren Gedeihen man sprechen kann, und die über entsprechende Fähigkeiten und Bedürfnisse verfügen, kann man (und muss man) auch Tieren nach Nussbaums Auffassung gerechtigkeitsbasierte Ansprüche »auf ein breites Spektrum an Fähigkeiten« zuschreiben, die »für ein gedeihliches und ihrer Würde gemäßes Leben wesentlich sind« (Nussbaum 2010, 528). Dies macht es möglich, die von ihr im Hinblick auf Menschen formulierte Fähigkeiten-Liste artspezifisch und mit Bezug auf die charakteristischen Formen des Lebens und des Wohlergehens von Tieren zu spezifizieren. Nussbaum nennt (1) Leben, (2) körperliche Gesundheit, (3) körperliche Integrität, (4) Sinne, Vorstellungskraft und Denken, (5) Gefühle, (6) praktische Vernunft, (7) Zugehörigkeit, (8) andere Spezies, (9) Spiel und (10) Kontrolle über die eigene Umwelt. Bei diesen Fähigkeiten handelt es sich Nussbaum zufolge »um allgemeine Ziele«, die zu einer »minimalen Konzeption von Gerechtigkeit« gehören. Auch Nussbaum versteht den Fähigkeitenansatz insofern »nicht als umfassende Theorie der Gerechtigkeit« (Nussbaum 2010, 111). Der Fähigkeitenansatz formuliert vielmehr (nur) Schwellenwerte, unterhalb derer ein moralisch angemessener, d. h. gerechter Umgang mit Tieren verfehlt ist.

Nussbaum rechnet realistischer Weise mit der Möglichkeit von (dauerhaften und nicht auflösbaren) Konflikten zwischen dem Wohl von Menschen und dem Wohl von Tieren, wie sie aus ihrer Sicht beispielsweise im Falle von Tierversuchen in der biomedizinischen Forschung auftreten, und gesteht ein, dass die »meisten der gegenwärtig existierenden religiösen und säkularen umfassenden Lehren [...] meilenweit« von der von ihr verteidigten Position entfernt sind (Nussbaum 2010, 526). Da sich ein »übergreifender politischer Konsens« hinsichtlich einer »gleichen Würde« im Falle von nichtmenschlichen Tieren anders als im Falle von Menschen nicht abzeichne, plädiert sie dafür, »auf die etwas vagere Idee zurückzugreifen, daß alle Lebewesen Anspruch auf eine angemessene Chance auf ein gedeihliches Leben haben« (Nussbaum 2010, 518). Da die angesprochenen umfassenden Lehren eine »umfassendere Anerkennung der Ansprüche von Tieren« aber keineswegs ausschlössen, sieht Nussbaum immerhin eine Chance dafür, dass »einige meiner Überlegungen Gegenstand eines übergreifenden Konsenses werden« könnten (Nussbaum 2010, 527).

Der Rechte-Ansatz

Im Unterschied zu (den meisten) kontraktualistischen Ansätzen und im Unterschied auch zum Fähigkeitenansatz fordern die Vertreterinnen und Vertreter von Rechte-Ansätzen in der Tierethik in der Regel eine Gleichberücksichtigung von Menschen und Tieren.

Dem von Tom Regan in seinem einflussreichen Buch *The Case for Animal Rights* (1984) ausgearbeiteten Rechte-Ansatz zufolge besitzen alle Lebewesen, die »empfindende Subjekte eines Lebens« (*experiencing subjects of a life*) sind, einen »inhärenten Wert« (*inherent value*). Moralische Rechte von Tieren sieht Regan im Respekt vor eben diesem inhärenten Wert begründet: »It is not an act of kindness to treat animals respectfully. It is an act of justice. It is not ›the sentimental interests‹ of moral agents that grounds our duties of justice to children, the retarded, the senile, or other moral patients, including animals. It is respect for their inherent value« (Regan 1984, 280). Für Regan ergibt sich daraus ein kompromissloser Egalitarismus: Alle »empfindenden Subjekte eines Lebens« haben Regan zufolge gleichermaßen einen moralischen Anspruch auf Respektierung ihres gleichartigen inhärenten Wertes (*respect principle*) und, davon abgeleitet, darauf, nicht geschädigt zu werden (*harm principle*). Dieser Anspruch darf durch Zweck- und Nutzenargumente nicht eingeschränkt werden. Regan vertritt daher eine abolitionistische Position, die jede Form einer interindividuellen Interessen- oder Güterabwägung ablehnt, und eine Instrumentalisierung selbst in solchen Fällen verbietet, in denen die fraglichen Handlungen nicht mit Schmerzen oder Leiden verbunden sind.

Gegen den Ansatz von Regan ist nicht nur eingewendet worden, dass dieser die Idee eines ›inhärenten Wertes‹ als bloßes Postulat einführt; kritisiert wurde darüber hinaus auch, dass er (a) der Vielfalt der konkreten Beziehungen zwischen Menschen und Tieren nicht gerecht werde bzw. (b) dem Umstand nicht Rechnung trage, dass sich Menschen und Tiere in signifikanter Weise unterscheiden. (a) Als Reaktion auf den erstgenannten Einwand haben Sue Donaldson und Will Kymlicka für einen differenzierteren, relationalen Ansatz der Tierrechte (Donaldson/Kymlicka 2013) plädiert, der den aus der politischen Philosophie bekannten *citizenship*-Ansatz aufnehmend verschiedenen Kategorien von Tieren Mitbürger-, Koexistenz- oder Souveränitätsansprüche zuspricht. Der intrinsische moralische Status von Tieren reicht ihrer Auffassung nach nicht aus, um zu bestimmen, welche Rechte sie haben. Diese hängen vielmehr, folgt man Donaldson/Kymlicka, auch von den verschiedenen Arten politischer Beziehungen ab, in denen Tiere zu menschlichen Gemeinschaften stehen (s. Kap. 22). (b) Anders als Donaldson und Kymlicka, die im Wesentlichen am Reganschen Egalitarismus festhalten, diesen aber durch eine relationalistische Komponente komplementieren, stellt Garner als Antwort auf den zweiten Einwand den ›Spezies-Egalitarismus‹ in Frage. Vor dem Hintergrund einer interessen-basierten Rechte-Theorie vertritt Garner einen an Fähigkeiten orientierten Ansatz (*capacity-oriented approach*), dem zufolge »moralischer Status oder Wert auf der Basis des Besitzes der einen oder anderen Eigenschaft zugeschrieben wird, sei es bloßes Empfindungsvermögen oder eine höhere kognitive Fähigkeit« (Garner 2013, 100). Der Fehler einer spezies-egalitaristischen Position liegt für Garner darin, dass diese übersehe, dass die Unterschiede zwischen ›normalen‹ erwachsenen Menschen und erwachsenen Tieren tatsächlich substantiell und moralisch signifikant seien (Garner 2013, 15). Insbesondere haben ›normale‹ erwachsene Menschen Garner zufolge ein größeres Interesse an Leben und Freiheit als Tiere. »Dies führt dazu, dass es, aus der Perspektive eines rechte-basierten Diskurses, plausibel zu sein scheint, wenn man sagt, dass solche Menschen einen stärkeren Anspruch auf ein Recht auf Leben und auf Freiheit haben sollten als Tiere« (Garner 2013, 133).

16.2 Desiderate und Perspektiven

Gerechtigkeitspflichten gegenüber Tieren werden in der tierethischen Diskussion häufig als negative Verpflichtungen verstanden, die ein Unterlassen fordern, insbesondere als Verpflichtung zur Unterlassung von Verletzungen oder Leidenszufügungen. Tom Regan beispielsweise gesteht zwar zu, dass Gerechtigkeit »not only imposes duties of nonharm; it also imposes duties of assistance, understood as the duty to aid those who suffer from injustice« (Regan 1984, 249), in seiner Theorie genießen negative Pflichten jedoch explizit eine Vorrangstellung (Cohen/Regan 2001, 198). Auch Martha Nussbaum, die der Unterscheidung zwischen positiven und negativen Pflichten vor dem Hintergrund ihres Fähigkeitenansatzes ansonsten eher skeptisch gegenübersteht, hält diese Unterscheidung im Falle von Tieren für durchaus sinnvoll: »Daß die Menschheit dazu verpflichtet ist, von besonders schlimmen Schädigungen von Tieren abzusehen, nicht aber dazu, das Wohlergehen aller Tiere zu fördern, ist zumindest eine kohärente Position« (Nussbaum 2010, 504). Diese Entscheidung hat den doppelten Vorteil, dass möglichen Überforderungs- oder Absurditätseinwänden auf diese Weise der Wind aus den Segeln genommen werden kann, da ganz allgemein mögliche Verpflichtungen zur Bereitstellung wohlfahrtsfördernder Bedingungen abgewiesen werden können, und speziell mögliche Hilfs-Verpflichtungen des Menschen in solchen Fällen zurückgewiesen werden können, in denen, wie es beispielsweise bei Wildtieren häufig der Fall ist, das Leiden von Tieren nicht vom Menschen verursacht ist (s. Kap. 48). Manche halten dies für einen Vorzug von Gerechtigkeitstheorien gegenüber konkurrierenden Theorien wie etwa dem Utilitarismus (Garner 2013, 104 f.). Ob sich die Unterscheidung zwischen positiven und negativen Pflichten tatsächlich aufrechterhalten lässt, bzw. wie es ggf. zu begründen wäre, dass zwar gegenüber Menschen, nicht aber gegenüber Tieren auch positive Gerechtigkeitspflichten begründet werden können, ist freilich umstritten. Nussbaums Forderung, es sei »eine allmähliche Ersetzung des Natürlichen durch das Gerechte nötig« (Nussbaum 2010, 538) jedenfalls deutet an, dass es in dieser Frage weiteren Diskussionsbedarf gibt.

Eine weitere Kontroverse rankt sich um das Argument der menschlichen Grenzfälle (*Argument from Marginal Cases*; Narveson 1977, der das Argument selbst allerdings nicht für überzeugend hält), das insbesondere von Vertreterinnen und Vertretern spezies-egalitärer Positionen vorgetragen wird (vgl. z. B. Regan 1984, 156 ff.; Singer 1996, 53; s. Kap. 25). In der ›bikonditionalen‹ Version fordert das Argument, dass es, wenn man ›menschlichen Grenzfällen‹ wie beispielsweise anenzephalen Neugeborenen oder permanent bewusstlosen Menschen die gleichen Rechte zugestehe wie normalen erwachsenen Menschen, ein Gebot der Konsistenz sei, diese Rechte auch nichtmenschlichen Lebewesen mit vergleichbaren Fähigkeiten zuzuschreiben. In der ›kategorischen‹ Version sagt das Argument, dass Tieren mit vergleichbaren Fähigkeiten dieselben Rechte zugeschrieben werden müssen wie normalen erwachsenen Personen, *weil* auch den menschlichen Grenzfällen diese Rechte zugeschrieben werden. Proponentinnen und Proponenten sehen im Argument der menschlichen Grenzfälle ein gewichtiges Argument gegen die traditionelle Auffassung, der zufolge zwar alle Menschen moralisch berücksichtigenswert sind, Tiere jedoch nicht bzw. jedenfalls nicht in gleichem Maße.

Die abolitionistischen Forderungen, die sich insbesondere aus manchen Tierrechts-Positionen ergeben, haben im gerechtigkeitstheoretisch orientierten Lager der Tierethik (aber selbstredend nicht nur dort) eine Diskussion darüber ausgelöst, ob die Formulierung von ›utopischen‹ Forderungen, die kaum eine Chance auf eine kulturelle, politische oder rechtliche Durchsetzung haben, sinnvoll bzw. zielführend ist. Vor diesem Hintergrund hat Garner komplementär zu einer ›idealen‹ eine ›nichtideale‹ Theorie der Gerechtigkeit für Tiere vorgeschlagen, die einen Weg weisen soll, wie man das langfristige, durch die ideale Theorie vorgegebene Ziel erreichen kann. Im Anschluss an eine Formulierung bei Rawls fordert er, dass sich die Schritte hin zu diesem Ziel dadurch auszeichnen müssen, dass sie moralisch zulässig, politisch möglich und voraussichtlich wirksam sind (Garner 2013, 10 ff.).

Darüber hinaus gibt es Versuche, den Begriff der Gerechtigkeit ganz neu zu denken. Hier ist u. a. der Ansatz von Cora Diamond zu nennen (Diamond 2014). Sie wendet sich gegen eine Konzeption von Gerechtigkeit, die das Gefühl ausschließt, und plädiert dafür, moralische Gefühle wie etwa das »Gefühl für das Leben des Tieres« systematisch mit einzubeziehen. Dieses Gefühl erweitert unsere moralische Wahrnehmungsfähigkeit. Es kann Empörung evozieren und dieser wohnt die Erkenntnis inne, dass hier einem Wesen gegenüber Unrecht verübt wird. Ihr geht es »um eine bestimmte Reaktion angesichts dessen, was ihnen angetan wird: ein Schmerz und ein Abscheu, deren Äußerung die Sprache der Ungerechtigkeit voraussetzt; ein Schmerz und ein Abscheu, denen man anmerkt, dass sie dem Schmerz und dem Abscheu verwandt sind, die man angesichts der zügellosen Ausübung von Gewalt an wehrlosen Menschen empfindet« (ebd., 384). Die Sprache der (Un-)Gerechtigkeit bringt dieses Gefühl zum Ausdruck, in ihr lässt es sich adäquat formulieren, und insofern ist Gerechtigkeit auch Tieren gegenüber angezeigt und geboten.

Vor dem Hintergrund der vor allem auch gesellschaftspolitisch motivierten Forderung nach moralischen und juridischen Rechten für Tiere ist zu erwarten, dass perspektivisch Gerechtigkeitsansätze in der Tierethik an Bedeutung gewinnen werden und die Vielfalt moraltheoretischer Konzepte, die Gerechtigkeitsprinzipien für Tiere begründen, zunehmen wird.

Literatur

Armstrong, Susan J./Botzler, Richard G. (Hg.): *The Animal Ethics Reader*. London ^{2}2008.

Carruthers, Peter: *The Animal Issue: Moral Theory in Practice*. Cambridge 1992.

Cohen, Carl/Regan, Tom: *The Animal Rights Debate*. Lanham 2001.

Diamond, Cora: Ungerechtigkeit und Tiere. In: Friederike Schmitz (Hg.): *Tierethik. Grundlagentexte*. Berlin 2014, 340–389.

Donaldson, Sue/Kymlicka, Will: *Zoopolis. Eine politische Theorie der Tierrechte*. Frankfurt a. M. 2013 (engl. 2011).

Garner, Robert: *A Theory of Justice for Animals. Animal Rights in a Nonideal World*. Oxford 2013.

Höffe, Otfried: *Moral als Preis der Moderne. Ein Versuch*

über Wissenschaft, Technik und Umwelt. Frankfurt a. M. 1993.
Hoerster, Norbert: *Haben Tiere eine Würde? Grundfragen der Tierethik.* München 2004.
Narveson, Jan: Animal Rights. In: *Canadian Journal of Philosophy* VII (1977), 161–178.
Nussbaum, Martha C.: *Grenzen der Gerechtigkeit. Behinderung, Nationalität und Spezieszugehörigkeit.* Frankfurt a. M. 2010 (engl. 2006).
Rawls, John: *Eine Theorie der Gerechtigkeit.* Frankfurt a. M. [7]1993 (engl. 1971).
Regan, Tom: *The Case for Animal Rights.* London 1984.
Rippe, Klaus Peter: *Ethik im außerhumanen Bereich.* Paderborn 2008.
Rowland, Mark: *Animals Like us.* London 2002.
Schmitz, Friederike (Hg.): *Tierethik. Grundlagentexte.* Frankfurt a. M. 2014.
Singer, Peter: *Die Befreiung der Tiere.* Reinbek bei Hamburg 1996 (engl. 1975, [2]1990).
Wolf, Ursula (Hg.): *Texte zur Tierethik.* Stuttgart 2008.
Wolf, Ursula: *Ethik der Mensch-Tier-Beziehung.* Frankfurt a. M. 2012.

Johann S. Ach / Dagmar Borchers

17 Mitleidsethische Ansätze

17.1 Kernthesen

Die Mitleidsethik zählt, neben dem Utilitarismus, zu den Ethiktheorien, die nichtmenschliche Tiere unmittelbar miteinbeziehen (können), da in beiden Ansätzen die Leidensfähigkeit eine zentrale Rolle spielt. Dies hielt bereits der bedeutendste deutschsprachige Mitleidsphilosoph Arthur Schopenhauer für einen Vorteil seiner Theorie gegenüber anderen Theorien: »Die von mir aufgestellte moralische Triebfeder bewährt sich als die echte ferner dadurch, daß sie auch *die Tiere* in ihrem Schutz nimmt, für welche in den andern europäischen Moralsystemen so unverantwortlich schlecht gesorgt ist« (Schopenhauer 1844/1977, 169, Hervorhebung im Original). Vor Schopenhauer hatte bereits Jean-Jaques Rousseau als einer der ersten ›Befürworter‹ des Mitleids deutlich gemacht, dass Menschen Mitleid mit nichtmenschlichen Tieren empfinden können.

Vertreterinnen und Vertreter der Mitleidsethik gehen davon aus, dass das moralische Bewusstsein im Gefühl wurzelt. Zu beachten ist, dass einige von ihnen den Begriff der Mitleidsethik nicht verwenden, auch wenn ihre Position als eine Variante dieser Moraltheorie klassifiziert werden kann. Im englischsprachigen Raum ist der Begriff einer *ethics of compassion* nicht gebräuchlich. Zudem kann in den verschiedenen Theorien Mitleid in unterschiedlichen Bereichen der Moral eine Rolle spielen. Es lassen sich der inhaltliche Standpunkt der Moral, eine formelle Moraldefinition und eine motivationale Komponente der Moral unterscheiden (Wolf 2012, 15). Dem Mitleid kann dabei auf jeder dieser drei Ebenen eine zentrale Bedeutung zukommen. So kann es entweder als berechtigte Grundlage für geltende Normen gesehen werden (inhaltlicher Standpunkt), als adäquate Form, wie dieser Inhalt vertreten werden soll (formaler Standpunkt) oder als das, was Menschen zu moralischem Handeln motiviert (motivationaler Standpunkt). Unabhängig davon, auf welcher Ebene sie dem Mitleid Bedeutung zusprechen, eint alle Philosophinnen und Philosophen, die der Mitleidsethik zugeordnet werden, die These, dass die Vernunft nicht das einzige ist, das für moralisches Handeln relevant ist.

Die Debatte darum, welche Rolle Gefühlen in der Moral zukommen sollte, gibt es in der Philosophie bereits sehr lange und bedeutende Denkerinnen und Denker haben sich intensiv mit ihr auseinandergesetzt. Dabei steht die Frage im Mittelpunkt, ob moralisches Bewusstsein auf der Vernunft oder auf Gefühlen basiert, und wie und ob Vernunft und Gefühl sich gegenseitig beeinflussen. Erlangen wir die Erkenntnis darüber, was gut und was böse ist, auf rationalem oder auf emotionalem Weg? Das Gefühl, das in der abendländischen Philosophie hierbei überwiegend im Zentrum des Interesses stand und steht, ist das Mitleid. Ein Grund für diese Fokussierung kann in den vielfältigen Relationen gesehen werden, die zwischen Mitleid und dem Bereich der Moral, dem christlichen Menschenbild und vorherrschenden kulturellen Werten bestehen (Demmerling/Landweer 2007, 167).

Die Debatte ist durch eine uneinheitlich verwendete Terminologie gekennzeichnet. Neben dem Begriff des Mitleids werden in der Literatur auch Begriffe wie Mitgefühl, Empathie oder Sympathie verwendet. Die verschiedenen Begriffsverwendungen unterscheiden sich häufig in mehr oder weniger feinen Nuancen, zielen aber weitgehend auf das gleiche Phänomen ab: eine anteilnehmende Empfindung, die wir aufgrund des Leidens anderer verspüren.

17.2 Philosophische Historie des Mitleids

Philosophisch prominent diskutiert wird das Mitleid schon in der Antike (s. Kap. 1). Aristoteles hat mit seinen Ausführungen in der *Rhetorik* die nachfolgende philosophische Diskussion um Mitleid beeinflusst. Sowohl ›Befürworter‹ des Mitleids wie Rousseau, David Hume, Adam Smith oder Schopenhauer beziehen sich auf ihn, als auch ›Gegner‹ wie die griechischen und römischen Stoiker, Baruch de Spinoza, Bernard Mandeville, Immanuel Kant oder Friedrich Nietzsche. Aristoteles zufolge müssen drei Bedingungen erfüllt sein, damit Mitleid entsteht: Das Leid des anderen Individuums muss groß sein, es sollte selbstverschuldet sein und die mitleidende Person geht davon aus, dass sie oder eine bzw. einer ihrer Nächsten dieses Leid selbst erfahren könnte. Martha Nussbaum hat dies die kognitiven Elemente des Mitleids genannt (ohne allerdings Aristotles in der dritten Bedingung zuzustimmen; Nussbaum 2001, 306). Zudem müssen uns nach Aristoteles Menschen, mit denen man Mitleid empfindet, bekannt sein. Sie dürfen uns andererseits aber nicht zu nahestehen, da man mit ihnen sonst nicht *mit*leidet, sondern fühlt, als wäre man selbst betroffen.

Systematische Relevanz erfährt das Mitleid erst in der Philosophie des 18. Jahrhunderts, das gewissermaßen als seine ›Blütezeit‹ gelten kann. Die wichtigsten Mitleidstheoretiker sind hier die schottischen Aufklärer Hume und Smith sowie der Franzose Rous-

J. S. Ach / D. Borchers (Hg.), *Handbuch Tierethik*, https://doi.org/10.1007/978-3-476-05402-9_17

seau. Hume und Smith gelten als Begründer einer sogenannten ›Gefühlsethik‹. Beide wurden wiederum maßgeblich von Shaftesbury und Hutcheson beeinflusst. Shaftesbury geht von einem Menschen innewohnenden moralischen Sinn (*moral sense*) aus, der sie dazu befähigt, unmittelbar zwischen ›gut‹ und ›böse‹ zu unterscheiden und absolut gültige moralische Urteile zu fällen. Hume und Smith wollen, wie zuvor schon Shaftesbury und Hutcheson, mit ihrem Ansatz u. a. die sogenannte Egoismus-Moral von Thomas Hobbes und Mandeville widerlegen, der zufolge ein wohlverstandener Egoismus das Fundament der Moral ist. Mandeville argumentiert, dass mitleidvolles Handeln aus dem egoistischen Motiv entspringt, sich selbst von einem Leidensdruck zu befreien, da die Schmerzen des Mitleids schwer zu ertragen sind. Nach Mandeville liegen Selbsterhaltung und Befriedigung eigener Bedürfnisse als Motiv allem Handeln zugrunde. Egoismus sieht er dabei als Laster an, das dennoch gesellschaftliche Interessen fördert. Nach Mandevilles bekannter *Bienenfabel* (1714) tritt das Gute nicht als intendierte Folge tugendhaften Handelns ein, sondern als nicht-intendierte Konsequenz lasterhaften Handelns. Dagegen sind für Hume die drei Thesen zentral, dass Menschen soziale Wesen mit durchaus uneigennützigen Gefühlen in Bezug auf das Wohlergehen anderer sind, dass eine spontane Anteilnahme am Glück und Unglück möglich ist, die nicht selbstbezogen ist, und dass insgesamt eine Theorie zurückgewiesen werden muss, »die jedes moralische Gefühl aus dem Prinzip der Selbstliebe erklärt« (Hume 1751/2002, 141). Ferner geht Hume in seiner *Untersuchung über die Prinzipien der Moral* (1751) davon aus, dass Menschen ihr Handeln daran orientieren, ob es für die Gesellschaft nützlich ist oder nicht, und nur solche Handlungen für moralisch gut befinden, die dem Gemeinwohl dienen. Neben der Egoismus-Moral kritisiert Hume auch den Rationalismus. Seines Erachtens wurzelt das moralische Bewusstsein in Gefühlen, nicht in der Vernunft. Letztere reicht nicht dazu aus, um Handlungen moralisch bewerten zu können (Hume 1751/2002, 216). Dennoch kommt auch der Vernunft eine Rolle dabei zu. So sind die »genuin moralischen Gefühle [...] die eines wohlinformierten, unparteiischen, zudem noch wohlwollenden Betrachters« (Hume 1751/2002, 64). Über die Informationsfülle, die erforderlich ist, um als wohlinformiert zu gelten, gibt die Vernunft Auskunft. Eine Konsequenz dieser Position ist, dass die Auffassung, wonach Vernunft und Gefühle Gegensätze seien, nicht aufrechterhalten werden kann.

Wie Hume sieht auch Smith in der *Theorie der ethischen Gefühle* (1759) das Fundament der Moral im Gefühl gegründet. Für ihn ist die Fähigkeit des Mitfühlens Voraussetzung jeder moralischen Bewertung. Smith führt ähnlich wie Hume den Begriff eines ›Unparteiischen Zuschauers‹ ein, der als eine Art Vorstufe des Kategorischen Imperativ gesehen werden kann (Eckstein in Smith 1759/1994, XXIV). Da die Fähigkeit zum Mitfühlen Bedingung für jedes moralische Werturteil ist, gilt dies auch für die Werturteile dieses unparteiischen Zuschauers.

Ungefähr zeitgleich zur Moralphilosophie der schottischen Aufklärung entwirft auch der französische Aufklärer Rousseau eine Theorie, die in Teilen konträr zu den Theorien von Hobbes und Mandeville ist. Nach Rousseau ist Mitleid die einzige *natürliche* Tugend, die der Mensch schon vor Eintritt ins gesellschaftliche Sozialleben besitzt. Anders als Hume und Smith nimmt Rousseau aber kein Zusammenspiel des Mitleids mit der Vernunft an. Seiner Auffassung nach geht die natürliche Tugend des Mitleids vielmehr jeder Reflexion voraus. Er sieht gerade die Unabhängigkeit des Mitleids von der Vernunft als das Wertvolle dieses Gefühls an. Nach Rousseau erzeugt die Vernunft nur Eigenliebe, welche durch Reflexion verstärkt wird und somit den Egoismus der Menschen fördert. Auch widerspricht Rousseau Aristoteles darin, dass das Ausmaß des Mitleids mit der Größe des Leids des leidenden Individuums korreliert. Für ihn bemisst es sich stattdessen am Grad des Empfindens, das man den Leidenden zumisst.

Im 19. Jahrhundert setzen sich zwei einflussreiche deutschsprachige Philosophen mit dem Mitleid auseinander. Schopenhauer entwickelt in *Über die Grundlage der Moral* (1840) eine Ethiktheorie, die einzig Handlungen, die aus Mitleid geschehen, als moralische Handlungen akzeptiert. Dagegen formuliert Nietzsche u. a. in *Morgenröte* (1881) und *Also sprach Zarathustra* (1883) eine massive Mitleidskritik. Nietzsches Kritik am Mitleid kann als direkte Antwort auf Schopenhauers Mitleidsethik angesehen werden (Demmerling/Landweer 2007, 176). Er sieht im Mitleid ein degeneratives Phänomen, das allein zur Vermehrung des Leidens führt und das seine Grundlage in der christlich geprägten europäischen Kultur hat, die er gleich mit verurteilt.

In der ersten Hälfte des 20. Jahrhunderts ist als bedeutender Mitleidstheoretiker Max Scheler zu nennen, der in *Wesen und Form der Sympathie* (1923) das bisherige Mitleidsdenken kritisiert, weil es unterschiedliche Formen von Mitgefühlen nicht differenziere. Dadurch werde ein sehr komplexes Phänomen zu unterkomplex verhandelt. Scheler differenziert zwischen vier Formen: (1) dem unmittelbaren Mitfühlen, (2) dem Mitgefühl an etwas, (3) der bloßen Gefühlsansteckung und (4) diversen Arten der sogenannten echten Einsfühlung (Scheler 1985, 23,). (2) entspricht dem Mitgefühl im eigentlichen Sinne, wohingegen (3) und (4) sich nicht auf die Gefühle anderer, sondern auf die eigenen Gefühle bezieht. Ist die das Gefühl verspürende Person unmittelbar von ihren eigenen Gefühlen betroffen, bleibt (zu) wenig Raum, sich auf Emotionen anderer beziehen zu können, weshalb – wie schon Aristoteles anmerkte – für echtes Mitgefühl eine gewisse Distanz notwendig ist (Demmerling/Landweer 2007, 179). Diese sogenannte ›Distanzstruktur‹ des Mitleids betont in der zweiten Hälfte des 20. Jahrhunderts auch Käte Hamburger in ihrem 1985 erschienenen Werk *Das Mitleid*. Dabei streitet Hamburger nicht ab, dass für das Entstehen von Mitleid eine bestimmte Nähe gegeben sein muss. Ihre These ist jedoch, dass eine sehr große Nähe das Empfinden von Mitleid ebenso ausschließt wie sehr große Ferne, da in diesem Fall andere Gefühle, wie Kummer, Sorge oder Trauer auftreten.

Nach Schopenhauer hat Ursula Wolf 1990 in *Das Tier in der Moral* die zweite Theorie einer Mitleidsethik entwickelt, die nichtmenschliche Tiere umfassend einschließt. Einen ebenfalls nichtmenschliche Tiere inkludierenden Ansatz hat Josephine Donovan in »Attention to Suffering: Sympathy as a Basis for Ethical Treatment of Animals« (Donavan 2008) formuliert, in dem sie die Theorien Humes, Schopenhauers und Schelers zusammenbringt und mit der feministischen Fürsorgeethik verknüpft (s. Kap. 20). Im 21. Jahrhundert argumentiert Nussbaum für eine Aufwertung von Gefühlen in der Ethik, wobei sie die kognitive Komponente derselben hervorhebt. Vor dem Hintergrund des Fähigkeitenansatzes (s. Kap. 19) spricht sie Emotionen eine bedeutende Rolle für Ethik und Politik zu (Nussbaum 2001; 2014).Nussbaum denkt nichtmenschliche Tiere dabei als zu Emotionen fähige Individuen sowie als ›Zielobjekte‹ menschlicher Gefühle stets mit.

17.3 Mitleidsethische Positionen in der Tierethik

Jean-Jacques Rousseau. Während in den Theorien von Hume und Smith nichtmenschliche Tiere keine Rolle spielen, geht Rousseau davon aus, dass Mitleid auch mit nichtmenschlichen Tieren möglich ist. Er ist der Ansicht, dass sich die Intensität des Mitleids an dem Grad des Empfindens misst, das man den Leidenden zumisst. Menschen seien daher insofern beklagenswert, da sie sich an vergangenes Leid erinnern sowie zukünftiges zum Teil antizipieren können. Rousseau ist der Auffassung, dass dies ein Grund dafür ist, warum Menschen gegenüber dem Leiden nichtmenschlicher Tiere unempfindlicher sind als gegenüber dem Leid von Menschen (Kronauer 1999, 100). Auch Scheler geht davon aus, dass Mitleid mit nichtmenschlichen Tieren möglich ist, es müsse aber – im Gegensatz zu Rousseaus Auffassung der natürlichen Tugend – erlernt werden.

Arthur Schopenhauer. Die Fähigkeit des Menschen, Mitleid mit nichtmenschlichen Tieren zu empfinden, erkennt auch Schopenhauer. Seiner Theorie liegt dabei ein anderes Menschenbild zugrunde als z. B. bei Hume. Während Hume den Menschen als soziales Wesen begreift, sieht Schopenhauer Menschen und nichtmenschliche Tiere als zutiefst egoistische Wesen an. Die hauptsächliche Aufgabe der Moral sei es daher, den Egoismus zu bekämpfen (Schopenhauer 1844, 129). Dieser schließe jeden moralischen Wert aus. Moralischen Wert hat für Schopenhauer nur, was auf das Wohl und Wehe anderer bezogen ist. Daher müssen die ›Anderen‹ einer moralisch handelnden Person zum Motiv werden. Dies geschieht durch das Empfinden von Mitleid, durch das Mitfühlen beim Wehe anderer: »Dieses Mitleid ganz allein ist die wirkliche Basis aller *freien* Gerechtigkeit und aller *echten* Menschenliebe. Nur insofern eine Handlung aus ihm entsprungen ist, hat sie moralischen Wert: und jede aus irgendwelchen andern Motiven hervorgehende hat keinen« (ebd., 139, Hervorhebung im Original). Nach Schopenhauer kann jede menschliche Handlung auf eine der drei ›Grund-Triebfedern‹ Egoismus, Bosheit und Mitleid zurückgeführt werden. Einzig diejenigen Handlungen, die aus Mitleid getätigt werden, sind moralische Handlungen. Mitleid gilt Schopenhauer auch als einzige Basis für die ›Kardinaltugenden‹ der Gerechtigkeit und der Menschenliebe, auf denen seiner Auffassung nach alle weiteren Tugenden aufbauen. Seine Ethik stellt eine direkte Antwort auf Moralphilosophie Kants dar. Er wirft Kant vor, seine Theorie habe ohne die religiösen Grundannahmen, von denen Kant ausgeht, keinen argumentativen Boden mehr und könne nicht als ›Motivator‹ für moralisches Handeln dienen. Um das für die Moral zentrale Mitleid mit einem Individuum empfinden zu können, sei es notwendig, sich mit diesem Individuum zu identifizieren, so »daß jener gänzliche *Unterschied* zwischen mir und jedem anderen, auf welchem gerade mein Egoismus beruht, wenigstens in gewissem Grade aufgehoben sei« (ebd., Hervorhebung im Original). Es müsse jedoch nicht in jedem Fall Mitleid tatsächlich empfunden werden, um mitleidsvoll und somit moralisch handeln zu können. Die einmal erlangte Erkenntnis des Leidens, das andere durch unmoralische Handlungen ertragen müssen, reiche aus, um fortan moralisch zu handeln. Grundsätze und abstrakte Erkenntnis sind für Schopenhauer, wie u. a. in seiner Kant-Kritik deutlich wird, nicht die Grundlage der Moral. Für einen moralischen Lebenswandel sind sie aber auch Schopenhauer zufolge unentbehrlich (ebd., 145). Dass seine Ausführungen zum Mitleid auch für den Umgang mit nichtmenschlichen Tieren gelten, führt Schopenhauer in § 19 des Werks *Über die Grundlage der Moral* aus. Die für das Mitleid notwendige Identifikation ist auch mit nichtmenschlichen Tieren möglich. Den (auch) zu seiner Zeit vorherrschenden gesellschaftlich vertretenen Mensch-Tier-Dualismus lehnt Schopenhauer ab. Er betont vielmehr, »daß das Wesentliche und Hauptsächliche im Tiere und im Menschen dasselbe ist« (ebd., 171). Dabei vertritt er einen gradualistischen Standpunkt: Er geht zwar davon aus, dass ein ›universelles Mitleid‹ mit allen Entitäten, die leben, empfunden werden kann; Menschen stehen für ihn dabei jedoch an erster Stelle, da die Empfänglichkeit für Leiden seiner Auffassung nach mit der Steigerung der Intelligenz einhergeht. Hieraus ergibt sich für Schopenhauer unter anderem auch, dass eine vegetarische (oder vegane) Ernährung einer Ernährung mit tierlichem Fleisch *nicht* vorzuziehen sei (s. Kap. 60). Seines Erachtens leiden Menschen beim Verzicht auf tierliche Nahrung mehr, als das nichtmenschliche Tier bei einem schnellen und unvorhergesehenen Tod (ebd., 176). Aus demselben Grund ist es für Schopenhauer auch gerechtfertigt, nichtmenschliche Tiere in anderer Art und Weise in den ›Dienst‹ des Menschen zu stellen, solange die auferlegte Anstrengung ein bestimmtes Maß nicht überschreitet.

Ursula Wolf. Eine systematische, nichtmenschliche Tiere einschließende Variante der Mitleidsethik ist nach Schopenhauer erst wieder gegen Ende des letzten Jahrhunderts von Wolf ausgearbeitet worden (Wolf 2004). Wolf lehnt alle Theorien ab, die auf metaphysischen Annahmen oder absoluten Werten basieren. Somit kann für sie der richtige moralische Standpunkt nur einer der metaphysikfreien, liberalen Moral sein. Von Rorty übernimmt Wolf die These, dass »das einzige, was mit Sicherheit allen Personen gemeinsam ist, das ist, was ihnen mit den Tieren gemeinsam ist, nämlich die Leidensfähigkeit. Es wäre dann konsequent zu sagen, daß das, was Wesen zu Gegenständen der Moral macht, die Leidensfähigkeit ist, und daß die Hinsichten der Rücksicht entsprechend alle Formen des Leidens sind« (Wolf 2004, 74). Die Behauptung von Rorty, dass nur Personen Objekte der Moral sein können, wird von Wolf dagegen verworfen. Sie ist stattdessen der Auffassung, dass all jene Individuen Objekte der Moral sind, die leiden können bzw. denen es gut oder schlecht gehen kann. Die Forderung nach moralischer Rücksichtnahme ist nur im Blick auf leidensfähige Wesen sinnvoll, so Wolf, da nur solche Wesen verletzbar sind. Die Moralkonzeption, die sich hieraus ergibt, ist die Konzeption des generalisierten Mitleids (ebd., 76). Ähnlich wie Schopenhauer ist auch Wolf der Auffassung, dass Mitleid nicht immer tatsächlich gefühlt werden muss, damit aus Mitleid gehandelt werden kann. Das Mitleid, welches wir tatsächlich empfinden, dient vielmehr als motivationale Basis, die es ermöglicht auch dann entsprechend zu handeln, wenn das Gefühl nicht faktisch vorliegt.

Da für Wolf alle leidensfähigen Individuen Objekte der Moral sind, gehören für sie alle empfindungsfähigen Tiere zur moralischen Gemeinschaft. Anders als Schopenhauer vertritt Wolf dabei eine egalitäre Tierethikposition. Gleichheit in der moralischen Berücksichtigung von Menschen und nichtmenschlichen Tieren entsteht für sie dadurch, dass kulturelle Traditionen oder persönliche Einstellungen nicht als Einwand gegen gleiche Rücksichtnahme zählen, wenn es um elementares Leid geht. Die Rücksichtnahme auf nichtmenschliche Tiere kann beispielsweise nicht mit der Begründung abgeschwächt werden, dass diese in der eigenen Kultur nicht das gleiche Ansehen genießen wie Menschen. Aus alledem folgert Wolf, dass der menschliche Umgang mit nichtmenschlichen Tieren in zahlreichen Bereichen kritisiert werden muss. Dies betrifft beispielsweise die Intensivtierhaltung, Tierversuche, die Haltung von Tieren in Zoologischen Gärten, die Jagd oder auch die Nutzung von Tieren bei Kampfspielen wie Stierkämpfen (s. Kap. 41, 46, 51). Anders als Schopenhauer ist Wolf auch der Auffassung, dass das Töten nichtmenschlicher Tiere in der Regel moralisch falsch ist (s. Kap. 35).

Wolf selbst hat 2012 ihren mitleidsethischen Ansatz zugunsten einer Ethik verworfen, die auf Kontexten und Beziehungen aufbaut. »Anstelle der einfachen Mitleidsmoral wird jetzt [...] eine differenziertere Position vertreten, welche der Unterschiedlichkeit der Beziehungen zwischen Mensch und Tier Rechnung trägt und die Menschenpflichten gegenüber Tieren gerade aus der Struktur dieser Beziehungen heraus zu entwickeln versucht« (Wolf 2012, 9 f.).

Josephine Donovan. Donovan baut in ihren Überlegungen auf die Gefühlsethik des 18. Jahrhunderts sowie auf Schopenhauers Mitleidsethik auf, die sie durch Elemente der ethischen Theorien von Max Scheler (Scheler 1923), Iris Murdoch (Murdoch 1970) und der feministischen Fürsorgeethik (Donovan/Adams 1996; s. Kap. 20) erweitert. So fasst sie mit Scheler das Mitgefühl als eine Form des Wissens und des Verstehens auf. An Murdoch anschließend sieht sie in der ›Aufmerksamen Liebe‹ eine zentrale Komponente der Moral, welche dazu führe, die Bedürfnisse anderer zu erkennen und ernst zu nehmen. Diese kann ihrer Auffassung nach auch nichtmenschlichen Tieren entgegengebracht werden. Donovan folgert hieraus, dass eine angemessene Tierethik ihre Grundlage im Mitgefühl finden müsse. Wer sich um das Wohlergehen nichtmenschlicher Tiere sorge, so Donovan weiter, erkenne, dass der bis heute übliche Umgang des Menschen mit nichtmenschlichen Tieren in vielen Fällen falsch ist, und dass man nichtmenschliche Tiere beispielsweise nicht zu Nahrungszwecken töten oder auf andere Weise verdinglichen dürfe.

17.4 Kritik an der Mitleidsethik

Einer der gängigsten Einwände gegen die Mitleidsethik besagt, dass sich auf Gefühlen wie Mitleid keine universalistische Moral aufbauen ließe, da Gefühle irrational und unkontrollierbar seien.

Diesem Einwand wird von Mitleidsethikerinnen und Mitleidsethikern entgegen gehalten, dass Theorien der Mitleidsethik nicht behaupten, moralisches Handeln bestünde darin, sich von auftretenden Gefühlen bestimmen zu lassen. Richtig sei vielmehr, dass Menschen, »die das Mitleid im Sinne einer Perspektivenübernahme als eine Haltung kultiviert haben, Motive haben, moralisch zu handeln« (Demmerling/Landweer 2007, 176).

Damit wird auch der Einwand entkräftet, die Mitleidsethik spreche der Vernunft in Fragen der Moral keine Bedeutung zu. Um eine mitleidsvolle Haltung kultivieren zu können, ist, wie die Vertreterinnen und Vertreter mitleidsethischer Positionen betonen, mehr erforderlich als die Fähigkeit oder die Bereitschaft, das einmal empfundene Gefühl auf andere Situationen zu übertragen. Für diesen Schritt ist vielmehr darüber hinaus auch ein Wissen darüber erforderlich, welcher Grad des Leids schwerwiegend genug ist, um Mitleid zu generieren. Zudem müssten Mitleid und Unrechtsurteil plausibel zueinander ins Verhältnis gesetzt werden, wenn man davon ausgeht, dass man Mitleid nur mit solchen Lebewesen haben sollte, die es ›verdienen‹.

Auf die meisten Mitleidstheorien trifft allerdings ohnehin nicht zu, dass vernünftiges Argumentieren keine Rolle spielt. So arbeitet z. B. Hume die Rolle der Vernunft in der Gefühlsethik aus, Donovan betont die emotionale *und* intellektuelle Komponente des Mitleids und Nussbaum weist auf die kognitiven Elemente des Mitleids schon in Aristoteles Theorie hin.

Des Weiteren ist gegen die Mitleidsethik eingewandt worden, dass sie nicht auf alle Bereiche der Moral anwendbar sei. So könne sie beispielsweise Fragen der Gerechtigkeit nicht beantworten. Zwar ist Schopenhauer der Auffassung, dass das Mitleid der Gerechtigkeit logisch vorausgeht. Diesem Gedanke hat sich beispielsweise auch Donovan angeschlossen. Es bleibt aber offen, ob eine Haltung, die Mitleid als motivationale Basis kultiviert, tatsächlich eine geeignete Grundlage für Fragen der Gerechtigkeit sein kann (Tugendhat 1993, 178 ff.) Fraglich ist ferner auch, ob Tugenden wie Verlässlichkeit mit Rekurs auf das Mitleid erklärt werden können (Tugendhat 2007, 120).

17.5 Ausblick

Nachdem die philosophische Auseinandersetzung mit dem Mitleid ihre ›Blütezeit‹ im 18. Jahrhundert erlebte und dieser Ansatz auch im 19. Jahrhundert noch prominent verhandelt wurde, spielte die Mitleidsethik im 20. Jahrhundert keine allzu bedeutende Rolle mehr. In jüngerer Zeit sind Gefühle wie Mitleid jedoch wieder verstärkt in den Fokus philosophischen Interesses geraten.

In der Tierethik kommt der Mitleidsethik insofern eine spezielle Rolle zu, als es – neben dem Utilitarismus (s. Kap. 13) – insbesondere die Mitleidsethik ist, die eine direkte Berücksichtigung nichtmenschlicher Tiere begründen kann.

Donovan geht sogar davon aus, dass »die Mitgefühlstheorie der Vergangenheit [...] nun, nachdem sie lange Zeit in den Hintergrund gedrängt war, von einer kraftvollen neuen Welle der Moraltheorie verstärkt« wird (Donavan 2008, 119). Diese neue Welle sieht sie in der feministischen Fürsorgeethik. Lori

Gruen (2014) verficht einen Ansatz von ›verflochtener Empathie‹, der einen mitfühlenden und ihres Erachtens moralisch angebrachten Umgang mit anderen Menschen und nichtmenschlichen Tieren gewährleisten soll. Und auch Wolf hat ihren Standpunkt nicht aufgegeben, dass Gefühle für moralische Fragen relevant sein können; auch wenn sie diese nun gemeinsam mit Kontexten und Beziehungen in ihre Ethiktheorie mit einbezieht.

Diese und weitere neuere Arbeiten scheinen Donovan in der Behauptung Recht zu geben, dass die ethische Beschäftigung mit Emotionen durch eine ›kraftvolle neue Welle‹ erneut ›Aufwind‹ bekommen hat. So wird die moralische Relevanz der Gefühle, die Menschen gegenüber nichtmenschlichen Tieren empfinden – wie auch der Beziehungen, in denen sie zu diesen stehen – Tierethikerinnen und Tierethiker weiterhin beschäftigen und zur Entwicklung neuer, insbesondere feministischer, Ansätze führen, die Elemente der ›klassischen‹ Mitleidsethik in sich tragen.

Literatur

Demmerling, Christoph/Landweer, Hilge: *Philosophie der Gefühle. Von Achtung bis Zorn.* Stuttgart/Weimar 2007.

Donovan, Josephine: Aufmerksamkeit für das Leiden. Mitgefühl als Grundlage der moralischen Behandlung von Tieren. In: Ursula Wolf (Hg.): *Texte zur Tierethik.* Stuttgart 2008.

Hamburger, Käte: *Das Mitleid.* Stuttgart 1985.

Hume, David: *Eine Untersuchung über die Prinzipien der Moral* [1751]. Stuttgart ³2002.

Gruen, Lori: Sich Tieren zuwenden: Empathischer Umgang mit der mehr als menschlichen Welt. In: Friederike Schmitz (Hg.): *Tierethik.* Berlin 2014.

Kronauer, Ulrich: *Vom Mitleid.* Frankfurt a. M./Leipzig 1999.

Mandeville, Bernard: *Die Bienenfabel oder private Laster, öffentliche Vorteile* [1714]. Frankfurt a. M. 1998.

Murdoch, Iris: *The Sovereignty of Good.* London 1970.

Nietzsche, Friedrich: *Morgenröte. Gedanken über die moralischen Vorurteile* [1881]. Köln 2011.

Nietzsche, Friedrich: *Also sprach Zarathustra* [1883]. Köln 2005.

Nussbaum, Martha C.: *Upheavals of thought. The intelligence of emotions.* Cambridge 2001.

Nussbaum, Martha C.: *Politische Emotionen. Warum Liebe für Gerechtigkeit wichtig ist.* Berlin 2014.

Scheler, Max: *Wesen und Formen der Sympathie* [1923]. Bonn 1985.

Schopenhauer, Arthur: *Preisschrift über die Grundlage der Moral* [1840]. Herrsching 1977.

Smith, Adam: *Theorie der ethischen Gefühle* [1759]. Hamburg ⁴1994.

Tugendhat, Ernst: *Vorlesungen über Ethik.* Frankfurt a. M. 1993.

Tugendhat, Ernst: *Anthropologie statt Metaphysik.* München 2007.

Wolf, Ursula: *Das Tier in der Moral.* Frankfurt a. M. ²2004.

Wolf, Ursula: *Ethik der Mensch-Tier-Beziehung.* Frankfurt a. M. 2012.

Leonie Bossert

18 Tugendethik

In der Tierethik haben tugendethische Positionen in der Diskussion um den moralischen Status von Tieren in den letzten Jahrzehnten an Bedeutung gewonnen. Die damit angesprochene moraltheoretische Konzeption ist allerdings weniger die Tugendethik der Antike (s. Kap. 1), wie sie vor allem von Platon und Aristoteles entwickelt worden ist und auch nicht die Tugendethik des Mittelalters (s. Kap. 2). Wenn heute von tugendethischen Positionen in der Tierethik gesprochen wird, ist damit vor allem jene neoaristotelische Spielart gemeint, die sich im Kontext des ›tugendethischen Revivals‹ in der zweiten Hälfte des 20. Jahrhunderts entwickelt hat. Generell zeichnet sich diese moraltheoretische Position dadurch aus, dass sie die Frage nach dem moralischen Status von Tieren in der bisher diskutierten Form zurückweist und anders beantwortet als wir es aus deontologischen, konsequentialistischen oder kontraktualistischen Moraltheorien kennen. Dabei rückt sie insbesondere die Relevanz kontextsensitiver Überlegungen in den Mittelpunkt ihrer normativen Argumentationen, in denen jeweils ganz unterschiedliche Aspekte der Mensch-Tier-Beziehung in normativer Hinsicht entscheidend sein können.

Neben dieser Variante finden sich aber auch Positionen, die Tugenden ins Zentrum ihrer Überlegungen stellen, ohne von einer neoaristotelischen Basis aus zu argumentieren. Christoph Halbig unterscheidet moraltheoretisch zwischen »Tugendethik«, einer »Ethik der Tugenden« und einer »Tugendlehre« (Halbig 2013, 11). In der *Tugendethik* gelten ›aretaische Kategorien‹, mithin die Tugenden bzw. Tugendbegriffe als fundamental. Dem Anspruch dieser Tugendethik zufolge lassen sich alle anderen (deontischen oder evaluativen) Konzepte auf Tugendbegriffe reduzieren und sind diesen nachgeordnet. Demgegenüber spielen Tugenden in den sogenannten Regelethiken eine sekundäre Rolle: Tugenden allgemein (und damit auch der Tugend der Gerechtigkeit) kommt hier ein abgeleiteter, derivativer Status zu. Sie gelten im Wesentlichen als individuelle Dispositionen, moralisches Handeln an den von den jeweiligen Moraltheorien als einschlägig ausgewiesenen Prinzipien und Normen zu orientieren und in diesem Sinne zuverlässig moralisch zu sein. Aus der Perspektive deontologischer oder konsequentialistischer Regelethiken geht es somit in Bezug auf die Tugenden darum, deren Stellenwert im Kontext einer *Ethik der Tugenden* zu bestimmen. Die *Tugendlehre* schließlich zielt Halbig zufolge »auf ein Verständnis dessen, was Tugenden sind: ihrer Ontologie, Epistemologie sowie ihrer handlungstheoretischen Bedeutung« (Halbig 2013, 11). Auch in diesen Kontexten einer Ethik der Tugenden bzw. einer Tugendlehre können jene Tugenden thematisiert und inhaltlich bestimmt werden, die für tierethische Fragen einschlägig sind.

18.1 Die neoaristotelische Tugendethik

Auch die moderne Tugendethik stellt – wie die antike Tugendethik – die Frage »Wie soll ich sein?« ins Zentrum ihrer Überlegungen und strebt somit explizit nicht danach, Antworten auf die zentrale Frage der (neuzeitlichen) Prinzipien- und Regelethiken »Was soll ich tun?« zu formulieren. Damit unterscheidet sie sich schon vom Ansatz her grundsätzlich von anderen Moraltheorien. Der Fokus liegt bei jenen Tugenden, die ein Akteur sich zu eigen machen sollte, wenn er ein Gutes Leben führen und in moralischer Hinsicht exzellent sein will. Tugenden sind herausragende Charaktereigenschaften oder auch Haltungen des (moralischen) Akteurs. Beispiele für moralische Tugenden sind u. a. Gerechtigkeit, Tapferkeit, Aufrichtigkeit, usw. Diese Tugenden strebt der Akteur vor dem Hintergrund einer Reflexion an – er eignet sie sich willentlich und wissentlich an und wünscht sich, entsprechende (moralische) Haltungen auszubilden. Wenn jemandem eine bestimmte Tugend zukommt und er eine entsprechende Haltung innehat, muss er eben nicht über einzelne Handlungsentscheidungen in den jeweils einschlägigen Situationen nachdenken, sondern zeigt mit größter Zuverlässigkeit ein mutiges, gerechtes oder tapferes Handeln, wenn es darauf ankommt (Borchers 2008, 34 ff.).

Hintergrund der Begründung der einzelnen Tugenden ist ein Konzept des Guten Lebens, das bei Aristoteles als ›Eudaimonia‹ bezeichnet wird. So ist der Mensch als Gemeinschaftswesen Aristoteles zufolge zum Beispiel gut beraten, Freundschaften in seinem Leben einen wesentlichen Platz einzuräumen. Stabile und erfüllende Freundschaften wiederum wird man nicht genießen können, wenn man nicht in der Lage ist, bestimmte Tugenden zu entwickeln, die man braucht, um ein guter Freund zu sein (Aristoteles, Nikomachische Ethik, Buch VIII und IX). Viele Konzeptionen der modernen Tugendethik greifen die aristotelische Idee auf, dass die menschliche Natur die Ausbildung von bestimmten Tugenden nahelegt, wenn man ein glückliches, gutes Leben führen

J. S. Ach / D. Borchers (Hg.), *Handbuch Tierethik*, https://doi.org/10.1007/978-3-476-05402-9_18

möchte und werden dementsprechend als Neu-Interpretation des aristotelischen Ansatzes verstanden (Müller 1998).

Einen wichtigen metaethischen Impuls zur Wiederbelebung und Neuinterpretation der antiken Tugendethik gab die englische Philosophin Elizabeth Anscombe in ihrem Aufsatz »Moderne Moralphilosophie« (Anscombe 1958), in dem sie den Prinzipien- und Regelethiken vorwarf, sich an einer Geseteskonzeption der Ethik zu orientieren, die jenseits einer Gottesvorstellung keinen Sinn mehr ergibt. Vor diesem Hintergrund, dass man keinen ›Gesetzgeber‹ mehr ausweisen kann, kann man aber nicht mehr sinnvoll von moralischen Verpflichtungen bzw. Pflichten sprechen, sondern nur noch von Empfehlungen, denen Folge zu leisten eine weise Entscheidung ist. Anscombe plädiert damit für eine »andere Art der Normativität«, bei der diejenigen Tugenden als »Norm« ausgewiesen werden, die für Menschen als Spezies in den verschiedenen Lebensbereichen prinzipiell einschlägig sind (Anscombe 1958, 235). Neben Martha Nussbaum (Nussbaum 2006), Rosalind Hursthouse (Hursthouse 2000), Christine Swanton (Swanton 2003), und Alasdair MacIntyre (MacIntyre 1999), die sich auch zur Tierethik geäußert haben, haben zeitgenössische Philosophinnen und Philosophen bis heute eine große Bandbreite unterschiedlicher tugendethischer Konzeptionen entwickelt (vgl. u. a. Foot 1978; McDowell 1979; Nussbaum 1988).

Die zeitgenössische Tugendethik mit ihrer spezifischen Perspektive auf die Ethik hat die Tierethik um viele Überlegungen und Argumente bereichert – zum einen dadurch, dass sie die bisher üblichen Argumentationsweisen der konsequentialistschen und deontologischen Tierethiker (etwa zum moralischen Status) kritisch hinterfragt hat; zum anderen durch inhaltliche Ausführungen zum Umgang der Menschen mit Tieren. Am deutlichsten wird die spezifische und völlig andersartige Argumentation der Tugendethik im Kontext der tierethischen Diskussion um den moralischen Status von Tieren (vgl. u. a. Wolf 2005, 59 ff.). Die zentrale These von Rosalind Hursthouse ist, »dass die Tugendethik den Begriff des moralischen Status nicht braucht und dass dies ein großer Vorteil der Tugendethik ist. ›Moralischer Status‹ ist ein Begriff, ohne den die Moralphilosophie besser dasteht« (Hursthouse 2011, 323). Der Begriff des moralischen Status diene dazu, »alles in zwei Klassen einzuteilen: Dinge, die einen moralischen Status haben und innerhalb des ›Kreises unseres moralischen Interesses liegen und solche, die keinen haben und außerhalb dieses Kreises liegen« (Hursthouse 2011, 323). Entscheidend für die Frage nach dem moralischen Status soll in den prinzipien- und regelethischen Konzeptionen jeweils *ein* Kriterium sein, das in einer bestimmten Eigenschaft bzw. einem als relevant ausgewiesenen Merkmal besteht. Für Pathozentristen wie etwa Peter Singer sei das in der Tierethik beispielsweise die Empfindungsfähigkeit (s. Kap. 5). Unter ausführlichem Rekurs auf die Philosophin Mary Midgley, die diese Argumentationsweise schon 1983 kritisiert hat (Midgley 1983), zeigt Hursthouse auf, dass es für einen tugendhaften Akteur eine derartig eindimensionale Handlungsentscheidung nicht geben kann. In Entscheidungssituationen können jeweils ganz *unterschiedliche* Aspekte relevant sein – dass ich für ein Tier Verantwortung trage, dass es verletzt ist, dass ein anderes Wesen meine Unterstützung dringender benötigt oder dass ich den beteiligten Menschen in der Situation aus bestimmten Gründen stärker moralisch verpflichtet bin. Für die Tugendethik ist es wesentlich zu fragen, welche Tugenden angezeigt wären und welche Laster man tunlichst vermeiden sollte. Das kann – in Unterschied zu *einem* Moralkriterium, das in den kritisierten Moraltheorien jeweils im Zentrum steht, eine *Vielzahl* an Tugenden sein – u. a. Liebe, Mitgefühl, Rücksichtnahme, Verantwortungsbereitschaft. Für jede Tugend als einem moralisch guten, bewundernswürdigen oder lobenswerten Charakterzug sowie für jedes Laster als schlechtem Charakterzug gelten dann Tugend-und-Laster-Regeln: »Tue, was mitfühlend ist; tue nicht, was grausam ist« (Hursthouse 2011, 330). Hursthouse zufolge wird sich eine tugendhafte Person durch die Tugenden der Besonnenheit, der Mäßigung, des Mitgefühls auszeichnen und sich nicht durch Eitelkeit, Gier, Grausamkeit oder Gleichgültigkeit dazu hinreißen lassen, Tieren Leid anzutun bzw. ihrem Leiden ignorant gegenüber zu stehen. Für tugendhafte Menschen stellt sich die Frage nach dem ›moralischen Status‹ von Tieren (in dieser Allgemeinheit) nicht. Das Wohlergehen von Tieren wird ihnen immer am Herzen liegen, ohne dass dies in jeder Situation ausschlaggebend für ihre Handlungsentscheidung sein müsse. Gefühl und Vernunft gingen dabei Hand in Hand, so Hursthouse – die tugendhafte Person sei keineswegs sentimental oder gefühlsduselig gegenüber Tieren. Die generelle Frage lautet: Welche Haltung würde eine Person in dieser Situation (in diesem spezifischen Kontext) einnehmen, die wir in moralischer Hinsicht als vorbildlich erachten? Welche Tugenden würde sie zeigen? Und welche Handlungen würden ihr die einschlägigen Tugenden konkret nahelegen?

Auch Alasdair Macintyre betont, dass Menschen in einem Kontinuum mit anderen Spezies leben, zwischen denen kein kategorischer Unterschied, vielmehr diverse wechselseitige Abhängigkeiten bestehen. Jede Spezies habe ihre spezifischen Bedingungen des Gedeihens – tugendhafte Menschen erkennen dies in Bezug auf Tiere an und handeln entsprechend. Tugenden, die diese Interdependenzen und Gedeihensbedingungen anerkennen sind zum Beispiel die der Freundschaft, der Rücksichtnahme und der Bescheidenheit (MacIntyre 1999).

Lawrence Becker hingegen betont die Relevanz der Speziesgrenzen und argumentiert vor einem tugendethischen Hintergrund für einen Vorrang menschlicher Interessen vor vergleichbaren tierlichen (Becker 1983). Tugendhaft zu handeln bedeutet seiner Ansicht nach, sozial zu differenzieren: »Wenn schwierige Entscheidungen zu treffen sind, wird von mir gewöhnlich erwartet, dass ich die Interessen meiner Familie über diejenigen meiner Freunde stelle, die von Freunden über die von Bekannten, die von Bekannten über die von Fremden, usw. Im Allgemeinen entspricht die erwartete Präferenzordnung typischen Unterschieden hinsichtlich der Intimität, wechselseitigen Abhängigkeit und Reziprozität in menschlichen Beziehungen« (ebd., 135). Intimität, wechselseitige Abhängigkeit und Reziprozität sind die wesentlichen Faktoren dafür, dass uns generell die Mitglieder unserer eigenen Spezies näherstehen und dass wir ihnen auch moralisch einen Vorrang einräumen. Ein tugendhafter Mensch wird Becker zufolge aber keinen absoluten Speziesismus vertreten, sondern eher einen gemäßigten.

Problematisch ist allerdings, dass oft auch Tugendethikerinnen und Tugendethiker uneins darüber sind, ob eine bestimmte Praxis wie etwa die Jagd dadurch gerechtfertigt werden kann, dass man sie als mutig ausweist (Hursthouse 2000; Scruton 1996). Diese Kontroverse zeigt, dass man eine Tugend offensichtlich auf ganz unterschiedliche Weise und eine Handlung im Lichte ganz unterschiedlicher Tugenden und Laster interpretieren kann. Die in diese Erörterungen eingehenden moralischen Bewertungen bleiben oftmals ohne explizite Begründung. Da tugendethische Ansätze die Perspektive der tugendhaften Person ins Zentrum ihrer Argumentation stellen, haben sie sich u. a. den Vorwurf des Intuitionismus bzw. des Subjektivismus gefallen lassen müssen (Borchers 2001; Halbig 2013).

18.2 Ethik der Tugenden und Tugendlehre

In der (neoaristotelischen) Tugendethik stehen die Tugenden im Zentrum. Aber natürlich spielen sie auch in deontologischen und konsequentialistischen Moraltheorien eine wichtige Rolle. Ihnen kommt dort vor allem die Funktion zu, die Akteure dazu zu bewegen, zuverlässig und kontinuierlich gemäß der durch das jeweilige Moralprinzip ausgewiesenen moralischen Ge- und Verbote zu handeln. Auch im Kontext einer Ethik der Tugenden werden im Rahmen konsequentialistischer, vertragstheoretischer oder deontologischer Positionen jene Tugenden analysiert, die in Hinblick auf Tiere einschlägig sind.

Man kann sicherlich darüber streiten, ob nicht Immanuel Kants Ausführungen zu moralischen Pflichten in Ansehung von Tieren in diesem Kontext zu sehen sind. Im Zuge der als ›Verrohungsargument‹ in die Tierethik eingegangenen Überlegung legt Kant dar, dass der Mensch, der grausam gegen Tiere handelt, das moralische Gefühl in sich beschädigt, was wiederum problematisch in Hinblick auf das moralische Handeln Menschen gegenüber sein könnte. Das Laster der Grausamkeit, aber auch die Hartherzigkeit bzw. Unbarmherzigkeit gegenüber Tieren sei aus diesem Grunde abzulehnen (s. Kap. 15 und 36; Kant 1990). Diese Überlegung findet sich auch in der aktuellen tierethischen Diskussion. Peter Carruthers geht aus kontraktualistischer Perspektive davon aus, dass vertragsschließende Personen sich darauf einigen würden, dass jeder verpflichtet sein sollte, bestimmte Tugenden auszubilden und zu entwickeln. Diese Tugenden würden dann auch unser Verhalten gegenüber Tieren maßgeblich beeinflussen. Darüber hinaus ließe sich konstatieren, dass Handlungen auch danach beurteilt werden, was sie über den Charakter des Handelnden offenbaren. Grausames Verhalten gegenüber Tieren sei seiner Ansicht nach nicht deshalb falsch, weil Tiere moralische Rechte hätten, sondern weil sie zeigten, dass die handelnde Person einen schlechten Charakter habe, insofern sie grausam sei. Carruthers folgt hier explizit dem Gedankengang Kants (Carruthers 1992, 91). Ähnlich argumentiert auch Jean-Claude Wolf: Der menschliche Charakter bilde und bewähre sich auch im Umgang mit Tieren. »Menschen, die [...] brutal oder gleichgültig das ›Recht des Stärkeren‹ ausüben, schaden damit nicht nur dem Tier, sondern erleiden Schaden an ihrer eigenen Seele. Sie brutalisieren sich selber. Sie würdigen sich selber herab. Es ist die Königswürde aller Menschen, die mit ihrer Gleichgültigkeit oder ihrer Grobheit gegenüber dem von Menschen verursachten oder bedingten Elend von Tieren auf dem Spiel steht« (Wolf 2002, 63).

Ausführungen zur Tugend der Gerechtigkeit gegenüber Tieren finden sich u. a. bei Cora Diamond (Diamond 2012) und Martha Nussbaum (Nussbaum 2006), die der Tugendethik nahe stehen, und bei Otfried Höffe (Höffe 1993). Man kann diese tierethischen Ansätze als Beiträge einer Tugendlehre interpretieren, insofern es ihnen darum geht, die Reichweite, aber auch die Grenzen der Gerechtigkeit als Tugend auszuloten (s. Kap. 16). Gemeinsam ist ihnen, dass sie Gerechtigkeit gegenüber Tieren für moralisch geboten halten und dabei vor dem Hintergrund differenzierter Betrachtungen zur Mensch-Tier-Beziehung argumentieren, die gleichermaßen Gemeinsamkeiten und substanzielle Unterschiede zwischen Mensch und Tier in den Blick nehmen.

18.3 Fazit und Ausblick

Ausführungen zu Tugenden und Lastern im Umgang mit Tieren finden sich nicht nur bei jenen Autorinnen und Autoren, die die Tugendethik als eigenständige Theorie in Absetzung zu regel- und prinzipienethischen Moraltheorien betrachten. Auch deontologisch, konsequentialistisch oder kontraktualistisch argumentierende Philosophinnen und Philosophen – die zum Teil sogar skeptisch sind in Hinblick auf die Frage, ob Tiere moralische Rechte haben oder ob wir ihnen gegenüber moralische Verpflichtungen haben (ja, ob sie überhaupt moralisch relevant sind) – betonen, dass Grausamkeit und Rücksichtslosigkeit gegenüber Tieren Laster seien, die moralisch zu verurteilen sind und den moralischen Akteur diskreditieren. Insbesondere die Tugend der Gerechtigkeit hat zu umfassenden und subtilen Erörterungen über die Komplexität der Mensch-Tier-Beziehung Anlass gegeben.

Die zeitgenössische Tugendethik präsentiert sich auch in der Tierethik als radikaler neuer Ansatz. Sie lehnt die Diskussion um den moralischen Status von Tieren ab und fordert, die Suche nach einem Kriterium, das diese Frage klar und eindeutig beantwortet, aufzugeben. Stattdessen sei zu fragen, welche menschlichen Laster für das Elend der Tiere verantwortlich zu machen seien und welche Tugenden einschlägig seien im Umgang mit Tieren. Mitgefühl und Liebe spielen hier eine besonders wichtige Rolle (u. a. Nussbaum 2006; Swanton 2003; Hursthouse 2000). Die Tugendethik als eigenständige Moraltheorie hat der Tierethik zweifelsohne neue Impulse gegeben durch die kritische Reflexion von vermeintlich unstrittigen Fragestellungen der Tierethik (etwa um den moralischen Status von Tieren) einerseits sowie durch die innovativen Ausführungen zu den vielfältigen Einstellungen und Perspektiven des tugendhaften Akteurs in Hinblick auf Tiere andererseits.

Tatsächlich zeigt sich in vielen Diskussionen um Anwendungsfragen der Tierethik, dass menschliche Schwächen – Laster wie Eitelkeit, Gier, Unmäßigkeit oder Rücksichtslosigkeit – maßgeblich für das Leiden von Tieren (in der Massentierhaltung, der Zucht, dem Sport etc.) verantwortlich sind. Ohne den Rekurs auf Tugenden wie Mitgefühl, Verantwortungsbereitschaft, Fürsorge, Gerechtigkeit etc. wird man in der Tierethik vermutlich nicht auskommen. Aber die Tugendethik hat eine Reihe von (grundlegenden) Schwierigkeiten, die ihre inhaltliche und metaethische Überzeugungskraft erheblich einschränken (Birnbacher 2003; Borchers 2001; Halbig 2013; Petrus 2015). Nicht zuletzt deshalb bleibt es eine offene Frage, ob man die überzeugenderen Ausführungen zu Tugenden und Lastern im Umgang mit Tieren in der Tugendethik oder im Kontext einer Ethik der Tugenden bzw. einer Tugendlehre finden wird.

Literatur

Anscombe, G. E. M.: Modern Moral Philosophy. In: *Philosophy* 33 (1958), 1–9.

Aristoteles: *Nikomachische Ethik*. Hamburg 1985.

Becker, Lawrence: The Priority of Human Interests. In: Harlan B. Miller/William Williams (Hg.): *Ethics And Animals*. Heidelberg 1983, 225–238; dt. in: Ursula Wolf (Hg.): *Texte zur Tierethik*. Stuttgart 2008, 132–149.

Birnbacher, Dieter: *Analytische Einführung in die Ethik*. Frankfurt a. M. 2003.

Borchers, Dagmar: *Die neue Tugendethik – Blick zurück im Zorn?* Paderborn 2001.

Borchers, Dagmar: Moralische Exzellenz. In: Johann Ach/Kurt Bayertz/Ludwig Siep (Hg.): *Grundkurs Ethik*, Bd. 1. Paderborn 2008, 33–48.

Carruthers, Peter: Contractualism and Animals. In: Peter Carruthers (Hg.): *The Animals Issue. Moral Theory in Practice*. Oxford 1992, 98–110.

Diamond, Cora: *Menschen, Tiere und Begriffe*. Frankfurt a. M. 2012.

Foot, Philippa: *Virtues and Vices*. Oxford 1978.

Halbig, Christoph: *Der Begriff der Tugend und die Grenzen der Tugendethik*. Berlin 2013.

Höffe, Otfried: *Moral als Preis der Moderne. Ein Versuch über Wissenschaft, Technik und Umwelt*. Frankfurt a. M. 1993.

Hursthouse, Rosalind: *Ethics, Humans and Other Animals*. London 2000.

Hursthouse, Rosalind: Applying Virtue Ethics to Our Treatment of the Other Animals. In: Jennifer Welchman (Hg.):

The Practice of Virtue: Classic and Contemporary Readings in Virtue Ethics. Indianapolis 2006.
Hursthouse, Rosalind: Virtue Ethics and the Treatment of Animals. In: Tom L. Beauchamp/Raymond G. Frey (Hg.): *The Oxford Handbook of Animal Ethics.* Oxford 2011, 119–143.
Kant, Immanuel: *Eine Vorlesung über Ethik* [1775]. Frankfurt a. M. 1990.
MacIntyre, Alsadair: *Dependant Rational Animals. Why Human Beings Need the Virtues.* London 1999.
McDowell, John: Virtue and Reason. In: *The Monist* 62 (1979), 331–350.
Midgley, Mary: *Animals and Why they Matter.* Athens 1983.
Müller, Anselm: *Was taugt die Tugend?* Berlin 1998.
Nussbaum, Martha (1988): Non-relative Virtues: An Aristotelian Approach. In: Peter French/Theodore Uehling/Howard Wettstein (Hg.): *Ethical Theory: Character and Virtue; Midwest Studies in Philosophy XIII* (1988), 32–53.
Nussbaum, Martha: *Frontiers of Justice. Disability, Nationality, Species Membership.* Cambridge 2006.
Petrus, Klaus: Tugendethik. In: Adriana Ferrari et al. (Hg.): *Lexikon der Mensch-Tier-Beziehung.* Bielefeld 2015, 393–395.
Scruton, Roger: *Animal Rights and Wrongs.* London 1996.
Swanton, Christine: *Virtue Ethics.* Oxford 2003.
Wolf, Jean-Claude: Tierschutz und die Würde des Menschen. In: Martin Liechti (Hg.): *Die Würde des Tieres.* Erlangen 2002.
Wolf, Jean-Claude: *Tierethik. Neue Perspektiven für Menschen und Tiere.* Erlangen 2005.

Dagmar Borchers

19 Fähigkeitenansatz

In der Tierethik ist der Fähigkeitenansatz (*capabilities approach*) eine verhältnismäßig junge Strömung, die einerseits das artspezifische Gedeihen der Tiere ins Zentrum rückt und andererseits die Ansprüche von Tieren als Gerechtigkeitsansprüche konzipiert. Dazu geht der Ansatz von der Idee aus, dass Tiere als »Wesen mit Anspruch auf Existenz in Würde« (Nussbaum 2010, 442) zu betrachten sind, woraus sich beides, ihre moralische Berücksichtigungswürdigkeit aus Gründen der Gerechtigkeit sowie eine inhaltliche Bestimmung ihrer je konkreten artspezifischen Ansprüche ableiten lässt. Mit diesem Anspruch grenzt sich der Ansatz sowohl von einem kantianisch-kontraktualistischen Paradigma ab, gemäß dem Tiere nur als indirekt moralisch relevant betrachtet werden können, wie auch vom utilitaristischen Paradigma, das die Ansprüche der Tiere nur unter Rekurs auf die Vermeidung von Leid (und teilweise auf die Vermehrung von Lust) begründet.

Die Wurzeln des vor allem von Amartya Sen und Martha C. Nussbaum entwickelten Fähigkeitenansatzes, dessen Ausweitung in den Bereich der Tierethik gerade erst am Beginn steht, liegen in der Gerechtigkeitstheorie. Schon früh hat Amartya Sen hier betont, dass es bei der Bewertung von Fragen der Verteilungsgerechtigkeit nicht auf die gleiche Verteilung von Ressourcen ankomme, sondern darauf, dass Personen im Sinne der Ergebnisgleichheit zu gleicher effektiver Freiheit befähigt werden. Der Grund hierfür ist, dass die gleiche Verteilung von Ressourcen (etwa im Sinne des Rawlsschen Differenzprinzips) nicht dazu führt, dass die Personen, zwischen denen verteilt wird, tatsächlich über gleiche effektive Freiheiten, zu tun, was sie aus guten Gründen wertschätzen, verfügen (Sen 1980). Dies wiederum liegt insbesondere daran, dass die Fähigkeiten von Personen, Ressourcen in effektive Freiheiten umzuwandeln, nicht gleich, sondern aufgrund natürlicher Unterschiede zwischen ihnen ganz verschieden sind. So braucht etwa eine gehbehinderte Person eine andere Menge an Ressourcen, um sich im öffentlichen Raum frei bewegen zu können, als eine Person, die nicht unter einer solchen Einschränkung leidet (die effektive Freiheit kann sowohl von internen Faktoren der Person (*interne Fähigkeiten*) als auch von externen Faktoren (*externe Fähigkeiten*) wie etwa der gesellschaftlichen Infrastruktur abhängen (Nussbaum 1999, 102 ff.)).

Mit einem strukturell ganz ähnlichen Argument hat Sen den Ansatz auch für den Bereich der Entwicklungspolitik fruchtbar gemacht (Sen 2002). An der dort lange Zeit dominierenden Orientierung am Bruttoinlandprodukt als Maßstab zur Bewertung der gesellschaftlichen Entwicklung eines Landes kritisiert der Fähigkeitenansatz, dass dieses überhaupt nicht aussagekräftig dafür sei, zu bewerten, inwiefern sich die Situation der einzelnen Menschen innerhalb einer bestimmten Zeitspanne verbessert hat. Schließlich sage ein Anstieg des BIPs allein noch nichts darüber aus, wie die Güter zwischen den Bürgern eines Landes verteilt sind und ob mit seinem Wachstum tatsächlich eine Verbesserung der Lebenssituationen der Bürger einhergeht. Sen hat deshalb vorgeschlagen, Entwicklung anhand eines Human Development Index zu bewerten, der die für individuelle Verwirklichungschancen relevanten Parameter (wie etwa Bildung, Gesundheit, Wohnsituation) misst. Inzwischen dient diese Metrik in der Entwicklungspolitik vielerorts als Grundlage für die Beurteilung menschlicher Entwicklung (etwa in den *Human Development Reports* der Vereinten Nationen, und den *Armuts- und Reichtumsberichten* der Deutschen Bundesregierung).

Martha C. Nussbaums Variante des Fähigkeitenansatzes unterscheidet sich (neben vielen Gemeinsamkeiten) von Sens Version vor allem durch die Formulierung einer Liste grundlegender menschlicher Fähigkeiten, die eine gerechte Gesellschaft für ihre Mitglieder zu einem Minimum (Schwellenwert) garantieren muss. Diese Liste, über die sich nach Auffassung Nussbaums ein globaler überlappender Konsens erzielen ließe, umfasst *Leben, körperliche Gesundheit, körperliche Integrität, Sinne, Vorstellungskraft und Denken, Gefühle, praktische Vernunft, Zugehörigkeit, andere Spezies, Spiel und (politische und inhaltliche) Kontrolle über die eigene Umwelt* (Nussbaum 2010, 112–114). Hierfür legt Nussbaum ihrer Konzeption eine (aristotelisch inspirierte) starke vage Theorie des Guten zugrunde (Nussbaum 1999). Sowohl Nussbaum als auch Sen betonen, dass der Fähigkeitenansatz als antiperfektionistische und antipaternalistische Konzeption zu verstehen ist, denn es geht nicht darum, dass Personen von ihren Fähigkeiten oder effektiven Freiheiten in einem angemessenen Sinne Gebrauch machen, sondern darum, dass sie über die Freiheit verfügen und gegebenenfalls dazu in die Lage versetzt werden, ihre grundlegenden Fähigkeiten zu realisieren (vgl. dazu Laukötter 2014).

J. S. Ach / D. Borchers (Hg.), *Handbuch Tierethik*, https://doi.org/10.1007/978-3-476-05402-9_19

19.1 Der Fähigkeitenansatz in der Tierethik: Martha Nussbaum

Die zentrale Idee des Fähigkeitenansatzes als tierethischer Position besteht darin, dass sich die moralischen Ansprüche von Tieren auf der Grundlage ihrer je artspezifischen Fähigkeiten bestimmen lassen. Mit Blick auf die Statusfrage positioniert sich der Fähigkeitenansatz hier klar, indem er betont, dass die entsprechenden moralischen Ansprüche der Tiere als Gerechtigkeitsansprüche verstanden werden müssen. Entsprechend ist die moralisch angemessene Behandlung der Tiere durch den Menschen kein Akt der Wohltätigkeit, sondern aus Gründen der Gerechtigkeit gefordert, also obligatorisch (Nussbaum 2010, 443).

Die Protagonistin des Fähigkeitenansatzes in der Tierethik ist Martha Nussbaum, die den Ansatz vor allem in ihrem Buch über die *Grenzen der Gerechtigkeit* (Nussbaum 2010) auf das Feld der Tierethik übertragen hat (vgl. auch Ilea 2008; Kasperbauer 2013). In Anknüpfung an diese Pionierleistung bildet sich gegenwärtig langsam eine neue Richtung in der philosophischen Tierethik heraus, in der konkrete Anwendungsfragen auf der Grundlage des Fähigkeitenansatzes diskutiert werden.

Wie vielen anderen Ansätzen in der Tierethik geht es auch Nussbaum mit der Ausweitung des Fähigkeitenansatzes in das Feld der Tierethik darum, die lange dominierende Sicht zu überwinden, dass Tiere vom Menschen lediglich aus Gründen der Wohltätigkeit (und damit abhängig von seinem Wohlwollen) auf eine anständige Weise behandeln werden sollen. Stattdessen argumentiert der Fähigkeitenansatz dafür, dass Menschen den Tieren eine angemessene Behandlung aus Gründen der Gerechtigkeit *schulden*. Was diese basalen (artspezifischen) Ansprüche jeweils inhaltlich umfassen, kann nach Nussbaums Auffassung auf der Grundlage des Fähigkeitenansatzes bestimmt werden. Im Zentrum stehen dabei das artspezifische Gedeihen der Tiere (Nussbaum 2010, 474) zur Bestimmung des Umfangs der Ansprüche und die Idee einer artspezifischen Würde der Tiere als deren Fundament: »Daß Tiere einen Anspruch auf ein breites Spektrum an Fähigkeiten haben, die für ein gedeihliches und ihrer Würde gemäßes Leben wesentlich sind, ist eine der zentralen Überzeugungen des Fähigkeitenansatzes. Tiere haben gerechtigkeitsbasierte Ansprüche. Diese Ansprüche von Tieren sind artspezifisch und gründen in ihren charakteristischen Formen des Lebens und des Wohlergehens« (Nussbaum 2010, 528).

Die attraktive Aussicht, die der Fähigkeitenansatz der philosophischen Diskussion über Fragen der Tierethik anbietet, besteht deshalb vor allem in der Bereitstellung eines theoretischen Modells, das es erlaubt, weit verbreitete Vorstellungen des artgerechten Umgangs mit Tieren, die unter Berücksichtigung des artspezifischen Gedeihens der Tiere weit über eine instrumentelle Einstellung gegenüber Tieren, aber auch über die bloße Fokussierung auf Minimierung von Leid und Maximierung von Lust hinausgehen, in einen tierethischen Rahmen zu integrieren. Mit Blick auf den internen Diskurs innerhalb der philosophischen Gerechtigkeitstheorie und der Tierethik sieht Nussbaum die Vorzüge des Fähigkeitenansatzes insbesondere darin, dass er die Schwierigkeiten kontraktualistischer und utilitaristischer Ansätze vermeide.

Kontraktualistische Ansätze, die das dominierende Paradigma in der gegenwärtigen Gerechtigkeitstheorie darstellen, können Pflichten des Menschen gegenüber Tieren nur als abgeleitete bzw. indirekte Pflichten konzipieren, was etwa in Rawls' Formulierung, dass wir Tieren eine moralische Behandlung aus »Mitleid und Mitmenschlichkeit« (Rawls 1975, 556) schulden, zum Ausdruck kommt. Auch wenn der Kontraktualismus in der gegenwärtigen Tierethik allenfalls eine untergeordnete Rolle spielt, hat diese Position für die Ablehnung von stärkeren tierethischen Forderungen einen nicht zu unterschätzenden Effekt. Wer politische Prinzipien als Ergebnis eines Vertrages zwischen annähernd gleichen Vertragspartnern begründet, kann Tiere (ebenso wie Menschen, die aufgrund bestimmter Beeinträchtigungen keine Kooperationspartner in diesem Sinne sind) nicht zu primären Subjekten der Gerechtigkeit machen, sondern ihnen Ansprüche immer nur in indirekter Form zubilligen (Nussbaum 2010, 445). Zwar könnte im Rahmen einer immanenten Kritik an diesem Paradigma zumindest für die Einbeziehung einiger Tiere plädiert werden, wenn darauf verwiesen würde, »in welchem Ausmaß viele nichtmenschliche Tiere über Vernunft verfügen« (ebd.). Die meisten Tiere könnten aber im Rahmen einer solchen internen Kritik nicht berücksichtigt werden und könnten lediglich durch wohlwollende Advokaten, die ihre Interessen zur Geltung bringen müssten, vertreten werden. Doch die geschilderten ausgrenzenden Effekte kontraktualistischer Konzeptionen ergeben sich nicht nur aus der mangelnden Fähigkeit zur Kooperation, sondern auch aus der zugrundeliegenden Konzeption von Würde, aus der bestimmte moralische Ansprüche erst abgeleitet werden. Weil die Zuschreibung von Würde an das Vorliegen von Vernunft gebunden sei, ist für Nussbaum wiederum der Ausschluss von Tieren, aber auch von Menschen, die nicht über ein Mindestmaß der entsprechenden Fähigkeit verfügen, aus der Gruppe der direkten Anspruchsträger die Konsequenz solcher Konzeptionen in kantischer Tradition.

Der Fähigkeitenansatz beansprucht, diese Probleme kontraktualistischer Gerechtigkeitstheorien zu vermeiden, indem er die Prämisse zurückweist, »daß nur Wesen, die dem fiktiven Vertrag als ungefähr Gleiche beitreten können, primäre, also nicht abgeleitete Subjekte der Gerechtigkeit sind« (Nussbaum 2010, 445). Dazu stützt sich der Ansatz auf eine (intuitive) Würdekonzeption, die Würde nicht allein an das Vorliegen einer bestimmten Fähigkeit wie der Rationalität knüpft, sondern auch aus der Bedürftigkeit der Wesen ableitet: »Das Bedürfnis nach einer reichen Vielfalt von Lebensaktivitäten steht im Mittelpunkt dieses Ansatzes. Im Anschluss an Aristoteles und Marx betont er, daß es sich um eine tragische Verschwendung handelt, wenn ein Lebewesen mit einer angeborenen oder ›grundlegenden‹ Fähigkeit zu bestimmten Tätigkeiten, die als wichtig und gut eingeschätzt werden, nie Gelegenheit hat, diese Tätigkeit auszuüben« (Nussbaum 2010, 471). Für den Fähigkeitenansatz sind dies Fälle, »in denen eine Form des Gedeihens ›abstirbt‹, der wir mit Achtung und Staunen begegnen sollten« (ebd.).

Obwohl Nussbaum den Utilitarismus für den Bereich der Tierethik gegenüber dem Kontraktualismus im Vorteil sieht, weil er die Tiere aufgrund ihrer Leidensfähigkeit als direkt moralisch relevant betrachtet, hält sie auch den Utilitarismus aus verschiedenen Gründen nicht für eine geeignete Konzeption in der Tierethik (vgl. dazu Nussbaum 2010, 459–471; s. Kap. 13). Erstens sei es für utilitaristische Ansätze zur Bestimmung des höheren Gesamtnutzens bei der Betrachtung einzelner Fälle nötig, einen Nutzensummenvergleich zwischen verschiedenen Tierarten anzustellen, was sich allerdings zwischen verschiedenen Spezies noch schwieriger gestalte als innerhalb einer Spezies, wo dies schon ein Problem für den Utilitarismus darstelle (Nussbaum 2010, 466). Darüber hinaus bestehe zweitens ein grundsätzliches Problem darin, die Präferenzen von Tieren überhaupt zu interpretieren (ebd.). Neben diesen beiden Problemen, die sich ergeben, wenn man die Prämissen einer utilitaristischen Konzeption akzeptiert, wird ein drittes Problem sichtbar, das auf einer fundamentalen Ebene liegt, denn »[d]ie utilitaristische Maximierung der Summe scheint es [...] unmöglich zu machen, das ungeheure Leiden und die Quälerei zumindest bestimmter Tiere aus Gründen der elementaren Gerechtigkeit zu verbieten« (Nussbaum 2010, 466 f.). Trifft dies zu, ist es nicht möglich, bestimmte grausame Formen der Behandlung von Tieren (wie etwa eine qualvolle Haltung als Zirkustiere) grundsätzlich zu verbieten, weil diese durch den Verweis auf einen besonders hohen Gesamtnutzen (wie die Freuden des Publikums) überwogen werden könnten (Nussbaum 2010, 467). Hier wird erneut das Problem des Utilitarismus, keine Schranken gegen die Verletzung basaler Rechte zugunsten der Nutzenmaximierung formulieren zu können, sichtbar, das im Bereich der zwischenmenschlichen Moral als Standardkritik unter dem Stichwort der *Nichtberücksichtigung der Separiertheit der Personen* formuliert wird, gemäß der eine utilitaristische Konzeption keine Absicherungen zum Schutz der Gerechtigkeitsansprüche einzelner Personen gegen die Maximierung der Nutzensumme bereitstelle.

Inwiefern der Fähigkeitenansatz für die Tierethik gegenüber utilitaristischen Konzeptionen eine sinnvolle Erweiterung darstellen könnte, wird jedoch vor allem mit Blick auf ein viertes Problem, das Nussbaum diagnostiziert, sichtbar. Es besteht darin, dass die Konzentration auf die Vermehrung von Lust und die Verminderung von Leid im Utilitarismus zu einer für die Tierethik letztlich zu engen Perspektive führt. Weil Tiere nach bestimmten Gütern *streben*, ist eine Unterordnung unter die utilitaristische Aggregationslogik der Maximierung der Lustbilanz problematisch, denn »Lust und Leid [sind] nicht die einzigen Bezugspunkte für die Bestimmung der Ansprüche von Tieren [...]« (Nussbaum 2010, 469). Tiere streben auch nach anderen Gütern wie »Bewegungsfreiheit und körperliche Leistungen« (ebd.), deren Abwesenheit nicht als Leid und Enttäuschung erlebt wird (ebd.). Eine Tierethik, die nicht nur die Freiheit von Leiden, sondern das Gedeihen der Tiere berücksichtigen will, muss diese weiter reichende Perspektive einfangen können. Der Utilitarismus verfügt hierzu nur über sehr begrenzte Ressourcen – er könnte solches mangelndes Gedeihen integrieren, wenn ein solcher Mangel tatsächlich von den Tieren als Leid erfahren wird. Will eine Tierethik jedoch auch Pflichten des Menschen zur Förderung des Gedeihens jenseits dieser Schwelle begründen (also dann, wenn fehlendes Gedeihen nicht als Leid erfahren wird), muss sie über den theoretischen Rahmen des Utilitarismus hinausgehen. Die Frage, die sich dann stellt, ist jedoch, was die Gründe dafür sind, dass Menschen solche starken positiven Pflichten gegenüber Tieren haben.

Zwei Gedanken sind im Fähigkeitenansatz zentral für die Begründung von Gerechtigkeitspflichten gegenüber Tieren. Zum einen resultiere aus der artspezifischen Würde der Tiere ihr Anspruch auf eine gerechte Behandlung (s. o.). Zum anderen geht der Ansatz von der Idee aus, dass sich aus den artspezifischen Fähigkeiten der Tiere und ihrem Streben nach deren Realisierung, die als Bedingung ihres Gedeihens verstanden wird, auch der Anspruch ergibt, diese zu befördern. Dass sich aus den Fähigkeiten und dem Streben der Tiere »zwingende Ansprüche« (Nussbaum 2010, 458) ergeben, resultiert für Nussbaum aus dem bloßen Faktum des Vorhandenseins der jeweiligen Fähigkeiten bzw. des Strebens. Ihre Begründung ist hier vor allem intuitiv: »Mir scheint beispielsweise die Entscheidung, Tiere als aktive Wesen zu sehen, die nach etwas streben, ganz automatisch zu dem Gedanken zu führen, daß sie einen Anspruch darauf haben, nach diesem Gut zu streben« (Nussbaum 2010, 458). Auch unser Staunen über diese Fähigkeiten deutet Nussbaum in aristotelischer Manier als Grund dafür, aus den Fähigkeiten Ansprüche der Tiere abzuleiten (ebd., 446). Problematisch ist an dieser Begründung allerdings, dass sich hier der Verdacht eines Sein-Sollen-Fehlschlusses aufdrängt, weil aus einer deskriptiven Aussage eine normative Konklusion abgeleitet wird.

19.2 Anwendungen

Vor dem skizzierten Hintergrund positioniert sich der Fähigkeitenansatz zu verschiedenen konkreten Fragen der Tierethik. Zum Umgang des Menschen mit Haus- und Nutztieren hat Nussbaum herausgestellt, dass sich aus dem Fähigkeitenansatz weitreichende Konsequenzen ergeben (Nussbaum 2010, 503 ff.). Im Sinne der Logik negativer Pflichten sind grundsätzlich solche Praktiken zu unterlassen, die das Gedeihen der Tiere schädigen oder behindern, womit der Ansatz hier weiter geht als Konzeptionen, die nur auf die Vermeidung von Leid zielen. Darüber hinaus postuliert Nussbaum für diesen Bereich aber auch positive Pflichten des Menschen, das Gedeihen der Tiere aktiv zu befördern. So ist Haustieren etwa die Möglichkeit für Spiel, Auslauf etc. zu gewähren, wenn dies für ihr artspezifisches Gedeihen nötig ist, auch wenn sie unter deren Abwesenheit nicht leiden. Gleiches gilt etwa auch für die Haltungsbedingungen von Labortieren in der Forschung.

Mit Blick auf die Haltung von Nutztieren zum Zweck der Nahrungsmittelproduktion ist Nussbaums Position ambivalent (s. Kap. 39, 43). Einerseits kritisiert sie die Bedingungen der modernen Tierhaltung und Tierproduktion scharf. Andererseits vertritt Nussbaum jedoch nicht die Auffassung, dass der Verzehr von Tieren und damit deren Tötung zum Zweck der Herstellung von Nahrungsmitteln grundsätzlich verboten ist, was die Frage nach der Konsistenz von Nussbaums Position insbesondere mit Blick auf den Begriff der Würde aufwirft. Wenn jedem einzelnen Tier aufgrund seiner Würde ein besonderer moralischer Wert zukommt, den es zu achten gilt, und wenn sich daraus das Verbot einer Verzweckung der Tiere ergibt (die bloße Aggregation des Gesamtnutzens lehnt Nussbaum, wie in der Auseinandersetzung mit dem Utilitarismus deutlich wurde, ab), ist nicht nachzuvollziehen, dass die Tötung von Tieren keinen gravierenden Verstoß gegen ihre Gerechtigkeitsansprüche darstellt. Nussbaum selbst führt gegen das utilitaristische Argument, dass eine Tötung von Tieren (auch zum Zwecke ihres Verzehrs) erlaubt sein kann, wenn sie schmerzfrei erfolgt, an, dass auch die schmerzfreie Tötung von Tieren eine Schädigung darstellen kann, nämlich dann, wenn zentrale und wertvolle Fähigkeiten der Tiere durch einen plötzlichen und schmerzfreien Tod beeinträchtigt werden. Warum die Tötung von Tieren zum Zwecke der Ernährung bei Nussbaum trotzdem erlaubt ist, bleibt vor diesem Hintergrund unklar (s. Kap. 35).

Der Fähigkeitenansatz äußert sich jedoch nicht nur zu Pflichten des Menschen gegenüber Tieren, zu denen er (als Haus- oder Nutztiere) in einer direkten Beziehung (aus der sich bestimmte Verpflichtungen ergeben) steht. Darüber hinaus bezieht der Fähigkeitenansatz auch Position zur Frage danach, welche Verpflichtungen der Mensch gegenüber Wildtieren hat, zu denen er in keiner direkten Beziehung steht (s. Kap. 48). Darf der Mensch aus Gründen der Gerechtigkeit in natürliche Abläufe in der Tierwelt eingreifen, oder sollte er dies sogar tun? Sollte er etwa die Gazelle vor dem Tiger schützen, oder sollten, wie es Nussbaum formuliert »[...] Menschen im Tierreich ›für Ordnung sorgen‹ und verletzliche Tiere vor Raubtieren schützen?« (Nussbaum 2010, 512) Nach Nussbaums Auffassung ergibt sich aus dem Fähigkeitenansatz hier tatsächlich die Forderung, ein solches »Geschehen zu verhindern, wenn uns das ohne einen noch größeren Schaden zu erzeugen möglich ist« (ebd.).

Aus dieser Position, die an anderer Stelle unter der Frage diskutiert wird, ob das Natürliche durch das Gerechte zu ersetzten sei (Nussbaum bejaht dies), ergeben sich Spannungen, die der Fähigkeitenansatz als Konzeption in der Tierethik in der weiteren Debatte noch wird lösen müssen (vgl. auch Hailwood 2012; Wissenburg 2011). Wie lassen sich etwa solche Forderungen der Gerechtigkeit mit Ansprüchen von Raubtieren auf ein artgerechtes Leben bzw. artspezifisches Gedeihen ausbalancieren? Und überhaupt: wie lassen sich Gerechtigkeitsansprüche von Tieren im Verhältnis zu Ansprüchen und Interessen von Menschen gewichten? Nussbaum selbst vertritt diesbezüglich eine gewisse politische Kompromissposition, wenn sie fordert, dass der Schwellenwert, der für die Behandlung der Tiere angesetzt wird, »auf jeden Fall mit einer Gewährleistung aller menschlichen Fähigkeiten kompatibel ist und zentrale tierische Fähigkeiten nicht offensichtlich verletzt [...]« (Nussbaum 2010, 541). Ohne weitere Begründung trifft sie hier allerdings gerade einer der Einwände, mit denen sie die Vorzugswürdigkeit des Fähigkeitenansatzes als tierethischer Position gegenüber dem Utilitarismus zu begründen versucht. Die Forderung, dass bestimmte Praktiken des Umgangs mit Tieren im Fähigkeitenansatz (anders als im Utilitarismus, wo dies vor dem Hintergrund der Idee der Maximierung nicht möglich sei) »aus Gründen der elementaren Gerechtigkeit zu verbieten« (ebd., 466) seien, dürfte kaum mit der Strategie verträglich sein, zunächst nur vorsichtige Konsequenzen aus dem Fähigkeitenansatz zu ziehen, damit die Achtung der Ansprüche der Tiere »mit einer Gewährleistung aller menschlichen Fähigkeiten kompatibel ist«.

19.3 Ausblick

Der Fähigkeitenansatz stellt für die tierethische Diskussion vor allem mit Blick auf die Berücksichtigung eines artspezifischen Gedeihens der Tiere eine Bereicherung dar. In vielen Bereichen muss sich dieser junge Ansatz aber noch kritischen Nachfragen stellen und die eigenen Forderungen weiter fundieren. Im Wesentlichen sind das auf begründungstheoretischer Ebene die Frage nach dem Grund der Gerechtigkeitsansprüche und auf der praktischen Ebene der Umsetzung die Frage nach der Gewichtung menschlicher und tierischer Interessen im Verhältnis zueinander. Darüber hinaus wäre zu klären, inwiefern aus der Konzeption, wenn man sie konsequent zu Ende denkt, nicht doch erheblich mehr folgt, als Nussbaum zugesteht. Wer Tiere als Träger von Gerechtigkeitsansprüchen verstehen will, kann nicht gleichzeitig an der gegenwärtigen Praxis der Tierhaltung festhalten, ohne sich in normative Widersprüche zu verwickeln (Schinkel 2008). Denkt man den Fähigkeitenansatz in diese Richtung konsequent zu Ende, ergeben sich aber auf der anderen Seite möglicherweise Probleme der Überforderung, die nicht minder gering ausfallen (Schlosberg 2012; Käfer 2012). Auch die Ausweitung des Ansatzes auf eine noch weitere Perspektive der Umweltethik bzw. der ökologischen Ethik (Nussbaum hält eine Ausweitung in den Bereich der Pflanzenethik für möglich), wäre weiter zu verfolgen (Cripps 2010; Schlosberg 2012).

Literatur

Cripps, Elizabeth: Saving the Polar Bear, Saving the World: Can the Capabilities Approach Do Justice to Humans, Animals and Ecosystems? In: *Res Publica* 16/1 (2010), 1–22.

Hailwood, Simon: Bewildering Nussbaum: Capability Justice and Predation. In: *The Journal of Political Philosophy* 20/3 (2012), 293–313.

Ilea, Ramona: Nussbaum's Capabilities Approach and Nonhuman Animals: Theory and Public Policy. In: *Journal of Social Philosophy* 39/4 (2008), 547–563.

Kasperbauer, T. J.: Nussbaum and the Capacities of Animals. In: *Journal of Agricultural and Environmental Ethics* 26/5 (2013), 977–997.

Käfer, Anne: Den Tieren Gerechtigkeit. Martha Nussbaums Tierethik als Prüfstein für ihren »capabilities approach«. In: *Zeitschrift für Evangelische Ethik* 56 (2012), 116–128.

Laukötter, Sebastian: Der Paternalismus-Einwand gegen den *capabilities approach*. In: Michael Kühler/Alexa Nossek (Hg.): *Paternalismus und Konsequentialismus*. Münster 2014, 161–177.

Nussbaum, Martha C.: Die Natur des Menschen, seine Fähigkeiten und Tätigkeiten: Aristoteles über die distributive Aufgabe des Staates. In: Herlinde Pauer Studer (Hg.): *Martha C. Nussbaum: Gerechtigkeit oder Das gute Leben. Gender Studies*. Frankfurt a. M. 1999, 86–130 (engl. 1988).

Nussbaum, Martha C.: *Die Grenzen der Gerechtigkeit: Behinderung, Nationalität und Spezieszugehörigkeit*. Berlin 2010 (engl. 2006).

Rawls, John: *Eine Theorie der Gerechtigkeit*. Frankfurt a. M. 1975 (engl. 1971).

Schinkel, Anders: Martha Nussbaum on Animal Rights. In: *Ethics and Environment* 13/1 (2008), 41–69.

Schlosberg, David: Justice, Ecological Integrity, and Climate Change. In: Allen Thompson/Jeremy Bendik-Keymer (Hg.): *Ethical Adaption to Climate Change. Human Virtues of the Future*. Cambridge/London 2012, 165–183.

Sen, Amartya: Equality of what? In: Sterling McMurrin (Hg.): *Tanner Lectures on Human Values*. Cambridge 1980, 195–220.

Sen, Amartya: *Ökonomie für den Menschen. Wege zu Gerechtigkeit und Solidarität in der Marktwirtschaft*. München 2002 (engl. 1999).

Wissenburg, Marcel: The Lion and the Lamb. Ecological Implications of Martha Nussbaum's Animal Ethics. In: *Environmental Politics* 20/3 (2011), 391–409.

Sebastian Laukötter

20 Feministische und fürsorgeethische Ansätze

Feministische Tierethikpositionen setzen neue Akzente bei der Untersuchung bestehender Mensch-Tier-Verhältnisse, indem sie zum einen menschliche und tierliche Individuen nicht als von sozialen Prozessen losgelöste Einzelgängerinnen und Einzelgänger betrachten, sondern die große Relevanz von Beziehungen und Kontexten betonen. Zum anderen beleuchten sie die Zusammenhänge zwischen der gesellschaftlichen Herabsetzung bestimmter Gruppen, wie z. B. Frauen oder nichtmenschlicher Tiere.

Die Fürsorgeethik, die eine genuin feministische Ethiktheorie darstellt, kritisiert die Ausklammerung von Emotionen und Beziehungen in ›klassischen‹ Ethiktheorien wie dem Utilitarismus (s. Kap. 13) und dem Deontologismus (s. Kap. 15) und argumentiert für deren Relevanz und berechtigte inhaltliche bzw. theoretische Berücksichtigung innerhalb der moralischen Sphäre. So kann die Entstehung feministischer und fürsorgeethischer Tierethikpositionen in der zweiten Hälfte des letzten Jahrhunderts als Gegenentwurf zu jener Tierethik gesehen werden, die den Einbezug nichtmenschlicher Tiere in die Moral allein durch allgemeingültige Normen und Prinzipien zu begründen versucht und somit auf Rationalität fokussiert.

Feministische Ansätze sind sehr divers; gemeinsam ist ihnen jedoch die Kritik an der Bedeutung von Rationalität für moralische Fragestellungen und der männlichen Konnotation derselben, die dualistisch von den, als weiblich konnotierten, Emotionen getrennt wird. Die Hervorhebung des Verstandes sowie das Ausklammern von Emotionen, Kontexten und Beziehungen werden als aus einer patriarchalen Gesellschaft entstammend kritisiert, so wie auch konstruierte Dualismen wie Mann – Frau, Mensch – Tier oder Kultur – Natur. Hierarchisierte ›Gegensätze‹ stehen ebenso in der feministischen Kritik wie das Unvermögen der ›klassischen‹ Moraltheorien, Machtstrukturen mitzudenken, wenn Emotionen, Kontexte und Beziehungen ausgeklammert bleiben. Beides spielt dieser Position zufolge aber für die Tierethik eine bedeutende Rolle: Einerseits wurde und wird ein unterdrückender Umgang mit nichtmenschlichen Tieren häufig damit gerechtfertigt, sie alterisierend dem Menschen gegenüberzustellen. Andererseits ist eine Auseinandersetzung mit bestehenden Machtstrukturen notwendig, um diese argumentativ und praktisch zu überwinden. Werden Kontexten und Beziehungen moralische Relevanz zugesprochen, folgt daraus zudem, dass auch die Beziehungen, die zwischen Menschen und nichtmenschlichen Tieren bestehen, als relevante Aspekte in den Fokus der theoretischen Reflexion gelangen. Theorien, die feministische und tierethische Belange zusammenführen, sind zahlreich. Dabei nehmen nicht alle auf ausgearbeitete Moraltheorien Bezug. Die Ethiktheorie, die im feministischen Tierethikdiskurs eine zentrale Rolle spielt, ist die Fürsorgeethik (*ethics of care*, auch Care-Ethik).

20.1 Die Fürsorgeethik

Die Fürsorgeethik stellt, anders als utilitaristische und deontologische Ethiktheorien, keine Individualethik dar, sondern sieht Individuen als in Kontexte und Relationen eingebundene Entitäten an. Entsprechend sollten auch moralische Urteile nicht auf das Handeln einzelner Individuen fokussiert werden, sondern auf Sozialgefüge. Diesen Sozialgefügen sind häufig auch nichtmenschliche Tiere zuzurechnen. Die Fürsorgeethik geht zurück auf Carol Gilligans *In a different Voice* von 1982. In diesem Werk untersucht Gilligan die menschliche Moralentwicklung erstmals aus einer Gender-Perspektive und geht statt von der bis dahin postulierten *einen* von *zwei* unterschiedlichen Moralen aus, einer männlichen und einer weiblichen. Neben die männliche Gerechtigkeitsmoral stellt sie eine weibliche Fürsorgemoral und argumentiert, dass männliche Individuen sich bei Fragen der Moral an abstrakten Regeln und Pflichten orientieren, weibliche dagegen an bestehenden Beziehungen. Gilligans Benennung ›anderer‹ Moralitäten wird seitdem in der Care-Ethik ausgebaut. Da verschiedene Formen von Beziehungen auch zu nichtmenschlichen Tieren bestehen, können diese direkt in die Fürsorgeethik inkludiert werden.

Grundlegend für die Integration nichtmenschlicher Tiere in die Fürsorgeethik sind die Positionen von Carol J. Adams, Josephine Donovan und Marti Kheel, die maßgeblich an der Entwicklung und Verteidigung einer tierethischen Care-Ethik beteiligt waren und sind. Adams und Donovans Anthologie *Beyond Animal Rights – A Feminist Caring Ethic for the Treatment of Animals* (1996) vereint Beiträge, die untersuchen, wie nichtmenschliche Tiere in die Care-Ethik einzubeziehen sind. Dabei setzen sie sich kritisch mit den bis dahin dominierenden Tierethik-Theorien (dem Utilitarismus und dem Rechte-Ansatz) auseinander. Adams, Donovan und Kheel sehen die Fürsorgeethik als an-

J. B. Metzler © Springer-Verlag GmbH Deutschland, ein Teil von Springer Nature, 2018
J. S. Ach / D. Borchers (Hg.), *Handbuch Tierethik*, https://doi.org/10.1007/978-3-476-05402-9_20

gemessene Ethiktheorie für alle Geschlechter, und messen dieser Theorie eine zentrale Stellung bei der Überwindung des Patriarchats bei. Für sie baut eine Moral, die nach rational begründeten, allgemeingültigen Normen und Prinzipien sucht, auf einer patriarchalen Ideologie auf. Diese rückt den Verstand und abstrakte Regeln in den Fokus und klammert Emotionen, Kontexte und Beziehungen aus der Sphäre der Moral aus. Zudem werden in der patriarchalen Ideologie Vernunft und Abstraktionsfähigkeit als typisch männliche Eigenschaften angesehen, die nichtmenschlichen Tieren zur Gänze abgesprochen werden. Emotionen hingegen werden der weiblichen Sphäre zugerechnet und auch einigen nichtmenschlichen Tieren zugestanden. Sie werden dabei hierarchisch unterhalb der Rationalität angesiedelt. In der Care-Ethik sollen allerdings nicht im Umkehrschluss Gefühle über den Verstand gesetzt werden: Es wird vielmehr die Auffassung vertreten, dass Emotionen und Ratio zusammenwirken – auch in der Moral und somit der Ethik (Adams 1996, 173; Donovan 2008; Luke 2014, 410). Der Versuch, Gefühle aus der theoretischen Ethik auszuklammern, wird als selbstwidersprüchlich und artifiziell betrachtet. Anstatt abstrakte Normen zu entwickeln und zu befolgen, soll die Fähigkeit zur Fürsorge ausgebaut werden. Statt um allgemeingültige Aussagen über Gerechtigkeit sollte es um Aufmerksamkeit anderen gegenüber gehen. Diese ›Anderen‹ schließen nichtmenschliche Tiere mit ein. Wie Gilligan versteht auch Brian Luke (1996, 77) Gerechtigkeit (s. Kap. 14) und Fürsorge als zwei distinkte Bereiche, wobei der Gerechtigkeits-Diskurs allgemeingültige Regeln, Konsistenz und einen fairen Umgang mit konfligierenden Ansprüchen verhandelt. Fürsorge dagegen fokussiert auf das Aufrechterhalten und Erweitern von Relationen sowie auf Verantwortung und die Befriedigung von Bedürfnissen.

Anders als Gilligan und Luke sehen dagegen viele Care-Ethikerinnen und -Ethiker Gerechtigkeit und Fürsorge nicht als zwei vollständig getrennte Bereiche an, sondern als miteinander verwoben. So argumentiert Donovan, dass das Mitgefühl der Gerechtigkeit logisch vorausgehe und es überhaupt erst Gerechtigkeitsforderungen geben könne, wenn Mitgefühl empfunden werden würde (Donavan 2008, 111). Donovan verknüpft die ›klassische‹ Mitleidsethik (s. Kap. 17) mit der Fürsorgeethik. Sie plädiert – auf Simone Weil und Iris Murdoch zurückgehend – für eine Theorie ›aufmerksamer Liebe‹, bei der »es sich um eine Ausübung der moralischen Vorstellungskraft« handelt (Donovan 2008, 117), die eine moralische Umorientierung darstellt und verlangt, dass Menschen Aufmerksamkeitsvermögen entwickeln. Diese Aufmerksamkeit richtet sich nach außen, weg von sich selbst hin zu anderen. Sich auf Murdoch beziehend argumentiert Donovan, dass solch eine Aufmerksamkeit das eigentliche Merkmal moralisch Handelnder sei und damit im Fokus der Moral steht. Die aufmerksame Liebe kann auch nichtmenschlichen Tieren entgegengebracht werden, so »dass eine praktikable Ethik für die Behandlung von Tieren ihre Grundlage im Mitgefühl finden kann, in einer leidenschaftlichen Sorge um das Wohlergehen der Tiere« (ebd., 120). Bringt man diese aufmerksame Liebe nichtmenschlichen Tieren gegenüber zur Geltung, erkennt man, dass der Mensch diese nicht töten, nicht essen, nicht quälen oder auf andere Art ausbeuten sollte (Donovan 1996, 52). Zur Entkräftigung einer häufig angebrachten Kritik an der Mitleids- und Fürsorgeethik argumentiert Donovan zudem, dass das Mitgefühl kein rein subjektiver Affekt und nicht irrational und unberechenbar ist. Es benötigt kognitive Komponenten, um fremdes Leiden zu erkennen. Mitfühlen ist somit ein komplexer intellektueller, aber auch emotionaler Akt.

Da in der Care-Ethik allgemeingültige Normen und Prinzipien abgelehnt werden, vertreten Care-Ethikerinnen und -Ethiker in der Regel eine pluralistische Ethik. Es liegt ein Ethikverständnis vor, das sich vom Generieren von Regeln und Prinzipien distanziert, die in spezifischen Fällen auf Individuen angewendet werden, welche als konkurrierend in Bezug auf ihr *moral standing* angesehen werden (Warren 1990). Es besteht stattdessen ein kontextualisiertes Ethikverständnis, das Werte wie Fürsorge, Liebe, Freundschaft und Vertrauen in den Mittelpunkt stellt und damit zusammenhängend auch Beziehungen. »The point of a contextualist ethic is that one need not treat all interests equally as if one had no relationships to any of the parties« (Curtin 1996, 71). Gemäß der hier genannten Autorinnen und Autoren kann Fürsorge, Liebe, Freundschaft und auch Vertrauen nicht nur Menschen, sondern auch anderen Tieren entgegengebracht werden, was empirisch betrachtet auch häufig der Fall ist. Daher ergibt sich eine Erweiterung der Care-Ethik auf nichtmenschliche Tiere quasi ›von selbst‹.

Darüber hinaus betonen Fürsorgeethikerinnen und -ethiker wie Dean Curtin, dass die Fürsorgeethik politisiert sein muss, um nicht bei der Praxisumsetzung missbraucht werden zu können. In einer Gesellschaft, die Frauen unterdrückt, sei es nicht sinnvoll dafür zu votieren, dass Frauen weiterhin selbstlos Fürsorge betreiben sollten (wie es stereotype Rollenmodelle in zahlreichen Gesellschaften vorsehen), da dadurch ihre politischen und moralischen Interessen privatisiert und feminisiert werden. Vor dem Hintergrund dieser Einschätzung will Curtin ihre Aufforderung zur Fürsorge als Teil einer politischen Agenda verstanden wissen, die das Etablieren von Kontexten ermöglicht, in denen fürsorgliche Tätigkeiten nicht missbraucht werden können (Curtin 1996, 66). Zudem möchte eine politisierte Care-Ethik nicht nur das Private politisch machen, sondern den Dualismus privat – politisch aufheben. Dies hat auch auf die gesellschaftliche Wahrnehmung des Umgangs mit nichtmenschlichen Tieren wichtige Auswirkungen, da Ernährung, Zoo- und Zirkusbesuche sowie der Kauf von sogenannten Haustieren häufig als Privatangelegenheit aufgefasst wird, was eine politisierte Fürsorgeethik bestreitet.

Wie alle Ethiktheorien ist auch die Care-Ethik skeptischer Kritik ausgesetzt. Ein bereits genannter Kritikpunkt ist, dass auf Gefühlen keine überzeugende Ethiktheorie aufgebaut werden könne, da sie irrational, unberechenbar und unkontrollierbar sind. Ein anderer, u. a. von Tom Regan (1991, 15 f.) vorgebrachter Einwand bemängelt die Unfähigkeit der Fürsorgeethik, einen moralisch gerechtfertigten Umgang mit Individuen zu fordern, denen gegenüber kein Mitgefühl empfunden wird bzw. die nicht zum Kreis derer gehören, denen gegenüber Fürsorge aufgebracht wird. Ein moralisch angebrachter Umgang mit *allen* Menschen und nichtmenschlichen Tieren ließe sich nur durch eine Norm wie ›Verhalte dich fürsorglich gegenüber jeder und jedem‹ abdecken; abstrakte Normen dieser Art werden in der Fürsorgeethik aber gerade abgelehnt.

Des Weiteren steht in der Kritik, dass durch die Ablehnung allgemeingültiger Normen in der Care-Ethik Fragen der Gerechtigkeit nur unzulänglich beantwortet werden können, eine Ethiktheorie jedoch sowohl befriedigende Antworten auf Fragen nach dem moralisch richtigen Umgang mit Individuen geben, als sich auch mit weiterreichenden Gerechtigkeitsfragen auseinandersetzen sollte. Während Luke die Auffassung vertritt, Fürsorge und Gerechtigkeit seien schlicht zwei verschiedene Diskurse, argumentiert Donovan, Mitgefühl sei konstitutiv notwendig für Gerechtigkeit. Damit zusammenhängend wird häufig kritisch auf die mangelnde Universalisierbarkeit der Fürsorgeethik verwiesen, da sie kein Mittel bereithält, individuelle Fürsorgeempfindungen zu verallgemeinern. Luke (1996; 2014) entgegnet dem, dass es in der Ethik ohnehin nicht um das Rechtfertigen universeller Prinzipien gehen sollte, sondern um einen angemessenen Umgang miteinander, der vom Kontext abhängt und daher nicht allgemeingültig sein könne. Gleichzeitig geht er aber auch davon aus, dass Menschen grundsätzlich ›universell‹ mit anderen Lebewesen mitfühlen und die Tiernutzungsindustrie enorme Mühen auf sich nimmt, um das Mitgefühl der Menschen mit nichtmenschlichen Tieren zu unterbinden (Luke 2014, 426).

Den Einbezug nichtmenschlicher Tiere in die Fürsorgeethik herausfordernd, vertritt Nel Noddings die Ansicht, dass eine Konzeption von Fürsorge nur dann Sinn ergibt, wenn Reziprozität zwischen den Beteiligten gegeben ist. Sie postuliert, dass eine fürsorgliche Beziehung eine Art von Reziprozität erfordert, damit es echte Fürsorge sein kann, und bezweifelt, dass menschliche Beziehungen mit nichtmenschlichen Tieren in dieser Wechselseitigkeit bestehen können. Daher vertritt sie die Auffassung, Menschen könnten für die meisten anderen Tiere keine echte Fürsorge betreiben (zit. nach Curtin 1996, 68). Curtin hält dem entgegen, dass Reziprozität nur in bestimmten Bereichen der Fürsorge notwendig ist, in denen wir durch Reaktionen verstehen müssen, ob die Fürsorge den gewünschten Zweck erzielt hat. In den meisten Fällen, die Fürsorge erfordern, sollte jedoch aus (öko-)feministischer Perspektive keine Reziprozität erwartet werden (Curtin 1996, 68). Solche Erwartungen wären eher kontraproduktiv oder sogar gefährlich, da echte Fürsorge keine Art von Gegenleistung erwarte – sei es im Hinblick auf entfernt lebende Menschen oder auch auf nichtmenschliche Tiere.

20.2 Feministische Theorien

Ansätze, die feministische und tierethische Belange zusammenbringen, fokussieren auf die Gemeinsamkeiten, die verschiedenen Unterdrückungsformen zugrunde liegen. Werden Gruppen von Individuen aufgrund bestimmter Eigenschaften diskriminiert, führen ähnliche Mechanismen zu dieser Herabsetzung. Tierethische Feministinnen und Feministen untersuchen die Verwobenheit dieser Mechanismen und begründen, warum eine Herabsetzung aufgrund bestimmter Eigenschaften moralisch falsch ist.

Feministische Bewegungen und Theorien kritisierten seit ihrer Entstehung die Auffassung, Frauen seien dem männlichen Geschlecht untergeordnet. Diese Auffassung wurde u. a. durch eine angebliche Alterität der Frau zum Mann und die angebliche Nähe des Weiblichen zur Natur und zu nichtmenschlichen Tieren begründet. Von weißen, männlichen Autoren wurde postuliert, Frauen seien animalischer als Männer, die sich durch ihre Vernunft auszeichnen würden. Zum Teil wurden Frauen ganz mit nichtmenschlichen Tieren auf eine Ebene gestellt und lediglich der (weiße) Mann als Mensch angesehen. Daher betonte eine der ersten feministischen Auseinandersetzungen mit nichtmenschlichen Tieren die Differenz von Frauen und nichtmenschlichen Tieren (und dem ›Natürlichen‹) und die Egalität von Frauen und Männern. Die Fähigkeit von Frauen zum rationalen Denken, die diese auf eine Ebene mit Männern stellen und von nichtmenschlichen Tieren abgrenzen soll, wurde von Feministinnen wie Mary Wollstonecraft und Simone de Beauvoir hervorgehoben. Solche Ansätze zeigen sich auch gegenwärtig noch präsent in der feministischen Theorie, wenn nichtmenschliche Tiere als grundlegend distinkt vom Menschlichen angesehen werden. Diese Auffassung führt entweder dazu, dass nichtmenschliche Tiere in den entsprechenden feministischen Theorien lediglich zur Abgrenzung von ›uns‹ und ›denen‹ bedeutend sind oder als belanglos vollständig ausgeklammert werden.

Gegen jene Auffassungen wurden in den 1980er und 1990er Jahren Ansätze entwickelt, die feministische und tierethische Theorien verknüpfen, indem sie Zusammenhänge zwischen der Domination von Frauen und nichtmenschlichen Tieren bearbeiten und aufzeigen, weshalb beide moralisch verwerflich sind. Diese Feministinnen und Feministen betonen die Ähnlichkeit der Behandlung, die Frauen und nichtmenschliche Tiere in patriarchalen Gesellschaften erfahren. Zudem analysieren einige von ihnen die Ausbeutung nichtmenschlicher Tiere aus Geschlechterperspektive, insofern Eier und Milchprodukte durch die Manipulation der Reproduktionsfähigkeit weiblicher Individuen erzeugt werden (Adams 1990; Calvo 2008). Zentrale Werke sind die von Adams und Donovan herausgegebenen Anthologien *Animals and Women* (1995) und *Beyond Animal Rights – A Feminist Caring Ethic for the Treatment of Animals* (1996). *Animals and Women* gibt einen Überblick über die mannigfaltigen Zusammenhänge zwischen dem repressiven Umgang mit Frauen und dem mit nichtmenschlichen Tieren, der durch männlich dominierte Gesellschaften generiert wird. *Beyond Animal Rights* vereint Beiträge, die bereits vor 1996 erschienen sind und kann gemeinsam mit Adams *Zum Verzehr bestimmt* (Adams 2002) als Auftakt einer Integration nichtmenschlicher Tiere als (aus)genutzter Individuen in feministischen Ansätzen gesehen werden. So zählt z. B. der in *Beyond Animal Rights* abgedruckte Beitrag von Marti Kheel »The Liberation of Nature: A Circular Affair« (erstmals erschienen 1985) zu den Pionierarbeiten der Kritik am damaligen Tierethik-›Mainstream‹. Ihren Ansatz hat Kheel in *Nature Ethics. An Ecofeminist Perspective* (2007) weiter ausgearbeitet.

Die Autorinnen und Autoren, die in *Beyond Animal Rights* für eine Verknüpfung feministischer und tierethischer Belange argumentieren, schreiben allesamt aus ökofeministischer Perspektive. Diese wurde in den 1980er Jahren stark und geht von beträchtlichen Gemeinsamkeiten zwischen der Unterdrückung von Frauen im Patriarchat und der Zerstörung und Ausbeutung ›der Natur‹ (zu der nichtmenschliche Tiere gezählt werden) aus. Die feministischen Positionen, auf denen Ökofeministinnen und Ökofeministen aufbauen, sind divers. So kann der *kulturelle* Ökofeminismus, dessen Vertreterinnen und Vertreter von einer real gegebenen und positiv zu bewertenden größeren Naturnähe der Frauen im Vergleich zu Männern ausgehen, dem *Differenzfeminismus* zugerechnet werden. Für den Differenzfeminismus existiert ›spezifisch Weibliches‹, das sich vom Männlichen abgrenzen lässt. Dagegen betonen Theorien des *Gleichheitsfeminismus* eine grundsätzliche Gleichheit der Geschlechter, womit auch kein Geschlecht naturnäher und ›tierlieber‹ sein kann als ein anderes. Existierende Differenzen werden auf gesellschaftliche Machtstrukturen und die Sozialisation zurückgeführt. Noch ausgeprägter als im kulturellen Ökofeminismus ist die Betonung der weiblichen Naturnähe im *spirituellen* Ökofeminismus, der neben dem Glauben an Göttinnen oder Naturkräfte und der historischen wie zeitgenössischen Sehnsucht nach einem Matriarchat von einer weiblichen Sanftmut gegenüber nichtmenschlichen Tieren ausgeht, die Männern nicht gegeben sei. Daraus ergibt sich eine Zuordnung bestimmter Eigenschaften zum weiblichen Geschlecht, weswegen der Ökofeminismus häufig als essentialistisch kritisiert wird. Ihm wird vorgeworfen, durch diese Zuordnung geschlechterstereotype Annahmen als ›gegebene Realität‹ zu untermauern. Die Konzepte des Gleichheits- und Differenzfeminismus waren für die feministische Theorie zu der Zeit, in der nichtmenschliche Tiere erstmals in diese integriert wurden, sehr bedeutend. In der gegenwärtigen Debatte spielen sie eher eine untergeordnete Rolle, da in dieser die Auffassung von Geschlecht als Konstrukt im Fokus steht. Entsprechend wurden auch ökofeministische Theorien weiterentwickelt und modifiziert. Für aktuelle feministische Debatten sind Theorien der Postmoderne und des Materialismus zentral (Braidotti 2013).

Bedeutend für die feministische Auseinandersetzung mit nichtmenschlichen Tieren ist auch die marxistisch-materialistische Feministin Donna Haraway. Haraway setzt der westlichen Tradition des isolierten, hierarchisierenden und hierarchisierten ›Selbst‹ Modelle von Hybriden entgegen, welche über Speziesgrenzen hinaus miteinander verwachsen sind, sowie Konzepte koevolutionärer Beziehungen. Sie betont die Verflochtenheit aller mit dichotomen Kategorien gehandhabter Phänomene. Auch dekonstruiert sie Grenzen aller Art – wie z. B. Geschlecht oder Spezies – als kulturelle Konstrukte, die dem Ausschluss bestimmter Individuen dienen, und untersucht, welche Machverhältnisse diese gesetzten Grenzen widerspiegeln. Ihre Argumentation für die Überwindung repressiver Strukturen macht sie verstärkt an nichtmenschlichen Tieren fest, denen unromantisch, aber auf Augenhöhe zu begegnen sei. In *The Companion Species Manifesto. Dogs, People, and Significant Otherness* von 2003 untersucht sie beispielsweise, wie eine Ethik und Politik aussehen könnte, die sich signifikanter Andersheit verpflichtet. In einem solchen Konzept dürfen die ›Anderen‹, zu denen z. B. nichtmenschliche Tiere gehören (können), anders bleiben und sind speziell in ihrem Anderssein wichtig (Schäfer-Bossert 2015). In ihrem Werk *When Species Meet* aus dem Jahr 2008 treibt Haraway ihre kritische Analyse des Mensch-Tier-Verhältnisses weiter voran und bringt auch Kleinstlebewesen ins Bewusstsein moralischer Akteurinnen und Akteure. Anders als die bisher dargestellten feministischen Theoretikerinnen und Theoretiker spricht sich Haraway jedoch nicht grundsätzlich gegen die Instrumentalisierung nichtmenschlicher Tiere aus, was ihr Kritik u. a. von Adams (Adams 2006) eingetragen hat. Die anderen hier vorgestellten Feministinnen und Feministen vertreten dagegen Tierrechts- bzw. Tierbefreiungspositionen (zur Differenzierung dieser Positionen vgl. Bossert 2014).

In jüngeren feministischen Ansätzen wird zunehmend eine intersektionelle Perspektive eingenommen, die die Verwobenheit unterschiedlicher Diskriminierungsformen beleuchtet, um gleichzeitig Kritik an all diesen Mechanismen der Herabsetzung zu üben. Auch wenn der Ökofeminismus durch das Zusammendenken zweier Unterdrückungsmechanismen (Geschlecht und Spezies) bereits intersektionelle Annahmen verankert, kritisieren stärker intersektionell arbeitende Feministinnen und Feministen, dass nicht nur das Geschlecht als Kriterium herangezogen werden dürfe. Stattdessen sollten die verschiedenen Diskriminierungsformen, wie Geschlecht, Ethnie, Kultur, Alter, Schichtenzugehörigkeit oder körperliche Befähigung *gleichrangig* in den Blick genommen werden. Zwar nehmen nicht alle intersektionell arbeitenden Feministinnen und Feministen die Spezieszugehörigkeit als einen spezifischen Auslöser für Unterdrückung mit in ihre Theorien auf; es gibt jedoch wichtige (Pionier-)Arbeiten, die diese Inklusion fordern (Birke 2012; Gamerschlag 2011; Kemmerer 2011). Da der menschliche Umgang mit nichtmenschlichen Tieren unterdrückend sei, können intersektionelle Theorien dieser Auffassung zufolge das Konzept der ›Spezies‹ nicht ignorieren, wollen sie überzeugend sein.

20.3 Ausblick

Die feministische Auseinandersetzung mit nichtmenschlichen Tieren stellt einen bedeutenden Beitrag zur Erforschung von Machtstrukturen dar. Feministinnen wie Adams und Donovan haben sich darum verdient gemacht, die Konstruktion von sowohl Frauen als auch nichtmenschlichen Tieren als etwas ›Konsumierbares‹ in patriarchal geprägten Gesellschaften aufzuzeigen und die oftmals enge Verknüpfung von Sexismus und Speziesismus zu betonen. Da beispielsweise sexistische Werbematerialien für Fleisch und andere tierliche ›Produkte‹ auch heutzutage in westlichen Gesellschaften allgegenwärtig sind, scheint eine weitere wissenschaftliche Auseinandersetzung und gesellschaftliche Sensibilisierung mit dieser Verknüpfung notwendig. Eine Fürsorgeethik, die nichtmenschliche Tiere vollumfänglich integriert, wie sie von Adams und Donovan (mit)entwickelt wurde, kann hierbei eine bedeutende Rolle spielen. Sie sensibilisiert stärker als andere Ethiktheorien für die Bedürfnisse anderer und die gesellschaftliche Relevanz, diese wahrzunehmen. Weiterhin ausgelotet werden muss, wie die Fürsorgeethik im Verhältnis zur Gerechtigkeit steht und wie sie Gerechtigkeitsforderungen konsistent nachkommen kann.

Weiterer Ausarbeitung bedarf zudem die Interferenz des Speziesismus mit anderen Formen der Repression. Eine feste Verankerung der Kategorie Spezies in intersektionellen Theorien steht noch aus. Tierethische Theorien könnten, um nicht eindimensional zu argumentieren, davon profitieren, wenn neben nichtmenschlichen Tieren auch andere gesellschaftlich schlechter gestellte Gruppierungen in den Blick genommen werden. Eine stärkere Verknüpfung tierethischer und intersektioneller Theorien ist daher wünschenswert. Ein weiteres Desiderat der feministischen Auseinandersetzung mit nichtmenschlichen Tieren stellt die Erforschung dessen dar, was es bedeutet, auch tierliche Geschlechter als Konstrukte anzusehen (Calvo 2008, 38). Ebenso wurde bisher wenig untersucht, wie sich die Nutzung nichtmenschlicher Tiere auf andere Formen der Unterdrückung auswirkt und ob sie diese nicht mit konstituiert (Birke 2012, 154).

Eine feministisch ausgerichtete Tierethik ist vor diesem Hintergrund zweifellos von Relevanz, insofern es ihr darum geht, darauf aufmerksam zu machen, wie gesellschaftlich verankerte Vorurteile und ausgespielte Machtpositionen zum Nachteil bestimmter Gruppen wirken, und um Wege aufzuzeigen, wie diese aufgebrochen werden können.

Literatur

Adams, Carol J.: An Animal Manifesto. Gender, Identity, and Vegan-Feminism in the Twenty-First Century. In: *Parallax* 12/1 (2006), 120–128.

Adams, Carol J.: *Zum Verzehr bestimmt. Eine feministisch-vegetarische Theorie.* Wien/Mülheim an der Ruhr 2002 (engl. 1990).

Adams, Carol J.: Caring about Suffering: A Feminist Exploitation. In: Josephine Donovan/Carol J. Adams (Hg.): *Beyond Animal Rights. A feminist caring ethic for the treatment of animals.* New York/London 1996, 170–196.

Adams, Carol J./Donovan, Josephine: *Animals and Women. Feminist theoretical exploitations.* Durham/London 1995.

Birke, Lynda: Unnamed Others: How Can Thinking about »Animals« Matter to Feminist Theorizing? In: *NORA – Nordic Journal of Feminist and Gender Research* 20/2 (2012), 148–157.

Bossert, Leonie: Tierethik. Die verschiedenen Positionen und ihre Auswirkungen auf die Mensch- nichtmenschliches Tier- Beziehung. In: Lieske Voget-Kleschin/Leonie Bossert/Konrad Ott (Hg.): *Nachhaltige Lebensstile – Welchen Beitrag kann ein bewusster Fleischkonsum zu mehr Naturschutz, Klimaschutz und Gesundheit leisten?* Marburg 2014, 32–57.

Braidotti, Rosi: *The Posthuman.* Cambridge/Malden 2013.

Calvo, Erika: ›Most farmers prefer Blondes‹: The Dynamics of Anthroparchy in Animals' Becoming Meat. In: *Journal for Critical Animal Studies* 6/1 (2008), 32–45.

Curtin, Dean: Toward an Ecological Ethic of Care. In: Josephine Donovan/Carol J. Adams (Hg.): *Beyond Animal Rights. A feminist caring ethic for the treatment of animals.* New York/London 1996, 60–76.

Donovan, Josephine: Aufmerksamkeit für das Leiden. Mitgefühl als Grundlage der moralischen Behandlung von Tieren. In: Ursula Wolf (Hg.): *Texte zur Tierethik.* Stuttgart 2008, 105–120 (engl. 1995).

Donovan, Josephine: Animal Rights and Feminist Theory. In: Josephine Donovan/Carol J. Adams (Hg.): *Beyond Animal Rights. A feminist caring ethic for the treatment of animals.* New York/London 1996, 34–59.

Donovan, Josephine/Adams, Carol J. (Hg.): *Beyond Animal Rights. A feminist caring ethic for the treatment of animals.* New York/London 1996.

Gamerschlag, Andre: Intersektionelle Human-Animal Studies – Ein historischer Abriss des Unity-of-Oppression-Gedankes und ein Plädoyer für die intersektionelle Erforschung der Mensch-Tier-Verhältnisse. In: Chimaira – Arbeitskreis für Human-Animal Studies (Hg.): *Human-Animal Studies. Über die gesellschaftliche Natur von Mensch-Tier-Verhältnissen.* Bielefeld 2011, 151–189.

Kemmerer, Lisa (Hg.): *Sister Species. Women, animals and social justice.* Chicago/Springfield 2011.

Kheel, Marti: *Nature Ethics. An Ecofeminist Perspective.* Lanham 2007.

Luke, Brian: Justice, Caring, and Animal Liberation. In: Josephine Donovan/Carol J. Adams (Hg.): *Beyond Animal Rights. A feminist caring ethic for the treatment of animals.* New York/London 1996, 77–102.

Luke, Brian: Selbstzähmung oder Verwilderung? Für eine nicht-patriarchale Metaethik der Tierbefreiung. In: Friederike Schmitz (Hg.): *Tierethik. Grundlagentexte.* Berlin 2014, 407–444 (engl. 1995).

Regan, Tom: *The Thee Generation: Reflections on the Coming Revolution.* Philadelphia 1991.

Schäfer-Bossert, Stefanie: Wie die Tochter eines Sport-Reporters von ihren Hunden erzählt und welche Politiken sie dabei treibt – Biographisches bei Donna Haraway. In: Marion Jarosch/Nina Kogler u. a. (Hg.): *un_sichtbar. Geschlechterwissen in auto_biographischen Texten.* Innsbruck 2015, 133–150.

Warren, Karen: The Promise and Power of Ecofeminism. In: *Environmental Ethics* 12/2 (1990), 125–146.

Leonie Bossert

21 Pluralistische und multikriterielle Ansätze

Die klassischen Moraltheorien sind zumeist monistisch, d. h. sie legen ihrem Ansatz genau einen Gesichtspunkt zugrunde, wie Immanuel Kant den absoluten Wert der reinen Vernunft oder der Utilitarismus das Gesamtwohl. Angesichts der in den letzten Jahrzehnten immer komplexeren Anwendungsprobleme werden zunehmend auch pluralistische und multikriterielle Ansätze vertreten. Diese sind gerade auch in der Tierethik beliebt, weil die Annahme vielfacher Kriterien eine genauere Bestimmung des moralischen Status der Tiere in Aussicht stellt.

21.1 Moralischer Pluralismus

Varianten des Pluralismus

Der direkte Gegenbegriff zu ›monistisch‹ ist ›pluralistisch‹. Pluralismus bedeutet allgemein, dass es von den fraglichen Dingen, welche immer es sein mögen, mehrere gibt (Stanford Encyclopedia 2011, 1). Welche es sind, wird in der gegenwärtigen Debatte unterschiedlich gesehen. Zu beachten ist, dass der moraltheoretische Begriff von Pluralismus nichts mit dem verbreiteten politischen Begriff einer pluralistischen Gesellschaft zu tun hat, wonach es in der Gesellschaft Gruppen mit unterschiedlichen Wertesystemen gibt, die zu tolerieren oder sogar – mit John Stuart Mill – als Ausdruck von Vielfalt möglicher Lebensformen zu schätzen sind. Der moraltheoretische Pluralismus, um den allein es hier geht, macht hingegen eine Aussage über die Möglichkeit oder Unmöglichkeit einer monistischen Moralkonzeption.

Worauf genau sich die Alternative Monismus – Pluralismus bezieht, ist nicht immer eindeutig. Manche Autoren unterscheiden den Pluralismus nach Stufen bzw. Stärke seiner Thesen in minimalen, gemäßigten und extremen Pluralismus (Wenz 1993). Andere unterscheiden Formen des Pluralismus dadurch, auf welcher Ebene er vertreten wird: bezüglich der Grundlage der Moral, der inhaltlichen Normen auf der mittleren Ebene, der Urteilskriterien oder Entscheidungsverfahren (Stanford Encyclopedia 2011, 1.1).

Am häufigsten ist von Pluralität mit Blick auf die moralischen Urteilskriterien bzw. auf die Handlungsgründe die Rede: Michael Stocker argumentiert mit einer Reihe von Gründen für die Pluralität von moralischen Überlegungskriterien bzw. Werten (Stocker 1990, Kap. 6). Charles Larmore geht davon aus, dass das moralische Urteil mehrere Quellen hat, nämlich Parteilichkeit, Konsequentialismus und Deontologie (Larmore 1987, Kap. 6). Roger Scruton verweist auf Moralgesetz, Tugend, Sympathie und Pietät als unterschiedliche Quellen der moralischen Argumentation (Scruton 1996, Kap. 6). Thomas Nagel, der vielleicht bekannteste Vertreter einer *fragmentation of value*, unterscheidet zwischen (speziellen) Verpflichtungen, (allgemeinen) Rechten, Nutzen, perfektionistischen Zielen und privaten Bindungen (Nagel 1979, Kap. 9).

Doch auch mit Bezug auf andere Aspekte der Moral wird die These der Pluralität vertreten. Steve Sapontzis unterscheidet dreierlei Ziele der Moral: die Entwicklung eines moralischen Charakters, die Leidensverminderung und die Fairness (Sapontzis 1987, Kap. 6). Alasdair MacIntyre unterteilt innerhalb der Tugenden in solche des unabhängigen vernünftigen Akteurs und solche der anerkannten Abhängigkeit (MacIntyre 1999, 8). Mary Midgley differenziert im Bereich der moralischen Ansprüche und Verbindlichkeiten zwischen speziellen Verpflichtungen im Nahbereich und Ansprüchen, die unabhängig von der Art der Beziehung Mitleid oder Gerechtigkeit aufrufen (Midgley 1983, 25 ff.).

Konfligierende Werte

Alle Pluralisten sind in der einen oder anderen Form der Meinung, dass moralische Handlungsgründe bzw. Werte in Konflikt geraten können. Strittig ist, ob dies nur eine Folge der Komplexität der Anwendungssituationen ist oder einer grundsätzlichen Inkommensurabilität von Werten zuzuschreiben ist.

Mit Bezug auf die häufigste Variante des Pluralismus, die der Pluralität von Entscheidungskriterien, gibt es Positionen, die eine feste Rangordnung für möglich halten, andere, welche das bestreiten. Die erste Alternative findet sich bei Scruton. Er vertritt eine Rangordnung der Kriterien in der Reihenfolge ihrer Nennung und damit trotz mehrerer heterogener Normen ein einheitliches Urteilsverfahren. Pluralisten wie Stocker und Larmore betonen hingegen die Inkommensurabilität von Werten bzw. Handlungsgründen mit unterschiedlichem Werthintergrund und rechnen mit Wertkonflikten, die sich letztlich nicht auflösen lassen. Dem halten gemäßigte Pluralisten entgegen, dass der handlungsleitende Aspekt moralischer Urteile eine solche Fragmentierung des moralischen Lebens unbefriedigend erscheinen lässt, auch wenn es zutrifft, dass kein singuläres moralisches Ur-

J. S. Ach / D. Borchers (Hg.), *Handbuch Tierethik*, https://doi.org/10.1007/978-3-476-05402-9_21

teil eine vollständige konfliktfreie Begründung bis zum letzten Punkt ermöglicht (Wenz 1993, 65, 69). Aber auch entschiedene Verteidiger inkommensurabler Werte wie Thomas Nagel oder David Wiggins haben Bedenken gegen eine harte Variante der These von der Unentscheidbarkeit von Wertkonflikten. Thomas Nagel verweist angesichts der Notwendigkeit praktischer Entscheidungen auf die aristotelische Konzeption der *phronesis*, welche ein gutes Urteil ohne endgültige Rechtfertigung ermöglichen könnte (Nagel 1979, 134 f.). Auf Aristoteles beruft sich auch Wiggins mit der Einsicht, dass die Entscheidung im konkreten Fall eine Art Situationswahrnehmung erfordert, die sich infolge der Unbestimmtheit des Praktischen nicht unter eindeutige Regeln oder Vernunftkalkulationen bringen lässt, sondern eine Reflexion der Situation im Lichte der sich entwickelnden eigenen Lebenskonzeption erfordert (Wiggins 1997, 61, 65). Taylor lokalisiert die Pluralität der Werte in der Perspektive des Handelnden, der aufgrund seiner begrenzten Möglichkeiten und begrenzten Lebenszeit nicht umhin kann, zwischen Gütern zu wählen. Aus diesem Kontext der Wahl erläutert er die Möglichkeit einer Abwägung zwischen verschiedenartigen Gütern so, dass wir nach dem Passen von Gütern im Lebensganzen fragen bzw. im Lichte der Frage, wasfür eine Person wir sein wollen (Taylor 1997, 171, 173, 178 f.)

Folgen für die Tierethik

Diejenigen pluralistischen Konzeptionen, welche unterschiedliche Arten von moralischen Überlegungskriterien annehmen, haben für die Frage, wie Tiere moralisch zu beachten sind, keine einheitlichen Konsequenzen (s. Kap. 31). Nach Scrutons Auffassung der moralischen Urteilskriterien gibt das Moralgesetz (im Sinn Kants) bzw. ein reziprokes System von Rechten und Pflichten immer gegenüber anderen Kriterien den Ausschlag. Da Tiere nicht an diesem System teilhaben, kann die Rücksicht auf Tiere im Prinzip immer durch eine konkurrierende Pflicht gegenüber Menschen überwogen werden. Die meisten pluralistischen Auffassungen leugnen die Möglichkeit solcher eindeutiger Entscheidungsverfahren zwischen konkurrierenden moralischen Kriterien, die eine regelgeleitete Einzelfallentscheidung ermöglicht, und plädieren für eine Offenheit der abwägenden Überlegung in der konkreten Situation. Dann ergibt sich mit Bezug auf die Tiere keine eindeutige Konsequenz; es gibt kein Urteilsverfahren, das ein für allemal sagt, welches Gewicht die Belange von Tieren in der moralischen Entscheidung haben. So betont Midgley (1983), die als Hauptbereiche der Moral die speziellen Verpflichtungen in Nahbeziehungen und die universalen Ansprüche der Gerechtigkeit und des Mitleids unterscheidet, (i) dass echte Konflikte, d. h. Rettungsboot-Fälle, wo wir in einem überfüllten Rettungsboot nicht alle retten können, seltener sind als meist angenommen, (ii) dass Nähe keine durchgängige Überlegenheit der Pflichten innerhalb der eigenen Spezies über solche gegenüber Tieren anderer Spezies bedeutet (s. Kap. 33), (iii) dass weder die Forderungen der Gerechtigkeit noch die der Nähe immer den Ausschlag geben (s. Kap. 16). Ihr Beispiel gegen die durchgängige Überlegenheit der Nähe und der strengen Pflichten lautet: Man hat die Überzeugung, dass man einem (fremden) angefahrenen schwerverletzten Hund helfen muss, an dem man zufällig vorbeikommt, auch wenn man dadurch die Geburtstagfeier des Onkels verpasst, deren Besuch man versprochen hat (Midgley 1983, 23–25, 30 f.)

21.2 Multikriterialität

Der Begriff des moralischen Status

Als ›multikriteriell‹ bezeichnen sich selbst diejenigen pluralistischen Ansätze, die den Begriff des moralischen Status ins Zentrum stellen und für das Vorliegen eines moralischen Status mehrfache Kriterien annehmen. Autoren, die mit diesem Begriff arbeiten, nehmen an, dass der moralische Status bestimmt, welche Wesen in der Moral wie zu berücksichtigen sind. Multikriterielle Auffassungen des moralischen Status rechnen damit, dass dieser Status von verschiedenen Eigenschaften der betreffenden Wesen abhängt, die nicht alle gleichzeitig vorzuliegen brauchen und die außerdem verschiedene Grade haben können (z. B. Dwyer 2011, 2 f.). Entsprechend können Wesen sich im moralischen Status unterscheiden und so mehr oder weniger moralischen Schutz genießen. James G. Dwyer versucht, den Begriff des Status nicht-realistisch, ohne Bezugnahme auf objektive Werte zu bestimmen, ihn stattdessen ausschließlich über gewöhnliche Eigenschaften und Beziehungen zu definieren, die unseren Alltagsüberzeugungen und der sozialen Praxis entnommen sind (29). Frances M. Kamm verbindet Status und Wert; sie unterscheidet zwischen der Frage, ob etwas als solches zählt (*counts in its own right*) bzw. einen eigenen Wert hat oder ob es darüber hinaus um seiner selbst willen (*for its own sake*) Handlungsgründe liefert, es zu schützen (Kamm 2007, 228 f.). Nur Entitäten, die die zweite Bedingung erfüllen, schreibt sie einen moralischen Status zu. So können ein Kunstwerk oder ein noch nicht empfindungsfähiger Embryo als solche wertvoll sein und Handlungsgründe liefern, sie nicht zu zerstören, haben aber keinen moralischen Status.

Geht man vom Begriff des moralischen Status und seiner Untermauerung durch multiple Kriterien aus, dann liegt der Fokus weniger auf der Frage der Konflikte (man kann nicht von einem Konflikt der Kriterien als solcher reden, sondern nur davon, dass diese im konkreten Fall zu konfligierenden Ansprüchen führen, wobei man zurück beim vorherigen Thema der Pluralität von Handlungsgründen ist) als vielmehr auf der Frage, ob alle Wesen, die überhaupt in der Moral um ihrer selbst willen zählen, den gleichen moralischen Status haben oder ob der Status graduierbar ist.

Positionen zum moralischen Status der Tiere

Im Kontext der Tierethik ist die am ausführlichsten ausgearbeitete Theorie des moralischen Status diejenige von Mary Anne Warren. Dass ein Wesen moralischen Status hat, definiert sie dadurch, dass es moralisch berücksichtigenswert ist, dass moralische Akteure Verpflichtungen gegen es haben können (Warren 1997, 3). Ihr Interesse gilt den Kriterien für die Zuschreibung eines moralischen Status, und nach ihrer Auffassung kann der Begriff des moralischen Status nur multikriteriell verstanden werden, wobei zu den vielfachen Kriterien sowohl Eigenschaften der Träger gehören wie Beziehungen, in denen sie stehen (ebd., 21). Die Folge ist eine Abstufung im moralischen Status. Personen haben aufgrund ihrer Eigenschaften moralische Rechte, empfindungsfähige Tiere nicht, mit Ausnahme sehr hoch entwickelter Tiere wie Affen oder Elefanten. Die anderen Tiere dürfen nicht grausam behandelt werden, aber dieses Prinzip kann wegen des schwächeren Status z. B. durch ökologische Rücksichten außer Kraft gesetzt werden (ebd., 228 f.). Moralischen Status haben aber für Warren ebenso alle anderen Lebewesen, selbst wenn sie nicht empfindungsfähig sind (ebd., 149 ff.). Dass einem Wesen ein moralischer Status zugeschrieben werden kann, bedeutet in Warrens Konzeption keine moralische Gleichstellung (ebd., 153). Manche Kriterien verleihen einen stärkeren Status als andere, und im konkreten Fall muss zwischen den Kriterien abgewogen werden (ebd., 176).

David DeGrazia operiert in der Tierethik ebenfalls mit dem Begriff des moralischen Status und fasst die Frage nach dem Status der Tiere in die Form, ob wir ein Prinzip der gleichen Rücksicht verwenden müssen, das sich auch auf Tiere als Objekte erstreckt (DeGrazia 1996, Kap. 3). Wie er betont, müssen wir zwischen gleicher Berücksichtigung und Gleichbehandlung unterscheiden (ebd., 63), d. h. eine Ausdehnung der Rücksicht auf Tiere bedeutet nicht eine schlichte Gleichbehandlung von Mensch und Tier, vielmehr kann es nur die gleiche Berücksichtigung relevant ähnlicher Interessen auf beiden Seiten bedeuten (ebd., 47). Für einen in diesem Sinn gleichen moralischen Status der Tiere führt er zwei Argumente an. Erstens: Das Gegenteil bleibt ein bloßes Vorurteil, solange wir keine Rechtfertigung für einen prinzipiellen moralischen Unterschied haben (ebd., 52 f.). Zweitens: Wir haben vorläufig in der Tat keine solche Rechtfertigung, weil die multiplen Kriterien, die Grundlage des moralischen Status sein können, keine Werteigenschaften, sondern gewöhnliche empirische Unterschiede sind.

Ursula Wolf übernimmt die Einsicht der multikriteriellen Ansätze, dass die Moral ein komplexes Phänomen ist, das sich nicht durch ein einziges Kriterium der Zugehörigkeit oder ein einziges Grundprinzip angemessen darstellen lässt. Andererseits kritisiert sie den Begriff des moralischen Status als irreführend, da er, wenn man ihn wie Dwyer und andere nicht an besonderen Werten, sondern an gewöhnlichen empirischen Eigenschaften festmacht, letztlich nur besagt, dass ein Wesen unter die moralischen Normen fällt, die Verpflichtungen für moralische Akteure generieren (Wolf 2012, 86). Da ein Wesen entweder Objekt moralischer Normen ist oder dies nicht ist, lasse sich die Annahme von Unterschieden im Status nicht verständlich machen. Ähnlich wie DeGrazia argumentiert sie, dass dies Unterschiede der Behandlung nicht ausschließt, weil die Frage, welche Normen auf ein Wesen anwendbar sind, von seinen empirischen Eigenschaften und den Beziehungen, in denen es steht, abhängt. Da diese vielfältig sind, können ihrer Auffassung nach in komplexen Handlungssituationen mehrere dieser Normen eine Rolle spielen und manchmal in Konflikt geraten, was dann in einen Pluralismus der Überlegungskriterien zurückführt. Dieser aber ist nicht ein besonderes Problem der Tierethik, sondern ein Problem der allgemeinen Moraltheorie.

21.3 Zusammenfassung

Pluralistische und multikriterielle Ansätze betonen zu Recht die Komplexität moralischer Phänomene. Die Vielheit und Heterogenität dieser Positionen ermöglicht aber keine Orientierung und Einigung in konkreten Anwendungskontroversen. Entsprechend könnte man auch überlegen, ob der von diesen Theorien häufig benutzte Begriff des moralischen Status für die Anwendungsfragen der Tierethik hilfreich ist oder ob nicht doch ausgehend von der Vielheit nach einer Moralkonzeption zu suchen wäre, welche die moralisch relevanten Eigenschaften und Beziehungen von Wesen in einen systematischen Zusammenhang bringt.

Literatur

DeGrazia, David: *Taking Animals Seriously. Mental Life and Moral Status*. Cambridge 1996.
Dwyer, James G.: *Moral Status and Human Life. The Case for Children's Superiority*. New York 2011.
Kamm, Frances M.: *Intricate Ethics. Rights, Responsibilites, and Permissible Harm*. Oxford 2007.
Larmore, Charles E.: *Patterns of Moral Complexity*. Cambridge 1987.
Nagel, Thomas: *Mortal Questions*. Cambridge 1979.
MacIntyre, Alasdair: *Dependent Rational Animals*. London 1999.
Midgley, Mary: *Animals and Why they Matter*. Athens, Ga. 1983.
Sapontzis, Steve: *Morals, Reason and Animals*. Philadelphia 1987.
Scruton, Roger: *Animal Rights and Wrongs*. London 1996.
Stocker, Michael: *Plural and Conflicting Values*. Oxford 1990.
Taylor, Charles: Leading a Life. In: Ruth Chang (Hg.): *Incommensurability, Incomparability, and Practical Reason*. Cambridge, Mass. 1997, 170–183.
Value Pluralism. *Stanford Encyclopedia of Philosophy* 2011.
Warren, Mary Anne: *Moral Status. Obligations to Persons and Other Living Things*. Oxford 1997.
Wenz, Peter S.: Minimal, Moderate, and Extreme Moral Pluralism. In: *Environmental Ethics* 15 (1993), 61–74.
Wiggins, David: Incommensurability: Four Proposals. In: Ruth Chang (Hg.): *Incommensurability, Incomparability, and Practical Reason*. Cambridge, Mass. 1997, 52–66.
Wolf, Ursula: *Ethik der Mensch-Tier-Beziehung*. Frankfurt a. M. 2012.

Ursula Wolf

22 Politische Theorien der Tierrechte

Politische Theorien der Tierrechte handeln davon, was wir individuellen Tieren in den öffentlichen Kontexten unserer Zuständigkeit schulden. Wir verantworten zwangsbewehrte Normen des Zusammenlebens, die schwerwiegende Folgen für ungezählte Tiere haben. Milliarden Haustiere, ›Nutztiere‹ und auch Wildtiere sind von den Grundsätzen und Regeln menschlicher Gemeinwesen und Gesellschaften tiefgreifend, umfassend und unentrinnbar betroffen. Der kleinste gemeinsame Nenner politischer Theorien der Tierrechte ist, dass das Wohlergehen individueller Tiere ein eigenes Kriterium politischer Legitimität bildet. Manche Autorinnen und Autoren treten überdies dafür ein, zumindest gezähmte und gezüchtete Tiere als gleichberechtigte Mitglieder unserer Gemeinwesen anzuerkennen. Noch weiter geht der Vorschlag, Tiere als politische Akteure in Betracht zu ziehen, die aktiv an der Ausgestaltung unserer – und ihrer – Gemeinwesen mitwirken. Zu den Verfechterinnen und Verfechter eines ›political turn‹ des Tierrechtsdenkens zählen Alasdair Cochrane (2012), Laura Valentini (2014), Martha C. Nussbaum (2010) sowie insbesondere Robert Garner (2013), Sue Donaldson und Will Kymlicka (2011).

22.1 Von der Theorie der Tierrechte zur politischen Theorie der Tierrechte

Tierrechte. Der Ausdruck Tierrechte soll hier in einem weiten Sinne verstanden werden, da verschiedene politische Theorien mit einem unterschiedlich starken Rechteverständnis operieren. Nicht alle wollen zum Beispiel gleiche menschliche und tierliche Interessen auch gleich beachtet wissen. Nicht alle deuten Tierrechte als Randbedingungen (*side-constraints*) oder Trümpfe, die so gut wie nie durch Gemeinwohlerwägungen ausgestochen werden dürften (s. Kap. 14). Damit der Begriff eine gewisse Trennschärfe erhält, sollten aber zumindest die folgenden Merkmale in ihm vorkommen: In Theorien der Tierrechte wird erstens jedenfalls empfindungs- und erlebensfähigen Tieren ein eigener moralischer Status zuerkannt (s. Kap. 5). Diese verdienen moralische Beachtung um ihrer selbst willen. Wer ein Tier ohne Not grausam behandelt, handelt genau deshalb moralisch falsch, weil er einen gültigen moralischen Anspruch missachtet, den dieses Tier ab ihn stellt. Er handelt unrecht, weil er einem individuellen Tier Unrecht tut. Zweitens haben Tiere, die etwas empfinden und erleben können, Interessen, da etwas für sie subjektiv gut oder schlecht sein kann (s. Kap. 7). Manche dieser Interessen sind so wichtig, dass sie fremde Pflichten begründen, deren Erfüllung den individuellen Interessenträgern geschuldet ist und deren Verletzung Sanktionen gegen den Pflichtenträger rechtfertigt. Oftmals reichen moralische Sanktionen wie Groll und Empörung nicht aus, um Pflichtenträgerinnen und -träger zur Pflichterfüllung anzuhalten. Aus Rechten können dann auch Ansprüche der Trägerinnen oder Träger auf staatlichen Schutz und staatliche Hilfe folgen.

Institutionalisiertes Unrecht. Zu den Grundordnungen aller modernen Gesellschaften gehören institutionalisierte Praktiken der Nutzung und Tötung von Tieren. Einigkeit herrscht unter politischen Theoretikerinnen und Theoretikern der Tierrechte, dass jedenfalls ein großer Teil dieser Praktiken Unrecht ist. Empfindungs- und erlebensfähige Tiere werden in ungeheurer Zahl ge- und verbraucht, ohne dass nennenswert auf ihre eigenen Bedürfnisse und Gedeihensmöglichkeiten geachtet würde. Sie werden auf ihre möglichen Beiträge zur Befriedigung fremder, vorwiegend menschlicher Bedürfnisse und Vorlieben reduziert. In diesem Sinne der Kritik an *institutionalisiertem* Unrecht sind Theorien der Tierrechte schon immer politisch gewesen.

Moralischer Status und politische Kontexte. Traditionelle tierethische Ansätze wie diejenigen Peter Singers und Tom Regans konzentrieren sich allerdings auf Fragen des moralischen Status, den sie nach Maßgabe der Bedürfnisse und Fähigkeiten individueller Tiere bestimmen (Palmer 2010). Von der Statusbestimmung wird dann recht direkt darauf geschlossen, welche Ansprüche von Tieren prinzipiell auch staatlichen Zwang rechtfertigen (s. Kap. 31). Politische Theorien im engeren Sinne halten Überlegungen zum moralischen Status dagegen nicht für hinreichend, um zu politisch gehaltvollen Schlüssen zu gelangen. Sie beziehen darum in ihre Theoriebildung die öffentlichen Kontexte unserer Zuständigkeit ausdrücklich mit ein. Sie möchten etwa Möglichkeiten einer gerechten Neugestaltung von Mensch-Tier-Beziehungen und eines erweiterten Verständnisses von Gemeinwohl und politischer Mitgliedschaft erkunden. Ebenso gehen sie genauer als traditionelle Theorien der Tierrechte auf die besonderen Legitimationsprobleme kollektiv verbindlichen Entscheidens und staatlichen Zwanges ein.

J. S. Ach / D. Borchers (Hg.), *Handbuch Tierethik*, https://doi.org/10.1007/978-3-476-05402-9_22

22.2 Merkmale einer politischen Theorie der Tierrechte

Formen der Verbindung oder Beziehung begründen Rechtspflichten. Eine zentrale Frage politischer Theorien ist, ob aus besonderen Beziehungen, etwa der Betroffenheit von politischen Entscheidungen oder der Staatsangehörigkeit, auch besondere Rechte und Pflichten folgen. In die Tierethik hat der Beziehungsaspekt vor allem über die Frage nach positiven Pflichten Eingang gefunden. Viele Menschen sind intuitiv der Ansicht, dass wir wildlebenden Tieren, die ohne unser Zutun zu Schaden kommen, eine Hilfe jedenfalls nicht im Sinne einer Rechtspflicht schulden (s. Kap. 48). Vielleicht wäre es nett von uns, auch solchen Tieren zu helfen; aber wir sind dazu, so die verbreitete Ansicht, nicht einmal *prima facie* verpflichtet (so Palmer 2010). Das Bild ändert sich aber, wenn menschliche Akteure für den Schaden eines Tieres zumindest mitverantwortlich sind. Die menschliche Lebensform hat kaum mehr von ihr unberührte Räume übriggelassen. Eine Folge ist, dass die allermeisten sogenannten Wildtiere heute in einer Art »Kontaktzone« (Palmer 2010, 66) zum Menschen stehen. Dieser Beziehungsaspekt begründet oder verstärkt die Hilfspflichten, die wir ihnen gegenüber haben.

Viele wildlebende Tiere leiden unter den Folgelasten menschlicher Aktivitäten wie Raumverknappung, Artensterben, Luft-, Boden- und Wasserverschmutzung oder Erderwärmung. Andere Tiere sind vom Menschen domestiziert und so teilweise bis in ihr Erbgut hinein von menschlicher Hilfe und Zuwendung abhängig gemacht worden. Die Lebensbedingungen sogenannter Nutz- und Haustiere unterliegen einer nahezu vollständigen menschlichen Kontrolle. Da sie kaum für sich selbst sorgen können, haben wir ihnen gegenüber nicht nur Pflichten der Hilfe, sondern auch solche der Fürsorge (Wolf 2012, 96–98).

Politische Bedeutung von Unterwerfung und Kooperation. Politisch besonders bedeutsam sind Beziehungen, die durch Unterwerfung oder durch institutionalisierte Zusammenarbeit gekennzeichnet sind (Valentini 2014; Ahlhaus/Niesen 2015). *Unterwerfung* im engeren Sinne politischer Herrschaft liegt vor, wenn Autoritäten Gesetze erlassen und damit normative Ansprüche auf inhaltsunabhängige Befolgung und Zwangsbefugnis verbinden. Im menschlichen Fall bedarf dies einer strengen Rechtfertigung, weil es zu unserem Grundrecht auf personale Selbstbestimmung in Spannung steht. Die Übertragung dieses Gedankens auf Tiere ist aus zwei Gründen problematisch: Ihnen fehlt erstens jedes Verständnis für den normativen Geltungsanspruch, der mit einem Gesetz einhergeht; und sie sind zweitens nicht zu einer autonomen Lebensführung imstande, die sie in einen normativen Konflikt mit dem Regelungsanspruch des Staates bringen könnte.

Der Unterwerfungsbegriff kann aber auch in einem weiteren Sinne verwendet werden, der besonders rechtfertigungsbedürftige Mensch-Tier-Beziehungen einschließt. In diesem weiteren Sinne liegt Unterwerfung vor, wo wir Normordnungen etablieren, die für – menschliche oder tierliche – Individuen tiefgreifend, umfassend und nahezu unentrinnbar bedeutsam sind (Ahlhaus/Niesen 2015, 14). Gesetze, die etwa Tierhaltung, Tierversuche oder das Jagdwesen legalisieren, haben für Abermillionen von Tieren existentielle Folgen. Die Tiere unterliegen den Ordnungen, auch ohne zu deren Adressaten zu zählen. Wiederum gilt dies vor allem für gezüchtete und gefangene Tiere, die wir in extremem Maße von uns abhängig gemacht haben.

Eine zwangsbewehrte Norm ist nur legitim, wenn jede Adressatin und jeder Adressat sie nach unparteiischer Prüfung zwanglos akzeptieren kann – entweder aufgrund ihres Gehalts oder aufgrund der Verfahren ihrer Erzeugung. Politische Theoretikerinnen und Theoretiker von Tierrechten verlangen analog, dass Normordnungen, die Tiere tiefgreifend und umfassend betreffen, einer unparteiischen Rechtfertigung bedürfen, die die Perspektiven der Tiere einschließt.

Eine zweite Beziehungsform, die in manchen politischen Theorien von Recht und Gerechtigkeit besonders betont wird, sind institutionalisierte Formen der *Zusammenarbeit*. John Rawls (1975) etwa schlägt vor, dass wir die politische Gesellschaft als ein faires System langfristiger Kooperation unter Freien und Gleichen betrachten sollten. Ein faires System der Kooperation ist eines, das allen Beteiligten zum Vorteil gereicht. Rawls hat dabei vorausgesetzt, dass die Beteiligten allesamt menschliche Personen sind, die öffentlich anerkannten Regeln und Verfahren folgen, deren Angemessenheit sie selbst einsehen (können).

In diesem anspruchsvollen Sinne selbstbewusst akzeptierter Verpflichtungen zur allseitig vorteilhaften Zusammenarbeit sind Tiere keine Kooperationspartner. Und doch sind sie selbst, ihre Hervorbringungen oder das, was von ihnen nach ihrem meist gewaltsamen Ende übrig bleibt, in unseren kooperativen Unternehmungen allgegenwärtig. Menschen spannen sie als Arbeitskräfte ein, pressen ihnen Produkte wie Milch oder Eier ab, stellen sie aus, führen sie vor, studieren sie, traktieren sie mit riskanten Stoffen, bringen sie um, verzehren ihr Fleisch, verwerten ihre Knochen, ihre Gelenke, ihr Fell und ihre Haut.

Gerecht geregelte Ko-Mitgliedschaft und Kooperation. Die Tiere, die von Menschen gehalten werden, sind *de facto* Angehörige unserer Gesellschaften. Doch sie sind es kaum mit eigenen Rechten und selten zum eigenen Vorteil. Die weitaus meisten fristen ihr Dasein als rechtlos Unterdrückte und – buchstäblich – restlos Ausgebeutete. In dieser Zustandsbeschreibung stimmen wohl alle Anhängerinnen und Anhänger von Tierrechten überein, nicht aber in den normativen Konsequenzen. In einem engeren Sinne politisch sind solche Tierrechts-Theorien, die eine Verwandlung von Unterdrückung in wahre Mitgliedschaft, von Ausbeutung in wahre Kooperation für möglich und auch erstrebenswert halten. Sie affirmieren dauerhafte Mensch-Tier-Beziehungen, nicht wie sie sind, doch wie sie sein könnten. Sie setzen sich damit von Theoretikerinnen und Theoretikern ab, die in dauerhaften und institutionalisierten Mensch-Tier-Beziehungen selbst das Grundübel erblicken, das wir abschaffen sollten. Sie wenden sich gegen einen radikalen Abolitionismus, wie er prominent von Gary Francione (2008) vertreten wird.

Der Ausdruck ›Abolitionismus‹ bezeichnet ursprünglich Bewegungen für die Abschaffung der Sklaverei. Im tierrechtlichen Kontext steht er für das Ziel der Abschaffung menschlicher Tierhaltung. Der Grundgedanke ist, dass die Tiere nicht uns, sondern sich selbst gehören. Sie sind keine Ressourcen zu menschlichen Zwecken, weil sie ihre eigenen Zwecke verfolgen. Manche Tiere sind allerdings schon konstitutionell, bis in ihr Erbgut hinein, auf menschliche Hilfe und Fürsorge angewiesen. Solche Tiere will Francione langsam aber sicher aussterben lassen.

Eine politische Theorie im engeren Sinne zieht aus der Analogie zur Sklavenhaltung eine andere Konsequenz. Auch sie will alle Zustände abschaffen, in denen Tiere rechtlose Objekte der Ausbeutung sind. Aber sie erinnert daran, dass die angemessene Antwort auf das Unrecht der Sklaverei die Verwandlung von Sklaven in freie und gleiche Mitbürgerinnen und Mitbürger war (Donaldson/Kymlicka 2011, 79). Ebenso sollten wir uns vorstellen, unterdrückerische und ausbeuterische Mensch-Tier-Beziehungen in solche gerecht geregelter Ko-Mitgliedschaft und Kooperation zu verwandeln. Die andauernde Abhängigkeit von anderen, deren teils tiefgreifende Fremdheit und die ständige Möglichkeit von Konflikten gelten dann nicht als Gründe für einen Abbruch aller Beziehungen; sie bilden im Gegenteil, wie schon im menschlichen Fall, das Ausgangsproblem von Politik.

Vom Menschen gehaltene Tiere als Mitglieder eines Gemeinwesens anzuerkennen bedeutet weit mehr als eine Stärkung des Tierschutzes im Recht. Vielmehr müsste die Mitgliedschaft von Tieren das Grundverständnis von kollektiv verbindlichem Entscheiden verändern. Dieses sollte von vornherein als ein Entscheiden für eine Gemeinschaft begriffen werden, der Menschen und Tiere angehören und deren Gemeinwohl das Wohl der Tiere einschließt. Das wiederum setzt voraus, dass Tiere auch im politischen Prozess sichtbar werden. Da sie in ihn nicht selbst eintreten können, müssen Menschen mit dem Mandat ausgestattet werden, als Repräsentantinnen und Repräsentanten tierlicher Interessen für diese zu sprechen und zu streiten (Smith 2011). Nicht zuletzt müssten die Repräsentantinnen und Repräsentanten tierlicher Interessen auf eine faire Verantwortungsallokation hinwirken, damit Tiere, die nicht für sich selbst sorgen können, auch sicheren Zugang zu positiven Leistungen finden (Ladwig 2014).

Kritik am Eigentumsstatus von Tieren. Die Vision fair geregelter Kooperationsbeziehungen zwischen Menschen und Tieren steht in offenkundiger Spannung dazu, dass Menschen heute Tiere als ihr Eigentum betrachten. Begrifflich gehört zu Eigentum das umfassende Recht, eine Sache nach eigenem Belieben zu nutzen, andere wiederum nach Belieben von der Nutzung auszuschließen oder die Sache, erneut nach Belieben, an andere zu veräußern. Tiere sind nach bürgerlichem Gesetzbuch keine Sachen, wohl aber mögliches Eigentum.

Dies scheint schlecht oder überhaupt nicht zur Idee der Tierrechte zu passen (Francione 2008). Wer aber institutionell geregelte Kooperationsbeziehungen mit Tieren grundsätzlich gutheißt, muss auch etwas über die rechtlichen und tatsächlichen Formen einer gerechtfertigten Tierhaltung sagen können. Alasdair Cochrane (2012) argumentiert, dass menschlicher Tierhaltung keine genuinen Freiheitsinteressen von Tieren entgegenstehen. Jedenfalls die allermeisten Tiere bilden sich keine Vorstellungen vom guten Leben, um diese zugleich rational und revisionsoffen zu verfolgen. Ebenso wenig besitzen sie einen Begriff von sich als Personen, die sich selbst gehören sollten. Cochrane schließt daraus, dass wir Tiere jedenfalls nicht direkt schädigen, indem wir sie als unser Eigentum ansehen. Ein stark eingeschränktes Eigentumsverständnis könnte darum mit Tierrechten verträglich sein. Allerdings dürfen Menschen Tiere dieser Auffassung zufolge nur nutzen, soweit sie deren tatsächliche Interessen, am Wohlbefinden und auch am Weiterleben, respektieren; und sie dürfen sie nur an ebenso qualifizierte und wohlwollende andere weitergeben.

Cochranes Plädoyer für ›Tierrechte ohne Befreiung‹ hat sowohl folgenorientierte als auch grundsätzliche Einwände auf den Plan gerufen. Jason Wykoff (2014) kritisiert Cochrane dafür, zu wenig bedacht zu haben, dass Eigentum an Tieren eine Institution ist, die zu einer insgesamt ungerechten Struktur gehört und diese stabilisiert. Das Eigentum, so Wykoff, ist ein institutioneller Ausdruck der Sichtweise, dass Tiere Objekte zu unserem Gebrauch seien. In eher folgenorientierter Lesart heißt dies, dass von der Betrachtung der Tiere als möglichem Eigentum eine fatale Signalwirkung ausgeht. Es ermuntert Menschen dazu, ihre eigenen Interessen, als Eigentümerinnen und Eigentümer, in jedem Fall über die Interessen der Tiere, als Eigentum, zu stellen. Das liegt, wie Tony Milligan (2015) sekundiert, an der kulturellen Konnotation des Eigentumskonzepts. Doch kulturelle Konnotationen können sich ändern, und Cochrane tritt mit Blick auf Tiere für ein radikal eingeschränktes Recht der Nutzung und auch Weitergabe ein. Vor allem aber sagt Wykoff selbst, dass das Grundübel die Betrachtung von Tieren als Ressourcen sei. Menschen können aber Tiere als Ressourcen – und erst recht als zu vertilgende Schädlinge – ansehen, ohne sie darum als mögliches Eigentum zu erachten.

Wenigstens ebenso wichtig ist daher die grundsätzliche Kritik am Eigentumsstatus von Tieren. Zum Ausdrucksgehalt dieses Status gehört, dass Tiere Entitäten sind, die wir besitzen, nutzen und veräußern dürfen, und das könnte schon für sich genommen verkehrt sein. Milligan (2015) weist darauf hin, dass wir nicht auf die Idee kämen, kognitiv noch so eingeschränkte Mitmenschen als unser Eigentum anzusehen, weil dies erniedrigend wäre, und das Gleiche sollte für Tiere gelten. Aber auch wer ein engeres, auf erlebensbezogene Interessen beschränktes Verständnis tierlicher Schädigung vorzieht, sollte bedenken, dass die Betrachtung von Tieren als Eigentum sehr dicht mit Praktiken der Tierausbeutung verwoben ist. Es wäre daher jedenfalls unrealistisch, Letztere abschaffen, Erstere aber beibehalten zu wollen.

Politische Theorien lenken das Augenmerk von der bloß interaktionalen auf die institutionelle Seite unseres Umgangs mit Tieren. Die Institutionalisierung von Beziehungen hat voraussehbare Folgen und einen eigenen Ausdrucksgehalt. Beides findet Berücksichtigung in dem Vorschlag, Tiere fortan als Mitglieder unsere Gemeinwesen und nicht länger als mögliches Eigentum anzusehen.

22.3 Staatsbürgerschaft für gezähmte und gezüchtete Tiere?

Noch weiter geht ein Vorschlag von Sue Donaldson und Will Kymlicka (2011): Unser Verständnis von Mitgliedschaft bleibe paternalistisch verkürzt, so die Autorin und der Autor, wenn wir die mit uns lebenden, domestizierten Tiere nicht auch als aktive Staatsbürger anerkennen. Donaldson und Kymlicka geben damit der Rede von einer politischen Theorie der Tierrechte eine nochmals radikalisierte Bedeutung, indem sie die genuin politische und normativ gehaltvolle Begrifflichkeit der *Citizenship*-Debatte auf Mensch-Tier-Beziehungen anwenden.

Donaldson und Kymlicka vertreten eine zweistufige Theorie der Tierrechte: Sie unterscheiden zwischen allgemeiner moralischer Statusbestimmung und verschiedenen politisch bedeutsamen Beziehungsformen. Ihre Antwort auf die Statusfrage ist radikal egalitaristisch: Jedes Tier mit mentalen Zuständen, das etwas als gut oder schlecht empfinden kann, hat den grundsätzlich gleichen moralischen Status der Unverletzlichkeit als Rechtssubjekt, wie auch wir ihn haben. Aus diesem Status folgt vor allem das Recht auf Nichtschädigung, während Art und Ausmaß unserer positiven Verpflichtungen auch davon abhängen, in welchen politisch erheblichen Beziehungen wir zu Tieren stehen.

Der anspruchsvollste, weil für unsere Pflichten folgenreichste Beziehungskontext ist die *Staatsbürgerschaft* für domestizierte Tiere, die mit uns leben und kooperieren (können und sollten). Am wenigsten schulden wir wildlebenden Tieren, die wir als Angehörige eigener souveräner Gemeinwesen anerkennen und aus eben diesem Grund recht weitgehend sich selbst überlassen sollten (zur Kritik Horta 2013; Ladwig 2015). Eine Zwischenkategorie bilden schließlich kulturfolgende Tiere wie Füchse und Waschbären; diese sollten wir analog zu ansässigen Nichtstaatsbürgern als *Denizens* ansehen, denen wir mehr schulden als Wildtieren, aber weniger als domestizierten Tieren.

Domestizierte Tiere sind sehr weitgehend auf uns angewiesen. Doch Donaldson und Kymlicka verwerfen den radikal-abolitionistischen Schluss, sie darum aussterben zu lassen. Stattdessen sollten wir unsere normativ unvermeidlichen Beziehungen zu ihnen auf eine neue Grundlage gleichberechtigter Einbeziehung stellen. Dabei sollten wir beachten, dass sie mit uns kommunizieren, uns ihr Wohl oder Wehe mitteilen können; sie benötigen dazu nur wohlwollende menschliche Interpreten. Ebenso sollten wir sie als aktive Wesen ernst nehmen. Dies soll ausdrücklich auch für die bürgerschaftliche Dimension politischer Mitwirkung gelten: Domestizierte Tiere sind nicht nur passive Rezipienten der von uns gestalteten Ordnungen, sie gestalten diese mit, wofür sie wiederum Anerkennung und Unterstützung erfahren sollten. Gegen Zweiflerinnen und Zweifler weisen Donaldson und Kymlicka auf das den *Disability Studies* entlehnte Konzept abhängiger Handlungsfähigkeit hin: So wie Menschen mit geistiger Beeinträchtigung können auch domestizierte Tiere als politische Akteure sichtbar werden und Wirkung entfalten. Wohl brauchen sie dafür fremde Unterstützung, aber ganz auf sich allein gestellt wäre schließlich niemand von uns fähig, als Bürgerin oder Bürger zu handeln. Der Unterschied zwischen mündigen und anderen Mitbürgern ist demnach eher graduell als grundsätzlich.

Hier ließe sich freilich einwenden, dass Donaldson und Kymlicka nur Beispiele dafür finden, dass Tiere durch ihre Aktivitäten *kausal* beeinflussen, wie Menschen ihre Gemeinwesen wahrnehmen. Tiere nehmen aber nicht *intentional* auf die politischen Randbedingungen des Zusammenlebens in gemischten Mensch-Tier-Gemeinschaften Bezug (Ladwig 2014; Hinchcliffe 2015). Das liegt daran, dass ihnen für eine genuin politische Orientierung die Voraussetzungen fehlen: Sie können die eigenen Perspektiven mit denen anderer nicht zu einem bürgerschaftlichen Wir verschränken; sie haben kein Verständnis für symbolisch integrierte oder ›vorgestellte‹ Gemeinschaften und sie sind außerstande, institutionelle Tatsachen wie Ämter und Autorisierungsakte zu erfassen. Aktivbürgerinnen und -bürger nehmen bewusst und tätig Anteil am gemeinsamen Gelingen des politischen Projekts einer Bürgerschaft. Dies aber dürfte ein menschliches Monopol sein und bleiben.

22.4 Ideale und nichtideale Theorie der Tiergerechtigkeit

Weniger überschwänglich ist Robert Garners (2013) politische Theorie der Tierrechte. Garner folgt den Spuren des politischen Liberalismus, wenn er die ›realistische Utopie‹ einer Gesellschaft ausmalt, die ihren Tieren kein unnötiges Leid mehr zufügt und ihr Interesse am Weiterleben beachtet. Zu einer idealen Theorie der Gerechtigkeit für Tiere gelangt Garner, indem er den Grundsatz gleicher Interessenbeachtung mit einer Konzeption moralischer Rechte verknüpft.

Die ideale Theorie sagt uns, welche Grundsätze unseren Umgang mit Tieren bestimmen sollten, unabhängig davon, wie realistisch die Erwartung ist, dass sich die allermeisten Menschen auch an sie halten würden. Sie abstrahiert methodisch von der Möglichkeit der Nichtbefolgung, um sich ganz der Normbegründung selbst widmen zu können. Allerdings sollte sie nach Garner immer noch auf eine realistische, zu Grundmerkmalen menschlicher Motivation und unserer historischen Lebensform passende Utopie abzielen. Dies spricht seines Erachtens gegen das radikal abolitionistische Ziel der Abschaffung aller institutionalisierten Mensch-Tier-Beziehungen.

Inhaltlich charakterisiert Garner die ideale Theorie der Tiergerechtigkeit als ›Position des erweiterten Empfindungsvermögens‹ (*enhanced sentience position*). Er erkennt Tieren ein Recht auf Leidfreiheit, im Sinne eines Schädigungsverbots, und auch ein Interesse am eigenen Weiterleben zu. Die Stärke dieses zweiten Interesses, so nimmt Garner an, variiert indes mit der Stärke der psychologischen Verbindung, die zwischen verschiedenen Stadien ein und desselben Lebens besteht. Sie ist im Falle selbstbewusster Personen am stärksten. Deren Interesse am Weiterleben wiegt darum in echten Konfliktfällen schwerer als das von Tieren. Aber auch diese dürfen wir nur aus zwingenden Gründen wie der Rettung von Menschenleben umbringen.

Der angestrebte Realismus der Utopie enthält schon einen Hinweis darauf, was eine spezifisch politische Theorie der Gerechtigkeit Garner zufolge auszeichnet: die Einbeziehung von Fragen der Machbarkeit in das moralische Denken. Deutlicher noch tritt der realistische Grundzug zutage, wenn Garner in einem weiteren Schritt die ideale um eine nichtideale Theorie ergänzt. Die nichtideale Theorie zieht die zunächst ausgeklammerte Möglichkeit der Missachtung moralisch wohlbegründeter Normen ausdrücklich in Betracht. Sie soll uns sagen, wie wir dem Ziel, das die ideale Theorie auszeichnet, in einer Welt gegenläufiger Interessen und Überzeugungen möglichst nahe kommen können.

Garner nimmt zu diesem Zweck inhaltliche Abstriche an der Position erweiterter Empfindungsfähigkeit vor. Den verbleidenden Rest bezeichnet er als ›Position der Empfindungsfähigkeit‹ (*sentience position*). Entfallen ist die schon innerphilosophisch umstrittene Zuerkennung eines Lebensinteresses an alle empfindungsfähigen Tiere. Weiterhin soll aber gelten, dass alle empfindungsfähigen Tiere ein gleiches Recht darauf haben, dass wir ihnen kein Leid zufügen. Dies dürfte, wie Garner glaubt, allemal ausreichen, um jedwede industrielle Tierhaltung und den größten Teil der Tierversuche auszuschließen. Auch passt es seines Erachtens am besten zu den tatsächlichen Schwerpunkten, die auch radikal gesinnte Tierschutz- und Tierrechtsorganisationen praktisch setzen (kontrovers dazu Francione/Garner 2010).

Man darf allerdings bezweifeln, dass die Position der Empfindungsfähigkeit als eine nichtideale Theorie der Gerechtigkeit funktionieren kann. Immerhin teilt sie mit der Position erweiterter Empfindungsfähigkeit die egalitaristische Prämisse, dass gleiches Leid gleich zählt, egal, ob es einen Menschen oder ein Tier trifft. Faktisch jedoch finden nicht wenige Menschen die Idee der Statusgleichheit über Speziesgrenzen hinweg auch dann befremdlich bis abstoßend, wenn sie ›nur‹ Folgen für das Verbot der Leidzufügung haben sollte. Die Überzeugung, dass Menschen als solche mehr wert seien als andere Tiere, dürfte zum breit geteilten Grundbestand der starken Intuitionen in unseren Bürgerschaften gehören – was etwa die heftigen emotionalen Reaktionen auf Holocaust-Vergleiche erklärt.

Das Problem ist dabei nicht, dass sich für den Statusegalitarismus keine guten philosophischen Gründe finden ließen; problematisch ist der Ansatz von Garner vielmehr deshalb, weil eine nichtideale Theorie Wege des Übergangs weisen sollte, wo noch zu wenige Menschen die Grundsätze der idealen Theorie teilen. Eine nichtideale Theorie, die diesen Übergang leistet, muss aber vermutlich auf egalitaristische Prämissen wie die speziesneutrale Deutung des Grundsatzes gleicher Interessenbeachtung ganz verzichten.

Eine nichtideale Theorie ohne egalitaristische Prämissen könnte immer noch etwa ein stark modifiziertes Verständnis des geltenden Tierschutzrechts anstreben. Das deutsche Tierschutzgesetz verlangt, dass die Schädigung von Tieren durch ›vernünftige Gründe‹ gedeckt sein müsse, lässt dann aber alle möglichen menschlichen Nutzungsinteressen als solche Gründe gelten (s. Kap. 58). Ein wichtiger Fortschritt wäre erzielt, wenn zukünftig nur mehr Interessen von vergleichbarem Gewicht gegeneinander aufgewogen werden dürften. Nur moralisch wahrhaft erhebliche Interessen von Menschen kämen dann weiterhin als vernünftige Gründe für eine Verletzung moralisch bedeutsamer Interessen von Tieren in Betracht. Das menschliche Interesse am Fleischverzehr etwa ist vergleichsweise trivial, da wir genügend erschwingliche, bekömmliche, schmackhafte und menschenwürdige Ernährungsalternativen haben. Hingegen könnten Tierversuche zu medizinischen Zwecken immerhin durch moralisch bedeutsame Interessen gedeckt sein. Wir haben gute, statusegalitaristische Gründe, eine solche Praxis auf der Stufe idealer Theorie zu verwerfen. Aber womöglich sollten wir sie auf der nichtidealen Stufe nicht bevorzugt skandalisieren, sondern zunächst die Leidverursachung im ›Luxusbereich‹ unserer Vorlieben und Gewohnheiten angreifen (s. Kap. 46).

22.5 Ausblick

Die gültigen Ansprüche von Tieren – auf Nichtschädigung, Hilfe, Fürsorge und Mitgliedschaft – sind ohne den öffentlichen Vernunftgebrauch freier und gleicher Bürgerinnen und Bürger nicht durchsetzbar. Das spricht dafür, dass eine politische Theorie der Tierrechte an den Besonderheiten eines solchen Vernunftgebrauchs interessiert sein sollte (Flanders 2014). Garner (2016) etwa stellt die Frage, ob eine auf argumentative Verständigung zielende Demokratiekonzeption für die Sache der Tierrechte günstiger sei als die Auffassung, dass Demokratie sich im pluralistischen Interessenkonflikt und der Aggregation fixer Vorlieben erfüllt. So schwach die tierrechtliche Position nach Maßgabe der Kräfteverhältnisse organisierter Interessen erscheint, so stark könnte sie sein, wenn wir ihr transformatives Potential mit Blick auf die Sichtweisen ernsthaft nachdenkender und debattierender Bürgerinnen und Bürger bedenken.

Allerdings gibt es dafür keine Garantien: Auch die deliberative Demokratie ist durch Verfahren, nicht durch substantielle Ergebnisse gekennzeichnet. Diese Verfahren bringen *direkt* nur menschliche Interessen und Sichtweisen zur Geltung. Die Mehrheit in unseren Demokratien ist heute zweifelsfrei für Fragen des Tierwohls empfänglich. Aber eine Mehrheit dürfte zugleich glauben, über Vegetarismus und Veganismus könne man vernünftigerweise geteilter Meinung sein (so auch Flanders 2014), weshalb hier kein Zwang und nicht einmal die kommunikative Einmischung des Staates gestattet seien (s. Kap. 60). So falsch dies auch immer sein mag: Es ist dies eine Schwierigkeit, für die eine eigene, nichtideale Stufe der Theoriebildung erforderlich ist. Politische Theorien der Tierrechte erinnern daran, dass man für Tierrechte in einer Form und mit Inhalten streiten sollte, die gewissenhaft urteilenden Bürgerinnen und Bürgern möglichst wenig sektiererisch vorkommen.

Literatur

Ahlhaus, Svenja/Niesen, Peter: What is Animal Politics? Outline of a New Research Agenda. In: *Historical Social Research* 40/4 (2015), 7–31.
Cochrane, Alasdair: *Animal Rights Without Liberation. Applied Ethics and Human Obligations.* New York 2012.
Donaldson, Sue/Kymlicka, Will: *Zoopolis. A Political Theory of Animal Rights.* Oxford 2011.
Flanders, Chad: Animal Rights and Public Reason. In: Marcel Wissenburg/David Schlosberg (Hg.): *Political Animals and Animal Politics.* Basingstoke 2014, 44–57.
Francione, Gary L.: *Animals as Persons. Essays on the Abolition of Animal Exploitation.* New York 2008.
Francione Gary L./Garner, Robert: *The Animal Rights Debate. Abolition or Regulation?* New York 2010.
Garner, Robert: *A Theory of Justice for Animals. Animal Rights in a Nonideal World.* New York 2013.
Garner, Robert: Animal rights and the deliberative turn in democratic theory. In: *European Journal of Political Theory* (2016), 1–21. DOI: 10.1177/1474885116630937.
Hinchcliffe, Christopher: Animals and the Limits of Citizenship: *Zoopolis* and the Concept of Citizenship. In: *Journal of Political Philosophy* 23/3 (2015), 302–320.
Horta, Oscar: Zoopolis, interventions, and the state of nature. In: *Law, Ethics, and Philosophy* 1/1 (2013), 113–125.
Ladwig, Bernd: Tierrechte ohne Staatsbürgerschaft. In: *Mittelweg 36* 23/5 (2014), 27–44.
Ladwig, Bernd: Against Wild Animal Sovereignty. An Interest-based Critique of *Zoopolis*. In: *Journal of Political Philosophy* 23/3 (2015), 282–301.
Milligan, Tony: The Political Turn in Animal Ethics. In: *Politics and Animals* 1 (2015), 6–15.
Nussbaum, Martha C.: *Die Grenzen der Gerechtigkeit. Behinderung, Nationalität und Spezieszugehörigkeit.* Frankfurt a. M. 2010.
Palmer, Clare: *Animal Ethics in Context.* New York 2010.
Rawls, John: *Eine Theorie der Gerechtigkeit.* Frankfurt a. M. 1975.
Smith, Kimberly K.: *Governing Animals. Animal Welfare and the Liberal State.* Oxford 2011.
Valentini, Laura: Canine Justice. An Associative Account. In: *Political Studies* 62/1 (2014), 37–52.
Wolf, Ursula: *Ethik der Mensch-Tier-Beziehung.* Frankfurt a. M. 2012.
Wykoff, Jason: Toward Justice for Animals. In: *Journal of Social Philosophy* 45/4 (2014), 539–553.

Bernd Ladwig

23 Tiere in den Religionen

Religionen können als gemeinschaftliche Glaubenssysteme verstanden werden, für die sinn- und legitimationsstiftende Überlieferungen, Symbole, Rituale und Gebets- oder Meditationspraktiken wesentlich sind. Religionen beziehen sich auf die Sphäre des Heiligen, wie auch immer dieses konkret gedacht wird. Darüber hinaus vermitteln Religionen ethische Normen, deren Einhaltung ihren Mitgliedern aufgetragen ist. Diese Normen sind manchmal in heiligen Schriften niedergelegt.

Zwischen den verschiedenen Religionen besteht einerseits ein gewisser Grundkonsens über elementare Werte und Normen, eine Art »Weltethos« (Küng 1996) oder interreligiöse »dünne Moral« (Walzer 1996). Andererseits jedoch sind zwischen Religionen nicht selten moralische Differenzen festzustellen, sobald es um das konkrete Verständnis und die kontextuelle Ausgestaltung von allgemeinen Normen geht (»dichte Moral«). In mehr oder minder allen Religionen lässt sich beispielsweise ein allgemeines Tötungsverbot finden (s. Kap. 35). Wessen Tötung aber genau untersagt ist, wurde und wird unterschiedlich verstanden. Das 5. Gebot der hebräischen Bibel (*Tanach*) bzw. des Alten/Ersten Testaments der christlichen Bibel, das in deutschen Übersetzungen traditionellerweise »Du sollst nicht töten« (Exodus 20,13) lautet, sprach sich im historischen Kontext zwar ganz allgemein gegen die Tötung eines Menschen aus, gestattete diese allerdings in Ausnahmesituationen wie Krieg, Notwehr und Todesstrafe. Auf das Töten von Tieren bezog sich das 5. Gebot nicht. Weder im Judentum noch im Christentum und im Islam – Sure 17, Vers 33 im Koran ist dem 5. Gebot der Bibel sehr ähnlich – hat sich diesbezüglich bis heute viel verändert: Die Tötung von Tieren zur Beschaffung von Nahrung und Kleidung und für die medizinische Forschung wird von diesen drei monotheistischen Religionen nach wie vor für ethisch grundsätzlich erlaubt gehalten. Dagegen wird im Jainismus sowie in manchen Traditionen des Hinduismus und des Buddhismus die Lehre vom »Nicht-Verletzen und Nicht-Töten« (*Ahimsa*) auch auf die Tiere bezogen und schließt deshalb die Verpflichtung zu einer vegetarischen Lebensweise ein. Andere Hindus und viele Buddhisten dagegen, vor allem jene der Theravada-Schule, essen Fleisch.

23.1 Die monotheistischen Religionen

Die monotheistischen Religionen Judentum, Christentum und Islam, die wegen ihres gemeinsamen Bezugs auf den Stammvater Abraham oft auch als abrahamitische Religionen bezeichnet werden, erscheinen vielen Menschen als tierethisch defizitär. Diese Einschätzung ist zumindest im Hinblick auf den Mainstream dieser Religionen berechtigt. »Güte gegenüber der eigenen Spezies« (Berry 1998, 103) hat bei allen drei Religionen absoluten Vorrang vor dem Mitgefühl mit (schmerzsensiblen) Tieren. In ihrem Buch *After Noah* stellen der christliche Theologe und anglikanische Priester Andrew Linzey und der jüdische Theologe und Rabbiner Dan Cohn-Sherbok gemeinsam fest: »Es gibt sowohl im Judentum als auch im Christentum zweifellos eine lange und beharrlich negative Tradition bezüglich Tieren. [...] Juden und Christen müssen sich ehrlich mit dem auseinandersetzen, was man die ›instrumentelle Sicht‹ der Tiere in der westlichen Kultur nennen kann, eine Sichtweise, zu der bestimmte religiöse Auffassungen und Handlungen zweifellos bis heute beitragen« (Linzey/Cohn-Sherbok 1997, 2 f.). Ihre Existenz zum Nutzen der Menschen ist auch im Islam die vorherrschende Funktionszuweisung und eigentliche Lebenszweck der Tiere: »Wie die übrigen Werke der Schöpfung stehen die Tiere in der menschlichen Verfügungsgewalt, wobei im Koran der Aspekt der Nutznießung stärker im Vordergrund steht als die Verpflichtung des Menschen zu ihrer Pflege und zu ihrem Schutz« (Klöcker u. a. 1995, 174).

Judentum

Das Judentum ist die älteste und kleinste der drei abrahamitischen Religionen. Seine Wurzeln liegen in der Religionsgeschichte Israels, die bis ins 2. Jahrtausend v. Chr. zurückreicht. Es gibt heute weltweit etwa 14 Millionen Jüdinnen und Juden, davon leben 25 Prozent in Israel und etwa 40 Prozent in den USA. Die Ambivalenz der jüdischen Religion gegenüber der Tierwelt wird bereits im ersten Buch der hebräischen Bibel, dem 1. Buch Mose (Genesis), deutlich: Zwar bezeichnet Gott seine gesamte Schöpfung als »sehr gut« (Genesis 1,31), und die Tiere werden als Gefährten des ersten Menschen, Adam, geschildert, der ihnen auch ihre Namen gibt. Nach der Erschaffung Evas überträgt Gott den ersten Menschen jedoch im sogenannten Herrschaftsbefehl oder Unterwerfungsauftrag alle Macht »über die Fische des Meeres, über die Vögel des

J. S. Ach / D. Borchers (Hg.), *Handbuch Tierethik*, https://doi.org/10.1007/978-3-476-05402-9_23

Himmels und über alle Tiere, die sich auf dem Land regen« (Genesis 1,28). In aktuellen Erklärungen jüdischer Gelehrter wird einem despotischen Verständnis dieser Textstelle durch den Hinweis begegnet, dass »ein guter Herrscher nicht unterdrückt, sondern den Wohlstand seiner Untertanen zu fördern versucht« und der Mensch deshalb »sorgfältig mit Fauna und Flora umzugehen [habe]« (Weisz 2012, 160).

In der Hebräischen Bibel – größtenteils jene Bücher der Bibel, die die Christen das Alte oder Erste Testament nennen – finden sich freilich auch tierfreundliche Aussagen: »Der Gerechte weiß, was sein Vieh braucht«, heißt es im Buch der Sprichwörter (12,10), »doch das Herz der Frevler ist hart.« Weitere Tierschutzbestimmungen sind etwa die Aufforderung, einem zusammenbrechenden Esel Hilfe zu leisten (Exodus 23,5), und das Gebot der Sabbatruhe, das auch die Tiere einschließt (Exodus 20,10; 23,12). Im rabbinischen Denken gibt es das Prinzip von *Tza'ar Ba'alei chayim* (Schmerz der Tiere), das jede Tierquälerei verbietet und Juden anweist, kranke Tiere zu pflegen.

Das Essen von Tieren wird unter Juden unterschiedlich bewertet. Die große Mehrheit beharrt mit Verweis auf Genesis 9,1–4 darauf, dass der »Genuss [von Fleisch] in der Bibel explizit erlaubt ist« (Weisz 2012, 167), solange die Speisegesetze (*Kaschrut, koschere* Tiere) und die Verpflichtung zum rituellen Schächten (*Schechita, koscheres* Schlachten) eingehalten werden. Eine Minderheit jedoch betont mit Verweis auf Genesis 1,29–30, dass die ursprüngliche Intention Gottes für die Menschen eine vegetarische Ernährungsweise gewesen sei und die göttliche Erlaubnis zum Fleischverzehr erst nachträglich und widerwillig erteilt wurde (Rheinz, 2015, 188).

Christentum

Das Christentum stellt mit rund 2,2 Milliarden Gläubigen vor dem Islam (rund 1,6 Milliarden) die größte Religion der Welt dar. Der im ersten Buch der Bibel festgehaltene Herrschaftsbefehl oder Unterwerfungsauftrag, der im Laufe der Kirchengeschichte immer wieder als unumschränkte Machtausübung des Menschen über die Tiere interpretiert wurde, sowie die Lehre von der Gottebenbildlichkeit des Menschen haben dem Christentum den Vorwurf eingetragen, einem »arroganten Anthropozentrismus« zu huldigen, »wonach dicht auf Gott der Mensch kommt und dann erst der Rest der Welt« (Deschner 1997, 40)

Dem Vorwurf an das Christentum, Tiere in seiner Moral vergessen oder vernachlässigt zu haben, ist ein bestimmtes Wahrheitsmoment nicht abzusprechen (Remele 2016): Bedeutende Theologen wie Augustinus und Thomas von Aquin waren davon überzeugt, dass Gott die Tiere für die Menschen geschaffen und zu ihrem Gebrauch bestimmt habe. Der Mensch habe das Recht, sie nach seinem Belieben zu verwenden und zu töten. Noch um die Mitte des 19. Jahrhunderts hat Papst Pius IX. sich hartnäckig der Errichtung einer nationalen italienischen Tierschutzorganisation in Rom widersetzt. Er befürchtete, dadurch könnte die seiner Ansicht nach gültige katholische Morallehre in Frage gestellt werden, dass Menschen Pflichten gegenüber anderen Menschen hätten, aber keine gegenüber Tieren. Diese Ansicht ist auch in der Gegenwart zu finden: Kein einziger spanischer Bischof protestiert gegen die mit religiösen Symbolen verbrämte Tierquälerei des Stierkampfes, kein einziger evangelikaler Fernsehprediger im Bible Belt der amerikanischen Südstaaten beschwert sich über Rodeos und Feedlots. Für den überwiegenden Teil der Christinnen und Christen ist das Essen von Tieren trotz aller dagegen sprechenden tierethischen, aber auch ernährungsmedizinischen, ökologischen und welternährungsrelevanten Erkenntnisse nach wie vor normal, natürlich und notwendig.

Es gibt in der Geschichte des Christentums jedoch auch einige dem christlichen Mainstream widersprechende tierfreundliche Traditionsstränge. Sie kamen im Laufe der Geschichte immer wieder zum Vorschein und werden heute von einigen wenigen theologischen Ethikerinnen und Ethikern neu aufgespürt und herausgearbeitet: die wichtige und interessante Rolle von Tieren in der Bibel etwa, sowohl im Alten Testament als auch im Leben Jesu, das tierfreundliche keltische oder iroschottische Christentum, die starke christliche Beteiligung an der vegetarischen Bewegung und dem Kampf gegen Tierversuche (Antivivisektionismus) im viktorianischen England des 19. Jahrhundert. Es gab um das Wohl der Tiere besorgte Heilige (z. B. Franz von Assisi, Philipp Neri und Brigid von Kildare) und Theologen (Humphry Primatt, Johannes Ude, Albert Schweitzer). Besondere Erwähnung verdient auch die tierethische und tiertheologische Pionierarbeit des anglikanischen Theologen Andrew Linzey und die Bemühungen der katholischen Theologen Anton Rotzetter und Rainer Hagencord um eine theologische Zoologie (s. Kap. 55). In den letzen Jahren haben auch hohe und höchste Amtsträger der christlichen Kirchen den Schutz der Tiere vor menschlicher Ausbeutung eingemahnt: Der anglikanische Erzbischof und Friedensnobelpreisträger Desmond Tutu stellte klar, dass es »eine Art theologischer Schwachsinn [sei] zu glauben, dass Gott die gesamte Welt nur für die Menschen gemacht habe« (Tutu 2013, o. S.), Kardinal Joseph Ratzinger, der spätere Papst Benedikt XVI., hat die Massen- und Intensivtierhaltung kritisiert, und sein Nachfolger, Papst Franziskus, hat den intrinsischen Wert der Tiere betont und Menschen- und Tierliebe in enge Beziehung zueinander gesetzt: »Das Herz ist nur eines, und die gleiche Erbärmlichkeit, die dazu führt, ein Tier zu misshandeln, zeigt sich unverzüglich auch in der Beziehung zu anderen Menschen« (Franziskus, 2015, Nr. 92).

Islam

Der Islam setzt die ambivalente tierethische Tradition der abrahamitischen Religionen fort. Wie im Judentum und im Unterschied zum Christentum ist im Islam der Verzehr von Schweinefleisch verboten. Der *Koran*, die wichtigste muslimische Quelle für Theologie und Ethik, stellt die Vollkommenheit der Schöpfung Allahs wiederholt an Beschreibungen der Schönheit von Tieren dar. Die Tiergattungen werden als *Umma* bezeichnet, ein Begriff, der sonst nur für große Gemeinschaften von Menschen, vor allem für die Gemeinschaft aller Muslime verwendet wird. Aber der Koran stellt auch die enorme Bedeutung von Nutztieren heraus, deren Fleisch, Milch und Wolle den Menschen zur Verfügung steht. Das Attribut ›Würde‹ steht nach dem Koran nur dem Menschen zu. Die zweite schriftliche Hauptquelle des Islams, die *Sunna*, enthält zahlreiche Erzählungen über den Propheten Muhammad (Mohammed), die seine Sorge um das Wohl der Tiere belegen. So verbot er, Vogelnester anzurühren und daraus Eier oder Küken zu stehlen. Er wurde wütend, als ein Mann sein Tier im Gesicht brandmarkte und fragte ihn, ob er denn am Tag des Jüngsten Gerichts von Allah im Gesicht gebrandmarkt werden wolle. Einer Frau teilte der Prophet mit, dass all ihre guten Taten hinfällig geworden seien, weil sie ihre Katze einsperrte und verhungern ließ (Krausen, 2015, 178; Baghajati 2012, 190–192). Dieses Wohlwollen Muhammads gegenüber Tieren spiegelt sich auch in einem offenen Brief aus dem Jahre 2000 an deutsche Tierschutzvereine wider, in dem Nadeem Elyas, der damalige Vorsitzende des Zentralrats der Muslime in Deutschland, erklärte, das Tier sei nach islamischer Lehre ein Mitgeschöpf, das artgerecht gehalten werden müsse (Knörzer 2001, 96 f.).

Ein äußerst kontrovers diskutiertes Thema ist das rituelle Schlachten oder Schächten. Juden und Muslimen ist es untersagt, das Blut eines Tieres zu konsumieren; das Fleisch eines Tieres muss *koscher* bzw. *halal* sein. Um das Tier entsprechend ausbluten zu lassen, werden ihm deshalb beim Vorgang des Schächtens Halsschlagadern, Halsvenen und Luftröhre mit einem scharfen, ›schartenfreien‹ Messer durchtrennt. Dies dürfen nur speziell ausgebildete Personen tun. Vertreter des Judentums und des Islam weisen darauf hin, dass das Schächten bei fachgerechter Durchführung historisch wie aktuell eine schonende Art der Tötung eines Tieres darstelle, auch ohne dessen vorherige Betäubung. Ob es zulässig ist, Tiere vor der Kosher- oder Halal-Schlachtung zu betäuben, ist unter Juden und Muslimen umstritten. Nach dem englischen Tierethiker und anglikanischen Theologen Andrew Linzey scheint es jedenfalls so zu sein, dass den Tieren durch rituelles Schlachten ohne vorherige Betäubung größeres Leid zugefügt wird als dies bei konventionellem Schlachten mit Betäubung durch Bolzenschuss, elektrischen Strom oder Kohlendioxid der Fall wäre (Linzey 2013, 171). Die europäische Tierärztevereinigung (FVE) erklärte, »die Praxis, Tiere ohne vorherige Betäubung zu schlachten, sei unter gar keinen Umständen akzeptabel« (Slaughter 2002). Hanna Rheinz, Vertreterin eines ›koscheren Vegetarismus‹ und Gründerin der Initiative Jüdischer Tierschutz stellte fest: »Trotz seiner ursprünglich tierschonenden Absichten ist das jüdische Schächten nicht mehr zeitgemäß« (Rheinz, Kabbala 240). Völlig zu Recht weist Rheinz jedoch auch darauf hin, dass es strikt abzulehnen ist, die Debatte über die Tiergerechtigkeit rituellen Schlachtens für judenfeindliche Ressentiments zu instrumentalisieren. Und auch nicht, so ist hinzuzufügen, für islamfeindliche.

23.2 Andere Religionen

Die Religionen des Hinduismus, des Jainismus und des Buddhismus haben ihren Ursprung in Indien. Sie zeichnen sich u. a. dadurch aus, dass Tiere in ihnen einen vergleichsweise höheren Stellenwert besitzen. Diese Tierfreundlichkeit ist auf die theologischen Konzepte von *Karma* (die Folgen von Taten in diesem und im nächsten Leben) und *Samsara* (Kreislauf von Geburt, Tod und Wiedergeburt) zurückzuführen, nach der Menschen auch als Tiere wiedergeboren werden können. Eine zentrale Rolle spielt auch die ethische *Ahimsa*-Lehre. Ahimsa bedeutet Nicht-

Verletzen, Gewaltfreiheit, Fürsorge und Liebe und zwar in Gedanken, Worten und Werken. Dieses Nicht-Verletzen bezieht sich nicht bloß auf die Menschen, sondern schließt alle Lebewesen ein (Remele 2007, 265–267).

Hinduismus

Der Hinduismus, eine vielgestaltige Religion, die unterschiedliche indische religiöse Traditionen einschließt und der knapp eine Milliarde Menschen angehören, ist im Umgang mit Tieren nicht frei von Widersprüchen. Manche hinduistische Götter werden mit einem tierischen Körper oder Körperteil dargestellt: *Ganesha*, der omnipräsente Gott der Weisheit, des Glücks und des Erfolgs, trägt einen Elefantenkopf, *Hanuman* hat eine Affengestalt. Folgerichtig wohnt Ganesha in jedem Elefanten, Hanuman in jedem Affen: Tiere haben im Hinduismus ebenso am Göttlichen teil wie die Menschen. Eine nicht zu unterschätzende Rolle spielt auch die Ahimsa-Lehre. Mahatma Gandhi hat sie im 20. Jahrhundert öffentlichkeitswirksam verkündet und eindrucksvoll vorgelebt. Gandhi war davon überzeugt, dass sich das hinduistische Gebot des Nicht-Verletzens auch auf die Tiere beziehe und sprach sich deshalb für eine vegetarische Ernährungsweise aus. Diese spielt auch in der von Swami Prabhupada im Jahre 1966 gegründeten neohinduistischen *Hare Krishna-Bewegung* (*Internationale Gesellschaft für Krishna-Bewusstsein, ISKCON*) eine zentrale Rolle. Allgemein gibt es im Hinduismus zwar kein absolutes, für alle verbindliches Fleischverbot, dennoch lehnen »sehr viele Hindus [...] nicht nur Rindfleisch ab, sondern folgen generell einer rein vegetarischen Lebensweise« (Kundu 2012, 144). Gandhi verteidigte auch die hinduistische Verehrung der Kuh. Ihr Schutz war für ihn ein Zeichen dafür, dass die gesamte nichtmenschliche Kreatur geschützt werden müsse.

Diese grundsätzlich tierfreundliche Einstellung wird u. a. durch die Praxis der Tieropfer konterkariert, die es gelegentlich immer noch gibt. So werden etwa im Kali-Tempel von Kolkata (Kalkutta) täglich bis zu hundert Ziegen geopfert. Das berüchtigte, drei Jahrhunderte alte Opferfest zu Ehren der Göttin Gadhimai, das alle fünf Jahre im nepalesischen Ort Bariyarpur stattfand und bei dem Tausende von Tiere, vor allem Büffel, aber auch Ziegen, Schafe und Vögel auf brutale Art öffentlich geschlachtet wurden, wurde allerdings aufgrund der weltweiten Proteste im Juli 2015 für offiziell eingestellt erklärt.

Jainismus

Tierethisch um einiges radikaler, aber zahlenmäßig viel kleiner als der Hinduismus ist die Religion des Jainismus (Donaldson 2015, 184–187; Berry 1998, 23–41). Seine Angehörigen, die Jaina oder auch Jains, geloben Rücksichtnahme auf alle Lebewesen und sind zum Vegetarismus verpflichtet: »Die Jains sind mehr als 2500 Jahre lang unablässig gegen Tieropfer und für Vegetarismus eingetreten« (Chapple 2013, 244). Sie dürfen weder den Beruf des Fleischers/Metzgers ausüben noch in der Lederverarbeitung tätig sein. Jaina essen auch keine Eier, und viele von ihnen vermeiden zusätzlich den Konsum von Gemüsesorten, die unter der Erde wachsen (Kartoffeln, Karotten, Knoblauch, Zwiebeln, rote Rüben/Beete), weil bei ihrer Ernte allzu leicht kleine Lebewesen im Erdreich getötet werden könnten. Neben Ernährungsgeboten gibt es im Jainismus auch Tierschutzhäuser und Vogelkliniken. Die besonders streng lebenden Jain-Mönche und Jain-Nonnen legen große Eide (*vratas*) ab, durch die sie sich verpflichten, einen Mundschutz zu tragen, um nicht versehentlich Insekten zu verschlucken. Vor jedem Schritt kehren sie mit einem weichen Besen den Boden, um das Zertreten von Kleinlebewesen zu verhindern.

Der überwiegende Teil der weltweit vier bis sechs Millionen Jaina lebt in Indien. Es gibt sie aber auch im Westen: In Potters Bar 25 km nördlich von London etwa wurde im August 2005 ein neuer großer Jain-Tempel für die 30.000 Jaina eröffnet, die in und um London leben.

Buddhismus

Mahavira (ca. 599–527 v. Chr.), der Gründer des Jainismus, lebte etwa zeitgleich mit Gotama (Gautama) Buddha (563–483 v. Chr.) Wenn er auch nicht so konsequent und streng wie der Jainismus ist, so stellt der Buddhismus dennoch eine vergleichsweise tierfreundliche Religion dar: »Zu einer Zeit, da in anderen Kulturen das Tier als Opfer im Kult verwendet wurde und Tausende von Tieren auf und an den Altären der Götter ihr Leben lassen mussten, gab es im Buddhismus bereits erste Ansätze zu einer *Tier-Ethik*« (Gerlitz 1993, 57). Der Brauch, Tiere vor dem Schlachter zu bewahren, wird in buddhistisch geprägten Ländern Asiens nach wie vor praktiziert. An Festtagen werden Vögel aus ihren Käfigen befreit und den Metzgern Hühner, Schweine und Hunde abgekauft. Die Tiere werden freigelassen oder in Tierheimen, die den Klöstern gehören, untergebracht, wo sie bis zu ihrem natürlichen Tode versorgt werden.

Es gibt viele Buddhistinnen und Buddhisten, die vegetarisch oder vegan leben, viele andere, vor allem jene der Theravada-Tradition, dagegen essen Fleisch (s. Kap. 60). Die erste Übungsregel oder ethische Richtlinie (*Sila*) des Buddhismus verbietet das Töten oder Verletzen eines anderen Lebewesens. Häufig wurde und wird diese Regel aber mit Hinweis auf eine umstrittene, apokryphe Aussage Buddhas so interpretiert als würde sie dem einzelnen Buddhisten lediglich vorschreiben, »dass er nicht töten und dass nicht eigens für ihn ein Lebewesen getötet werden darf« (Klöcker u. a. 1995, 176). Sei dies nicht der Fall, dürfe man jenes Fleisch, das bei den Bittgängen der Mönche in die Almosenschalen gegeben werde, essen, denn man habe die Tötung des Tieres ja nicht selbst veranlasst. Heute, in einer Welt der Tierfabriken und Schlachthäuser, erscheint eine moralphilosophische Kasuistik, die zwischen einer selbst veranlassten Tiertötung und einer allgemeinen Tötung eines Tieres für den Verkauf im Supermarkt unterscheidet, obsolet zu sein, wenn nicht gar zynisch (Singer 2000, 68). Viele Buddhistinnen und Buddhisten, prominente und weniger prominente, sehen dies auch so und sprechen sich für eine vegetarische oder vegane Ernährungsweise aus. Zu den bedeutendsten davon zählen die buddhistischen Mönche Roshi Philip Kapleau, Geshe Thupten Phelgye und Thich Nhat Hanh. Gerhard Weissgrab, der Präsident der Österreichischen Buddhistischen Religionsgesellschaft stellte fest: »Ein Blick auf die buddhistischen Ethikregeln, und hier vor allem auf die erste Regel [...] impliziert bei ehrlicher und tiefer Betrachtung zumindest eine vegetarische Form der Ernährung« (Weissgrab 2012, 154). Der US-amerikanische Tierrechtler Norm Phelps (2004) hielt buddhistische Rechtfertigungsversuche für das Essen von Fleisch für einen Verrat an den zentralen buddhistischen Lehren vom Nicht-Verletzten (*Ahimsa*) und vom Mitgefühl (*Karuna*).

Mitgefühl kann definiert werden als »der Wunsch, dass alle Wesen frei von Leid sein mögen« (Stürzer 2006, 95). »Mögen alle Lebewesen frei von Leiden sein und frei von den Ursachen des Leidens«, heißt es in der buddhistischen Meditation der Vier Unermesslichen (*Brahmavihara*). »Mögen alle Lebewesen glücklich sein und im Besitz der Ursachen des Glücks«.

23.3 Fazit

Wie sich hier zeigt, sind Religionen und die von ihnen vertretenen Normen einerseits komplex und vielgestaltig. Sie unterliegen einer Entwicklung und einem Wandel. Über die konkrete Auslegung heiliger Schriften bestehen unter Gläubigen teils gravierende Meinungsdifferenzen. Andererseits stellen durch Religionen vermittelte Normen moralische Traditionen dar. Theologische Konzepte und geschichtliche Erfahrungen haben häufig ein religionsspezifisches Ethos hervorgebracht, das gesellschaftliche und kulturelle Moralvorstellungen als kollektives Gedächtnis bis heute beeinflusst. Dies gilt auch für den Bereich der Tierethik.

Literatur

Baghajati, Tarafa: Mensch-Tier-Beziehung und Tierschutz im Islam. In: Edith Riether/Michael Noah Weiss (Hg.): *Tier – Mensch – Ethik*. Wien/Berlin 2012, 189–198.

Berry, Rynn: *Food for the Gods. Vegetarianism and the World's Religions*. New York/Los Angeles 1998.

Chapple, Christopher Key: Animals in Jainism. In: Andrew Linzey (Hg.): *The Global Guide to Animal Protection*. Urbana 2013, 244–245.

Deschner, Karlheinz: Das schwärzeste aller Verbrechen. Christen gegen die Kreatur. Eine Polemik. In: *Die Zeit* Nr. 35, 22.8.1997, 40.

Die vier Unermesslichen. In: http://info-buddhismus.de/PDF/Die-vier-Unermesslichen.pdf (14.5.2015).

Donaldson, Brianne: Jainismus. In: Arianna Ferrari/Klaus Petrus (Hg.): *Lexikon der Mensch-Tier-Beziehungen*. Bielefeld 2015, 184–187.

Franziskus: *Laudato Sí. Über die Sorge für das gemeinsame Haus*. Hg. vom Sekretariat der Deutschen Bischofskonferenz (Verlautbarungen des Apostolischen Stuhls Nr. 202). Bonn 2015.

Gerlitz, Peter: Das Ethos des Buddhismus. In: Khoury (Hg.): *Ethos der Weltreligionen*. Freiburg i. Br. 1993, 47–74.

Klöcker, Michael/Tworuschka, Monika/Tworuschka, Udo (Hg.): *Wörterbuch Ethik der Weltreligionen. Die wichtigsten Unterschiede und Gemeinsamkeiten*. Gütersloh 1995.

Knörzer, Guido: *Töten und Fressen? Spirituelle Impulse für einen anderen Umgang mit Tieren*. München 2001.

Krausen, Halima: Islam. In: Arianna Ferrari/Klaus Petrus (Hg.): *Lexikon der Mensch-Tier-Beziehungen*. Bielefeld 2015, 178–180.

Küng, Hans: *Projekt Weltethos*. München 2010.

Kundu, Bimal: Tierethik im Hinduismus. In: Edith Riether/Michael Noah Weiss (Hg.): *Tier – Mensch – Ethik*. Wien/Berlin 2012, 141–147.

Linzey, Andrew: Religious Slaughter. In: Ders. (Hg.): *The Global Guide to Animal Protection*. Urbana 2013, 171–172.

Linzey, Andrew/Cohn-Sherbok: *After Noah. Animals and the Liberation of Theology*. London 1997.

Phelps, Norm: *The Great Compassion. Buddhism and Animal Rights.* New York 2004.
Remele, Kurt: *Die Würde des Tieres ist unantastbar. Eine neue christliche Tierethik.* Kevelaer 2016.
Remele, Kurt: Zwischen Apathie und Mitgefühl. Religiöse Lehren aus tierethischer Perspektive. In: *Tierrechte. Eine interdisziplinäre Herausforderung.* Hg. von der Interdisziplinären Arbeitsgemeinschaft Tierethik. Erlangen 2007, 254–270.
Rheinz, Hanna: Judentum. In: Arianna Ferrari/Klaus Petrus (Hg.): *Lexikon der Mensch-Tier-Beziehungen.* Bielefeld 2015, 187–189.
Rheinz, Hanna: Kabbala der Tiere. Tierrechte im Judentum und warum sie bis zum heutigen Tag kollektive Abwehr auslösen. In: *Tierrechte. Eine interdisziplinäre Herausforderung.* Hg. von der Interdisziplinären Arbeitsgemeinschaft Tierethik. Erlangen 2007, 234–253.
Singer, Peter: *Writing on an Ethical Life.* New York 2000, 68.
Slaughter of Animals without prior Stunning. In: http://www.fve.org/news/position_papers/animal_welfare/fve_02_104_slaughter_prior_stunning.pdf (12.5.2016).
Stürzer, Michael (Hg.): *Buddhismus. Von Anfängergeist bis Zen.* Berlin 2006.
Tutu, Desmond: Foreword: Extending Justice and Compassion. In: Andrew Linzey (Hg.): *The Global Guide to Animal Protection.* Urbana/Chicago/Springfield 2013, o. S.
Walzer, Michael: *Lokale Kritik – globale Standards. Zwei Formen moralischer Auseinandersetzung.* Hamburg 1996.
Weissgrab, Gerhard: Lehre des Buddha: »Ethik für alle fühlenden Wesen«. In: Edith Riether/Michael Noah Weiss (Hg.): *Tier – Mensch – Ethik.* Wien/Berlin 2012, 149–158.
Weisz, Willy: Die ethische Dimension der Mensch-Tier-Beziehung im Judentum. In: Edith Riether/Michael Noah Weiss (Hg.): *Tier – Mensch – Ethik.* Wien, Berlin 2012, 159–167.

Kurt Remele

IV Grundbegriffe der Tierethik

24 Anthropozentrismus

Der Begriff leitet sich vom griech. *anthropos*, ›Mensch‹, sowie *kéntro*, ›Zentrum, Mittelpunkt‹ her und bedeutet im Kern, dass sich der Mensch als Mittelpunkt der Welt versteht. Relevant für den Kontext der Tierethik sind vor allem seine Ausprägungen als epistemischer und moralischer bzw. normativer Anthropozentrismus.

Als ›epistemischen‹ oder auch ›erkenntnistheoretischen Anthropozentrisms‹ bezeichnet u. a. die Naturethikerin Angelika Krebs jene Position, derzufolge für die Erkenntnis der Welt eine ausschließlich menschliche Perspektive eingenommen werden kann (Krebs 1997, 345). Das bedeutet, dass sämtliche Kategorien, Begrifflichkeiten, Modelle und Theorien als Ordnungsstrukturen des menschlichen Denkens ergeben, dass der menschliche Standpunkt für unser Bild der Welt unhintergehbar und nicht austauschbar ist. Wir können die Welt immer nur mit unseren Begrifflichkeiten und im Rahmen unserer Vorstellungswelt beschreiben. Für die Tierethik ist dieser (deskriptive) Befund insofern relevant, als dass alle Aussagen über die Empfindungen und das Erleben von Tieren notwendig Schlussfolgerungen sind, die zwar auf empirischer Forschung beruhen, aber als solche dennoch dem epistemischen Anthropozentrismus im oben beschriebenen Sinne verhaftet bleiben. Das spielt insbesondere dann eine Rolle, wenn es um die Frage geht, ob z. B. ganz andere Formen der Weltwahrnehmung und Empfindung (auch des Leidens und der Schmerzempfindung) möglich sind (etwa bei Pflanzen oder der unbelebten Natur), die sich unserem Vorstellungsvermögen vollkommen entziehen (Nagel 1979). Da wir diese Zustände, wenn es sie geben würde, überhaupt nicht kognitiv erfassen könnten, bleibt aus dieser Perspektive auch jede (Tier-)Ethik insofern notwendig anthropozentrisch, als sie auf einem epistemischen Anthropozentrismus beruht.

Der ›epistemische Wertanthropozentrismus‹ hingegen vertritt die These, dass Werte nur mit und durch den Menschen an die Welt herangetragen werden: Gäbe es keine Menschen, käme auch nichts Existierendem ein (moralischer) Wert zu. »Nur durch die Existenz wertender Menschen, denen Dinge etwas ausmachten, gäbe es so etwas wie einen besseren oder schlechteren Zustand der Welt« (ebd., 344). Diese metaethische Position spielt für die Tierethik keine unmittelbare Rolle.

Als ›moralischen‹ (oder auch ›normativen‹) Anthropozentrismus bezeichnet man hingegen jene Position, derzufolge nur der Mensch, nicht aber Tiere oder die nicht-tierliche Natur einen moralischen Wert bzw. einen eigenständigen moralischen Status hat. Der Anthropozentrismus ist neben dem Pathozentrismus (s. Kap. 5) und dem Biozentrismus (s. Kap. 27) eine von drei zentralen Argumentationsstrategien in Bezug auf die Frage, aus welchen Gründen man Tieren einen moralischen Status zu- oder absprechen sollte.

Innerhalb der Tierethik ist diese philosophische Grundhaltung bis heute einflussreich und wird kontrovers diskutiert. Anthropozentrische Argumentationen führen Gründe dafür an, warum ausschließlich Menschen ein moralischer Wert bzw. moralische Relevanz zukommt. Das bedeutet aber nicht, dass der Umgang des Menschen mit Tieren sich einer moralischen Beurteilung entziehen müsse oder sollte. Auch aus anthropozentrischer Perspektive kann es gute Gründe geben, nicht rücksichtslos oder grausam gegenüber Tieren zu sein.

Die argumentative Gemengelage zwischen den drei Strömungen, insbesondere jedoch zwischen pathozentrisch und anthropozentrisch argumentierenden Konzeptionen, stellt sich u. a. deshalb als komplex dar, weil mit der Feststellung, dass jemand anthropozentrisch oder pathozentrisch argumentiert, noch nicht gesagt ist, inwiefern Tiere moralisch zu berücksichtigen seien und was genau wir mit ihnen tun dürfen. Anthropozentrisch argumentierende Tierethikerinnen und Tierethiker können Tiere durchaus als berücksichtigenswert ausweisen – nur eben aus speziellen anthropozentrischen Gründen. Pathozentriker hingegen können im Zuge hierarchischer Begründungen zu einer Position kommen, derzufolge Menschen bzw. Personen in spezifischen Situationen ein moralischer Vorrang zukommen könnte und Tiere in einem weitgehenden Rahmen vom Menschen instrumentalisiert werden dürften (Singer 2013). Moralischer Anthropozentrismus behauptet also weder durchgängig oder grundsätzlich die moralische Irrelevanz von Tieren noch ist er auf einen starken Speziesismus festgelegt. Bryan G. Norton unterscheidet diesbezüglich zwischen einem strengen und einem weichen Anthropozentrismus – in

J. S. Ach / D. Borchers (Hg.), *Handbuch Tierethik*, https://doi.org/10.1007/978-3-476-05402-9_24

der strengen Variante zählen Tiere moralisch nicht, in der weichen auf indirekten Wege durchaus (Norton 1987, 13); Yang-Hyun Kim zwischen einem »radikalen starken« und einem »gemäßigten schwachen« Anthropozentrismus (Kim 1998, 68 f.).

24.1 Positionen und Argumente

Historische Positionen

Antike. Die anthropozentrische Tradition ist auf das Engste verbunden mit der Wesensbestimmung des Menschen als Vernunftwesen. Sie wird deswegen auch verschiedentlich als ›Rationzentrismus‹ bezeichnet. Diese Tradition hat ihre erste starke Ausprägung in der Antike, u. a. bei Aristoteles und in der Stoa. Aristoteles gesteht bestimmten Tieren zwar durchaus Intelligenz zu, gleichwohl kann man sie nicht als Vernunftwesen in dem Sinne wie Menschen bezeichnen. Tiere und Menschen teilen vor allem physische Eigenschaften, der Mensch hebt sich aber aus dem Tierreich durch seine überragende, der Sache nach einzigartige Vernunftfähigkeit heraus. »Die Seele führt über den Leib ein despotisches, und der Verstand über das Strebevermögen ein politisches und königliches Regiment, wobei es am Tage liegt, dass es für den Leib naturgemäß und nützlich ist, von der Seele, und ebenso für das Subjekt der Gefühle, vom Verstande und dem vernunftbegabten Teile beherrscht zu werden, wohingegen eine Gleichstellung oder umgekehrte Stellung allen Seelenteilen schädlich wäre. Ebenso ist es wieder mit den Beziehungen zwischen dem Menschen und den anderen Sinnenwesen. Die zahmen sind von Natur aus besser als die wilden, und für sie alle ist es am besten, wenn sie vom Menschen beherrscht werden, weil sie so bewahrt und erhalten bleiben« (Aristoteles, Politik 1254a–1254b 27, 1256b 7–27). Mensch und Tier sind zuteilen gleich, aber die Vernunftfähigkeit macht den großen Unterschied. Diese Vernunftfähigkeit zu entfalten wird von Aristoteles als Telos der menschlichen Entwicklung ausgewiesen und eine Lebensform, die der Vernunfttätigkeit zur Gänze gewidmet ist, das kontemplative Leben, ist die für den Menschen höchste erreichbare Lebensform. Tiere sind dazu da, dem Menschen zu nützen; vor allem zur Befriedigung der leiblichen Bedürfnisse.

Dieser Denkweg wird durch die Stoa und die weitere Tradition der antiken Philosophischen Schulen bis auf wenige Ausnahmen fortgeführt (s. Kap. 1). Auch Cicero schwärmt von den kulturellen und zivilisatorischen Errungenschaften, die der Mensch mit seinen geschickten Händen und seinem Verstand hervorgebracht hat. Ihm sei es gelungen, die Natur und auch die Tiere für seine Zwecke zu nutzen und die völlige Herrschaft über die Erde zu erringen. Er zieht daraus die Schlussfolgerung: »Mit diesen Ausführungen glaube ich hinreichend dargelegt zu haben, wie sehr die menschliche Natur die aller anderen Wesen überragt. Daraus muss ersichtlich werden, dass weder der Körperbau und die Anordnung der Glieder noch eine solche Kraft des Geistes und des Verstandes als das Ergebnis reinen Zufalls angesehen werden kann. Ich habe nun nur noch zu beweisen und damit endlich zum Schluss zu kommen, wie alle Dinge der Welt, aus denen Menschen ihren Nutzen ziehen, allein um der Menschen willen geschaffen und eingerichtet sind« (Cicero 1978, 150–162).

Mittelalter. Mittelalterliche christliche Denker führen die anthropozentrische Argumentation unter Verweis auf biblische Quellen und Auslegungen sowie auf die antike Tradition (vor allem Aristoteles) fort (s. Kap. 2, 23). So stellt auch Augustinus kategorisch fest: »Wenn wir lesen: ›Du sollst nicht töten‹, nehmen wir nicht an, dass sich dies auf Sträucher bezieht, und zwar, weil sie keine Empfindung besitzen, und ebensowenig auf vernunftlose Lebewesen, ob sie nun fliegen, schwimmen, laufen oder kriechen, weil sie uns durch den Mangel an Vernunft, die ihnen nicht mit uns gemeinsam gegeben ist, nicht zugesellt sind. Darum hat auch die gerechteste Anordnung des Schöpfers ihr Leben und ihr Sterben unserem Nutzen angepasst« (Augustinus, Vom Gottesstaat I 20). Und bei Thomas von Aquin heißt es: »Auf Grund göttlicher Anordnung wird das Leben der Tiere und Pflanzen erhalten, doch nicht um ihrer selbst wegen, sondern des Menschen wegen. [...] Die Tiere und Pflanzen haben nicht das Leben der Vernunft, wodurch sie selbst ihr Leben ›führen‹ könnten, sondern immer werden sie auf Grund eines naturhaften Antriebes gleichsam von einem anderen ›gelebt‹. Das ist ein Zeichen dafür, dass sie von Natur aus zum Dienste und zum Gebrauch anderer Wesen bestimmt sind« (Thomas von Aquin, Summa theologica, II-II, qu. 64,1).

Neuzeit. Auch wenn es in der Neuzeit mit Michel de Montaigne und anderen einige wenige Stimmen gab, die die Gleichheit zwischen Mensch und Tier betonten und im Umgang mit Tieren zu Mäßigung und Mitgefühl aufriefen (Montaigne 1580), so war doch die anthropozentrische Argumentation weiterhin dominant (s. Kap. 3). Stellvertretend für viele Wissenschaftler und Philosophen dieser Zeit, etwa Francis Bacon und Thomas Hobbes sei hier vor allem René Descartes genannt, der als einer der Hauptvertreter eines radikalen, starken Anthropozentrismus in der Neuzeit gilt. Tiere haben keine Seele und sind, wie sich Descartes zufolge am Beispiel der Sprache zeigen lässt, gänzlich ohne Kreativität und Intelligenz. Tiere sind von der Natur bestimmt, im Grunde genommen sind sie einfach Automaten: »Es ist auch sehr bemerkenswert, dass zwar viele Tiere in manchen ihrer Handlungen mehr Geschicklichkeit zeigen als wir, dass man aber trotzdem dieselben Tiere in vielen anderen Fällen überhaupt keine zeigen sieht. Der Tatbestand also, dass sie es besser machen als wir, beweist nicht, dass sie Geist haben; denn wenn man es so nimmt, dann hätten sie mehr als irgendeiner von uns und würden es in jeder Beziehung besser machen. Aber sie haben im Gegenteil gar keinen, und es ist die Natur, die in ihnen je nach Einrichtung ihrer Organe wirkt, ebenso, wie offensichtlich eine Uhr, die nur aus Rädern und Federn gebaut ist, genauer die Stunden zählen und die Zeit messen kann als wir mit all unserer Klugheit« (Descartes: Methode, 93–97).

Bei Immanuel Kant finden wir dann allerdings eine differenziertere Beschreibung der Natur der Tiere. Er gesteht ihnen durchaus zu, dass sie Leiden und Schmerzen empfinden können. Sie können aber niemals moralisch relevant sein, weil sie keine Vernunftwesen und mithin nicht als Zweck an sich selbst zu betrachten seien. Das bedeutet, dass wir ihnen gegenüber keine moralischen Pflichten haben – wohl aber moralische Pflichten *in Ansehung* der Tiere, also indirekte Pflichten. Diese ergeben sich dadurch, dass derjenige, der sich Tieren gegenüber grausam verhält, Gefahr läuft, das moralische Gefühl in sich zu verletzen, was wiederum bedrohlich sein kann in Hinblick auf die Wahrnehmung der direkten moralischen Pflichten Vernunftwesen gegenüber (s. Kap. 15, 36). Grundsätzlich besteht aber eine tiefe Kluft in Hinblick auf den moralischen Status zwischen Mensch und Tier: »Daß der Mensch in seiner Vorstellung das Ich haben kann, erhebt ihn unendlich über alle andere auf Erden lebende Wesen. Dadurch ist er eine *Person* und vermöge der Einheit seines Bewußtseins bei allen Veränderungen, die ihm zustoßen mögen, ein und dieselbe Person, d. i. ein von *Sachen*, dergleichen die vernunftlosen Thiere sind, mit denen man nach Belieben schalten und walten kann, durch Rang und Würde ganz unterschiedenes Wesen, selbst wenn er das Ich noch nicht sprechen kann, weil er es doch in Gedanken hat [...]« (Kant 1798/1907, 127).

Descartes und Kant sind mit ihren Positionen die Protagonisten einer starken philosophischen anthropozentrischen Tradition. Sie hat, trotz der u. a. durch Schopenhauer und Bentham am Ratiozentrismus geübten Kritik und der naturwissenschaftlichen Entwicklungen des 19. Jahrhunderts, durch die – wie etwa durch Charles Darwin – die biologische Nähe zwischen Mensch und Tier betont wurde, bis in die Gegenwart hinein das Denken vieler Menschen beeinflusst.

Aktuelle Positionen

Die Tierethik der Gegenwart ist durch die Kontroverse zwischen anthropozentrischen, pathozentrischen und biozentrischen Positionen und Konzeptionen gekennzeichnet. Die Diskussion um den moralischen Status von Tieren bildet nach wie vor das Zentrum der tierethischen Forschung, auch wenn heute viele neue Themenfelder hinzugekommen sind und es eine breite Debatte um Anwendungsfragen in diversen Kontexten gibt (s. Kap. V und VI). Anthropozentrische Thesen werden heute in starker und schwacher Form formuliert; hauptsächlich in deontologischen, tugendethischen und kontraktualistischen Konzeptionen. Dabei geht es einigen anthropozentrisch argumentierenden Tierethikerinnen und Tierethikern aber darum aufzuzeigen, wie man auch in anthropozentrischen Ansätzen für eine starke moralische Berücksichtigung von Tieren argumentieren kann.

Deontologisch. Christine Korsgaard ist eine jener Tierethikerinnen und Tierethiker, die zu zeigen versuchen, dass man auch im moraltheoretischen Rahmen des kantischen Ansatzes die moralische Berücksichtigung von Tieren gut begründen kann (Korsgaard 2011; s. Kap. 15). Korsgaard geht wie Kant davon aus, dass die Grundlage der Moral in der Vernunft liegt, weil nur sie uns dazu befähigt, uns die Gesetze unseres Handelns selbst zu geben. Das können eben nach Lage der Dinge nur Menschen und so sind sie es auch, die unmittelbar moralischen Status genießen. Korsgaard fordert uns allerdings dazu auf, unseren Blick auf jene Güter zu richten, die durch die moralischen Gesetze geschützt werden sollen – und das sind u. a. Schmerz- und Leidfreiheit. Es ist offensichtlich, dass uns die Fähigkeit, Zustände als gut oder schlecht empfinden zu können und der Wunsch, negative Zustände zu vermeiden und sie nach Möglichkeit nicht erleiden zu müssen, mit den Tieren verbindet. Moral sei dazu da, ein System wechselseitiger Beziehungen zu gestalten (ebd., 270), indem Menschen sich Rechte und Pflichten zusprechen. Vor diesem Hintergrund schlägt sie einen erweiterten Kategorischen Imperativ vor, der Tiere ausdrücklich einbezieht: »Wir dürfen mit den anderen Tieren interagieren, solange wir das in einer Weise tun, von der wir meinen, es sei plausibel zu glauben, dass sie ihr zustimmen würden, wenn sie könnten – das heißt in einer Weise, die für beide Seiten vorteilhaft und fair ist und es ihnen erlaubt, ein Leben zu führen, das einigermaßen der ihnen eigentümlichen Lebensweise entspricht« (ebd., 284).

Kontraktualistisch. Im Kontext vertragstheoretischer Konzeptionen findet man die ganze Bandbreite vom starken bis zum schwachen Anthropozentrismus (s. Kap. 16). Peter Carruthers gehört zu jenen Vertragstheoretikern, die einen moralischen Status von Tieren klipp und klar ablehnen. Hinter dem Schleier des Nichtwissens wisse man selbstredend, dass man in einer realen Gesellschaft ein Mensch sein werde. Wenn man – wie John Rawls es seiner Ansicht nach voraussetzt – im Urzustand keinerlei moralische Überzeugungen habe, habe man auch zunächst einmal nicht das moralische Bedürfnis, sich für einen moralischen Status von Tieren stark zu machen. Damit sei auch die Idee vom Tisch, dass sich die Menschen in der Entscheidungssituation für Tiere advokatorisch einsetzen. Die im Urzustand beschlossenen Gerechtigkeitsprinzipien würden dementsprechend keinerlei moralische Verpflichtungen gegenüber Tieren bzw. Rechte für sie vorsehen. Ebenso wie Rawls selbst gesteht allerdings auch Carruthers zu, dass der Umgang mit Tieren nicht vollkommen in unser Belieben gestellt sei. Während Rawls meint, wir sollten uns Tieren gegenüber zumindest von unserem Mitgefühl leiten lassen und sie entsprechend rücksichtsvoll behandeln (Rawls 1993), bedient sich Carruthers eines tugendethischen Arguments: Er gibt zu bedenken, dass die Menschen im Urzustand wahrscheinlich beschließen würden, »dass jeder verpflichtet sein sollte, bestimmte Tugenden, das heißt gute Charaktereigenschaften zu entwickeln und zu bewahren. Demzufolge besteht eine strenge moralische Verpflichtung, eine bestimmte Art von Person zu sein (insbesondere eine, die großzügig und mitfühlend ist). [...] Nach dem Ansatz, der sich daraus ergibt, ist das, was Astrid tut, wenn sie Dartpfeile auf ihre Katze wirft, also moralisch falsch aufgrund dessen, was es uns über sie zeigt – insbesondere, dass sie eine grausame Person ist.« Die Falschheit der Grausamkeit als Charaktereigenschaft liege aber eben in den potentiellen Auswirkungen auf jene begründet, die »im eigentlichen Sinne moralischen Status besitzen – nämlich aller Menschen, und nur der Menschen« (Carruthers 1992, 91).

Klaus Peter Rippe hingegen befindet sich quasi am anderen Ende des innerkontraktualistischen Spektrums: Er versucht im Rahmen eines Gedankenexperiments zu zeigen, dass eine Gruppe von Menschen, die zum Teil mit Kindern, behinderten Angehörigen oder auch Tieren, die ihnen etwas bedeuten, in einer Verhandlungssituation auch mit guten Gründen die moralische Berücksichtigung von Tieren heraushandeln könnten (Rippe 2008) Insofern kontraktualisitsche Positionen Tiere als Subjekte schützen könne, sei er in Hinblick auf den moralischen Schutz der individuellen Tiere dem Utilitarismus überlegen und damit insgesamt aus tierethischer Perspektive die adäquatere und zielführendere, mithin die attraktivere Moraltheorie.

Tugendethisch und multikriteriell. Auch innerhalb der Tugendethik lassen sich unterschiedliche Varianten anthropozentrischer Argumentationen ausmachen (s. Kap. 18). Für Lawrence Becker macht es einen tugendhaften Menschen gerade aus, dass er eine größere emotionale und soziale Nähe zu Menschen als zu Angehörigen anderer Spezies empfindet; ebenso wie er auch zu Familienmitgliedern engere Beziehungen unterhält als zu Freunden, Bekannten oder fremden Menschen. Der Mensch entwickle ein subtiles, fein abgestuftes Präferenzsystem sozialer Beziehungen innerhalb der Spezies Mensch und gleichzeitig stünden ihm Angehörige dieser Spezies (naturgemäß) näher als die anderer Spezies. Von einem tugendhaften Menschen würden wir seiner Ansicht nach dementsprechend auch erwarten, dass er die Interessen von Menschen höher gewichte als die von Tieren und dass menschliche Interessen Vorrang haben. Er selbst geht davon aus, dass uns diese Überlegung »auf irgendeine Version von Speziesismus festlegt – nicht auf die absolute oder entschiedene Variante, aber vermutlich auf eine im gemäßigten bis starken Bereich« (Becker 1983, 148). Für ihn ist es eine völlig offene Frage, was die Tugendhaftigkeit in Hinblick auf den Umgang mit Tieren bedeuten könne. Rosalind Hursthouse ist in dieser Hinsicht entschiedener: Für sie (2011) und auch für Mary Midgley (1983) ist klar, dass tugendhaftes Handeln in zentraler Weise bedeutet, Mitgefühl zu entwickeln und dieses Gefühl in seinen moralischen Handlungsentscheidungen wirksam werden zu lassen. Mag es auch zunächst eine größere soziale Nähe zur eigenen Spezies geben, so bedeutet dies keineswegs, dass Tiere uns gleichgültig sein dürfen. Da wir zum Teil eng mit ihnen zusammenleben und kooperieren, stehen sie uns ebenfalls nahe und Mitgefühl, Einfühlungsvermögen und Rücksichtnahme machen Tieren gegenüber den wahrhaft tugendhaften Menschen aus. Diese Variante tugendethischer Positionen bemüht sich um den Nachweis, dass eine anthropozentrische Ausgangsposition, die auf einen gemäßigten Speziesismus hinausläuft, gleichwohl aus tierethischer Perspektive ein moralisch starker Ansatz sein kann.

24.2 Anthropozentrismus und Speziesismus

Spielarten des Speziesismus

Definition. Als ›Speziesismus‹ bezeichnet man in der Tierethik die Einstellung, dass ausschließlich Menschen moralisch relevant sind (s. Kap. 33). Nur Angehörige der Spezies ›Mensch‹ können moralisch relevant sein, alle Wesen, die anderen Spezies angehören, sind es nicht. Diese Idee einer moralischen Sonderstellung des Menschen hat ihre Wurzeln zum einen in der Vernunfttradition der Philosophie seit der Antike; zum anderen in der christlichen Tradition, die im Kern mit der Gottesebenbildlichkeit des Menschen argumentiert (Rippe 2008, 47). Es handelt sich dabei um eine Einstellung, die in unserer Gesellschaft immer noch tief verankert ist und die, wie man sehen kann, auch innerhalb der Tierethik Befürworter hat.

Varianten. Allerdings muss man verschiedene Spielarten des Speziesismus unterscheiden: In der Tierethik unterscheidet man zwischen qualifiziertem und unqualifiziertem Speziesismus (Rachels 1991). Für den unqualifizierten Speziesismus ist in Hinblick auf die Fixierung des moralischen Status' allein Tatsache ausschlaggebend, zu welcher Gattung ein Wesen gehört. Gehört es nicht der Spezies Mensch an, ist die Frage nach seinem moralischen Status ›automatisch‹ negativ zu beantworten. Der qualifizierte Speziesismus behauptet hingegen, dass die Gattungszughörigkeit aufgrund eines qualifizierenden Merkmals relevant sei, das für die Gattung ›Mensch‹ typisch oder wesentlich sei – das kann Gottesebenbildlichkeit oder Vernunftfähigkeit sein, aber auch Person-Sein.

Zudem kann man zwischen einem radikalen und einem gemäßigten Speziesismus unterscheiden. Für radikale Speziesisten sind nur Menschen moralisch schutzwürdig. Für gemäßigte Speziesisten können ggf. auch Tiere moralisch zu berücksichtigen sein – allerdings in einem weitaus geringeren Maße.

Das Verhältnis von Anthropozentrismus und Speziesismus

Komplexe Relationen. Die inhaltlichen und argumentativen Relationen und Verbindungen zwischen den verschiedenen Ausprägungen des Anthropozentrismus und des Speziesismus sind komplex und vielschichtig. Grundsätzlich kann man sagen: Anthropozentrismus ist nicht notwendigerweise deckungsgleich mit einer Form des Speziesismus – man kann als Anthropozentriker auch eine Form des *Eigenschaftszentrismus* vertreten, bei dem das Vorliegen einer für den moralischen Status als entscheidend ausgewiesenen Eigenschaft zentral ist. Dass diese Eigenschaft aktuell vermutlich nur bei Angehörigen der Spezies ›Mensch‹ anzutreffen ist, ist gewissermaßen ein kontingentes Faktum und als solches eigentlich von nachgeordnetem Interesse. Sollte sich zeigen lassen, dass die relevante Eigenschaft auch bei bestimmten Tieren oder anderen Wesen vorliegt, würde das ihren moralischen Status sofort verändern. Qualifizierte Speziesisten und Eigenschaftszentristen können dabei im Prinzip auf die gleichen Eigenschaften rekurrieren – Vernunftfähigkeit, Selbstbewusstsein, Intelligenz, Sprach- und Denkfähigkeit, Reflexionsvermögen, Zukunftsbewusstsein, Autonomie.

Varianten anthropozentrischer Positionen. Anthropozentriker kann es in drei Ausführungen geben: als qualifizierte und unqualifizierte Speziesisten oder als ›Eigenschaftszentriker‹, die nur aus kontingenten Gründen Anthropozentriker sind. Kant könnte man vor diesem Hintergrund plausibel als einen Anthropozentriker interpretieren, der eigentlich keinen (qualifizierten) Speziesismus vertritt, sondern als Eigenschaftszentriker prinzipiell bereit wäre, die moralische Relevanz über Menschen (und Engel) hinaus ausweiten, sofern sich auch Tiere als vernunftfähig im von ihm konzipierten Sinne erwiesen.

Darüber hinaus können anthropozentrische Positionen einen starken oder gemäßigten Speziesismus vertreten. Als gemäßigte Speziesisten können sie ggf. zu moralischen Forderungen kommen, die hinsichtlich des moralisch korrekten Verhaltens gegenüber Tieren wesentlich gehalt- und anspruchsvoller sein können, als man es zunächst vielleicht erwarten würde.

24.3 Fazit und Ausblick

Die Bandbreite anthropozentrischer Positionen ist groß. Sie erstreckt sich über ganz unterschiedliche moraltheoretische Positionen hinweg. Anthropozentrische Argumentationen können sich als unterschiedliche Varianten eines Speziesismus darstellen, sie können aber auch als Eigenschaftszentrismus konzipiert werden. In der zeitgenössischen Tierethik sind sie massiver Kritik von pathozentrischer und biozentrischer Seite ausgesetzt (Singer 2013; Regan 1984; Ach 1999). Auch wenn es gegenwärtig den Anschein hat, als würde der Pathozentrismus die gegenwärtige Tierethik dominieren und stelle gewissermaßen den ›Mainstream‹ tierethischer Argumentationen dar, so wird man doch konstatieren müssen, dass aktuell neben biozentrischen auch vielfältige neue anthropozentrische Positionen und Ansätze entwickelt worden sind. Nicht alle anthropozentrischen Positionen treten mit dem erklärten Argumentationsziel an, Tieren mit guten Gründen einen moralischen Status zu verweigern. Ganz im Gegenteil: Wie das Beispiel von Christine Korsgaard zeigt, geht es einigen gerade auch darum, eine moralisch starke Position für Tiere auf anthropozentrischer Basis herzuleiten. Gerade weil man den Eindruck gewinnen kann, dass anthropozentrische Positionen in der gegenwärtigen Tierethik in die Defensive geraten sind, ist es interessant zu sehen, ob und ggf. wie sie sich aus dieser Lage zu befreien suchen.

Literatur

Ach, Johann S.: *Warum man Lassie nicht quälen darf. Tierversuche und moralischer Individualismus.* Erlangen 1999.
Augustinus: *Der Gottesstaat.* Paderborn 1979.
Aristoteles: *Politik.* Hamburg 1981.
Becker, Lawrence: The Priority of Human Interests. In: Harlan B. Miller/William Williams (Hg.): *Ethics and Animals.* Heidelberg 1983, 225–238.
Carruthers, Peter: *The Animal Issue: Moral Theory in Practice.* Cambridge 1992.
Cicero: *Vom Wesen der Götter.* München 1978.
Descartes, René: *Von der Methode des richtigen Vernunftgebrauchs und der wissenschaftlichen Forschung* [1637]. Meiner 1960 [Methode].
Hursthouse, Rosalind: Virtue Ethics And the Treatment of Animals. In: Tom Beauchamp/James Childress (Hg.): *The Oxford Handbook of Animal Ethics.* Oxford 2011.
Kant, Immanuel: *Anthropologie in pragmatischer Hinsicht abgefasst* [1798]. Berlin 1907.
Kim, Yang Hyun: *Kantischer Anthropozentrismus und ökologische Ethik.* Münster 1998.
Korsgaard, Christine: Interacting with Animals. A Kantian Account. In: Tom Beauchamp/James Childress (Hg.): *The Oxford Handbook of Animal Ethics.* Oxford 2011.
Krebs, Angelika: *Naturethik. Grundtexte der gegenwärtigen tier- und ökoethischen Diskussion.* Frankfurt a. M. 1997.
Midgley, Mary: *Animals and Why They Matter.* London 1983.
Montaigne, Michel: *Essais.* Paris 1580.
Nagel, Thomas: What is it like to be a bet? In: Ders. (Hg.): *Mortal Questions.* Cambridge 1979, 165–180.
Norton, Bryan G.: *Why Preserve Natural Variety?* Princeton 1987.
Rachels, James: *Created from Animals.* Oxford 1991.
Rawls, John: *Eine Theorie der Gerechtigkeit.* Frankfurt a. M. [7]1993 (engl. 1971).
Regan, Tom: *The Case for Animal Rights.* London 1984.
Rippe, Klaus Peter: *Ethik im außerhumanen Bereich.* Paderborn 2008.
Singer, Peter: *Praktische Ethik.* Stuttgart [3]2013 (engl. 1979).
Thomas von Aquin: *Summa Theologica* [1266–1273]. Köln 1953.

Dagmar Borchers

25 Argument der Grenzfälle

Das in der Tierethik sehr prominente Argument der Grenzfälle (engl. *Argument from Marginal Cases*) beruht auf dem in der Ethik recht allgemeinen *Problem* der Grenzfälle. In der Ethik wird häufig argumentiert, dass Menschen aufgrund bestimmter Eigenschaften moralisch zu berücksichtigen seien. Immanuel Kant beispielsweise wird im Allgemeinen so verstanden, dass er die Moralfähigkeit für die relevante Eigenschaft hält, aufgrund derer Menschen eine Würde und damit moralischer Stellenwert zukommt (s. Kap. 31). Nun geht es in solchen Argumenten zur Begründung des moralischen Stellenwerts von Menschen allerdings oft um Eigenschaften, die nicht alle Menschen haben. Es gibt zum Beispiel Menschen, die nicht moralfähig sind, weil sie dafür noch zu jung sind, oder weil ihnen aufgrund von schweren kognitiven Behinderungen die dafür notwendigen Fähigkeiten fehlen. Das Problem der Grenzfälle bezieht sich auf die Herausforderung, vor der viele Theorien stehen, nämlich aufzuzeigen ob und, wenn ja, aufgrund wovon auch solchen Menschen, welche die genannten Eigenschaften *nicht* haben, ein moralischer Stellenwert zukommt.

Das Problem der Grenzfälle beschränkt sich aber nicht auf Fragen des moralischen Stellenwerts. Es tritt immer dann auf, wenn behauptet wird, dass den Angehörigen bestimmter Gruppen aufgrund von Eigenschaften etwas zukommt, die nicht alle Angehörigen der Gruppe besitzen. Wenn beispielsweise der Ausschluss von Frauen aus bestimmten Berufen damit gerechtfertigt wird, dass Frauen im Allgemeinen die nötige körperliche Kraft fehle, dann müssen die Anhängerinnen und Anhänger dieser Auffassung begründen, wie zu verfahren ist mit Frauen, die, vielleicht untypischerweise, die für die Tätigkeit nötige Kraft besitzen, und mit Männern, denen diese fehlt. Es gibt grundsätzlich zwei mögliche Antworten auf diese Herausforderung: Entweder es entscheiden letztlich die individuellen Eigenschaften. In diesem Fall würden beispielsweise die besonders starken Frauen auch für die Tätigkeit zugelassen und die schwächeren Männer ausgeschlossen. Oder es gibt eine plausible Rechtfertigung dafür, dass Gruppenzugehörigkeit und nicht individuelle Eigenschaften entscheidend sind. Darüber hinaus muss natürlich hinterfragt werden, ob die genannte Eigenschaft überhaupt für die Sache relevant ist, und ob die meisten oder die typischen Angehörigen der Gruppe diese Eigenschaft tatsächlich haben. Ist etwa körperliche Kraft für das Ausüben der Tätigkeit überhaupt relevant und kommt diese tatsächlich vor allem Männern zu?

Beim Problem der Grenzfälle geht es allerdings nicht so sehr um die Identifizierung moralisch relevanter Eigenschaften, sondern in erster Linie um die Herausforderung, der sich die Befürworterinnen und Befürworter der entsprechenden Prinzipien gegenübersehen, nämlich zu klären, wie mit sogenannten Grenzfällen (im Beispiel: starke Frauen und schwache Männer) umzugehen ist. Diese Herausforderung stellt sich, weil es in der Ethik um die Frage geht, was es rechtfertigt, auf die eine oder andere Weise zu handeln. Wenn nun behauptet wird, dass es gerechtfertigt sei, zwei Individuen, A und B, unterschiedlich zu behandeln, oder gar, dass generell nur A, nicht aber B, moralisch zu berücksichtigen sei, dann muss eine solche Behauptung gerechtfertigt werden. Willkürliche Diskrimination ist *per definitionem* nicht gerechtfertigt.

Alastair Norcross hat an einem Beispiel deutlich gemacht, dass Gruppenzugehörigkeit zumindest nicht immer ein plausibles Kriterium für Ungleichbehandlung ist. Nehmen wir an, zehn berühmte Menschen stünden am Himmelstor und Petrus müsse bestimmen, wer in das Reich des ewigen Glücks eintreten dürfe und wer stattdessen hinunter in die Hölle geschickt werde. Von den fünf Schuldigen an Verbrechen an der Menschheit kommen vier in die Hölle und einer in den Himmel. Von den fünf Unschuldigen kommen vier in den Himmel und einer in die Hölle. Der Unschuldige, der in die Hölle geschickt wird, beschwert sich und verlangt eine Rechtfertigung. Petrus erklärt: »Ist es nicht offensichtlich, Herr Ghandi? Sie sind ein Mann. Und die anderen Schuldigen – Adolf Hitler, Joseph Stalin, George W. Bush und Richard Nixon – sind auch männlich. Daher ist es normal für die Gruppe der Männer, schuldig zu sein. Ob Sie persönlich schuldig sind, ist nicht relevant. Genauso waren die hier anwesenden Frauen in der Regel unschuldig. Darum ist Margaret Thatcher an Ihrer Stelle in den Himmel gekommen« (Norcross 2004, 240).

Das Argument der Grenzfälle wird in der Tierethik häufig verwendet um diejenigen herauszufordern, die, wie beispielsweise Kant es tut, Menschen aufgrund von (vermeintlich) typisch menschlichen Eigenschaften einen höheren moralischen Stellenwert zuschreiben als nicht-menschlichen Tieren (s. Kap. 15). Wenn von den vorgeschlagenen Eigenschaften gilt, dass nicht alle Menschen diese besitzen, und/oder dass manche nicht-menschlichen Tiere die Eigenschaften haben, dann stellt sich die Frage, wie mit solchen Grenzfällen umzugehen ist. Nun ist diese Frage als solche noch kein Argument. Der Verweis auf die Grenzfälle wird daher in der Tierethik auf unterschiedliche Weise in

J. S. Ach / D. Borchers (Hg.), *Handbuch Tierethik*, https://doi.org/10.1007/978-3-476-05402-9_25

Argumente eingegliedert, welche dann jeweils als Argument der Grenzfälle bezeichnet werden.

Das Wort ›Grenzfälle‹ wird in dieser Diskussion als *terminus technicus* verwendet und ist nicht abwertend gemeint. Es geht um Individuen, welche, in vermeintlich für die entsprechende Gruppe untypischer Weise, die als moralisch relevant hervorgehobene Eigenschaft besitzen oder nicht besitzen. In dem Sinne sind in den oben genannten Beispielen der unschuldige Gandhi oder starke Frauen Grenzfälle (weil untypisch für die Gruppe). Weil es aber trotzdem als abwertend aufgefasst werden kann, Individuen, die vom vermeintlich Typischen abweichen, als Grenzfälle zu bezeichnen, wird in der heutigen Diskussion der Begriff von manchen gemieden. Eine alternative Bezeichnung für das Argument der Grenzfälle in der tierethischen Literatur ist *Argument from Species Overlap* (»Argument der Überschneidung zwischen Tierarten«). Die Grenze zwischen solchen Lebewesen, welche die vermeintlich relevante Eigenschaften haben, und solchen, welche diese nicht haben, verläuft eben nicht entlang der Artgrenze, sondern es gibt Überschneidungen.

25.1 Das Argument der Grenzfälle

Peter Singers erstmals vor etwa 40 Jahren veröffentlichtes Buch *Animal Liberation* (*Die Befreiung der Tiere*) wird im Allgemeinen als grundlegendes Werk für die neuere philosophische Beschäftigung mit der Tierethik, sowie als Inspirationsquelle für die Tierschutzbewegung angesehen. In diesem Buch verwendet Singer den Begriff ›Speziesismus‹ in Analogie zu Rassismus und Sexismus für ungerechtfertigte Diskrimination aufgrund der Tierart (engl. *species*) (s. Kap. 33). Manche Unterschiede zwischen Frauen und Männern rechtfertigen es, Frauen anders zu behandeln als Männer. So haben beispielsweise Frauen, nicht aber Männer, an manchen Orten ein juridisches Recht auf Abtreibung. Eine solche Ungleichbehandlung lässt sich rechtfertigen, nämlich dadurch, dass Frauen, nicht aber Männer, schwanger werden können. Die Ungleichbehandlung ist daher mit gleicher moralischer Berücksichtigung zu vereinbaren, welche Singer auffasst als gleiche Berücksichtigung von gleichen Interessen. Mit ›Interessen‹ ist in diesem Kontext das Wohlergehen des betreffenden Individuums gemeint (s. Kap. 7). Für das Wohlergehen der Männer ist ein Recht auf Abtreibung nicht relevant; ihnen dieses Recht zu verweigern impliziert nicht, dass ihr Wohlergehen weniger berücksichtigt wird. Ungleichbehandlung ist erst dann verwerflich, wenn sie sich nicht durch Verweis auf relevante Unterschiede rechtfertigen lässt. Dass Frauen für die gleiche Arbeit weniger Lohn bekommen oder bei gleicher Begabung nicht für ein Studium zugelassen werden ist allerdings sexistisch, da es für eine solche Ungleichbehandlung keine Rechtfertigung gibt. In Analogie dazu wäre es speziesistisch, ohne angemessene Rechtfertigung einem Schwein Schmerzen zuzufügen für einen Zweck, für den wir es nicht angemessen fänden, einem Menschen die gleiche Menge an Schmerzen zuzufügen.

Kritische Verwendung des Arguments der Grenzfälle. In *Animal Liberation* wendet Singer das Argument der Grenzfälle in seiner Besprechung möglicher Repliken auf den Speziesismus-Vorwurf an. Um sich Singers Speziesismus-Vorwurf zu entziehen, könnten etwa diejenigen, die Tiere, nicht aber Menschen zur Befriedigung einer kulinarischen Präferenz töten oder töten lassen, diese Ungleichbehandlung damit rechtfertigen, dass Menschen bestimmte relevante Eigenschaften haben, die nicht-menschliche Tiere nicht besitzen. So könnte es als relevant behauptet werden, dass Schweine weniger rational oder moralfähig seien als Menschen. Es gibt allerdings Menschen, deren Rationalität oder Moralfähigkeit die der Schweine nicht übertrifft. Dies gilt etwa für sehr junge oder manche geistig behinderten Menschen. Egal welches Kriterium man auch anführt, um die zur Diskussion stehende Ungleichbehandlung zwischen Menschen und Schweinen zu rechtfertigen: Die Grenze zwischen denjenigen, welche die Eigenschaft besitzen und denjenigen, die dies nicht tun, wird, so Singer, nicht genau die Artgrenze sein. »Whatever criteria we choose [...] we will have to admit that they do not follow precisely the boundary of our own species« (Singer 1995, 19).

Wenn selbst diejenigen Individuen ungleich behandelt werden, die im Hinblick auf die angeblich relevante Eigenschaft gleich sind, wie etwa menschliche Babys und Schweine, dann ist dieses Verhalten unter Umständen als speziesistisch zu bezeichnen. Ungerechte Diskriminierung findet genau dann statt, wenn es für die Ungleichbehandlung der betreffenden Individuen keine Rechtfertigung gibt. Diese Version des Arguments der Grenzfälle verlagert die Beweislast also auf denjenigen zurück, der sich des Speziesismus-Vorwurfes entledigen will. Dies ist die Art und Weise, in der das Argument der Grenzfälle in der tierethischen Diskussion im Allgemeinen, und hier speziell auch bei Singer, angewendet wird. Das Argument dient hier nicht dem Zweck, eine eigene Position zu verteidigen, sondern dazu, die Argumentation des ›Gegners‹ mit dem Speziesismus-Vorwurf unter Druck zu setzen.

Konstruktive Verwendung des Arguments der Grenzfälle. Das Argument der Grenzfälle wird aber nicht nur eingesetzt, um die gegnerische Position herauszufordern, sondern manchmal auch dazu genutzt, die eigene Position zu unterstützen. So kann etwa der Hinweis, dass auch menschliche Babys und kognitiv schwer behinderte Menschen moralische Berücksichtigung verdienen, zum Stützen der Position verwendet werden, dass nicht irgendwelche komplexen kognitiven Fähigkeiten, sondern Empfindungsfähigkeit oder ähnliche Eigenschaften moralischen Stellenwert begründen. Dieser kommt demzufolge auch einigen nicht-menschlichen Tieren zu. Tom Regan (1979) und Evelyn Pluhar (1996, 63) beispielsweise setzen das Argument auf diese Weise ein. Dabei berufen sie sich nicht nur auf Konsistenz-Überlegungen, nach dem Motto »*Wenn* Babys Berücksichtigung verdienen, dann auch nicht-menschliche Tiere«. Eine solche Bedingung ließe die Möglichkeit zu, dass weder Babys noch nicht-menschliche Tiere zu berücksichtigen seien. Regan und Pluhar stellen den moralischen Stellenwert von empfindungsfähigen Menschen aber nicht in Frage. So sagt Pluhar (1996, xvi, 46), man solle im Ringen nach Konsistenz, das menschliche Kinde nicht mit dem nicht-menschlichen Bade ausschütten. Konsistenz alleine reiche nicht aus. Sie argumentiert auch dafür, dass allen empfindungsfähigen Wesen bestimmte moralische Rechte zukommen, dass der Status der Tiere also nach oben hin an den von menschlichen Babys und Menschen mit kognitiven Behinderungen angepasst werden solle und nicht umgekehrt. Während Pluhar und Regan das Argument der Grenzfälle nur am Rande als zusätzliche Unterstützung für ihre anderweitig fundierten Auffassungen heranziehen, bildet das Argument für Daniel Dombrowski (1997) sogar die Grundlage seiner Argumentation für Tierrechte.

Kritisch diskutiert wird in diesem Zusammenhang vor allem die Frage, was die moralisch relevante Eigenschaft sei, nicht so sehr die grundlegende Struktur des Arguments der Grenzfälle. Von Auffassungen darüber, was die relevanten Eigenschaften sind, hängt natürlich ab, welche Individuen überhaupt als Grenzfälle gelten. Wenn es etwa um die Frage nach dem moralischen Stellenwert geht, dann handelt es sich bei Babys und kognitiv schwer behinderten Menschen entweder um Grenzfälle (Kant) oder nicht (Singer).

Singer erkennt allen empfindungsfähigen Wesen den gleichen und den vollen moralischen Stellenwert zu. Babys und kognitiv schwer Behinderte sind daher für ihn keine Grenzfälle im Hinblick auf ihren moralischen Stellenwert. In früheren Publikationen waren sie für Singer aber Grenzfälle mit Blick auf die Frage nach dem Übel des Todes. Dass diesen Individuen bestimmte Interessen, insbesondere auf die Zukunft gerichtete Interessen, fehlen, die normale erwachsene Menschen besitzen, so Singers Argument, habe Konsequenzen für die Frage, inwiefern der Tod für diese Individuen einen Schaden darstellt, und damit auch für die Tötungsfrage. Inzwischen hat sich Singers Auffassung dahingehend verändert, dass er allen empfindungsfähigen Wesen ein mögliches Interesse am Weiterleben zuschreibt. Daher sind die genannten Individuen auch im Hinblick auf das Übel des Todes für ihn nicht mehr unbedingt als Grenzfälle anzusehen (Višak 2014; s. Kap. 35).

25.2 Einwände gegen das Argument der Grenzfälle

Unabhängig davon, auf welche Weise das Argument der Grenzfälle eingesetzt wird – als Herausforderung an den Gegner oder als Stütze der eigenen Position –, geht es vom moralischen Individualismus aus; also der Idee, dass aktuelle, intrinsische Eigenschaften der Individuen für Fragen nach deren moralischem Stellenwert und nach ihrer Behandlung entscheidend seien (Rachels 1990). Diese grundlegende Prämisse kann man jedoch auf (mindestens) zwei Weisen in Zweifel ziehen. Manche Autorinnen und Autoren streiten ab, dass es um *intrinsische* Eigenschaften gehen muss, und bringen extrinsische, vor allem relationale Eigenschaften ins Spiel. Andere argumentieren, dass nicht unbedingt die *aktuellen* Eigenschaften eines Individuums entscheidend seien; auch potentielle oder sogenannte ›modale‹ Eigenschaften spielten eine Rolle.

Gruppenzugehörigkeit und relationale Eigenschaften. Kommen wir zunächst zu dem Einwand, dass nicht nur die intrinsischen Eigenschaften der Individuen moralisch relevant seien. Carl Cohen beispielsweise besteht darauf, dass es ausreicht, zu einer Gruppe zu gehören, deren normale Mitglieder die relevante Eigenschaft haben: »The capacity for moral judgment that distinguishes humans from animals is not a test to be administered to human beings one by one. Persons who are unable, because of some disability, to perform the full moral functions natural to human beings are certainly not for that reason ejected from the moral community. The issue is one of kind [...]« (Cohen 1986). Ähnlich argumentieren beispielsweise Alan White (1984) und David Schmidtz (1998). Alastair Norcross verteidigt die individualistische Herangehensweise gegen solche Auffassungen mit seinem oben angeführten Beispiel von Gandhis Gespräch mit Petrus an der Himmelspforte. Da wir uns im Allgemeinen nicht auf solche Gruppenzugehörigkeit beriefen, handele es sich schlicht um ein ad hoc-Argument: »A particular feature, or set of features is claimed to have so much moral significance that its presence or lack can make the difference to whether a piece of behavior is morally justified or morally outrageous. But then it is claimed that the presence or lack of the feature in any particular case is not important. The relevant question is whether the presence or lack of the feature is normal. Such an argument would seem perfectly preposterous in most other cases« (Norcross 2004, 240).

Manche Autorinnen und Autoren berufen sich auf Gefühle der Verbundenheit oder Beziehungen um menschliche Grenzfälle berücksichtigen zu können. So sagt etwa Bonnie Steinbock: »I doubt that anyone will be able to come up with a concrete and morally relevant difference that would justify, say, using a chimpanzee in an experiment rather than a human being with less capacity for reasoning, moral responsibility, etc. Should we then experiment on the severely retarded? Utilitarian considerations aside, we feel a special obligation to care for the handicapped members of our own species [...] Here we are getting away from such things as ›morally relevant differences‹ and are talking about something much more difficult to articulate, namely, the role of feeling and sentiment in moral thinking« (Steinbock 1978). Mit Blick auf Steinbocks Berufung auf die gegebenen Ansichten der Menschen stellt sich allerdings die Frage, inwiefern ein solches Argument noch dem Anspruch der Ethik genügt, tatsächliches Verhalten im Hinblick auf rechtfertigende Gründe zu hinterfragen. Der bloße Verweis auf aktuell vertretene Ansichten reicht dafür kaum aus. Zumindest müsste gezeigt werden, warum diese direkt moralisch relevant sein sollten. Zudem scheint Sympathie eine fragile Grundlage für moralische Berücksichtigung zu sein, wenn man bedenkt, dass die Mitglieder unterdrückter Gruppen in der Vergangenheit nicht immer von Sympathie seitens der Bevölkerung ausgehen konnten.

Potentielle und modale Eigenschaften. Der zweite Einwand gegen das Argument der Grenzfälle besagt, dass es nicht unbedingt erforderlich sei, die als relevant herausgestellten Eigenschaften, z. B. Moralfähigkeit oder Rationalität, aktuell zu besitzen. Es reiche aus potentiell oder modal moralfähig oder rational zu sein. So kann zum Beispiel im Falle von Babys gesagt werden, dass sie die relevante Eigenschaft zwar nicht aktuell besitzen, jedoch das Potential haben, diese Eigenschaft auszubilden. Dies bedeutet, dass sie die Eigenschaften in der Zukunft besitzen *können* und dies auch tun *werden*, wenn alles gut läuft. Die moralische Relevanz von potentiellen Eigenschaften ist sehr umstritten und – vor allem in Bezug auf Abtreibung – viel diskutiert worden. Jeff McMahan beispielsweise stellt fest: »There remains the familiar question about the potential for rationality as a basis for this moral status: namely, why should an immature human being's internal directedness toward the development of a rational nature affect how we ought to treat that individual now? There is, of course, a good answer to that question in cases in which how we treat the individual now will affect her for better or worse later, when she actually has a rational nature. But there are certain types of acts the effects of which are limited entirely to the present, including – crucially – acts of killing. Why should the morality of an act of killing be governed by the kind of respect that is appropriate for a nature that the individual killed does not have now but may have later, though only if it is not killed? Why should an act of killing not be governed instead by due consideration for the nature of the individual at the time of action (or of the death, if it occurs later)?« (McMahan 2008, 88)

Da viele ›Grenzfälle‹ die relevante Eigenschaft nicht einmal potentiell haben, kann das Problem mit Verweis auf potentielle Eigenschaften, wie viele glauben, aber ohnehin nicht auf befriedigende Weise beantwortet werden. Eine weitere Möglichkeit könnte darin bestehen, auch modale Eigenschaften zu berücksichtigen. Dies sind Eigenschaften, die das Individuum *hätte realisieren können*, aktuell aber nicht mehr realisieren kann. Möglicherweise hat David Schmidtz (1998) solche modalen Eigenschaften im Blick, wenn er sagt, dass menschliche Grenzfälle im Unterschied zu nichtmenschlichen Tieren »logisch mögliche« Rechtsubjekte seien, und dass es »ein Unglück, aber keine Tautologie« sei, dass sie die Rechte nicht aktuell für sich beanspruchen können. Möglicherweise zielt auch Bonnie Steinbock (1978) auf modale Eigenschaften ab, wenn sie die Verleihung von gleichen Rechten an menschliche Grenzfälle wie folgt rechtfertigt: »It makes sense to think that one might have been born retarded, but not to think that one might have been born a monkey.«

Eine explizite und ausführliche Verteidigung eines »modal personism« vertritt in der aktuellen Debatte Shelly Kagan (2015, 16): »But for all that, membership in the species is not, in and of itself, the morally relevant feature. What really matters is the *modal property itself* — the fact about what the individual could have been. And in particular, as I have suggested, what membership in a person species reveals is that even an individual who is not in fact a person nonetheless *could have been* a person.« Eine Person zu sein beinhaltet diesem Vorschlag zufolge bestimmte kognitive Fähigkeiten zu haben; Kagan rechtfertigt den moralischen Stellenwert von manchen menschlichen Grenzfällen entsprechend damit, dass sie die relevanten Eigenschaften *hätten entwickeln können*.

Dieser Vorschlag ist jedoch in mehrfacher Hinsicht kritisiert worden. Mit Bezug auf kognitiv schwer behinderte Menschen stellt sich erstens die Frage, ob die jeweilige Behinderung überhaupt damit zu vereinbaren ist, dass das Individuum eine Person hätte werden können. Zweitens scheint es nicht prinzipiell ausgeschlossen zu sein, dass sich auch Angehörige von Arten, deren Mitglieder typischerweise keine Personen sind (sogenannter *non-person-species*), mit Hilfe zukünftiger Technologien zu Personen entwickeln können. Wenn dies etwa irgendwann bei Hunden möglich wäre, dann wären auch nicht-veränderte Hunde modale Personen, da auch sie unter diesen Umständen zur Person hätten werden können. (Kagan selbst würde als Replik auf diese Kritik vermutlich akzeptieren, dass manche Menschen nicht einmal modale Personen sind und daher den entsprechenden Stellenwert nicht besitzen, dass es sich bei den Hunden im fiktivem Beispiel aber durchaus um modale Personen handeln würde.) Drittens stellt sich die grundsätzliche Frage, wie die moralische Relevanz von Modalität überhaupt begründet werden kann (De Grazia 2015). Kagan sagt dazu lediglich, dass wir es mehr bereuen, wenn ein gutes Ereignis hätte eintreffen können, aber knapp verfehlt wird, als wenn es von vorne herein gar nicht hätte eintreffen können. DeGrazia stimmt dem zu und erwähnt als Beispiel, wie sehr er es bereue, wenn ein Spieler seiner favorisierten Fußballmannschaft, die mit einem Tor zurück liege, kurz vor dem Abpfiff auf das Tor schieße und der Ball, der in das Tor hätte gehen können, dieses knapp verfehle. Dass wir ein verschossenes Tor umso mehr bereuen, je knapper der Ball daneben gehe, so DeGrazia, ändere aber nichts an der Tatsache, dass die Mannschaft nur dann einen weiteren Punkt erziele, wenn der Ball ins Tor treffe. Knapp vorbei sei eben auch daneben: Für den Spielstand seien modale Tore irrelevant. Die Beweislast liege daher noch immer bei Kagan, der zeigen müsse, warum modale Eigenschaften moralisch relevant sein sollten.

Artspezifische Eigenschaften. Manche Anhängerinnen und Anhänger naturrechtstheoretischer Ansätze argumentieren, dass alle Mitglieder einer Tierart ›von Natur aus‹ bestimmte Rechte haben, unabhängig davon, ob sie die mit der Tierart typischerweise verbundenen, moralisch relevanten Eigenschaften tatsächlich besitzen oder nicht. So argumentiert beispielsweise Rahul Kumar, dass »claims about species are not statistical generalizations. Rather, what they concern is the essential nature of a living kind, revealing facts about the normal life-cycle of that kind of living thing. The use of ›normal‹ here is unashamedly normative. [...] What respect for the value of a living thing requires will depend on the characteristic life-cycle, or nature, of members of that [individual's] species« (Kumar 2008). Es gehe also, so Kumar, nicht lediglich um die statistische Tatsache, dass die meisten Menschen rational seien, sondern es liege in der »natürlichen Art« des Menschen, rational zu sein. Ein Problem mit dieser Argumentation ist allerdings, dass es schwierig ist auszumachen, was in der natürlichen Art einer Tierart liegt, wenn man dies nicht auf im statistischen Sinne typische Eigenschaften zurückführen will (McMahan 2008).

25.3 Artzugehörigkeit als moralisch relevante Eigenschaft?

Wenn, wie es scheint, alle nicht-speziesistischen Argumentationsversuche fehlschlagen: Kann man sich dann zur Verteidigung des höheren Stellenwertes von Menschen nicht einfach direkt zum Speziesismus bekennen? Bernhard Williams (2009) gehört zu den wenigen Autorinnen und Autoren, die versucht haben, die Artzugehörigkeit als moralisch relevante Eigenschaft zu verteidigen. Er beruft sich dabei auf eine subjektivistische Auffassung von normativen Gründen und behauptet, unsere feste Überzeugung, dass Artzugehörigkeit relevant sei, gebe uns normative Gründe, dementsprechend zu handeln. Wenn es um das nackte Überleben der Menschheit geht, weil beispielsweise Außerirdische (zu Recht) davon ausgehen, dass die Menschheit zum Wohle aller besser gänzlich verschwinden sollte, dann sei es gleichwohl gerechtfertigt, das menschliche Interesse am Überleben vorzuziehen. Einfach deshalb, weil es das *menschliche* Interesse sei. Speziesismus, so Williams, sei daher grundsätzlich gerechtfertigt. Dagegen lässt sich freilich einwenden, dass Williams (rhetorisch gemeinte) Frage in Konfrontation mit den Außerirdischen, »Which side are you on?«, sehr viel weniger plausibel wirken würde, wenn es nicht um einen Konflikt mit Außerirdischen, sondern um Konflikte zwischen Menschen verschiedener Rassen oder Geschlechter geht.

25.4 Fazit

In unserem täglichen Umgang mit nicht-menschlichen Tieren geht es zwar nicht wie in Williams Gedankenexperiment um unser nacktes Überleben, wohl aber (zumindest in vielen Fällen) um das nackte Überleben der von unseren Handlungen betroffenen Tiere. In diesem Konflikt einfach deshalb die Seite der Menschen zu wählen, weil wir selbst nun einmal Menschen sind, scheint ungerechtfertigt. Die Frage kann nicht einfach lauten »Which side are you on?«; die Frage ist vielmehr, wie wir dem Anspruch der Ethik, unser Handeln zu rechtfertigen, genügen können. Um das Argument der Grenzfälle kommt man dabei nicht herum.

Literatur

Cohen, C.: The Case for the Use of Animals in Biomedical Research. In: *The New England Journal of Medicine*, Bd. 315 (1986). Reprinted in *Social Ethics*. Mappes, Thomas A./Zembaty, Jane S. (Hg.). New York [4]1992, 463.

Dombrowski, D. A.: *Babies and beasts: the argument from marginal cases*. Ithaca 1997.

DeGrazia, D.:Moral Personhood and Moral Status: A Reply to Kagan's Proposal. In: *Journal of Applied Philosophy* 33/1 (2015), 22–25.

Kagan, S.: What's Wrong with Speciesism? In: *Journal of Applied Philosophy* (2015), 1–21.

Kumar, R.: Permissible Killing and the Irrelevance of Being Human. In: *The Journal of Ethics* 12/1 (2008), 57–80.

Norcross, A.: Puppies, Pigs and People: Eating Meat and Marginal Cases. In: *Philosophical Perspectives* 18 (2004), 229–245.

McMahan, J.: Challenges to Human Equality. In: *The Journal of Ethics* 12/1 (2008), 81–104.

Pluhar, E.: *Beyond Prejudice: The Moral Significance of Human and Nonhuman Animals*. Durham 1996.

Rachels, J.: *Created from Animals: The Moral Implications of Darwinism*. Oxford 1990.

Regan, T.: An Examination and Defense of One Argument Concerning Animal Rights. In: *Inquiry* 22 (1979), 189–219.

Williams, Bernard: The Human Prejudice. In: Jeffrey A. Schaler (Hg.): *Peter Singer Under Fire: The Moral Iconoclast Faces His Critics*. Illinois 2009, 77–96.

Singer, Peter: *Animal Liberation*. London [2]2005.

Singer, Peter: Reply to Williams. In: Jeffrey A. Schaler (Hg.) *Peter Singer Under Fire: The Moral Iconoclast Faces His Critics*. Illinois 2009, 97–102.

Višak, T.: Review of *The Point of View of the Universe. Sidgwick and Contemporary Ethics* (Lazari-Radek K., Singer, P., New York: Oxford University Press, 2014), *Ethical Perspectives* 21/3 (2014), 469–471.

White, A.: *Rights*. New York 1984). Repr. in: Tom Regan/ Peter Singer (Hg.): *Animal Rights and Human Obligations* Upper Saddle River [2]1989, 120.

Schmidtz, D.: Are all Species Equal? In: *Journal of Applied Philosophy* 15 /1 (1998), 61.

Steinbock, B.: Speciesism and the Idea of Equality. In: *Philosophy* 53/204 (2004), 247–256. Repr. in James E. White (Hg.): *Contemporary Moral Problems*. West [5]1997, 467–468.

Tatjana Višak

26 Artgerecht/tiergerecht

In den letzten Jahren hat es kaum eine öffentliche Debatte über Tiere in Menschenhand gegeben, in der nicht die Begriffe ›artgerecht‹ oder ›tiergerecht‹ an zentraler Stelle aufgetaucht wären – in der Regel nicht definiert, häufig synonym verwandt und selten wissenschaftlich fundiert. Dabei beschäftigt sich eine Reihe von wissenschaftlichen Disziplinen mit diesen Termini: Von der Philosophie (insbesondere der Tierethik), über die Rechts-(Tierschutzgesetzgebung) und Sozialwissenschaften (Mensch-Tier-Beziehung) bis hin zur Veterinärmedizin und Biologie.

Aus biologischer Sicht kann all das als ›artgemäß‹ definiert werden, was durch das Wirken der natürlichen Selektion als Anpassung an den Lebensraum evolvierte und letztlich dazu beiträgt, den Lebensfortpflanzungserfolg des Individuums zu maximieren. Seit Charles Darwin (1859) und der Bestätigung vieler Aspekte seiner Evolutionstheorie durch die soziobiologische Revolution beginnend in den 1960er Jahren (Alcock 2013) wird es als das ultimate Ziel tierlichen Verhaltens betrachtet, Kopien der eigenen Gene mit maximaler Effizienz in die nächste Generation weiter zu geben. So ist es artgemäß, dass Murmeltiere Winterschlaf halten und Eichhörnchen Vorräte für den Winter anlegen, dass Buchfinkenmännchen singen, um Weibchen zur Paarung anzulocken oder sich Rabeneltern um ihren Nachwuchs und die Großmütter mancher Primatenarten um ihre Enkel kümmern. Allerdings ist es auch artgemäß, wenn Rothirsche oder Seeelefanten den Rivalen in Kämpfen um den Zugang zu Paarungspartnerinnen schwer verletzen und Löwenmännchen nach der Übernahme eines Harems die noch nicht entwöhnten Jungtiere ihrer Vorgänger töten. Denn nach dem heutigen Stand der Verhaltensbiologie evolvierten auch diese Verhaltensmuster durch das Wirken der natürlichen Selektion und tragen zur Maximierung des individuellen Fortpflanzungserfolgs seiner Akteure bei. Zahlreiche Untersuchungen im natürlichen Lebensraum der Arten haben gezeigt, dass Tiere den Artgenossen unterstützen und kooperieren, wenn es für die Maximierung ihres Fortpflanzungserfolgs hilfreich ist. Wenn es für die Weitergabe von Kopien ihrer Gene allerdings erfolgversprechender ist zu täuschen, zu verletzen oder zu töten, so werden exakt solche Verhaltensstrategien eingesetzt (Alcock 2013). (Es sollte allerdings angemerkt werden, dass die Biologie Tieren in diesen Kontexten kein bewusstes Handeln unterstellt. Vielmehr sind sie durch das Wirken der natürlichen Selektion quasi pseudorational auf das Ziel der Fitnessmaximierung hin programmiert.) Zusammengefasst kann man sagen: ›Artgerecht‹/›artgemäß‹ ist letztlich alles, was im natürlichen Habitat vorkommt und der Fitnessmaximierung dient, unabhängig davon, wie wir es unter ethisch-moralischen Gesichtspunkten bewerten würden, wenn die Akteure nicht Tiere, sondern mündige Menschen wären.

Die Begriffe ›artgerecht‹/›artgemäß‹ referieren demnach primär auf natürliche Populationen einer Tierart in ihrem natürlichen Lebensraum. Im Gegensatz dazu beziehen sich die Begriffe ›tiergerecht‹/›tiergemäß‹ vornehmlich auf individuelle Tiere in menschlicher Obhut. ›Tiergerecht‹/›tiergemäß‹ kann definiert werden als all dasjenige, was dazu beiträgt, das Wohlergehen des Individuums zu fördern. Mit Broom und Johnson (1993) kann Wohlergehen dabei als ein variabler Zustand des Individuums bezeichnet werden, der von ›ausgezeichnet‹ (*good welfare*) bis zu ›stark beeinträchtigt‹ (*poor welfare*) reichen kann. Eine entscheidende Frage aus Sicht der Biologie ist daher, mit welchen naturwissenschaftlichen Methoden das Wohlergehen eines Tieres diagnostiziert werden kann.

26.1 Wohlergehensdiagnostik

Damit es einem Tier gut geht, müssen bestimmte Voraussetzungen erfüllt sein. So sollte es frei sein von Hunger und Durst, von Furcht und Stress, von Schmerzen, Verletzungen oder Krankheiten. Die Haltungsumwelt sollte nicht zu Beeinträchtigungen führen und die Ausführung essentieller Verhaltensweisen ermöglichen. Diese heute weitestgehend akzeptierte Sichtweise findet sich seit der Mitte der 1960er Jahre im Konzept der sogenannten »Fünf Freiheiten« (Webster 2005). Dieses wurde zunächst auf landwirtschaftliche Nutztiere angewandt, in der Folge aber auch auf andere Tiere in Menschenhand, wie Haus-, Zoo-, Zirkus- oder Labortiere, übertragen. In der Essenz besagt das Konzept: Voraussetzung für Tiergerechtheit bzw. ausgezeichnetes Wohlergehen ist die physische und psychische Gesundheit des Individuums. Seit Anfang des Jahrtausends wird dabei immer stärker betont, dass die Erfahrung positiver Emotionen bzw. affektiver Zustände einen integralen Bestandteil der psychischen Gesundheit darstellt (Fraser et al. 1997; s. Kap. 34).

Bei der Diagnose des Wohlergehens und damit verbunden bei der Umsetzung des Konzeptes in die Praxis gibt es allerdings Probleme. Es kann in der Regel relativ einfach festgestellt werden, wenn Tiere ein beeinträch-

J. B. Metzler © Springer-Verlag GmbH Deutschland, ein Teil von Springer Nature, 2018
J. S. Ach / D. Borchers (Hg.), *Handbuch Tierethik*, https://doi.org/10.1007/978-3-476-05402-9_26

tigtes Wohlergehen aufweisen. Wenn Schweine abgefressene Schwänze haben, Hühnern die Federn ausgepickt sind oder Rinder nach einem Tiertransport gebrochene Gliedmaßen aufweisen, bedarf es keiner elaborierten Methoden, um beeinträchtigtes Wohlergehen zu attestieren. Auch das Erkennen von Krankheiten wie der Tollwut stellt keine veterinärmedizinische Herausforderung dar. Ungleich schwieriger ist die Situation aber, wenn keine körperlichen Schäden oder Krankheiten nachweisbar sind, wenn das Tier also auf den ersten Blick nach menschlichem Ermessen gut aussieht. Kann aber tatsächlich auf ausgezeichnetes Wohlergehen und damit Tiergerechtheit geschlossen werden, wenn keine Anzeichen für eine Beeinträchtigung vorhanden sind? Die Mehrzahl der Verhaltensbiologinnen und -biologen würde das heutzutage verneinen.

Physiologische Parameter. Wohlergehensdiagnostik muss nach dem aktuellen Stand der verhaltensbiologischen Erkenntnis sowohl physiologische als auch Verhaltensparameter berücksichtigen. Bezüglich physiologischer Parameter sagt der Aktivierungsgrad der beiden Stressachsen des Organismus – Hypothalamus-Hypophysen-Nebennierenrinden- sowie Sympathikus-Nebennierenmark-System – bei allen Wirbeltieren einschließlich des Menschen etwas über den Belastungsgrad des Individuums aus. Entsprechend spielt die Ermittlung geeigneter Indikatoren, beispielsweise die Konzentrationen von Stresshormonen (z. B. Cortisol, Adrenalin) oder die Herzschlagfrequenz, eine wichtige Rolle. Auch die Ermittlung von Parametern zur Diagnose des Immunstatus hat in den letzten Jahren zunehmend an Bedeutung gewonnen. Ferner stellt die Registrierung der Körpergewichtsentwicklung einen einfachen, aber verlässlichen Indikator dar (Broom/Johnson 1993). Eine wesentliche Erkenntnis der letzten Jahre lautet allerdings, dass eine Wohlergehensdiagnostik allein aufgrund physiologischer Parameter fehleranfällig ist. Sie sollte immer durch Verhaltensparameter ergänzt werden (s. auch Kap. 11).

Spontanverhalten. Auf der Ebene des Verhaltens kann zunächst durch die Beobachtung des spontanen Verhaltens auf das Wohlergehen rückgeschlossen werden. Eine beeinträchtigte Nahrungsaufnahme bei ausreichendem Futterangebot, ein Zusammenbruch des artspezifischen Tagesrhythmus, das häufige Auftreten von Stereotypien, ein Rückgang der Körperpflege oder Initiativlosigkeit bis hin zur Apathie sind genauso verlässliche Anzeichen für ein beeinträchtigtes Wohlergehen wie physiologische Indikatoren (Broom/Johnston 1993). Besonders diskutiert werden in diesem Kontext Bewegungsstereotypien, die das ständige, gleichförmige Wiederholen einer Verhaltensweise beschreiben (z. B. Clubb/Mason 2003). Solche Stereotypien sind bei landwirtschaftlichen Nutztieren (z. B. Stangenbeißen bei Schweinen), Labortieren (z. B. Wandscharren bei Mäusen), Zootieren (z. B. das permanente Hin- und Herlaufen in festen Bahnen bei vielen Raubtieren), aber auch Haustieren weit verbreitet. Stereotypien entstehen aus Appetenz-, d. h. Suchverhalten, das ausgeführt wird, um eine Umweltkonstellation zu finden, die es erlaubt, einen Bedarf zu decken. Kann dies aufgrund der Haltungsbedingungen nicht gelingen, können sich Stereotypien dauerhaft manifestieren. Sie zeigen dann oftmals schwere Haltungsdefizite an. Allerdings ist das Auftreten von Stereotypien nicht immer auf eine aktuelle nicht-tiergerechte Haltung zurückzuführen. Ursache können auch lang zurückliegende traumatische Erlebnisse sein. Veränderungen in der Tierhaltung, die eine Reduktion oder das Verschwinden der Stereotypie zur Folge haben, können vor diesem Hintergrund als ein Schritt hin zu einer tiergerechteren Haltung angesehen werden. Beispielweise konnten die Bewegungsstereotypien von Eisbären im Zoo signifikant gesenkt werden, wenn ihnen Fisch in Eisblöcken eingefroren in das Gehege gegeben wurde. Einmal manifestierte Verhaltensstereotypien können sich jedoch als sehr beständig erweisen, so dass es selbst dann nicht zu einer Reduktion kommen muss, wenn den betreffenden Tieren optimale Bedingungen zur Verfügung gestellt werden.

Aus dem Spontanverhalten kann aber nicht nur auf beeinträchtigtes, sondern auch auf ausgezeichnetes Wohlergehen geschlossen werden. Dies ist beispielsweise der Fall, wenn in Gruppen lebende Tiere häufig soziopositives Verhalten ausführen, wie einander belecken oder kraulen. Auch aus der Vokalisation kann auf Befindlichkeiten geschlossen werden. So zeigt beispielsweise das im Ultraschallbereich geäußerte ›Lachen‹ bei Ratten ein ausgezeichnetes Wohlergehen an, das häufig gemeinsam mit Bewegungs- und Sozialspielen auftritt (Panksepp 2005). Einen Fokus der Forschung stellt gegenwärtig das Spielverhalten dar, welches als ein Indikator für Wohlergehen und positive Emotionen gilt (z. B. Bekoff 2015). Spielverhalten kommt bei allen Säugetier- und vielen Vogelarten vor, ferner bei einer Reihe weiterer Wirbeltierarten und auch bei einigen Wirbellosen, wie den Tintenfischen. Es ist häufig auf Jungtiere beschränkt, doch kann es auch, wie bei vielen Raubtieren, Affen, Walen und Papageien bis ins Erwachsenenalter erhalten bleiben.

Spiel tritt vor allem im sogenannten ›entspannten Feld‹ auf, das durch Anregung und Sicherheit gekennzeichnet ist (Sachser 2004). Fehlen wichtige Ressourcen, spielen Jungtiere nicht, ebenso wenn der Stress- und Aggressionspegel in der Gruppe zu hoch ist. Ferner erweist sich eine deprivierende Haltung als spielhemmend. Zusammenfassend deutet das Auftreten von Spielverhalten auf tiergerechte Haltungssysteme hin, in denen es den Tieren gut geht, während das Fehlen von Spielverhalten insbesondere bei den Jungtieren Haltungsdefizite indiziert. Wie sehr die Beschaffenheit der Haltungsumwelt das Spontanverhalten und damit das Wohlergehen beeinflussen kann, zeigen beispielsweise Untersuchungen an Mäusen: In großen, geräumigen, reich strukturierten Gehegen führen weibliche Tiere viel Spielverhalten und soziopositive Interaktionen mit ihren Artgenossen aus, Aggressionen und stereotypes Verhalten treten hingegen nicht auf. Im Gegensatz dazu zeigt die gleiche Anzahl an Tieren in kleinen, nicht-strukturierten Gehegen ein hohes Maß an Aggression und viele Bewegungsstereotypien, aber kaum Spielverhalten und soziopositive Interaktionen (Kaiser et al. 1999).

Schließich können auch aus dem sogenannten Ausdrucksverhalten, das heißt, der Mimik, der Körperhaltung, der Schwanzhaltung zum Beispiel beim Hund, Rückschlüsse auf das Befinden der Tiere gezogen werden. Allerdings erweist es sich in der Praxis häufig als schwierig, diese Parameter quantitativ zu erfassen und sie zu reproduzieren.

Präferenztests. Neben der Erfassung physiologischer Parameter und der Beobachtung des Spontanverhaltens in der jeweiligen Haltungsumwelt, können Tiere auch in sogenannten Präferenztests selbst befragt werden, welche Faktoren in ihrer Umwelt sie bevorzugen und damit aus ihrer Sicht Hinweise geben, was sie für ein ausgezeichnetes Wohlergehen benötigen. Wird Meerschweinchen in einer Apparatur beispielsweise die Wahl gegeben, ob sie lieber zusammen mit einem Zwergkaninchen, einem anderen Meerschweinchen oder allein leben möchten, so entscheiden sich fast alle Tiere für das Zusammensein mit dem Artgenossen. Ein so einfacher Präferenztest hat maßgeblich dazu beigetragen, dass Hausmeerschweinchen heutzutage nicht mehr, wie früher häufig üblich, zusammen mit Zwergkaninchen oder einzeln gehalten werden, sondern tiergerecht, das heißt, zusammen mit einem oder mehreren Artgenossen. Es gibt in der Literatur zahlreiche Untersuchungen dafür, wie die unterschiedlichsten Tiere auf ähnliche Art und Weise in Präferenztests befragt wurden, welchen Bodenbelag (z. B. Hühner, Ferkel), welche Käfiggröße (z. B. Hühner, Ratten, Kaninchen), welchen Käfigtyp (z. B. Mäuse), welche Temperatur und welches Lichtregime (z. B. Schweine) oder welchen Paarungspartner (z. B. Schafe) sie bevorzugen. Solche Wahltests sagen tatsächlich viel darüber, wie Tiere die Welt sehen (Sachser 1997).

Es kann aber nicht nur ermittelt werden, was Tiere bevorzugen, sondern auch die Relevanz dieser Präferenz. Hierzu werden in Anlehnung an wirtschaftswissenschaftliche Theorien zum Verbraucherverhalten sogenannte Nachfragekurven experimentell ermittelt. Dabei wird von der Annahme ausgegangen: Je wichtiger das Erlangen eines präferierten Gutes für ein Tier ist, desto stärker wird es bereit sein, hierfür zu ›arbeiten‹, das heißt, Zeit und Energie zu verwenden, Risiken auf sich zu nehmen und Hindernisse zu überwinden. Aus den Nachfragekurven wird – in Anlehnung an Definitionen im Humanbereich – ersichtlich, für welche Haltungsfaktoren ein elastischer und für welche ein unelastischer Bedarf besteht. Güter mit unelastischem Bedarf (beim Menschen z. B. Brot) werden als Notwendigkeit, Güter mit elastischem Bedarf (z. B. Champagner) als Luxus betrachtet. Wie zu erwarten zeigen solche Untersuchungen an Tieren, dass für Futter ein unelastischer Bedarf besteht; aber auch der Bedarf für Sozialkontakt bei Schweinen oder der Zugang zu zusätzlichem Raum bei Mäusen oder Nestboxen bei Legehennen erweist sich als relativ unelastisch und damit als Notwendigkeit für die Tiere. Es wird davon ausgegangen, dass Tiere vor allem dann leiden, wenn sie keinen Zugang zu den Situationen oder Dingen haben, für die ein unelastischer Bedarf besteht. Tiergerechte Haltungssysteme für landwirtschaftliche Nutz-, Labor-, Zoo- oder Haustiere zeichnen sich dadurch aus, dass all dasjenige vorhanden ist, wofür Tiere der jeweiligen Art einen unelastischen Bedarf aufweisen (Dawkins 1990).

Kognitive Verzerrungen. Abschließend sei noch ein Ansatz erwähnt, der auf humanpsychologischen Konzepten zur kognitiven Verzerrung (*cognitive bias*) basiert und für die Wohlergehensdiagnostik bei Tieren zunehmend an Bedeutung gewinnt (Paul et al. 2005). In diesen Untersuchungen wird versucht, kognitive Indikatoren für emotionale Zustände zu ermitteln. Im Prinzip geht es darum, zu analysieren, ob Tiere ambivalente Reize eher ›optimistisch‹ oder ›pessimistisch‹ bewerten. Anschließend kann dann untersucht werden, welche Erfahrungen und Haltungsfaktoren ihre Sicht auf die Welt beeinflussen. Faktoren, die zu einer eher optimistischen Sicht beitragen, dürften dabei mit positiven Emotionen verbunden sein und zu einer wesentlichen Steigerung der Lebensqualität beitragen (Sachser/Richter 2015).

Zusammengefasst ist es der tierschutzorientierten Grundlagenforschung in den letzten Jahrzehnten gelungen, verlässliche Methoden für die Diagnose des Wohlergehens bei Tieren in Menschenhand und somit auch der Tiergerechtheit ihrer Lebenswelt zu entwickeln. Hierdurch existiert ein Instrumentarium, mit dem auch Prinzipien tierlichen Wohlergehens ermittelt werden können, beispielsweise der Zusammenhang von Evolution und Wohlergehen sowie Domestikation und Wohlergehen.

26.2 Evolution und Wohlergehen

Alle Tierarten sind im Laufe der Evolution durch das Wirken der natürlichen Selektion an die Bedingungen ihrer artspezifischen ökologischen Nische angepasst, Delfine beispielsweise an das Leben im Wasser, Fledermäuse an den Luftraum oder Maulwürfe an ein subterranes Leben. Entsprechend verfügen alle Tiere prinzipiell über geeignete physiologische, motivationale und behaviorale Systeme, um mit den Herausforderungen und Widrigkeiten ihres jeweiligen Habitats – schwierige klimatische Bedingungen, Ressourcenknappheit, Bedrohungen durch Feinde – umzugehen. Per Definition ist das natürliche Leben im natürlichen Lebensraum ein artgemäßes bzw. artgerechtes. Bedeutet dies aber automatisch, dass es den Tieren in ihrem natürlichen Habitat – ›in Freiheit‹ – immer gut geht?

Dies ist nach Darwinscher Evolutionstheorie nicht zu erwarten (Sachser 2001). Denn bei jeder Tierart werden in jeder Generation weit mehr Individuen produziert, als zum Aufbau der Folgegeneration nötig sind. Als Folge kommt es zu starker Konkurrenz um überlebenswichtige Ressourcen und Fortpflanzung, die mit dem Tod vieler Tiere einhergeht. In der Tat zeigen zahlreiche Untersuchungen: Extreme Stressreaktionen, Verletzungen und Krankheiten sind nicht die Ausnahme im natürlichen Habitat der Tiere, sondern kommen dort regelmäßig vor (von Holst 1998). Diejenigen Tiere, die am besten mit den Herausforderungen umgehen und die meisten Paarungen verbuchen, werden Kopien ihrer eigenen Gene höchst effizient in die nächste Generation weitergeben. Tiere versuchen alles, um dieses Ziel zu erreichen, auch wenn es mit Schmerzen, Leiden oder Schäden verbunden ist (um es mit den Worten des deutschen Tierschutzgesetzes zu sagen). So führen die Männchen einiger Arten, wie der australischen Breitfußbeutelmaus, so exzessives Kampf- und Paarungsverhalten aus, dass die hierdurch induzierten hormonellen Stressreaktionen zum Tod aller Männchen führen und der Erhalt der Population nur durch die trächtigen Weibchen gesichert wird. Dieses Beispiel zeigt, was letztlich für alle Tierarten zutrifft: Die natürliche Selektion favorisiert nicht primär das Wohlergehen des Individuums, sondern die Maximierung seiner Fitness über die Lebenszeit (Sachser 2001).

Wenn das Leben in ›freier Natur‹ normalerweise Phasen starker Belastung beinhaltet, bedeutet dies, dass bei einer tiergerechten Haltung in menschlicher Obhut keinesfalls alle Aspekte des natürlichen, artgemäßen Lebens kopiert werden dürfen. Insbesondere müssen Herausforderungen, die die physiologische und ethologische Bewältigungskapazität überschreiten, vermieden werden, selbst wenn sie im natürlichen Lebensraum regelmäßig anzutreffen sind (z. B. Fressfeinde, Nahrungsmangel, widrige Wetterverhältnisse, Rivalen). Das heißt aber nicht, dass die Kenntnis des artgemäßen Lebens einer Tierart für deren Haltung in Menschenhand ohne Bedeutung wäre. Vielmehr zeigt die verhaltensbiologische Forschung, dass solche Informationen wesentlich zur tiergerechten Haltung in Menschenhand beitragen können (Sachser 2001).

So gibt es beispielsweise einen Zusammenhang zwischen der natürlichen sozialen Organisation einer Art im natürlichen Habitat und ihrer tiergerechten Haltung in menschlicher Obhut. Elefantenkühe leben im natürlichen Lebensraum zum Beispiel in festen Sozialverbänden; sie sollten in menschlicher Obhut deshalb nicht einzeln gehalten werden. Feldhamster leben im natürlichen Habitat hingegen solitär. Bei dieser Art würde eine Haltung mit Sozialpartnern eine erhebliche Belastung darstellen und deshalb kein tiergerechtes System darstellen. Generell wird es Wildtieren in Menschenhand unter solchen Bedingungen gut gehen, die den durch die natürliche Selektion hervorgebrachten artspezifischen Bedürfnissen entsprechen (Sachser 2001).

26.3 Domestikation und Wohlergehen

Seit Tausenden von Jahren begleiten Haustiere den Menschen. Der Großteil der Tiere, mit denen wir unmittelbar zu tun haben, ist domestiziert. Während des Domestikationsprozesses unterliegen ehemalige Wildtiere den Bedingungen einer artifiziellen Selektion auf bestimmte vom Menschen erwünschte Merkmale hin.

Dieser über viele Generationen dauernde Prozess ist immer mit Veränderungen in Aussehen, Physiologie und Verhalten verbunden. Er führt zum Auftreten typischer Domestikationsmerkmale, wie einer verstärkten Variabilität bezüglich Größe, Form und Farbe, einer Abnahme des Hirnvolumens, einer Reduktion des aggressiven Verhaltens und der Aufmerksamkeit gegenüber Außenreizen, einer Zunahme des Sexual- und sozio-positiven Verhaltens sowie der Vokalisation. Während der Domestikation kommt es normalerweise nicht zum Verlust oder Neuerwerb von Verhaltensweisen. Gravierende Änderungen betreffen aber die Verhaltenshäufigkeiten und die Schwellen ihrer Auslösbarkeit (Kaiser et al. 2015). Diese Modifikationen führen dazu, dass tiergerechte Haltungssysteme für das Haustier deutlich anders aussehen können als für die wilde Stammform (Sachser 2001). So ist es beispielsweise für einen Hund durchaus tiergerecht, vorwiegend mit Menschen zu interagieren, für den Wolf jedoch nicht, obwohl beide Formen biologisch gesehen zur selben Art gehören. Ferner können Hausmeerschweinchen bei einer höheren Populationsdichte tiergerechter leben als ihre wilde Stammform.

Auf physiologischer Ebene hat der Domestikationsprozess zu einer verminderten Reaktivität der beiden Stressachsen des Wirbeltierorganismus – des Hypophysen-Nebennierenrinden- sowie des Sympathikus-Nebennierenmark-Systems – geführt. Diese Veränderungen werden als biologische Basis der reduzierten Aufmerksamkeit, Wachsamkeit und Sensitivität der Haustiere verglichen mit den Wildtieren betrachtet. Nach dem heutigen Stand der Forschung erlaubt es die Gesamtheit der ethologischen und physiologischen Merkmale den Haustieren prinzipiell, sich gut an die vom Menschen geschaffenen Haltungsbedingungen anzupassen (Kaiser et al. 2015). Sie dürften aber eine deutliche Beeinträchtigung ihres Wohlergehens erfahren, wenn sie den Bedingungen der ökologischen Nische im natürlichen Habitat der Wildform ausgesetzt sind. Das heißt aber auch, dass Tiergerechtheit in menschlicher Obhut für Haustiere wesentlich leichter zu erzielen ist als für Wildtiere.

Die ökologische Nische der wilden Stammform stellt das Referenzsystem für eine tiergerechte Haltung von Wildtieren in Menschenhand dar. Aufgrund der domestikationsbedingten Änderungen stellt für Haustiere allerdings eher ein großzügiges vom Menschen bereit gestelltes Haltungssystem den Orientierungsrahmen für ein tiergerechtes Haltungssystem dar als die ökologische Nische der wilden Stammform (Sachser 2001).

Eine momentan intensiv diskutierte Frage ist, ob Tiere durch selektive Züchtung (oder höchst aktuell: gentechnische Veränderungen) nicht an jede beliebige Haltungsumwelt so angepasst werden können, dass ihr Wohlergehen sichergestellt ist (s. Kap. 47). Tatsächlich kann eine Selektion auf geringere Erregbarkeit zu weniger Stress in der Tierhaltung führen. Die bisherige Forschung zeigt allerdings auch, dass domestizierte Tiere zumindest einige ›Essentials‹ brauchen, auf die ihre wilden Vorfahren hin selektiert worden sind (Sachser 2001). So stammt der Hund vom in Gruppen lebenden Wolf ab und bedarf für sein Wohlergehen des Sozialpartners, die Katze dagegen von der solitär, territorialen Wildkatze und benötigt somit stabile räumliche Verhältnisse.

26.4 Fazit

Das Leben von Wildtieren in ihrem natürlichen Habitat ist zweifellos artgemäß. Allerdings geht dieses Leben im natürlichen Habitat in der Regel auch mit Phasen erheblicher Belastung und immensen Gefährdungen einher. In menschlicher Obhut können Wildtiere nur dann ein tiergerechtes Leben führen und ein ausgezeichnetes Wohlergehen erfahren, wenn die Erkenntnisse der tierschutzorientierten biologischen Forschung berücksichtigt werden. Domestizierte Tiere unterscheiden sich signifikant von ihren Wildformen, so dass die artgemäße Lebensweise der Wildform nicht mehr als Blaupause für Haustiere dienen kann. Domestizierte Tiere weisen aber zahlreiche ethologische und physiologische Merkmale auf, die es ihnen erlauben, sich an ein Leben in menschlicher Obhut anzupassen. Auch wenn es damit prinzipiell einfacher ist, domestizierten Tieren ein tiergerechtes Leben in Menschenhand zu ermöglichen, benötigen sie dafür dennoch eine adäquate Haltungsumwelt.

Literatur

Alcock, John: *Animal Behavior*. Sunderland, Mass. [10]2013.

Bekoff, Marc: Playful fun in dogs. In: *Current Biology* 25/1 (2015), R4–R7.

Broom, Donald M./Johnson, Ken G.: *Stress and Animal Welfare*. London 1993.

Clubb, Ros/Mason, Georgia: Animal welfare: captivity effects on wide-ranging carnivores. In: *Nature* 425 (2003), 473–474.

Dawkins, Marian S.: From an animal's point of view: Motivation, fitness, and animal welfare. In: *Behavioural and Brain Sciences* 13 (1990), 1–9, 54–61.

Darwin, Charles: *The origin of species*. London 1859.

Fraser, David/Weary, Daniel M./Pajor Edmund A./Milligan,

Barry N.: A scientific conception of animal welfare that reflects ethical concerns. In: *Animal Welfare* 6 (1997), 187–205.
Kaiser, Sylvia/Classen, Daniela/Sachser, Norbert: Auswirkungen unterschiedlicher struktureller Anreicherungen auf das Spontanverhalten weiblicher Labormäuse (Stamm NMRI). In: *Aktuelle Arbeiten zur artgemäßen Tierhaltung 1998* (KTBL-Schrift 382) (1999), 56–62.
Kaiser, Sylvia/Hennessy, Michael B./Sachser, Norbert: Domestication affects the structure, development and stability of biobehavioural profiles. In: *Frontiers in Zoology* 12 (Suppl. 1) (2015), 19.
Paul, Elizabeth S./Harding, Emma J./Mendl, Michael: Measuring emotional processes in animals: the utility of a cognitive approach. In: *Neuroscience and Biobehavioral Reviews* 29 (2005), 469–491.
Panksepp, Jaak: Beyond a joke: from animal laughter to human joy? *Science* 308 (2005), 62–63.
Sachser, Norbert: Was bringen Präferenztests? In: *Aktuelle Arbeiten zur artgemäßen Tierhaltung 1997* (KTBL Schrift 380) (1998), 9–20.
Sachser, Norbert: What is important to achieve good welfare in animals? In: Donald Broom (Hg.): *Coping with challenge. Welfare in animals including humans*. Dahlem Workshop Report 87. Berlin 2001, 31–48.
Sachser, Norbert: Neugier, Spiel und Lernen: Verhaltensbiologische Anmerkungen zur Kindheit. In: *Zeitschrift für Pädagogik* 50 (2004), 475–486.
Sachser, Norbert/Richter, S. Helene: Animals can tell us more. In: *Behavioral and Brain Sciences* 38 (2015), 44–45.
Von Holst, Dietrich: The concept of stress and its relevance for animal behavior. In: *Advances in the Study of Behavior* 27 (1998), 1–131.
Webster, John: *Animal Welfare: Limping towards Eden*. Oxford 2005.

Norbert Sachser / Sophie Helene Richter / Sylvia Kaiser

27 Biozentrismus

Als biozentrisch werden Positionen der ökologischen Ethik bezeichnet, in denen für eine moralische Anerkennung aller Lebewesen gestritten wird. Mit seiner Lehre von der Ehrfurcht vor dem Leben wird Albert Schweitzer (1923) als erster Repräsentant eines systematischen Biozentrismus in Anspruch genommen. Während sich bei Schweitzer vor allem Mahnungen zu einer Achtung der belebten Natur finden, hat sich in der ökologischen Ethik eine Debatte um den Biozentrismus als eine systematische Variante einer an den Interessen natürlicher Lebewesen orientierten Ethik entwickelt. In der Familie tierethischer Positionen nimmt der Biozentrismus dadurch eine Sonderstellung ein, dass er nicht nur Tieren, sondern der Gesamtheit der Lebewesen moralischen Respekt zuerkennt. Dies beinhaltet sowohl einzelne pflanzliche Organismen wie auch Gruppen von Organismen bis hin zu Spezies von Lebewesen und Ökosystemen.

Wie viele andere natur- und tierethische Positionen versteht sich der Biozentrismus als eine Antithese zum Anthropozentrismus (s. Kap. 24). In einer weiten Bestimmung des moralischen Anthropozentrismus wird eine moralische Rücksicht unmittelbar an menschlichen Interessen an den entsprechenden Naturgegenständen festgemacht. Im Biozentrismus dagegen begründet bereits die Eigenschaft, *lebendig* zu sein, eine moralische Rücksicht. Eine Charakterisierung anthropozentrischer Positionen kann bei der Unterscheidung zwischen normativen und nicht-normativen Arten des Anthropozentrismus ansetzen (z. B. Krebs 1997; Attfield 2011). Ein *normativer Anthropozentrismus* gibt Auskunft darüber, welche Arten von Entitäten in moralischen Überlegungen eine unmittelbare Rolle spielen sollen. In der Regel bedeutet dies, sie nicht allein aufgrund ihres instrumentellen Wertes für andere Entitäten zu berücksichtigen, sondern aufgrund ihres Wertes für menschliche Interessen. Ein *nicht-normativer Anthropozentrismus* trifft metaphysische Aussagen wie diejenige, dass Werte in der Natur erst durch menschliche Setzung in Existenz treten, oder epistemologische Aussagen wie diejenige, dass das menschliche Erkenntnisvermögen der Berücksichtigung von Werten in der Natur Grenzen setzt. Diese Positionierungen können daher unter dem Begriff *metaethischer Anthropozentrismus* zusammengefasst werden (Krebs 1997, 342 f.). Während ein metaethischer Anthropozentrismus unproblematisch ist (Attfield 2011, 30–33), beinhaltet der normative Anthropozentrismus Provokationen, auf welche der Biozentrismus Antworten bietet. Entsprechend wird der Biozentrismus hier primär als eine Antwort auf die normative Unterart des Anthropozentrismus erörtert.

Der Biozentrismus unterscheidet sich auch deutlich vom Pathozentrismus, der die Empfindungsfähigkeit zum Kriterium moralischer Berücksichtigung macht (s. Kap. 5). Während Letzterer mittlerweile relativ breiten Zuspruch findet, stößt der Gedanke, dass auch empfindungslose Lebewesen moralisch relevante Interessen haben können, auf Kritik. Es ist ein zentrales Anliegen des Biozentrismus, die Forderung einer moralischen Rücksicht gegenüber nicht-empfindungsfähigen Lebewesen zu begründen.

27.1 Argumente für den Biozentrismus

Wie in der ethischen Theoriebildung im Allgemeinen können auch im Falle des Biozentrismus moralische Intuitionen ein gewisses Maß an Vorarbeit leisten. Ein Gedankenexperiment, das die biozentrische Sache in besonderer Weise zu unterstützen scheint, geht auf Richard Sylvan zurück (2010, 100 f.; stärker pflanzenethisch orientierte Varienten finden sich in Attfield 1981): Stellen wir uns vor, das letzte existierende Individuum der Gattung Mensch hält es ohne gravierenden Grund für wünschenswert, schmerzfreie Tötungsmethoden uneingeschränkt gegenüber Tieren und Pflanzen anzuwenden. Solange das Töten von Lebewesen nicht dem aufgeklärten Eigeninteresse dieser Person zuwider läuft, gibt es in Ermangelung anderer menschlicher Interessen von anthropozentrischer Warte aus nichts dagegen einzuwenden. Gehen die Tötungen tatsächlich schmerzfrei vonstatten, bietet auch der Pathozentrismus keine Grundlage, um das destruktive Verhalten zu sanktionieren. Intuitiv scheint aber etwas an dieser Einschätzung nicht zu stimmen, sie mag sogar falsch sein. Dies deutet darauf hin, dass die Empfindungsfähigkeit nicht als notwendige Voraussetzung in unserem Konzept von moralischer Relevanz enthalten ist.

Donald Scherer konstruiert ein weiteres Gedankenexperiment mit einer ähnlichen Stoßrichtung (1982, 116 ff.): Er schildert mehrere Entwicklungsstufen eines anfangs noch unbevölkerten, imaginären Planeten. Nach und nach entstehen zunächst pflanzenähnliche, dann tierähnliche und schließlich menschenähnliche Lebensformen. Scherer stellt die Frage, ab welchem Zeitpunkt wir zustimmen würden, dass dieser Planet als Träger von Wert (*locus of value*) angesehen werden sollte. Seine Einschätzung lautet, dass

J. S. Ach / D. Borchers (Hg.), *Handbuch Tierethik*, https://doi.org/10.1007/978-3-476-05402-9_27

dieser Punkt nicht erst mit dem Eintreffen empfindungsfähiger oder gar selbstbewusster Lebewesen erreicht ist. Schon die *Möglichkeit* der Entstehung von empfindungslosen Lebensformen bringt, wie er behauptet, eine Perspektive ins Spiel, die wertenden Aussagen Sinnhaftigkeit verleiht. Ein Vorgang kann als gut für potentielles Leben verstanden werden, wenn er dessen Entstehung befördert, und als schlecht, wenn er sie behindert (ebd., 117). Wer Scherer in dieser Einschätzung folgt, räumt damit auch dem biozentrischen Kriterium einen Spielraum ein.

Unabhängig von solchen Versuchen einer Plausibilisierung des Biozentrismus durch Gedankenexperimente wurden auch biozentrische Gesamtpositionen entwickelt. Eine solche wird von Paul Taylor vertreten. In dem Beitrag »Die Ethik der Achtung gegenüber der Natur« (1997) entwickelt Taylor ein Argument für die Existenz und vor allem für die moralische Relevanz von Interessen von Lebewesen. Zunächst weist Taylor auf die Tatsache hin, dass man auch bei Organismen, die weder Bewusstsein noch Empfindungsfähigkeit besitzen, sinnvollerweise vom Wohl des Organismus sprechen kann. Es ist dann gegeben, wenn ein Organismus seine biologischen Möglichkeiten voll verwirklicht (ebd., 114). Mit Rücksicht auf das Wohl kann auch schädigendes und förderliches Verhalten qualifiziert werden. Wir können sogar einsehen, dass wir im Interesse eines Baumes handeln, indem wir ihn mit Licht und Flüssigkeit versorgen. Alle Organismen sind schon durch ihre biologische Verfasstheit als »teleologische Zentren von Leben zu verstehen« (ebd., 131). Was ihre biologischen Ziele befördert, nutzt ihnen, was diese hingegen einschränkt, schadet ihnen.

Die bloße Feststellung, dass bereits Lebendigkeit Interessen mit sich bringt, reicht aber für die Begründung einer moralischen Rücksicht nicht aus. Taylor sieht sich immer noch der Frage gegenüber, warum diese Interessen moralische Berücksichtigung verdienen. Dies begründet er mit einer Grundhaltung, die er als »biozentrische Sicht auf die Natur« bezeichnet (ebd., 125). Sie besteht aus vier Überzeugungen, in denen auch die oben genannte Beobachtung vom teleologischen Charakter aller Lebewesen enthalten ist (ebd.): (1) Menschen sind in demselben Sinn lebendig wie alle anderen Mitglieder der Biosphäre; (2) die Ökosysteme der Welt bilden ein System, dessen einzelne Elemente aufeinander angewiesen sind, um funktionieren zu können; (3) jeder individuelle Organismus verfolgt sein eigenes Ziel; (4) die Forderung eines Vorrangs des Menschen gegenüber anderen Arten von Lebewesen kann nur auf Voreingenommenheit beruhen und muss somit irrational sein. Werden nun biozentrische Weltsicht und Annahmen über Lebewesen als teleologische Zentren des Lebens zusammengeführt, können auch starke Forderungen des Respekts gegenüber Lebewesen begründet werden. Diese gehen bei Taylor so weit, dass er beispielsweise gegenüber Pflanzen in der wilden Natur eine Nicht-Eingriffsregel rechtfertigt: Pflanzen dürfen in ihren natürlichen Lebensgrundlagen nicht gestört und auch nicht umgesiedelt werden.

Gegen Taylors Argumente ließe sich einwenden, dass eine Entität nur dann Interessen im eigentlichen Sinn haben könne, wenn sie über bestimmte Leistungen des Bewusstseins verfügt (s. Kap. 7). Varner argumentiert aber, dass mentale Zustände keine Voraussetzung für das Haben von Interessen seien (1998, 55–76). Auch Menschen könnten Interessen haben ohne entsprechende mentale Zustände aufzuweisen. Als Beispiel nennt er eine Person, die selbst dann weder die Absicht noch auch nur den Wunsch hegt, mit dem Rauchen aufzuhören, wenn sie sich völlig im Klaren über alle Folgen sowie über ihre eigenen Vorstellungen von einer guten Lebensführung ist (ebd., 58). Dass diese Person ein Interesse daran hat, mit dem Rauchen aufzuhören, kann mit keinem ihrer Wünsche, Begierden oder Meinungen begründet werden. Dennoch leuchtet es uns ein, meint Varner, dass sie ein solches Interesse hat. Diese Intuition erklärt er damit, dass auch die biologischen Bedürfnisse eines Organismus, die nichts mit mentalen Zuständen zu tun haben, Interessen begründen (ebd., 62).

Ein Argument, das in noch stärkerer Opposition zum pathozentrischen Mitbewerber steht, findet sich bei Goodpaster (1978, 316 f.). Er weist uns darauf hin, dass Empfindungsfähigkeit in den Augen der Biologie bloß eine instrumentelle Rolle im Überlebenskampf von leidensfähigen Organismen spielt. Sie entwickelt sich in Anpassung an die Bedingungen ihres Überlebens. Lust und Schmerz sind demnach Fähigkeiten, die empfindungsfähige Lebewesen dazu motivieren, bedrohliche Situation zu vermeiden und diejenigen Maßnahmen verlässlicher zu ergreifen, die ihre organische Integrität befördern. Empfindungsfähigkeit ist demnach bloß ein kontingentes Mittel zum Zweck der Lebenserhaltung. Dieser Punkt legt Goodpaster zufolge nahe, dass es nicht das pathozentrische sondern das biozentrische Kriterium ist, das erklärt, welche Strebungen von Organismen Respekt verdienen.

27.2 Binnendifferenzierungen im Biozentrismus

Bis hierher wurde der Biozentrismus als eine Theorie mit einheitlichen Prämissen vorgestellt. Der Biozentrismus ist eine Theorie, der zufolge Lebewesen aufgrund ihrer Charakteristik des Lebendig-Seins moralische Berücksichtigung verdienen. Die Kernthese lautet: Die lebendige Natur verdient qua ihrer Lebendigkeit direkte moralische Berücksichtigung.

Die Rede von *direkter* moralischer Berücksichtigung ist hierbei ausschlaggebend. Sie geht zurück auf eine Unterscheidung von Peter Singer (1979). Direkte Berücksichtigung meint, dass die Interessen einer Entität (Mensch, Tier, Pflanze, Ökosystem, etc.) um ihrer selbst willen eine Rolle in moralischen Überlegungen spielen. Indirekte Berücksichtigung ist dann gegeben, wenn diese Interessen nur akzidentell in Erwägung gezogen werden, weil sie in einer bestimmten Relation zu anderen, direkt moralisch relevanten Interessen stehen (Kallhoff 2002, 122). Als biozentrisch ist eine Position nur dann zu qualifizieren, wenn sie eine *direkte* moralische Berücksichtigung der lebendigen Natur begründet. Auch der anthropozentrische Gegenspieler kann nämlich durchaus indirekt dafür argumentieren, die nicht-menschliche Natur zu schützen, wenn davon menschliche Interessen betroffen sind.

Diese Bestimmung des Biozentrismus lässt Spielraum für verschiedene Spezifizierungen:

Egalitär vs. hierarchisch. Ein wichtiges Merkmal einiger biozentrischer Positionen ist, dass alle Lebewesen gleiche Berücksichtigung verdienen sollen. Das Paradigma einer egalitären Form von Biozentrismus ist Taylors Ansatz (1997; 2011), an den James Sterba (1995) anknüpft. Warum Taylor für einen Egalitarismus argumentiert, wird deutlich, wenn man sich den vierten Punkt seiner biozentrischen Naturauffassung vor Augen führt (1997, 132 ff.). Die Überlegenheit irgendeiner Art von Lebewesen ließe sich Taylor zufolge nur damit begründen, dass sie die anderen Arten an einer vorrangig wertvermittelnden Eigenschaft übertrifft. Aber der Wert einer Eigenschaft, z. B. Schnelligkeit, Intelligenz oder Moralität, ist in Taylors Augen relativ zur Perspektive ihrer Träger, d. h. wertvoll ist sie immer nur *für* deren Wohlergehen. Wenn wir typisch menschliche Attribute wie Rationalität für wertvoller halten als die Eigenschaften, die wir mit nicht-menschlichen Tieren und Pflanzen teilen, dann ist das also den Bedingungen unseres eigenen Wohlergehens geschuldet. Arationale Tiere und Pflanzen übertreffen uns wiederum in denjenigen Kategorien, die für ihr Wohlergehen jeweils ausschlaggebend sind. Der einzigen wertvermittelnden Eigenschaft, die allen Arten von Lebewesen gemein und somit absolut ist, kann daher nichts hinzugefügt werden. Ein *egalitärer Biozentrismus* zollt dieser Absolutheit mit seiner zentralen These Anerkennung, dass das notwendige, hinreichende und *einzige* Kriterium für moralische Berücksichtigung die Eigenschaft, lebendig zu sein, ist.

Dieser Spezifizierung des Biozentrismus stehen Theorietypen gegenüber, die eine Stufenleiter moralischer Berücksichtigung innerhalb der biotischen Sphäre akzeptieren (z. B. Agar 2001, Kap. 5; Goodpaster 1978; Schmidtz 2011; Varner 1998, Kap. 4). Ergebnis ist ein *hierarchischer Biozentrismus.* Ein Argument hierfür entwickelt David Schmidtz, indem er auf die Möglichkeit von Aggregaten moralisch wertvoller Eigenschaften in Lebewesen hinweist (2011, 129–130). Laut Schmidtz sind Biozentrikerinnen und Biozentriker keineswegs gezwungen zu leugnen, dass auch andere Eigenschaften als Lebendigkeit moralischen Wert vermitteln können, solange sie an der These festhalten, dass Lebendigkeit alleine für moralische Statuszuschreibungen hinreicht und kein anderes Kriterium größeren Wert verleiht. Es sei durchaus mit dem Biozentrismus vereinbar, zuzugestehen, dass ein Lebewesen dann als moralisch siginifikanter gelten muss, wenn es neben seiner Lebendigkeit auch Empfindungsfähigkeit oder sogar Selbstbewusstsein besitzt. Die Kernthese eines hierarchischen Biozentrismus, die von Schmidtz (u. a.) nahegelegt wird, lautet demnach, dass das notwendige und hinreichende, aber nicht einzige Kriterium für moralische Berücksichtigung die Eigenschaft, lebendig zu sein, ist.

Individualistisch vs. pluralistisch. Anhand von Taylors Argument (1997), auf das wir bereits mehrfach Bezug genommen haben, lässt sich leicht einsehen, was eine individualistische Position des Biozentrismus charakterisiert. Jedes lebendige Individuum hat ein Wohl, das als solches in handlungsbezogenen Überlegungen berücksichtigt werden soll. In Taylors Interpretation der These, dass die lebendige Natur moralische Achtung verdient, referiert der Terminus ›lebendige Natur‹ auf jeden einzelnen Organismus. Dies charakterisiert auch im Allgemeinen den *individualistischen Biozentrismus*: Jeder einzelne Organismus, so die zentrale These, verdient qua seiner Lebendigkeit direkte moralische Berücksichtigung.

Gemäß dieser Ansicht erschöpft sich die moralische Relevanz von Ansammlungen von Lebewesen wie etwa Gattungen oder Ökosystemen in der Summe der Einzelinteressen ihrer Mitglieder. Was solchen Aggregaten in Taylors Theorie hingegen nicht zukommt, ist *direkte* moralische Berücksichtigung. James Sterba bezeichnet dies als ein Versäumnis. Da Spezies nämlich auch Eigenschaften teleologischer Systeme aufweisen (sie entwickeln sich, bringen neue Spezies hervor, werden ausgerottet, etc.), kann durchaus gefordert werden, ihnen nicht nur Interessen zuzuschreiben (1995, 192), sondern diese auch zu respektieren. Folgendes Beispiel führt Sterba zur Verdeutlichung an (ebd.): Auch wenn keines der Individuen einer Tiergattung davon profitiert, gejagt zu werden, so kann es doch für die Gattung selbst von Vorteil sein, weil dies unter den richtigen Umständen Überpopulationen vorbeugen kann, die andernfalls den Fortbestand der Gattung gefährden würden. In solchen Fällen ist es sinnvoll, von einem Wohl dieser Gattung zu sprechen, das unabhängig vom Wohl ihrer einzelnen Mitglieder ist. Das Argument lässt sich auch auf Ökosysteme ausweiten und mündet in einen *pluralistischen Biozentrismus* und die These, dass einzelne Organismen, Spezies und Ökosysteme qua ihrer Lebendigkeit direkte moralische Berücksichtigung verdienen.

Ein pluralistischer Biozentrismus kann nicht nur mit dem individualistischen Biozentrismus kontrastiert werden. Wichtig ist vielmehr auch die Abgrenzung zu holistischen Ansätzen innerhalb der Naturethik. Aldo Leopold etwa verficht in seiner *land ethics* (2010) eine moralische Berücksichtigung von Ökosystemen bzw. der biotischen Sphäre. Allerdings verwendet er zur Begründung *nicht* das biozentrische Kriterium. Für ihn sind es vielmehr Eigenschaften der Biosphäre *als ganzer*, so beispielsweise die Integrität, Stabilität und Schönheit, auf denen die Forderung ihrer moralischen Berücksichtigung beruht (2010, 200).

Die Unterscheidung zwischen individualistischen und pluralistischen Positionen ist unabhängig von den oben dargestellten Qualifizierungen als egalitär und hierarchisch. Es ist daher innerhalb des Biozentrismus prinzipiell möglich, jede beliebige Kombination zwischen egalitären bzw. hierarchischen Formen einerseits und individualistischen bzw. pluralistischen Formen andererseits zu vertreten. Zum Beispiel befürwortet Taylor, abgesehen von seinem Egalitarismus, auch einen Individualismus (1997; 2011), während Varner (1998, Kap. 4) und Agar (2001, Kap. 5) sich für einen hierarchisch-individualistischen Biozentrismus aussprechen.

27.3 Probleme biozentrischer Positionen

Der Biozentrismus ist mit einer Reihe von Problemen konfrontiert. Dabei handelt es sich insbesondere um das Problem der Unvereinbarkeit mit anderen weithin akzeptierten Positionen, das Problem der Impraktikabilität und das Problem des Dammbrucharguments.

Unvereinbarkeit mit anthropozentrischen, pathozentrischen und holistischen Forderungen. Ein Problem, das manche in der moralischen Aufwertung des bloßen Lebens gesehen haben, ist die damit einhergehende relative Abwertung anderer Objekte der Moral, insbesondere die von Menschen und Tieren. Das kann zu Interessenskonflikten führen, in denen der Biozentrismus stark konterintuitive Implikationen zu haben scheint. Schmidtz stellt diesen Punkt deutlich heraus, wenn er darauf hinweist, dass ein konsequent gedachter Biozentrismus nach dem Vorbild Taylors den Verzehr einer Kuh und den Verzehr einer Karotte moralisch gleich bewerten müsste (2011, 129). Auch aus dem holistischen Lager, d. h. von Autorinnen und Autoren, die für eine moralische Berücksichtigung der Natur als ganzer eintreten, werden Bedenken geäußert. Baird Callicott (1980) beispielsweise argumentiert gegen individualistische Moraltheorien, welche die Interessen einzelner Lebewesen über das Wohl der biotischen Gemeinschaft als ganzer stellen (vgl. insbesondere ebd., 321 ff.). Obwohl sein erklärter Gegenspieler hierbei die *Animal Liberationists* sind, ist die Kritik ebenso auf biozentrisch-individualistische Ansätze anwendbar, wie auf biozentrischer Seite durchaus anerkannt wird (z. B. Sterba 2012, 253 ff.; Varner 1998, 98 ff.). Taylor (2011, Kap. 6) und Sterba (1995; 2012) lösen Konflikte zwischen ökologisch-ethischen und humanethischen Forderungen, indem sie Prinzipien einführen, die im Konfliktfall menschliche Interessen priorisieren. Eine andere Methode, die darüber hinaus auch berechtigte pathozentrische Forderungen adressieren kann, steht hierarchischen Ansätzen des Biozentrismus zur Verfügung. Wie oben dargestellt sind diese problemlos in der Lage, die Kriterien der Empfindungsfähigkeit und der Rationalität zusätzlich miteinzubeziehen. Sie kommen daher ohne vermittelnde Prinzipien aus, um den Vorrang tierischer und menschlicher Interessen zu gewährleisten.

Was schließlich die Auseinandersetzung mit dem Holismus betrifft, so haben manche argumentiert, dass ein richtig interpretierter individualistischer Biozentrismus berechtigte holistische Forderungen zumindest *praktisch* erfüllen kann, indem er von den Interessen individueller Lebewesen ausgeht und in einem weiteren Schritt Spezies und Ökosysteme, die als Aggregate dieser Individuen verstanden werden, mittelbar berücksichtigt (z. B. Agar 2001, 145–152; Varner 1998, Kap. 6). Um dem Holismus darüber hinaus auch auf der Begründungsebene entgegenzukommen, genügt ein pluralistischer Biozentrismus wie derjenige von Sterba (2012, 253–255). Wie oben erörtert ermöglicht dieser es, auch Spezies und Ökosysteme als Objekte direkter moralischer Berücksichtigung zu qualifizieren. Insgesamt kann eine biozentrische Position mithin so modifiziert werden, dass anderen moralisch wohlbegründeten Forderungen Rechnung getragen wird. Ob dies jedoch für die Entschärfung potentieller Konflikte immer hinreicht, muss im Einzelfall entschieden werden.

Impraktikabilität. John Passmore (1974, 123 zit. nach Varner 1998, 77) weist auf ein Problem hin, dem all die oben genannten Typen biozentrischer Ethik gegenüberstehen: Schon unsere basalsten Stoffwechselprozesse wie Atmung und Nahrungszufuhr haben den Tod von Organismen zur Folge. Der Mensch ist daher faktisch nicht dazu in der Lage, alle Interessen zu schonen, die der Biozentrismus für beachtenswert hält. Wenn dies jedoch gefordert wird, dann ist sie für menschliche Akteure praktisch nicht umsetzbar. Diesem Einwand kann durch den Nachweis begegnet werden, dass der Biozentrismus nicht so anspruchsvoll ist, wie es zunächst den Anschein hat. Varner (1998, 77–79) führt zu diesem Zweck seinen hierarchischen Biozentrismus ins Feld, der die Anforderungen dadurch gering hält, dass er menschlichen Interessen an entscheidender Stelle den Vorzug gegenüber denen anderer Spezies gibt. Agar (2001, 162–173) wählt einen etwas anderen Zugang, indem er zu zeigen versucht, dass ein richtig verstandener Biozentrismus tatsächlich von vornherein weniger verlangt als sein pathozentrischer Konkurrent. Eines seiner Argumente für diese These lautet, dass die Interessen, die einem Organismus aus seiner Lebendigkeit erwachsen, wesentlich leichter zu befördern und schwerer zu beeinträchtigen sind als diejenigen, die aus dem pathozentrischen Kriterium folgen. Am Ende des Tages ist es nämlich einfacher, einer großen Zahl von Organismen das bloße Überleben und die Arterhaltung zu ermöglichen als einer vergleichbaren Menge empfindungsfähiger Lebewesen ein schmerzfreies Dasein zu gewähren (ebd., 162–164).

In dieser Diskussion ist auch ein Argument von Goodpaster (1978) grundlegend, wonach zwischen der Reichweite der Moral und der moralischen Signifikanz von Forderungen mit Rücksicht auf sich als moralisch beachtenswert qualifizierende Organismen strikt getrennt werden muss (Kallhoff 2002, 128 f.). Auch wenn gezeigt werden kann, dass ein Organismus moralische Rücksicht verdient, bedeutet dies noch keinesfalls, dass entsprechende Forderungen *dasselbe* Gewicht haben wie andere Forderungen. In der Pflanzenethik werden systematische Optionen erörtert, die Abstufung der moralischen Signifikanz entweder nach einem einheitlichen Kriterium zu gestalten, indem etwa die Komplexität von Organismen herangezogen wird; oder auf konkrete Fälle bezogene Regeln der Abwägung konkurrierender Ansprüche zu begründen (Kallhoff 2002, 141–146). Die Regeln sind auch daran orientiert, welche Ansprüche von Lebewesen aufgrund von kultivierenden oder schädigenden Praktiken an die Verursacher jener Folgen gerichtet werden sollten.

Dammbruchargumente. Ein dritter Einwand, der breit diskutiert wird, wurde beispielhaft von Janna Thompson (1990) artikuliert. Sie wirft dem Biozentrismus vor, den moralischen Status an ein Kriterium zu knüpfen, das den Kreis der moralischen Berücksichtigung weitaus umfangreicher werden lässt als beabsichtigt. Wenn es nämlich, wie Taylor sagt, für die moralische Relevanz eines Lebewesens ausreicht, ein eigenes Wohl zu haben, warum, so Thompson, sollte man dann beispielsweise nicht auch einzelne Organe wie Herzen und Lungen direkt moralisch berücksichtigen (ebd., 152)? Auch diesen kann sinnvoll Zweckgerichtetheit zuerkannt werden. Und damit nicht genug: Ähnliches lässt sich von Körperzellen, Molekülen, bis hin zu Maschinen sagen, welche auch eindeutig Funktionen ausführen, die befördert und gehemmt werden können (ebd., 153). Dies käme einem Dammbruch in der ethischen Argumentation gleich.

Dieser Einwand wird in der biozentrischen Literatur zumeist als eine *reductio ad absurdum* diskutiert, derzufolge Biozentrikerinnen und Biozentriker konsequenterweise auch funktionale Artefakte als moralisch relevant betrachten müssten. Taylor (2011, 123 f.) und Sterba (2012, 255) versuchen das Problem mit dem Hinweis zu lösen, das Wohl von Maschinen (wenigstens das aller uns bisher bekannten Arten) sei nicht ihr eigenes. Varner (1998, 64–69) wählt eine andere Vorgehensweise. Er zieht die Grenze zwischen Maschinen und Lebewesen mithilfe der Evolutionstheorie: Die moralisch bedeutsamen Interessen sind bei ihm durch diejenigen Funktionen definiert, die auf natürliche Selektion zurückführbar sind (ebd., 69). Somit fallen Maschinen mangels evolutionärer Vorgeschichte selbst dann aus dem Kreis der moralischen Berücksichtigung heraus, wenn man ihnen zugestehen möchte, dass sie auch unabhängig von menschlichen Interessen ein Wohl haben.

27.4 Zusammenfassung

In der Debatte über biozentrische Positionen wird weiterhin mit naheliegenden Einwänden gerungen. Diese betreffen insbesondere die Befürchtung einer Einebnung des moralischen Universums, einer Fehleinschätzung der Funktion von Moral und ihrer Reichweite, wie auch die Gefahr einer Überbewertung von Interessen jener Lebewesen, die weder Schmerzempfinden noch Bewusstsein aufweisen. Die Auseinandersetzung mit diesen Einwänden hat zu einer Reihe von Binnendifferenzierungen im Biozentrismus geführt, die auch für andere Positionen der ökologischen Ethik fruchtbar sind. Dies betrifft insbesondere Überlegungen zum Wohl und zu den Interessen nichtempfindungsfähiger Lebewesen.

Das Verhältnis zwischen dem Biozentrismus und der Tierethik ist ambivalent. Wie eingangs dargestellt bedarf es einiger Anstrengung, um die Ethik des bloßen Lebens aus dem Schatten seines pathozentrischen Mitspielers treten zu lassen. Die Bestrebungen, die dahingehend unternommen wurden, stellen sich oftmals als Angriff *gegen* den Pathozentrismus dar. Sobald man aber die These von der moralischen Relevanz biologischer Zwecke akzeptiert, wird der Biozentrismus aus verschiedenen Gründen attraktiv: Erstens erklärt er die moralische Intuition, dass es etwas mit dem Leben nicht-menschlicher Lebewesen auf sich hat, das auch unabhängig von Schmerzempfinden und expliziter Selbstreflexion bedeutsam ist. Durch seinen großen Geltungsbereich vertritt der Biozentrismus zweitens auch eine Absage an den Speziesismus, wonach Gattungsgrenzen ohne weitere Qualifikation auch für die Reichweite der Moral relevant sind. Die verschiedenen Binnendifferenzierungen schließlich erlauben es drittens, vom Individualismus bis hin zu (quasi-)holistischen Ansätzen vielen Forderungen der ökologischen Ethik entgegenzukommen. All diese Gründe sprechen dafür, die Möglichkeiten des Biozentrismus nicht nur in der Pflanzen- sondern auch in der Tierethik sorgfältig zu ergründen.

Literatur

Agar, Nicholas: *Life's Intrinsic Value*. New York/Chichester/West Sussex 2001.

Attfield, Robin: The Good of Trees. In: *Value Inquiry* 15/35 (1981), 35–54.

Attfield, Robin: Beyond Anthropocentrism. In: *Royal Institute of Philosophy Supplement* 69 (2011), 29–46.

Callicott, J. Baird: Animal Liberation: A Triangular Affair. In: *Environmental Ethics* 2/4 (1980), 311–338.

Goodpaster, Kenneth E.: On Being Morally Considerable. In: *The Journal of Philosophy* 75/6 (1978), 308–325.

Kallhoff, Angela: *Prinzipien der Pflanzenethik. Die Bewertung pflanzlichen Lebens in Biologie und Philosophie*. Frankfurt a. M./New York 2002.

Krebs, Angelika: Naturethik im Überblick. In: *Naturethik*. Frankfurt a. M. 1997, 337–379.

Leopold, Aldo: The Land Ethic. In: David R. Keller (Hg.): *Environmental Ethics: The Big Questions*. Malden, Mass./Oxford 2010, 193–201.

Passmore, John: *Man's Responsibility for Nature*. New York 1974.

Scherer, Donald: Anthropocentrism, Atomism and Environmental Ethics. In: Donald Scherer/Thomas Attig (Hg.): *Ethics and the Environment*. Englewood Cliffs, N. J. 1982.

Schmidtz, David: Respect for Everything. In: *Ethics, Policy & Environment* 14/2 (2011), 127–138.

Schweitzer, Albert: *Kultur und Ethik. Kulturphilosophie – Zweiter Teil*. München 1923.

Singer, Peter: Not for Humans Only, the Place of Nonhumans in Environmental Issues. In: Kenneth E. Goodpaster/Kenneth M. Sayre (Hg.): *Ethics and the Problems of the 21st Century*. London 1979, 191–206.

Singer, Peter: Alle Tiere sind gleich. In: Angelika Krebs (Hg.): *Naturethik*. Frankfurt a. M. 1997, 13–32 (engl. 1976).

Sterba, James P.: From Biocentric Individualism to Biocentric Pluralism. In: *Environmental Ethics* 17/2 (1995), 191–207.

Sterba, James P.: Biocentrism [1998]. In: Ruth Chadwick (Hg.): *Encyclopedia of Applied Ethics*. o. O. ²2012, 251–257.

Sylvan, Richard: Is There a Need for a New, an Environmental, Ethic? In: David R. Keller (Hg.): *Environmental Ethics: The Big Questions*. Malden, Mass./Oxford 2010, 98–103.

Taylor, Paul: Die Ethik der Achtung vor der Natur. In: Angelika Krebs (Hg.): *Naturethik*. Frankfurt a. M. 1997, 111–143 (engl. 1981).

Taylor, Paul: *Respect for Nature* [1986]. Princeton ³2011.

Thompson, Janna: A Refutation of Environmental Ethics. In: *Environmental Ethics* 12/2 (1990), 147–160.

Varner, Gary: *In Nature's Interests? Interests, Animal Rights, and Environmental Ethics*. New York/Oxford 1998.

Michael Bruckner / Angela Kallhoff

28 Instrumentalisierungsverbot

Mit dem Begriff ›Instrumentalisierung‹ steht eine Praxis im Blick, die dadurch charakterisiert ist, dass andere jeweils als Mittel behandelt werden. Das tun wir, wenn wir uns von einem Taxifahrer zum Bahnhof fahren lassen, wenn wir uns im Supermarkt vom Verkäufer beraten lassen und vom Kollegen einen Aufsatz lesen und kommentieren lassen. Wenn wir andere als Mittel benutzen, dienen sie bestimmten Zwecken, die wir verfolgen. Diese Zwecke müssen nicht notwendigerweise die eigenen sein. Ich kann jemanden fragen, wo die Stadtbibliothek sei, weil ich damit einem Kollegen einen Gefallen erweisen möchte. Der Kollege möchte das wissen. Die Zwecke, die dabei verfolgt werden, sind nicht Zwecke, welche die als Mittel benutzte Person verfolgt. Es sind ihr fremde Zwecke. Wenn wir jemanden als Mittel behandeln, dann tun wir etwas mit der betroffenen Person. Sie ist nicht Mittel zu ihr fremden Zwecken, wenn sie keinen Beitrag zur Realisierung des Zwecks leistet. Dabei muss sie selbst nicht wissen, dass sie das tut. Fraglich ist, ob man bloß dann davon reden kann, dass ich eine andere Person als Mittel behandelt habe, wenn ich das absichtlich tue. Nehmen wir an, jemand würde mir im obigen Beispiel sagen, wo sich die Stadtbibliothek befindet, ohne dass ich sie vorgängig gefragt habe. Diese Person leistet ohne Zweifel einen Beitrag zur Realisierung meines Zwecks, aber habe ich sie auch als Mittel behandelt? Samuel Kerstein meint, dass man einen anderen dann als Mittel behandelt, wenn die Weise, wie man ihn behandelt, von der Absicht getragen wird, dass er oder sie etwas tut, was zur Realisierung meines Zwecks beiträgt: »Sie muss beabsichtigen [...], dass die Anwesenheit oder Mitwirkung des Anderen auf die eine oder andere Weise zur Realisierung des Zwecks beiträgt« (Kerstein 2013, 57 f.). Jemand wird danach als Mittel behandelt, wenn eine andere Person beabsichtigt, seine Anwesenheit oder sein Tun zur Realisierung eines ihm fremden Zwecks zu benutzen.

Wenn von anderen die Rede ist, die instrumentalisiert werden, dann sind nicht bloß Menschen gemeint. Auch Tiere können von uns instrumentalisiert werden. Das tun wir genau dann, wenn wir ihr Verhalten oder sie selbst für unsere Zwecke verwenden. Wir instrumentalisieren Tiere zu ganz unterschiedlichen Zwecken; z. B. zu Nahrungs-, Forschungs- und Unterhaltungszwecken, um nur einige wenige zu nennen. Wie bei Menschen stellt sich auch bei Tieren die Frage, welche Formen der Instrumentalisierung moralisch unzulässig und welche moralisch zulässig sind.

28.1 Kants Instrumentalisierungsverbot

Nach einer breit geteilten Auffassung ist es nicht per se moralisch problematisch, andere als Mittel zu behandeln. Moralisch falsch ist eine Instrumentalisierung anderer Wesen nur dann, wenn diese *bloß* als Mittel zu ihnen fremden Zwecken benutzt werden. Immanuel Kants Instrumentalisierungsverbot, wonach man andere und sich selbst nie bloß als Mittel behandeln dürfe (Kant 1907/14a, 429), bringt diese Ansicht exemplarisch zum Ausdruck. Ungeachtet der Bedeutung und Prominenz von Kants Instrumentalisierungsverbots ist allerdings unklar, was darunter genau verstanden werden soll. Was heißt es, andere bloß als Mittel zu behandeln? Was unterscheidet eine Handlung, die andere als Mittel von einer, die andere *bloß* als Mittel behandelt?

Kant erläutert sein Verständnis des Instrumentalisierungsverbots u. a. am Beispiel des lügenhaften Versprechens (Kant 1907/14, 429). Jeder werde, wie Kant meint, sofort einsehen, dass wer so handelt, »sich eines andern Menschen *bloss als Mittels* bedienen will [...]« (Kant 1907/14a, 429). »Denn derjenige, den ich durch ein solches Versprechen zu meinen Absichten brauchen will, kann unmöglich in meine Art, gegen ihn zu verfahren einstimmen« (Kant 1907/14a, 429 f.). Bloß als Mittel wird man nach Kant folglich behandelt, wenn man von anderen in einer Weise behandelt wird, in die man nicht einwilligen kann; gleichzeitig wird man dann auch nicht als Zweck an sich selbst behandelt. Denn nur wenn man einstimmen kann, sind die eigenen Zwecke in der Weise, wie der andere mich behandelt, auch berücksichtigt.

Die Formulierung, dass der andere unmöglich einstimmen kann, lässt sich auf unterschiedliche Weisen verstehen. Erstens könnte sie bedeuten, dass jemand unmöglich einstimmen kann, wenn er das Ziel, das der andere mit seinem Tun verfolgt, *nicht teilen* kann (Wood 1999, 153). Dabei geht es nicht darum, dass der andere das Ziel meines Tuns nicht teilt, sondern dass er es nicht teilen *kann*. Der Vorschlag ist mit folgenden Schwierigkeit verbunden: Nehmen wir an, ich möchte das Geld, das ich durch ein falsches Versprechen erhalte, zur Bekämpfung des Welthungers verwenden (vgl. dazu auch Kerstein 2009, 167). Das ist ein Ziel, das die betrogene Person nicht nur teilen könnte, sondern vielleicht auch teilt. Ungeachtet ihrer Einstellung behandle ich sie jedoch bloß als Mittel, wenn ich sie durch ein falsches Versprechen dazu bringe, mir Geld zu geben. Ob eine andere Person instrumentalisiert wird, scheint folg-

J. S. Ach / D. Borchers (Hg.), *Handbuch Tierethik*, https://doi.org/10.1007/978-3-476-05402-9_28

lich nicht davon abhängig zu sein, ob sie meine Ziele teilt oder teilen kann.

Man kann Kants Formulierung zweitens auch im Sinne einer *logischen Unmöglichkeit* verstehen: Der andere hat nicht die Möglichkeit, seine Zustimmung zu geben, weil er nicht weiß, was ich mit ihm vorhabe. Es gehört zu einem falschen Versprechen, dass das Opfer nicht weiß, was der andere zu tun beabsichtigt. Das Opfer hat nicht die Möglichkeit, seine Zustimmung zu geben. So versteht Christine Korsgaard Kants Ausführungen zum Instrumentalisierungsverbot (Korsgaard 1996, 39). Wie sie meint, wird man genau dann bloß als Mittel behandelt, wenn man von anderen in einer Weise behandelt wird, der man *nicht zustimmen kann*, und das heißt, wenn man keine Möglichkeit hat, zum Tun der anderen Person Stellung zu nehmen. Das trifft auf Handlungen zu, mit denen wir von anderen getäuscht, manipuliert und gezwungen werden. Wer andere nicht bloß als Mittel behandeln will, muss entsprechend seine Absichten den anderen gegenüber offenlegen und klarmachen, worum es ihm geht (so auch O'Neill 1989, 110).

Man kann Kants Formulierung drittens auch im Sinne einer *normativen Unmöglichkeit* verstehen. Der andere kann einer bestimmten Behandlung unmöglich zustimmen, wenn er dazu *keinen Grund* hat. Wenn er gegebenenfalls einstimmen würde, wäre er irrational. So könnte man im Blick auf das lügenhafte Versprechen sagen: Er hätte keinen Grund, einzustimmen, wüsste er, was ich mit ihm vorhabe. Das lässt sich im Sinne eines Prinzips rationaler Einwilligung verstehen. Bloß als Mittel behandle ich danach eine andere Person genau dann, wenn sie der Weise, wie ich mit ihr umgehe, *rationalerweise* nicht zustimmen kann (Parfit 2011, 182 ff.). Durch welche Handlungen andere Personen nach dieser Auffassung bloß als Mittel behandelt werden, hängt davon ab, was man als Gründe ansieht, die Personen haben können, der Weise, wie andere mit ihnen umgehen, zuzustimmen. Man kann unterschiedliche Vorstellungen darüber haben, was Personen Gründe liefert, zu- bzw. nicht zuzustimmen. So könnte man z. B. bloß das als Grund der Zustimmung anerkennen, was im Eigeninteresse des Akteurs ist. Oder man könnte meinen – wie das wohl eine Utilitaristin oder ein Utilitarist tun würde – dass man dann einen Grund hat, dem Tun der anderen zuzustimmen, wenn es das allgemeine Wohl befördert. Nach einem solch weiten Begriff von Gründen, tue ich mit einem falschen Versprechen nicht notwendigerweise etwas, dem der andere nicht zustimmen kann. Wenn ich z. B. mit dem Geld, das ich durch ein lügenhaftes Versprechen erlangt habe, etwas gegen den Welthunger unternehme, hat die Person, die ich hinters Licht führe, Grund, dem, was ich mit ihr vorhabe, zuzustimmen. Ihr ist dieser Grund bei einem falschen Versprechen nicht bewusst, aber ich könnte berechtigterweise sagen, dass sie einen Grund hat, in mein Tun einzuwilligen, auch wenn sie um diesen Grund nicht weiß.

28.2 Einwilligung

Man könnte die unzulässige Instrumentalisierung von Menschen alternativ auch an faktischer Einwilligung festmachen, und sagen, dass ich eine andere Person dann bloß als Mittel behandle, wenn sie der Weise, wie ich sie behandle, nicht zugestimmt hat (Scanlon 2008, 110 ff.). Um mit diesem Vorschlag auch den Fällen gerecht zu werden, in denen andere ihre Einwilligung aufgrund von Täuschung, Manipulation und Zwang nicht geben können, sollte man hier hinzufügen: Der andere wird dann bloß als Mittel benutzt, wenn er seine Einwilligung nicht gegeben hat oder seine Einwilligung nicht gegeben hätte, wenn er darüber informiert worden wäre, was mit ihm geschieht. Man müsste also die Idee der faktischen Einwilligung durch eine hypothetische Einwilligung erweitern. Nicht alle betrachten Einwilligung als ausreichend, um Instrumentalisierung auszuschließen. Nehmen wir an, jemand würde freiwillig darin einwilligen, getötet zu werden, um andere zu retten. Ist allein die Einwilligung dafür ausschlaggebend, ob jemand als Mittel oder bloß als Mittel behandelt wird, dürfte man nicht mehr von Instrumentalisierung sprechen. Einige halten jedoch die Tötungshandlung trotz der Einwilligung für moralisch falsch. Sie vertreten die Meinung, dass eine Person unabhängig von ihrer Einwilligung auch dann bloß als Mittel behandelt und damit instrumentalisiert werde, wenn sie in eine moralisch falsche Handlung einwilligt. Menschen würden nach dieser Auffassung also auch dann bloß als Mittel behandelt werden, wenn die Handlung, mit der sie als Mittel gebraucht werden, moralisch verwerflich ist.

Wenn man unzulässige Instrumentalisierung an Einwilligung knüpft, wird man es zudem für unmöglich halten müssen, dass einwilligungsfähige Wesen, Kleinkinder, Demente, geistig Schwerstbehinderte und Tiere je in unzulässiger Weise instrumentalisiert werden können. Das halten viele für unplausibel. Alternativ dazu lässt sich argumentieren, dass Wesen genau dann in unzulässiger Weise instrumentalisiert werden, wenn ihre moralischen Ansprüche verletzt werden.

28.3 Parfits Vorschlag

Nach Derek Parfit behandle ich einen anderen bloß als Mittel, wenn sein Wohlergehen und seine moralischen Ansprüche für mich nicht von Belang sind (Parfit 2011, 213). Er schildert das Beispiel eines ›Gangsters‹, der bereit ist, anderen unbeschränkt Schaden zuzufügen, wenn das seinen Zielen dienlich ist (ebd., 216). Die anderen zählen für ihn nicht, was nicht ausschließt, dass er sich aus Eigeninteresse moralisch korrekt verhält und beispielsweise einem Kaffeeverkäufer das Geld gibt, das dieser für seinen Kaffee verlangt. Er würde diesem aber beliebigen Schaden zufügen, würde das unter anderen Umständen seinem eigenen Interesse dienen.

Dieses Verständnis von Instrumentalisierung lässt verschiedene Grade zu: Je weniger mir am Wohl des anderen liegt, desto stärker behandle ich ihn in der Interaktion als bloßes Mittel. Zudem hängt reine Instrumentalisierung nach diesem Verständnis von den Einstellungen der Akteure ab. Der Gangster behandelt den Kaffeeverkäufer bloß als Mittel, auch wenn er korrekt für seinen Kaffee bezahlt, sofern er bereit wäre, ihn gegebenenfalls für den Kaffee auch umzubringen. Was er in einem solchen Fall tut, ist moralisch zulässig, obwohl er den Kaffeeverkäufer bloß als Mittel behandelt. Der Gangster hat eine falsche Einstellung anderen gegenüber, das sagt allerdings nichts darüber aus, ob seine Taten auch falsch sind. Nach Parfit ist es selten so, dass wir falsch handeln, *weil* wir jemanden bloß als Mittel benutzen (Parfit 2011, 232). Kants Instrumentalisierungsverbot scheint eine wichtige moralische Wahrheit zum Ausdruck zu bringen. Das, worauf sie hinweist, ist jedoch, wie Parfit meint, kaum je eine falschmachende Eigenschaft. Wenn es eine Frage der Einstellung ist, ob ich eine andere Person bloß als Mittel gebrauche, dann spielt die Diagnose, jemand werde instrumentalisiert, für die moralische Beurteilung von Handlungen nicht die von Kant vorgesehene Rolle. Viele Weisen, den anderen bloß als Mittel zu behandeln, werden dann moralisch erlaubt sein. Das korrekte Bezahlen für den Kaffee durch Parfits ›Gangster‹ ist ein Beispiel dafür.

Andere Konzeptionen von Instrumentalisierung teilen Parfits Schluss, dass Instrumentalisierung keine falschmachende Eigenschaft sei, wenngleich aus anderen als den von ihm vorgebrachten Gründen. So kann man argumentieren, dass andere Personen genau dann bloß als Mittel gebraucht werden, wenn sie in einer Weise als Mittel behandelt werden, die *moralisch unzulässig* ist (Schaber 2010, Kap. 1). Die Formulierung ›bloß als Mittel‹ weist dann darauf hin, dass die jeweils zur Diskussion stehende Form der Instrumentalisierung moralisch falsch ist. Nach diesem Vorschlag ist der Unterschied zwischen ›bloß als Mittel behandeln‹ und ›als Mittel behandeln‹ moralisch bedeutsam. Er ist jedoch nicht moralisch bedeutsam in dem Sinn, dass die Eigenschaft ›bloß als Mittel‹ eine Handlung falsch macht, sondern vielmehr in dem Sinn, dass sie bloß dann vorliegt, wenn die Handlung Eigenschaften hat, welche diese moralisch falsch machen. Jemanden bloß als Mittel behandeln, heißt, ihn in einer unzulässigen Weise zu instrumentalisieren. Ob es falsch ist, jemanden bloß als Mittel zu behandeln, ist nach diesem Vorschlag keine offene Frage.

28.4 Instrumentalisierung als Würdeverletzung?

Viele sind der Meinung, dass Handlungen, die andere als Mittel behandeln, genau dann moralisch falsch sind, und eine Instrumentalisierung darstellen, wenn die entsprechende Handlung deren Würde verletzt (s. Kap. 29). Jede Instrumentalisierung von Menschen wäre demnach eine Verletzung von deren Würde. Ob das so ist, hängt davon ab, was man unter der Würde des Menschen versteht.

Doch was heißt es, eine inhärente Würde zu haben? Orientierungspunkt für ein angemessenes Verständnis von inhärenter Würde ist für viele Kants Verständnis der Würde. Würde beruht nach Kant auf der Autonomie, d. h. auf der Möglichkeit, sich nach Gesetzen zu bestimmen. Einschlägig für das Verständnis dessen, was es nach Kant bedeutet, andere in ihrer Würde zu respektieren, ist darüber hinaus die Zweckformel. Sie legt uns nahe, die Würde von Personen als etwas zu verstehen, das dann geachtet wird, wenn Personen als Zweck an sich selbst behandelt werden. Das wirft die Frage danach auf, was es heißt, jemanden als Zweck an sich selbst zu behandeln, ein Begriff, der seinerseits interpretationsbedürftig ist.

Moralischer Status und Rechte. Man kann inhärente Würde als Zuschreibung eines moralischen Status verstehen (s. Kap. 31). Nach Stephen Darwall ist die Würde die Zuschreibung einer normativen Autorität, anderen Personen gegenüber gültige Forderungen stellen zu können (Darwall 2006, 14). Den anderen in seiner Würde zu achten, heißt entsprechend, ihn als Wesen mit einer solchen normativen Autorität zu achten. In eine ähnliche Richtung zielt der Vorschlag von

Joel Feinberg, wonach Würde zu haben bedeutet, die Fähigkeit zu besitzen, Forderungen stellen zu können (Feinberg 1980, 151). Darwalls Begriff der Würde ist klar normativ gefasst: Würde haben heißt, normative Autorität zu besitzen. Feinberg sieht Würde als eine bestimmte Fähigkeit. Beide Begriffe haben sind allerdings nicht direkt mit Ansprüchen verbunden, in bestimmter Weise von anderen behandelt bzw. nicht behandelt zu werden.

Das sieht anders aus, wenn man sich an einem Begriff der Würde orientiert, wie ihn Dieter Birnbacher vorschlägt (Birnbacher 1996, 110). Die inhärente Würde zu achten heißt für ihn, eine Gruppe von Grundrechten zu respektieren. Gemeint sind dabei (a) das Grundrecht auf ein Existenzminimum, (b) das Recht auf Freiheit von großen und andauernden Schmerzen, (c) das Recht auf eine minimale Freiheit und (d) das Recht auf eine minimale Selbstachtung. Nach diesem Verständnis lässt sich die Menschenwürde auf grundlegende Rechte von Menschen reduzieren. Der Begriff der Würde scheint keine eigenständige normative Bedeutung zu haben, sondern ein Sammelname für unterschiedliche Grundrechte zu sein. Wenn eines dieser Grundrechte und damit die Würde von Menschen verletzt wird, wird kein Anspruch verletzt, der diesen Rechten zugrunde liegt. Mit Würde ist nichts angesprochen, was Grundrechte begründen würde. Folgt man Birnbachers Vorschlag, wird man deshalb wohl in begründungstheoretischer Hinsicht auch auf den Begriff der Würde verzichten können.

Eine andere Auffassung des Verhältnisses von inhärenter Würde und Rechten findet sich in der Schlusserklärung der Zweiten Internationalen Menschenrechtskonferenz, wo es heißt, dass alle Menschenrechte aus der inhärenten Würde abgeleitet sind (Clapham 2002, 439). Das entspricht auch der Standardauffassung des Deutschen Grundgesetzes, wonach sich die unveräußerlichen und unverletztlichen Verfassungsgrundrechte aus der Anerkennung der Würde jedes Menschen ergeben (Menke/Pollmann 2007, 150).

Würde und Demütigung. Avishai Margalit versteht die inhärente Würde von der Würdeverletzung her. Menschen werden in ihrer Würde verletzt, wenn sie gedemütigt werden (Margalit 1996, 115 ff.). Wer einen anderen demütigt, achtet ihn nicht als menschliches Wesen. Demütigung ist, so Margalit, ein Angriff auf die *Selbstachtung* der betroffenen Person. Dabei ist Selbstachtung eine Einstellung, die man sich selbst gegenüber einnimmt, wenn man sich einen intrinsischen Wert zuschreibt (ebd., 120). Diese Einstellung ist abhängig von den Einstellungen, die andere einem gegenüber einnehmen. Die Demütigung anderer zielt darauf, meine Einstellung der Selbstachtung zu zerstören. Dieser Ansicht ist auch Ralf Stoecker. Durch die Demütigung anderer wird das Selbst beschädigt, das einem Menschen ermöglicht, eine für ihn akzeptable Rolle zu übernehmen (Stoecker 2003, 142 ff.).

Der zentrale Begriff dieses Verständnisses von Menschenwürde ist derjenige der Selbstachtung. Die Frage stellt sich, welche Auffassung von Selbstachtung in diesem Zusammenhang von Bedeutung ist. Sich selbst zu achten kann im Sinne der Selbstwertschätzung verstanden werden: Ich schreibe mir selbst und dem, was ich tue, einen Wert zu (Rawls 1971, 440; Raz 1994, 26). Margalit meint, dass es sich bei der Selbstachtung, die durch Demütigung gefährdet wird, um eine Wertschätzung handelt, die sich nicht auf eigene Taten, sondern auf das eigene Menschsein bezieht (Margalit 1996, 24). Er meint darüber hinaus, dass man Selbstwertschätzung und Selbstachtung unterscheiden sollte (Margalit 1996, 44). Selbstachtung soll nach Margalit kein psychischer Zustand zu sein, der in unterschiedlichen Individuen in unterschiedlicher Stärke vorliegt. Er begreift sie als etwas, das unabhängig von der Bewertung konkreter Kompetenzen und Taten ist. Allerdings ist nicht klar, ob man Selbstachtung nicht doch als einen psychischen Zustand begreift, und damit besser von Selbstwertschätzung sprechen müsste, wenn man darunter wie Margalit etwas versteht, das durch Demütigungen bei den meisten, jedoch nicht bei allen Menschen beeinträchtigt wird (ebd., 123). Ein solches Verständnis wirft nicht nur die Frage auf, ob man dann besser von Selbstwertschätzung sprechen sollte. Es stellt auch die Konzeption in Frage, da es fraglich erscheint, ob es tatsächlich die kontingente Beeinträchtigung der Selbstwertschätzung ist, die Demütigungen verwerflich und zu einer Verletzung der Würde von Menschen machen.

Man kann Selbstachtung in einem rein *normativen* Sinn verstehen und die Meinung vertreten, dass eine Person sich selbst achtet, wenn sie ihre eigenen moralischen Rechte nicht aus niederen Motiven verleugnet (Schaber 2010, Kap. 2.4). Selbstachtung setzt damit auch voraus, dass andere mein Recht anerkennen, die eigenen Rechte wahrzunehmen. Demütigung zielt nach diesem Verständnis darauf ab, dieses Recht abzusprechen, und stellt deshalb eine Verletzung der Selbstachtung dar. Nach dieser normativen Konzeption ist die Verletzung der Selbstachtung unabhängig von den psychischen Beeinträchtigungen, die eine Person aufgrund von Demütigungen erleidet. Demütigung verletzt die Selbstachtung von Personen, weil mit ihnen Rechte von Personen verletzt werden, nicht weil ihre Selbstwertschätzung in Mitleidenschaft gezogen wird (vgl. dazu auch Schaber 2012, 67 f.).

Man braucht einen weiten Begriff von inhärenter Würde, soll jeder Fall reiner Instrumentalisierung als Würdeverletzung gesehen werden können. Wenn ich ein falsches Versprechen abgebe, verletzte ich ein Recht, nicht getäuscht zu werden, aber damit nicht eo ipso auch einen Anspruch, der direkt mit der Würde des anderen verbunden ist. Die Würde wird vielmehr in schwerwiegenderen Fällen verletzt. Darüber, welche dieser Fälle gleichzeitig Instrumentalisierungen darstellen, bestehen unterschiedliche Meinungen. Ein paradigmatischer Fall der Würdeverletzung ist es, wenn ich andere als Sklaven zu meinen Zwecken benutze. Der Grund hierfür kann darin gesehen werden, dass man einem anderen Menschen, indem man ihn versklavt, das Recht abspricht, seine moralischen Rechte wahrnehmen zu können. Jedoch auch wenn man Würde nicht an Selbstachtung knüpft, sondern wie z. B. Birnbacher an bestimmte Grundrechte des Menschen wird man Versklavung als klare Würdeverletzung verstehen. Schwieriger ist es eine Antwort auf die Frage zu geben, ob man Menschen in würdeverletzender Art instrumentalisiert, wenn man ihren Tod in Kauf nimmt, um anderen Menschen das Leben zu retten. In dem viel diskutierten Trolley-Beispiel (Foot 1978), in dem durch das Umstellen der Weichen die Straßenbahn bloß 1 statt 5 Personen zu Tode reißt, scheint niemand instrumentalisiert zu werden. Dies gilt zumindest dann, wenn man annimmt, dass man eine kausale Rolle in der Herbeiführung eines Handlungsresultats spielen muss, soll das, was man dabei tut, als Instrumentalisierung einer anderen Person angesehen werden können (vgl. dazu Scanlon 2008, 111 ff.).

28.5 Ausblick

In der Diskussion darüber, welche Formen von Instrumentalisierung unzulässig sind, stehen Instrumentalisierungen von Menschen durch Menschen im Zentrum. Ohne Zweifel werden allerdings auch nichtmenschliche Lebewesen sowie auch unbelebte Gegenstände als Mittel zu unseren Zwecken benutzt. So werden z. B. Tiere zu Nahrungszwecken, aber auch zu medizinischen Zwecken als Mittel gebraucht. Auch hier stellt sich die Frage, welche Formen der Instrumentalisierung zulässig, welche unzulässig sind. Einwilligung wird für die Antwort auf diese Frage nur dann eine Rolle spielen können, wenn man annimmt, dass Tiere einwilligungsfähig sind. Tiere können ohne Zweifel negativ oder positiv auf Dinge reagieren, die man ihnen antut. Es ist allerdings fraglich, ob diese Verhaltensweisen als Formen der Einwilligung bzw. der Verweigerung von Einwilligung verstanden werden können. Das ist deshalb fraglich, weil man nur dann von Einwilligungen reden kann, wenn die Einwilligenden verstehen, was sie dabei tun und wissen, in welche Handlungen sie einwilligen (vgl. dazu Kleinig 2010, 13 ff.) und auch, was die normativen Folgen von Einwilligungen sind. So muss man wissen, dass man der Person, der man die Einwilligung gegeben hat, eine Handlung *x* auszuführen, nicht Vorwürfe machen kann, wenn sie die fragliche Handlung infolge der Einwilligung ausführt.

Nach Kant gilt das Instrumentalisierungsverbot zudem bloß für den Umgang mit Vernunftwesen (s. Kap. 15). Viele halten aber beispielsweise den Gebrauch von Tieren zu Forschungszwecken für unzulässig (s. Kap. 46). Und da es sich dabei klarerweise um eine Instrumentalisierung von Tieren handelt, könnte man Tierexperimente als eine Form unzulässiger Instrumentalisierung von Tieren sehen. So meint beispielsweise Regan (1997, 45), dass Forschung an Tieren diese »routinemäßig und systematisch so behandelt, als wäre ihr Wert auf ihre Nützlichkeit für andere reduzierbar« und sie so missachtet. Denn nach Regan haben Tiere »das gleiche Recht [...], auf eine Weise behandelt zu werden, die sie nicht auf den Status von Dingen, von Ressourcen für andere reduziert« (ebd., 41). In Anknüpfung an den obigen Vorschlag, könnte man sagen, dass diejenigen Formen der Instrumentalisierung unzulässig sind, mit denen Anliegen verletzt werden, die moralische Achtung verdienen. So wie man der Meinung sein kann, dass Menschen dann in unzulässiger Weise instrumentalisiert werden, wenn das, was man mit ihnen dabei tut, moralisch verwerflich ist, kann man im Blick auf nichtmenschlichen Lebewesen eine Instrumentalisierung dann für unzulässig halten, wenn diese sich mit der moralischen Achtung nicht verträgt, die ihnen zusteht. Welche Anliegen das im Einzelnen sind, muss in einer Ethik nichtmenschlicher Lebewesen geklärt werden.

Literatur

Birnbacher, Dieter: Ambiguities in the Concept of Menschenwürde. In: Kurt Bayertz (Hg.): *Sanctity of Life and Human Dignity*. Dordrecht 1996, 107–121.

Clapham, Andrew: *Human Rights Obligations of Non-State Actors*. Oxford 2006.

Darwall, Stephen: *The Second-Personal Standpoint. Morality, Respect, and Accountability.* Cambridge, Mass. 2006.

Feinberg, Joel: The Nature and Value of Rights. In: *Journal of Value Inquiry* 4 (1980), 243–257.

Foot, Philippa: The problem of abortion and the doctrine of double effect. In: *Virtues and Vices.* Oxford 1978, 19–32.

Kant, Immanuel: *Grundlegung zur Metaphysik der Sitten.* Akademie-Ausgabe, Bd. IV. Berlin 1907/14a.

Kant, Immanuel: *Metaphysik der Sitten.* Akademie-Ausgabe, Bd. VI. Berlin 1907/14b.

Kerstein, Samuel: Treating Others Merely as Means. In: *Utilitas* 2 (2009), 163–180.

Kerstein, Samuel: *How to Treat Persons.* Oxford 2013.

Kleinig, John: The Nature of Consent. In: Franklin G. Miller/Alan Wertheimer (Hg.): *The Ethics of Consent.* Oxford 2010, 3–24.

Korsgaard, Christine: The Right to Lie. Kant on Dealing with Evil. In: Dies.: *Creating the Kingdom of Ends.* Cambridge 1996, 133–158.

Margalit, Avishai: *The Decent Society.* Cambridge, Mass. 1996.

Menke, Chrsitian/Pollmann, Arnd: *Philosophie der Menschenrechte zur Einführung.* Hamburg 2007.

O'Neill, Onora: Between consenting adults. In: Dies.: *Constructions of Reason.* Cambridge 1989, 105–125.

Parfit, Derek: *On What Matters. Volume One.* Oxford 2011.

Rawls, John: *A Theory of Justice.* Cambridge, Mass. 1971.

Raz, Joseph: Duties of Well-Being. In: Joseph Raz (Hg.): *Ethics in the Public Domain.* Oxford 1994, 3–28.

Regan, Tom: Wie man Rechte für Tiere begründet. In: Angelika Krebs (Hg.): *Naturethik.* Frankfurt a. M. 1997, 33–46.

Scanlon, Thomas: *Moral Dimensions.* Cambridge, Mass. 2008.

Schaber, Peter: *Instrumentalisierung und Würde.* Paderborn 2010.

Schaber, Peter: *Menschenwürde.* Stuttgart 2012.

Stoecker, Ralf: Menschenwürde und das Paradox der Entwürdigung. In: Ralf Stoecker (Hg.): *Menschenwürde – Annäherungen an einen Begriff.* Wien 2003, 133–152.

Wood, Allen W.: *Kant's Ethical Thought.* Cambridge 1999.

Peter Schaber

29 Kreaturwürde

›Kreatur‹ (lat. *creatura*) und ›Geschöpf‹ sind wie *creatio* (Schöpfung) theologische Reflexionsbegriffe, die sich auf die in der hebräischen Bibel narrativ und hymnisch gefassten mythischen Ursprungsvorstellungen von Welt und Mensch beziehen. »Kreaturwürde«, »geschöpfliche Würde« (Teutsch 1987, 69 f.) und ›Mitgeschöpflichkeit‹ sind neuzeitliche schöpfungstheologische Fortbildungen, die zu Grundbegriffen einer christlichen Ethik der Mensch-Tier/Natur-Beziehung geworden sind. Während ›Mitgeschöpf‹ eine pietistische Prägung des ausgehenden 18. Jahrhunderts ist, wurde ›Mitgeschöpflichkeit‹ von dem evangelischen Theologen Fritz Blanke als »Gegenstück zur Mitmenschlichkeit« entwickelt (Blanke 1959, 198; vgl. Teutsch 1987, 139). Die Begriffe ›Würde der Kreatur‹ und ›Tier als Mitgeschöpf‹ haben im letzten Drittel des 20. Jahrhunderts Einzug in deutschsprachiges Tierschutzrecht gefunden.

29.1 Begriffliche Voraussetzungen in Bibel und Spätantike

Nach dem wirkungsgeschichtlich einflussreichen und die *Biblia Hebraica* (= BH) eröffnenden priesterlichen Schöpfungshymnus (Gen 1,1–2,4a) hat »alles« seinen Ursprung in Gott und ist deshalb »sehr gut« (Gen 1,31). Da im Alten Orient das schöpferische Handeln eines Gottes als Kampf gegen bzw. Umformung und Eingrenzung eines lebensbedrohlichen Chaos (hebr. *tohuwabohu*) erzählt wird, ist das ›sehr gute Alles‹ als lebensförderliche Gesamtheit von räumlichen (Himmel/Erde, Wasser/Land) und zeitlichen (Licht/Finsternis, Tag/Nacht, Sonne, Mond) Grundstrukturen und der sie bewohnenden Entitäten (Pflanzen, Tiere, Menschen) zu verstehen (Janowski/Scholtissek 2015, 386). Die alttestamentlichen Schöpfungstexte thematisieren das existentielle Faktum des Ins-Dasein-Tretens einer die Daseinsgestaltung erst ermöglichenden Grundordnung, zeigen sich aber an der Frage nach dem ›Wie‹ dieses Vorgangs gänzlich uninteressiert. Sie taugen daher von Anfang an nicht als Berufungsinstanzen im Streit um wissenschaftliche Weltentstehungstheorien. Das theoretische Desinteresse findet u. a. in dem Verb *bara* als einem mit menschlichen Tätigkeiten unvergleichlichen Schöpfungswort und Schöpfungstat vereinigenden Ursprungshandeln Gottes einen bereits theologisch reflektierten Ausdruck (Eßer 2000, 1560). Das in der BH ausnahmslos verbal ausgedrückte schöpferische Handeln Gottes wird seit hellenistischer Zeit in der griech. Septuaginta (LXX) und in der lat. Vulgata (V) mit Substantivbildungen wie *ktisis*, *ktisma*, *creatio*, *creatura*, also ›Schöpfung‹, ›Geschöpf‹ übersetzt. Dies eröffnet ein ontologisierendes, produktbezogenes Verständnis, das in der spätantiken Auseinandersetzung insbes. mit der Gnosis zu weiteren kritischen reflexionstheologischen Differenzierungen wie ›creatio prima‹ (Ersterschaffung), ›c. continua‹ (fortwährende Daseinserhaltung), ›c. nova‹ (vollendete Neuschöpfung), ›c. ex nihilo‹ (Schöpfung aus dem Nichts) führt. Auf der Basis der Gesamtwürdigung von ›allem‹ als »sehr gut« durch den Schöpfergott (Gen 1,31) verteidigen die Kirchenväter die ›Güte der Schöpfung‹ gegen gnostisch-dualistische Abwertungen der materiellen Welt (Kehl 2006). Die in Gen 1 mehrfach betonte ›Güte der Schöpfung‹ ist der Kern der neuzeitlichen evaluativen Rede von der ›Kreaturwürde‹, die im Unterschied zu der spezifisch menschlichen, biblisch auf Gen 1,26 rückführbaren ›*dignitas*-Würde‹ als ›*bonitas*-Würde‹ qualifiziert werden kann (Baranzke 2002).

Von der Logik der Schöpfungstexte her müsste eigentlich jedes einzelne Schöpfungs-›Werk‹ als *creatura* i. S. v. ›von Gott ins Dasein gerufen worden sein‹ angesprochen werden. Der moderne Sprachgebrauch verengt die Bedeutung von ›Geschöpf‹ jedoch auf ›Lebewesen‹, d. h. auf Menschen und Tiere. Diese, nicht aber Pflanzen, werden in der älteren jahwistischen Schöpfungserzählung vom Garten in Eden (Gen 2,7.19) sowie auch sonst in der BH als von Gott mit Atem versehene ›Lebewesen‹ (hebr. *nefesch hajjah*) bezeichnet.

Der Mensch ist dasjenige Landlebewesen, das im priesterlichen Schöpfungshymnus vom Schöpfer als ›Statue‹ (hebr. *selem*), ihm ›ähnlich‹ (hebr. *demut*; Gen 1,26.27) auf der Erde eingesetzt wird, um zu herrschen. Das funktionale Vokabular entstammt der altorientalischen Königsideologie, wird in der LXX aber platonisierend und ontologisierend als ›Abbild Gottes‹ ausgelegt und in der V als ›imago et similitudo Dei‹ übersetzt. Die Ebenbildlichkeit wird seit hellenistischer Zeit in der unsterblichen Seele gesehen, die den Menschen in eine ontologische Differenz zu den übrigen Geschöpfen setzt (Groß 2001). In der BH aber wird die geschöpfliche Natur des Menschen durch seine herrschaftliche Funktion als ›Statue Gottes‹ nicht verändert. Er soll vielmehr als *primus inter pares* unter den Geschöpfen eine dem Schöpfer ähnliche lebensförderliche, d. h. machtvoll chaosbändigende Funktion auf der Erde wahrnehmen (Frevel

J. S. Ach / D. Borchers (Hg.), *Handbuch Tierethik*, https://doi.org/10.1007/978-3-476-05402-9_29

2015, 139). Die Kirchenväter identifizieren die biblische Ebenbildlichkeit des Menschen (Gen 1,26 f.) mit der Ciceronischen ›dignitas homines‹ zur abendländischen Idee der Menschenwürde, die im Unterschied zur ›Kreaturwürde‹ deshalb als nicht nur evaluativ aufgeladene naturontologische, sondern vor allem moralisch-praktische »*dignitas*-Würde« (Baranzke 2002), der der Mensch in seinem Handeln gerecht werden soll, ansprechbar ist. An diese praktische und machtvolle, aber gewaltfreie Funktion des *dominium terrae* (Gen 1,28) sowie auch an das an Menschen und Landtiere ergehende vegetarische Speisegebot (Gen 1,29 f.) – analog etwa zu den altgriechischen Mythen vom gewaltfrei vegetarischen Goldenen Zeitalter – knüpft seit der frühen Neuzeit eine vorwiegend protestantische Theologie der Sachwalterschaft (engl. *stewardship*) des Menschen bzw. eine Theologie der Mitgeschöpflichkeit (s. u.) an.

In der römischen Spätantike setzt Augustinus (De Trinitate VI 10) die nichtmenschlichen Geschöpfe als ›vestigia Dei‹, als ›Spuren Gottes‹, anhand derer Gott in der Schöpfung erkannt werden kann, dem Menschen als ›imago Dei‹ gegenüber. Damit bestärkt er zum einen ein naturphilosophisch-ontologisches Seelen-Differenz-Denken zwischen Menschen und nichtmenschlichen Kreaturen, unterstreicht aber zugleich die in Gen 1 mehrfach verbürgte ›Güte‹ der nichtmenschlichen Kreaturen, ihre ›*bonitas*-Würde‹, gegen gnostisierende Abwertungsversuche (Münk 1997). Dieses vorrangig apologetische Interesse an der Lehre einer Gotteserkenntnis aus dem ›Buch der Natur‹ überwiegt in christlicher Antike und Mittelalter, bis in der Neuzeit ein Interesse an der praktischen Ausgestaltung der Mensch-Tier-Beziehung erstarkt. An der Spitze einer naturphilosophischen, hierarchischen Seinsstufenordnung (Unbelebtes – Pflanze – Tier – Mensch) steht im christlichen Mittelalter der Mensch als *imago Dei*, dem auch Thomas von Aquin (STh I 93,2) die augustinischen ›vestigia Dei‹ als bloße ›Spuren Gottes‹ deutlich unterordnet. Einzig Franz von Assisi stellt sich in ein geschwisterliches Verhältnis zu den Tieren und den übrigen Schöpfungen, um sie in seinem ›Sonnengesang‹ oder seiner Vogelpredigt gemäß Mk 16,15 zum gemeinsamen Schöpferlob aufzufordern. Er stellte auch erstmals mit Ochse, Esel und Schafen lebendige Tiere an die Weihnachtskrippe und inspiriert seit dem 19. Jahrhundert eine neue Schöpfungsspiritualität bis hin zu Tiergottesdiensten (Rudolph 1979) sowie eine zunehmende theologisch-heilsgeschichtliche Reflexion des Mensch-Tier-Verhältnisses (Janowski et al. 1993; Hagencord/Rotzetter 2014).

29.2 Materiale biblische Impulse für eine Ethik der Mitgeschöpflichkeit

Die BH bietet insbesondere im Pentateuch eine beachtliche Zahl konkreter Vorschriften zur Regelung des Mensch-Tier- bzw. Mensch-Natur-Verhältnisses. So sollen u. a. auch die Nutztiere am Sabbat ruhen (Ex 20,10; 23,12; Dtn 5,14), Last- und Zugtiere sollen nicht überladen (Ex 23,5) und verschiedenartige Tiere nicht zusammen angeschirrt werden (Dtn 22,10). Schlachttiere dürfen nicht bei lebendigem Leib verstümmelt werden (Lev 22,24 Verbot der Kastration; Lev 19,26; Dtn 12,23 Verbot der Amputation von Gliedern) und das Zicklein soll nicht in der Milch seiner Mutter gekocht werden (Ex 23,19; 34,26b; Dtn 14,21b). Wildtiere werden bedacht, indem ihnen das Recht auf Nachlese der Felder eingeräumt wird (Ex 23,11; Lev 25,7) und der Nesträuber soll sich nicht auch der Vogelmutter bemächtigen dürfen (Dtn 22,6 f.). Diese Bestimmungen wurden von Philo von Alexandrien in der Schrift *Über die Tugenden* unter dem Abschnitt »Über die Menschenliebe (*philanthropia*)« als Anleitung zur »Freundlichen Behandlung der Tiere« (§§ 125–147) zusammengestellt und wirkten in Talmud und Mischna als Prinzip der Barmherzigkeit angesichts des ›Schmerzes der Tiere‹ im Judentum nach (Cohen 1959; Landmann 1959). Doch unter dem Einfluss der stoisch anthropozentrischen Naturrechtslehre wurden die nichtmenschlichen Geschöpfe in Ermangelung einer unsterblichen Vernunftseele von den Kirchenvätern ethisch-systematisch als Mitglieder aus der natürlichen Rechtsgemeinschaft und aus einer religiösen Heilsgemeinschaft ausgeschlossen. So steht die praktisch-normativ relevante frühchristliche Rezeption stoischer Anthropozentrik neben einer kosmologisch-evaluativen Verteidigung der Güte der materiellen Schöpfung, die als kontemplativ-spirituelle Quelle natürlicher Gotteserkenntnis dient. In christlicher Spätantike und Mittelalter bestimmt nicht zuletzt der Einfluss der christlichen Physiologus-Literatur eine vornehmlich allegorische und symbolische Wahrnehmung der Tiere (Schneider 2016). Schon der Apostel Paulus (1 Kor 9,9) sowie der Verfasser 1 Tim 5,18 interpretieren das Verbot, dem dreschenden Ochsen das Maul zu verbinden (Dtn 25,4), unter stoischem Einfluss rein metaphorisch. Anders als in der rabbinischen Tradition wird zudem der paradiesische Urvegetarismus zugunsten einer anthropozentrisch-utilitären Herrschaftsinterpretation von Gen 1,28 marginalisiert (Jobling 1972, 244 Anm. 48).

29.3 Praktische Theologie der Mitgeschöpflichkeit

Die moralisch-praktische Wende in der christlichen Mensch-Tier/Natur-Beziehung wird durch Martin Luther initiiert, und zwar wesentlich durch seine *homo peccator*-Anthropologie. Aufgrund der Ursünde (Gen 3) wird der Mensch für das Leiden aller Geschöpfe in der Welt verantwortlich gemacht. Durch Fokussierung auf das allen Kreaturen gemeinsame Leiden wird das augustinische Motiv der »Fußstapfen Gottes« (Adam Gottlieb Weigen 1711; vgl. Jung 1997, 225) im Rahmen einer Theologie der Mitgeschöpflichkeit aufgewertet. In einer aus Menschen und nichtmenschlichen Geschöpfen bestehenden heterogenen Schöpfungsgemeinschaft mit asymmetrischen Verantwortungsbeziehungen wird die retrospektive Verantwortung vor Gott für die Geschöpfe nun auch prospektiv i. S. einer Sachwalterschaft des Menschen gedeutet. Dies bestimmt fortan seine als moralische Verpflichtung gedeutete Sonderstellung in der Schöpfung, die im Pietismus und anderen protestantischen Dissidentenbewegungen in den Ländern der Reformation (Wiedenmann 1996; Thomas 1986) schließlich proleptisch (Jung 1997) intensiviert wird. Der Begründer des Pietismus, Philipp Jakob Spener (1635–1705), wendet das 5. Dekalogverbot »Du sollst nicht töten!« erstmals auch auf Tiere an (Jung 1997). »Der Gerechte erbarmt sich seines Viehs; aber das Herz der Gottlosen ist unbarmherzig« (Spr 12,10) wird zum Leitspruch der frühneuzeitlichen Theologie der Mitgeschöpflichkeit. So werden die Weichen für eine praktisch-tätige christliche Theologie der Mitgeschöpflichkeit gestellt (Röhrig 2000; Baranzke 2002, Kap. V), die dem »Seufzen der Schöpfung« (Röm 8) schon vor der Wiederkunft Christi Abhilfe zu schaffen sucht. Über Röm 8 werden die Tiere nun auch zunehmend in die christlich-eschatologische Heilshoffnung integriert. Seit dem frühen 18. Jahrhundert entstehen eine Reihe theologischer Schriften über Tierschutzpflichten und Tierrechte. Diese münden schließlich in erste, überwiegend durch protestantische Geistliche initiierte Gründungen von Tierschutzvereinen (1836 durch Albert Knapp in Stuttgart; Jung 2002), und weiten den Gedanken tätiger christlicher Nächstenliebe auf Tiere aus. Aber auch orthodoxe Lutheraner wie der angesehene Göttinger Altorientalist Johann David Michaelis stellen die alttestamentlichen »Verbindlichkeiten und Rechte gegen Thiere« in einem Kapitel im *Mosaischen Recht* (1777) erneut zusammen. Schließlich schlägt sich die Institutionalisierung des Tierschutzes im 19. Jahrhundert wiederum vor allem in den reformatorisch beeinflussten Ländern auch in ersten Tierschutzgesetzgebungen nieder (Gerick 2005).

Die pietistische Tradition einer »Ethik der Mitgeschöpflichkeit« (Teutsch 1987, 139 f.) wird u. a. von Albert Schweitzers ›Ethik der Ehrfurcht vor dem Leben‹ ins 20. Jahrhundert vermittelt und unter dem Eindruck der Umweltkrise und der seit den 1970er Jahren auch akademisch geführten Tierethikdebatte theologisch erneut aufgegriffen. Auf den Vorwurf des US-amerikanischen Mediävisten Lynn White Jr. (1967), der biblische Herrschaftsauftrag habe die Umweltkrise verursacht (Baranzke/Lamberty-Zielinski 1995), initiierten erste Theologen der großen christlichen Konfessionen, erschrocken über die »Schöpfungsvergessenheit« (Altner et al. 1984; Drewermann 2005) der christlichen Theologie bzw. über eine schon in neutestamentlichen Schriften vorhandene anthropozentrisch-heilsgeschichtliche Vereinnahmung des Kreaturbegriffs (Wiebering 1976, 1205), eine Revitalisierung der Schöpfungstheologie. Der vom Ökumenischen Rat der Kirchen (ÖRK) 1983 in Vancouver ausgerufene internationale Konziliare Prozess für Gerechtigkeit, Frieden und Bewahrung der Schöpfung bereitete auch einer christlichen Theologie der Tiere den Boden (DBK 1993; Linzey 1995; Hagencord 2011; EKD 1991). Am 13. November 1979 nahm Papst Johannes Paul II. Whites Anregung auf und erklärte Franz von Assisi zum Schutzpatron der Ökologen. 2015 veröffentlichte Papst Franziskus die schöpfungsethische Enzyklika *Laudato Si'*. Der anglikanische Priester und Theologieprofessor Andrew Lindzey gründete 2006 das Oxford Centre for Animal Ethics nach bereits jahrelanger tiertheologischer Aktivität. Die seit Whites Weckruf mit schöpfungstheologischem Vokabular geführte Umweltschutzdebatte schuf international eine breite gesellschaftliche Akzeptanz für die Rezeption schöpfungstheologischer Begriffe auch auf Rechtsebene. So wurde 1980 die »Würde der Kreatur« in die Aargauer Kantonalverfassung eingeführt, 1986 das deutsche TierSchG Artikel 1 um die Qualifizierung des Tiers »als Mitgeschöpf« erweitert, 1992 die »Würde der Kreatur« als unbestimmter Rechtsbegriff in die Schweizerische Bundesverfassung (SBV) aufgenommen (Teutsch 1995). Die 1998 eingesetzte Eidgenössische Kommission für Biotechnologie im Ausserhumanbereich (EKHN) bemüht sich fortlaufend um die Konkretisierung der ›Würde der Kreatur‹ in unterschiedlichen Praxisbereichen.

29.4 Würde der Kreatur/Tiere

Als Stichwortgeber für die schweizerische ›Würde der Kreatur‹ wurde früh Karl Barths Schöpfungstheologie angenommen (Teutsch 1995), in der von einer Menschen, Tieren und Pflanzen je eigentümlichen »Würde« die Rede ist (Barth, KD III/1, 170, 198 f. u. ö.), die darin besteht, dem alles bewegenden Willen Gottes auf je eigene Weise Gehorsam leisten zu können. In Auseinandersetzung mit Albert Schweitzers Lehre von der »Ehrfurcht vor dem Leben« (KD III/4, 376) beschränkt Barth die theologische Ethik auf das »den *Menschen* [...] in *seinem* Leben« anredende Wort Gottes (KD III/4, 377), das dem Menschen eine besondere »Verantwortlichkeit« in der Ausübung seines Verfügungsrechtes überträgt (KD III/4, 399). Trotzdem lässt er auch christologisch und eschatologisch »die Besonderheit der sonstigen Kreatur« in verborgener Weise an der Inkarnation teilhaben: »Was wissen wir, ob nicht beide Kreise, der äußere [scil.: der anderen Geschöpfe] und der innere [scil.: des Menschen], je ihre eigene Selbstständigkeit und Würde, je ihre besondere Art des Seins mit Gott haben?« (KD III/2, 165). Barth differenziert zwischen einer Gottes Wort offensichtlich verpflichteten spezifischen »Würde« des Menschen (Gen 1,26 f.) und der geschöpflichen »Würde« der nichtmenschlichen Kreaturen. – 150 Jahre zuvor hatte der dänische protestantische Theologe Lauritz Smith in der zweiten Auflage seiner Lehre von den *Pflichten des Menschen gegen die Thiere* (dt. 1793) eine physikotheologisch beeinflusste Lehre von einer zweifachen »Würde der Tiere« entwickelt, nämlich einer »absoluten« des empfindungs- und damit glücksfähigen Individuums und einer protoökologisch »relativen« der Art als zur »Vollkommenheit« im göttlichen Haushalt der Natur »mitwürkende Substanzen« (Baranzke 2002, 263).

29.5 Der Begriff der Kreaturwürde in neueren Debatten

Der neue Rechtsbegriff ›Würde der Kreatur‹ hat seit seiner Einführung in Artikel 24novies Abs. 3 (seit April 1999: Art. 120 Abs. 2) der schweizerischen Bundesverfassung (SBV) am 17. Mai 1992 einen Platz in der neuen Tierrechtsdebatte bekommen. Seine Entstehung verdankt sich dem Bewusstwerden der Übertragbarkeit biotechnologischer Forschung zwischen Pflanze, Tier und Mensch und dem Wunsch, die Menschenwürde durch Ausweitung des Regelungsbereichs auf Tiere und Pflanzen effektiver zu schützen (Praetorius/Saladin 1996, 48). Nach Aufnahme des Ausdrucks ›Würde der Kreatur‹ in die SBV lieferten zwei angeforderte Gutachten (Praetorius/Saladin 1996; Balzer/Rippe/Schaber 1997) widersprüchliche Ergebnisse, um die Bedeutung des unbestimmten Rechtsbegriffs und sein Verhältnis zur Menschenwürde zu klären. Strittig ist seither (a) ob die beiden Würdebegriffe äquivok oder univok zu verstehen sind, (b) welche Extension der Begriff der ›Kreatur‹ besitzt, (c) ob ›Kreaturwürde‹ einen religiösen Sinngehalt aufweist und (d) wenn ja, wie dieser sich in der Verfassung eines weltanschaulich neutralen Staates legitimiert. Neben einer Vielzahl angewandt ethischer Aspekte wird die Frage nach dem (e) Zusatznutzen der ›Würde der Kreatur‹ in SBV rechtlich dahingehend beantwortet, dass eine verfassungsrechtliche Stärkung des Tierschutzes diesen erst abwägungsfähig gegen menschliche Grundrechte macht. In ethischer Hinsicht vermag die Kreaturwürde auch Tatbestände jenseits eines pathozentrisch begründeten Tierschutzes des animalischen Individuums zu erfassen (Kunzmann 2007).

Die Frage, worauf sich der Kreaturbegriff alles bezieht, wurde durch Konzentration vor allem auf die ›Tierwürde‹ (z. B. Kunzmann 2007; Ammann et al. 2015) und in geringerem Umfang auf die ›Pflanzenwürde‹ (Odparlik 2010) entschieden. Der Kreaturbegriff wird kaum mehr problematisiert, da er unter Ausblendung seines religiösen Sinngehalts ganz hinter die Fokussierung auf den Bestandteil ›Würde‹ zurückgetreten ist. Dabei dürfte zum einen die pejorative neuzeitliche Konnotation von ›Kreatur‹ oder ›Geschöpf‹ als ›Günstling‹, die die im ›creatio continua‹-Aspekt enthaltene unaufhörliche Angewiesenheit auf die lebenssichernde Beziehung zum Schöpfer als autonomiefeindliche Abhängigkeit deutet, eine Rolle spielen (Wiebering 1976, 1205). In Verbindung mit der ›Würde‹ fungiert der Kreaturbegriff allerdings als ein evaluativer Platzhalter, da wertneutrale biologische Termini wie ›Organismus‹ oder ›Lebewesen‹ diese Rolle nicht zu spielen vermögen. Die weltanschaulich gebundene schöpfungstheologische Fundierung der ›Kreaturwürde‹ wird ersetzt durch eine Reihe säkularer Begründungsversuche, die entweder an evolutive Konzepte einer alles Lebendige umfassenden gemeinsamen naturgeschichtlichen Herkunft anknüpfen (Sitter-Liver 1995) oder aber durch sprachliche Anleihen an der kantischen Moralphilosophie (›inhärenter Wert‹, ›Eigenwert‹, ›Selbstzwecklichkeit‹, ›Instrumentalisierungsverbot‹, ›Rechtssubjekt‹ u. a.) gekennzeichnet sind, diese aber eher i. S. eines aristotelischen naturphilosophischen Entelechiekonzepts füllen. Dadurch wird die äquivoke Bedeutung der beiden Würdebegriffe unklar, auch in der über die SBV hinausgehende internationalen Diskussion einer ›Tierwürde‹ (Korsgaard 2004; Nussbaum 2008, 365–367). Somit steht die Verhältnisbestimmung der beiden Würdebegriffe im Vordergrund der Debatte.

Während zunächst die Differenz der beiden Würdebegriffe betont wurde (Balzer/Rippe/Schaber 1997; Münk 1997; Baranzke 2002), die eine Abwägbarkeit der ›Würde der Kreatur‹ erlaubt, deuten jüngere Beiträge um einer rechtspolitischen Stärkung des Tierschutzrechts willen die Kreaturwürde i. S. einer Rechtssubjektivität von Tieren (vgl. Beiträge in Ammann 2015). Diese Positionen schwanken zwischen der Auffassung, dass die Kreaturwürde neben Person und Sache eine eigenständige dritte Rechtskategorie bilde und eine »partielle« (Richter 2015, 105) oder »quasi-Rechtssubjektivität« (Stucki in Ammann et al. 2016) begründe, und heterogenen Varianten der Behauptung eines konvergierenden oder gar univoken Würdeverständnisses beider Würdebegriffe (Engi in Ammann et al. 2016). Sie verbindet das Bemühen, durch das Kreaturwürdekonzept starke, quasi vorpositiv geltende Tierrechte zu fundieren, u. z. in funktionaler Äquivalenz zum Begriff der Menschenwürde, der seit der UN-Menschenrechtserklärung vorpositiv geltende unveräußerliche Menschen- und – in nationalen Verfassungen – Grundrechte begründet. Nach der Verankerung der ›Würde der Kreatur‹ im Recht bedienen sich die Befürworter einer animalischen Rechtssubjektivität im positivrechtlichen Diskurs der Analogie als Methode der Rechtsfindung und zielen darauf, die ›Würde der Kreatur‹ über ihre partielle Verankerung in der SBV hinaus wie die »Würde des Menschen« (Art. 7 SBV) als ein allgemeines Verfassungsprinzip (Richter 2015, 103) zu deklarieren. Die rechtsphilosophische Frage, worin eine nach Analogie der Menschenwürde gebildete Kreaturwürde von Tieren und Pflanzen moralphilosophisch letztlich begründet werden kann, bleibt im Rahmen des positivrechtlichen Diskurses offen.

29.6 Fazit und Ausblick

Während die ältere Theologie der Mitgeschöpflichkeit einer schöpfungstheologisch fundierten Tierschutzethik verpflichtet ist, die sich an moralisch kompetente Verantwortungssubjekte richtete, steht die neue Debatte über eine Kreaturwürde zunehmend im Zeichen der neueren säkularen politischen Tierrechtsdebatte, die auf die Etablierung subjektiver Rechte von Tieren (und Pflanzen) drängt. Die Entwicklung indiziert auch ein wachsendes Unbehagen an der Wertneutralisierung der Natur durch die neuzeitlichen Naturwissenschaften und an dem fehlenden Stellenwert empfindungsfähiger Körper im traditionellen, auf der Eigentumsidee aufbauenden Rechtssystem. In säkularen ethischen und juridischen Diskursen erfüllen die Begriffe ›Kreaturwürde‹ und ›Mitgeschöpflichkeit‹ evaluative Platzhalterfunktionen ohne theologische Bedeutung. Die gesellschaftlichen Debatten wirken jedoch auf die Religionsgemeinschaften zurück und stimulieren eine weitergehende schöpfungstheologische Reflexion.

Literatur

Altner, Günter/Gerhard Liedke/Klaus M. Meyer-Abich/ A. M. Klaus Müller/Udo E. Simonis: *Manifest zur Versöhnung mit der Natur. Die Pflicht der Kirchen in der Umweltkrise.* Neukirchen-Vluyn 1984.

Ammann, Christoph/Christensen, Birgit/Engi, Lorenz/ Michel, Margot (Hg.): *Würde der Kreatur. Ethische und rechtliche Beiträge zu einem umstrittenen Konzept.* Zürich/ Basel/Genf 2015.

Balzer, Philipp/Rippe, Klaus-Peter/Schaber, Peter: *Was heisst Würde der Kreatur?* Schriftenreihe Umwelt Nr. 294: Ethik. Hg. von Bundesamt für Umwelt, Wald und Landschaft (BUWAL). Bern 1997 (wiederabgedruckt als: *Menschenwürde vs. Würde der Kreatur.* Freiburg/München ²1999).

Blanke, Fritz: Unsere Verantwortlichkeit gegenüber der Schöpfung. In: *Der Auftrag der Kirche in der modernen Welt.* Zürich/Stuttgart 1959, 193–198.

Baranzke, Heike/Hedwig Lamberty-Zielinski: Lynn White und das *dominium terrae* (Gen 1,28b). Ein Beitrag zu einer doppelten Wirkungsgeschichte. In: *Biblische Notizen* 76 (1995), 32–61.

Baranzke, Heike: *Würde der Kreatur? Die Idee der Würde im Horizont der Bioethik.* Würzburg 2002.

Barth, Karl: *Die Kirchliche Dogmatik* (KD), Bd. III: *Die Lehre von der Schöpfung* (4 Teile). Zollikon-Zürich ²1957.

Cohen, Noah J.: *Tsa'ar Ba'ale Hayim – The Prevention of Cruelty to Animals: Its Bases, Development and Legislation in Hebrew Literature.* Washington, D. C. 1959.

DBK: *Die Verantwortung des Menschen für das Tier.* Arbeitshilfen 113, Bonn 4. Okt. 1993.

Drewermann, Eugen: *Über die Unsterblichkeit der Tiere.* Düsseldorf ³2005.

EKD (Hg.): *Zur Verantwortung des Menschen für das Tier als Mitgeschöpf. EKD-Texte* 41. Hannover 1991.

EKHN (Hg.): *Die Würde des Tieres. Eine gemeinsame Stellungnahme der Eidgenössischen Ethikkommission für Gentechnik im ausserhumanen Bereich und der Eidgenössischen Kommission für Tierversuche zur Konkretisierung der Würde der Kreatur beim Tier.* Basel 2001.

Eßer, H. H./Bauer, K.A: Art. »Schöpfung«. In: Lothar Coe-

nen/Klaus Haacker (Hg.): *Theologisches Begriffslexikon zum Neuen Testament*, Bd. II. Wuppertal 2000, 1558–1571.
Frevel, Christian: Art. »Ebenbild«. In: Angelika Berlejung/Christian Frevel (Hg.): *Handbuch theologischer Grundbegriffe zum Alten und Neuen Testament* (HGANT). Darmstadt [5]2016, 138–141.
Gerick, Nicole: *Recht, Mensch und Tier.* Baden-Baden 2005.
Groß, Walter: Gen 1,26.27; 9,6: Statue oder Ebenbild Gottes? In: *Jahrbuch für Biblische Theologie (JBTh)* 15 (2000). *Menschenwürde.* Hg. von Ingo Baldermann et al. Neukirchen-Vluyn 2001, 11–38.
Hagencord, Rainer: *Die Würde der Tiere. Eine religiöse Wertschätzung.* Gütersloh 2011.
Hagencord, Rainer/Rotzetter, Anton (Hg.): Neue Wahrnehmung des Tieres in Theologie und Spiritualität. In: *Jahrbuch Theologische Zoologie*, Bd. 1. Münster 2014.
Janowski, Bernd/Neumann-Gorsolke, Ute/Gleßmer, Uwe (Hg.): *Gefährten und Feinde des Menschen. Das Tier in der Lebenswelt des alten Israel.* Neukirchen-Vluyn 1993.
Janowski, Bernd/Scholtissek, Klaus: Art. »Schöpfung«. In: Angelika Berlejung/Christian Frevel (Hg.): *Handbuch theologischer Grundbegriffe zum Alten und Neuen Testament* (HGANT). Darmstadt [5]2016, 385–387.
Jobling, David Kenneth: *»And have dominion ...« The interpretation of Old Testament texts concerning man's rule over the creation (Genesis 1,26.28; 9,1–2; Psalm 8,7–9) from 200 B. C. to the time of the Council of Nicea.* New York, Diss. 1972.
Johannes Paulus PP. II: Inter Sanctos. In: *Acta Apostolicae Sedis* 71 (1979), 1509–1510.
Jung, Martin H.: Die Anfänge der deutschen Tierschutzbewegung im 19. Jahrhundert. In: *Zeitschrift für Württembergische Landesgeschichte* 56 (1997), 205–239.
Jung, M. H. (Hg.): *Christian Adam Dann. Albert Knapp. Wider die Tierquälerei. Frühe Aufrufe zum Tierschutz aus dem württembergischen Pietismus.* Leipzig 2002.
Kehl, Medard: *Und Gott sah, dass es gut war. Eine Theologie der Schöpfung.* Freiburg/Basel/Wien 2006.
Korsgard, Christine: Fellow creatures: Kantian ethics and our duties to animals. In: G. B. Peterson (Hg.): *The Tanner lectures on human values.* Salt Lake City, Utah, 2004, 77–110.
Kunzmann, Peter: *Die Würde des Tieres – zwischen Leerformel und Prinzip.* Freiburg 2007.
Landmann, Michael: *Das Tier in der jüdischen Weisung.* Heidelberg 1959.
Linzey, Andrew: *Animal Theology.* Urbana, Chicago 1995.
Michaelis, Johann David. *Mosaisches Recht.* Biehl 1777.
Münk, H. J.: Die Würde des Menschen und die Würde der Natur. Theologisch-ethische Überlegungen zur Grundkonzeption einer ökologischen Ethik. In: *Stimmen der Zeit* 215/1 (1997), 17–29.
Nussbaum, Martha: Human Dignity and Political Entitlement. In: *Human Dignity and Bioethics.* Essays commissioned by the President's Council on Bioethics. Washington, D. C. 2008, 351–380.
Odparlik, Sabine: *Die Würde der Pflanze.* Freiburg i. Br. 2010.
Papst Franziskus: *Laudato si. Verlautbarungen des Apostolischen Stuhls.* Nr. 202. Bonn 2015.
Philo von Alexandria: *Über die Tugenden.* Die Werke in deutscher Übersetzung. Hg. von Leopold Cohn, Isaak Heinemann, Maximilian Adler und Willy Theiler, Bd. II. Berlin [2]1962, 315–380.
Praetorius, Ina/Saladin, Peter: *Die Würde der Kreatur (Art. 24novies Abs. 3 BV). Schriftenreihe Umwelt* Nr. 260: Recht/Organismen, hg. von Bundesamt für Umwelt, Wald und Landschaft (BUWAL). Bern 1996.
Richter, Dagmar: Recht des Tieres und menschliche Interessen. In: MenschenRechtsZentrum (Hg.): *MenschenRechtsMagazin* 20/2 (2015), 97–106.
Röhrig, Eberhard: *Mitgeschöpflichkeit. Die Mensch-Tier-Beziehung als ethische Herausforderung im biblischen Zeugnis, in der Theologiegeschichte seit der Reformation und in schöpfungstheologischen Aussagen der Gegenwart.* Frankfurt a. M. 2000.
Rudolph, Ebermut. *Vertrieben aus Eden. Das Tier im Zugriff des Menschen.* München 1979.
Schneider, Horst: Art. »Physiologus«. In: *RAC* XXVII. Stuttgart 2016, 722–743.
Sitter-Liver, Beat: Würde der Kreatur: Grundlegung, Bedeutung und Funktion eines neuen Verfassungsprinzips. In: Julian Nida-Rümelin/Dietmar von der Pfordten (Hg.): *Ökologische Ethik und Rechtstheorie.* Baden-Baden 1995, 355–364.
Smith, Lauritz: Versuch eines vollständigen Lehrgebäudes der Natur und Bestimmung der Thiere und der Pflichten des Menschen gegen die Thiere. Kopenhagen [2]1793.
Teutsch, Gotthard Martin: *Lexikon der Tierschutzethik.* Göttingen 1987.
Teutsch, Gotthard Martin: *Die »Würde der Kreatur«. Erläuterungen zu einem neuen Verfassungsbegriff am Beispiel des Tieres.* Bern/Stuttgart/Wien 1995.
Thomas, Keith: *Man and the natural world.* New York 1983.
Von der Pfordten, Dietmar: Tierwürde nach Analogie der Menschenwürde? In: Sabine Odparlik/Peter Kunzmann (Hg.): *Eine Würde für alle Lebewesen?* München 2007, 119–142.
Weigen, Adam Gottlieb: *De jure hominis in creaturas oder schrifftmässige Erörterung deß Rechts des Menschen über die Creaturen.* Stuttgart 1711.
Wiebering, J.: Art. Kreatur, Kreatürlichkeit. In: *Historisches Wörterbuch der Philosophie* (HWP), Bd. 4. Basel 1976, 1204–1211.
Wiedenmann, Rainer E.: Protestantische Sekten, höfische Gesellschaft und Tierschutz. Eine vergleichende Untersuchung zu tierethischen Aspekten des Zivilisationsprozesses. In: *Kölner Zeitschrift für Soziologie und Sozialpsychologie* 48 (1996), 35–65.
White, Jr., Lynn: The Historical Roots of our Ecological Crisis. In: *Science* 155 (1967), 1203–1207.

Heike Baranzke

30 Moralische Akteure / moralische Subjekte / moralische Objekte

Die Fähigkeit eines Wesens zum moralischen Handeln ist in einigen tierethischen Theorien ein entscheidendes Kriterium dafür, wie stark wir das Wesen moralisch berücksichtigen müssen. Moralische Handlungsfähigkeit setzt nach klassischem Verständnis die Fähigkeit der Vernunft voraus. Entsprechend haben Wesen mit moralischer Handlungsfähigkeit in denjenigen Theorien einen Sonderstatus, die die Vernunft als wichtiges Kriterium ansehen – Tiere werden auf dieser Grundlage aus der vollen Berücksichtigung ausgeschlossen. An dieser Bevorzugung von vernünftigen Wesen wird zugleich scharfe Kritik geübt. Einflussreiche Theorien der neueren Tierethik heben andere Eigenschaften wie insbesondere die Empfindungsfähigkeit als entscheidendes Kriterium für die moralische Berücksichtigungswürdigkeit hervor (s. Kap. 5). Auch Vertreter und Vertreterinnen derartiger Theorien können allerdings zugestehen, dass die moralische Handlungsfähigkeit mit spezifischen moralischen Ansprüchen einhergeht. In jüngster Zeit wird außerdem die klassische Verknüpfung von moralischer Handlungsfähigkeit und Vernunft in Frage gestellt und Tieren wird aufgrund von kooperativem oder altruistischen Verhalten eine gewisse Moralfähigkeit zugeschrieben.

30.1 Der Begriff des moralischen Akteurs

Moralischer Akteur. Ein moralischer Akteur ist jemand, der moralisch handeln kann. Darunter wird gewöhnlich die Eigenschaft verstanden, reflektierte Entscheidungen treffen und das eigene Handeln an moralischen Normen ausrichten zu können. Damit geht zugleich die Verantwortlichkeit für das eigene Handeln einher: Moralische Akteure sind diejenigen, die im Hinblick auf die Richtigkeit ihres Handelns bewertet, d. h. gelobt oder getadelt werden können. Als paradigmatische moralische Akteure gelten gesunde, erwachsene Menschen.

Einige Theorien in der Ethik gehen davon aus, dass die moralische Handlungsfähigkeit ein wichtiges Kriterium dafür ist, ob und welche Rücksicht wir einem Wesen schulden. Da gemeinhin angenommen wird, dass Tiere keine moralischen Akteure sind, kann auf diese Weise dafür argumentiert werden, dass sie keine Grundrechte haben oder überhaupt nicht moralisch zählen.

Moral agent – moral patient. Unter anderem mit dem Ziel, diese Argumentation zu kritisieren, wird von einigen Autorinnen und Autoren die Unterscheidung zwischen moralischen Akteuren und moralischen Objekten (engl. *moral agents* vs. *moral patients*) eingesetzt. Die erste Verwendung stammt wohl von Geoffrey Warnock (1971, 148 ff.). Moralische Objekte sind Wesen, die von den moralischen Akteuren richtig und falsch behandelt werden können, die also moralisch zählen. Dafür müssen sie, so die Idee, nicht selbst moralisch handlungsfähig sein. Es reichen, je nach Theorie, Eigenschaften wie Leidensfähigkeit oder das Haben von Interessen, so dass auf diese Weise auch Tiere als moralische Objekte gelten können. In der Umweltethik können auch Eigenschaften wie Lebendigkeit als Kriterium auftreten.

Moralisches Objekt. Manchmal werden unter moralischen Objekten genau diejenigen Wesen verstanden, die keine Akteure sind (Regan 2004, 152). Daneben gibt es auch eine relationale Definition, wonach auch ein moralischer Akteur ein moralisches Objekt sein kann, wenn und insofern er von der Handlung eines anderen moralischen Akteurs betroffen ist (Cavalieri 2001, 29).

Moralisches Subjekt. Bisweilen wird statt des Begriffs des moralischen Akteurs auch in gleichem Sinn der des moralischen Subjekts verwendet. In letzter Zeit setzt sich allerdings für ›moralisches Subjekt‹ eine andere Bedeutung durch. Damit wird der Tatsache Rechnung getragen, dass man einigen Wesen, die keine moralischen Akteure im oben definierten Sinn sind, doch eine gewisse Moralität zuschreiben möchte. Rowlands (2011) definiert entsprechend ein moralisches Subjekt als ein Wesen, das zumindest manchmal moralische Gründe für sein Handeln hat. Diese Eigenschaft ist Mark Rowlands zufolge eine notwendige Bedingung für die volle moralische Handlungsfähigkeit, allerdings keine hinreichende.

Person. Der Begriff des moralischen Akteurs wird häufig ähnlich verwendet wie der Begriff der Person (s. Kap. 32). Letzterer hat allerdings keine theorieübergreifend feststehende Bedeutung. Während in der Alltagssprache mit ›Personen‹ meist einfach Menschen gemeint sind, wird der Begriff in der Tierethik häufig anhand bestimmter kognitiver Eigenschaften definiert. Manche Autorinnen und Autoren verstehen unter Personen genau die Wesen mit moralischer Handlungsfähigkeit (Regan 2014, 97). Für andere sind aber andere kognitive Eigenschaften entscheidend, zum Beispiel kontinuierliches (Selbst-)Bewusstsein oder ein Bezug zur eigenen Zukunft.

J. B. Metzler © Springer-Verlag GmbH Deutschland, ein Teil von Springer Nature, 2018
J. S. Ach / D. Borchers (Hg.), *Handbuch Tierethik*, https://doi.org/10.1007/978-3-476-05402-9_30

30.2 Sonderstellung für moralische Akteure?

Kant. In der Antike wurde die extreme anthropozentrische Sicht, dass Tiere überhaupt nicht zählten und nur für die Menschen existierten, mit der Behauptung begründet, dass die Tiere keine Vernunft besäßen (Sorabji 1993, Kap. 1). In diese Richtung argumentiert auch Immanuel Kant, dessen vernunftbasierte Moraltheorie für Tiere den Status von »Mitteln« oder »Sachen« vorsieht, wohingegen Menschen als vernünftige Wesen »Zwecke an sich« und »Personen« seien (Kant 2007, 428; s. Kap. 15). Die Begründung lautet folgendermaßen: Vernünftige Wesen sind der Theorie zufolge solche, die ihr Handeln nach selbstgewählten Prinzipien ausrichten können. Das moralische Handeln zeichnet sich dadurch aus, dass es nach Prinzipien der richtigen Art ausgerichtet ist – denjenigen, die universalisierbar sind, d. h. die wir auch als allgemeines Gesetz wollen könnten, wie der Kategorische Imperativ besagt. Gleichzeitig wird aber anerkannt, dass wir durchaus jeweils unsere eigenen Zwecke verfolgen dürfen. Die universalistische Perspektive der Vernunft beinhaltet nur, dass wir die Zwecke der anderen genauso als wertvoll anerkennen wie unsere eigenen. Daraus ergibt sich nun bei Kant der Ausschluss der Tiere aus der Moral: Anerkennung fordern aus Sicht der Vernunft immer nur die Zwecke anderer vernünftiger Wesen. Tiere dagegen sind nicht Teil des »Reichs der Zwecke«, in dem wir uns gegenseitig anerkennen und entsprechend moralisch berücksichtigen (ebd., 399–428).

Rawls und Scanlon. Zu den Theorien, in denen die moralische Handlungsfähigkeit eines Wesens eine zentrale Rolle spielt, gehören neben der Position Kants auch einige Vertragstheorien (s. Kap. 16). Vertragstheorien gehen allgemein davon aus, dass moralische Prinzipien auf einem hypothetischen Vertrag zwischen vernünftigen Personen beruhen. In einer der heute bekanntesten Versionen, John Rawls' Theorie der Gerechtigkeit, wird ein hypothetischer »Urzustand« konzipiert, in dem die Vertragsschließenden hinter einem »Schleier des Nichtwissens« agieren und alle ihre moralisch irrelevanten Eigenschaften wie Geschlecht, Hautfarbe, Herkunft, soziale Stellung etc. ausblenden. Diejenigen Grundprinzipien der gesellschaftlichen Organisation, für die sich die Beteiligten unter diesen Bedingungen entscheiden würden, konstituieren dann die »Gerechtigkeit als Fairness« (Rawls 1979).

Ähnlich funktioniert die Theorie von Robert Scanlon. Dort enthält der Vertrag diejenigen Prinzipien, denen von niemandem vernünftigerweise widersprochen werden kann. Sowohl Prinzipien als auch Handlungen und Werte können als moralisch falsch gelten, insofern sie von anderen mit guten Gründen zurückgewiesen werden können (Scanlon 1998).

Rawls und Scanlon sind wie alle diejenigen, die vertragstheoretische (und auch Kantianische) Ansätze vertreten, der Schwierigkeit ausgesetzt, dass sie erklären müssen, auf welche Weise unsere Pflichten gegenüber den nicht-rationalen Menschen – als moralischen Objekten – etabliert werden können. Scanlon und Rawls äußern sich dazu nur am Rande. Tiere werden in ihren Theorien noch weniger berücksichtigt. Rawls zufolge haben wir ihnen gegenüber zwar eine »Pflicht des Mitleids und der Menschlichkeit«, dieses Thema gehöre aber nicht zur Gerechtigkeitstheorie, sondern zu einem davon unterschiedenen Bereich der privaten Moral ohne gemeinschaftliche Regelungsbedarf (Rawls 1979, 556). Scanlon überlegt, ob Pflichten gegenüber Tieren über Stellvertreterinnen und Stellvertreter begründet werden könnten, und vermutet, dass seine Theorie diese Pflichten nicht einfangen kann, was de facto auch auf einen Ausschluss oder zumindest eine Abwertung der moralischen Ansprüche von Tieren hinausläuft (Scanlon 1998, 177 ff.).

Carruthers und Cohen. Auf der Grundlage der Theorien von Rawls und Scanlon hat Peter Carruthers (2014) für die These argumentiert, dass Tiere moralisch überhaupt nicht zählen. Dabei versucht er die eben genannte Schwierigkeit zu lösen, indem er einen moralisch relevanten Unterschied zwischen nicht-rationalen Menschen und Tieren zu begründen versucht. Carruthers argumentiert, dass eine starke emotionale Beziehung zu Säuglingen sowie dementen und geistig behinderten Verwandten in der menschlichen Natur liege und es die soziale Stabilität gefährde, wenn diese Menschen keinen Schutz genössen. Daher hätten die rationalen Akteure im Urzustand ein Interesse daran, auch Prinzipien zum Schutz von menschlichen moralischen Objekte zu beschließen. Dieselbe Überlegung ließe sich aber nicht auf Tiere anwenden.

Konzeptionen wie sie u. a. Carruthers entwickelt hat, denen zufolge Tiere keine moralische Berücksichtigung erfahren, werden heute zwar kaum noch vertreten. Mithilfe der Voraussetzung, dass Tiere keine moralischen Akteure sind, kann allerdings auch für die These argumentiert werden, dass sie bestimmte Arten von Berücksichtigung nicht verdienen – insbesondere für die These, dass man ihnen keine Grundrechte zuschreiben sollte.

So vertritt z. B. Carl Cohen (2007) die Auffassung, dass Tiere zwar aufgrund ihrer Leidensfähigkeit nicht unnötig gequält werden sollten, dass Menschen sie aber durchaus zu ihren Zwecken nutzen und ihnen dabei auch erhebliches Leid zufügen dürften, wie es u. a. bei Tierversuchen geschieht. Das sei der Fall, weil Tiere im Unterschied zu Menschen keine Rechte besäßen. Rechte entstünden nämlich erst in der moralischen Welt des Menschen, das heißt in einer Welt, die von moralischen Akteuren geprägt und gestaltet werde (s. Kap. 14). Für Cohen haben nun allerdings auch diejenigen Menschen Rechte, die selber nicht moralisch handlungsfähig sind, wie z. B. Kleinkinder. Der Grund sei, dass Kinder als Menschen ebenfalls Mitglieder der moralischen Gemeinschaft seien. Tiere dagegen lebten in einer Welt, in der keine Rechte existierten; ihnen solche zuzuschreiben, sei ein Kategorienfehler.

Gegen einen Ausschluss oder eine Abwertung von Tieren aufgrund fehlender moralischer Handlungsfähigkeit werden hauptsächlich zwei Typen von Argumenten vorgebracht.

Argument der Grenzfälle. Der erste Typ klang schon im letzten Abschnitt an und wird ›Argument der menschlichen Grenzfälle‹, ›Argument der nicht-paradigmatischen Fälle‹ oder ›Argument der Spezies-Überschneidung‹ genannt (s. Kap. 25). Er lässt sich mit verschiedenen, als relevant behaupteten Eigenschaften formulieren. Für die Eigenschaft, ein moralischer Akteur zu sein, lautet es: Wenn nur moralische Akteure voll oder überhaupt moralisch berücksichtigungswürdig wären, dann würden einige Menschen – nämlich diejenigen, die keine moralischen Akteure sind – von der vollen oder jeder Berücksichtigung ausgeschlossen. Da wir uns aber alle einig sind, dass Menschen wie Kleinkinder oder geistig stark eingeschränkte Menschen auch volle Berücksichtigung verdienen, kann die Eigenschaft, ein moralischer Akteur zu sein, für die Berücksichtigungswürdigkeit nicht relevant sein. Unter die moralischen Objekte, die somit einbezogen sind, fallen dann auch die Tiere – außer man kann begründen, dass diese sich in relevanter Hinsicht von menschlichen moralischen Objekten unterscheiden (vgl. z. B. Pluhar 1995; Engel 2007).

Argument der gleichen Berücksichtigung leidensfähiger Wesen. Argumente des zweiten Typs versuchen die Irrelevanz der Handlungsfähigkeit mithilfe von Annahmen über das Wesen der Moral bzw. ausgehend von einer bestimmten Moraltheorie zu begründen. So fordert der Utilitarismus, die Bilanz von Freude und Leid in der Welt zu verbessern. Moralisch berücksichtigt werden damit alle Wesen, die Leid und Freude erfahren können. Der vielzitierte Ausspruch Jeremy Benthams im Hinblick auf Tiere ergibt sich also direkt aus seiner Moraltheorie: »Die Frage ist nicht: Können sie denken? Oder: können sie reden? Sondern: Können sie leiden?« (Bentham 1996, Kap. 18, Abs. 4) Peter Singers Präferenz-Utilitarismus zufolge soll man so handeln, dass man im Hinblick auf die Interessen aller Betroffenen das beste Ergebnis erzielt. Entsprechend gelten alle diejenigen Wesen als moralische Objekte, die Interessen haben, was für Singer alle und nur die empfindungsfähigen Wesen sind. Ihre Interessen müsse man gleich berücksichtigen (1994, Kap. 2–3). Singer macht dann zwar Unterschiede zwischen verschiedenen Wesen anhand der Frage, ob sie eine Vorstellung von der Zukunft und damit ein Interesse am Weiterleben haben, diese Unterscheidung ist aber unabhängig von der Unterscheidung zwischen moralischen Akteuren und moralischen Objekten (ebd., Kap. 5).

In Theorien, die im Unterschied zum Utilitarismus robuste Rechte für Tiere fordern, werden diese Rechte häufig auf der Basis bestimmter Eigenschaften begründet, zu denen die Handlungsfähigkeit nicht gehört. So verdienen in Regans Theorie (2004) alle Subjekte-eines-Lebens, d. h. Wesen mit kontinuierlichem Bewusstsein, Überzeugungen und Wünschen, grundlegende Rechte. Darunter fallen dann sowohl moralische Akteure als auch moralische Objekte.

Obwohl Vertragstheorien davon ausgehen, dass der moralische Vertrag von rationalen Akteuren konzipiert wird, gibt es mittlerweile Versionen, die auch Nicht-Akteuren volle Berücksichtigung zugestehen. Sie argumentieren, dass es für die Akteure bei der Vertragsschließung rational sei, sich für Prinzipien zu entscheiden, die auch moralische Objekte schützen (Rowlands 2002; Rippe 2008).

Wie Christine Korsgaard (2014) zeigt, lässt sich sogar die kantische Moraltheorie so modifizieren, dass sie auch nicht-vernünftige Wesen als moralische Objekte zulässt (s. Kap. 15). Auch Korsgaard geht davon aus, dass das moralische Handeln dasjenige ist, das nach verallgemeinerbaren Prinzipien ausgerichtet ist. Ebenso stimmt sie zu, dass Tiere nicht in diesem Sinne handeln könnten. Sie argumentiert dann allerdings, dass die Prinzipien, die sich bei Anwendung des Kategorischen Imperativs ergeben, auch Folgen für unseren Umgang mit Tieren hätten. Wir würden nämlich darin bestimmte Zwecke als legitim anerkennen, die uns selber nicht aufgrund unserer Vernunftnatur wichtig seien, sondern aufgrund unserer tierlichen

Natur, insbesondere aufgrund unserer Leidensfähigkeit. Wir achten demnach aneinander nicht nur als vernünftige Wesen, sondern auch als verletzliche und leidensfähige Wesen. Wenn wir das allerdings universalisierten, müssten wir die Tiere, insofern sie auch verletzliche und leidensfähige Wesen sind, gleichermaßen achten und als Zwecke an sich ansehen.

Weitere Ansätze in der Tierethik sprechen moralischen Akteuren schon deshalb keinen besonderen Wert zu, weil sie gar nicht an den Eigenschaften von Tieren ansetzen, sondern es ihnen vielmehr, wie etwa in der Tugend- und Mitleidsethik, um menschliche Einstellungen und Beziehungen zu Tieren geht (Hursthouse 2014; Donovan/Adams 2007; Diamond 2014).

30.3 Spezifische Ansprüche moralischer Akteure

Auch wenn moralische Akteure keine Sonderstellung bei der moralischen Berücksichtigung genießen, folgt daraus nicht, dass die moralische Handlungsfähigkeit gänzlich irrelevant wäre für die Frage, wie wir ein Wesen behandeln dürfen. Vielmehr scheint die Fähigkeit zu reflektierten und selbstbestimmten Entscheidungen über das eigene Handeln durchaus mit spezifischen Ansprüchen einhergehen zu können.

Ted Benton (2014) weist etwa darauf hin, dass es einen Unterschied gebe zwischen der Tierrechtsbewegung und anderen sozialen Bewegung wie der Bürgerrechtsbewegung oder der Frauenbewegung im Hinblick auf die Art von Rechten, die dabei eingefordert würden. Tierrechte bezeichnet Benton als ›passive Rechte‹, insofern sie bloß Pflichten festlegten, die andere (nämlich wir) gegenüber den Tieren haben – darunter z. B. die Pflicht, die Tiere nicht zu töten oder nicht einzusperren. Dagegen würden mit ›aktiven Rechten‹ auch Ansprüche formuliert, an dem Prozess der Festlegung von Pflichten selbst mitzuwirken, das heißt Ansprüche darauf, die eigene Identität, die eigenen Interessen und die Art ihrer Erfüllung selbst zu bestimmen und zu vertreten. Benton meint, dass der Unterschied zwischen passiven und aktiven Rechten eine moralisch bedeutsame Grenze markiere, die mehr oder weniger mit der Grenze zwischen moralischen Akteuren und moralischen Objekten übereinstimme.

James Rachels (2004) kritisiert grundsätzlich die Idee eines kontextunabhängigen moralischen Status. Wir könnten nicht anhand von einzelnen ›Super-Eigenschaften‹ wie Handlungsfähigkeit oder Selbstbewusstsein einen einfachen Grad an Berücksichtigungswürdigkeit einzelner Wesen festlegen. Stattdessen seien je nach Situation oder moralischer Frage unterschiedliche Eigenschaften relevant. Aus der Tatsache, dass jemand ein Bewusstsein von sich selber hat, würde z. B. folgen, dass wir ihn oder sie nicht blamieren und erniedrigen sollten – ein moralisches Gebot, das im Hinblick auf nicht-selbstbewusste Wesen keinen Sinn habe. Ebenso würde die Tatsache, dass jemand ein moralischer Akteur ist, als Grund für oder gegen bestimmte Umgangsweisen fungieren. Allerdings sei sie aber irrelevant für die Frage, ob wir ein Wesen mit einem Stock schlagen dürfen – dafür sei allein relevant, ob ein Schlag Schmerzen verursachen würde.

30.4 Moralische Fähigkeiten von Tieren

Während in vielen tierethischen Theorien vorausgesetzt wird, dass allein Menschen moralisch sein können, gibt es in jüngster Zeit zunehmend Forschung und Theorien zur Moralfähigkeit von Tieren. Bei dem Thema stellen sich sowohl empirische als auch begriffliche Fragen. Wenn man nämlich primär nach der moralischen Handlungsfähigkeit (*moral agency*) fragt und diese zugleich, wie bislang üblich, an die Vernunftfähigkeit und Verantwortlichkeit knüpft, scheint relativ klar zu sein, dass Tiere sie nicht besitzen. Denn es scheint unplausibel, dass Tiere ihr Handeln im Lichte moralischer Prinzipien reflektieren und für ihre Entscheidungen im moralischen Sinn verantwortlich sind.

Allerdings liefern die Biologie und Ethologie seit einiger Zeit zahlreiche Beispiele für erstaunliche Verhaltensweisen von Tieren, bei denen es naheliegt, sie mit klassisch moralischen Begriffen zu beschreiben, also den betreffenden Tieren Gefühle, Motive und Eigenschaften aus dem Bereich des Moralischen zuzuschreiben. Marc Bekoff und Jessica Pierce unterscheiden drei Kategorien von ›moralischen Verhaltensweisen‹ bei Tieren: Kooperation (inkl. Altruismus, Wechselseitigkeit, Ehrlichkeit und Vertrauen), Empathie (inkl. Mitgefühl, Mitleid, Trauer und Trost) und Gerechtigkeit (inkl. Teilen, Gleichheit, Fairness und Verzeihen; Bekoff/Pierce 2009, xiv).

Wenn man im Anbetracht dieser Arbeiten an einem kantischen Verständnis von Moral und moralischem Handeln festhält, wird man schon die Beschreibung mit Begriffen wie Altruismus, Gerechtigkeit oder Fairness kritisieren. Denn ein Verhalten, welches nicht auf reflektierten Urteilen und autonomen Entscheidungen beruht, könnte nicht moralisch genannt werden. Entsprechend würde man behaupten, dass die vermeintlich moralischen Gefühle und Motive, die Tieren von Bekoff und Pierce zugeschrieben werden, nur quasi-moralische Gefühle und Motive seien, da sie nicht von der moraltypischen Reflexionsfähigkeit begleitet sind. Moral bliebe dann den paradigmatischen Menschen vorbehalten; Tiere und auch Menschen ohne volle Vernunftfähigkeit würden sich vielleicht in mancherlei Hinsicht oder oberflächlich ähnlich verhalten, aber es gäbe einen grundlegenden Unterschied zwischen ihrem und unserem Verhalten.

Eine andere theoretische Option besteht darin, den Begriff der Moral und der moralischen Handlungsfähigkeit auszuweiten, so dass auch Tiere als moralische Akteure gelten können. Sapontzis führt an, dass wir bei Menschen auch dasjenige Handeln als moralisch bezeichneten, das ohne Reflexion und sogar gewohnheitsmäßig oder instinkthaft geschieht. In der Erziehung von Kindern ginge es uns genau darum, dass ihnen moralisch angemessene Verhalten zur Gewohnheit und »zweiten Natur« wird (Sapontzis 1987, 32 f.). Entsprechend sollten wir auch Tieren zugestehen, dass sie tugendhaft und damit moralisch agieren könnten, auch wenn sie nicht die Reflexionsfähigkeit besäßen, die für uns zum moralischen Handeln dazugehört. DeGrazia diskutiert, ob bloß instinkthaftes oder konditioniertes Verhalten ausreichend sein kann, um Tieren moralische Handlungsfähigkeit zuzuschreiben. Die Zuschreibung sei möglicherweise nur gerechtfertigt, wenn Tiere ihre Instinkte und Gewohnheiten bisweilen aus moralischen Gründen durchbrechen würden. Dafür gebe es aber Beispiele zumindest bei Primaten und Delphinen. DeGrazia schlägt vor, unter moralischer Handlungsfähigkeit nicht nur eine genau bestimmte Eigenschaft zu verstehen, sondern ein Kontinuum von Fähigkeiten, worauf das auf Reflexion und Urteilen basierte Handeln, das mit voller Verantwortlichkeit einhergeht, nur das eine Ende markiert (DeGrazia 1996, 199 ff.).

Ähnlich argumentieren auch Bekoff und Pierce (2009, 140 ff.). Es gebe zwar Fähigkeiten wie das Reflexions- und Urteilsvermögen, die bei uns Menschen für das moralische Handeln relevant seien und die den anderen Tieren fehlten. Deshalb könne man sie auch nicht für ihre Taten verantwortlich machen. Allerdings handle es sich bei diesen Fähigkeiten um evolutionsgeschichtlich späte Ausformungen eines viel basalen Vermögens der sozialen Interaktion, das wir mit den anderen Tieren teilten. Tiere könnten damit auch als moralische Akteure angesehen werden. Jedoch müsse man die moralische Handlungsfähigkeit als spezies-spezifische und kontext-spezifische Eigenschaft verstehen. Man dürfe also nicht davon ausgehen, dass sie sich bei allen Tierarten gleich gestalte. Außerdem würden moralische Normen bei Tieren typischerweise nur innerhalb der jeweiligen Tiergemeinschaft greifen.

Eine dritte theoretische Option wird von Rowlands (2011) eingebracht. Anstatt den Begriff des moralischen Akteurs derart auszuweiten und damit möglicherweise auf wichtige Unterscheidungen zu verzichten, führt er einen neuen Begriff ein, den des moralischen Subjekts. Seiner Definition zufolge ist *X* genau dann ein moralisches Subjekt, wenn *X* zumindest manchmal in seinem Handeln moralisch motiviert ist. Moralische Akteure sind demzufolge zwar immer zugleich moralische Subjekte, aber für sie gilt außerdem, dass sie für ihr Handeln moralisch bewertet werden können, was für die moralischen Subjekte per se nicht gilt. Rowlands meint, dass alle Argumente, die u. a. von Steven Sapontzis, David DeGrazia und Bekoff und Pierce für die Moralität von Tieren angeführt würden, nur ihren Status als moralische Subjekte begründeten. Anstatt um die Verantwortlichkeit, für die Reflexion und Vernunft vorausgesetzt werden müssen, ginge es immer um die Motivation von Verhaltensweisen, die als moralisch beschrieben werden soll. Rowlands versucht dann mit Überlegungen aus der Philosophie des Geistes zu zeigen, dass Tiere zu Recht wenn auch nicht als moralische Akteure, so doch als moralische Subjekte bezeichnet werden können.

30.5 Fazit und Ausblick

Man könnte zunächst meinen, dass es für Diskussionen um den moralischen Status von Tieren eine wichtige Rolle spielt, ob ihnen Moralfähigkeit im einen oder anderen Sinne zugeschrieben wird. Wie oben dargestellt wurde, ist die Frage allerdings erstens nur relevant für diejenigen Theorien, die für moralische Akteure einen Sonderstatus vorsehen. Wenn das entscheidende Kriterium z. B. die Empfindungsfähigkeit ist, ändert die Erkenntnis, dass Tiere sich manchmal moralisch verhalten, gar nichts an ihrem Status.

Genau die Theorien, nach denen moralische Akteure bevorzugt werden sollen, arbeiten aber typischerweise mit einem kantischen Verständnis von Moral, d. h. der Sonderstatus moralischer Akteure wird mit deren rationaler Handlungsfähigkeit und

Verantwortlichkeit begründet, die Tieren weiterhin abgesprochen wird. Daher hätte es für die Debatte zum moralischen Status von Tieren möglicherweise gar keine Konsequenzen, wenn Tiere als Wesen mit moralischen Fähigkeiten anerkannt würden.

Es hätte aber voraussichtlich Konsequenzen für die allgemeine Wertschätzung von Tieren. In der Wahrnehmung der Menschen rücken die Tiere mit jeder Entdeckung neuer erstaunlicher Verhaltensweisen und Fähigkeiten näher an uns heran und das Bild eines tiefen Grabens zwischen Menschen und Tieren wird zunehmend unhaltbar.

Die Zuschreibung von moralischen Fähigkeiten und bestimmten Formen von *animal agency* ist zudem auf theoretischer Ebene relevant für die Feststellung spezifischer Ansprüche von Tieren – im Rahmen von Theorien, die eine Berücksichtigung von Tieren überhaupt zum Beispiel aufgrund der Empfindungsfähigkeit vorsehen. Auch wenn Tiere keine volle moralische Handlungsfähigkeit besitzen, sind sie auch nicht umgekehrt bloß instinktgesteuert, sondern reagieren flexibel auf unterschiedliche Umstände und treffen eigene Entscheidungen. Wie diese Fähigkeiten im Einzelnen beschrieben und normativ bewertet werden, hat dann z. B. Folgen dafür, welche Arten der Berücksichtigung wir Tieren zuschreiben sollten – konkret etwa für die Frage, ob es ein Tierrecht auf Freiheit oder ein Bürgerrecht auf Mitgestaltung der Gesellschaft geben sollte (Balluch 2014; Donaldson/Kymlicka 2011, Kap. 5; s. Kap. 22).

Literatur

Balluch, Martin: *Der Hund und sein Philosoph. Plädoyer für Autonomie und Tierrechte.* Wien 2014.

Bekoff, Marc/Pierce, Jessica: *Wild Justice. The Moral Lives of Animals.* Chicago/London 2009.

Bentham, Jeremy: *An Introduction to the Principles of Morals and Legislation.* Hg. von J. H. Burns und H. L. A. Hart. Oxford 1996.

Benton, Ted: Tierrechte. Ein ökosozialistischer Ansatz. In: Friederike Schmitz (Hg.): *Tierethik. Grundlagentexte.* Berlin 2014, 478–511.

Carruthers, Peter: Warum Tiere moralisch nicht zählen. In: Friederike Schmitz (Hg.): *Tierethik. Grundlagentexte.* Berlin 2014, 219–242.

Cavalieri, Paola: The Animal Question. *Why Non-Human Animals Deserve Human Rights.* Oxford 2001.

Cohen, Carl: Haben Tiere Rechte? In: Interdisziplinäre Arbeitsgemeinschaft Tierethik (Hg.): *Tierrechte – eine interdisziplinäre Herausforderung.* Erlangen 2007, 89–104.

DeGrazia, David: *Taking Animals Seriously. Mental Life and Moral Status.* Cambridge 1996.

Diamond, Cora: Ungerechtigkeit und Tiere. In: Friederike Schmitz (Hg.): *Tierethik. Grundlagentexte.* Berlin 2014, 349–389.

Donaldson, Sue/Kymlicka, Will: *Zoopolis. A Political Theory of Animal Rights.* Oxford/New York 2011.

Donovan, Josephine/Adams, Carol (Hg.): *The Feminist Care Tradition in Animal Ethics.* New York 2007.

Engel, Mylan: Tierethik, Tierrechte, und moralische Integrität. In: Interdisziplinäre Arbeitsgemeinschaft Tierethik (Hg.): *Tierrechte – eine interdisziplinäre Herausforderung.* Erlangen 2007, 105–133.

Hursthouse, Rosalind: Tugendethik und der Umgang mit Tieren. In: Friederike Schmitz (Hg.): *Tierethik. Grundlagentexte.* Berlin 2014, 321–348.

Kant, Immanuel: *Grundlegung zur Metaphysik der Sitten.* Frankfurt a. M. 2007. [Seitenangaben nach der Akademieausgabe.]

Korsgaard, Christine: Mit Tieren interagieren. Ein kantianischer Ansatz. In: Friederike Schmitz (Hg.): *Tierethik. Grundlagentexte.* Berlin 2014, 243–286.

Pluhar, Evelyn: *Beyond Prejudice. The Moral Significance of Human and Nonhuman Animals.* Durham/London 1995.

Rachels, James: Drawing Lines. In: Cass R. Sunstein/Martha C. Nussbaum (Hg.): *Animal Rights. Current Debates and New Directions.* Oxford/New York 2004, 162–174.

Rawls, John: *Eine Theorie der Gerechtigkeit.* Frankfurt a. M. 1979.

Regan, Tom: *The Case for Animal Rights.* Berkeley/Los Angeles 2004.

Regan, Tom: Von Menschenrechten zu Tierrechten. In: Friederike Schmitz (Hg.): *Tierethik. Grundlagentexte.* Berlin 2014, 88–114.

Rippe, Klaus Peter: *Ethik im außerhumanen Bereich.* Paderborn 2008.

Rowlands, Mark: *Animals Like Us.* London 2002.

Rowlands, Mark: Animals that Act for Moral Reasons. In: Tom L. Beauchamp/R. J. Frey (Hg.): *The Oxford Handbook of Animal Ethics.* Oxford 2011.

Sapontzis, Steven: *Morals, Reason, and Animals.* Philadelphia 1987.

Scanlon, Thomas: *What We Owe to Each Other.* Cambridge, Mass./London 1998.

Singer, Peter: *Praktische Ethik.* Stuttgart 1994.

Sorabji, Richard: *Animal Minds and Human Morals. The Origins of the Western Debate.* Ithaca, New York 1993.

Warnock, Geoffrey J.: *The Object of Morality.* London 1971.

Friederike Schmitz

31 Moralischer Status

31.1 Funktion und Bedeutung der Frage nach dem moralischen Status

Die Idee einer klaren Einteilung in Wesen *mit* bzw. *ohne* moralischen Status spielt in der Tierethik eine zentrale Rolle und ist entscheidend für die Grundfrage der Tierethik »Was darf man mit Tieren tun?«, d. h. die Frage nach dem moralisch richtigen Umgang mit Tieren. Das Konzept des moralischen Status und sein Verständnis ist ein wichtiges Fundament, wenn es darum geht zu klären, ob und welche moralische Verantwortung wir gegenüber Tieren haben.

Der moralische Status wird aufgrund von Eigenschaften zu- oder abgesprochen, die als moralisch relevant erachtet werden. Während gemeinhin anerkannt wird, dass Menschen diese Eigenschaften besitzen und deshalb Schutz um ihrer selbst willen erfahren sollen, ist keineswegs ausgemacht, dass (alle) Tiere die als relevant betrachteten Eigenschaften haben und somit in den Kreis der moralischen Gemeinschaft aufgenommen werden können.

Der Begriff des moralischen Status hat in der Tierethik die Funktion, eine Zuteilung zu zwei Klassen bzw. Kreisen vorzunehmen (Hursthouse 2014, 323): Wesen, die einen moralischen Status haben, verdienen moralischen Schutz und sollen *um ihrer selbst willen* berücksichtigt werden. Menschlichen Handlungen sind aufgrund ihrer moralischen Ansprüche Grenzen gesetzt. Ein Wesen mit moralischem Status kann moralisch richtig oder moralisch falsch behandelt werden. Wenn Tiere in diesen Kreis gehören, so sind sie von moralischer Bedeutung und unsere moralischen Prinzipien sind auf sie anzuwenden. Jene Wesen, die keinen moralischen Status haben und außerhalb dieses Kreises liegen, brauchen selbst nicht moralisch berücksichtigt zu werden. Sie sind für Akteurinnen und Akteure nicht von moralischer Bedeutung, außer sie stehen mit Wesen mit moralischem Status in einer bestimmten, relevanten Beziehung. Sie sind allenfalls aufgrund bestimmter Relationen zu Wesen mit moralischem Status oder aufgrund von Interessen anderer in einem moralisch relevanten Sinn schützenswert. Ohne moralischen Status lassen sich die Maßstäbe moralisch richtigen und falschen Handelns nicht direkt auf das Wesen anwenden. Für den Umgang mit ihnen sind moralische Prinzipien nicht bindend.

Neben der Frage nach der Ausdehnung der moralischen Gemeinschaft auf Tiere ist in der Tierethik auch die Frage nach unterschiedlichen Modi des moralischen Status wichtig. Ein moralischer Status kann erstens *derivativ* oder *eigenständig* sein. Zweitens kann der moralische Status so verstanden werden, dass die mit ihm verbundenen moralischen Ansprüche *abwägbar* oder *nicht-abwägbar* sind.

Zur tierethischen Diskussion um den moralischen Status von Tieren gehört schließlich auch die Kritik an der Grundidee selbst. In Abgrenzung zu dem Versuch, Wesen aufgrund bestimmter, als moralisch relevant ausgewiesener Eigenschaften als moralisch relevant oder irrelevant zu klassifizieren, sind neue Positionen entwickelt worden, die die Frage, was man mit Tieren tun darf, ohne den Rekurs auf deren moralischen Status beantworten.

31.2 Moralischer Individualismus und Extensionsmodell

Der dominante Theorierahmen für die Begründung des moralischen Status von Tieren ist der moralische Individualismus (Rachels 1990; Ach 1999; McMahan 2005; Grimm/Aigner 2016). Die Zuschreibung eines direkten moralischen Status wird hier davon abhängig gemacht, ob bei den fraglichen Tieren relevante Eigenschaften vorliegen, die einen moralischen Status begründen können. Dies hat die Suche nach relevanten Eigenschaften zur Folge. So ist etwa die Frage, ob ein Tier leidensfähig ist, in diesem Theorierahmen moralisch relevant, da die positive Antwort einen Grund für die Anerkennung des moralischen Status darstellt (Singer 2011; s. Kap. 5). Welche Eigenschaften relevant sind, wird von den verschiedenen Theorien unterschiedlich beantwortet. Die Fähigkeit Präferenzen zu haben (ebd.; s. Kap. 13), *Subjekt-eines-Lebens* zu sein (Regan 2004; s. Kap. 14) oder Empfindungsfähigkeit zu besitzen (Francione 2014) werden in der tierethischen Literatur als die wichtigsten Kandidaten diskutiert. Zur Beantwortung der Frage, ob die relevanten Eigenschaften bei Tieren vorkommen, stellen die Naturwissenschaften wichtige Erkenntnisse zur Verfügung. Empfindungsfähigkeit, Leidensfähigkeit, Bewusstsein, Intelligenz, Kultur, Sprache und Moralfähigkeit bei Tieren gehören in diesem Zusammenhang zu den wichtigsten Eigenschafen (Wild 2012; Grimm/Wild 2016).

Für den moralischen Individualismus ist die Begründung des moralischen Status von Tieren anhand des *Extensionsmodells* charakteristisch (McReynolds 2004, 64). Besitzt ein Wesen bestimmte Fähigkeiten oder Eigenschaften, die für die moralische Achtung

J. S. Ach / D. Borchers (Hg.), *Handbuch Tierethik*, https://doi.org/10.1007/978-3-476-05402-9_31

der bestehenden moralischen Gemeinschaft als relevant erachtet werden, erfolgt die Ausweitung der moralischen Gemeinschaft mit Hilfe dieser Eigenschaft. Da nicht nur Menschen Eigenschaften besitzen, die als moralisch relevant erachtet werden, vergrößert sich der Kreis der zu berücksichtigenden Wesen auf alle, die diese Eigenschaft teilen. Die Beachtung gemeinsamer Eigenschaften von Menschen und Tieren erweist sich als zentral für diese Form tierethischer Argumentation. Denn der moralische Status eines Individuums wird nicht anhand der Gruppenzugehörigkeit begründet (z. B. zur Spezies *Homo sapiens*), sondern anhand der individuellen Eigenschaften (Rachels 1990, 173; Ach 1999, 43). Damit lässt der moralische Individualismus den *Speziesismus* (Ryder 1971) hinter sich (s. Kap. 33). Er rekurriert auf die relevanten individuellen Eigenschaften, um Ungleichbehandlungen trotz vergleichbarer moralisch relevanter Eigenschaften entgegenzuwirken.

Die prominentesten und meistdiskutierten Vertreter der Tierethik, Peter Singer und Tom Regan, folgen dem Extensionsmodell (Grimm/Wild 2016; Grimm/Aigner 2016). Als Folge können ethische Begründungen der moralischen Gemeinschaft entsprechend ihrer Reichweite (Extension) eingeteilt werden. So unterscheidet man spätestens seit William K. Frankena (1979) Begründungsansätze nach ihrer Reichweite. Wenn nur für Menschen als Zugehörige der moralischen Gemeinschaft argumentiert wird, spricht man von *Anthropozentrismus* (s. Kap. 24). Für die Tierethik sind insbesondere Ansätze von Bedeutung, die Empfindungsfähigkeit (*Sentientismus*), Leidensfähigkeit (*Pathozentrismus*; s. Kap. 5) oder lebendig zu sein (*Biozentrismus*; s. Kap. 27) als wesentlich für den moralischen Status erachten. Sofern die relevante moralische Eigenschaft darin gesehen wird *zu sein*, spricht man von *Holismus*.

31.3 Individualistische Begründungsansätze

Präferenz-Utilitarismus. Die prominenteste Begründung des moralischen Status in der Tierethik im Theorierahmen des moralischen Individualismus stammt von Peter Singer. Er vertritt das utilitaristische Argument, dass aus einer unparteiischen Beobachterperspektive die Präferenzen eines jeden Wesens gleich zu achten sind, egal welcher Gruppe das Wesen zugehört (s. Kap. 13). Singer popularisierte diesen Gedanken, indem er den von Richard Ryder (1971) geprägten Begriff des ›Speziesismus‹ als einen Grundterminus der tierethischen Kritik einführte (Singer 2015, 33) und dafür argumentiert, speziesunabhängige gemeinsame Eigenschaften zur Basis der Begründung des moralischen Status zu machen. Damit begründet er direkte Pflichten gegenüber Tieren und vertritt die Auffassung, dass Tiere keinen derivativen, sondern einen eigenständigen moralischen Status haben. Aufgrund des utilitaristischen Prinzips, das größtmögliche Glück der größtmöglichen Zahl anzustreben, ist es allerdings legitim, die Interessen abzuwägen. So müssen Tiere im Präferenz-Utilitarismus bei dieser Maximierung berücksichtigt werden, können aber auch geopfert werden, um das Glücksmaximum zu erreichen. Entsprechend handelt es sich hierbei um einen moralischen Status, der Abwägungen zulässt.

Die Fähigkeit eines Individuums, Leid und Freude zu empfinden, stellt bei Singer die Basis der Argumentation dar. Diese Fähigkeit ist die Voraussetzung, um Interessen – und somit einen moralischen Status – zu haben (ebd., 34). Singer knüpft an Jeremy Benthams pathozentrisches Kriterium der Leidens- bzw. Empfindungsfähigkeit an. Das Interesse nicht zu leiden kann aber mit anderen Interessen oder dem qualitativ gleichen Interesse anderer Individuen innerhalb der moralischen Gemeinschaft in Konflikt stehen. Singer kombiniert daher die präferenz-utilitaristische Abwägung von Interessen mit einem aristotelischen Gleichheitsgrundsatz, der besagt, dass Gleiches gleich und Ungleiches ungleich behandelt werden muss (Singer 2011, 25). Bei einem Interessenskonflikt erhält die stärkere Präferenz den Vorrang – unabhängig davon, wer diese stärkere Präferenz besitzt. Dies bedeutet u. a., dass triviale Interessen gegenüber nicht-trivialen (vitalen) Interessen zurückgestellt werden. Das Interesse an Kosmetika wäre z. B. eine schwächere Präferenz als das Interesse der Tiere nicht in schmerzhaften Versuchen zu leiden, die der Kosmetikerzeugung dienen (Singer 2015, 123 f.).

Singer ist insofern Egalitarist, als er alle vergleichbaren Interessen in der Interessenskalkulation gleich berücksichtigt. Die egalitär behandelten Interessen können jedoch gegeneinander abgewogen werden, um zu prüfen, ob die beste Nutzenbilanz resultiert. Deshalb ist bei Singer von einem eigenständigen moralischen Status die Rede, der Akteurinnen und Akteure dazu verpflichtet, vergleichbare Interessen gleich zu berücksichtigen. Allerdings können aufgrund des Aggregationsprinzips des Utilitarismus individuelle Interessen zugunsten der Erreichung der größtmöglichen Nutzenbilanz aufgewogen werden. Die gleiche Berücksichtigung von Interessen führt nicht zwangsläufig zu einer Gleichbehandlung. Dies lässt sich dadurch erklären, dass unterschiedliche Interessen mit unterschiedlichen Bedürfnissen einhergehen. Als Beispiel können hier selbstbewusste Personen im Unterschied zu bloß empfindungsfähigen, bewussten Wesen dienen. Singer vertritt diesbezüglich einen hierarchischen Pathozentrismus, in dem (menschliche und nichtmenschliche) Personen größeren Schutz als Nicht-Personen verdienen (Singer 2011, 22; Grimm/Camenzind/Aigner 2016, 86). Konkret heißt dies: »Wir können mit Berechtigung annehmen, dass bestimmte Lebewesen Merkmale aufweisen, die ihr Leben wertvoller machen als das anderer Lebewesen« (Singer 2015, 47). Selbst wenn z. B. eine Maus aufgrund ihrer Empfindungsfähigkeit moralischen Status besitzt, so implizieren Selbstbewusstsein und andere höhere kognitive Fähigkeiten eines Lebewesens dennoch einen höheren moralischen Status, weil mehr und weitreichendere Ansprüche respektiert werden müssen.

Auf der Anwendungsebene wird das Verständnis des moralischen Status bei Singer besonders deutlich. Singer hält beispielsweise Tierversuche für menschliche Zwecke unter der Voraussetzung für moralisch legitim, dass (a) der zu erwartende Nutzen auf der Menschenseite nicht trivial und erheblich groß ist, (b) das Leid der Tiere möglichst gering ausfällt, und (c) die Experimentatoren auch dazu bereit wären, Menschen mit ähnlichen kognitiven Fähigkeiten wie die Versuchstiere für die Versuche zu verwenden (Singer 2011, 58). Denn entsprechend des Gleichheitsgrundsatzes kann ein Versuch nur mit einem Verweis auf die individuellen Eigenschaften des Lebewesens legitimiert werden, nicht aufgrund von dessen Spezieszugehörigkeit. Ein Wesen mit geringeren kognitiven Fähigkeiten – egal ob ein Tier oder ein geistig behinderter Mensch – könnte entsprechend aufgrund weniger ausgeprägter Interessen jenen Interessen eines kognitiv mehr begabten Lebewesens oder den Interessen der Mehrheit untergeordnet werden.

Tierrechtstheorien. Tom Regan vertritt eine deontologische Position der Tierethik, die über Singers Forderung nach gleicher moralischer Berücksichtigung von leidensfähigen Lebewesen hinausgeht (s. Kap. 15). Regan zufolge haben bestimmte Tiere einen eigenständigen moralischen Status, der mit unabwägbaren Rechten, wie z. B. dem Recht auf Leben verbunden ist (Regan 2004). Damit richtet er sich gegen utilitaristische Schaden-Nutzen-Abwägungen, die es letztlich erlauben, ein Individuum mit moralischem Status zum Wohle der Allgemeinheit zu opfern. Regan argumentiert also für einen eigenständigen moralischen Status, der keine Abwägungen zulässt. Dies tut er, indem er den moralischen Status eines Tieres nicht bloß an bestimmte Interessen, also subjektive Zustände eines Tieres koppelt wie Singer (intrinsischer Wert), sondern den inhärenten Wert von Tieren betont. Dieser inhärente Wert steht für einen eigenständigen moralischen Status, der mit Ansprüchen verbunden ist, die nicht abwägbar sind, und deshalb am besten durch grundlegende, unabwägbare (moralische) Rechte ausgedrückt und geschützt wird.

Dieser moralische Status und die damit einhergehenden unveräußerlichen Rechte kommen Regan zufolge jedem Wesen zu, das *Subjekt-eines-Lebens* ist, d. h. »eine bewusste Kreatur mit einem individuellen Wohl« (Regan 2008, 37). In neueren Texten sieht Regan bereits die Empfindungsfähigkeit als hinreichendes Kriterium dafür an *Subjekt-eines-Lebens* zu sein, was den Eintritt in die moralische Gemeinschaft wesentlich erleichtert (Regan 2007, 86 ff.). Der inhärente Wert lässt dabei keine Hierarchisierung zwischen vernunftfähigen und anderen Individuen zu. »*Alle*, die inhärenten Wert haben, haben ihn *gleichermaßen*, egal ob sie menschliche Tiere sind oder nicht« (Regan 2008, 38). Jedes Wesen mit inhärentem Wert besitzt demnach einen eigenständigen moralischen Status, der keine Abwägungen duldet.

Auf der Anwendungsebene hat Regans Verständnis des moralischen Status weitreichende Konsequenzen. Da er die Kantische Idee des Zweckes an sich und den Schutz der Autonomie von Menschen auf nichtmenschliche Subjekte-eines-Lebens ausweitet, haben Menschen gegenüber Tieren direkte Pflichten. Dies bedeutet, dass Tiere niemals bloß Mittel für fremde Zwecke sein dürfen. Der Unterschied zwischen *moral agents* und *moral patients* ist für die moralische Rücksichtnahme nicht mehr von Bedeutung (Regan 2004, 151 ff.). *Moral agents* zeichnen sich durch Vernunft und Autonomie bzw. die Fähigkeit, moralisch handeln zu können, aus. Ihnen kommen sowohl Rechte wie auch Pflichten zu. *Moral patients* fehlt zwar die Fähigkeit zum verantwortlichen Handeln, sie sind aber ebenso wie *moral agents* Begünstigte (*receiving ends*) unabwägbarer moralischer Rechte.

Weiterentwicklungen des moralischen Individualismus. Neben den beiden ›Klassikern‹ der Tierethik lassen sich noch zahlreiche andere Autorinnen und Autoren dem moralischen Individualismus zuordnen (z. B. Rachels 1990; Rollin 1992; DeGrazia 1996; Warren 1997;

McMahan 2005; Francione 2014; Korsgaard 2014). Diese Positionen sind Weiterentwicklungen oder Ergänzungen grundsätzlicher Gedanken Singers oder Regans. Sie stützen sich weiterhin auf die Idee, den moralischen Status von Lebewesen an deren individuelle Eigenschaften bzw. deren Interessen oder Wohl zu binden.

In manchen Zugängen werden neben individuellen Eigenschaften eines Lebewesens aber zusätzliche Kriterien genannt, die der moralischen Berücksichtig von Tieren zugrunde liegen. Beispiele hierfür sind Ansätze, denen zufolge bestimmte *Beziehungen* zwischen Menschen und Tieren zu Verpflichtungen gegenüber den Tieren führen können. Der moralische Individualismus öffnet sich in diesen Positionen einem *moralischen Relationalismus* (Palmer 2010; Anderson 2014; May 2014). Palmer etwa ist der Auffassung, dass empfindungsfähigen Tieren grundsätzlich kein Schaden zugefügt werden darf (negative Pflicht), dass aber beispielsweise gegenüber Tieren, die in einer Abhängigkeitsbeziehung zu Menschen stehen (z. B. domestizierte Tiere) zusätzlich weitere, positive Pflichten hinzukommen (Palmer 2010, 88 f.). Den verschiedenen Formen von Mensch-Tier-Beziehungen wird zum Teil auch in politischen Tierrechtstheorien Rechnung getragen (s. Kap. 22). So stellen etwa Sue Donaldson und Will Kymlicka dem Konzept des moralischen Status Überlegungen zu Mitbürgerschaft für domestizierte Tiere, Souveränität von wildlebenden Tieren und sogenannten Grenzgänger- bzw. Schwellenbereichstieren zur Seite (Donaldson/Kymlicka 2013). Dass (bestimmte) Tiere als Individuen mit bestimmten Eigenschaften moralischen Status besitzen und zur moralischen Gemeinschaft gehören, wird in diesen kontextsensitiven Erweiterungen des moralischen Individualismus nicht grundsätzlich in Frage gestellt. Vielmehr bleibt das individualistische Argument eine Basisvoraussetzung, die erweitert wird.

31.4 Modi des moralischen Status

Eigenständiger oder derivativer moralischer Status. Aufgrund der Art der Begründung ergeben sich zwei unterschiedliche Modi des moralischen Status. Der moralische Status eines Tieres kann direkt (z. B. über individuelle Eigenschaften des Tieres) oder indirekt (z. B. aufgrund moralischer Ansprüche anderer) begründet werden. Den Begründungen entsprechend ergeben sich als Modi *derivativer* oder *eigenständiger* moralischer Status. Moralischer Status im derivativen Sinne bedeutet, dass Tiere nicht um ihrer selbst willen, sondern nur aufgrund ihres Verhältnisses zu Wesen mit moralischem Status (i. d. R. Menschen) berücksichtigt werden. Derivativ ist der moralische Status, da die Berücksichtigung der Tiere nicht aufgrund ihres eigenen, sondern aufgrund des moralischen Status eines anderen Wesens zugesprochen wird, z. B. wenn ein Hund vor Schaden bewahrt wird, weil sein Besitzer nicht geschädigt werden soll. Die Begründung des derivativen moralischen Status von Tieren erfolgt somit indirekt, weshalb sich die Frage stellt, ob es sich hier überhaupt um einen moralischen Status im eigentlichen Sinn handelt. Tiere mit derivativem moralischen Status werden nicht um ihrer selbst willen berücksichtigt, sondern aufgrund der Ansprüche jener, die um ihrer selbst willen berücksichtigt werden. Ihr Wert leitet sich aus einem Wert *für* jemanden mit moralischem Status ab.

Dies bedeutet nun nicht, dass es egal wäre, wie dieser Hund behandelt wird. So argumentiert z. B. Kant, dass Tiere nicht grausam behandelt werden sollen, obwohl sie nicht um ihrer selbst willen geachtet zu werden brauchen. Seiner Argumentation folgend dürfen Tiere von Menschen nicht grausam behandelt werden, weil dies zur Abstumpfung einer der Moralität dienlichen Anlage führe (Kant 1977, 577 ff., A 105 f.; s. Kap. 36). Direkte Pflichten und Rechte können bei Kant nur Personen haben, die sich durch Vernunft und Autonomie als moralisch Handelnde auszeichnen. Insofern besitzen nur Personen einen eigenständigen, absoluten moralischen Status. Tiere, die keine Personen sind, haben hingegen nur einen derivativen und abwägbaren moralischen Status.

Ähnliches gilt auch für den Kontraktualismus z. B. Rawls'scher Prägung, demzufolge nur die hypothetische Übereinkunft der interagierenden rationalen Akteurinnen und Akteure moralische Rechte oder Pflichten begründet (s. Kap. 16). Während die Moral bei Kant in der Vernunft angelegt ist, liegt die Basis der Moral im Kontraktualismus in (hypothetischen) Übereinkünften rationaler Akteurinnen und Akteure. Insofern Tiere nicht als rational Handelnde gelten können, haben sie lediglich derivativen moralischen Status. So bestreitet etwa Peter Carruthers, »dass Tiere irgendwelche direkten moralischen Ansprüche an uns stellen« (Carruthers 2008, 91). Diese Ansicht wird in der tierethischen Literatur allerdings nur noch selten vertreten. Vielmehr zeichnet sich ab, dass der moralische Status eines Wesens als eigenständig zu verstehen ist: Ein Tier besitzt dann und nur dann moralischen Status, wenn es *um seiner selbst willen* moralisch berücksichtigt werden soll (DeGrazia 2002, 13 f.). Tiere müssen demnach direkt moralisch berücksichtigt werden, weil das tierliche Individuum bzw. dessen Interessen und Wohl selbst zählen.

Abwägbare und absolute Ansprüche. Um die Bedeutung des moralischen Status zu klären, ist auch die Differenzierung der mit diesem Status verbundenen Ansprüche zentral. So kann der moralische Status bedeuten, dass die moralische Rücksichtnahme begründet eingeschränkt, graduiert bzw. gegen konkurrierende Ansprüche abgewogen werden darf. Entsprechend handelt es sich um *abwägbare Ansprüche*. Demgegenüber argumentieren starke Tierrechtstheorien, dass der moralische Status von Tieren auch Ansprüche begründet, die, wie bei Menschen, *nicht abwägbar* sind und absolut gelten. So argumentiert Tom Regan, dass gerade in der Unabwägbarkeit des moralischen Schutzes das Wesen der Anerkennung des moralischen Status liegt (Regan 2004). Ihm zufolge läuft es der Idee moralischer Achtung diametral zuwider, die Ansprüche von Mitgliedern der moralischen Gemeinschaft gegeneinander abzuwägen und ihren Schutz begründet einzuschränken, wie dies in utilitaristischen Ansätzen vorgesehen ist. Geht man davon aus, dass innerhalb der moralischen Gemeinschaft Abstufungen und Unterschiede in der Gewichtung der Ansprüche zulässig sind und die Ansprüche deshalb eingeschränkt werden können, spricht man von einer hierarchischen Position. Werden alle Wesen mit moralischem Status gleich stark berücksichtigt, so spricht man von Egalitarismus.

31.5 Kritik an der Relevanz des moralischen Status

Wenngleich das Konzept des moralischen Status weiterhin als ein zentraler Referenzpunkt für die Grundfrage der Tierethik gilt, findet es nicht ungeteilte Zustimmung. Es wurde u. a. als unterkomplex, ungeeignet oder grundsätzlich verfehlt kritisiert.

Den verschiedenen kritischen Positionen ist gemeinsam, dass sie ein an nur wenigen Kriterien festgemachtes Prinzip von Inklusion und Exklusion zur Begründung moralischer Berücksichtigung von Tieren ablehnen. Dies bedeutet nun nicht, dass diese Theorien die Relevanz bestimmter Eigenschaften von Tieren bestreiten. Die Kritik bezieht sich vielmehr auf das Begründungsmodell des moralischen Individualismus, das zur Kritik am Konzept des moralischen Status schlechthin wird. Der verbindende Punkt ist das Argument, dass allein auf der Basis der Eigenschaften von Tieren nicht abgelesen werden kann, welchen moralischen Status diese besitzen. Die Rede vom moralischen Status wird nicht nur ergänzt und kontextualisiert, sondern auch hinsichtlich ihrer Grundprämissen und Vorannahmen problematisiert bzw. gänzlich verworfen.

So lehnt etwa Mary Midgley in ihrem multikriteriellen Ansatz Standardisierungen als Simplifizierungen in ethischen Argumenten ab und bringt eine der frühesten Kritiken am moralischen Individualismus in die Tierethik ein (s. Kap. 21). Midgley zufolge gibt es in der Beziehung zu Tieren verschiedene Arten moralischer Ansprüche und Prinzipien, die sich nicht aufeinander reduzieren lassen (Midgley 1983). Das Extensionsmodell, dem der moralische Individualismus folgt, sei daher unzulänglich. So beruhe etwa das Bild eines Kreises schutzwürdiger Wesen, den es anhand bestimmter Kriterien zu erweitern gelte, weiterhin auf einer allzu vereinfachenden Unterscheidung zwischen »Wir« und »Sie« (ebd., 28 ff.). In diesem – mit Hilfe zweier konzentrischer Kreise illustrierten – Modell befänden sich bestimmte Wesen innerhalb des privilegierten inneren Kreises, während andere außerhalb bleiben müssten. Aus Midgleys Sicht ist bereits die Grundprämisse des Begriffs des moralischen Status unzureichend, weil dabei nur eine über die Eigenschaften begründete Art moralischer Ansprüche berücksichtigt werde. Auch könne es nicht bloß darum gehen, eigenschaftsbasierte Ansätze wie zum Beispiel den Ansatz Singers mithilfe zusätzlicher Kriterien für moralische Berücksichtigung zu erweitern. Deshalb konzentriert Midgley sich nicht auf bestimmte als moralisch relevant angenommene Eigenschaften von Tieren in einem privilegierten inneren Kreis. Ihr zufolge sind die Eigenschaften von Tieren zwar moralisch relevant, sie sind aber nicht die Basis moralischer Berücksichtigungswürdigkeit. Vielmehr sei unsere Moral von mannigfaltigen moralischen Ansprüchen und Prinzipien wie z. B. Dankbarkeit, Bewunderung oder Mitgefühl geprägt, die nicht in einem hierarchischen Verhältnis zueinander geordnet werden können und in komplexen Relationen zueinander stehen.

Rosalind Hursthouses tugendethische Kritik greift Midgleys Pointe auf: Das Konzept des moralischen Status schaffe lediglich eine Unterscheidung von Wesen zweier Klassen, denjenigen, die moralischen Status besitzen, und solchen, die ihn nicht besitzen (Hursthouse 2014, 323 f.; s. Kap. 18). Nicht nur die dem Begriff des moralischen Status zugrunde liegende

Berufung auf moralisch relevante Eigenschaften erweise sich als problematisch. Hursthouse macht deutlich, dass bei einem Bezug auf bestimmte Eigenschaften, wie etwa Empfindungsfähigkeit, Zusatzkriterien verwendet werden. Diese bewirken wiederum eine Hierarchisierung wie bei moralischen Individualisten, in deren hierarchischen Ansätzen etwa empfindungsfähige Personen einen höheren moralischen Status als empfindungsfähige Nicht-Personen haben. Hursthouse selbst schlägt ein tugendethisches Modell vor, das auf den Begriff des moralischen Status verzichtet: Nicht die Eigenschaften des zu berücksichtigenden Wesens werden primär in den Fokus genommen, sondern der Charakter des Handelnden bzw. die Handlung einer Person, die z. B. mitfühlend, gerecht oder rücksichtsvoll sein kann. Dies ermögliche im Gegensatz zum moralischen Individualismus einen tierethischen Ansatz, der »pluralistisch, kontextsensitiv und offen« ist (ebd., 329).

Auch Cora Diamond kritisiert reduktionistische Simplifizierungen in der Tierethik: Moral und Ethik seien nicht nur ein Feld rationaler und universalisierbarer Argumente. Die Bestimmung eines moralischen Status von Lebewesen auf Basis festgelegter Kriterien gehe an der menschlichen Lebenswirklichkeit vorbei (Diamond 2012). Diamond versucht stattdessen aufzuzeigen, dass (und wie) bestimmte normativ wirksame Praktiken unser Denken und Handeln in Bezug auf Tiere bestimmen, bevor wir Zuschreibungen über die moralisch relevanten Eigenschaften dieser Tiere tätigen. Moralische Individualisten übersähen laut Diamond, inwiefern uns das Menschsein im Sinne einer gelebten menschlichen Praxis – und nicht im Sinne spezifischer menschlicher Eigenschaften – (moralische) Orientierung verschaffe. Sich auf den moralischen Status von Tieren zu beziehen, ohne die menschliche Position zu berücksichtigen, von der aus dieser Status erst Relevanz erlangt, sei demnach verfehlt. Wie Diamond hervorhebt, lernen wir vor jeder bewussten (ethischen) Reflexion anhand bestimmter Praktiken, was wir tun und was wir nicht tun dürfen – etwa auch, warum wir Tiere, aber nicht Menschen essen dürfen. Dies zeige sich beispielhaft am Esstisch: *Wir* (Menschen) essen *sie* (Tiere) (ebd., 86 f.). Diamond verteidigt weder diese noch andere Praktiken, sondern zeigt auf, dass und inwiefern uns Praktiken auch dann beeinflussen, wenn wir glauben, unser Handeln sei moralisch unvoreingenommen und allein durch rationale Argumente bestimmt. Als Beispiel dient ihr wiederum das Kriterium der Empfindungsfähigkeit bei der Festlegung des moralischen Status eines Lebewesens. Sie veranschaulicht, dass dieses Kriterium in alltäglichen Situationen keineswegs die einzige Grundlage für unser Denken und Handeln sein könne. So essen wir keine toten Menschen, auch wenn diese aufgrund fehlender Empfindungsfähigkeit keinen moralischen Status im Sinne Singers mehr besäßen. Analog würden moralische Vegetarierinnen und Vegetarier auch keine vom Blitz erschlagenen, nicht mehr empfindungsfähigen Tiere essen (s. Kap. 60).

Dass bestimmte Werte und Ideale unser Denken prägen, lange bevor wir Theorien oder ethische Argumente bilden, ist ähnlich wie bei Diamond auch für Alice Crary ausschlaggebend (Crary 2010). Die argumentative Bestimmung des moralischen Status eines Lebewesens sei eine nachträgliche Konstruktion, die nur das beachte, was für die Argumentierenden implizit schon von Relevanz gewesen sei. Ethische Orientierung gegenüber Menschen und Tieren sei keine Konsequenz der Berücksichtigung bestimmter Eigenschaften – im Gegenteil: Die Berücksichtigung dieser Eigenschaften in ethischen Argumenten folge vielmehr dieser vorgängigen moralischen Orientierung (ebd., 24). Diamond und Crary veranschaulichen mit ihrem Einwand gegen den moralischen Individualismus, inwiefern es für die Tierethik wichtig ist, die Voraussetzungen ethischer Argumente zu berücksichtigen. Der normative Begriff des moralischen Status im Extensionsmodell birgt die Gefahr problematischer Vorstellungen von Moral und Ethik, die von einem unabhängigen Standpunkt aus betrieben würden, sowie neuer Hierarchisierungen zwischen verschiedenen Lebensformen aufgrund der Berufung auf festgelegte Kriterien.

Feministische Philosophinnen und Philosophen denken die Kritik an patriarchal geprägten Machtstrukturen auch tierethisch weiter (s. Kap. 20). Gender-Hierarchien, in denen Frauen Männern untergeordnet werden, folgen derselben Dominanzlogik von Hierarchien, die Tiere dem Menschen unterordnen. Es gelte, die intersektionalen Beziehungen von Diskriminierungsformen aufzuzeigen, in denen z. B. Speziesismus nicht bloß eine weitere Form der Diskriminierung neben Rassismus und Sexismus darstellt, sondern damit in systematischer Weise verwoben ist (Adams 2002). Josephine Donovan zufolge vergessen Standardargumentationen zur Bestimmung des moralischen Status von Individuen allzu leicht, »dass es auch den politischen und ökonomischen Kontext, in dem Menschen moralische Entscheidungen treffen müssen, zu beachten gilt« (Donovan 2008, 116). Sofern der moralische Status wie im moralischen Individualismus zu- und abgesprochen wird, würden sowohl durch den Zuspruch als auch durch das Absprechen (maskuline) Dominanzverhältnisse reproduziert werden. Anstelle kontraktualistische, utilitaristische oder Tierrechtsmodelle weiterzuführen, verbindet u. a. Donovan klassische Mitgefühls- und Mitleidskonzeptionen von Hume und Schopenhauer mit der feministischen Fürsorgeethik. Die Moral der Fürsorge wird um die soziale Dimension pluraler Mensch-Tier-Beziehungen entschieden erweitert.

Vielfältige und radikale Kritik an Rechts- und Statuskonzepten wird auch von *postmodernen bzw. dekonstruktivistischen Autorinnen und Autoren* formuliert. Das macht insbesondere der an Jacques Derrida orientierte tierethische Posthumanismus deutlich (Derrida 2010; Wolfe 2010; Lawlor 2007). Dass der Begriff des moralischen Status aufgrund seiner festgelegten Kriterien für moralische Berücksichtigungswürdigkeit eine problematische Logik von Inklusion und Exklusion (re-)inszeniere, wird dabei als bekannte Kritik vorausgesetzt (Calarco 2009, 76 f.). Die Kritik des Posthumanismus geht insofern darüber hinaus, als hinter diesem Inklusions-Exklusions-Prinzip ein humanistischer Subjektbegriff als Bezugspunkt vermutet wird, den es zu dekonstruieren gelte. Zur Debatte steht dabei das dem moralischen Individualismus zugrunde liegende Verständnis eines vernünftigen und autonomen menschlichen Subjekts als *moral agent*, das vom Anderen, z. B. ›dem Tier‹, abgegrenzt wird. Der Posthumanismus kritisiert, dass die epistemologische Gewissheit, die mit binären Oppositionen wie Mensch-Tier einhergeht, der Grund für moralisch fragwürdige Hierarchisierungen sei. Stattdessen müssten die Vielschichtigkeiten und die Durchlässigkeit der Grenzen zwischen Menschen und Tieren betont werden (Derrida 2010). Dies meint allerdings keine biologische Kontinuität. Es handelt sich vielmehr um eine Thematisierung von Unsicherheiten bei der Zuschreibung von Eigenschaften, die nicht ein für allemal festgelegt werden können, wie dies insbesondere bei der Begründung des moralischen Status im moralischen Individualismus suggeriert wird.

31.6 Ausblick

Vor dem Hintergrund einer gänzlichen Verwerfung des Konzepts des moralischen Status würden sich freilich auch die hier verwendeten Unterscheidungen zwischen derivativen und eigenständigen sowie abwägbaren und nicht abwägbaren Ansprüche, die sich an den moralischen Status knüpfen, als obsolet erweisen. Es ist allerdings zu bezweifeln, ob sich die Grundfrage der Tierethik »Was darf man mit Tieren tun?« völlig ohne eine Berücksichtigung des moralischen Status sowie diesen Unterscheidungen beantworten (bzw. überhaupt stellen) lässt. Insbesondere die tierethischen Zielsetzungen der kritischen Positionen legen in einer ›metakritischen Charakterisierung‹ auch eine Affinität zu Ansätzen nahe, die Tieren direkt einen eigenständigen moralischen Status, jedoch kontextabhängig graduierbare Ansprüche zuschreiben. Vielleicht lässt sich aber auch die Grundfrage der Tierethik vor dem Hintergrund der vorgestellten alternativen Ansätze, die in kritischer Absicht formuliert wurden, neu stellen.

(Diese Arbeit wurde zum Teil finanziert durch den Austrian Source Fund (FWF): Projektnummer P27428-B29.)

Literatur

Ach, Johann S.: *Warum man Lassie nicht quälen darf. Tierversuche und moralischer Individualismus.* Erlangen 1999.
Adams, Carol J.: *Zum Verzehr bestimmt. Eine feministisch-vegetarische Theorie.* Wien 2002 (engl. 1990).
Anderson, Elizabeth: Tierrechte und die verschiedenen Werte nichtmenschlichen Lebens. In: Friederike Schmitz (Hg.): *Tierethik. Grundlagentexte.* Berlin 2014, 287–320 (engl. 2004).
Calarco, Matthew: Between Life and Rights. In: Paola Cavalieri (Hg.): *The Death of the Animal.* New York 2009, 135–138.
Carruthers, Peter: Kontraktualismus und Tiere. In: Ursula Wolf (Hg.): *Texte zur Tierethik.* Stuttgart 2008, 78–91.
Crary, Alice: Minding What Already Matters. A Critique of Moral Individualism. In: *Philosophical Topics* 38/1 (2010), 17–49.
DeGrazia, David: *Taking Animals Seriously. Mental Life and Moral Status.* Cambridge 1996.
DeGrazia, David: *Animal Rights. A Very Short Introduction.* Oxford 2002.
Derrida, Jacques: *Das Tier, das ich also bin.* Wien 2010 (frz. 2006).
Diamond, Cora: Fleisch essen, Menschen essen [1978]. In: Cora Diamond: *Menschen, Tiere und Begriffe. Aufsätze zur Moralphilosophie.* Berlin 2012, 83–106.
Donaldson, Sue/Kymlicka, Will: *Zoopolis. Eine politische Theorie der Tierrechte.* Berlin 2013 (engl. 2011).
Donovan, Josephine: Aufmerksamkeit für das Leiden. Mitgefühl als Grundlage der moralischen Behandlung von Tieren. In: Ursula Wolf (Hg.): *Texte zur Tierethik.* Stuttgart 2008, 105–120 (engl. 1996).
Francione, Gary: Empfindungsfähigkeit, ernst genommen. In: Friederike Schmitz (Hg.): *Tierethik. Grundlagentexte.* Berlin 2014, 153–175 (engl. 2006).

Frankena, William K.: Ethics and the Environment. In: Kenneth E. Goodpaster/Kenneth M. Sayre (Hg.): *Ethics and Problems of the 21st Century*. Notre Dame 1979, 3–35.

Grimm, Herwig/Camenzind, Samuel/Aigner, Andreas: Tierethik. In: Roland Borgards (Hg.): *Tiere. Kulturwissenschaftliches Handbuch*. Stuttgart 2016, 78–96.

Grimm, Herwig/Aigner, Andreas: Der moralische Individualismus in der Tierethik. Maximen, Konsequenzen und Kritik. In: Kristian Köchy/Matthias Wunsch/Martin Böhnert (Hg.): *Philosophie der Tierforschung. Maximen und Konsequenzen*. Freiburg i. Br. 2016, 25–63.

Grimm, Herwig/Wild, Markus: *Tierethik zur Einführung*. Hamburg 2016.

Hursthouse, Rosalinde: Tugendethik und der Umgang mit Tieren. In: Friederike Schmitz (Hg.): *Tierethik. Grundlagentexte*. Berlin 2014, 321–348 (engl. 2011).

Kant, Immanuel: Die Metaphysik der Sitten [1797]. In: Wilhelm Weischedel (Hg.): *Werkausgabe*, Bd. VIII. Frankfurt a. M. 1977.

Korsgaard, Christine: Mit Tieren interagieren: Ein kantianischer Ansatz. In: Friederike Schmitz (Hg.): *Tierethik. Grundlagentexte*. Berlin 2014, 243–286 (engl. 2011).

Lawlor, Leonard: *This is not Sufficient: An Essay on Animality and Human Nature in Derrida*. New York 2007.

May, Todd: Moral Individualism, Moral Relationalism, and Obligations to Non-Human Animals. In: *Journal of Applied Philosophy* 31/2 (2014), 155–168.

McMahan, Jeff: Our Fellow Creatures. In: *The Journal of Ethics* 9 (2005), 353–380.

McReynolds, Philip: Overlapping Horizons of Meaning: A Deweyan Approach to the Moral Standing of Nonhuman Animals. In: Erin McKenna/Andrew Light (Hg.): *Animal Pragmatism. Rethinking Human-Nonhuman Relationships*. Bloomington 2004, 63–85.

Midgley, Mary: *Animals and Why They Matter*. Athens 1983.

Palmer, Clare: *Animal Ethics in Context*. New York 2010.

Regan, Tom: *The Case for Animal Rights* [1983]. Berkeley 2004.

Regan, Tom: Die Tierrechtsdebatte. In: Interdisziplinäre Arbeitsgemeinschaft Tierethik Heidelberg (Hg.): *Tierrechte. Eine interdisziplinäre Herausforderung*. Erlangen 2007, 81–88.

Regan, Tom: Wie man Rechte für Tiere begründet. In: Ursula Wolf (Hg.): *Texte zur Tierethik*. Stuttgart 2008, 33–39 (engl. 1985).

Rachels, James: *Created From Animals. The Moral Implications of Darwinism*. Oxford 1990.

Rollin, Bernard E.: *Animal Rights and Human Morality. Revised Edition*. New York 1992.

Ryder, Richard: Experiments on Animals. In: Stanley Godlovitch/Roslind Godlovitch/John Harris (Hg.): *Animals, Men, and Morals. An Enquiry into the Maltreatment of Animals*. New York 1971, 41–82.

Singer, Peter: *Praktische Ethik. Neuausgabe*. Stuttgart ^{3}2011 (engl. 1979).

Singer, Peter: *Animal Liberation. Die Befreiung der Tiere*. Erlangen 2015 (engl. 1975).

Warren, Mary Anne: *Moral Status: Obligations to Persons and Other Living Things*. Oxford 1997.

Wild, Markus: *Fische. Kognition, Bewusstsein und Schmerz*. Bern 2012.

Wolfe, Cary: *What is Posthumanism?* Minneapolis 2010.

Herwig Grimm / Andreas Aigner / Peter Kaiser

32 Person

›Person‹ ist ein Leit- und Schlüsselbegriff der abendländischen theoretischen und moralisch-praktischen Philosophie sowie der Rechtslehre, der im Laufe der Philosophiegeschichte methodisch je verschieden erschlossen wurde, u. a. rhetorisch durch Sprecherrollen, substanzontologisch, transzendentalphilosophisch, phänomenologisch oder empiristisch. Traditionell wurde der philosophische Personbegriff auf Vernunftwesen bezogen, theologisch außer auf den Menschen auch auf göttliche Personen oder Engel. Im Recht kennzeichnet die natürliche Person den Status der mit Personrechten ausgestatteten Rechtsperson und erweist sich somit seit Mitte des 20. Jahrhunderts als ein begründungstheoretisches Äquivalent zum völker- und verfassungsrechtlichen Begriff der Menschenwürde. Seit dem römischen Recht besteht zudem der in der Rechtsdogmatik bis heute wirkmächtige Dualismus von Person und Sache, der Personen dadurch definiert, dass sie Eigentumsansprüche auf ›Sachen‹ erheben können und insofern Personen- von Sachenrecht trennt.

Gegenwärtige tierethische und tierrechtliche Inanspruchnahmen des Personbegriffs kritisieren die abendländische Tradition, die nichtmenschlichen Lebewesen den Personstatus vorenthalten hat, als speziesistisch (s. Kap. 33) und opponieren dagegen mit einem interessenethischen Personbegriff auf empirischer Grundlage. Während die in der Vormoderne dominierende essentialistische Konzeption allen Menschen einen moralischen Personstatus sicherte, stellt die individualisierende empirische Argumentation die Koextensivität von Personsein und Menschsein infrage und lässt einen rechtsethisch begründeten vorpositiven universalen Menschenrechtsstatus prekär werden. Sie treibt in die zweischneidige Logik des *Marginal-Case*-Arguments (s. Kap. 25), das mit individuellen empirischen Grenzfällen operiert und sich darin verstrickt, mit denselben personalen Kompetenzkriterien noch nicht oder nicht mehr kompetente Menschen vom Personstatus auszuschließen, mit denen bestimmte nichtmenschliche Tierindividuen in den Personstatus eingeschlossen werden sollen. Der Streit um den Personbegriff in der Tierethik indiziert somit ein Ringen um eine Revision der ethischen Grundlagen überhaupt.

32.1 Geschichte des Personkonzepts

Klassische humanistische Personenkonzepte

Der abendländische Terminus ›Person‹ geht vermutlich auf die ›Maske‹ im antiken Theater zurück und bezeichnet die Rollen, die ein Schauspieler je nach Maske zu spielen hatte. Der Stoiker Panaitios von Rhodos konzipierte die erste Persontheorie in der Antike, die Cicero in De off (I 107–115) rezipierte und ausbaute. Danach wird der Mensch durch vier Rollen (*personae*) charakterisiert, die er erstens als Vernunftwesen im Kosmos, zweitens als Standeswesen in der Gesellschaft seiner Zeit und drittens als ein mit variierenden psychophysischen Fähigkeiten und Eigenschaften ausgestattetes Individuum in seinem Leben spielt bzw. viertens durch eigene Wahl im verbliebenen Spielraum gestalten will (Forschner 2001; Stoa, Cicero). Die Kirchenväter, insbesondere Augustinus, greifen das Wort ›Person‹ in der christlichen Spätantike auf, um trinitätstheologische und christologische Probleme zwischen den Polen einer substanzontologischen Dinglogik (Boethius) und einer relationalen Beziehungslogik wechselseitiger Anerkennungsverhältnisse zu diskutieren. In der frühen Neuzeit sind es erneut theologische, nun aber vor allem theodizeale Probleme, die John Locke unter dem Einfluss des Empirismus dazu bewegen, den Begriff der personalen Identität an das sich erinnernde Selbstbewusstsein als zentrale ethische und rechtliche Instanz von Handlungsverantwortung (Locke) zu binden (Thiel 2001). In der rationalistischen Epistemologie Kants wird Person als ein Erfahrungserkenntnis überhaupt erst ermöglichendes apriorisches Synthetisierungssubjekt und in der Ethik als apriorisches Subjekt der moralisch-praktischen Vernunft konzipiert, das gemäß der Personformel des Kategorischen Imperativs stets als Zweck an sich selbst und nie bloß als Mittel dienen soll (Ak IV 429).

Im 20. Jahrhundert charakterisierte die deutsche philosophische Anthropologie und idealistische Phänomenologie das Personsein des Menschen als Modus seines in der Weltseins durch Begriffe wie ›Weltoffenheit‹ (Scheler) und ›exzentrische Positionalität‹ (Plessner), während die angelsächsische Bewusstseinsphilosophie (Strawson, Williams) eher die personale Identität problematisierte und ein übergreifend animalisches Konzept bevorzugte (vgl. in Fuhrmann et al. 1989; Dierse et al. 1989 und Krebs et al. 1995). Diese Impulse werden von der theoretischen Philosophie des Geistes unterstützt, die den »Geist der Tiere« (Perler/Wild 2005), insbesondere am Beispiel höherer Tiere analysiert (s. Kap. 6).

J. B. Metzler © Springer-Verlag GmbH Deutschland, ein Teil von Springer Nature, 2018
J. S. Ach / D. Borchers (Hg.), *Handbuch Tierethik*, https://doi.org/10.1007/978-3-476-05402-9_32

Empirische Einzelwissenschaften wie die Psychologie und die Ethologie, Letztere in den Varianten artbezogener Verhaltensforschung und individuumsbezogener Tierpsychologie, und insbesondere die moderne Primatologie, reichern ihrerseits die Palette der Personenbegriffe durch die empirische Grundlagenforschung an, z. B. damit, »Wie Tiere denken« (Griffin 1990) oder »Wie Affen die Welt sehen« (Cheney/Seyfarth 1994), und arbeiten somit im Vorfeld an einer Erweiterung des Anwendungsbereichs des Personkonzepts über den Menschen hinaus.

Anwendungen des Personenkonzepts auf Tiere

Das treibende Motiv für die gegenwärtigen Bemühungen einer Anwendung des Personkonzepts über den Menschen hinaus auf nichtmenschliche Lebewesen liegt in dem mit dem ethischen Personbegriff verbundenen moralischen Geltungsanspruch auf Schutz. Angesichts der eklatanten Schutzlosigkeit von Tieren gegenüber menschlicher Grausamkeit oder Gedankenlosigkeit in der Geschichte wie in der Gegenwart erstrebt die Tierpersonalitätsdebatte einen Gesinnungswandel im Umgang des Menschen mit den Tieren. Die Annäherung der Tiere an den Menschen durch den empirischen Aufweis der vielfältigen physischen und psychischen Ähnlichkeiten soll einen dem Personenschutz ähnlichen Schutz nichtmenschlicher Lebewesen nicht nur plausibilisieren, sondern argumentativ erzwingen. Dazu dient vor allem die Integration der Tiere in die traditionelle subjektphilosophische Person-Terminologie, die sich durch methodisch differierende Bezugnahmen auf allein dem Menschen vorbehaltene intellektive Vermögen, d. h. anthropozentrisch, definierte. Bis heute werden meist nur bestimmte intellektuelle Eigenschaften wie Ichbewusstsein, Erinnerungskontinuität oder auf die zukünftige Fortexistenz gerichtete Präferenzen herangezogen, um einen spezifischen personalen moralischen Status zu definieren (s. Kap. 31).

Biologen wie Volker Sommer halten wegen der Wandelbarkeit und Dehnbarkeit der Personbegriffe eine Erweiterung auf nicht-menschliche Tiere, wie sie die Autoren des Great Ape-Projekts (GAP; s. Kap. 53), einer multidisziplinären Initiative, die Grundrechte für große Menschenaffen fordert, verfolgen, für »durchaus legitim« (Sommer 2016, 231). Er begrüßt die mit der Erweiterung einhergehende Entkräftung des Kognitivismus und Anthropozentrismus im traditionellen Personbegriff und unterstützt ein advokatorisches Konzept der Rechtsfähigkeit von Tieren, ohne allerdings darauf zu reflektieren, dass nur Menschen zu diesen advokatorischen Leistungen fähig sind. Einige egalitaristisch argumentierende Tierethiker und Tierrechtler lehnen dagegen die Ausweitung des Personkonzepts auf Tiere mit dem Hinweis ab, dass der Mensch auch nur ein Tier unter anderen sei (s. Kap. 14). Denn das Personkonzept sei ein anthropozentrischer Maßstab, das die Eigenart vieler Tiere völlig ignoriere. Generell ist zu fragen, ob nicht alle Personkonzepte letztlich ein bioethisch und axiologisch bzw. biophilosophisch eigens zu begründendes Prinzip einer Hierarchie der Lebewesen implizit voraussetzen.

Wachsendes Unbehagen verursacht auch der rechtsdogmatische Person-Sache-Dualismus, der dazu zwingt, Tiere in Ermangelung eines Rechtspersonstatus unter dem Sachenrecht verhandeln zu müssen. 1986 wurde die Zweckbestimmung des deutschen Tierschutzgesetzes durch die Charakterisierung des Tiers »als Mitgeschöpf« (s. Kap. 29) erweitert (TierSchG § 1). Der Rückgriff auf religiöse Sprache wie auch die seit dem 1. September 1990 in § 90a BGB geltende Negativbestimmung, dass Tiere »keine Sachen« seien, aber dennoch weiterhin im Sachenrecht verhandelt werden, da sie auch keine Personen sind, indizieren die rechtsdogmatische Verlegenheit. So wurde für Tiere eine dritte Rechtskategorie jenseits des klassischen Person-Sachen-Dualismus (Holzhey 1993) gefordert bzw., Tiere mit »Quasirechten« (Lenk 1983) auszustatten (s. Kap. 56).

Schon zu Beginn des 20. Jahrhunderts stellte der psychologisierende Kantianer Leonard Nelson mit dem traditionellen Rechtsdualismus von Person vs. Sache zugleich Kants Rechte-Pflichten-Symmetrie auf empirischer eigenschaftslogischer Basis in Frage. Dieser Kant kritisierenden Spur folgte u. a. Tom Regan als Vertreter der neuen Tierrechtsethik, während andere Kantianer wie Otfried Höffe in dieser Kritik den »Subjekt-Adressaten-Fehler« erkennen, nach dem fälschlicherweise aus der fehlenden moralischen Subjektfähigkeit von Tieren auf deren mangelnde Adressatenfähigkeit in der Ethik geschlossen werde (Höffe 1993, 215; s. Kap. 26). Sprachanalytisch und utilitaristisch gesinnte Tierrechtsphilosophen räumen Tieren dagegen den Status einer (Rechts-)Person mittels des Interesseprinzips (s. Kap. 7) ein (z. B. bei Feinberg, Tooley, Singer, Birnbacher, Hoerster), in dem sich jedoch die konzeptuellen Differenzen des Personbegriffs wiederholen. So wird diskutiert, welche Eigenschaften und Fähigkeiten notwendig oder hinreichend für die Annahme von Interessen sind und ob qualitativ zwischen selbstbewusstseinsbasierten Vernunftinteressen und Interessen bloß bewusster Empfindungsfähigkeit unterschieden werden muss (Baranzke 2010; s. Kap. 7).

Aktuell dient der Terminus ›Person‹ im engeren tierrechtspolitischen Kontext vor allem als programmatischer Türöffner und als Einschlussprinzip für bestimmte ›höhere‹ Tiere wie Menschenaffen, Wale oder Delfine (Cavalieri/Singer 1994; Rippe 2013) auf der Rechtsebene (Michel/Kühne/Hänni 2012). Der frühen theoretischen Diskussion des Great Ape Project (Cavalieri/Singer 1994) in der Tierethik (Cavalieri 1996) folgten diverse Initiativen zu Einzelfällen bzw. Konkretisierungen im Recht einiger Staaten mit unterschiedlichem Erfolg (Neuseeland 1999, Balearen 2007, Österreich 2007, Argentinien 2014, USA 2015). In Deutschland wurde 2014 eine von der Giordano Bruno-Stiftung beantragte Grundgesetzänderung zugunsten der Festschreibung von Grundrechten für Große Menschenaffen vom Petitionsausschuss des Deutschen Bundestags abgelehnt. Der für den österreichischen Schimpansen Hiasl beantragte Rechtspersonstatus scheiterte 2010 vor dem Europäischen Gerichtshof für Menschenrechte. Die Ablehnung eines vorpositiven menschenrechtsähnlichen Rechtspersonstatus von Primaten verliert an augenscheinlicher Plausibilität, wenn es prospektiv um transgene Eingriffe oder um hypothetisch theoretische Konstrukte wie »Humanzees« geht – Chimären aus Menschen und Schimpanse (Kunzmann/Knoepffler 2011). Der Deutsche Ethikrat (DER) betrachtet es als problematische »erhebliche Eingriffstiefe«, »statusrelevante kognitive und psychische Befähigungen durch Einbringen entsprechender Steuerungsgene« bei Primaten zu erzeugen und dadurch die bislang lebensweltlich gegebene Identifizierbarkeit von Menschen und nichtmenschlichen Lebewesen zu unterlaufen. Empfohlen wird ein Vorgehen nach dem Vorsichtsprinzip, sofern die Versuche »hochrangig und alternativlos« seien. Doch sind die Kriterien, die »für Menschenaffen [...] die Schaffung von transgenen Mensch-Tier-Mischwesen [...] untersagen« sollen, umstritten (DER 2011, 110). Während in der biomedizinischen Ethik pragmatische Grenzen gezogen werden, um am Ende unentscheidbare Personalitätskonflikte zu vermeiden (Sind Humanzees Personen oder nicht? Wenn ja, warum darf man sie nicht erzeugen? Welche Rechte hätten sie im Falle ihrer Existenz?), zielt die Tierrechtsethik und -politik darauf, für Repräsentanten diverser Tierspezies den Kreis der Person zu öffnen, um sie vor Tierversuchen zu schützen sowie letztlich von jeglicher menschlicher Nutzung zu befreien – mit weitreichenden Konsequenzen für den Artenschutz sowie die Zoo- oder Nutztierhaltung (Goldner 2014; Sommer 2016; (s. Kap. 43, 51). Zudem sehen Befürworter der Etablierung von »Persönlichkeitsrechte(n) für Tiere« auf diesem Wege die Möglichkeit zur Erreichung einer neuen »Stufe in der moralischen Evolution« (Brensing 2013).

Im Zuge des von der Historikerin Harriet Ritvo ausgerufenen »Animal Turn« (Ritvo 2007) machen sich Geistes- und Kulturwissenschaften auf den Weg, Tiere nicht nur als Objekte, sondern als über theoretische Selbstbewusstseins- sowie über praktische Handlungsfähigkeit (agency) verfügende wirkende Subjekte wahrzunehmen. Die sich gerade formierenden Human-Animal-Studies (HAS) eröffnen in vielen Wissenschaften neue Perspektiven und Themenfelder durch kritische Betrachtungen der Mensch-Tier-Beziehungen (Roscher 2018). Die Debatte über die Anwendung des Personbegriffs auf Tiere erfordert jedenfalls auch die Berücksichtigung kulturspezifischer Kontexte, in der z. B. in der europäischen Geschichte Menschenaffen von »Monstern« zu »Personen« mutieren konnten (Ingensiep 2013) sowie vor allem die Differenzierungen zwischen biologischen, psychologischen, philosophischen und rechtstheoretischen Begriffen von Personalität.

32.2 Theorien, Diskussionen, Argumente

Themen und inhaltliche Tendenzen der Diskussion

Das Vorhaben, subjektphilosophisches praktisches Vokabular wie das Personkonzept auf nichtmenschliche Lebewesen anzuwenden, steht vor einer Reihe von Grundsatzproblemen. So ist in methodischer Hinsicht zu fragen, von welchem Standpunkt aus die Erweiterung des Personbegriffs überhaupt erfolgen kann oder ob sich durch den Erweiterungsakt auch unvermeidlich die Natur des Personbegriffs ändert und somit die intendierte Erweiterung unterläuft. Wenn nämlich Zuschreibungsakte unvermeidlich aus der objektivierenden Dritten-Person-Perspektive vorgenommen werden, dann ist fraglich, wie sich ein moralischer Geltungsanspruch, die sich allein reflexiv aus der Ersten-Person-Perspektive erschließt und sich somit der objektiven Beobachtbarkeit entzieht, überhaupt zugeschrieben werden kann. Tatsächlich zeigen die Debatten, dass de facto Tieren ein anderer, nämlich meist unmittelbar empirisch definierter oder mittelbar (z. B. durch den Interessebegriff) empirisch fundierter, operationalisierter Personbegriff zugeschrieben wird als der reflexiv-praktische, der allein einen grundrechtlichen Schutzstatus zu begründen vermag. Die semantische und begründungstheoretische Differenz der verschiedenen Personperspektiven bleibt aber meist verborgen.

Der Wechsel der theoretischen grammatikalischen Personperspektiven hat auch moralisch-praktische Implikationen, nämlich den bereits erwähnten Subjekt-Adressaten-Fehler zu vermeiden. Dieser suggeriert fälschlicherweise, dass nur moralische Akteure, also Personen, als Adressaten moralischer Handlungen in Frage kämen. Der Analyse von Kants Amphibolie moralischer Reflexionsbegriffe folgend erfordert die Einbeziehung moralisch inkompetenter Entitäten in eine ethisch begründbare Pflichtenlehre aber lediglich die asymmetrische Begründungsfigur einer Selbstverpflichtung moralischer Akteure in Ansehung des Bedürfnisprofils moralisch inkompetenter Adressaten (Ak VI 443 f.). Diese benötigen also nicht den moralischen Personstatus, um moralisch als berücksichtigungswürdig zu gelten (Baranzke 2016).

Ferner ist die Unterscheidung zwischen deskriptiven bzw. empirischen von normativen oder axiologischen Termini relevant, um die Gefahr eines naturalistischen bzw. Sein-Sollens-Fehlschlusses zu vermeiden. Denn nicht selten folgen auf theoretische Erörterungen diverser menschenähnlicher Fähigkeiten bei Menschenaffen, auf taxonomische Vergleiche oder auf Hinweise zur empirisch-quantitativen, genetischen *Ähnlichkeit* zwischen Mensch und Menschenaffen unvermittelt Aussagen über deren praktische, qualitative bzw. moralische *Gleichheit* mit dem Menschen. Vice versa liegt ein Seins-Sollens-Fehler vor, wenn die moralische Vorrangstellung des Menschen durch Berufung auf eine theologische, kosmologische, evolutionäre, natur- oder kulturhistorische bzw. sozial-kommunikative Sonderstellung des Menschen begründet wird (Taylor 2009; Tomasello 2016).

Empirisch fundierte Personbegriffe

Empirisch fundierte Personbegriffe gehen psychologisch oder ethologisch von innerlich subjektiv erfahrbaren, emotionalen oder kognitiven Fähigkeiten bzw. von einem äußerlich intersubjektiv beobachtbaren, tatsächlichen Verhalten von Mensch und Tier aus. Emotional zentral ist z. B. die Fähigkeit, Lust und Schmerz zu empfinden, kognitiv zentral ist, Begriffe von Gegenständen oder von einem ›Ich‹ zu haben. Ein solches empirisches Ichbewusstsein bei Mensch und Tier kann kommunikativ mittels Interspezieskommunikation durch Zeichensprache etc. erschlossen oder in operativer Distanz durch Spiegelversuche in Verhaltensstudien ermittelt werden. Interne und externe Kritiker sehen bei solchen Beobachtungen und Interpretationen methodologische Vorsicht geboten oder warnen vor anekdotischen Anthropomorphismen. Ob diese auch in der Primatologie und Psychologie methodisch nicht unumstrittenen induktiven Ergebnisse der Interspezieskommunikation hinreichend sein können, um z. B. Gorilla Koko einen moralischen Personstatus zuzuschreiben, aufgrund derer sie zu ethisch gerechtfertigten Adressaten von subjektiven Rechten, also zu Rechtspersonen, werden (Patterson/Gordon in Cavalieri/Singer 1994), hängt aber letztlich davon ab zu klären, nicht nur welche empirischen Eigenschaften und Fähigkeiten, sondern ob empirische Fähigkeiten überhaupt einen moralischen Personstatus zu begründen vermögen, ohne dass der Vorwurf eines Sein-Sollens-Fehlschluss erhoben werden kann.

Jedoch verteidigt die Psychologin und Primatologin Francine Patterson den Personstatus der Gorilladame Koko mit Schilderungen unterschiedlicher Vermögen, z. B. dem Verständnis von Zeichensprache, von gesprochenem Englisch, ihrem im Spiegeltest demonstrierten Selbstbewusstsein, ihrer Fähigkeit zu Humor, Trauer, Mitgefühl etc. und endet mit der Frage: »Hat dieses Individuum Anspruch auf moralische Grundrechte?« (Patterson/Gordon in Cavalieri/Singer 1994, 94 f.). Der Physiologe und Philosoph Bernard E. Rollin insistiert darauf, dass Menschenaffen »nach allen vernünftigen Standards Personen« seien, denen man »die einer Person zustehenden fundamentalen Bürgerrechte und Verfahren verweigert« habe (Rollin in Cavalieri/Singer 1994, 335). Ihre Intelligenz und die Fähigkeit zur Sympathie zwischen Mensch und Affe seien natürliche Ausgangspunkte für eine Erweiterung der Ethik. Auch die finnischen Ethiker Heta und Matti Häyri bauen ihre Argumentation um den emotional-kognitiven Personbegriff herum und plädieren aufgrund offenkundiger mentaler Ähnlichkeit für eine ethische Gleichbehandlung.

Der Philosoph Steve Sapontzis dagegen lehnt die Bindung an das Kriterium der Intelligenz ab und möchte »alle Wesen, die Interessen haben (das heißt alle Wesen mit Gefühlen) als Personen« in die affektive, ethische Wertung einbeziehen, ohne damit aber nichtmenschlichen Wesen gleiche Rechte wie Menschen zuzuschreiben. Sapontzis kritisiert somit die seiner Meinung nach immer noch anthropozentrischen Ansätze von Singer und Regan, die verkappt oder offen an der menschlichen Intelligenz Maß nähmen, um bestimmten Tieren einen personalen Status zu verschaffen (Sapontzis in Cavalieri/Singer 1994, 411 f.)

Brisant wird eine an Intelligenzleistungen geknüpfte moralische Personstatusdebatte dann, wenn schwerstgeistig behinderte Menschen mit Menschenaffenindividuen verglichen werden, die eklatante Intelligenzleistungen vollbringen (Anstötz in Cavalieri/Singer 1994). Daher stellt sich die ethische Grundsatzfrage umso dringlicher, ob theoretische Intelligenzleistungen, aber auch, ob empirische Fähigkeiten überhaupt einen moralischen und rechtlichen Personstatus zu begründen vermögen, ob also mögliche empirische oder theoretische, geistesphilosophische Personbegriffe moralphilosophische Begründungsfunktionen erfüllen können.

Interessenethische Personbegriffe

Der interessenethische Personbegriff konturierte sich im Kontext der in den USA geführten gesellschaftlichen Debatte über die Legalisierung von Abtreibung und Früheuthanasie und rekurrierte im Ringen um die Frage eines ›moralischen Status‹ von menschlichen Embryonen und von Tieren auf die von Locke induzierte identitätsphilosophische Unterscheidung von ›Person‹ und ›Mensch‹. Im Rahmen seines pathozentrischen Präferenz-Utilitarismus, einer Kombination aus Jeremy Benthams pathozentrischen Utilitarismus und einem im Kontext der analytischen Ethik entstandenen interessenethischen Personbegriff, postuliert Peter Singer für bestimmte ›höhere‹ Tiere aufgrund eines aktuellen empirischen Ichbewusstseins den Rechtsstatus einer Person (Singer 1994; s. Kap. 13). Somit geht auch der von Singer in der Tierethik prominent verankerte interessenethische Personbegriff von bestimmten empirischen Eigenschaften und Fähigkeiten von Lebewesen aus, versucht aber den Sein-Sollens-Fehler eines unvermittelten Übergangs von den deskriptiven Fakten zu einem moralischen Personstatus zu vermeiden. Die empirischen Befunde dienen hier lediglich als naturale Indikatoren für die Zuschreibungsmöglichkeit von Interessen und Präferenzen, die nach dem ethischen Prinzip der gleichen Berücksichtigung gleicher Interessen als moralisch relevant vorausgesetzt werden, weil sie beim Menschen bereits als moralisch gerechtfertigt gelten. Folglich wird beim Vorliegen von Empfindungsfähigkeit auf ein *gerechtfertigtes* Interesse an der Vermeidung von Schmerzen und Leiden geschlossen und von einem Ichbewusstsein auf ein *gerechtfertigtes* Interesse an der Fortsetzung der Existenz. Allein Letzteres lässt Singer im Anschluss an Michael Tooleys »Speziellem Interesseprinzip« (1990), wonach ein spezieller Rechtsanspruch einzig durch das aktuelle Vorliegen eines speziellen Interesses an diesem Recht begründbar ist, als personales Interesse gelten. Nur das personale Interesse an einem zukünftigen Weiterleben nimmt seine Träger, darunter selbstbewusstseinsfähige Individuen der Spezies Mensch, Menschenaffen, Wale, Hunde oder aber auch Schweine (Singer 1994), von einer beliebigen Ersetzbarkeit durch andere Repräsentanten ihrer Art aus und begründet für sie ein prima facie-Tötungsverbot (s. Kap. 35). Ein vorpositiv geltendes Menschenrecht auf Leben kann und soll damit aber nicht begründet werden. Zum einen können vorpositiv geltende Rechte nicht aus empirisch fundierten Interessen hergeleitet werden; zum anderen kritisiert Singer den Universalitätsanspruchs im Menschenrechtsschutz als ungerechtfertigte speziesistische Vorteilsnahme aus dem biologischen Faktum der Zugehörigkeit zur Art *Homo sapiens sapiens*. So fungiert der interessenethische Personbegriff auch unabhängig von Singers utilitaristischem Rahmenkonzept als ein moralischer Leistungsbegriff, mit dem um der Ausstattung einiger höherer adulter Tiere mit dem Personstatus willen die Unterminierung der Idee universaler vorpositiver Menschenrechte mit Hilfe des Speziesismusvorwurfs planvoll betrieben wird und menschliche wie nicht-menschliche, bloß empfindungsfähige Nicht-Personen gegenüber schmerzlosen Tötungen radikal schutzlos gestellt werden. Die glückssummenutilitaristische Argumentation dient in Singers zweistufigem Präferenz-Utilitarismus vor allem der Leidensvermeidung in Bezug auf bloß leidensfähige und nicht selbst-bewusste und daher jederzeit ersetzbare Nicht-Personen.

Die im Vergleich zum traditionell humanistischen Personbegriff vorliegende Radikalisierung bzgl. der Tötungsfrage resultiert daraus, dass der interessenethische Personbegriff die alleinige Begründungslast für den Anspruch auf die Abwehr von Tötungshandlungen dem potentiell betroffenen Adressaten aufbürdet. Dem Tötungsakt selbst wohnt im Kontext einer interessenethischen adressatenzentrierten Argumentation keine moralische Qualität mehr inne, die ein moralischer Akteur zu rechtfertigen hätte. Der Adressat hat als möglicher Handlungsbetroffener allein durch Nachweis personaler Eigenschaften die Leistung zu erbringen, sich als ungeeignetes Objekt von an sich moralisch neutralisierten Tötungshandlungen zu erweisen. Das moralische Subjekt als potentieller Urheber der Tötungshandlung kann seine moralische Rechtfertigungsleistung auf den technischen assessment-Akt, ob eine Person oder eine Nicht-Person vorliegt, beschränken (s. Kap. 35).

Hier zeigt sich eine von interessenbasierten Personkonzeptionen nicht beachtete Relevanz des Subjekt-Adressaten-Fehlers, der auf die Art und Weise der Rezeption von Lockes Trennung von Mensch und Person verweist, auf den sich tierethisch engagierte Interessenethiker wie Singer, Tooley u. a. m. oft beziehen. Dabei rekurrieren sie auf Lockes empiristisch-psychologische Person*definition*, nicht jedoch auf Lockes Person*begriff* (Baranzke 2013). Denn Lockes Definitionselemente eines kontinuierlichen Selbstbewusstseinsstroms einer Person stehen im Dienst einer gerechten Be- bzw. Verurteilung durch die sichere Reidentifizierung eines Akteurs bzw. moralischen Subjekts. Nach Locke weisen Personen sich durch diachrone Selbstreferentialität retrospektiv als Urheber ihrer Taten und prospektiv als interessiert an ihrem Glück als ihrer guten Taten gerechten Lohn aus.

In tierethischer Anwendung wird Lockes introspektiv gewonnener »forensischer« Personbegriff (Höffe 2002, 75) zu einem Zuschreibungsbegriff an Adressaten von Handlungen aus der objektivistischen Dritten-Person-Perspektive, um – im Gegensatz zu Lockes Intention – Rechtsansprüche auf Erfüllung empirisch plausibilisierter Interessen bzw. Präferenzen zu begründen, insbesondere den adressatenzentrierten Anspruch auf Unterlassung von Tötungshandlungen. Somit verschiebt die tier- und bioethische Rezeption die Anwendung von Lockes Persondefinition vom Subjekt/Akteur zum objektivierten Adressaten von Handlungen, bringt also einen anderen als den Lockeschen akteurzentrierten Personbegriff zur Anwendung. Da ferner moralisch gerechtfertigte wie auch moralisch nicht zu rechtfertigende Interessen und Präferenzen vorstellbar sind, stehen Vertreter interessenethischer Personbegriffe stets vor der Herausforderung, die von ihnen ausgezeichneten personalen Interessen ethisch zu rechtfertigen bzw. als moralisch relevant auszuweisen sowie im Konfliktfall zu hierarchisieren. Interessenethische Personbegriffe differieren außerdem darin, ob sie den Personbegriff selbst als einen Wertbegriff oder lediglich als ein deskriptives Sortal einführen, unter das Träger personaler Interessen subsumierbar sind (Quante/Schweikardt 2012).

Der deontologisch fundierte Personbegriff

Der deontologische Personbegriff Kants geht davon aus, dass eine moralische Person sich als praktischer Akteur frei von äußerem Zwang oder innerer naturgesetzlich-sinnlicher Determination zu denken, seinen Willen nach vernünftigen Gesetzen zu verbinden sowie sich und anderen derartigen Personen deshalb Handlungen moralisch zuzurechnen vermag (s. Kap. 15). Kant folgt Locke somit hinsichtlich eines akteurzentrierten Personbegriffs als Zurechnungsinstanz von Handlungsverantwortung (Ak VI 223). Er konstituiert die Person jedoch nicht, wie Locke, empirisch-psychologisch durch die kontinuierliche Selbstbewusstseinsleistung eines mentalen Akteurs, sondern transzendentalphilosophisch als ein nur begrifflich notwendig vorauszusetzendes einheitsstiftendes transzendentales »ich denke« als Subjekt von Erfahrung (Ak III 108; B 131). Den praktischen Personbegriff bestimmt Kant durch die selbstreflexive Idee der Autonomie eines praktischen, d. h. mit einem vernünftig bestimmbaren Willen ausgestatteten Akteurs als Bedingung der Möglichkeit moralischer Selbstverpflichtung und ethischer Rechtfertigung (Ak IV 433, 439). Insofern fungiert Kants akteurzentrierter forensischer Personbegriff zugleich als axiologische Norm, die die moralische Personalität moralischer Akteure (die Person als »Zweck an sich selbst«) zum idealen Endzweck allen vernünftigen Handelns und dessen Urheber zu gleichursprünglichen Adressaten moralischer Achtungsansprüche im moralischen »Reich der Zwecke« (Ak IV 433, 438) erhebt.

Da nach Kant moralisch-praktische Personalität einzig bei menschlichen Lebewesen plausibel anzunehmen ist (Ak IV 428) und somit als »Idee der Menschheit« angesprochen werden kann, ist »gegen« Tiere kein direkter personaler Verpflichtungsgrund denkbar, da diesen vernünftiger Weise keine Verpflichtungsfähigkeit unterstellt werden kann (Ak VI 241). Kant vermeidet jedoch den Subjekt-Adressaten-Fehler, indem er aus der fehlenden moralisch-praktischen Subjektivität von Tieren nicht auf ihre moralische Irrelevanz als Adressaten moralischer Handlungen schließt. Vielmehr ist nach Kant eine Person zu einem ethisch gerechtfertigten Umgang mit Tieren gegenüber dem Anspruch der Idee der Menschheit in der eigenen Person unbedingt verpflichtet (Ak VI 418 und 442). So sind zwar keine personalen vorpositiven Grundrechte für Tiere denkbar, dennoch werden empfindungs- und leidensfähige Tiere als asymmetrische Adressaten für vollkommene Tugendpflichten eines personalen Akteurs gegen sich selbst vorgestellt und ein ethischer Tierschutz als integraler Bestandteil moralischer Verpflichtungen von Personen begründet (Baranzke 2016; s. Kap. 36). Rechtlich bleiben Tiere bei Kant jedoch als nicht verpflichtungsfähige Wesen noch in der eigentumsrechtlichen Logik der Sachen-Kategorie gefangen und fungieren als bloße Mittel zu willkürlichen Zwecken von Rechtspersonen. Der Schritt in positivrechtliche Tierschutzbestimmungen wird erst im 19. Jahrhundert vollzogen (s. Kap. 3).

Der sich deontologisch verstehende Tierrechtsphilosoph Tom Regan (2004) kritisiert zum einen die glückssummenutilitaristische Verrechenbarkeit tierlicher Nicht-Personen in Singers präferenz-utilitaristischer Tierethik. Zum anderen entkoppelt er, wie zuvor schon Nelson, Kants Rechte-Pflichten-Symmetrie als Reziprozitätsbedingung direkter Verpflichtungsbeziehungen auf empirisch eigenschaftslogischer Basis, um für direkte Pflichten auch gegen Tiere adressatenzentriert argumentieren zu können. Folgerichtig definiert Regan die moralische Gemeinschaft als Gemeinschaft all derjenigen Adressaten (»moral patients«), gegen die moralische Akteure (»moral agents«) direkte Pflichten haben (Regan 2004, 152). Hatte Kant durch reflexive begriffliche Analyse erkannt, dass die Möglichkeit, sich moralische Pflichten überhaupt vorzustellen, begrifflich an die Bedingung selbstverpflichtungsfähiger Akteure geknüpft ist, identifiziert Regan durch ein unscharf bleibendes »subject-of-a-life«-Kriterium aus der objektivierenden Perspektive der dritten Person eine empirische »similarity« zwischen »moral agent« und »moral patient« (ebd., 244). So konstruiert er eine empirisch fundierte egalitäre Rechtsbasis, aufgrund der Tiere als Lebenssubjekte mit einem »inhärenten Wert« (»inherent value«), d. h. als quasipersonale Endzwecke, aufgefasst werden, denen stillschweigend vorausgesetzte moralische Akteure einen direkten quasipersonalen Respekt schulden. Umstritten sind in Regans quasipersonalem Ansatz der ontologische Begriff, das Kriterium und die Gleichheit eines inhärenten Wertes von Mensch und Tier (Flury 1999), womit letztlich die Anwendbarkeit von Kants »Person als Zweck an sich selbst«-Formel in der Tierrechtstheorie grundsätzlich infrage steht.

Rechtstheoretisch fundierte Personbegriffe

Neuere rechtstheoretische Reflexionen sehen in der aktuellen Rechtslage der Tiere eine »moralische Schizophrenie« (Francione 2008). Einige Ansätze intendieren eine Veränderung des Rechtsstatus bzw. eine Erweiterung des Rechtsschutzes für nichtmenschliches Leben (Gruber 2006) und diskutieren »animals as persons« im Kontext von rechtlichen Überlegungen zum Eigentum, zur Vormundschaft und zur Strafmündigkeit (Francione in Cavalieri/Singer 1994; Francione 2008). Ferner wird über den klassischen objektivrechtlichen Tierschutz hinaus ein Paradigmenwechsel zu einer ›tierlichen Rechtssubjektivität‹ intendiert. Dabei werden die traditionellen Konzepte von Rechten, Grundrechten und Rechtspersonalität (›natürliche Person‹ bzw. ›juristische Person‹) einer systematischen Revision unterzogen und sowohl die Interessen- als auch die Verpflichtungsfähigkeit als Bedingungen von Rechtsfähigkeit diskutiert (Stucki 2016). (s. Kap. 14; s. Kap. 56).

In der Forderung der Anerkennung einer tierlichen Rechtspersonalität ist zum einen der Protest gegen den altrömischen Rechtsdualismus von Person und Sache virulent, der Tiere rechtsdogmatisch im Sachenrecht verortet. Zum anderen schließt die Diskussion auch an die von Nelson angestoßene und von Regan fortgeführte Debatte über die Möglichkeit von Tierrechten auf der Basis der Kritik der Kantischen Recht-Pflichte-Symmetrie an. Während sich die ethische Tierrechtsdiskussion mehr um die Frage direkter Pflichten des Menschen gegen Tiere, also um die logische Möglichkeit von Tieren als Verpflichtungspartner des Menschen, dreht, verschiebt sich der Akzent in der rechtstheoretischen Debatte über eine mögliche Rechtspersonalität von Tieren auf die rechtsethische Frage, ob Tiere Träger nicht nur positiver, gesellschaftlich zuerkannter, sondern auch rechtsstaatlich anzuerkennender ›natürlicher‹, i. S. v. vorpositiv geltenden Rechte sind. Über diese staats- und rechtsphilosophischen Implikationen ergibt sich dann auch eine Nähe zu bürgerrechtlichen Assoziationen, die schon bei Singer und Regan wie auch im Zoopolis-Konzept von Donaldson/Kymlicka (2013) eine eher motivationale denn eine begründungstheoretisch explizierte Rolle spielen (s. Kap. 22). Die begründungstheoretische Lücke wird in den meisten tierrechtlichen Ansätzen eher durch empirisch-szientifisch gestützte Natürlichkeitsassoziationen gefüllt, die mit dem hier kaum zu vermeidenden Sein-Sollens-Fehler evaluativ-naturrechtlich ausgelegt werden.

Um die Vorstellung einer Rechtspersonalität resp. -subjektivität von Tieren zu ermöglichen, wird der akteurzentrierte Personbegriff der Moralfähigkeit von einem durch eine objektivierte Handlungsfähigkeit definierten Personbegriff abgegrenzt. Auf diese Weise sollen biophilosophisch problematische Voranahmen über Lebewesen als Akteure aus einer mentalistischen Ersten-Person-Perspektive vermieden werden. Stattdessen wird aus der Dritten-Person-Perspektive ein objektiviertes ontologisches Kernstück, nämlich die Handlungsfähigkeit, als notwendiges und hinreichendes Zuschreibungskriteriums für Rechtssubjektivität von Adressaten konstruiert. Diese Verschiebung von der reflexiven Akteur- zur adskriptiven Adressatenzentriertheit im Personbegriff wird außer für Menschenaffen im GAP in jüngerer Zeit auch paradigmatisch für Delfine befürwortet (Rippe 2013). Da die Übertragung eines ›forensischen‹ Personbegriffs, der die Person als Zurechnungsinstanz für äußere Handlungen bzw. erstpersonal rekonstruierte moralische Verpflichtungsfähigkeit ausweist oder sich auf eine moralische Argumentationsgemeinschaft bezieht, auf Delfine sinnlos ist, bleibt einzig eine ›ontologische Handlungsfähigkeit‹ vorstellbar. Angestoßen durch die Cetacean-Deklaration von Helsinki (2010) für Wale und Delfine unterstützen u. a. Ethiker und Biologen aufgrund empirischer Belege für Ichbewusstsein, soziale Intelligenz und Kommunikation etc. »Persönlichkeitsrechte für Tiere« (Brensing 2013). Auch Robert Spaemann (1996) hält eine Übertragung einer ontologischen Persondefinition auf Delfine für möglich.

32.3 Fazit, Ausblick, Perspektiven

Der Streit um die Anwendung des Personkonzepts auf nichtmenschliche Tiere geht weit über tierschutzpolitische Strategien mit dem Ziel eines effektiveren Tierschutzes hinaus und tangiert die Fundamente von Ethik und Recht. Es geht letztlich um die Frage, wie Moralität in einer durch die Teleologiekritik hindurchgegangenen, szientifisch wertneutralisierten Welt möglich ist. Die neuzeitliche, durch die Vernunftkritik geläuterte Antwort verweist letztlich reflexiv auf die eigene moralische Praxis zurück, die sich darin zeigt, dass Menschen nicht aufhören können, gegeneinander moralische Geltungsansprüche zu erheben. Insofern gehört das moralische Personsein zur menschlichen Natur, die in sich die kontrafaktische Utopie eines reinen guten Willens im machtfreien Reich der Zwecke bewahrt, in dem der ethisch gerechtfertigte Umgang des Menschen mit den nichtmenschlichen Tieren ein integraler Bestandteil ist.

Literatur

Baranzke, Heike: Das Tier als Subjekt eigener Interessen in Recht und Ethik? In: Johannes Caspar/Jörg Luy (Hg.): *Tierschutz bei der religiösen Schlachtung*. Baden-Baden 2010, 91–114.

Baranzke, Heike: Wer ist eine Person? Zur bioethischen Brisanz einer Frage im Ausgang von John Locke. In: Inga Römer/Matthias Wunsch (Hg.): *Person: Anthropologische, phänomenologische und analytische Perspektiven*. Münster 2013, 317–342.

Baranzke, Heike: Do Animals Have a Moral Right to Life? Bioethical Challenges to Kant's Indirect Duty Debate and the Question of Animal Killing. In: Franck L. B. Meijboom/Elsbeth N. Stassen (Hg.): *The end of animal life: A start for ethical debate*. Wageningen 2016, 61–77. DOI: 10.3920/978-90-8686-808-7-5.

Brensing, Karsten: *Persönlichkeitsrechte für Tiere: Die nächste Stufe der moralischen Evolution*. Freiburg i. Br. 2013.

Cavalieri, Paola/Singer, Peter (Hg.): *The Great Ape Project. Equality beyond humanity*. London 1993.

Cavalieri, Paola (Hg.): Special Issue »The Great Ape Project«. *Etica & Animali* 8 (1996).

Cheney, Dorothy L./Seyfarth, Robert M.: *Wie Affen die Welt sehen. Das Denken einer anderen Art*. München 1994.

Donaldson, Sue/Kymlicka, Will: *Zoopolis. Eine politische Theorie der Tierrechte*. Frankfurt a. M. 2013.

Deutscher Ethikrat: *Mensch-Tier-Mischwesen in der Forschung. Eine Stellungnahme*. Berlin 2011.

Dierse, Ulrich/Lassahn, Rudolf et al.: Art. »Persönlichkeit«. In: Joachim Ritter/Karlfried Gründer (Hg.): *Historisches Wörterbuch der Philosophie* Bd. 7. Basel 1989, 345–363.

Flury, Andreas: *Der moralische Status der Tiere. Henry Salt, Peter Singer, Tom Regan*. Freiburg 1999.

Forschner, Maximilian: Der Begriff der Person in der Stoa. In: Dieter Sturma (Hg.): *Person*. Paderborn 2001, 37–57.

Francione, Gary L.: *Animals as Persons. Essays on the Abolition of Animal Exploitation*. New York 2008.

Fuhrmann, Manfred/Kible, Brigitte et al.: Art. »Person«. In: Joachim Ritter/Karlfried Gründer (Hg.): *Historisches Wörterbuch der Philosophie* Bd. 7. Basel 1989, 269–338.

Goldner, Colin: *Lebenslänglich hinter Gittern. – Die Wahrheit über Gorilla, Orang Utan & Co in deutschen Zoos*. Aschaffenburg 2014.

Griffin, Donald R.: *Wie Tiere denken. Ein Vorstoß ins Bewußtsein der Tiere*. München 1990.

Gruber, Malte-Christian: *Rechtsschutz für nichtmenschliches Leben. Studien zur Rechtsphilosophie und Rechtstheorie Bd. 43*. Baden-Baden 2006.

Höffe, Otfried: *Moral als Preis der Moderne*. Frankfurt a. M. ^{3}1993.

Höffe, Otfried: *Medizin ohne Ethik?* Frankfurt a. M. 2002.

Holzhey, Helmut: Das Tier ist keine Sache. Rechtsethische Postulate zu einer Neubewertung des Tiers. In: Antoine F. Goetschel (Hg.): *Recht und Tierschutz. Hintergründe – Aussichten*. Bern 1993, 201–212.

Ingensiep, Hans Werner: *Der kultivierte Affe. Philosophie, Geschichte und Gegenwart*. Stuttgart 2013.

Ingensiep, Hans Werner: Der kultivierte Affe als Person?

Philosophische und wissenschaftshistorische Streifzüge zum Great Ape Projekt. In: Kristian Köchy/Matthias Wunsch/Martin Böhnert (Hg.): *Philosophie der Tierforschung 2. Maximen und Konsequenzen.* Freiburg 2016, 195–219.

Kant, Immanuel: *Kant's gesammelte Schriften.* Hg. von der Preußischen Akademie der Wissenschaften. Berlin 1902 ff.

Köchy, Kristian/Wunsch, Matthias/Böhnert, Martin (Hg.): *Philosophie der Tierforschung 2. Maximen und Konsequenzen.* Freiburg 2016.

Krebs, Angelika/Kambartel, Friedrich/Jantschek, Thorsten: Art. »Person«. In: Jürgen Mittelstraß (Hg.): *Enzyklopädie Philosophie und Wissenschaftstheorie*, Bd. 3. Stuttgart 1995, 89–92.

Kunzmann, Peter/Knoepffler, Nikolaus: *Primaten. Ihr moralischer Status.* EKAH Bern 2011.

Lenk, Hans: Verantwortung für die Natur. Gibt es moralische Quasi-Rechte von oder moralische Pflichten gegenüber nicht-menschlichen Lebewesen? In: *Allgemeine Zeitschrift für Philosophie* 8/3 (1983), 1–18.

Michel, Margot/Kühne, Daniela/Hänni, Julia (Hg.): *Animal Law – Tier und Recht.* Zürich 2012.

Perler, Dominik/Wild, Markus (Hg.): *Der Geist der Tiere.* Frankfurt a. M. 2005.

Quante, Michael/Schweikhardt, David P.: Person. In: Vera Moser/Detlef Horster (Hg.): *Ethik der Behindertenpädagogik. Menschenrechte, Menschenwürde, Behinderung. Eine Grundlegung.* Stuttgart 2012, 90–104.

Regan, Tom: *The Case for Animal Rights. Second Edition.* Berkley 2004.

Rippe, Klaus Peter: Sind Delfine Personen? In: Ders./Urs Thurnherr (Hg.): *Tierisch menschlich. Beiträge zur Tierphilosophie und Tierethik.* Erlangen 2013, 115–144.

Roscher, Mieke: Tiere sind Akteure. Konzeptionen tierlichen Handelns in den Human-Animal-Studies. In: Matthias Wunsch/Kristian Köchy/Martin Böhnert (Hg.): *Philosophie der Tierforschung 3. Milieus und Akteure.* Freiburg 2018, 93–120.

Singer, Peter: *Praktische Ethik.* Stuttgart ²1994.

Sommer, Volker: Menschenaffen als Personen? Das Great Ape Project im Für und Wider. In: Kristian Köchy/Matthias Wunsch/Martin Böhnert (Hg.): *Philosophie der Tierforschung 2. Maximen und Konsequenzen.* Freiburg 2016, 221–252.

Ritvo, Harriet: On the animal turn. In: *Daedalus* (2007), 118–122.

Spaemann, Robert: *Personen. Versuche über den Unterschied zwischen »etwas« und »jemand«.* Stuttgart 1996.

Stucki, Saskia: Grundrechte für Tiere. In: *Fundamenta Iuridica* 69. Baden-Baden 2016.

Thiel, Udo: Person und persönliche Identität in der Philosophie des 17. und 18. Jahrhunderts. In: Dieter Sturma (Hg.): *Person. Philosophiegeschichte – Theoretische Philosophie – Praktische Philosophie.* Paderborn 2001, 79–101.

Taylor, Jeremy: *Not a Chimp.* Oxford 2009.

Tomasello, Michael: *Eine Naturgeschichte der menschlichen Moral.* Frankfurt a. M. 2016.

Tooley, Michael: Abtreibung und Kindstötung. In: Anton Leist (Hg.): *Um Leben und Tod. Moralische Probleme bei Abtreibung, künstlicher Befruchtung, Euthanasie und Selbstmord.* Frankfurt a. M. 1990, 157–195.

Hans Werner Ingensiep / Heike Baranzke

33 Speziesismus

Der Ausdruck ›Speziesismus‹ (bzw. *speciesism*) ist 1970 von dem Oxforder Psychologen Richard Ryder geprägt worden, um auf Parallelen zwischen dem Umgang von Weißen und Mitgliedern anderer Rassen und den Umgang von Menschen mit Mitgliedern anderer Spezies aufmerksam zu machen (Ryder 2012). Seine gegenwärtige Verbreitung verdankt er jedoch vor allem Peter Singer, der ihn in seinem Buch *Animal Liberation* aufgegriffen und damit nicht nur unter Tierrechtsaktivisten, sondern auch unter akademischen Tierethikern populär gemacht hat. 1985 ist der Ausdruck in das *Oxford English Dictionary* (OED), 2000 in den *Duden* aufgenommen worden. Folgt man dem OED, so steht er für die Diskriminierung oder Ausbeutung von Tieren durch den Menschen (»discrimination against or exploitation of certain animal species by human beings, based on an assumption of mankind's superiority«). Dies entspricht im Wesentlichen der ursprünglichen Verwendung des Ausdrucks durch Ryder, der ebenfalls von Diskriminierung gesprochen hatte (Ryder 1971, 80 f.). Als Grundlage für eine Darstellung der Speziesismus-Debatte innerhalb der philosophischen Ethik ist die OED-Definition jedoch unzureichend. Wenn Philosophen von Speziesismus sprechen, denken sie nämlich nicht nur an Tierversuche und andere Formen des Umgangs mit Tieren, die als diskriminierend oder ausbeuterisch kritisiert werden können, sondern haben bestimmte normative Annahmen vor Augen. Die philosophische Speziesismus-Debatte dreht sich – wie alle philosophischen Debatten – weniger um Praktiken als um Positionen. Die im Folgenden vorgeschlagene Definition stellt daher eine bestimmte normative Annahme ins Zentrum und spezifiziert damit zugleich den Gegenstand der Debatte. Auf der Grundlage dieser Definition können dann die zentralen Argumentationslinien der philosophischen Diskussion skizziert werden.

33.1 Die Definition des Speziesismus

Kernidee und Definition

Die meisten Autoren sind sich einig, dass es in der Speziesismus-Debatte um die moralische Relevanz von Spezieszugehörigkeit geht (für ein etwas anders gelagertes Verständnis vgl. Fjellstrom 2002). Singer versteht unter ›Speziesismus‹ Voreingenommenheit gegenüber den Mitgliedern der eigenen Spezies und ihren Interessen (»a prejudice or attitude of bias in favor of the interests of members of one's own species and against those of members of other species«; Singer 1975, 6); James Rachels formuliert die Kernidee des Konzepts ›Speziesismus‹ so, dass die Interessen von Mitgliedern einer bestimmten Spezies mehr zählen als die Interessen von Mitgliedern anderer Spezies (»the idea that the interests of the members of a particular species count for more than the interests of the members of other species«; Rachels 1990, 181). Eine Definition, die nicht auf Interessen abhebt, sondern stattdessen mit dem potentiell weiteren Begriff des moralischen Status operiert, findet sich bei Donald Graft. Danach ist unter ›Speziesimus‹ die Auffassung zu verstehen, dass der moralische Status eines Lebewesens durch seine Spezieszugehörigkeit bestimmt wird (»the doctrine that moral status derives from consideration of species membership«; Graft 1998, 191).

Die Vorschläge von Singer, Rachels und Graft sind zwar hilfreich, ignorieren jedoch, dass es in der Debatte weniger um die Frage geht, ob Spezieszugehörigkeit *an sich* moralisch relevant ist, sondern um die Frage, ob Mitglieder der *menschlichen* Spezies einen besonderen moralischen Status haben (s. Kap. 31). Die entsprechende Auffassung kann zwar durch Rückgriff auf allgemeinere Überlegungen zur moralischen Relevanz von Spezieszugehörigkeit verteidigt werden, begegnet aber auch unabhängig davon. Im Folgenden soll der Ausdruck ›Speziesismus‹ daher für die Annahme stehen, *dass die Zugehörigkeit zur menschlichen Spezies eine notwendige und/oder hinreichende Bedingung für die Zuschreibung eines besonderen moralischen Status ist.*

Erläuterungen und Interpretationen

Um die Pointe dieser Definition zu verstehen, sind zwei Klarstellungen bzw. Erläuterungen notwendig. Die erste bezieht sich auf den Ausdruck ›(besonderer) moralischer Status‹ bzw. ›Zuschreibung eines (besonderen) moralischen Status‹. Dieser Ausdruck wird hier in einem denkbar unspezifischen Sinne verwendet; ›einem Wesen einen bestimmten moralischen Status zuschreiben‹ soll im Folgenden so viel bedeuten wie ›eine bestimmte Auffassung darüber vertreten, wie man in moralischer Hinsicht mit diesem Wesen umgehen darf bzw. sollte‹. So verstanden, schreiben alle ethischen Theorien, die Aussagen darüber machen, wie wir mit diesen oder jenen Wesen umgehen dürfen bzw. sollten, den betreffenden Wesen einen bestimmten moralischen Status zu. Um einen *besonde-*

J. S. Ach / D. Borchers (Hg.), *Handbuch Tierethik*, https://doi.org/10.1007/978-3-476-05402-9_33

ren moralischen Status handelt es sich, wenn die betreffenden Wesen im Vergleich zu anderen in irgendeiner Weise bevorzugt werden. Dabei sind unterschiedliche Optionen denkbar. Dass Mitglieder der menschlichen Spezies einen besonderen moralischen Status haben, kann z. B. bedeuten, dass die Interessen und Bedürfnisse von Mitgliedern der menschlichen Spezies im Konfliktfall Vorrang haben (entweder grundsätzlich oder nur dann, wenn es sich um hinreichend gewichtige Interessen und Bedürfnisse handelt), oder dass nur Mitglieder der menschlichen Spezies Rechte haben, die nicht einfach gegen die Interessen und Bedürfnisse anderer aufgewogen werden können, oder dass Mitglieder der menschlichen Spezies qua Geburt Teil der moralischen Gemeinschaft sind, während Mitglieder anderer Spezies nur fallweise darein aufgenommen werden können. Art und Ausmaß der Bevorzugung von Mitgliedern der menschlichen Spezies können also im Einzelnen sehr unterschiedlich ausfallen. Obwohl diese Differenzen für die Beurteilung der unterschiedlichen Positionen sicherlich nicht unerheblich sind, sollen sie hier der Einfachheit halber ignoriert werden.

Ein anderer Punkt, der sich möglicherweise nicht von selbst versteht und deswegen kurz kommentiert werden soll, betrifft die Unterscheidung zwischen der Zugehörigkeit zur menschlichen Spezies als *notwendiger* und als *hinreichender* Bedingung für die Zuschreibung eines besonderen moralischen Status. Nach der vorgeschlagenen Definition ist die Auffassung, dass *alle* Mitglieder der menschlichen Spezies einen besonderen moralischen Status haben, genauso speziesistisch wie die Auffassung, dass *nur* Mitglieder der menschlichen Spezies einen besonderen moralischen Status haben. Wenn Tierrechtsaktivisten und akademische Tierethiker von ›Speziesismus‹ sprechen, geht es ihnen zwar in erster Linie darum, die Situation von Tieren zu verbessern. Insofern ist es sicherlich korrekt, zu sagen, dass sich die Kritik am Speziesismus im Kern auf die Annahme richtet, dass die Zugehörigkeit zur menschlichen Spezies eine *notwendige* Bedingung für die Zuschreibung eines besonderen moralischen Status ist, also auf den exklusiven Aspekt des Speziesismus. Prominente Autoren wie Peter Singer, James Rachels, Jeff McMahan wenden sich jedoch auch gegen die Annahme, dass die Zugehörigkeit zur menschlichen Spezies eine *hinreichende* Bedingung für die Zuschreibung eines besonderen moralischen Status ist, also gegen den inklusiven Aspekt des Speziesismus. Dabei geht es nicht nur um Embryonen und Föten, deren moralischer Status traditionell umstritten ist, sondern auch um geborene Menschen. Es ist vor allem diese Variante der Speziesismus-Kritik ist, die zu Kontroversen in der Angewandten Ethik geführt hat. Wenn im Folgenden ein Überblick über die Speziesismus-Diskussion geboten wird, soll daher nicht nur die tierethische Seite der Debatte, sondern auch deren (faktische) Kehrseite dargestellt werden.

33.2 Die Argumente der Speziesismus-Kritiker

Die traditionelle Vorstellung von der moralischen Sonderstellung des Menschen

Speziesismus-Kritiker und Speziesismus-Befürworter sind sich darin einig, dass die Common-Sense-Moral (soweit es denn eine solche gibt) von einer moralischen Sonderstellung des Menschen ausgeht. In der Allgemeinen Erklärung der Menschenrechte heißt es, dass alle Menschen frei und gleich an Würde und Rechten geboren sind. Damit ist zunächst einmal klar gestellt, dass Differenzierungen innerhalb der menschlichen Gemeinschaft (der »human family«, wie es im englischen Originaltext heißt) unzulässig sind. Zur menschlichen Gemeinschaft gehört, wer als Mensch, und das heißt: von Menschen geboren ist, also alle Mitglieder der menschlichen Spezies. Hinter der zitierten Formulierung steht aber zumindest implizit auch die Vorstellung, dass *nur* Menschen zu dieser Gemeinschaft der Freien und Gleichen dazu gehören. Immerhin geht es um Menschenrechte und Menschenwürde, nicht um Rechte und Würde anderer Lebewesen (selbst wenn mit der Schweizer Verfassung inzwischen zumindest ein zentraler Rechtstext die Idee einer ›Würde der Kreatur‹ anerkannt hat; s. Kap. 29). Die Pointe des Ausdrucks ›Speziesismus‹ besteht genau darin, dass er diesen Common Sense in Frage stellt, indem er nahelegt, dass die Bevorzugung von Lebewesen einer bestimmten Spezies genauso willkürlich ist wie die in der UN-Menschenrechtserklärung explizit abgelehnte Bevorzugung von Menschen einer bestimmten Rasse. Der Vergleich zwischen Speziesismus und Rassismus zielt also auf eine Umkehrung der Beweislast: Vertreter der Auffassung, dass Mitglieder der menschlichen Spezies einen besonderen moralischen Status haben, werden herausgefordert, ihre Position zu verteidigen und zu erklären, warum die von den Kritikern behauptete Analogie nicht greift (Graft 1998, 193).

Die klassische Antwort auf diese Herausforderung besteht in dem Verweis auf bestimmte Fähigkeiten, durch die sich der Mensch von allen anderen Lebewesen unterscheidet. Dabei können unterschiedliche Fähigkeiten namhaft gemacht werden; in der Regel wird jedoch mit der philosophischen Tradition auf die Vernunftbegabung als *differentia specifica* des Menschen verwiesen. Begriffe wie ›Menschenwürde‹, so das Argument, beziehen sich nicht auf den Menschen als Naturwesen, i. e. als Mitglied einer biologischen Spezies, sondern als Vernunftwesen. Diese Vorstellung klingt auch in der UN-Menschenrechtserklärung an, wenn es in Artikel 1 heißt, dass alle Menschen »mit Vernunft und Gewissen begabt« sind.

Die moralische Relevanz der Leidensfähigkeit

Speziesismus-Kritiker haben zwei Möglichkeiten, auf diese Argumentation zu reagieren. Sie können bestreiten, dass alle Menschen und nur Menschen vernunftbegabt sind, und sie können die moralische Relevanz der Vernunftbegabung in Frage stellen oder zumindest relativieren. Die meisten Speziesismus-Kritiker gehen zunächst den zweiten Weg, indem sie mit Bentham festhalten, dass es in moralischer Hinsicht nicht darauf ankommt, ob ein Wesen sprechen oder denken kann, sondern ob es leiden kann (s. Kap. 3, 13). So erklärt z. B. Ryder, dass es bei allen Differenzen zwischen Mitgliedern unterschiedlicher Spezies eine entscheidende Gemeinsamkeit gebe, nämlich die Leidensfähigkeit (Ryder 1971, 79). Auch Singer betont, dass die Grenze der Leidens- bzw. Empfindungsfähigkeit die einzige plausible Grenze der moralischen Rücksichtnahme sei, weil Leidens- bzw. Empfindungsfähigkeit die Voraussetzung dafür sei, überhaupt so etwas wie Interessen zu haben (Singer 1975, 8 f.; 2011, 49 f.). Speziesismus-Kritiker argumentieren also typischerweise für eine pathozentrische Position, nach der alle leidensfähigen Wesen einen Anspruch auf moralische Rücksichtnahme haben (s. Kap. 5).

Das Argument der Grenzfälle

Mit dem Hinweis auf die Leidens- bzw. Empfindungsfähigkeit als notwendige und hinreichende Bedingung für die Zuschreibung eines moralischen Status ist allerdings noch nicht entschieden, ob alle leidensfähigen Wesen *denselben* moralischen Status haben. Die These, dass alle leidensfähigen Wesen einen Anspruch auf moralische Rücksichtnahme haben, ist durchaus vereinbar mit der These, dass es weitere moralisch relevante Eigenschaften gibt, die zusätzliche Differenzierungen innerhalb der Gemeinschaft der moralisch Anspruchsberechtigten erlauben. So könnte man immer noch argumentieren, dass alle leidens- bzw. empfindungsfähigen Wesen moralisch zählen, vernunftbegabte Wesen jedoch einen besonderen moralischen Status haben – wie auch immer dieser dann näher definiert sein mag. Um die Annahme einer moralischen Sonderstellung des Menschen zu widerlegen, weisen Speziesismus-Kritiker deshalb in der Regel zusätzlich darauf hin, dass keineswegs alle Mitglieder der menschlichen Spezies vernunftbegabt sind – zumindest dann nicht, wenn man ›Vernunft‹ im Sinne empirisch nachweisbarer kognitiver Fähigkeiten versteht. Embryonen und Föten, aber auch Neugeborene und Kleinkinder, Menschen mit geistigen Behinderungen und Menschen, die an neurodegenerativen Erkrankungen wie der Alzheimer-Demenz leiden, entsprächen nicht der von Verfechtern einer moralischen Sonderstellung des Menschen beschworenen Norm. Wenn es den Speziesismus-Befürwortern ernst sei mit der Behauptung, dass Menschen aufgrund ihrer überlegenen kognitiven Fähigkeiten einen besonderen moralischen Status verdienen, dann dürften sie diesen Status nur denjenigen zuschreiben, die tatsächlich über die entsprechenden Fähigkeiten verfügen – also gerade nicht allen Mitgliedern der menschlichen Spezies.

Mit diesem Argument, das als ›Argument der Grenzfälle‹ (*Argument from Marginal Cases*) in die Literatur eingegangen ist, verändert sich die Diskussionslage (s. Kap. 25). Denn jetzt geht es nicht mehr nur um das Verhältnis von Menschen zu nicht-menschlichen Lebewesen, sondern auch um das Verhältnis von ›normalen‹ Menschen zu Menschen mit geistigen Behinderungen und anderen kognitiven Einschränkungen. Die meisten Autoren verwenden das Argument der Grenzfälle zwar in der erklärten Absicht, den moralischen Status von Tieren an den von ›marginal humans‹ anzugleichen, nicht umgekehrt (Regan 1979; Pluhar 1995; Dombrowski 1997). Aber schon die bloße Tatsache, dass der moralische Status von Menschen mit geistigen Behinderungen eigens thematisiert und problematisiert wird, kann von Vertretern der Behindertenrechtsbewegung und anderen als irritierend empfunden werden (für einen Überblick über die Debatte zu geistiger Behinderung und moralischem Status vgl. Wasserman et al. 2017). Außerdem haben prominente Speziesismus-Kritiker wie Peter Singer und Jeff McMahan ausdrücklich klargestellt, dass sie eine reine Angleichung ›nach oben‹ für unplausibel halten (Singer 2009b, 574–576; McMahan 2002, 228–232).

Moralischer Individualismus

Singers und McMahans Vorbehalte gegen eine vollständige Angleichung des moralischen Status nichtmenschlicher Lebewesen an den von Menschen mit und ohne geistige Behinderungen beziehen sich vor allem auf die Frage des Lebensrechtes. Um ein eigenständiges Lebensrecht zu haben, reicht es aus ihrer Sicht nicht aus, dass ein Wesen leidens- bzw. empfindungsfähig ist; es muss zusätzlich über bestimmte kognitive Fähigkeiten verfügen. Singer, der eine präferenz-utilitaristische Position vertritt, hebt dabei vor allem auf die Fähigkeit ab, sich selbst als ein in der Zeit existierendes Wesen zu begreifen und Wünsche oder Präferenzen im Blick auf die eigene Zukunft auszubilden (s. Kap. 13). Wesen, die über diese Fähigkeit verfügen, werden von Singer im Anschluss an John Locke als Personen bezeichnet (s. Kap. 32). Nach Singer gilt nur für Personen ein striktes Tötungsverbot, weil nur Personen einen genuinen Schaden erleiden, wenn man sie tötet (Singer 2011, Kap. 4). McMahan geht ebenfalls davon aus, dass es ein erheblich größeres Unrecht darstellt, eine Person zu töten als ein nicht-personales Wesen. Für ihn hat dieses Unrecht jedoch nicht primär mit dem Schaden zu tun, den man dem Betreffenden zufügt, sondern mit dem intrinsischen Wert von Personen (McMahan 2002, Kap. 3.2). Diesen Wert haben Personen nach McMahan aufgrund ihrer Autonomie, d. h. aufgrund der Fähigkeit, ihr Leben im Einklang mit Werten zu führen, die sie in reflektierter Weise befürworten (ebd., 256).

Singer und McMahan vertreten also selbst die Position, dass vernunftbegabte Wesen (in einem bestimmten Sinne von ›Vernunftbegabung‹) einen besonderen moralischen Status haben. Sie bestehen jedoch darauf, dass es auf die *individuelle* Ausprägung der fraglichen kognitiven Fähigkeiten ankommt. Dahinter steht eine bestimmte Auffassung bezüglich der Zuschreibung von moralischem Status, die von fast allen Speziesismus-Kritikern implizit oder explizit geteilt wird: die Auffassung, dass der moralische Status eines Individuums nicht von seiner Gruppenzugehörigkeit abhängig gemacht werden sollte, sondern von seinen intrinsischen Fähigkeiten und Eigenschaften. Diese Auffassung kann im Anschluss an James Rachels, der sie zum ersten Mal explizit formuliert und mit dem Speziesismus kontrastiert hat, als *moralischer Individualismus* bezeichnet werden (Rachels 1990, 173 ff.). Dass ein Wesen zu einer Gruppe gehört, deren Mitglieder im Regelfall über bestimmte Fähigkeiten und Eigenschaften verfügen, ist aus der Sicht des moralischen Individualismus irrelevant, so lange das Wesen selbst nicht über diese Fähigkeiten und Eigenschaften verfügt.

33.3 Argumente zur Verteidigung des Speziesismus

Vertreter der Auffassung, dass die Zugehörigkeit zur menschlichen Spezies eine notwendige und/oder hinreichende Bedingung für die Zuschreibung eines besonderen moralischen Status ist, müssen sich vor allem mit dem moralischen Individualismus als Alternative zum Speziesismus auseinandersetzen. Schaut man sich die entsprechenden Argumente an, so lassen sich in erster Näherung zwei Strategien unterscheiden. Die erste kann als Versuch verstanden werden, den klassischen, vernunftorientierten Begründungsansatz so zu modifizieren, dass er der Kritik standhält. Dazu muss plausibel gemacht werden, dass Menschen, die keine empirisch nachweisbaren Anzeichen von Vernunfttätigkeit aufweisen, trotzdem in irgendeinem Sinne vernunftbegabt sind oder zumindest als vernunftbegabt betrachtet werden sollten. Die zweite Strategie distanziert sich stärker von dem vernunftorientierten Begründungsansatz, indem sie die Prämisse, dass der moralische Status eines Wesens ausschließlich oder primär von seinen intrinsischen Fähigkeiten und Eigenschaften abhängt, grundsätzlich in Frage stellt. Vertreter dieser Strategie versuchen in der Regel zu zeigen, dass sich moralische Rechte und Pflichten in der einen oder anderen Weise aus den Beziehungen ergeben, in denen bestimmte Wesen zueinander stehen.

Vernunftbegabung ohne Vernunfttätigkeit

Wie lässt sich für die prima facie kontraintuitive These argumentieren, dass Menschen, die keine empirisch nachweisbaren Anzeichen von Vernunfttätigkeit aufweisen, trotzdem in irgendeinem Sinne vernunftbegabt sind oder zumindest als vernunftbegabt betrachtet werden sollten? Philosophen, die explizit in der aristotelisch-thomistischen Naturrechtstradition stehen, aber auch andere greifen dazu auf die Idee zurück, dass es in der *Natur* von Angehörigen der menschlichen Spezies liegt, diejenigen Fähigkeiten zu entwickeln, die die philosophische Tradition unter dem Begriff der Vernunftbegabung zusammengefasst hat (Spaemann 1996; Kumar 2008, 71–74; Lee 2013; Kagan 2016). Die Entwicklung dieser Fähigkeiten könne im Einzelfall zwar gestört sein. Dann handele es sich jedoch um einen Defekt, eine durch kontingente Umstände verursachte Abweichung von der Norm, letztlich um ein Unglück oder ein Missgeschick, während das Fehlen höherer kognitiver Fähigkeiten bei Mitgliedern anderer Spezies keinen Defekt und kein Missgeschick darstelle. Vertreter der klassischen Naturrechtsposition bestehen in der Regel darauf, dass Mitglieder der menschlichen Spezies aufgrund ihrer vernünftigen Natur in jedem Fall Personen sind, auch wenn sie nicht über die für Personen charakteristischen Fähigkeiten verfügen (Spaemann 1996; Lee 2013). Etwas anders argumentiert Shelly Kagan, der Menschen mit schwerwiegenden kognitiven Einschränkungen als *modale* Personen (i. e. als Wesen, die zwar keine Personen sind, aber Personen hätten sein können) bezeichnet (Kagan 2016, 15; zur Kritik von Kagans Argumentation vgl. DeGrazia 2016; McMahan 2016 und Singer 2016).

Beziehungen zu Angehörigen der eigenen Spezies

Vertreter der zweiten Strategie sind sich darin einig, dass die Frage nach dem moralischen Status eines Wesens nicht ohne Rekurs auf die Beziehungen beantwortet werden kann, in der die moralischen Akteure, um die es bei der Frage geht (also in der Regel Menschen), zu dem betreffenden Wesen stehen. Dass Menschen andere Rechte haben als nicht-menschliche Lebewesen, und dass alle Menschen unabhängig von ihren Eigenschaften oder Fähigkeiten dieselben fundamentalen Rechte haben, hängt nach dieser Auffassung damit zusammen, dass Menschen gegenüber ihren Mitmenschen in einer anderen Beziehung stehen als gegenüber nicht-menschlichen Lebewesen. In seiner einfachsten Variante zieht das Argument einen Vergleich zwischen der Beziehung, in der Mitglieder der menschlichen Spezies bzw. – mit der UN-Menschenrechtserklärung gesprochen – der menschlichen Familie zueinander stehen, und anderen sogenannten ›special relations‹: So wie Eltern das Recht und zugleich die Pflicht hätten, sich mehr um ihre eigenen Kinder zu kümmern als um die Kinder anderer, hätten Menschen auch das Recht und zugleich die Pflicht, sich mehr um die Angehörigen ihrer eigenen Spezies zu kümmern als um die Angehörigen anderer Spezies. Diejenigen, die so argumentieren, setzen also bei der weithin akzeptierten Annahme an, dass es auch im Rahmen einer unparteilichen Ethik legitime Formen der Parteilichkeit wie die von Eltern gegenüber ihren eigenen Kindern gibt, und versuchen zu zeigen, dass sich die moralische Bevorzugung von Mitgliedern der eigenen Spezies in Analogie dazu verstehen lässt (für eine detaillierte Kritik dieser Argumentation vgl. McMahan 2002, Kap. 2.3).

Die meisten Autoren, die im Kontext der Speziesismus-Debatte auf die Bedeutung von Beziehungen abheben, wollen damit jedoch nicht nur Raum für ein gewisses Maß an Spezies-Loyalität oder Spezies-Solidarität schaffen, sondern wenden sich in grundsätzlicher Weise gegen die Annahme, dass der moralische Status eines Wesens durch seine intrinsischen Eigenschaften und Fähigkeiten bestimmt wird. Dies kann z. B. in Form einer fundamentalen Kritik an dem von Singer und anderen Anti-Speziesisten vertretenen Unparteilichkeitsideal (Williams 2009; kritisch dazu Singer 2009a) oder an der einseitigen Konzentration auf Rechte, Fähigkeiten und Interessen (Diamond 2004, 102; kritisch dazu McMahan 2005, 369–376) geschehen. Andere Autoren argumentieren, dass Rechte nicht nur dem Schutz isoliert verstandener Interessen dienen, sondern eine bestimmte Form des Zusammenlebens ermöglichen (s. Kap. 14). Menschen seien qua Geburt Teil der menschlichen Gemeinschaft und damit auch Träger der entsprechenden Rechte (Anderson 2004). Ähnliche Überlegungen finden sich bei Vertretern kantisch-kontraktualistischer Moraltheorien, die die Pointe moralischer Rechte und Pflichten darin sehen, dass sie zur Realisierung einer Gemeinschaft wechselseitiger Anerkennung beitragen (Scanlon 1998, Kap. 4).

33.4 Zusammenfassung und Ausblick

Der Ausdruck ›Speziesismus‹ gehört vermutlich zu den strittigsten Begriffen innerhalb der Tierethik. Sein Konfliktpotential verdankt er vor allem der Tatsache, dass einflussreiche Philosophen die traditionelle Vorstellung von der moralischen Sonderstellung des Menschen nicht nur in ihrer exklusiven Version (Zugehörigkeit zur menschlichen Spezies als notwendige Bedingung für die Zuschreibung eines besonderen moralischen Status), sondern auch in ihrer inklusiven Version (Zugehörigkeit zur menschlichen Spezies als hinreichende Bedingung für die Zuschreibung eines besonderen moralischen Status) als speziesistisch kritisieren. Die Speziesismus-Debatte innerhalb der Angewandten Ethik ist daher keine rein tierethische Debatte, sondern zugleich eine Debatte über den moralischen Status von Menschen, die aufgrund ihres

Entwicklungsstandes bzw. aufgrund angeborener oder erworbener neurologischer Schädigungen nicht über die ansonsten für Menschen typischen kognitiven Fähigkeiten verfügen. Ob es sinnvoll ist, diese Debatte zu führen, unter welchen Prämissen sie geführt werden kann bzw. sollte und wie sich das Anliegen, Klarheit über fundamentale ethische Fragen zu erhalten, zu politischen Anliegen wie dem Ziel der Inklusion und Gleichberechtigung von Menschen mit Behinderungen verhält, sind Fragen, die im Rahmen einer vertieften Auseinandersetzung mit dem Speziesismus-Begriff und seiner Rezeption in der Angewandten Ethik zu erörtern wären. Tierethikerinnen und Tierethiker, die diese Fragen aus pragmatischen oder prinzipiellen Gründen vermeiden wollen, sollten deutlich machen, dass ihre Kritik am Speziesismus sich nur auf die exklusive Variante richtet – oder überlegen, angesichts der damit verbundenen Kontroversen ganz auf den Begriff zu verzichten.

Literatur

Anderson, Elisabeth: Animal Rights and the Values of Nonhuman Life. In: Cass R. Sunstein/Martha C. Nussbaum (Hg.): *Animal Rights. Current Debates and New Directions*. Oxford 2004, 277–298.

DeGrazia, David: Modal Personhood and Moral Status. A Reply to Kagan's Proposal. In: *Journal of Applied Philosophy* 33/1 (2016), 22–25.

Diamond, Cora: Eating Meat and Eating People. In: Cass R. Sunstein/Martha C. Nussbaum (Hg.): *Animal Rights. Current Debates and New Directions*. Oxford 2004, 93–107.

Dombrowski, Daniel: *Babies and Beasts. The Argument from Marginal Cases*. Urbana 1997.

Fjellstrom, Roger: Specifying Speciesism. In: *Environmental Values* 11/1 (2002), 63–74.

Graft, Donald: Speciesism. In: Ruth Chadwick/Daniel Callahan/Peter Singer (Hg.): *Encyclopedia of Applied Ethics*, Bd. 4. San Diego 1998, 191–204.

Kagan, Shelly: What's Wrong With Speciesism? In: *Journal of Applied Philosophy* 33/1 (2016), 1–21.

Kumar, Rahul: Permissible Killing and the Irrelevance of Being Human. In: *The Journal of Ethics* 12 (2008), 57–80.

Lee, Patrick: The Basis for Being a Subject of Rights. The Natural Law Position. In: John Keown/Robert P. George (Hg.): *Reason, Morality, and Law. The Philosophy of John Finnis*. Oxford 2013, 236–248.

McMahan, Jeff: *The Ethics of Killing. Problems at the Margins of Life*. New York 2002.

McMahan, Jeff: Our Fellow-Creatures. In: *The Journal of Ethics* 9/3 (2005), 353–380.

McMahan, Jeff: On ›Modal Personism‹. In: *Journal of Applied Philosophy* 33/1 (2016), 26–30.

Pluhar, Evelyn: *Beyond Prejudice. The Moral Significance of Human and Nonhuman Animals*. Durham 1995.

Rachels, James: *Created from Animals. The Moral Implications of Darwinism*. Oxford/New York 1990.

Regan, Tom: An Examination and Defense of One Argument Concerning Animal Rights. In: *Inquiry* 22 (1979), 189–219.

Ryder, Richard D.: Experiments on Animals. In: Stanley Godlovitch/Roslind Godlovitch/John Harris (Hg.): *Animals, Men, and Morals. An Enquiry into the Maltreatment of Non-Humans*. London 1971, 41–82.

Ryder, Richard D.: Speciesism. In: Ruth Chadwick/Daniel Callahan/Peter Singer (Hg.): *Encyclopedia of Applied Ethics*, Bd. 4. San Diego ²2012, 213–219.

Scanlon, Thomas: *What We Owe to Each Other*. Harvard 1998.

Singer, Peter: *Animal Liberation. A New Ethics for Our Treatment of Animals*. New York 1975.

Singer, Peter: Reply. In: Jeffrey A. Schaler (Hg.): *Peter Singer Under Fire. The Iconoclast Faces His Critics*. Chicago/La Salle 2009a, 97–101.

Singer, Peter: Speciesism and Moral Status. In: *Metaphilosophy* 40/3–4 (2009b), 567–581.

Singer, Peter: *Practical Ethics*. Cambridge ³2011.

Singer, Peter: Why Speciesism is Wrong. A Response to Kagan. In: *Journal of Applied Philosophy* 33/1 (2016), 31–35.

Spaemann, Robert: *Personen. Versuche über den Unterschied zwischen ›etwas‹ und ›jemand‹*. Stuttgart 1996.

Wasserman, David/Asch, Adrienne/Blustein, Jeffrey/Putnam, Daniel: Cognitive Disability and Moral Status. In: Edward N. Zalta (Hg.): *The Stanford Encyclopedia of Philosophy* (Fall 2017 Edition). In: http://plato.stanford.edu/archives/fall2017/entries/cognitive-disability.

Williams, Bernard: The Human Prejudice. In: Jeffrey A. Schaler (Hg.): *Peter Singer Under Fire. The Iconoclast Faces His Critics*. Chicago/La Salle 2009, 77–96.

Ruth Denkhaus

34 Tierwohl und Ethik

Die systematische wissenschaftliche Forschung zum Tierwohl begann in der zweiten Hälfte des 20. Jahrhunderts wegen ethischer Bedenken hinsichtlich der Lebensqualität von Tieren (Broom 2011; Fraser 2008). Sie ist wesentlich durch eine Kritik an der landwirtschaftlichen Intensivtierhaltung und an den mit dieser verbundenen Leiden und Belastungen für die Tiere angestoßen und forciert worden, die insbesondere von Ruth Harrison in ihrem 1964 erschienenen Buch *Animal Machines* formuliert worden war. Als eine Folge der öffentlichen Diskussion, die der Bericht von Harrison ausgelöst hatte, richtete die britische Regierung eine Kommission ein, die den Auftrag hatte, das Wohlergehen (*welfare*) von Tieren in der Intensivhaltung zu untersuchen. In dem – nach seinem Vorsitzenden benannten – *Brambell-Report* von 1965 werden nicht nur eine Reihe von Vorschlägen für eine adäquate Nutztierhaltung gemacht, sondern auch ›Freiheiten‹ definiert, die Tiere nach Ansicht der Autorinnen und Autoren genießen sollten (Brambell 1967, 13). Diese bezogen sich, wie schon bald kritisch eingewendet worden war, ausschließlich auf den Platzbedarf von Nutztieren. Nicht zuletzt mit dem Ziel, diese Einseitigkeit zu korrigieren, formulierte Webster »Fünf Freiheiten«, die 1993 vom UK Farm Animal Welfare Council (FAWC) kodifiziert wurden, und die in der wissenschaftlichen, insbesondere aber in der öffentlichen Diskussion über einen akzeptablen Umgang mit Nutztieren seither sehr einflussreich geworden sind. Die bei Webster genannten Freiheiten, auf die Nutztiere Anspruch haben, sind die Freiheit von Hunger und Durst, die Freiheit von haltungsbedingten Beschwerden, die Freiheit von Schmerz, Verletzungen und Krankheiten, die Freiheit von Angst und Stress sowie die Freiheit zum Ausleben normaler Verhaltensmuster. Der *Brambell-Report* und die sich daran anschließenden Arbeiten haben eine umfangreiche wissenschaftliche Diskussion über den Begriff des Tierwohls und die Frage entfacht, wie das Wohl von Tieren bestimmt werden kann. Inzwischen kann die Tierwohl-Forschung zu den etablierten wissenschaftlichen Disziplinen gezählt werden. Der Begriff des Tierwohls wird darüber hinaus auch in der öffentlichen und – seit mehreren Jahren verstärkt auch – in der politischen Auseinandersetzung um den Tierschutz verwendet. Dies nicht zuletzt auch vor dem Hintergrund der Diskussion über die Einführung sogenannter Tierwohl-Labels in der Lebensmittelindustrie.

Die Begriffe ›Tierwohl‹, ›Tiergerechtheit‹, ›Lebensqualität von Tieren‹ etc. werden in der Diskussion nicht von allen Autorinnen und Autoren synonym verwendet. Von manchen Autorinnen und Autoren werden Begriffe wie ›Wohlbefinden‹ oder ›Lebensqualität‹ vielmehr auf positive Zustände wie Zufriedenheit oder Glück bezogen, wohingegen der Begriff ›Tierwohl‹ von manchen so verstanden wird, dass er allein oder überwiegend die Abwesenheit negativer Zustände wie Schmerzen, Stress oder anderweitiger Belastungen bezeichnet. Für manche Autorinnen und Autoren rücken die Begriffe ›Tierwohl‹ und ›Tiergesundheit‹ (*animal health*) entsprechend eng zusammen (vgl. zu dieser Diskussion auch Nordenfelt 2006).

Diese Unterschiede in der Begriffsverwendung haben nicht nur etwas mit verschiedenen Konzeptionen von Tierwohl zu tun, die in der Tierwohl-Forschung vertreten werden, und mit einer vielfach geäußerten Skepsis gegenüber der Möglichkeit, sinnvoll Aussagen über positive Zustände, insbesondere über positive mentale Zustände, von Tieren machen zu können, sondern auch damit, dass sich die Auseinandersetzungen um das Tierwohl häufig auf die Fragen konzentrieren, welche Wohlergehens-Standards im Umgang mit Nutztieren gerechtfertigt werden können, und welche Kompromisse unter den Bedingungen moderner Intensivtierhaltung als (gerade noch) akzeptabel gelten können. Neben methodischen Problemen sind praktische Gründe auch dafür verantwortlich, dass sich die Beschäftigung mit dem Wohl von Tieren im Wesentlichen auf solche Tiere beschränkt, die dem Menschen auf verschiedene Weise nahe stehen.

34.1 Tierwohl als wert-geladener Begriff

Umstritten unter den Theoretikerinnen und Theoretikern der Tierwohl-Forschung ist nicht nur die Frage, worin Tierwohl besteht bzw. welche Theorie des Tierwohls plausibel ist, sondern auch, ob es sich beim Begriff des Tierwohls um einen wert-neutralen oder einen wert-geladenen Begriff handelt. Während manche Autorinnen und Autoren der Auffassung sind, dass es sich bei tierlichem Wohlergehen (ebenso wie beispielsweise bei Erkrankungen) um etwas handelt, das auf deskriptiv beschreibbaren Faktoren beruht, also beispielsweise auf der Fähigkeit eines Individuums, die Herausforderungen seiner Umwelt zu bewältigen, vertreten andere Autorinnen und Autoren demgegenüber die Auffassung, dass der Begriff des Tierwohls notwendigerweise ein wert-geladener

J. S. Ach / D. Borchers (Hg.), *Handbuch Tierethik*, https://doi.org/10.1007/978-3-476-05402-9_34

Begriff ist und unter tierlichem Wohlergehen ein ›guter‹ Zustand zu verstehen ist, in dem sich ein Individuum befindet. Letztere Auffassung hat sich in der Diskussion mehrheitlich durchgesetzt (Nordenfelt 2008, 8). Vor diesem Hintergrund ist auch die von vielen Autorinnen und Autoren geteilte These zu verstehen, die Uneinigkeit über ein plausibles Konzept des Tierwohls in der Tierwohl-Forschung verdanke sich letzten Endes unterschiedlichen wert-geladenen Auffassungen darüber, was im Hinblick auf die Lebensqualität eines Tieres als zentral angesehen werden soll (Fraser et al. 1997; Schmidt 2011). Dies ist nicht zuletzt auch deshalb von Bedeutung, weil die in der Tierwohl-Forschung herangezogenen Konzeptionen tierlichen Wohls einen entscheidenden Einfluss auf die jeweils verwendeten Methoden zur Bestimmung tierlichen Wohls und damit auch auf die Art der Informationen haben, die der Gesellschaft für die Entscheidung über Tierschutzfragen zur Verfügung stehen (Fraser et al. 1997).

34.2 Konzeptionen des Tierwohls

Vor diesem Hintergrund kann man in der Tierwohl-Forschung insbesondere drei einflussreiche Konzeptionen des Tierwohls unterscheiden (Fraser 2008; vgl. auch Nordenfelt 2008, 52). Neben Theorien tierlichen Wohlergehens, die (1) das Wohl von Tieren in funktionalistischen Kategorien beschreiben (»how well they function«), gehören dazu Theorien, die (2) das Wohl von Tieren in Begriffen affektiver Zustände formulieren (»how well they feel«), und schließlich Theorien, die (3) das Wohl von Tieren anhand der Idee des natürlichen artgerechten Verhaltens zu bestimmen versuchen (»how free they are to live in a manner to which they are adapted«; Fraser 2008; vgl. auch Nordenfelt 2008, 52). Darüber hinaus wurden auch komplexe oder integrierte Konzepte des Tierwohls vorgeschlagen (Fraser et al. 1997; Fraser 2008, 217 ff.).

1) Funktionalistische Theorien des Tierwohls messen der Gesundheit und dem ›normalen‹ oder ›hinreichend gutem‹ Funktionieren der physiologischen Systeme eines Tieres besondere Bedeutung bei. Ein Beispiel für eine funktionalistische Definition ist der einflussreiche Vorschlag von Broom: »The term ›welfare‹ refers to the state of an individual in relation to its environment, and this can be measured. Both failure to cope with the environment and difficulty in coping are indicators of poor welfare. [...] The indicators of poor welfare include the following: reduced life expectancy, impaired growth, impaired reproduction, body damage, disease, immunosuppression, adrenal activity, behavior anomalies, and self-narcotization« (Broom 1991, 4167). Um das Wohlergehen eines Tieres bestimmen zu können sind funktionalistischen Theorien zufolge insbesondere die Methoden und Ergebnisse der Pathologie, der Epidemiologie, der Zoologie, der Stressbiologie und der Verhaltensforschung geeignet (Fraser 2008, 84 ff.). Ein Vorteil funktionalistischer Theorien kann darin gesehen werden, dass in diesen Ansätzen Kriterien des Wohlergehens benannt werden, die mit herkömmlichen wissenschaftlichen Methoden vergleichsweise leicht und exakt bestimmbar sind. Sie entgehen damit unter anderem auch der – nicht selten positivistisch motivierten – Kritik, der zufolge sich über affektive Zustände von Tieren keine empirisch hinreichend gut belegten Aussagen treffen lassen. Von Kritikerinnen und Kritikern ist gegen funktionalistische Theorien unter anderem eingewandt worden, dass die Fokussierung auf funktionale Parameter irreführend sein könne; so könne beispielsweise die gesteigerte Produktivität eines Tieres unter bestimmten Voraussetzungen eher ein Indikator für eine effektive und profitable Produktionsweise sein als für das Wohlergehen eines Tieres (Fraser 2008, 103).

2) Einer zweiten Gruppe von Theorien zufolge hängt das Wohlergehen von Tieren von der Ab- oder Anwesenheit negativer oder positiver mentaler Zustände ab. Dabei lassen sich drei verschiedene Auffassungen unterscheiden: Einer ersten Auffassung zufolge kann der Ausdruck Tierwohl nur mit Bezug auf solche Lebewesen sinnvoll verwendet werden, die über mentale Zustände verfügen. Einer zweiten Auffassung zufolge ergeben sich die Bedenken hinsichtlich des Tierwohls aus der Fähigkeit der Tiere zu subjektiver Erfahrung. Einer dritten Auffassung zufolge ist das Wohl von Tieren durch deren subjektive Erfahrungen bestimmt (Fraser et al. 1997). Das gute Leben eines Tieres besteht dieser dritten Auffassung zufolge darin, dass es vor (länger andauernden oder intensiven) Schmerzen bewahrt bleibt und frei von Hunger, Angst oder anderen negative Affekten ist. Exemplarisch findet man diese Auffassung bei Dawkins, für die die Frage nach dem Wohl von Tieren dort entsteht, wo menschliches Handeln bei Tieren »mental suffering« verursacht und dazu führt, dass die Tiere Schmerzen, Langeweile, Frustration, Hunger oder andere unerwünschte Zustände erfahren. Kurz: »[A]nimal welfare involves the subjective feelings of animals« (Dawkins 1990, 1; 2012).

Diesen Theorien zufolge sind insbesondere verhaltensbiologische Methoden sowie Motivationsstudien und Präferenztests geeignet, das Wohlergehen von Tieren zu bestimmen. Physiologische Parameter, die beispielsweise Stresszustände eines Tieres anzeigen können, fungieren im Rahmen solcher Ansätze vorwiegend als Surrogatparameter. Während sich ältere Arbeiten vorwiegend auf negative mentale Zustände bezogen haben, ist in den zurückliegenden Jahren ein verstärktes Interesse an der Bestimmung auch positiver mentaler Zustände zu beobachten.

Die verschiedenen Varianten einer *affective state*-Theorie passen offenkundig gut zu solchen ethischen Theorien, die den moralischen Status von Lebewesen und die Frage ihrer moralischen Berücksichtigung an das Vorliegen bestimmter mentaler Zustände knüpfen (vgl. zum Beispiel Singer 2013; Griffin 2001; DeGrazia 1996).

3) Eine dritte Gruppe von Theorien des Tierwohls betont die Natürlichkeit der Umstände, unter denen Tiere gehalten werden, und die Möglichkeit eines Tieres, entsprechend seiner ›Natur‹ leben zu können. Unterscheiden lassen sich dabei Positionen, denen zufolge Natürlichkeit einen bloß instrumentellen Wert für das Wohlergehen von Tieren haben soll, von Auffassungen, die die Natürlichkeit der Lebensbedingungen von Tieren für ein inhärent bedeutsames Element tierlichen Wohlergehens halten (Fraser 2008, 169). Manche Autorinnen und Autoren gehen beispielsweise davon aus, dass jedem Tier ein bestimmtes *telos* eignet, also ein durch die Evolution vorgegebenes, angeborenes genetisch kodiertes Ziel. Dieses *telos* eines Tieres zu identifizieren sei wichtig, so zum Beispiel Bernard Rollin, weil ein Leben entsprechend seinem *telos* das ist, was für ein Tier am meisten zähle. Das ›natürliche Verhalten‹ eines Tieres setze eine ›natürliche‹ Umgebung voraus, d. h. eine Umgebung, in der das Tier seine spezies-typischen Fähigkeiten und Potentiale ausleben kann. Die Kenntnis des *telos* ermögliche es, zu bestimmen, wo die grundlegenden Bedürfnisse und Interessen eines Tieres verletzt werden, und was man tun muss, um sein Wohlergehen zu verbessern und vielleicht sogar sein Glück zu befördern (Rollin 2016). Der zentrale Begriff für Martha Nussbaum, die in ihren Überlegungen ebenso wie Rollin an Aristoteles anknüpft, ist die Würde. Keinem empfindungsfähigen Lebewesen dürfe, so Nussbaum, die Chance auf ein gedeihliches Leben versagt werden, »auf ein Leben also, das der seiner Spezies entsprechenden Würde gemäß ist« (Nussbaum 2010, 477). Dieser Gedanke ermöglicht es Nussbaum, die von ihr an anderer Stelle im Hinblick auf Menschen entwickelte Liste zentraler Fähigkeiten artspezifisch und mit Bezug auf die charakteristischen Formen des Lebens von Tieren zu auszuarbeiten, und eine Liste elementarer Prinzipien zu formulieren, an denen sich der Umgang des Menschen mit Tieren orientieren müsse, und die als eine Art Schwellenwerte gelten können, unterhalb derer ein moralisch angemessener, d. h. gerechter Umgang mit Tieren verfehlt wäre.

In der Tierwohl-Forschung ist auf den Umstand, dass verschiedene Konzeptionen tierlichen Wohls verwendet werden, die sich letztlich auf unterschiedliche wert-geladene Auffassungen darüber zurückführen lassen, was im Hinblick auf die Lebensqualität von Tieren zählt, in unterschiedlicher Weise reagiert worden. Die zunächst naheliegend erscheinende Auffassung, wonach alle drei Konzepte tierlichen Wohls nur Vereinseitigungen einer geteilten Vorstellung tierlichen Wohls formulieren, scheitert daran, dass gegebenenfalls ein und derselbe Sachverhalt aus der Sicht der einen Tierwohl-Konzeption einen positiven Beitrag zum Wohlergehen eines Tieres leisten kann, während er diesem aus der Perspektive eines anderen Konzepts diametral widerspricht (Fraser 2008, 222 f.). Einer zweiten Auffassung zufolge lassen sich einzelne Elemente und Einsichten der unterschiedlichen Tierwohlkonzeptionen zu einer komplexen oder integrierten Konzeption verbinden. Eine solche komplexe Konzeption, die Nordenfelt zufolge die Kennzeichen eines »conglomerate concept« (Nordenfelt 2006, 130) aufweist, ist beispielsweise von Fraser vorgelegt worden (Fraser 2008). Andere Autorinnen und Autoren plädieren demgegenüber für ein einfaches Konzept tierlichen Wohlergehens, zum Beispiel eine *affective-state*-Theorie – nicht zuletzt vor dem Hintergrund, dass die jeweils herangezogene Tierwohl-Konzeption nicht nur einerseits empirisch gesättigt sein soll, sondern andererseits auch an die ethische Diskussion und an tierethische Theorien anschlussfähig (Sandøe/Christiansen 2008, 33 f.).

34.3 Wohlergehens-Vergleiche

Eine wichtige, bislang aber kaum systematisch diskutierte Herausforderung für die verschiedenen Konzeptionen des Tierwohls besteht darin, dass sie, um die Frage eines moralisch angemessenen Umgangs mit Tieren orientieren zu können, verschiedene Formen von Wohlergehens-Vergleichen ermöglichen müssen. Dies betrifft zum einen intra-individuelle Wohlergehens-Vergleiche. Aussagen über das Wohl eines Tieres sind in der Regel komparative Aussagen darüber, dass es einem Individuum in einer bestimmten Situation besser oder schlechter geht als in einer anderen Situation. Neben intra-individuellen Vergleichen sind für praktische Zwecke nicht selten auch inter-individuelle Vergleiche zwischen dem Wohlergehen verschiedener Individuen, die derselben Spezies angehören, erforderlich. Bestimmte Haltungsbedingungen, etwa ein beheizter Stall, mögen beispielsweise für das Wohlergehen von Ferkeln gut sein, können aber dem Wohlergehen der Muttersau abträglich sein (Fraser 2008, 238). Schließlich wird die tierethische Diskussion darüber hinaus auch auf inter-individuelle Wohlergehens-Vergleiche jenseits von Speziesgrenzen nicht verzichten können. Dazu gehören auch Wohlergehens-Vergleiche zwischen menschlichen und nichtmenschlichen Lebewesen, die beispielsweise im Hinblick auf die Durchführung von Tierversuchen in der biomedizinischen Forschung von nicht wenigen (zumindest implizit) für möglich gehalten werden. Die theoretische Befassung mit Vergleichen dieser Art ist über erste Ansätze bislang allerdings kaum hinausgelangt (DeGrazia 1996).

34.4 Schlussfolgerungen und Ausblick

Vor dem Hintergrund, dass seit Mitte der 1960er Jahre eine Reihe von Vorschlägen zur Bestimmung und Messung der Lebensqualität von Tieren vorgeschlagen, entwickelt und eingesetzt worden sind, besteht eine der zentralen Fragen der Tierwohl-Forschung nach wie vor darin, die verschiedenen Konzepte systematisch zu entfalten und theoretisch zu fundieren. Die Tierethik als philosophische Disziplin kann dazu nicht nur einen Beitrag leisten, indem sie die unterschiedlichen wert-geladenen Auffassungen darüber, was im Hinblick auf die Lebensqualität eines Tieres als zentral angesehen wird, die den verschiedenen Konzeptionen zugrunde liegen, transparent macht, sondern auch dadurch, dass sie einer unangemessenen Einschränkung des Frage- und Problemhorizonts der Tierwohlforschung entgegenwirkt. Dies kann bedeuten, dass bestimmte Hintergrundannahmen, die in der Tierwohl-Forschung häufig gemacht werden, wenn etwa das Wohl von Nutztieren unter bestimmten Haltungsbedingungen untersucht wird, grundsätzlich hinterfragt werden (Haynes 2011), positive (mentale) Zustände von Tieren in der Tierwohl-Forschung mehr Aufmerksamkeit erfahren, oder auch dadurch, dass neben solchen Tieren, die dem Menschen auf verschiedene Weise nahe stehen, zum Beispiel auch sogenannte Wildtiere (s. Kap. 48) in die Tierwohl-Forschung einbezogen werden.

Literatur

Appleby, Michael C./Mench, Joy A./Olsson, I. Anne (Hg.): *Animal Welfare*. Cambridge ²2011.

Appleby, Michael C./Weary, Daniel M./Sandøe, Peter (Hg.): *Dilemmas in Animal Welfare*. Repr. Wallingford 2016.

Benson, G. John/Rollin, Bernard E. (Hg.): *The Well-Being of Farm Animals: Challenges and Solutions*. Oxford 2004.

Brambell, F. W. R.: *Report of the Technical Committee to Enquire into the Welfare of Animals kept under Intensive Livestock Husbandry Systems*. London 1967.

Broom, Donald M.: Animal Welfare: Concepts and Measurement. In: *Journal of Animal Science* 69 (1991), 4167–4175.

Broom, Donald M.: A History of Animal Welfare Science. In: *Acta Biotheoretica* 59 (2011), 121–137.

Dawkins, Marian Stamp: From an Animal's Point of View: Motivation, Fitness and Animal Welfare. In: *Behavioral and Brain Science* 13 (1990), 1–61.

Dawkins, Marian Stamp: *Why Animals Matter: Animal Consciousness, Animal Welfare, and Human Well-being*. Oxford 2012.

DeGrazia, David: *Taking animals seriously: Mental life and moral status*. Cambridge 1996.

Fraser, David et al.: A Scientific Conception of Animal Welfare that Reflects Ethical Concerns. In: *Animal Welfare* 6 (1997), 187–205.

Fraser, David: *Understanding Animal Welfare. The Science in its Cultural Context*. Oxford 2008.

Griffin, Donald R.: *Animal Minds. Beyond Cognition to Consciousness*. Chicago 2001.

Harrison, Ruth: *Animal Machines*. London 1964.

Haynes, Richard P.: Competing Conceptions of Animal Welfare and Their Ethical Implications for the Treatment of Non-Human Animals. In: *Acta Biotheoretica* 59 (2011), 105–120.

Mills, D. S. (Hg.): *The Encyclopedia of Applied Animal Behaviour and Welfare*. Wallingford 2010.

Nordenfelt, Lennart: *Animal and Human Health and Welfare. A Comparative Philosophical Analysis*. Wallingford 2006.

Nussbaum, Martha C.: *Die Grenzen der Gerechtigkeit. Behinderung, Nationalität und Spezieszugehörigkeit*. Frankfurt a. M. 2010 (engl. 2006).

Rice, Christopher M.: Animal Well-Being. In: Guy Fletcher (Hg.): *The Routledge Handbook of Philosophy of Well-Being*. London 2015.

Rollin, Bernard: *A New Basis for Animal Ethics: Telos and Common Sense*. Columbia 2016.

Sandøe, Peter/Christiansen, Stine B.: *Ethics of animal use*. Oxford 2008.

Schmidt, Kirsten: Concepts of Animal Welfare in Relation to Positions in Animal Ethics. In: *Acta Biotheoretica* 59 (2011), 153–171.
Singer, Peter: *Praktische Ethik*. Stuttgart [3]2013.

Johann S. Ach

35 Töten und Tötungsverbot

Jedes Jahr werden weltweit mehr als 65 Milliarden Landtiere für den menschlichen Verzehr getötet. Für einen durchschnittlichen amerikanischen Fleischkonsumenten sind das jährlich etwa 25 Landtiere, vor allem Hühner. Hinzu kommen etwa 12 Fische und 137 andere Meerestiere (Sethu 2015; Mohr 2012). Nicht nur für Fleisch werden Tiere getötet. Auch die Milch- und Eierproduktion geht mit dem Töten von Tieren einher. So werden zum Melken verwendete Kühe meist nach wenigen Lebensjahren wegen abnehmender Produktivität getötet, und deren männliche Kälber enden direkt in der Fleischindustrie. Ohne jährlich geschwängert zu werden, geben die Kühe nämlich keine Milch, und die Hälfte der Kälber ist männlich und daher zur Milchproduktion ungeeignet. Auch die männlichen Küken der Legehennen werden direkt geschreddert oder vergast, da sie keine Eier legen und sich für die Fleischproduktion nicht eignen. Auch in anderen Kontexten töten Menschen Tiere, sowohl direkt – z. B. im Rahmen von Tierversuchen oder Automobilität – als auch indirekt, z. B. durch Umweltverschmutzung, den Klimawandel und die Vernichtung von natürlichen Lebensräumen. Unsere Essgewohnheiten gehen einher mit massiven, routinemäßigen und (mehr oder weniger) intentionalen Tötungen. Da es sich bei der Ernährung mit tierlichen Produkten meist nicht um eine Notwendigkeit handelt, sondern vielmehr Gewohnheit und geschmackliche Vorzüge eine Rolle spielen, und da den betroffenen Tieren im Allgemeinen ein moralischer Stellenwert zugesprochen wird, drängt sich die Frage nach der Rechtfertigung dieses Tötungszwecks auf.

In der Ethik lassen sich im Hinblick auf das Töten von Tieren zwei zentrale Fragen unterschieden. Zum einen wird diskutiert ob – und wenn ja unter welchen Bedingungen und in welchem Maß – der Tod Tieren schadet. Diese Frage gehört in jenen Bereich der Ethik, der als ›Werttheorie‹ bezeichnet wird (s. u. »Das Übel des Todes«). Zum anderen wird diskutiert, wie das Töten eines Tieres moralisch zu beurteilen ist. Dürfen wir Tiere töten und, wenn ja, unter welchen Bedingungen? Diese Frage gehört zur Moraltheorie und damit in einen anderen Teilbereich der Ethik (s. u., »Dürfen wir Tiere töten?«).

35.1 Das Übel des Todes

Was genau das Leben eines Individuums gut oder schlecht für dieses macht, ist umstritten. Dem Hedonismus zufolge ist mein Leben besser für mich, je mehr angenehme Erfahrungen und je weniger unangenehme ich habe. Gemäß der Wunscherfüllungstheorie geht es dem Individuum besser, je mehr der eigenen Wünsche befriedigt sind und je weniger davon unerfüllt (d. h. frustriert) sind. Anderen Theorien zufolge geht es beim Wohlergehen darum, nach der eigenen Natur zu leben, oder bestimmte objektive Güter, wie Erfolg, Freundschaft und Gesundheit, zu realisieren. Wohlergehenstheorien gehen in der Regel davon aus, dass das Wohlergehen zu jedem Zeitpunkt entweder positiv, negativ oder neutral ist und dass sich das Lebenszeit-Wohlergehen additiv aus den Niveaus des Wohlergehens zu den einzelnen Zeitpunkten zusammensetzt (Bradley 2016; für eine alternative Position vgl. Velleman 1993).

Die Frage nach dem Übel des Todes lässt sich leicht falsch verstehen. Bei der Frage geht es nicht darum, ob tot sein an sich ein guter oder schlechter Zustand für das Individuum ist. Man geht davon aus, das tot sein *an sich* weder gut noch schlecht ist, da tote Individuen kein Wohlergehens-Niveau haben. Es kann aber *vergleichsweise* schlecht sein, früher anstatt später zu sterben, nämlich dann, wenn ein längeres Leben besser für ein Individuum gewesen wäre. Um diese Aussage zu treffen, ist es nicht etwa nötig, das Wohlergehen während des Lebens mit dem Wohlergehen während des Todes zu vergleichen: während des Todes geht es dem Individuum ja nicht irgendwie. Ob die Nichtexistenz mit einem Wohlergehens-Niveau von 0 gleichzusetzen ist, wie manche glauben, ist umstritten (Višak 2016). Es geht beim Bestimmen des Übels des Todes lediglich darum, Leben unterschiedlicher Länge im Hinblick auf Lebenszeit-Wohlergehen zu vergleichen. Ob ein längeres Leben besser gewesen wäre hängt also davon ab, ob es dem Individuum mehr Lebenszeit-Wohlergehen gebracht hätte. Es geht auch nicht um die Beurteilung des Sterbensprozesses als mehr oder weniger qualvoll. Um den Sterbensprozess als solchen auszuklammern, kann man sich am besten vorstellen, dass der Tod unerwartet und schmerzlos eintritt. Es geht außerdem nicht um eine Beurteilung der Sterblichkeit im Vergleich zur Unsterblichkeit und auch nicht darum, wie *Andere* es empfinden, dass das Leben eines Individuums endet. Die relevante Frage ist schlichtweg, wie es sich auf das Wohl des Individuums auswirkt, dass das eigene Le-

J. S. Ach / D. Borchers (Hg.), *Handbuch Tierethik*, https://doi.org/10.1007/978-3-476-05402-9_35

ben zum entsprechenden Zeitpunkt anstatt zu einem anderen Zeitpunkt endet.

Die gängige Weise, den Schaden oder Nutzen einer Gegebenheit für ein Individuum zu bestimmen, geht von einem Vergleich mit einer kontrafaktischen Situation aus (Klocksiem 2012). So finden wir im Alltag beispielsweise, dass es schlecht für uns war den Bus verpasst zu haben. Wir gehen dann davon aus, dass es uns insgesamt besser gegangen wäre, wenn wir den Bus erreicht hätten und pünktlich zu unserer Verabredung gekommen wären. Ob es uns in der kontrafaktischen Situation tatsächlich besser gegangen wäre, können wir in der Regel nicht genau wissen. Wenn die Vermutung aber stimmt, dann war es dieser Theorie zufolge tatsächlich schlecht für uns, den Bus zu verpassen. Bei der Beurteilung des Übels des Todes wird demnach das Lebenszeit-Wohlergehen des Individuums im Falle seines Todes zum Zeitpunkt *Z* verglichen mit dem Lebenszeit-Wohlergehen welches das Individuum gehabt hätte, wenn es zu einem alternativen Zeitpunkt *Z** gestorben wäre. Wenn das Gesamtwohl des Individuums im Vergleich zur kontrafaktischen Situation geringer ist, schadet der Tod zum Zeitpunkt *Z* dem Individuum. Ist das Gesamtwohl des Individuums höher, dann nutzt der Tod zum Zeitpunkt *Z* dem Individuum. Auf die Frage, wie die kontrafaktische Situation theoretisch zu bestimmen ist, werden verschiedene Antworten gegeben (McMahan 1988). Unser begrenztes Wissen darüber, *was* passiert wäre, wenn das Individuum nicht zum Zeitpunkt *Z* gestorben wäre, ist für die Überlegung unproblematisch. Vielmehr reicht die Annahme aus, dass *irgendetwas* passiert wäre und abhängig davon war der Tod eben gut, schlecht oder neutral für das Individuum. Neben dieser Standardtheorie, die Schaden und Nutzen im Vergleich zu einer kontrafaktischen Situation bestimmt, werden auch alternative Theorien zum Schaden und Nutzen vertreten (Harman 2011).

Schadet es nun beispielsweise einem Küken, direkt nach dem Schlüpfen geschreddert zu werden und, wenn ja, warum? In der werttheoretischen Diskussion um diese Frage können grob zwei Theorien unterschieden werden.

Frustrationstheorie

Anhängerinnen und Anhänger der Frustrationstheorie meinen, der Tod schade dem Individuum genau dann, wenn er das Erfüllen von Wünschen frustriere. Der Tod des Kükens wäre demnach schlecht, wenn das Küken Wünsche hätte, deren Erfüllung der Tod verhindere, z. B. den Wunsch, weiter zu leben oder den Wunsch, morgen Körner zu fressen (Singer 2011, 101–104). Wohlergehen wird demnach mit dem Befriedigen von Wünschen gleich gesetzt, und wenn bereits bestehende Wünsche unerfüllt bleiben, gilt das als schlecht für das Individuum. Da Küken aber vermutlich keine oder nur wenige und schwache auf die Zukunft gerichtete Wünsche haben, schadet der Tod dem Küken dieser Theorie zufolge nicht oder kaum, da er eben wenige oder keine Wünsche frustriert. Diese Theorie impliziert aus den gleichen Gründen, dass der Tod einem menschlichen Embryo oder Baby nicht oder kaum schadet. Der Tod wäre demnach für die meisten nicht-menschlichen Tiere und für menschliche Embryonen und Babys weniger schlecht als für normale menschliche Erwachsene und vielleicht sogar überhaupt nicht schlecht.

Der Frustrationstheorie liegt die Intuition zugrunde, dass der Tod von normalen menschlichen Erwachsenen schlechter für diejenigen ist, deren Leben er beendet, als der Tod von Babys oder nicht-menschlichen Tieren. Kritikerinnen und Kritiker stimmen zu, dass der Tod von Erwachsenen in der Regel schlechter für Andere ist und dass deren Sterbensprozess, wegen dem Wissen um den nahenden Tod, leidvoller sein kann. Diese Überlegungen, so die Kritikerinnen und Kritiker, sollen aber bei der Bestimmung des Übels des Todes außen vor gelassen werden, da es weder um den Sterbensprozess als solchen gehe noch um die Frage, wie *Andere* vom Tod eines Individuums getroffen sind. Anhängerinnen und Anhänger der Frustrationstheorie halten es für relevant, ob der Tod das Erfüllen existierender Wünsche verhindert, auch wenn von Frustration im eigentlichen Sinne keine Rede ist.

Alle Anhängerinnen und Anhänger der Frustrationstheorie akzeptieren wohl die Wunscherfüllungstheorie im Hinblick auf Wohlergehen; aber umgekehrt gilt nicht dass alle Anhängerinnen und Anhänger der Wunscherfüllungstheorie die Frustrationstheorie akzeptieren. Auch wenn man davon ausgeht, dass frustrierte Wünsche schlecht und erfüllte Wünsche gut für ein Individuum sind, braucht man nicht nur die *vor* dem Tod existierenden Wünsche zu berücksichtigen. Man kann auch Wünsche und deren Erfüllung berücksichtigen, die das Individuum noch gehabt hätte, wenn es nicht zum betreffenden Zeitpunkt gestorben wäre. Demnach wäre es irrelevant, ob das Individuum die Wünsche bereits vor dem Tode hat oder erst später bekommen und erfüllt hätte (Bradley 2016).

Vorenthaltungstheorie

Eine Alternative Theorie zum Übel des Todes ist die Vorenthaltungstheorie (*deprivation account*). Sie besagt, dass das Übel des Todes nicht durch das Frustrieren von Wünschen, sondern durch das Vereiteln von Wert (d. h. Wohlergehen) bestimmt werde. Diesem Kriterium zufolge ist der Tod genau dann schlecht für ein Küken, wenn ihm dadurch Wohlergehen vorenthalten bleibt, welches es noch erfahren hätte, wenn es nicht zu besagtem Zeitpunkt gestorben wäre. Wenn das Küken also noch ein langes, glückliches Leben gehabt hätte, dann schade der Tod zum Zeitpunkt *Z* dem Küken. Dies gelte ganz unabhängig davon, ob das Küken zum Zeitpunkt *Z* irgendwelche auf die Zukunft gerichteten Wünsche habe. Dieser Theorie zufolge ist der Tod eines Individuums in der Regel schlechter, je früher er eintritt, was manche plausibel, andere aber gegenintuitiv finden. Wenn dahingegen das zukünftige Leben des Kükens nach dem Zeitpunkt *Z* schlecht gewesen wäre, dann wäre der Tod zum Zeitpunkt *Z* für das Küken gut. (Allerdings wären die Menschen, die das Küken in diese Situation gebracht hätten damit nicht unbedingt entschuldigt, denn es kann ja durchaus verwerflich sein, solche unerfreulichen Umstände überhaupt erst zu schaffen, vgl. Bradley 2016).

In diesem Zusammenhang muss noch auf eine Komplikation hingewiesen werden. Manche Autorinnen und Autoren argumentieren, dass das zukünftige Wohlergehen welches ein Küken noch erfahren wird, wenn es nicht zum Zeitpunkt *Z* stirbt, dem Küken nur dann zugute komme, wenn eine entsprechende Verbindung bestehe zwischen dem Küken zum Zeitpunkt *Z* und dem Küken zum späteren Zeitpunkt *Z**, an dem es das Wohlergehen erfahren würde. Ist das Küken zu beiden Zeitpunkten also im relevanten Sinne das gleiche Küken? Wenn nicht, dann wäre es gar nicht *sein* Wohlergehen im relevanten Sinne, welches der Tod dem Küken wegnehmen würde und der Verlust dürfe daher nicht voll als Verlust *für das Küken* angerechnet werden.

Das mag zunächst seltsam erscheinen: Warum sollte das Küken nicht über die Zeit hinweg im relevanten Sinne eine Einheit bilden? Ob es dies tut, hängt aber davon ab, was die prudentiell relevante metaphysische Einheit ist: Ist es eine Kontinuität körperlicher, seelischer oder psychologischer Art? Je nach relevanter Verbindung weisen die zeitlichen Phasen des Kükens diese auf, oder eben nicht. So wird zum Beispiel argumentiert, dass eine Kontinuität psychologischer Art beim Küken nicht gegeben sei, da das Küken keine auf die Zukunft gerichteten Intentionen habe, die zu einem späteren Zeitpunkt erfüllt würden, und da es auch keine Erinnerungen an weit zurück liegende Erlebnisse habe. Ist die relevante Verbindung geschwächt oder fehlt sie ganz, müsse der Verlust entsprechend diskontiert werden und falle das Übel des Todes für die entsprechenden Individuen – also für menschliche Babys, Embryonen und viele nicht-menschliche Tiere – geringer aus (Parfit 1995; Shoemaker 1999). McMahan's Zeit-relative-Interessen-Theorie (*Time-Relative Interest Account*) ist der bekannteste Ansatz zum Übel des Todes, der von einer ähnlich motivierten Diskontierung ausgeht (McMahan 1988).

Für die Implikationen dieser Theorien zum Übel des Todes ist es relevant, welche Fähigkeiten das betreffende Tier hat. Ist das Tier überhaupt ein Subjekt von Wohlergehen (s. Kap. 34)? Gängigen Wohlergehenstheorien zufolge ist dies der Fall, wenn das Tier zumindest leidensfähig ist. Es besteht Konsens, dass zumindest Säugetiere, Vögel und viele Fische leidensfähig sind. Hat das betreffende Tier auf die Zukunft gerichtete Wünsche? Erinnert es sich an vergangene Erlebnisse? Über das ›Jetzt‹ hinausgehende Wünsche und Erinnerungen, welche sich beispielsweise in Zukunftsplanung und Lernfähigkeit zeigen, werden manchen Tierarten, z. B. Elefanten, Schimpansen, einigen Vogelarten und Meeressäugern, zugeschrieben (DeGrazia 1996). Eine Tendenz in der empirischen Forschung ist, dass der Kreis derjenigen, die nachweisbar entsprechende Fähigkeiten besitzen, sich ausweitet (s. Kap. 6).

35.2 Dürfen wir Tiere töten?

Die meisten Autorinnen und Autoren in der Debatte würden der Auskunft über das Übel des Todes eine Relevanz für die Beantwortung der moralischen Frage, ob wir Tiere töten dürfen, zuschreiben, jedoch nicht die alleinige Relevanz. Einige wenige Autorinnen und Autoren halten die Frage nach dem Übel des Todes sogar für irrelevant im Hinblick auf unsere moralischen Pflichten.

Kommt es auf das Übel des Todes überhaupt an?

Man könnte behaupten, dass es für die Frage, ob wir Tiere töten dürfen, völlig irrelevant sei, ob der Tod dem Tier schade, da das Tier ohnehin keinen moralischen Stellenwert habe, d. h. keinerlei moralische Beachtung verdiene. Klassischen Kantischen Theorien zufolge verdienen nicht-menschliche Tiere (und auch menschliche Babys und Embryonen) keinerlei Beachtung, da sie keine moralisch Handelnden sind. Auch klassische kontraktualistische Theorien sprechen nicht-menschlichen Tieren aus diesem Grund moralischen Stellenwert ab. Ob und unter welchen Bedingungen wir nichtmenschliche Tiere töten dürfen, hängt diesen Moraltheorien zufolge von indirekten, z. B. das Wohl der Menschen betreffende, Überlegungen ab. Gegen diese Positionen kann eingebracht werden, dass empfindungsfähigen Wesen um ihrer selbst willen moralische Beachtung zukommt und dass moralisch Handelnde auch Pflichten gegenüber Individuen haben, die selbst nicht moralisch handeln können.

Ein anderer Einwand erkennt zwar unter Voraussetzung der Vorenthaltungstheorie den Umstand an, dass der Tod beispielsweise dem Küken schadet, sagt dann aber, dass dieser Schaden moralisch nicht relevant sei, da er uns keine Gründe fürs Handeln gebe. Gründe fürs Handeln basieren demnach nur auf Wünschen und nicht auf Werten. Da das Küken, so die Annahme, nicht den Wunsch hege, weiter zu leben, haben wir keinen Grund, den Tod des Kükens zu verhindern, auch wenn dieser schlecht für das Küken sei (Belshaw 2016). Gegen diesen Einwand kann eingebracht werden, dass *motivationale* Gründe fürs Handeln zwar auf Wünschen basieren, und zwar auf den jeweils eigenen, dass *normative* Gründe aber (auch) auf Werten (wie etwa Wohlergehen), bzw. auch auf möglichen zukünftigen Wünschen basieren (Crisp 2006; Bradley 2016).

Konsequentialistische Moraltheorien

Für konsequentialistische und vor allem welfaristische Moraltheorien ist die Frage, in wie fern der Tod dem Tier schadet, von zentraler Relevanz. Schadet der Tod dem Tier, dann gibt uns das prima facie einen Grund, das Tier nicht zu töten. Allerdings werden die Folgen für das Wohlergehen aller Beteiligten in gleicher Weise beachtet. Gemäß dem Utilitarismus gilt es beispielsweise, so zu handeln, dass das allgemeine Wohlergehen am meisten befördert wird. Es ist demnach also relevant, wie der Tod das Wohlergehen des betreffenden Kükens affiziert. Folgen für das Wohl anderer Betroffener können die Folgen für das Küken aber gegebenenfalls aufwiegen.

Im Hinblick auf das Aufwiegen des durch das Töten eines Individuums verursachten Verlustes von Wohlergehen ist vor allem das Ersetzbarkeits-Argument (*replaceability argument*) hervorzuheben (Singer 2011, 104–119). Demnach kann der Verlust von Wohlergehen durch das Töten eines Tieres, welches ansonsten noch ein gutes Leben gehabt hätte, dadurch aufgewogen werden, dass ein anderes Tier ins Leben gebracht wird, welches ansonsten nicht gelebt hätte und mindestens so viel Wohlergehen hat, wie das getötete Tier noch gehabt hätte. Mit diesem Argument ließen sich im Prinzip Praktiken rechtfertigen, bei denen Tiere unter guten Bedingungen gehalten und dann schmerzlos getötet und durch andere Tiere ersetzt werden, etwa in einer artgerechten Tierhaltung. Ein verwandtes Argument, bekannt als die Logik der Vorratskammer (*Logic of the Larder*) besagt, dass man den Tieren etwas Gutes tut, wenn man sie unter artgerechten Bedingungen hält und dann etwa zum Verzehr tötet, da es diese Tiere sonst überhaupt nicht gegeben hätte. Ihr Leben werde zwar frühzeitig beendet, ein kurzes angenehmes Leben sei aber immer noch besser für das Tier als gar keines (Hare 1993; Pollan 2006; für eine kritische Diskussion, vgl. Salt 1914; Matheny/Chan 2005; Višak 2013). Beide Argumente basieren auf kontroversen Annahmen, etwa der Annahme, dass es besser für das Tier sei, ein gutes Leben zu haben als gar keines oder der Annahme, dass es in konsequentialistischen Moraltheorien letztendlich darum gehe, die Gesamtsumme des Wohlergehens auf der Welt zu erhöhen, auch wenn das Niemanden besser stelle. Diese werttheoretischen und metaethischen Annahmen sind auch innerhalb konsequentialistischer Moraltheorien umstritten (Višak 2013, 2016).

Deontologische Moraltheorien

Auch Anhängerinnen und Anhänger deontologischer Moraltheorien, die die Richtigkeit einer (Tötungs-) Handlung nicht nur von deren Konsequenzen – etwa im Hinblick auf Wohlergehen – abhängig machen, halten es in der Regel für relevant, ob der Tod dem Tier schadet. In deontologischen Ansätzen in der Tierethik wird meist von fundamentalen Rechten der Tiere ausgegangen (s. Kap. 14). Leiten sich die Rechte aus den Interessen, d. h. dem Wohlergehen der Tiere, ab, ist direkt ersichtlich, dass die Frage nach dem Übel des Todes relevant ist: Dem Tier wird ein Recht auf Leben zugesprochen, weil dies im Interesse des Tieres sei, d. h. seinem Wohlergehen zugutekomme (Regan 2004; Cochrane 2012). Das Haben von Interessen (im Sinne von Wohlergehen) ist diesen Ansätzen zufolge die Basis für den moralischen Stellenwert und damit für das Zusprechen von Rechten.

Auch neuere, auf der Moraltheorie Immanuel Kants basierende Ansätze in der Tierethik gehen davon aus, dass Tieren ein Recht auf Leben zukommt (s. Kap. 15). Die Begründung sieht aber etwas anders aus. Korsgaard beispielsweise geht davon aus, dass wir im Allgemeinen die Dinge verfolgen, die wir für gut halten. Und wir erwarten, dass andere Menschen uns dabei unterstützen oder zumindest uns nicht im Wege stehen. Somit betrachten wir das aus unserer Perspektive Erstrebenswerte als gut *an sich*. Dies bedeutet, dass wir uns selbst als Zwecke betrachten und uns damit moralischen Stellenwert zusprechen. Die Grundlage dieses moralischen Stellenwertes ist die Tatsache, dass wir manche Dinge als gut oder schlecht bewerten oder – was für Korsgaard dasselbe ist – dass manche Dinge gut oder schlecht für uns sind. Da aber für alle empfindungsfähigen Wesen gilt, dass Dinge gut oder schlecht für sie sind, stellt das konsequenterweise auch in diesen Fällen die Basis dafür dar, diese Wesen als Zwecke an sich, und damit als Wesen mit moralischem Stellenwert, zu betrachten. Rechte sind die berechtigten Ansprüche solcher Individuen auf das Zugestehen notwendiger prudentieller Güter (Korsgaard 2016).

Kaldewaij (2016) argumentiert auf Grundlage des Kantischen Konstruktivismus, wonach die richtige Handlung diejenige ist, der jeder zustimmen kann oder welche die Bedingungen für erfolgreiches Handeln oder Interagieren garantiert. Da eine dieser Bedingungen das Leben sei, folge, dass empfindungsfähigen Tieren ein Lebensrecht zukomme. Das Leben sei nämlich eine notwendige Bedingung um überhaupt erfolgreich eigene Zwecke verfolgen zu können. Der Tod sei schlecht für das Tier, insofern er zukünftige Zweck-Erfüllung verhindere. Außerdem sei das Töten eines Tieres die völlige Verleugnung dessen moralischen Stellenwertes, da man damit nicht nur *einige* Werte des Tieres missachte, sondern das moralische Subjekt mit dessen Werten und Zwecken vollständig vernichte. Auch deontologische Ansätze beziehen sich in ihren Begründungen des Lebensrechts der Tiere also auf das Übel des Todes.

35.3 Fazit und Ausblick

In der ethischen Debatte, ob wir Tiere töten dürfen, sind normative und werttheoretische Überlegungen eng miteinander verknüpft. Von einem absoluten Tötungsverbot gehen in der Regel weder konsequentialistische noch deontologische Ansätze aus. Auch wenn das Töten nicht-menschlicher Tiere auf Basis vieler Moraltheorien als moralisch problematisch eingestuft wird, kann es auch diesen Theorien zufolge unter Umständen gerechtfertigt sein. So können das Wohl der betroffenen Tiere, das Wohlergehen Anderer oder gegenstreitige Pflichten eine Tötung gegebenenfalls rechtfertigen. Dennoch wären gemäß gängiger konsequentialistischer und gemäß einiger deontologischer Ansätze heute übliche Praktiken der Fleisch-, Fisch-, Milch- und Eiproduktion abzulehnen. Den betroffenen Tieren wird unnötiges Leid zugefügt und Wohlergehen vorenthalten, bzw. sie werden nicht gemäß ihrem moralischen Stellenwert als Wesen mit eigenen Interessen und Wohlergehen respektiert.

Literatur

Belshaw, Christoper: Death, Pain and Animal Life. In: Tatjana Višak/Robert Garner (Hg.): *The Ethics of Killing Animals*. New York 2016, 17–31.

Bradley, Ben: Is Death Bad for a Cow? In: Tatjana Višak/ Robert Garner (Hg.): *The Ethics of Killing Animals*. New York 2016, 51–64.

Cochrane, Alasdair: *Animal Rights Without Liberation*. New York 2012.

Crisp, Roger: *Reasons and the Good*. New York 2006.

DeGrazia, David: *Taking Animals Seriously: Mental Life and Moral Status*. New York 1996.

Hare, Richard: Why I Am Only a Demi-Vegetarian. In: Dale Jamieson (Hg.): *Singer And His Critics*. Oxford 1993, 233–246.

Harman, Elizabeth: The Moral Significance of Animal Pain and Animal Death. In: Tom Beauchamp/Raymond Frey (Hg.): *The Oxford Handbook of Animal Ethics*. Oxford 2011, 726–737.

Kaldewaij, Frederike: Kantian Constructivism and the Ethics of Killing Animals. In: Tatjana Višak/Robert Garner (Hg.): *The Ethics of Killing Animals*. New York 2016, 178–197.

Klocksiem, Justin: A Defense oft he Counterfactual Comparative Account of Harm. In: *American Philosophical Quarterly* 49/4 (2012), 285–300.

Korsgaard, Christine: A Kantian Case for Animal Rights. In: Tatjana Višak/Robert Garner (Hg.): *The Ethics of Killing Animals*. New York 2016, 154–177.

Matheny, Gaverick, Chan, Kai: Human Diets and Animal Welfare: The Illogic of the Larder. In: *Journal of Agricultural and Environmental Ethics* 18/6 (2005), 579–594.

McMahan, Jeff: Death and the Value of Life. In: *Ethics* 99/1 (1988), 32–61.

Mohr, Noam: Average and Total Numbers of Land Animals Who Died to Feed Americans in 2011. Machipango, VA: United Poultry Concerns. In: http://www.upc-online.ofg/slaughter/2011americans.pdf.

Parfit, Derek: The Unimportance of Identity. In: Henry Harris (Hg.): *Identity*. New York 1995.

Pollan, Michael: *The Omnivore's Dilemma. A Natural History of Four Meals*. New York 2006.

Regan, Tom: *The Case for Animal Rights*. Berkeley 2004.

Sethu, Harish: How Many Animals Does a Vegetarian Save. Counting Animals (2012). http://www.countinganimals.com/how-many-animlas-does-a-vegetarian-save/.

Shoemaker, David: Selves and Moral Units. In: *Pacific Philosophical Quarterly* 80 (1999), 391–419.
Velleman, David: Well-Being and Time. In: John Martin Fischer (Hg.): *The Metaphysics of Death*. Stanford 1993, 329–357.
Višak, Tatjana: Do Utilitarians Need to Accept the Replaceability Argument? In: Tatjana Višak/Robert Garner (Hg.): *The Ethics of Killing Animals*. New York 2016, 117–135.
Višak, Tatjana: *Killing Happy Animals. Explorations in Utilitarian Ethics*. New York 2013.
Singer, Peter: *Practical Ethics*. Cambridge [3]2011.

Tatjana Višak

36 Verrohungsargument

Das Verrohungsargument (VA), engl. *cruelty account*, ist in der neuzeitlichen Tierschutzethikdiskussion beheimatet. Es behauptet ein gewalttätiges Handeln an Menschen als Konsequenz aus einem vorgängigen gewalttätigen Handeln an Tieren. Es kann in folgende syllogistische Form gebracht werden: Deskriptive Prämisse (Verrohungshypothese): Wer Tiere quält, der quält früher oder später auch Menschen. Präskriptive Prämisse: Menschen zu quälen, ist moralisch verwerflich! Schlussfolgerung: Deshalb ist es moralisch verwerflich, Tiere zu quälen!

36.1 Geschichte des Verrohungsargumentes

Als paradigmatischer Vertreter des VA gilt Immanuel Kant (s. Kap. 15) wegen des folgenden Satzes aus § 17 der Tugendlehre der *Metaphysik der Sitten*: »In Ansehung des lebenden, obgleich vernunftlosen Teils der Geschöpfe ist die Pflicht der Enthaltung von gewaltsamer und zugleich grausamer Behandlung der Tiere der Pflicht des Menschen gegen sich selbst weit inniglicher entgegengesetzt, weil dadurch das Mitgefühl an ihrem Leiden im Menschen abgestumpft und dadurch eine der Moralität, im Verhältnisse zu anderen Menschen, sehr diensame natürliche Anlage geschwächt und nach und nach ausgetilgt wird; [...].« Der Mitleidsphilosoph und Kantkritiker Arthur Schopenhauer kommentierte sarkastisch: »Also bloß zur Uebung soll man mit Thieren Mitleid haben, und sie sind gleichsam das pathologische Phantom zur Uebung des Mitleids mit Menschen« (Schopenhauer Bd. 3, 1988, 518). Auch Albert Schweitzer zeigte sich in *Kultur und Ethik* überzeugt, Kant habe geglaubt, »die ›menschliche‹ Behandlung der Tiere [...] als eine Übung der Empfindlichkeit« hinstellen zu müssen, »die unserem teilnehmenden Verhalten gegen Menschen förderlich ist«.

Die prominente kritische Fokussierung auf Kant erweckt den Eindruck, als gehe das VA auf Kant zurück. Tatsächlich ist es seit der Antike bekannt. Im 18. Jahrhundert wurde es vor allem durch den 1751 veröffentlichten Kupferstichzyklus *Four Stages of Cruelty* des bekannten englischen Moralisten und königlichen Hofmalers William Hogarth (1697–1764) populär, den auch Kant in seiner Ethikvorlesung erwähnt. Auf vier Blättern zeigt Hogarth emblematisch die Geschichte eines Mannes, Tom Nero genannt, den er vorstellt als Waisenknaben mit sadistischem Verhalten, der in einer Armenschule im Londoner sozialen Brennpunktviertel Saint Giles aufgewachsen ist. An den Tieren übt der Junge im Verbund mit anderen Kindern, was er auf den beiden nachfolgenden Blättern als Erwachsener mit scheinbar schicksalhafter Notwendigkeit an Menschen bis hin zum Mord verüben wird. Das vierte Blatt zeigt den Lohn der Grausamkeit: Tom Neros gehenkte Leiche wird im anatomischen Theater zerstückelt und sein Herz dient einem Hündchen zum Fraß (Kottenkamp 1840, 743–764). Im 18. Jahrhundert zeigte man sich mitunter so überzeugt von der im VA enthaltenen Verrohungshypothese, dass der ehemals angesehene Metzgerberuf nachhaltig in Verruf geriet. So warnte der bekannte Göttinger Orientalist Johann David Michaelis (1717–1791): »In der That hört man auch häufiger von Grausamkeiten und Mordthaten, die Fleischer, als die andere reiche und angesessene Bürger begangen haben« (Michaelis 1777, 98). Auch wird berichtet, dass man in England Vertreter von Gewalt ausübenden Berufen wie Metzger und Henker als Kandidaten für das gerichtliche Schöffenamt ausschloss, weil man ihnen die für die Urteilsfindung nötige Mitleidsfähigkeit nicht mehr zutraute (ebd., 99). Ein Grausamkeitsverbot gegen Tiere ist ein früh entstandenes talmudisches Prinzip unabhängig von einem VA (Cohen 1959; Landmann 1959). Die Hypothese von einem starken Verrohungseffekt des Aktes der Tiertötung auf die Akteureinstellung prädestiniert diese als vielseitig einsetzbare moralpädagogische Paränese. Der selbst aus ärmlichen Verhältnissen stammende Hogarth bettet seine moralpädagogische Botschaft in eine Sozialkritik ein. Kant stellt die Warnung vor der verrohenden Wirkung der »grausame[n] Behandlung der Tiere« in § 17 TL in den Kontext einer vorsichtigen Kritik an vivisektorischen Tierversuchen (s. Kap. 46).

Der Sitz im Leben des VA in der Antike ist die kulturkritische Vegetarismus-Diskussion, deren Spuren zu dem mit dem Goldenen Zeitalter-Mythos seit der Orphik verbundenen Motiven von Seelenwanderung und Tierfrieden zurückführen (Gatz 1967; Dierauer 1977) [Antike; Vegetarismus]. In der Spätantike verbinden sich diese Motive mit den Momenten kynischer Kulturkritik und philosophischer Kritik an der stoischen Anthropozentrik. So auch in den beiden Traktaten »Vom Fleischessen« (*De esu carnium*) des Priesters und eklektischen Philosophen Plutarch von Chaironea. Plutarch kritisiert die luxuriöse karnivore Lebensweise, die den Menschen daran gewöhne, sich durch Quälen und Töten von Tieren immer raffinier-

J. B. Metzler © Springer-Verlag GmbH Deutschland, ein Teil von Springer Nature, 2018
J. S. Ach / D. Borchers (Hg.), *Handbuch Tierethik*, https://doi.org/10.1007/978-3-476-05402-9_36

tere Genüsse zu verschaffen und dadurch zu verrohen, und empfiehlt den Vegetarismus als Ausweg: »Ist nicht auch die (durch Verzicht auf das Fleischessen eintretende) Gewöhnung zur Menschenliebe ganz erstaunlich? Wer könnte wohl einem Menschen ein Unrecht zufügen, wenn er selbst fremden und anders gearteten Wesen gegenüber stets freundlich und wohlgesinnt ist?« (Plutarch, A7, zit. nach Baranzke et al. 2000, 143) Vor dem Hintergrund der Lehre von einem gewaltfreien Goldenen Zeitalter überliefert Plutarch den Gedanken, dass mit der Jagd und der Schlachtung von Haustieren Mord und Krieg ihren Anfang genommen haben. »Nachdem der mörderische Instinkt auf den Geschmack gekommen und sich an den wilden Tieren geübt hatte, ging er über zum arbeitsamen Rind, dem gesitteten Schaf und dem wachsamen Hahn. Nach kurzem schon schritten wir weiter fort, der Gier immer freieren Lauf lassend, zur Schlachtung von Menschen, zu Kriegen und Mordtaten« (Plutarch, A7, zit. nach Baranzke et al. 2000, 147). Plutarch erinnert auch den seinerzeit schon nicht mehr aktuellen Seelenwanderungsglauben, um, wie zuvor Empedokles und – in eingeschränkter Weise – Pythagoras (Dierauer 1977, 18 f.), die besondere psychophysische Nähe zwischen Menschen und Tieren zu unterstreichen. Er bemüht auch diätetische Einwände gegen die karnivore Ernährung, um letztlich die tugendethische Selbstkultivierung durch vegetarische Ernährung als Alternative zur »Selbstverrohung der Seele durch den Karnivorismus nahe zu legen« (ebd.).

Kulturkritik und Kulturverfallstheorie finden sich auch in der Schrift »Von der Enthaltung vom Fleischessen« (*De abstinentia*) des Neuplatonikers Porphyrios (z. B. De abst. 20). Jedoch stellt er sie in den Dienst der Gerechtigkeitsidee, die er auf die Pythagoreer zurückführt. Mit einer kritischen Spitze gegen die Anthropozentrik der Stoiker stellt er fest: »Wenn jemand sagt, wer den Begriff des Rechts auf die Thierwelt ausdehne, zerstöre den Rechtsbegriff, der übersieht, daß er selbst die Gerechtigkeit nicht wahrt, vielmehr begünstigt er die Wohllust, die ein Feind der Gerechtigkeit ist. Ist die Wohllust Zweck, so hört die Gerechtigkeit auf, denn daß die Gerechtigkeit durch die Enthaltsamkeit vom Thiergenuß gefördert wird, wem wäre das nicht zweifellos? Denn wer sich vom Genuß der Thierwelt consequent enthält, obgleich sie ihm minder eng verwandt ist, der wird sich um so mehr der Verletzung seines eigenen Geschlechts enthalten. [...] *Pythagoras aber meinte: Niemanden Unrecht thun, der Gerechtigkeit aber sich freuen, das sei die beste Zukost! Denn das Vermeiden des Thieressens ist das Vermeiden der Ungerechtigkeit in der Ernährung*« (Porphyrios, De abst. 26, zit. nach Baranzke et al. 2000, 161). Auch hier findet sich der für das VA typische Steigerungsgedanke vom Verhalten gegen Tiere zum Verhalten gegen Menschen wieder. Hatte aber Plutarch durch Reaktivierung des alten Seelenwanderungsglaubens die Nähe zwischen Tieren und Menschen hervorgehoben, so unterstreicht Porphyrios ihren Abstand zueinander, um das menschliche Verhalten gegenüber Tieren zum Prüfstein für den tugendhaften Selbstvervollkommnungsgrad des wahren Gerechten und zu einer Apotheose der Gerechtigkeit selbst zu erheben: »[...] Mißkennen übrigens nicht diejenigen das Wesen der Gerechtigkeit, die sie aus der Verwandtschaft des Menschen mit dem Menschen herleiten? Das wäre ja nur Menschenfreundlichkeit. *Die Gerechtigkeit aber besteht darin, daß man sich alles Verletzens dessen, was selbst nicht verletzt, enthält.* So ist der Gerechte gesinnt, nicht aber wie jene! Daher erstreckt sich die Gerechtigkeit auch über die Thierwelt, denn in der Nichtverletzung besteht sie« (Porphyrios, De abst. 26, zit. nach Baranzke et al. 2000, 162).

Die Grundgedanken der antiken Vegetarismus-Diskussion werden im 19. Jahrhundert z. B. durch die deutsche Übersetzung von Porphyrios »De abstinentia« durch den evangelischen Theologen und Vegetarier Eduard Baltzer (1814–1887) in die erstarkende deutschsprachige Tierschutzbewegung und in die aufkommende Lebensreformbewegung vermittelt. Zudem hatte das VA seit dem 17. Jahrhundert nicht zuletzt im Kontext der anticartesianischen Vivisektionsdebatte und im 18. Jahrhundert in der Pädagogik an Bedeutung gewonnen (Maehle 1992).

Der unermüdliche Vegetarier, Tierschützer und Pazifist Magnus Schwantje (1877–1959) vermittelt das Motivbündel um das VA in die Reformbewegungen zu Beginn des 20. Jahrhunderts. In einem erstmals 1908 veröffentlichten Artikel, in dem sich auch, lange bevor Albert Schweitzer Anspruch auf die Urheberschaft erhob, das erste Mal der Ausdruck ›Ehrfurcht vor Leben‹ findet, und den er über den von ihm gegründeten Bund für radikale Ethik e. V. bis zu Beginn der 1930er Jahre in großer Zahl als Flugblatt verbreitete, warnt er unter dem Titel *Der erste Schritt zur Grausamkeit* vor dem damals offensichtlich sehr beliebten und auch in Schulen propagierten Insektensammeln: »Schon aus der bloßen Besitzgier und Herrschsucht kann sich leicht *Grausamkeit* entwickeln. Selbst wenn der Mensch anfänglich nur aus Lust am Besitz, oder aus gedankenloser Spielerei Tiere tötet, oder gefangen nimmt, wird in den meisten Fällen durch die Ausübung grausamer Handlungen bald auch die *Lust* an Grausamkeit geweckt werden. *Gerade durch solche dem Täter selbst harmlos scheinende Handlungen werden am ehesten die unedlen Triebe wachgerufen.*« In *Tiermord und Menschenmord. Vegetarismus und Pazifismus* (1919) gibt sich Schwantje überzeugt davon, dass die beiden Bewegungen sich gegenseitig befördern, denn: »Solange die meisten Menschen den Menschenmord im Krieg für unvermeidlich halten, [...], solange werden ihnen die edelsten Lehren des Vegetarismus unverständlich sein. Andererseits muß die Gewohnheit, Nahrung zu genießen, die durch das Schlachten von Tieren gewonnen wird, auch den Abscheu vor dem Gemetzel auf den Schlachtfeldern abstumpfen« (ebd., 3). Schwantje betrachtet den Zusammenhang zwar nicht als zwingend, ist aber doch davon überzeugt: »Der Tiermord ist ohne Zweifel *eine* der Ursachen des Menschenmordes; eine vegetarisch lebende Menschheit wäre viel leichter mit Abscheu vor dem Krieg zu erfüllen als die heutige; aber zum Kriege drängen noch so viele Ursachen, daß die allgemeine Einführung der vegetarischen Ernährung noch nicht genügen würde, den Völkerfrieden zu sichern« (ebd., 7). Obwohl das VA die Schrift wie ein Leitmotiv durchzieht, relativiert Schwantje seine Bedeutung zugleich, indem er feststellt: »Und selbst, wenn die menschliche Seele so beschaffen wäre, daß Grausamkeit und Mitleidlosigkeit gegen Tiere nicht das Mitgefühl mit den Menschen abstumpfte, so müßten wir die Tiermißhandlung bekämpfen, weil sie an sich, und nicht nur ihrer mittelbaren Schädigung des Wohls der Menschen, sittlich verwerflich ist« (ebd., 8 f.).

Die Beispiele zeigen, dass das VA als moralpädagogisches Argument in der vormodernen Tierschutzdebatte in vielfältigen Kontexten eingesetzt und noch bis ins 20. Jahrhundert positiv gewürdigt wurde. In der modernen akademisch geführten Tierethik jedoch schlägt die Bewertung des VA in ihr Gegenteil um. Dort gilt es spätestens seit Schopenhauers Kritik an Kant als *argumentum non gratum* in der Tierethik. Vermochte die vormoderne Ethik von dem in der deskriptiven Prämisse enthaltenen hypothetischen Kausalzusammenhang des VA, »Grausames Verhalten gegen Tiere führt zu grausamem Verhalten gegen Menschen«, noch als pragmatisch-kluges Vorsichtsargument konstruktiven Gebrauch für die moralische Kultivierung von Handlungssubjekten zu machen, so ist der modernen Tierethik das VA aufgrund seiner Schlussfolgerung, dass Menschen sich wegen der angenommenen sozialen Folgen vor Tierquälerei hüten sollten, unannehmbar geworden. Das VA steht nun für die moralische Instrumentalisierung der Tiere um der Menschen willen, für einen »anthropozentrischen Tierschutz«, der nicht mehr als »Testfall unserer Menschlichkeit« (Händel 1984) für die menschliche »Entwicklung [der] Humanität« gewürdigt werden kann (Teutsch 1987, 18 f.). Die moderne, ausschließlich an den von Handlungen Betroffenen orientierte angewandte Tierethik fordert stattdessen einen sogenannten »ethischen Tierschutz«, der Tiere ausschließlich »um ihrer selbst willen« schützt (Teutsch 1987, 59 f.) oder gar »Animal Rights« (Regan 2004). Der moralphilosophische Umschlag vom tugendethischen akteurzentrierten Paradigma zum Primat der Rechte von Handlungsbetroffenen beginnt im 18. Jahrhundert, in dem auch die Idee der Menschenrechte politisch deklariert wird.

Die moralphilosophische Umwertung des VA wirkt sich auch auf die rechtsethische Begründung des Tierschutzrechts aus (s. Kap. 56). In der zweiten Hälfte des 18. Jahrhunderts ist der Hinweis auf ein von dem römischen Rhetoriker Quintilian in der *Institutio oratoria* überliefertes Beispiel beliebt, indem ein Knabe in der Logik des VA quasi vorsorglich verurteilt wurde, weil er Wachteln die Augen ausgerissen habe (Maehle 1992, 108). Trotz schon seit dem 17. Jahrhundert bekannter vereinzelter Verurteilungen wegen Grausamkeit an Tieren gibt es bis zum 19. Jahrhundert in Europa keine Tierschutzgesetzgebung (Maehle 1992, 133–137; Gerick 2005, 78–91). Europäischer Vorreiter ist der britische »Act to prevent the cruel and improper Treatment of Cattle«, der sogenannte ›Martin's Act‹ vom 22. Juli 1822, der explizit mit dem VA begründet wurde (Gerick 2005, 79 f.). In Deutschland wurde ein einheitliches Verbot von Tierquälerei in § 360 Nr. 13 Reichsstrafgesetzbuch für das Deutsche Reich nach der Reichsgründung 1871 verankert. Es nahm die Begründungen der ersten deutschen Ländertierschutzgesetzgebungen seit 1839 auf, indem mit Geldstrafe oder Haft bedroht wurde: »Wer öffentlich oder in Ärgernis erregender Weise Tiere boshaft quält oder roh misshandelt« (zit. nach Eberstein 1999, 122). Geschützt wurde der Mensch vor der »Verletzung des Sittlichkeitsgefühls« (ebd., 126). Rudolf von Jhering erteilt mit der das VA implizierenden Formel, »Im Tier schützt der Mensch sich selbst« (zit. nach ebd., 138) einem Rechtsanspruch von Tieren eine Absage. Der ›ethische Tierschutz‹ um des Tieres willen wird in Deutschland erstmals mit dem Reichtierschutzgesetz von 1933 in Verbindung gebracht. – Die Umwertung des VA bestimmt aber vor allem die zumeist kritische Diskussion über den Gebrauch des VA in Kants § 17 TL.

36.2 Das Verrohungsargument bei Kant

Die aktuelle tierethische Kritik am VA entzündet sich an seiner Verwendung in Kants § 17 TL der *Metaphysik der Sitten* (Ak VI 443). Seit Schopenhauer wird unterstellt, das Tier sei für Kant nichts als ein Mittel zum Zweck für die Kultivierung von Mitmenschlichkeit. Drei Aspekte stehen im Zentrum der Kritik: (1) Kants Tierbild, (2) die Überzeugung, das VA sei Kants tragende Begründung für das Verbot von Tierquälerei und (3) die auch daraus resultierende Forderung von direkten Pflichten gegen Tiere.

1) Bisweilen wird unterstellt, Kant nehme die Leidensfähigkeit von Tieren nicht ernst. Doch aus dem Wortlaut in § 17 TL ist ersichtlich, dass Kant vom Leiden *der Tiere* spricht (Grünewald 1988, 98). Ferner lässt sich auch aus dem größeren Kontext seiner Schriften erkennen, dass er die cartesianische Automatentheorie von der Empfindungslosigkeit der Tiere ablehnte (Naragon 1990).

2) Die deskriptive Prämisse des VA enthält die Warnung vor den als unvermeidlich oder doch wenigstens sehr wahrscheinlich unterstellten negativen sozialen Folgen einer grausamen Behandlung von Tieren. Die Handlung wird als Resultat einer habitualisierten Akteureinstellung vorgestellt, aufgrund der das Verhalten des Täters unaufhaltsam von einer im 18. Jahrhundert noch nicht rechtlich sanktionierbaren grausamen Behandlung von Tieren zu Straftatbeständen gegenüber Menschen abrutscht. Das VA ähnelt damit dem slippery-slope-Argument und muss sich bezüglich seiner hypothetischen Prämisse denselben kritischen Anfragen stellen (Guckes 1997). Es ist ja keineswegs logisch zwingend, dass ein Tierquäler tatsächlich zum Menschenquäler wird, wie auch umgekehrt nicht vorauszusetzen ist, dass ein Gewaltverbrecher zugleich Tiere verabscheut. Trotzdem entbehrt die deskriptive Prämisse des VA über empirisch-psychologische Prozesse der Abstumpfung und Verrohung nicht einer gewissen Plausibilität, auch wenn für die Erklärung der Entstehung von sadistischem Verhalten weitere Faktoren berücksichtigt werden müssen. Da seine deskriptive Prämisse auf der Gestaltungsfähigkeit individueller ethischer Akteureinstellungen beruht, fungiert das VA als moralpädagogische Paränese. Das VA ist eine tugendethisch-prudentielle Anratung an Akteure zur Selbstsorge im Sinne einer (Selbst-)Kultivierung moraldienlicher emotionaler Einstellungen und bietet sich daher nach Kant als »gute Lehre für Kinder« (Kant 2004, 346) an, wie es in der Ethikvorlesung unter Bezugnahme auf Hogarths Cruelty-Zyklus heißt. Folglich bedient sich Kant des moralpädagogischen hypothetischen VA im Rahmen seiner Tugendlehre. Als kritischer Moraltheoretiker weiß Kant jedoch, dass das VA nicht den Status eines kategorischen, sondern nur den eines unter empirischen Bedingungszusammenhängen stehenden hypothetischen Imperativs anzunehmen vermag. Denn wenn empirische Untersuchungen die dem VA unterliegende Verrohungshypothese (deskriptive Prämisse) widerlegen und eine sich sozial positiv auswirkende Aggressionsentlastungsfunktion von Tierquälerei belegen würden, müsste Grausamkeit gegen Tiere geradezu angeraten werden (so Wood 1998, 164). Eine tragfähige kategorische ethische Begründung für das Verbot von Grausamkeit gegen Tiere darf daher nicht aus dem Wortlaut isolierter Passagen von § 17 TL, sondern muss aus seiner Stellung in der »Amphibolie der moralischen Reflexionsbegriffe« (§§ 16–18) erhoben werden (Grünewald 1988, 96). Dadurch wird die tierethische Kontroverse über Kants Verwendung des VA mit derjenigen über direkte vs. indirekte Verpflichtungen des Menschen gegen Tiere verbunden.

3) Kant komponiert seine wenigen tierethischen Äußerungen in jene programmatische Passage der »Amphibolie der moralischen Reflexionsbegriffe« (§§ 16–18), in der er seine, die Erkenntniskritik aus der *Kritik der reinen Vernunft* voraussetzende, erneuerte Pflichtensystematik entwirft. Er setzt sich dabei von der traditionellen Pflichtenlehre des Alexander Gottlieb Baumgarten (1714–1762) ab, der Pflichten nach den Objekten (Religion, ich, andere Menschen, Tiere, Geister, leblose Sachen, vgl. Kant 2004) einteilte. »Gegen« einander verpflichtbare Partner müssen nach Kant (Ak VI, 442; § 16 TL) zwei Restriktionskriterien erfüllen: Zum einen muss das theoretisch-epistemologische Objekt als Gegenstand empirischer Erkenntnis gegeben sein, zum anderen muss das moralisch-praktische Objekt grundsätzlich als verpflichtungsfähig (also mit praktischer Vernunft begabt) vorstellbar sein, wozu erfahrungsgemäß nur Menschen gehören. So entwickelt Kant auf vernunftkritischer Basis zwei mal zwei Pflichtenklassen, nämlich Pflichten gegen sich selbst und Pflichten gegen andere Menschen, die wiederum jeweils in sogenannte ›vollkommene‹, d. h. strikt bestimmbare Verbote, und ›unvollkommene‹, d. h. im Ausmaß nicht genau bestimmbare Pflichtgebote eingeteilt werden. In dieses Viererschema von Pflichtenklassen können nun alle übrigen Entitäten, also zum einen Gott (§ 18 TL), zum anderen alle Weltdinge (§ 17), als Gegenstände der Verpflichtung hineindekliniert werden. Pflichtsubjek-

te als Adressaten von Verpflichtung unterscheidet Kant mit Hilfe der bereits Christian Thomasius und Samuel Pufendorf vorgelegten Formulierungen von Pflichtobjekten (Pflichten »gegen« vs. »in Ansehung von«; Maehle 1992, 126–129; Ingensiep 1996) im Dienste der Transparenz der Art der Pflichtbeziehungen. So wird deutlich, dass ein verpflichtungsfähiges Vernunftwesen *sich* ›in Ansehung‹ nichtverpflichtungsfähiger Pflichtobjekte nur *selbst* zu einem moralisch rechtfertigbaren Umgang mit ihnen *verpflichten kann*. Dass und warum ein Pflichtsubjekt dies auch *soll*, macht Kant mit der Platzierung einer Pflichtbeziehung in einer der vier Pflichtenklassen deutlich. So ordnet Kant sämtliche Pflichten in Ansehung der Tiere inklusive des Verbots der Tierquälerei in die Klasse der ›*Pflichten gegen sich selbst*‹ und nicht etwa in ›Pflichten gegen andere‹ Menschen ein. Dadurch wird das VA als *ethische* Begründung suspendiert. Da das populäre VA Kant aber als *moralpädagogisches* Argument gelegen kommt, integriert er es in seine Tugendlehre. Die ›Ansehung‹ der Verpflichtungsgegenstände fördert zugleich das je charakteristische Profil der Pflichtgegenstände zu Tage, z. B. die Schönheit der Kristalle und Pflanzen sowie die Bedürftigkeit und Leidensfähigkeit von Tieren, hinsichtlich derer die menschlichen Verpflichtungen ihre je konkrete Ausgestaltung gewinnen. Darüber hinaus subsumiert Kant die Pflichten in Ansehung der Tiere unter die strikt gebotenen *vollkommenen Pflichten gegen sich selbst* und nicht unter die unvollkommenen Pflichten gegen sich selbst. Daraus ergibt sich *ex negativo*, dass die Beachtung tierlicher Bedürfnisse auch nicht in den Dienst der Selbstvervollkommnungsverpflichtung des Moralsubjekts gestellt werden. Das Verbot der Tierquälerei dient somit nicht dem genuin ethischen Zweck der moralischen Kultivierung der Gesellschaft noch der moralischen Perfektibilität des Akteurs, auch wenn es für diese moralpädagogischen Nebeneffekte zusätzlich nützlich sein mag. Mit den vollkommenen Pflichten in Ansehung der Tiere verlässt Kant den Perfektibilitätsrahmen antiker Tugendethiken und geht in seiner von jeder charakterlichen Qualität des Akteurs unabhängigen kategorischen Pflichtforderung insofern über Schopenhauer hinaus, der behauptet, dass »Mitleid mit Tieren [...] mit der Güte des Charakters so genau zusammen[hänge], dass man zuversichtlich behaupten darf, wer gegen Tiere grausam ist, könne kein guter Mensch sein« (Schopenhauer, Über die Grundlage der Moral, § 19). Stattdessen erkennt Kant der Bedürftigkeit und Verletzbarkeit der Tiere ein unabhängiges moralisches Gewicht zu, das im moralisch-praktischen Urteil stets zu berücksichtigen ist. Rückblickend ist festzustellen, dass Kants pflichtentheoretischer Umbau ›in Ansehung der Tiere‹ erstmals unabhängig von VA und tugendethischen Selbstvervollkommnungshinsichten eine die tierliche Vulnerabilität direkt berücksichtigende genuin *ethische* Tierschutzbegründung vorlegt.

In der Tierethikdebatte wird der pflichtentheoretische ›Amphibolie‹-Kontext von § 17 TL jedoch überwiegend nicht beachtet (Baranzke 2005 und 2016 [Lit.]; Geismann 2016). Daraus resultiert seit Schopenhauer seine grob missverständliche Lesart auf Basis des für Kants *ethische* Begründung des Tiermissbrauchsverbots belanglosen VA. Außerdem wird sowohl die bereits etablierte grundlagentheoretische Formel der ›Pflichten in Ansehung‹ als auch die vermeintliche materiale Instrumentalisierung der Tiere durch Kants Integration des moralpädagogischen VA als ›nur‹ ›indirekte Pflichten‹ kritisiert.

36.3 Fazit

Die Geschichte des VA lässt folgendes Fazit zu: Erstens ist das VA aufgrund seiner als deskriptive Prämisse fungierenden plausiblen, aber nicht zwingenden Hypothese untauglich, um kategorische ethische Begründungen abzugeben. Es fungiert von Beginn an als moralpädagogische Paränese im Rahmen von Tugendlehren im Dienst variabler moralischer Zwecksetzungen. Es konnte zweitens beobachtet werden, dass die Schlussfolgerung des VA offensichtlich einer signifikanten Umwertung unterliegt. Proportional zu einer auf die Leidensfähigkeit fokussierenden genuin tierethischen Perspektive gerät das VA in Misskredit. Kants tierethisch umstrittener § 17 TL zeigt sich als überraschender Wendepunkt in der Geschichte des VA, das Kant zwar moralpädagogisch noch interessiert, das als ethisches Argument aber suspendiert wird. Das VA ist als tierethisches Argument heute nicht mehr tragfähig. Drittens können empirische Verrohungs*hypothesen* anderer Art (z. B.: Gewalt in der Sprache kann gewalttätiges Handeln vorbereiten) in der angewandten Ethik darauf hinweisen, dass das Gelingen einer moralischen Praxis aber noch nicht mit der ethischen Rechtfertigung gewährleistet ist, sondern auch der moralischen Charakterbildung von Akteuren bedarf. Hier hat eine moralpädagogische Tugendlehre ihren legitimen Ort als Bestandteil angewandter Ethik über die tierschutzethische Praxis hinaus.

Literatur

Baranzke, Heike/Ingensiep, Hans Werner/Gottwald, Franz-Theo (Hg.): *Leben Töten Essen. Anthropologische Dimensionen.* Stuttgart 2000.

Baranzke, Heike: Do Animals Have a Moral Right to Life? Bioethical Challenges to Kant's Indirect Duty Debate and the Question of Animal Killing. In: Franck L. B. Meijboom/Elsbeth N. Stassen (Hg.): *The end of animal life: A start for ethical debate.* Wageningen 2016, 61–77.

Baranzke, Heike: Tierethik, Tiernatur und Moralanthropologie im Kontext von § 17 Tugendlehre. In: *Kant-Studien* 96 (2005), 336–363.

Cohen, Noah J.: *Tsa'ar Ba'ale Hayim – The Prevention of Cruelty to Animals: Its Bases, Development and Legislation in Hebrew Literature.* Washington, D. C. 1959.

Dierauer, Urs: *Tier und Mensch im Denken der Antike.* Amsterdam 1977.

Eberstein, Winfried C. J.: *Das Tierschutzrecht in Deutschland bis zum Erlaß des Reichs-Tierschutzgesetzes vom 24. November 1933. Unter Berücksichtigung der Entwicklung in England.* Frankfurt a. M. 1999.

Gatz, Bodo: *Weltalter, goldene Zeit und sinnverwandte Vorstellungen.* Hildesheim 1967.

Geismann, Georg: Kants Moralphilosophie und die Pflichten in Ansehung der Tiere und der vernunftlosen Natur überhaupt. In: *Jahrbuch für Recht und Ethik* 24 (2016), 413–449.

Gerick, Nicole: *Recht, Mensch und Tier.* Baden-Baden 2005.

Grünewald, Bernhard: Natur und praktische Vernunft. Enthält die Kantische Moralphilosophie Ansatzpunkte für eine Umwelt-Moral? In: Hans Werner Ingensiep/Kurt Jax (Hg.): *Mensch, Umwelt und Philosophie.* Bonn 1988, 95–106.

Guckes, Barbara: *Das Argument der schiefen Ebene.* Stuttgart u. a. 1997.

Händel, Ursula M. (Hg.): *Tierschutz. Testfall unserer Menschlichkeit.* Frankfurt a. M. 1984.

Ingensiep, Hans Werner: Tierseele und tierethische Argumentation in der deutschen philosophischen Literatur des 18. Jahrhunderts. In: *Internationale Zeitschrift für Geschichte und Ethik der Naturwissenschaften, Technik und Medizin* N. S. 4/2 (1996), 103–118.

Juchem, Theodor Hans: *Die Entwicklung des Tierschutzes von der Mitte des 18. Jahrhunderts bis zum Reichsstrafgesetzbuch von 1871.* Köln 1940.

Kant, Immanuel: *Vorlesung zur Moralphilosophie.* Hg. von Werner Stark. Eingel. von Manfred Kühn. Berlin 2004.

Kant, Immanuel: *Kant's gesammelte Schriften.* Hg. von der Preußischen Akademie der Wissenschaften. Berlin 1902 ff.

Kottenkamp, Franz (Hg.): *W. Hogarth's Zeichnungen, nach den Originalen in Stahl gestochen.* Mit der vollständigen Erklärung derselben von G. C. Lichtenberg. Stuttgart 1840.

Landmann, Michael: *Das Tier in der jüdischen Weisung.* Heidelberg 1959.

Maehle, Andreas-Holger: *Kritik und Verteidigung des Tierversuchs. Die Anfänge der Diskussion im 17. und 18. Jahrhundert.* Stuttgart 1992.

Michaelis, Johann David: *Mosaisches Recht.* Biehl 1777.

Naragon, Steve: Kant on Descartes and the Brutes. In: *Kant-Studien* 81 (1990), 1–23.

Regan, T.: *The Case for Animal Rights.* Berkeley/Los Angeles ^{2}2004.

Schopenhauer, Arthur: Preisschrift über die Grundlage der Moral. In: Ludger Lütkehaus (Hg.): *Arthur Schopenhauers Werke in fünf Bänden.* Bd. 3. Zürich 1988.

Schwantje, Magnus: *Der erste Schritt zur Grausamkeit.* Hg. vom Bund für radikale Ethik. In: http://www.magnus-schwantje-archiv.de/files/Der_erste_Schritt_zur_Grausamkeit.pdf (19.9.2016).

Schwantje, Magnus: *Tiermord und Menschenmord. Vegetarismus und Pazifismus.* Hg. vom Bund für radikale Ethik. Berlin 1919. In: http://www.magnus-schwantje-archiv.de/files/Tiermord_und_Menschenmord.pdf (19.9.2016).

Schweitzer, Albert: *Kultur und Ethik.* München 1923.

Teutsch, Gotthard Martin: *Lexikon der Tierschutzethik.* Göttingen 1987.

Wood, Alan W.: Kant on Duties Regarding Nonrational Nature I. In: *Supplement to the Proceedings of The Aristotelian Society* 72 (1998), 189–210.

Heike Baranzke

V Anwendungskontexte

37 Animal Enhancement und Disenhancement

Parallel zur Diskussion über eine mögliche pharmakologische, chirurgische oder biotechnische ›Verbesserung‹ der Leistungsmerkmale von Menschen (*Human Enhancement*) gibt es seit einigen Jahren auch eine Diskussion über technische Eingriffe in nichtmenschliche Tiere, die das Ziel einer Verbesserung der Eigenschaften und Fähigkeiten von Tieren verfolgen (*Animal Enhancement*). Auch wenn die Idee eines biotechnischen Enhancement zunächst in einem humanmedizinischen Kontext entwickelt worden ist, war bald klar, dass die Möglichkeit einer Optimierung biologischer Merkmale nicht gattungsspezifisch beschränkt ist, sondern sich im Prinzip auf alle Lebewesen erstrecken kann. Entsprechend war bereits in einem der zentralen Dokumente des Enhancement-Diskurses, einem 2002 erschienenen Bericht über konvergierende Technologien zur Verbesserung menschlicher Fähigkeiten, ausdrücklich auch von einer Verbesserung tierischer Eigenschaften und von Eigenschaften der Natur die Rede (Roco/Bainbridge 2002). Streng genommen wurde der Zusammenhang zwischen Human und Animal Enhancement freilich bereits mit der aufkommenden Genetik zu Beginn des 20. Jahrhunderts gesehen. So war beispielsweise die *American Breeders' Association*, die auf die landwirtschaftliche Zucht von Tieren spezialisiert war, eine der ersten Organisationen, die eine Eugenik-Forschung auch beim Menschen forderte (Ferrari 2013).

Seit einigen Jahren wird – gewissermaßen mit umgekehrtem Vorzeichen – auch über die Möglichkeit eines gezielten Beeinträchtigens oder Abschaltens von Eigenschaften von Tieren mittels technischer Eingriffe diskutiert (*Animal Disenhancement*). Erste Anfänge dieser Debatte gehen zurück zu den 1990er Jahren aus Anlass der ethischen Diskussion über die Anwendung der Gentechnik bei Tieren, auch wenn zu diesem Zeitpunkt noch nicht explizit von Animal Disenhancement die Rede war. Bereits 1992 diskutierte der Philosoph Gary Comstock die ethischen Implikationen einer möglichen Herstellung von anenzephalischen Tierklumpen (*animal microencephalic lumps*), also gentechnisch veränderten Tieren mit minimalen Gehirnen, die nicht mehr in der Lage sein sollten zu sehen, zu hören, sich zu bewegen und zu leiden (Comstock 1992). Drei Jahre später sah der Philosoph Bernard Rollin kein ethisches Problem in der Herstellung transgener ›glücklicher Legehennen‹, die in ihren Käfigen nicht mehr leiden würden, oder von transgenen leidensunfähigen Labormäusen für Tierversuche (Rollin 1995). Gedankenexperimente wie diese haben nicht nur eine Debatte darüber entfacht, ob gentechnische Veränderungen von Tieren *an sich* problematisch sind, oder nur dann, wenn sie Leiden und Schäden bei den betroffenen Tieren verursachen; sie haben damit auch die grundsätzliche Frage aufgeworfen, ob pathozentrische Ethikkonzeptionen, die Tiere aufgrund ihrer Leidensfähigkeit für moralisch berücksichtigenswert halten, angemessen sind (Ferrari 2008; Schmidt 2008), oder durch weitere Überlegungen (Würde, inhärenter Wert etc.) ergänzt oder ersetzt werden müssen.

In der wissenschaftlichen Literatur sind mehrere verschiedene Definitionen von Enhancement zu finden. In der Regel wird der Begriff in Bezug auf Menschen und zur Bezeichnung von Veränderungen von Fähigkeiten und Funktionen bei gesunden Menschen verwendet (Schöne-Seifert/Talbot 2008). Der Begriff des Enhancement – das gilt sowohl im Falle eines Human wie auch im Falle eines Animal Enhancement – ist ein evaluativer Begriff, da er sich nicht ohne Bezug auf Hinsichten oder Kriterien explizieren lässt, die als anstrebenswert oder willkommen angesehen werden (Grunwald 2008). Eine Veränderung lässt sich generell nur mit Bezug auf bestimmte Hinsichten oder Kriterien als Verbesserung oder Verschlechterung beschreiben. Die verschiedenen in der Literatur gebräuchlichen Enhancement-Begriffe unterscheiden sich bezüglich der Hinsichten oder Kriterien, die sie heranziehen, um eine Veränderung als eine ›Verbesserung‹ (bzw. eine ›Verschlechterung‹) bestimmter Eigenschaften oder Funktionen zu beschreiben. Dies führt dazu, dass, je nachdem welchen Begriff von Enhancement man zugrunde legt, ein und dieselbe Handlung entweder als Enhancement gilt oder nicht.

J. S. Ach / D. Borchers (Hg.), *Handbuch Tierethik*, https://doi.org/10.1007/978-3-476-05402-9_37

37.1 Hintergrund

Die Idee, tierliche Eigenschaften zu verändern, ist keine Erfindung der Gentechnik oder von Animal Enhancement/Disenhancement. Beginnend mit der Entdeckung von Gregor Mendel und beschleunigt durch die Entwicklung der Genetik und später der Gentechnik, lässt sich die Tierzucht als ein Praxis verstehen, bei der Tiere überwiegende durch genetische Veränderungen zum Vorteil des Menschen umgeformt werden. Gentechnische Methoden haben aber seit dem Ende der 1970er Jahre in einem rasanten Tempo die Gestaltbarkeit von Tieren revolutioniert, indem sie die Übertragung fremdgenetischen Materials ermöglichten. Dies eröffnete die Möglichkeit die Eigenschaften oder Fähigkeiten von Tieren zu modifizieren oder ihnen neue Eigenschaften zu verleihen.

Gentechnisch veränderte Tiere (s. Kap. 47) spielen heute eine entscheidende Rolle in der Grundlagenforschung, in der Toxikologie und bei der Erforschung von Krankheiten. Ein wichtiges Ziel ist dabei zum Beispiel die Herstellung und Nutzung von gentechnisch veränderten Tieren als sogenannten Krankheitsmodellen. Genutzt werden gentechnisch veränderte Tiere auch als ›Organlieferanten‹ bei der Xenotransplantation, d. h. bei Transplantation von lebenden Zellen, Geweben und Organen über Artgrenzen hinweg (s. Kap. 49), und zum Zwecke des sogenannten Gene-Pharming, d. h. der Gewinnung therapeutisch nutzbarer Substanzen aus den Stoffwechselprodukten dieser Tiere. Im Prinzip sind die Anwendungsmöglichkeiten der Gentechnik beinahe endlos: Nicht nur die Eigenschaften von landwirtschaftlich genutzten Tieren lassen sich verbessern (Steigerung der Produktivität, Veränderung der Produktqualität); auch im Sport (Klonen bei Sportpferden), der Heimtierhaltung (Klonen bei Hunden) oder für Unterhaltungszwecke (fluoreszierende Fische für Aquarien) lassen sich gentechnische Methoden zur Veränderung von Tieren nutzen (Ferrari et al. 2010).

Trotz intensiver Forschung sind gentechnische Eingriffe an Tiere (mit der Ausnahme von Mäusen und Ratten) bislang wenig effizient: Die verwendeten Techniken zur Herstellung transgener Tiere erfordern eine hohe Zahl an Tieren (Ei- und Samenspender, Leihmutter, Zwischengenerationen, ›falsch veränderten Tiere‹, die das Transgen nicht auf die richtige Art und Weise in ihrem Phänotyp zeigen). Darüber hinaus sind die verwendeten Techniken relativ ungenau, so dass die geborenen Tiere nicht selten phänotypische Beeinträchtigungen wie Missbildungen und Verhaltensstörungen zeigen (Ferrari 2008). Um die Reproduzierbarkeit von Forschungsergebnisse gewährleisten zu könne werden transgene Tiere auf Vorrat gezüchtet und bereitgehalten, die in der Forschung jederzeit als spezielle ›Tiermodelle‹ zur Verfügung stehen. Gentechnisch veränderte Tiere werden heute in hochspezialisierten Laboratorien (wie z. B. die *Charles River Laboratories* oder die *Jackson Laboratories*) hergestellt und in Katalogen zum Verkauf angeboten (Ferrari et al. 2010).

Die Entwicklung sogenannter Genom-Editierungstechnologien könnte zu einer zielgenaueren und effektiveren Möglichkeit der Herstellung transgener Tiere führen. Methoden wie TALENs (*Transcription Activator-like Effector Nukleasen*), ZFNs (Zinkfinger-Nukleasen) und vor allem das CRISPR/cas9-System ermöglichen nicht nur gezielte genomische Modifikationen in Zellen, sondern erlauben auch eine gezielte Aktivierung von Genen in einem Organismus. Das CRISPR/cas9-Verfahren kann nicht nur im Prinzip an jeder Gensequenz ansetzen und zur Veränderung des Genoms aller Lebewesen angewendet werden; es ist zudem ohne großen finanziellen Aufwand in einem normal ausgestatteten Labor durchführbar. Optimistische Schätzungen rechnen mit einer Verkürzung der Herstellungszeit eines transgenen Tieres von momentan noch Monaten auf ein paar Wochen (Ledford 2015). Darüber hinaus ermöglichen diese Methoden die Herstellung von Tieren, die sich nicht durch traditionelle Methoden gezüchteten Tieren unterscheiden lassen, da sie keine fremde DNA in ihrem Genom tragen (Petersen/Niemann 2015). Die neue ›Gene-Drive‹-Technik könnten so beispielsweise die Möglichkeit eröffnen, gentechnische Veränderungen in einer gesamten Tierpopulation schnell und im Freien durchzusetzen (Hammond et al. 2016).

Von der Steigerung der Effizienz der Methoden zur gentechnischen Veränderung von Tieren durch die neuen Verfahren der Genom-Editierung wird erwartet, dass sie auch solche Anwendungsoptionen der Gentechnik in der Tierzucht attraktiv macht, die zur Zeit noch wenig erfolgreich sind und (noch) keine kommerzielle Anwendung gefunden haben (nachhaltige und ressourcenschonende Ernährungsproduktion; Klonen von vom Aussterben bedrohter oder ausgestorbenen Tierarten etc.) (Murray/Maga 2016; Shapiro 2015).

Auch wenn sich die Visionen zu einer Neugestaltung von Tieren aktuell in den meisten Fällen auf die Genetik und die Gentechnik beziehen, werden auch andere Wissenschaften und technische Verfahren zunehmend relevant. Erkenntnisse aus den Neurowissenschaften und der Informatik beispielsweise werden zur Herstellung von Tier-Maschinen-Schnittstellen und zur Schaffung von tierlichen Cyborgs genutzt, die in der Grundlagenforschung oder auch in der militärischen Forschung eine Rolle spielen sollen (Ferrari et al. 2010).

37.2 Tierethische Argumente für und wider Animal Enhancement / Disenhancement

Enhancement als moralische Verpflichtung. Der Idee des Animal Enhancement liegt die Vorstellung zugrunde, dass technische Eingriffe dazu geeignet sein könnten Tiere ›besser als gut‹ zu machen, und dass dies gegebenenfalls nicht nur aufgrund menschlicher Nutzungsinteressen, sondern um der Tiere selbst willen erforderlich sein könnte (Chan 2009). Für die Befürworterinnen und Befürworten eines Animal Enhancement sind entsprechende Interventionen daher gegebenenfalls nicht nur wünschenswert, sondern sogar moralisch geboten. Eine solche moralische Verpflichtung kann den Vertreterinnen und Vertretern dieser Auffassung zufolge zumindest im Hinblick auf jene Tiere begründet werden, die bestimmte Eigenschaften wie Leidensfähigkeit besitzen (Pearce 2007) oder die über Eigenschaften verfügen, die sie als Personen qualifizieren (Chan 2009; Chan/Harris 2011). James Hughes beispielsweise zieht eine Parallele zwischen den Pflichten, die gegenüber Menschen mit Behinderungen bestehen, und Pflichten gegenüber Tieren, wenn er es für moralisch geboten erklärt, die Fähigkeiten von Tieren, insbesondere deren kognitive Fähigkeiten, zu verbessern (Hughes 2004; mit ähnlichen Argumenten: Dvorsky 2006; Chan 2009; Savulescu 2011). Auch Animal Disenhancement-Eingriffe werden im Namen des Tierschutzes propagiert. Indem man bestimmte Eigenschaften von Tieren ›deaktiviert‹, so die Idee, kann man verhindern, dass Tiere unter spezifischen Haltungsbedingungen leiden.

David Pearce, Mitbegründer von Humanity+ (der ehemaligen World Transhumanist Association), sieht seine Verteidigung eines Animal Enhancement in ein ›abolitionistisches Projekt‹ eingebettet, dessen Ziel in der Abschaffung jeglicher Form von Leiden und der Implementierung von neuen Möglichkeiten der Lusterfahrungen bestehen soll. Pearce spricht in diesem Zusammenhang von einem »hedonistischen Imperativ«, aus dessen Perspektive es beispielsweise geboten sei, Technologien wie die Neurostimulation dazu zu nutzen, um Tieren positive Erfahrungen zu ermöglichen, oder gentechnische Strategien zu nutzen, um bislang karnivor lebende Tiere in Herbivoren »umzuwandeln« (Pearce 2007).

Die Idee eines Animal Enhancement/Disenhancement ist aus einer Reihe von tierethisch motivierten Argumenten kritisiert worden:

Probleme der Herstellung gentechnisch veränderter Tiere. Die Herstellung gentechnisch veränderter Tiere ist teilweise mit erheblichen Leiden und Belastungen für die betroffenen Tiere verbunden. Experimente zur Erhöhung der kognitiven Fähigkeiten von Mäusen beispielsweise bedeuten für die betroffenen Tiere mitunter gravierende Leiden wie chronische Schmerzen, erhöhte Anfälligkeit für Tumore oder teilweise auch übermäßige Reaktionen auf relativ harmlose Reize (Ferrari et al. 2010). Darüberhinaus gehen die gentechnischen Veränderungen in der Regel auf Kosten nicht nur der unmittelbar betroffenen, sondern auch weiterer Tiere (Spendertiere, Zwischengenerationen, ›falsch veränderte‹ Individuen; Comstock 1992). Irritierender Weise wird die Notwendigkeit von Tierversuchen (s. Kap. 46) von den Verteidigerinnen und Verteidigern eines Animal Enhancement zumeist überhaupt nicht thematisiert, obgleich sie die moralische Pflicht zum Animal Enhancement doch gerade aus deren moralischem Status ableiten (Ferrari 2013).

Wissenschaftstheoretische Bedenken. Von Kritikerinnen und Kritikern ist darüber hinaus eingewandt worden, dass die Annahme, es sei möglich, das Schmerzempfinden eines Organismus auszuschalten, ohne sein ganzheitliches Wohlbefinden nachhaltig zu beeinträchtigen, das Phänomen der Schmerzempfindung in unzulässiger Weise vereinfache (Ferrari 2008). Die Idee, Tiere herstellen zu können, die schmerzunempfindlich sind, setze nicht nur voraus, dass Begriffe wie Schmerzempfindung oder Bewusstsein geklärt seien, sondern auch, dass deren neuronales Korrelat bekannt und manipulierbar sei.

Grenzen pathozentrischer Ethikkonzeptionen. Paul Thompson sieht in einem Animal Disenhancement, zum Beispiel der Züchtung von blinden Hühnern, die aufgrund ihrer Blindheit weniger anfällig für den durch die Intensivhaltung verursachten Stress wären, ein philosophisches Dilemma. Dieses Dilemma besteht für Thompson darin, dass es zwar einerseits überzeugende rationale Argumente für die Reduktion wesentlicher Eigenschaften von Tieren im Namen des Tierschutzes gebe, andererseits eine entsprechende

Praxis aber mit unseren moralischen Intuitionen kollidieren würde (Thompson 2008). Da die gesamte zeitgenössische ›glaubwürdige‹ Tierethik (vom Präferenz-Utilitarismus Peter Singers über den deontologische Ansatz Tom Regans bis hin zum Abolitionismus Gary Franciones) pathozentrisch argumentiere (Thompson blendet biozentrische Positionen in seinen Überlegungen aus), sei sie nicht in der Lage plausible und gut begründete Argumente gegen Animal Disenhancement zu formulieren.

Von manchen Tierethikerinnen und Tierethikern wird dagegen allerdings eingewandt, dass genetische Eingriffe oder auch die Herstellung schmerzunempfindlicher Tiere auch unter der Voraussetzung für die betroffenen Lebewesen einen Schaden darstellen können, wenn sie nicht mit Schmerzen oder Leiden für diese einhergehen. Insbesondere die Vertreterinnen und Vertreter biozentrischer oder physiozentrischer Ethikkonzeptionen haben auf die Grenzen pathozentrischer Argumente aufmerksam gemacht und einen Umgang mit Tieren kritisiert, der die Integrität von Tieren verletzt (Schmidt 2008) oder Tiere der grundlegenden Fähigkeit beraubt, ein Leben reichhaltiger Erfahrungen zu haben (Holtug 1996; Ferrari 2008).

Non-identity problem. Clair Palmer hat in diesem Zusammenhang auf eine weitere Schwierigkeit aufmerksam gemacht. Aufgrund des sogenannten Nicht-Identität-Problems (*non-identity problem*) sei es schwierig zu sagen, wem durch ein Animal Enhancement ein Schaden eigentlich entstehen könnte. Da die Intervention auf Eigenschaften oder Fähigkeiten von Lebewesen abziele, die zum Zeitpunkt der Handlung noch gar nicht existierten und deren Existenz von unseren Handlungsentscheidungen abhänge, sei zumindest erklärungsbedürftig, inwiefern man zukünftigen veränderten Lebewesen überhaupt einen Schaden zufügen könne (Palmer 2011).

Grundsätzliche Kritik an Tiernutzung. Menschliche Nutzungsansprüche werden in der Diskussion über ein Animal Enhancement/Disenhancement selten bis gar nicht thematisiert oder kritisiert. Dies ist insofern irritierend, als die Befürworterinnen und Befürworter eines Animal Enhancement zum Teil für einen personalen Status von (bestimmten) Tieren plädieren (Chan 2009; Chan/Harris 2011). Die Diskussion um Animal Enhancement/Disenhancement beschränkt sich weitgehend auf eine Auseinandersetzung über die moralische Zulässigkeit einzelner Experimente und Verfahren. Die Frage, ob Animal Enhancement oder Disenhancement für Tiere gut oder schlecht ist, hat aber, wie Kritikerinnen und Kritiker betonen, eine Diskussion der Wertvorstellungen zur Voraussetzung, die die moralische Zulässigkeit oder aber die moralischen Grenzen der Nutzung von Tieren durch den Menschen mit in den Blick nimmt.

37.3 Fazit

Die Verteidigerinnen und Verteidiger der Idee eines Animal Enhancement oder Disenhancement behaupten, dass es Techniken gibt, von denen die betroffenen Tiere selbst profitieren können. So wird beispielsweise die Steigerung der kognitiven Fähigkeiten von Tieren von manchen als ›uplifting‹ bezeichnet (Dvorsky 2006; Hughes 2004). Andere halten sogar gentechnische Eingriffe zur Minderung der Krankheitsanfälligkeit von landwirtschaftlich genutzten Tieren für wünschenswert (Chan 2009). Dieselbe argumentative Strategie wird auch für die Verteidigung von Animal Disenhancement im Namen des Tierschutzes genutzt: Der Ausdruck Disenhancement, der, wörtlich genommen, eigentlich eine Verschlechterung bedeutet, wird im Zusammenhang von Animal Disenhancement von manchem im Namen des Tierschutzes einfach positiviert. Das Projekt eines Animal Enhancement oder Disenhancement profitiert insofern von der rhetorischen Kraft des positiven Ausdrucks Enhancement; und nicht zuletzt auch von der Faszination, die von technowissenschaftlichen Entwicklungen auszugehen scheint (Ferrari 2013).

Animal Enhancement und Disenhancement stellen eine Form von ›technovisionärem Tierschutz‹ dar: Sie sind ›technovisionär‹ insofern, als sie einen naiven Techno-Optimismus und -Determinismus propagieren; um ein Form von ›Tierschutz‹ handelt es sich, weil sie sich zwar mit dem Leiden bzw. dem Wohlergehen von Tieren in gegebenen Haltungs- bzw. Nutzungsbedingungen auseinandersetzen, ohne aber die Ausbeutung von Tieren zu menschlichen Zwecken prinzipiell infrage zu stellen (Ferrari 2013, 2015).

Literatur

Chan, S.: Should we enhance animals? In: *Journal of Medical Ethics* 35 2009, 678–683.

Chan, S./Harris, J.: Human Animals and Nonhuman Persons. In: T. L. Beauchamp/R. G. Frey (Hg.): *The Oxford Handbook of Animal Ethics*. Oxford 2011, 304–331.

Comstock, G.: What obligations have scientists to transgenic animals? In: *Ethics and patenting of transgenic organisms*. Ithaca/New York 1992.

Doran, T. J. et al.: Advances in the genetic engineering of the

avian genome: »Realising the promise«. In: *Transgenic Research* (2016). TARC X, DOI: 10.1007/s11248-016-9926-8.
Dvorsky, G.: All Together Now: Developmental and ethical considerations for biologically uplifting nonhuman animals. In: *Journal of Personal Cyberconsciousness* 1/4 (2006), http://www.terasemjournals.org/PCJournal/PC0104/dvorsky_01a.html.
Ferrari, A. et al.: Animal Enhancement, Bern 2010. In: http://www.ekah.admin.ch/fileadmin/ekah-dateien/dokumentation/publikationen/EKAH_Animal_Enhancement_Inh_web_V19822.pdf.
Ferrari, A.: Animal disenhancement for animal welfare. In: *Nanoethics* 6 (2012), 65–76.
Ferrari, A.: Zwischen Tierschutz und Ausbeutung: Animal Enhancement als Herrschaftsprojekt. In K.-P. Rippe/U. Thurnherr (Hg.): *Tierisch Menschlich*. Erlangen 2013, 97–114.
Ferrari A.: Technovisionary Paternalism and the Colonisation of Nature. In: S. Bateman et al.: *Inquiring into Animal Enhancement Model or Countermodel of Human Enhancement?* (2015), 13–33.
Hammond A. et al.: A CRISPR-Cas9 gene drive system targeting female reproduction in the malaria mosquito vector *Anopheles gambiae*. In: *Nature Biotechnology* 34 (2016), 78–83.
Holtug, N.: Is welfare all that matters in our moral obligations to animals? In: *Acta Agriculturae Scandinavica*, Section A Animal Science 27 (1996), 16–21.
Hughes, J.: *Citizen Cyborg*. Cambridge, Mass. 2004.
Ledford, H.: CRISPR, the disruptor. In: *Nature* 522 (2015), 20–24.
Murray, J. D./Maga, E. A.: Genetically engineered livestock for agriculture: a generation after the first transgenic animal research conference. In: *Transgenic Research TARC* X (2016), DOI: 10.1007/s11248-016-9927-7.
Palmer, C.: Animal Disenhancement and the Non-Identity Problem: A Response to Thompson. In: *Nanoethics* 5/1 (2011), 43–48.
Pearce, D.: The Abolitionist Project (2007). In: http://www.abolitionist.com/german/index.html.
Petersen B./Niemann H.: Molecular scissors and their application in genetically modified farm animals. In: *Transgenic Research* 24 (2015), 381–396.
Schmidt, K.: *Tierethische Probleme der Gentechnik. Zur moralischen Bewertung der Reduktion wesentlicher tierlicher Eigenschaften*. Paderborn 2008.
Schöne-Seifert, Bettina/Talbot, Davinia (Hg.): *Enhancement. Die ethische Debatte*. Paderborn 2008.
Shapiro, B.: *How to clone a Mammoth. The Science of De-Extinction*. Princeton 2015.
Thompson, P. B.: The Opposite of Human Enhancement: Nanotechnology and the Blind Chicken Problem. In: *Nanoethics* 2/3 (2008), 305–316.

Arianna Ferrari

38 Begleittiere

Als Begleittiere können die Tiere aufgefasst werden, die im Unterschied zum Heimtier (s. Kap. 40) eine bestimmte Funktion für den Menschen erfüllen und zumindest auch dieser Funktion wegen gehalten werden; von Nutztieren sind sie dadurch unterschieden, dass dieser Nutzen nicht auf einen materiellen Ertrag (Fleisch, Wolle, Eier etc.) ihres Körpers abzielt (s. Kap. 43). Für die meisten Begleittiere lässt sich dieser Nutzen im weitesten Sinn als eine Form von ›Arbeit‹ verstehen. Mit dem Begriff ›Begleittier‹ »soll dem Umstand Rechnung getragen werden, dass [...] bestimmte Tiere über ihre Heimtiereigenschaft hinaus noch eine wichtige Rolle als Begleiter bei beruflichen Aktivitäten, als Helfer und in der Freizeit spielen [...]. Wichtige Beispiele [...] sind Wach-, Spür- und Rettungshunde, Blindenführhunde sowie Jagdhunde« (Methling/Unshelm 2002, 1). Tiere finden sich in einer großen Vielfalt solcher ›helfenden‹ Funktionen, die sie in der Lebenswelt des Menschen zu dessen Vorteil übernehmen.

Ihre Besonderheit, auch für die ethische Bewertung, ergibt sich aus dieser Zwischenstellung zwischen dem Heimtier, das sozusagen interesselos gefällt, und dem Nutztier, dem *food animal*, dessen ›Sinn‹ in einem materiellen Ergebnis für Menschen liegt: Wie beim Nutztier wird beim Begleittier nicht eigentlich und primär das Tier oder dieses tierliche Individuum gewollt, sondern das Tier als Träger eines ›Mehrwerts‹. Beziehungen zu Begleittieren sind damit Formen der Nutzung von Tieren. Diese Nutzung ist hier konstitutiv für das Verhältnis, wohingegen eine Nutzung (zum Beispiel als Prestigeobjekt) nur ›uneigentlich‹ zum Heimtier passt. Mit dem Heimtier teilen die Begleittiere in der Regel, dass sie eine volle Biografie in der Obhut und der Nähe derselben Menschen verbringen. Diese Nähe stellt sich meist auch beim Begleittier als innige Verbindung zwischen Mensch und Tier dar. Eine solche Verbindung kann zuerst zu einem Heimtier bestehen, das im Laufe eines Lebens zusätzliche Funktionen übernimmt, wenn z. B. jemand als ehrenamtlicher Helfer mit seinem Tier die Ausbildung zum Rettungshund absolviert. Umgekehrt werden Diensthunde der Polizei zu Familienhunden ihrer Hundeführer. Die beiden Pole dieser Mensch-Tier-Beziehung kommen bei Begleittieren in verschiedenen Kombinationen und Mischungsverhältnissen vor. Manche Menschen schaffen sich ihre Begleittiere zweckgerichtet an, die persönliche Beziehung zu diesen Tieren folgt nach. Für viele Nutzungsformen von Tieren ist eine enge Bindung unerlässlich, auch wenn sie nicht primär intendiert ist: Der Dienst eines Assistenzhundes wie z. B. eines Blindenführhunds setzt ein enges und vertrautes Band zwischen Tier und Mensch voraus (s. Kap. 12).

38.1 Formen der Nutzung von Begleittieren

Unter den domestizierten Tieren ragen zwei Arten besonders als Begleittiere hervor, nämlich Hunde und Pferde. Dies liegt in der besonderen Geschichte und der besonderen Beziehung dieser Tierarten zu Menschen begründet (Hens 2009; Thurnherr 2013); beide Arten passen sich auch sozial besonders gut an den Menschen und seine Ansprüche an. Dazu bringen sie eine Reihe besonderer Fähigkeiten und Eigenschaften mit, deren Nutzung für den Menschen naheliegt.

Hunde als Begleittiere

Diensthunde. Beim Hund resultieren wichtige Aufgabenfelder aus seinem überlegenen Geruchssinn, was den Einsatz des Tieres zum Beispiel als Spürhund in verschiedenen Kontexten ermöglicht. Dessen Geruchssinn nutzt der Mensch bei der Jagd, aber auch beim Aufspüren von Sprengstoffen und Suchtmitteln im Dienst von Polizei und Zoll oder wenn Rettungshunde vermisste Personen nach Katastrophen lokalisieren und bergen helfen (Jones et al. 2004, 854). Auch Leichen lassen sich mit Hunden finden, u. a. in Wasser von beträchtlicher Tiefe. Der Geruchssinn ermöglicht den medizinischen Einsatz von Hunden, mit ihm finden Hunde Trüffel und illegales Bargeld. Hunde als soziale Tiere verteidigen ihre menschlichen Genossen und deren Besitz, was die große Bandbreite des Einsatzes von Schutzhunden begründet, als Beschützer und Wächter von Personen, von Räumen oder als Herdenschutzhund. Eine angestammte Funktion haben Hunde auch beim Hüten von Tierbeständen und als Helfer bei der Jagd mit verschiedenen Spezialisierungen.

Assistenzhunde. Für den Lebensvollzug vieler Menschen ist der Beistand von Assistenzhunden essenziell, deren prominentester Vertreter der Blindenführhund ist. Assistenzhunde kompensieren für die Menschen Defizite, indem sie ausgefallene Sinne und körperliche Funktionen ersetzen. Eine einschlägige österreichische Rechtsvorschrift (Bundesminister für Arbeit, Soziales und Konsumentenschutz 2014, Präambel) beleuchtet den Beitrag der Assistenzhunde für die Menschen: »Assistenzhunde sollen zum Zwecke der Erwei-

J. B. Metzler © Springer-Verlag GmbH Deutschland, ein Teil von Springer Nature, 2018
J. S. Ach / D. Borchers (Hg.), *Handbuch Tierethik*, https://doi.org/10.1007/978-3-476-05402-9_38

terung der Selbstbestimmung und Teilhabe von Menschen mit Behinderung in allen Lebensbereichen eingesetzt werden und dauernd bei der betroffenen Person leben. Darüber hinaus leisten sie einen wertvollen Beitrag zur Kommunikation und zum Abbau von einstellungsmäßigen Barrieren. Als Assistenzhunde gelten Blindenführhunde, Servicehunde und Signalhunde«. Signalhunde im engeren Sinn zeigen den hörgeschädigten Menschen bestimmte Geräusche an. Der Terminus ›Signalhunde‹ wird aber auch verwendet für Hunde, deren Funktion darin besteht, vor einem Anfall zu warnen (etwa bei Diabetes oder Epilepsie), bevor er einen Patienten überrascht und bevor dieser ihn überhaupt kommen fühlt. Eine besondere Form von Begleittieren sind die »Emotional Support Animals« (ESA oder ESAN), häufig Hunde, aber auch Tiere verschiedener anderer Arten, deren Präsenz Menschen entsprechend ihren Bedürfnissen emotionale Sicherheit vermittelt, z. B. auf Reisen.

Pferde als Begleittiere

Beim Pferd macht sich der Mensch dessen physische Stärke zunutze, die er kontrolliert einsetzen kann, beim Reiten und in der Nutzung als Zugpferd. Sowohl für die Fortbewegung wie den Transport stehen den Menschen mittlerweile technische Hilfsmittel zur Verfügung, die bis auf spezielle Einsätze (wie Rückepferde in der Forstwirtschaft) den Einsatz von Pferden für elementare vitale Belange der Menschen in Europa obsolet gemacht haben. Die ›Nutzung‹ von Pferden für das Reiten und Fahren hat entsprechend die Bewandtnis von Hobby oder Sport angenommen. (Ähnliches ließe sich über Brieftauben sagen, die für Zwecke der Kommunikation entbehrlich geworden sind.) Dass das Verhältnis zu Pferden damit durch die Mechanismen des sozialen und sozioökonomischen Subsystems ›Sport‹ geformt wird, ändert nichts daran, dass wir es hier kategorial mit Begleittieren zu tun haben. Auch als ›Sportgerät‹ dient das Pferd dem Menschen durch eine Form von ›Arbeit‹; und auch dieses Verhältnis ist geprägt durch das Doppelgesicht von individueller Vertrautheit und Nutzungsanspruch.

Das Pferd hat unter den domestizierten Tieren die Eigenheit, dass dasselbe Pferd in seiner individuellen Biografie verschiedene Formen der Mensch-Tier-Beziehung durchlaufen kann: Der agrarische Teil der Pferdehaltung, Zucht, Aufzucht und Vermarktung, behandelt Pferde als Nutztiere. Sobald und solange die Tiere geritten werden können, sind sie klassische Begleittiere. Verlieren sie aufgrund von Verletzung, Krankheit oder Alter die Voraussetzungen für diese Rolle, können sie als typische *companion animals* in der Beziehung zu Menschen stehen und ihn wie ›Heimtiere‹ durch ihre Präsenz und den Umgang mit ihnen erfreuen. Sie können aber u. U. zu *food animals* werden (s. u.). Regional und kulturell uneinheitlich steht daneben die gezielte Nutzung des Pferdes zur Lebensmittelgewinnung (Gudehus 2006, 9–19) ganz generell.

›Therapietiere‹ als Begleittiere

Die Bandbreite des Einsatzes. In den letzten Jahrzehnten hat eine Form der Nutzung von Tieren zunehmenden Zuspruch gefunden, die darauf beruht, »dass eine qualifizierte Anbahnung von Mensch-Tier-Interaktionen geeignet sein kann, positive Effekte bei Menschen auszulösen« (TVT 2011, 3). Diese »positiven Effekte« können je nach Kontext genutzt werden in pädagogischer, therapeutischer und/oder medizinischer Absicht (Prothmann 2009), sie sollen sich auswirken z. B. auf Kinder (vor allem auf solche mit besonderen Bedürfnissen), auf Kranke oder auf alte Menschen (auch hier auf solche mit besonderen Bedürfnissen, z. B. demente Menschen). »Tiere fungieren als ›Dienstleister‹ in der Sozialen Arbeit [..., sie] dienen in offenen Kontakt-Situationen als Beziehungsmedium, in Behandlungssettings als Medium und Co-Therapeut in umwelt-, bewegungs- und freizeitpädagogischen Bildungsangeboten und in arbeitspädagogischen Maßnahmen als Lernimpuls [...]. [Tiere] werden zur Herstellung eines therapeutischen Milieus genutzt, oder sie werden im Rahmen von Tierbesuchsdiensten zeitweise dorthin gebracht. In den Kinder- und Jugendfarmen bieten Tiere attraktive Lern- und Erlebnisreize. In Einrichtungen der stationären Erziehungshilfe werden zunehmend Tiere wie Esel, Pferde oder auch Lamas gehalten, um Kindern und Jugendlichen förderliche Entwicklungsbedingungen zu schaffen. Schulen bieten Projekte mit Schulhunden an. Ferienfreizeitprogramme für Kinder und Jugendliche umfassen auch Reiterferien« (Buchner-Fuhs/Rose 2012, 10).

Begrifflichkeit und korrekte Bezeichnung. Für diese ›Tiere im sozialen Einsatz‹ hat sich konsequenterweise selbst eine komplexe Begrifflichkeit entwickelt, die die vielen Facetten dieser Nutzung von Tieren widerspiegelt. Tiere ›im sozialen Einsatz‹ ist dafür zu weit, die gebräuchliche Form, von ›Therapietieren‹ bzw. von ›tiergestützter Therapie‹ zu sprechen, streicht die Behandlungsbedürftigkeit des Nutzers heraus, die aber nicht notwendig gegeben ist. Deshalb sprechen manche vorsichtiger von ›tiergestützter Intervention‹ oder noch neutraler von ›tiergestützter Dienstleistung‹ oder ›tiergestützten Aktivitäten‹ (dazu umfassend Ameli 2016, 46–51).

Ein eigener Verantwortungsraum. Kennzeichnend für diese Position von Begleittieren ist die spezifische Konfiguration der menschlichen Akteure. Anders als beim Assistenztier oder beim Reittier, das von einem Menschen ›genutzt‹ wird, finden sich in der tiergestützten Aktion mindestens zwei menschliche Gegenüber für das Tier: der ›Klient‹ und der ›Therapeut‹ bzw. allgemeiner der Dienstleister. Damit ergibt sich ein eigener Verantwortungsraum, denn der Dienstleister steuert das Geschehen, was in einer gewissen Spannung steht zu jener Zweckfreiheit, die Menschen gerade im Umgang mit Tieren erleben wollen oder sollen. »Tiergestütztes Helfen und Heilen bedeutet eine neue und vermutlich die intensivste Stufe tierischer Domestikation: Tiere sollen nicht nur für diese oder jene Funktion im Dienste des Menschen abgerichtet werden, sondern durch ihre bloße Existenz selbst hilfreich sein« (Greiffenhagen 1993, 22). Diese intuitive Hinwendung zum Tier (und des Tieres zum Menschen) ist selbst wiederum Teil eines strukturierten, gesteuerten Prozesses, für dessen Gelingen der ›Therapeut‹ Verantwortung trägt, und zwar mit Rücksicht auf den menschlichen Klienten und den tierlichen »Leistungserbringer« (Hornung/Dulleck 2016). Otterstedt (2012, 266–269) hat diesen Verantwortungsraum, den der ›Therapeut‹ zwischen Menschen und Tier eröffnet, in drei Dimensionen beschrieben, nämlich ›Nähe und Distanz‹, ›Begegnung auf Augenhöhe und Respekt‹ und in ihrer ›zeitlichen Dynamik‹. Hinzuzufügen wäre noch, dass das Tier selbst dabei in verschiedenen Rollen gedeutet wird: Das Tier ist einmal ein Individuum, das unmittelbar erlebt wird. Es ist aber auch Exemplar seiner Art, denn tiergestützte Intervention setzt gezielt Tiere bestimmter Spezies ein. Zuletzt ist das Tier auch Repräsentant, vorzugsweise ein Repräsentant von Natur, wenn der Ort der Begegnung mit dem Tier auch eine Begegnung mit der Natur eröffnen soll: »Da, wo das Tier Tier bleiben darf, empfindet der Mensch eine tiefe Verbundenheit mit der Natur« (Otterstedt 2015, 25). Die Nutzung von Tieren im sozialen Einsatz ist mittlerweile gut dokumentiert und wissenschaftlich aufgehellt, der Umgang mit ihnen ist vielerorts professionalisiert (Mars GmbH 2015); dabei sind aber nicht alle Angebote gleichermaßen seriös. Buchner-Fuhs' und Roses Skepsis richtet sich auch gegen eine prinzipielle Überhöhung von Tieren als den besseren Therapeuten schlechthin, wie sie sie bei einflussreichen Autorinnen und Autoren wie Greiffenhagen am Werk sehen: »Damit verdichtet sich das Bild von sensationellen Gesundungseffekten des Tierkontaktes auf körperlicher, seelischer und sozialer Ebene. Das Thema wird aufgeladen mit enormen Heilsversprechen« (Buchner-Fuhs/Rose 2012, 14).

Arbeitsschutz für das Tier. Für den Raum der Tierethik ist zu vermerken, dass auch hier vollumfänglich tiergerechtes Handeln Voraussetzung für die Legitimität der Nutzung von Tieren ist. Die Tierärztliche Vereinigung für Tierschutz hat dies auf den Begriff ›Arbeitsschutz für das Tier‹ gebracht: »Grundsätzlich sind nur Tiere für den sozialen Einsatz geeignet, die artgemäß gehalten und tiergerecht eingesetzt werden [...]. Um die Eignung und Belastungsgrenzen der verwendeten Tiere beurteilen zu können, ist eine umfangreiche Sachkunde vor allem hinsichtlich der Bedürfnisse und Besonderheiten der jeweiligen Tierart erforderlich« (TVT 2011, 4).

38.2 Kriterien einer ethischen Beurteilung

Die Nutzung von Tieren

Das Prinzip, dass eine tiergerechte Haltung eine notwendige Bedingung dafür ist, dass die Nutzung von Tieren moralisch zu rechtfertigen ist, gilt uneingeschränkt auch für Begleittiere (s. Kap. 28). Dass Menschen Tiere nicht nur um ihrer selbst halten, sondern sie für bestimmte Zwecke einsetzen, verschärft das Prinzip: Gerade im ›Gebrauch‹ der Tiere deren Bedürfnisse zu wahren, kann schwierig sein. Das Überformen der Beziehung zum Tier durch utilitäre Perspektiven stellt keine oder keine besonders grobe Verletzung des tierlichen Eigenwertes dar, sofern Herrschaftsverhältnisse des Menschen über Tiere als prinzipiell zulässig gedacht werden. Beachtlich ist dabei, dass Tiere schon über viele Generationen durch Zuchtwahl an den jeweiligen ›Dienst‹ für den Menschen angepasst wurden; daraus ergibt sich z. B. die große Bandbreite von Hunderassen, deren einzelne Exemplare sehr verschiedene Eigenschaften für die Tätigkeit mitbringen, die der Mensch für sie vorgesehen hat. Diese Züchtung kann selbst Gegenstand ethischer Reflexion sein, was naheliegt, wenn sie so in die Integrität des Tieres eingreift, dass ihm das schadet, also eine »Qualzucht« vorliegt (Sommerfeld-Stur 2012). Umfassender, aber bioethisch schwerer fasslich, kann Zucht überhaupt als Zugriff des Menschen auf die ›Natur‹ des Tieres problematisiert werden.

Die Gefährdung des Tierwohls

Beim individuellen Begleittier kann man das Wohlergehen des Tieres durch die Nutzung gefährdet sehen, sowohl in der Nutzung selbst, als auch und ganz besonders in der Vorbereitung des Tieres für seinen Dienst (s. Kap. 34). Beim Reiten und beim Pferdesport (sehr kritisch McLean/McGreevy 2010) z. B. ist darauf zu achten, Belastungen für das Tier zu mindern bzw. zu vermeiden; hier ist faktisch viel an Tierschutz zu leisten. Bei Hunden ruht das Verhalten, das sich der Mensch zu Nutze macht, auf dem Repertoire der Tiere auf; dennoch ist zu hinterfragen, ob und in welchem Umfang die Situationen, in die der Mensch das Tier bringt, für dieses mit Stress, Angst oder Leiden im umfassenden Sinn verbunden sind. Die wichtigste Blickrichtung muss hier sein, sorgfältig und selbstkritisch nach Indizien zu suchen, die solche Defizite im tierlichen Wohlbefinden belegen, um diese abstellen zu können. Für den Alltag eines Assistenzhundes sollte das Risiko dafür eher gering ausfallen; Schutzhunde dagegen werden gerade für kritische Situationen gebraucht, in denen Menschen (z. B. Polizisten) selbst in erheblichem Umfang Stress und Gefahr ausgesetzt sind. Sie sind in ihrem Dienst bei der Polizei (Lin 2017) »Hilfsmittel der körperlichen Gewalt« (wie auch die Dienstpferde) und werden als solche in den Polizeigesetzen (z. B. Polizeigesetz NRW § 58; Bay. Polizeiaufgaben-Gesetz Art. 61) zusammen mit Fesseln und Wasserwerfern aufgeführt. Auch die ›Zurichtung‹, das Training von Tieren für solche Dienste, birgt das Risiko von Belastungen. Gerade im Bereich dessen, was früher ›Abrichtung‹ hieß, hat prinzipiell ein Wandel stattgefunden. Training baut heute auf die Formen positiver Verstärkung, wie sie in Konzepten wie LIMA (*Least Invasive, Minimally Aversive Intervention*) oder einer *Humane Hierarchy* vorgesehen ist: Strafen, sei es ›negativ‹ durch Entzug eines Bonus, sei es vor allem ›positiv‹ durch Setzen eines unangenehmen Reizes, sind heute nicht mehr Mittel der Wahl. Dass es mittlerweile den »Ethical Dog Trainer« (Barry 2008) gibt, reduziert das Tierschutzproblem im Bereich der Begleittiere erheblich.

Die Rechtfertigung der Nutzung

In der Bewertung wird man für den konkreten Einzelfall fragen, ob die Tätigkeit des Tieres für den Menschen zu (im weitesten Sinne) leidvollen Erfahrungen für dieses führt bzw. ob die Belastungen für die Tiere konsequent auf das jeweils unerlässliche Maß reduziert sind. Wenn Belastungsmomente bestehen bleiben, stellt sich die Frage, ob diese durch den jeweiligen Zweck gerechtfertigt sind. Für einige Einsatzgebiete sind Tiere eigentlich unersetzlich, für andere (wie z. B. die Therapie) ist der Umgang des Menschen mit Tieren als Tieren wesentlich (Preuß/Legal 2017). Der Einsatz von Begleittieren hat für viele Menschen und Gesellschaften außerordentlich vielfältige und hohe Relevanz; er trägt direkt oder indirekt maßgeblich zum Lebensglück vieler Menschen bei. In allen Momenten muss dabei gewahrt sein, dass das Tier selbst Norm für den Umgang mit ihm bleibt. Das heißt zum Beispiel, »Pferde in erster Linie als Pferde zu sehen, in ihrem Wesen zu respektieren und sich damit vertraut zu machen. In erster Linie, ganz zuerst, denn Pferde sind auch Sportgerät, Prestigeobjekt, Zuchterfolg, Kapital« (Kunzmann 2018, 32; s. Kap. 45). »Eine gewisse Instrumentalisierung ist bei jeder Nutzung eines Tieres im Spiel, und das wird auch nicht in Frage gestellt« (Poncet et al. 2011, 22). Die utilitäre Perspektive, in die das Tier gestellt wird, darf aber den Umgang mit ihm als Tiere nicht verstellen. Das Schweizer Tierschutzrecht kennt die »übermäßige Instrumentalisierung« (TierSchG CH, Art 3a), »[j]ede belastende Massnahme, die darauf abzielt, ein Tier ausschliesslich als Instrument in der Hand des Menschen zu nutzen, ohne seine spezifischen physischen und psychischen Bedürfnisse zu berücksichtigen« (Poncet et al. 2011, 22).

38.3 Vom Ende des Begleittieres

Ein heikles Thema liegt in der Frage, unter welchen Bedingungen die Tötung eines Begleittieres gerechtfertigt sein kann (s. Kap. 35). Wie beim Heimtier kann sich die Frage stellen, wie lange dem Tier und seinem Halter Unterhalt und Therapie zumutbar sind, wenn das Tier in entsprechend schlechtem gesundheitlichen Zustand ist. Anders als dort stellt sich die Frage aber auch, was mit dem Tier passiert, wenn es jene Funktion nicht mehr ausübt, für die es eigentlich gehalten wurde. »Pferde befinden sich [...] in einer Doppelrolle« (Luy et al. 2008, 796): Rechtlich dürfen sie u. U. als *food animals*, als lebensmittelliefernde Tiere klassifiziert und behandelt werden, d. h. sie dürfen jederzeit geschlachtet werden, denn die Nutzung zu Nahrungszwecken gilt als ›vernünftiger Grund‹ zur Tötung. Der Besitzer des Pferdes bestimmt, ob es sich bei einem Pferd um ein ›Schlachttier‹ oder um ein ›Nichtschlachttier‹ handelt. Die Entscheidung ›Nichtschlachttier‹ ist unwiderruflich und auch für einen Folgebesitzer verbindlich.

Dieser sogenannte ›Schlachtstatus‹ wird im Equidenpass (Gudehus 2006, 35 f.; Luy et al. 2008, 797) dokumentiert. Der Hintergrund dieser Regelung: Wenn das Fleisch eines Pferdes ohnehin nicht verzehrt werden soll, kann es dann als Nichtschlachttier mit Arzneimitteln behandelt werden, deren Rückstände nicht in die Nahrung des Menschen gelangen dürfen. Aus einem Schlachtpferd kann deshalb ein Nichtschlachtpferd werden, aber nicht umgekehrt. Auch wenn das Recht hier ggf. eine Möglichkeit zur legalen Tötung einräumt, bleibt die moralische Frage, ob es legitim ist, ein Pferd töten, weil es nicht mehr reitbar ist. Für Nichtschlachtpferde ist diese Frage in Deutschland auch rechtlich zu verneinen, denn es dürfte kein ›vernünftiger Grund‹ vorliegen, der eine Euthanasie rechtfertigen würde (s. Kap. 39). Gerade bei Pferden zieht dies nach sich, sie über lange Zeitstrecken als *companions* unterhalten zu müssen (Luy et al. 2008, 797).

Ganz allgemein wird für das Lebensende der Begleittiere der moralische Anspruch erhoben, dass Tiere, »die nicht mehr entsprechend ihrem Ausbildungs- und Einsatzprofil ›dienstfähig‹ sind, auch weiterhin tiergerecht gehalten und versorgt werden«, wie es im *Ethik-Kodex der Tierärztinnen und Tierärzte Deutschlands* heißt. Dahinter steht zum einen, das Leben des Tieres als eigenständiges Schutzgut rechtlich und moralisch ernst zu nehmen, wie dies das deutsche und das österreichische Tierschutzrecht gebieten (Binder 2006, 24 f.). Es braucht mithin gute positive Gründe, das Leben eines Tieres zu beenden. Zum anderen gesellt sich dazu die moralische Intuition, die schon lange hinter der Idee eines ›Gnadenbrotes‹ steht, nämlich ein gewisser Ausgleich, eine Entlohnung für die Arbeit, die das Begleittier für den Menschen in seinem Dienst geleistet hat. Schon Kant (1990, 256) sprach von einem »Analogon des Verdienstes« für treue Dienste, wenn der Mensch ein Pferd oder einen Hund »bis an sein Ende erhält«. Angesichts der großen Leistung, die Begleittiere für Menschen erbringen, kann man wie Rosenberger (2015, 94) davon sprechen, dies sei »keine Frage der Gnade, sondern eine der Gerechtigkeit.«

38.4 Zusammenfassung und Ausblick

Tiere erbringen viele und wichtige Leistungen für Menschen, auch wenn sie dafür nicht *ver*nutzt, aber *ge*nutzt werden. Dies macht die Besonderheit von Begleittieren aus. Wenn in der Fortentwicklung der Moral und der Ethik gegenüber den Tieren deren Nutzung immer mehr als ›Ausbeutung‹ gelesen wird, muss sich das konsequent auch auf die Tiere auswirken, die für den Menschen nicht sterben, sondern für ihn leben. Für die eigenartige Doppelstellung des Begleittiers zwischen Diener und Freund des Menschen wird es dann zunehmend wichtig, wo Menschen den Schwerpunkt dieser Beziehung sehen. Davon wird abhängen, wie viel sie den Begleittieren dort aufbürden werden, wo die Dienstleistung für den Menschen deutlich zu ihren Lasten geht.

Literatur

Ameli, Katharina: *Die Professionalisierung tiergestützte Dienstleistungen.* Bielefeld 2016.

Barry, Jim: *The Ethical Dog Trainer – A Practical Guide for Canine Professionals.* Wenatchee 2008.

Binder, Regina: Die Schutzhundeausbildung (nunmehr Gebrauchshundeprüfung ÖPO-1 bis ÖPO-3) im Lichte des Tierschutzgesetzes, des Wiener Tierhaltegesetzes sowie des Waffengebrauchs- und Militärbefugnisgesetzes. Gutachten im Auftrag der Wiener Tierschutzombudsstelle, Oktober 2006. In: https://www.tieranwalt.at/fxdata/tieranwalt/prod/media/files/Schutzhunde.pdf (4.4.2018).

Buchner-Fuhs, Jutta/Rose, Lotte: Warum ein Buch zu Tieren in der Sozialen Arbeit? Eine kritische Bestandsaufnahme zur Thematisierung der Tiere in diesem Berufsfeld. In: Jutta Buchner-Fuhs/Lotte Rose (Hg.): *Tierische Sozialarbeit. Ein Lesebuch für die Profession zum Leben und Arbeiten mit Tieren.* Wiesbaden 2012, 9–29.

Bundesminister für Arbeit, Soziales und Konsumentenschutz: *Richtlinien Assistenzhunde über nähere Bestimmungen gem. § 39a Abs. 10 BBG* (Geschäftszahl: BMASK-44.301/0075-IV/A/7/2014).

Greiffenhagen, Sylvia: *Tiere als Therapie.* München 1993.

Gudehus, Agnes Ulrike: *Die Entwicklung der Pferdeschlachtung und des Pferdefleischkonsums in Deutschland unter Berücksichtigung der gesetzlichen Änderungen.* Diss. Univ. München 2006.

Hens, Kristien: Ethical Responsibilities Towards Dogs: An Inquiry into the Dog-Human Relationship. In: *Journal of Agricultural and Environmental Ethics* 22/1 (2009), 3–14.

Hornung, Jessica/Dulleck, Anja D.: Der Einfluss tiergestützter Dienstleistungen auf das Wohlbefinden des Tieres. In: Katharina Ameli/Anja D. Dulleck/Thomas Brüsemeister: *Grundlagen tiergestützter Dienstleistungen: Tiergestützte Therapie, Pädagogik und Fördermaßnahmen als interdisziplinäres Arbeitsfeld.* Hamburg 2016, 239–272.

Jones, Katherine E./Dashfield, Karen/Downend, Amanda B./Otto, Cynthia M.: Search-and-rescue dogs: an overview for veterinarians. In: *Journal of the American Veterinary Medical Association* 225/6 (2004), 854–860.

Kant, Immanuel: *Eine Vorlesung über Ethik.* Hg. von Gerd Gerhardt. Frankfurt a. M. 1990.

Kunzmann, Peter: Alles eine Frage der Einstellung. In: *Der Hannoveraner* 1 (2018), 30–32.

Lin, Doris: Police, Search and Rescue Dogs: The Animal Rights Debate. In: *ThoughtCo* 18.6.2017, http://www.thoughtco.com/issues-with-police-dogs-and-search-and-rescue-dogs-127902 (4.4.2018).

Luy, Jörg/Deegen, Eckehard/Grabner, Arthur/Hertsch, Bodo-W.: Tötung von Equiden. In: *Pferdeheilkunde* 22/6 (2008), 795–802.
Mars GmbH (Hg.): *Heimtiere und Gesundheit. Prävention – Assistenz – Therapie.* Verden 2015.
McLean, Andrew N./McGreevy, Paul D.: Ethical equitation: Capping the price horses pay for human glory. In: *Journal of Veterinary Behavior* 5 (2010), 203–209.
Methling, Wolfgang/Unshelm, Jürgen: Einführung. In: Wolfgang Methling/Jürgen Unshelm (Hg.): *Umwelt- und tiergerechte Haltung von Nutz-, Heim- und Begleittieren.* Berlin 2002, 1–8.
Otterstedt, Carola: Dem Tier in der tiergestützten Intervention gerecht werden. In: Herwig Grimm/Carola Otterstedt (Hg.): *Das Tier an sich. Disziplinübergreifende Perspektiven für neue Wege im wissenschaftsbasierten Tierschutz.* Göttingen 2012, 260–275.
Otterstedt, Carola: *Mensch und Tier im Dialog.* Stuttgart 2015.
Poncet, Pierre-André/Bachmann, Iris et al.: *Überlegungen zu Ethik und Pferd – Denkanstösse aus ethischerSicht im Hinblick auf einen besseren Schutz der Würde und des Wohlergehensdes Pferdes, Bericht des Observatoriums der schweizerischen Pferdebranche.* Avenches 2011.
Preuß, Dirk/Legal, Friederike: Living with the animals: animal or robotic companions for the elderly in smart homes? In: *Journal of Medical Ethics* 43/6 (2017), 407–410.
Prothmann, Anke: Tiergestützte Interventionen in der Humanmedizin. In: Carola Otterstedt/Michael Rosenberger (Hg.): *Gefährten – Konkurrenten – Verwandte.* Göttingen 2009, 88–208.
Rosenberger, Michael: *Der Traum vom Frieden zwischen Mensch und Tier: Eine christliche Tierethik.* München 2015.
Sommerfeld-Stur, Irene: Qualzucht – ein ethisches Problem. In: Edith Riether/Michael Noah Weiss (Hg.): *Mensch – Tier – Ethik.* Wien/Münster 2012, 15–35.
Thurnherr, Urs: Tiere verstehen. In: Klaus Peter Rippe/Urs Thurnherr (Hg.): *Tierisch menschlich. Beiträge zur Tierphilosophie und Tierethik.* Erlangen 2013, 145–161.
TVT (Tierärztliche Vereinigung für Tierschutz e. V.): *Nutzung von Tieren im sozialen Einsatz. Merkblatt Nr. 131.* Bramsche 2011.

Peter Kunzmann

39 Euthanasie

Wo immer und zu welchem Zweck auch immer Tiere in Menschenhand gehalten werden, stellt sich auch die Frage nach der moralischen Erlaubtheit der Tötung von Tieren durch den Menschen. Die Gründe, aus denen Tiere getötet werden, sind vielfältig. Zu diesen Gründen zählt neben wirtschaftlichen und wissenschaftlichen Gründen auch die Beendigung von Schmerzen oder Leiden von Tieren (Meijboom/Stassen 2006).

Über die Frage, welche Gründe die Tötung eines Tieres rechtfertigen, gehen die Auffassungen in der öffentlichen ebenso wie in der tierethischen Diskussion weit auseinander. Das deutsche Tierschutzgesetz erlaubt die Tötung von Wirbeltieren nur in solchen Fällen, in denen ein »vernünftiger Grund« vorliegt (§ 17 TierSchG). Was unter einem ›vernünftigen Grund‹ zu verstehen ist, wird kontrovers diskutiert. In einem einschlägigen Kommentar zum Tierschutzgesetz heißt es dazu, dass ein Grund dann ›vernünftig‹ genannt werden könne, wenn er »als triftig, einsichtig und von einem schutzwürdigen Interesse getragen anzuerkennen ist, und wenn er unter den konkreten Umständen schwerer wiegt als das Interesse des Tieres an seiner Unversehrtheit und seinem Wohlbefinden« (Lorz/Metzger 2008, § 1 Rn. 62). Diese Interpretation schließt zumindest eine Reihe von Motiven wie Mutwille, Laune, Bequemlichkeit etc., die zur Tötung eines Tiers führen können, als rechtlich anerkennenswert aus. Es bleibt aber strittig, inwieweit weitverbreitete Praktiken wie beispielsweise die routinemäßige Tötung männlicher Eintagsküken oder auch die Tötung von gesunden Tieren aus Gründen des Populationsmanagements von einem ›vernünftigen Grund‹ getragen sind. Ein Tier von (länger anhaltenden und starken) Schmerzen oder Leiden zu befreien, die anders nicht zu beheben sind, wird dagegen weithin als rechtfertigender Grund anerkannt.

Neben den Gründen, die die Tötung eines Tieres rechtfertigen, sind auch die Methoden, die bei der Tötung eines Tieres zur Anwendung kommen, Gegenstand tierethischer, veterinärmedizinischer und rechtlicher Diskussionen. Das deutsche Tierschutzgesetz bestimmt diesbezüglich, dass ein Wirbeltier »nur unter wirksamer Schmerzausschaltung (Betäubung) in einem Zustand der Wahrnehmungs- und Empfindungslosigkeit oder sonst, soweit nach den gegebenen Umständen zumutbar, nur unter Vermeidung von Schmerzen getötet werden« darf (§ 4 TierSchG).

In der tierethischen und insbesondere auch in der veterinärmedizinischen Diskussion über die Euthanasie an Tieren spielen beide Aspekte, sowohl die eine Tötung von Tieren rechtfertigenden *Gründe*, als auch die zum Zwecke der Tötung herangezogenen *Methoden* eine zentrale Rolle. Darüber hinaus sind häufig auch die psychologischen Folgen von Euthanasie-Entscheidungen für Tierärztinnen und Tierärzte sowie für die Halterinnen und Halter von Tieren Gegenstand der Diskussion (Hoff 2013; Morris 2012; Rollin 2009) oder auch die divergierenden professionsethischen Verpflichtungen, mit denen sich Tierärztinnen und Tierärzte in der Frage der Tiereuthanasie nicht selten konfrontiert sehen (Weich/Dürnberger/Grimm 2016; s. Kap. 61).

39.1 Begriff der Euthanasie

Der Begriff der Euthanasie wird in der Literatur mit Bezug auf die Euthanasie von Tieren unterschiedlich verwendet. Unterscheiden kann man einen weiten und einen engen Begriff von Euthanasie. In der Diskussion über die Tier-Euthanasie wird der Begriff der Euthanasie häufig so verwendet, dass er allein auf die *Methode* und die Art und Weise des Zu-Tode-Kommens der betroffenen Tieres fokussiert: »For humans, calling a death euthanasia is restricted to circumstances of mercy killing, in which death is a welcome relief from prolonged pain and suffering. For nonhuman animals, a good death is defined not by motive but by method. In other words, so long as death is without pain and distress, animals are euthanized in animal shelters, veterinary offices, and research laboratories for the convenience and benefit of humans« (Morris 2012, 8; vgl. auch Carbone 2010, 225; Fawcett 2013).

Ausgehend von der Wortbedeutung (griech. *eu*: gut, richtig, schön und *thánatos*: der Tod, das Sterben) wird Euthanasie zum Beispiel in den *Guidelines for the Euthanasia of Animals* der American Veterinary Medical Association (AVMA) als »ending the life of an individual animal in a way that minimizes or eliminates pain and distress« definiert (AVMA 2013). (Die AVMA-Guidelines schließen sich dieser Bestimmung, wie der nachfolgende Absatz zeigt, allerdings nicht uneingeschränkt an: »In the context of these Guidelines, the veterinarian's prima facie duty in carrying out euthanasia includes, but is not limited to, (1) his or her humane disposition to induce death in a manner that is in accord with an animal's interest and/or because it is a matter of welfare, and (2) the use of humane techniques to induce the most rapid and painless

J. B. Metzler © Springer-Verlag GmbH Deutschland, ein Teil von Springer Nature, 2018
J. S. Ach / D. Borchers (Hg.), *Handbuch Tierethik*, https://doi.org/10.1007/978-3-476-05402-9_39

and distress-free death possible. These conditions, while separate, are not mutually exclusive and are codependent.«)

Der enge Begriff von Euthanasie, wie er auch der Diskussion in der Humanmedizin üblicherweise zugrunde liegt (Foot 1990), stellt demgegenüber sowohl auf eine bestimmte Art und Weise des Zu-Tode-Kommens als auch auf eine bestimmte Sorte von Gründen ab, die der Tötungshandlung zugrunde liegen. Tom Regan (Regan 1988, 110 f.) nennt drei Voraussetzungen, die gemeinsam vorliegen müssen, damit eine Tötungs-Handlung zutreffend als Euthanasie-Handlung beschrieben werden kann:

1. »The individual must be killed by the least painful means available.«
2. »The one who kills must believe, and it must be true, that the death of the one who is killed is in that individual's interest.«
3. »The one who kills must be motivated to end the life of the one who is killed out of concern for the latter's interests, good, or welfare.«

Der engen Definition von Euthanasie zufolge handelt es sich beispielsweise bei der (schmerz- und leidfreien) Tötung von nicht länger gewollten Haustieren (*convenience euthanasia*) oder auch der Tötung überzähliger Tiere (*economic euthanasia*) nicht um Euthanasie-Handlungen.

Dass es sich bei einer Tötungs-Handlung nicht im engeren Sinn um eine Euthanasie-Handlung handelt, bedeutet für sich genommen noch nicht, dass sie nicht gleichwohl gerechtfertigt sein kann (Regan 1988, 116). Um kenntlich zu machen, dass auch solche Tötungs-Handlungen, die keine Euthanasie-Handlungen im Sinne der engen Definition sind, mit der Absicht ausgeführt werden müssen, den betroffenen Tieren Schmerzen und Leiden, Angst oder Stress soweit als möglich zu ersparen, ist verschiedentlich vorgeschlagen worden, zwischen ›humane killing‹ einerseits und ›euthanasia‹ andererseits zu unterscheiden (Fawcett 2013; National Health and Medical Research Council 2008).

39.2 Ethische Überlegungen

Die Forderung, ein Tier, für dessen Tötung man sich entschieden hat, auf eine Weise zu töten, die mit möglichst geringen Schmerzen, Leiden oder Belastungen für das Tier verbunden ist, lässt sich mit dem weithin geteilten ethischen Prinzip der Leidvermeidung begründen (s. Kap. 5). Sofern ein Tier schmerzempfindlich oder leidensfähig ist, hat es einen moralisch begründeten Anspruch darauf, keinen unnötigen Schmerzen oder Leiden ausgesetzt zu werden. Dies gilt auch im Hinblick auf Tötungshandlungen. In der Literatur kontrovers diskutiert wird aber, ob eine schmerz- und belastungsfreie Tötung von Tieren (oder jedenfalls von bestimmten Tieren wie beispielsweise Schweinen) überhaupt möglich ist. Darüber hinaus wird beklagt, dass Tötungs-Handlungen an Tieren in der Praxis mitunter aus Gründen fehlender Sachkunde oder auch aus pragmatischen Gründen auf eine Weise erfolgen, die mit dem Prinzip der Leidvermeidung kaum oder nicht vereinbar ist.

Ob die Tötung eines Tieres eines rechtfertigenden Grundes bedarf, hängt im Wesentlichen von Antworten auf die beiden Fragen ab, ob der Tod einem Tier schadet, und wie das Töten eines Tieres moralisch zu beurteilen ist (s. Kap. 35). Mit Blick auf die Frage, was den Tod zu einem Übel macht, werden insbesondere das Vorenthaltungs- und das Frustrationsargument diskutiert. Ersteres hält Tötungshandlungen prima facie für falsch, insofern sie ein Lebewesen der Möglichkeit zukünftiger positiver Erfahrungen berauben (*deprivation account*). Dem Frustrationsargument zufolge sind Tötungshandlungen prima facie falsch, insofern durch sie die Präferenzen eines Lebewesens frustriert werden (*frustration account*). Vertreterinnen und Vertreter einer Tierrechtsposition sind üblicherweise der Auffassung, dass die Tötung eines Tieres dessen Recht auf Leben verletzt. Für Tom Regan stellt dieses Recht eine direkte Folge des inhärenten Wertes dar, der »empfindenden Subjekten eines Lebens« seiner Auffassung nach zukommt (Regan 1988).

Hieraus folgt, dass Tötungs-Handlungen (nur) mit Blick auf solche Tiere rechtfertigungspflichtig sind, die über bestimmte Eigenschaften oder Fähigkeiten verfügen, also beispielsweise – je nach Argument – schmerzempfindungs- oder glücksfähig sind, Präferenzen haben, zukunftsbezogene Interessen haben oder ein Überlebensinteresse (vgl. dazu auch die Beiträge in Višak/Garner 2016). Welche Rolle dabei der Umstand spielt, dass Tiere keinen Begriff des Todes kennen, und dass Tiere, anders als Menschen, allenfalls eingeschränkt dazu in der Lage sind, das Ende von Schmerzen oder Leiden zu antizipieren und diese in der Hoffnung auf eine bessere Zukunft zu akzeptieren (Rollin 2009), wird in der Literatur unterschiedlich bewertet.

Von einem absoluten Tötungsverbot gehen in der Regel auch solche Ansätze in der Tierethik nicht aus, die Tötungshandlungen an (bestimmten) Tieren für grundsätzlich rechtfertigungspflichtig halten. In der Frage, welche Abwägungsspielräume sie dabei lassen und ob sie auch solche Gründe, die sich nicht auf subjektive Zustände des betroffenen Tieres beziehen, als rechtfertigende Gründe zulassen, unterscheiden sich die Ansätze in der tierethischen Diskussion. Weitgehender Konsens besteht aber darüber, dass »preference-respecting euthanasia« (Regan 1988, 113 f.), also Tötungshandlungen, die im Interesse und zugunsten des betroffenen Tieres unternommen werden, moralisch zumindest erlaubt, unter Umständen sogar geboten sind. Von Euthanasie-Handlungen bei (erwachsenen) Menschen unterscheidet sich diese Form der Tier-Euthanasie unter anderem dadurch, dass man im Falle von Tieren grundsätzlich von einer nicht-freiwilligen Euthanasie ausgehen muss, da Tiere nicht dazu in der Lage sind, das Entscheidungsproblem zu verstehen.

39.3 Spezifische Konflikte

Spezifische Konflikte entstehen insbesondere in solchen Fällen, in denen die Tötung eines Tiers zwar einerseits nachvollziehbar scheint, weil sie dem betroffenen Tier tatsächlich ein qualvolles Weiterleben erspart, in denen das Tier andererseits aber durch menschliches Handeln erst in die Notsituation gebracht worden ist, die die Tötung rechtfertigt, bzw. in denen die Notsituation auf andere, wenngleich aufwändigere (und teurere), möglicherweise schwer zumutbare Weise abgewendet werden könnte.

Zur ersten Art von Konflikten gehört beispielsweise die Tötung von Versuchstieren. Dabei geht es im vorliegenden Zusammenhang nicht um die Frage, ob die Tötung von Versuchstieren im Rahmen eines Tierexperiments grundsätzlich zulässig ist, sondern um das spezifischere Problem des Umgangs mit Versuchstieren nach Beendigung des Versuchs. § 9 der bis 2013 geltenden Fassung des Tierschutzgesetzes bestimmte dazu, dass ein Tier nach Abschluss eines Tierversuchs unverzüglich schmerzlos getötet werden muss, wenn es »nach dem Urteil des Tierarztes nur unter Schmerzen oder Leiden weiterleben« kann. Ob auch die Tötung von Versuchstieren nach Ende eines Versuchs sinnvoll als Euthanasie bezeichnet werden kann, wie es nicht selten geschieht, ist aber zumindest fraglich. Die Tötung des Versuchstiers als Euthanasie-Handlung zu bezeichnen setzt nämlich voraus, dass es sich beim Versuch einerseits und der Tötung andererseits um zwei eigenständige, voneinander abtrennbare Handlungen handelt. Plausibler scheint es jedoch, die im Anschluss an den Versuch erfolgende Tötung als Teilhandlung der Gesamthandlung ›Tierversuch‹ zu beschreiben. Wenn die Tötung überhaupt gerechtfertigt werden kann, dann also allenfalls mit Hinweis auf das Versuchsziel, um dessentwillen sie zumindest in Kauf genommen wird, und nicht unter Rekurs auf die Interessen des betroffenen Tieres.

Ebenfalls ein Konflikt, bei dem die betroffenen Tiere erst durch menschliches Tun in die Notsituation gebracht worden sind, die die Tötungs-Handlung rechtfertigen soll, ist die Tötung von Tieren mit dem Ziel der Verhinderung oder Verringerung von Überpopulationen. Vor dem Hintergrund, dass die Erfordernis der – mitunter als eine Art von ›präventiver Euthanasie‹ verstandenen – Bestandsregulierung sich zu einem nicht geringen Teil menschlicher Interventionen in ökologische Systeme verdankt, stellt sich auch hier die Frage, ob entsprechende Tötungen als Euthanasie bezeichnet werden sollten (s. Kap. 41).

Beispiele für die zweite Art von Konflikten sind die Tötungen überzähliger Tiere, die im Zusammenhang des Populationsmanagements in Zoos anfallen oder im Rahmen der Zucht von Tieren für die Forschung. Ebenso aber auch um die Tötung von Haus- und Begleittieren, die von ihren Halterinnen und Haltern nicht länger erwünscht sind (s. Kap. 38) oder die Tötung von nutzlos geworden Nutztieren. Unabhängig davon, ob die Tötung solcher Tiere moralisch gerechtfertigt werden kann oder nicht, ist auch in diesen Fällen zumindest fraglich, ob sie sinnvoll als Euthanasie bezeichnet werden kann. Yeates hat vorgeschlagen, solche Handlungen, die das Leben eines Tieres zu dessen eigenen Gunsten beenden, obwohl in einer »ideal world« kontrafaktisch die Möglichkeit bestanden hätte, ihm ein lebenswertes Leben zu ermöglichen, »contextually justified euthanasie« zu nennen (Yeates 2010, 71).

39.4 Ausblick

Tierärztinnen und Tierärzte stehen bei der Ausübung ihrer beruflichen Tätigkeit im Zusammenhang mit dem Töten von Tieren, so formuliert es Tierärztliche Vereinigung für Tierschutz im *Codex Veterinarius*, »oft zwischen materiellen Zwängen und ethischer Verantwortung« (Tierärztliche Vereinigung für den Tierschutz e. V. 2009). Diese ethische Verantwortung kommt insbesondere dort zum Tragen, wo ihnen die Tötung von gesunden, aber nicht länger gewollten oder überzähligen Tieren angesonnen wird, oder wo es darum geht, Tiere zu töten, die durch menschliches Zutun in eine Situation gebracht worden sind, in der ihre Tötung unumgänglich scheint. Um sich in diesen Fällen nicht zu Komplizinnen und Komplizen einer kritikwürdigen Wirklichkeit zu machen, ist nicht nur Zivilcourage erforderlich, sondern auch die Bereitschaft, durch Aufklärung und prophylaktische Maßnahmen dazu beizutragen, dass solche Tötungen möglichst nicht erforderlich werden (Tierärztlichen Vereinigung für den Tierschutz e. V. 2009; Ach 2013). Zur Verantwortung von Tierärztinnen und Tierärzten gegenüber Tieren gehört es aber auch, gegebenenfalls alle erforderlichen Maßnahmen zu ergreifen, die eine Euthanasie von Tieren auch in solchen Fällen ermöglichen, in denen Halterinnen und Halter diese verweigern.

Dass in der Debatte über den Tierschutz häufig auch solche Tötungs-Handlungen als Euthanasie bezeichnet werden, die allein auf die Methode des Tötens zielen, also allein darauf, ein Tier auf möglichst leid- und schmerzfreie Weise zu töten, ist vor diesem Hintergrund in doppelter Hinsicht unglücklich: Zum einen, weil eine solche weite Verwendung des Euthanasie-Begriffs die Gründe für die Tiertötung und damit auch die Diskussion darüber, welche Gründe in ethischer Perspektive eine Tötung rechtfertigen können, ausblendet; zum anderen, weil sie auch solche Tötungs-Handlungen an Tieren als »guten Tod« oder als »humanes« Töten rechtfertigt, die moralisch nicht gerechtfertigt werden können (Clark 2015).

Literatur

Ach, Johann S.: Ethische Aspekte der Sterbehilfe bei Tieren. In: Tanja Hoff/Oliver N. Buck-Werner/Anton Fürst (Hg.): *Tierärztliche Sterbehilfe*. Berlin ²2013, 8–14.

American Veterinary Medical Association 2013. http://www.avma.org/KB/Policies/Documents/euthanasia.pdf.

Carbone, Larry: Euthanasia. In: Marc Beckoff (Hg.): *Encyclopedia of animal rights and animal welfare*. Santa Barbara ²2010, 224–229.

Clark, Jonathan L.: Killing the Enviropigs. In: *Journal of Animal Ethics* 5 (2015), 20–30.

Fawcett, Anne: Euthanasia and morally justifiable killing in a veterinary clinical context. In: Jay Johnston/Fiona Probyn-Rapsey (Hg.): *Animal death*. Sidney 2013.

Foot, Philippa: Euhanasie. In: Anton Leist (Hg.): *Um Leben und Tod. Moralische Probleme bei Abtreibung, künstlicher Befruchtung, Euthanasie und Selbstmord*. Frankfurt a. M. 1990, 285–317.

Hoff, Tanja/Buck-Werner, Oliver N./Fürst, Anton (Hg.): *Tierärztliche Sterbehilfe*. Berlin ²2013.

Kasperbauer, T. J./Sandøe, Peter: Killing as a Welfare Issue. In: Tatjana Višak/Robert Garner (Hg.): *The Ethics of Killing Animals*. Oxford 2016, 17–31.

Lorz, Albert/Metzger, Ernst: *Tierschutzgesetz – Kommentar*. München ⁶2008.

Meijboom, Franck L. B./Stassen Elsbeth N.: *The end of animal life: a start for ethical debate. Ethical and societal considerations on killing animals*. Wageningen 2006.

Morris, Patricia: *Blue Juice. Euthanasia in Veterinary Medicine*. Philadelphia 2012.

National Health and Medical Research Council: Guidelines to promote the wellbeing of animals used for scientific purposes: The assessment and alleviation of pain and distress in research animals (2008). In: https://www.nhmrc.gov.au/file/10126/download?token=K2D0_wyb.

Regan, Tom: *The Case for Animal Rights*. London/New York 1988.

Rollin, Bernard E.: Ethics and Euthanasia and Quality of Life. In: *Canadian Veterinary Journal* 50/10 (2009), 1081–1086.

Tierärztlichen Vereinigung für den Tierschutz e. V.: Codex Veterinarius. Ethische Leitsätze für tierärztliches Handeln zum Wohl und Schutz der Tiere. 2009. In: http://www.tierschutz-tvt.de/fileadmin/user_upload/TVT-CODEX_VETERINARIUS.pdf.

Višak, Tatjana/Garner, Robert (Hg.): *The Ethics of Killing Animals*. New York 2016.

Weich, Kerstin/Dürnberger, Christian/Grimm, Herwig: *Ethik der amtstierärztlichen Praxis*. Erlangen 2016.

Yeates, James: Ethical aspects of euthanasia of owned animals. In: *In Practice* 32/2 (2010), 70–72.

Johann S. Ach

40 Heimtiere

In der Schweizer TierschutzVO (Art. 2, Abs. 2b) wird definiert: »Heimtiere: Tiere, die aus Interesse am Tier oder als Gefährten im Haushalt gehalten werden«. In seinem leitenden Ideal kann im Bereich der Heimtierhaltung beinahe von einem Zweck an sich gesprochen werden: Tiere werden hier um ihrer selbst willen gehalten. In der Heimtierhaltung scheint ein unmittelbares Interesse am Sich-Entfalten des Tieres bestimmend zu sein, wofür in der Tier- und Naturethik das Wort »flourishing« (z. B. Nussbaum 2006) steht. Das Interesse daran, ein Tier ›es selbst‹ sein zu lassen und in dieser Eigenart erleben zu wollen, ist der Heimtierhaltung eigen.

Das ›Interesse am Tier‹ kann für dieses Mensch-Tier-Verhältnis als konstitutiv gelten und wird hier als Definitionsmerkmal genutzt. Zentrales Thema für die ethische Einordnung ist ein Kernanliegen, das vom Tier keine weiteren Leistungen verlangt, im Unterschied zum Begleittier: Dort zielt die Haltung vornehmlich auf seinen ›Gebrauch‹, z. B. als Assistenzhund (etwa als Hilfe für blinde Menschen; s. Kap. 38), auch wenn er für diesen Gebrauch unmittelbar in der nächsten Umgebung des Menschen lebt. ›Heimtier‹ umfasst nach dieser Definition auch Hunde und Katzen. In (bundes-)deutscher Terminologie (v. a. in der Tiermedizin) werden diese beiden Arten als ›Kleintiere‹ herausgehoben; ›Heimtiere‹ heißen dann die ganzen anderen Heimtiere, insbesondere Kleinnager und Vögel. Die eher nicht-terminologische Bezeichnung ›Haustiere‹ benennt in Abgrenzung zu den Wildtieren jene Tiere, die mehr oder weniger domestiziert sind; sie schließt die sogenannten Nutztiere ein (s. Kap. 48). Geschichtlich sind die Heimtiere ihrer Rolle als ›Haustier‹ dadurch entwachsen, dass sie aus allen Funktionen entlassen wurden, die sie im vorindustriellen, ländlichen Kontext noch hatten (vgl. die Todesdrohung gegen Hund und Katze im Grimmschen Märchen von den »Bremer Stadtmusikanten«, weil sie nicht mehr jagen bzw. Mäuse fangen können).

Im Englischen werden *companion animals* gegen *food animals* gesetzt; Heimtiere wären dann *companion animals*, bei denen das Verhältnis zum Menschen nicht auf zusätzliche Funktionen begründet wird (anders etwa beim Reittier). Auch Schweine, Schafe, Lamas können ›um ihrer selbst willen‹ gehalten werden und können in diesem Sinne ›Heimtier‹ sein. Da sie nicht im Haushalt leben, nennt man sie gelegentlich ›Liebhabertiere‹ oder ›Hobbytiere‹. Überhaupt kommen unter dieser Nicht-Nutzungsperspektive viele sehr verschiedene Tierarten als Heimtier in Frage, wie auch Spinnentiere oder Reptilien. Für die sich ergebenden moralischen Fragen spielt die Spezies eine untergeordnete Rolle; sie ergeben sich aus der besonderen Beziehung zum Tier. Umgekehrt können Heimtiere schließlich zusätzliche Funktionen annehmen und ausüben (z. B. können Hunde auch Wächter ihres Umfelds sein), die aber sekundär dazu treten. Kurz: Heimtiere werden aus Interesse am Tier gehalten.

40.1 Heimtiere als Gegenstand der Ethik

Steiger und Camenzind (2012) sprechen von der Heimtierhaltung als bedeutendem, aber vernachlässigtem Bereich. Im Vergleich zu anderen Formen der Mensch-Tier-Beziehungen waren ›Heimtiere‹ im angegebenen Sinn lange Zeit kaum Gegenstand ethischer Diskussionen. Vielleicht weil ihre ›Nutzung‹ zumindest programmatisch nicht zu ihren Lasten geht, und wenn, dann nicht in invasiver Weise. Vielleicht auch, weil sie in der Intention und in der Wahrnehmung und im Selbstbild ihrer Halter ›geliebte‹ Wesen sind. Auf Englisch nennt man sie *pets*, also Lieblinge. Die Menschen erleben den Umgang mit ihren Tieren als bereichernd und beglückend. Die Sorge für und um sie ist ein wichtiger Lebensinhalt für viele Menschen geworden, gerade weil die Tiere darin frei von utilitären Bestrebungen leben. Vielen Tieren kommen heute regelmäßig Ansehen und Zuwendung zu, wie sie früher nicht Standard waren. Menschen erfreuen sich am Leben des Tieres und betrauern heftig seinen Tod. Aufwändige Tierbestattungen (Preuß 2016) bezeugen auf breiter Linie die enge Verbundenheit.

In den Fokus philosophisch-ethischer Diskussionen rücken Heimtiere durch eine Reihe von Entwicklungen, die eine tiefe Wurzel in der Geschichte der Mensch-Tier-Beziehungen haben (Thurnherr 2013; 2017), in der Gegenwart aber anders verwirklicht und bedacht werden. Ihre Heimat in der Lebenswelt des Menschen hat sie in veränderter Weise zum Gegenstand der Soziologie gemacht (früh schon Wiedenmann, z. B. 2003, 2009; neuere Perspektiven z. B. bei Brucker et al. (2015) und vor allem Pfau-Effinger/Buschka (2013), dort besonders Teil II). Den Beziehungen zwischen Menschen und ihren Lebensgefährten in den eigenen vier Wänden wird eine neue Aufmerksamkeit zuteil. Heimtiere verbringen ihr ganzes Leben und nicht nur Abschnitte davon mit denselben Menschen. Sie sind Individuen mit Namen und Biografien. In der sozialen und soziologischen Perspektive werden sie damit zu Subjekten. Sie werden als selbst-

J. S. Ach / D. Borchers (Hg.), *Handbuch Tierethik*, https://doi.org/10.1007/978-3-476-05402-9_40

ständige Akteure wahrgenommen und behandelt. Sie bleiben dennoch in vollständiger Abhängigkeit vom Menschen, der ihnen alle Ressourcen zuteilt (Bok 2011). Die Beziehung zu Tieren bleibt asymmetrisch, auch wenn sie wechselseitig sein kann (ebd., 771).

Die in einem solchen Umfeld lebenden Tiere sind in soziale Rollen gewachsen, auch solche, die vorher nur Menschen für Menschen hatten. Sie sind für nahezu alle Hunde- und Katzenbesitzer »vollwertige Familienmitglieder« (Voigt 2017, 84). Für die USA hat Hal Herzog die ›Pet-O-Philia‹ u. a. daran festgemacht, dass 70 Prozent der Heimtierbesitzer ihr Tiere in ihr Bett lassen und zwei Drittel sie zu Weihnachten eigens beschenken (Herzog 2010, 75). Tiere können in ihrer Rolle als Heimtier die Gemeinschaft der Menschen bereichern, sie können auch fehlende Menschen ersetzen. »Als Kindersatz sahen fast die Hälfte der Hunde- wie auch Katzenbesitzer ihre Tiere an« (Voigt 2017, 84) – und beschreiben ihr Tier sogar offen als »ihr Kind« (Voigt 2017, 17). Lorenz dagegen sprach schon früh sehr drastisch von der »sozialen Sodomie« (Lorenz 1965, 58), wenn die »sehr böse Kombination Menschenhaß und Tierliebe« Menschen dazu bringt, Kontakte zu Menschen zu reduzieren und sie durch Beziehungen zu Tieren zu ersetzen. Wenn sich Menschen Heimtiere halten, kommt es zu befremdlichen Vermenschlichungen der Tiere, die Beobachter als würdelos oder entwürdigend (Kunzmann 2007, 131) empfinden können: Tiere werden dann nicht mehr in ihrer Eigenart als Tiere wahrgenommen und geachtet.

40.2 Instrumentalisierung von Heimtieren

Allgemein werden auch Heimtiere in mannigfaltiger Weise instrumentalisiert, das zweckfreie Zusammenleben wird überformt oder zumindest gefärbt von anderen Nutzungsperspektiven: Menschen ›schaffen sich Tiere an‹, um über das Zusammensein mit den Tieren hinaus etwas mit ihnen zu erreichen: Ein Hund kann auch eine Motivation zum Joggen darstellen oder ein Kontaktangebot zu anderen Menschen. Manche Heimtiere werden von Menschen regelrecht gesammelt, wenn es darum geht, Exemplare bestimmter Arten zu besitzen, wie etwa ausgefallene Reptilien. (Für die krankhafte Fehlform des unkontrollierten Hortens von Tieren ist der Ausdruck *animal hoarding* gebräuchlich.) In irgendeiner Weise besondere Tiere oder besondere Rassen von Tieren zu halten, gilt je nach sozialem Umfeld auch als Prestigeobjekt oder Statussymbol. Tiere zu züchten, sie zu halten oder zu trainieren, bei denen dies bekanntermaßen schwer ist, kann Inhalt eines eigenen Ehrgeizes werden. Heimtiere werden eingesetzt als Erziehungshilfe, mit dem Kinder an einen pflichtbewussten und verlässlichen Umgang mit einem bedürftigen Partner gewöhnt werden sollen. Umgekehrt trifft dies sehr häufig auf einen entsprechenden Wunsch von Kindern an ihre Eltern, ihnen einen ›tierischen Freund‹ ins Haus zu holen. In all diesen Fällen kann und soll das ›Interesse am Tier‹ selbst immer noch leitendes Motiv sein und die Interessen von Tieren sollten Maßstab bleiben, so dass solche sekundären Nutzenperspektiven nicht zulasten des Tieres gehen, wenn zum Beispiel das Kind das Interesse an ihm verliert. Werden Tiere zum Gegenstand ehrgeiziger Versuche, etwa Exemplare besonders anspruchsvoller Arten zu halten oder zu züchten, darf das nicht zu einem leidvollen oder gefährlichen Experiment für das Tier werden.

Heimtierhaltung oszilliert daher zwischen absichtsloser Achtung der Eigenart des Tieres und einer damit verbundenen möglichst tiergerechten Behandlung auf der einen Seite – und einer weitgehenden Ignoranz des Halters dem Tier gegenüber. Einer Ignoranz in seiner doppelten Bedeutungsmöglichkeit: Einerseits als Unwissenheit: Viele Halterinnen und Halter wissen schlicht nicht, was ›das Beste‹ für ihr Tier wäre. Andererseits ignorieren sie die Zustände und die Bedürfnisse ihrer Tiere aus anderen Gründen wie Bequemlichkeit, finanzielle Einschränkungen etc., und enthalten dem Tier vor, was ihm vermutlich oder ganz sicher zuträglich ist; manchmal auch, das für das Tier schlechthin Notwendige.

Hinzu kommt der tierethisch relevante Aspekt, dass Tiere ›Ware‹ sind, solange sie (noch) nicht als Heimtiere im Haushalt leben, sondern für diese Bestimmung gezüchtet und gehandelt werden. In allen Fällen gilt, dass ein tiergerechter Umgang die Mindestvoraussetzung für einen moralisch vertretbaren Umgang mit Tieren darstellt.

40.3 Ethische Aspekte der Heimtierhaltung

Petrus kritisiert die Heimtierhaltung aus der Perspektive einer ›ungerechten‹ Schonung und Liebe zum Tier, die den *food animals* nicht zuteilwerde. Das ist in der Selbstwahrnehmung der Tierhalterinnen und Tierhalter vermutlich der Fall. Bei genauerem Hinsehen findet sich aber eine Reihe problematischer Sachverhalte, die von Ethikerinnen und Ethikern aufgegriffen werden. Deren Perspektive ist dabei grundsätzlich die des Tierschutzes, welcher der Asymmetrie zwischen dem abhängigen Tier und dem Menschen als verantwortlichem Akteur Rechnung trägt. (Das schließt nicht aus, die Ko-Evolution zwischen Mensch und ihren Tieren ernst zu nehmen.)

Die Themen der Studie zur Tierethik beim Heimtier von Sandøe, Corr und Palmer (2015) entsprechen in weiten Teilen den Brennpunkten auch des Tierschutzes. Die Autoren stellen kontextsensitiv die kritischen Themen heraus und fassen sie unter die Kapitel (u. a.) »Breeding and Acquiring Companion Animals«, »Selective breeding«, »Feeding and the Problem of Obesity«, »Companion Animal Training and Behavioural Problems«, »Routine Neutering of Companion Animals«, »Treating ill animals, and end-of-life issues«. Manches, wie »convenience surgery«, ist durch das Tierschutzrecht kein Thema mehr in Ländern wie Deutschland, wo ein ›Zurechtschneiden‹ (z. B. der Ohren) an den Tieren aus ästhetischen Gründen verboten ist, wie auch das ›Zurechtstutzen‹ für das Leben in bestimmten Haushalten durch Entfernen von Klauen oder von Stimmbändern. Allerdings hat der Schutz der physischen Integrität der Tiere seine Grenzen: Das Kupieren der Rute bleibt für manche Hunde erlaubt; die Kastration, Voraussetzung für viele ansonsten gedeihliche Formen der Tierhaltung, bedeutet eine Amputation am gesunden Tier.

Steiger et al. (2012) gehen die Frage ähnlich wie Sandøe mit Verweis auf Tierschutzprobleme an, aber mit anderen thematischen Fokussen, z. B. Defiziten in der Tierhaltung, dem Zubehör, dem Informationsstand der Tierhalter und in der Forschung.

Unstrittig ist in allen diesen Bereichen, dass eine mögliche Rechtfertigung der Nutzung von Tieren auch im Kontext der Heimtierhaltung etwas wie ›guter fachlicher Praxis‹ entsprechen muss. In allen Belangen sind tierschutzwidrige Verhältnisse möglich und kommen nicht selten vor: Das betrifft das (illegale) Einfangen und Transportieren von wilden Tieren zur Vermarktung in Privathaushalte; die Züchtung, den Transport und die Vermarktung von Tieren unter tierschutzwidrigen Umständen; den Handel und den Gebrauch tierschutzwidriger Gerätschaften und vieles mehr. Dieses sind keine Themen der Ethik, sondern des Tierschutzes und des Tierschutzrechts.

40.4 Verantwortung in der Heimtierhaltung

Heimtiere als empfindende Lebewesen haben einen Anspruch auf Wohlergehen (s. Kap. 34). Es ergeht ihnen dann wohl, wenn sie von ihrer Art und ihrer Aufzucht zur Tierhalterpersönlichkeit passen, wenn die Haltungseinrichtungen tierfreundlich sind und die Ernährung allen Bedarf deckt. Der Mensch hat eine besondere Verantwortung für die von ihm gehaltenen Tiere, weil deren Wohlergehen unmittelbar von ihm abhängt. Er nimmt diese Verantwortung wahr, indem er diesem Wohlergehen Vorrang einräumt, wenn es mit anderen Interessen in Widerstreit geraten sollte. Die besondere Problematik im Bereich des Heimtieres besteht in dem Umstand, dass die Halter von Heimtieren als ›Amateure‹ anzusehen sind – Liebhaber, aber keine Profis, die eine professionelle Ausbildung für die Tierhaltung durchlaufen hätten. Dies schließt nicht aus, dass sich viele von ihnen eine erhebliche Expertise erwerben, aber hinreichende Sachkunde kann nicht als mit der Tierliebe gegeben vorausgesetzt werden. Entsprechend zeigen Erfahrungen, so Steiger und Camenzind (2012, 238), »dass Heimtiere in der Praxis oft nicht tiergerecht gehalten werden, häufig aus Mangel an Kenntnissen seitens der Tierhaltenden«. Da frustrierte Bedürfnisse von Tieren mit Leiden (in welcher Form und Intensität auch immer) einhergehen, wird es zu einer unmittelbaren moralischen Verpflichtung, so viel über diese Bedürfnisse zu wissen, dass diese nicht einmal unabsichtlich frustriert werden (Kunzmann 2016, 111). Die Verantwortung für eine entsprechende Haltung, Ernährung und Pflege liegt moralisch und rechtlich (§ 2 Abs. 1 TierSchG) bei demjenigen, in dessen Obhut sich die Tiere befinden, der deswegen auch die entsprechenden Kenntnisse mitzubringen hat (§ 2 Abs. 3 TierSchG). Die ›Profis‹ in diesem Bereich sind allerdings auch subsidiär verantwortlich, die Tierhalter in ihrer Verantwortung zu unterstützen. Dies betrifft Tierärzte, aber auch den Zoofachhandel und die vorgelagerte Industrie, die dazu beitragen (sollen), die Heimtierhalter entsprechend zu informieren, was allerdings entsprechende Nachfrage durch die Tierhalter voraussetzt. Handel und Industrie schaffen auch das Angebot an Futtermitteln und Haltungssystemen, die für eine tiergerechte Haltung nötig sind. Zu kleine Gehege und Käfige, »ungenügende Rückzugsmöglichkeiten, mangelnde Beschäftigungsangebote« (Steiger/Camenzind 2012, 238), die zu Tierschutzproblemen führen, sollten nicht gehandelt werden, wofür Tierhalter und das Gewerbe gleichermaßen verantwortlich sind. Auch der Zugriff des staatlichen Tierschutzes ist im Bereich des Heimtieres begrenzt, lebt es doch meist im unmittelbaren Schutzraum der privaten Wohnung. Die nahe liegende Forderung nach mehr Aufsicht (Steiger/Camenzind 2012, 244) findet darin eine Grenze, ebenso in der höchst persönlichen und privaten

Natur dieser Mensch-Tier-Beziehung, die durch intensive Kontrolle und Regulierung in ihrem Sinn verändert würde.

40.5 ›Exoten‹

Ein ernsthafter Streitpunkt ist die Haltung von ›Exoten‹. »Als Exoten werden Tiere bezeichnet, die nicht in Deutschland heimisch sind und nicht als domestiziert gelten«, definierte der deutsche Tierschutzbund in einer Erklärung (2012) und strebt ein Verbot der Haltung und des Handels mit ›Exoten‹ an; bis dahin seien diese Exoten in Privathand mit einem dichten Netz von Auflagen zu schützen. Dahinter stehen Überlegungen, dass fehlende Domestikation die Mensch-Tier-Beziehung zu Privathaltern erschwert und dass ein artgerechtes Umfeld für solche Tiere mit für sie heimischen Bedingungen schwer zu schaffen ist. Dagegen steht die Überlegung (Richter et al. 2012), dass die allgemeinen Anforderungen an eine rechtfertigbare Tierhaltung auch hier ohne Besonderung anwendbar sind: Tiergerechte Haltungsbedingungen sind entscheidend. Sie sind bei ›Exoten‹ möglicherweise schwerer sicherzustellen, aber prinzipiell erreichbar. (Dass dies bei einigen Arten praktisch unmöglich zu bewerkstelligen sein kann, ist wiederum keine Frage nach ihrer Exotik.) Es bleibt damit eine Frage der Risikobewertung und der Güterabwägung, ob staatliche Maßnahmen, die weit in die private Lebensführung der Bürger eingreifen, gerechtfertigt sind, um *mögliche* Tierschutzprobleme zu begrenzen. Allen Missbrauch von Tieren als Heimtieren sicher zu verhindern, schaffte nur ein vollständiges prinzipielles Verbot ihrer Haltung. Die ›Exoten‹ sind auch darin kategorial kein Sonderfall. Bei Exoten und Nichtexoten hängt alles an der Kompetenz der Tierhalter.

Ein unbestreitbares Problem ist indes die Herkunft der Tiere: den Markt mit Wildfängen zu bedienen, hat neben der tierschützerischen auch eine Artenschutz- und Naturschutzrelevanz (s. Kap. 26, 52).

40.6 Tod und Sterben

Zu den schwierigen Aspekten im Verhältnis des Menschen zum Heimtier gehört dessen Sterben und sein Tod, den Menschen naturgemäß als schmerzhaft erfahren. Allerdings sterben Heimtiere selten eines ›natürlichen Todes‹, sondern meist von Menschenhand (s. Kap. 39). Zu den wichtigen Themen der Ethik in diesem Bereich gehört entsprechend die Grenzziehung, wann die Tötung eines Heimtieres moralisch erlaubt sein kann, oder sogar moralisch als geboten erscheinen muss (s. Kap. 35). Beim Heimtier wird dabei angenommen, dass eine Tötung im Interesse des Tieres selber liegt oder liegen kann, »dass der Tod für das betroffene Lebewesen ein ›Gut‹ ist« (Ach 2013, 8). Dies ist sicher der Fall, wenn ein Weiterleben für das Tier selber mit erheblichen Leiden verbunden wäre. Dann können wir die Tötung im vollen Sinn als eine ›Euthanasie‹ bezeichnen, die einen ›guten Tod‹ bedeutet. Allerdings sind für die Tötung von Heimtieren noch viele andere Motive denkbar: Das Tier passt nicht mehr in die Lebensverhältnisse seines Besitzers oder erfüllt nicht mehr den mitgedachten Zweck. Beim kranken Tier wird der Unterhalt zu mühsam oder die medizinische Versorgung zu kostspielig. International ist die Tötung von Heimtieren in Recht, Moral und Ethik häufig deutlich weniger restriktiv konzipiert (Van Herten 2016 und Rollin 2016) als in Deutschland, wo auch das Tierschutzrecht (Panek 2013), sehr enge Grenzen zieht. Eine legale Tötung des Tieres ist nur in den engen Grenzen eines »vernünftigen Grundes« zulässig (Binder 2007), wobei für die Grenzen einer Therapie keine starren Kriterien gegeben sind. Zu den Pflichten des Heimtierhalters gehört umgekehrt, eine angemessene medizinische Versorgung seiner Tiere sicherzustellen, allerdings nicht unbegrenzt. Für die zu treffenden Entscheidungen hat die Gesellschaft Schweizer Tierärztinnen und Tierärzte in ihren »Ethischen Grundsätzen für den Tierarzt und die Tierärztin« vom 9. Juni 2005 folgenden Rahmen abgesteckt: »3.4 Der Tierarzt und die Tierärztin führen eine Euthanasie nach den Regeln der medizinischen Kunst, nach einer präzisen Diagnose und Prognose, unter Einbezug der Lebensqualität des Tieres und mit Respekt gegenüber dem Tier und dem Besitzer oder der Besitzerin durch; sie lehnen sowohl eine Leidensverlängerung wie eine Lebensverkürzung allein auf Wunsch des Besitzers oder der Besitzerin ab.« Dem Prinzip folgen auch die Empfehlungen zur Umsetzung des »Ethik-Kodex der Tierärztinnen und Tierärzte Deutschlands« (dort I,13) und eine Reihe von Fachorganisationen wie etwa Tierärztekammern (Herfen 2018). Zentrales Anliegen dabei ist es, Entscheidungen über die Euthanasie des Heimtieres zuallererst auf dessen Wohlbefinden abzustellen. Wenn ein Weiterleben dem Tier ›zuträglich‹ ist oder zuträglich gemacht werden kann, gibt es prinzipiell keinen Grund, ihm das Leben zu nehmen, wenn die Bedingungen dafür mit vertretbarem Aufwand geschaffen werden können. Andererseits darf ein ›Euthanasieverzug‹ nicht zulasten des Tieres gehen, wenn die ihm dadurch entstehenden Leiden vermeidbar sind.

40.7 Zusammenfassung und Ausblick

Die Zukunft der Heimtiere ist ein Laboratorium für Mensch-Tier-Beziehungen überhaupt und für deren ethische, moralische und rechtliche Neujustierung: Wenn sich der Trend zu einer Nivellierung des Status von Menschen und Tieren fortsetzt, dann wird sich dies am ehesten und deutlichsten in den ohnehin dichten und fast schon egalitären Beziehungen zu den *pets* festigen. Es könnten sich aber auch die Asymmetrien wieder deutlicher zeigen, gerade darin, dass Menschen letztlich die Lebensbedingungen für Tiere auch in ihrem familiären Umfeld bestimmen und deshalb ganz allein eine Verantwortung tragen, die vielen Tierhaltern bis heute so noch nicht bewusst ist.

Literatur

Ach, Johann: Ethische Aspekte der Sterbehilfe bei Tieren. In: Tanja Hoff/Oliver Buck-Werner/Anton Fürst (Hg.): *Tierärztliche Sterbehilfe bei Tieren*. Berlin ²2013, 8–14.

Binder, Regina: Der »vernünftige Grund« für die Tötung von Tieren. In: *Natur und Recht* 29/12 (2007), 806–813. DOI: 10.1007/s10357-007-1388-6.

Bok, Hilary: Keeping Pets. In: Tom L. Beauchamp/Raymond G. Frey (Hg.): *The Oxford Handbook of Animal Ethics*. Oxford 2011, 767–795.

Brucker, Renate/Bujok, Melanie/Mütherich, Birgit/Seeliger, Martin/Thieme, Frank (Hg.): *Das Mensch-Tier-Verhältnis. Eine sozialwissenschaftliche Einführung*. Wiesbaden 2015.

Deutscher Tierschutzbund: *Exoten im Privathaushalt. Stand April 2012*. In: https://www.tierschutzbund.de/fileadmin/user_upload/Downloads/Positionspapiere/Heimtiere/Exoten_im_Privathaushalt.pdf (20.3.2018).

Herfen, Kerstin/Kunzmann, Peter et al.: Entscheidungshilfe zur Euthanasie von Klein- und Heimtieren. In: *Kleintier konkret* 21 (2018), 35–40.

Herzog, Hal: *Some we love, some we hate, some we eat. Why it's so hard to think straight about animals*. New York 2010.

Kunzmann, Peter: *Die Würde des Tieres – zwischen Leerformel und Prinzip*. Freiburg im Breisgau 2007.

Kunzmann, Peter: Die Rede von den Bedürfnissen von Tieren. Ihre tierethische Relevanz und ihre Bedeutung für den Tierschutz. In: Kristian Köchy/Matthias Wunsch/Martin Böhnert (Hg.): *Philosophie der Tierforschung*, Teil 2: *Maximen und Konsequenzen*. Freiburg/München 2016, 103–117.

Lorenz, Konrad: *So Kam Der Mensch Auf Den Hund*. München 1965.

Nussbaum, Martha: *Frontiers of Justice. Disability, Nationality, Species Membership*. Cambridge/London 2006.

Panek, Michael: Rechtliche Gesichtspunkte der Euthanasie. In: Tanja Hoff/Oliver Buck-Werner/Anton Fürst (Hg.): *Tierärztliche Sterbehilfe bei Tieren*. Berlin ²2013, 15–22.

Petrus, Klaus: Heimtier. In: Arianna Ferrari/Klaus Petrus (Hg.): *Lexikon der Mensch-Tier-Beziehungen*. Bielefeld 2015, 144–146.

Pfau-Effinger, Birgit/Buschka, Sonja (Hg.): *Gesellschaft und Tiere. Soziologische Analysen zu einem ambivalenten Verhältnis*. Wiesbaden 2013.

Preuß, Dirk: Zeus(') Platz! Die Zukunft des toten Heimtieres. In: Thorsten Benkel (Hg.): *Die Zukunft des Todes*. Bielefeld 2016, 181–212.

Richter, Thomas/Kunzmann, Peter/Hartmann, Susanne/Blaha, Thomas: Wildtiere in Menschenhand. In: *Deutsches Tierärzteblatt* 11 (2012), 1552–1553.

Rollin, Bernard E.: Death, telos and euthanasia. In: Franck L. B. Meijboom/Elisabeth N. Stassen (Hg.): *The end of animal life: a start for ethical debate. Ethical and societal considerations on killing animals*. Wageningen 2016, 49–60.

Sandøe, Peter/Corr, Sandra/Palmer, Clare: *Companion Animal Ethics*. Wiley 2015.

Steiger, Andreas/Camenzind, Samuel: Heimtierhaltung – ein bedeutender, aber vernachlässigter Tierschutzbereich. In: Herwig Grimm/Carola Otterstedt (Hg.): *Das Tier an sich. Disziplinübergreifende Perspektiven für neue Wege im wissenschaftsbasierten Tierschutz*. Göttingen 2012, 236–259.

Thurnherr, Urs: Tiere verstehen. In: Klaus Peter Rippe/Urs Thurnherr (Hg.): *Tierisch menschlich. Beiträge zur Tierphilosophie und Tierethik*. Erlangen 2013, 145–161.

Turnherr, Urs: Ethik der Mensch-Tier-Beziehung. In: Julian Nida-Rümelin/Irina Spiegel/Markus Tiedemann (Hg.): *Handbuch Philosophie und Ethik*, Bd. 2: *Disziplinen und Themen*. Paderborn ²2017, 273–282.

Van Herten, Joost: Killing of companion animals: to be avoided at all costs? In: Frank L. B. Meijboom/Elisabeth N. Stassen (Hg.): *The end of animal life: a start for ethical debate. Ethical and societal considerations on killing animals*. Wageningen 2016, 203–224.

Voigt, Lena Carolin: *Untersuchungen zur Euthanasieentscheidung von Tierbesitzern hinsichtlich Entscheidungsfindung, Umgang und Trauerbewältigung*. Diss. Hannover 2017.

Wiedenmann, Rainer: *Die Tiere der Gesellschaft. Studien zur Soziologie und Semantik von Mensch-Tier-Beziehungen*. Konstanz 2003.

Wiedenmann, Rainer: *Tiere, Moral und Gesellschaft. Elemente und Ebenen humanimalischer Sozialität*. Wiesbaden 2009.

Peter Kunzmann

41 Jagd

41.1 Begriff und Gegenstand

Die Praxis der Jagd reicht in der Kulturgeschichte weit zurück. Sie stellt vermutlich die älteste Nutzungsform von Tieren durch den Menschen dar. Unsere frühen Vorfahren waren für ihr Überleben auf das Erbeuten von Wild angewiesen, um daraus Nahrung und verschiedene Gebrauchsgegenstände zu gewinnen. Welche Bedeutung die Jagd jedoch insbesondere für ihre Ernährung hatte, wird kontrovers diskutiert, da die frühen Menschen nicht nur Jäger, sondern auch Sammler und generell Nahrungsopportunisten waren (Winkelmayer 2014, 7). Heute dient die Jagd fast ausschließlich anderen Zwecken als dem bloßen Überleben.

Definieren lässt sich Jagd als »das Aufsuchen, Nachstellen, Erlegen und Fangen von Wild« (§ 1 Abs. 4 BJagdG). Auf Tiere hat sie dabei zwei ethisch relevante Auswirkungen: die Leidenszufügung und die Tötung. Im tierethischen Diskurs erscheint die Jagd im Vergleich zu Massentierhaltung und Tierversuchen oft als eher randständige Anwendungsfrage: nicht nur, weil sie zahlenmäßig weniger ins Gewicht zu fallen scheint, sondern auch, weil Wildtiere vor ihrem Tod angeblich ein ihren natürlichen Bedürfnissen entsprechendes Leben in Freiheit genießen dürfen und der Tod sie dann überraschend und schnell ereilt. Doch die Zahl der durch jagdliche Aktivitäten verletzten und getöteten Tiere ist nicht unerheblich und übersteigt in Deutschland sogar die Zahl der in Versuchen verwendeten Tiere. Das Bild ändert sich noch deutlicher, wenn man auch die Fischerei zur Jagd hinzuzählt, was man technisch gesehen tun müsste. Zudem wirkt sich die Jagdpraxis oft auch schon vor dem konkreten Jagdvorgang negativ auf das Leben von Wildtieren aus: Permanenter und durch technische Hilfsmittel verstärkter Jagddruck führt zu einer umfassenden und generellen Scheu der Wildtiere vor Menschen und entsprechenden belastenden Verhaltensänderungen (Reichholf 2013). Auch das plötzliche und unerwartete Eintreten des Todes stellt aufgrund der unkontrollierbaren Rahmenbedingungen eher die Ausnahme als die Regel dar; meistens tritt der Tod nicht ohne erhebliche Schmerzen, Angst und Panik ein und schließt selbst im ›Idealfall‹ sekundäres Leiden bei zurückbleibenden Sozialpartnern oder Gruppenmitgliedern nicht aus. Bei bestimmten Jagdmethoden, bei denen dem Wild nicht aufgelauert, sondern es verfolgt oder mit Fallen gefangen wird, ist ein leidensarmer Jagdvorgang schon rein strukturell ausgeschlossen. Dasselbe gilt auch für alle Methoden des Fischfangs. Insofern stellt sich bei der Jagd die *reine* Tötungsfrage kaum, wogegen die Frage der Leidenszufügung praktisch immer eine Rolle spielt und daher besondere Aufmerksamkeit verdient (s. Kap. 35).

Das deutsche Tierschutzgesetz erlaubt die Tötung von Wirbeltieren nur unter der Bedingung der Leidensfreiheit, d. h. in einem Zustand der Bewusstlosigkeit (s. Kap. 56). Die Jagd jedoch ist von dieser Bedingung ausdrücklich ausgenommen und erlaubt eine Tötung ohne vorherige Betäubung (§ 4 Abs. 1). Zudem ist es im Rahmen der Jagd zulässig, Tiere auf andere Tiere zu hetzen (§ 3 Abs. 8). Somit stellt sich die Frage, welche gewichtigen Gründe für die Jagd sprechen und warum diese sogar Ausnahmen rechtfertigen, die in anderen Anwendungskontexten als Tierquälerei gelten.

Dem Leiden und Sterben der Tiere bei der Jagd stehen diverse menschliche Interessen gegenüber, anhand derer sich die verschiedenen Jagdformen unterscheiden lassen.

41.2 Subsistenzjagd

Subsistenzjagd dient entweder dem physischen Überleben, der Bewahrung kultureller Identität und Praxis oder der Sicherung der ökonomischen Lebensgrundlage. Paradigmatisch ist hier die Subsistenzjagd indigener Gruppen (wie der Inuit am nördlichen Polarkreis), die weithin als ethisch vertretbar gilt: nicht nur, weil dabei angeblich mehrere der o. g. Aspekte zusammenfallen, sondern auch, weil indigene Subsistenzjägerinnen und -jäger (1) nur wenige Tiere töten, (2) die Tiere vollständig verwerten und (3) eine besondere, kulturell überformte Einstellung des Respekts gegenüber ihren Beutetieren haben. Die ersten beiden Punkte werden aus Sicht des individuellen Tierschutzes als irrelevant kritisiert. Beim letzten Punkt gibt es den Verdacht, dass sich hinter der vermeintlich edlen Einstellung und entsprechenden Ritualen eigentlich die Angst vor Bestrafung verbirgt und metaphysische Annahmen eher der Psychohygiene des Jägers dienen (Höffe 1993, 228). Selbst im Fall genuinen Respekts wird kritisiert, dass hierbei die Perspektive der Betroffenen ausgeblendet bleibt: Tiere haben keine Vorstellung von Konzepten wie Respekt, Achtung und Fairness, noch Verständnis für die Einstellungen und Motive der Jäger oder deren Hintergrundannahmen, sehr wohl aber leiden sie bei der Jagd unter Angst und Schmerzen. Aus Sicht des individuellen Tierschutzes und der Erlebnisperspektive der Tiere ist die indigene Jagd oft sogar besonders pro-

J. S. Ach / D. Borchers (Hg.), *Handbuch Tierethik*, https://doi.org/10.1007/978-3-476-05402-9_41

blematisch, da sie teils mit archaischen Jagdmethoden und einfachen Mitteln erfolgt oder der Einsatz leidensärmerer Technik aus ökonomischen Gründen begrenzt ist (Tuider/Wolf 2013, 37).

Physisches Überleben. Die Subsistenzjagd zur Sicherung des körperlichen Überlebens betrifft heute nur sehr wenige Menschen, die entweder dauerhaft unter extremen geografischen und klimatischen Bedingungen leben oder sich vorübergehend in einer Notfallsituation befinden. Entsprechend wird auch die Behauptung, indigene Gruppen seien zum körperlichen Überleben grundsätzlich auf die Subsistenzjagd angewiesen, inzwischen kritisch gesehen (Black 2011). Dient die Jagd tatsächlich alternativlos dem eigenen Überleben, liegt ihre stärkste Rechtfertigung vor. Denn bei der Erhaltung des eigenen Lebens handelt es sich um das gewichtigste Interesse des Menschen überhaupt. Dennoch ließe sich auch hier fordern, dass, sofern technisch möglich und umsetzbar, unnötige Leidenszufügung zu vermeiden ist.

Bewahrung kultureller Identität. Jagen zur Bewahrung und Pflege kollektiver kultureller Identität spielt vor allem bei indigenen Gruppen eine Rolle. So wird behauptet, dass z. B. für die Inuit der Walfang und die Nutzung von Walprodukten eine tief verankerte Praxis und zentraler Bestandteil ihres auf entsprechende Traditionen gegründeten Selbstverständnisses sei (Warren 1997, 230), das als wertvoll und damit erhaltenswert gilt. Kritisiert wird hieran, dass sich aus der bloßen Existenz einer Praxis noch keine Rechtfertigung ihrer Bewahrung ergebe. Nach gängiger Auffassung ließen sich gerade leidensintensive Praktiken nicht alleine dadurch rechtfertigen, dass sie Elemente kultureller oder traditioneller Gepflogenheiten sind – auch dann nicht, wenn diese Gepflogenheiten zeitlich weit zurückreichen oder im Selbstverständnis der Individuen und der Gemeinschaft tief verankert sind und daher als besonders wertvoll gelten. Zudem bedeute die Aufgabe einer bestimmten Praxis innerhalb einer Kultur nicht, dass deswegen die Kultur insgesamt zusammenbreche. Denn in der Regel bestünden Kulturen und kulturelle Identitäten immer aus mehreren Elementen, und der Verzicht auf ein Element müsse nicht zwangsläufig die anderen Elemente betreffen. Außerdem seien Traditionen und kulturelle Praktiken wandelbar bzw. ersetzbar, und der Verzicht auf eine bestimmte Praxis bedeute nicht unbedingt den Verzicht auf den damit verbundenen kulturellen Inhalt. Auch durch eine symbolische Form der Jagd ließe sich die besondere und für das kulturelle Selbstverständnis bedeutende Beziehung indigener Gruppen zu bestimmten Tieren pflegen, ohne dass dafür empfindungsfähige Wesen leiden müssten (Tuider/Wolf 2013, 38 f.). Letztlich spricht gegen einen Absolutheitsanspruch des kulturellen Bedürfnisses, dass Jagdmoratorien auch aus ökologischen Gründen durchgesetzt werden und indigene Identitäten sich auch in diesen Fällen nicht aufgelöst haben (Comstock 2004, 369).

Sicherung der ökonomischen Lebensgrundlage. Von Subsistenzjagd ist in einem weiten Sinn manchmal auch in Bezug auf die Sicherung der ökonomischen Lebensgrundlage die Rede. Bei den meisten indigenen Jägerinnen und Jägern scheint dies heute der eigentliche Zweck zu sein. Ökonomische Subsistenzjagd betrifft aber nicht nur indigene Gruppen, sondern ist weiterverbreitet. Man kann zwei Formen unterscheiden: (1) Jagd auf Tiere, die als Schädlinge oder Konkurrenten um begrenzte Ressourcen – und damit als Bedrohung – wahrgenommen werden; (2) Jagd auf Tiere, um diese bzw. die aus ihnen gewonnenen Rohstoffe oder Produkte zu verkaufen.

Bei der Sicherung der eigenen Existenzgrundlage handelt es sich um ein bedeutendes menschliches Interesse. Insofern scheint die Abwehr von Tieren, die hierfür eine Bedrohung darstellen, grundsätzlich legitim. Andererseits stehen neben der Jagd auch andere, weniger leidensintensive Mittel wie z. B. Zäune oder Umsiedelungen zur Verfügung (Tuider/Wolf 2013, 39). Der entsprechende Mehraufwand ließe sich damit rechtfertigen, dass in den meisten Fällen letztlich der Mensch durch seine beständige Ausbreitung und seinen wachsenden Naturverbrauch Konkurrenzsituationen verschärft oder überhaupt erst erzeugt. Die Jagd zur wirtschaftlichen Nutzung von Tieren ist insofern problematisch, dass nach üblicher Vorstellung ökonomische Zwecke als solche nicht ausreichen, um moralisch bedenkliche Praktiken zu rechtfertigen. Oftmals bieten sich alternative Formen der ökonomischen Subsistenzsicherung an, die nicht mit erheblichem Leiden für andere Wesen einhergehen. Wo keine Alternativen bestehen, könnten kurzfristig zumindest leidensärmere Methoden und langfristig strukturelle Veränderungen durch die Politik zur Schaffung entsprechender Alternativen gefordert werden.

41.3 Freizeitjagd

Die Freizeitjagd dient nicht dem Überleben, sondern anderen menschlichen Bedürfnissen. Zur Rechtfertigung führen Freizeitjäger häufig einen biologisch verankerten Jagdtrieb, seltener einfach die Jagdleidenschaft an; daneben finden sich auch philosophische Erklärungsversuche.

Existentielle Thesen. Manchmal wird zur Rechtfertigung der Freizeitjagd auf grundlegende Aspekte menschlicher Existenz verwiesen. Der jagende Philosoph Ortega y Gasset sieht in der Freizeitjagd nicht nur die wichtigste Glücksquelle des Menschen, sondern auch ein Mittel zur Inszenierung seiner Vernunftwerdung: Bei der Jagd begebe sich der Mensch zurück in die Tierwelt, auf eine archaische Entwicklungsstufe, die er bis heute nicht überwunden habe, und vergewissere sich so der Tatsache, dass er immer noch nicht vernünftig ist, sondern sich nur auf dem Weg zur Vernunft befinde (Ortega y Gasset 2007). Bisweilen wird das Jagdbedürfnis auch als unbewusstes psychologisches Phänomen beim Umgang mit dem gesellschaftlich tabuisierten Thema Tod interpretiert. So entspringt für Blaise Pascal der im Unbewussten verankerte Antrieb für das jagdliche Töten letztlich der eigenen verdrängten Todesangst des Jägers, die er zu überwinden sucht. Dabei gehe es dem Jäger nicht um Macht- und Beherrschungsstreben gegenüber dem Tier, sondern letztlich darum, zumindest vorübergehend Macht über das Naturgesetz des Todes zu erlangen. In dem er das Tier töte, bewältige er seine existentielle Angst vor dem eigenen Tod (Kühnle 2015; Mayr 2013). Kritisieren ließe sich an derartigen Erklärungsversuchen, dass sie eher künstlich wirken und kaum die tatsächlichen Beweggründe der Jäger erfassen, und dass es i. d. R. leidensfreie alternative Bewältigungsstrategien für existentielle Herausforderungen gibt.

Natürlicher Beutetrieb. Häufig findet sich der Hinweis auf einen instinkthaften, biologisch verankerten Beutetrieb, um die Jagd als archaisches und ›natürliches‹ Grundbedürfnis des Menschen zu rechtfertigen. Gleichzeitig werden Jagdgegner bezichtigt, übersensible Stadtmenschen zu sein, denen der Bezug zur Natur verlorengegangen sei. Problematisch sind hierbei nicht nur die Bestimmung des sogenannten ›Natürlichen‹ und die Tatsache, dass nur ein verschwindend kleiner Prozentsatz der Bevölkerung dieses ›natürliche‹ Bedürfnis zu haben scheint, sondern vor allem der Versuch, aus dem Natürlichen eine Rechtfertigung bzw. etwas Normatives ableiten zu wollen. Denn nach üblicher Auffassung bestehen moralischer und kultureller Fortschritt gerade in der Kontrolle archaischer und ›natürlicher‹ Impulse und Triebe.

Passion. Die vermutlich ehrlichste Erklärung für die Freizeitjagd lautet, dass es sich um eine Leidenschaft bzw. individuelle Vorliebe handelt. Hierbei können verschiedene Aspekte eine Rolle spielen: das Naturerlebnis, die Begegnung mit Wildtieren, der Vorgang des Jagens selbst mit den Teilaspekten des Aufspürens, Beobachtens, Belauerns und Verfolgens, der Wettkampf mit den überlegenen Sinnen des Wilds, aber auch das Erfolgserlebnis bei der Tötung des Tiers sowie die Nutzung des Fleischs und der Trophäen (Adam 1996, II.4, III). Kritiker entgegnen, dass eine intensive Naturbeziehung und Begegnungen mit Wildtieren auch ohne Jagd möglich seien. Zudem ließen sich auch alle Aspekte der Jagd vollziehen und der letzte Schritt – die Erlegung der Wilds – ersetzen (Schnappschuss statt Plattschuss) (Tuider/Wolf 2013, 42). Dagegen scheint das Lustempfinden beim Töten fühlender Wesen unter Inkaufnahme erheblicher Leidenszufügungen kein fundamentales Bedürfnis des Menschen zu sein, das eine erhebliche Leidenszufügung bei Tieren rechtfertigt, sondern eher ein psychopathologisches Alarmsignal.

41.4 Therapeutische Jagd

Aufgrund der gesellschaftlich eher geringen Anerkennung der Jagd als bloßes Freizeitvergnügen wird sehr häufig auf deren angeblich therapeutische Aufgaben verwiesen. Die therapeutische Jagd dient ökologischen, wildbiologischen und epidemiologischen Zwecken: dem Natur- und Artenschutz, der Bestandsregulierung sowie der Bekämpfung von Wildtierseuchen. So gehört laut Bundesjagdgesetz zum Jagdrecht auch die Verpflichtung zur sogenannten Hege mit dem Ziel der »Erhaltung eines den landschaftlichen und landeskulturellen Verhältnissen angepassten artenreichen und gesunden Wildbestandes« (§ 1 Abs. 2). Oder es wird damit argumentiert, dass bspw. invasive Neozoen, also aggressive gebietsfremde Arten, sich stark vermehren und heimische Arten verdrängen; und es mag Bedingungen geben, unter denen sich selbst heimische Arten derart vermehren, dass sie die biologische Aufnahmefähigkeit eines Ökosystems überschreiten und dessen Gleichgewicht gefährden. Zur Lösung dieser Probleme wird dann die Bejagung der entsprechenden Tiere empfohlen. Eine andere Begründung lautet, dass die Jagd dazu diene, die Ausbreitung von Wildtierkrankheiten oder Seuchen zu bekämpfen und damit auch mögliche Gefahren für Menschen einzudämmen.

Selbst unter Voraussetzung der strittigen Annahme, dass menschliches Eingreifen zur Regulierung natürlicher Vorgänge überhaupt sinnvoll ist, spricht die

Empirie eher gegen insbesondere die Freizeitjagd als geeignetes Mittel. Oft wird in ihr sogar die Ursache vieler Probleme gesehen. Als problematisch gelten vor allem folgende Punkte: (1) Jägerinnen und Jäger haben oft ein grundsätzlich falsches Verständnis von der Bedeutung von Beutegreifern für die Regulierung von Wildtierpopulationen und überschätzen daher auch ihre eigene Wichtigkeit. Wildbiologen dagegen verweisen vor allem auf den zur Verfügung stehenden Lebensraum und das Nahrungsangebot als zentrale Regulierungsfaktoren und auf die begrenzte Aussagekraft der sogenannten biologischen Aufnahmefähigkeit. Und selbst wenn ihre Annahme zuträfe, bliebe unklar, warum Jäger i. d. R. dann die Wiederansiedlung ursprünglicher Beutegreifer ablehnen, für deren Ausrottung sie auch noch selbst verantwortlich zeichnen. (2) Die Jagd trägt zu einer absurden Selektion bei und pervertiert damit natürliche Prozesse, statt ihnen zu dienen: Denn während dem natürlichen Ausleseverfahren durch tierliche Beutegreifer meistens kranke, schwache und alte Tiere zum Opfer fallen, töten Freizeitjäger wegen ihrer Trophäensucht und ihrem Interesse an hochwertigem Wildbret meistens gerade Tiere im besten Alter und Gesundheitszustand. (3) Die sogenannte Hege wird selektiv betrieben und erstreckt sich nur auf die jagdbaren Arten. Die Fütterung erfolgt teilweise sogar ohne Not und führt dann zu einer gezielten unnatürlichen Bestandsvergrößerung bei den betroffenen Arten, die dann wieder durch Bejagung reguliert werden muss. (4) Durch die Jagd werden Populationen aber häufig auch unbeabsichtigt übermäßig vergrößert statt eingedämmt. Denn das wahllose Zerschießen von Sozialstrukturen bei in Gruppen lebenden Tieren führt zu erhöhten Reproduktionsraten als Reaktion auf die Bedrohung und zu Zersplitterung von Gruppen, zu Abwanderungen und damit auch zu einer weiteren Verbreitung dieser Tiere. (5) Durch den Jagddruck kommt es zu Stressbelastungen des Wilds, wodurch neben individuellem Leiden auch ökologische und ökonomische Schäden verursacht werden: Denn der erhöhte Stress bei Wildtieren führt zu einem gesteigerten Energiebedarf und damit zu größerer Nahrungsaufnahme, was sich letztlich u. a. in Verbissschäden in Land- und Forstwirtschaft niederschlägt. (6) Auch bei der Bekämpfung von Seuchen – wie der Tollwut – erwies sich selbst eine langjährige Bejagung nicht nur als unwirksam, sondern begünstigte aus den unter (4) genannten Gründen die Ausbreitung der Krankheiten sogar noch. (7) Kaum hinterfragt wird schließlich auch, warum angeblich unerlässliche ökologische, wildbiologische und epidemiologische Aufgaben fast ausschließlich unqualifizierten Amateuren überlassen werden, anstatt sie staatlich zu organisieren und in die Hände von unbefangenen und umfassend geschulten Berufsjägern zu legen (Cohn 2013b, Frommhold 1994; Natale 2012; Pacelle 1998; Reichholf 2013).

Aus ethischer Sicht stellt sich die Frage, wie sich die Leidenszufügung bei individuellen Tieren für therapeutische Zwecke rechtfertigen lässt. Verbreitet ist die Auffassung, dass Spezies, Ökosysteme oder die Natur als Ganze einen Eigenwert hätten und deren Schutz und Bewahrung eine ethisch-moralische Angelegenheit sei. Kritikerinnen und Kritiker dieser Moralisierung entgegnen, dass weder Spezies, Ökosysteme noch andere abstrakte Entitäten leidensfähige Individuen seien und daher auch nicht sinnvollerweise Gegenstand moralischer Rücksicht sein könnten. Unter Verzicht auf obskure Wertannahmen blieben dann nur prudentielle Motive übrig, dass also die Bewahrung der Natur im Interesse des Menschen sei (Tuider/Wolf 2013, 44). Ein bloßes ästhetisches Interesse an ›reiner‹ Natur oder bestimmten Arten scheint nicht hinzureichen, um die Zufügung erheblichen Leidens zu rechtfertigen. Auch entspringt hierbei Vieles menschlichen Ordnungsvorstellungen, die natürlichen Dynamiken oft widersprechen. Anders verhält es sich, wenn durch ökologische Veränderungen menschliche Lebensgrundlagen bedroht werden. Hier ließe sich von einer ähnlichen Situation wie im Fall der ökonomischen Subsistenzjagd zur Abwehr von Bedrohungen sprechen. Doch auch hier gilt: Die ökologische Schieflage, die letztlich auch auf den Menschen durchschlägt, hat dieser in erster Linie durch sein Handeln selbst verschuldet. Die zweifelsohne effektivste Methode, ökologische Probleme zu bekämpfen oder gleich ganz zu vermeiden, bestünde darin, die Ausbreitung des Menschen und seinen Naturverbrauch zu begrenzen.

Daher sprechen sich Kritikerinnen und Kritiker für Alternativmethoden zur Jagd aus, die nicht nur leidensärmer sind, sondern sich oft auch besser zur Erreichung therapeutischer Zwecke eignen, wie Geburtenkontrolle zur Bestandsregulierung (Cohn 2013a) oder Impfkampagnen zur Krankheitsbekämpfung (Natale 2012). Tatsächlich ethisch unproblematisch scheint die therapeutische Jagd nur, wenn sie zum Besten der Tiere selbst ist (Einfangen zur medizinischen Versorgung oder Umsiedlung, Euthanasie in Einzelfällen oder zur Verhinderung einer bevorstehenden Epidemie) oder zum alternativlosen Schutz des Menschen vor gefährlichen Seuchen.

41.5 Ausblick

Die gesellschaftliche Akzeptanz der Jagd sinkt, was sich auch in der Rechtsprechung zeigt. 2012 befand der Europäische Gerichtshof für Menschenrechte, dass die Jagd auf eigenem Boden aus Gewissensgründen abgelehnt werden darf und nicht aufgrund der Zwangsmitgliedschaft in einer Jagdgenossenschaft geduldet werden muss (EGMR, 26.2.2012 - 9300/07). Um dieser Entwicklung entgegenzuwirken, fordert in jüngster Zeit eine kleine Minderheit von Jägerinnen und Jägern eine anspruchsvollere Jagdethik, deren Normen über die gesetzlichen Grundlagen und auch die eher unklaren Bestimmungen der sogenannten Weidgerechtigkeit hinausgehen. Zu den zentralen Forderungen zählen u. a. eine klarere ökologische und nachhaltige Orientierung und eine strengere Beachtung des Wohlbefindens der Tiere. Konkret abgelehnt werden u. a. Jagd als reine Vergnügungsveranstaltung, Trophäenjagd, Zucht und Aussetzen von jagdbarem Wild zur Vergrößerung der Abschusszahlen, serienmäßiges Abschießen von Wild bei Gatter-, Gehege- und Baujagden sowie das Aufstellen von Fallen. Kontrovers diskutiert wird hierbei, was begrifflich noch als Jagd gilt und welche Tiere noch als Wild zählen (Winkelmayer 2014, 16 ff., 97 ff., Winkelmayer et al. o. J.). In Entwicklungsländern dagegen wird gerade Trophäenjagd manchmal als wichtiger Wirtschaftsfaktor oder sogar notwendiger Bestandteil von Schutzprojekten gesehen (Gunn 2008). In Wohlstandsländern wiederum löst gerade die Großwildjagd auf populäre Arten Empörung aus. Jenseits tierethischer Aspekte wirft die Freizeitjagd aber auch Probleme der sozialen Gerechtigkeit auf: Das Freizeitinteresse einer verschwindenden Minderheit führe zu massiven Verhaltensänderungen bei Wildtieren (Scheu, Verlagerung auf Nachtaktivität) und schränke damit die Naturerlebnismöglichkeiten der Bevölkerungsmehrheit erheblich ein (Reichholf 2013, 15 f.).

Nach gängiger Auffassung in der Tierethik darf Tieren Leiden nur zugefügt werden, wenn das Leiden für einen bestimmten Zweck unerlässlich ist und seine Zufügung ethisch vertretbar ist, d. h. der Zweck für den Menschen von besonderer Bedeutung ist. Prüft man mit Hilfe dieser Kriterien die wichtigsten Rechtfertigungen der Jagd, ergibt sich, dass einige Komponenten des Jagens einen nachvollziehbaren Sinn haben, hingegen die letzte Komponente, das Töten, sofern ihm mit einiger Wahrscheinlichkeit Leiden vorhergeht, nicht gerechtfertigt werden kann.

Literatur

Adam, Adolf: *Ethik der Jagd.* Paderborn [2]1996.

Black, Richard: ›Clean-Up Bid‹ Tops Agenda for Whaling Meet. In: http://www.bbc.com/news/science-environment-14079749 (10.7.2011).

Cohn, Priscilla N.: Immunocontraception. In: Andrew Linzey (Hg.): *The Global Guide to Animal Protection.* Urbana 2013a, 74–76.

Cohn, Priscilla N.: The Ethics of Killing Free-Living Animals. In: Andrew Linzey (Hg.): *The Global Guide to Animal Protection.* Urbana/Chicago/Springfield 2013b, 71–73.

Comstock, Gary L.: Subsistence Hunting. In: Steve F. Sapontzis (Hg.): *Food for Thought. The Debate over Eating Meat.* Amherst 2004, 359–370.

Frommhold, Dag: *Das Anti-Jagdbuch. Von der ökologischen und ethischen Realität des edlen Waidwerks.* München 1994.

Gunn, Alastair S.: Environmental Ethics and Trophy Hunting. In: Susan J. Armstrong/Richard G. Botzler (Hg.): *The Animal Ethics Reader.* Oxon [2]2008, 464–473.

Höffe, Otfried: *Moral als Preis der Moderne. Ein Versuch über Wissenschaft, Technik und Umwelt.* Frankfurt a. M. 1993.

Kühnle, Günter: Die Jagd als Mechanismus der biotischen und kulturellen Evolution des Menschen. In: http://ub-dok.uni-trier.de/diss/diss45/20030120/20030120.htm (21.12.2015).

Mayr, Petra: Just for Fun oder Angst vor dem Tod? Erklärungsversuche für das Jagdbedürfnis von Freizeitjägern. In: *TIERethik. Zeitschrift zur Mensch-Tier-Beziehung* 7, 2013, 71–90.

Natale, Mario: *Das Märchen vom Fuchs.* Saarbrücken 2012.

Ortega y Gasset, José: *Sobre la Caza, los Toros y el Toreo.* Madrid [2]2007.

Pacelle, Wayne: Hunting. In: Marc Bekoff (Hg.): *Encyclopedia of Animal Rights and Animal Welfare.* Westport 1998, 196–197.

Reichholf, Josef H.: Warum Jagd? Folgen des Jagens für Menschen, Tiere, Pflanzen und Landschaften. In: *TIERethik. Zeitschrift zur Mensch-Tier-Beziehung* 7 (2013), 12–32.

Tuider, Jens/Wolf, Ursula: Gibt es eine ethische Rechtfertigung der Jagd? In: *TIERethik. Zeitschrift zur Mensch-Tier-Beziehung* 7 (2013), 33–46.

Warren, Mary Anne: *Moral Status. Obligations to Persons and Other Living Things.* Oxford 1997.

Winkelmayer, Rudolf: *Ein Beitrag zur Jagdethik.* Wien 2014.

Winkelmayer, Rudolf/Hackländer, Klaus/Kampits, Peter: Der Begriff »Jagd« – eine Differenzierung. In: *Jagdkultur – gestern, heute, morgen. Schriftenreihe des Landesjagdverbandes Bayern* (o. J.), 71–88.

Jens Tuider

42 Klonen

Der Begriff ›Klonen‹ bezeichnet eine Vielzahl von natürlichen und experimentellen Verfahren zur Reproduktion von nahezu genetisch identischen Lebewesen. Während das Verb ›klonen‹ alltagssprachlich verdoppeln, nachbilden oder kopieren meint, beschränkt sich seine Semantik im wissenschaftlichen Kontext auf die Vervielfältigung genetisch identischer Einheiten. Es wird dabei zwischen *natürlichem* und *experimentellem* Klonen unterschieden.

Seit der Publikation von Dollys Geburt, dem ersten Säugetier, das erfolgreich mit dem sogenannten Zellkerntransfer (engl. *Somatic Cell Nuclear Transfer*, SCNT) aus adulten Zellen geklont wurde, konzentriert sich die ethische Debatte hauptsächlich auf das experimentelle Verfahren des SCNT. In der vielschichtigen tierethischen Diskussion zum Thema Klonen sind Argumente zu unterscheiden, die sich auf das Klonen als Biotechnologie beziehen (Hybris, Intuitionen und Natürlichkeit) und Argumente, welche die beim Klonen beteiligten Menschen und Tiere (Zellkernspender, Eizellspenderin, Leihmutter und Klon) zum Gegenstand haben. Für eine tierethische Bewertung ist dabei entscheidend, wie der SCNT ethisch relevante Kriterien wie das tierliche Wohlbefinden, die tierlichen Würde, die Integrität der Tiere oder Tierrechte tangiert. Zudem stellt sich die Frage, welche ökonomischen, wissenschaftlichen und gesellschaftlichen Interessen das SCNT-Klonen von Tieren rechtfertigen.

42.1 Begriffsbestimmung

Der Botaniker Herbert Webber führte den Begriff ›Clon‹ 1903 in Anlehnung an seinen Kollegen Orator Fuller Cook als Fachterminus ein, um die Nachkommen ungeschlechtlicher Vermehrung bei Pflanzen durch Sprossung oder Pfropfung zu benennen (Webber 1903). Er bediente sich dabei des griechischen *κλώνος*, das Zweig, Spross oder Schössling bedeutet. Webbers ›Klon‹ wurde in anderen biowissenschaftlichen Fachgebieten adaptiert und bezeichnet heute auch Gene, Viren, Zellen. Er wird für Individuen, aber auch für ein Kollektiv von Nachkommen verwendet, die genetisch identisch mit ihrem Ursprung bzw. ihren Ahnen sind. Die Deutungshoheit über die Begrifflichkeiten des Substantives ›Klon‹ und des Verbs ›klonen‹ liegt seit den 1960er und 70er Jahren nicht mehr bei den Wissenschaften alleine. Ihre Semantik mit zunehmend symbolischem und metaphorischem Gehalt speist sich aus einem Zusammenspiel zwischen Science-Fiction, Populärkultur sowie den Biowissenschaften, die sich gegenseitig beeinflussen und inspirieren (Brandt 2010).

Klonen das ohne menschliche Intervention stattfindet, sogenanntes ›*natürliches Klonen*‹, findet sich bei asexueller Vermehrung bei Pflanzen (vegetative Vermehrung) durch Ableger, Ausläufer oder Knospung (z. B. Erdbeere, Kartoffel, Zwiebel), als alternative Fortpflanzungsstrategie bei Wirbellosen (z. B. Seegurke, Seestern, Hydra), sowie selten bei Reptilien durch fakultative Jungfernzeugung (Parthenogenese) (z. B. Echsen, Schlangen). Selbst bei Säugetieren wird im Falle von monozygoten Zwillingen von Klonen gesprochen, wobei genetische Identität nur mit dem jeweiligen Geschwister, nicht mit den Eltern, besteht. Beim *experimentellen Klonen* werden die Prinzipien des natürlichen Klonens durch den Menschen nachgeahmt. Dazu zählen das Züchten von Stecklingen und die künstliche Zwillingsbildung bei Tieren mittels *Blastomerenisolation* (Isolierung einzelner embryonaler Zellen) oder *Embryosplitting* (mikrochirurgische Teilung eines Embryos).

42.2 Verfahren

Zellkerntransfer als zentrale Methode

Die Methode des SCNT, mit welcher das Schaf Dolly gezeugt wurde (daher auch ›Dolly-Methode‹), ist ein genuin experimentelles Verfahren, das nicht in der Natur vorkommt. Ian Wilmut, Keith Campbell und Kollegen konnten 1997 mit dieser Methode beweisen, dass eine adulte, differenzierte Zelle eines Säugetieres das Potential behält, sich zu einem vollständigen Lebewesen zu entwickeln (Wilmut et al. 1997). Damit ist am Roslin Institute in Edinburgh (GB) ein zweifacher Paradigmenwechsel eingeleitet worden. Erstens wurde die These des Entwicklungsbiologen August Weismanns widerlegt, dass Zelldifferenzierung mit einem Verlust von Erbmaterial verbunden ist. Zweitens schuf der SCNT neue Potentiale für die Gentechnik (s. u. Anwendungsbereiche). Zu den Meilensteinen der Klonforschung zählen Blastomerenisolation beim Seeigel (Driesch 1892) und beim Molch (Spemann 1901), SCNT mit embryonalen Zellen (Briggs/Kings 1952) sowie mit adulten Zellen beim Frosch (Gurdon 1962) und SCNT mit embryonalen Zellen beim Schaf (St. Willadsen 1986). Zu den bis heute aus adulten Zellen geklonten Säugetieren zählen u. a. die Spezies Schaf, Maus, Rind, Schwein,

J. B. Metzler © Springer-Verlag GmbH Deutschland, ein Teil von Springer Nature, 2018
J. S. Ach / D. Borchers (Hg.), *Handbuch Tierethik*, https://doi.org/10.1007/978-3-476-05402-9_42

Mufflon, Kaninchen, Katze, Pferd, Wildkatze, Hirsch, Hund, Büffel, Wolf, Kamel, Javaneraffen.

Der SCNT folgt im Wesentlichen vier Schritten: (1) Entkernung einer Eizelle, (2) Transfer eines somatischen Zellkerns bzw. einer ganzen Zelle inkl. Zellkern des zu klonenden Tiers in die entkernte Eizelle, (3) Verschmelzung von Eizelle und Zellkern durch elektrische oder virale Stimulation, wodurch die Reprogrammierung des Zellkerns ausgelöst wird und (4) Austragung des Klons durch eine Leihmutter.

Die Effizienz des Klonens ist durch die Spezies sowie Art und Alter der Spenderzelle bedingt. Effizienzvergleiche zwischen verschiedenen Experimenten werden dadurch erschwert, dass die Effizienz in unterschiedlichen Vergleichsgrößen ausgedrückt wird. Üblich sind Angaben als Blastozystenrate (Blastozyste pro verwendete Eizelle), Geburtenrate (Nachkommen pro transferierte Embryonen) oder als Gesamteffizienz (Nachkommen pro verwendete Eizelle). Auch wenn allgemeine Aussagen über die Effizienz mit Vorbehalten zu begegnen ist, zeichnet sich in Metastudien das Bild ab, dass Geburtenraten von 0 bis 4 % (Wilmut et al. 2002, 583) oder 0,3 bis 17,5 % (Ammann/Cimerman 2007, 57 f.) bis heute nicht maßgeblich gesteigert werden konnten. Neben Aborten in allen Entwicklungsstadien sind folgende gesundheitliche Risiken mit dem SCNT-Klonen verbunden: Veränderungen der Plazenta, Organanomalien, Störungen des Immunsystems, Ateminsuffizienz oder ein erhöhtes Geburtsgewicht (*Large Offspring Syndrom*; Schreiner 2005, 22 ff.). Das SCNT-Klonen bleibt unsicher, ineffizient und ist vor allem für Leihmutter und Klon mit gesundheitlichen Risiken verbunden. Gesundheitlichen Belastungen wie Schmerzen oder Schäden der beim Klonen verwendeten Tieren reichen von keiner Belastung (z. B. Zell- und Oozytenentnahme von toten Tieren) über leichte, kurzfristige Belastung (z. B. Zellentnahme von lebendigen Tieren, Oozytenentnahme von narkotisierten Tieren), mittelgradige Belastungen (z. B. Embryotransfer in die Leihmutter, ungeplanter Kaiserschnitt) bis zu schweren Belastungen (Lungenversagen oder Herzinsuffizienz des Klons).

Ontologische Bestimmung geklonter Lebewesen

Was ist ein Klon? Als künstlich erschaffenes, aber selbständig wachsendes Wesen lässt sich der Klon als Biofakt (Karafyllis 2003) klassifizieren. Für die Bestimmung seines ontologischen Status ist neben der Genese auch das Verhältnis zu seinem Ursprung von Bedeutung. Dieses ist komplexer, als es die vielgebrauchte Metapher des Klons als »genetische Kopie« suggeriert (Camenzind 2015).

Phänotypische Unterschiede zwischen dem Klon und seinem Ursprung lassen sich auf unvollständige epigenetische Reprogrammierung, Mutationen und prä- und postnatale Umwelteinflüsse zurückführen. Entgegen der Kopie-Metapher besitzen ein Klon und sein Ursprung nicht den genau gleichen Genotyp. Da sie sich bzgl. der mitochondrialen DNA unterscheiden, lässt sich nur die nukleare DNA im Zellkern betreffend von einem Identitätsverhältnis sprechen. Welche Auswirkungen der Unterschied bzgl. der mitochondrialen DNA genau auf die geklonten Tiere hat, ist noch unklar. Er kann ethisch relevant sein, falls er etwa die Gesundheit der Klone negativ betrifft. Der genetische Unterschied und damit die Frage nach dem ontologischen Status ist nur von wissenschaftstheoretischer, sondern auch von rechtlicher und wirtschaftlicher Bedeutung, da geklärt werden muss, unter welche Gesetzesbestimmung die geklonten Tiere fallen. Das Klonen fällt in den Geltungsbereich diverser nationaler und internationaler Gesetzgebungen, die unterschiedlichen Auflagen an die Forscher bzw. Züchter stellen. Dazu zählen u. a. Tierschutz-, Tierversuchs-, Gentechnik-, Patentierungs-, Tierzucht- und Lebensmittelrecht sowie rechtliche Bestimmungen zum Konsumentenschutz.

Auch wenn man Klone gelegentlich als ›genetische Chimären‹ bezeichnet, sind beim Klonen im Gegensatz zu transgenen Tieren (genetisch veränderte Organismen, GVO) keine Genmodifizierungen intendiert. Das heißt, es werden keine Gene gezielt ausgeschaltet (Gen-Knockout), verändert oder artfremde Gene eingeschleust (Transgenese). Das SCNT-Klonen ist jedoch eng mit der Geschichte der Gentechnik verknüpft. Das Experiment ›Dolly‹ war ein entscheidender Schritt auf dem Weg zu Polly (Wilmut/Campbell/Tudge 2002 288 ff.), dem ersten durch SCNT geklonten transgenen Schaf (Schnieke 1997). Der SCNT erlaubt ein vergleichsweise effizientes Herstellungsverfahren von GVOs, da das Genom der Spenderzellen gezielt verändert und überprüft werden kann. Zudem können aufwändig hergestellte transgene Tiere ohne Verlust ihrer Eigenschaften reproduziert werden.

Anwendungsbereiche

Gemessen an der Anzahl Publikationen zum Klonen von Säugetieren nutzen vor allem die Regionen Nordamerika, Asien und Europa den SCNT für diverse Anwendungsbereiche (Suk 2007, 50). Zu diesen zählen die Grundlagenforschung mit transgenen Tieren, Gene-Pharming, Xenotransplantation, Nutztier- und Heimtierzucht und Artenschutz. Trotz der niedrigen Effizienzraten ist der SCNT die effektivste Methode GVO herzustellen.

GVO werden in der Nutztierzucht zur Gewinnung von Arzneimittelwirkstoffen aus Körperflüssigkeiten wie Blut und Milch eingesetzt (Gene-Pharming) und um Tiere mit schnellerem Wachstum, besserer Futterverwertung und höherer Krankheitsresistenz zu züchten. Vereinzelte Medikamente von transgenen Tieren sind seit 2006 auf dem Markt erhältlich. 2015 wurde von der FDA erstmals ein transgener Lachs der Firma AquaBounty Technologies für den Lebensmittelmarkt zugelassen. Unter ›Xenotransplantation‹ versteht man die Transplantation von artfremden Zellen, Geweben und Organen. Sie soll der Organknappheit in der Transplantationsmedizin entgegenwirken. Damit die artfremden Organe von Primaten und Schweinen nicht vom menschlichen Immunsystem abgestoßen werden, versucht man mit dem Einbringen von menschlichen Genen die Organe so zu manipulieren, dass sie vom menschlichen Körper besser angenommen werden (s. Kap. 49). Transgene Tiere finden weiter in der Grundlagenforschung als Krankheitsmodelle und bei der Erforschung der Zellentwicklung sowie genetisch bedingter Krankheiten Anwendung (s. Kap. 47).

Der SCNT simpliciter – ohne Manipulation des Erbguts – zielt in der Nutztierzucht auf die Reproduktion von Tieren mit wertvollen leistungsbezogenen Merkmalen für die Weiterzucht. Der entscheidende Vorteil des SCNT-Klonen gegenüber anderen Zuchtmethoden liegt in der höheren Vorhersagbarkeit des Phänotyps des Klons, der durch den Phänotyp des Zellkernspenders bereits vorliegt. Derzeit werden in ca. vierzig Ländern Nutztiere geklont. Ohne sich auf wissenschaftliche Daten stützen zu können, wird ihre Anzahl auf ein paar Tausend Exemplare weltweit geschätzt. In der EU stößt die Erzeugung von Lebensmitteln von geklonten Tieren aufgrund des ineffizienten, aufwendigen und kostspieligen SCNT-Verfahren bei Produzenten sowie der geringen Akzeptanz von der Verbraucherseite auf wenig Zustimmung (EU-Kommission 2013). Zurzeit liegen keine Informationen vor, ob sich Produkte von geklonten Tieren auf dem Markt befinden oder nicht (EFSA 2016; FDA 2016). Die von Seiten der Industrie erwartete kommerzielle Nutzung von Lebensmittel, die von geklonten Tieren stammen, hat sich zum Jahre 2017 nicht erfüllt.

Das Faktum, dass man ein Tier auch *post mortem* klonen kann, schaffte neue Möglichkeiten für das Biobanking, die Konservierung von Erbgut von wertvollen Zucht- und Heimtieren. Verschiedene Firmen, u. a. Sooam Biotech Research Foundation (KOR) oder ViaGen (USA), bieten sowohl das Aufbewahren von Gewebeproben als auch das Klonen von verstorbenen Heimtieren an. Zu den geklonten Heimtieren zählen u. a. die Katze »CC«, die aus der Zusammenarbeit zwischen der Firma Genetic Savings & Clone und der Texas A&M University entstand oder der an der Seoul National University geklonte Windhund »Snuppy«. Mit dem Prinzip der Konservierung von Erbmaterial von bereits ausgestorbenen oder vom Aussterben bedrohten Tierarten verspricht man sich in Kombination mit dem Klonen auch einen Beitrag zum Artenschutz, so z. B. im Frozen-Zoo-Project am Institute for Conservation Research in San Diego (s. Kap. 52).

42.3 Tierethische Positionen

Die Nachricht vom ersten SCNT-geklonten Schaf löste eine breite akademische und gesellschaftspolitische Debatte aus. Im Fokus der Diskussionen standen um die Jahrtausendwende vor allem die Frage nach der Möglichkeit und ethischen Vertretbarkeit des Klonens von Menschen (McGee 1998/2002; Ach/Brudermüller/Runtenberg 1998; Krohmer 2007). Auch zehn Jahre später stehen in den Risikobewertungen der FDA und der EFSA zur Lebensmittelsicherheit von Erzeugnissen, die von Klonen und ihren Nachkommen stammen, vorwiegend menschliche Interessen im Vordergrund. Allerdings werden in der akademischen, politischen und rechtlichen Debatte auch vermehrt tierethische Aspekte, wie das tierliche Wohlbefinden im Kontext der Nutztierzucht (Gjerris 2006; EFSA 2008), in Betracht gezogen (s. Kap. 34). So wurden 2015 beim Beschluss des EU-Parlaments, das Klonen von Tieren zu Nahrungsmittelzwecken zu verbieten, auch Argumente zu Tiergesundheit und Tierschutz prominent vertreten.

In der (tier-)ethischen Diskussion zum Tierklonen können mindestens folgende vier Dimensionen unterschieden werden: Eine *erste Dimension*, die das Klonen beim Menschen und das Tierklonen betrifft, umfasst deontologische Pro- und Kontraargumente, die das Klonen als biotechnologisches Handeln unabhängig von seinen Folgen bewertet. Eine *zweite Dimension* berücksichtigt neben allen beim Klonen beteiligten Tieren, Zellkernspender, Eizellspenderin, Leihmutter und Klon, die als Mittel zu fremden Zwecken eingesetzt werden. Gesteht man diesen einen moralischen Status zu, stellen sich Fragen, ob und wenn ja, in welcher Weise man diese Tiere instrumentalisieren darf (s. Kap. 28), z. B. inwiefern das Klonen ihr Wohlbefinden tangiert, ob ihre Würde oder Integrität oder ggf. bestimmte moralische Rechte dabei geachtet bzw. verletzt werden. In einer *dritten Dimension* sind bei der Bewertung die Zwecke ethisch relevant, zu welchen die Tiere im Verlaufe des SCNT-Verfahrens eingesetzt und geklont werden. Verbunden mit den jeweiligen Zwecken werden in einer *vierten Dimension* unterschiedliche Haltungsbedingungen und spezifische Praxen, die das Klonen zwar nicht direkt betreffen, aber als Kontextbedingungen ebenfalls berücksichtigt werden müssen, in den Blick genommen.

Sowohl Befürworterinnen und Befürworter als auch Gegnerinnen und Gegner rekurrieren auf die Natürlichkeit bzw. Unnatürlichkeit des Klonens. Versteht man experimentelles Klonen als moralisch unproblematische Nachahmung ungeschlechtlicher Fortpflanzung, die bei Pflanzen und Tieren ohne menschliche Einwirkung zu beobachten ist, dann stimmt das zwar für das Phänomen der asexuellen Fortpflanzung im Allgemeinen, auf das SCNT-Klonen im Speziellen trifft die Behauptung jedoch nicht zu, da der SCNT in der Natur nicht vorkommt. Natürlichkeitsargumente, die von ›natürlich‹ und ›unnatürlich‹ als normative Kategorien ausgehen, stehen zudem vor der Herausforderung, die Normativität des Natürlichen bzw. Unnatürlichen begründen zu müssen. Ohne ein Brückenprinzip zwischen dem faktisch Gegebenen und dem moralisch Gebotenen liegt ein naturalistischer Fehlschluss nach Hume vor. Das intuitionistische Argument des ›Igitt-Faktors‹ (Kass 1997) und die damit verbundene ›archaische Abscheu‹ vor geklonten Ebenbildern (Habermas 1998, 243) als auch das Argument der Hybris gegenüber einer göttlichen Instanz (Fiester 2005, 337 ff.) wird beim Tierklonen weniger prominent vertreten als es beim Klonen von Menschen der Fall ist.

Während Argumente der Natürlichkeit und der Rekurs auf moralische Intuitionen das Klonen als Biotechnologie betreffen, konzentriert sich die tierethische Debatte auf Positionen, Konzepte und Argumente, die jene Tiere zum Gegenstand haben, die beim Klonen beteiligt sind. Eine Analyse und Bewertung des Tierklonens findet sich in unterschiedlichen, sich zum Teil entgegenstehenden Positionen (Camenzind 2011). Eine erste grundlegende Unterscheidung betrifft dabei die Frage, ob und welchen moralischen Status die beim Klonen verwendeten Tiere besitzen.

Eine *anthropozentrische Position* gesteht nur dem Menschen einen moralischen Status zu (s. Kap. 24). Tierliche Interessen werden insofern und nur soweit berücksichtigt, als sie dem Menschen dienlich sind. Für das Tierklonen sprechen aus anthropozentrischer Sicht die vielfältigen Anwendungen in Forschung, Medizin und in der Nutz- und Heimtierzucht. Voraussetzung für die ethische Vertretbarkeit in der Nutztierzucht ist die Gewährleistung der Lebensmittelsicherheit von Produkten von geklonten Tieren und ihren Nachkommen. Gesundheitliche Risiken für Fleisch- und Michprodukten konnten nach den Risikobewertungen der FDA (2008) und EFSA (2008) und Nachfolgegutachten für Rinder, Schweine und Ziegen (FDA) sowie Rinder und Schweine (EFSA) weitgehend ausgeschlossen werden. Da die Studien auf einer beschränkten Datengrundlage basieren und noch keine Langzeitstudien vorliegen, sind weitere Nachfolgegutachten zu erwarten. Kritisch am Klonen von Heimtieren wird vermerkt, dass von einer falschen Leistung des SCNT ausgegangen wird (Bok 2002, 235 ff.). Das verstorbene Heimtier kann durch das Klonen nicht wieder zum Leben erweckt, sondern nur genetisch reproduziert werden. Aus anthropozentrischer Sicht wird gegen das Tierklonen das Schiefe-Ebene-Argument eingewandt, dass das Klonen von Tieren das Klonen von Menschen nach sich ziehen werde, wobei Letzteres als eine moralisch bedenkliche Praxis gewertet wird. Dem Argument kann eingeschränkt zugestimmt werden: Das reproduktive Klonen von Menschen wird nicht zuletzt aufgrund der hohen gesundheitlichen Risiken für die Klone und Leihmütter, aufgrund der Frage nach der Beschaffung von Eizellen und möglichen sozio-psychologischen Problemen für den Klon überwiegend abgelehnt. Das Schiefe-Ebene-Argument überzeugt hier also nicht. Anders verhält es sich beim sogenannten ›therapeutischen Klonen‹, das explizit die medizinische Anwendung beim Menschen anstrebt. Im Rahmen der Stammzellforschung wurden nach Versuchen mit Primaten auch menschliche embryonale Stammzellen erfolgreich aus adulten Hautzellen geklont. Das therapeutische Klonen hat im Unterschied zum reproduktiven Klonen jedoch nicht die Reproduktion eines Individuums zum Ziel, sondern nur die Herstellung von menschlichem Gewebe.

Verlässt man den anthropozentrischen Rahmen und wendet sich Positionen zu, die Tieren einen moralischen Status zugestehen, dann werden folgende Ansätze diskutiert:

(Präferenz-)Utilitaristische Ansätze, die alle empfindungsfähigen Tiere als ethisch relevant betrachten, lehnen das Tierklonen nicht prinzipiell ab (s. Kap. 13). Aufgrund des aktuellen Forschungsstands stellen die zu erwarteten gesundheitlichen Belastungen der beim Klonen beteiligten Tiere jedoch ernstzunehmende ethische Probleme dar. In Rahmen einer utilitaristischen Güterabwägung muss gefragt werden, welche beim Klonen angestrebten gesellschaftlichen Interessen und Güter das gesundheitliche Risiko der involvierten Tiere rechtfertigen können. Während sich das Klonen von Heimtieren bei gleichbleibender tiefer Effizienz kaum ethisch begründen lassen wird, könnte die Herstellung von transgenen Tieren aufgrund der von William Russel und Rex R. Burch (1959) entwickelten 3R-Prinzipien – *Replacement, Reduction, Refinement* – geboten sein, wenn es hilft, die Tierversuchsanzahl zu verringern. Damit wird aber bereits eine Position vorausgesetzt, dass Tierversuche ein angemessenes Mittel und ihre Ziele ethisch erlaubt, bzw. geboten sind (s. Kap. 46).

Dementgegen lehnen *deontologischen Positionen* wie Tom Regans Tierrechtstheorie (Regan 2004) Güterabwägungen ab, die es prinzipiell erlauben, das Wohl des Einzelnen dem Wohl der Gesellschaft unterzuordnen (s. Kap. 15). Der Tierrechtstheorie zufolge werden beim Klonen mehrere grundlegende moralische Rechte verletzt, wie das Recht auf körperliche Unversehrtheit oder das Recht, als Wesen mit einem inhärenten Wert geachtet zu werden (s. Kap. 14). Unabhängig von aktuellem Forschungsstand und Effizienz kritisieren sie auch die Zwecke des Klonens, die im Dienste verschiedener Industrien stehen und Tiere vorwiegend als kommerzielle Ressourcen betrachten.

Im Laufe der gentechnischen Entwicklung der 1990er Jahren wurden verschiedene *non-sentientistische Kriterien* entwickelt, die eine ethische Beurteilung des Klonens jenseits der Empfindungsfähigkeit erlauben. Dazu zählen die Würde der Kreatur und die tierliche Integrität (s. Kap. 29). So verlangt die *tierliche Würde*, welche seit 2005 in Artikel 3. lit a des Schweizer Tierschutzgesetzes positivrechtlich verankert ist, dass bei konfligierenden Interessen nicht nur Schmerzen, Leiden, Schäden oder Angst berücksichtigt werden müssen, sondern auch Erniedrigung, tiefgreifende Eingriffe in Erscheinungsbild oder Fähigkeiten und übermäßige Instrumentalisierung. Das Risiko für sentientistische Würdeverletzungen, Schmerzen, Leiden und Schäden bestehen beim SCNT vor allem für den Klon und die Leihmutter. Tiefgreifende Eingriffe in Erscheinungsbild und Fähigkeiten betreffen beim Klonen nur transgene Tiere. Die Frage nach einer übermäßigen Instrumentalisierung muss für die jeweiligen Anwendungsgebiete und die jeweiligen Tiere eigens geprüft werden. Durch die Indienstnahme einer großen Anzahl von Tieren als Eizellspenderinnen, Zellkernspender etc., in Kombination mit ihrem rechtlichen Besitzstatus, und der Inkaufnahme von gesundheitlichen Schäden sind jedoch im Rahmen der beim Klonen angestrebten Standardisierung und dem Kontext der Massenproduktion mehrere Anzeichen einer moralisch problematischen Verdinglichung gegeben (Camenzind 2015, 31 ff.).

Das in den Niederlanden entwickelte Konzept der *tierlichen Integrität* (engl. *animal integrity*) ist ebenfalls in einen rechtlichen Kontext eingebunden. Integrität umfasst hier neben der körperlichen Unversehrtheit, auch ein speziesspezifisches Gleichgewicht zwischen einem Tier und seiner Umwelt, das ihm erlaubt zu überleben und sich fortzupflanzen (Rutgers/Heeger 1999, 45). Mit dem Integritätskonzept ist es sowohl möglich, unterschiedliche Eingriffsgrade für die beim Klonen notwendigen Praktiken zu bestimmen als auch SCNT mit anderen Reproduktionsmethoden (z. B. künstliche Besamung oder Befruchtung, gentechnische Eingriffe) zu vergleichen. Im Gegensatz zum Tierrechte-Ansatz vertreten Bart Rutgers und Robert Heeger die Position, dass Integritätsverletzungen nicht kategorisch verboten sind. Die gesellschaftlichen Güter müssen jedoch umso schwerer wiegen, je gravierender ein biotechnologischer Eingriff ist, um ihn ethisch rechtfertigen zu können. Ebenso entscheidet die Einzelfallbeurteilung im Schweizer Würdekonzept, welche gesellschaftlichen Güter eine Würdeverletzung rechtfertigen können (s. Kap. 29).

Die vierte Dimension betrifft *Kontextbedingungen* und Nebenerscheinungen des Klonens, die ethisch relevant, jedoch nicht direkt mit dem SCNT zusammenhängen müssen, da sie an den jeweiligen Versuchszweck oder spezifische Praxen gebunden sind. So kann z. B. mit Martha Nussbaums *Capabilites Approach* (2010) nach den spezifischen Haltungsbedingungen für Nutz-, Versuchs,- und Heimtiere gefragt werden – also danach, ob sie den Tieren ein gutes, ihrer Art entsprechendes Leben ermöglichen (s. Kap. 18–19). Weiter spielt ethisch eine Rolle, wie Oozyten beschafft werden oder wie mit sogenannten ›Ausschusstieren‹ verfahren wird, die ihre Funktion nicht erfüllen, so z. B. im Falle von transgenen Tieren, die eine gewünschte Substanz nicht exprimieren.

42.4 Fazit und Ausblick

Seit der Geburt des geklonten Schafes Dolly ist es der Wissenschaft gelungen, das SCNT-Klonen mit verschiedenen anderen Säugetieren erfolgreich zu wiederholen. Dies eröffnete potentielle Anwendungsmöglichkeiten des Klonens für die Grundlagenforschung, Nutztier- und Heimtierzucht sowie für den Artenschutz. Kommerzielles Klonen hat sich bis heute nicht durchgesetzt. Gründe dafür liegen in der Unsicherheit und Ineffizienz des SCNT, den damit verbundenen hohen Kosten, aber auch der Skepsis vieler Konsumenten gegenüber Klonen und Gentechnik. Einen Meilenstein stellen die wissenschaftlichen Erkenntnisse des Klonens für die Entwicklungsbiologie, Gentechnik und Stammzellforschung dar. So war der SCNT der entscheidende Zwischenschritt für die effizientere Herstellung und Reproduktion von transgenen Tieren sowie die Gewinnung von induzierten pluripotenten Stammzellen (iPS-Zellen), die in der regenerativen Medizin eingesetzt werden könnten.

Da verschiedene staatliche Risikobewertungen die Lebensmittelsicherheit von Produkten von geklonten Tieren und ihren Nachkommen als sicher einstufen, spricht aus anthropozentrischer Sicht wenig gegen das Tierklonen. Dementgegen fällt eine ethische Bewertung des Klonens aus der Perspektive aller anderen tierethischen Positionen, welche eine moralische Sonderstellung des Menschen ablehnen, kritisch aus. Gesteht man empfindungsfähigen Tieren einen moralischen Status zu, dann werden aufgrund der aktuellen niedrigen Effizienz das tierliche Wohlbefinden negativ tangiert sowie die tierliche Würde, die Integrität der Tiere und Tierrechte verletzt. Das Dilemma der Forschung besteht nun darin, dass sie eine unbestimmbare Zahl von Tieren gesundheitlichen Risiken aussetzen muss, um eine potentielle Effizienzsteigerung zu erreichen. Es stellt sich diesbezüglich die Frage, welche ökonomischen und wissenschaftlichen Interessen die für die Tiere aktuell zu erwartenden gesundheitlichen Risiken rechtfertigen können. Das Klonen steht zudem gegenwärtigen Tendenzen in Recht, Ethik und Wissenschaft entgegen, das Tierwohl stärker zu gewichten sowie das wissenschaftstheoretische Paradigma der Standardisierung im Tierexperiment zu hinterfragen.

Literatur

Ach, Johann S./Brudermüller, Gerd/Runtenberg Christa: *Hello Dolly? Über das Klonen.* Frankfurt a. M. 1998.

Ammann, Daniel/Cimerman, Zvjezdana: *Bio- und Gentechnik bei Tieren.* Zürich 2007.

Brandt, Christina: Zeitschichten des Klons. Anmerkung zu einer Begriffsgeschichte. In: *Ber. Wissenschaftsg.* 33/2 (2010), 123–146.

Bok, Hilary: Cloning Companion Animals Is Wrong. In: *Journal of Applied Animal Welfare Science* 5/3 (2002), 233–238.

Camenzind, Samuel: *Klonen von Tieren – eine ethische Auslegeordnung.* Schulthess 2011.

Camenzind, Samuel: On Clone as Genetic Copy: Critique of a Metaphor. In: *Nanoethics* 9/1 (2015), 23–37.

Gjerris, Mickey: *Ethics and Farm Animal Cloning: Risks, Values and Conflicts.* Danish Centre for Bioethics and Risk Assessment. Frederiksberg 2006.

European Food Safety Authority (EFSA): Scientific opinion of the scientific Commitee. Food safety, animal health and welfare and environmental impact of animals derived from cloning by somatic cell nucleus transfer (SCNT) and their offspring and products obtaind from these animals (Question No EFSA-Q-2007-092). In: *The EFSA Journal* 767 (2008), 1–49.

European Food Safety Authority (EFSA): Klonen von Tieren (2016). In: http://www.efsa.europa.eu/de/topics/topic/cloning (11.2.2016).

Europäische Kommission: *Vorschlag für eine Richtlinie des Rates über das Inverkehrbringen von Lebensmitteln von Klontieren.* COM (2013) 893 final. In: http://www.ipex.eu/IPEXL-WEB/dossier/document/COM20130893.do.

Fiester, Autumn: Ethical Issues in Animal Cloning. In: *Perspectives in Biology and Medicine* 48/3 (2005), 328–343.

Habermas, Jürgen: Ein Argument gegen das Klonen von Menschen. Drei Repliken. In: Ders. *Die Postnationale Konstellation. Politische Essays.* Frankfurt a. M. 1998, 243–256.

Karafyllis, Nicole C. (Hg.): *Biofakte. Versuch über den Menschen zwischen Artefakt und Lebewesen.* Paderborn 2003.

Kass, Leon: The Wisdom of Repugnance: Why We Should Ban the Cloning of Humans [1997]. In: Glenn McGee (Hg.): *The Human Cloning Debate.* Berkeley 2002, 68–106.

Krohmer, Tobias: *Klonen oder nicht klonen? Analyse und Bewertung der bioethischen Argumente zum Thema Klonen.* Berlin 2007.

McGee, Glen (Hg.): *The Human Cloning Debate* [1998]. Berkeley 2002.

Nussbaum, Martha C.: *Die Grenzen der Gerechtigkeit. Behinderung, Nationalität und Spezieszugehörigkeit* [2006]. Berlin 2010.

Regan, Tom: *The Case for Animal Rights* [1983]. Berkeley/Los Angeles ³2004.

Russel, William M. S./Burch, Rex R.: *The Principle of Humane Experimental Technique.* London 1959.

Rutgers, Bart/Heeger, Robert: Inherent worth and respect for animal integrity. In: Marcel Dol et al. (Hg.): *Recognizing the Intrinsic Value of Animals.* Assen 1999, 41–51.

Schnieke, Angelika E. et al.: Human Factor IX Transgenic Sheep Produced by Transfer of Nuclei from Transfected Fetal Fibroblasts. In: *Science* 278/5346 1997, 2130–2133.

Schreiner, Regine: *Klonen durch Zellkerntransfer. Stand der Forschung.* Berlin 2005. In: http://www.ethikrat.org/dateien/pdf/klonen-durch-zellkerntransfer.pdf (9.1.2016).

Schweizer Tierschutzgesetz (TSchG), 16. Dezember 2005, SR 455. In: http://www.admin.ch/opc/de/classified-compilation/20022103/index.html (9.1.2016).

Suk, Jonathan et al.: Dolly for Dinner? Assessing commercial and regulatory trends in cloned livestock. In: *Nature Biotechnology* 25/1 (2007), 47–53.

U. S. Food and Drug Administration (FDA): *Animal cloning: A risk assessment.* 2008. In: http://www.fda.gov/AnimalVeterinary/SafetyHealth/AnimalCloning/ucm055489.htm (9.1.2016).

U. S. Food and Drug Administration (FDA): Animal Cloning 2016. In: http://www.fda.gov/AnimalVeterinary/SafetyHealth/AnimalCloning/ucm055516.htm#ethics2016 (11.2.2016).

Webber, Herbert J.: New Horticultural and Agricultural Terms. In: *Science* 18/459 (1903), 501–503.

Wilmut, Ian et al.: Viable Offspring Derived from Fetal and Adult Mammalian Cells. In: *Nature* 385/6619 (1997), 810–813.

Wilmut, Ian et al.: Somatic Cell Nuclear Transfer. In: *Nature* 419/6907 (2002), 583–586.

Wilmut, Ian/Campbell, Keith/Tudge, Colin: *Dolly. Der Aufbruch ins biotechnische Zeitalter* [2000]. München 2002.

Samuel Camenzind

43 Nutztierhaltung

Seit mehr als 10.000 Jahren werden Tiere von Menschen als Nutztiere gehalten, insbesondere mit dem Ziel, landwirtschaftliche Güter zu produzieren und zu nutzen. Weltweit werden heute etwa 20 Säugerarten sowie zehn Vogelarten – in allerdings immenser Zahl – wirtschaftlich genutzt. Allein in Deutschland gibt es mehr als 275.000 landwirtschaftliche Betriebe, in denen rund 12,4 Millionen Rinder und 23,8 Millionen Schweine leben. Hinzu kommen Millionen weiterer landwirtschaftlich genutzter Tiere wie zum Beispiel Schafe, Ziegen, Pferde oder Hühner. 2012 wurden in Deutschland 627.941.000 Hühner, 58.350.000 Schweine, 37.700.000 Puten, 25.469.000 Enten, 3.244.000 Rinder und 1.085.000 Schafe (überwiegend für den menschlichen Konsum) geschlachtet.

Als *Tierhaltung* bezeichnet man allgemein die Haltung von Nutztieren in menschlicher Obhut. Aus rechtlicher Perspektive handelt es sich bei der Nutztierhaltung um eine Haltung von Tieren, die das Ziel der Erwerbstätigkeit verfolgt. Die Nutzung von Tieren in der Landwirtschaft und zur Gewinnung von Nahrungsmitteln stellt eine von zahlreichen Formen der *Tiernutzung* dar. Dazu gehören neben der Lebensmittelproduktion beispielsweise die tierexperimentelle Forschung (s. Kap. 46), die Haltung von Tieren zu Zwecken der Unterhaltung im Zirkus (s. Kap. 50) oder ihr Gebrauch als Heim- und Schoßtiere (s. Kap. 38). Tiernutzung findet überall dort statt, wo Tiere durch den Menschen in irgendeiner Form in Dienst genommen werden. Von *Tierverbrauch* kann man dann sprechen, wenn Tiere im Zuge ihrer Nutzung getötet werden. Unabhängig davon, ob sich Tiernutzung und Tierverbrauch in der Praxis durchgängig trennscharf unterscheiden lassen oder nicht, ist diese terminologische Unterscheidung für die normative Diskussion insofern bedeutsam, da die Gründe, die für oder wider die Nutzung von Tieren vorgebracht werden können, nicht notwendigerweise die gleichen Gründe sind, die im Hinblick auf die Tötungsfrage relevant sind.

43.1 Ethische Aspekte der Nutztierhaltung

Umfassende Perspektive

Die Nutzung und der Verbrauch von Tieren in der Landwirtschaft sind in der tierethischen Diskussion neben der Problematik von Tierversuchen von Beginn an ein zentrales Thema gewesen. Bereits in seinem 1975 erstmals erschienenen Buch *Animal Liberation* klagte Peter Singer Tierversuche und Fleischkonsum als die zwei Hauptformen des ›Speziesismus‹ an (Singer 1996, insbes. Kap. 3; s. Kap. 33).

Die ethische Perspektive auf die Nutzung von Tieren in der Lebensmittelproduktion hat sich demgegenüber heute in mindestens zweifacher Hinsicht ausgeweitet: Zum einen stehen heute nicht mehr nur die Massentierhaltung, sondern grundsätzlich alle Formen der Tierhaltung und -nutzung auf dem Prüfstand. Dabei zeigt sich, dass es zum Beispiel offenbar keinen direkten Zusammenhang zwischen der Anzahl der gehaltenen Tiere und der Wahrscheinlichkeit von Leid oder Schmerzen auf Seiten der Tiere gibt (Grimm 2012, 277). Zum anderen richtet sich das Augenmerk auf die gesamte Handlungskette (*life cycle approach*) von der Tierzucht (und den Zuchtzielen) über die Tierhaltung in der landwirtschaftlichen Produktion bis hin zur Problematik von Tiertransporten und der Schlachtung/Tiertötung.

Eine umfassende Bewertung der Praxis der Tiernutzung und des Tierverbrauches muss einen Ansatz verfolgen, der die Nutzung von Tieren vom Beginn ihres Lebens an bis zu ihrem Tod in den Blick nimmt. Sie muss darüber hinaus einerseits bestimmte Praktiken zum Gegenstand machen (Ferkelkastration, Kupieren von Schnäbeln und Schwänzen, Tötung männlicher Eintagsküken), darf andererseits aber auch systemimmanente Aspekte etablierter Zucht- und Haltungsformen von Nutztieren (Aufstallungssysteme, Nutzung von Medikamenten und Leistungsförderern, Futterregime) nicht aus dem Blick verlieren (vgl. dazu Wolfschmidt 2016). Eine solcherart systematische ethische Auseinandersetzung mit der Zucht, Haltung, Nutzung und dem Verbrauch von Tieren in der Landwirtschaft findet derzeit allenfalls in Ansätzen statt. Roger J. Busch und Peter Kunzmann haben aber immerhin ein »ethisches Bewertungsmodell zur Tierhaltung in der Landwirtschaft« vorgeschlagen, das berücksichtigen soll, »für welches Handlungssubjekt welche Handlungsalternative unter welchen Bedingungen erreichbar ist« (Busch/Kunzmann 2006, 80).

Tiernutzung als Güterabwägung

Das mit der Nutzung und dem Verbrauch von Tieren durch den Menschen verbundene ethische Problem wird häufig als spezifische Form einer Güterabwägung aufgefasst. Dabei kann man grundsätzlich zwischen zwei Arten von Gütern unterscheiden, nämlich menschlichen Gütern einerseits, und Gütern, die ei-

J. S. Ach / D. Borchers (Hg.), *Handbuch Tierethik*, https://doi.org/10.1007/978-3-476-05402-9_43

nen Bezug zu den betroffenen Tieren haben anderseits. Hinsichtlich der tierlichen Güter müssen dabei nicht nur Güter wie Schmerzvermeidung etc. berücksichtig werden, sondern auch ›mittelbare‹ Güter wie beispielsweise die Interessen von sozialen Tieren an der Unversehrtheit ihrer Artgenossen. Den bei Tieren im Zusammenhang ihrer Nutzung verursachten Schmerzen, Leiden oder Schäden, wozu auch ihre Tötung gehört, stehen dabei im Wesentlichen die Interessen des Menschen am Konsum bestimmter Lebensmittel, an möglichst gesunden und/oder preiswerten Nahrungsmitteln tierlicher Herkunft, an der Aufrechterhaltung eines bestimmten Produktionssystems oder auch am Erhalt einer kulturellen Praxis entgegen. Es sind, mit anderen Worten, diätetische, kulinarische, ökonomische oder auch kulturelle Interessen, die – gegen die Interessen von Tieren – in die Waagschale gelegt werden.

Allerdings hat man es nicht in jedem Fall, in dem es einen Interessenkonflikt gibt, zugleich mit einer Situation zu tun, in der in einem strengen Sinn eine Güterabwägung erforderlich ist. Güterabwägungen sind vielmehr immer dann erforderlich, wenn (1) mindestens zwei Güter, Rechte oder Interessen auf dem Spiel stehen, (2) keine absoluten Vorrangregeln existieren und (3) nicht beide fraglichen Güter, Rechte oder Interessen gleichzeitig realisiert, geschützt oder erfüllt werden können. Diese Situation scheint im Hinblick auf die Nutzung bzw. den Verbrauch von Tieren in der landwirtschaftlichen Produktion durchaus gegeben zu sein. Jedenfalls dann, wenn man voraussetzt, dass Nutzung bzw. Verbrauch *de facto* immer mit Schmerzen, Leiden oder Schäden für die genutzten (und getöteten) Tiere verbunden ist, und dass eine Abkehr von der Nutzung und dem Verbrauch von Tieren in der Landwirtschaft durch den Menschen mittelfristig nicht zu erwarten ist.

Rubriziert man die verschiedenen tierethischen Positionen hinsichtlich der beiden Fragen, (a) ob sie die ethische Problematik der Tiernutzung überhaupt als Güterabwägung auffassen, und (b) welches Gewicht sie den Gütern, Rechten oder Interessen von Tieren gegenüber den Gütern, Rechten oder Interessen von Menschen geben, dann lassen sich idealtypisch vier Theorieoptionen unterscheiden: Nämlich (1) Positionen, die Tieren keinerlei eigene schützenswerte Güter, Interessen oder Rechte zuschreiben, (2) Positionen, die in der Tiernutzung ein moralisches Dilemma sehen, (3) Positionen, die Tieren einen inhärenten Wert bzw. eine (unabwägbare) Würde zuschreiben, sowie (4) Positionen, die eine prinzipielle Abwägbarkeit tierlicher und menschlicher Interessen behaupten und zulassen (zu dieser Systematik: Nuffield Council on Bioethics 2005). Zusammenfassend kann man feststellen, dass hierarchische Varianten einer Abwägungsposition, die die Nutzung bzw. den Verbrauch von Tieren zum Zwecke der Lebensmittelerzeugung und -gewinnung als eine Frage der Güterabwägung thematisieren können und einen grundsätzlichen Vorrang menschlicher Interessen, Güter oder Rechte behaupten, zwar den moralischen Intuitionen der meisten Menschen entgegenkommen und in der fachwissenschaftlichen ebenso wie in der öffentlichen Debatte die Mehrheitsposition darstellen dürften, insgesamt aber nur ein schmales Segment der tierethischen Positionen ausmachen. Viele tierethische Positionen, darunter u. a. auch die prominentesten Positionen der »modernen« Tierethik (Regan/Singer 1976; Regan 1984; Singer 1996), widersprechen zumindest einer der beiden genannten Auffassungen und bestreiten entweder die Möglichkeit einer Güterabwägung, die These eines (grundsätzlichen) Vorrangs menschlicher Interessen oder beides.

Negative und positive Pflichten

So gut wie alle gegenwärtig diskutierten tierethischen Ansätze stimmen darin überein, dass (empfindungsfähige) Tiere zur moralischen Gemeinschaft gehören, und dass der Mensch Tieren gegenüber moralische Verpflichtungen hat. Die verschiedenen tierethischen Ansätze unterscheiden sich zwar hinsichtlich der Begründung dieser Verpflichtung und auch hinsichtlich ihres materialen Inhalts; dass Tiere um ihrer selbst willen moralische Berücksichtigung finden müssen, ist aber weitgehend unumstritten (s. Kap. 31).

Eine Mehrheit der Ansätze gelangt dabei zu der Einsicht, dass wir nicht nur negative Verpflichtungen gegenüben Tieren haben, also moralische Unterlassungspflichten, die die Zufügung von Schmerzen, Leiden oder Schäden verbieten. Die Mehrzahl der Ansätze erkennt darüber hinaus vielmehr auch positive Pflichten (zumindest gegenüber bestimmten Tieren) an, also Pflichten der Fürsorge oder der Benevolenz. Verschiedene Formen der Mensch-Tier-Beziehung, so beispielsweise Ursula Wolf, haben verschiedene Handlungsanforderungen an moralische Akteurinnen und Akteure zur Folge. Wolle man bestimmen, welche konkreten Pflichten wir gegenüber Tieren haben, müsse man zunächst verschiedene Formen der Mensch-Tier-Beziehung unterscheiden. Für grundlegend hält Wolf dabei die Unterscheidung zwischen der Beziehung des Menschen zu Tieren, die in der menschlichen Gemeinschaft leben, einerseits, und der Beziehung des Menschen zu Tieren in der Natur andererseits (Wolf 2012, 94 ff.). Zu ersterer Gruppe gehören tierliche Gefährten ebenso wie Nutztiere. Wolf zufolge haben wir gegenüber Nutztieren zum einen negative Pflichten, die sich allen empfindungsfähigen oder fühlenden Lebewesen gegenüber begründen lassen, und die gewissermaßen zum Kern der Moral gehören. Diese verbieten es, das Wohlbefinden von Tieren durch Leidenszufügung und Einschränkung der Betätigungsmöglichkeiten zu gefährden. Darüber hinaus lassen sich gegenüber Nutztieren aber auch Fürsorgepflichten begründen; also solche Pflichten, »die gegen alle abhängigen fühlenden Wesen gelten« (Wolf 2012, 97): »Gegen Tiere, die wir in der Gesellschaft nutzen, haben wir nicht nur negative Pflichten der Nicht-Zufügung von Leiden, sondern auch Fürsorgepflichten. Genauer hat der Halter des Tiers die Verpflichtung, für es zu sorgen; er ist, wie man auch sagen könnte, für dieses Tier verantwortlich« (Wolf 2012, 98). Ähnlich argumentiert auch Otfried Höffe, der ebenfalls mit dem Begriff der Verantwortung operiert, wenn er feststellt: »Nach dem Prinzip Mitleid verdienen alle schmerz- und leidensfähigen Tiere dieselbe Zuwendung; sie haben aber kein Recht darauf. Nach dem Gedanken der Gerechtigkeit gibt es unterschiedliche Stufen der Verantwortung und zumindest ansatzweise auch Rechte« (Höffe 1993, 232).

Zu den bekanntesten Pflichtenkatalogen, die hinsichtlich des Umgangs mit Nutztieren formuliert worden sind, gehören die sogenannten ›Fünf Freiheiten‹, die vom Farm Animal Welfare Council erstmals 1979 formuliert und in die Diskussion eingeführt worden sind:

»We believe that an animal's welfare, whether on farm, in transit, at market or at a place of slaughter should be considered in terms of ›five freedoms‹. These freedoms define ideal states rather than standards for acceptable welfare. [...]

1. Freedom from Hunger and Thirst – by ready access to fresh water and a diet to maintain full health and vigour.
2. Freedom from Discomfort – by providing an appropriate environment including shelter and a comfortable resting area.
3. Freedom from Pain, Injury or Disease – by prevention or rapid diagnosis and treatment.
4. Freedom to Express Normal Behaviour – by providing sufficient space, proper facilities and company of the animal's own kind.
5. Freedom from Fear and Distress – by ensuring conditions and treatment which avoid mental suffering« (Farm Animal Welfare Council 2009).

Dieser ethische Schutz muss nach in der tierethischen Diskussion weitverbreiteter Auffassung einem ›individualistischen‹ Ansatz verpflichtet sein, der das einzelne tierliche Individuum und nicht die Gruppe oder die Spezies zum Gegenstand moralischer Verpflichtungen macht. Er muss sich daher an den konkreten Eigenschaften und Fähigkeiten tierlicher Individuen orientieren, an ihren Bedürfnissen und ihrem Wohl (s. Kap. 34). Nutz- und andere Tiere haben demzufolge beispielsweise einen Anspruch auf eine (möglichst) schmerzlose Tötung, ein gesundes Leben sowie auf angemessene Ernährung und ausreichenden Auslauf. Sie haben einen Anspruch darauf, in ihrer körperlichen Integrität nicht durch Gewaltanwendung, Missbrauch oder andere Formen der Schädigung verletzt zu werden. Sie haben darüber hinaus auch einen Anspruch auf Bewegungsfreiraum, Licht und eine sinnlich stimulierende Umwelt (vgl. dazu beispielsweise auch die von Nussbaum formulierte Liste von Fähigkeiten und entsprechenden Ansprüchen von Tieren: Nussbaum 2010).

Tötung von Nutztieren

Insbesondere mit Blick auf die Gewinnung von Lebensmitteln tierlicher Herkunft kommt der Frage der moralischen Bewertung der Tötung von Nutztieren besondere Bedeutung zu. Häufig werden die Frage der landwirtschaftlichen Nutzung von Tieren und die Praxis des Fleischkonsums sogar ausschließlich unter dem Gesichtspunkt der Zulässigkeit der Tiertötung diskutiert. Die tierethische Problematik der Nutzung von Tieren in der Landwirtschaft reduziert sich damit schnell auf die Frage, ob eine vegetarische/vegane Lebensweise moralisch geboten ist (s. Kap. 60).

Von anderen Kontexten, in denen die Tötung von Tieren ebenfalls eine Rolle spielt, unterscheidet sich die Frage der Tötung von Nutztieren mindestens in zweierlei Hinsicht: Zum einen dadurch, dass die Lebenszeit der Tiere in der Nutztierhaltung in Relation zu ihrer natürlichen Lebensspanne extrem kurz ist. Im Durchschnitt sind zum Beispiel Milchkühe, deren natürliche Altersgrenze bei 15 bis 20 Jahren liegt, fünfeinhalb Jahre alt, wenn sie geschlachtet werden. Zum anderen werden Nutztiere überwiegend zugunsten menschlicher Interessen am Konsum von Lebensmitteln tierlicher Herkunft getötet. Ob auch diätetische, kulinarische, ökonomische oder kulturelle Interessen die Tötung von Tieren rechtfertigen, ist Gegenstand einer anhaltenden ethischen Kontroverse (s. Kap. 35). Sofern man, wie beispielsweise Nussbaum, »die Produktion notwendiger oder nützlicher Nahrungsmittel« (Nussbaum 2010, 529) für einen rechtfertigenden Grund hält, haben empfindungsfähige Tiere aber in jedem Falle einen moralisch begründeten Anspruch auf eine (möglichst) schmerzlose Tötung.

Nussbaum schlägt in diesem Zusammenhang vor, »aus Klugheitsgründen zunächst ein Verbot aller Formen der Tierquälerei« anzustreben, »und dann langsam auf einen Konsens gegen die Tötung zumindest von Tieren mit einer komplexen Empfindungsfähigkeit« hinzuarbeiten. Dabei könnte ihrer Auffassung nach ein »wichtiger Schritt in der deutlichen Kennzeichnung von Fleisch bestehen, die anzeigt, unter welchen Bedingungen die Tiere gehalten werden« (Nussbaum 2010, 529 f.).

43.2 Fazit

Ein Durchgang durch verschiedene tierethische Ansätze und der Aufweis, dass sich moralische Schutzziele im Hinblick auf den Umgang mit Nutztieren, möglicherweise sogar ein übergreifender Konsens im Hinblick auf allgemeine Schutzziele (Ach 2013), begründen lassen, wirft die Frage auf, an wen sich die hieraus erwachsenden Forderungen richten. Diese Frage birgt insofern eine gewisse Sprengkraft, als sich die verschiedenen, im Bereich der Haltung und Nutzung von Tieren relevanten Akteurinnen und Akteure die moralische Verantwortung wechselseitig zuzuschieben scheinen, und die unmittelbar in die landwirtschaftliche Lebensmittelproduktion involvierten Akteurinnen und Akteure mit einigem Recht darauf hinweisen können, dass manche der ethisch begründbaren Schutzziele nur um den Preis des ökonomischen Unterganges verwirklicht werden könnten (Grimm 2012).

Vor diesem Hintergrund kann man eine individuelle, eine politische und eine kulturelle Dimension der Verantwortung des Menschen gegenüber Tieren in der landwirtschaftlichen Produktion unterscheiden. Auf individueller Ebene ist eine Problemminimierung und Verbesserung innerhalb der bestehenden Strukturen der Tierhaltung und -nutzung erforderlich, für die diejenigen Verantwortung tragen, die als Züchterinnen und Züchter, Tierhalterinnen und Tierhalter oder als Beschäftigte in Tiertransportunternehmen oder Schlachthöfen unmittelbar oder mittelbar mit den betroffenen Tieren Umgang haben. Eine individuelle Verantwortung haben darüber hinaus auch die Konsumentinnen und Konsumenten von Lebensmitteln tierlicher Herkunft, die mit ihren Konsumentscheidungen zumindest einen gewissen Einfluss auf die Praxis der Tierhaltung und -nutzung nehmen können. Die moralische Verantwortung macht beim Bestehenden aber nicht Halt, sondern verlangt vor dem Hintergrund, dass, wie es in einem Gutachten des Wissenschaftlichen Beirats für Agrarpolitik beim Bundesministerium für Ernährung und Landwirtschaft (BMEL) heißt, viele der derzeitigen Haltungsbedingungen »aus fachlicher Sicht in weiten Teilen nicht tiergerecht und vor dem Hintergrund des gesellschaftlichen Wandels in wesentlichen Teilen nicht zukunftsfähig« (Wissenschaftlicher Beirat Agrarpolitik beim BMEL 2015) sind, auch eine Veränderung der Strukturen der Tierhaltung und -nutzung. Längerfristig ist darüber hinaus schließlich auch eine grundsätzliche Infragestellung der ökonomischen und der kulturellen Voraussetzungen der Tierhaltung und -nutzung sowie des Tierverbrauchs notwendig.

Literatur

Ach, Johann S.: Tiere in der Lebensmittelproduktion. Welche allgemeinen ethischen Schutzkriterien lassen sich begründen? Studie erstellt am Centrum für Bioethik an der Westfälischen Wilhelms-Universität Münster im Auftrag von foodwatch e. V. Berlin (2013) In: https://www.uni-muenster.de/imperia/md/content/bioethik/service/downloads/cfb_drucksache_1_2013_tiere_in_der_lebensmittelproduktion.pdf (5.12.2017).

Busch, Roger J./Kunzmann, Peter: *Leben mit und von Tieren. Ethisches Bewertungsmodell zur Tierhaltung in der Landwirtschaft*. 2. überarb. und erw. Auflage. München 2006.

Farm Animal Welfare Council: Five Freedoms (2009). In: http://webarchive.nationalarchives.gov.uk/20121010012427 / http://www.fawc.org.uk/freedoms.htm (13.1.2013).

Grimm, Herwig: Ethik in der Nutztierhaltung: Der Schritt in die Praxis. In: Herwig Grimm/Carola Otterstedt (Hg.): *Das Tier an sich. Disziplinenübergreifende Perspektiven für neue Wege im wissenschaftlichen Tierschutz*. Göttingen 2012, 276–296.

Höffe, Otfried: *Moral als Preis der Moderne. Ein Versuch über Wissenschaft, Technik und Umwelt*. Frankfurt a. M. 1993.

Nuffield Council on Bioethics: *The ethics on research involving animals*. London 2005.

Nussbaum, Martha: *Die Grenzen der Gerechtigkeit. Behinderung, Nationalität und Spezieszugehörigkeit*. Frankfurt a. M. 2010 (engl. 2006).

Regan, Tom/Singer, Peter (Hg.): *Animal Rights and Human Obligations*. Englewood Cliffs 1976.

Regan, Tom: *The Case for Animal Rights*. London/New York 1984.

Singer, Peter: *Animal Liberation. Die Befreiung der Tiere.* Reinbek bei Hamburg 1996 (engl. 1975).
Wissenschaftlicher Beirat Agrarpolitik beim BMEL: *Wege zu einer gesellschaftlich akzeptierten Nutztierhaltung.* Gutachten. Berlin 2015.
Wolf, Ursula: *Ethik der Mensch-Tier-Beziehung.* Frankfurt a. M. 2012.
Wolfschmidt, Matthias: *Das Schweinesystem. Wie Tiere gequält, Bauern in den Ruin getrieben und Verbraucher getäuscht werden.* Frankfurt a. M. 2016.

Johann S. Ach

44 Sexualpartner

Unter Zoophilie wird die auf Tiere konzentrierte sexuelle Präferenz verstanden. Diese kann zu sexuellen Handlungen zwischen Mensch und Tier führen. Sie kann sich aber auch so äußern, dass nicht die Sexualität im Vordergrund der Beziehung zum Tier steht, sondern die emotionale Bindung. Zoophilie kann entsprechend als eine emotionale Bindung zu einem Tier verstanden werden, die zu einer Bevorzugung des Tieres als Lebensgefährte und/oder Sexualpartner führt. In den Bereich ›übertriebener Tierliebe‹ führt die Diskussion über Zoophilie, sobald die Beziehung zum Tier die sexuelle Ebene verlässt und sich ganz oder teils in der emotionalen Nähe erschöpft. Im Folgenden wird der Begriff der Zoophilie auf die ausgelebte sexuelle Präferenz zwischen Mensch und Tier beschränkt.

Um Missverständnisse zu vermeiden sollte auf den Begriff der Sodomie im Kontext der Diskussion über die Zoophilie besser verzichtet werden. Als Sodomie wurden (und werden manchmal noch immer) – unter Bezugnahme auf das biblische Sodom (und Gomorrha) – verschiedene Sexualpraktiken wie der Analverkehr unter Menschen oder andere Sexualpraktiken, die nicht der Fortpflanzung dienen, bezeichnet, die als sündhaft oder unmoralisch galten (oder gelten).

Sex mit Tieren umfasst unter anderem die Penetration des Tieres (mit dem eigenen Penis oder mit Gegenständen), das Penetriert-werden durch das Tier, oral-genitale Handlungen und Befriedigung durch Reiben der Genitalien am Tier. Die Zoophilie war in verschiedenen Kulturkreisen fest verankert. Überlieferungen über zoophile Handlungen können bis in die letzte Eiszeit zurück verfolgt werden und finden sich beispielsweise in Höhlenmalereien aus der Bronze- und Eisenzeit, in Legenden und Beschreibungen aus der Antike (etwa Zeus in Schwanengestalt), altägyptischen Sagen, in der Bibel und in verschiedenen pornografischen Werken. Größtenteils wurden Praktiken zwischen Göttinnen bzw. Göttern mit Tieren beschrieben. Ob diese zwischen Menschen und Tieren, teils im rituellen Kontext, stattgefunden haben, bleibt offen.

Die Zoophilie gehört gleichwohl zu den seit Menschengedenken tabuisierten sexuellen Praktiken – was im Umkehrschluss auch bedeutet, dass es sie schon immer gab. Heute dient vor allem das Internet als wirksamer Verbreiter von pornografischem Material, das sexuelle Handlungen an und mit Tieren zeigt. Das Internet übernimmt dabei in zweierlei Hinsicht eine wichtige Funktion: Es dient zum einen der Verbreitung von Bildern und Nachrichten oder Terminen einschlägiger Partys usw. Zum anderen bewirkt das Netz auch eine Verstärkung, denn hier finden sich Gleichgesinnte, die einander darin bestärken, dass ihre Neigung ›natürlich‹ und ›normal‹ sei.

Aktuelle Daten zur Zoophilie existieren nicht. Die bislang umfassendste Erhebung ist der Kinsey-Report, für den zwischen 1938 und 1947 Interviews mit 20.000 Nordamerikanerinnen und Nordamerikanern über ihr allgemeines sexuelles Verhalten geführt wurden. Das Material, das über siebzig Jahre alt ist und aus den USA stammt, ist für Europa jedoch nur mit Einschränkungen aussagekräftig. 8 Prozent der befragten Männer und 3,5 Prozent der befragten Frauen gaben im Kinsey-Report an, mindestens einmal in ihrem Leben sexuellen Kontakt mit Tieren gehabt zu haben. Man kann sicher davon ausgehen, dass in Wahrheit mehr Befragte aktiv waren, denn Zoophilie stand unter Strafe, weshalb sicherlich manches verschwiegen wurde und bestimmt nicht jeder wahrheitsgemäß geantwortet hat.

Aus der Tatsache, dass 17 Prozent der männlichen Landbevölkerung angaben, geschlechtliche Erlebnisse mit Tieren gehabt zu haben, ist gefolgert worden, dass der Anteil der Menschen, die Sex mit Tieren haben, mit zunehmender Verstädterung insgesamt zurückgehen werde; unter anderem deshalb, weil der Bildungsgrad der Menschen steige und der Kontakt mit Tieren in der Stadt seltener sei als auf dem Land. Andererseits kann mit einiger Wahrscheinlichkeit davon ausgegangen werden, dass bei den ständig steigenden Zahlen von allein lebenden und vereinsamenden Menschen auch die Fälle von Zoophilie zunehmen. Die hohen Trefferquoten bei Internet-Recherchen sprechen jedenfalls dafür, dass Zoophilie mehr ist als nur eine unbedeutende Randerscheinung der modernen Lebens.

Zoophilie kommt in allen Schichten der Gesellschaft vor; die Mehrzahl der Betreffenden gilt im sozialen Leben als unauffällig und gut integriert. Viele haben wahrscheinlich auch eine Lebenspartnerin oder einen Lebenspartner. Von dem häufig anzutreffenden Vorurteil, die zoophile Neigung nur bei Angehörigen bestimmter sozialer Schichten oder bei Menschen mit sehr niedrigem intellektuellem Niveau vermutet, muss man sich daher verabschieden.

Ein einheitliches psychisches Profil, mit dem man alle Zoophilen beschreiben könnte, existiert nicht. Neben einem genuinen sexuellen Hingezogensein zu Tieren als echte sexuelle Orientierung gehören unter anderem die Schwierigkeit, eine emotionale Beziehung zu Menschen aufzubauen, die Angst, von einem menschlichen Partner verlassen zu werden, ein starker Kontrolldrang, Gewaltfantasien oder sadistische

J. S. Ach / D. Borchers (Hg.), *Handbuch Tierethik*, https://doi.org/10.1007/978-3-476-05402-9_44

Neigungen zu den möglichen Motiven für zoophile Handlungen. Bei der Zoophilie handelt es sich nicht um einen geistig-seelischen Defekt oder eine schwere psychische Störung. Der *International Statistical Classification of Diseases and Related Health Problems* (ICD-10, F65.8) zufolge handelt es sich bei der Zoophilie bloß um eine der »[a]nderen Störungen der Sexualpräferenz«. Sie wird insofern als eine ähnlich harmlose Handlung betrachtet wie beispielsweise das Tätigen obszöner Telefonanrufe oder die Handlung des sich mit dem Ziel der sexuellen Erregung im öffentlichen Raum an anderen Menschen Reibens. Als klinisch bedeutsam gelten zoophile Bedürfnisse oder Verhaltensweisen nur dann, wenn sie zu Leiden oder Beeinträchtigungen in sozialen, beruflichen oder anderen wichtigen Funktionsbereichen führen.

44.1 Ethische Aspekte

Der Tatbestand des sogenannten ›Zoosadismus‹, also die sexuell erregende oder befriedigende Schmerzzufügung oder Tötung von Tieren, bedarf insofern keiner eignen ethischen Debatte. Zoosadismus liegt beispielsweise dann vor, wenn Stuten im Rahmen einer sexuell motivierten Handlung auf der Weide aufgeschlitzt werden oder Kühen Zitzen abgeschnittenen werden. Auch kleinere Tiere werden mitunter Opfer von sexueller Gewalt, wenn sie beispielsweise vaginal oder anal eingeführt werden und ersticken oder wenn sie selbst oder mit Gegenständen penetriert werden.

Einem Tier ungerechtfertigter Weise erhebliche Schmerzen, Leiden, Schäden und Ängste zuzufügen, ist ethisch abzulehnen. Eine sexuelle Motivation kann nach weit überwiegender Auffassung nicht als Rechtfertigungsgrund angesehen werden; viele sehen im Gegenteil sogar niedrige Beweggründe und eine besondere Verwerflichkeit, wenn die für das Tier belastende Handlung allein auf die eigene Lusterzeugung des menschlichen Akteurs ausgerichtet ist. Den Tatbestand des Zoosadismus erfüllt allerdings nur ein kleiner Anteil der zoophilen Handlungen.

Zoophile gehen häufig davon aus, dass der Sex mit dem Tier einvernehmlich stattfindet und dass die starke emotionale Beziehung zwischen dem menschlichen Akteur und dem Tier ihre Verwirklichung, vielleicht sogar die eigentliche Erfüllung in einer geschlechtlichen Form findet. Die damit nicht selten einhergehende Vermenschlichung von Tieren bzw. die Übertragung der Merkmale einer zwischenmenschlichen Beziehung auf das Tier führt allerdings dazu, dass von vielen Zoophilen ausblendet wird, dass Tiere keine Menschen sind und sich nicht zu dem für sie artwidrigen Sexualverhalten ihrer Halterinnen und Halter oder Benutzerinnen und Benutzer äußern können. Tiere sind unserem Schutz unterstellte Lebewesen, deren Vertrauen eben so wenig untergraben werden darf wie ihr Anspruch auf Unverletzlichkeit. So wird beispielsweise die leichte Erregbarkeit von Rüden von Zoophilen häufig als Zustimmung bzw. sogar Begehren fehlinterpretiert. Das ›Einverständnis‹ des Tieres zur Teilnahme an sexuellen Handlungen wird in der Regel jedoch angewöhnt oder antrainiert. Auch werden natürliche Reflex- und Instinkthandlungen von Tieren ausgenutzt. Man kann davon ausgehen, dass kein Tier von sich aus den sexuellen Kontakt mit einem Menschen sucht, sofern es nicht entweder daraufhin konditioniert wurde oder punktuell durch vaginale Geruchsstoffe erregt ist. Auch in Fällen, in denen keine physische Gewalt angewendet wird, handelt es sich bei einem sexuellen Umgang mit dem Tier daher um eine unzulässige Instrumentalisierung von Tieren (s. Kap. 28).

Von zoophiler Seite wird dem nicht selten entgegengehalten, dass Zoophile sich durchaus dem Wohl von Tieren verpflichtet sehen und auf der Einhaltung bestimmter ethischer Prinzipien bestehen können. Unter anderem müssten Tiere mit dem gleichen Respekt behandelt werden, mit dem man selber behandelt werden wolle. Das Wohlergehen des ›tierischen Partners‹ sei genauso wichtig wie das eigene und überwiege den eigenen Wunsch nach sexueller Befriedigung. Mitunter sprechen Zoophile sogar von ihren ›tierlichen Partnern‹ als ›Persönlichkeiten‹ oder als ›vollwertigen, bewussten Personen, mit einem individuellen Charakter, eigenem Willen, der Fähigkeit diesen Willen auch mitzuteilen.‹ Es stellt sich aber die Frage, ob und wie diese Wertschätzung mit Handlungen vereinbar ist, die in erster Linie der Befriedigung sexueller und emotionaler Bedürfnisse menschlicher Akteure dienen.

44.2 Rechtliche Überlegungen

In ethischer Hinsicht bedeutet der sexuelle Umgang mit dem Tier eine unzulässige Instrumentalisierung des Tieres. Es wird dazu degradiert, die erotischen und sexuellen Bedürfnisse der Halterin oder des Halters zu befriedigen. Allerdings findet bekanntlich nicht jede ethisch fragwürdige Umgangsform mit dem Tier eine Widerspiegelung im Recht. Recht und Gesetz werden in demokratischen Rechtsordnungen durch die Mehrheit von Bevölkerung und Politik gesetzt. Erst wenn sich eine Bevölkerungsmehrheit für Einschränkungen oder ein Verbot der Zoophilie ausspricht, finden entsprechende Anpassungen statt. Während sich in früheren Rechtsordnungen Verbote der Zoophilie auf religiöse Auffassungen abgestützt haben, so etwa das mit Todesstrafe geahndete im Alten Testament (2. Mose 22,18), folgte in der Neuzeit eine Liberalisierungsphase der Sexualstrafrechte, infolge derer nationale und regionale Zoophilie-Verbote weitgehend aufgehoben wurden. Unter dem tierschützerischen Aspekt der sexuellen Ausbeutung sind zoophile Handlungen in den letzten Jahren vermehrt in den Fokus nationaler Gesetzgeber geraten. Parallelen zum Verbot sexueller Handlungen an Kindern, deren Einverständnis hierzu auch nicht rechtsgenügend vorliegen kann, liegen auf der Hand. So haben Staaten wie Frankreich, Belgien, Österreich, die Niederlande, Liechtenstein und Deutschland in den Jahren ab 2004 gewisse Zoophilieverbote ausgesprochen.

Zur Rechtslage in Deutschland. In Deutschland war Geschlechtsverkehr mit Tieren bis vor kurzen nur dann eine strafrechtlich zu verfolgende Tat, wenn mit der Handlung gegen § 17 des Tierschutzgesetzes verstoßen wurde, sich der Akt also unter das Verbot der Tierquälerei subsumieren ließ. Pornografie mit Tieren war ebenso strafbar wie die Verletzung oder Tötung des Tieres. Der Akt selber allerdings blieb in der Regel straflos. Dies hat sich inzwischen ein Stück weit geändert. Im Dezember 2012 verabschiedete der Deutsche Bundestag eine Reform des Tierschutzgesetzes, das unter anderem die Ordnungswidrigkeit von sexuellen Handlungen vorsieht und am 13. Juli 2013 in Kraft trat (§ 3 Satz 1 Nr. 13 TierSchG; BGBl I, 2182). Danach ist verboten, »ein Tier für eigene sexuelle Handlungen zu nutzen oder für sexuelle Handlungen Dritter abzurichten oder zur Verfügung zu stellen und dadurch zu artwidrigem Verhalten zu zwingen.« Verstöße können nach § 18 Abs. 1 Nr. 1, Abs. 4 TierSchG als Ordnungswidrigkeit mit einer Geldbuße bis zu fünfundzwanzigtausend Euro geahndet werden.

Eine dagegen mit zoophiler Begründung eingereichte Beschwerde lehnte das Bundesverfassungsgericht am 8. Dezember 2015 ab. Das Gericht hielt in seiner Begründung fest, der Begriff des ›artwidrigen‹ Verhaltens stehe in engem Zusammenhang mit dem weiteren Tatbestandsmerkmal des ›Zwingens‹ zu einem solchen Verhalten, der eine tatbestandsbegrenzende Wirkung entfaltet. »Nach der Gesetzesbegründung soll das ›Erzwingen‹ zwar sowohl durch körperliche Gewalt als auch auf andere Weise möglich sein« (BTDrucks 17/11811, 28). Eine Auslegung anhand der Systematik des § 3 TierSchG und im Hinblick auf Sinn und Zweck des Verbots ergibt, dass es sich bei dieser anderen Weise des Zwangs um ein Verhalten handeln muss, welches mit der »Anwendung von körperlicher Gewalt vergleichbar ist«. Das Gericht zieht den Begriff des Zwingens zur Bewegung »mittels direkter Stromeinwirkung, wodurch dem Tier nicht unerhebliche Schmerzen, Leiden oder Schäden zugefügt werden« herbei.

Damit sind sexuelle Handlungen mit und an Tieren in Deutschland nicht zum Vornherein untersagt. Sie sind es erst dann, wenn das Tier, sei es beim Akt selber oder beim Abrichten hierzu, zu artwidrigem Verhalten gezwungen wird. Der Zwang ist also das entscheidende Kriterium, und das Bundesverfassungsgericht legt hohe Anforderungen an den so definierten Zwang und positioniert ihn in die Nähe der körperlichen Gewalt, ähnlich wie durch Stromstöße. Angewöhnung des Tieres oder Erziehen des Tieres in Richtung sexueller Handlungen fällt nicht unter den so verstandenen Begriff des Zwanges.

Zur Rechtslage in der Schweiz. In der Schweiz war die Zoophilie vor 2008 weder durch das Tierschutzgesetz noch durch das Strafgesetzbuch ausdrücklich verboten. Einzig in zwei Kantonen der Schweiz bestanden Zoophilie-Verbote. Sie gründeten nicht auf tierschützerischen, sondern eher auf religiös-moralischen Bedenken und kamen kaum zur Anwendung. Selbstredend kamen Tierquälereien zur Anzeige und zur Verurteilung, unabhängig davon, ob die Tat nun sexuell motiviert war oder nicht (etwa beim Aufschlitzen von Pferden, pfuschartigen Kastrieren von Katern oder bei zu Verletzungen beim Tier führenden Sexualhandlungen). Dabei galt es nachzuweisen, dass das Tier im Rahmen der Tat misshandelt, überanstrengt bzw. qualvoll oder mutwillig getötet wurde.

Seit 2008, im Zuge der gänzlichen Novellierung der Schweizer Tierschutzgesetzgebung, sind neu ›sexuell motivierte Handlungen mit Tieren‹ nun aber generell verboten und werden als Inbegriff einer Missachtung der Tierwürde verfolgt und bestraft. Dies gilt unabhängig davon, ob das Tier in seinem Wohlergehen beeinträchtigt wird. Das Zufügen von Schmerzen, Leiden, Schäden oder Ängsten ist also nicht erforderlich. Strafbar sind somit nicht nur – wie noch bis 2008 – gewalttätige Praktiken (Zoosadismus), sondern auch der gewaltlose Geschlechtsverkehr und andere sexuelle Handlungen mit Tieren – und dies auch, wenn die Tiere an entsprechende Handlungen gewöhnt oder sogar darauf dressiert wurden und daher vermeintlich freiwillig mitwirken. Vorsätzlich begangene ›sexuell motivierte Handlungen mit Tieren‹ gelten als Übertretung (Ordnungswidrigkeit) mit einer Bußandrohung von CHF 20.000; nicht als Vergehen und damit auch nicht als Tierquälerei im Rechtssinne. Das Verbot ist nämlich in der Tierschutzverordnung enthalten, und das Tierschutzgesetz erklärt in Artikel 28 Abs. 1 Bst. g durch die Verordnung verbotenen Handlungen als Übertretungen.

Grundlage für das Verbot sexueller Handlungen mit Tieren bildet die in der Schweiz weltweit einzigartige ›Tierwürde‹ als Grundprinzip, welcher in die Bundesverfassung aufgenommen worden ist (Art. 120 Abs. 2 des Bundesverfassung; s. Kap. 29). Der nicht ganz einfach zu fassende Begriff wird vom Tierschutzgesetz selbst als der ›Eigenwert des Tieres, der im Umgang mit ihm zu achten ist‹ umschrieben. Verletzt wird die Würde eines Tieres zum einen, wenn ihm Schmerzen, Leiden, Schäden oder Ängste zugefügt werden. Neben dem Schutz der Empfindungsfähigkeit bedeutet Würde zu haben vor allem aber auch, um seiner selbst willen in der Welt zu sein. Die Würde schützt Tiere als Mitgeschöpfe also in ihrem Selbstzweck und verbietet es, sie bloß als Mittel für menschliche Zwecke zu verwenden. Die Achtung der Tierwürde geht somit weit über das Verbot des ungerechtfertigten Zufügens physischer und psychischer Schäden hinaus und schützt Tiere auch vor menschlichen Eingriffen in ihre artgemäße Selbstentfaltung (Integrität). Als Anwendungsbereiche für eine Missachtung der Tierwürde nennt das Tierschutzgesetz tiefgreifende Eingriffe in ihr Erscheinungsbild und ihre Fähigkeiten, Erniedrigungen und übermäßige Instrumentalisierungen.

Vor dem Hintergrund, dass die Tierwürde also schon seit bald zwanzig Jahren geschützt ist, dient die ausdrückliche Verankerung im neuen Tierschutzgesetz vor allem auch der Verdeutlichung ihrer fundamentalen Bedeutung. So bestimmt bereits der erste Artikel, dass der Zweck des Gesetzes darin besteht, »die Würde und das Wohlergehen des Tieres zu schützen«. Die Tierwürde stellt also eine der tragenden Säulen des neuen Tierschutzrechts dar. In Folge wiederholt das Tierschutzgesetz noch einmal, dass niemand einem Tier ungerechtfertigt »Schmerzen, Leiden oder Schäden zufügen, es in Angst versetzen oder in anderer Weise seine Würde missachten« darf. Für Verstöße gegen dieses Grundprinzip wurde zudem eine eigene Strafbestimmung eingeführt, die die Missachtung der Tierwürde mit Tierquälereien wie der Misshandlung, Vernachlässigung oder qualvollen Tötung eines Tieres gleichsetzt. Bei verschiedenen Handlungen macht das neue Tierschutzrecht selbst schon klar, dass sie eine übermäßige Instrumentalisierung und somit unzulässigen Eingriff in die Tierwürde bedeuten. Dies gilt gerade für sexuell motivierte Handlungen mit Tieren, die seit dem 1. September 2008 allesamt verboten sind.

Nicht erst seit der Novellierung des Tierschutzrechts, sondern durch das Strafgesetzbuch schon seit vielen Jahren untersagt ist eine Reihe von Handlungen mit Schriften, Bild- oder Tonaufnahmen, Abbildungen oder ähnlichen Gegenständen, die sexuelle Praktiken mit Tieren zum Inhalt haben, wenn damit kein schutzwürdiger kultureller oder wissenschaftlicher Wert verbunden ist. Als sogenannte harte Pornografie gelten solche Darstellungen dann, wenn sie einseitig darauf ausgerichtet sind, beim Konsumenten geschlechtliche Erregung hervorzurufen, und Tiere unmissverständlich und direkt sichtbar in eine sexuelle Handlung mit einem Menschen unter Einbezug von dessen Genitalien involviert werden. Ausdrücklich verboten ist, entsprechende Erzeugnisse herzustellen, einzuführen, zu lagern, zu verkaufen, anzupreisen, auszustellen, anzubieten, zu zeigen oder jemandem zu überlassen oder zugänglich zu machen. Ebenfalls bestraft wird, wer solche Produkte besitzt, erwirbt oder auf irgendeine Weise, beispielsweise über das Internet, für sich oder andere beschafft (Art. 197 des Strafgesetzbuches StGB).

Zur Rechtslage in Österreich. In Österreich steht Zoophilie seit 2005 unter Strafe. Nach § 5 Abs. 1 und Abs. 2 Bst. 17 und § 38 Abs. 1 Nr. 1 des Bundesgesetzes über den Schutz der Tiere (Tierschutzgesetz – TSchG) begeht rechtlich besehen eine Tierquälerei, wer insbesondere »an oder mit einem Tier eine geschlechtliche Handlung vollzieht«. Aufschlussreich sind die behördlichen Ausführungen des Bundesministeriums für Gesundheit aufgrund einer Parlamentarischen Anfrage aus dem Jahre 2012 über Häufigkeit und Ahndung zoophiler Taten in Österreich in der Drucksache 13020/AB XXIV. GP. Danach kamen die Fälle recht selten zur Beurteilung und dann mehrheitlich als eigentliche Tierquälereien im Sinne von § 222 des Strafgesetzbuches, was den Verdacht auf Zoosadismus nahelegt (https://offenesparlament.at/gesetze/XXIV/J_13306/). Tierpornografie wird durch das Bundesgesetz vom 31. März 1950 über die Bekämpfung unzüchtiger Veröffentlichungen und den Schutz der Jugend gegen sittliche Gefährdung (StF: BGBl. Nr. 97/1950) unter Strafe gestellt.

44.3 Fazit

In einem eng verstandenen Sinn fällt unter den Begriff der Zoophilie der sexuelle Umgang zwischen Mensch und Tier. Als ›widernatürlich‹ wurde dieses Verhalten in Altertum, Mittelalter und in der Neuzeit gebrandmarkt und aus religiösen und moralischen Erwägungen abgelehnt und für verboten erklärt. Der Zoosadismus war und ist als Tierquälerei durch die jeweiligen Tierschutzgesetze verboten, also die Zufügung von Schmerzen, Leiden oder des Todes zur sexuellen Erregung des Täters oder der Täterin. Der sexuelle Umgang mit dem Tier, welcher nicht offensichtlich mit Tierleid verbunden ist, wurde im Zuge der Liberalisierung der Sexualstrafrechte in Europa weitgehend für straflos erklärt. In den letzten Jahren wurde die Strafbarkeit dieser Form der Zoophilie in Staaten wie Deutschland, Österreich und der Schweiz als Ordnungswidrigkeit zusätzlich und ausdrücklich unter Strafe gestellt. Grund hierfür bildet die Überlegung des stillen Leidens im Sinn des auf den sexuellen Umgang auf den Menschen trainierten und damit denaturierten Tieres. In der Schweiz fällt das verfassungsmäßig geschützte Prinzip der kreatürlichen Würde zusätzlich ins Gewicht: als ungerechtfertigtes Verbot der übermäßigen Instrumentalisierung eines Tiers wird jede sexuell motivierte Handlung am Tier als verboten erklärt.

Die Debatte rund um die Strafbarkeit der Zoophilie fordert heraus. Wenngleich solche Praktiken mehrheitlich als ekelerregend und abstoßend beurteilt werden, so sind damit nicht in jedem Falle für das Tier offensichtliche Schmerzen und Leiden verbunden. Zahlreiche leidvolle Praktiken am Tier – in allen Bereichen, in denen landwirtschaftliche Nutztiere, Heim- und Haustiere, Versuchs-, Wild- und Sporttiere involviert sind – werden vom Gesetzgeber nicht geahndet oder gar ausdrücklich erlaubt. Es wäre zu wünschen, dass die Zoophilie-Debatte die Feinfühligkeit für die Würde und die Bedürfnisse des Tieres als Mitgeschöpf fördert und einen Beitrag leistet zur Abkehr auch von anderen, teilweise offensichtlich stärker belastenden, aber rechtsstaatlich noch immer sanktionierten Praktiken.

Literatur

Beetz, Andrea: *Love, Violence, and Sexuality in Relationships between Humans and Animals*. Diss. Erlangen 2002, 163 ff.

Bolliger, Gieri: *Sexualität mit Tieren (Zoophilie) – eine rechtliche Betrachtung* (*Schriften zum Tier im Recht*, Bd. 8). Zürich 2011.

Bolliger, Gieri: Sexualität mit Tieren (Zoophilie) in Psychologie und Recht. In: Gieri Bolliger/Antoine Goetschel/Manfred Rehbinder: *Psychologische Aspekte zum Tier im Recht*. Bern 2011, 63–121.

Bolliger, Gieri: Zoophilie. In: Arianna Ferrari/Klaus Petrus (Hg.): *Lexikon der Mensch-Tier-Beziehungen*. Bielefeld 2015, 443–446.

Bolliger, Gieri/Goetschel, Antoine/Richner, Michelle/Spring, Alexandra: *Tier im Recht transparent*. Zürich 2008, 18–20, 45 f.

Dekkers, Midas: *Geliebtes Tier: Die Geschichte einer innigen Beziehung*. Hamburg 1996.

Frey, Gabriele: Sodomie – vom Tabu zur Ent-Tabuisierung. In: *Wuff – Das Hundemagazin* 2 (2005), 30–42.

Frey, Gabriele: Erfahrungen und Erkenntnisse durch das Internetprojekt Verschwiegenes Tierleid Online. In: Schröder Birgit (Hg.): *Verschwiegenes Tierleid – Sexueller Missbrauch an Tieren*. Elz 2006, 213–236.

Ford, Clellan S./Beach, Frank A.: *Das Sexualverhalten von Mensch und Tier*. Berlin 1951.

Garber, Marjorie: *Die Liebe zum Hund: Beschreibung eines Gefühls*. Frankfurt a. M. 1997.

Goetschel, Antoine F.: *Tiere klagen an*. Frankfurt a. M. 2013, 97–103.

Grassberger, Roland: *Die Unzucht mit Tieren. Kriminologische Abhandlungen*. Wien/New York 1968.

Illi, Thomas: Sodomie: Der Frevel an den Tieren. In: *Beobachter* 5/1998, 18–23.

Kamm, R.: *Untersuchungen über die Strafwürdigkeit der Sodomie nach Streichung des § 175 StGB unter Berücksichtigung der strafrechtlichen Vorschriften des Tierschutzgesetzes*. Diss. Berlin 1970.

Merki, Peter: *Die strafrechtliche Behandlung der Unzucht mit Tieren*. Diss. Schwyz 1948.

Miletski, Hani: *Understanding Bestiality and Zoophilia*. Bethesda 2002.

Munro, H. M./Thrusfield, M. V.: Battered pets: sexual abuse. In: *Small Animals Practice* 42 (2001), 333–337.

Muth, Michal Friedrich-Wilhem: *Zur Frage der Berechtigung einer Strafnorm gegen die Unzucht mit Tieren*. Diss. Freiburg 1969.

Ort, Jost-Dietrich: *Zur Sanktionierung zoophiler Handlungen*. Berlin 2001.

Rheinz, Hanna: *Eine tierische Liebe: Zur Psychologie der Beziehung zwischen Mensch und Tier*. München 1994.

Richner, Michelle: *Heimtierhaltung aus tierschutzstrafrechtlicher Sicht*. Zürich 2014, 282–295.

Rumler, Fritz: Ohne Phantasie keine Sodomie. In: *Spiegel special* 1 (1997), 138–139.

Stettner, Martin: Unzucht mit Tieren – ein Tierschutzproblem. In: *DTW* 97 (1990), 171–174.

Sträter, J. D.: *Die Strafbarkeit der Sodomie in rechtshistorischer sowie rechtsvergleichender Darstellung und ihre Behandlung de lege ferenda*. Diss. Köln 1953.

Weidner, Eva: *Sodomie und Sadismus als Tierschutzproblem*. Diss. Giessen 1972.

Antoine F. Goetschel

45 Sport

Der Begriff ›Sport‹ bezeichnet eine Familie von typischerweise körperlichen Aktivitäten, die zu Wettkampf-, Unterhaltungs- und/oder Gesundheitszwecken betrieben werden. Es gibt eine Vielzahl von Sportarten, in denen Tiere eingesetzt und zu diesem Zweck meist eigens gezüchtet und speziellem Training unterzogen werden. Dabei lassen sich Sportarten, bei denen Menschen und Tiere in irgendeiner Form gemeinsam agieren (Pferdesport, Hundeschlitten, Agility), unterscheiden von Sportarten, in denen Tiere allein gegeneinander eingesetzt werden – sei es im Wettstreit um Schnelligkeit (Hunderennen, Brieftaubensport) oder in Kämpfen (z. B. von Hähnen, Hunden oder Insekten). Außerdem werden auch Aktivitäten als Sport bezeichnet, in denen Menschen gegen Tiere antreten, wobei das Ziel in der Unterwerfung oder Tötung der Tiere besteht: Stierkampf, Rodeo; ebenso werden Jagd und Angeln (Fisch) teilweise als Sport angesehen, insofern sie nicht primär externen Zwecken wie der Ernährung dienen (s. Kap. 41).

45.1 Pferdesport

Pferdesport existiert sowohl als Spitzen- bzw. Turniersport als auch als Breiten- und Freizeitsport, in dem der Wettkampfaspekt weniger stark ausgeprägt ist.

Turniere gibt es auf regionaler, nationaler und internationaler Ebene in einer Vielzahl von Disziplinen. Neben den drei olympischen Disziplinen Dressur, Springen und Vielseitigkeit (früher *Military*; Kombination aus Dressur, Springen und Geländereiten) werden bei den Weltreiterspielen fünf weitere Disziplinen betrieben: Distanzreiten (Überwinden weiter Strecken über einen ganzen oder mehrere Tage), Voltigieren (turnerische und akrobatische Übungen auf einem sich an einer Longe im Kreis bewegenden Pferd), Fahren (mit Kutschen und Wagen), Reining (Westerndressur) sowie Para-Equestrian (Reiten als Sport für Menschen mit Behinderung). Daneben finden weltweit vielerorts Galopp- und Trabrennen statt.

Dressur. Im Dressurreiten erlernt das Pferd verschiedene Figuren; es muss gehorsam auf Gewichts-, Schenkel- und Zügelhilfen reagieren (vgl. die Website der Deutschen Reiterlichen Vereinigung [FN]). Die Dressur wird auch als Grundlage für andere Disziplinen betrachtet, da sie die Muskulatur des Pferdes fördere, welche Gesundheitsschäden durch das Reiten verhindern soll (Stodulka 2006, 150).

Neben Sattel, Sporen, Peitsche und Gerte werden typischerweise ›Gebisse‹ benutzt, Instrumente aus Metall oder Kunststoff, die in einer zahnfreien Lücke des Pferdemauls liegen und mit den Zügeln verbunden sind, wobei zusätzliche Hebelkonstruktionen den Druck auf Zahnfleisch bzw. Zähne erhöhen. Während historische Gebisse Stacheln oder Haken aufweisen, können auch mit heutigen Gebissen Pferden erhebliche Schmerzen zugefügt werden (Arbeitsgruppe Tierschutz und Pferdesport 1992; Nevzorov 2011, 54 ff.). Eine umstrittene Trainingsmethode ist die sogenannte ›Rollkur‹, ›Hyperflexion‹ oder (nach kontroverser Umbenennung) ›Low-Deep-Round (LDR)‹, bei der der Kopf des Pferdes mithilfe der Zügel so weit heruntergezogen wird, dass das Pferd kaum Luft bekommt und sein Orientierungssinn eingeschränkt ist (Heuschmann 2006).

Beim Training zum Springreiten werden teilweise Eisenstangen oder Medikamente verwendet, die die Schmerzempfindlichkeit an den Beinen erhöhen, damit die Pferde größere Angst vor dem Berühren der Stangen haben (Deininger 2009). Diese Praxis ist bei internationalen Wettkämpfen verboten, ebenso wie alle Formen von Doping (Schlatterer 2010). In den letzten Jahren gab es einige Dopingskandale mit verschiedenen leistungssteigernden Substanzen.

Vielseitigkeitsreiten. Bei der Disziplin Vielseitigkeit, bei der u. a. verschiedene komplexe und optisch schwierige Hindernisse wie Gräben hinter Holzstapeln oder uneinsichtige Geländeunebenheiten übersprungen werden müssen, ist das Unfall- und Verletzungsrisiko besonders hoch.

Galoppsport. In Pferderennen werden oft schon sehr junge, oft noch nicht ausgewachsene Pferde eingesetzt. Da beim Pferd die Ausbildung des Knochenbaues erst mit vier Jahren abgeschlossen ist, hat der frühzeitige Einsatz sehr oft negative gesundheitliche Folgen (Pick 2005).

Haltungsbedingungen. In Turnieren und Rennen eingesetzte Pferde haben ein erhöhtes Risiko für bestimmte Krankheiten und Schäden wie Lahmheiten u. a. aufgrund chronischer Ermüdung (Röcken et al. 2013). Sie werden häufig in Einzelboxen auf wenigen Quadratmetern gehalten, können kaum auf Koppeln herumlaufen oder Sozialkontakte pflegen. Sind sie für den Sport nicht mehr geeignet – oft aufgrund sportbedingter Schäden oder Verletzungen – werden sie häufig noch in der Zucht eingesetzt oder geschlachtet. Obwohl Pferde eine natürliche Lebens-

J. S. Ach / D. Borchers (Hg.), *Handbuch Tierethik*, https://doi.org/10.1007/978-3-476-05402-9_45

erwartung von 25 bis 30 Jahren haben, erreichen Sportpferde nur ein Durchschnittsalter von acht Jahren (Busch et al. 2004, 282).

Zucht. Die Wettbewerbsfähigkeit von Sportpferden wird u. a. durch Zucht und mittlerweile auch durch Gentechnik erhöht (s. Kap. 42). Klonen findet ebenfalls Einsatz bei Sportpferden. Das erste geklonte Pferd wurde 2003 an einer italienischen Universität geboren und obwohl ein Großteil der Forschung in Europa erfolgt, liegt ihre Kommerzialisierung in den USA. Einige europäische Verbände verbieten den Einsatz von geklonten Pferden, wobei Pferde eigentlich überwiegend zu Zuchtzwecken und nicht zum Rennen oder zum Dressurreiten geklont werden (Ferrari et al. 2010, 101 f.).

Freizeitreiten. Beim Freizeitreiten soll im Unterschied zum wettbewerbsorientierten Turniersport die Harmonie zwischen Mensch und Pferd im Vordergrund stehen (vgl. Website der Vereinigung der Freizeitreiter und -fahrer in Deutschland). Pferde, die beim Freizeitreiten eingesetzt werden, werden allerdings ebenfalls typischerweise nicht ihren Bedürfnissen gemäß (Hoffmann 2011) gehalten, mit leidvollen Methoden und Instrumenten wie Gebissen und Sporen gefügig gemacht; ihr Wert ist ebenfalls abhängig von ihrer Eignung als Reitinstrument (Pick 2009), so dass nicht mehr reitbare Pferde häufig getötet werden.

45.2 Weitere Nutzung von Tieren im Sport

Hundesport. Die nach Pferden am häufigsten im Sport eingesetzten Tiere sind Hunde. Das professionelle ›Windhundrennen‹ ist in Deutschland verboten, in Großbritannien und Teilen der USA allerdings erlaubt. Schätzungen der Greyhound Protection League zufolge werden jährlich 30.000 junge Hunde in den USA getötet, wenn sie nicht mehr für Rennen tauglich sind. Außerdem werden 5000 bis 7000 Welpen getötet, weil sie als ungeeignet für den Sport erscheinen (Atkinson/Young 2005). Der Sport ist mit weiterer Gewalt gegen Hunde verbunden, u. a. im Training und in der Haltung: Die Hunde leben typischerweise in Einzelkäfigen, die sie nur für kurze Zeit pro Tag verlassen (ebd., 349).

Im Hundesport *Agility* müssen ein Mensch und ein Hund gemeinsam einen Parcours bewältigen, wobei die Hunde keine Leinen tragen (Lund 2013; Haraway 2008).

Brieftauben. Im ›Brieftaubensport‹ werden Tauben per Kleinlaster 100 bis über 1000 Kilometer weit gefahren, um von dort zu ihrem Heimatort zurückzufliegen. In Deutschland werden etwa 2,5 Millionen Tauben zu Sportzwecken gehalten, die oft unter den Bedingungen der Haltung und des Transports zu leiden haben; die ›Verlustrate‹ bei Flügen beträgt zudem etwa 10 % (Tierärztliche Vereinigung für Tierschutz e. V. 2009).

Rodeo. Rodeo ist in den USA eine weitverbreitete Praxis, die auch in teils abweichender Form in Europa betrieben wird. In verschiedenen Disziplinen geht es etwa darum, sich möglichst lange auf einem zuvor durch Schmerzen wild gemachten Stier zu halten oder vom Pferd aus ein Kalb mit einem Lasso einzufangen. Für die beteiligten Tiere bedeutet Rodeo ein leivolles, kurzes Leben.

›Tierkämpfe‹ sind in vielen westlichen Ländern verboten, finden aber z. B. in Form von Hunde- und Hahnenkämpfen illegal statt.

45.3 Ethische Diskussion

Bei den verschiedenen Sportarten mit Tieren lassen sich viele Aspekte aus der Perspektive des Tierschutzes kritisieren; so z. B. im Pferdesport schmerzhafte Trainingsmethoden oder nicht artgerechte Haltungsbedingungen (s. Kap. 26). In den Leitlinien des Bundesministeriums ebenso wie in den ethischen Grundsätzen der FN werden als Grundbedürfnisse von Pferden Bewegung und Sozialkontakte hervorgehoben, die in der Praxis kaum ausgelebt werden können. Als eine Konsequenz aus der Kritik werden bessere Haltungsbedingungen sowie andere Reit- oder Dressurweisen vorgeschlagen (Arbeitsgruppe Tierschutz und Pferdesport 1992; Nevzorov 2011), z. B. das Reiten ohne Gebiss oder Sporen. Im Hunderennsport wird u. a. das Töten von ausgedienten Hunden kritisiert und versucht, Adoptionen zu vermitteln.

Aus Tierrechtsperspektive ist die Instrumentalisierung von Tieren zu menschlichen Zwecken sowie ihr Status als Eigentum grundsätzlich zu hinterfragen (Regan 1983; Francione 2000; s. Kap. 28). Gegen die abolitionistische Position wird angeführt, dass bestimmte domestizierte Tiere wie Hunde und Pferde von einem gewissen Maß an Training und Disziplin profitieren könnten, da dadurch ihre speziellen Fähigkeiten zur Entfaltung gebracht werden könnten (Nussbaum 2010, 510; s. Kap. 19). Auch Vertreterinnen und Vertreter von Tierrechten auf Leben und Unversehrtheit argumentieren, dass einige Sportarten nicht notwendigerweise solche Tierrechte verletzen, sondern es darauf ankäme, ob z. B. beim Hunderennen oder Reiten leidvolle Trainingsmethoden eingesetzt oder ausgemusterte Tiere getötet würden; wenn das nicht der Fall sei, gäbe es dagegen nichts einzuwenden (Cochrane 2012, 140 f.; s. Kap. 57; 56).

Dagegen lässt sich anführen, dass diese Autorinnen und Autoren die Gewalt unterschätzen, die immer oder zumindest tendenziell mit der Unterwerfung von Tieren unter den menschlichen Willen, mit dem Einschränken der Bewegungsfreiheit, der Zucht sowie dem gesellschaftlichen Status als Eigentum einhergeht – all das macht es sehr fragwürdig, ob z. B. beim Reiten sinnvollerweise von einer »kooperativen Aktivität« (Anderson 2014, 304) gesprochen werden kann. Konkret wird auch argumentiert, dass das Reiten typischerweise ein »Brechen« des Willens des Pferdes voraussetze, das zu verurteilen sei (Donaldson/Kymlicka 2013, 311), dass das typischerweise intensive Training nicht den Interessen der Tiere, sondern denen der Menschen diene (Donaldson/Kymlicka 2013, 311 f.), oder dass sportliche Aktivitäten (v. a. beim Turniersport) immer mit physischem und psychischem Stress sowie einem erhöhten Verletzungsrisiko für die Tiere einhergingen, die sich mit dem bloßen Unterhaltungszweck für Menschen nicht rechtfertigen ließen (Müller 2001; s. Kap. 50).

45.4 Ausblick

Der Einsatz von Tieren im Sport ist aktuell kein zentrales Thema der Tierethik. Kritik an speziellen Praktiken und Missständen in den unterschiedlichen Sportarten kommt tendenziell eher von außerakademischen Tierschützern oder aus der jeweiligen Sport-Fachwelt selbst. Tierethikerinnen und Tierethiker stehen hier vor dem Problem, dass viele Fachverbände, insbesondere im Pferdesport, Ethik-Richtlinien formuliert haben und es insofern so scheint, als die ›Ethik-Frage‹ befriedigend aufbereitet. Tatsächlich zeigt sich jedoch, dass die Realität des täglich stattfindenden Breiten- und vor allem Spitzensports mit Tieren aus ethischer Perspektive oftmals problematisch ist und ein erheblicher Diskussions- und Handlungsbedarf besteht.

Für eine differenzierte Betrachtung müsste für jede spezielle Sportart untersucht werden, inwieweit sie tatsächlich ohne Leiden, Schäden und Einschränkungen für die Tiere ausführbar ist – wobei alle Nebeneffekte durch Zucht, Haltungsbedingungen etc. einbezogen werden müssten. Eine möglicherweise dann noch akzeptable Sportart könnte Agility sein, zumindest sofern die Haltung von Hunden nicht generell abgelehnt wird (Lund 2013; Morris 2013; s. Kap. 40). Darüber hinaus lassen sich allerdings kaum Beispiele finden.

(Das Kapitel ist eine leicht angepasste Version des Artikels »Tiere im Sport«, erschienen in Arianna Ferrari/ Klaus Petrus (Hg.): Lexikon der Mensch-Tier-Beziehungen. Wiederverwendung (bzw. Wiederabdruck) mit Genehmigung durch den transcript Verlag (2015). DOI: 10.14361/9783839422328-103.)

Literatur

Anderson, Elizabeth: Tierrechte und die verschiedenen Werte nichtmenschlichen Lebens. In: Friederike Schmitz (Hg.): *Tierethik*. Berlin 2014, 287–320.
Arbeitsgruppe Tierschutz und Pferdesport/Bundesministerium für Ernährung und Landwirtschaft: Leitlinien für den Tierschutz im Pferdesport (1992). In: http://www.bmel.de/.
Atkinson, Michael/Young, Kevin: Reservoir Dogs: Greyhound Racing, Mimesis and Sports-Related Violence. In: *International Review for the Sociology of Sport* 40 (2005), 335–256.
Busch, W. et al. (Hg.): *Tiergesundheits- und Tierkrankheitslehre*. Stuttgart 2004.
Cochrane, Alasdair: *Animal Rights Without Liberation*. New York 2012.
Deininger, Elke: Reitsport am Rande. In: *du und das tier* 1 (2009), 34–35.
Deutsche Reiterliche Vereinigung (FN). In: http://www.pferd-aktuell.de/.
Donaldson, Sue/Kymlicka, Will: *Zoopolis*. Berlin 2013.
Ferrari, Arianna et al.: *Animal Enhancement. Neue technische Möglichkeiten und ethische Fragen*. Bern 2010.
Francione, Gary L.: *Introduction to Animal Rights*. Philadelphia 2000.
Heuschmann, Gerhard: *Tug of War: Classical versus Modern Dressage*. North Pomfret 2006.
Haraway, Donna: *When Species Meet*. Minneapolis 2008.
Hoffmann, Gundula: Generelle Anforderungen an die Pferdehaltung und Empfehlungen für pferdegerechte Haltungssysteme. In: W. Brade et al. (Hg.): *Pferdezucht, -haltung und -fütterung. Empfehlungen für die Praxis*. Braunschweig 2011.
Lund, Giuliana: Taking Teamwork Seriously. The Sport of Dog Agility as an Ethical Model of Cross-Species Companionship. In: James Gillett/Michelle Gilbert (Hg.): *Sport, Animals, and Society*. New York 2013, 101–125.
Morris, S. P.: The Ethics of Interspecies Sport. In: James Gillett/Michelle Gilbert (Hg.): *Sport, Animals, and Society*. New York 2013, 127–139.
Müller, Albrecht: Tiere im Sport. In: Ommo Grupe/Dietmar Mieth (Hg.): *Lexikon der Ethik im Sport*. Schorndorf 2001, 562–566.
Nevzorov, Aleksandr: *The Horse Crucified and Risen*. Charleston 2011.
Nussbaum, Martha: *Grenzen der Gerechtigkeit*. Berlin 2010 (engl. 2006).

Pick, Maximilian: Spezielle Erkrankungen von Galopprennpferden aus Sicht des Tierschutzes. In: *Praktischer Tierarzt* 4/86 (2005), 254–257.

Pick, Maximilian: *Der Verkehrswert eines Pferdes und seine Minderungen.* Berlin 2009.

Regan, Tom: *The Case for Animal Rights.* Berkeley 1983.

Röcken, Michael/Hahn, Joachim/Witte, Tanja: Lahmgelegt. Häufige Lahmheitsursachen beim Sportpferd. In: *Pferdefokus, Sonderheft von Der praktische Tierarzt* 5/7 (2013), 6–15.

Schlatterer, Bert: *Doping im Pferdesport: Regelwerke, Wirkung und Nachweis von Dopingmitteln.* Stuttgart 2010.

Stodulka, Robert: *Medizinische Reitlehre. Trainingsbedingte Probleme verstehen, vermeiden, beheben.* Stuttgart 2006.

Tierärztliche Vereinigung für Tierschutz e. V.: Tierschutz im Brieftaubensport, Merkblatt Nr. 121 (2009). In: http://www.tierschutz-tvt.de/fileadmin/tvtdownloads/Tierschutz_im_Brieftaubensport_121.pdf.

Vereinigung der Freizeitreiter und -fahrer in Deutschland. In: http://www.vfdnet.de/.

Friederike Schmitz

46 Tierversuche

Der Begriff ›Tierversuch‹ kann in einem engen und in einem weiten Sinne verwendet werden (Rippe 2012, 331). Im weiten Sinne kann man unter ›Tierversuch‹ jede wissenschaftliche oder experimentelle Verwendung von Tieren verstehen. Im engeren Sinn, der auch dem Tierversuchsrecht der Europäischen Union oder dem deutschen Tierschutz-Gesetz zugrunde liegt, bezeichnet der Begriff ›Tierversuch‹ solche wissenschaftlichen Verfahren mit lebenden Tieren, die mit Schmerzen, Belastungen oder Schäden der Tiere verbunden sein können. Artikel 3 der einschlägigen Richtlinie 2010/63/EU beispielsweise definiert den Tierversuch als »jede invasive oder nicht invasive Verwendung eines Tieres zu Versuchszwecken oder anderen wissenschaftlichen Zwecken mit bekanntem oder unbekanntem Ausgang, oder zu Ausbildungszwecken, die bei dem Tier Schmerzen, Leiden, Ängste oder dauerhafte Schäden in einem Ausmaß verursachen kann, das dem eines Kanüleneinstichs gemäß guter tierärztlicher Praxis gleichkommt oder darüber hinaus geht«. Der Geltungsbereich der Richtlinie umfasst neben lebenden, nichtmenschlichen Wirbeltieren auch selbständig Nahrung aufnehmende Larven, Säugetierföten ab dem letzten Drittel ihrer normalen Entwicklung und lebende Kopffüßer. Ähnliche Bestimmungen finden sich auch im deutschen Tierschutz-Gesetz.

Die Verwendung von lebenden Tieren zu wissenschaftlichen Zwecken hat eine lange Tradition und reicht bis in die vorgriechische Antike zurück (Hüntelmann 2016, 160 f.). Sie ist beinahe von Beginn an auch von ethischen Überlegungen begleitet worden. Insbesondere die Vivisektion an lebenden Tieren (*sectio corporis vivi*), die mit dem Ziel der Generierung von Wissen über den Bau und die Funktion des Körpers und eines besseren Verständnisses physiologischer Prozesse erfolgte, hat in England bereits im 19. Jahrhundert vor dem Hintergrund einer sich zunehmend durchsetzenden Überzeugung, dass Tiere leidensfähige Lebewesen sind, Kritik auf sich gezogen (Hüntelmann 2016, 160 f.), die schließlich gegen Ende des 19. Jahrhunderts zum sogenannten ›Vivisektionsstreit‹ führte. Von Seiten der Vivisektionsgegnerinnen und -gegner wurde in dieser Auseinandersetzung zumindest eine rechtliche Regelung von Versuchen mit lebenden Tieren gefordert (Roscher 2016). In der Folge wurden in England mit dem *Cruelty to Animals Act* von 1876, in Deutschland 1885 mit der *Gossler'schen Verordnung* und ebenfalls 1885 in Österreich mit dem *Vivisektionserlass* erste tierversuchsrechtliche Bestimmungen erlassen (Binder 2013, 68 f.; 2014, 209 ff.). Die Debatte über die ethische Vertretbarkeit von Tierversuchen hat aber nicht nur eine lange Tradition; sie besitzt auch erhebliche gesellschaftspolitische Tragweite. Dies nicht zuletzt vor dem Hintergrund, dass mit der Diskussion über Tierversuche auch andere Praktiken des Umgangs mit Tieren in den Fokus geraten, die quantitativ zum Teil zwar deutlich mehr ins Gewicht fallen, gleichwohl aber in der Öffentlichkeit weit weniger kontrovers diskutiert werden und rechtlich weniger strikt reguliert sind als Tierversuche.

In Deutschland trat 1972 mit dem Tierschutzgesetz ein bundeseinheitliches Tierschutzgesetz in Kraft, das das Reichstierschutzgesetz von 1933 ablöste, das noch bis 1972 in Geltung war (s. Kap. 58). Auf der Grundlage dieses Gesetzes, das seither mehrfach revidiert worden ist, wurden 2015 in Deutschland rund 2,8 Millionen Tiere zu wissenschaftlichen Zwecken verwendet. Nagetiere, insbesondere Mäuse, stellten mit 82 % der verwendeten Tiere den weitaus größten Anteil der Versuchstiere dar. Darüber hinaus wurden 2015 3141 Affen und Halbaffen, 4491 Hunde und 1112 Katzen verwendet. Bei rund 40 % der verwendeten Tiere (1,12 Millionen) handelte es sich um genetisch veränderte oder transgene Tiere (s. Kap. 47). Ungefähr 755.000 Tiere sind 2015 mit dem Ziel getötet worden, Organe oder Gewebe zu wissenschaftlichen Zwecken zu entnehmen (BMEL 2015).

46.1 Grundlegende tierethische Positionen

Die (Kritik an der) Verwendung von Tieren zu wissenschaftlichen Zwecken ist seit jeher ein zentraler Topos der modernen Tierethik. Richard D. Ryder hat sich bereits in dem 1971 erschienenen Sammelband *Animals, Men, and Morals: An Enquiry into the Maltreatment of Non-Humans* mit der Frage der ethischen Beurteilung des Tierversuchs auseinandergesetzt (Ryder 1971). Schon bei Ryder wird der Tierversuch zum Anlass genommen, mit der Frage nach dem moralischen Status von Tieren die Mensch-Tier-Beziehung und den Umgang des Menschen mit Tieren grundlegend in Frage zu stellen (s. Kap. 31). Die Verwendung von Tieren zu wissenschaftlichen Zwecken und die industrialisierte Massentierhaltung haben auch Ethiker wie Peter Singer (2013) oder Tom Regan (2004) dazu veranlasst, sich systematisch der grundlegenden Frage zu widmen, was man mit Tieren tun bzw. nicht tun darf. Die tierethische Diskussion und das zunehmende Wissen über die Bedürfnisse von

J. S. Ach / D. Borchers (Hg.), *Handbuch Tierethik*, https://doi.org/10.1007/978-3-476-05402-9_46

Tieren haben zweifellos mit dazu beigetragen, die gängige Tierversuchspraxis zu revidieren, geltendes Tierversuchsrecht der Kritik zu unterziehen und ethisch begründete Anliegen in Tierschutzrecht umzumünzen. Zu diesen eher grundsätzlichen Überlegungen sind seit einigen Jahren konkrete Erwägungen zu ethischen Fragestellungen hinzugetreten, die sich innerhalb der Grenzen des geltenden Rechts stellen.

In der tierethischen Diskussion kann man mit einer *anything goes view*, einer *on balance justification view*, einer *moral dilemma view* sowie einer *abolitionist view* vier verschiedene Perspektiven im Hinblick auf die ethische Rechtfertigung des Tierversuchs unterscheiden (Nuffield Council on Bioethics 2005):

Anything goes view. Aus der Perspektive der *anything goes view* ist jeder Tierversuch gerechtfertigt, der ein – wie auch immer geartetes – menschliches Interesse befriedigt, da Tieren dieser Auffassung zufolge keine eigenen Schutzansprüche zukommen. Die *anything goes view* wird heute kaum mehr vertreten.

On balance justification view. Für die Vertreterinnen und Vertreter der on *balance justification view* sind Tierversuche grundsätzlich rechtfertigungsbedürftig. Die Durchführung eines Tierversuchs ist dieser Auffassung zufolge dann ethisch zulässig, wenn sie zu einer besseren Realisierung von Gütern, einem besseren Schutz von Rechten oder einer besseren Erfüllung von Interessen führt als der Verzicht auf den Versuch. Mit Blick auf die Frage, welche Güter gegeneinander abgewogen werden müssen, bzw. wie diese Güter gegeneinander zu gewichten sind, kann man drei verschiedene Varianten dieser Auffassung unterscheiden: Für die Vertreterinnen und Vertreter *altruistischer Varianten* sind die Ansprüche oder Interessen von Tieren nur indirekt berücksichtigenswert, d. h. nur insofern, als sie sich auf menschliche Interessen zurückführen lassen. Moralische Verpflichtungen lassen sich lediglich in Bezug auf Tiere, nicht aber gegenüber Tieren begründen. Das klassische Beispiel für eine solche Position findet man im sogenannten Verrohungsargument von Immanuel Kant (s. Kap. 36, 14). In jüngerer Zeit ist die Auffassung, dass sich der Schutz von Tieren letztlich nur mit Bezug auf menschliche Interessen begründen lässt, zum Beispiel von Norbert Hoerster vertreten worden (Hoerster 2004). Vertreterinnen und Vertreter *hierarchischer Varianten* sind typischerweise der Auffassung, dass Tiere zwar einen gewissen moralischen Schutz genießen, nicht aber den vollen Schutz, der Menschen zukommt. Manche Vertreterinnen und Vertreter tugendethischer oder kommunitaristischer Theorien beispielsweise halten Gemeinschaftsbande und andere Formen von Nähebeziehungen für moralisch bedeutsam und eine milde Form von Speziesismus aus diesem Grund für gerechtfertigt (s. Kap. 18). Andere behaupten, dass nur Menschen »moralische Fähigkeiten« bzw. »moralische Autonomie« (Cohen 2001) besitzen, verweisen auf eine »ontologische Differenz« (Höffe 1993, 238) zwischen Menschen und Tieren oder behaupten, dass Menschen über eine größere Bandbreite an Interessen verfügen als nichtmenschliche Lebewesen, um eine speziesistische Privilegierung zu rechtfertigen (s. Kap. 33). Vertreterinnen und Vertreter *egalitärer Varianten* schließlich sind der Auffassung, dass die Güter, Rechte oder Interessen menschlicher und nichtmenschlicher Lebewesen moralisch in gleicher Weise berücksichtigt werden müssen. Als normativer Bezugspunkt egalitärer Ansätze in der Tierethik werden insbesondere das Mitleid bzw. die Teilnahme am Leiden anderer leidensfähiger Lebewesen (Wolf 1990), die gleiche Berücksichtigung der Interessen von Tieren (Singer 2013) sowie der Respekt vor dem Wert bzw. der Würde eines Lebewesens herangezogen. Peter Singer schlägt für die Prüfung, ob es sich bei einem Tierversuch um eine moralisch problematische, speziesistische Ungleichbehandlung handelt, einen einfachen Test vor: »Wenn Forscher nicht bereit sind, verwaiste Menschen mit schwerwiegenden und unheilbaren Hirnschäden zu verwenden, dann scheint ihre Bereitschaft, nichtmenschliche Lebewesen zu verwenden, eine Diskriminierung allein auf der Grundlage der Spezies zu bedeuten« (Singer 2013, 114).

Moral dilemma view. Die Vertreterinnen und Vertreter einer dritten Gruppe von Ansätzen behaupten, dass Güterabwägungen im Hinblick auf Tierversuche nicht möglich seien. Hier lassen sich zwei Varianten unterscheiden: Vertreterinnen und Vertreter der ersten Variante behaupten, dass im Falle von Tierversuchen zwei nicht miteinander vergleichbare Güter, Rechte oder Interessen kollidieren und dass es keinen sinnvollen Maßstab gebe, der es ermöglichen würde, die auf dem Spiel stehenden Zwecke des Versuchs mit den ebenfalls auf dem Spiel stehenden Schmerzen, Leiden oder Schäden der Versuchstiere zu vergleichen oder diese gegeneinander abzuwägen (theoretische Inkommensurabilität). Vertreterinnen und Vertreter der zweiten Variante dagegen halten entsprechende Vergleiche – unabhängig davon, ob sie möglich sind oder nicht – in jedem Falle für moralisch unzulässig, weil sie die Einzigartigkeit und Integrität von Lebewesen nicht respektieren (praktische Inkommensurabilität).

Rosalind Hursthouse, deren Position nicht der *dilemma view* zugeordnet werden kann, teilt mit dieser aber die Skepsis, dass sich die Frage der Rechtfertigung von Tierversuchen einfach und eindeutig beantworten lasse (Hursthouse 2014). Die pauschale Zuschreibung eines moralischen Status jedenfalls sei nicht dazu geeignet, die komplexen moralischen Fragen zu beantworten, die sich im Zusammenhang des Tierversuchs stellen. Es komme vielmehr darauf an, dass Forscherinnen und Forschern sich ihrer Verantwortung bewusst seien und dazu bereit, sich mit anderen (auch) über die problematischen Aspekte ihrer Arbeit austauschen.

Abolitionist view. Vertreterinnen und Vertreter der *abolitionist view* halten die Durchführung von Tierversuchen grundsätzlich für unzulässig. Für sie gibt es keine mögliche Rechtfertigung der Durchführung von mit Schmerzen, Leiden oder Schäden verbundenen Eingriffen an Tieren, die nicht dem Wohl des betroffenen Tieres selbst dienen. Ein prominentes Beispiel für diese Auffassung ist der von Tom Regan vertretene Rechte-Ansatz. Diesem Ansatz zufolge haben all jene Lebewesen das gleiche Recht darauf, mit Respekt behandelt zu werden bzw. auf eine Weise behandelt zu werden, die sie nicht auf den Status von Ressourcen für andere reduziert, die einen inhärenten Wert haben. Regan stellt in Frage, ob man überhaupt von einem moralischen Schutz sprechen sollte, der einem Individuum zukommt, wenn dieser ›Schutz‹ damit vereinbar ist, dass das geschützte Individuen einer konsequentialistischen Abwägung zum Opfer fallen kann. Regans Auffassung nach besteht der moralische Schutz eines Lebewesens gerade darin, vor jeder Form von Nutzenabwägung und Instrumentalisierung geschützt zu sein (Regan 2004, 392; s. Kap. 28). Regan zufolge verdienen alle Wesen mit *inhärentem Wert* moralischen Respekt (Regan 2004, 236). Diesen inhärenten Wert sieht Regan bei allen *empfindenden Subjekten eines Lebens* (*experiencing subjects of a life*) gegeben (Regan 2004, 243 f.) Da der Großteil der typischerweise im Tierversuch verwendeten Tiere in die Gruppe der *Subjekte eines Lebens* fällt, tritt Regan konsequent dafür ein, die Praxis der Tierversuche gänzlich einzustellen (Regan 2004, 363 f.).

Trotz seiner radikalen Ablehnung von Tierversuchen hat Regan sich in *The Case for Animal Rights* dem Thema ausführlich und mit Blick auf die Praxis gewidmet (Regan 2004, 363 ff.). »Subjekte eines Lebens« dürfen seiner Auffassung nach keiner Verrechnungslogik unterworfen werden. Und dies auch dann nicht, wenn ein Tierversuch, wie etwa im Falle von Toxizitätsstudien, mit einem erheblichen Nutzen einhergehen würde. Toxizitätstests dienen dazu, Schäden vom Menschen abzuwenden, die aus der ungeprüften Anwendung von Substanzen entstehen können. Proponentinnen und Proponenten von Toxizitätstests verweisen regelmäßig darauf, dass niemand ernsthaft die Markteinführung von Produkten wollen könne, die mit einem Risiko unbekannter toxischer Wirkungen einhergehen. Regan hält dieses Argument allerdings für grundlegend verfehlt: In moralischer Hinsicht ausschlaggebend sei nicht die Frage nach den möglichen Konsequenzen einer Markteinführung ungeprüfter Produkte; entscheidend sei vielmehr, ob die Herstellung und Vermarktung eines Produktes gerechtfertigt werden könne, wenn dies nicht anders als dadurch möglich sei, dass Tiere im Zuge der Herstellung und Vermarktung zu Schaden kommen und instrumentalisiert werden. Das Argument beschreibe insofern die Alternativen unzureichend: Es gehe bei der Frage von Toxizitätstest nicht darum, entweder weiterhin Tests zu durchzuführen *oder* ungetestete und damit potentiell gefährliche Produkte auf den Markt zu bringen; aus moralischen Gründen müsse vielmehr ein grundsätzliches Verbot gefordert werden, Produkte auf den Markt zu bringen, die im Tierversuch auf ihre Toxizität getestet und damit unter Missachtung des inhärenten Wertes von Lebewesen hergestellt wurden (Regan 2004, 375).

46.2 Tierethische Verantwortung innerhalb geltenden Rechts

Tierschutzgesetze und tierschutzrechtliche Regelungen sind zu einem wesentlichen Teil »Kondensat der allgemein akzeptierten moralischen bzw. ethischen Beschränkungen im Umgang mit Tieren« (Nida-Rümelin/von der Pfordten 1996, 485). Dies betrifft insbesondere das sogenannte 3R-Prinzip sowie die in zahlreichen Gesetzestexten und Regulierungen geforderte Schaden-Nutzen-Analyse. Den verschiedenen normativen Regelungen des Tierschutzgesetzes bzw. des Tierversuchsrechts liegt zwar offenbar keine einheitliche ethische Theorie zugrunde. Vor dem Hintergrund der skizzierten grundlegenden ethischen Positionen lassen sich die entsprechenden Regelungen aber jedenfalls mit der *balance justification view* in Verbindung bringen. Ob überhaupt und ggf. welcher rechtliche Rang tierlichen Gütern, Rechten oder Interessen bei der Abwägung eigeräumt wird, ist – auch in der rechtswissenschaftlichen Debatte – nach wie vor umstritten.

3R-Prinzip. Eine zentrale rechtliche Voraussetzung für die Zulässigkeit von Tierversuchen ist die Anwendung des 3R-Prinzips, das von den Naturwissenschaftlern William M. S. Russell und Rex L. Burch (1959) formuliert wurde. Im Rahmen der wissenschaftlichen Verantwortung gilt der Grundsatz der Vermeidung (***R****eplacement*), Verminderung (***R****eduction*) und Verbesserung (***R****efinement*) von Tierversuchen, der darauf zielt, die Anzahl der Tierversuche durch Anwendung geeigneter Ersatz- und Ergänzungsmethoden möglichst gering zu halten, die Anzahl der Versuchstiere zu reduzieren und die Belastung der Tiere auf das unbedingt erforderliche Ausmaß zu verringern, ohne dadurch die Qualität der gewonnenen Erkenntnisse zu gefährden.

Schaden-Nutzen-Analyse. Mit Hilfe der Schaden-Nutzen-Analyse (SNA) wird geprüft, ob ein Tierversuch (nach der Anwendung des 3R-Prinzips) wichtig genug ist, um durchgeführt zu werden. Der *erwartete* Nutzen eines Versuches muss im Rahmen dieser Bewertung mit den *erwarteten* Belastungen und Schäden der Tiere ins Verhältnis gesetzt werden. Überwiegt der erwartete Nutzen die Belastungen und Schäden der Tiere, so ist der Versuch durch die SNA gerechtfertigt; wiegt der Nutzen die Schäden jedoch nicht auf, so ist der Versuch in dieser Form nicht zulässig. Dies bedeutet erstens, dass menschliche Güter, Rechte oder Interessen, die durch Forschung mit Tieren realisiert werden sollen, durch tierliche Güter, Rechte oder Interessen eingeschränkt werden, und zweitens, dass Belastungen und Schäden von Tieren zugunsten eines erwarteten Nutzens in Kauf genommen werden können (Grimm/Binder 2013, 55 ff.). Wie sich die erforderlichen Abwägungsentscheidungen operationalisieren und möglicherweise in Form eines Algorithmus darstellen lassen, wird kontrovers diskutiert. In der Literatur sind dazu verschiedene Instrumente vorgeschlagen worden (Grimm et al. 2013; Alzmann 2016; Brønstad et al. 2016; Laber et al. 2016). Eine einfache Quantifizierung und Verrechnung von Schaden und Nutzen auf Punkt und Komma ist hier aber wohl weder erreichbar noch wünschenswert. Man hat es vielmehr mit groben Vorrangswahlen zu tun, die nachvollziehbar sein müssen und einem gewissen Ermessensspielraum offenhalten (Rippe 2012, 337).

Unabhängig davon, in welcher Form die SNA durchgeführt wird, müssen für eine strukturierte und nachvollziehbare Durchführung folgende Fragen beantwortet werden: (a) Was wird unter die Rubrik ›Schaden‹ bzw. ›Nutzen‹ gefasst (z. B. Anzahl verwendeter Tiere, Schwere ihrer Belastungen, Höhe des erwarteten Nutzens, Wahrscheinlichkeit seiner Erreichung, erwartete Validität der Ergebnisse etc.) (b) Welches Gewicht haben die einzelnen Aspekte, die unter die beiden Rubriken gefasst werden? Spielt etwa die Belastung von Tieren eine größere Rolle als ihr Tod, der nicht notwendigerweise mit einer subjektiv empfundenen Belastung einhergeht? (s. Kap. 35) (c) Wie lassen sich die einzelnen Aspekte der Nutzenseite ins Verhältnis zur Schadenseite setzen?

Eine besondere Schwierigkeit stellt in diesem Zusammenhang die Grundlagenforschung dar, da es sich hier um wissenschaftliche Vorhaben handelt, »die weder einen unmittelbaren noch einen mittelbaren Anwendungsbezug erkennen lassen« (Binder et al. 2013, 269). Ihr Nutzen kann demnach kein unmittelbarer praktischer wie z. B. im Sinne einer Therapie oder Abwendung von Gefahren sein, da die Ziele der Grundlagenforschung, die Generierung von Wissen und die Weiterentwicklung von Methoden innerhalb eines Forschungsfeldes, keinen unmittelbaren praktischen Nutzen erwarten lassen (Grimm/Binder 2013, 56 f.). Vor diesem Hintergrund ist in Zweifel gezogen worden, ob die Ziele der Grundlagenforschung die gleiche rechtfertigende Kraft entwickeln können, wie anwendungsbezogene Fragestellungen (Birnbacher 2009, 116). Folgt man Rippe, so muss das ausschlaggebende Kriterium sein, dass der Erkenntnisgewinn seinerseits ein Mittel ist, um ein moralisch wertvolles Ziel zu erreichen (Rippe 2012, 335). Im rechtlichen Kontext scheint freilich wenig dagegen zu sprechen, den Wert der Grundlagenforschung mit dem Wert translationaler und angewandter Forschung gleichzusetzen.

46.3 Ausblick

In der Öffentlichkeit und auch in der akademischen Diskussion besonders umstritten sind derzeit die Fragen, ob es ein Belastungsausmaß gibt, das für die Tiere generell unzumutbar ist und das von keinen menschlichen Interessen irgendwelcher Art aufgewogen werden kann (Beauchamp/Morton 2015). Eine solche Belastungsobergrenze ist inzwischen in verschiedenen Rechtstexten formuliert worden. Von DeGrazia/Sebo ist in diesem Zusammenhang eine *worthwhile-life condition* als Kriterium vorgeschlagen worden: Die Schmerzen oder Leiden, die einem Tiere im Zusammenhang eines Versuches zugefügt werden, dürfen diesem Kriterium zufolge zu keinem Zeitpunkt so gravierend sein, dass die Lebensqualität des Tieres auf einen Wert herabsinkt, bei dem es besser wäre, es schmerzlos zu töten (De Grazia/Sebo 2015).

Eine zweite Kontroverse betrifft die Frage eines möglichen Ausschlusses der Nutzung bestimmter nichtmenschlicher Tieren von Tierversuchen. Während auf die Forschung mit Menschenaffen inzwischen weitgehend verzichtet wird und diese in verschiedenen Rechtstexten auch als verboten beurteilt wird, gilt Gleiches beispielsweise nicht für Forschungsvorhaben mit Tieraffen (Birnbacher 2012; Eidgenössische Kommission für Tierversuche/Eidgenössische Ethikkommission für die Biotechnologie im Außerhumanbereich 2006).

Erhebliche ethische Implikationen hat darüber hinaus die aktuell wieder neu aufgeflammte Debatte über die Übertragbarkeit und Validität des durch Tierversuche generierten Wissens. Die moralische Vertretbarkeit (und auch die rechtliche Zulässigkeit) von Tierversuchen hängt ganz wesentlich davon ab, dass die Ergebnisse aus dem Tierversuch valide und auf die Zielspezies, in der Regel den Menschen, übertragbar sind (Shelley 2010). Verschiedene neuere Metastudien legen allerdings nahe, dass der Impact von tierversuchs-basierter Forschung notorisch überschätzt wird, und dass die in der Wissenschaft derzeit generell beklagte »Reproduzierbarkeits-Krise« auch und gerade für tierversuchs-basierte Forschung gilt (Knight 2007; Würbel 2017). Ob dies allein auf methodische Unzulänglichkeiten und mangelhafte experimentelle Designs zurückgeführt werden kann, wird kontrovers diskutiert (Vogt et al. 2016).

Literatur

Alzmann, Norbert: *Zur Beurteilung der ethischen Vertretbarkeit von Tierversuchen*. Tübingen 2016.

Beauchamp, Tom L./Morton, David B.: The Upper Limits of Pain and Suffering in Animal Research. A Moral Assessemt of the European Union's Legislative Framework. In: *Cambridge Quaterly of Health Care Ethics* 2015, 431–447.

Binder, Regina: Rechtliche Grundlagen des Tierversuchs. In: Regina Binder/Norbert Alzmann/Herwig Grimm (Hg.): *Wissenschaftliche Verantwortung im Tierversuch. Ein Handbuch für die Praxis*. Baden-Baden 2013, 68–139.

Binder, Regina: *Das österreichische Tierschutzrecht. Tierschutzgesetz und Tierversuchsgesetz 2012*. Wien ^{3}2014.

Binder, Regina/Alzmann, Norbert/Grimm, Herwig: *Wissenschaftliche Verantwortung im Tierversuch. Ein Handbuch für die Praxis*. Baden-Baden 2013.

Birnbacher, Dieter: Absolute oder relative ethische Grenzen der Leidenszufügung bei Versuchstieren? In: Dagmar Borchers/Jörg Luy (Hg.): *Der ethisch vertretbare Tierversuch. Kriterien und Grenzen*. Paderborn 2009, 113–124.

Birnbacher, Dieter: Können medizinische Affenversuche ethisch gerechtfertigt werden? In: *Information Philosophie* 1 (2012), 20–29.

BMEL – Bundesministerium für Ernährung und Landwirtschaft: Tierschutzbericht der Bundesregierung (2015). In: http://www.bmel.de/SharedDocs/Downloads/Broschueren/Tierschutzbericht-2015.pdf?__blob=publicationFile (24.6.2018).

Brønstad, Aurora/Newcomer, Christian E./Decelle, Thierry/Everitt, Jeffrey I./Guillen, Javier/Laber, Kathy: Current concepts of harm-benefit analysis of animal experiments – Report from the AALAS-FELASA working group on harm-benefit analysis – Part 1. In: *Laboratory Animals* 50/1S (2016), 1–20.

Cohen, Carl 2001: Why Animals Do Not Have Rights. In: Carl Cohen/Tom Regan: *The Animal Rights Debate*. Lanham 2001, 27–40.

DeGrazia, David/Sebo, Jeff: Necessary Conditions for Morally Responsible Animal Research. In: *Cambridge Quarterly of Healthcare Ethics* 24 (2015), 420–430.

Eidgenössische Kommission für Tierversuche (EKTV) und Eidgenössische Ethikkommission für die Biotechnologie im Außerhumanbereich (EKAH): Forschung an Primaten – eine ethische Bewertung (2006). In: http://www.ekah.admin.ch/fileadmin/ekah-dateien/dokumentation/publikationen/d_Forschung_an_Primaten.pdf (6.4.2018).

Grimm, Herwig/Alzmann, Norbert/Marashi, Vera: Taking ethical considerations into account? Methods to carry out the harm-benefit analysis according to the EU Directive 2010/63/EU. In: *ALTEX Proceedings* 4/1 (2013), 1–56.

Grimm, Herwig/Binder, Regina: Die Schaden-Nutzen-Analyse. In: Regina Binder/Norbert Alzmann/Herwig Grimm (Hg.): *Wissenschaftliche Verantwortung im Tierversuch. Ein Handbuch für die Praxis*. Baden-Baden 2013, 55–67.

Höffe, Otfried: *Moral als Preis der Moderne. Ein Versuch über Wissenschaft, Technik und Umwelt*. Frankfurt a. M. 1993.

Hoerster, Norbert: *Haben Tiere eine Würde? Grundfragen der Tierethik*. München 2004.

Hüntelmann, Axel: Geschichte des Tierversuchs. In: Roland Borgards (Hg.): *Tiere. Kulturwissenschaftliches Handbuch*. Stuttgart 2016, 160–173.

Hursthouse, Rosalind: Tugendethik und der Umgang mit Tieren. In: Friederike Schmitz (Hg.): *Tierethik. Grundlagentexte*. Berlin 2014, 321–348 (engl. 2011).

Knight, Andrew: Systematic reviews of animal experiments demonstrate poor human clinical and toxological utility. In: *ATLA* 35 (2007), 641–659.

Laber, Kathy/Newcomer, Christian E./Decelle, Thierry/Everitt, Jeffrey I./Guillen, Javier/Brønstad, Aurora: Recommendations for addressing harm-benefit analysis and implementation in ethical evaluation – Report from the AALAS-FELASA working group on harm-benefit analysis – Part 2. In: *Laboratory Animals* 50/1S (2016), 21–42.

Nida-Rümelin, Julian/von der Pfordten, Dietmar 1996: Tierethik II: Zu den ethischen Grundlagen des Deutschen Tierschutzgesetzes. In: Julian Nida-Rümelin (Hg.): *Angewandte Ethik. Die Bereichsethiken und ihre theoretische Fundierung. Ein Handbuch*. Stuttgart, 484–509.

Nuffield Council on Bioethics: *The ethics on research involving animals*. London 2005.

Regan, Tom: *The case for animal rights* [1983]. Berkeley/Los Angeles ²2004.
Rippe, Klaus P.: Tiere, Forscher, Experimente. Zur ethischen Vertretbarkeit von Tierversuchen. In: Herwig Grimm/Carola Otterstedt (Hg.): *Das Tier an sich. Disziplinübergreifende Perspektiven für neue Wege im wissenschaftsbasierten Tierschutz.* Göttingen/Bristol 2012, 331–346.
Roscher, Mieke: Geschichte des Tierschutzes. In: Roland Borgards (Hg.): *Tiere. Kulturwissenschaftliches Handbuch.* Stuttgart 2016, 173–182.
Russell, William M. S./Burch, Rex L.: *The principles of humane experimental technique.* London 1959.
Ryder, Richard: Experiments on Animals. In: Roslind Godlovitch/Stanley Godlovitch/John Harris (Hg.): *Animals, Men, and Morals: An Enquiry into the Maltreatment of Non-Humans.* New York 1971, 41–82.
Shelley, Cameron: Why test animals to treat humans? On the validity of animal models. In: *Studies in History and Philosophy of Biological and Biomedical Sciences* 41 (2010), 292–299.
Singer, Peter: *Praktische Ethik* [1979]. Stuttgart ³2013.
Vogt, Lucile/Reichlin, Thomas S./Nathues, Christina/Würbel, Hanno: Authorization of animal experiments is based on confidence rather than evidence of scientific rigor. In: *PLoS Biology* 14/12 (2016), e2000598. doi.10.1371/journal.pbio.2000598.
Wolf, Ursula: *Das Tier in der Moral.* Frankfurt a. M. 1990.
Würbel, Hanno: Die Reproduzierbarkeitskrise und das Missverständnis von der Labormaus als Messinstrument. In: http://www.laborjournal.de/rubric/essays/essays2017/e17_05.lasso (10.7.2018)

Rechtsgrundlagen und Materialien

ANIMPACT Work Package 3. In: http://www.animpact.eu/sites/default/files/images/WP3_firstresults_2nd%20Report_0.pdf (5.6.2016).
BMEL 2015: Verwendung von Versuchstieren im Jahr 2015. In: http://www.bmel.de/DE/Tier/Tierschutz/_texte/TierschutzTierforschung.html?docId=8596776 (16.1.2017).
SEV Nr. 123: Europäisches Übereinkommen zum Schutz der für Versuche und andere wissenschaftliche Zwecke verwendeten Wirbeltiere (SEV Nr. 123). Straßburg, 18.3.1986.
Richtlinie 86/609/EWG des Rates vom 24.11.1986. In: http://www.bfr.bund.de/cm/343/5_Beratung_Anlage%204_86-609-EEC.pdf.
Richtlinie 2010/63/EU des Europäischen Parlaments und des Rates vom 22. September 2010 zum Schutz der für wissenschaftliche Zwecke verwendeten Tiere, ABl. L 276/33 v. 20.10.2010. In: http://eur-lex.europa.eu/LexUriServ/LexUriServ.do?uri=OJ:L:2010:276:0033:0079:de:PDF (5.6.2016).

Herwig Grimm / Annika Bremhorst / Johann S. Ach

47 Transgene Tiere

Transgene Tiere im weiteren Sinne sind alle durch gentechnische Verfahren veränderten Tiere. Einer engeren Definition zufolge handelt es sich bei transgenen Tieren um Tiere, bei denen die Fremd-DNA in das Genom stabil integriert ist, so dass die Veränderung an die Nachkommen weitergegeben werden kann (Mepham et al. 1998, 21). Manchmal wird auch von *genetically engineerd animals* gesprochen, um auch solche genetisch veränderten Tiere zu erfassen, die keine transgenen Tiere im engeren Sinne sind. Das erste transgene Tier, eine transgene Maus, ist bereits zu Beginn der 1980er Jahre hergestellt worden.

Die mit der Herstellung und Nutzung gentechnisch veränderter bzw. transgener Tiere verfolgten Ziele sind vielfältig:

Biomedizinische Forschung. In der biomedizinischen Forschung besteht das Ziel zum Beispiel in der Herstellung geeigneter Tiermodelle, um an diesen im Tierversuch Grundlagenforschung betreiben und menschliche Krankheiten erforschen zu können. Die gentechnische Modifikation eröffnet zum Beispiel im Prinzip die Möglichkeit, Erkrankungen wie Parkinson, Multiple Sklerose oder Zystische Fibrose in Tieren zu induzieren (Ferrari 2008, 42 ff.) Darüber hinaus finden gentechnisch veränderte Tiere auch in der toxikologischen Forschung Verwendung (s. Kap. 46).

Tierzucht. In der Tierzucht werden transgene Tiere genutzt, um eine Steigerung der Produktivität, also zum Beispiel eine bessere Futterverwertung und ein schnelleres Wachstum, und eine Veränderung der Produktqualität, beispielsweise die Reduzierung des Fettgehaltes des Fleisches der Tiere, zu erreichen. Ein weiteres Ziel besteht in der Erzeugung krankheits- und stressresistenter Tiere.

Gene-Pharming. Transgene Tiere werden auch zum Zweck des sogenannten Gene-Pharming hergestellt, bei dem der tierliche Organismus gleichsam als ›Bioreaktor‹ dazu veranlasst wird, ein therapeutisch bzw. industriell nutzbares fremdes Protein zu produzieren, das anschließend aus Serum, Urin oder Milch des jeweiligen Tieres gewonnen werden kann.

Xenotransplantation. Gentechnisch veränderte Tiere werden auch für die Gewinnung von Xenotransplantaten verwendet. Die Organe von gentechnisch veränderten oder transgenen Tieren sollen als Alternative zu allogenen Transplantaten auf den Menschen übertragen werden, um auf diese Weise den notorischen Mangel an geeigneten menschlichen Spendeorganen zumindest zu begrenzen (s. Kap. 49).

Animal Disenhancement. Neben dem Ziel einer Verbesserung der Eigenschaften und Fähigkeiten von Tieren (Animal Enhancement) wird seit einigen Jahren auch über die Möglichkeit eines gezielten Beeinträchtigens oder Abschaltens von Eigenschaften von Tieren mittels gentechnischer Eingriffe diskutiert (Animal Disenhancement). Neben im Wesentlichen ökonomischen Interessen verfolgen entsprechende Forschungsvorhaben unter anderem auch das Ziel des Tierschutzes, indem Tiere mit Hilfe gentechnischer Eingriffe auf eine Weise an die Erfordernisse moderner Produktionssysteme angepasst werden, die zu einer Reduzierung von Leiden und Belastungen führen soll (z. B. hornlose Rinder; Ferrari 2006; s. Kap. 37).

Kunst und Unterhaltung. Darüber hinaus sind transgene Tiere auch im Zusammenhang künstlerischer Produktionen hergestellt worden (Kac 1999). Beispiele sind leuchtende Zebrafische oder auch das berühmt gewordene Kaninchen Alba, das nach Einschleusen eines Fluoreszenz-Gens unter UV-Licht grün leuchtet.

Die ethischen Fragestellungen im Zusammenhang der Herstellung, Nutzung und Haltung transgener Tiere werden seit mehreren Jahren kontrovers diskutiert und betreffen neben möglichen Risiken für den Menschen vor allem die Folgen von Eingriffen in das Genom für die betroffenen Tieren sowie die Frage, ob solche Eingriffe mit der Integrität oder Würde von Tieren vereinbar sind.

47.1 Gesundheitliche, ökologische oder sozioökonomische Risiken

Die Herstellung und Nutzung transgener Tiere wirft eine Reihe von Fragen in Bezug auf mögliche gesundheitliche, ökologische oder sozioökonomische Risiken für den Menschen auf, die mit der Anwendung dieser Verfahren verbunden sein können. Diskutiert wird zum Beispiel, ob die mit Hilfe gentechnischer Verfahren gewonnenen Impfstoffe, Therapeutika oder Lebensmittel in der Anwendung auf den Menschen unbedenklich sind, und ob von einer – beabsichtigten oder unbeabsichtigten – Freisetzung genmanipulierter Tiere Risiken für den Menschen ausgehen. Kontrovers debattiert wird auch die Frage, ob die genetische selektive Merkmalszüchtung eine Bedrohung der genetischen Vielfalt darstellt. Darüber hinaus richten sich Bedenken auf mögliche unerwünschte sozioökonomische Folgen der Anwendung dieser Verfahren, insbesondere im Hinblick auf ökonomische Konzentrationsprozesse in der Landwirt-

J. B. Metzler © Springer-Verlag GmbH Deutschland, ein Teil von Springer Nature, 2018
J. S. Ach / D. Borchers (Hg.), *Handbuch Tierethik*, https://doi.org/10.1007/978-3-476-05402-9_47

schaft, die mit einer breiten Nutzung transgener Tiere einhergehen könnten.

47.2 Tierethische Bedenken und Argumente

Leiden und Belastungen von Tieren

Im Grundsatz stellen sich bei transgenen Tieren die gleichen Tierschutzprobleme wie bei anderen Nutz- oder Versuchstieren: Es besteht die Möglichkeit, dass ihnen durch die Weise ihrer Herstellung und durch ihre Haltung Schmerzen, Leiden oder Schäden zugefügt werden. Das Risiko unvorhersehbarer Belastungen ist bei transgenen Nutz- oder Versuchstieren jedoch größer. Als besonders problematisch gilt in diesem Zusammenhang die Möglichkeit einer zufälligen Integration eines Genkonstruktes in das Genom eines Tieres, die derzeit nicht kontrollierbar ist und erhebliche Auswirkungen auf das transgene Tier haben kann. Der Grad der Belastung bei den Nachkommen ist häufig nicht vorhersehbar. Auch kann die Embryonalentwicklung so stark gestört sein, dass es bereits vor der Geburt zum Absterben der Embryonen oder Föten kommt. Das auch in der Tierzucht zunehmend eingesetzte Verfahren des *Genome Editing* ist zwar vermutlich deutlich effektiver als herkömmliche Verfahren zur Herstellung gentechnisch veränderter Tiere, da das CRISPR/Cas-System bzw. die Nukleasen einfach durch Mikroinjektion in die Empfängerzelle eingebracht werden können. Die Möglichkeit von unerwarteten, für die Tiere negativen Effekten lässt sich aber auch mit diesen Methoden nicht zuverlässig ausschließen. Da Eingriffe in das Genom in der Regel darauf abzielen Tiere zu erzeugen, die ein bestimmtes Gen unter- oder überexprimieren oder ein mutiertes, krankheits-erzeugendes Gen exprimieren, kann auch die erfolgreiche Herstellung eines transgenen Tieres für die Tiere mit (gegebenenfalls massiven) körperlichen Schäden oder Behinderungen verbunden sein. Dies betrifft nicht nur solche Tiere, die, wie zum Beispiel die bekannte Harvard-›Onkomaus‹, gezielt als Krankheitsmodelle für die biomedizinische Forschung hergestellt werden, sondern zum Beispiel auch solche Tiere, die, wie zum Beispiel Schweine, in die ein menschliches Wachstumshormon-Gen eingeführt wurde, in der landwirtschaftlichen Produktion eingesetzt werden sollen. Eine weitere Quelle möglicher Belastungen stellt schließlich auch die Haltung von transgenen Tieren dar, da die Tiere und die Umgebung, in der sie leben, häufig besonderen Hygiene-Standards und Sicherheitsvorkehrungen unterworfen sind, die bis hin zu spezifisch pathogen freien Bedingungen reichen können. Inwiefern eine Haltung transgener Tiere mit deren Wohl vereinbar ist, ist vor diesem Hintergrund zumindest fraglich (s. Kap. 34).

Töten von Tieren

Da die Herstellung gentechnisch veränderter oder transgener Tiere unweigerlich mit der Tötung von solchen Tieren einhergeht, die das Fremd-Gen entweder nicht aufweisen oder nicht wie gewünscht exprimieren, stellt sich die Frage nach der ethischen Zulässigkeit der Tötung dieser – mitunter als *waste animals* bezeichneten – Tiere. Die Fragen, wie und im Hinblick auf welche Tiere und welche Kontexte sich eine Tötung von Tieren rechtfertigen lässt, wird in der Literatur kontrovers diskutiert (s. Kap. 35).

Tierrechte und gentechnische Veränderung von Tieren

Manche sehen in der Herstellung, Haltung und Nutzung transgener Tiere eine Verletzung von deren Integrität, die die betroffenen Tiere zu einer bloßen ›Ressource‹ bzw. zu einem ›Ersatzteillager‹ für menschliche Zwecke herabwürdigt. Dem von Tom Regan ausgearbeiteten Rechte-Ansatz zufolge haben all jene Lebewesen das gleiche Recht darauf, mit Respekt behandelt zu werden bzw. auf eine Weise behandelt zu werden, die sie nicht auf den Status von Ressourcen für andere reduziert, die einen *inhärenten Wert* haben (s. Kap. 14). Inhärenten Wert besitzen laut Regan solche Lebewesen, die »empfindende Subjekte eines Lebens« sind: »Jeder von uns ist das empfindende Subjekt eines Lebens (*experiencing subject of a life*), eine bewusste Kreatur mit einem individuellen Wohl, das für uns von Bedeutung ist, unabhängig davon, wie nützlich wir für andere sein mögen. Wir wollen und bevorzugen Dinge, glauben und fühlen Dinge, erinnern uns und erwarten Dinge. Und all diese Dimensionen unseres Lebens – unsere Lust und unser Schmerz, unsere Freude und unser Leiden, unsere Befriedigung und unsere Frustration, unser Weiterleben oder unser frühzeitiger Tod – all das macht einen Unterschied für die Qualität unseres Lebens, wie wir es als Individuen erleben und erfahren. Und da dasselbe für Tiere gilt, die uns etwas angehen (die, die wir essen und fangen, zum Beispiel), müssen auch sie als empfindende Subjekte eines Lebens mit eigenem inhärenten Wert angesehen werden« (Regan

1997, 42 f.). Regan fordert vor diesem Hintergrund nicht nur die Abschaffung der Praxis von Tierversuchen und anderer Formen eines instrumentalisierenden Umgangs mit Tieren, sondern auch der Herstellung, Nutzung und Haltung von transgenen Tieren. »What we have with transgenic research is another incentive for reducing animals to something whose purpose for being in the world is to serve human interests. And that's fundamentally flawed« (zit. nach Svoboda 2008).

Gegen die Verwendung rechte-basierter Argumente im Zusammenhang der Herstellung transgener Tiere ist u. a. eingewandt worden, dass die Mehrzahl der gentechnischen Eingriffe zu einem Zeitpunkt in der frühen Embryonalentwicklung oder sogar vor der Befruchtung erfolgt – und damit zu einem Zeitpunkt, zu dem ein ›Subjekt eines Lebens‹ bzw. ein Träger eines inhärenten Wertes, der einen Anspruch auf Respekt verdient, noch nicht existiert. Dieser Einwand lässt sich weiter zuspitzen: Die Herstellung eines gentechnisch veränderten Tieres dürfte in der Regel weder mit einer Schädigung (noch mit einer Verbesserung des Wohls) eines Tieres einhergehen, wie Palmer unter Verweis auf das sogenannte Non-Identity Problem deutlich gemacht hat, weil das veränderte Tier zwar möglicherweise gegenüber anderen Mitgliedern der Spezies benachteiligt ist, was aber nicht gleichbedeutend damit ist, dass auch dem Tier selbst durch die Weise seiner Erzeugung irgendetwas vorenthalten oder genommen worden wäre (Palmer 2011).

Integrität und Würde der Kreatur

Ein weiterer Strang der tierethischen Diskussion über die Zulässigkeit der Herstellung transgener Tiere bezieht sich weniger auf die Frage, ob gentechnische Eingriffe für die betroffenen Tiere mit Schmerzen oder Leiden verbunden sind, sondern nimmt auf Argumente Bezug, die eine Integrität oder Würde von (zumindest bestimmten) Tieren behaupten (*genetic integrity* vs. *welfare approach*). Dabei lassen sich wieder mehrere Positionen unterscheiden (Balzer/Rippe/Schaber 1999, 51 ff.; vgl auch de Vries 2006; Sandøe, Peter et al. 1996):

Artspezifische Wesenszüge. Einem ersten Argument zufolge sind Eingriffe in das Genom von Tieren moralisch unzulässig, weil und insofern sie die artspezifischen Wesenszüge von Tieren nicht respektieren. Die artspezifischen Wesenszüge von Tieren verdienen dieser Auffassung zufolge unbedingten moralischen Schutz. Folgt man dieser Auffassung, ergibt sich die Verpflichtung, alle Handlungen zu unterlassen, die verhindern würden, dass ein Individuum ein Leben von der Art führen kann, die für die Spezies, der das Individuum angehört, ein gelungenes oder gutes Leben darstellt. Insofern genetische Eingriffe die artspezifischen Wesenszüge eines Tieres nicht berücksichtigen oder verletzen, sind sie daher dieser Auffassung zufolge falsch. Ob sich die Begriffe des ›Wesens‹ eines Tieres und seiner ›Wesenszüge‹ auch diesseits einer aristotelischen Naturphilosophie plausibel ausbuchstabieren lassen, ist allerdings umstritten.

Telos. Ein einflussreiches zweites Argument behauptet, dass genetische Interventionen mit dem *telos* von Lebewesen unvereinbar seien. Geht man davon aus, dass es eine moralische Pflicht gibt, das *telos* eines Lebewesens zu respektieren, dann, so das Argument, folgt hieraus auch die Pflicht, das *telos* eines Tieres nicht zu verändern. Da es sich bei einem Eingriff in das Genom eines Tieres aber um eben eine solche Änderung des *telos* handle, sei diese grundsätzlich moralisch falsch (Fox 1990). Rollin, der selbst ebenfalls mit dem *telos* von Lebewesen argumentiert, hat darauf hingewiesen, dass es einen Unterschied macht, ob man behauptet, dass das *telos* eines Tieres in seinem genetischen *make up* besteht, oder ob man, wie er selbst, behauptet, dass das *telos* eines Tieres »genetically based and environmentally expressed« ist (Rollin 1998, 166) Tatsächlich stellte es einen wenig plausiblen genetischen Reduktionismus dar, würde man das *telos* eines Tieres mit seiner genetischen Ausstattung schlicht identifizieren (vgl. auch Balzer/Rippe/Schaber 1999, 55).

Rollin hat demgegenüber die folgende Maxime (»maxim to respect *telos*«) vorgeschlagen: »If an animal has a set of needs and interests which are constitutive of its nature, then, in our dealings with that animal, we are obliged not to violate and to attempt to accommodate those interests, for violation and failure to accommodate those interests matter to the animal« (Rollin 1998, 165). Rollin macht die Erlaubtheit genetischer Interventionen damit letztendlich von einem, wie er es nennt, »Principle of Conservation of Wellbeing« abhängig. Eingriffe in das Genom eines Tieres können seiner Auffassung nach mit dessen *telos* vereinbar sein, sofern diese seinem Wohl zumindest nicht widersprechen: »If we identify an animal's *telos* as being genetically based and enviromentally expressed, we have now changed the chicken's *telos* so that the animal that is forced by us to live in a battery cage is satisfying more of its nature than is the animal that still has the gene coding for nesting. Have we done something morally wrong? I would argue that we have not« (Rollin 1998, 166; vgl. auch Rollin 1995).

Ausüben artspezifischer Funktionen. Ein drittes Argument schließlich behauptet, dass es die Möglichkeit der Ausübung artspezifischer Funktionen oder Fähigkeiten ist, die durch die Moral geschützt sei. »Eine Reduktion und eine Einschränkung von Fähigkeiten«, so das Argument, »verletzen das Gut eines Wesens und beeinträchtigen die Lebensqualität des betroffenen Wesens, und dies unabhängig davon, was und ob es selbst etwas empfindet« (Balzer/Rippe/Schaber 1999, 57). Von einem *welfare approach* unterscheidet sich diese Position vor allem dadurch, dass sie eine nicht (rein) subjektivistische Theorie des Wohlergehens voraussetzt. Eingriffe in das Genom eines Lebewesens können dieser Auffassung zufolge auch dann falsch sein, wenn sie auf Seiten des betroffenen Tieres nicht mit Leiden oder Schmerzen einhergehen. Der Rekurs auf die Möglichkeit der Ausübung artspezifischer Funktionen oder Fähigkeiten stellt jedoch kein prinzipielles Argument gegen die Herstellung transgener Lebewesen zur Verfügung. Ob ein Eingriff die Ausübung artspezifischer Funktionen und Fähigkeiten verletzt oder beeinträchtigt, kann dieser Auffassung zufolge vielmehr nur im Einzelfall angesichts des zu erwartenden oder zu beobachtenden Phänotyps entschieden werden.

47.3 Fazit

Die Möglichkeit der Herstellung und Nutzung transgener Tiere stellt für die tierethische Diskussion eine nicht geringe Herausforderung dar. Einerseits lassen sich gegen jene Argumente, die Eingriffe in das Genom von Tieren für intrinsisch moralisch problematisch halten (*genetic integrity approach*), gravierende theoretische Einwände vorbringen. Andererseits aber scheinen Argumente, die am subjektiven Wohlergehen von Tieren ansetzen (*welfare approach*), keine ausreichenden Ressourcen gegen solche Formen der Nutzung zur Verfügung zu stellen, bei denen Tiere gängigen Produktions- und Nutzungspraktiken so angepasst werden, dass sie darunter weniger oder nicht leiden. Dies wird, wie nicht zuletzt die kontroverse Debatte über die Möglichkeit einer Herstellung empfindungs- und leidensunfähiger Tiere zeigt, von nicht wenigen, darunter auch Vertreterinnen und Vertretern pathozentrischer Ethikkonzeptionen, als unbefriedigend angesehen.

Literatur

Balzer, Philipp/Rippe, Klaus Peter/Schaber, Peter: *Menschenwürde vs. Würde der Kreatur. Begriffsbestimmung, Gentechnik, Ethikkommissionen.* Freiburg/München [2]1999.

De Vries, Rob: Genetic Engineering and the Integrity of Animals. In: *Journal of Agricultural and Enviromental Ethics* 19 (2006), 469–493.

Ferrari, Arianna: Genetically Modified Laboratory Animals in the Name of the 3Rs? In: *Altex* 23 (2006), 294–307.

Ferrari, Arianna: *Genmaus & Co. Gentechnisch veränderte Tiere in der Biomedizin.* Erlangen 2008.

Fox, Michael A.: Transgenic animals: ethical and animal welfare concerns. In: P. Wheale/R. McNally: *The bio-revolution. Cornucopia or Pandora's box?* London 1990, 31–45.

Kac, Eduardo: Transgene Kunst. In: *Ars Electronica 99 – Life Science.* Wien/New York 1999, 289–296.

Mepham, T. Ben et al.: The Use of Transgenic Animals in the European Union The Report and Recommendations of ECVAM Workshop 28. In: *ATLA* 26 (1998), 21–43.

Palmer, Clare: Animal Disenhancement and the Non-Identity Problem: A Response to Thompson. In: *Nanoethics* 5 (2011), 43–48.

Regan, Tom: Wie man Rechte für Tiere begründet. In: Angelika Krebs (Hg.): *Naturethik. Grundtexte der gegenwärtigen tier- und ökoethischen Diskussion.* Frankfurt a. M. 1997, 33–46.

Rollin, Bernard E.: *The Frankenstein Syndrome: ethical and social issues in the genetic engineering of animals.* Cambridge 1995.

Rollin, Bernard E.: On *telos* and genetic engineering. In: A. Holland/A. Johnson (Hg): *Animal Biotechnology and Ethics.* Boston 1998, 156–171.

Sandøe, Peter et al.: Transgenic animals: the need for an ethical dialogue. In: *Scandinavian Journal of laboratory animal science* 1/3 (1996), 279–285.

Svoboda, Elisabeth: Old McDonald had a pharm. In: https://www.salon.com/2008/06/11/transgenic_goats/ (27.9.2017).

Johann S. Ach

48 Wildtiere

Die Wildtierethik beschäftigt sich mit der Frage, ob moralische Akteure empfindungsfähigen wildlebenden Tieren aus ethischer Sicht positive Pflichten in der Form von Rettungs-, Hilfs- und Unterstützungspflichten schulden, und falls ja, was diese Pflichten genau beinhalten. Haben wir die Verpflichtung, Wildtiere aus Naturkatastrophen wie Buschfeuern und aus den Fängen von Raubtieren zu retten? Sollen wir die Lebensqualität wilder Tiere beispielsweise durch Impfungen verbessern? Oder haben diese das Recht auf ein Leben frei jeglicher menschlicher Einmischung?

In der Literatur finden sich verschiedene Vorschläge, was man unter einem ›Wildtier‹ verstehen soll. *Ortsorientierten* Definitionen zufolge leben Wildtiere in von Menschen unberührten Gebieten. Nicht-domestizierte Tiere, welche sich in Städten wiederfinden, wie beispielsweise migrierende Vögel, Waschbären oder Füchse, fallen diesem Verständnis zufolge nicht in die Gruppe der Wildtiere. *Dispositionelle* Definitionen beziehen sich auf das Verhalten von Tieren. Wildtiere sind demzufolge Tiere, welche nicht gezähmt sind. Hunde und Hähne, welche vom Menschen gezielt mit unkontrollierbaren und aggressiven Charakterzügen gezüchtet wurden, zählen somit zu den Wildtieren. *Konstitutiven* Definitionen zufolge sind Wildtiere nicht-domestizierte Tiere, also Tiere, in deren Physiologie und Wesensart nicht durch Züchtung eingegriffen wurde und welche nicht vom Menschen abhängig sind (Palmer 2010). Die meisten Autorinnen und Autoren beziehen sich auf letztere Definition wenn sie von Wildtieren sprechen.

Die zeitgenössische Debatte in der Wildtierethik kann in drei Strömungen unterteilt werden: *Laissez-faire Ansätze* fordern einzig Unterlassungspflichten wildlebenden Tieren gegenüber und erachten menschliche Einmischungen als moralisch problematisch. *Konditionale Pflichtenansätze* verlangen Einmischungen nur in Einzelfällen unter genau definierten Umständen, und *Interventionspflichtansätze* plädieren für teils massive Eingriffe um die Lebensqualität von Wildtieren zu verbessern. Dies kann so weit gehen, dass eine Ausrottung sämtlicher Raubtiere gefordert wird.

48.1 Laissez-faire Ansätze

Nicht-Einmischung in das Leben wildlebender Tiere kann aus unterschiedlichen Gründen gefordert werden. So weist Peter Singer in *Animal Liberation* (2009) Eingriffe in das Leben wildlebender Tiere mit dem Hinweis zurück, dass diese gesamthaft wohl zu mehr negativen als positiven Konsequenzen führen würden. Zwar wäre es in seltenen Einzelfällen – beispielsweise in Packeis eingeschlossenen Walen gegenüber – kaltherzig, würde man den Tieren nicht helfen. Aber da der Mensch mit seinen Eingriffen in die Natur bisher fast immer mehr negative als positive Folgen erzeugt hat, kann und soll er nicht in großem Stil in die Natur und das Leben wildlebender Tiere eingreifen.

Tom Regan zufolge haben moralische Akteure ebenfalls die Verpflichtung, Wildtiere ihr Leben frei von jeglicher menschlicher Einmischung leben zu lassen. Seiner Ansicht nach nutzen Wildtiere ihre natürlichen Fähigkeiten auf kompetente Art und Weise und bedürfen keinerlei menschlicher Hilfe und Unterstützung. Zwar haben moralische Akteure die Pflicht, Wildtiere vor problematischen Eingriffen durch den Menschen wie beispielsweise der Jagd zu schützen. Jedoch geht dies nicht mit der Pflicht einher, diese Tiere vor in der Natur vorkommendem Leid wie beispielsweise der Prädation zu bewahren. Tiere sind keine moralischen Akteure und haben deshalb auch nicht die Pflicht, das Lebensrecht von Beutetieren zu respektieren. Somit liegt kein Unrecht vor, wenn beispielsweise ein Löwe eine Gazelle reißt.

Dieser Ansicht wurde vorgeworfen, dass es aus Kohärenzgründen somit auch keinerlei Hilfs- und Rettungspflichten im Fall von Menschen geben dürfe, die nicht auf ein vorhergehendes Unrecht zurückgehen – dass es also gemäß Regans Theorie aus moralischer Sicht nicht erforderlich sei, ein Kind vor dem selbstverschuldeten Ertrinken zu retten oder eine Wanderin vor einer herunterrollenden Geröllawine zu warnen. Der Grund ist, dass in diesen Fällen, wie auch im Fall von Leid in der Natur, kein von einem moralischen Akteur verursachtes Unrecht vorliegt (Jamieson 1990). Zudem wurde darauf hingewiesen, dass Menschen selbstverständlich auch vor Angriffen von anderen Menschen, die keine moralischen Akteure sind, beispielsweise vor geistig schwerstbehinderten Personen, geschützt werden; und dass dies somit auch im Fall von Tieren gelten müsse. Um das Lebensrecht von Beutetieren zu schützen, erfordere Regans Theorie somit die Ausrottung sämtlicher Raubtiere (Callicott 1985).

Um diese Schwierigkeiten zu vermeiden, führt Regan im Vorwort der zweiten Auflage von *A Theory of Animal Rights* (Regan 2004) prima facie-Wohltätigkeitspflichten gegenüber Menschen ein, die unter gewissen Umständen gelten sollen. Da er diese jedoch

J. B. Metzler © Springer-Verlag GmbH Deutschland, ein Teil von Springer Nature, 2018
J. S. Ach / D. Borchers (Hg.), *Handbuch Tierethik*, https://doi.org/10.1007/978-3-476-05402-9_48

im Fall von Wildtieren nach wie vor als nicht gegeben erachtet, wurde seine Theorie in dieser Frage als speziesistisch und in sich widersprüchlich kritisiert (Ebert/Machan 2012). Es finden sich andererseits zahlreiche Vorschläge in der Literatur, die Regans Laissez-faire Ansatz zu verteidigen versuchen. So wurde beispielsweise behauptet, dass das Leid von Beutetieren ein unumgänglicher Bestandteil ihres Lebens und ihrer Natur sei, und Eingriffe durch den Menschen verhinderten, dass sie ein gedeihendes Leben führen könnten (Everett 2001). Auch wurde darauf hingewiesen, dass die Beutetierjagd in den meisten Fällen dem Überleben des Raubtieres diene. Die Verhinderung der Beutejagd könne also nur in den Fällen gerechtfertigt werden, in denen, wie beispielsweise im Fall der Mäusejagd durch Hauskatzen, die Jagd nicht überlebensnotwendig sei (Cochrane 2012). Zudem könne ein Eingreifen in die Prädation desaströse ökologische Folgen haben (Simmons 2009). Schließlich wurde auch für eine Weiterentwicklung von Regans Tierrechtstheorie (s. Kap. 14) plädiert, in welcher die moralische Verantwortung nuanciert und als kontextabhängig betrachtet werden solle. Gemäß diesem Vorschlag ist an der Tötung einer Gazelle durch einen Löwen aus moralischer Sicht nichts problematisches, da niemand eine Pflicht habe, diese zu verhindern; wohingegen die Besitzerin einer Mäuse tötenden Hauskatze unter Umständen durchaus ihre Pflicht, ihr Tier von der Beutejagd abzuhalten, vernachlässigt habe (Milburn 2015).

Auch die Eigentumsrechttheorie – der Ansatz, dass Wildtieren das von ihnen benutzte Land gehört und zusteht – führt prima facie zu Unterlassungspflichten. Eingriffe in die Natur wie beispielsweise die Umsiedlung von Wildtieren, sind dieser Auffassung nach ethisch problematisch, weil sie gegen ein Eigentumsrecht von Tieren an ihrem Habitat verstoßen (Hadley 2015).

48.2 Konditionale Pflichtenansätze

Die Eigentumsrechttheorie impliziert jedoch nicht, dass moralische Akteure niemals verpflichtet sind, helfend in die Natur einzugreifen. So argumentiert John Hadley, dass die Pflicht, notleidenden Menschen, beispielsweise nach Naturkatastrophen, beizustehen, aus Kohärenzgründen auf empfindungsfähigen Wildtieren in ähnlichen Situationen ausgedehnt werden müsse (Hadley 2006). Diese Ansicht untermauert er mit einem Gedankenexperiment: Man stelle sich die verheerenden Folgen eines Buschfeuers oder eines Erdbebens vor. Normalerweise, so Hadley, sind wir im Fall von menschlichen Erdbebenopfern moralisch verpflichtet, diese beispielsweise mit Nahrungsmitteln und Wasser zu versorgen, sofern dies aus logistischer Sicht möglich und mit nur geringen Kosten verbunden ist und niemand dabei einem allzu hohem Risiko ausgesetzt wird. Wenn dies bei Menschen der Fall ist, sei unklar, warum dasselbe nicht auch für empfindungsfähige Tiere in arger Not, wie sie beispielsweise nach Naturkatastrophen auftritt, gelten sollte. Den Einwurf, dass Menschen ein größeres Interesse am Weiterleben als Tiere haben, weist Hadley mit einem weiteren Gedankenexperiment zurück: Man stelle sich dasselbe Szenario mit geistig schwerstbehinderten Menschen als Betroffene vor, welche keinerlei Beziehungen zu moralischen Akteuren haben, und die über keinerlei Vorstellung von und Planung für ihre Zukunft verfügen. Wer die Überzeugung hege, dass diesen Individuen Hilfe geleistet werden müsse, dürfe auch Wildtieren in ähnlichen Situationen seinen Beistand nicht versagen. Da die Beutejagd für Wildtiere überlebensnotwendig ist und Interventionen mit großen Gefahren für die eingreifenden Personen verbunden wären, führt Hadleys Ansatz in diesem Fall nicht zu entsprechenden Pflichten.

Die Konzentration klassischer Tierrechtstheorien auf negative Rechte und auf die intrinsischen Eigenschaften von Tieren ist indes in einigen neueren Erscheinungen kritisiert worden. Es wurde darauf hingewiesen, dass die unterschiedlichen Beziehungen, die moralische Akteure zu Tieren pflegen, einen Einfluss darauf haben, ob es eine Pflicht dazu gibt, unterstützend und helfend in deren Leben einzugreifen. Diese Ansätze können als relationale Theorien bezeichnet werden.

So postuliert beispielsweise Clare Palmer, dass wir Wildtieren gegenüber zwar Unterlassungspflichten haben, also Pflichten, diese Tiere nicht zu schädigen und zu töten (Palmer 2010). Hingegen hätten wir ihnen gegenüber, anders als gegenüber domestizierten Tieren, die von uns abhängig sind, keinerlei positive Pflichten im Sinne von Unterstützungs- oder Rettungspflichten. Rettung oder Hilfe seien aber erlaubt und aus moralischer Sicht nicht verwerflich. Hilfspflichten Wildtieren gegenüber bestehen Palmers Auffassung nach nur nach einer vorausgegangenen oder in der Zukunft mit Wahrscheinlichkeit eintretenden Schädigung durch den Menschen, oder infolge von Abhängigkeitsverhältnissen und durch den Menschen herbeigeführten Verletzlichkeiten, wie sie beispielsweise im Fall von in

Zoos eingesperrten Wildtieren vorlägen, die ihre Nahrung nicht mehr selbst erbeuten können. In der Praxis bedeutet dies, dass wir keinerlei Hilfspflichten haben, wenn Wildtiere von unabhängig vom Menschen auftretenden Dürren, Krankheiten, Verletzungen oder Naturkatastrophen betroffen sind. Sind diese Zustände jedoch durch den Menschen erzeugt, führen sie zu einer Hilfspflicht den betroffenen Wildtieren gegenüber. Wenn also beispielsweise Kojoten aufgrund eines Siedlungsneubaus ihr Territorium und damit ihre bisherigen Futterquellen verlieren sowie durch neue Straßen einem höheren Sterberisiko ausgesetzt werden, ergibt sich aus diesem Ansatz eine Kompensationspflicht. Wenn eine Umsiedlung aufgrund der Gebietsnutzung durch andere Tiere nicht möglich ist, müssen Vorkehrungen getroffen werden, um die Lebensqualität der Kojoten wieder herzustellen und ihre Verletzlichkeit zu vermindern. Palmer gesteht ein, dass die Bestimmung der Verantwortlichen manchmal herausfordernd sein kann. Da im Fall der Kojoten die Einwohnerinnen und Einwohner der Neubausiedlung von ihrem ehemaligen Territorium profitieren, schlägt sie vor, dass diese verpflichtet sind, den Tieren beispielsweise einen Teil des Landes zu überlassen, sie in der Siedlung zu tolerieren und für eine Verkehrsberuhigung zu sorgen. Mit Bezug auf Eisbären, die von den Folgen des anthropogen verursachten Klimawandels betroffen sind, schlägt sie vor, diese Tiere zumindest von anderen schädlichen Einflüssen auf und Eingriffen in ihr Habitat zu schützen, da ein sofortiger und für die Bären positiver Einfluss auf das Klima eher unwahrscheinlich und in naher Zukunft nicht zu bewerkstelligen sei.

In *Zoopolis* argumentieren Sue Donaldson und Will Kymlicka ebenfalls für eine relationale Tierethik und ziehen dafür Elemente der politischen Philosophie (s. Kap. 22) heran (Donaldson/Kymlicka 2011). Ihrer Auffassung zufolge sollen Wildtiere in freier Natur als Einwohner souveräner Staaten mit Souveränitätsrechten betrachtet werden. Wildtiere haben diesem Ansatz zufolge ein Interesse an einem selbstbestimmten Leben insofern, als ihr Gedeihen und Wohlergehen an ihre Fähigkeit zur Selbstregulierung und dem Fortbestehen ihrer Umwelt und Umgebung geknüpft sind. Sie können für sich selbst sorgen und die Herausforderungen des Lebens unabhängig von menschlicher Unterstützung meistern. So wissen Wildtiere beispielsweise, wo sie Nahrung finden können, wie sie sich um ihre Jungen kümmern müssen und wo sie Schutz finden. Ihnen gegenüber haben wir, wie Kymlicka und Donaldson darlegen, Unterlassungs- und Nichtschädigungspflichten. Eine Einmischung in ihr Leben und ihr Territorium – und somit auch ihre Umsiedlung – sind nicht erlaubt. Die Beutejagd und der Nahrungskreislauf in freier Wildbahn stellen einen normalen Bestandteil der täglichen Herausforderungen von Wildtieren dar und bedürfen keinerlei menschlicher Eingriffe und Hilfe. Gleichwohl gibt es Fälle, in denen die Unterstützung wildlebender Tiere erforderlich sein kann. Dies ist beispielsweise nach Naturkatastrophen der Fall, um verheerende neuauftretende Krankheiten zu vermeiden, oder auch im Fall von verunglückten Einzeltieren, wo Rettungshilfe dazu erforderlich sein kann, die Autonomie und Unabhängigkeit der betroffenen Tiere wiederherzustellen. Jeder Eingriff muss jedoch auf seine potentiellen Folgen untersucht werden. Erzeugt er Abhängigkeiten und schränkt damit die Souveränität von Wildtieren ein, muss er unterlassen werden.

48.3 Interventionspflichtansätze

Einige, zumeist utilitaristische Tierethikerinnen und Tierethiker (s. Kap. 13), kritisieren die Ansicht, dass positive Pflichten Tieren gegenüber vorwiegend auf die Beziehungen, welche wir zu ihnen unterhalten, gestützt werden sollten, und dass Hilfe nur in Einzelfällen bei besonders schwerem Leid oder vorausgegangenen Schädigungen durch den Menschen moralisch erforderlich sei. Sie weisen darauf hin, dass das Leben in der Wildnis äußerst beschwerlich ist und Leid im Vergleich zu Wohlergehen wohl meist überwiegt (Ng 1995; Horta 2010a). So leiden Wildtiere vielfach an Parasiten, leben in ständiger Angst vor Prädatoren, sterben kurze Zeit nach ihrer Geburt, erfahren Verwundungen durch Raubtiere oder verhungern und verdursten bei Dürren oder in harten Wintern. Da Leid sowohl von empfindungsfähigen Menschen als auch von empfindungsfähigen Tieren als negativ erlebt wird, sollte es diesen Autorinnen und Autoren zufolge nach Möglichkeit in beiden Fällen vermieden oder zumindest vermindert werden – unabhängig davon, ob es von moralischen Akteuren, von Tieren oder durch die Natur versursacht wurde. Dabei ist es für die Vertreterinnen und Vertreter der Interventionspflichtansätze auch irrelevant, ob eine Beziehung oder räumliche Nähe zu den betroffenen Tieren besteht. Ihrer Ansicht zufolge gibt es keinen Grund, der es rechtfertigen könnte, ein Wesen vor Leid zu bewahren, sofern man in einer bestimmten Beziehungen zu ihm steht oder eine örtliche Nähe besteht, ein Wesen mit denselben Eigenschaften jedoch, für das dies nicht gilt, ohne Hilfe diesem Leid auszusetzen. Sie betonen zudem, dass Eingriffe in die Natur ubiquitär sind: Tiere werden vor dem Ertrinken gerettet, ihre Verletzungen werden behandelt, sie erhalten Impfungen und in harschen Wintern wird ihnen oftmals Futter zur Verfügung gestellt (Sözmen 2013).

Für die Vertreterinnen und Vertreter dieser Position sind helfende Eingriffe in das Leben wildlebender Tiere nicht nur wünschenswert und moralisch erlaubt, sondern aus moralischer Sicht zwingend erforderlich, sofern sie im Bereich des Möglichen liegen und die positiven Folgen überwiegen. Dies ist auch der Fall, wenn die Hilfe auf den ersten Blick nicht mit dem ökologischen Gleichgewicht und dem Artenschutz (s. Kap. 52) vereinbar ist. So sprechen sie sich beispielsweise nicht selten dagegen aus, Raubtiere wie beispielsweise Wölfe in Regionen, in denen sie zuvor ausgerottet worden waren, wieder einzuführen und argumentieren, dass das Wohlergehen von Individuen – in diesem Fall von potentiellen Beutetieren – wichtiger zu bewerten sei als ein mutmaßliches ökologisches Gleichgewicht (Cowen 2003; Horta 2010b). Sie weisen zudem darauf hin, dass man ein Ökosystem zweifellos verändern würde, wenn dies dem Wohlergehen des Menschen diene; und dies auch dann, wenn nicht sämtliche Folgen absehbar seien. Dies im Fall von Tieren abzulehnen sei daher eine Form von Speziesismus (s. Kap. 33). So können massive Interventionen in die Natur erforderlich sein, um das Leid wildlebender Tiere zu minimieren. Dies kann beispielsweise auch genetische Manipulationen beinhalten, die das Ziel verfolgen, die Zahl der Nachkommen von Wildtieren zu reduzieren. Solange diese Eingriffe aus praktischer Sicht nicht umsetzbar seien, gebe es eine Pflicht dazu, das erforderliche Wissen zu generieren, um zu entscheiden, wie dies am Besten in Angriff genommen werden könne (Horta 2013).

Auch die Verhinderung der Beutejagd wildlebender Tiere, die häufig als Beispiel herangezogen wurde, das die behauptete Absurdität allgemeiner Hilfspflichten gegenüber Tieren herausstreichen sollte, wird, wie die Interventionspflichtansätze zeigen, mittlerweile in der Tierethik seriös diskutiert. Steve Sapontzis beispielsweise argumentiert, dass moralische Akteure aufgrund ihrer Pflicht, vermeidbares Leid zu mindern, nach Möglichkeit auch die Beutejagd in der Wildnis verhindern müssen (Sapontzis 1987). Diese Pflicht bestehe jedoch nur, wenn der Eingriff absehbar mehr Leid verhindert als erzeugt. Zudem seien wir dazu angehalten, zu erforschen, wie dieser Pflicht langfristig am besten nachgekommen werden könne. Eine ähnliche These ist auch von Jeff McMahan verteidigt worden. Seiner Auffassung nach ist die Ausrottung sämtlicher Raubtiere und damit eine nur aus Herbivoren bestehende Welt erstrebenswert. Er geht dabei ebenfalls von der Prämisse aus, dass Leid grundsätzlich schlecht sei und ausgemerzt werden müsse. Zudem betont er, dass einzelnen Spezies wie beispielsweise Raubtieren kein intrinsischer Wert zukomme (McMahan 2010).

Interventionen in das Leben wildlebender Tiere werden jedoch nicht nur aus oftmals utilitaristischer Sicht für moralisch erforderlich gehalten. Auch aus dem Fähigkeitenansatz von Martha Nussbaum (s. Kap. 19) folgt, dass diese moralisch erforderlich sein können (Nussbaum 2007). Der Grund dafür hat mit Nussbaums Kritik an der Unterscheidung zwischen positiven und negativen Pflichten zu tun: Was zählt ist, folgt man Nussbaum, was dem Individuum widerfährt – unabhängig davon, wer oder was die Ursache ist. Tiere haben gemäß diesem Ansatz eine Würde sowie ein ihrer Spezies entsprechendes Gedeihenspotential. Zwar stellt die Beutejagd bei Raubtieren, wie Nussbaum glaubt, einen wesentlichen Aspekt ihres Gedeihens dar. Doch wenn wir die Möglichkeit haben, eine Gazelle vor einem Löwen zu retten, ohne dabei mehr Schaden als Wohlergehen zu verursachen, so sollten wir dies tun. Da wir mit unseren Handlungen zudem regelmäßig in die Natur und auch in Wildtierhabitate eingreifen und dabei zum Beispiel die Futterquellen von Wildtieren negativ beeinflussen, haben wir auch die Pflicht, ihren Lebensraum positiv zu gestalten und zu erhalten. Eine Unterbringung von Wildtieren in gut unterhaltenen Zoos, wo diese sich nicht vor Futtermangel und Angriffen fürchten müssen, wäre Nussbaum zufolge eine denkbare Option. Zudem fordert sie, dass Wildtieren auch nach Naturkatastrophen Hilfe zusteht. Die Frage ist also nicht, ob wir überhaupt helfen müssen, sondern nur, wie gewichtig diese Pflichten im Vergleich zu anderen Pflichten und dem Recht der Selbstbestimmung wilder Tiere sind. Nussbaum gibt entsprechend einem »respektvollen Paternalismus« (Nussbaum 2007, 380) einer Nichtbeachtung von Wildtieren den Vorrang.

48.4 Fazit

Wie dieser Überblick zeigt, besteht in der tierethischen Diskussion der Frage, wann und ob Eingriffe in das Leben wildlebender Tiere moralisch zulässig sind, kein Konsens. Da die Wildtierethik jedoch ein sehr junges Forschungsgebiet ist und zahlreiche Philosophinnen und Philosophen zurzeit in diesem Themenbereich arbeiten, wird sich dieses Feld vermutlich in Zukunft rasant weiterentwickeln. Dabei wird die Wildtierethik nicht um die Klärung der tiefergehenden Frage herumkommen, in welchen Fällen positive Hilfspflichten Menschen gegenüber bestehen. Wer beispielsweise der Überzeugung ist, dass man weit entfernt lebenden, notleidenden Menschen, mit denen man keinerlei Verbindung und Kontakt hat, keine Unterstützung in der Not schuldet, wird dazu geneigt sein, Hilfspflichten auch im Fall von wildlebenden Tieren in ähnlichen Situationen abzulehnen. Für den Interventionspflichtenansatz besteht die zentrale Herausforderung darin, seine Praxistauglichkeit, insbesondere was das Problem der Vermeidung negativer Langzeitfolgen anbelangt, zu demonstrieren. Darüber hinaus wird genauer zu bestimmen sein, wie sich dieser Ansatz mit dem Artenschutz und der Erhaltung des ökologischen Gleichgewichts verträgt. Somit wird die Weiterentwicklung der Wildtierethik eine enge Zusammenarbeit von Tierethikerinnen und Tierethikern, Biologinnen und Biologen sowie Umweltethikinnen und Umweltethikern erfordern.

Literatur

Bossert, Leonie: *Wildtierethik. Verpflichtungen gegenüber wildlebenden Tieren.* Baden/Baden 2015.

Callicott, Baird J.: Review of ›The Case for Animal Rights‹. In: *Environmental Ethics* 7/4 (1985), 365–372.

Cochrane, Alasdair: *Animal Rights without Liberation. Applied Ethics and Human Obligations.* New York 2012.

Cowen, Tyler: Policing Nature. In: *Environmental Ethics* 25/2 (2003), 169–182.

Donaldson, Sue/Kymlicka, Will: *Zoopolis. A Political Theory of Animal Rights.* Oxford 2011.

Ebert, Rainer/Machan, Tibor R.: Innocent Threats and the Moral Problem of Carnivorous Animals. In: *Journal of Applied Philosophy* 29/2 (2012), 146–159.

Everett, Jennifer: Environmental Ethics, Animal Welfarism, and the Problem of Predation: A Bambi Lover's Respect for Nature. In: *Ethics and the Environment* 6/1 (2001), 42–67.

Hadley, John: The Duty to Aid Nonhuman Animals in Dire Need. In: *Journal of Applied Philosophy* 23/4 (2006), 445–451.

Hadley, John: *Animal Property Rights. A Theory of Habitat Rights for Wild Animals.* Lanham 2015.

Horta, Oscar: Debunking the Idyllic View of Natural Processes: Population Dynamics and Suffering in the Wild. In: *Télos: Critical Theory of the Contemporary* 17/1 (2010a), 73–88.

Horta, Oscar: The Ethics of the Ecology of Fear against the Nonspeciesist Paradigm: A Shift in the Aims of Intervention in Nature. In: *Between the Species* 13/10 (2010b), 163–187.

Horta, Oscar: Zoopolis, Intervention, and the State of Nature. In: *Law, Ethics and Philosophy* 1 (2013), 113–125.

Jamieson, Dale: Rights, Justice, and Duties to Provide Assistance: A Critique of Regan's Theory of Rights. In: *Ethics* 100/2 (1990), 349–362.

McMahan, Jeff: The Meat Eaters. In: http://opinionator.blogs.nytimes.com/2010/09/19/the-meat-eaters/ (3.4.2016).

Milburn, Josh: Rabbits, Stoats and the Predator Problem: Why a Strong Animal Rights Position Need Not Call for Human Intervention to Protect Prey from Predators. In: *Res Publica* 21/3 (2015), 273–289.

Ng, Yew-Kwang: Towards Welfare Biology: Evolutionary Economics of Animal Consciousness and Suffering. In: *Biology and Philosophy* 10/3 (1995), 255–285.

Nussbaum, Martha C.: *Frontiers of Justice. Disability, Nationality, Species Membership.* Cambridge, Mass. 2007.

Palmer, Clare: *Animal Ethics in Context. A Relational Approach.* New York 2010.

Regan, Tom: *The Case for Animal Rights.* Berkeley ^{2}2004.

Sapontzis, Steve: *Morals, Reason, and Animals.* Philadelphia 1987.

Simmons, Aaron: Animals, Predators, the Right to Life, and the Duty to save Lives. In: *Ethics and the Environment* 14/1 (2009), 15–27.

Singer, Peter: *Animal Liberation. The Definitive Classic of the Animal Movement.* New York ^{4}2009.

Sözmen, Beril Ý.: Harm in the Wild: Facing Non-Human Suffering in Nature. In: *Ethical Theory and Moral Practice* 16/5 (2013), 1075–1088.

Angela Kathrin Martin

49 Xenotransplantation

Als Xenotransplantation werden medizinische Interventionen bezeichnet, die die Transplantation oder Infusion lebender tierischer Zellen, Gewebe oder Organe in den Menschen beinhalten. Der Begriff schließt auch all jene Maßnahmen ein, in denen menschliche Körperflüssigkeiten, Zellen, Gewebe oder Organe *ex vivo* in Kontakt mit lebenden tierischen Zellen, Gewebe oder Organen kommen. Im weiteren Sinne steht der Begriff Xenotransplantation für jede Form von artenübergreifender Transplantation (z. B. von Maus zu Ratte, Schwein zu Primat, Schaf zu Mensch usw.; Salomon/Wilson 2003).

Der in der biomedizinischen Forschung seit Ende der 1990er Jahre vorrangig verfolgte Ansatz der Xenotransplantation zielt darauf ab, Schweine als Organquelle für den Menschen zu gewinnen und solide Schweineorgane wie Niere, Herz und Leber auf den Menschen zu verpflanzen. Hierfür müssen die Schweine gentechnisch verändert werden. Darüber hinaus wurden in einigen Fällen *ex vivo* Schweinelebern auch zur temporären Perfusion eingesetzt, um akutes Leberversagen bei Patientinnen und Patienten zu überbrücken. Weitere Ziele sind u. a. der Einsatz von eingekapselten Inselzellen von Schweinen in der Diabetestherapie oder der Einsatz von fötalen Nervenzellen aus Schweinen in der Behandlung von Parkinsonpatienten. Die Transplantation von inaktiven Materialien tierischen Ursprungs, wie z. B. Herzklappen von Schweinen, fällt nicht unter diese Definition, da sie kein lebendes Gewebe mehr sind.

Der in der Frühphase (1960er–1980er Jahre) der Xenotransplantation verfolgte experimentelle Ansatz, Organe von nicht-menschlichen Primaten wie Schimpansen oder Pavianen zu verwenden, wurde aus praktischen Gründen und auch aufgrund ethischer Kritik wieder fallengelassen.

Die Xenotransplantation ist bereits Gegenstand verschiedener nationaler und internationaler Gesetzgebungen und Richtlinien. Diese lassen zwei unterschiedliche Ansätze erkennen: Während ein Teil der Dokumente sich dafür ausspricht, die Forschungsbemühungen unter Einhalten der Sorgfaltspflicht und entsprechender Sicherheitsmaßnahmen weiterzuführen (Rothblatt 2004), plädieren andere für einen zwischenzeitlichen Stopp im Sinne eines Moratoriums und begründen diese Forderung vorrangig mit der Gefahr neuer Infektionsrisiken. Dabei überwiegen anthropozentrische Rechtfertigungsmuster: In keinem der Dokumente wird die Xenotransplantation allein aufgrund tierethischer Einwände abgelehnt.

In einigen Ländern kam es *de facto* zu einer Aussetzung klinischer Studien zur Xenotransplantation, die teils noch immer andauert. Als Gründe wurden das Risiko von Xenozoonosen (s. u.) und der geringe Nutzen für die Probandinnen und Probanden angeführt. Vor dem Hintergrund, dass die Faktenbasis insbesondere im Hinblick auf Infektionsrisiken als unzureichend angesehen wurde, plädieren viele der frühen Empfehlungen für das Vorsorgeprinzip. Der Europarat empfahl 2003, dass in Mitgliedsstaaten, in denen es keine Regulierung der Xenotransplantation und keine Stellen für deren Überwachung gibt, keine klinische Anwendung der Xenotransplantation stattfinden solle. Darüber hinaus empfahl er den Mitgliedsstaaten, Überwachungsverfahren zu entwickeln, die die Nachverfolgbarkeit und das Monitoring von Transplantat-Empfängerinnen und -Empfängern, deren persönlichem Umfeld und des medizinischen Personals gewährleisten sollen, um das Auftreten von unerwünschten Ereignissen nach der Xenotransplantation, insbesondere von Infektionen, dokumentieren und ggf. Maßnahmen einleiten zu können.

Aus bioethischer Perspektive stellt die Xenotransplantation insofern einen interessanten Fall dar, als hier sowohl tierethische als auch forschungs- und medizinethische Aspekte bewertet und gegeneinander abgewogen werden müssen (Quante/Vieth 2001; Schicktanz 2002). In medizinethischer Perspektive wirft die Xenotransplantation komplexe Nutzen-Risiko-Abwägung für die Patientinnen und Patienten auf. Diese beinhalten Abwägungen zu den Zoonosen-Risiken und der möglicherweise eingeschränkten medizinischen Funktionalität auf der einen Seite sowie der Gewinn an Lebensjahren und/oder Lebensqualität bei gelungener Ersatzfunktion des erkrankten Organs auf der anderen Seite. Darüber hinaus stellen sich ethische Fragen der Selbstbestimmung und Aufklärung im Zuge möglicher Kontrollmaßnahmen nach einer Xenotransplantation, Fragen der personalen Identität und nicht zuletzt auch Verteilungsfragen. Aus tierethischer Sicht sind kontextspezifisch vor allem die Tötung von Schweinen zum Zwecke der Organentnahme, die Erzeugung gentechnisch veränderter Schweine als Organressource und die – im Rahmen präklinischer Forschung erforderlichen – Tierversuche mit Primaten von Relevanz.

J. S. Ach / D. Borchers (Hg.), *Handbuch Tierethik*, https://doi.org/10.1007/978-3-476-05402-9_49

49.1 Medizinische und wissenschaftliche Herausforderungen

Das erklärte Ziel der Xenotransplantation besteht darin, den sogenannten menschlichen Organmangel zu reduzieren und dadurch die steigende Nachfrage nach Organen und Geweben in der Transplantationsmedizin zu befriedigen. Der verbreitete Begriff des Organmangels ist dabei aus ethischer Sicht selbst kritisch zu beleuchten, da es keinen natürlichen Organmangel gibt, sondern dieser durch einen medizinisch induzierten Bedarf erzeugt wird. Hierbei wird bereits indirekt ein Argument angelegt, nämlich dass ein Bedarf oder Nutzen von Organen durch Dritte legitim sei. Dies bedarf jedoch einer expliziten ethischen Begründung.

Die Xenotransplantation muss allerdings immer noch als Grundlagenforschung kategorisiert werden, da sie trotz inzwischen mehreren Dekaden Forschung bislang nicht in der regulären klinischen Praxis angekommen ist. Die medizinische Forschung zur Xenotransplantation sieht sich dabei drei großen Hürden gegenüber, deren Kenntnisse auch für die ethische Nutzen-Risiken-Bewertung zentral sind. Große medizinische Risiken bzw. geringer Nutzen für die Patientinnen und Patienten sind gewichtige medizinische Einschränkungen, um in der Gesamtabwägung von medizin- und tierethischen Argumenten mögliche tierethische Einwände zu stützen bzw. ihnen mehr Gesamtgewicht zu verleihen.

Immunologisch bedingte Abstoßung. Die erste medizinische Hürde ist die immunologisch bedingte Abstoßung. Die Immunreaktion läuft in der Xenotransplantation komplexer ab als in der Allotransplantation (Mensch-zu-Mensch-Transplantation), was auf die evolutionäre Differenz der beiden involvierten Arten (Schwein-zu-Mensch) zurückzuführen ist: Je größer die stammesgeschichtliche Entfernung, desto komplizierter und schwerwiegender die Abstoßung. Auch bei der Allotransplantation verlangt die Bewältigung und Kontrolle der immunologischen Abstoßung, die noch immer die Hauptursache für den mittel- bis längerfristigen Transplantatsverlust bei Patientinnen und Patienten darstellt, einen erheblichen Einsatz von Immunsupressiva. Bei der Xenotransplantation von Zellen (z. B. Inselzellen zur Diabetesbehandlung) kann die sogenannte zelluläre Abstoßung (Abstoßung, die durch T-Zellen oder andere Zellen des Immunsystems ausgelöst wird) zur primären Nichtfunktion der Zellen führen. Diese Immunreaktion kann als relativ mild beschrieben werden, d. h. die Auswirkungen können zur Dysfunktion transplantierter Zellen führen, bedeuten aber keine weiteren Nebenwirkungen für die Patientinnen und Patienten. Nach einer Xenotransplantation solider vaskularisierter Organe können jedoch schwerwiegende Formen der immunologischen Reaktion auftreten, die sich gemäß ihrer Abfolge und ihrer molekularen Abläufe unterscheiden: erstens die hyperakute Abstoßung, die innerhalb weniger Minuten nach der Xenotransplantation auftritt; zweitens die akute vaskuläre Abstoßung oder auch Zellabstoßung, die innerhalb von Tagen oder Wochen nach der Transplantation eintreten kann; zuletzt kann es zu einer chronischen Abstoßung kommen, die eine Hauptursache für den Verlust von Allotransplantaten nach mehreren Jahren darstellt. Diese mehrstufige Abstoßung impliziert ein großes medizinisches Risiko für die Patientinnen und Patienten, da damit direkt Todesgefahr droht.

Bei der Xenotransplantation von nicht-menschlichen Primaten in den Menschen, wie sie vor allem in den 1960er Jahren experimentell unternommen wurde, fiel die immunologische Reaktion weit schwächer aus und ähnelt der der Allotransplantation. Allerdings hat die medizinische Forschung zu möglichen Infektionsrisiken auch dazu geführt, dass man nicht-menschliche Primaten als Organquelle ablehnt. Derzeit wird versucht, die großen immunologischen Barrieren bei der Xenotransplantation durch eine gentechnische Veränderung von Schweinen zu überwinden, die inzwischen die favorisierte Organquelle darstellen. Diese zielt darauf ab, verschiedene molekulare Prozesse zu beeinflussen, die in den verschiedenen Stadien der immunologischen Reaktion ablaufen. Biotechniken wie das Klonen, die Knock-Out-Technologie und der Gentransfer mittels CRISPR/CAS9 werden zur Erzeugung von multi-transgenen Schweinen eingesetzt, deren Organe möglicherweise keine schweren immunologischen Reaktionen im menschlichen Empfänger auslösen.

Physiologische Kompatibilität. Physiologie und Anatomie der verschiedenen Xenotransplantate stellen aus medizinischer Sicht die zweite Hürde da. Bleibt eine Abstoßungsreaktion aus, so muss das vorrangige Ziel der angestrebten Therapie sein, die Funktion des zu ersetzenden menschlichen Organs optimal und langfristig zu erfüllen. Da Insulin von Schweinen seit langem erfolgreich in der Diabetestherapie eingesetzt wird, nimmt man an, dass Inselzellen aus Schweinen mit hoher Wahrscheinlichkeit erfolgreich in Menschen verpflanzt werden können. Hier scheint nach aktuellem Dafürhalten die Forschung auch am erfolgversprechendsten. Für die Verpflanzung von soliden Organen wie Niere, Leber, Lunge und Herz, die das Hauptproblem des Organmangels stellen, sind bislang nicht alle Fragen zur physiologischen Kompatibilität befriedigend gelöst. Besonders bei der Xenotransplantation von Herz und Lunge erscheint die Langzeitfunktion aus anatomischen Gründen (Größe und Struktur) fragwürdig. Die bislang erzielten Überlebenszeiten im Primatenversuch begründen weiterhin eine berechtigte Skepsis. Bei der Leber erwartet man vor allem langfristige Komplikationen durch Unterschiede im Stoffwechselsystem. Aus physiologischer Perspektive stellt sich hauptsächlich die Frage, ob die Funktion von Xenotransplantaten jemals an die Funktion von Allotransplantaten heranreichen wird. Sollte keine physiologische Gleichwertigkeit erreicht werden, stellt sich die medizinethische Frage, wer zukünftig ein menschliches und wer ein tierisches Organ erhalten soll.

Infektionsrisiken. Eine dritte biologische Hürde bei der Xenotransplantation stellen Infektionskrankheiten dar. Gegen Ende der 1990er Jahre begannen Forschende der Virologie diese als Problem zu thematisieren (Patience et al. 1998; Bach/Fineberg 1998). Die Übertragung von tierischen Krankheitserregern auf den Menschen wird Zoonose genannt. Die Epidemiologie moderner Infektionskrankheiten (z. B. Ebola, Grippe und HIV) hat gezeigt, dass der Transfer von ursprünglich tierischen Erregern auf den Menschen extrem schwere und schwierig zu behandelnde Infektionen auslösen kann. Es besteht die Befürchtung, dass potentielle Krankheitserreger nicht nur einzelne Patientinnen und Patienten, sondern auch deren näheres Umfeld und längerfristig sogar ganze Bevölkerungsgruppen infizieren könnten. Im schlimmsten Fall würde dies zu einer Pandemie führen. Allerdings unterscheidet sich das Risiko einer Zoonose bei Xenotransplantationen (sog. Xenozoonose) aus ethischen und wissenschaftlichen Gesichtspunkten von den bisher bekannten Zoonosen insofern, als das Risiko durch eine absichtliche Handlung hervorgerufen wird und die Technik selbst mehrere Angriffspunkte bietet (Engels 2000). Da transgene Tiere mit einem veränderten Immunsystem eingesetzt werden und auf Empfängerseite Immunsuppressiva zur Anwendung kommen, muss – zumindest theoretisch – mit einem höheren Risiko für Xenozoonosen gerechnet werden.

Seit den späten 1990ern ist eine Vielzahl von Maßnahmen ergriffen worden, um Lösungsansätze für dieses Problem zu finden. Unter anderem wird intensiv daran geforscht, mögliche Infektionskrankheiten bei Schweinen zu identifizieren, zu untersuchen und zu eliminieren. Ein Ergebnis dieser Forschung ist die Entwicklung von ›spezifisch pathogenfreien‹ Schweinen. Dieser Begriff wird für Versuchstiere verwendet, die unter bestimmten technischen (keimfreien) Bedingungen gezüchtet und gehalten werden, die jeglichen Kontakt mit Krankheitserregern ausschließen. Diese Haltung kann unter Umständen die Möglichkeiten einer artgerechten Tierhaltung einschränken (s. Kap. 26). Ein weiteres Forschungsgebiet beschäftigte sich mit spezifischen Retroviren (sog. PERV – porcine endogene Retroviren), die in das Genom von Schweinen integriert sind. Für Schweine sind diese Viren ungefährlich. PERVs werden als Risikoquelle diskutiert, seitdem nachgewiesen werden konnte, dass *in vitro* menschliche Zellen mit PERV infiziert werden konnten. Inzwischen sind Schweinerassen gezüchtet worden, deren Genom PERV frei sein soll (Yang et al. 2015). Die Infektionsrisiken sind aus medizinethischer Sicht besonders gewichtig, da sie nicht nur zu den individuellen Risiken der Patientinnen oder Patienten beitragen, sondern im Falle einer Übertragung auf Dritte auch Gesunde daran erkranken können. Die meisten nationalen und internationalen Richtlinien formulieren entsprechend Vorgaben zur Risikominimierung und/oder zum Risikomanagement.

Insgesamt stellen die forschungstechnischen Probleme der Xenotransplantation weiterhin eine große Herausforderung dar. Bisher hat noch kein Xenotransplantat eines soliden Organs länger als sechs Monate überlebt (wenn man von einem Patienten absieht, der in den 1960ern neun Monate mit einem Pavianherz überlebte). Dies begründet die Einschätzung, dass die Xenotransplantation sich aktuell noch immer in der experimentellen Phase der medizinischen Forschung befindet. Will man der Komplexität der Xenotransplantation gerecht werden, ist es daher ratsam, die ethischen Fragen, die die aktuelle Forschung einerseits, und die die anvisierte klinische Praxis betreffen andererseits, getrennt voneinander zu betrachten.

49.2 Tierethische Aspekte

Historisch betrachtet begann die tierethische Auseinandersetzung mit der Xenotransplantation mit dem Fall *Baby Fae* in den 1980er Jahren, bei dem ein Neugeborenes mit schwerem Herzfehler ein Pavianherz transplantiert bekam, jedoch nach kurzer Zeit verstarb. Prominente Tierethiker wie Peter Singer und Tom Regan haben die Tötung des Pavians damals angesichts der geringen Erfolgsaussichten des Experimentes und mit Blick auf den moralischen Status des Primaten als nicht zu rechtfertigen kritisiert.

Die Verwendung nicht-menschlicher Primaten als Organlieferanten für die Xenotransplantation gilt heute sowohl aus praktischen als auch aus ökonomischen Gründen als nicht zukunftsfähig: Sie sind zu selten, ihre Züchtung ist zu teuer und zu schwierig und das Risiko der Übertragung von Affenviren auf den Menschen ist zu hoch. Die Suche nach einem neuen tierischen Organlieferanten führte rasch zum Schwein, da sich Schweine leicht und kostengünstig züchten lassen.

Tötung von Schweinen

Das moralische Problem der Tiertötung bedarf der Betrachtung zweier Ebenen (Ott 1999): Erstens, für *welche moralischen Objekte* das moralische Tötungsverbot zutrifft, und zweitens, zu *welchem Zweck* eine Tiertötung gerechtfertigt ist und zu welchem nicht.

Ein häufig angeführtes Argument, das die Tötung von Tieren für die Xenotransplantation rechtfertigen soll, besteht darin, zu behaupten, dass es gerechtfertigt sei ein Tier zu opfern, wenn damit ein oder gar mehrere Menschenleben gerettet werden können. Dieses Argument baut bei genauerem Hinsehen auf zwei Prämissen auf: zum einen auf der Behauptung eines ›niedrigeren‹ moralischen Status von Tieren und der Annahme, dass ein Menschenleben mehr Gewicht habe als ein Tierleben, und zum anderen auf der Behauptung, dass bestimmte Bedingungen, unter denen das Tier getötet wird (z. B. ›schmerzfrei‹), diese Handlung legitimieren könnten (s. Kap. 31).

Für die Vertreterinnen und Vertreter anthropozentrischer Positionen in der Tierethik steht die erste Prämisse außer Frage: Die Tötung eines Tieres für menschliche Zwecke ist aufgrund der besonderen Eigenschaften des Menschen moralisch zulässig (Caplan 1999; s. Kap. 24). Dabei wird in der Debatte häufig mit Verweis auf die weithin akzeptierte soziale Praxis des Fleischkonsums behauptet, dass die Tötung von Schweinen für die Xenotransplantation und damit für einen ungleich bedeutsameren Zweck der Rettung eines Menschenlebens als moralisch akzeptabel oder gar geboten angesehen werden muss, wenn schon das Töten von Schweinen zu moralisch geringwertigeren Zwecken wie Ernährungsvorlieben erlaubt sei. Dagegen lässt sich einwenden, dass diese Schlussfolgerung spätestens dann ihre vermeintliche Plausibilität verliert, wenn der medizinische Zweck fragwürdig (durch geringen Nutzen) oder mit sehr hohen Risiken verbunden ist. Eben dies kann im Hinblick auf die Xenotransplantation derzeit aber nicht ausgeschlossen werden. Vertreterinnen und Vertreter einer konsequentialistischen pathozentrischen Position können die Xenotransplantation rechtfertigen, insofern die Tiertötung schmerzfrei erfolgt und die Transplantation mit einiger Wahrscheinlichkeit erfolgreich sein wird, so dass ein oder sogar mehrere Menschenleben gerettet werden können bzw. sich die Lebensqualität der Patientinnen und Patienten für eine längere Dauer substantiell verbessert wird.

Wer für einen strikten Speziesegalitarismus plädiert, d. h. eine prinzipielle moralische Unterscheidung zwischen (empfindungsfähigen) Menschen und Tieren ablehnt und Gleichberücksichtigung fordert, wird sich von diesem Argument kaum überzeugen lassen (s. Kap. 33). In der Literatur ist zwar mit Verweis auf das »Rettungsboot-Beispiel« von Tom Regan (1983; Engels 2000) argumentiert worden, dass in echten Notfällen, in denen, wie bei der Xenotransplantation, menschliche Leben auf dem Spiel stehen, die Bevorzugung eines Menschenlebens gegenüber einem Schweineleben ausnahmsweise gerechtfertigt werden könne. Dies lasse sich mit dem sogenannten *worse-off-Prinzip* begründen, dem zufolge – ungeachtet eines gleichen Eigenwerts von Mensch und Tier – der Schaden, der dem Menschen durch seinen Tod entstehe, aufgrund seiner größeren kognitiven Fähigkeiten ungleich größer sei als der Schaden des Schweins, das geopfert werde. Der Gedanke einer Bevorzugung von Menschen in solchen Konfliktfällen ist aber als Inkonsistenz und Einführung eines Speziesismus »durch die Hintertüre« (Ott 1999) kritisiert worden. Diesem Einwand kann mit Verweis auf die spezielle Dilemma-Situation zwar begegnet werden, dennoch lässt sich unabhängig von der Überzeugungskraft des Notfall-Arguments zumindest eine Umkehr der Beweislast begründen und daher genaue Kenntnisse und Abwägung der medizinischen Effektivität verlangen: Sind die medizinischen und wissenschaftlichen Möglichkeiten tatsächlich so vielversprechend, dass sie mehr versprechen, als ein bloß kurzfristiges Herauszögern des Sterbens der Patientinnen und Patienten oder eine mittelmäßige Verbesserung deren Lebensqualität?

Sofern die Tötung von (empfindungsfähigen) Tieren wie Schweinen zum Zweck der Xenotransplantation überhaupt gerechtfertigt werden kann, muss diese – insbesondere aus pathozentrischer Sicht – schmerzfrei erfolgen. Diese Voraussetzung ist bei der Xenotransplantation vergleichsweise leicht erfüllbar, da die für die Übertragung vorgesehenen Organe unter Vollnarkose den Schweinen entnommen werden und diese direkt danach versterben. Den betroffenen Tieren werden insofern keine Schmerzen oder Leiden während dieser Prozedur zugefügt.

Gentechnische Veränderung

Aus tierethischer Sicht muss bei der Xenotransplantation gerade auch gefragt werden, ob etwas gegen die gentechnische Manipulation sprechen könnte (s. Kap. 47). Einige ethische Ansätze verteidigen den moralischen Status von Tieren mit Verweis auf deren inhärenten (bzw. auch als intrinsischen oder Eigenwert bezeichneten) Wert (Rollin 1986). Dieser Position nach haben (bestimmte) Tiere unabhängig von ihrer Nützlichkeit für den Menschen einen *Eigenwert* (Verhoog 1992; Rutger/Heeger 1999) und müssen aus diesem Grund als moralische Objekte anerkannt werden (z. B. Tom Regans Tierrechte-Ansatz in Regan 1983). Aus dieser Perspektive lässt sich die genetische Veränderung eines Tieres oder auch Tierarten kritisieren, sofern diese auf eine bloße Instrumentalisierung der betroffenen Entitäten abzielt (s. Kap. 28). Im Fall der Xenotransplantation besteht das alleinige Ziel der gentechnischen Veränderung darin, Schweine zu adäquaten ›Organlieferanten‹ zu machen und ihre Existenz und Lebensbedingungen ausschließlich darauf auszurichten. Geht man von einem intrinsischen Wert von Tieren aus, muss die genetische Veränderung als moralisch falsch abgelehnt werden.

Aus pathozentrischer Sicht besteht das Problem einer genetischen Veränderung von Tieren in deren möglichen negativen Folgen für das Wohlergehen der betroffenen Tiere. Demnach ist zu prüfen, ob eine beabsichtigte gentechnische Veränderung dem transgenen Tier voraussichtlich schaden kann und ihm Leid zufügen wird (Dawkins 1986). Allerdings ist zu bedenken, dass hinsichtlich der Auswirkungen auf das Wohlergehen der betroffenen Tiere zwischen der klassischen Tierzucht einerseits und der gentechnischen Veränderung andererseits häufig nur graduelle Unterschiede in Bezug auf Veränderungen von Anatomie oder Physiologie eines Tieres bestehen. Es reicht daher für eine Bewertung nicht aus, die Anwendung gentechnischer Methoden mit dem schlichten Verweis auf deren ›technischen‹ Charakter oder deren ›Unnatürlichkeit‹ zu kritisieren. Dies wäre ein Sein-Sollens-Fehlschluss. Neuere Forschungen in der Veterinärmedizin liefern indes durchaus Hinweise darauf, dass sowohl die gentechnische Veränderung als auch Methoden der Klonierung bei Säugetieren zu Gesundheitsschädigungen bei den betroffenen Tieren führen können. Die bislang wenigen vorliegenden Studien zum Wohlergehen transgener Tiere zeigen, dass Probleme der Transgenese häufig bereits in frühen Entwicklungsstadien auftreten und zu sehr niedrigen Geburtsraten und einer Häufung von Mutationen führen. Systematische Studien, ob und inwiefern Transgenese und Klontechnik ausgewachsener Schweine, die für die Xenotransplantation gezüchtet wurden, schaden, existieren bislang nicht. Aus ethischer Sicht ist die Erzeugung von transgenen Schweinen daher gegenwärtig nur schwer zu beurteilen.

Einen nicht zu vernachlässigenden Nebenaspekt stellen auch die Haltungsbedingungen transgener Schweine dar (Cross/Philipps 2009). Spezielle Hygienevorschriften und eine restriktive Stallhaltung, der pathogenfreie Schweine unterliegen, sind nur sehr schwer mit den Ansprüchen an eine artgerechte Tierhaltung in Einklang zu bringen. Andererseits haben Schweine, die für die Xenotransplantation gezüchtet werden, einen hohen ökonomischen Wert; man kann daher vermuten, dass diese Schweine unter deutlich besseren Bedingungen großgezogen werden als beispielsweise Schweine für die Massenproduktion von Fleisch.

Präklinische Versuche an Primaten

Aus tierethischer Perspektive sehr bedenklich ist darüber hinaus die steigende Anzahl von Tierversuchen mit nicht-menschlichen Primaten (vorrangig Makaken und Paviane) in der präklinischen Xenotransplantationsforschung. Genaue Zahlen hierzu fehlen, wobei man annehmen kann, dass in den seit über 20 Jahren stattfindenden Forschungen (insbesondere in Europa, Nordamerika und Russland) die Anzahl derartiger Primatenversuche die Tausend überschritten hat. Diese Versuche gelten als notwendige Voraussetzung für die Effizienz und Sicherheit klinischer Forschung. Die erreichte Überlebenszeit der in Versuchen dafür eingesetzten Primaten, denen Organe (Niere, Leber, Herz Lunge) von nicht genetisch manipulierten oder transgenen Schweinen eingepflanzt wurden, ist bislang sehr kurz. Meist treten schwere immunologische Abstoßungsreaktionen auf und die Xenotransplantate weisen bereits nach Tagen oder wenigen Wochen nur noch eine sehr eingeschränkte Funktionsfähigkeit auf.

Aufgrund ihrer stammesgeschichtlichen Verwandtschaft mit dem Menschen werden Xenotransplantate bevorzugt an nicht-menschlichen Primaten wie Pavianen, Schimpansen und Makaken getestet, da man sowohl eine immunologisch als auch eine funktionelle Vergleichbarkeit erwartet. Allerdings wird eben diese stammesgeschichtliche Verwandtschaft auch als Argument gegen die Verwendung dieser Tierarten in Tierversuchen herangezogen, da sie aufgrund ihrer emotionalen, kognitiven und verhaltensbezogenen Fähigkeiten dem Menschen näher stünden als andere Säugetiere (Singer 1992; Goodall 1989). Ob nicht-menschliche Primaten wie Paviane und Makaken tatsächlich die gleichen kognitiven und verhaltensbezogenen Kriterien besitzen, die den besonderen moralischen Status von Menschenaffen begründen, ist nicht unumstritten. Allerdings ist bisher auch kein substantieller Gegenbeweis erbracht worden und die Verwendung von diesen Primatenarten in der neurowissenschaftlichen Kognitionsforschung wird gerade mit deren Ähnlichkeit begründet.

49.3 Fazit

Die Einschätzung des potentiellen Nutzens und der Risiken der Xenotransplantation erfordert eine sorgfältige Unterscheidung verschiedener Betrachtungsebenen. Im medizinethischen Kontext muss zwischen intra- und interpersoneller Ebene unterschieden werden; zum Gesamtkontext zwischen menschlichen Interessen und tierethischen Bedenken. Die ethischen, politischen und rechtlichen Diskussionen der zurückliegenden Jahre, haben die Forschungsrahmenbedingungen wie die zum xenogenen Zoonoserisiko und der Schweinezucht unverkennbar beeinflusst. Dennoch bleiben weiterhin zentrale ethische Probleme ungelöst. So führen beispielsweise die empfohlenen oder sogar rechtsverbindlichen Vorgaben zu einem langfristigen Monitoring und Screening (McLean/Williamson 2005), zu gravierenden Einschränkungen in Bezug auf das Recht der Selbstbestimmung und das Recht auf Privatheit von Patientinnen und Patienten und deren Angehörigen.

Erschwert wird die differenzierte Auseinandersetzung mit der Xenotransplantation dadurch, dass die für die Beantwortung vieler Fragen erforderlichen empirischen Daten gegenwärtig fehlen. Dies beinhaltet Untersuchungen über mögliche Einschränkungen des Wohls von Tieren, die im Zusammenhang der Xenotransplantation genutzt werden, seien es sowohl bei den Schweinen durch die mehrfache Transgenese und spezielle Haltungsbedingungen, als auch bei den nicht-menschlichen Primaten die Auswirkungen von Tierversuchen und Haltungsbedingungen. Vor dem Hintergrund, dass pathozentrische Auffassungen nicht nur in der Gesellschaft weit verbreitet, sondern auch in diversen gesetzlichen Regelungen verankert sind, wäre zu fordern, dass die Beantwortung dieser und ähnlicher Fragen eine ethische Vorausbedingung für die weitere Forschung und Entwicklung der Xenotransplantation sein sollte.

Literatur

Bach, F. H./Fineberg, H. V.: Call for moratorium on xenotransplants. In: *Nature* 391/6665 (1998), 326.

Caplan, Arthur: The case for using pigs. In: *Bulletin of the World Health Organization* 77/1 (1999), 67–68.

Cross N./Phillips, C. J. C.: Requirements for the welfare of baboons and pigs used in animal-to-animal xenotransplantation. In: *Australian Veterinary Journal* 87/10 (2009), 421–426.

Dawkins, Marian S.: Die wissenschaftliche Grundlage für die Einschätzung des Leidens bei Tieren. In: Peter Singer (Hg.): *Verteidigt die Tiere*. Wien 1986, 48–67.

Engels, Eve-Marie: Xenotransplantation – eine neue Freisetzungsproblematik. Wissenschaftstheoretische und ethische Aspekte ihrer Risikobeurteilung. In: Eve-Marie Engels/Gisela Badura-Lotter/Silke Schicktanz (Hg.): *Neue Perspektiven der Transplantationsmedizin im interdisziplinären Dialog*. Baden-Baden 2000, 170–195.

Goodall, Jane: Ethical concerns in the use of animals as donors. In: M. A. Hardy (Hg.): *Xenograft 25: Proceedings of the International Congress* (11.–13.11.1988, New York). Amsterdam/New York/Oxford 1989, 335–350.

McLean, Sheila/Williamson, Laura: *Xenotransplantation: Law And Ethics*. Aldershot 2005.

Ott, Konrad: Das Tötungsproblem in der Tierethik in der Gegenwart. In: Eve-Marie Engels (Hg.): *Biologie und Ethik*. Stuttgart 1999, 127–160.

Patience, C./Takeuchi, Y./Weiss, R. A.: Zoonosis in xenotransplantation. In: *Current Opinion in Immunology* 10/5 (1998), 539–542.

Quante, Michael/Vieth, Andreas: *Xenotransplantation. Ethische und rechtliche Probleme*. Paderborn 2001.

Regan, Tom: *The Case for animal rights*. Berkeley 1983.

Rutgers, Bart/Heeger, Robert: Inherent worth and respect for animal integrity. In: Marcel Dol/Martje Fentener vanVlissingen/Soemini Kasanmoentalib/Thijs Visser/Hub Zwart (Hg.): *Recognizing the intrinsic value of animals*. Assen 1999, 41–51.

Rollin, Bernard (1986): On Telos and genetic manipulation. In: *Between the species* 2 (1986), 88–99.

Rothblatt, Martine: *Your life or mine: how geoethics can resolve the conflict between public and private interests in xenotransplantation*. Aldershot 2004.

Salomon, Daniel R./Wilson, Carolyn (Hg.): *Xenotransplantation*. Berlin/Heidelberg 2003.

Schicktanz, Silke: *Organlieferant Tier? Medizin- und tierethische Probleme der Xenotransplantation*. Frankfurt a. M. 2002.

Singer, Peter: Xenotransplantation and speciesism. In: *Transplantation Proceedings* 24/2 (1992), 728–732.
Verhoog, Henk: The Concept of intrinsic value and transgenic animals. In: *Journal of Agricultural and Environmental Ethics* 5/2 (1992), 147–160.
Yang, Luhan/Güell, Marc et al.: Genome-wide inactivation of porcine endogenous retroviruses (PERVs). In: *Science* 350/6264 (2015), 1101–1104.

Silke Schicktanz

50 Zirkus

Ein Zirkus (lat. *circus*: Kreis, Ring, runde Arena) ist ein Unternehmen, das artistische Darbietungen wie Akrobatik, Clownerie, Zauberei oder auch Tierdressuren zeigt. Der moderne Zirkus entstand in der zweiten Hälfte des 18. Jahrhunderts in England und breitete sich von dort über ganz Europa aus. Ende des 18. Jahrhunderts wurde der erste Zirkus in den Vereinigten Staaten gegründet. Dort wurde 1825 auch die Institution des sogenannten Wanderzirkus mit transportablem Zelt ins Leben gerufen, die nach 1836 auch Europa erreicht hat. Heute existieren weltweit viele hundert Zirkusbetriebe, davon allein in Deutschland ca. 550.

Der Unterhaltungswert des Zirkus wird von vielen Menschen als hoch erlebt; ein Besuch des Zirkus gehört in vielen Ländern zur Tradition. Ein wichtiger Bestandteil zirzensischer Darbietungen sind häufig ›Auftritte‹ von Tieren, die darauf abzielen, die Besucherinnen und Besucher durch die oftmals erstaunlichen körperlichen und kognitiven Leistungen der Tiere, insbesondere die bewundernswerte Kraft und Geschmeidigkeit der großen Wildtiere, zu beeindrucken. Aus tierethischer Perspektive wirft die Nutzung von Tieren zur Unterhaltung des Publikums insbesondere die Frage auf, ob es gerechtfertigt werden kann, Tiere als bloße Gegenstände der Unterhaltung heranzuziehen und zu behandeln.

50.1 Grundsätzliche Positionen

Zirkus-Befürworterinnen und -Befürworter glauben, dass es gute Gründe gibt, die eine Zurschaustellung von Tieren und deren Nutzung im Rahmen zirzensischer Darbietungen rechtfertigen können und die ggf. auch in eine moralische Güterabwägung einfließen können. Zu den in diesem Zusammenhang besonders häufig genannten Gründen gehören neben dem bereits genannten Unterhaltungswert zirzensischer Darbietungen von Tieren auch die – in ähnlicher Form auch für die Rechtfertigung von Zoologischen Gärten vorgebrachten – Argumente, dass Zirkusse einen Beitrag zum Artenerhalt leisten und einen Bildungsauftrag erfüllen. Zirkus-Befürworterinnen und -Befürworter machen beispielsweise geltend, dass Zirkusvorstellungen bei den Besucherinnen und Besuchern Interesse für den Schutz bedrohter Tiere (s. Kap. 52) wecken könnten. Im Unterschied zu Tierfilmen oder Tierbüchern böte die Vorführung im Zirkus die Möglichkeit, die Kraft, Geschicklichkeit, Schnelligkeit, Schönheit und Eleganz wilder Tiere hautnah zu erleben (Heller 2011). Zirzensische Darbietungen von Tieren seien so dazu geeignet, das Bild, das Besucherinnen und Besucher von Tieren haben, zu korrigieren, zu erweitern oder zu vertiefen, und deren Interesse und Sympathie für die Tiere zu wecken (Candidus 2014, 6 f.). Einer tiergerechten Vorführung von Tieren, speziell von Wildtieren, komme insofern auch ein nicht zu unterschätzender erzieherischer Wert zu (Althaus 1995, 22 f.; Beauchamp et al. 2008, 127). Von Zirkuskritikerinnen und -kritikern werden insbesondere die zuletzt genannten Behauptungen in der Regel als unplausibel und empirisch zweifelhaft zurückgewiesen. Besucherinnen und Besucher sehen im Zirkus etwas, so der Einwand, das dem Natürlichen zwar ähnele, ohne jedoch tatsächlich irgendwie natürlich zu sein (Brando 2015, 434).

Die verschiedenen in der tierethischen Diskussion vertretenen Positionen unterscheiden sich insbesondere dahingehend, ob sie eine entsprechende Güterabwägung zwischen den genannten Interessen an einer ›Vorführung‹ von Tieren im Zirkus einerseits und den für die Zirkustiere damit verbundenen Belastungen andererseits für möglich und zulässig halten. Vertreterinnen und Vertretern eines *Rechte-Ansatzes* (s. Kap. 14) in der Tierethik, die der Auffassung sind, dass (zumindest einige) Tiere rechtsförmige moralische Ansprüche besitzen, die nicht durch Zwecke und Nutzenargumente eingeschränkt werden können, und die entsprechend jede Form einer interindividuellen Interessen- oder Güterabwägung ablehnen, vertreten im Hinblick auf die Nutzung von Tieren im Zirkus in der Regel eine abolitionistische Position (Francione/Charlton 2015; Regan 2005; vgl. aber auch Bostock 1993). Der inhärente Wert oder auch die Würde von Tieren (s. Kap. 29) verbietet aus Tierrechtsperspektive eine Instrumentalisierung (s. Kap. 28) von Tieren auch in solchen Fällen, in denen die fraglichen Handlungen nicht mit Schmerzen oder Leiden für diese verbunden sind. Vertreterinnen und Vertreter *abwägenderPositionen* in der Tierethik sind demgegenüber häufig der Auffassung, dass eine zirzensische Nutzung nichtmenschlicher Tiere prinzipiell gerechtfertigt werden könne, sofern bestimmte grundsätzliche tierschutzrelevante Voraussetzungen erfüllt seien. Die Nutzung von Tieren als Zirkustieren kann nach dieser Auffassung unter der Bedingung gerechtfertigt sein, dass (zumindest) die Grundbedürfnisse der Tiere befriedigt werden (DeGrazia 2011, 741, 759).

Im Hinblick auf den Tierschutz bedeutsam sind im Zusammenhang der Nutzung von Tieren als Zirkustieren zum einen Fagen, die die Haltung von Zirkus-

J. S. Ach / D. Borchers (Hg.), *Handbuch Tierethik*, https://doi.org/10.1007/978-3-476-05402-9_50

tieren betreffen, zum anderen Fragen, die sich mit Blick auf die zirzensischen Darbietungen von Tieren selbst stellen (s. u.).

50.2 Fragen im Zusammenhang der Haltung von Zirkustieren

In Zirkussen werden Tiere verschiedener Arten gehalten – von domestizierten Arten wie Pferden, Ziegen und Gänsen bis hin zu Wildtieren wie Elefanten, Affen und großen Raubtieren. Angesichts dessen stellt sich die Frage, ob und wie im Zirkus die Grundbedürfnisse von Zirkustieren gewährleistet werden können.

Bedürfnis nach Bewegung. Zu den in jedem Fall zu gewährleistenden Voraussetzungen der Haltung von Tieren im Zirkus gehört, dass die Zirkustiere sich arttypisch verhalten und ihre arttypischen körperlichen Bewegungen ausführen können. Aus der Perspektive verschiedener Theorien tierlichen Wohlergehens ist die Ausübung arttypischen Verhaltens zugleich ein deutlicher Hinweis darauf, dass es einem Tier gut geht (Bostock 1993, 85 f.; s. Kap. 34). Vor diesem Hintergrund stellt sich die Frage, ob die Unterbringung im Zirkus dem Bedürfnis der Tiere an Bewegung ausreichend Rechnung tragen kann, und ob Gehege, Ställe und Transportbereiche der Tiere in Zirkussen groß genug sind, um den Raumbedarf der Tiere zu decken und ein den Tieren ein arttypisches Verhalten zu erlauben (WAZA 2003; Benz-Schwarzburg 2014, 7).

Von den für die Überwachung von Zirkusbetrieben zuständigen Behörden wird regelmäßig beanstandet, dass die Anforderungen an die Unterbringung hinsichtlich der benötigten Flächen von Zirkussen nicht erfüllt werden (Moritz 2014) und kritisiert, dass kleine und unzulängliche Unterbringungsmöglichkeiten es den Tieren häufig unmöglich machen, ihr artgemäßes Verhalten auszuleben. Bei Wanderzirkussen kommen die durch den erforderlichen Transport der Tiere entstehenden Herausforderugen erschwerdend hinzu. Die Tiere sind einen Großteil der Zeit unterwegs. Sie können in der Regel zwar ihre Transportwagen verlassen und Laufställe nutzen, d. h. größere Käfige, die mit den Transportwagen verbunden sind. Vor Ort verbringen die Tiere den Großteil ihrer Lebenszeit aber eingesperrt in Unterkünften, die noch einmal beträchtlich kleiner sind als beispielsweise die Ställe und Freiflächen der entsprechenden Tiere in zoologischen Gärten (Iossa et al. 2009; Brando 2015, 432 f.).

Besondere Schwierigkeiten hinsichtlich der benötigten Größe der Haltungseinrichtungen bestehen beispielsweise bei Pferden, deren Bewegungsbedarf in der Zirkushaltug zumeist nicht gedeckt werden kann (Theophil 2008, 312). Ein weiteres Beispiel sind Elefanten, zu deren arttypischem Verhalten es gehört, große Strecken auf der Suche nach Nahrung zurückzulegen (Beauchamp et al. 2008, 111 f.).

Angemessene Umgebungstemperatur. Zirkusse stehen vor der Aufgabe, für die zu jeder Jahreszeit erforderlichen Temperaturen der Unterkünfte zu sorgen und die Tiere vor ungünstigen Wetterbedingungen zu schützen. Besonders Wildtiere exotischer Arten, die aus wärmeren Gebieten der Welt stammen, sind temperaturempfindlich. Die Mindesttemperatur für die Haltung von Elefanten beispielsweise beträgt 15 °C (Theophil 2008, 214). Die für exotische Wildtiere erforderlichen Temperaturen können jedoch bei der Haltung in Transportwagen häufig nicht erfüllt werden. Dies gilt insbesondere für kleinere Zirkusse, die, aufgrund finanzieller Schwierigkeiten, gezwungen sind, im Winter durchweg zu gastieren (Moritz 2014) und die sich ein beheizbares Stammquartier, in dem die Tiere sich während der kalten Monate des Jahres aufhalten können, nicht leisten können (Pfeiffer et al. 2007).

Betätigungsmöglichkeiten. Zu den Bedürfnissen der Tiere gehören die Bedürfnisse nach Anregung und Ausüben von Tätigkeiten. Die Möglichkeiten zum Ausleben ihres arttypischen Verhaltens sind im Zirkus aber stark eingeschränkt (Brando 2015, 431). Tiere, die von Natur aus in weitläufigen Gebieten herumziehen, werden nicht nur gefangen gehalten, sondern ihre beengten Unterkünfte sind oft auch extrem reizarm (ebd., 433). Es fehlt zum Beispiel an Vegetation oder an Beschäftigungsmaterial. Tiere, die in kahlen Unterkünften gehalten werden, leiden häufig an Langeweile und entwickeln Stereotypien, d. h. ein abnormal repetitives Verhalten (Beauchamp et al. 2008, 125; DeGrazia 2011, 759; Benz-Schwarzburg 2014, 4). Zwar ließe sich die Lage von Zirkustieren durch eine Anreicherung des Lebensraums der Tiere mit verhaltensaktivierenden Beschäftigungs- und Erkundungsmöglichkeiten, die ihrem Bedürfnis nach Anregung und Tätigkeit entgegenkommt, verbessern (Theophil 2008, 220). Die Einführung von Lebensraumbereicherungen erfordert allerdings Phantasie und einigen Aufwand, der im Zirkusalltag häufig nicht geleistet werden kann (Moritz 2014; Theophil 2008, 220).

Soziale Kontakte. Viele Tiere sind von Natur aus soziale Wesen (s. Kap. 12). Damit das Bedürfnis dieser Tiere an sozialen Kontakten befriedigt werden kann, ist die Erhaltung arttypischer sozialer Gruppen (DeGrazia 2011, 760), die Haltung in intakten Sozialverbänden oder zumindest die Ermöglichung der Interaktion mit Artgenossen (Benz-Schwarzburg 2014, 3) erforderlich. Bei hochgradig sozialen Tieren ist darüber hinaus angesichts des psychischen Schadens, den ein Auseinanderreißen von Familien verursacht, möglicherweise auch die Erhaltung von Familien geboten (DeGrazia 2011, 759). In Zirkussen sind die Möglichkeiten der Tiere zu sozialer Interaktion sehr eingeschränkt. Eine Haltung in arttypischen sozialen Gruppen ist in einer Umgebung, in der es wegen des begrenzten Platzes häufig nur gemischte oder kleine Gruppenunterbringungen gibt (Brando 2015, 434 f.; Moritz 2014), schwer zu gewährleisten. Das hat mitunter ernste Folgen für Verhalten, Wohlergehen und Fortpflanzung der Tiere (Price et al. 2007).

50.3 Fragen im Zusammenhang der Vorführungen von Zirkustieren

Zirkustiere werden gehalten, um im Rahmen zirzensischer Darbietungen ›vorgeführt‹ zu werden. Sie zu Unterhaltungszwecken vorzuführen, kann insbesonderen dann zu einem ethischen Problem werden, wenn man es für eine moralische Pflicht hält, Tiere um ihrer selbst willen zu beachten und zu berücksichtigen.

Dressur und Training. Zirzensische Darbietungen von Tieren in Zirkussen geben häufig Anlass dazu, über die Methoden nachzudenken, die verwendet werden, um die Tiere zu den Leistungen zu bewegen, die das Publikum unterhalten sollen. Dabei stellt sich insbesondere die Frage, ob in den Trainingsmethoden zum Ausdruck kommt, dass die Tiere um ihrer selbst willen berücksichtigt werden. Werden die Tiere durch positive Verstärkung zu freiwilliger Zusammenarbeit mit der Tierlehrerin oder dem Tierlehrer bewegt? Dort, wo dies der Fall ist, werden die Tiere gegebenenfalls einfühlsam und gleichsam spielerisch selbst zu schwierigen kooperativen Leistungen veranlasst, ohne dass Zwang oder Strafe angewendet werden (Birmelin 2011, 100 ff.). In der Praxis des Zirkusalltags ist dies, wie Kritikerinnen und Kritiker bemängeln, aber häufig nicht der Fall. Vielmehr werden die Tiere durch Schlagen, Klapsen, Stoßen oder Festbinden zu Gehorsam gezwungen. Statt freiwilliger Zusammenarbeit zeigen sie Frustrations- und Vermeidungsverhalten (Beauchamp 2008, 126; Brando 2015, 433).

Zirzensische Vorführung. Vorführungen im Zirkus sind oft von der Anziehungskraft wilder und domestizierter Tiere geprägt, die erstaunliche körperliche und kognitive Leistungen zeigen. Ihre Auftritte sollen die Kraft, Geschmeidigkeit und natürliche Schönheit der Tiere, ihr Temperament, ihren Stolz, ihren Charakter und ihre Persönlichkeit sichtbar machen (Althaus 1995, 22). Befürworterinnen und Befürwortern des Zirkus zufolge handelt es sich bei den zirzensischen Darbietungen von Tieren fast immer um Bewegungsabläufe, die dem natürlichen Verhalten der Tiere entlehnt sind. So kommen zum Beispiel die Gangarten der Hohen Schule beim Imponierverhalten der Hengste vor, gehört der Sprung der Raubtiere zu deren Beutefangverhalten oder findet sich das Aufrichten der Elefanten auf den Hinterbeinen bei ihrem Futtersuchverhalten. In der Dressur und Vorführung werden diese naürlichen Bewegungsmuster verfeinert (Candidus 2014, 3 f.). Kritikerinnen und Kritiker behaupten demgegenüber, dass der Unterhaltungszweck der Vorführung es gerade verhindere, das natürliche Verhalten der Tiere im Rahmen einer Zirkusvorstellung zu betonen. Als ein besonders augenfälliges Beispiel werden in diesem Zusammenhang die ›Auftritte‹ von Löwen und Tigern genannt. Diese großen Raubtiere werden im Rahmen von Zirkusvorstellungen dazu gebracht, Kunststücke vor einem Publikum aufzuführen, bei denen sie sich wie zahme Hauskatzen verhalten (Beauchamp et al. 2008, 127 f.).

Das Erfordernis, dass die Vorführung das natürliche Verhalten der Tiere betonen soll, veranlasst darüber hinaus eine weitere Kritik an Zirkussen, die sich nicht auf das Vorführen von Tieren zu Unterhaltungszwecken selbst, sondern auf den Routinecharakter dieser Vorführungen bezieht. Im Zirkusalltag gehören Vorführungen und das dafür erforderliche Training zu den wenigen körperlichen und kognitiven Herausforderugen der Tiere. Das bestehende Programm der Darbietungen wird oft aber kaum ausgebaut, sondern allenfalls verfeinert. Das kann zur Folge haben, dass die Vorführungen im Laufe der Zeit für die Tiere keine abwechslungsreiche Beschäftigung mehr darstellen, sondern zu einem weitgehend routinierten, langweiligen Alltag werden. So ist bemängelt worden, dass viele Zirkusse seit vielen Jahren mit vielen Tieren die gleichen Vorführungen bieten, ohne neue Dressuren einzuführen (Kiley-Worthington 1990; Theophil 2008, 223).

50.4 Fazit und Ausblick

Nicht wenige Vertreterinnen und Vertreter abwägender Positionen in der Tierethik, die eine Haltung und Nutzung von Tieren als Zirkustieren grundsätzlich für rechtfertigbar halten, kommen im Ergebnis gleichwohl zu dem Schluss, dass in der alltäglichen Praxis von Zirkussen und insbesondere von Wanderzirkussen noch nicht einmal die physischen, psychischen und sozialen Grundbedürfnisse der Zirkustiere ausreichend berücksichtigt werden können. Hält man an dem Gedanken fest, dass die Haltung von Zirkustieren nur dann ethisch gerechtfertigt werden kann, wenn deren Grundbedürfnisse befriedigt werden, dann ist die Haltung und Nutzung von Tieren im Zirkus in vielen Fällen daher auch unabhängig von Ausbeutungs- oder Instrumentalisierungs-Einwänden mit der Forderung, Tiere um ihrer selbst willen zu berücksichtigen, nicht vereinbar und moralisch nicht zu rechtfertigen.

Literatur

Althaus, Thomas: *Knie Zoo – Führer durch den Zoo des Schweizer National-Circus Knie.* Rapperswil 1995.

Beauchamp, Tom L./Orlans, F. Barbara/Dressler, Rebecca/Morton, David B./Gluck, John P.: *The Human Use of Animals. Case Studies in Ethical Choice.* Oxford 2008.

Benz-Schwarzburg, Judith: Affen, die sich zum Affen machen. Eine ethische Betrachtung von Tieren als Schau- und Belustigungsobjekte mit Blick auf problematische Haltungsbedingungen und mögliche Verbesserungsoptionen. In: *Tierschutz: Anspruch – Verantwortung – Realität. Tagungsbericht der 5. ÖTT-Tagung.* Wien 2014, 1–8.

Birmelin, Immanuel: *Tierisch intelligent.* Stuttgart 2011.

Bostock, Stephen C.: *Zoos and Animal Rights. The Ethics of Keeping Animals.* London/New York 1993.

Brando, Sabrina: Zirkus. In: Arianna Ferrari/Klaus Petrus (Hg.): *Lexikon der Mensch-Tier-Beziehungen.* Bielefeld 2015, 431–436.

Candidus, Dirk: Tiere gehören zum Circus. Theoretische Grundlagen der Circustierhaltung. Kirchheimbolanden 2014. In: http://www.tiere-gehoeren-zum-circus.de.

DeGrazia, David: The Ethics of Confining Animals. From Farms to Zoos to Human Homes. In: Tom Beauchamp L./Raymond G. Frey (Hg.): *The Oxford Handbook of Animal Ethics.* Oxford 2011, 738–768.

Francione, Gary L./Charlton, Anna: *Animal Rights. The Abolitionist Approach.* Exempla 2015.

Iossa, G./Soulsbury, C. D./Harris, S.: Are wild animals suited to a travelling circus life? In: *Animal Welfare* 18 (2009), 129–140.

Heller, Peter: Erinnerungen an Zirkus Renz. In: *Novo Argumente* Bd. 113. Frankfurt a. M. 2011. In: http://www.novo-argumente.com/magazin.php/novo_notizen/artikel/000977.

Kiley-Worthington, Marthe: *Animals in Circuses and Zoos. Chiron's World?* Essex 1990.

Moritz, Johanna: Tierschutzüberwachung in Zirkusbetrieben. Bayerisches Landesamt für Gesundheit und Lebensmittelsicherheit 2014. In: http://www.lgl.bayern.de/tiergesundheit/tierschutz/tierhaltung_wildtiere/zirkustiere (8.12.2015).

Pfeiffer, J./Triphaus-Bode, M.: Tierschutzrechtliche Aspekte der Elefantenhaltung im Zirkus aus Sicht der TVT. In: *Amtstierärztlicher Dienst und Lebensmittelkontrolle* 14–3/2007, 183–185.

Price, E. E./Stoinski, T. S.: Group size: determinants in the wild and implications for the captive housing of wild mammals in zoos. In: *Applied Animal Behaviour Science* 103 (2007), 255–264.

Regan, Tom: *Empty Cages. Facing the Challenges of Animal Rights.* Oxford 2005.

Theophil, Daniela: *Haltungsbedingungen von Zirkustieren in 25 Zirkussen in der Bundesrepublik Deutschland.* Diss. Tierärztliche Hochschule Hannover 2008.

WAZA Code of Ethics and Animal Welfare. San José, Costa Rica, 19.11.2003. In: http://www.waza.org/files/webcontent/1.public_site/5.conservation/code_of_ethics_and_animal_welfare/Code%20of%Ethics_EN.pdf (19.2.2014).

Robert Heeger

51 Zoos und Aquarien

Zoos oder dem Zoo ähnliche Institutionen haben eine lange Geschichte, die sich in einer unübersichtlichen Terminologie spiegelt. In historischer Perspektive treten als Synonyme für ›Zoos‹ auch Tiergarten oder Tierparks in Erscheinung. Der Ausdruck ›Zoo‹ selbst ist als Abkürzung auf den ›Zoologischen Garten‹ zurückzuführen. Der Name stammt von der London Zoological Society, die den ersten ›wissenschaftlichen Zoo‹ 1826 eröffnete, auf den auch die Kurzform ›Zoo‹ zurückzuführen ist (um 1850). Noch heute wird gelegentlich darauf rekurriert, charakteristisch für den ›Zoo‹ sei seine wissenschaftliche Ausrichtung im Unterschied zu anderen ähnlichen Institutionen. Dabei sind sowohl die Kriterien für deren Wissenschaftlichkeit wie auch für ihre Erfüllung so unbestimmt, dass hiermit keine scharfe Abgrenzung gewonnen werden kann.

Nach Artikel 2 der Richtlinie 1999/22/EG (und gleichlautend § 42 des BNatSchG) bezeichnet der Ausdruck ›Zoo‹ demnach »dauerhafte Einrichtungen, in denen lebende Exemplare von Wildtierarten zwecks Zurschaustellung während eines Zeitraums von mindestens sieben Tagen im Jahr gehalten werden«. Damit umfasst er auch den ›Tierpark‹. So heißt z. B. Hellabrunn in München nicht Zoo, sondern Tierpark. Letztere zeichnen sich in ihrer klassischen Ausprägung (z. B. in Berlin) vor allem durch die parkähnliche Landschaft aus, in die sie eingebettet sind. Der traditionelle Zoo dagegen glich architektonisch lange Zeit einer Ansammlung von Tiergehegen, also einer Art Menagerie (s. u.). Zwischen den beiden Typen Zoo und Tierpark sind und waren die Übergänge fließend. Einen ›Wildpark‹ dagegen zeichnet aus, dass dort vorzugsweise einheimische Tierarten gehalten werden, wohingegen im Zoo oder im Tierpark vor allem exotische Tiere leben. Im rechtlichen Sinne werden alle genannten Formen unter dem Begriff ›Zoo‹ zusammengefasst. Dies gilt auch für kleinere Haltungseinheiten (Janovsky 2012). ›Zoo‹ löst damit den ›Tiergarten‹ als üblichen Sammelbegriff für solche Formen der Tierhaltung ab. Ihr primärer Zweck besteht darin, dass Menschen sich lebende Tiere verschiedener Arten anschauen können.

Dass Menschen sich Exemplare wildlebender Tierarten in ihrer Nähe halten, ist tief in die Kulturgeschichte belegbar. Gray (2017, 10) setzt die Anfänge ins vierte und fünfte vorchristliche Jahrtausend (China; Ägypten). Zu den wesentlichen Etappen der abendländischen Zoogeschichten (Gray 2015; Goldner 2015) gehören die Menagerien. Der Begriff bezeichnet die Tiersammlungen an europäischen Höfen des Mittelalters und der frühen Neuzeit. Nach der französischen Revolution wurden einige von ihnen für die Öffentlichkeit zugänglich gemacht, wie etwa der Jardin des Plantes in Paris. Weitere bedeutende Zoos mit Zugang für die Bürger entstanden 1826 auch in London oder 1844 in Berlin. Während der Kolonialzeit ging die Zurschaustellung exotischer Tiere dabei häufig einher mit der Zurschaustellung von Menschen in Form von exotischen ›Völkerschauen‹ für ein großes Publikum; so wurden den Besuchern in Hagenbecks Thierpark in Hamburg ab 1874 Familien aus Lappland und später Angehörige der Massai oder der Inuits vorgeführt. Zoos realisierten im Laufe der Geschichte ganz verschiedene Konzepte, die sich manchmal innerhalb einer einzigen Organisation an einem Ort finden. Das liegt auch daran, dass bei aller kontinuierlichen Umgestaltung jede Verwirklichung neuer Konzepte den »Erkenntnissen hinterherhinkt« (König 2014, 95). Zoos lassen sich nicht beliebig und beliebig schnell modernisieren; viele Zoos liegen zum Beispiel mitten in Großstädten und sind damit in ihrer Ausdehnung fest limitiert. Sehr verschiedene Gestaltungsformen und Architekturen prägen sich im Zoo aus: Das Halten und Zurschaustellen von Exemplaren möglichst vieler Tierarten, wie das in einer Menagerie üblich war, ist für Zoobesucher kein attraktives Angebot mehr; heute erstreben Zoos oft größere Populationen auf größerem Raum (Hildebrandt et al. 2012, 24). Der ›Käfig‹ weicht den sogenannten Immersionsgehegen, die möglichst Merkmale der natürlichen Habitate aufgreifen. Die Besucher nähern sich damit nicht nur einzelnen Vertretern einer Tierart, sondern ›tauchen‹ auch in die Lebenswelt der Tiere ein. Mit diesen »Ökosystemdarstellungen« (Rübel 2003, 24) soll zugleich der Zoo als Lebensraum für Tiere näher an deren natürliche Lebensverhältnisse führen. Höhere Ansprüche an ein besseres Platzangebot für mehr Tiergerechtheit führten und führen weiterhin dazu, dass heute tendenziell weniger Arten auf mehr Raum pro Individuum gehalten werden (Janovsky 2012, 312). Das Gliederungsprinzip und die Perspektive, unter der die Tiere präsentiert werden, ist dabei z. B. vor allem ihre geografische Herkunft geworden und nicht mehr die systematisch-biologische Verwandtschaftsbeziehung der Tierarten. Ansprüche an Hygiene und an die Sicherheit der Zoomitarbeiter formen den Zoo von der einen Seite ebenso wie der Wunsch der Besucher nach bestimmten Erlebniswelten von der anderen. Dadurch entstehen in der Architektur und der Darstellung des Zoos sehr verschiede-

J. S. Ach / D. Borchers (Hg.), *Handbuch Tierethik*, https://doi.org/10.1007/978-3-476-05402-9_51

ne Arten von »disziplinierter Wildnis« (Hölck 2014). Zoos können auch in organisatorischer, institutioneller und und wirtschaftlicher Hinsicht sehr unterschiedlich operieren (Gray 2017, 15 f.).

Dies alles ist für die Ethik durchaus von Belang, weil ein moralisches Urteil über Zoos wesentlich davon abhängt, unter welchen konkreten Umständen die Tiere leben.

51.1 Zoos und die ›Freiheit‹ von Tieren

Zoos stellen ohne Zweifel eine Nutzung von Tieren dar. Das provoziert entsprechend kritische Nachfragen und ethische Debatten. Für »Teile der Tierrechtsbewegung« (Fiebrandt 2003, 34) – zumal für eine radikale egalitäre Tierrechtsposition – ist jede Haltung von Tieren im Zoo inakzeptabel, weil sie Herrschaftsverhältnisse von Menschen über Tiere kategorisch ablehnt. Für ausgesprochene Tier*rechts*positionen (Gray 2017, 48) ist der Zoo zuvörderst deswegen indiskutabel, weil die Tiere in ›Gefangenschaft‹ (neutraler: in *confinement*) gehalten werden (s. Kap. 14). Eine starke Position sieht darin einen ausgesprochenen »Freiheitsentzug«, der selbst dann eine Schädigung durch Deprivation (Wild 2014, 84) darstellt, wenn das Tier durch die Einengung seiner Bewegungsfreiheit nicht unmittelbar ›grausam‹ behandelt wird.

Für Positionen, die Tieren keine Freiheitsrechte zuschreiben, muss *confinement* nicht inhärent eine Schädigung bedeuten (DeGrazia 2011, 759). Dem liegt die Annahme zugrunde, dass Tiere keinen Begriff von Freiheit haben (Richter et al. 2012, 1552). Dies schließt natürlich nicht aus, dass es Tierarten mit großem Bewegungsdrang gibt, für die eine adäquate Unterbringung in der Umwelt des Menschen schwierig, wenn nicht unmöglich ist (ebd.). Da wir Tieren gerade nicht »die Freiheit, die wir meinen« zuschreiben sollten, so Hildebrandt et al. (2014, 23), verletzt ihre Haltung im Zoo nicht per se ethische Prinzipien. Die Unterbringung von Tieren in verschlossenen und begrenzten Räumen mit eingeschränkten Bewegungsmöglichkeiten stellt in dieser Perspektive nicht an sich das Problem dar, sondern nur insofern die Tierhaltung nicht bedürfnisgerecht gestaltet werden kann. Aus der Haltung von Tieren nicht-domestizierter Arten außerhalb ihrer natürlichen Umwelt ergibt sich eine Fülle von Folgeproblemen, etwa für die Befriedigung von Verhaltensbedürfnissen; Bewegung ist eines von diesen Bedürfnissen. Zootierhaltung ist mit potentiellen oder realen Belastungen für Tiere verbunden, die auch im Rahmen etwa einer pathozentrischen Beurteilung zumindest rechtfertigungspflichtig sind.

Jenseits aller möglichen Leidzufügung darf man auch fragen, ob das Zurschaustellen von Tieren nicht in sich »disrespectful« (DeGrazia 2011) sei, wie es in einem Songtext (der Gruppe »Ganz schön feist«, 1993) heißt: »Jeder Zoo wird auf der Stelle abgeschafft, denn wer wird schon gerne eingesperrt und angegafft?« Auch wenn moderne Zoos so angelegt sind, dass Tiere sich der Beobachtung entziehen können (Hölck 2014), so sind sie immer Stätten inszenierter Mensch-Tier-Begegnungen, die auch ästhetisch viele Fragen aufwerfen. Diese kreisen stark um die Frage, wie authentisch oder artifiziell solche Begegnungen im Zoo gestaltet werden. Selbst da, wo Tiere in einer vermeintlich ›natürlichen‹ Umgebung zur Schau gestellt werden, ist diese selbstverständlich vollkommen unnatürlich. Zu den tiefer greifenden Fragen (Hölck 2014) dieser ›Zurschaustellung‹ gehört auch die Inszenierung von Herrschaft über die Tiere, die in der modernen Architektur und Konzeption von Zoos gerade hinter der Illusion von Wildbahn verschwinden soll.

51.2 Tötung von Zootieren

Ein eigener moralischer Fragenkreis ist bei Zootieren durch die unumgänglichen Akte der Tötung von Tieren im Zoo gegeben (s. Kap. 35). Prinzipiell stellt »die Notwendigkeit der Regulierung von Tierpopulationen die Zoos vor die Alternative, entweder Geburtenkontrolle auszuüben oder aber Tiere töten zu müssen« (Fiebrandt 2003, 38). Aus einer ganzen Reihe von ganz verschiedenen Gründen (Hildebrandt et al. 2012, 23 f.) kommt es zu ›überzähligen Tieren‹ (*surplus animals*). Wo Abgabe an andere Zoos o. Ä. nicht in Frage kommt, tiergerechte Unterbringung aber schwierig zu garantieren ist, greifen Zoos zur Tötung solcher Tiere. In Deutschland kollidiert dies leicht mit dem Erfordernis eines vernünftigen Grundes zur Tötung von Tieren. Die Nutzung der getöteten Tiere wiederum als Futter (Hildebrandt et al. 2012, 37 ff.) für andere Zootiere erfüllt dieses Erfordernis nicht durchschlagend. Spektakuläre Vorgänge wie das demonstrative Verfüttern der jungen Giraffe Marius in Kopenhagen und das sogenannte Magdeburger Urteil über die Tötung von drei neugeborenen Tigern (Hildebrandt et al. 2012, 9 f.) haben die von Dilemmata durchzogene Diskussion in eine breite Öffentlichkeit gebracht. Selbst wenn fragwürdige Motive wie Jungtiere als Publikumsmagneten außen vor bleiben und selbst wenn gutes ›Populationsmanagement‹ die Zahl der *surplus animals* minimiert, leben Zootiere außerhalb der Natur, die ihre Zahl auf ihre Weise reguliert. Wenn dies dann der Mensch tut, kann er sich dazu oft nicht auf einen jener Gründe berufen, die üblicherweise im Alltag als hinreichend für die Tötung eines Tieres geltend gemacht werden können.

51.3 Rechtfertigung und Begründung von Zoos: Das Vier-Säulen-Modell

Die Frage, ob und gegebenenfalls in welcher Weise Menschen Tiere in Zoos o. Ä. halten dürfen, wird seit Hediger (Rübel 2003, 24), dem Begründer der modernen Tierartenbiologie, in einem fest stehenden Katalog beantwortet: Zoos dienen demnach vier Funktionen: dem Artenschutz, der Forschung, der Bildung und der Erholung.

Für diesen Kanon hat sich der Begriff ›Vier-Säulen-Konzept‹ eingebürgert, das auch in den rechtlichen Rahmen Eingang gefunden hat (Department for Environment, Food and Rural Affairs 2012, 2). Die Welt-Zoo-Naturschutzstrategie (Rübel 2003, 24) baut darauf auf. Während sich das Konzept international (z. B. EAZA 2015) zu einem Mantra der Rechtfertigung für Existenz und Betrieb von Zootierhaltungen entwickelt hat, wird es von deren Kritikern heftig angegriffen. Die schärfsten Vorwürfe erhebt Goldner, der im Säulenkonzept (z. B. Goldner 2014, 56) nur eine »kollektive Abwehrstrategie gegen Kritik von außen« sieht (Goldner 2014, 58), eine Reaktion auf die zunehmende Kritik an Zoos seit den 1970er Jahren, als Artenschutz international ein Thema wurde.

Artenschutz. Die direkte Leistung von Zoos für den Artenschutz aus Sicht der Zoos selbst kann in zwei Perspektiven gesehen werden: Ziel soll es primär sein, Tiere bedrohter Arten so im Zoo zu vermehren, dass sie wieder auszuwildern sind (s. Kap. 52). Für einige Arten ist dies auch geglückt (Reichholf 2014, 88). Wo dies, z. B. wegen der Zerstörung des Lebensraumes, nicht möglich ist, sollen Zoos zum zweiten zumindest als eine ›Arche Noah‹ fungieren. Sie sollen Exemplare von Arten am Leben (*ex situ*) erhalten, die außerhalb des Zoos ausgerottet werden oder aussterben. Damit ist es zumindest denkbar, die Arten zu einem späteren, besseren Zeitpunkt wieder auszusiedeln. Dem dient auf europäischer Ebene auch die Vernetzung im Europäischen Erhaltungszuchtprogramm (EEP), das 2014 über 200 Arten einschließt. Zoos beteiligen sich außerdem an Natur- und Artenschutzprojekten vor Ort (*in situ*).

Gegner halten dem entgegen, die Erhaltungszucht im Zoo diene in erster Linie dazu, Nachschub (Goldner 2014, 65) für den Zoo selbst zu reproduzieren. Außerdem werde von den vielen bedrohten Arten nur ein kleiner Prozentsatz im Zoo vermehrt, während dort auch nicht bedrohte, aber für das Publikum attraktive Arten gezeigt werden. Eine Ablehnung des Zoos allein aus diesem Grund reduzierte seine Funktion allerdings auf die Säule Artenschutz; dass nicht alle Arten auf dieser ›Arche Noah‹ Platz finden spricht nicht dagegen, zumindest einige dort zu bewahren. Aber selbst wenn dem ›Artenschutz‹ auf die angegebene Weise geholfen werden kann, bleibt die moralische Frage (Wild 2014, 82), ob dieses kollektive Ziel es rechtfertigt, dafür tierliche Individuen ›gefangen zu halten‹. Ob man gar davon sprechen kann, dass tierliche Individuum im Zoo werde für diesen Zweck »geopfert« (ebd.), hängt wiederum davon ab, ob die konkreten Bedingungen seiner Haltung im Zoo selbst als dem Tier zuträglich eingestuft werden können. Die Opferrolle setzt ja voraus, dass das Leben im Zoo für das Tier eine Qual darstellt.

Forschung. Mit dem Ziel des Artenschutzes eng verbunden ist die Forschung in Zoos. Goldner erhebt den Vorwurf, auch die Forschung in Zoos diene in erster Linie dem Erhalt des Zoos selbst (2014, 66). Seine Begründung, Zoos selbst seien keine wissenschaftlichen Forschungseinrichtungen, die kaum eigene Arbeiten publizierten, verkennt allerdings den Wert von Zoos für die Zusammenarbeit mit anderen Forschungseinrichtungen. Zoos und ihre Mitarbeiter müssen nicht selbst forschen, bieten aber die Möglichkeit, Studien (auch experimentelle) an Exemplaren wildlebender Arten durchzuführen, die in der Wildbahn unmöglich wären. Wilds (2014, 83) Diktum: »Ein Hauptzweck der Forschung im Zoo besteht darin, herauszufinden, wie man Tiere im Zoo hält. Ohne Zoos bräuchte man jedoch weder diese Art der Forschung noch diese Art der Arterhaltung«, unterbelichtet das Potential, das der Zoo bietet, und das auch genutzt wird für Forschung an Wildtieren, bei der man den Tieren selbst nahe kommen muss. Die Ergebnisse dieser Forschung beschränken sich nicht nur auf Zootierpopulationen.

Bildung. Besonders heftig umstritten ist die Leistung von Zoos für die Bildung. Ihrem Selbstverständnis und ihrem Auftrag nach gehört zu den Werten, denen Zoos dienen, »public education and awareness actions related to the conservation of biodiversity« (z. B. European Commission 2015, 13). In ihrem Selbstverständnis wecken Zoos damit das Interesse und die Faszination für Tiere, vor allem bedrohte Arten, womit die Tiere im Zoo zu Botschaftern auch für die Anliegen von Natur- und Umweltschutz werden können. Zoos und Zoopädagogik bemühen sich, diese Lerneffekte zu verstärken, etwa durch geführte Touren im Zoo.

Eine Studie von Falk wurde 2007 zunächst als Beleg gerne herangezogen, dass der Zoo in der Bildung Wirkung entfalte; allerdings wurde die Studie aus methodischen Gründen weitgehend kritisiert und für gegenstandslos erklärt (Wild 2014, 82 f.). Kritikerinnen und Kritiker des Zoos befürchten sogar, Kinder lernten im Zoo eine grundlegend falsche Lektion: Dass Tiere eingesperrt sein müssen und dass ihren Artgenossen in der Wildnis nicht zu helfen sei. Selbst bei der positiven Annahme, Zoos verstärkten Kenntnisse und vor allem Aufmerksamkeit für die Belange des Artenschutzes, erhebt sich wiederum die Frage, ob man Exemplare bedrohter Arten genau dafür instrumentalisieren darf. Damit verbunden ist die für Zoos zentrale Frage, ob es ihrer als Instanz der Wissensvermittlung in der Gegenwart überhaupt noch bedarf. Wild (2004, 80 f.) vergleicht Spiele von Delphinen hinter einer Aquariums-Glasfront und Aufnahmen von solchen im Meer und fragt nach dem »Mehrwert« des Aquariums, wo doch die Tiere genauer und authentischer in ihrem Habitat mit einer Kamera zu beobachten wären. De facto sind Zoos in Zeiten entstanden, in denen es keinen Zugang zu Tieren in deren Lebenswelten gab. Schon der Tierfilm dagegen bietet eine realistischere und informationshaltige Alternative. Mittlerweile ermöglichen technische Verfahren Einblicke und Übertragungen, die den beengten und artifiziellen Beobachtungsraum ›Zoo‹ obsolet machen können. Wild (2014, 82) geht sogar noch weiter: »Die nächste Generation kann mithilfe einer gut animierten Übertragung von Unterwasserszenen aus dem Meer weitaus intensivere Erlebnisse und tiefere Einsichten in das Leben der Meeresbewohner, ihre Schönheit und ihre Lebensweise erhalten, als es ein Aquarium bieten kann, weil Tiere tatsächlich in der Natur gesehen werden können und nicht nur in einer Nachahmung von Natur.«

Dafür, dass modern medial vermittelte Zugänge zu Tieren den Zoo nicht notwendigerweise obsolet machen spricht, dass die Begegnung mit Tieren im Zoo nicht ›authentischer‹ ist, als die durch Technik vermittelte, aber sie ist realer: Menschen begegnen hier Tieren als echten Lebewesen, als belebten Körpern in drei Dimensionen. Es geht hierbei auch nicht mehr primär um die Vermittlung von Information, sondern um die Änderung von Einstellungen (*awareness*) und Motivationen, die vor allem durch besondere Erlebnisse ermöglicht werden kann und soll. Gerade angesichts der technisch unbegrenzten Verfügbarkeit virtueller ›Tiere‹ könnte es sogar zu einem Proprium des Zoos werden, dass die Tiere in ihm ›echt‹ im Sinne physikalischer und biologischer Wirklichkeit sind.

Erholung. Darin kommt die Funktion von Zoos als Ort von Bildung und von Erholung zusammen: Es gehört zum zentralen Erlebnis in einem Zoo, dass der Besucher dort ›echten‹, d. h. lebenden Tieren begegnet. Wie an anderen Orten, an denen Menschen herausragende materielle Gegenstände aufsuchen, macht es auch im Zoo den entscheidenden Unterschied, dass die dort zur Schau gestellten Tiere in genau diesem Sinne ›echt‹ sind. Auch eine Gemäldegalerie oder eine Kunstausstellung präsentieren ›Originale‹, obwohl Kopien für viele Zwecke sogar überlegen wären und ihre Betrachtung nicht weniger instruktiv. Der Zoo ist der Ort, an dem es Menschen genießen, Tiere in diesem Sinne ›im Original‹ wahrnehmen zu können. Die lange Geschichte des Zoos ist natürlich kein Argument für seine Fortsetzung, allerdings ein starkes Indiz für die Faszination einer nahen Begegnung mit wilden Tieren, die Menschen durchaus als authentisch zu erleben scheinen. Dass die Präsentation von Tieren im Zoo immer einem ›Make-Up‹ entspringt und niemals authentisch sein kann, ist selbstverständlich. Die ›Echtheit‹ der Tiere ist davon nicht berührt.

Ob dieses Erlebnis es rechtfertigt, Zoos zu unterhalten, ist damit nicht entschieden. Auch ob die vier Säulen zusammen eine solche Rechtfertigung ergeben, hängt wesentlich von prinzipiellen Erwägungen ab; etwa, ob wir tierliche Individuen nutzen oder vernutzen dürfen für einen kollektiven Zweck, oder der Entscheidung, ob das ästhetische Vergnügen, Tiere aus der Nähe zu erleben ihre Instrumentalisierung rechtfertigt.

51.4 Mögliche künftige Grenzziehungen

Eine wesentliche Weichenstellung in der Diskussion um die mögliche Rechtfertigung des Zoos besteht in der Beurteilung, inwieweit Verhältnisse dort überhaupt tiergerecht sind oder sein können. Die Grenzziehung des rechtlich Zulässigen in wichtigen Teilbereichen findet sich für Deutschland faktisch im sogenannten ›Säugetier-Gutachten‹ (offiziell: »Mindestanforderungen an die Haltung von Säugetieren« zuletzt vom 7.5.2014). Wie andere Regulierungen mit rechtlicher Wirkung sind dort Mindeststandards festgehalten, nicht also das Optimum. Ob Tiere in Zoos ›tiergerecht‹ untergebracht sind, enthält zwei Fragen: eine faktische, ob die Tiere dort bedürfnisgerecht gehalten werden können, und eine normative, ob es eine Rechtfertigung dafür gibt, dass das tierliche Wohlbefinden in Zoos gegebenenfalls eingeschränkt wird.

Selbst wenn aus den oben genannten vier Gründen die Haltung von wilden Tieren gerechtfertigt erscheint, muss diese Rechtfertigung nicht für alle Verhältnisse hinreichen, vor allem nicht für alle Tierarten. Wo sich die Kritik am Zoo nicht am Prinzip festmacht, sondern aus der konkreten Wirkung auf einzelne Tiere oder Tierarten, ist eine differenzierte Position möglich und nötig. DeGrazia (2011, 759) fragt nach Verhältnissen für die je besonderen Tier-Exemplare (»particular exhibits«) und der Möglichkeit, ihre Bedürfnisse im Zoo zu befriedigen. Gray (2017) hat in ihrem Kapitel zu »Animal welfare« die wesentlichen Kriterien und Problemlagen aktuell zusammengefasst. Dabei dient ihm als Ausgangspunkt die These, der Zoo bedeute nicht inhärent Leiden der Tiere »as a core element« (ebd., 70); die Kenntnis der Bedürfnisse und des Verhaltens der Tiere sei so weit fortgeschritten, dass im Zoo Haltung und Zurschaustellung ohne Leidenszufügung prinzipiell möglich sei. Dieser optimistische Anspruch ist je nach Eigenart und damit Bedürfnisstruktur der Tiere unterschiedlich schwer einzulösen: Wo z. B. für Bären und einigen Raubkatzen (ebd., 83) ein großer Territorialbedarf unter den Verhältnissen des Zoos nicht bedient werden kann, ist eine zulässige Haltung schwer vorstellbar, die nicht zu Verhaltensstörungen führt (zu den klassischen Störungsmustern gehört z. B. die Verhaltensstereotypie). Ähnlich schwierig könnte dieses Kriterium für Wale ausfallen. In der Frage, ob die Haltung von Tieren in Zoos gerechtfertigt werden kann, sollte eine kritische Durchsicht eine differenzierte Antwort ermöglichen: Ist eine tiergerechte Haltung für die jeweilige Tierart denkbar? Ist sie machbar? Auch die Anstrengungen, die unternommen werden, um die Lebensbedingungen für Tiere zu verbessern, sind größer und vielfältiger geworden (Janovsky 2012, 320). Ist eine tiergerechte Haltung unter den konkreten Rahmenbedingungen genau dieses Zoos denkbar und machbar? Sind diese Fragen auf der Grundlage einer validen Einschätzung des konkreten tierlichen Wohlbefindens beantwortet, könnte sich die Frage nach den Zoos anders stellen: Nicht mehr: Ist *der* Zoo moralisch zulässig? – sondern: *Welcher* Zoo kann moralisch zulässig sein?

Literatur

DeGrazia, David: The Ethics of Confining Animal: From Farms to Zoos to Human Homes. In: Tom L. Beauchamp/R. G. Frey (Hg.): *The Oxford Handbook of Animal Ethics*. Oxford 2011, 738–795.

Department for Environment, Food and Rural Affairs: *Zoos Expert Committee Handbook*. Bristol 2012.

EAZA Council: *EAZA Code of Ethics. Preamble, obligations and behavior*. 2015.

European Commission: *EU Zoos Directive Good Practices Document* (2015). DOI: 10.2779/247108.

Fiebrandt, Ulrike: Die Würde des Tieres im Zoo unter besonderer Berücksichtigung von Fortpflanzung und Aufzucht von Zootieren. In: *Verhandlungsbericht des 1. Rigi-Symposiums*. Bern 2003, 34–35.

Goldner, Colin: Das sogenannte »Vier-Säulen-Konzept«: Bildung, Artenschutz, Forschung und Erholung. Wie heutige Zoos ihre Existenz rechtfertigen. In: *Tierethik* 9/2 (2014), 7–12.

Goldner, Colin: Zoo. In: Arianna Ferrari/Klaus Petrus (Hg.): *Lexikon der Mensch-Tier-Beziehungen*. Bielefeld 2015, 438–441.

Gray, Jenny: *Zoo Ethics. The Challanges of Compassionate Conversation*. Ithaca 2017.

Hildebrandt, Goetz/Perret, Kai/Eulenberger, Klaus/Luy, Jörg: *Individualtierschutz contra Arterhaltung. Das Dilemma der überzähligen Zootiere*. Münster 2012.

Hölck, Anne: Disziplinierte Wildnis. Zur Lesbarkeit von Tierbildern in der Zooarchitektur. In: *Tierethik* 9/2 (2014), 28–43.

Janovsky, Martin: Arche Noah oder anachronistisches Tiergefängnis: Sind Zoos ein Zukunfts-oder Auslaufmodell. In: Herwig Grimm/Carola Otterstedt (Hg.): *Das Tier an sich*. Göttingen 2012, 315–330.

König, Barbara: Im Zoo. In: *Tierethik* 9/2 (2014), 92–96.

Luy, Jörg: Wie wär's mit einem anständigen Zoo. In: *Tierethik* 9/2 (2014), 7–12.

Reichholf, Josef: Drei Fragen an Josef Reichholf. In: *Tierethik* 9/2 (2014), 88–91.

Richter, Thomas/Kunzmann, Peter/Hartmann, Susanne/Blaha, Thomas: Wildtiere in Menschenhand. In: *Deutsches Tierärzteblatt* 11 (2012), 1552–1553.

Rübel, Alex: Aufgaben moderner Zoologischer Gärten und Aquarien. In: *Verhandlungsbericht des 1. Rigi-Symposiums*. Bern 2003, 23–25.

Wild, Markus: Zoos: Besuchen oder nicht besuchen. In: *Tierethik* 9/2 (2014), 28–43.

Peter Kunzmann

VI Perspektiven

52 Artenschutz

Der Begriff ›Artenschutz‹ meint den Schutz und die Pflege bestimmter (zunächst grundsätzlich wild lebender) Tier- und Pflanzenarten durch den Menschen. Grundlage für den besonderen Schutz einer Art können ethische oder ästhetische Prinzipien wie auch ökologische Begründungen sein. Unterschieden werden muss der Artenschutz vor allem vom Tierschutz und der Tierrechtsdebatte, bei denen individuelle nichtmenschliche Tiere um ihrer selbst willen Gegenstand der ethischen Abwägungen sind. Demgegenüber nimmt das Prinzip des Artenschutzes (wildlebende) Populationen der zu schützenden Zielarten in den Blick und charakterisiert Einschränkungen von Individuen oder auch deren Tod als hinnehmbar, sofern die Population lebensfähig bleibt.

Artenschutzprogramme zielen auf den Schutz meist einer einzelnen gefährdeten bzw. vom Aussterben bedrohten Art ab, zugleich ist der Artenschutz jedoch Teil des Naturschutzes, der sich neben dem Schutz von Populationen einzelner Arten auch besonders mit dem Schutz ganzer Biotope, schutzwürdiger Landschaften oder Landschaftsbestandteile befasst; direkter Artenschutz soll wie der Biotopschutz dabei das Artensterben verhindern oder zumindest beschränken und kann als der Teilbereich des Naturschutzes verstanden werden, der sich auf biotische Schutzgüter, also Tiere und Pflanzen, konzentriert. Biotopschutz konzentriert sich in der Regel nicht vorrangig auf einzelne Tier- oder Pflanzenarten, jedoch spielen einzelne dort vorkommende und vom Aussterben bedrohte Arten häufig in der öffentlichen Diskussion bzw. der rechtlichen Argumentation eine wichtige Rolle.

Zunächst einmal bezieht sich das Prinzip des Artenschutzes ausschließlich auf wild lebende Tier- oder Pflanzenarten, vergleichbare Bemühungen bestehen jedoch auch für traditionelle Nutztierrassen. Übergreifendes Ziel ist der Schutz der biologischen Vielfalt (Biodiversität). Die Notwendigkeit von Artenschutzmaßnahmen kann sehr unterschiedlich begründet werden: ethisch (begründet in einem Eigenwert der Natur), wissenschaftstheoretisch (im Hinblick auf die Biodiversität als Gegenstand menschlichen Erkenntnisstrebens), anthropozentrisch-pragmatisch (in Anerkennung der fundamentalen Angewiesenheit des Menschen auf intakte Natur und Biodiversität, auch um diese als Ressource zu nutzen) oder historisch-kulturell (beispielsweise im Hinblick auf selten gewordene Nutztierrassen, die als Teil des kulturellen Erbes der Menschheit betrachtet werden).

Der Schutz von Populationen ausgewählter Arten ist ein wichtiges Werkzeug des Artenschutzes. Methoden des Populationsschutzes sind neben dem direkten Schutz von Individuen bedrohter Arten und von deren Lebensräumen auch die Bestandsstützung durch spezielle Erhaltungszuchtprogramme und die Wiedereinbürgerung. Umstritten ist die Frage, inwieweit neben dem Artenschutz *in situ*, also im ursprünglichen Verbreitungsgebiet einer Population, auch Maßnahmen *ex situ* eine geeignete Maßnahme des Artenschutzes sind. Populäre Vertreter des *ex situ*-Schutzes sind Zoologische Gärten, die ihr Selbstbild seit den 1980er Jahren verstärkt auf der Notwendigkeit des Erhalts von Populationen bedrohter Tierarten in menschlicher Verfügungssituation gründen. Beispiele für erfolgreiche Wiederansiedlung von in ihren ursprünglichen Habitaten einst ausgerotteten oder stark dezimierten Arten auf der Grundlage von Zoonachzuchten sind der Bison, das Wisent, das Przewalskipferd, die Oryx-Antilope, der Davidshirsch oder der Kalifornische Kondor. Hauptkritikpunkte an einer Legitimation der Haltung von Tieren im Zoologischen Garten durch den Artenschutz ist die überproportionale Haltung von nicht bedrohten Arten im Zoo, die fehlende Auswilderungsperspektive für nachgezüchtete, bedrohte Arten (wie bspw. Tiger oder Menschenaffen) und die Kritik aus der Perspektive des Tierschutzes, der die Einschränkungen des Tierindividuum unter den Bedingungen des Zoologischen Gartens nicht durch den Verweis auf das Artenschutzprinzip gerechtfertigt sieht (s. Kap. 51).

Auch andere Instrumente des Populationsschutzes können unter Umständen im direkten Gegensatz zu Prinzipien des Individualtierschutzes stehen. Primär gilt dies für das Populationsmanagement, das im Fall von Populationen, deren Wachstum durch ein beschränktes Territorium wie im Naturschutzgebiet oder Reservat nicht mehr vollständig aufgenommen oder ernährt werden können (und im Zweifel dem Territorium auch erhebliche Schäden zufügen können, bspw. durch Überweidung), die Tötung von Tier-

J. S. Ach / D. Borchers (Hg.), *Handbuch Tierethik*, https://doi.org/10.1007/978-3-476-05402-9_52

individuen als Instrument vorsieht. In Deutschland wird auch auf Grundlage dieser Argumentationsfigur bspw. die Jagd auf Wildtierpopulationen, deren natürliche Prädatoren (Wolf, Luchs, Braunbär) in der Vergangenheit durch den Menschen ausgerottet wurden, legitimiert (s. Kap. 41).

Am Beginn der Entwicklung zum Artenschutz stand die Idee, emotional besonders positiv besetzte Tierarten, im deutschsprachigen Raum vor allem Vogelarten, zu erhalten. Im 1899 als Verein gegründeten Deutschen Bund für Vogelschutz ist eine frühe Form von zivilgesellschaftlichem Ursprung der Artenschutzidee zu sehen, der vor allem in der Sorge um den ästhetischen Verlust eines für den Menschen bedeutsamen Naturerlebnisses romantisch geprägt war.

Konkret wurde der Begriff Artenschutz wohl zum ersten Mal im Jahr 1912 durch den Juristen Otto Rudorff geprägt, etablierte sich allerdings erst in der Zeit des Nationalsozialismus innerhalb des behördlichen Apparates, der für Naturschutz zuständig war.

52.1 Rechtliche Regelungen

Rechtliche Regelungen auch als verfahrensmäßige Grundlage wurden erstmals 1935 mit dem Reichsnaturschutzgesetz geschaffen: Im Mittelpunkt standen als Schutzkategorien das Naturschutzgebiet und das Naturdenkmal zum Schutz bestimmter Landschaftsbestandteile wegen deren Seltenheit, Eigenart oder ästhetischem Wert, der Artenschutz erstreckte sich auf die Erhaltung der Bestände ›nichtjagbarer Tiere‹, sofern diese als ›selten oder in ihrem Bestande bedroht‹ eingestuft wurden. Praktisch wurde das normative Programm jedoch zumeist ignoriert. 1976 trat das Bundesnaturschutzgesetz in Kraft, das als maßgebliche gesetzliche Regelung in Deutschland gesehen werden muss; zentrale wissenschaftliche Behörde ist das Bundesamt für Naturschutz. Hinzu treten internationale Abkommen (Washingtoner Artenschutzabkommen 1973; Konvention von Rio 1992 u. a.), die jedoch für eine rechtliche Verbindlichkeit des Schutzstatus einer Art in europäisches oder nationales Recht umgesetzt werden müssen. Dies geschieht im Rahmen der EU-Artenschutzverordnung, der Vogelschutzrichtlinie der Europäischen Union sowie der Listung im Rahmen der Bundesartenschutzverordnung.

In Bezug auf den Sonderfall der Neozoen bildet die 2016 in Kraft getretene (und inzwischen erweiterte) ›Erste Unionsliste zur EU-Verordnung (Nr. 1143/2014) über invasive gebietsfremde Arten‹ die rechtliche Grundlage, die ein Management von derzeit rund 50 als invasiv identifizierten Tier- und Pflanzenarten auf EU-Gebiet begründet und dem Schutz der heimischen Biodiversität Priorität einräumt. Die Definition einer Art als invasiv unterliegt in diesem Kontext jedoch unterschiedlichen Plausibilitäten: Während die Liste Arten wie die ursprünglich südamerikanische Nutria und den aus Nordamerika eingeführten Waschbär genauso listet wie bisher in Europa nicht etablierte Arten wie den Kleinen Mungo oder das Pallas-Schönhörnchen, fehlen andere etablierte Arten wie der Damhirsch, der vermutlich in der Spätantike von römischen Soldaten aus dem mesopotamischen Raum in Mitteleuropa eingeführt wurde.

Andere Rechtsgrundlagen für geschützte Arten gibt es zurzeit keine; ein populäres Missverständnis besteht insbesondere in Bezug auf die auf einer Roten Liste aufgeführten Arten. Gemeint ist in der Regel die seit 1962 von der Weltnaturschutzorganisation IUCN veröffentlichte Rote Liste gefährdeter Arten, die jedoch zunächst ein Fachgutachten zur Gefährdungssituation darstellt und in Deutschland und den meisten Ländern der Welt, mit Ausnahme beispielsweise der Schweiz, nicht automatisch einen gesetzlichen Schutzstatus begründet.

52.2 Ethische Argumente und Positionen

Ein Großteil der relevanten Publikationen zur Tierethik in den vergangenen Jahrzehnten ignoriert das Prinzip des Artenschutzes oder räumt ihm keine besondere ethische Relevanz ein. Hauptursache hierfür dürfte die unterschiedliche Zielperspektive sein: Während im Tierschutz gerade um die ethische Relevanz des nichtmenschlichen Tiers als Individuum gerungen wird, orientiert sich der Artenschutz an der Erhaltung von Arten, Populationen und mittelbar Ökosystemen. Diesem Ziel werden Interessen des Individualtierschutzes teilweise untergeordnet, zumindest werden sie im Rahmen ethischer Urteilsbildungen gegeneinander abgewogen. Da ein großer Teil der relevanten tierethischen Positionen eine solche Abwägung ablehnt und Arten bzw. Populationen nicht als ethisch relevante Entitäten anerkennt, entfällt folgerichtig die tiefere Auseinandersetzung mit dem Artenschutz. Tom Regan beispielsweise führt zum Verhältnis des Menschen gegenüber wildlebenden Tieren kaum mehr aus, als dass der Mensch diese ›in Ruhe lassen‹ und sich aus ihren Angelegenheiten heraushalten solle (Regan 2004, 203).

Eine exemplarische Haltung findet sich auch bei Martha Nussbaum: Das Überleben einer Art könne nicht als Frage der Gerechtigkeit betrachtet werden, solange der Aussterbeprozess nicht das Wohlergehen von Individuen der Art beträfe. Wie Singer und Regan sieht sie das Problem nicht primär darin, dass eine Art von unserem Planeten verschwindet, sondern dass während dieses Prozesses Individuen in der Regel Leid wiederfährt. Im Eingreifen des Menschen in die Populationsentwicklungen wildlebender Tiere sieht Nussbaum keine ethisch vertretbare Haltung: Sie spricht von der »Idee eines wohlwollenden Despotismus der Menschen über die Tiere, indem wir ihre Bedürfnisse erfüllen« (Nussbaum 2010, 505), der moralisch fragwürdig sei, »weil der Souveränität einer Spezies ebenso wie der Souveränität eines Staates moralischer Wert zukommt« (ebd.).

Auch Ursula Wolf charakterisiert es als populäres Missverständnis, den Artenschutz unter den Tierschutz zu subsummieren und Ersteren als für eine Ethik der Mensch-Tier-Beziehung nicht relevanten Aspekt: Man könne nicht Tierarten als solchen Leiden zufügen, sondern nur je einzelnen Tieren. Da Tierschutz und Naturschutz verschiedene Ziele haben, sei die Ausrichtung einer Ethik unter der Prämisse, Tiere als fühlende Individuen zu berücksichtigen, mit dem Interesse an der Bewahrung der Natur, zu der auch der Erhalt von Tierarten gehört, kaum vereinbar. Die Annahme, dass die Reduktion der Artenvielfalt generell unerwünscht sei und vermieden werden sollte, sei tierethisch zunächst nicht relevant, da nur das individuelle Tier einen moralischen Wert kann nur das individuelle Tier haben könne und nicht eine Art. Da die Spezies keine identifizierbare Einheit sei, könne sie auch kein möglicher Gegenstand moralischer Verpflichtungen sein.

Auch Ursula Wolf verweist auf die vielen unter der Verschlechterung ihrer Lebensbedingungen leidenden, wildlebenden Tierindividuen. Da wir mit ihnen jedoch nicht direkt konfrontiert seien und die Behebung der Ursachen letztlich nicht möglich sei, verneint Wolf individuelle Verpflichtungen gegenüber diesen Tieren. Immerhin formuliert sie den Denkanstoß, es könne Verpflichtungen der Gemeinschaft geben, Reservate oder andere Schutzgebiete für wilde Tiere einzurichten (Wolf 2012, 131, 152).

Deutlich entschiedener formuliert diese Überlegung Joan Dunayer: »Das Recht auf ihr Habitat ist für freie nichtmenschliche Wesen wahrscheinlich das wichtigste Recht überhaupt, möglicherweise abgesehen von ihrem Recht darauf, nicht vom Menschen ermordet zu werden« (Dunayer 2004, 143). Gleichwohl führt auch sie diesen Gedanken nicht weiter aus und entwickelt aus ihm keine auf Arten- oder Naturschutz zielende ethische Urteilsbildung.

Leonie Bossert zielt dezidiert auf eine ethische Argumentation zur als im bisherigen Diskurs unzureichend konstatierten Inklusion nichtmenschlicher Tiere in den Nachhaltigkeitsdiskurs. Auf der theoretischen Ebene liegt ihr Schwerpunkt dabei auf der Untersuchung des Umfanges von Gerechtigkeitskonzeptionen sowie Konzepten des guten Lebens für alle, mindestens jedoch empfindungsfähigen Lebewesen. Bossert erörtert auch konkret Ansatzpunkte in Konfliktfällen, die sich aus dieser Inklusion ergibt; theoretischer Rahmen ihrer Position ist die Erweiterung eines pflichtenethischen Ansatzes um eine kontextsensible Perspektive, die dem Beziehungsgefüge eine zentrale Rolle zuspricht. Im Verbund mit der Unterscheidung zwischen Hilfs-, Beistands- und Nichtschädigungspflichten kann Bossert so ein differenziertes Bild der menschlichen Verantwortung gegenüber wildlebenden Tieren zeichnen: Hilfspflichten bestehen nach Bossert nicht darin, nichtmenschliche Tiere vor ihren (natürlichen) Prädatoren zu schützen, während vielmehr umgekehrt diesen karnivor lebenden Tiere gegenüber Nichtschädigungspflichten bestehen. Interessanterweise gilt dies für Bossert auch in durch den Menschen hervorgerufenen Räuber-Beute-Relationen, beispielsweise bei der Bedrohung nichtmenschlicher Tiere durch vom Menschen in das Biotop eingebrachten Neozoen wie dem Waschbär oder der Hauskatze; Hilfspflichten gegenüber dem ›Beutetier‹ bewertet Bossert hier als supererogatorisch, also über das Verlangte hinausgehend, während andererseits die Nichtschädigungspflichten gegenüber dem Prädator überwiegen (Bossert 2015). Diese ethische Urteilsbildung läuft durchaus konträr zu auch politisch vertretenen Artenschutzprinzipien wie der EU-Verordnung über invasive Arten aus dem Jahr 2016.

Auch Lisa Kemmerer unterscheidet in ihrem auf die globalen Konsequenzen nicht-veganer Ernährung ausgerichteten Ansatz zunächst deutlich zwischen Ökologischer Ethik und Tierethik, spricht sich anhand der Zusammenschau ökologischer Folgen von Landwirtschaft und Fischfang jedoch für tierethische Konsequenzen aus, nämlich den Verzicht auf entsprechenden nicht-veganen Konsum, sofern diesbezüglich eine Option besteht (Kemmerer 2015, 4). Eine Argumentation im Hinblick auf Arten- und Naturschutz unterbleibt trotz der originären Ausrichtung ihrer

Ethik auf ein ökologisch nachhaltiges menschliches Handeln.

Stärker beschreibt Hilal Sezgin in ihrem tierethischen Entwurf »Schritte in Richtung einer Umweltethik«, die allerdings eher auf eine an Nachhaltigkeitskriterien orientierte Grundhaltung menschlichen Handelns und weniger auf konkrete Maßnahmen des Umwelt- oder gar Artenschutzes zielen. Hauptproblem auch für Sezgin ist die Unmöglichkeit, Ökosysteme oder Biotope als ›direkt fassbare moralische Entitäten‹ gelten lassen zu können, so dass Verantwortung, die eben immer nur gegenüber Individuen bestehen könne, letztlich ins Leere laufe (Sezgin 2014, 202–205). Exemplarisch ist auch, das Sezgin in ihren Überlegungen Berührungspunkte zwischen Fragen der Tierethik einerseits und der Umwelt- oder Ökoethik andererseits ausmacht, beide Bereichsethiken also als klar voneinander zu unterscheidende Zielperspektiven betrachtet.

Sue Donaldson und Will Kymlicka dagegen thematisieren in ihrer politischen Rechtstheorie »Zoopolis« ausdrücklich den menschlichen Einfluss wild lebende Tiere durch Jagd, vom Menschen verursachten Habitatverlust, durch menschliche Infrastruktur und den (menschengemachten) Klimawandel hervorgerufene Folgeschäden, aber auch positive Folgen wie die Impfung wilder Tierpopulationen oder Wiederauswilderungen zum Arterhalt. Als ähnliches Anliegen zu ökologische Theorien greifen sie dort geübte Kritik an der Tierethik auf, ein unzulängliches Verständnis der komplexen und verheerenden Auswirkungen menschlichen Tuns auf wildlebende Tiere (und Ökosysteme) zu zeigen. Auch Donaldson und Kymlicka lehnen beispielsweise die Tötung invasiver Arten zum Ökosystemschutz ab, da auch die der Subjektivität von einzelnen Lebewesen als Entitäten Vorrang einräumen, die eine individuelle moralische Reaktion erfordere. Ihre für den Menschen handlungsleitenden Hauptargumente sind das der Fehlbarkeit – bisheriges menschliches Eingreifen in Ökosysteme und entsprechende Konsequenzen sollte uns Demut lehren und von weiteren Eingriffen in komplexe ökologische Zusammenhänge möglichst abhalten – sowie das ›Gedeihensargument‹, das ein Verhältnis zwischen zwei sich selbst regierenden, politischen Gemeinschaften (der Menschen und der wild lebenden Tiere) im Rahmen einer Rechtstheorie analysiert. Dass das Gedeihen wildlebender Einzeltiere nicht vom Gedeihen ihrer Gemeinschaft und Art abzugrenzen sei, entwickeln Donaldson und Kymlicka unter der Überschrift »Souveränität wildlebender Tiere« als sehr weitreichende Einlassung gegenüber dem Artenschutzgedanken in einem tierethischen Entwurf (Donaldson/Kymlicka 2013).

Michael Rosenberger und Peter Kunzmann vertreten eine noch weiterreichende systemische Grundhaltung, die grundsätzlich die Tötung von Tierindividuen durch Jagd oder Fischerei erlaubt, solange diese bestimmten ethischen Prinzipien folgen: Statt Gier wird Maßhaltung gefordert, die such an ökosystemischen Bedürfnisse wie dem Biotoperhalt oder einer zu konservierenden Artenvielfalt orientiert, den Erhalt innerartlicher genetischer Vielfalt anstrebt sowie die Vielfalt der Arten von Tieren und Pflanzen und die Vielgestaltigkeit der Lebensräume aktiv fördert. Damit werden Grundprinzipien des Artenschutzes bei Rosenberger und Kunzmann ausdrücklich zur Grundlage des menschlichen Handelns gegenüber wildlebenden Tieren erhoben, die für sie dann eine ethisch vertretbare, »nachhaltige Jagd« begründen (Rosenberger/Kunzmann 2012).

Eine intensive Diskussion des ambivalenten Konfliktfeldes legen Goetz Hildebrandt, Kai Perret, Klaus Eulenberger, Jörg Junhold und Jörg Luy unter dem Titel *Individualtierschutz contra Arterhaltung* vor, das exemplarisch von der Konfliktfrage um die Tötung ›überzähliger‹ Nachzuchttiere im Zoo ausgeht und von hier aus intensiv diskutiert, wie weder mit dem Verweis auf Artenschutzprinzipien jegliche Interessen des auf Individuen abzielenden Tierschutzes ignoriert werden dürfen, noch systemische Betrachtungen zum Schutz von Arten, Biotopen und Ökosystem im Rahmen der Komplexität des Sachverhalts gerecht werdender ethischer Urteilsbildungen völlig außer Acht gelassen werden sollten (Hildebrandt et al. 2012). Wie auch bei Rosenberger/Kunzmann zeigt sich, dass Positionen mit einer grundsätzlichen Offenheit für die ethische Vertretbarkeit der Tötung von Tieren eher Aspekte des Artenschutzes in tierethische Überlegungen aufzunehmen bereit sind.

52.3 Ausblick

Da eine grundsätzliche Nichtschädigung oder gar Nichtbeeinflussung wildlebender Tiere durch den Menschen in unserer Lebensrealität an kaum einem Ort der Erde konstatiert werden kann oder denkbar scheint, ist es angezeigt, diesen entsprechenden Raum im Rahmen tierethischer Überlegungen zu widmen. Mittelbar führt dies zur Notwendigkeit der Beschäftigung mit dem Modell des Artenschutzes, der erst mit dem Blick auf wild lebende Tiere, ihre

Populationen und die sie beheimatenden Biotope und Ökosysteme umfängliche Relevanz für ethische Urteilsfindungen erlangt.

Das Prinzip des Artenschutzes wird in großen Teilen der bisherigen tierethischen Debatte jedoch ignoriert oder nur am Rande gestreift. Dies ist als Desiderat zu beklagen, zumal Autorinnen und Autoren wie Kemmerer, Sezgin oder besonders Bossert und Donaldson/Kymlicka durchaus eine Verschränkung von originär tierethischen und im Ursprung stärker an der ökologischen Ethik orientierten Ansätzen und Zielperspektiven einfordern. Gerade in Konfliktfällen, in denen Artenschutzprinzipien den Nachteil individueller nichtmenschlicher Tiere bedeuten können, wäre eine intensivere Auseinandersetzung wünschenswert: Hierzu zählen vorrangig Maßnahmen des Populationsmanagements, wie sie in Bezug auf Populationen in geschützten Reservaten und insbesondere im Hinblick auf den Umgang mit Neozoen, als vom Menschen in ein Gebiet eingebrachte ›invasive Arten‹ politisch gefordert und gesellschaftlich Realität sind (Wustmans 2015, 132–152). Positionen wie diejenige von Bossert können dabei durchaus konträr zum in der Debatte oft dominant vertretenen Vorrang des Artenschutzprinzips stehen; gerade in der grundsätzlichen Akzeptanz gegenläufiger Prinzipien besteht im Rahmen ethischer Urteilsbildungen die Chance, elaborierte Gegenargumentationen zu entwickeln, ohne das Prinzip des Artenschutzes als solches zu verwerfen und bei dessen Vertreterinnen und Vertreter entsprechende Abwehrreaktionen hervorzurufen. Da nicht nur durch fortschreitende Globalisierung neben die unmittelbare Schädigung individueller nichtmenschlicher Tiere durch den Menschen auch kaum vermeidbare mittelbare Einflüsse auf Individuen außerhalb unseres unmittelbaren Verfügungsbereichs nicht zu vermeiden sind, wird ein Zusammendenken von Tierethik und ökologischer Ethik umso dringlicher. Die Implementierung einer ernsthaften Auseinandersetzung mit Artenschutzprinzipien in tierethische Argumentationen scheint hierzu ein sinnvoller Schritt.

Literatur

Bossert, Leonie: *Wildtierethik. Verpflichtungen gegenüber wildlebenden Tieren.* Baden-Baden 2015.

Donaldson, Sue/Kymlicka, Will: *Zoopolis. Eine politische Theorie der Tierrechte.* Berlin 2013.

Dunayer, Joan: *Speciecism.* Herndon 2004.

Hildebrandt, Goetz/Perret, Kai/Eulenberger, Klaus/Junhold, Jörg/Luy, Jörg: *Individualtierschutz contra Arterhaltung. Das Dilemma der überzähligen Zootiere.* Münster 2012.

Kemmerer, Lisa: *Eating Earth. Environmental Ethics and Dietary Choice.* Oxford 2015.

Nussbaum, Martha: *Die Grenzen der Gerechtigkeit. Behinderung, Nationalität und Spezieszugehörigkeit.* Berlin 2010 (engl. 2006).

Regan, Tom: *The case for animal rights* [1983]. Berkeley ^{3}2004.

Rosenberger, Michael/Kunzmann, Peter: Ethik und Jagd der Fischerei. In: Herwig Grimm/Carola Otterstedt (Hg.): *Das Tier an sich, Disziplinenübergreifende Perspektiven für neue Wege im wissensbasierten Tierschutz.* Göttingen 2012, 297–314.

Sezgin, Hilal: *Artgerecht ist nur die Freiheit. Eine Ethik für Tiere oder warum wir umdenken müssen.* München 2014.

Wolf, Ursula: *Ethik der Mensch-Tier-Beziehung.* Frankfurt a. M. 2012.

Wustmans, Clemens: *Tierethik als Ethik des Artenschutzes. Chancen und Grenzen.* Stuttgart 2015.

Clemens Wustmans

53 Great Ape Project

53.1 Entstehung

Das Great Ape Project ist eine tierschutzpolitische Bewegung, die auf die Veröffentlichung des Sammelbands *The Great Ape Project: Equality Beyond Humanity* durch die Ethikerin Paola Cavalieri und den Ethiker Peter Singer im Jahr 1993 zurückgeht. Der Band erschien 1994 in deutscher Übersetzung unter dem Titel *Menschenrechte für die Großen Menschenaffen. Das Great Ape Project*. Die rund 40 internationalen Autorinnen und Autoren verbindet das Bestreben, den Großen Menschenaffen, d. h. Schimpansen (einschließlich Bonobos), Orang-Utans und Gorillas (in Abgrenzung zu den Kleinen Menschenaffen wie etwa Gibbons) drei Rechte zuzusprechen und diese in der Praxis durchzusetzen, die menschlichen Grundrechten entsprechen: (1) Das Recht auf Leben (Große Menschenaffen dürfen nicht getötet werden, außer in streng festgelegten Situationen wie Notwehr), (2) das Recht auf individuelle Freiheit (Große Menschenaffen dürfen nicht gefangengenommen oder -gehalten werden, es sei denn zu ihrem eigenen Schutz oder zum Schutz der Allgemeinheit), (3) das Verbot der Folter (Großen Menschen darf wissentlich kein Schmerz zugefügt werden). Entsprechend diesen Postulaten richtet sich das Great Ape Project hauptsächlich (1) gegen die Verdrängung der Großen Menschenaffen in ihren Ursprungsgebieten, insbesondere durch Jagd und Wilderei, aber auch durch die Zerstörung ihrer Lebensgrundlagen, (2) gegen die Haltung von Großen Menschenaffen in Zoologischen Gärten oder zu Vergnügungszwecken (Zirkus, Shows) und (3) gegen belastende Tierversuche mit Menschenaffen zu medizinischen oder anderen Zwecken. In Deutschland arbeitet das Great Ape Project eng mit der Giordano-Bruno-Stiftung zusammen, insbesondere nachdem die Stiftung 2011 ihren Ethik-Preis an Paola Cavalieri und Peter Singer vergeben hat. Sprecher des Projekts in Deutschland ist der Psychologe Colin Goldner, Autor des Reports über die Haltung von Menschenaffen in deutschen Zoologischen Gärten *Lebenslänglich hinter Gitter– Die Wahrheit über Gorilla, Orang Utan & Co in deutschen Zoos*. Unterstützt wird die Bewegung u. a. von dem in London lehrenden Zoologen und Affenforscher Volker Sommer.

Der primär politische Charakter des Projekts zeigt sich daran, dass die drei für die Großen Menschenaffen geforderten Rechte nicht nur als *moralische* Rechte anerkannt werden sollen, sondern auch als den verfassungsgemäßen Grundrechten analoge *juridische* Rechte. Darüber hinaus sollen die drei Rechte nicht nur als Prinzipien eines *objektiven* Rechtsschutzes aufgefasst werden, sondern als *subjektive* Rechte, die von den betroffenen Tieren selbst – über menschliche Repräsentantinnen oder Repräsentanten – eingeklagt werden können. Ziel des Projekts ist es, die Großen Menschenaffen nicht nur objektiv rechtlich zu schützen (was auch durch eine entsprechende Ausgestaltung des geltenden Tierschutzgesetzes möglich wäre), sondern sie zu eigenständigen Rechtssubjekten zu machen, die vor Verwaltungsgerichten gegen einen unzureichenden objektiven Rechtsschutz klagen können. Subjektive Rechte dieser Art sind bisher für Tiere nicht anerkannt. Wegen des im deutschen wie im amerikanischen Recht geltenden Grundsatzes der »Selbstbetroffenheit« (in Deutschland § 42 Abs. 2 der Verwaltungsgerichtsordnung) kann niemand gegen die behördliche Genehmigung von Aktivitäten klagen, die Tiere schädigen, es sei denn, die betroffenen Tiere sind sein Eigentum oder die Schäden gefährden sein Gewerbe (s. Kap. 56).

Es versteht sich, dass keines dieser Rechte, wenn es in Geltung gesetzt würde, schlechthin absolut gelten könnte. Alle müssten ebenso abwägungsoffen sein wie die für Menschen geltenden Grundrechte auf Leben und körperliche Integrität. Insbesondere könnten sich gravierende Einschränkungen des Rechts auf individuelle Freiheit aus der Notwendigkeit der Arterhaltung ergeben. *Sanctuaries*, ›Auffanggebiete‹ und ›museale‹ Naturschutz-Tierparks könnten zur Erhaltung bedrohter Arten unumgänglich sein.

53.2 Begründungen

Begründet sehen die Vertreterinnen und Vertreter des Projekts ihre Forderungen einerseits in der genetischen Nähe der Großen Menschenaffen zum Menschen, andererseits in der Geringfügigkeit der Unterschiede zwischen ihrem und dem menschlichen Niveau kognitiver Fähigkeiten. Beide lassen auf eine ähnliche Betroffenheit durch Tötung, Freiheitsberaubung und willentliche Schmerzzufügung schließen. Hinzu kommt, dass die Exemplare der betreffenden Arten über Selbstbewusstsein zu verfügen scheinen. In diesem Fall haben sie mit einiger Wahrscheinlichkeit eine Vorstellung von ihrem eigenen Tod und können sich in ähnlicher Weise vor dem Tod fürchten wie Menschen. Darüber hinaus beherrschen die Großen Menschenaffen Werkzeugherstellung und kom-

J. S. Ach / D. Borchers (Hg.), *Handbuch Tierethik*, https://doi.org/10.1007/978-3-476-05402-9_53

plexe Formen von Werkzeuggebrauch, verfügen über Empathie und Altruismus und zeigen Verhaltensweisen, die darauf schließen lassen, dass sie Artgenossen innere Vorgänge zuschreiben. Auch die Tatsache, dass einige in der Zeichensprache ausgebildete Schimpansen und Orang-Utans erfolgreich den Gebrauch von sprachlichen Zeichen zur Selbstreferenz erlernt haben, macht es wahrscheinlich, dass die Großen Menschenaffen zu einem Selbstbewusstsein, wie wir es von über zweijährigen Menschenkindern kennen, fähig sind.

Bei einer kooperativen Unternehmung wie dem Great Ape Project bleibt es nicht aus, dass sich die ethischen Sichtweisen der Autorinnen und Autoren bzw. der Unterstützerinnen und Unterstützer und entsprechend auch die für die Forderung nach Grundrechten für die Großen Menschenaffen gegebenen Begründungen unterscheiden. Die drei Menschenrechte sind nur die Schnittmenge einer Vielfalt von tierethischen Positionen, die teilweise weit über den Schutz der Großen Menschenaffen hinausgehen. So neigt Peter Singer dazu, das Great Ape Project nicht als Schlusspunkt, sondern als Einstieg in eine Erweiterung der Menschenrechte auf Tiere zu sehen, die über die Großen Menschenaffen hinaus weitere Säugetiergattungen umfasst. Für ihn ist die Erweiterung der moralischen Gemeinschaft auf die Großen Menschenaffen lediglich »der erste Durchbruch der Barriere zwischen den Spezies« (Cavalieri/Singer 1994, 475). Singer ist der Auffassung, dass das den Großen Menschenaffen zugeschriebene Bewusstseinsniveau einer Reihe weiterer Säugetierspezies zugeschrieben werden muss (Singer 2013, 218). In der Tat sind mit den Fortschritten der wissenschaftlichen Ethologie und ihrer methodischen Mittel zunehmend weitere Spezies in den Fokus ethischer Aufmerksamkeit gerückt. So scheint die Fähigkeit zu Selbstbewusstsein im außermenschlichen Bereich auch Meeressäugern wie Walen und Delphinen zuzukommen. In diese Richtung weisen jedenfalls Berichte über suizidales Verhalten von Delphinen in Gefangenschaft, die, möglicherweise, weil sie den Stress in Delphinarien nicht aushalten, sich am Beckenrand den eigenen Schädel zertrümmern. Delphine scheinen sogar differenzieren zu können zwischen falschen Annahmen anderer, indem sie falsche Überzeugungen ihres Trainers anders kommentieren als richtige (Yeates 2014, 496). Nicht nur die Vertreterinnen und Vertreter des Great Ape Project, sondern zunehmend auch Teile der Öffentlichkeit fordern angesichts dieser Befunde, diesen Tieren sowohl ein Recht auch Leben als auch ein Recht auf Nichtschädigung (durch belastende Versuche, Gefangenschaft oder schwerwiegende Deprivationen) zuzuschreiben (Birnbacher 1996; Francione 2014).

Unterschiede zeigen sich auch bei der Bereitschaft der Autorinnen und Autoren, den Großen Menschenaffen den Status von Personen zuzuschreiben. Ein Teil der am Great Ape Project beteiligten Philosophinnen und Philosophen erwägt eine Ausdehnung des Personenbegriffs ausschließlich auf Menschenaffen. Einige verwerfen diese Beschränkung und plädieren dafür, die mit der Zuschreibung des Personenstatus implizierten moralischen Rechte allen empfindungsfähigen Tieren zuzuschreiben (so etwa Sapontzis 1994, 414).

53.3 Vorgänger

Im Great Ape Project konvergieren eine Reihe von teils älteren, teils jüngeren tierethischen Denktraditionen. Die Forderung nach Rechten für Tiere wurde bereits zu Zeiten der Aufklärung erhoben, etwa von Wilhelm Dietler 1787 in seinem Traktat *Gerechtigkeit gegen Thiere* (Dietler 1997). Dietler zufolge soll der Mensch die Tiere lediglich »auf die schnellste, gelindeste, schmerzenloseste Art« töten dürfen. Auch dürfe er sie nicht allein zum Zweck des Vergnügens jagen oder seine Launen an Haustieren abreagieren. Weitergehende Tierrechte und insbesondere ein Recht auf Leben für alle Tiere hat der Kantianer Leonard Nelson gefordert, vor allem mit dem Ziel der philosophischen Etablierung eines strikten ethischen Vegetarismus. Nelson sah die Begründung für Tierrechte nicht im Besitz von dem Menschen nahekommender Fähigkeiten, sondern – ähnlich wie die utilitaristische Tradition – in dem Besitz von Interessen in einem schwachen Sinn, nach dem ein Interesse unabhängig davon besteht, ob es »die Form eines Urteils« hat (Nelson 1972, 351).

Die Forderung nach Tierrechten im juridischen Sinn, d. h. von innerhalb des Rechtssystems anerkannten und mit Rechtsmitteln durchsetzbaren Ansprüche, findet sich zuerst bei Karl Christian Friedrich Krause, bekannt durch den südamerikanischen ›Krausismo‹. Krause spricht von dem »Recht der Thierheit im Verhältnisse zu dem Rechte der Menschheit« und weist den Tieren ein »bestimmtes Gebiet ihres Rechts« zu, zu dem u. a. das Recht auf leibliches Wohlbefinden, das Recht auf Schmerzlosigkeit und das Recht auf die »erforderlichen Lebensmittel« (Krause 1874, 246) gehören.

Von der Anerkennung des Tierschutzes im Grundgesetz (wie gegenwärtig im Art. 20a) zu einer rechtlichen Anerkennung von Grundrechten von Großen

Menschenaffen ist es allerdings ein weiter Weg. In Deutschland hat das Bundesverfassungsgericht bisher keine Bereitschaft erkennen lassen, von der herkömmlichen anthropozentrischen Deutung des durch die Verfassung verbürgten Grundrechtsschutzes abzugehen. Der Tierschutz ist nach dieser Auffassung zwar ein Staatsziel, aber kein in wie immer eingeschränkter Form den Tieren selbst zukommendes Grundrecht. Die Grundrechte seien als Konkretisierungen des Menschenwürdeprinzips nicht über den Menschen hinaus erweiterbar. Auf Widerstände stößt auch die vom Great Ape Project für die Großen Menschenaffen geforderte Klagebefugnis, wie sie von Clarence Morris (1964/65) und Christopher Stone (1987) für Naturwesen generell und von Albert Brunois (Chapouthier 1992, 47 ff.) für Tiere gefordert worden ist.

1988 ist mit der sogenannten ›Robbenklage‹ zum ersten Mal in der deutschen Rechtsgeschichte versucht worden, die betroffenen Tiere selbst (vertreten durch Fürsprecher) an einem Verwaltungsgerichtsprozess zu beteiligen. Das Verwaltungsgericht lehnte diesen Antrag erwartungsgemäß ab, u. a. mit dem Argument, »der deutschen Rechtsordnung (sei) es fremd, die Fähigkeit, Rechte und Pflichten zu haben, auf Tiere zu übertragen« (Murswiek 1989, 240). Allerdings lehnte das Gericht subjektive Rechte für Naturwesen nicht prinzipiell ab.

53.4 Einwände

Die kritischen Einwände dagegen, Tieren moralische Rechte zuzuschreiben, können als weitgehend widerlegt gelten.

Eines der immer wiederkehrenden Argumente, dass Rechte nur haben kann, wer diese auch kennen und geltend machen, scheitert daran, dass wir üblicherweise auch dauerhaft unmündigen Menschen Rechte zusprechen. Auch das bis in die Antike zurückgehende Argument, Tiere könnten nicht zur Rechtsgemeinschaft des Menschen gehören, weil sie mit dem Menschen keinen Vertrag schließen können (Schmidt 1996; Protopapadakis 2012), überzeugt nicht. Es ist nicht zu sehen, warum Rechte – moralische wie juridische – nicht auch unabhängig von einem realen oder möglichen Vertragsschluss zugesprochen werden können. Bezweifelt wird auch, dass Tiere als Teil der *menschlichen Gemeinschaft* betrachtet werden können. Aber die Tatsache, dass Rechte zweifellos ihre »Wurzeln in der moralischen Welt des Menschen« haben (Cohen 2007, 95) heißt nicht, dass sie nicht auch auf Tiere übertragen werden können.

Ein pragmatischer Einwand lautet, dass die Zuerkennung von Rechten an Tiere die Wertabstufung zwischen Mensch und Tier einebnen und zu einer Herabstufung der Menschenrechte führen könnte. Dagegen ist zu sagen, dass es auch bei einer Anerkennung von Tierrechten gute Gründe gibt, dem Menschen weitergehende Rechte als den Mitgliedern anderer Gattungen zuzuschreiben. Menschen sind im Allgemeinen leidensfähiger als Tiere. Tod und Leiden werden von Menschen als schwerwiegender erlebt. Tod und Leiden haben darüber hinaus für Menschen gravierendere Begleiterscheinungen – einerseits für den Betroffenen selbst, infolge seiner Fähigkeit zur gedanklichen Vorwegnahme seiner persönlichen Zukunft, andererseits für andere aufgrund ihrer Fähigkeit und Neigung zur Identifikation (Birnbacher 2011, 113).

Auch die Einwände dagegen, die moralischen Rechte Großer Menschenaffen als *juridische* Rechte auszugestalten, scheinen nicht tragfähig. Ein Einwand lautet, dass von einer Zuerkennung juridischer Rechte bei Tieren und anderen Naturwesen kein nennenswerter Beitrag zur Verbesserung der Lage der Tiere zu erhoffen sei, da die Geltendmachung etwaiger Rechte weiterhin in den Händen von Menschen liege (Hartmann 1886, 24). Aber auch wenn es keine Garantie dafür gibt, dass juridische Rechte etwas dazu beitragen, die Gewichte zugunsten der Tiere zu verschieben, ist doch unbestreitbar, dass die Einführung von Tierrechten die Chancen der Tiere, von Übelzufügungen durch den Menschen verschont zu bleiben, verbessern würde.

53.5 Perspektiven

Über die politischen Durchsetzungschancen der Forderungen des Projekts ist damit nichts gesagt. Ein Verbot von Tierversuchen mit Menschenaffen ist leichter durchzusetzen als ein Verbot der Haltung von Menschenaffen in Zoologischen Gärten, die gerade wegen ihrer ›Affenhäuser‹ als attraktiv gelten. Bereits heute werden invasive Versuche an Menschenaffen weltweit nur noch vereinzelt genehmigt und durchgeführt (s. Kap. 46). Die Tierversuchsrichtlinie der EU bindet die Verwendung von Menschenaffen an eng gefasste Bedingungen. Zu einer Überführung der Großen Menschenaffen aus Zoologischen Gärten in Refugien, in denen sie sich frei bewegen können, existieren dagegen bisher nur vereinzelte und zumeist erfolglose Ansätze. Im Juni 2008 hat der Ausschuss für Umwelt,

Landwirtschaft und Fischerei des spanischen Parlaments gefordert, das Halten von Menschenaffen in Gefangenschaft nur zu Zwecken der Arterhaltung zu erlauben. Zu einer Zuerkennung von Menschenrechten ist es bisher nur in Einzelfällen gekommen. 2014 erkannte eine Richterin des Obersten Gerichtshofes in New York zwei in einem Versuchslabor der Stony Brook University gehaltene Schimpansen implizit als Personen an, indem sie für sie eine Art Haftprüfung anordnete. Zum ersten Mal wurden Ende 2014 per Gerichtsentscheid einem nicht-menschlichen Lebewesen, der Orang-Utan-Dame Sandra im Zoo von Buenos Aires explizit Persönlichkeitsrechte zugesprochen. 2016 folgte ein ähnliches Urteil zu der im Zoo der argentinischen Provinzhauptstadt Mendoza lebenden Schimpansin Cecilia. Sie sei als eigenständige Rechtsperson umgehend aus der Gefangenhaltung zu entlassen. Bis Ende 2016 soll sie in das das Menschenaffenrefugium des Great Ape Project im brasilianischen Sorocaba umziehen.

Literatur

Birnbacher, Dieter: The Great Apes – Why they have a right to life. In: *Etica & Animali. Special issue devoted to The Great Ape Project* 1996, 142–154.

Birnbacher, Dieter: Gibt es überzeugende Gründe für eine axiologische Sonderstellung des Menschen? In: Adrian Holderegger/Siegfried Weichlein/Simone Zurbuchen (Hg.): *Humanismus. Sein kritisches Potential für Gegenwart und Zukunft.* Fribourg/Basel 2011, 99–116.

Cavalieri, Paola/Singer, Peter (Hg.): *Menschenrechte für die Großen Menschenaffen.* München 1994 (engl. 1993).

Chapouthier, Georges: *Les droits de l'animal.* Paris 1992.

Cohen, Carl: Haben Tiere Rechte? In: Interdisziplinäre Arbeitsgemeinschaft Tierethik Heidelberg (Hg.): *Tierrechte. Eine interdisziplinäre Herausforderung.* Erlangen 2007, 89–104.

Dietler, Wilhelm: *Gerechtigkeit gegen Thiere* [Mainz 1787]. Neudr. Bad Nauheim 1997.

Francione, Gary L.: Empfindungsfähigkeit ernst genommen. In: Friederike Schmitz (Hg.): *Tierethik.* Berlin 2014, 153–175 (engl. 2008).

Goldner, Colin: *Lebenslänglich hinter Gittern – Die Wahrheit über Gorilla, Orang Utan & Co in deutschen Zoos.* Aschaffenburg 2014.

Hartmann, Eduard von: Unsere Stellung zu den Tieren. In: Ders.: *Moderne Probleme.* Leipzig 1886, 21–35.

Krause, Karl Christian Friedrich: *Das System der Rechtsphilosophie.* Hg. von Karl David August Röder. Leipzig 1874.

Morris, Clarence: The rights and duties of beasts and trees: A law teacher's essay for landscape architects. In: *Journal of Legal Education* 17 (1964/65), 185–192.

Murswiek, Dietrich: Keine Beteiligungsfähigkeit der »Seehunde in der Nordsee« im Verwaltungsprozeß. In: *Juristische Schulung* 1989, 240–242.

Nelson, Leonard: *Kritik der praktischen Vernunft* (1917). In: Ders.: *Gesammelte Schriften*, Bd. 4. Hamburg ^{2}1972.

Protopapadakis, Evangelos D.: Animal rights, or just human wrongs? In: E. D. Protopapadakis (Hg.): *Animal ethics. Past and present perspectives.* Berlin 2012, 279–292.

Sapontzis, Steve F.: Personen imitieren – Pro und contra. In: Paola Cavalieri/Peter Singer (Hg.): *Menschenrechte für die Großen Menschenaffen. Das Great Ape Projekt.* München 1994, 411–426.

Schmidt, Thomas Benedikt: *Das Tier – ein Rechtssubjekt? Eine rechtsphilosophische Kritik der Tierrechtsidee.* Regensburg 1996.

Singer, Peter: *Praktische Ethik.* Stuttgart ^{3}2013.

Stone, Christopher D.: *Umwelt vor Gericht – Die Eigenrechte der Natur.* München 1987 (engl. 1972).

Yeates, James: Whale killers and whale rights. The future of the international regulation of whaling. In: *Environmental Ethics* 36 (2014), 489–583.

Dieter Birnbacher

54 Human-Animal Studies

Seit seiner Entstehung geht der Mensch – davon zeugen archäozoologische, bildliche und schriftliche Quellen – Beziehungen zu anderen Tieren ein. Konventionelle Analysemethoden sind bislang überwiegend anthropozentrisch ausgerichtet und stehen aus diesem Grund einer ausgewogenen, wirklichkeitsnahen Interpretation dieser Beziehungen entgegen. Die Human-Animal Studies (HAS), entstanden nicht zuletzt im Kontext neuer tierethischer Ansätze sowie der Tierrechtsbewegung seit den 1970er Jahren, sind bestrebt dieses einseitige Bild zu korrigieren.

Bei den HAS – mit Schwerpunktunterschieden auch als Animal Studies, Critical Animal Studies, Animals and Society Studies, Humanimalia, Anthro(po)zoologie oder Zooanthropologie bezeichnet (Spannring et al. 2015a, 17–21) – handelt es sich um ein interdisziplinäres Forschungsfeld, das die Beziehungen zwischen Menschen und Tieren untersucht und von manchen Vertreterinnen und Vertretern auch als eigene Disziplin betrachtet wird (dazu und zum Folgenden ausführlicher Kompatscher/Spannring/Schachinger 2017). Dabei haben sich verschiedene ›Schulen‹ herausgebildet: Manche Wissenschaftlerinnen und Wissenschaftler gehen neutral-deskriptiv vor (was die Gefahr einer Reifizierung bzw. Objektifizierung der untersuchten Tiere bergen kann), andere dokumentieren und analysieren Mensch-Tier-Verhältnisse nach neuen tiergerechten Modi, indem sie eine rein anthropozentrische Perspektive zu relativieren oder gar zu überwinden versuchen. Letztere Herangehensweise kann zu einer ethisch motivierten kritischen Auseinandersetzung führen, deren Resultate handlungsnormativ wirken können.

54.1 Entstehung

Als in den 1970er Jahren die moderne Tierethik mit Peter Singers Werk *Animal Liberation* ihre Initialzündung erfuhr, griffen auch Wissenschaftlerinnen und Wissenschaftler anderer Disziplinen die Impulse auf, die sich einerseits aus der philosophischen Beschäftigung mit dem Thema und andererseits aus der neuen sozialen Bewegung der Tierrechtsbewegung ergaben. Seither werden die bestehenden Herrschaftsverhältnisse zwischen Mensch und Tier sowohl auf gesellschaftlicher als auch auf akademischer Ebene diskutiert. In der Folge haben vor allem die Critical Animal Studies (vertreten z. B. vom Institute of Critical Animal Studies, New York) eine enge Verflechtung der beiden Bereiche geschaffen. Den eigentlichen Beginn der Human-Animal Studies datiert Kenneth Shapiro (2008, 7) auf das Jahr 1987, in dem die Zeitschrift *Anthrozoös* erstmals erschien. Eine der weltweit maßgeblichen Gesellschaften für Human-Animal Studies ist das Animals & Society Institute; die seit 1993 erscheinende Zeitschrift *Society & Animals* gilt als eines der führenden Fachblätter. In der Folge beförderten weitere Zentren wie das Institute for Critical Animal Studies (New York) und das New Zealand Centre for Human-Animal Studies (Universität Canterbury, Christchurch), und Zeitschriften wie *Humanimalia: A Journal of Human-Animal Interface Studies* und *Antennae: The Journal of Nature in Visual Culture* die Entwicklung der HAS.

Im deutschsprachigen Raum begann der akademische Diskurs erst einige Jahre später Fuß zu fassen. Hier leistete vor allem die Soziologie Pionierarbeit, etwa mit Birgit Mütherich, die den Anfang machte, indem sie Tiere als gesellschaftliche Akteure wahrnahm, und später mit den Forscherinnen und Forschern der Group for Society and Animals Studies (GSA) an der Universität Hamburg. Eine interdisziplinäre Öffnung erfuhr die Thematik mit Forschungszusammenschlüssen wie dem Arbeitskreis für Human-Animal Studies Chimaira (Berlin), dem Büro für Mensch-Tier-Beziehungen (Bern) sowie dem Human-Animal-Studies-Team der Universität Innsbruck. 2012/13 wurde am Messerli Forschungsinstitut der Veterinärmedizinischen Universität Wien der erste Masterstudiengang ›Mensch-Tier-Beziehung‹ eingerichtet. Mit den *Tierstudien* hat sich eine wegweisende interdisziplinäre – wenn auch mit kulturwissenschaftlichem Schwerpunkt – Zeitschrift für HAS etabliert.

Wissenschaftlerinnen und Wissenschaftler der verschiedensten Disziplinen haben mittlerweile die gesellschaftliche Dringlichkeit neuer Lösungsansätze für bestehende Problemlagen im Bereich der Mensch-Tier-Beziehungen (namentlich die Objektifizierung von Tieren und deren soziale, ökologische, ökonomische und gesundheitliche Folgen) erkannt und ihre Forschung entsprechend ausgerichtet. Mittels kritischer Studien wollen sie Ausbeutungsmechanismen demaskieren und sezieren und Methoden zu deren Aushebelung entwickeln. Forscherinnen und Forscher haben sich zu Kollektiven zusammengefunden, um sich im Austausch mit anderen Disziplinen mit dem Mensch-Tier-Verhältnis auseinanderzusetzen. Dabei sind insbesondere Erkenntnisse aus der Zoo-

J. S. Ach / D. Borchers (Hg.), *Handbuch Tierethik*, https://doi.org/10.1007/978-3-476-05402-9_54

logie und der Ethologie, etwa jene, die den biologischen Widersinn einer Mensch-Tier-Grenze thematisieren (Volker Sommer, Marc Bekoff, Frans de Waal et al.), oder aus der Philosophie und der Ethik richtungweisend.

54.2 Grundfragen und Leitgedanken

Interaktions- und Beziehungsformen. Das Leben von Menschen ist auf vielfältige Weise mit dem Leben anderer Tiere verflochten: Manche werden als Familienmitglieder betrachtet, deren Geburtstage gefeiert und deren Tod betrauert wird (*companion animals*); andere werden in Zoos eingesperrt, als Sportgeräte (s. Kap. 45) verwendet, Tierversuchen (s. Kap. 46) ausgesetzt oder zu Nahrungslieferanten gemacht; eine dritte Gruppe bilden die Wildtiere (s. Kap. 48), welche im besten Fall romantisch verklärt, ansonsten aber bejagt und bekämpft werden (vor allem als Kulturfolger; s. Kap. 41). Tiere werden auch in übertragenem Sinn zum Objekt gemacht, indem sie in Kunst und Literatur als Symbole, Metaphern und Projektionsflächen verwendet werden (zur Ästhetisierung von Tieren in der Literatur vgl. Kompatscher 2015, vgl. Borgards 2016).

Die HAS untersuchen die verschiedenen Interaktions- und Beziehungsformen zwischen Menschen und nichtmenschlichen Tieren. Eine speziesgerechte Wissenschaft geht noch einen Schritt weiter und bezieht zum herrschenden Mensch-Tier-Verhältnis kritisch Position. Sie versucht eine Dekonstruktion des Natur-Kultur-Dualismus und, wenn nicht eine Aufhebung, so doch zumindest ein Bewusstmachen der anthropozentrischen Perspektive. Die HAS weichen also von herkömmlichen Konzeptualisierungen ab, wenn sie Tiere nicht länger als Objekte, sondern vielmehr als Subjekte mit einem intrinsischen Wert und als individuelle Lebewesen mit eigenen Interessen, Perspektiven und Empfindungen wahrnehmen und respektieren (Shapiro 2002). Tiere sind »jemand«, wie es die Rechtswissenschaftlerinnen Margot Michel und Saskia Stucki formulieren (2015, 229), und sie stehen im Austausch mit anderen Individuen – und so auch mit der menschlichen Gesellschaft. Sie sind, strenggenommen, ein Teil unserer Gesellschaft und formen diese mit. Pär Segerdahl (2011) hat demgegenüber jedoch zu Recht betont, dass Tiere nicht bloß Einwohner einer grundsätzlich menschlichen Welt seien, sondern ihre eigenen wichtigen Existenzen und Lebensformen hätten, die sich mit jener der Menschen verflechten, und dass die Welt nicht nur aus einer menschlichen Welt, sondern aus einer Vielfalt von Tierwelten bestehe.

Tiere und Gesellschaftliche Konstruktion. Dabei bleibt es nicht aus, dass Tiere gesellschaftlich konstruiert werden. Eine wichtige Zielsetzung der HAS ist es, solche Konstruktionen zu durchleuchten. Margo DeMello, eine der prominentesten Vertreterinnen der HAS, veranschaulicht die sozialen Mechanismen bei der Interpretation und Kategorisierung von Tieren an Hand des Beispiels vom domestizierten Kaninchen (*Oryctolagus cuniculus*), das auf verschiedenste Weise benutzt und mit Bedeutungen belegt wird (DeMello 2012, 44 f.): als Symbol, als Spielzeugfigur, als Nahrungsmittel, als Versuchstier, als Bekleidungsstück, aber auch als geliebtes Haustier. Hierbei handelt es sich um menschengemachte Zuschreibungen, die nicht auf dem ›realen‹ Tier basieren, sondern durch unsere jeweilige Geschichte und Kultur bedingt sind. Klassifizierungen von Tieren – ob biologisch, christlich, soziozoologisch, kulturell oder wirtschaftlich orientiert – haben Auswirkungen auf die Haltung von Menschen Tieren gegenüber: So wird ein Kaninchen, je nachdem welcher Kategorie es zugeordnet wird, entweder gegessen, als Versuchstier verwendet oder als Familienmitglied behandelt, obwohl es sich dabei stets um dieselbe Spezies handelt. Wie willkürlich eine solche Einteilung ist, zeigt auch die Änderung unseres Verhalten einem Tier gegenüber, sobald es die Kategorie wechselt: Ein Tier, das vorher als sogenanntes ›Nutztier‹ klassifiziert wurde, steigt auf der »soziozoologischen Skala« (Arluke/Sanders 2009) ganz nach oben, wenn es zum Heimtier wird. Es bekommt einen Namen und wird zum Individuum, es werden ihm Emotionen zugestanden, es darf zum Teil nach seinem Willen leben und wird nur bei absoluter Notwendigkeit getötet, z. B. wenn es krank ist. Es erhält sogar eine Biografie, auf die auch nach seinem Ableben noch gern rekurriert wird (DeMello 2012, 44–55). Durch diesen Wechsel steht das Tier nun der Kategorie der Menschen näher als jener der Tiere.

Kritik der Mensch-Tier-Differenz. Damit ist ein weiteres für die HAS wichtiges Thema genannt: die Kritik an der Annahme einer eindeutigen, unüberwindbaren Grenze zwischen menschlichen und allen anderen Tieren. Dies Annahme war zwar nicht für alle Zeiten (in der Antike etwa waren die Grenzen zwischen Menschen, Tieren und Göttern durchlässig) und alle Kulturen, jedoch für die westliche Kultur prägend und ist es immer noch.

In historischer Perspektive haben eine Reihe von ökonomischen, sozialen, philosophischen und religiösen Entwicklungen zur erfolgreichen Implementierung der Mensch-Tier-Grenze geführt. Dazu gehören das Aufkommen von Ackerbau und Tierzucht, die griechische Philosophie (etwa mit Aristoteles, der den Menschen zwar als Tier sieht, jedoch als ein spezielles, das sich von anderen Tieren z. B. durch den *logos* abhebt) und schließlich das Christentum, das die Ansicht, dass Tiere für den Menschen existierten, von der Stoa übernimmt (s. Kap. 1). Auch im Mittelalter gilt die Maxime: Der Mensch sei erschaffen worden, um Gott zu dienen, und die Welt, um dem Menschen zu dienen (Dinzelbacher 2000, 266, Anm. 26; s. Kap. 2). Vor allem Thomas von Aquin hat hier meinungsbildend gewirkt. Theologinnen und Theologen ebenso wie Philosophinnen und Philosophen der Neuzeit haben dieses anthropozentrische Weltbild weiterentwickelt. Auch wenn es immer wieder Gegenstimmen gab (Theophrast, Plutarch, Celsus, Montaigne u. v. a.), bildet die Annahme einer menschlicher Überlegenheit in allen Lebensbereichen noch immer die Basis unserer Geisteswelt (s. Kap. 3).

In der westlichen Kultur ist seit einigen Jahren das Erstarken eines *counter-discourse* wahrnehmbar, der von der Tierethik initiiert wurde, von den Naturwissenschaften gestützt und von verschiedenen anderen Disziplinen aufgenommen worden ist. Bereits Charles Darwin sah aufgrund der Erkenntnis, dass Menschen und Menschenaffen gemeinsame Vorfahren hatten, keinen Grund, eine Grenze zwischen diesen beiden Tierarten zu ziehen, und schrieb auch Tieren Vernunft und Emotionen zu: »Nevertheless the difference in mind between man and the higher animals, great as it is, certainly is one of degree and not of kind. We have seen that the senses and intuitions, the various emotions and faculties, such as love, memory, attention, curiosity, imitation, reason, etc., of which man boasts, may be found in an incipient, or even sometimes in a well-developed condition, in the lower animals« (1871, 105). Die moderne Verhaltensforschung konnte diese frühen Erkenntnisse bestätigen und hat ebenfalls das Verbindende zwischen Mensch und Tier betont. Denn eine Grenze zwischen Mensch und Tier (zur inadäquaten Verwendung des Wortes ›Tier‹ im Singular vgl. Derrida 2010, 70 ff.) gerade dort zu ziehen, wo sie sich am ähnlichsten sind, und alle Tierarten geschlossen einer einzigen Art, jener der Menschen, gegenüberzustellen, ist wissenschaftlich nicht haltbar: Der Schimpanse etwa ist uns genetisch ähnlicher als der Maus, und doch betrachtet man diese beiden Tierarten landläufig als näher untereinander verwandt als den Schimpansen mit dem Menschen. Menschen bilden mit Orang-Utans, Gorillas, Schimpansen und Bonobos die Familie der Menschenaffen (Tomasello/Vaish 2013, 232), wobei Schimpansen und Bonobos enger mit dem Menschen als etwa mit dem Gorilla verwandt sind: »In Körperbau und Verhalten sind Schimpansen und Bonobos den Menschen dermaßen ähnlich, dass sie in unsere Gattung ›Homo‹ gehören« (Sommer 2011). In den letzten Jahren fanden Forscherinnen und Forscher, u. a. Kay Prüfer vom Max Planck Institute for Evolutionary Anthropology in Leipzig, heraus, dass Bonobos und Schimpansen in bestimmten Bereichen dem Menschen sogar ähnlicher sind als Schimpansen Bonobos und umgekehrt: »We find that more than three per cent of the human genome is more closely related to either the bonobo or the chimpanzee genome than these are to each other« (Prüfer et al. 2012, 527). Kurz: Zoologisch gesehen handelt sich bei den Menschen ebenfalls um Tiere (die Bezeichnung der Disziplin als Human-Animal Studies birgt so gesehen Diskussionsstoff, vgl. Shapiro 2008, 7). Volker Sommer und andere sprechen deshalb von einer Kränkung des Menschen: Nach und nach werde der Mensch als Krone der Schöpfung demontiert; stattdessen würden seine Ähnlichkeiten mit Schimpansen und Bonobos immer deutlicher.

Mittlerweile haben die Naturwissenschaften immer mehr Beweise dafür geliefert, dass die üblicherweise genannten Kriterien (Kultur, Emotionen, Schmerzempfinden, Empathie, Intelligenz, Sprache, Theory of Mind u. v. a.), die eine Differenz zwischen Mensch und Tier markieren sollten, keine Gültigkeit beanspruchen können. Folgt man Sommer, dann ist es »für zeitgenössische ZoologInnen [...] unproblematisch, auch Menschen als eine Art von Tier zu begreifen« (Sommer 2015, 359). Für Geisteswissenschaftlerinnen und Geisteswissenschaftler ebenso wie für Vertreterinnen und Vertreter anderer Disziplinen, die einer »Sonderstellungsphilosophie« (Sommer 2015, 373) und dem Glauben an die menschliche Überlegenheit anhängen, öffnet sich hier ein ausgedehntes Lernfeld.

Moderne Ethnologinnen und Ethnologen wie beispielsweise Karsten Brensing plädieren vor diesem Hintergrund dafür, bestimmten Tierarten Persönlichkeitsrechte zuzugestehen, nämlich ein Recht auf Leben, Freiheit und Unversehrtheit (s. Kap. 57).

Inklusion von Differenz. Ergebnisse aus der Verhaltensforschung beeinflussen unsere Haltung gegenüber Tieren und werden auf diese Weise auch für die Human-Animal Studies wichtig. In den HAS geht es jedoch auch um die Anerkennung und Inklusion von Differenz. Die Unterschiede zwischen menschlichen und nicht-menschlichen Tieren sollen weder geleugnet noch vernachlässigt werden, sondern sowohl im wissenschaftlichen als auch im gesellschaftlich-alltäglichen Bereich anerkannt, beachtet und nach Möglichkeit berücksichtigt werden. HAS plädieren nun dafür, die Perspektive der Tiere miteinzubeziehen. Dazu muss die herkömmliche, rein anthropozentrische Zugangsweise überwunden werden, da sie die menschengemachte Grenze zwischen Mensch und Tier weiter konsolidiert und damit einen Perspektivenwechsel unmöglich machen würde, statt die anthropozentrische Grenze – den modernen naturwissenschaftlichen Kenntnissen entsprechend – aufzulösen.

Anthropomorphismus kann bei der Überwindung der menschlichen Perspektive zu einem wichtigen Werkzeug werden. Wissenschaftlich approbiert (und nicht im Sinne einer *bambification*, De Waal 2001, 40, 71 ff.) kann er als Basis für weitere Studien dienen und einen Zugang zu Tieren schaffen (DeMello 2012: 358). Der Verhaltensforscher Marc Bekoff empfiehlt, unsere unvermeidbare menschliche Sicht auf die Welt anzuerkennen, dabei aber gleichzeitig die Sichtweise der Tiere miteinzubeziehen. Wenn er das Verhalten von Tieren analysiert und dabei ein Verhalten erkennt, das sich mit der Freude bei Menschen vergleichen lässt, spricht er beispielsweise von Freude, »joy«, aber er unterscheidet z. B. zwischen »dog-joy« und »chimpanzee-joy« (Bekoff 2004, 495).

HAS als normatives Forschungsfeld. Ein Spezifikum der HAS ist es also, kulturelle, philosophische und gesellschaftliche Glaubenssätze und Konstruktionen (wie etwa die Mensch-Tier-Grenze oder die willkürliche Einteilung von Tieren in Kategorien: ›Nutztiere‹, ›Haustiere‹, etc.) zu analysieren, kritisch zu hinterfragen und bei Bedarf zu dekonstruieren, was zu einem besseren Verständnis des Mensch-Tier-Verhältnisses und in der Folge zu einer Neuausrichtung desselben führen kann. Eine Besserstellung der Tiere ist ein Forschungsziel der meisten Wissenschaftlerinnen und Wissenschaftler, die am HAS-Diskurs beteiligt sind. Damit verabschieden sie sich auch von »der Illusion einer wertfreien, rein deskriptiven Wissenschaft« und positionieren die HAS stattdessen »als ein dezidiert auch normativ und kritisch tätiges Forschungsfeld« (Michel/Stucki 2015, 231).

54.3 Human-Animal Studies und die verschiedenen Disziplinen

Aspekte und Standpunkte der HAS lassen sich in nahezu jede wissenschaftliche Disziplin integrieren (vgl. auch Kompatscher 2015b): HAS-geleitete *Psychologie* kann helfen, die psychologischen Mechanismen zu beleuchten, die bei der Bewertung von Tieren als Nahrungsmittel oder als Freunde leitend sind und somit beispielsweise das Dilemma zwischen Fleischessen und schlechtem Gewissen Tieren gegenüber zu erkennen und zu lösen (Joy 2010). Die *Philosophie* kann zur Entwicklung einer neuen Ethik beitragen, die auch nicht-menschliche Tiere inkludiert (Petrus/Wild 2013). Auch übernehmen die HAS wichtige Impulse und Erkenntnisse aus der *Biologie*, etwa zur Fehlannahme einer Mensch-Tier-Grenze, und bereiten diese für die Gesellschaft auf. HAS-geleitete *Erziehungswissenschaften* intensivieren die sogenannte *humane education*, die Kinder und auch Erwachsene zu Empathie und Respekt allem Lebendigem gegenüber erziehen möchte. HAS ermutigt dabei zum Beispiel Kinder, Verantwortung zu übernehmen und ihr Gefühl der Kontinuität zwischen ihnen selbst und den Tieren zu bewahren (Spannring 2015b). Die *Geschichtswissenschaften* decken auf, wie Tiere an der historischen Entwicklung unserer Gesellschaft teilhatten und -haben, so dass sich ein neuer Blick auf die Geschichte des Menschen ergibt (Roscher 2015). Die Miteinbeziehung von Human-Animal Studies in die *Gender Studies* und zum Beispiel in die Forschung zur Intersektionalität (die Verlinkung verschiedener Formen von Unterdrückung und Diskriminierung) führt bei der Suche nach den Wurzeln der Unterdrückung und Diskriminierung von Frauen zu neuen Erkenntnissen und eventuell zu neuen Lösungsansätzen (Schachinger 2015). Die *Linguistik* als ein Bereich der Human-Animal Studies zeigt, wie unsere Sprache unser Denken beeinflusst, und wie wir durch eine bewusste Verwendung unserer Sprache auch unser Verhalten beeinflussen können (Heuberger 2015). Auch der Beitrag HAS-geleiteter *Soziologie* ist ausnehmend vielfältig: So können zum Beispiel die Forschungen zum sogenannten *human-animal violence link* einen Beitrag zu dessen Durchbrechung geben (Ascione 2008).

Dieser kurze Überblick macht deutlich, welchen Nutzen die Human-Animal Studies nicht nur für die Tiere, sondern allgemein auch für die Wissenschaft und die Gesellschaft haben können. Sie machen die Grenzen zwischen den Disziplinen – ebenso wie zwischen den Spezies – durchlässig und schlagen eine Brücke zwischen Wissenschaft und Gesellschaft.

54.4 Methoden und Theorien

Interdisziplinarität und Multiperspektivität. Aufgrund ihrer interdisziplinären und somit multiperspektivischen Anlage sind die HAS dafür prädestiniert, die Wechselwirkungen zwischen Menschen und Tieren unter den verschiedensten Aspekten (z. B. historisch, kulturell, sprachlich, gesellschaftlich, ökonomisch, politisch) zu beleuchten, dabei neue Maßstäbe zu setzen, fundierte – da von unterschiedlichen Fächern gestützte – Kritik zu üben und vernetzte Veränderungsprozesse in Gang zu bringen. Die dabei verwendeten Methoden bringen die Forscherinnen und Forschern zumeist aus ihren Ursprungsdisziplinen mit, so dass eine fruchtbare Methodenpluralität entsteht, auf deren Basis weitere Herangehensweisen entwickelt werden können (dazu v. a. Kompatscher/Spannring/Schachinger 2017, 200–216).

Animal Agency. Ähnlich verhält es sich mit den theoretischen Konzepten. Zu den als für die HAS grundlegend geltenden theoretischen Ansätzen gehören insbesondere die Theorien von Jacques Derrida, Gilles Deleuze und Félix Guattari, Giorgio Agamben, Donna Haraway und Bruno Latour. Für die multidisziplinäre Anwendung haben sich insbesondere die Agency-Theorien (dazu vor allem Hediger/McFarland 2009; Roscher 2015; Wirth 2015) als geeignet herausgestellt, diese widersprechen der Position, dass nur Menschen Akteurinnen und Akteure mit Handlungsmacht und Wirkmächtigkeit seien. Das Prinzip der *animal agency* wird deutlich, wenn man danach fragt, was Tiere bewirken bzw. bewirkt haben. Eine speziesgerechte Geschichtsschreibung beispielsweise nimmt Tiere als Mitgestalter unserer Vergangenheit wahr, z. B. als »stumme Arbeiter« (Roscher 2015, 84), aber auch als Teil unserer persönlichen Biografie, z. B. als sogenannte ›Heimtiere‹. So, wie die feministische Geschichtsschreibung die mitwirkenden Frauen erst sichtbar machen musste, macht sich auch eine tierorientierte Geschichtsschreibung auf die Suche nach dem Tier als historischem Subjekt und versucht, dessen Perspektive einzunehmen.

Tiergerechter Sprachgebrauch. Ein wesentliches, der Ablehnung einer jeglichen Form von Speziesismus (s. Kap. 33) geschuldetes Merkmal der HAS ist das Bemühen um einen tiergerechten Sprachgebrauch. Sprache kann zu problematischen ethischen Interferenzen führen und dazu beitragen, den Graben zwischen Mensch und Tier noch tiefer zu ziehen, indem z. B. verschiedene Begriffe für jeweils gleiche Phänomene bei Mensch und Tier verwendet werden (›schwanger‹ – ›trächtig‹; vgl. Heuberger 2015).

54.5 Ausblick

In Gesellschaft und Wissenschaft ist ein *animal turn* zu beobachten. Das Verhältnis zwischen Mensch und Tier ist nicht länger bloße Privatsache; stattdessen werden öffentliche Diskussionen über den intrinsischen Wert von Tieren und die daraus entstehenden Konsequenzen geführt. Die HAS tragen dieser Entwicklung Rechnung, nehmen aber auch ihrerseits Einfluss darauf. Seit den 2010er Jahren hat auch im deutschsprachigen Raum eine Entwicklung ihren Beginn genommen, die maßgeblich zu einem Paradigmenwechsel im Mensch-Tier-Verhältnis beitragen kann. Um dies zu erreichen, müssen sich die HAS nach außen öffnen und Brücken zwischen Universität und Gesellschaft schlagen. Nur so ist es möglich, für die vielfältigen aktuellen und künftigen Herausforderungen in der Mensch-Tier-Beziehung neue Lösungsansätze zu entwickeln.

Literatur

Arluke, Arnold/Sanders, Clinton R.: *Between the Species. A Reader in Human-Animal Relations.* Boston 2009.
Ascione, Frank R.: *The International Handbook of Animal Abuse and Cruelty: Theory, Research, and Application.* West Lafayette 2008.
Bekoff, Marc: Wild justice and fair play: cooperation, forgiveness, and morality in animals. In: *Biology and Philosophy* 19 (2004), 489–520.
Borgards, Roland: *Tiere. Kulturwissenschaftliches Handbuch.* Stuttgart 2016.
Chimaira – Arbeitskreis für Human-Animal Studies (Hg.): *Human-Animal Studies. Über die gesellschaftliche Natur von Mensch-Tier-Verhältnissen.* Bielefeld 2011.
Darwin, Charles: *The Descent of Man and Selection in Relation to Sex.* Chicago 1871.
DeMello, Margo: *Animals and Society. An Introduction to Human-Animal Studies.* New York 2012.
Derrida, Jacques: *Das Tier, das ich also bin.* Wien 2010 (frz. 2006).
Dinzelbacher, Peter: Mittelalter. In: Ders. (Hg.): *Mensch und Tier in der Geschichte Europas.* Stuttgart 2000, 181–292.
Heuberger, Reinhard: Linguistik. Das Tier in der Sprache. In: Spannring et al. 2015, 123–135.
Joy, Melanie: *Why We Love Dogs, Eat Pigs, and Wear Cows. An Introduction to Carnism: The Belief System That Enables Us to Eat Some Animals and Not Others.* San Francisco 2010.
Kompatscher, Gabriela: Literaturwissenschaft. Die Befrei-

ung der ästhetisierten Tiere. In: Spannring et al. 2015a, 137–159.
Kompatscher, Gabriela: *Keynote Lecture* im Rahmen des Kongresses Animals in Mesopotamia: their relations to gods, humans and things, Helsinki, Dezember 2015b.
Kompatscher, Gabriela/Spannring, Reingard/Schachinger, Karin: *Human-Animal Studies. Eine Einführung für Studierende und Lehrende.* Mit Beiträgen von Reinhard Heuberger und Reinhard Margreiter. Münster/New York 2017.
McFarland, Sarah E./Hediger, Ryan (Hg.): *Animals and Agency. An Interdisciplinary Exploration.* Leiden 2009.
Michel, Margot/Stucki, Saskia: Rechtswissenschaft. Vom Recht über Tiere zu den Legal Animal Studies. In: Spannring et al. 2015, 229–255.
Nocella II, Anthony J., et al. (Hg.): *Defining Critical Animal Studies. An Intersectional Social Justice Approach for Liberation* (Counterpoints: Studies in the Postmodern Theory of Education, Bd. 448). New York u. a. 2014.
Petrus, Klaus/Wild, Markus (Hg.): *Animal Minds & Animal Ethics.* Bielefeld 2013.
Prüfer, Kay, et al.: The bonobo genome compared with the chimpanzee and human genomes. In: *Nature* 486 (2012) 527–531. DOI:10.1038/nature11128.
Roscher, Mieke: Geschichtswissenschaft. Von einer Geschichte mit Tieren zu einer Tiergeschichte. In: Spannring et al. 2015, 75–100.
Schachinger, Karin: Gender Studies und Feminismus. Von der Befreiung der Frauen zur Befreiung der Tiere. In: Spannring et al. 2015, 53–74.
Segerdahl, Pär (Hg.): *Undisciplined Animals. Invitations to Animal Studies.* Newcastle upon Tyne 2011.
Shapiro, Kenneth: Editor's Introduction. The State of Human-Animal Studies: Solid, at the Margin! In: *Society & Animals* 10/4 (2002), 331–337.
Shapiro, Kenneth: *Human-Animal Studies. Growing the Field, Applying the Field.* Ann Arbor 2008.
Singer, Peter: *Animal Liberation.* New York 1975.
Sommer, Volker: Lasst sie Menschen sein. In: *Bild der Wissenschaft* 10 (2011), 20.
Sommer, Volker: Zoologie. Von »Mensch und Tier« zu »Menschen und andere Tiere«. In: Spannring et al. 2015, 359–386.
Spannring, Reingard/Schachinger, Karin/Kompatscher, Gabriela/Boucabeille, Alejandro (Hg.): *Disziplinierte Tiere? Perspektiven der Human-Animal Studies für die wissenschaftlichen Disziplinen.* Bielefeld 2015.
Spannring, Reingard/Schachinger, Karin/Kompatscher, Gabriela/Boucabeille, Alejandro: Einleitung. Disziplinierte Tiere? In: Dies. 2015a, 13–28.
Spannring, Reingard: Bildungswissenschaft. Auf dem Weg zu einer posthumanistischen Pädagogik. In: Spannring et al. 2015b, 29–52.
Tomasello, Michael/Vaish, Amrisha: Origins of human cooperation and morality. In: *Annual Reviews of Psychology* 64 (2013), 231–255.
Waal, Frans de: *The Ape and the Sushi Master. Cultural Reflections by a Primatologist.* New York 2001.
Wirth, Sven [u. a.]: *Das Handeln der Tiere. Tierliche Agency im Fokus der Human-Animal Studies.* Bielefeld 2015.

Gabriela Kompatscher

55 Theologische Zoologie

Der Begriff der theologischen Zoologie wurde analog zur theologischen Anthropologie gebildet. Er soll die theologische Reflexion über den Menschen um eine exegetisch und systematisch begründete Verhältnisbestimmung zum Tier ergänzen. Zudem wird das Tier in seinem Eigenwert und der Wertschätzung betrachtet, die es von seinem Schöpfer erfährt, und die in den biblischen Texten zum Ausdruck kommt.

Bereits die Begrifflichkeit legt nahe, dass es sich bei der Theologischen Zoologie um ein interdisziplinäres Projekt handelt, das neben naturwissenschaftlichen, insbesondere verhaltens- und evolutionsbiologischen Aspekten, auch genuin geisteswissenschaftliche Sichtweisen, Deutungen und Interpretationen dieser Erkenntnisse einschließt. Das Projekt einer ›Theologie mit dem Gesicht zum Tier‹ ist eng mit der Gründung des Instituts für Theologische Zoologie in Münster verknüpft, das unter Schirmherrschaft von Jane Goodall steht. Die konkrete inhaltliche Ausrichtung dieser neuen Form von Theologie wurde wesentlich durch das Buch *Diesseits von Eden* angestoßen, das die Grundzüge einer Verknüpfung von Theologie und Verhaltensbiologie mit dem Ziel einer neuen Sicht auf die Tiere entwickelt (Hagencord 2005).

Die Theologische Zoologie teilt Gemeinsamkeiten mit den Anliegen der philosophisch-säkularen Tierethik und weist zugleich aber über diese hinaus. Sie will nicht nur ethische Fragen des verantwortungsvollen Umgangs des Menschen mit Tieren und der Schöpfung als Ganzem thematisieren, sondern die Bedeutung klären, die das Verhältnis des Menschen zu den Tieren für sein Selbstverständnis als Mensch hat – auch und gerade dann, wenn Menschen als spirituelle Wesen mit einem bewussten Verhältnis zu Gott verstanden werden.

Das Thema ›Tiere und Schöpfung‹ erweist sich dabei als keinesfalls theologisch randständig, wie schon ein kurzer Blick auf Thomas von Aquin zeigen kann: »Ein Irrtum über die Geschöpfe mündet in ein falsches Wissen über Gott und führt den Geist des Menschen von Gott fort« (zit. nach Lüke 2002, 156). Wenn dies zutrifft, dann würde die Ausblendung der Tiere aus der Theologie zu einem falschen Gottesbild führen und den Schöpfungsbegriff verfälschen. Angesichts des Tieres scheint sich insofern »erneut zu entscheiden, was der Mensch sein will, was er tun soll und welchen Gott er hat« (Baranzke 1996, 150). Nach jüdisch-christlicher Überzeugung wird das Wesen des Menschen zwar nicht in Bezug auf das Tier bestimmt, und hat sich Gott auch nicht in der Gestalt eines Tieres offenbart; dennoch kann der Mensch nach Auskunft der biblischen Überlieferungen im Blick auf seine Mitgeschöpfe zu einem – auch theologisch – profunderen Selbst-Verständnis gelangen.

55.1 Exegetische Bezugspunkte

Eine wichtige Zielsetzung der exegetischen Bemühungen der theologischen Zoologie besteht darin, die Tiere ausgehend von der Zentralität der Schöpfungserzählungen als Bündnispartner Gottes und Gefährten des Menschen herauszustellen, und aufzuzeigen, dass Tiere in den großen Themen ›Schöpfung‹, ›Bund‹, ›Erlösung‹, ›Theodizee‹ und ›Eschatologie‹ (vgl. z. B. Gen 1. 2; 9,1–17; Num 22,21–35; Ijob 38. 39; Jes 11,1–11; Mk 1,13; 16,15) ihren Platz haben. Von besonderer Bedeutung sind hierbei die Schöpfungserzählungen. Im Buch Genesis sind insgesamt zwei Schöpfungsmythen überliefert. Im ersten Mythos wird die Schöpfung als Sieben-Tage-Werk dargestellt. Mensch und Tier werden gemeinsam am sechsten Tag geschaffen. Höhepunkt und Krone dieses Schöpfungsaktes ist der siebte Ruhetag, nicht der Mensch. Die Tiere sind zudem die Erstgesegneten und tragen denselben Lebensatem wie der Mensch in sich. Sowohl Mensch als auch Tier sind zudem aus Erde geformt. Der ideale vorsintflutliche Zustand verbietet es den Menschen und sogar den Tieren, Fleisch zu essen. Die exponierte Sonderstellung des Menschen, die mit dem Begriff der Gottebenbildlichkeit einhergeht, wird in diesem Text durch den Begriff der Verantwortung eingehegt: Der Worterkunft nach sind mit ›Abbildern‹ heilbringende Statuen oder das Leitbild eines gütig und weise herrschenden Königs gemeint.

Auch im zweiten Schöpfungsbericht, in dem die Geschichte von Adam und Eva im Garten Eden erzählt wird, spielen die Tiere eine zentrale Rolle. Die Stellung des Menschen zum Tier in diesem Bericht lässt sich als die Rolle eines Gefährten verstehen. Noch bevor Eva dem Adam als Partnerin gegeben wird, die Tiere dem Menschen zur Gesellschaft gegeben. Er soll sie benennen, d. h. sich zu ihnen in Beziehung setzen. Hierdurch macht er sich mit ihnen vertraut und eignet sich Erfahrungswissen über die Natur an, deren rechte Ordnung in seiner Verantwortung liegt.

Genesis 3–11 thematisiert grundsätzliche Risse und Konflikte in der Schöpfung. Auch hier trägt die Theologische Zoologie zu bemerkenswerten Einsichten bei. Dies gilt nicht nur für die Beobachtung, dass

J. S. Ach / D. Borchers (Hg.), *Handbuch Tierethik*, https://doi.org/10.1007/978-3-476-05402-9_55

die Tiere, anders als der Mensch, nicht aus dem Paradies vertrieben wurden. Auch der Herrschaftsauftrag an den Menschen, das *dominium terrae* (›Macht Euch die Erde untertan!‹) bedarf einer näheren Betrachtung. Unterwerfen bedeutet im Hebräischen nämlich ›seinen Fuß auf etwas setzen‹. Dieses ›seinen Fuß auf etwas setzen‹ war mit der Inbesitznahme und damit zugleich mit der Verantwortungsübernahme für ein Stück Land gegenüber einem Lehnsgeber verbunden. Diese Verantwortung bestand darin, das Land sorgsam zu pflegen, damit es dem Lehnsgeber wohlbestellt wieder zurückgegeben werden konnte.

Eines zweiten Blickes bedarf aus der Perspektive der Theologischen Zoologie auch die Geschichte Noahs und seiner Arche. Die Tiere werden gemeinsam aus der Arche gerettet, sitzen also sprichwörtlich im selben Boot. Sie sind Bündnispartner Gottes. Auch wenn es nicht mehr verboten ist Fleisch zu essen, wird die Tötung der Tiere dennoch in einer paradoxen Intervention eingehegt: Das Blut als Sitz des Lebens darf nicht mitverspeist werden, was andeutet, dass die Verfügungsgewalt über tierliches Leben letztlich bei Gott und nicht beim Menschen liegt.

55.2 Differenzen zu anderen Ansätzen in der Theologie

Die Theologische Zoologie steht einerseits in kritischer Distanz zu klassischen exegetischen Herangehensweisen in der christlichen Theologie; es gibt aber große Schnittmengen mit den neueren Entwicklungen im katholischen Lehramt, namentlich der Umweltenzyklika *Laudato Si* Papst Franziskus.

Abwesenheit des Tieres

Zu einer der Grundannahmen der Theologischen Zoologie zählt der Befund, dass die klassische Auslegungstradition in der (christlichen) Theologie durch eine ›Schöpfungsvergessenheit‹ gekennzeichnet ist. Die Welt der Tiere ist für die westliche christliche Theologie schlicht und ergreifend irrelevant. Die theologische Anthropologie ist, wie Heike Baranzke kritisiert, durch ein »Exklusivitätspathos« und einen »Heilsegoismus« gekennzeichnet, der zu einer »Aushungerung« der Schöpfungstheologie geführt habe (Baranzke 1996, 155). In der gängigen Literatur zur Theologie des Alten Testamentes oder zur Religionsgeschichte Israels kommen die Stichworte ›Tier‹ oder ›Tierwelt‹ in der Regel nicht vor. Tieren besitzen diesen Darstellungen zufolge keinen nennenswerten Stellenwert in Religion und Theologie (vgl. z. B. die Lehrbücher von Albertz 1992; Eichrodt 1968; v. Rad 1982). Nur sehr selten wird dem Tier oder der Gott/Mensch-Tier-Beziehung ein eigener Abschnitt gewidmet. Das Tier stellt ein theologisches Randthema dar und ist allenfalls gelegentlich einer Erwähnung wert. Dies ist auch insofern erstaunlich, als es in der hebräischen Bibel genügend Stoff gäbe: »Es dürfte etwas überspitzt formuliert auf ihren rund 1000 Seiten kaum eine geben, auf der nicht in irgendeinem Zusammenhang Tiere erwähnt werden« (Keel 1993, 155). Das gilt ähnlich auch in Bezug auf das Gott-Tier-Verhältnis, für das nicht nur die Schöpfungstexte, sondern ebenso Texte über tiergestaltige Götterbilder (das ›goldene Kalb‹ etwa) oder die zahlreichen Tiervergleiche und Metaphern ergiebig sind (Janowski 1993; Schmitz-Kahmen 1997).

Für diese ›Abwesenheit des Tieres‹ lässt sich durch eine Reihe von Gründen erklären. Eine entscheidende Rolle spielt dabei zum einen der sowohl die Philosophie als auch die Theologie beherrschende Anthropozentrismus (s. Kap. 24); zum anderen besitzt selbst das größere Thema der Schöpfungstheologie innerhalb der ersttestamentlichen Glaubenswelt in der Sicht der westlichen theologischen Tradition offenbar »kein theologisches Eigengewicht« (Preuß 1991, 271). Zimmerli hat die Tatsache, dass in seinem *Grundriß der alttestamentlichen Theologie* das Thema Schöpfung erst im vierten Abschnitt zur Sprache kommt, so erklärt: »Es mag auffallen, daß der Abschnitt über Jahwe, den Schöpfer der Welt, nicht an den Anfang gestellt worden ist. [...] Es ist aber schwerlich zu übersehen, daß in der Aussage des AT die in der Mitte der Geschichte geschehene ›Herausführung Israels aus Ägypten‹ der primäre Orientierungspunkt ist« (Zimmerli 1972, 24 f.). Die daraus resultierende Relativierung der biblischen Schöpfungstheologie führt, folgt man Löning und Zenger, zum »Verlust der universalen Dimension der biblischen Botschaft« (Löning/Zenger 1997, 15).

Dies kann insofern als tragisch bezeichnet werden, als gerade die weisheitlichen Texte dazu einladen, die Schöpfungsbotschaft als Lebensweise zu hören und anzunehmen. Der biblische Mensch hatte keine Hemmungen, sich innerhalb dieses theologischen Rahmens auf die jeweils konkreten Repräsentanten dieser Weisheit einzulassen, nämlich die Tiere: »Die Tierwelt ist ein herrlicher Kosmos von Gestalten, Gebärden, Lauten, Verhaltensweisen, Farben, Bildern und Geschichten, an dem der Mensch seit jeher auch zum Bewußtsein seiner selbst gekommen ist. Die großen Tiertexte der Bibel [...] haben diesen Schatz sorgsam gehütet und um immer neue Varianten bereichert. In der Begegnung mit dem Tier erfuhr Israel das Rätsel des Lebens nicht nur in seiner schillernden Buntheit, sondern auch in seiner zwingenden Mächtigkeit. Dieser Faszination hat es sich beobachtend, erkennend und deutend ausgeliefert und davon auch sein theologisches Nachdenken inspirieren lassen« (Janowski 1999, 51).

Das Tier in neueren Verlautbarungen des kirchlichen Lehramtes

Die Theologische Zoologie stellt insofern einen Bruch mit der klassischen exegetischen Tradition dar, in der das Tier so gut wie keine Rolle spielt. Gleichzeitig schließt die Theologische Zoologie in Teilen aber an neuere Verlautbarungen des kirchlichen Lehramtes der katholischen Kirche an. Nachdem die nichtmenschliche Schöpfung Jahrhunderte lang für den überwiegenden Teil der christlich-theologischen Tradition kaum ein Thema war, zeichnet sich inzwischen ein Umdenken ab. Dies gilt insbesondere für die Enzyklika *Laudato Si* (LS) von Papst Franziskus. Der Papst verbindet in diesem Text in überzeugender Weise ökologisches Wissen mit theologisch-spiritueller Kompetenz: »Da alle Geschöpfe miteinander verbunden sind, muss jedes mit Liebe und Bewunderung gewürdigt werden, und alle sind wir aufeinander angewiesen. Jedes Hoheitsgebiet trägt eine Verantwortung für die Pflege dieser Familie« (LS 42). *Laudato Si* spricht nicht nur (bereits in Absatz 16) vom Eigenwert eines jeden Geschöpfes, sondern erteilt auch einem – vermeintlich biblisch zu begründenden – Anthropozentrismus eine Abfuhr: »Der letzte Zweck der anderen Geschöpfe sind nicht wir. Doch alle gehen mit uns und durch uns voran auf das gemeinsame Ziel zu, das Gott ist, in einer transzendenten Fülle, wo der auferstandene Christus alles umgreift und erleuchtet. Denn der Mensch, der mit Intelligenz und Liebe begabt ist und durch die Fülle Christi angezogen wird, ist berufen, alle Geschöpfe zu ihrem Schöpfer zurückzuführen« (LS 83). Die theologische Argumentation des Papstes trifft sich hier mit Einsichten der Naturwissenschaften in das Eigenleben der Schöpfung.

55.3 Tiere und Schöpfung

Im Rahmen einer Mensch-Tier-Gott-Verhältnisbestimmung lassen sich drei Dimensionen ausmachen, die von der Theologischen Zoologie thematisiert werden: die ethische Dimension, eine partnerschaftliche Positionierung zum Tier und schließlich eine mystische Überschreitung über die Schöpfung hinaus zu Gott.

Verantwortung und Mitleid. In der Verhältnisbestimmung zwischen Mensch und Tier kommt dem tierethischen Diskurs dabei eine zentrale Rolle zu, da dieser biblisch tief verwurzelt ist (Schroer 2010). Den biblischen Autoren geht es freilich nicht nur um den verantwortungsvollen Umgang des Menschen mit den Tieren. Im Tier erkennt der Mensch gewissermaßen das ›ganz Andere‹, zugleich aber auch das ›ganz Vertraute‹. Die Reaktion auf diese Erkenntnis kann die Form des Mitleidens annehmen, die wesentlicher Bestandteil eines »empathischen Monotheismus« (Metz 1996, 9) sein kann. Eine ähnliche Argumentationsfigur findet sich auch in nichtchristlichen Traditionen (s. Kap. 23)

Das Tier als Du. Der fragende Blick des Tieres konfrontiert den Menschen darüber hinaus mit der Frage nach dem Eigenen. Damit eine echte Begegnung des Menschen auch mit einem Tier zustande kommt, ist es nicht erforderlich das Gegenüber zu vermenschlichen. Im Geschöpf als solchem begegnet uns ein Du. Es kommt zu einer Begegnung, die einer rationalistischen Verkürzung dessen entgegenwirken kann, was In-Beziehung-Sein in seiner Tiefendimension meint und ausmacht. Ein Beispiel für diesen Gedanken findet man bei Martin Buber: »Die Augen des Tiers haben das Vermögen einer großen Sprache. Selbständig, ohne einer Mitwirkung von Lauten und Gebärden zu bedürfen, am wortmächtigsten, wenn sie ganz in ihrem Blick ruhen, sprechen sie das Geheimnis in seiner naturhaften Einriegelung, das ist in der Bangigkeit des Werdens aus. Diesen Stand des Geheimnisses kennt nur das Tier, nur es kann ihn uns eröffnen« (Buber 1997, 98). Das Tier stellt Fragen, seine Augen stellen den in den Blick Genommenen existentiell infrage: »Diese Katze begann ihren Blick unbestreitbar damit, mich mit dem unter dem Anhauch meines Blicks aufglimmenden zu fragen: ›Kann das sein, daß du mich meinst? Willst du wirklich nicht bloß, daß ich dir Späße vormache? Gehe ich dich an? Bin ich dir da? Bin ich da? Was ist das da von dir her? Was ist das da um mich her? Was ist das an mir Was ist das?!‹« (ebd., 99).

Mystik. Dieser Gedanke weist eine Nähe auch zur deutschen Mystik auf. Dass das Tier gleichsam als ›Prototyp‹ für eine Existenzweise in der Unmittelbarkeit Gottes steht und dem Menschen somit als Korrektiv und ›Lehrmeister‹ auf dem Weg seines Erwachsen-Werdens zur Seite gestellt ist, ist eine Idee, die Meister Eckart nicht fremd wäre. Die drei Weisen der Natur-,

Selbst- und Gottesmystik sind wesentlich in einer biblisch fundierten Spiritualität verwurzelt. Sie verbindet naturwissenschaftliche Erkenntnisse und theologische Aussagen über das Wesen des Menschen in der Natur. Tiere als die Geschöpfe, die das Paradies nie haben verlassen müssen, verkörpern für den Menschen eine Existenzweise in der Unmittelbarkeit Gottes, die weniger durch denkerische Leistungen als durch ein schlichtes, waches und letztlich selbst-loses Leben im Hier und Jetzt erfahrbar werden kann.

55.4 Ausblick

Über die ethische Frage des verantwortungsvollen Umgangs mit Tieren hinaus geht es einer Theologischen Zoologie um die Bedeutung, die das Verhältnis des Menschen zu den Tieren für dessen Selbstverständnis hat. Dass uns kein Graben von den anderen Geschöpfen trennt, wir mit allen verwandt sind und nicht vom Himmel gefallen, wussten bereits die Autoren der Bibel. Insofern hat die Theologische Zoologie auch eine gesellschaftliche und politische Dimension. Themenkreise, die sich aus der Sorge um die Schöpfung ergeben sind zum Beispiel das Artensterben oder auch die industrielle Tierhaltung (s. Kap. 52).

Literatur

Albertz, Rainer: *Religionsgeschichte Israels*. Göttingen 1992.
Baranzke, Heike: Das Tier – ohne Würde, Heil und Recht. In: Wilfried Loth (Hg.): *Jahrbuch des Kulturwissenschaftlichen Instituts im Wissenschaftszentrum NRW 1995*. Essen 1996, 150–163.
Baranzke, Heike: *Würde der Kreatur. Die Idee der Würde im Horizont der Bioethik*. Würzburg 2002.
Barth, Karl: *Kirchliche Dogmatik*, Bd. III/2: *Zollikon*. Zürich 1959.
Boff, Leonardo: *Die Erde ist uns anvertraut. Eine ökologische Spiritualität*. Kevelaer 2010.
Buber, Martin: *Das Dialogische Prinzip* [1954]. Heidelberg 1997.
Eichrodt, Walther: *Theologie des Alten Testaments*. Stuttgart 1968.
Eurich, Claus: *Die Kraft der Friedfertigkeit*. München 2000.
Foer, Jonathan Safran: *Tiere essen*. Köln 2010.
Franziskus, Papst: *Die Enzyklika »Laudato si‹«: über die Sorge für das gemeinsame Haus*. Freiburg/Basel/Wien 2015.
The Green Bible. New York 2008.
Hagencord, Rainer: *Diesseits von Eden. Verhaltensbiologische und theologische Argumente für eine neue Sicht der Tiere*. Regensburg 2005.
Henry, Marie-Louise: Das Tier im religiösen Bewußtsein des alttestamentlichen Menschen. In: Bernd Janowski et al. (Hg.): *Gefährten und Feinde des Menschen. Das Tier in der Lebenswelt des alten Israel*. Neukirchen-Vluyn 1993, 20–66.
Jäger, Willigis: Das Sakrament des Augenblicks. In: Marina Lewkowicz/Andreas Lob-Hüdepohl (Hg.): *Spiritualität der sozialen Arbeit*. Freiburg 2003, 33–44.
Janowski, Bernd et al. (Hg.): *Gefährten und Feinde des Menschen. Das Tier in der Lebenswelt des alten Israel*. Neukirchen-Vluyn 1993.
Janowski, Bernd: Auch die Tiere gehören zum Gottesbund. In: Ders./Peter Riede (Hg.): *Die Zukunft der Tiere. Theologische, ethische und naturwissenschaftliche Perspektiven*. Stuttgart 1999, 31–60.
Keel, Othmar: *Die Welt der altorientalischen Bildsymbolik*. Neukirchen-Vluyn 1972.
Keel, Othmar (Hg.): *Monotheismus im alten Israel und in seiner Umwelt*. Freiburg (CH) 1980.
Keel, Othmar: Allgegenwärtige Tiere. Einige Weisen ihrer Wahrnehmung in der hebräischen Bibel. In: Bernd Janowski et al. (Hg.): *Gefährten und Feinde des Menschen. Das Tier in der Lebenswelt des alten Israel*. Neukirchen-Vluyn 1993, 155–198.
Keel, Othmar: *Schöpfung. Biblische Theologien im Kontext altorientalischer Religionen*. Göttingen 2002.
Löning, Karl/Zenger, Erich: *Als Anfang schuf Gott. Biblische Schöpfungstheologien*. Düsseldorf 1997.
Metz, Johann Baptist: Im Eingedenken fremden Leids. Zu einer Basiskategorie christlicher Gottesrede. In: Johann Baptist Metz/Johann Reikerstorfer/Jürgen Werbick (Hg.): *Gottesrede*. Münster 1996, 3–20.
Pleßner, Helmuth: *Die Stufen des Organischen und der Mensch. Einleitung in die philosophische Anthropologie*. Berlin 1965.
Precht, Richard David: Haben Tiere Rechte? Über die Ordnung der Schöpfung und die Unordnung der Moral. In: *DIE ZEIT* 18 (1996), 44.
Preuß, Horst Dietrich: *Theologie des Alten Testaments*, Bd. 1. Stuttgart 1991.
Rad, Gerhard von: Das theologische Problem des alttestamentlichen Schöpfungsglaubens. In: Ders. (Hg.): *Gesammelte Studien zum Alten Testament* (ThB 8). München 1961, 136–147.
Rad, Gerhard von: *Theologie des Alten Testamentes*. München 1982.
Rahner, Karl: *Gebete des Lebens*. Freiburg 1984.
Scheler, Max: *Die Stellung des Menschen im Kosmos*. Bonn 1995.
Schmitz-Kahmen, Florian: *Geschöpfe Gottes unter der Obhut des Menschen*. Neukirchen-Vluyn 1997.
Schroer, Silvia: »Du sollst dem Rind beim Dreschen das Maul nicht zubinden« (Dtn 25,4). Alttestamentliche Tierethik als Grundlage einer theologischen Zoologie. In: Rainer Hagencord (Hg.): *Wenn sich Tiere in der Theologie tummeln*. Regensburg 2010, 38–56.
Thomas von Aquin: Summa contra gentiles II, c3. Zit. nach: Ulrich Lüke: *Mensch – Natur – Gott: Naturwissenschaftliche Beiträge und theologische Erträge*. Münster 2002, 156.
Zimmerli, Walter: *Grundriß der alttestamentlichen Theologie*. Stuttgart 1972.

Rainer Hagencord/Philipp de Vries

56 Tiere im Recht

Haben Tiere juridische Rechte? Falls nein, brauchen sie diese? Sind Tiere lediglich Rechtsobjekt oder können sie (auch) Rechtssubjekt sein? Neben der umfangreichen Diskussion um moralische Rechte, steht die Diskussion über juridische Rechte von Tieren im deutschsprachigen Raum noch am Anfang. Unser Rechtssystem ist anthropozentrisch geprägt. Es ist von Menschen und für Menschen gemacht, um das menschliche Zusammenleben zu regeln. Dennoch steht unser Verhältnis zum Tier keineswegs im rechtsfreien Raum; nahezu jedes menschliche Zusammentreffen mit Tieren unterliegt Recht und Gesetz. Tiere werden verkauft, getauscht, gehalten, gezüchtet, getestet, gejagt, geschützt, behandelt, operiert, befreit, vernichtet, verbraucht, geschlachtet, verarbeitet und ihre Produkte wiederum verkauft. All diese Handlungen sind präzise im Vertragsrecht, Strafrecht, Verbraucherschutzrecht, durch Hygienevorschriften, Verordnungen oder Handelsbräuche indirekt geregelt oder nehmen Tiere auch explizit in Bezug wie Zuchtordnungen, Tierärzteverordnungen, Jagdordnungen und die geltenden Tierschutzgesetze.

56.1 Tierschutzgesetzgebung

Zahlreiche Länder haben heute Regelungen und Gesetze, die dem Schutz der Tiere dienen sollen. Insbesondere die deutschsprachigen Länder rühmen sich gerne ob ihrer hohen Tierschutzstandards. In der Schweiz ist die Würde der Kreatur seit 1992 in der Verfassung verankert (Art. 120 II BV; Richter 2007) und Deutschland verfügt bereits seit 1933 über ein eigenständiges Tierschutzgesetz. Die Ursprünge der deutschen Tierschutzgesetzgebung im Nationalsozialismus bergen an sich schon ernstzunehmende Gründe für Kritik (von Gall, 2016, 52); im Folgenden soll sich aber auf die heutige Rechtslage in Deutschland fokussiert werden.

Das deutsche Tierschutzgesetz bestimmt laut § 1 Satz 1 TierSchG zu seinem Zweck »aus der Verantwortung des Menschen für das Tier als Mitgeschöpf dessen Leben und Wohlbefinden zu schützen«. Darin findet sich nicht nur eine Anerkennung einer Mitgeschöpflichkeit, sondern es werden schützenswerte Güter der Tiere – und zwar aller Tiere – wie das Leben und das Wohlbefinden benannt. Dieser Gesetzeszweck erweckt den Anschein eines hohen Schutzstandards, wenn nicht sogar tierlicher Ansprüche auf Leben und Wohlbefinden.

Die Relativierung folgt jedoch schon im § 1 Satz 2 TierSchG: »Niemand darf einem Tier ohne vernünftigen Grund Schmerzen, Leiden oder Schäden zufügen.« Mit dem offenen Rechtsbegriffs des vernünftigen Grundes wird die Nutzung des Tieres zur Disposition gestellt. Was ist vernünftig? Alles was menschlich ist? Was schon immer so gemacht wurde? Was ökonomisch sinnvoll ist? Oder schlicht, was von der Mehrheit akzeptiert wird? Tatsächlich haben Gerichte als vernünftigen Grund die klassischen – auch rein ökonomisch motivierten – Tiernutzungszwecke ausreichen lassen (z. B. das ›Küken-Schreddern‹: OVG Münster, 20A 488/15 und 20A 530/15). Auch wenn man diesen unbestimmten Rechtsbegriff richtigerweise als Ausprägung des Verhältnismäßigkeitsgrundsatzes und somit Abwägungsverpflichtung zwischen menschlichen und tierlichen Interessen versteht (Maisack 2007, 53 ff.), ist dafür nicht nur Bedingung, dass man tierliche Interessen als rechtlich relevant beurteilt, sondern es stellt sich insbesondere die Frage nach ihrer Bewertung und Gewichtung.

Im den weiteren Normen des Tierschutzgesetz verliert der selbsternannte Zweck des Lebensschutzes zunehmend an Bedeutung. Das Gesetz regelt detailliert, wie Wirbeltiere zu töten, zu verletzen, in Tierversuchen zu verbrauchen und zu halten sind. Zwar werden diese Handlungen zum Schutz des Tieres reglementiert, sie werden jedoch nur in wenigen Ausnahmefällen derart beschränkt, dass menschliche Interessen nennenswert zurückstehen oder gar Handlungen untersagt werden. Ein anderes Bild ergibt sich auch nicht aus den flankierenden Verordnungen wie der Tierschutztransport- und Tierschutznutzungsverordnung oder den EU-Verordnungen, die hinter dem deutschen Tierschutzmaßstäben noch deutlich zurückbleiben.

Überspitzt lässt sich somit sagen, dass das Tierschutzgesetz, welches den Schutz des tierlichen Lebens zu seinem Zweck ernennt, eine Gebrauchsanweisung liefert, wie Tiere zu töten sind. Das Tier*schutz*gesetz wird daher auch als Tier*nutz*gesetz bezeichnet (Leondarakis 2006, 23). Für die Frage nach juridischen Rechten von Tieren kann die Tierschutzgesetzgebung daher allenfalls ein Anhaltspunkt sein.

56.2 Tiere als Rechtsobjekte

Außerhalb des TierSchG findet das Tier in der deutschen und europäischen Rechtsordnung – insbesondere im Zivilrecht – nur sehr selten explizite Erwähnung, z. B. wenn es um den Eigentumswert des Tieres,

J. S. Ach / D. Borchers (Hg.), *Handbuch Tierethik*, https://doi.org/10.1007/978-3-476-05402-9_56

Schadensersatzpflichten für Tierhalter bzw. die Eigentumserlangung am Tier geht (§§ 251 II 1, 833, 960 BGB, § 811c ZPO). In all diesen Fällen bleiben Tiere – wie oben erwähnt – regelmäßig Objekt unser menschlichen Rechtsverhältnisse. So dass die Frage, ob Tiere Rechtsobjekte oder -subjekte sind, beantwortet zu sein scheint: Tiere sind als Rechtsobjekte in unsere Rechtsordnung einbezogen, einen Rechtsstatus oder subjektive Rechte von Tieren, gibt es positivrechtlich bislang nicht.

So einfach stellt sich die Beurteilung des *status quo* jedoch nicht dar. Zwei Normen verdeutlichen sehr eindrücklich, dass Tiere eine Zwitterstellung im Recht einnehmen, welche die getroffene Annahme in Zweifel zieht:

Seit 1990 regelt der § 90a BGB: »Tiere sind keine Sachen«. Sind Tiere seitdem also keine Objekte mehr? Diese Frage wird im dritten Satz bereits beantwortet: »Auf sie sind die für Sachen geltenden Vorschriften entsprechend anzuwenden, soweit nicht etwas anderes bestimmt ist.« Tiere sind folglich zwar keine Sachen mehr, werden aber wie Sachen behandelt. Dem § 90a BGB wird somit lediglich eine bewusstseinsschärfende Wirkung zugesprochen (Brüninghaus 1993, 99). Die Rechtsliteratur hat diese Gesetzesänderung überwiegend negativ bewertet und sie u. a. als »gefühlige Deklamation ohne wirklichen rechtlichen Inhalt« bezeichnet (Ellenberger/Palandt 2018, § 90a BGB Rn. 1). Nichtsdestotrotz stellte diese Gesetzesänderung einen relevanten Schritt für die rechtliche Kategorisierung des Tieres dar, zeigt sie doch die Wandlung der gesellschaftlichen Wahrnehmung des Tiers, die stark genug wurde, um in geltendes Recht Einzug zu finden. Insbesondere hat sich der Gesetzgeber bereits zu diesem Zeitpunkt zu einem ethischen Tierschutz im anthropozentrischen Rechtssystem bekannt: »Damit ist es eine Aufgabe der Rechtsordnung, den Schutz des Lebens und des Wohlbefindens der Tiere zu gewährleisten. Dieses Bekenntnis des Gesetzgebers zum ethischen Tierschutz ist in § 1 TierSchG unmittelbar geltendes Recht geworden« (BT-Drs. 11/5463, 5).

Die aus dem römischen Recht entspringende Dichotomie des Rechts, also die Zweiteilung in Rechtsobjekte und Rechtsubjekte, wurde hierdurch (noch) nicht aufgebrochen. Tiere behielten trotz § 90a BGB ihren Objektstatus, lediglich aus der Unterkategorie der Sachen wurden sie herausgenommen und in eine neue Objektkategorie ›Tier‹ verschoben. Hierdurch wurde das Tier aus dem Mittelpunkt der Rechtsobjekte herausdefiniert und in Richtung Subjektgrenze verschoben, so dass die Fassade der Objektivierung des Tieres zu bröckeln begann.

56.3 Tiere als Rechtssubjekte

Als rechtstheoretisch bedeutsam lässt sich die im Jahr 2002 erfolgte Erweiterung des Art 20a GG um die drei kleinen Worte »und die Tiere« bezeichnen. Mit der Aufnahme der Tiere in die Verfassung hat sich der deutsche Gesetzgeber auf höchster Ebene zum ethischen Tierschutz bekannt und diesem Verfassungsrang verliehen (BT-Drs. 14/8860, 3). Rechtspraktisch wurde dieser Schritt mit Blick auf Tierversuchs- und Schächtungsgenehmigungen notwendig, um die vorbehaltlos garantierten Grundrechte, wie Forschungs- und Religionsfreiheit, welche nur durch Rechtsgüter von Verfassungsrang eingeschränkt werden können, mit Tierschutzbelangen abwägen zu können (die Gesetzesinitiative war auch wegen des sog. Schächturteils, BVerfGE 104, 337, erstmalig erfolgreich).

Der ethische Tierschutz wurde in Form einer Staatszielbestimmung ins Grundgesetz eingeführt. Staatszielbestimmungen entfalten rechtlich bindende Wirkung für die Staatsgewalten zur Einhaltung und Beachtung bestimmter Aufgaben ohne aber subjektive Rechte zu vermitteln. Der Gesetzgeber wollte Tieren dadurch keine subjektiven Rechte vermitteln. Fraglich bleibt jedoch, ob dies durch die Aufnahme des ethischen Tierschutzes in die Verfassung nicht dennoch geschehen ist. Das Tierschutzziel schützt als erste Staatszielbestimmung im Grundgesetz keine rein menschlichen Interessen wie die Sozialstaatlichkeit, Friedenssicherung, gesamtwirtschaftlichem Gleichgewicht etc. und stellt somit einen Fremdkörper in der anthropozentrisch geprägten Verfassung dar. Weil es nun aber eine verfassungsrechtliche Pflicht zum Schutz von Tieren um ihrer selbst willen gibt, kann argumentiert werden, dass als Reflex dieser menschlichen Pflicht, die anders als sonstige objektive Pflichten (z. B. Denkmalschutz, vgl. Feinberg, 149) nicht dem Menschen, sondern allein dem Tier dienen sollen, Rechte von Tieren bereits im geltenden Recht *de facto* existieren (Fischer 2007, 157; Raspé 2013, 285).

56.4 Tierliche Rechtsgüter

Unabhängig davon, ob man dieser Annahme folgt oder aber nur Tierrechte *de lege ferenda* diskutiert, stellt sich die Frage, welche tierlichen Rechtsgüter oder Rechte für Tiere in Betracht kommen bzw. im Gesetz angelegt sind.

Vorrangig zu nennen – insbesondere mit Blick auf das pathozentrisch ausgerichtete Tierschutzgesetz – ist in terminologischer Anlehnung an die menschlichen Grundrechte das *Recht auf körperliche Unversehrtheit*, also das Freisein von Schmerzen, Leiden und die Vermeidung von Schäden. Ein solches Rechtsgut ist im geltenden Recht mindestens angelegt. Nahezu sämtliche Handlungen an (Wirbel-)Tieren sind an diesem Dreiklang zu messen (§ 1 TierSchG). Dieses Rechtsgut kann somit als dominierendes tierliches Rechtsgut der derzeitigen Rechtslage bezeichnet werden.

Ein weiteres Recht, welches für Tiere regelmäßig diskutiert wird, ist das Recht auf *körperliche Bewegungsfreiheit*. Hier ist jedoch zwischen geltender Rechtslage und der Möglichkeit seiner Einführung zu differenzieren. Im geltenden Recht findet sich kein Hinweis auf einen eigenen Regelungsgehalt eines solches Rechts. Die Bewegungsfreiheit von Tieren kann derzeit soweit eingeschränkt werden, solange keine Schmerzen, Schäden oder Leiden verursacht werden (§ 2 I Nr. 2 TierSchG) und somit das Recht auf körperliche Unversehrtheit direkt greift. Diskutiert man hingegen die Möglichkeit, ein solches Recht für Tiere zu etablieren, führt dies in die komplexe Diskussion, ob eine menschliche Haltung von Tieren mit Tierrechten vereinbar wäre oder nicht. Ein Recht auf Bewegungsfreiheit muss einer menschlichen Haltung nicht *per se* entgegenstehen, denn wie auch alle menschlichen Rechte wären wohl auch tierliche Rechte nicht absolut, d. h. einschränkbar. Bei der Bewegungsfreiheit stellt sich jedoch anschaulich die Frage, ob eine Ausübung dieser Freiheit einer menschlichen Haltung generell widerspräche und somit inhaltsleer bliebe. Jedenfalls für einige Tierarten ist es durchaus denkbar, dass die menschliche Haltung einer tierlichen Bewegungsfreiheit in einem Maße gerecht wird, dass ein eigenständiger Bedeutungsgehalt des Rechts auch in diesem Fall denkbar bleibt.

Für Tiere, die in menschlichem Gewahrsam leben, stellt das geltende Recht zusätzliche Regeln auf (z. B. § 2 TierSchG). Lehnt man die Haltung von Tieren durch Menschen nicht grundsätzlich ab, kann ein *Recht auf eine angemessene Versorgung und Unterbringung* durch den Menschen bejaht bzw. gefordert werden (z. B. »tierliches Existenzminimum«; Raspé 2013, 189). Bejaht man ein solches Recht, kann dieses als Kehrseite zur Bewegungsfreiheit verstanden werden: Für die Einschränkung der Bewegungsfreiheit wird bei Inobhutnahme ein Recht auf Befriedigung der Grundbedürfnisse gewährt.

Besonders umstritten ist ein tierliches *Recht auf Leben* (s. Kap. 35). Anders als die zuvor diskutierten Rechte, kann ein Recht auf Leben nicht teilweise eingeschränkt werden. Bei einer Abwägung mit dem Lebensrecht kann dieses nur ganz überwiegen oder umfassend zurückstehen: Entweder ein tierliches Leben wird beendet oder nicht. Das Recht auf Leben impliziert damit die Notwendigkeit eines nahezu absoluten Schutzes. Ein absolutes Lebensrecht würde jedoch dem ganz überwiegenden Teil der heutigen Tiernutzung entgegenstehen. Ein solches Recht ist daher als eigenständiges Rechtsgut aufgrund der heute zulässigen Tiernutzungspraktiken in der geltenden Rechtslage kaum zu identifizieren. Allerdings lassen die genannten Rechtsvorschriften, insb. § 1 TierSchG und Artikel 20a GG, einen gesetzlichen Achtungsanspruch des Tieres erkennen. Der Schutz des Tieres als Mitgeschöpf sowie um seiner selbst willen erfordert eine Achtung vor dem tierlichen Leben als Mindestbedingung für den Schutz von Tieren. Denn wenn das tierliche Leben kein eigenständiges Schutzgut darstellt, fehlt es bereits an der Basis des Schutzzwecks, einem lebendigen Tier. Beim Rechtsgut Leben offenbart sich daher die Perplexität des tierlichen Rechtsstatus besonders krass. Die notwendige Grundlage für jegliche Rechte von Lebenswesen ist praktisch derart beschränkt, dass es an einem eigenständigen Regelungsgehalt eines selbständigen Rechtgutes fehlt; gleichzeitig implizieren die weiteren tierlichen Rechtsgüter zwangslogisch einen indirekten Schutz des tierlichen Lebens.

Zusammenfassend lässt sich feststellen, dass sich das Tier im deutschen Rechtssystem in einer Zwitterstellung befindet, die Widersprüche hervorruft. So ist das Tier einerseits weiterhin eigentumsfähiges Rechtsobjekt (§ 90a BGB) zum anderen verfassungsrechtlich um seiner selbst willen – und somit unabhängig von der Rückführbarkeit auf menschliche Interessen – in Artikel 20a GG geschützt, was die rechtsdogmatische Basis für eigenständige Tierrechte legt, wenn nicht sogar bereits begründet. Es gibt verschiedene Ansätze, diese Widersprüche im Recht künftig aufzulösen.

56.5 Tiere als Rechtspersonen

Zunehmend gibt es konkrete Vorschläge von Juristinnen und Juristen, dem Tier eine eigene Rechtspersönlichkeit zu verleihen. Das Tier stände dann z. B. als sogenannte *tierliche Person* neben den natürlichen und den juristischen Personen (Stucki 2012; Raspé 2013). Gerade der Vergleich mit den bestehenden Rechtspersonen verdeutlicht dabei, dass die Begründung von Rechten sowohl einem moralischen Diktat entspringen (vgl. natürliche Personen) als auch ein schlicht rechtstechnischer Schritt sein kann (vgl. juristische Personen). Beides wird zur Begründung einer Rechtspersönlichkeit für Tiere herangezogen: einerseits nimmt die Forderung nach moralischen Rechten für Tiere zu, zum anderen wäre die Begründung einer Rechtsperson im positiven Recht durch eine schlichte Gesetzesänderung bzw. Grundgesetzänderung weitgehend unabhängig von der ethischen Diskussion möglich. Rechtstechnisch ist es denkbar, die tierliche Rechtsperson im Zivilrecht oder direkt in der Verfassung zu verankern. Hierzu gibt es vereinzelt erste Formulierungsvorschläge (Raspé 2013; Grundrechte für Menschenaffen 2014; s. Kap. 57).

Gegen eine Rechtsfähigkeit von Tieren wird häufig die aus der philosophischen Diskussion entspringende Symmetriethese im Recht vorgebracht: Danach können Tiere keine Rechte haben, da sie keine Pflichten tragen können, das Recht basiere jedoch gerade auf einer gegenseitigen Verpflichtung und Rechte könnten nur als Reaktion auf Pflichten erwachsen (Schmidt 1996, 53 ff.; s. Kap. 30). Diesem Argument wird auch in der juristischen Diskussion regelmäßig mit dem *Argument from Marginal Cases* begegnet (s. Kap. 25). Jeder Mensch ist rechtsfähig, aber nicht jeder Mensch ist geschäfts-, delikts- oder straffähig. So sind einige Menschen dauerhaft (Komapatienten, geistig schwer behinderte Menschen) und alle Menschen jedenfalls zeitweise (Säuglinge, Kinder) aus dem Pflichtenkreis des menschlichen Gesetzes ausgeschlossen und unfähig, Pflichten zu tragen. Dies wirft schon die Frage auf, ob diese noch Ausnahmefälle bezeichnet werden können. Jedenfalls verdeutlicht dies, dass die derzeitige Grenze zwischen Rechtsobjekten und Rechtssubjekten im Recht allein an der ethisch hochproblematischen Speziesgrenze entlang verläuft und ein anderes verlässliches Differenzierungskriterium nicht ersichtlich ist (s. Kap. 33).

Wie die obige Diskussion zeigt, sind tierliche Rechte auf Leben, körperliche Unversehrtheit, Bewegungsfreiheit und Grundversorgung demnach denkbar und könnten – soweit man sie nicht bereits im Recht erkennt – grundsätzlich rechtspositivistisch im Recht verankert werden. Es drängt sich dann aber die Frage auf, wie diese Rechte *de facto* im Konfliktfall mit menschlichen Rechten abzuwägen wäre. Rechtstechnisch werden Konflikte zwischen verfassungsrechtlich geschützten Rechtsgütern durch Herstellung einer praktischen Konkordanz erreicht – also eines Interessenausgleiches, wonach konfligierenden Rechtsgütern im weitmöglichsten Sinne zur Durchsetzung verholfen wird.

Bei Annahme der Gleichwertigkeit menschlicher und tierlicher Rechte müssten im Abwägungsfall den tierlichen Rechten der weitreichendste Schutz unter Wahrung der menschlichen Rechte gewährt werden, was gravierende Änderungen in der heutigen Tiernutzung bedingen würde. Eine niedrigere Bewertung der tierlichen Rechte gegenüber menschlichen Rechten könnte die Rechtspersönlichkeit hingegen zur bloßen Hülle verkommen lassen. Würde beispielsweise jegliches menschliches Interesse – und seien es bloße Geschmacks- und Unterhaltungsinteressen – auch das Recht auf Leben überwiegen können, wäre die Auswirkung von Tierrechten sehr gering. Dies verdeutlicht, dass die Bewertung der tierlichen Interessen im Konfliktfall von herausragender Bedeutung ist. Am überzeugendsten ist wohl, eine Vergleichbarkeit tierlicher und menschlicher Interessen insoweit zu bejahen, wie eine Vergleichbarkeit der betroffenen Rechtsgüter anzunehmen ist. Soweit die Schmerzempfindlichkeit eines Tieres mit der eines Menschen vergleichbar ist, kann ein Eingriff in das Recht auf körperliche Unversehrtheit beim Tier also nur gerechtfertigt werden, soweit die Schmerzverursachung auch bei einem Menschen aus den gleichen Gründen zu rechtfertigen wäre (Raspé 2013, 236).

Umstritten ist die Frage, ob Tiere als Rechtsgutsinhaber, weiterhin im Eigentum von Menschen stehen können oder ob sich dies zwangslogisch ausschließt. Aufgrund der Zweiteilung des Rechts ist die Eigentumsfähigkeit mit dem Innehaben eigener Rechte nach überwiegender Meinung nicht vereinbar (statt vieler: von Loeper/Reyer 1984, 208; Korsgaard 2012, 25). Die Herabwürdigung des Mensch zum bloßen Objekt staatlichen Handelns stellt basierend auf Kants Sittenlehre nach ständiger Rechtsprechung eine Verletzung der Menschenwürde dar (z. B. BVerfGE 87, 209, 228). Andererseits lässt sich argumentieren, dass das Eigentumsrecht für Tiere zunächst ohne Belang ist, sie daher weder selbst ein solches menschengemachtes Recht brauchen, noch es für Tiere *per se* eine Rechtsverletzung darstellt, jemandes Eigentum zu sein (Raspé 2013, 316). Ob eine mögliche Tierwürde durch die Eigentumsfähigkeit verletzt wäre, ist fraglich und hängt stark von der Ausgestaltung eines tierlichen Würdekonzeptes ab (s. Kap. 29).

Bei der Frage, welche Tiere Rechtspersonen sein sollen, werden unterschiedliche Ansätze diskutiert. Erstens könnten Rechtspersonen die Tiere sein, die nach dem aktuellen Forschungsstand als intelligent, selbstbewusst oder autonom gelten (Delfine, Menschenaffen etc., vgl. Wise 2013). Zweitens könnte man lediglich Haustiere, die Menschen moralisch besonders nahe stehen, in den Kreis der Rechtsträger aufnehmen (Gruber 2006, 117). Drittens wird bezugnehmend auf die Schmerzfähigkeit im Sinne eines pathozentrischen Tierschutzbildes die Aufnahme aller schmerzempfindlichen Tiere bzw. Wirbeltiere in den Kreis der Rechtsträger diskutiert (Stucki 2012, 159). Viertens ist es ebenso denkbar, allen Tieren oder gar Lebewesen eine Rechtspersönlichkeit zuzusprechen. Hieran zeigt sich die notwendige Interdisziplinarität bei der Beurteilung und Begründung von Tierrechten, sollte doch das Recht Anleihe an aktuellen Forschungsergebnissen zur Intelligenz, Selbstbewusstsein, Schmerzfähigkeit etc. von Tieren nehmen und insofern entwicklungsoffen bleiben. Im Lichte der bestehenden wissenschaftlichen Unsicherheiten wird unter dem Schlagwort *in dubio pro persona/animalia* teilweise eine möglichst weitreichende Fassung der tierlichen Person im Zweifelsfall gefordert (Gruber 2006, 117; Stucki 2012, 157; Raspé 2013, 152). Dennoch bedarf es im Sinne der Rechtssicherheit klar definierter und justiziabler Grenzen. Auch eine klare Beschränkung z. B. auf einzelne Tierarten steht einer möglichen zukünftigen Erweiterung des Rechtsstatus auf weitere Tiere nicht entgegen.

56.6 Fazit und Ausblick

Neben der defizitären Gesetzeslage, liegt ein Hauptproblem der geltenden Tierschutzgesetzgebung in der mangelnden Durchsetzung. Nicht nur werden Verstöße gegen Tierschutzgesetze nur selten geahndet, da sie oft durch die Tiereigentümerinnen und -eigentümer erfolgen oder sich der öffentlichen Wahrnehmung entziehen; es fehlt den Tieren bis heute auch ein eigenes Klagerecht, um tierschutzwidrige Rechtsakte anzugreifen. Die darin liegende Waffenungleichheit sorgt dafür, dass Menschen die tierschutzrechtliche Beschränkung ihrer Rechte (z. B. Religionsfreiheit, Berufsfreiheit, Forschungsfreiheit) gerichtlich voll überprüfen lassen und somit auf ein ›Weniger‹ an Tierschutz klagen können, dass aber Tiere bzw. für Tiere nicht auf ein ›Mehr‹ an Tierschutz geklagt werden kann. Lediglich wenn der Tierschutzverstoß die hohe Schwelle einer Straftat (§ 17 TierSchG) erreicht, muss bei Anzeigenerstattung die Staatsanwaltschaft tätig werden. Auch in strafrechtlichen Verfahren gibt es aber keine Beteiligungsrechte für Vertreterinnen und Vertreter tierlicher Interessen.

Seit Jahren wird ein bundesweites Verbandsklagerecht für anerkannte Tierschutzvereine – wie es im Umweltrecht besteht – diskutiert, alle Gesetzgebungsinitativen diesbezüglich sind bislang gescheitert. Das Verbandsklagerecht wurde inzwischen in acht Bundesländern eingeführt (BW, BR, HH, Nds., NRW, Rh-P, SA, S-H). Die Anwendungsfälle der Verbandsklage auf Landesebene sind nach derzeitigen Schätzungen eher gering. Vertritt man die These, dass Tiere selbst Träger von Rechten sind bzw. sein können, ist rechtstechnisch – im Gegensatz zur Verbandsklage als Popularklage, die gerade keine Geltendmachung individueller Rechte fordert – auch eine Prozessstandschaft (Caspar 1999, 519) oder ein Vertretermodell denkbar. Die praktischen Unterschiede wären wohl gering.

In den letzten Jahren und Jahrzehnten wurden verschiedene Initiativen gestartet, um die Idee von Tierrechten im positiven Recht voranzubringen und in der Praxis umzusetzen: Bezogen auf die großen Menschenaffen ist zunächst das *Great Ape Project* (GAP) zu nennen (s. Kap. 57). Bereits 1993 starteten Paola Cavalieri und Peter Singer das GAP, in dem sie grundlegende Rechte für Menschenaffen auf Leben, Freiheit und ein Folterverbot forderten (Cavalieri 2015 m. w. N.). Das GAP bereitete unter anderem den Weg für das *Nonhuman Rights Project* (NhRP), welches als erste Organisation in den Vereinigten Staaten im Dezember 2013 *habeas corpus* Klagen in New York erhob, in denen sie – in einer Art Haftprüfung – die Anerkennung von gefangenen Schimpansen als Rechtspersonen indirekt geltend machen. Erste Erfolge bestehen darin, dass den Klagen zwar bislang nicht stattgegeben wurde, dass die Gerichte sich aber teilweise mit den inhaltlichen Fragen auseinandersetzen. Auch im deutschsprachigen Raum nehmen die Initiativen zu, die konkret den Rechtsstatus des Tieres verbessern wollen (z. B. Das Tier im Recht (http://www.tierimrecht.org), Individual Rights Initiative (http://www.IRI.world), Menschen für Tierrechte (http://www.tierrechte.de). Als den Klageverfahren des NhRP ähnliches Klageprojekt in Österreich ist der ›Fall Hiasl‹ zu nennen (Balluch/Theuer), bei dem ein Sachwalterverfahren für einen Schimpansen angestrengt wurde, um Haisl als Person einen Betreuer zuzuordnen.

Zunehmend wird auch an der erforderlichen Verknüpfung der oft landesspezifischen Konzepte gearbeitet und die Notwendigkeit einer internationalen insb. völkerrechtlichen Lösung betont (Peters 2016; http://www.globalanimallaw.org).

Literatur

Balluch, Martin/Theuer, Eberhart: Personhood Trial for Chimpanzee Matthew Pan. In: http://www.vgt.at/publikationen/texte/artikel/20080118Hiasl.htm.

Brüninghaus, Birgit: *Die Stellung des Tieres im Bürgerlichen Gesetzbuch*. Berlin 1993.

Caspar, Johannes: *Tierschutz im Recht der modernen Industriegesellschaft, Eine rechtliche Neukonstruktion auf philosophischer und historischer Grundlage*. Baden-Baden 1999.

Cavalieri, Paola: The Meaning of the Great Ape Project. In: *Politics and Animals* 2015, 16–34.

Ellenberger, Jürgen: Kommentierung des § 90a BGB. In: *Palandt, Bürgerliches Gesetzbuch*. München 2018.

Feinberg, Joel: Die Rechte der Tiere und zukünftiger Generationen. In: Dieter Birnbacher (Hg.): *Ökologie und Ethik*. Stuttgart 2001, 140–179.

Fischer, Michael: Tiere als Rechtssubjekte: Vom Tierprozess zum Tierschutzgesetz. In: Susann Witt-Stahl (Hg.): *Das steinere Herz der Unendlichkeit erweichen*. Aschaffenburg 2007, 142–163.

Gall, Philipp von: *Tierschutz als Agrarpolitik. Wie das deutsche Tierschutzgesetz der industriellen Tierhaltung den Weg bereitete*. Bielefeld 2016.

Gruber, Malte-Christian: *Rechtsschutz für nichtmenschliches Leben. Der moralische Status des Lebendigen und seine Implementierung in Tierschutz-, Naturschutz- und Umweltrecht*. Baden-Baden 2006.

Grundrechte für Menschenaffen 2014: Petition 51830: Grundrechte für Menschenaffen. In: http://www.giordano-bruno-stiftung.de/sites/default/files/download/3_petition51830_chronologie.pdf.

Korsgaard, Christine: A Kantian Case for Animal Rights. In: Margot Michel/Daniela Kühne/Julia Hänni (Hg.): *Animal Law – Tier und Recht. Entwicklungen und Perspektiven im 21. Jahrhundert*. Zürich/St. Gallen 2012, 3–27.

Leondarakis, Konstantin: *Menschenrecht »Tierschutz«, Die Verletzung von Menschenrechten durch die Verletzung von Belangen von Tieren*. Baden-Baden 2006.

Loeper, Eisenhart von/Reyer, Wasmut: Das Tier und sein rechtlicher Status. In: *ZRP* 1984, 205–212.

Maisack, Christoph: *Zum Begriff des vernünftigen Grundes im Tierschutzgesetz*. Baden-Baden 2007.

Peters, Anne: Tierwohl als globales Gut: Regulierungsbedarf und -chancen. In: *Rechtswisenschaft 3* (2016), 363–387.

Raspé, Carolin: *Die tierliche Person, Vorschlag einer auf der Analyse der Tier-Mensch-Beziehung in Gesellschaft, Ethik und Recht basierenden Neupositionierung des Tieres im deutschen Rechtssystem*. Berlin 2013.

Richter, Dagmar: Die Würde der Kreatur. Rechtsvergleichende Betrachtung. In: *ZaöRV* (2007), 319–349.

Schmidt, Thomas Benedikt: *Das Tier – ein Rechtssubjekt? Eine rechtsphilosophische Kritik der Tierrechtsidee*. Regensburg 1996.

Stucki, Saskia: Rechtstheoretische Reflexionen zur Begründung eines tierlichen Rechtssubjekts. In: Margot Michel/Daniela Kühne/Julia Hänni (Hg.): *Animal Law – Tier und Recht. Entwicklungen und Perspektiven im 21. Jahrhundert*. Zürich/St. Gallen 2012, 143–172.

Wise, Steven M.: Nonhuman Rights to Personhood. In: *Pace Environmental Law Review* (2013), 1278–1290.

Carolin Raspé

57 Tierrechtsbewegung

Die Tierrechtsbewegung gehört zu den neuen Sozialbewegungen und fordert unveräußerliche Grundrechte wie das Recht auf Leben, Freiheit und Unversehrtheit auch für nicht-menschliche Tiere. Anders als in der traditionellen Tierschutzbewegung wird damit der Anspruch des Menschen auf Nutzung dieser Lebewesen zum Zwecke der Ernährung, Bekleidung, Forschung oder Unterhaltung fundamental kritisiert. In der Regel schränkt der Tierschutz den menschlichen Nutzungsanspruch auf Tiere nämlich bloß mittels des Tierschutzrechts ein; es geht primär darum, *wie* wir mit Tieren, die wir nutzen, umgehen sollten. Demgegenüber stellt die Tierrechtsbewegung grundlegend infrage, *ob* wir Tiere zu unserem Nutzen und Vorteil gebrauchen dürfen (s. Kap. 14).

57.1 Positionen im Wandel der Zeit

Vorläufer und erste Entwicklungen

Häufig wird die (britische) Tierschutzbewegung als Vorläuferin der Tierrechte-Positionen betrachtet (z. B. Roscher 2009). So vertrat im 18. Jahrhundert Jeremy Bentham (1982, 235) die Auffassung, es sei das primäre Ziel des moralischen Handelns, Glück zu maximieren und Leid zu minimieren, und zwar einerlei, ob es sich dabei um das Glück oder Leid eines Menschen oder eines Tieres handele. Wie für den Tierschutzgedanken typisch, war für den Utilitaristen Bentham die Nutzung sowie Tötung von Tieren für menschliche Zwecken nicht *per se* ein Problem, solange sie nicht (unnötig) leiden müssen (s. Kap. 13). Diese Position – sie wird mehrheitlich auch heute noch von Tierethikern wie Peter Singer (1975) vertreten – prägte auch die Agenda der weltweit ersten Tierschutzorganisation, die 1824 in London gegründete Society for the Prevention of Cruelty to Animals (RSPCA). Ihr Ziel bestand zunächst darin, den zwei Jahre zuvor vom britischen Parlament beschlossenen ›Martin's Act‹ umzusetzen. Mit diesem ersten Tierschutzgesetz der Welt sollte der qualvolle Umgang mit (gewissen) Tieren unter Strafe gestellt werden. Deren Nutzung für den Menschen wurde indes nicht hinterfragt. Allerdings gab es bereits zu jener Zeit progressivere Ansätze. Lewis Gomperz (1992) etwa lehnte sämtliche Formen der Tiernutzung ab und Henry Stephens Salt (1980) entwickelte einige Jahrzehnte später unter Rückgriff auf die Evolutionstheorie von Charles Darwin eine Tierrechte-Position, die in ihren Grundzügen noch heute Gültigkeit hat.

Um die Jahrhundertwende war in Großbritannien die antivivisektionistische Bewegung sehr aktiv. Sie wurde im Zuge des Kampfes für das Frauenwahlrecht von Feministinnen wie Francis Power Cobbe, Louise »Lizzy« Lind-af-Hageby oder Charlotte Despard dominiert (Roscher 2009, 139 ff.). In diese Zeit fallen auch die Auseinandersetzungen um das *Brown Dog*-Denkmal, das 1906 in London für die Opfer von Tierversuchen errichtet wurde. Überhaupt begannen sich damals Teile der Bewegung zu radikalisieren. »Taten statt Worte«, forderte die Suffragette Emmeline Pankhurst. Das Spektrum der Aktionen reichte vom zivilen Ungehorsam bis zu Sabotageakten. In Deutschland waren es vor allem Magnus Schwantje, der sich gegen Tierversuche stark machte und Salts Ideen verbreitete, sowie der Göttinger Philosoph Leonard Nelson, der in den 1920er Jahren den Internationalen Sozialistischen Kampfbund (ISK) mitbegründete und zwischen der Ausbeutung der Tiere und der kapitalistischen Verwertungslogik einen engen Zusammenhang sah. In seiner *Wissenschaftlichen Ethik* vertrat Nelson die Theorie, dass alle empfindungsfähigen Wesen über Interessen verfügten, sie deswegen unter das Sittengesetz fielen und also den Status von Personen hätten. Als Personen besitzen diese Wesen, zu denen gemäß Nelson auch Tiere zählen, fundamentale Rechte, wozu auch das Recht auf Leben gehört (Nelson 1964, 286 ff.; s. Kap. 32).

Der Zweite Weltkrieg brachte das Engagement für die Tiere weitgehend zum Stillstand. Neuen Aufwind bekam es durch die Protestbewegung der 1960er Jahre (Petrus 2013, 15 ff.). So hatte die in dieser Szene weit verbreitete Befürwortung direkter Aktionen unmittelbaren Einfluss auf eine Gruppe von Jagdgegnern, die sich 1963 in Großbritannien zu der auch heute noch aktiven Hunt Saboteurs Association (HSA) zusammenschloss. Aus ihren Reihen formierte sich 1972 die Band of Mercy, die Treibjagden nicht bloß stören, sondern verhindern wollte, indem sie Hochsitze umsägte oder die Gewehre und Fahrzeuge der Jäger beschädigte. Zu dieser Gruppe gehörte auch Ronnie Lee, der 1975 wegen Brandanschlägen auf ein im Bau befindliches Tierversuchslabor inhaftiert wurde und nach seiner Freilassung im Juni 1976 die Animal Liberation Front (ALF) gründete – eine Gruppierung bzw. ein Label, das zum Inbegriff des radikalen Tierrechtsaktivismus wurde.

Von Bedeutung war Mitte der 1960er Jahre zudem die Veröffentlichung von *Animal Machines* der Britin Ruth Harrison, in der erstmals mit schockierenden Details über die Massentierhaltung berichtet wurde

J. S. Ach / D. Borchers (Hg.), *Handbuch Tierethik*, https://doi.org/10.1007/978-3-476-05402-9_57

(Harrison 1965, Kap. 4 f.). In der Folge erschienen vermehrt Artikel über Tierrechte sowie Flugblätter, darunter solche von Richard Ryder, der die die willkürliche Diskriminierung von Tieren als »Speziesismus« brandmarkte (Ryder 2000, 6 ff.; s. Kap. 33). Zu den ersten philosophischen Auseinandersetzungen mit dem Thema gehörte der 1972 von der Oxford Group edierte Band *Animals, Men and Morals* (Godlovitch et al. 1972), der im Jahr darauf von Peter Singer unter dem Titel *Animal Liberation* rezensiert wurde. 1975 erschien sein gleichnamiges Buch, das zur ›Bibel der Tierrechtsbewegung‹ avancierte – und das, obschon Singer lediglich in einem rhetorischen Sinne von ›Rechte‹ spricht (Singer 1975). Dieser Ansatz wurde u. a. von Tom Regan (1983) kritisiert. Seiner Ansicht nach verlieren Utilitaristen wie Singer das einzelne Lebewesen aus den Augen und ignorieren somit den Eigenwert, den ein Wesen ungeachtet dessen hat, ob es für andere von Nutzen ist, und der durch individuelle Grundrechte geschützt werden muss (s. Kap. 15). Ungeachtet dieser Differenzen sind sich Singer und Regan darin einig, dass die Ungleichbehandlung von Mensch und Tier auf der Basis speziesistischer Ideologien ungerechtfertigt ist. Nicht zufällig endete der weltweit erste Tierrechtskongress von 1977 in Cambridge mit einer *Deklaration gegen den Speziesismus* (Ryder 2000, 179).

In den 1980er und 90er Jahren breitete sich die Tierrechtsbewegung aus. So wurden auf fast allen Kontinenten Aktionen im Namen der ALF durchgeführt und es kam zu einer Reihe von Tierbefreiungen und verdeckten Recherchen in Massentierhaltungen, Labors oder auf Pelzfarmen. Zudem bildeten sich in ganz Großbritannien Animal Liberation Leagues, die sogenannte ›offene‹ und häufig von der Presse begleitete Tierbefreiungen durchführten. Im Zuge dieses medialen Interesses radikalisierten sich auch eher moderate Organisationen. Mit der Internationalisierung der Bewegung ging in den 1990er Jahren eine Vielfalt von Aktions- und Organisationsformen einher. Diese Heterogenität spiegelte sich auch in der theoretischen Auseinandersetzung mit dem moralischen Status der Tiere. Neben den bis dahin dominierenden Theorien von Singer (Utilitarismus) und Regan (Deontologie) wurde zu dieser Zeit eine Vielzahl anderer Positionen auf die Tierfrage angewendet wie z. B. die Vertragstheorie (s. Kap. 16), Mitleidsethik (s. Kap. 17), Tugendethik (s. Kap. 18) sowie feministische (s. Kap. 20), anarchistische, marxistische und herrschaftskritische Ansätze.

Neuere Entwicklungen

In den vergangenen zwei Jahrzehnten hat sich die moralphilosophische Debatte innerhalb der Tierrechtsbewegung in Richtung psychologischer (z. B. Joy 2013), politologischer (z. B. Garner 2005; Donaldson/Kymlicka 2013) und soziologischer Studien (z. B. Nibert 2002; Mütherich 2004) verschoben. Die Tierrechtsdebatte – wie die Tierethik generell – wird zunehmend zu einem Teilgebiet der multidisziplinär ausgerichteten Human-Animal Studies (Petrus 2015). Zudem geht es weniger um Fragen der (Letzt-)Begründung moralischer Prinzipien, sondern vermehrt um Probleme der politischen Umsetzung von Tierrechten und damit um strategische Belange. In diesem Zusammenhang hat sich ab Mitte der 1990er Jahre eine neuartige Kampagnenarbeit (*campaigning*) herausgebildet (Petrus 2013, 27 ff.). Nebst einem definierten Ziel (z. B. Schließung eines Versuchslabors) ist sie durch wenigstens zweierlei charakterisiert: Erstens beteiligen sich an derlei Kampagnen sehr unterschiedliche Akteure (Aktivistinnen und Aktivisten, Netzwerke, Vereinigungen), die ihre Aktionen nicht zwingend aufeinander abstimmen. Zweitens umfassen sie eine Vielzahl von legalen und z. T. auch illegalen Aktionsformen. Diese Art von Kampagnen, die oft international ausgerichtet sind, wurden ab der Jahrtausendwende in verschiedenen Ländern zum effizienten Druckmittel gegen die Tierindustrie, was jedoch eine Verschärfung der Gesetze und entsprechende Repressionen nach sich zog. So wurden 2009 einige Mitglieder der 1999 gegründeten britischen Kampagne Stop Huntingdon Animal Cruelty (SHAC) zur Schließung des Tierversuchskonzern Huntingdon Life Sciences wegen Verschwörung und Nötigung zu ausgesprochen hohen Haftstrafen verurteilt. Häufig wird den Aktivistinnen und Aktivisten eine ›Doppelstrategie‹ unterstellt. Demnach würden sie z. B. unter dem Deckmantel legaler Vereine illegale Aktionen durchführen oder zumindest einer Gesinnung Vorschub leisten, die von kriminellen oder gar terroristischen Gruppierungen in die Tat umgesetzt werden (dazu Potter 2011). Vor diesem Hintergrund wurde zwischen 2008 und 2010 eine Reihe österreichischer Aktivistinnen und Aktivisten inhaftiert, die aber 2012 vom Verdacht auf »Mitgliedschaft in einer kriminellen Organisation« freigesprochen wurden. Dennoch brachte dieser Prozess ein bisher unvorstellbares Ausmaß an Überwachung und Infiltration einer Sozialbewegung an den Tag, die der Tierindustrie offenbar zu unbequem wurde und die mit Hilfe der Behörden nachhaltig kriminalisiert werden sollte.

57.2 Debatten und Kontroversen

Kritik am Konzept der Rechte

Kaum eine andere Sozialbewegung dürfte derart viel Theorienarbeit geleistet haben wie die Tierrechtsbewegung. Dennoch – oder auch deswegen – ist die Verleihung von Rechten an nicht-menschliche Tiere alles andere als unumstritten. So werden selbst aus den Reihen derer, die den menschlichen Nutzungsanspruch auf Tiere scharf kritisieren, grundlegende Bedenken formuliert: Rechte seien von Machtinstanzen eingesetzte Instrumente, die Ausbeutungsverhältnisse nicht aufheben, sondern weiter zementieren und damit einer gesellschaftlichen »Befreiung der Tiere« im Weg stehen würden (Benton 1993, Teil 3; s. Kap. 14). Auch feministische Tierethikerinnen und Tierethiker bekunden Mühe mit einer Moralphilosophie für Tiere, die einseitig auf rational begründbare Rechte abzielt. Ihrer Ansicht nach ist diese Fixierung auf Rationalität Ausdruck eines männlich geprägten Weltbildes und hat immer wieder als ausgrenzendes Kriterium gedient, unter dem auch Frauen zu leiden haben (z. B. Adams 2002; s. Kap. 20).

Strategischer Dissens

Eine andere Kontroverse betrifft strategische Fragen (Petrus 2013, 50 ff.). Gerade egalitaristische Tierrechte-Positionen sind häufig abolitionistisch geprägt, d. h. sie fordern die komplette Abschaffung der (industriellen) Tiernutzung (s. Kap. 43, 28). Nicht wenige sehen in diesem Ansatz eine ideale Theorie, die sich unter den derzeitigen Bedingungen aber nicht in die Praxis umsetzen lässt (Garner 2013, 14 ff.). Wenn überhaupt, könnten Tierrechte nur über eine ›Politik der kleinen Schritte‹ erreicht werden. Dass Reformen tatsächlich den Weg dorthin ebnen, wird von Abolitionisten jedoch bestritten. Dieser ›Neue Tierschutz‹ (*new welfarism*) sende nämlich sehr widersprüchliche Signale aus: Auf der einen Seite wolle man letztendlich zwar die totale Abschaffung der Tierindustrie. Auf der anderen Seite werde jedoch mit Reformen wie bessere Haltungsbedingungen oder schmerzfreie Schlachtungsmethoden einmal mehr suggeriert, dass es moralisch legitim sei, Tiere zu nutzen – natürlich vorausgesetzt, sie werden ›artgerecht‹ behandelt und ›human‹ getötet. Damit aber würde den Konsumenten bloß ein gutes Gewissen beschert (Francione 1996, 5).

Hinter dieser Kontroverse steht die Frage, welche Teilziele die Bewegung vorrangig anvisieren sollte. Abolitionisten tendieren zur Ansicht, dass sich eine speziesistische Gesellschaft nur ändern lässt, wenn wir vorab die einzelnen Menschen ändern. Konkret gilt es sie mit Argumenten und Fakten davon zu überzeugen, zuerst ihre Einstellung und dann ihr Konsumverhalten zu ändern. Aus dieser Perspektive sollte die Tierrechtsbewegung in erster Linie zur Verbreitung eines ethisch motivierten Veganismus beitragen (z. B. Francione/Garner 2010, 62 ff.). Andere halten das für unrealistisch und ineffizient. Ihrer Ansicht nach reicht eine Veränderung der Individuen nicht aus, um ein Gesellschaftssystem grundlegend zu wandeln. Zwar sei es wichtig, wenn sich immer mehr Menschen gegenüber Tieren solidarisch verhalten. Doch werde es nie genügend Einzelpersonen geben, die ihren Bewusstseinswandel nachhaltig in die Tat umsetzen (Balluch 2009, 43). Ein gesellschaftlicher Wandel könne nur erreicht werden, wenn politischer oder öffentlicher Druck auf die Tierindustrie erzeugt wird bzw. die Strukturen des Systems nachhaltig verändert werden.

Nach diesem Verständnis handelt es sich bei der Tierausbeutung sowie der damit einhergehenden Diskriminierung nicht um ein moralisches Fehlverhalten von einzelnen Personen. Vielmehr sei dieser Speziesismus eine seit langem in unserer Gesellschaft verankerte, kulturspezifische Ideologie. Und diese lasse sich einfach nicht aus der Welt schaffen, indem man hinreichend viele Menschen davon überzeugt, dass sie ihr Verhalten nicht-menschlichen Tieren ändern sollten. Stattdessen gelte es, die Mechanismus der Unterdrückung nicht-menschlicher Tiere herauszuarbeiten und kritisch zu analysieren (Nibert 2002, Kap. 2). Dabei spricht vieles dafür, dass der Kapitalismus diese (Unterdrückungs-)Mechanismen besonders fördert. Dass Tiere auf den Status von Konsumgütern reduziert werden, ist unbestritten ein integraler Bestandteil der kapitalistischen Verwertungslogik, die darauf hinaus ist, Tiere sich selbst zu entfremden und für den Menschen ökonomisch verfügbar zu machen.

Kritik an Organisationen

Debatten wie diese zeigen, wie kontrovers strategische Fragen innerhalb der Tierrechtsbewegung diskutiert werden. Mitunter werden sie als unfruchtbar oder gar überflüssig erachtet, da es letztlich doch um die Tiere gehe und sich die unterschiedlichen Lager wenigstens in diesem einig sein sollten. Tatsächlich hat die Devise ›Hauptsache für die Tiere!‹ in den vergangenen Jahren die (v. a. deutschsprachige) Bewegung nicht vereint, sondern zusätzlich gespalten. Dabei geht es häufig um die zweifelhafte Gesinnung gewisser Organisationen oder um prekäre Methoden, mit denen für Tierrechte geworben wird (Petrus 2013, Kap. 4.4). Viel diskutierte Beispiele sind die Taktiken der US-amerikanischen Organisation People for the Ethical Treatment of Animals (PETA). So wurde die Kampagne ›Lieber nackt als im Pelz‹ mit prominenten Models von vielen Aktivistinnen und Aktivisten als sexistisch eingestuft und der Plakatserie ›Holocaust auf Ihrem Teller‹ mit Fotografien aus KZ's und Bildern aus Tierfabriken wurde vorgeworfen, den Holocaust zu relativieren und so die Tierrechtsbewegung für Neonazis zu öffnen. Ein anderes Beispiel für eine Organisation, die sich ebenfalls stark für die Tiere einsetzt und die innerhalb der Bewegung kontrovers diskutiert wird, ist die Mitte der 1970er Jahren gegründete Neuoffenbarungsgemeinschaft Universelles Leben (UL). In den Augen der Kritiker handelt es sich dabei um eine »rechtslastige Esoteriksekte« mit einer totalitären Doktrin und antisemitischen Verlautbarungen (Goldner 2007, 261).

Wie immer man sich zu diesen Fällen stellt: Sie werfen die Frage auf, wie tolerant sich die Tierrechtsbewegung geben darf. Soll man mit Organisationen kooperieren, die z. B. fremdenfeindliche, menschenverachtende oder sexistische Kampagnen lancieren, sofern dies den Tieren nützt? Wer die Frage verneint, wird darauf hinweisen, dass gerade die Idee der Tierrechte auf einem Gleichheitsprinzip baut, dem zufolge die basalen Interessen *aller* empfindungsfähiger Wesen gleichermaßen zu berücksichtigen seien – also einerlei, welcher ›Rasse‹, welchem Geschlecht, welcher Nationalität oder welcher Spezies sie angehören. Entsprechend, so das Argument weiter, sollten sich vor allem jene, die auf das Motto ›Hauptsache für die Tiere!‹ setzen, bereits aus tierrechts-emanzipatorischen Gründen von rassistischen, sexistischen, totalitären und ähnlichen Gruppierungen entschieden distanzieren (Franzinelli 2014, 41 ff.).

57.3 Fazit und Ausblick

Die internationale Tierrechtsbewegung ist ein sehr heterogenes Gebilde, das Menschen mit unterschiedlichen Geschichten, Ideen und Visionen anzieht. Viele sehen in dieser Pluralität eine unverzichtbare Voraussetzung, um die Basis der Bewegung zu vergrößern. Andere sind skeptisch und vermuten gerade in der Vielfalt den Herd für erheblichen Dissens. Ihrer Ansicht nach gibt es so etwas wie *die* Tierrechtsbewegung nicht. Was unter dieses Label fällt, sei eine Ansammlung von sich z. T. ausschließenden Ansichten und Aktivitäten. Dass sowohl außerhalb wie auch innerhalb der Bewegung abolitionistische, reformistische und emanzipatorische Ansätze gleichermaßen der Tierrechtsbewegung zugerechnet und z. B. Tierschützerinnen und Tierschützer immer wieder als ›Tierrechtlerinnen‹ bzw. ›Tierrechtler‹ bezeichnet würden (oder umgekehrt), zeige bloß, dass hier Dinge durcheinander geraten, die unbedingt zu unterscheiden seien.

Um Konflikte dieser Art zu vermeiden, wurde vorgeschlagen, die unterschiedlichen Ansätze zwar in Form von Einzelbewegungen voneinander abzugrenzen, sie aber doch einer gemeinsamen Bewegung zuzuordnen (Franzinelli 2014, 61 ff.). Auf diese Weise sei beides zugleich möglich: Einheit bewahren und Vielfalt gewähren. Die gemeinsame Bewegung, welche die Einzelbewegungen einschließen soll, wird ›Tierbewegung‹ genannt. Sie umfasst all jene Menschen, die Tieren einen moralischen Status einräumen und sich öffentlich für sie einsetzen. Damit soll die Tierbewegung den kleinsten, gemeinsamen Nenner der übrigen Einzelbewegungen darstellen, zu denen u. a. die Tierschutzbewegung, die Tierbefreiungsbewegung, die vegane Bewegung und eben auch die (abolitionistische) Tierrechtsbewegung gehören. Der Vorteil eines solchen Ansatzes bestehe darin, dass sich der Streit über ein so schillerndes Label wie ›Tierrechte‹ erübrige, falls man gewillt sei, die unterschiedlichen Profile der Einzelbewegungen anzuerkennen. Zudem werde die Kooperation zwischen den Bewegungen erleichtert, da die Unterschiede klar seien und keine Verwässerungsgefahr zwischen den einzelnen Profilen mehr bestehe. Schließlich bilde man in Gestalt der Tierbewegung – bei allen berechtigten Differenzen, die bestehen – auch weiterhin eine gemeinsame Bewegung, was in politischer Hinsicht zentral sei.

Ob sich dieses Projekt namens ›Tierbewegung‹ mit all ihren Einzelbewegungen etablieren wird, hängt auch vom Willen der Bewegung ab, sich (einmal mehr) mit sich selbst zu befassen. Nicht wenige vertreten inzwischen die Auffassung, ethische oder politische Theorien würden genauso überbewertet wie strategische oder taktische Fragen – viel wichtiger sei es, *aktiv* zu bleiben. Dies auch angesichts der Tatsache, dass sich die Erfolge der Bewegung trotz großer Anstrengungen nach wie vor in Grenzen halten und auch immer wieder Rückschläge hinzunehmen sind. Dass die institutionalisierte Gewalt an Tieren unverändert hemmungslos ist, wird niemand ernsthaft bezweifeln wollen. Umso wichtiger dürften für die Bewegung auch in Zukunft international vernetzte Kampagnen sein, die sich mit allen demokratiepolitischen Mitteln gegen die Tierindustrie richten und an denen unterschiedliche Akteure und Einzelbewegungen teilnehmen. Tatsächlich besteht eine der großen Herausforderungen nach wie vor darin, möglichst viele der Menschen, die mit den Anliegen der Bewegung sympathisieren, dazu zu bringen, ihren persönlichen Lebensstil zu politisieren und ihre Empörung über die Unterdrückung der Tiere in Aktivismus zu verwandeln. Wenn das gelingt, wird auch in Zukunft mit der Tierrechtsbewegung zu rechnen sein.

Literatur

Adams, Carol J.: *Zum Verzehr bestimmt* [1990]. Wien 2002.
Balluch, Martin: *Widerstand in der Demokratie*. Wien 2009.
Bentham, Jeremy: *Introduction to the Principles of Morals and Legislation* [1789]. London 1982.
Benton, Ted: *Natural Relations*. London 1993.
Francione, Gary L.: *Rain Without Thunder*. Philadelphia 1996.
Francione, Gary L./Garner, Robert: *The Animals Rights Debate*. New York 2010.
Franzinelli, Emil et al. (Hg.): *Tierbefreiung*. Münster 2014.
Donaldson, Sue/Kymlicka, Will: *Zoopolis* [2011]. Berlin 2013.
Garner, Robert: *The Political Theory of Animal Rights*. Manchester 2005.
Garner, Robert: *A Theory of Justice for Animals*. Oxford 2013.
Godlovitch, Robert et al. (Hg.): *Animals, Men and Morals*. London 1972.
Goldner, Colin: Tierrechte und Esoterik. In: Susann Witt-Stahl (Hg.): *Das steinerne Herz der Unendlichkeit erweichen*. Aschaffenburg 2007, 254–277.
Gomperz, Lewis: *Moral Inquiries on the Situation of Man and of Brutes* [1824]. Sussex 1992.
Harrison, Ruth: *Tiermaschinen* [1964]. München 1965.
Joy, Melanie: *Warum wir Hunde lieben, Schweine essen und Kühe anziehen* [2010]. Münster 2013.
Mütherich, Birgit: *Die Problematik der Mensch-Tier-Beziehung in der Soziologie*. Münster 2004.
Nelson, Leonard: *System der philosophischen Rechtslehre und Politik*. Frankfurt a. M. 1964.
Nibert, David: *Animal Rights/Human Rights*. Lanham 2002.
Petrus, Klaus: *Tierrechtsbewegung*. Münster 2013.
Petrus, Klaus: Tierethik und die Human-Animal Studies. In: Reingard Spannring et al. (Hg.): *Disziplinierte Tiere?* Bielefeld 2015, 161–187.
Potter, Will: *Green is the New Red*. San Francisco 2011.
Regan, Tom: *The Case for Animal Rights*. Berkeley 1983.
Roscher, Mieke: *Ein Königreich für Tiere*. Marburg 2009.
Ryder, Richard: *Animal Revolution*. Oxford 2000.
Salt, Henry S.: *Animals' Rights* [1892]. London 1980.
Singer, Peter: *Animal Liberation*. New York 1975.

Klaus Petrus

58 Tierschutzgesetz

Der Zweck des Tierschutzgesetzes (TierSchG) ist es, »aus der Verantwortung des Menschen für das Tier als Mitgeschöpf dessen Leben und Wohlbefinden zu schützen«. § 1 des *TierSchG* bestimmt, dass niemand einem Tier ohne vernünftigen Grund Schmerzen, Leiden oder Schäden zufügen darf. Geschützt wird durch das TierSchG jedes lebende Tier, unabhängig von seinem Entwicklungsgrad. Einzelne Vorschriften der §§ 3 ff. TierSchG beschränken ihren Anwendungsbereich allerdings auf Wirbeltiere und Kopffüßer. Nicht als Tiere gelten tierische Eier. Larven sind dagegen durch das TierSchG geschützt. Tierembryonen im Mutterleib sind als Teil des Muttertieres geschützt.

58.1 Das TierSchG und seine Vorläufer

Das erste moderne Tierschutzgesetz der Neuzeit ist der englische ›Martin's Act‹ von 1822, der jede mutwillige und grausame Misshandlung von Nutztieren für strafbar erklärt. In Sachsen wurde 1838 das »boshafte oder mutwillige Quälen von Tieren« erstmals unter Strafe gestellt. Die übrigen deutschen Länder folgten, wobei allerdings ein Teil der Länder die Strafbarkeit davon abhängig machte, dass die Tat öffentlich (so z. B. Preußen) oder in Ärgernis erregender Weise (so z. B. Württemberg) geschah (Hirt/Maisack/Moritz 2016, Rn. 2).

Erst im Jahre 1933 wurde im neugeschaffenen § 145 b des Reichsstrafgesetzbuches (RStGB) die rohe Misshandlung und absichtliche Quälerei von Tieren als ein Vergehen unter Strafe gestellt, ohne dass hierfür die Öffentlichkeit oder Ärgerniserregung der Tat als Voraussetzung genannt werden. Zudem wurde in § 360 Nr. 13 RStGB die Verletzung von Vorschriften zum Zwecke des Tierschutzes unter Strafe gestellt, wodurch auch die landesrechtlichen Vorschriften strafrechtlich sanktioniert wurden. Am 24. November 1933 beschloss die nationalsozialistische Reichsregierung das Reichstierschutzgesetz. Diesem Gesetz lag zum ersten Mal eine rein pathozentrische Konzeption zugrunde, d. h. der Schutz der Tiere erfolgte um ihrer selbst willen, und nicht, um damit dem Menschen zu nützen (Glock 2004, Rn. 22). Tatsächlich wurde der Tierschutz allerdings von den Nationalsozialisten demagogisch missbraucht und in den Zusammenhang der antisemitischen Propaganda gebracht. So wurde schon im April 1933 das Schächten unter Strafe gestellt und Tierversuche wurden als typische Machenschaften jüdischer Wissenschaftler bezeichnet (Jütte 2002). Das Reichstierschutzgesetz von 1933 war über das Kriegsende hinaus bis zum Inkraftreten des Tierschutzgesetzes der Bundesrepublik Deutschland im Jahr 1972 in Geltung.

Nachdem im März 1971 durch die Einführung des Artikel 74 Abs. 1 Nr. 20 GG die kompetenzrechtliche Grundlage für ein bundeseinheitliches Tierschutzgesetz geschaffen worden war, wurde 1972 ein neues Tierschutzgesetz beschlossen, das am 1. Oktober 1972 in Kraft trat. Das TierSchG ist seither mehrfach geändert worden. Mit dem Ersten Gesetz zur Änderung des Tierschutzgesetzes vom 12. August 1986 wurde durch § 2 a TierSchG mit Blick auf die wachsende Kritik an der Massentierhaltung erstmals eine ausdrückliche Verordnungsermächtigung für die landwirtschaftliche Intensivtierhaltung eingeführt. Danach durfte das zuständige Bundesministerium für Ernährung, Landwirtschaft und Forsten mit Zustimmung des Bundesrates Rechtsverordnungen über die Anforderungen an die Haltung der Tiere erlassen. Weiterhin wurde die zunehmende öffentliche Kritik an Tierversuchen aufgenommen und hierzu eine Reihe von Regelungen getroffen. So wurde beispielsweise die Bestellung von Tierschutzbeauftragten in § 8 b TierSchG neu eingefügt sowie die Berufung von Tierversuchs-Kommissionen in § 15 Abs. 1, 3 TierSchG. Nach weiteren Änderungsgesetzen zum TierSchG trat am 04. Juli 2013 (BGBl. I, 2182) zuletzt das 3. TierSchGÄndG in Kraft. Mit diesem Gesetz ist eine Reihe von Neuerungen verbunden, darunter u. a. Bestimmungen zu den Versuchstierrichtlinien, zum sexuellen Missbrauch von Tieren (s. Kap. 44) sowie zur Anwendung des Qualzuchtverbotes und zur Nutztierhaltung.

Bereits 2002 war der Tierschutz als Staatsziel im Grundgesetz (Art. 20 a GG) verankert worden. Staatsziele sind Verfassungsnormen mit rechtlich bindender Wirkung, die der Staatstätigkeit die fortdauernde Beachtung oder Erfüllung bestimmter inhaltlicher Gestaltungskonzepte für die Gesellschaft vorschreiben. Bis zur Grundgesetzänderung im Jahr 2002 war der Tierschutz nur durch einfaches Gesetz gewährt worden. Welche rechtlichen Folgewirkungen von der Staatszielbestimmung, insbesondere im Hinblick etwa auf die Praxis von Tierversuchen, ausgehen, wird in den Rechtswissenschaften kontrovers diskutiert. Mit Blick auf das Staatsziel ist der Tierschutz nun aber auf allen Ebenen staatlicher Regulierung zu beachten und muss durch die Eingriffsverwaltung und Justiz – ggf. auch durch Strafen – durchgesetzt werden.

J. S. Ach / D. Borchers (Hg.), *Handbuch Tierethik*, https://doi.org/10.1007/978-3-476-05402-9_58

58.2 Der normative Hintergrund des TierSchG

Die zentrale Norm des TierSchG enthält in § 1 die ethische Grundkonzeption, die den Menschen in die Pflicht nimmt, Leben und Wohlbefinden des Tieres zu schützen und ihnen keine Schmerzen, Leiden oder Schäden zuzufügen, soweit dafür nicht vernünftige Gründe vorliegen. Damit ist das Telos des gesamten Gesetzes vorgegeben; sämtliche Einzelnormen sind im Lichte dieser Norm zu interpretieren. Dass das Tierschutzgesetz im Wesentlichen Wirbeltiere und Kopffüßer schützt, lässt sich offenbar so verstehen, dass damit solche Lebewesen vor einem unbeschränkten Zugriff durch den Menschen rechtlich geschützt werden sollen, die zur Schmerzempfindung fähig sind. Der Vermeidung von Schmerzen und Leiden kommt dabei gegenüber anderen Gesichtspunkten wie denen der Schädigung oder der Tötung von Tieren vorrangige Bedeutung zu. Die normativen Regelungen des Tierschutzgesetzes sind allerdings unterschiedlichsten Begründungssträngen verpflichtet (Nida-Rümelin/von der Pfordten 1996). Ob sich im Tierschutzgesetz neben anthropozentrischen Überlegungen auch genuin nicht-anthropozentrisch begründete Normen finden, ist Gegenstand einer kontroversen Debatte (s. Kap. 56).

Mit dem Gesetz zur Verbesserung der Rechtsstellung des Tieres im bürgerlichen Recht vom 20. August 1990 sollte nach dem Willen des Gesetzgebers »der zentrale Gedanke eines ethisch fundierten Tierschutzes, dass der Mensch für das Tier als einem Mitgeschöpf und schmerzempfindenden Wesen Verantwortung trägt, auch im bürgerlichen Recht deutlich hervorgehoben und in konkrete Verbesserungen der Rechtstellung des Tieres umgesetzt werden«. Grundlage sei die Erkenntnis »dass das Tier als Mitgeschöpf besonderer Fürsorge und besonderen Schutzes bedarf« und angestrebt werde mit dem Gesetz »eine Stärkung des Schutzes der Tiere« (Hirt/Maisack/Moritz 2016, Rn. 95). Nach der entsprechenden Änderung im BGB hieß es in der Folge in § 90 a BGB: »Tiere sind keine Sachen. Sie werden durch besondere Gesetze geschützt. Auf sie sind die für Sachen geltenden Vorschriften entsprechend anzuwenden, soweit nicht etwas anderes bestimmt ist«.

Obwohl Tiere damit deklaratorisch nicht mehr zu den bürgerlich-rechtlichen Sachen gezählt werden, bleiben sie aber doch Objekte des Rechts und werden nicht zu Rechtssubjekten im Sinne einer »tierlichen Person« (Raspé 2013). Mit einem Tier darf zwar nicht mehr wie mit einer Sache nach Belieben verfahren werden; dass auf den Schutz durch »besondere Gesetze« verwiesen wird, bedeutet jedoch nicht, dass dem Tier als einer »Rechtskreatur« Lebens- und Abwehrrechte gegenüber dem Menschen zugesprochen werden. Im Ergebnis ist das Tier zwar ›keine Sache‹ mehr, unterliegt aber in entsprechender Anwendung den bürgerlich-rechtlichen Regelungen über den Umgang mit Sachen.

58.3 Vernünftiger Grund

Regelungsgegenstände des TierSchG sind insbesondere die Tierhaltung, die Tötung von Tieren (Schlachtung), Eingriffe und Versuche an Tieren sowie Regelungen zur Zucht und zum Handel mit Tieren. In systematischer Hinsicht ist das TierSchG Teil des Verwaltungsrechtes. Entsprechend wird die Nutzung von Tieren in vielen Fällen unter einen Genehmigungs- und Erlaubnisvorbehalt gestellt. Dies gilt beispielsweise für die Genehmigung von Tierversuchen (§ 8) oder den Erlaubnisvorbehalt zur gewerbsmäßigen Zucht, Haltung oder dem Handel von Tieren (§ 11). Daneben sieht das TierSchG auch Einzelverbote vor, mit denen tierschutzwidrige Handlungen unterbunden werden sollen.

Besondere Bedeutung kommt dabei dem Begriff des ›vernünftigen Grundes‹ zu. § 1 TierSchG bestimmt, dass niemand »einem Tier ohne vernünftigen Grund Schmerzen, Leiden oder Schäden zufügen« darf. Den Gesetzesmaterialien lässt sich entnehmen, dass es mit dem Begriff vernünftiger Grund darum geht, »berechtigte und vernünftige Lebensbeschränkungen des Tieres im Rahmen der Erhaltungsinteressen des Menschen« anzuerkennen (BT-Drs. VI/2559, 9). Diese schließt zumindest eine Reihe von Motiven für Schadenszufügung oder Tötung wie Mutwille, Laune, Bequemlichkeit etc. als rechtlich anerkennenswert aus. Es ist aber rechtlich strittig, inwieweit weitverbreitete Praktiken wie beispielsweise die routinemäßige Tötung männlicher Eintagsküken oder auch die Tötung von gesunden Tieren aus Gründen des Populationsmanagements von einem ›vernünftigen Grund‹ gerechtfertigt sind.

Das Tierschutzgesetz strebt nicht an, Tieren jegliche Beeinträchtigung ihres Wohlbefindens zu ersparen, sondern wird beherrscht von der dem Verhältnismäßigkeitsprinzip entsprechenden Forderung, Tieren nicht ohne vernünftigen Grund vermeidbare, das unerlässliche Maß übersteigende Schmerzen, Leiden oder Schäden zuzufügen. Im Einzelfall muss unter Anwendung des Grundsatzes der Verhältnismäßigkeit geprüft werden, ob mit dem Eingriff in die Integrität oder das Leben des Tieres ein nachvollziehbarer Zweck verfolgt wird, ob der Eingriff dem Grundsatz des mildesten Mittels genügt, der Nutzen des Eingriffs für den Menschen ein hohes Gewicht besitzt und die Belange der Tiere hinreichend Berücksichtigung gefunden haben (Maisack 2007).

58.4 Tierversuche

Zu den in der öffentlichen Diskussion besonders umstrittenen Formen der Tiernutzung gehört die Durchführung von Tierversuchen in der wissenschaftlichen Forschung und Lehre (s. Kap. 46). Entsprechend kontrovers diskutiert werden auch die einschlägigen Regelungen des TierSchG.

Als Tierversuch im Sinne des Gesetzes gelten nach § 7 TierSchG Eingriffe oder Behandlungen zu Versuchszwecken an Tieren, wenn sie mit Schmerzen, Leiden oder Schäden für diese Tiere verbunden sein können, Eingriffe, die dazu führen können, dass Tiere geboren werden oder schlüpfen, die Schmerzen, Leiden oder Schäden erleiden, oder Manipulationen am Erbgut von Tieren, wenn sie mit Schmerzen, Leiden oder Schäden für die erbgutveränderten Tiere oder deren Trägertiere verbunden sein können. Das TierSchG ist damit ausschließlich auf belastende Versuche beschränkt und insofern einer engen Definition des Tierversuchs verpflichtet (Rippe 2012, 331).

Das TierSchG knüpft die rechtliche Zulässigkeit der Durchführung von Tierversuchen an mehrere Voraussetzungen. Zu diesen Voraussetzungen gehört beispielsweise, dass Tierversuche nur durchgeführt werden dürfen, wenn sie einem der in § 7a Abs. 1 TierSchG ausdrücklich genannten Zwecke dienen. Die Durchführung von Tierversuchen zur Entwicklung von Waffen beispielsweise ist schlechterdings unzulässig (§ 7a Abs. 3 TierSchG). Mit gewissen Einschränkungen gilt das auch für Versuche für kosmetische Produkte. Zu diesen Voraussetzungen gehört weiter, dass der Tierversuch »unerlässlich« ist, um den angestrebten Zweck zu erreichen. Dabei ist der jeweilige Stand der wissenschaftlichen Erkenntnis zugrunde zu legen. Darüber hinaus dürfen den Tieren nach § 7 Abs. 2 Schmerzen, Leiden oder Schäden nur in dem Maße zugefügt werden, als es für den verfolgten Zweck unerlässlich ist. Zusammengenommen bedeutet dies, dass Tierversuche nur dann die Ebene einer weiteren inhaltlichen Prüfung erreichen, wenn die Versuchsplanung die sogenannte 3R-Regel (*replacement, refinement, reduction*; Russell/Burch 1959) beachtet. § 7 Absatz 3 TierSchG schließlich bestimmt, dass Versuche an Wirbeltieren oder Kopffüßern nur durchgeführt werden dürfen, wenn die zu erwartenden Schmerzen, Leiden oder Schäden der Tiere im Hinblick auf den Versuchszweck ethisch vertretbar sind.

Vor allem die zuletzt genannte Voraussetzung wirft die Frage auf, wie die geforderte ethische Vertretbarkeitsprüfung aussehen kann und ob sich ›Ethik-Tools‹ entwickeln lassen, mit deren Hilfe die Frage der ethischen Vertretbarkeit eines Tierversuchs beantwortet werden kann (Borchers/Luy 2009; Alzmann 2016). Mindestens ebenso von Interesse ist freilich die weitere Frage, wem die Aufgabe zufällt, die vom Gesetz geforderte Vertretbarkeitsprüfung vorzunehmen. Das Tierschutzgesetz lässt hier zwei unterschiedliche Lesarten zu: Der einen Lesart zufolge wird im Tierschutzgesetz eine Präponderanz-Position formuliert. Der konkurrierenden Lesart zufolge ist das Tierschutzgesetz dagegen einer Güterabwägungs-Position verpflichtet (zu dieser Unterscheidung vgl. auch Rippe 2012). Der Präponderanz-Position zufolge hat man es bei Tierversuchen grundsätzlich mit einer »asymmetrischen Abwägungslage« zu tun, da dem klassischen Abwehrrecht der Forschungsfreiheit und der staatlichen Schutzpflicht für Leben und Gesundheit der Bevölkerung nur ein »in allgemeiner Weise gefasstes Staatsziel« gegenübersteht (Leopoldina 2012, 17). Der Güterabwägungs-Position zufolge dagegen besitzen weder die Forschungsfreiheit noch der Gesundheitsschutz oder der Tierschutz absoluten Vorrang. Dies bedeutet, dass auch solche Tierversuche, die einen vom Gesetz als zulässig eingestuften Versuchszweck verfolgen und überdies im Sinne des Gesetzes als ›unerlässlich‹ gelten können, nicht automatisch ethisch vertretbar und damit rechtlich zulässig sind. Ebenso wenig stellen andererseits die zu erwartenden Leiden, Schmerzen oder Schäden der Versuchstiere dieser Auffassung zufolge eine absolute Schranke dar.

58.5 Fazit

Von Seiten des Tierschutzes ist das TierSchG vor allem dahingehend kritisiert worden, dass es unvollständig und zum Teil auslegungsbedürftig sei und insgesamt nicht ausreichend, um das Wohlbefinden von Tieren zu sichern. Die »entscheidende Schwäche des Tierschutzes« liegt aber, wie immer wieder betont wird, »weniger im materiellen Recht (also in den Geboten, Verboten, Erlaubnisvorbehalten und Ermächtigungsnormen des Tierschutzgesetzes) als vielmehr im mangelhaften Vollzug dieses Rechts« (Maisack 2012, 228). Abhilfe leisten könnten hier ein Verbandsklagerecht oder die Zuerkennung von subjektiven Rechten an Tiere (Birnbacher 2009).

Literatur

Alzmann, Norbert: *Zur Beurteilung der ethischen Vertretbarkeit von Tierversuchen.* Tübingen 2016.

Birnbacher, Dieter: Haben Tiere Rechte? In: Johann S. Ach/ Martina Stephany (Hg.): *Die Frage nach dem Tier. Interdisziplinäre Perspektiven auf das Mensch-Tier-Verhältnis.* Münster 2009, 47–64.

Borchers, Dagmar/Luy, Jörg (Hg.): *Der ethisch vertretbare Tierversuch. Kriterien und Grenzen.* Paderborn 2009.

Caspar, Johannes/Schröter, Michael W.: *Das Staatsziel Tierschutz in Art. 20a GG.* Bonn 2003.

Epping, Volker/Hillgruber, Christian: *Grundgesetz – Kommentar.* München ²2015.

Glock, Jana: *Das deutsche Tierschutzrecht und das Staatsziel »Tierschutz« im Lichte des Völkerrechts und des Europarechts.* Baden-Baden 2004.

Hirt, Almuth/Maisack, Christoph/Moritz, Johanna: *Tierschutzgesetz – Kommentar.* München ³2016.

Jütte, Daniel: Tierschutz und Nationalsozialismus. In: *IDB Münster Ber. Inst. Didaktik Biologie* Suppl. 2 (2002), 167–184.

Kluge, Hans-Georg: *Tierschutzgesetz – Kommentar.* Stuttgart ¹2002.

Leopoldina: *Tierversuche in der Forschung. Empfehlungen zur Umsetzung der EU-Richtlinie 2010/63/EU in deutsches Recht. Aktualisierte Fassung Oktober.* Berlin 2012.

Maisack, Christoph: *Zum Begriff des vernünftigen Grundes im Tierschutzrecht.* Baden-Baden 2007.

Maisack, Christoph: Tierschutzrecht. Haltung von Nutztieren, dargestellt an den Beispielen »Schweine«, »Hühner«, und »Enten«. In: Herwig Grimm/Carola Otterstedt (Hg.): *Das Tier an sich. Disziplinübergreifende Perspektiven für neue Wege im wissenschaftsbasierten Tierschutz.* Göttingen 2012, 198–234.

Nida-Rümelin, Julian/von der Pfordten, Dietmar: Tierethik II: Zu den ethischen Grundlagen des Deutschen Tierschutzgesetzes. In: Julian Nida-Rümelin (Hg.): *Angewandte Ethik. Die Bereichsethiken und ihre theoretische Fundierung. Ein Handbuch.* Stuttgart 1996, 484–509.

Raspé, Carolin: *Die tierliche Person.* Berlin 2013.

Rippe, Klaus Peter: Tiere, Forscher, Experimente. Zur ethischen Vertretbarkeit von Tierversuchen. In: Herwig Grimm/Carola Otterstedt (Hg.): *Das Tier an sich. Disziplinübergreifende Perspektiven für neue Wege im wissenschaftsbasierten Tierschutz.* Göttingen 2012, 331–346.

Russell, William M. S./Burch, Rex L.: *The Principles of Humane Experimental Technique.* London 1959.

Felix Herzog

59 Utopien und Dystopien

Wenn Menschen gegen den moralisch fragwürdigen Umgang mit Tieren argumentieren wollen, können sie auf zweierlei Weise vorgehen: Sie können moralische Forderungen erheben und darauf setzen, dass sie Argumente vorbringen, die langfristig überzeugen werden – das ist der Weg, der u. a. in der akademisch-philosophischen Tierethik eingeschlagen wird (s. Kap 20, 22). Sie können aber auch eine Vision – eine Utopie – entwickeln, wie das Verhältnis zwischen Mensch und Tier aussehen sollte. Das hat den Vorteil, dass man frei im Denken ist und keine Rücksicht zu nehmen braucht auf politische, rechtliche, ökonomische oder psychologische Gegebenheiten. Dann kann man in einem zweiten Schritt versuchen, andere Menschen für diese Utopie zu begeistern und gemeinsam dafür kämpfen. Viele Vertreterinnen und Vertreter der außeruniversitären Tierbefreiungsbewegung gehen diesen Weg (vgl. u. a. »Vegane Utopie: Eine Welt ohne Tiere?« auf dem Blog *veganfeminist*; s. Kap. 57).

›Utopien‹, verstanden als Visionen zukünftiger, als ideal und erstrebenswert empfundener Zustände, die gleichwohl in der aktuell vorliegenden Situation nahezu unerreichbar erscheinen, finden sich durchaus auch in der Tierethik. Man kann sie u. a. ausmachen – als negative Utopie – in den von Tierethikerinnen und Tierethikern entwickelten Visionen einer Gesellschaft, die auf Fleisch, Tierversuche oder den Besitz von Tieren als Eigentum, das man nutzen kann, wie man will, verzichtet. Positive Utopien werden in ungewöhnlichen Vorschlägen der Tierrechtsbewegung formuliert – wie etwa die Idee, bestimmten Tieren Staatsbürgerrechte zuzuschreiben, aber u. a. auch in den Beschreibungen einer idealen Mensch-Tier-Beziehung.

Die Dystopie hingegen, als Schreckensbild grauenhafter Zustände, ist in und für die Tierethik gewissermaßen überflüssig – die realen Zustände, also das, was wir Tieren in der Realität antun, ist oftmals so grausam, rücksichtslos und verstörend, dass in vielen Fällen der Hinweis auf die realen Gegebenheiten als dystopisch gelten kann.

59.1 Utopien in der Tierethik

Anders als Gedankenexperimente, deren Funktion in moralphilosophischen Argumentationen im Wesentlichen darin besteht, moralische Intuitionen explizit werden zu lassen, spielen Utopien in der Moralphilosophie generell keine besonders große Rolle. Das hat verschiedene Gründe: Die Moralphilosophie (mit Ausnahme der Tugendethik) formuliert universelle Gründe für moralische Ge- und Verbote sowie moralische Normen und Prinzipien und interessiert sich dabei wenig für individuelle Vorstellungen idealer Zustände. Dass ein gesellschaftlicher Zustand als Utopie ausgewiesen wird, bleibt aus der Perspektive der Moralphilosophie solange relativ unerheblich, als nicht explizit begründet werden kann, warum und inwiefern es für alle moralisch geboten sei, diesen Zustand anzustreben oder an seinem Eintreten mitzuwirken. Die von ihr begründeten moralischen Urteile wiederum sind moralisch geboten und die sich als Konsequenz ergebenden gesellschaftlichen Zustände haben eigentlich keinen utopischen Charakter – es ist einfach das, was geschehen würde, wenn sich alle in dem beschriebenen Sinne moralisch verhalten würden. Und schließlich werden Utopien oftmals mit dem Anspruch entwickelt, dass alle nach ihnen zu streben hätten, weil sie eben der einzig ideale Zustand einer Gesellschaft seien – und dies wiederum kann zu einem Vereinbarkeitsproblem mit individueller Autonomie führen.

Grundsätzlich gilt dies auch für die Tierethik. Allerdings kann man durchaus utopische Elemente in tierethischen Argumentationen und Positionen finden. Dabei ist es sinnvoll zwischen negativen und positiven utopischen Elementen zu unterscheiden: Als negativ kann man jene bezeichnen, die jene wunderbare und erstrebenswerte Welt zeichnen, die sich ergeben würde, wenn wir auf bestimmte Dinge verzichten würden – z. B. Fleischkonsum, Tierversuche, Massentierhaltung, Rücksichtslosigkeit gegen Tiere und deren exzessive Ausbeutung sowie sinnloses Töten von Tieren. Diese Aspekte ergeben sich als Konsequenz ganz unterschiedlicher tierethischer Positionen; stellvertretend seien hier Bart Gruzalski (2004) und Evelyn Pluhar (2014) genannt (auch wenn sie nicht den absoluten Verzicht auf die genannten Praktiken fordern), aber vor allem auch Tierrechtler wie z. B. Tom Regan (1983) oder Ted Benton (1995). Utopisch sind diese Vorstellungen vor allem vor dem Hintergrund einer tiefen Kluft zwischen dem, was nach Ansicht der genannten Tierethikerinnen und Tierethiker moralisch geboten ist auf der einer Seite und der geringen Aussicht darauf, dass diesen ethischen Forderungen tatsächlich Folge geleistet wird auf der anderen Seite. Man kann sagen, dass sich der utopische Gehalt als Folge eines umfassenden und offensichtlich schwer zu überwindenden Motivationsproblems ergibt, das wir insbesondere in der Tierethik

J. S. Ach / D. Borchers (Hg.), *Handbuch Tierethik*, https://doi.org/10.1007/978-3-476-05402-9_59

vorfinden: Die moralischen Verpflichtungen mögen jeweils plausibel begründet worden sein, aber die gesamtgesellschaftliche, durchschlagende Wahrnehmung dieser Pflichten scheitert *de facto* aus unterschiedlichen Gründen.

Eine explizite negative Utopie entwickelt u. a. der Tierethiker Gary L. Francione. Er sieht als eine wesentliche Ursache der unverändert schlechten Situation der Tiere vor allem die Tatsache an, dass wir sie als Eigentum betrachten: »Weil Tiere Eigentum sind, werden sie als etwas betrachtet, das keinen intrinsischen oder inhärenten Wert hat. Entsprechend dürfen wir über ihre Interessen hinwegsehen, wann immer dies zu unserem Vorteil gereicht. Wir dürfen ihnen entsetzliche Schmerzen und Leiden zufügen – wären es Menschen würden wir von ›Folter‹ reden –, solange dies im Rahmen einer spezifischen Form der Tierausbeutung als notwendig erachtet wird« (Francione 2008, 160). Francione fordert den Verzicht auf Eigentum an Tieren: »Die Bemühungen derer, die sich für Tiere einsetzen, sollten dahin gehen, den Veganismus zu fördern und den Eigentumsstatus der Tiere schrittweise abzubauen« (ebd., 174).

Auch Bob Torres fordert die Abschaffung des Privateigentums an Tieren. Da das Tier als Ware und Besitz allerdings als ein wesentliches Element des kapitalistischen Wirtschaftssystems betrachtet werden muss, kann man nicht Tierethik betreiben, ohne zugleich dasjenige System in Frage zu stellen, das Tiere der absoluten Willkür der Menschen als Ware anheimstellt – den Kapitalismus: »Tiere sind im gegenwärtigen Kapitalismus in diesem Kreislauf der Warenproduktion gefangen« (Torres 2008, 512). Doch er will noch weit mehr: »Nur mit einer integrativen, ganzheitlichen und überlegten Herangehensweise an alle Unterdrückung und Hierarchie können wir hoffen, eine andere Gesellschaft zu errichten. Kapitalismus als solchen zu bekämpfen, ist nicht genug. Wir müssen die gedanklichen Grundlagen der Hierarchie bekämpfen, die noch weiter zurückreichen als das Aufkommen des modernen Kapitalismus« (ebd., 546).

Damit ist Torres fast schon bei der positiven Utopie einer Gesellschaft, die sich vom Eigentum an Tieren, aber auch von Hierarchien und der damit einhergehenden Gewalt und Unterdrückung verabschiedet hat. Hier würden Tiere dann endlich – so seine Vision einer aus tierethischer Perspektive idealen Gesellschaft – als frei und moralisch ebenbürtig respektiert.

Als positive Utopie kann man den viel diskutierten Vorschlag von Sue Donaldson und Will Kymlicka interpretieren, bestimmten Tieren Staatsbürgerrechte zuzuschreiben. Ihrer Ansicht nach reiche der intrinsische moralische Status von Tieren nicht aus um zu bestimmen, welche Rechte sie haben: »Denn auch diese hängen von den verschiedenen Arten politischer Beziehungen ab, in denen sie zu menschlichen Gemeinschaften stehen. Wir glauben sogar, dass dieselben allgemeinen Kategorien wie im Fall von Menschen auch auf Tiere anwendbar sind. Das heißt, dass manche Tiere am besten als Mitbürger unserer politischen Gemeinschaft angesehen werden können, andere als Bürger ihrer eigenen souveränen Gemeinschaften. Wieder andere fallen in eine Reihe von Zwischenkategorien, die jeweils eigene Gerechtigkeitsansprüche erzeugen« (Donaldson/Kymlicka 2013, 553). Tiere als Staatbürgerinnen und Staatsbürger anzuerkennen, ist in der Tat eine radikale Utopie. Wir hätten es hier mit einer völlig anders gestalteten Gesellschaft zu tun; die Menschen wären gezwungen, in Hinblick auf den moralisch-rechtlichen Status zumindest einiger (domestizierter) Tiere neu zu denken und dementsprechend ihr Verhalten einzurichten und zu verändern. Donaldson und Kymlicka führen hinsichtlich der realen Konsequenzen aus: »Es hätte radikale Konsequenzen in verschiedenen Bereichen. Die domestizierten Tiere hätten einen Anspruch auf Schutz durch das Gesetz (ihnen Schaden zuzufügen, würde kriminalisiert) sowie auf andere öffentliche Schutzmaßnahmen (zum Beispiel sollten Rettungsdienste dazu ausgebildet und ausgerüstet sein, domestizierte Tiere im Falle von Feuer, Hochwasser und anderen Gefahren zu retten). Gleichermaßen wären sie berechtigt, von öffentlichen Ausgaben zu profitieren (zum Beispiel vom Gesundheits- und Rentensystem), und ihre Interessen müssten bei der Gestaltung öffentlicher Räume und Institutionen berücksichtigt werden« (ebd, 559.)

Überlegungen zur Freiheit für alle Tiere (Luke 1995) sowie für eine konsequent rechtlich geschützte Würde der Kreatur, also positives Recht und Gerechtigkeit für Tiere, kann man als ›konkrete Utopien‹ auffassen. Ihnen geht es darum, eine radikal veränderte Gesellschaft zu entwerfen, die es ernst meint mit einem moralisch adäquaten Mensch-Tier-Verhältnis. Nach Meinung vieler Tierethikerinnen und Tierethiker, vor allem aus der Tierrechts- und Tierbefreiungsbewegung (wie auch der feministischen Tierethik), wird dieses Ziel nicht durch moderate Änderungen des gesellschaftlichen (moralischen und rechtlichen und politischen) Status quo zu erreichen sein, sondern nur durch eine ganz neue, andere Art von Gesellschaft.

Auch Albert Schweitzers Idee einer Ethik der Ehrfurcht vor dem Leben könnte man als eine positive

Utopie verstehen (Schweitzer 1918). In der Tierethik wird sein Ansatz einer umfassenden liebe- und ehrfurchtsvollen Haltung allem Lebendigen oftmals als unzureichend begründet, vor allem aber als faktisch nicht umsetz- bzw. implementierbar kritisiert (vgl. u. a. Hoerster 2004). Mag die Kritik an seiner (tier-)ethischen Position auch berechtigt sein, so sind der grundlegende Gedanke und die sich darin ausdrückende Haltung doch für viele einleuchtend und moralisch eigentlich erstrebenswert. Ehrfurcht vor dem Leben als umfassende Haltung könnte die Grundlage einer ebenfalls ganz andersartigen Mensch-Tier-Beziehung und einer als utopisch anmutenden Gesellschaft sein, die mit den vermeintlich Schwachen, vor allem aber mit allen Erscheinungsformen des Lebendigen nicht nur respektvoll, sondern ehrfurchtsvoll umgeht.

Der Schweizer Tierethiker Beat Sitter-Liver hat in verschiedenen Vorträgen und Publikationen sowohl das Konzept einer ›Würde der Kreatur‹, das in der Schweiz Eingang in die Gesetzgebung gefunden hat, als auch die Idee eines gerechten Umgangs mit Tieren überhaupt als ›konkrete Utopie‹ bezeichnet, die allerdings Zeit zur Verwirklichung brauche (Sitter-Liver 2012). Die Würde der Kreatur ließe, anders als die Menschenwürde, eine Güterabwägung zu, so dass dem Tier keine unabwägbaren moralischen Rechte zukommen, es aber gleichwohl nicht auf seinen Nutzen für den Menschen reduziert werden könne, sondern besser geschützt sei (s. Kap. 29). Der Respekt vor dem Tier als Wesen mit einem Eigenwert findet hier seinen konzeptionellen Ausdruck. Diesen Konzepten eine utopische Dimension zu verleihen, wertet sie nicht *ab*, sondern *auf*: Es wird damit deutlich, wie anspruchsvoll sie sind und dass es eine gesellschaftliche und individuelle Herausforderung bedeutet, ihrem ethischen Gehalt Rechnung zu tragen.

Utopien finden sich in der Tierethik nicht nur auf einer inhaltlichen Ebene, der Sachebene, sondern auch auf einer Meta-Ebene, bezogen auf die Tierethik als Disziplin. In diesem Sinne argumentiert u. a. der Tierethiker Brian Luke. Er spricht sich vehement für eine »nicht-patriachalische Metaethik« aus und fordert einen neuen Zuschnitt der Tierethik. Seiner Ansicht nach ist die Tierethik von patriachalischen Elementen gekennzeichnet – dazu gehört »der Vorrang der Vernunft vor dem Gefühl, die Ausgrenzung ›irrationaler Gruppen‹, das Verständnis ethischer Diskussionen als Kampf und die Bereitschaft, Kontrolle auszuüben« (Luke 1995, 423). Stattdessen fordert er eine von diesen Elementen befreite Weise der tierethischen Diskussion. Um ›Tierausbeutungsindustrien‹ praktisch wirksam den Boden zu entziehen, muss sich seiner Ansicht nach auch die zeitgenössische Tierethik selbst radikal in ihren Grundannahmen hinterfragen und sich maßgeblich ändern. Die Unterordnung der Gefühle unter die Vernunft, das Selbstverständnis von Ethik als ›Mittel zur sozialen Kontrolle‹ müssten überwunden werden. Auch Tierethikerinnen und Tierethiker müssten das Mitgefühl in sich neu entdecken und es endlich ethisch ernst nehmen, anstatt zu versuchen, es als Quelle moralischer Erkenntnis systematisch auszuschalten. Die Utopie liegt hier in der Idee einer Tierethik, in der wie die von Luke zitierte Kathryne Pyne Adelsohn es ausdrückt »der ganze Mensch die Grundlage der Ethik ist« (ebd., 444).

Positive Utopien finden wir in der Tierethik auch dort, wo ideale Mensch-Tier-Beziehungen entworfen werden, die man in der Realität vermutlich meistens im Umgang mit domestizierten Tieren antreffen kann (Borchers 2013). Gerade in der Beziehung zum Haustier, in der intensiven Freundschaft, die viele Menschen mit ihrem Hund, ihrer Katze oder ihrem Pferd verbindet, kann man durchaus utopische Momente ausmachen. Ein utopisches Moment in der intensiven Beziehung zum Tier, die viele Menschen erleben, liegt eben u. a. in dieser nicht-verbalen Verständigung, einer emotiven Kommunikation, bei der es darum geht, sich hinein zu fühlen und durch Blicke, Körpersprache und feinste nonverbale Signale zu übermitteln, was man ›sagen‹ möchte. Wenn dies gelingt, ermöglicht es die Erfahrung einer gewissen Transzendenz, einer Grenzüberschreitung, ja die Aufhebung der Grenzen zwischen Spezies, die ungemein faszinierend sein kann. Ein weiteres Moment liegt in der emotionalen Qualität der Mensch-Tier-Beziehung: Es ist die Utopie einer Zuneigung, die von Seiten des Tieres eben nicht an jene Kriterien gebunden ist, die vielfach den Umgang zwischen Menschen prägen: Aussehen, Erfolg, Charme, Intelligenz, Macht, Einfluss – definierte Kriterien, die erfüllt sein müssen, damit wir bereit sind, uns intensiv auf Menschen einzulassen. Als drittes utopisches Moment könnte man vielleicht anführen, dass sich hier ein Modell für eine Freundschaft unter Ungleichen abzeichnet, in dem aber dem schwächeren Part – dem Tier – respektvoll und einfühlsam begegnet wird. Es ist eine Relation der Fürsorge, in der der Stärkere – der Mensch – zum Wohle des Tieres dominiert, ohne dominant sein zu müssen. Die Utopie einer von Gefühlen wie z. B. Respekt, Mitgefühl und Liebe getragenen Beziehung zu Tieren zu vermitteln, ist ein zentrales Anliegen vieler Tierethikerinnen und Tierethiker (Donovan 1996; Gruen 2009; Hursthouse 2011).

59.2 Dystopien in der Tierethik

Die Dystopie wird gelebt, sie ist real. Sie wird aufgerufen in dem Hinweis auf Schlachthöfe, Massentierhaltung, Grausamkeit gegenüber Haus- und Nutztieren, Massentötungen von (Wild-)Tieren, Vernichtung von Tierarten und Lebensräumen etc. Es handelt sich in zweierlei Hinsichten um eine *Anti*-Utopie: Die Verhältnisse sind grauenhaft und die dystopischen Verhältnisse finden sich nicht an einem Nicht-Ort, sondern an vielen verschiedenen Orten überall in der Welt. Die gelebte Dystopie ereignet sich überall dort, wo dem Tier gegenüber rücksichtslos gehandelt und seine Leidensfähigkeit und seine Bedürfnisse nicht zählen bzw. systematisch ausgeblendet werden (Borchers 2013). Das kann natürlich auch in individuellen Mensch-Tier-Beziehungen beabsichtigt oder auch unbeabsichtigt der Fall sein. Entscheidend ist allerdings die systematisch betriebene Ignoranz gegenüber den Bedürfnissen von Tieren, die nur noch als ›Masse‹ erscheinen (Herzog 2010; Rheinz 2011). Die *Qualität* der Lebensverhältnisse bzw. des Umgangs ist extrem schlecht, und die *Quantität* der betroffenen Tiere ist extrem hoch. Diese reale doppelte dystopische Dimension findet sich hauptsächlich in zwei Kontexten: der im Zuge der Sicherung eines kostengünstigen und damit unbeschränkten Fleischkonsums betriebenen *Massentierhaltung* und den zwar reglementierten, aber der Sache nach gleichwohl quantitativ erheblichen *Tierversuche*. Dystopische Verhältnisse entstehen im Wesentlichen durch Technisierung und Ent-Individualisierung von Tieren (Borchers 2013), außerdem durch die Weigerung, das Tierwohl überhaupt in Betracht zu ziehen, das Tier als moralisch zu berücksichtigendes Wesen anzuerkennen. Dystopien ergeben sich vor dem Hintergrund bestimmter gesellschaftlicher und wirtschaftlicher *Systeme* wie z. B. dem Kapitalismus (Benton 1995), *Institutionen* wie z. B. die des Eigentums (Torres 2008) oder *Strukturen* wie z. B. denen der hierarchischen Ordnung (ebd.). Dystopische Verhältnisse haben ihre Ursache vor allem aber in kognitiven, emotiven, charakterlichen und moralischen Defiziten der Menschen, die moralisch rücksichtlos handeln und Laster wie z. B. Eitelkeit, Gier, Ignoranz oder Brutalität ausleben (Hursthouse 2011). Der Verlust der Tugend kann sehr leicht zu dystopischen Zuständen führen.

59.3 Fazit und Ausblick

Utopien muss man in der Tierethik suchen, es finden sich nur wenige explizite, positive Utopien. Implizite, negative Utopien, die jenen idealen Gesellschaftszustand beschreiben, der sich einstellt, wenn die Menschen auf Praktiken verzichten würden, die für Tiere Leid und Elend bedeuten, sind der Tierethik hingegen quasi ›eingeschrieben‹. Auch wenn es in der Tierethik, wie in der Ethik generell, um die plausible Begründung moralischer Prinzipien und Verpflichtungen geht und weniger um den Entwurf von idealen Gesellschaftszuständen, kann man doch auch innerhalb der Tierethik sehen, dass mutige und radikale Forderungen und Ideen sowie das In-Frage-Stellen bisher unhinterfragter Annahmen außerordentlich anregend und weiterführend sein können. Die Tendenz ›Mehr Utopie wagen‹, die sich in Teilen der akademischen Tierethik, vor allem aber in der außerakademischen Tierrechts- und Tierbefreiungsbewegung abzeichnet, macht dabei insbesondere das kreative Potential dieses philosophischen Denkelementes deutlich.

Literatur

Benton, Ted: Animal Rights. An Eco-Socialist View. In: Robert Garner (Hg.): *Animal Rights. The Changing Debate.* New York 1995.

Borchers, Dagmar: Eine Welt ohne Ausbeutung – Utopien und die Technisierung der Mensch-Tier-Beziehungen. In: Viviana Chilese/Heinz-Peter Preußer (Hg.): *Technik in Dystopien. Jahrbuch Literatur und Politik*, Bd. 7. Heidelberg 2013, 203–216.

Donaldson, Sue/Kymlicka, Will: *Zoopolis. A Political Theory of Animal Rights.* Oxford 2013. Zit. nach: Von der Polis zur Zoopolis. In: Friederike Schmitz (Hg.): *Tierethik. Grundlagentexte.* Berlin 2014, 548–583.

Francione, Gary: Taking Sentience Seriously. In: *Animals as Persons. Essays on the Abolition of Animal Exploitation.* New York 2008, 129–147.

Gruen, Lori: Attending to Animals. Empathetic Engagement with the More than Human World. In: *Ethics and the Environment* 14/2 (2009), 23–38.

Gruzalski, Bart: Why It's Wrong to Eat Animals Raised and Slaughtered for Food. In: Steve Sapontzis (Hg.): *Food for Thought. The Debate over Eating Meat.* New York 2004, 124–137.

Hoerster, Norbert: *Haben Tiere eine Würde? - Grundfragen der Tierethik.* München 2004.

Herzog, Hal: *Some we love, some we hate, some we eat.* New York 2010.

Hursthouse, Rosalind: Virtue Ethics and the Treatment of Animals. In: Tom Beauchamp/James Childress (Hg.): *The Oxford Handbook of Animal Ethics.* Oxford 2011.

Luke, Brian: Taming Ourselves or Going Feral? Toward a Nonpatriachal Metaethic of Animal Liberation. In: Carol J. Adams/Josephine Donovan (HG.): *Animals and*

Women. Feminist Theoretical Explorations. Durham 1995, 290–319.
Pluhar, Evelyn: Gibt es einen moralisch relevanten Unterschied zwischen menschlichen und tierischen Nicht-Personen? In: Friederike Schmitz (Hg.): *Tierethik. Grundlagentexte*. Berlin 2014 (engl. 1988).
Rheinz, Hannah: *Zwischen Streichelzoo und Schlachthof. Über das ambivalente Verhältnis zwischen Mensch und Tier*. München 2011.
Regan, Tom: The Case for Animal Rights. In: Peter Singer (Hg.): *The Defence of Animals*. Oxford 1983.
Schweitzer, Albert: *Ethik der Ehrfurcht vor dem Leben*. München 1918.
Singer, Peter: *Practical Ethics*. Cambridge 1979.
Sitter-Liver, Beat: Ethik als utopische Zeitkritik. In: Julian Nida-Rümelin/Klaus Kufeld (Hg.): *Die Gegenwart der Utopie. Zeitkritik und Denkwende*. Freiburg/München 2011, 88–100.
Sitter-Liver, Beat: Recht und Gerechtigkeit auch für Tiere. Eine konkrete Utopie. In: Margot Michel/Daniela Kühne/Julia Hänni (Hg.): *Animal Law – Tier und Recht. Entwicklungen und Perspektiven im 21. Jahrhundert*. Zürich 2012, 29–51.
Torres, Bob: *Making a Killing. The Political Economy of Animal Rights*. Oakland 2008.
Vegane Utopie: Eine Welt ohne Tiere? In: http://veganfeminist.blogsport.de/2009/10/09/vegane-utopie-eine-welt-ohne-tiere/ (9.7.2018).

Dagmar Borchers

60 Vegetarismus und Veganismus

Als ›Vegetarismus‹ bezeichnet man eine Ernährungs- oder Lebensweise, bei der auf Nahrungsmittel verzichtet wird, die von getöteten Tieren stammen. Vegetarierinnen und Vegetarier ernähren sich ausschließlich oder vorwiegend von pflanzlichen Lebensmitteln (sowie Pilzen und Produkten aus Bakterienkulturen). Je nach Anteil der akzeptierten Nahrungsmittel tierlicher Herkunft lassen sich unterschiedliche Formen des Vegetarismus unterscheiden: Im Ovo-Vegetarismus werden neben pflanzlichen Lebensmitteln lediglich Eier und Eiprodukte akzeptiert. Im Unterschied dazu bezieht eine lacto-vegetarische Ernährung auch Milch und Milchprodukte ein. Im Rahmen einer ovo-lacto-vegetarischen Ernährung schließlich werden sowohl Eier und Eiprodukte als auch Milch und Milchprodukte akzeptiert. Als ›Veganismus‹ bezeichnet man demgegenüber eine Ernährungs- und Lebensweise, die auf Nahrungsmittel tierlicher Herkunft vollständig verzichtet.

Die Geschichte des Vegetarismus lässt sich bis in das sechste vorchristliche Jahrhundert zurückverfolgen (Dombrowski 2004; Schorcht/Linnemann 2001). Während der Verzicht auf Nahrungsmittel tierlicher Herkunft in Indien und auch im antiken Griechenland in weiten Teilen religiös motiviert war, werden heute vor allem gesundheitliche und ökologische Folgen des Fleischkonsums, das Erfordernis der Ernährung einer noch immer wachsenden Weltbevölkerung sowie – insbesondere seit den 1960er und 70er Jahren – auch tierethische Argumente als Gründe für eine vegetarische oder vegane Ernährung diskutiert (Kaplan 2011).

Die Nutzung und der Verbrauch von Tieren in der Lebensmittelherstellung sind in der tierethischen Diskussion neben der Problematik von Tierversuchen von Beginn an ein zentrales Thema gewesen (s. Kap. 46). Angestoßen unter anderem durch die von Ruth Harrison in ihrem Buch *Animal Machines* (1964) vorgetragene Kritik an der industriellen Massentierhaltung, klagte der australische Philosoph Peter Singer in einem der ›Gründungsdokumente‹ der modernen Tierethik, dem 1975 erstmals erschienenen Buch *Animal Liberation*, Tierversuche und Fleischkonsum als die zwei Hauptformen des Speziesismus an (Singer 1996).

60.1 Gesundheitliche, ökologische und politische Gründe für Vegetarismus und Veganismus

Gesundheitliche Gründe. Als gesundheitsbezogene Gründe für eine vegetarische oder eine vegane Ernährung werden in der Literatur sowohl direkte als auch indirekte Gründe genannt: Zahlreiche Studien belegen, dass der (übermäßige) Konsum von Fleisch und anderen tierlichen Produkten direkte negative gesundheitliche Folgen haben kann. Eine karnivore Ernährung ist gegenüber einer vegetarischen/veganen Ernährung mit einem höheren Risiko für Übergewicht, Bluthochdruck, Diabetes sowie Gallen- und Nierensteinen verbunden. Auch Herz-Kreislauf-Erkrankungen und eine Reihe von Krebsarten treten bei Menschen, die sich vegetarisch/vegan ernähren, offenbar seltener auf. Die gesundheitlichen Auswirkungen einer vegetarischen/veganen Ernährung werden in der Literatur kontrovers diskutiert. Verschiedene Untersuchungen belegen aber, dass eine gut geplante vegetarische/vegane Ernährung physiologisch bedarfsgerecht und gesundheitlich vorteilhaft sein kann (American Dieteic Association 1994; Dwyer/Loew 2004). Ein indirektes gesundheitliches Problem für menschliche Konsumentinnen und Konsumenten tierlicher Produkte stellt der massive Einsatz von Antibiotika zur Behandlung und Vorbeugung von Krankheiten in der modernen Nutztierhaltung dar. Dieser führt dazu, dass immer mehr Krankheitserreger Resistenzen gegen die Behandlung mit den eingesetzten Antibiotika erwerben. Im Rahmen der Lebensmittelerzeugung können resistente Keime aus der Tierproduktion auf Lebensmittel wie Fleisch übertragen werden. Der Einsatz von Antibiotika in der Tierhaltung trägt auf diese Weise vermutlich in nicht unerheblichem Maß zur – ohnehin bestehenden – Resistenzproblematik in der Humanmedizin bei (WHO 2014).

Ökologische Gründe. Eine fleischbasierte Ernährungs- und Lebensweise führt aufgrund der dafür erforderlichen exzessiven Tierhaltung zu einem erheblichen Verbrauch an Land-, Energie- und Wasserressourcen und ist mitverantwortlich für den Klimawandel. Die Gewinnung von Land für die Viehzucht ist eine der Hauptursachen für die Zerstörung des Regenwaldes. Exzessive Nutztierhaltung geht darüber hinaus mit einem immensen Verbrauch an Energie und Wasser einher und führt in erheblichem Maß zur Verunreinigung von Trinkwasser durch die Ausscheidungen der Tiere sowie durch Pestizide, Herbizide und Medikamente, die beim Anbau von Futtermitteln und

J. S. Ach / D. Borchers (Hg.), *Handbuch Tierethik*, https://doi.org/10.1007/978-3-476-05402-9_60

bei der Aufzucht der Tiere zum Einsatz kommen. Nicht zuletzt trägt die moderne Massentierhaltung auch massiv zum Klimawandel bei. Schätzungen der Ernährungs- und Landwirtschaftsorganisation der Vereinten Nationen (FAO) zufolge werden 18 Prozent der globalen anthropogenen Treibhausgasemissionen von der Nutztierhaltung verursacht (FAO 2006).

Welternährung: Eine fleischbasierte Ernährungs- und Lebensweise ist darüber hinaus auch im Hinblick auf das Erfordernis der Ernährung einer weiter wachsenden Weltbevölkerung kontraproduktiv und trägt insgesamt zu einer Verschärfung der bereits bestehenden Problematik des Welthungers bei. Dies liegt unter anderem daran, dass die Umwandlung pflanzlicher Lebensmittel in Fleisch eine gigantische Verschwendung darstellt: Werden Getreide und Soja nicht direkt, sondern über den ›Umweg‹ eines Tierkörpers konsumiert, gehen etwa 90 Prozent der Kalorien verloren. Da Anbauflächen und andere Ressourcen begrenzt sind, gibt es insofern einen direkten Zusammenhang zwischen dem Ausmaß des Konsums an Produkten tierlicher Herkunft einerseits und der Zahl der Menschen, die ernährt werden können, andererseits.

60.2 Tierethische Positionen und Argumente

In der tierethischen Diskussion über Gründe für eine vegetarische bzw. eine vegane Ernährungs- und Lebensweise spielen im Wesentlichen zwei Gesichtspunkte eine zentrale Rolle: Zum einen die Frage, inwiefern die Belastungen, Leiden oder Schäden, die die als Nutztiere gebrauchten Tiere im Zuge ihrer Aufzucht und Haltung sowie während ihres Transportes und bei ihrer Tötung (Schlachtung) erfahren, einen Verzicht auf Nahrungsmittel tierlicher Herkunft moralisch begründen können oder sogar zur moralischen Pflicht machen; zum anderen die Frage, ob die im Zuge ihrer Schlachtung erfolgende Tötung der Tiere für diese einen moralisch relevanten Schaden darstellt, der einen moralisch motivierten Verzicht auf Nahrungsmittel von getöteten Tieren begründet (s. Kap. 35).

Prinzip der Leidvermeidung

Das grundlegende ethische Argument für eine vegetarische Ernährungs- und Lebensweise sehen viele Ethikerinnen und Ethiker darin, dass Tiere im Zuge ihrer Aufzucht, Haltung und Tötung Leiden und Belastungen ausgesetzt werden, die nicht gerechtfertigt werden können, wenn man ein moralisches Prinzip voraussetzt, dem zufolge es jedenfalls dann moralisch falsch ist, einem empfindungsfähigen Lebewesen (s. Kap. 5) Leiden zuzufügen, wenn es keine ausreichend starken Gründe dafür gibt (Rachels 2008).

Für Peter Singer, einen der prominentesten Vertreter einer egalitären Position in der Tierethik, ist die Fähigkeit zur Schmerzempfindung bzw. die Leidensfähigkeit die Grundvoraussetzung dafür, dass ein Lebewesen Interessen (zumindest Interessen in einem moralisch relevanten Sinn) haben kann (s. Kap. 7). Vor diesem Hintergrund fordert Singer eine konsequente Erweiterung des Prinzips der Gleichheit über die menschliche Spezies hinaus auch auf Tiere. Singers präferenz-utilitaristisches Argument hat offenkundig weitreichende Folgen für den Umgang mit Tieren, verlangt aber keine Gleichbehandlung und lässt auch Interessen- bzw. Güterabwägungen (*trade offs*) zu, solange den ähnlichen Interessen all derer, die von einer Handlung betroffen sind, dabei gleiches Gewicht gegeben wird. Für Peter Singer folgt daraus, dass zumindest die Intensivhaltung von Nutztieren und der Konsum dieser Tiere bzw. ihrer Produkte durch den Menschen moralisch nicht zu rechtfertigen sind: »Betrachten wir den moralischen Aspekt der Nutzung von Tieren als Nahrung in industrialisierten Gesellschaften, so haben wir eine Situation vor uns, in der ein relativ geringes Interesse der Menschen gegen das Leben und Wohl der betroffenen Tiere abgewogen werden muss. Das Prinzip der gleichen Interessenabwägung gestattet es nicht, größere Interessen für kleinere Interessen zu opfern« (Singer 2013, 108; eine grundsätzliche Kritik an utilitaristischen Argumenten für den Vegetarismus findet sich in: Frey 1983). Singer schließt zwar die Möglichkeit einer moralisch unbedenklich(er)en Form der landwirtschaftlichen Nutzung von Tieren nicht grundsätzlich aus; da man als Konsumentin oder Konsument in aller Regel nicht wissen könne, wie die Tiere, die man essen will, gelebt haben und gestorben sind, hält er in modernen Gesellschaften eine vegetarische Ernährung aber praktisch für verpflichtend (vgl. auch DeGrazia 2008). Nicht grundsätzlich ausschließen kann Singer auch die Möglichkeit, dass ein menschliches Interessen an Fleischverzehr im Einzelfall tatsächlich ein Interesse von Tieren daran, vor Leidzufügung verschont zu bleiben, überwiegen kann.

Die meisten Vertreterinnen und Vertreter einer Tierrechtsposition sehen demgegenüber keinerlei Möglichkeit der Rechtfertigung der Nutzung oder des Verbrauchs von Tieren (s. Kap. 14). Tom Regan beispielsweise ist der Auffassung, dass alle Lebewesen, die einen inhärenten Wert besitzen, das gleiche Recht darauf haben, mit Respekt bzw. auf eine Weise behandelt zu werden, die sie nicht auf den Status von Ressourcen für andere reduziert. »Empfindende Subjekte eines Lebens« (*experiencing subjects of a life*) haben für Regan einen moralischen Anspruch auf Respektierung ihres gleichartigen inhärenten Wertes (*respect principle*) und – davon abgeleitet – darauf, nicht geschädigt zu werden (*harm principle*; Regan 1984). Regan vertritt vor dem Hintergrund seines Rechte-Ansatzes nicht nur die Auffassung, dass ›empfindende Subjekte eines Lebens‹ moralische Ansprüche besitzen, die nicht durch Zweck- und Nutzenargumente eingeschränkt werden können, und dass jede Form einer interindividuellen Interessen- oder Güterabwägung daher abzulehnen sei. Er ist darüber hinaus auch der Auffassung, dass der inhärente Wert von Tieren deren Instrumentalisierung selbst in solchen Fällen verbietet, in denen die fraglichen Handlungen nicht mit Schmerzen oder Leiden für diese verbunden wären (s. Kap. 28). Tom Regan gelangt entsprechend auch in Bezug auf die Frage der Nutztierhaltung zu einer radikalen Position: »Das moralische Grundübel ist nicht, daß Tiere in engen Käfigen oder Isolation gehalten werden oder daß ihre Schmerzen und ihr Leiden, ihre Bedürfnisse ignoriert oder abgetan werden. All das ist natürlich falsch, aber es ist nicht das Grundübel. Es ist vielmehr Symptom und Effekt eines tieferliegenden, systematischen Unrechts, das es gestattet, diese Tiere als ohne unabhängigen Wert, als Ressourcen, sogar als erneuerbare Ressourcen für uns zu betrachten und zu behandeln. Tieren auf dem Bauernhof mehr Raum zu geben, eine natürlichere Umwelt, mehr Gefährten macht das fundamentale Unrecht nicht wieder gut, genauso wenig wie die Verabreichung von mehr Betäubungsmitteln oder das Bauen größerer, sauberer Käfige das Unrecht an Labortieren wiedergutmacht. Nur die völlige Abschaffung der kommerziellen Nutztierhaltung kann das wiedergutmachen« (Regan 1997, 45 f.).

Eine Mehrheit der Ethikerinnen und Ethiker ist heute der Auffassung, dass wir direkte moralische Pflichten gegenüber (zumindest bestimmten) Tieren haben. Tiere besitzen eben jene Eigenschaften oder Fähigkeiten, die als Einschlusskriterium über ihre Zugehörigkeit zur moralischen Gemeinschaft und damit über ihren moralischen Status entscheiden (s. Kap. 31). Eine Reihe von Ethikerinnen und Ethikern bestreitet allerdings, dass hieraus bereits ein Anspruch auf Gleichberücksichtigung abgeleitet werden könne. Vielmehr, so die Vertreterinnen und Vertreter dieser Positionen, gebe es moralrelevante strukturelle bzw. qualitative Differenzen zwischen Menschen und Tieren, die eine ungleiche Berücksichtigung rechtfertigen können. Vor diesem Hintergrund liegt zwar die Forderung nach einem Verzicht auf solche Nahrungsmittel nahe, deren Produktion mit erheblichem Tierleid verbunden ist, nicht aber unbedingt auch die Forderung nach einer vegetarischen oder veganen Ernährungs- und Lebensweise (Becker 2008; Scruton 2006). Manche feministischen Ethikerinnen (s. Kap. 20) sehen einen Zusammenhang mit Rassismus, Sexismus und männlicher Dominanz (Adams 1991) oder plädieren für einen »contextual moral vegetarianism« (Curtin 2004).

Problem der Tötung von Tieren

Neben der Problematik der Leidzufügung ist für viele Tierethikerinnen und Tierethiker der Umstand, dass Tiere normalerweise getötet werden müssen, bevor sie als Nahrungsmittel für den Menschen genutzt werden können, ein weiterer Grund für eine vegetarische oder vegane Ernährungs- und Lebensweise. Die Frage, ob ein Verzicht auf Nahrungsmittel, die von getöteten Tieren stammen, moralisch geboten ist, hängt daher für viele auch davon ab, ob die Tötung von Tieren moralisch gerechtfertigt werden kann.

Die beiden in der Literatur in diesem Zusammenhang besonders häufig diskutierten Argumente, das sogenannte Vorenthaltungs- und das sogenannte Frustrationsargument, sehen sich allerdings beide mit einem gewichtigen Einwand konfrontiert: Wenn das, was die Tötungshandlung falsch macht, ist, dass sie ein Lebewesen der Möglichkeit zukünftiger positiver Erfahrungen beraubt (*deprivation account*) bzw. dass die Präferenzen eines Lebewesens frustriert werden (*frustration account*), dann stellt sich die – bereits bei Singer ausführlich diskutierte – Frage, ob der durch die Tötung eines Lebewesens angerichtete Schaden nicht dadurch kompensiert werden kann, dass ein weiteres Lebewesen in die Existenz gebracht wird, das selbst wiederum entsprechende positive Erfahrungen machen kann bzw. das selbst wiederum Präferenzen haben wird, die erfüllt werden. Die Tötung eines Lebewesens ließe sich entsprechend durch seine Ersetzung durch ein anderes Lebewesen rechtfertigen (*replaceability argument*). Ähnlich hatte bereits Leslie Steven Ende des 19. Jahrhunderts argumentiert: »Von allen Argumenten für den Vegetarismus ist keines so schwach wie das Argument der Humanität. Das Schwein hat ein stärkeres Interesse an der Nachfrage an Speck als irgendjemand sonst. Wären alle Juden, gäbe es überhaupt keine Schweine.« (zit. nach Singer 2013, 193). Wie überzeugend das Ersetzbarkeitsargument tatsächlich ist und ob es insbesondere eine direkte Konsequenz einer utilitaristischen Denkweise darstellt, wie vielfach behauptet worden ist, wird kontrovers diskutiert (Kagan 2016; Višak 2016).

Vertreterinnen und Vertreter einer Tierrechtsposition sind üblicherweise der Auffassung, dass die Tötung eines Tieres dessen Recht auf Leben verletzt. Für Tom Regan stellt dieses Recht eine direkte Folge des inhärenten Wertes dar, der ›empfindenden Subjekten eines Lebens‹ seiner Auffassung nach zukommt. Anders als Tierrechtstheorien, die das Haben moralischer Rechte an einen inhärenten Wert oder an die Würde eines Lebewesens knüpfen, lassen solche Rechtetheorien, die das Haben eines Rechtes auf die Interessen des Rechteträgers zurückführen, Raum für eine differenziertere Zuschreibung eines Rechts auf Leben. Die Frage, ob bzw. welche nichtmenschlichen Tiere ein Recht auf Leben haben, hängt dieser Auffassung zufolge davon ab, welche Interessen Tiere haben, und ob diese Interessen ein Recht auf Leben begründen können.

Robert Garner zufolge übersehen spezies-egalitaristische Rechtstheorien, dass die Unterschiede zwischen ›normalen‹ erwachsenen Menschen und erwachsenen Tieren substantiell und moralisch signifikant seien. Insbesondere haben erwachsene Menschen, wie Garner glaubt, ein größeres Interesse an Leben und Freiheit als Tiere. »As a result, from the perspective of a right-based discourse, it seems plausible to say that such humans ought to have a stronger claim on a right to life and a right to liberty than do animals« (Garner 2013, 133).

60.3 Ausblick und Perspektiven

Besonders umstritten ist die Frage nach einer moralischen Pflicht zu einer vegetarischen bzw. zu einer veganen Ernährungs- und Lebensweise gegenwärtig in der tierrechtlichen Diskussion (s. Kap. 56). Manche Vertreterinnen und Vertreter einer Tierrechtsposition wie beispielsweise Gray L. Francione und Anne Charlton kritisieren die Praxis der Nutzung von Tieren mit dem Argument, dass empfindungsfähige nichtmenschliche Lebewesen, ebenso wie menschliche Lebewesen, ein »basic right not to be treated as the propety of others« (Francione/Charlton 2015, 7) besitzen und entsprechend nicht als Ressourcen für menschliche Zwecke angesehen oder benutzt werden dürfen. Für Francione und Charlton folgt aus dieser Überlegung als »moral baseline« eine vegane Ernährungs- und Lebensweise (Francione/Charlton 2013).

Insbesondere Martha Nussbaum (Nussbaum 2010) ebenso wie Alasdaire Cochrane (2010), Robert Garner (2013) und Sue Donaldson/Will Kymlicka (2011) haben sich in jüngerer Zeit – auf unterschiedliche Weise – demgegenüber für eine politische Theorie der Tierrechte stark gemacht, die die Frage des Umgangs mit nichtmenschlichen Tieren wesentlich als eine Frage der sozialen Gerechtigkeit thematisiert, die die konkreten Beziehungen, Kooperationsverhältnisse und institutionellen Arrangements, in denen nichtmenschliche Tiere leben (müssen), normativ in den Blick nimmt (s. Kap. 22). Den Vorteil eines ›political turn‹ in der Tierethik sehen seine Proponentinnen und Proponenten vor allem darin, dass der Versuch, Einsichten der politischen Philosophie für die tierethische und tierrechtliche Diskussion fruchtbar zu machen, diese in hohem Maße anschlussfähig an andere Gerechtigkeitsdebatten mache und besser als seine Alternativen dazu geeignet sei, die vielfältigen Beziehungen zu thematisieren, die es zwischen den verschiedenen Lebewesen und insbesondere zwischen menschlichen und nichtmenschlichen Lebewesen gibt (kritisch: Ach 2016). Robert Garner beispielsweise plädiert vor diesem Hintergrund für eine, wie er sie nennt, »sentience position«, die realistischer sein soll als eine »theory based on denying the ethical validity of using animals as, for example, sources of food and as experimental subjects irrespective of what is done to them while they are being used« (2016, 225 f.). Ebenso wie beispielsweise auch für Martha Nussbaum (2015, 528) tritt die Frage der moralischen Rechtfertigung der Tötung von Tieren zur Nahrungsmittelgewinnung gegenüber der Frage nach den Bedingungen, unter denen Tiere gehalten werden, für Garner in den Hintergrund.

Wie die derzeit diskutierte Aussicht auf vergleichsweise ressourceneffizient hergestelltes, gesundheitlich unbedenkliches und erschwinglich produziertes In-vitro-Fleisch aus umwelt- und tierethischer Perspektive zu bewerten ist und welchen Beitrag In-vitro-Fleisch insbesondere zur Verringerung von Tierleid leisten kann, bleibt abzuwarten (vgl. dazu den Überblick bei Ferrari 2018).

Literatur

Ach, Johann S.: Gerechtigkeit für Tiere? Skeptische Anfragen an einen political turn in der Tierethik. In: *Rechtswissenschaft* 3 (2016), 468–488.

Adams, Carol J.: *The Sexual Politics of Meat: A Feminist-Vegetarian Critical Theory*. New York/London 1991.
American Dieteic Association: Position of the American Dietetic Association on Vegetarian Diets. In: *Journal of the American Dietectic Association* 11 (1994), 1317–1319.
Becker, Lawrence C.: Der Vorrang menschlicher Interessen. In: Ursula Wolf (Hg.): *Texte zur Tierethik*. Stuttgart 2008, 132–149 (engl. 1983).
Cochrane, Alasdair: *An Introduction to Animals and Political Theory*. Basingstoke 2010.
Curtin, Deane: Contextual Moral Vegetarianism. In: Sapontzis 2004, 272–283.
DeGrazia, David 2008: Meat-Eating. In: Susan J. Armstrong/Richard G. Botzler (Hg.): *The Animal Ethics Reader*. London/New York [2]2008, 219–224.
Dombrowski, Daniel: A very brief history of philosophical vegetarianism and its influence. In: Sapontzis 2004, 22–33.
Donaldson, Sue/Kymlicka, Will: *Zoopolis. A Political Theory of Animal Rights*. Oxford 2011.
Dwyer, Johanna T./Loew, Franklin M.: Nutritional Risks of Vegan Diets. In: Sapontzis 2004, 57–67.
FAO – Food and Agriculture Organization of the United Nations: *Lifestock's long Shadow. Environmental issues and options*. Rome 2006. In: http://www.fao.org/docrep/010/a0701e/a0701e00.HTM (11.11.2016).
Ferrari, Arianna: Ethische und soziale Aspekte von In-vitro-Fleisch. In: *TierEthik* 16 (2018), 143–169.
Francione, Gary/Charlton, Anna: *Eat Like You Care. An Examination of the Morality of Eating Animals*. O. O. 2013.
Francione, Gary/Charlton, Anna: *Animal Rights. The Abolitionist Approach*. O. O. 2015.
Frey, R. G.: *Rights, Killing, and Suffering: Moral Vegetarianism and Applied Ethics*. Oxford 1983.
Garner, Robert: *A Theory of Justice for Animals. Animal Rights in a Nonideal World*. Oxford 2013.
Garner, Robert: Welfare, Rights, and Non-ideal Theory. In: Tatjana Višak/Robert Garner (Hg.): *The Ethics of Killing Animals*. Oxford 2016, 215–228.
Harrison, Ruth: *Animal Machines*. London 1964.
Kaplan, Helmut F.: *Leichenschmaus: Ethische Gründe für eine vegetarische Ernährung*. Norderstedt [4]2011.
Nussbaum, Martha C.: *Die Grenzen der Gerechtigkeit. Behinderung, Nationalität und Spezieszugehörigkeit*. Frankfurt a. M. 2010 (engl. 2006).
Rachels, James: The Basic Argument for Vegetarianism. In: Susan J. Armstrong/Richard G. Botzler (Hg.): *The Animal Ethics Reader*. London/New York [2]2008, 260–267.
Regan, Tom: *The Case for Animal Rights*. London 1984.
Regan, Tom: Wie man Rechte für Tiere begründet. In: Angelika Krebs (Hg.): *Naturethik. Grundtexte der gegenwärtigen tier- und ökoethischen Diskussion*. Frankfurt a. M. 1997, 33–46.
Sapontzis, Steve F. (Hg.): *Food for Thought. The Debate over Eating Meat*. Amherst/New York 2004.
Schorcht, Claudia/Linnemann, Manuela (Hg.): *Vegetarismus. Zur Geschichte und Zukunft einer Lebensweise*. Erlangen 2001.
Scruton, Roger: *Animal Rights and Wrongs*. London/New York 2006.
Singer, Peter: *Praktische Ethik*. Stuttgart [3]2013 (engl. 2011).
Singer, Peter: *Animal Liberation. Die Befreiung der Tiere*. Reinbek bei Hamburg 1996 (engl. 1990).
Smith, Andrew F.: *A Critique of the Moral Defense of Vegetarianism*. Basingstoke 2016.
WHO – World Health Organization: *Anti-microbial Resistance. Global Report on Surveillance* (2014). In: http://www.who.int/drugresistance/documents/surveillancereport/en/ (11.11.2016).

Johann S. Ach

61 Veterinärmedizinische Ethik

61.1 Relevanz einer veterinärmedizinischen Ethik

Was zeichnet ethisch verantwortliche Tiermedizin aus? Wie sollen Tierärztinnen und Tierärzte ihr gesellschaftlich zentrales Expertentum für Tiere erfüllen? Diese Grundfragen veterinärmedizinischer Ethik betreffen nicht nur die Kliniken, Praxen und Fakultäten, als den Kerninstitutionen für Erforschung, Diagnostik und Therapie kranker Tiere. Die Einsatzgebiete von tiermedizinischem Wissen und Handeln umfassen darüber hinaus die tierbasierte Agrarindustrie, in der Gesundheit Bedingung und Instrument zur Sicherung tierlicher Bioproduktivität ist und die Tierseuchenpolitik, in der Krankheitsdetektion und -prophylaxe nationale Handelsökonomien sichern. Auch in der Lebensmittelhygiene – vom Stall bis zum Teller –, in der tierexperimentellen Forschung, bei Tieren im Sport sowie im Umgang mit Zoo-, Heim- und Wildtieren besetzen Veterinärinnen und Veterinäre Schlüsselpositionen. Zum einen üben Tierärztinnen und Tierärzte einen direkten Einfluss auf Leben und Wohlergehen der Tiere aus, indem sie sie behandeln, ihren Gesundheitsstatus bewerten und ihre Reproduktion kontrollieren; zum anderen einen indirekten Einfluss auf die Behandlung von Tieren durch ihre Besitzer und andere Menschen, die verantwortlich mit ihnen zu tun haben, indem sie beratend tätig sind. Für verschiedenste Tierhalterinnen und Tierhalter – vom Wellensittichhalter über den Schweinemäster bis zum Pharmakonzern – aber auch in politischen Institutionen, wie in Ministerien für Gesundheit oder Agrarwirtschaft stellt die Tiermedizin zentrales Expertentum. Tierärztinnen und Tierärzte sehen sich damit vielfältigen Ansprüchen und Erwartungen ausgesetzt und üben zugleich eine gesellschaftliche Vorbildfunktion aus.

Zur Geschichte veterinärmedizinischer Ethik liegt noch wenig Literatur vor: In den Darstellungen der Geschichte medizinischer Ethik wird der tiermedizinische Sektor nicht behandelt. Ebenso wenig spielen Veterinärinnen und Veterinäre eine Rolle in der Geschichte der Tierethik (Woods 2013, 4, mittlerweile bildet Sandøe/Corr/Palmer 2016 eine Ausnahme). In den vorliegenden Referenzwerken zur veterinärmedizinischen Ethik (Tannenbaum 2005; Legood 2000) fehlt ein historischer Ansatz. Rollin (1999) macht deutlich, dass erst in den 1970er und 80ern auf gesellschaftlichen Druck hin die Ethik in die Tiermedizin Einzug hielt, bzw. halten musste. Zuvor wären in der Tiermedizin nur Fragen professioneller Etikette verhandelt worden, während die moralische Verantwortung gegenüber Tieren ausgeklammert war.

Veterinärmedizinische Ethik wird mit Tierethik und Tierschutz identifiziert. Wie ›ethisch‹ Tiermedizin zu einer bestimmten Zeit oder an einem bestimmten Ort ist, lässt sich demnach daran messen, wie ausgeprägt ihr Bezug auf moralische Pflichten gegenüber den Tieren jeweils ist. Diese Sichtweise hat nach wie vor Konjunktur, wie etwa die ›monothematische‹ Widmung des tierärztlichen Ethik-Kodex auf die »Beziehung von Tierarzt und Tierethik« zeigt (Luy 2016, 23). Eine historische Betrachtung verlangt freilich, diesen engen Begriff veterinärmedizinischer Ethik als Ausdruck eines zeitgenössischen moralischen Empfindens aufzufassen, statt ihn als Maßstab für vergangene Epochen anzuwenden. Die historische Entwicklung tiermedizinischer Ethik wird durch die Rekonstruktion derjenigen Themen und Probleme, die im Laufe der Geschichte der institutionalisierten Tiermedizin je und je auf die berufsethische Agenda gesetzt wurden, nachvollziehbar. Dabei zeigt sich, dass die Bezugnahme auf moralische Werte für die Verschiebungen in der Innen- und Außenwahrnehmung der Tiermedizin sowie in Bezug auf ihre Aufgaben und ihren Stellenwert in der Gesellschaft oft eine zentrale Rolle gespielt hat (Woods 2013, 4 f.). Auch Tierethik und Tierschutz waren innerhalb dieser komplexen Entwicklungen oft bedeutend (für England: Gardiner 2014). Für das 20. Jahrhundert kann sogar von einer wechselseitigen Prägung der beiden Domänen gesprochen werden. Für die Entwicklung des professionellen Profils und des tierärztlichen Selbstverständnisses war der Bezug auf den Tierschutz immer wieder zentral, zugleich wurde das Verständnis von Tierschutz, seinen Praktiken und Zielen, maßgeblich durch die Tiermedizin geprägt. Die Reform des deutschen Tierschutzgesetzes im Jahr 1933 zeigt diesen Zusammenhang vielleicht am deutlichsten (s. Kap. 58). Gesetzlich verankert wird ein Tierschutzgebot, demzufolge Tiere als leidensfähige Wesen um ihrer selbst willen geschützt und vor allem vor Schmerzen und Leid bewahrt werden müssen. Die inhaltliche Klärung der gesetzlichen Regelung wird den Veterinären übertragen: »Als sachverständiger Helfer wird dabei in erster Linie der Tierarzt kraft seiner Vorbildung berufen sein; denn er besitzt die erforderliche praktische Erfahrung in Tierschutzfragen und lebt in seinem Berufe ständig die Aufgabe, die Leiden der Tiere zu lindern« (Giese/Kahler 1934, 106 f.; zit. nach Gall 2016, 119). Praktisch sichert das Betäubungsgebot im Ver-

J. S. Ach / D. Borchers (Hg.), *Handbuch Tierethik*, https://doi.org/10.1007/978-3-476-05402-9_61

bund mit dem tierärztlichen Betäubungsmittelgebot der Tiermedizin weite Bereiche exklusiver Zuständigkeit: Überall, wo Eingriffe an Tieren mit Schmerzen verbunden sein können, sollte eine Tierärztin/ein Tierarzt für seine fachgerechte Betäubung zuständig sein. Der Schmerz der Tiere avanciert zum Scharnier zwischen den beiden Domänen: Seine Anerkennung wird zum ethischen Gebot wie seine fachgerechte Verwaltung zum tiermedizinischen Monopol.

Diese Konstellation prägt bis heute die Wahrnehmung. So reiht sich die aktuelle Diskussion um die betäubungslose Ferkelkastration in das Muster der Deklamation moralischer wie fachlicher Zuständigkeit der Tierärzteschaft über die Problematisierung von Tierleid ein. Als »Experten, die sich mit Tieren und ihren Bedürfnissen auskennen« sieht die (deutsche) Tierärzteschaft entsprechend eine ihrer gesellschaftlichen Aufgaben darin, die Tierschutzrelevanz von Praktiken, wie der »Tötung männlicher Eintagsküken der Legehennenrassen, Qualzuchten von Kleinsäugern, illegaler Welpenhandel, Enthornung von Kälbern und die Schlachtung gravider Rinder« aufzuweisen und »entsprechende Impulse an die Politik und Öffentlichkeit zu geben« (Mantel 2015, 1717). Im Zentrum eines »mit Verstand und nicht mit Emotionen« (ebd.) betriebenen Tierschutzes steht weiterhin der sachliche Nachweis von Belastungen im Sinne des Tierschutzgesetzes sowie deren Vermeidung, etwa durch Sexing der Hühnerembryonen, und Linderung durch fachgerechte Analgesie und Anästhesie.

Das Tierschutzgesetz von 1933 war für die Emanzipation der Profession ein so großer Schritt, wie es prägend für die Auffassung von Tierschutz (und damit von Ethik) in der Tiermedizin geblieben ist. Trotzdem war und ist das Verhältnis zwischen Tierschutz und Tiermedizin alles andere als ungebrochen. Erst jüngst wurde im Kontext der Erstellung eines tierärztlichen Ethikkodex durch die deutsche Bundestierärztekammer diskutiert, ob die Wurst oder das Schwein für Tierärztinnen und Tierärzte an erster Stelle stehen sollte (Tölle 2015, 1–3). Welchen Stellenwert der Tierschutz in der offiziellen Berufsethik einnehmen sollte, wurde insbesondere in einer Debatte um die Bezeichnung der Tierärztin/des Tierarztes als »berufener Schützer der Tiere« ausgefochten, die bis dato als Grundsatz in der Musterberufsordnung zu finden war (Luy 2016, 15–18). Unter anderem wurde die Verwurzelung der Formulierung im nationalsozialistischen Gedankengut problematisiert (Schäffer/König 2015). Diese soziohistorische Kontextualisierung moralischer Verpflichtungen auf bestimmte Werte zeigt deutlich, dass die drängenden Fragen veterinärmedizinischer Ethik nicht ohne eine interdisziplinäre Forschung auskommen, welche die Mehrdimensionalität bestehender Wertvorstellungen sowie die gesellschaftliche Rolle der Tiermedizin für deren Prägung einer Reflexion zugänglich macht.

61.2 Problembereiche

Die Notwendigkeit der Abwägung disparater moralischer Verpflichtungen

Als Berufs- oder Standesethik werden in der tiermedizinischen Ethik nicht nur moralische Pflichten gegenüber Tieren diskutiert, sondern auch gegenüber den Mitarbeitern, den Kunden, dem tierärztlichen Berufsstand, den Behörden sowie Umwelt und Gesellschaft (European Code of Conduct). Während die vielfältigen Verpflichtungen auf der prinzipiellen Ebene eines Kodex' in ein friedliches Nebeneinander überführt werden können, ist eine solch ›saubere Trennung‹ in der alltäglichen Praxis von Tierärztinnen und Tierärzten schwer möglich. Daraus, dass Tierärzte im Kontext ihrer täglichen Arbeit angesichts einer komplexen ethischen Gemengelage oftmals abwägen müssen, zwischen den moralischen Ansprüchen und Verpflichtungen gegenüber Mensch und Tier, können für die Tierärztin oder den Tierarzt moralische Konflikte entstehen, die oft als belastend empfunden werden (Dürnberger/Weich 2015, 195 ff.). Eine zentrale Frage veterinärmedizinischer Ethik lautet deshalb: Wie können die unterschiedlichen Verantwortungsbereiche – gegenüber Tier, Tierhalter, Verbraucher, Umwelt und Wirtschaft sowie für den Erhalt menschlicher, tierlicher und öffentlicher Gesundheit – in der Praxis ethisch angemessen gewichtet werden?

Mit Brisanz stellt sich diese Frage etwa in dem veterinärmedizinischen Aufgabenfeld der Tierseuchenbekämpfung. Vor allem im Nutztierbereich stellen Seuchen eine Bedrohung dar – nicht nur für die Tiergesundheit, sondern vor allem für die nationale Ökonomie. Tierärztinnen und Tierärzte sind mit der Wahrung vorbeugender Maßnahmen in Hygiene und Kontrolle ebenso beauftragt, wie mit akuten Bekämpfungsstrategien nach Ausbruch einer Seuche. Dabei sorgt vor allem das Instrument der Bestandskeulung, also der Tötung von infizierten oder erregeranfälligen Beständen, für gesellschaftliche Debatten. Ist die massenhafte Tötung gesunder Tiere zur Eindämmung einer Seuche und Sicherung von Ökonomien moralisch vertretbar? Die Richtlinie 2003/85 EG zur

Tierseuchenbekämpfung fordert, dass nicht allein kommerzielle Interessen leitend sein dürfen, »sondern auch ethische Grundsätze gebührend zu berücksichtigen« seien. Für Tierärztinnen und Tierärzte stellt sich die Frage, was eine derartige Berücksichtigung in der Praxis bedeuten soll. Sie stehen im Konflikt zwischen verschiedenen Normen und Gütern: ihrer Verpflichtung gegenüber dem Gesetz, der Gemeinschaft sowie gegenüber den betroffenen Tieren und ihren Haltern. In dieser Spannungssituation gilt es zugleich, der professionellen Verpflichtung zu entsprechen, das tiermedizinische Sachwissen in einer konkreten Situation auf bestmögliche Art umzusetzen, d. h. alle relevanten epidemiologischen, tierbezogenen, baulichen und umweltbezogenen Aspekte zu berücksichtigen. Hier können systematische Bewertungsschemata helfen, verschiedene Handlungsoptionen in ihren moralischen Dimensionen zu diskutieren und zu bewerten. Dazu werden mögliche Szenarien im Detail in Bezug auf die Wahrung bzw. Verletzung moralischer Prinzipien geprüft. Anhand dieser Beurteilungen können etablierte Maßnahmen der Seuchenbekämpfung sowie bestehende oder noch zu schaffende Alternativen ethisch geprüft werden (Weich et al. 2016, 47–54).

Nicht nur in der Seuchenbekämpfung ist tiermedizinische Praxis durch eine Vielzahl moralischer Pflichten gegenüber verschiedenen Werten und Prinzipien gekennzeichnet. In vielen beruflichen Situationen finden Tierärztinnen und Tierärzte sich in Zwickmühlen wieder, in denen die Entscheidungsfindung schwerfällt. Ein bedeutender Strang in der veterinärmedizinischen Ethik ist der Förderung einer ethischen Urteilsbildung gewidmet, um Tierärztinnen und Tierärzte zu befähigen, in diesen Dilemmata Prioritäten zu setzen, bzw. den bestmöglichen Kompromiss zu schließen.

Die veterinärmedizinische Trias

Das Problem einer Gleichzeitigkeit verschiedener Verpflichtungen und die Aufgabe, ihre Hierarchisierung moralisch zu rechtfertigen, spiegelt sich auch in der Dreiecksbeziehung zwischen Tierärztin/Tierarzt, Patiententier und Patientenbesitzerin/Patientenbesitzer wider, welche die tiermedizinische Praxis kennzeichnet. Den ethischen Dilemmata, die sich aus dieser Trias ergeben, wurde mit einer Grundsatzfrage begegnet: Wem sind Tierärztinnen und Tierärzte verpflichtet, der Tierhalterin/dem Tierhalter oder dem Patiententier? Wie der historische Abriss und das Beispiel des deutschen tierärztlichen Ethik-Kodex gezeigt haben, prägt diese »Grundfrage veterinärmedizinischer Ethik« (Rollin 1999) die Problemwahrnehmung nachhaltig. Dabei lässt sich sowohl in der internationalen Fachliteratur als auch in aktuellen berufsethischen Codices (zum Beispiel der American Veterinary Medical Association oder der British Veterinary Association) mittlerweile eine deutliche Tendenz zu ihrer Überwindung ausmachen. Der Option, tierärztliche Moral auf die Berücksichtigung der Halterinteressen zu begründen, wird durch zahlreiche Argumentationen für die besondere moralische Verantwortung der Tierärzteschaft gegenüber Tieren eine entschiedene Absage erteilt. Dabei wird die inhaltliche Bestimmung dieser Verpflichtung in einem pathozentrischen Rahmen nicht zur Diskussion gestellt (s. Kap. 5).

Die exklusive Logik (Mensch *oder* Tier) wird zunehmend durch ein integrales Modell abgelöst. Veterinärmedizinische Ethik verlangt demnach von Tierärztinnen und Tierärzten die Berücksichtigung ihrer/seiner moralischen Verpflichtungen gegenüber *allen* Beteiligten – zu denen jetzt neben Tier und Besitzerin/Besitzer auch noch die Veterinärin/der Veterinär selbst gezählt wird. Vor diesem Hintergrund bestimmen Bewertungen für die Abwägung der verschiedenen Interessen und damit das Aufzeigen von Wegen für eine ethisch gestützte Entscheidungsfindung im Konfliktfall die Diskussion (Mullan/Main 2001, 394 ff.; 394 ff.; Yeates 2009, 3 ff.; Millar 2013, 101). Die Aufgabe der Vereinbarung tierärztlicher Verpflichtung gegenüber Patientenbesitzerin/Patientenbesitzer und Patiententier stellt sich beispielsweise in Fällen, in denen eine Tierhalterin/ein Tierhalter nicht in eine notwendige Therapie einwilligen möchte. Bei der Routineuntersuchung eines Hundes stellt die Tierärztin/der Tierarzt gravierende Zahnprobleme fest. Eine gründliche Sanierung des Gebisses würde dem Tier helfen. Doch die Patientenbesitzerin/der Patientenbesitzer will davon nichts wissen und besteht darauf, dass das Tier ausschließlich auf Parasiten behandelt und geimpft wird. Das Gebot, sowohl der moralischen Verpflichtung gegenüber dem Tier als auch gegenüber der Patientenbesitzerin/dem Patientenbesitzer zu entsprechen, verlangt in dieser Situation eine Konkretisierung tierärztlicher Verantwortung in Form einer Mediation. Die Tierärztin/der Tierarzt sollte versuchen, mit der Patientenbesitzerin/dem Patientenbesitzer in einen konstruktiven Dialog zu gelangen, in denen die Gründe für die Ablehnung der Therapie wie für ihre Notwendigkeit besprochen werden können. Dabei soll der geforderte tierärztliche

Einsatz für das Patiententier seine Grenzen durch das Prinzip der Achtung der Autonomie der Patientenbesitzerin/des Patientenbesitzers finden. Ausgeschlossen werden soll damit ein Missbrauch tierärztlicher Autorität, etwa in dem über das Abgeben einer Prognose, die schlechter ist als fachlich gerechtfertigt werden kann, zur Einwilligung in die Durchführung einer Therapie bewegt wird (Rollin 2002, 1149). Stattdessen soll auf Basis fachlicher Information ein Kompromiss gefunden werden, der sowohl das Bedürfnis des Tieres als auch der Besitzerin/des Besitzers respektiert. Ähnlich gelagert ist der Fall der krebskranken Katze, deren Lebenszeit mit einer aufwendigen und teuren Chemotherapie noch um ein paar Monate verlängert werden könnte. Die Tierärztin/der Tierarzt weiß, dass die Patientenbesitzerin/der Patientenbesitzer sehr an dem Tier hängt, sich aber eine solche Therapie nicht leisten kann. Auch in solchen Fällen mag ein paternalistisches Vorgehen gerechtfertigt erscheinen: die Tierärztin/der Tierarzt könnte diese Option verschweigen und so die Patientenbesitzerin/den Patientenbesitzer, die/der mit dem Verlust seines Gefährten ohnehin zu kämpfen haben wird, vor einem gravierenden Gewissenskonflikt bewahren. Aber auch in diesen Fällen wird das paternalistische Modell tierärztlicher Verantwortung als ethisch problematisch eingestuft. Denn das Prinzip der Achtung der Autonomie der Patientenbesitzerin/des Patientenbesitzers wird frustriert, indem es ihr/ihm verweigert wird, eine eigene Entscheidungsbildung vorzunehmen – auch wenn die schwierig sein mag (Sandøe/Christiansen 2008, 59 f.).

Obwohl die Tierärztin/der Tierarzt in besonderer Verantwortung gegenüber dem Patiententier steht, soll auch in der Veterinärmedizin das Prinzip des informierten Konsenses bei Therapieentscheidungen gelten. Auch wenn die moralische Verantwortung der Tierärztin/des Tierarztes gegenüber dem Patiententier nicht mehr grundsätzlich in Frage gestellt wird, bleiben moralische Zweifel in Bezug auf diesen Bereich tierärztlicher Verantwortung bestehen. Diese betreffen nunmehr die inhaltliche Bestimmung dessen, was im Interesse des Tieres ist. Als ethisch problematisch werden Fälle diskutiert, in denen der outcome einer Therapie aufgrund ihrer Innovativität nicht gesichert ist. Ist der Erfolg eines Eingriffs nicht gesichert, ist es schwerer zu bestimmen, ob dieser Eingriff dem Interesse des Tieres dient. Der Fortschritt in der Tiermedizin gibt auch auf den Gebieten von Transfusionen oder Transplantationen Anlass zur ethischen Diskussion, da in diesen Fällen ein Tier auf Kosten eines anderen therapiert wird (Sandøe et al. 2015, 193 f.). In diesem Kontext rückt auch das Eigeninteresse der Tierärztin/des Tierarztes in den ethischen Fokus: gerade im Kontext neuartiger Therapien bestehe die Gefahr, dass das tierärztliche Fachinteresse oder ein Sinn für ›Heroismus‹ Therapieentscheidungen in ethisch abzulehnender Weise beeinflussen. Unsichere Therapien sind dabei ebenso problematisch, wie suboptimale: etwa in Fällen, in denen Tierärztinnen und Tierärzte – aus fachlicher oder finanzieller Motivation – einen Patienten weiter selber behandeln, obwohl nur eine Überweisung die medizinische Bestversorgung des Tieres sichern würde (ebd., 194 f.)

Veterinärmedizinische Autorität und Verantwortung

Wie in der medizinischen Ethik stellt auch in der veterinärmedizinischen Ethik die tierärztliche Autorität einen Ausgangspunkt ethischer Reflexion dar. Ihr ethisch verantwortungsvoller Gebrauch verlangt nach der Klärung, für welche Ziele und Zwecke sie eingesetzt werden soll und an welchen moralischen Prinzipien sie ihre Grenzen findet.

Besondere Beachtung findet vor diesem Hintergrund die ethische Auseinandersetzung mit der Praxis der Euthanasie (s. Kap. 35). Tierärztinnen und Tierärzte sind im Gegensatz zu den Kollegen aus dem Humanbereich auf vielfältigere und direktere Art und Weise mit dem Tod konfrontiert. Während bei Menschen aktive Sterbehilfe weitgehend untersagt ist, ist in der Tiermedizin die Euthanasie, also die aktive und schmerzlose Tötung von Tieren, die Norm. Weit verbreitet ist die Ansicht, dass Tiere in diesem Punkt bessergestellt seien als Menschen, da das moralische Gebot der Leidvermeidung in der Tiermedizin über den Erhalt von Leben gestellt wird (Sandøe et al. 2015, 190). Die Verantwortung gegenüber dem Patiententier konkretisiert sich dann als Aufgabe, die Lebensqualität des Tieres zu bewerten und so das Interesse des Patiententieres an einem lebenswerten Leben zu wahren (s. Kap. 34; s. Kap. 7). Angesichts des weitgehenden Konsenses über die moralische Pflicht von Tierärztinnen und Tierärzten, unheilbare Tiere von Leiden zu erlösen, stellt sich die Frage nach dem Einsatz tierärztlicher Autorität für das Patiententier hier mit besonderer Dringlichkeit. Der Spielraum für Kompromisse wird deutlich kleiner definiert: Verweigert eine Patientenbesitzerin/ein Patientenbesitzer – etwa aus Angst vor dem Verlust des geliebten Gefährten – die Euthanasie eines leidenden Tieres, sei die Tierärztin/der Tierarzt in jedem Fall moralisch (in Dänemark auch gesetzlich) trotzdem zu ihrer Durchführung verpflichtet (Sandøe, 2015, 190 f.; Stephens 2012, 225). Verlangt eine Patientenbesitzerin/ein Patientenbesitzer jedoch die Einschläferung eines gesunden Tieres, so sei die Tierärztin/der Tierarzt zur Ablehnung dieser Dienstleistung verpflichtet (Yeates/Main 2011). Die Option, kranke Haustiere nicht einschläfern zu lassen, wird weitgehend abgelehnt, da ein »natürliches« Sterben als vermeidbares Leiden gewertet wird (Sandøe et al. 2015, 196). Generell sollte für die oft schwierige Umsetzung dieser Richtlinien im Einzelfall die Maxime gelten, dass Lebensqualität wichtiger sei, als die Lebensdauer (ebd., 198.)

61.3 Fazit und Ausblick

Vor dieser recht eindeutigen moralischen Weichenstellung in Ausrichtung und Einsatz tierärztlicher Verantwortung für den Erhalt tierlicher Lebensqualität durch Euthanasie, zeigt sich eine weitere Herausforderung für die ethische Reflexion tiermedizinischer Praxis in besonderer Deutlichkeit: Tiermedizinisches Entscheiden und Handeln ist nicht nur von einer Widersprüchlichkeit verschiedener Pflichten und Werte gekennzeichnet, sondern auch von Widersprüchen zwischen ihren Anwendungsbereichen. Tierärztinnen und Tierärzte sind nicht nur für Haustiere zuständig, sondern auch für Tiere in der landwirtschaftlichen Nutzung, im Sport, im Labor, usw. Damit verbunden sind erhebliche Unterschiede in der sozialen Lebensform sowie im moralischen Status der jeweiligen Tiere. Die Übertragung des moralischen Grundgerüstes der Euthanasie, als dem Gebot, von Leiden zu erlösen, auf den Nutztierbereich führt zu bedeutenden Aporien und Problemen. Der Grenz- und Ausnahmefall der Nottötung verkehrt sich innerhalb der massenhaften Produktion von ›totem Leben‹ (Stanescu 2013, 149 ff.; Hunt 2013, 105 ff.) in der Tiermast zu einer systemunterstützenden Routine (Idel 2016, 50 f.; Weich/Grimm 2015). In den kommerziellen mobilen Tötungsstationen für die (angst- und schmerzlose, moralisch gebotene) Tötung von lebensschwachen Neonaten in der Schweinemast gerinnt die moralische Eindeutigkeit zu einem unausweichlichen Unbehagen. Veterinärmedizinische Ethik sieht sich nicht nur hier vor die anspruchsvolle Herausforderung gestellt, zu Begriffen und Methoden zu finden, mit denen das heterogene Feld tierärztlicher Zuständigkeit in seiner Gesamtheit einer tierethischen Reflexion unterstellt werden kann, die der Partikularität tiermedizinischer Praxis in ihrer gesellschaftlichen Situiertheit entsprechen. Dabei werden die theoretischen und begrifflichen Forschungen auf dem Gebiet der *Animal Studies* (s. Kap. 54) einen unverzichtbaren und konstruktiven Bezugspunkt abgeben. Nicht zuletzt eröffnet sich damit auch die Perspektive, in der veterinärmedizinischen Ethik den Fokus auf Konflikt- und Grenzfälle aufzubrechen, um die Normativität tierärztlicher Alltagspraxis in ihren Routinen und Idealen thematisch werden zu lassen.

Literatur

Christiansen, Stine/Kristensen, Annemarie/Lassen, Jesper/Sandøe, Peter: Veterinarians' role in clients' decision-making regarding seriously ill companion animal patients. In: *Acta Veterinaria Scandinavia* 58 (2016), 30–44.

Dürnberger, Christian/Weich, Kerstin (2016): Conflicting norms as the rule and not the exception – ethics for veterinary officers. In: *Food futures: ethics, science and culture.* Wageningen, 285–290.

Gall, Philipp von: *Tierschutz als Agrarpolitik. Wie das deutsche Tierschutzgesetz der industriellen Tierhaltung den Weg bereitete.* Bielefeld 2016.

Gardiner, Andrew: The ›Dangerous‹ Women of Animal Welfare: How British Veterinary Medicine Went to the Dogs. In: *Social History of Medicine* 27/3 (2014), 466–487.

Hunt, Alastair: Death by birth. In: *English Studies in Canada* 39/1 (2013), 97–124.

Idel, Anita: TierärztInnen und landwirtschaftlich genutzte Tiere – ein systembedingtes Dilemma. Die Bedeutung der Zucht für Krankheiten und Haltungsprobleme. In: *TIERethik* 8/1 (2016), 34–52.

LeGood, Giles (Hg.): *Veterinary Ethics. An Introduction.* London 2000.

Luy, Jörg: Die Bundestierärztekammer und ihr Verständnis von moralischen Pflichten. Eine Untersuchung der Jahre 2012 bis 2015. In: *TIERethik* 8/1 (2016), 14–33.

Main, David: Offering the best to patients: ethical issues associated with the provision of veterinary services. In: *The Veterinary Record* 2016, 62–66.

Mantel, Theo: Es ist alles im Umbruch, was unseren Berufsstand prägt. Bericht des BTK-Präsidenten zur Lage. In: *Deutsches Tierärzteblatt* 63 (2015), 1716–1722.

Millar, Kate: Ethics and Ethical Analyses in Veterinary Science: The Development and Application of the Ethical Matrix Method. In: Christopher M. Wathes et al. (Hg.): *Veterinary & Animal Ethics.* Oxford 2013, 100–112.

Mullan, Siobdan/Main, David: Principles of Ethical Decision Making in Veterinary Practice. In: *In Practice* 23 (2001), 394–401.

Rollin, Bernard: *An Introduction to Veterinary Ethics: Theory and Cases.* Oxford 1999.

Rollin, Bernard: The use and abuse of Aesculapian Authority in Veterinary Medicine. In: *Journal of the American Veterinary Medical Association* 220/8 (2002), 1144–1149.

Sandøe, Peter/Christiansen, Stine: *Ethics of Animal Use.* Oxford 2008.
Sandøe, Peter/Corr, Sandra/Palmer, Clare: *Companion Animal Ethics.* Oxford 2016.
Schäffer, Johann/König, Lisa: Der deutsche Tierschutz – ein Werk des Führers! Zum Umgang mit ideologisch kontaminierten Begriffen der NS-Zeit. In: *Deutsches Tierärzteblatt* (2015), 1244–1256.
Stanescu, James: Beyond Biopolitics: Animal Studies, Factory Farms, and the Advent of Deading Life. In: *PhaenEx* 8/2 (2013), 135–160.
Stephens, Tanya: Veterinary Ethics. In: Peter Bowden (Hg.): *Applied Ethics: Strengthening Ethical Practices,* Prahran 2012, 219–233.
Tannenbaum, Jerold: *Veterinary Ethics: Animal Welfare, Client Relations, Competition and Collegiality.* St. Louis ²1995
Tölle, Manuela: Ethik-Kodex in der Kritik: Im Zweifel für die Wurst? In: *VETimpulse* 24/7 (2015), 1–3.
Weich, Kerstin/Dürnberger, Christian/Grimm, Herwig: *Ethik in der amtstierärztlichen Praxis. Ein Wegweiser.* Erlangen 2016.
Weich, Kerstin/Grimm, Herwig: Kein Leid und koste es das Leben: Töten als Ausdruck moralischer Achtung? In: *Wiener Tierärztliche Monatsschrift* 102 (2015), 207–212.
Woods, Abigail: The History of Veterinary Ethics in Britain, ca. 1870–2000. In: Christopher M. Wathes et al. (Hg.): *Veterinary & Animal Ethics.* Oxford 2013, 3–16.
Yeates, James and Main, David: The ethics of influencing clients. In: *Journal of the American Veterinary Medical Association* 237/3 (2010), 263–267.
Yeates, James: Response and responsibility: An analysis of veterinary ethical conflicts. In: *The Veterinary Journal* 182 (2009), 3–6.
Yeates, James/Main, David: Veterinary opinions on refusing euthanasia: Justification and philosophical frameworks. In: *Veterinary Record* 168 (2011), 263–267.

Kerstin Weich

Anhang

Autorinnen und Autoren

Johann S. Ach, Geschäftsführer und Wissenschaftlicher Leiter des Centrums für Bioethik, Universität Münster (I.1 Gegenwart; II.5 Empfindungsfähigkeit; II.7 Interessen; III.16 Gerechtigkeitstheorien, zus. mit D. Borchers; IV.34 Tierwohl und Ethik; V.39 Euthanasie; V.43 Nutztierhaltung; V.46 Tierversuche, zus. mit H. Grimm und A. Bremhorst; V.47 Transgene Tiere; VI.60 Vegetarismus und Veganismus,)

Andreas Aigner, Wissenschaftlicher Mitarbeiter am Messerli Forschungsinstitut, Veterinärmedizinische Universität Wien, Medizinische Universität Wien (IV.31 Moralischer Status, zus. mit H. Grimm und P. Kaiser)

Heike Baranzke, Dozentin für theologische Ethik, Bergische Universität Wuppertal (IV.29 Kreaturwürde; IV.32 Person, zus. mit H. W. Ingensiep; IV.36 Verrohungsargument)

Federica Basaglia, Akademische Mitarbeiterin im Fachbereich Philosophie, Universität Konstanz (III.15 Kantische Ansätze)

Dieter Birnbacher, Professor (em.) für Philosophie, Universität Düsseldorf (III.13 Utilitarismus; VI.53 Great Ape Project)

Dagmar Borchers, Professorin für Angewandte Philosophie, Universität Bremen (IV.24 Anthropozentrismus; III.18 Tugendethische Ansätze; VI.59 Utopien und Dystopien; III.16 Gerechtigkeitstheorien, zus. mit J. S. Ach)

Leonie Bossert, Wissenschaftliche Mitarbeiterin am Internationalen Zentrum für Ethik in den Wissenschaften, Universität Tübingen (III.17 Mitleidsethische Ansätze; III.20 Feministische und fürsorgeethische Ansätze)

Annika Bremhorst, Wissenschaftliche Mitarbeiterin am Messerli Forschungsinstitut, Veterinärmedizinische Universität Wien, Medizinische Universität Wien (V.46 Tierversuche, zus. mit H. Grimm und J. S. Ach)

Michael Bruckner, PhD-Student an der Universität Wisconsin-Madison (IV.27 Biozentrismus, zus. mit A. Kallhoff)

Samuel Camenzind, Universitäts-Assistent am Messerli Forschungsinstitut, Universität Wien (V.42 Klonen)

Ruth Denkhaus, Wissenschaftliche Mitarbeiterin am Zentrum für Gesundheitsethik, Hannover (IV.33 Speziesismus)

Arianna Ferrari, Wissenschaftliche Mitarbeiterin und Forschungsbereichsleiterin, Karlsruher Institut für Technologie (V.37 Animal Enhancement and Disenhancement)

Hans-Johann Glock, Professor für Theoretische Philosophie, Universität Zürich (II.9 Denken)

Antoine F. Goetschel, Rechtsanwalt, ehemaliger Rechtsanwalt für Tierschutz in Strafsachen des Kantons Zürich (V.44 Sexualpartner)

Herwig Grimm, Professor für Ethik der Mensch-Tier-Beziehung, Messerli Forschungsinstitut, Veterinärmedizinische Universität Wien, Medizinische Universität Wien (IV.31 Moralischer Status, zus. mit A. Aigner und P. Kaiser; V.46 Tierversuche, zus. mit A. Bremhorst und J. Ach)

Rainer Hagencord, Gründer und Leiter des Instituts für Theologische Zoologie, Münster (VI.55 Theologische Zoologie, zus. mit Ph. der Vries)

Robert Heeger, Professor (em.) für Ethik, Universität Utrecht (V.50 Zirkus)

Felix Herzog, Professor für Strafrecht, einschließlich Grundlagen und Nebengebiete, Strafverfahrensrecht und Rechtsphilosophie, Universität Bremen (VI.58 Tierschutzgesetz)

Christoph Horn, Professor für Praktische Philosophie und Philosophie der Antike, Universität Bonn (I.1 Antike)

Hans Werner Ingensiep, Professor für Philosophie und Wissenschaftsgeschichte, Universität Duisburg-Essen (I.3 Neuzeit; IV.32 Person, zus. mit H. Baranzke)

Peter Kaiser, Wissenschaftlicher Mitarbeiter am Institut für Philosophie, Universität Wien (IV.31 Moralischer Status, zus. mit A. Aigner und H. Grimm)

Sylvia Kaiser, Professorin für Zoologie, Universität Münster (II.11 Emotionen, zus. mit N. Sachser und S. H. Richter; IV.26 Artgerecht/tiergerecht, zus. mit N. Sachser und S. H. Richter)

Angela Kallhoff, Professorin für Ethik mit besonderer Berücksichtigung von angewandter Ethik, Universität Wien (IV.27 Biozentrismus, zus. mit M. Bruckner)

Gabriela Kompatscher, A. o. Professorin für Lateinische Philologie, Universität Innsbruck (VI.54 Human-Animal Studies)

Peter Kunzmann, Professor für Angewandte Ethik in der Tiermedizin, Tierärztliche Hochschule Hannover und apl. Professor für Philosophie, Universität Würzburg (V.38 Begleittiere; V.40 Heimtiere; V.51 Zoos und Aquarien)

Bernd Ladwig, Professor für politische Theorie am Otto-Suhr-Institut, Freie Universität Berlin (III.22 Politische Theorien der Tierrechte)

Sebastian Laukötter, Assoziiertes Mitglied der Kolleg-Forschergruppe »Normenbegründung in Medizinethik und Biopolitik«, Universität Münster (III.19 Fähigkeitenansatz)

Angela Kathrin Martin, Doktorassistentin am Departement für Philosophie, Universität Fribourg (V.48 Wildtiere)

Anselm Oelze, Wissenschaftlicher Mitarbeiter am Institut für Philosophie, Universität Helsinki (I.2 Mittelalter)

Klaus Petrus, Fotojournalist (III.14 Rechte-Ansatz; VI.57 Tierrechtsbewegung)

Carolin Raspé, Rechtsanwältin, Berlin (VI.56 Tiere im Recht)

Kurt Remele, Professor für Ethik und Gesellschaftslehre, Universität Graz (III.23 Tiere in den Religionen)

Sophie Helene Richter, Professorin für Verhaltensbiologie und Tierschutz, Universität Münster (II.11 Emotionen, zus. mit N. Sachser und S. Kaiser; IV.26 Artgerecht/tiergerecht, zus. mit N. Sachser und S. Kaiser)

Norbert Sachser, Professor für Zoologie, Universität Münster (II.11 Emotionen, zus. mit S. H. Richter und S. Kaiser; IV.26 Artgerecht/tiergerecht, zus. mit S. H. Richter und S. Kaiser)

Peter Schaber, Professor für Angewandte Ethik, Universität Zürich (IV.28 Instrumentalisierungsverbot)

Silke Schicktanz, Professorin für Kultur und Ethik der Biomedizin, Universitätsmedizin Göttingen (V.49 Xenotransplantation)

Friederike Schmitz, Freie Autorin und Referentin (IV.30 Moralische Akteure/moralische Subjekte/moralische Objekte; V.45 Sport)

Sarah Tietz, Philosophin (II.8 Sprache; II.10 Handeln)

Jens Tuider, Doktorand der Philosophie, Universität Mannheim (V.41 Jagd)

Tatjana Višak, Wissenschaftliche Mitarbeiterin am Philosophischen Seminar, Universität Mannheim (IV.25 Argument der Grenzfälle; IV.35 Töten und Tötungsverbot)

Philipp de Vries, Wissenschaftliche Hilfskraft am Institut für Ethik, Geschichte und Theorie der Medizin, Universität Münster; Institut für Theologische Zoologie, Münster (VI.55 Theologische Zoologie, zus. mit R. Hagencord)

Kerstin Weich, Universitäts-Assistentin am Messerli Forschungsinstitut, Universität Wien (VI.61 Veterinärmedizinische Ethik)

Markus Wild, Professor für Theoretische Philosophie, Universität Basel (II.6 Bewusstsein; II.12 Tiere als soziale Wesen)

Ursula Wolf, Professorin für Philosophie, Universität Mannheim (III.21 Pluralistische und multikriterielle Ansätze)

Clemens Wustmans, Wissenschaftlicher Mitarbeiter am Lehrstuhl für Systematische Theologie, Humboldt-Universität zu Berlin (VI.52 Artenschutz)

Personenregister

GPSR Compliance

The European Union's (EU) General Product Safety Regulation (GPSR) is a set of rules that requires consumer products to be safe and our obligations to ensure this.

If you have any concerns about our products, you can contact us on ProductSafety@springernature.com

In case Publisher is established outside the EU, the EU authorized representative is:

Springer Nature Customer Service Center GmbH
Europaplatz 3
69115 Heidelberg, Germany

Batch number: 10808652

Printed by Printforce, the Netherlands